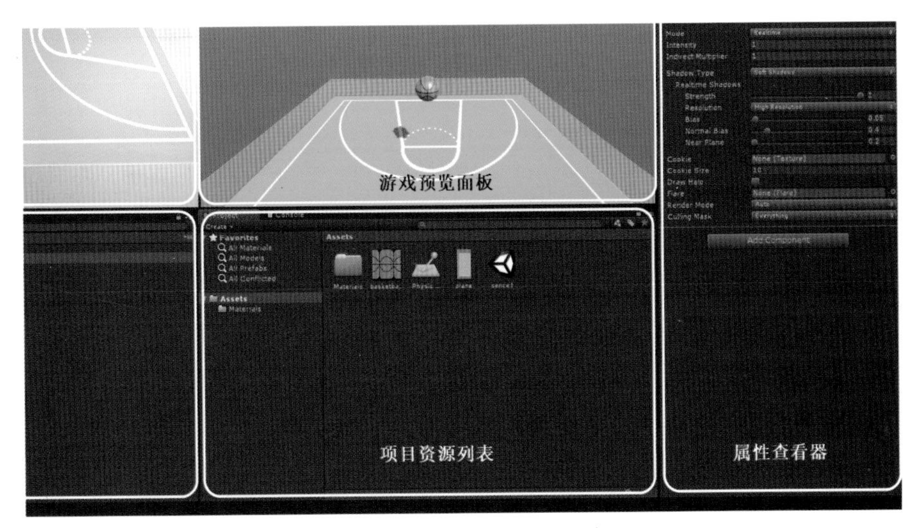


彩图1　Unity集成开发环境

彩图2　Unity脚本程序开发

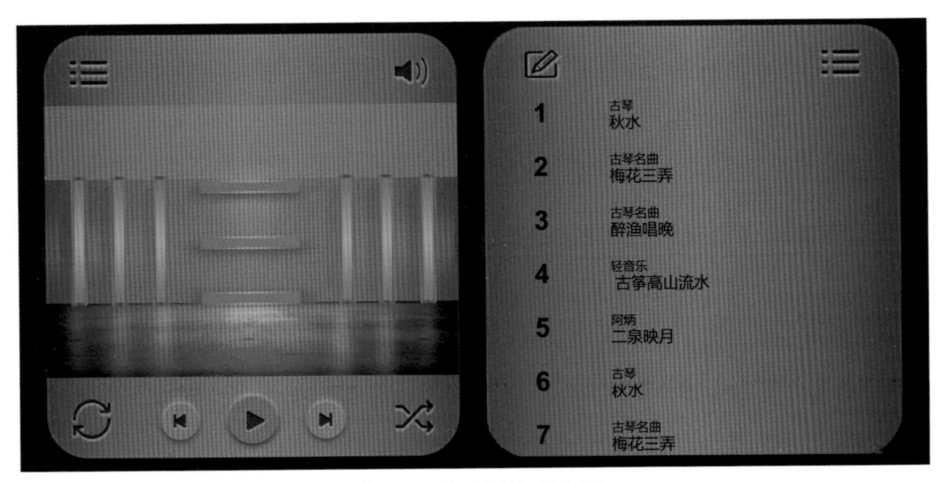


彩图3　音乐播放器案例

彩图4　粒子系统演示案例

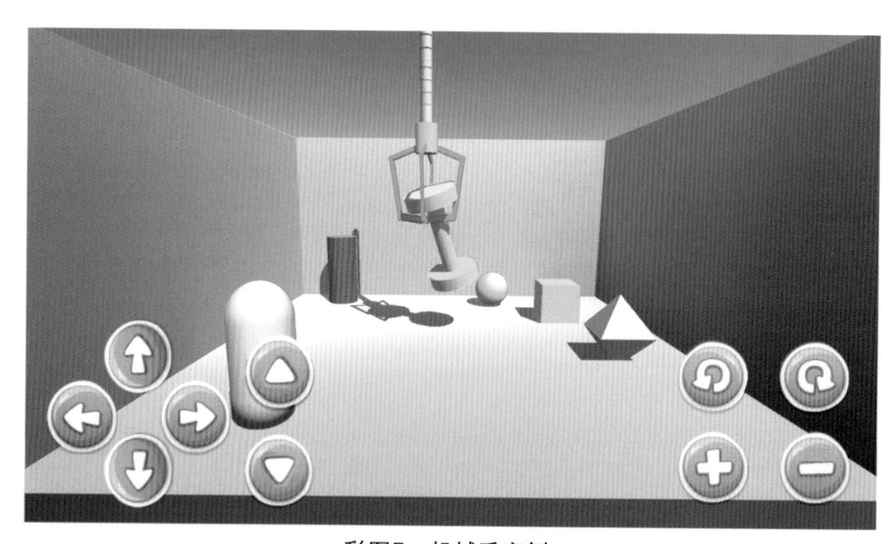

彩图5　机械手案例

彩图6　交通工具案例

彩图7　物理引擎在动画系统中的使用案例

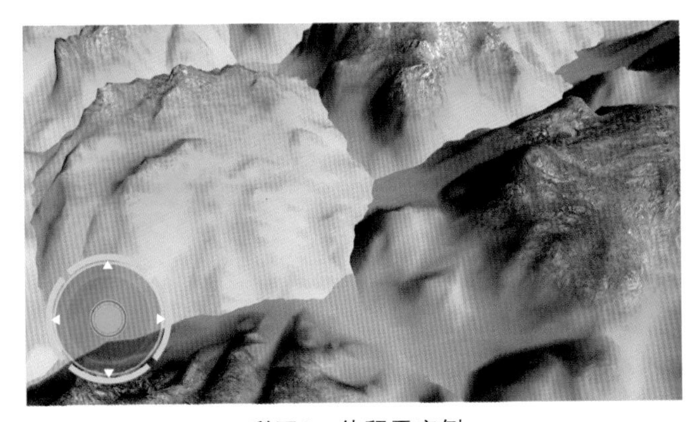

彩图8　体积雾案例

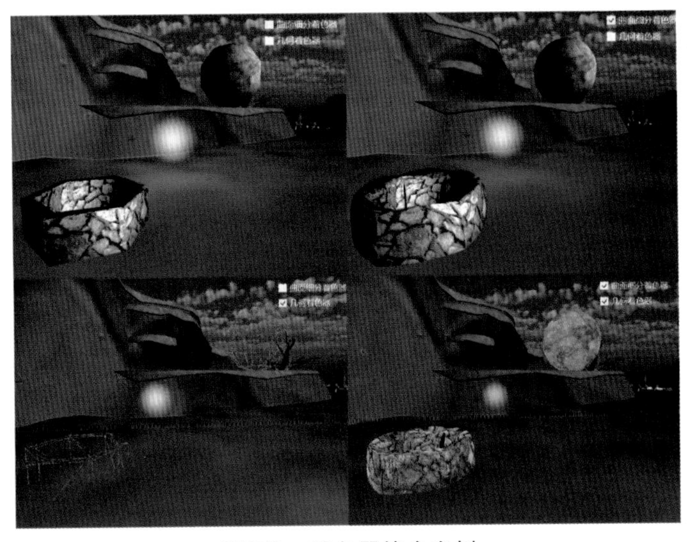

彩图9　着色器综合案例

彩图10　Bloom效果

彩图11　积雪效果

彩图12　景深效果

彩图13　水特效案例

彩图14　法线贴图

彩图15　真实水面倒影案例

彩图16　镜头光晕案例

彩图17　模型动态切割案例

彩图18　刹车痕迹演示案例

彩图19　导航网络自定义路线

彩图20　平衡球大案例1

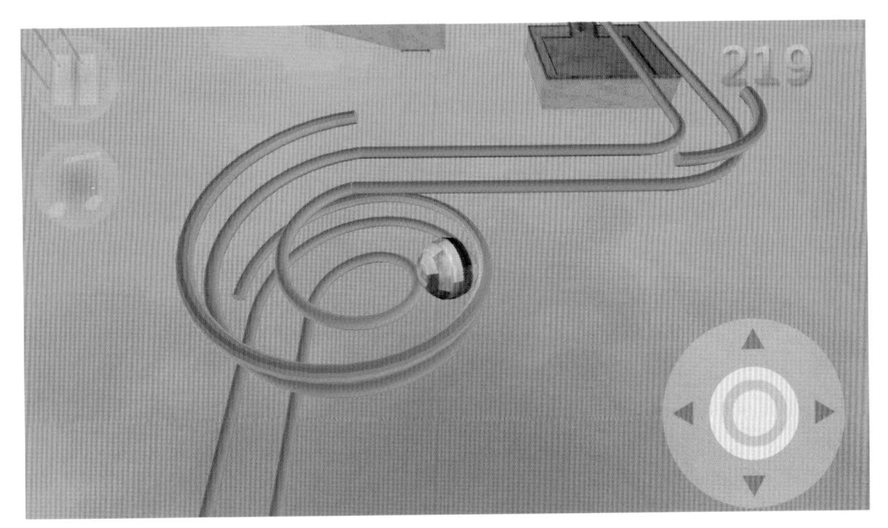


彩图21　平衡球大案例2

彩图22　平衡球大案例3

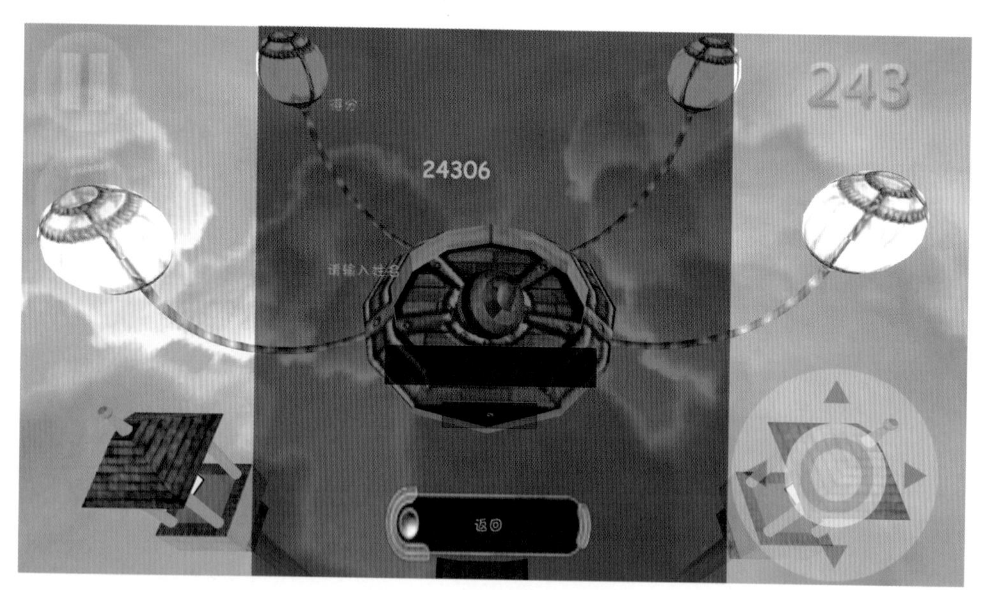


彩图23　平衡球大案例4

# Unity游戏开发技术详解与典型案例

吴亚峰　徐歆恺　苏亚光◎编著

人民邮电出版社
北京

**图书在版编目（CIP）数据**

Unity 游戏开发技术详解与典型案例 / 吴亚峰，徐歆恺，苏亚光编著. -- 2版. -- 北京 : 人民邮电出版社，2019.2
ISBN 978-7-115-49430-6

Ⅰ. ①U… Ⅱ. ①吴… ②徐… ③苏… Ⅲ. ①游戏程序－程序设计 Ⅳ. ①TP311.5

中国版本图书馆CIP数据核字(2018)第217639号

## 内 容 提 要

本书对 Unity 3D 集成开发环境界面、脚本的编写和众多高级特效的实现进行了详细介绍。全书共分 16 章。主要内容包括：Unity 3D 基础、Unity 3D 集成开发环境、Unity 脚本的开发、Unity 图形用户界面基础、物理引擎、着色器、常用着色器特效、3D 游戏开发的常用技术、光影效果的使用、模型与动画、地形与寻路技术、游戏资源的更新、多线程技术与网络开发、Unity 2D 游戏开发、常用性能优化技术、休闲游戏等。

本书适合各个层级 Unity 3D 应用开发人员阅读，也可供相关专业人士参考。

◆ 编　　著　吴亚峰　徐歆恺　苏亚光
　责任编辑　张　涛
　责任印制　焦志炜

◆ 人民邮电出版社出版发行　　北京市丰台区成寿寺路 11 号
　邮编　100164　　电子邮件　315@ptpress.com.cn
　网址　http://www.ptpress.com.cn
　固安县铭成印刷有限公司印刷

◆ 开本：787×1092　1/16　　彩插：4
　印张：46.5　　2019 年 2 月第 2 版
　字数：1 230 千字　　2024 年 7 月河北第 9 次印刷

定价：118.00 元

**读者服务热线：(010) 81055410　印装质量热线：(010) 81055316**
**反盗版热线：(010) 81055315**
**广告经营许可证：京东市监广登字20170147号**

# 前　　言

## 为什么要写这样的一本书

近几年，Android 游戏、iPhone 游戏及网页游戏发展迅猛，并且已经成为带动游戏产业发展的新生力量。遗憾的是，目前除了少数的成功作品外，大部分的游戏属宣传攻势大于内容品质的平庸之作。面对这种局面，3D 游戏成为独辟蹊径的一种选择，而为 3D 游戏研发提供强大技术支持的 Unity 3D 引擎，以其创造高质量的 3D 游戏和真实视觉效果的核心技术，为开发 3D 游戏提供了强大的动力。

Unity 3D 是由 Unity Technologies 开发的一个用于创建三维视频游戏、三维动画等的综合游戏开发工具，是一个技术全面的专业游戏引擎。

本书讲述了 Unity 3D 集成开发环境的搭建、集成开发环境的各个界面，讨论了脚本的编写、开发过程中经常应用的技术和对象，并给出了综合案例。相信每一位读者都会通过本书得到意想不到的收获。

未来几年必定是 Unity 3D 大行其道的时代，因其开发群体迅速扩大，Web Player 装机率快速上升，Unity 3D 迅速爆发的时机已经到来。

最近几年 Unity 3D 迅猛发展，该游戏引擎通过不断地优化与改进已经升级到 2017 版。在 Unity 3D 2017 中增加了许多新的特性，如推出了 Video Player、加入了多场景编辑功能、实现了动画剪辑等。相应地，本书在第 1 版的基础上，加入了许多新的内容，同时，对上一版书稿中的诸多不足进行了改进。

经过近一年见缝插针式的奋战，本书终于交稿了。回顾写书的这段时间，不禁为自己能最终完成这个耗时费力的“大厚书”而感到欣慰，同时也为自己能将从事游戏开发 10 余年积累的宝贵经验及编程感悟分享给正在开发阵线上埋头苦干的广大编程人员而感到高兴。

## 本书特点

❑　内容丰富，由浅入深。

本书在组织上本着“起点低，终点高”的原则，内容覆盖了从学习 Unity 3D 必知必会的基础知识到基于着色器语言所实现的高级特效，最后还给出了一个完整的大型 3D 游戏案例。这样的内容组织可使初学者一步一步成长为 3D 游戏开发达人，满足绝大部分想学习 3D 游戏开发的技术人员与学生以及正在学习 3D 游戏的开发人员的需求。

❑　结构清晰，讲解到位。

本书针对每个需要讲解的知识点都给出了丰富的插图与完整的案例，可使初学者快速上手，有一定基础的读者进一步深入。书中所有的案例均是作者根据多年的开发心得进行设计的，结构清晰明朗，便于读者学习与参考。另外，书中还给出了作者多年来积累的很多编程技巧及心得，具有很高的参考价值。

❑ 包含配套的项目资源。

为了便于读者的学习，随书资源包含了书中所有案例的完整源代码，最大限度地帮助读者快速掌握开发技术。

## 内容导读

本书包括 16 章，按照必知必会的基础知识、基于 Unity 3D 集成开发环境及真实大型游戏案例的顺序进行详细讲解。主要讲解的主题如下表所示。

| 主题名 | 主要内容 |
| --- | --- |
| Unity 基础及集成开发环境的搭建 | 简要介绍了 Unity 的诞生、特点、集成开发环境的搭建及运行机制 |
| Unity 集成开发环境详解 | 详细介绍 Unity 集成开发环境 |
| Unity 脚本程序的开发 | 介绍 Unity 中脚本的编写，主要讲解特定于 Unity 的 C#脚本编写的语法和技巧 |
| Unity 图形用户界面基础 | 详细介绍 Unity 开发过程中经常使用的组件及对象 |
| 物理引擎 | 介绍 Unity 开发平台下完整的物理引擎，包括刚体、碰撞器、粒子系统、关节、交通工具及布料等知识 |
| 着色器——Shader | 介绍 Unity 中着色器的开发和着色器语言——ShaderLab，为各种高级特效的开发打下良好的基础 |
| 常用着色器特效 | 介绍了游戏开发过程中经常会使用的一些着色器特效，如边缘发光、描边效果、菲涅尔效果、遮挡透视效果、积雪效果等 |
| 3D 游戏开发的常用技术 | 介绍天空盒、虚拟按钮与摇杆、声音、水特效、3D 拾取、重力加速度传感器及雾特效等开发常用的技术 |
| 光影效果的使用 | 介绍 Unity 中经常使用的光影效果，主要包括各种光源、光照烘焙、法线贴图、阴影、镜面特效、波动水面真实效果及立方图纹理等技术 |
| 模型与动画 | 介绍 Unity 中模型网格的概念及新旧动画系统，其中着重介绍最新的 Mecanim 动画系统 |
| 地形与寻路技术 | 介绍 Unity 自带的地形引擎、拖尾渲染器及导航网格和寻路系统等知识 |
| 游戏资源的更新 | 介绍 AssetBundle 更新资源包的使用及 Lua 热更新 |
| 多线程技术与网络开发 | 介绍 Unity 中的多线程技术与网络开发 |
| Unity 2D 游戏开发 | 介绍 Unity 3D 在 4.3 版本开始加入的 2D 游戏开发工具 |
| 常用性能优化技术与编辑器的扩展 | 介绍 Unity 3D 提供的 Profiler 工具的使用方法，以及断点调试的两种方式，并讲解实际开发过程中两种非常实用的优化技术 |
| 休闲游戏——平衡球 | 详细介绍完整的实际游戏案例项目——平衡球的开发过程及用到的各种相关技术 |

本书内容丰富，涵盖从基本知识到高级特效，从简单的应用程序到完整的 3D 游戏案例等内容，适合以下读者阅读。

❑ 初学 Unity 3D 应用开发的读者。

本书讲解了在 Unity 平台下进行 3D 应用开发各方面的知识，内容由浅入深，配合详细的案例，非常适合初学者循序渐进地学习。通过学习本书，读者最终会成为 3D 游戏应用开发的达人。

❑ 有一定 3D 开发基础的读者。

本书不仅包含了 Unity 3D 开发的基础知识，同时也包含了基于着色器语言、高级光影效果、动画等技术所实现的高级特效，以及 Unity 3D 强大的物理引擎与完整的游戏案例，有利于有一定 3D 开发基础的开发人员进一步提高开发水平。

❑ 各个平台的 3D 开发人员。

由于 Unity 3D 是可以进行跨平台发布的，可以开发基于各个平台的项目，因此本书适合各种平台的 3D 开发人员学习与使用。

## 特别说明

本书中所有的案例项目及源代码都包含在随书资源中，在正文中当提到第几章下面的某个项目目录时，实际指的是资源中此章目录下同名的 zip 压缩包。在实际使用中，读者需要将所需的压缩包复制到自己的计算机上并解压缩。

## 作者简介

**吴亚峰**，毕业于北京邮电大学，后留学澳大利亚卧龙岗大学并取得硕士学位。1998 年开始从事 Java 应用的开发，有 10 多年的 Java 开发与培训经验。目前主要的研究方向为 OpenGL ES、Vulkan、VR/AR、手机游戏，同时为手机游戏、OpenGL ES 独立软件开发工程师。现任职于华北理工大学并兼任华北理工大学以升大学生创新实验中心移动及互联网软件工作室负责人。10 多年来不但多次指导学生制作手游作品并获得多项学科竞赛大奖，还为数十家著名企业培养了上千名高级软件开发人员。曾编写《OpenGL ES 3.x 游戏开发（上下卷）》《Unity 3D 游戏开发标准教程》《Unity 5.X 3D 游戏开发技术详解与典型案例》《Unity 4 3D 开发实战详解》《Android 应用案例开发大全（第 1 版～第 4 版）》《Android 游戏开发大全（第 1 版～第 4 版）》等畅销技术图书。2008 年年初开始关注 Android 平台下的 3D 应用开发，并开发出一系列优秀的 Android 应用程序与 3D 游戏。

**徐歆恺**，中国矿业大学（北京校区）博士，长期从事人机交互和多媒体技术方面的教学和研究工作。自 2010 年以来转战移动应用开发，多次组织 Google Android 培训并担任主讲，曾荣获 Google 2016 年奖教金。

**苏亚光**，哈尔滨理工大学硕士，从业于计算机软件领域 10 余年，在软件开发和计算机教学方面有着丰富的经验，曾编写《Android 游戏开发大全》《Cocos2d-x 3.x 游戏案例开发大全》《Android 应用案例开发大全》等畅销技术图书。2008 年开始关注 Android 平台下的应用及游戏开发，参与开发了多款手机 2D/3D 游戏应用。

在编写本书过程中，作者得到了唐山百纳科技有限公司 Java 培训中心的大力支持，同时蒋迪、韩金铖、许凯炎、董杰及作者的家人为本书的编写提供了很多帮助，在此表示衷心的感谢！

由于作者的水平和学识有限，且书中涉及的知识较多，难免有不妥和疏漏之处，恳请广大读者批评指正，并提出宝贵意见，编辑联系邮箱为 zhangtao@ptpress. com.cn。

作　者

# 资源与支持

本书由异步社区出品，社区（https://www.epubit.com/）为您提供相关资源和后续服务。

## 配套资源

本书配套资源包括书中示例的源代码。

要获得以上配套资源，请在异步社区本书页面中单击 配套资源 ，跳转到下载界面，按提示进行操作即可。注意，为保证购书读者的权益，该操作会给出相关提示，要求输入提取码进行验证。

如果您是教师，希望获得教学配套资源，请在社区本书页面中直接联系本书的责任编辑。

## 提交勘误

作者和编辑尽最大努力来确保书中内容的准确性，但难免会存在疏漏。欢迎您将发现的问题反馈给我们，帮助我们提升图书的质量。

当您发现错误时，请登录异步社区，按书名搜索，进入本书页面，单击“提交勘误”，输入勘误信息，单击“提交”按钮即可。本书的作者和编辑会对您提交的勘误进行审核，确认并接受后，您将获赠异步社区的 100 积分。积分可用于在异步社区兑换优惠券、样书或奖品。

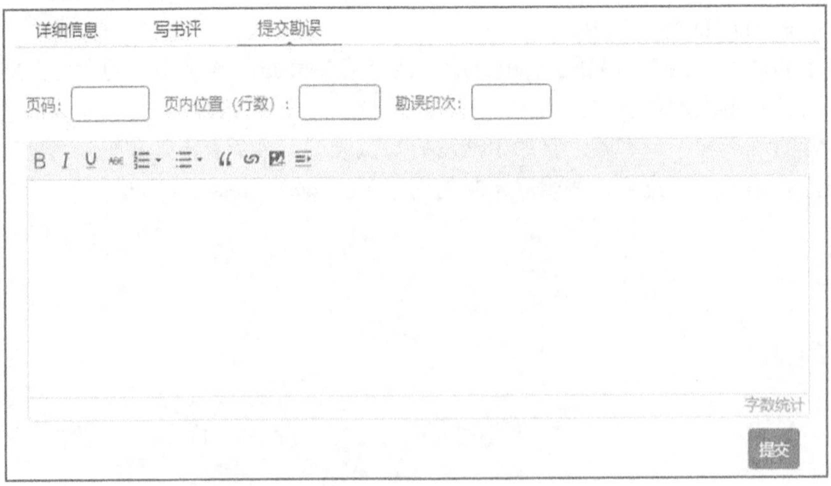

## 扫码关注本书

扫描下方二维码，您将会在异步社区微信服务号中看到本书信息及相关的服务提示。

## 与我们联系

我们的联系邮箱是 contact@epubit.com.cn。

如果您对本书有任何疑问或建议，请您发邮件给我们，并请在邮件标题中注明本书书名，以便我们更高效地做出反馈。

如果您有兴趣出版图书、录制教学视频，或者参与图书翻译、技术审校等工作，可以发邮件给我们；有意出版图书的作者也可以到异步社区在线提交投稿（直接访问 www.epubit.com/selfpublish/submission 即可）。

如果您是学校、培训机构或企业，想批量购买本书或异步社区出版的其他图书，也可以发邮件给我们。

如果您在网上发现有针对异步社区出品图书的各种形式的盗版行为，包括对图书全部或部分内容的非授权传播，请您将怀疑有侵权行为的链接发邮件给我们。您的这一举动是对作者权益的保护，也是我们持续为您提供有价值的内容的动力之源。

## 关于异步社区和异步图书

**“异步社区”**是人民邮电出版社旗下 IT 专业图书社区，致力于出版精品 IT 技术图书和相关学习产品，为作译者提供优质出版服务。异步社区创办于 2015 年 8 月，提供大量精品 IT 技术图书和电子书，以及高品质技术文章和视频课程。更多详情请访问异步社区官网 https://www.epubit.com。

**“异步图书”**是由异步社区编辑团队策划出版的精品 IT 专业图书的品牌，依托于人民邮电出版社近 30 年的计算机图书出版积累和专业编辑团队，相关图书在封面上印有异步图书的 LOGO。异步图书的出版领域包括软件开发、大数据、AI、测试、前端、网络技术等。

异步社区

微信服务号

# 目　　录

# 第1章　Unity 基础及集成开发环境的搭建

本章主要介绍 Unity 的基础知识及 Unity 集成开发环境的搭建，通过对本章的学习，读者将对 Unity 有一个大致的了解。本书提供配套的案例，读者可以方便地将随书资源中的各个项目案例导入自己计算机上的 Unity 中进行效果预览和其他操作。

## 1.1 Unity 基础知识概述

本节介绍 Unity 的发展历史及其独具特色的特点，主要内容包括初识 Unity、Unity 的诞生及发展、Unity 广阔的市场前景、独具特色的 Unity 等。通过对本节的学习，读者将对 Unity 有一个基本的认识。

### 1.1.1　初识 Unity

Unity 是由 Unity Technologies 开发的一个轻松创建三维视频游戏、建筑可视化、实时三维动画等互动内容的、多平台的综合型游戏开发工具，是一个技术全面的专业游戏引擎。通过 Unity 简单的用户界面，玩家可以完成任何工作。

与 Director、Blender Game Engine、Virtools 和 Torque Game Builder 等游戏引擎类似，Unity 采用图形化的方式与开发人员交互。其内置的 NVIDIA PhysX 物理引擎能带给玩家真实的体验，同时可以将三维图形实时与音频流、视频流混合。

其编辑器运行在 Windows 和 Mac OS X 下，可将游戏发布至 Windows、Mac、Wii、iPhone 和 Android 平台，也可以利用 Unity Web Player 插件发布网页游戏，支持 Mac 和 Windows 的网页浏览，并且 Unity 的网页播放器也被 Mac Widgets 所支持。

### 1.1.2　Unity 的诞生及发展

通过前面小节的学习，相信读者对 Unity 有了一个简单的认识。Unity 现在已经是移动游戏领域较为优秀的游戏引擎了，能在从诞生到现在这么短的时间取得如此成绩，Unity 可谓生逢其时。为了让读者对 Unity 有更进一步的了解，本小节将为读者介绍 Unity 的发展史。

- 2005 年 6 月，Unity 1.0 发布。Unity 1.0 是一个轻量级、可扩展的依赖注入容器，有助于创建松散耦合的系统。它支持构建子注入（Constructor Injection）、属性/设值方法注入（Property/Setter Injection）和方法调用注入（Method Call Injection）。
- 2009 年 3 月，Unity 2.5 加入了对 Windows 的支持。Unity 发展到 2.5，完全支持 Windows Vista 与 Windows XP 的全部功能和互操作性，而且 Mac OS X 中的 Unity 编辑器也已经重建，在外观和功能上都相互统一。Unity 2.5 的优点是 Unity 可以在任一平台建立任何游戏，实现了真正的跨平台。
- 2009 年 10 月，Unity 2.6 独立版开始免费。Unity 2.6 支持许多外部版本控制系统，如 Subversion、Perforce、Bazaar，或是其他的 VCS（Version Control System，版本控制系统）等。除

此之外，Unity 2.6 与 Visual Studio 完整的一体化也增加了 Unity 自动同步 Visual Studio 项目的源代码的功能，实现了所有脚本的解决方案和智能配置。

- 2010 年 9 月，Unity 3.0 开始支持多平台。Unity 3.0 新增加的功能有：桌面左侧的快速启动栏使编辑更方便、增加支持 Ubuntu 12.04、更改桌面主题和在 Dash 中隐藏“可下载的软件”类别等。
- 2012 年 2 月，Unity Technologies 发布 Unity 3.5。纵观其发展历程，Unity Technologies 一直在快速强化 Unity。Unity 3.5 提供了大量的新增功能和改进功能，所有使用 Unity 3.0 或更高版本的用户均可免费升级到 Unity 3.5。
- 2012 年 11 月，Unity Technologies 正式推出 Unity 4.0，该版本新加入对 DirectX 11 的支持和全新的 Mecanim 动画工具，支持移动平台的动态阴影，减少移动平台 Mesh 内存消耗，支持动态字体渲染，并为用户提供 Linux 及 Adobe Flash Player 的部署预览功能。
- 2013 年 11 月，Unity 4.3 发布。同时 Unity 正式发布 2D 工具，标志着 Unity 不再是单一的 3D 工具，而是真正地能够同时支持二维和三维内容的开发和发布。发布 2D 工具的预告已经让 Unity 开发人员兴奋不已，这也正是开发人员长久以来所期待的。
- 2014 年 11 月，Unity 4.6 发布，加入了新的 UI 系统，Unity 开发人员可以使用基于 UI 框架和视觉工具的 Unity 强大的新组件来设计游戏或应用程序。
- 2015 年 3 月，Unity Technologies 在 GDC（Game Developers Conference，GDC）2015 上正式发布了 Unity 5.0，Unity 首席执行官 John Riccitiello 表示，Unity 5.0 是 Unity 的重要里程碑。Unity 5.0 实现了实时全局光照，加入了对 WebGL 的支持，实现了完全的多线程。
- 2015 年 6 月，Unity 5.1 发布，加入了为 VR（Vitual Reality，虚拟现实）和 AR（Augmented Reality，增强现实）设备优化的渲染管道，可以直接插入 Oculus Rift 开发机进行测试。头部追踪等功能会自动应用在摄像头上。
- 2016 年 11 月，Unity 5.5 发布，其能够很好地支持 Microsoft Holographic，直接在 Unity 编辑器中加入全息模拟功能以改善开发流程，开发人员将能够直接在 Unity 编辑器中创建原型、调试，而无须在真实的 HoloLens 设备上构建和配置。
- 2017 年 7 月，Unity 2017.1 发布，增添了 SpriteMask 组件，加入了 Timeline 编辑器，能对各种时间序列资源进行编辑。除此之外，Unity 2017.1 还添加了 AssetBundle 窗口，能可视化地管理项目中的各种资源。

### 1.1.3　Unity 的市场前景

近几年来，Android 平台游戏、iPhone 平台游戏及 Web 的网页游戏发展迅猛，已经成为带动游戏发展的新生力量。遗憾的是，目前除了少数的作品成功外，大部分游戏属宣传攻势大于内容品质的平庸之作。

面对这种局面，3D 游戏成为独辟蹊径的一种选择，Unity 3D 是如今绝大多数游戏开发团队的首选 3D 引擎，并且它在 2D 上的表现也极为优秀。它可以轻松解决很多其他引擎不能解决的问题，其对 DirectX 和 OpenGL 拥有高度优化的图形渲染管道，以其创造高质量的 3D 游戏和真实视觉效果的核心技术，为开发 3D 游戏提供了强大的动力。

> **提示**　Unity 游戏引擎后来居上，在近几年发行的几款风靡一时的 iPhone 和 Android 平台上的游戏都选择了这款游戏引擎，如《炉石传说》《王者之剑》《王者荣耀》等。

Unity 不仅在游戏领域里有广阔的应用，它还可以用于 3D 虚拟仿真、大型产品 3D 展示、3D 虚拟展会、3D 场景导航及一些精密仪器使用方法的演示等，可谓应用领域非常广泛。

Unity 3D 游戏引擎技术研讨会最早于 2011 年 5 月在韩国举行。据悉，现在有 10 种以上的新引擎开发都采用了 Unity 游戏引擎技术。现已有部分开发商利用 China Joy 展会的契机，展示了该引擎的运行效果，目前已有很多厂商与开发商签订了提前预订引擎的协议。

> **提示** Unity 游戏引擎可以帮助开发人员制作出炫丽的 3D 效果，并可实时查看。目前，Unity 游戏引擎已推出了对应 iPhone、iPad、PC、Mac、Android、Flash Player、WebGL、Wii、PS3、PS4、PS Vita、Gear VR、Oculus Rift、Daydream 等平台的版本，促进了游戏跨平台的应用。读者要做的只是在编辑器中选择使用哪一个平台来预览游戏作品。

未来几年必定是 Unity 大行其道的时代，因其开发群体迅速扩大，Web Player 装机率快速上升，Unity 迅速爆发的时机已经到了。

### 1.1.4 独具特色的 Unity

通过对前面内容的学习，相信读者已经对 Unity 有了一个基本的认识。Unity 在游戏开发领域中以其独特、强大的技术理念征服了全球众多的业界公司及游戏开发人员。本小节将介绍 Unity 的特点，帮助读者进一步学习 Unity。

**1. Unity 本身所具有的特点**

❑ 综合编辑

Unity 简单的用户界面是层级式的综合开发环境，具备视觉化编辑、详细的属性编辑器和动态的游戏预览特性。由于其强大的综合编辑特性，因此，Unity 也用来快速制作游戏或者开发游戏原型，如图 1-1 所示。

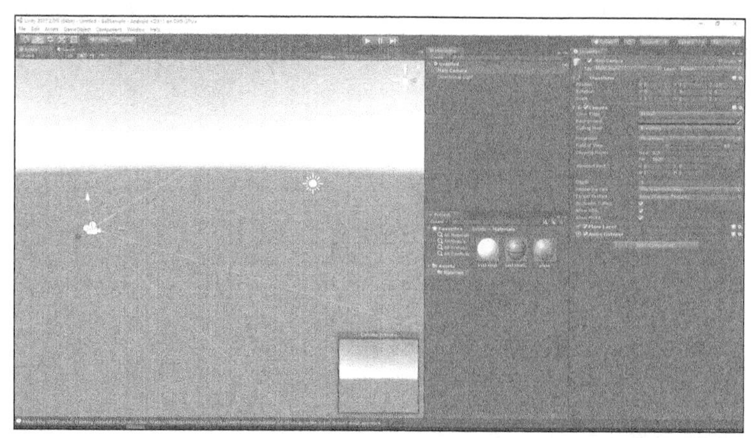

▲图 1-1 综合编辑

❑ 图形引擎

Unity 的图形引擎使用的是 DirectX 12、Vulkan 和自有的 APIs（Wii），可以支持 Bump Mapping、Reflection Mapping、Parallax Mapping、Screen Space Ambient Occlusion、动态阴影所使用的 Shadow Map 技术与 Render-to-Texutre 和全屏 Post Processing 效果。

❑ 资源导入

项目中的资源会被自动导入，并根据资源的改动自动更新。虽然很多主流的三维建模软件为 Unity 所支持，但 Unity 对 3ds Max、Maya、Blender、Cinema 4D 和 Cheetah 3D 的支持比较好，并支持一些其他的三维格式。

❑ 一键部署

Unity 可一次构建，全局部署，实现最大用户规模。使用 Unity 游戏引擎开发的项目能发布到移动、桌面、主机、TV、VR、AR 及网页平台上，如 Android、iOS、Windows、PS4、Gear VR、tvOS、SteamVR PS&Mac 等，如图 1-2 所示。

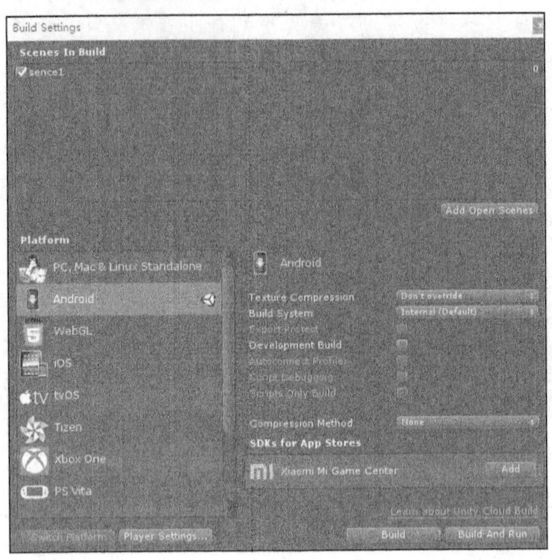


▲图 1-2　一键部署

❑　着色器（Shader）

着色器编写使用 ShaderLab 语言，同时支持自有工作流中的编程方式或 CG（C for Graphics）、GLSL（OpenGL Shading Language）语言编写的 Shader。着色器对游戏画面的控制力就好比在 Photoshop 中编辑数码照片，在高手手里可以营造出各种惊人的画面效果。图 1-3 为着色器的渲染效果。

▲图 1-3　着色器的渲染效果

一个着色器可以包含众多变量及一个参数接口，允许 Unity 去判定参数是否为当前所支持并适配的最适合参数，并选择相应的着色器类型以获得更高的兼容性。因此，Unity 的着色器系统具有易用、灵活和高性能的特性。

❑　地形编辑器

Unity 内建强大的地形编辑器，支持地形创建、树木与植被贴片及自动的地形 LOD（Levels of Detail，多层次细节），而且支持水面特效，尤其是低端硬件也可流畅运行广阔、茂盛的植被景观，还可以使用 TreeEditor 编辑树木的各部位细节，如图 1-4 和图 1-5 所示。

▲图 1-4 地形

▲图 1-5 编辑树木

❑ 联网

现在大部分的游戏是联网的，令人惊喜的是，Unity 内置了强大的多人联网游戏引擎，具有 Unity 自带的客户端和服务器端，省去了并发、多任务等一系列烦琐而困难的操作，可以简单地完成所需任务。多人网络连线采用 Raknet，可以实现单人游戏和全实时多人游戏。

❑ 物理特效

物理引擎是一个计算机程序模拟的牛顿力学模型，需使用质量、速度、摩擦力和空气阻力等变量，可以用来预测不同情况下的效果。Unity 内置 NVIDIA 强大的 PhysX 物理引擎，可以方便、准确地开发出所需要的物理特效。

PhysX 可以由 CPU（Central Processing Unit，中央处理器）计算，但其程序本身在设计上还可以调用独立的浮点处理器来计算，如 GPU（Graphics Processing Unit，图形处理器）和 PPU（Physics Processing Unit，物理运算处理器），也正因为如此，它可以轻松完成像流体力学模拟那样的大计算量的物理模拟计算。另外，PhysX 物理引擎还可以在包括 Windows、Linux、Xbox360、Mac、Android 等在内的全平台上运行。

❑ 音频和视频

音效系统基于 OpenAL 程式库，可以播放 Ogg Vorbis 的压缩音效，视频播放采用 Theora 编码，并支持实时三维图形混合音频流和视频流。

OpenAL 主要的功能是在来源物体、音效缓冲和收听者中编码。来源物体包含一个指向缓冲区的指标、声音的速度、位置和方向及声音强度；收听者包含收听者的速度、位置和方向及全部声音的整体增益；音效缓冲里包含 8 或 16 位元、单声道或立体声 PCM 格式的音效资料。表现引擎进行所有必要的计算，如距离衰减、多普勒效应等。

❑ 脚本

游戏脚本为基于 Mono 的 Mono 脚本，是一个基于.NET Framework 的开源语言，因此，开发人员可用 JavaScript、C# Script 进行编写，如图 1-6 所示。

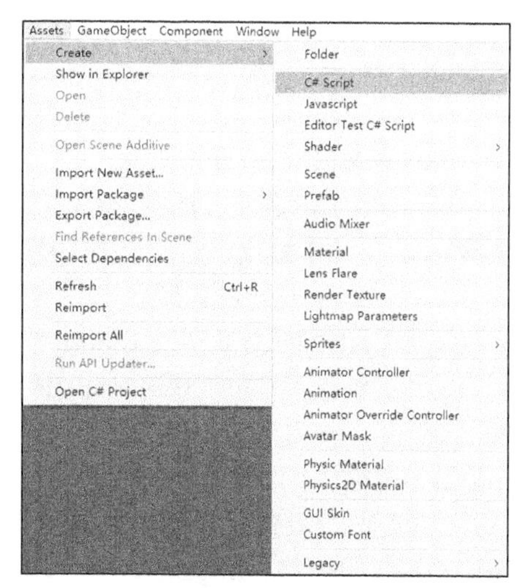


▲图 1-6 脚本

**提示** 由于 JavaScript 和 C# Script 语言是目前 Unity 开发中比较流行的语言，同时考虑到脚本语言的通用性，因此，本书采用 JavaScript 和 C# Script 两种脚本语言编写脚本，以给读者带来更多的选择。

❑　Unity 资源服务器

Unity 资源服务器具有一个支持各种游戏和脚本版本的控制方案，其使用 PostgreSQL 作为后端。它可以保证在开发过程中多人并行开发，保证不同的开发人员使用不同版本的开发工具所编写的脚本能够顺利地集成。

❑　真实的光影效果

Unity 提供了具有柔和阴影与光照图（Lightmap）的高度完善的光影渲染系统。光照图是包含视频游戏中面的光照信息的一种三维引擎的光强数据。光照图是预先计算好的，而且要用在静态目标（Static Object）上。

Unity 融入了 Geomerics 行业领先的实时全局光照技术 Enlighten，Enlighten 是目前仅有的，为实现 PC、主机和移动游戏中的完全动态光照效果而进行了优化的实时全局光照技术。Enlighten 的实时技术也极大地改善了工作流程，使美工和设计师能够直接在 Unity 编辑器中为所有游戏风格创建引人入胜的逼真视觉效果。Enlighten 实时全局光照效果如图 1-7 所示。

▲图 1-7　Enlighten 实时全局光照效果

说明　静态目标在三维引擎里是区别于动态目标（Dynamic Object）的一种分类。

❑　集成 2D 游戏开发工具

当今的游戏市场中 2D 游戏仍然占据着很大的市场份额，尤其是对于移动设备如手机、平板电脑等来说，2D 游戏仍然是一种主要的开发方式。针对这种情况，Unity 在 4.3 版本以后正式加入了 Unity 2D 游戏开发工具集。

使用 Unity 2D 游戏开发工具集可以非常方便地开发 2D 游戏，利用工具集中的 2D 游戏换帧动画图片的制作工具可以快速制作 2D 游戏换帧动画。Unity 为 2D 游戏开发集成了 Box2D 物理引擎，并提供了一系列 2D 物理组件，通过这些组件可以非常简单地在 2D 游戏中实现物理特性。

❑　虚拟现实与增强现实

Unity 是全球应用最广的 VR 开发平台，91%以上的 HoloLens 应用均使用 Unity 制作。无论是 VR、AR 或 MR（Mix Reality，混合现实），都可以通过 Unity 高度优化的渲染管线与编辑器快速迭代能力将 XR（Xtended Reality，扩展现实）创意带入现实。它支持所有新型主流平台，原生支持 Oculus Rift、Steam VR/Vive、Playstation VR、Gear VR、Daydream 等。

❑　Unity Analytics

Unity Analytics 分析服务为游戏而生，其原生集成到 Unity，无须安装 SDK，能够为开发人员提供指定信息用于调整游戏玩法与多个平台的最佳体验，并帮助开发人员实现利益最大化。

❑ 资源商店

编辑器中包含 Unity 的资源商店窗口，其中的资源可以直接用于 Unity 项目，从而可以加快开发进度，降低开发成本。资源商店中包含模型、脚本、插件等多种资源，如图 1-8 所示。

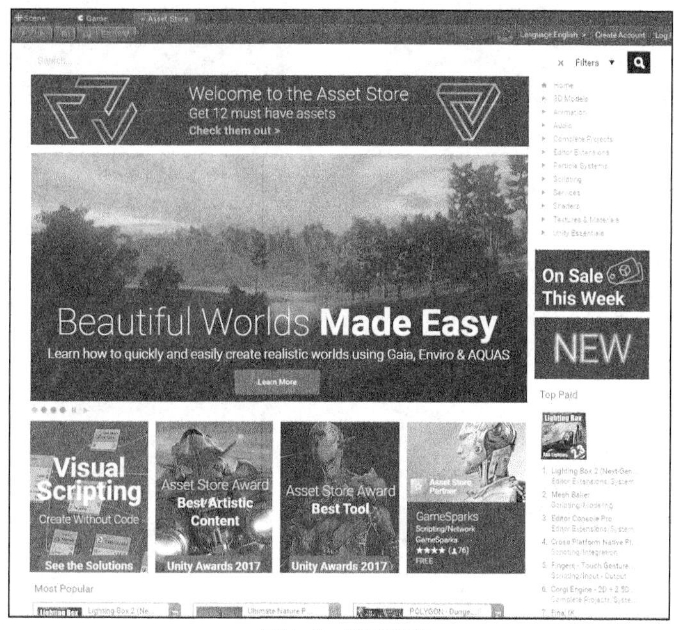


▲图 1-8 资源商店

## 2. Unity 的跨平台特性

与 Director、Blender Game Engine、Virtools 和 Torque Game Builder 等游戏引擎类似，Unity 采用图形化的方式与开发人员进行交互。其编辑器运行在 Windows 和 Mac OS X 下，可发布游戏至 Windows、Mac、Wii、iPhone 和 Android 平台，也可以利用 Unity Web Player 插件发布网页游戏，支持 Mac 和 Windows 的网页浏览。

现在市面上已经推出了很多由 Unity 开发的基于 Android 平台、iPhone 平台、PC 平台及 VR 平台的大型 3D 网页游戏，这些游戏都得到了很高评价。接下来将分别介绍这几类游戏。

❑ 基于 Android 平台的游戏

Unity 可以基于 Android 平台进行游戏开发，由于其自身存在的优势，开发出来的游戏也让人赏心悦目，赞不绝口。

例如，《捣蛋猪》是 Rovio Entertainment 继《愤怒的小鸟》之后的又一款力作，如图 1-9 所示；由暴雪开发的《炉石传说》，如图 1-10 所示；由 Glu Mobile 开发的《血之荣耀 2：传奇》，如图 1-11 所示；由蓝港在线开发的《王者之剑 2》，如图 1-12 所示。

▲图 1-9 《捣蛋猪》

▲图 1-10 《炉石传说》

▲图 1-11　《血之荣耀 2：传奇》

▲图 1-12　《王者之剑 2》

❑　基于 iPhone 平台的游戏

Unity 还可以基于 iPhone 平台进行游戏开发，由于其自身存在的优势，可以制作出绚丽多彩的 iPhone 平台游戏。例如，由腾讯游戏天美工作室开发的《王者荣耀》，如图 1-13 所示；由 Defiant Development Pty.Ltd 开发的《滑雪大冒险》，如图 1-14 所示；由 YANSHU SUN 开发的《崩坏学园 2》，如图 1-15 所示；由 Crescent Moon Games LLC 开发的 Slingshot Racing，如图 1-16 所示。

▲图 1-13　《王者荣耀》

▲图 1-14《滑雪大冒险》

▲图 1-15　《崩坏学园 2》

▲图 1-16　Slingshot Racing

❑　基于 PC 平台的游戏

Unity 可以基于 PC（Windows/Mac）平台进行游戏开发，强大的图像渲染能力让游戏看起来更加绚丽多彩。

例如，由 Abrakam 工作室开发的卡牌游戏 Faeria，如图 1-17 所示；由 BKOM 工作室开发的角色扮演类游戏 Tales from Candlekeep: Tomb of Annihilation，如图 1-18 所示；由大宇资讯股份有限公司开发的《轩辕剑陆：凤凌长空千载云》，如图 1-19 所示；由软星科技有限公司制作的一款单机角色扮演游戏《仙剑奇侠传六》，如图 1-20 所示。

❑　基于 Web 的大型 3D 网页游戏

Unity 也可以开发基于 Web 的大型 3D 网页游戏，网页游戏不用下载客户端，也是近几年比较流行的一种游戏类型，市面上已经推出了很多 3D 网页游戏。

例如，由骏梦游戏开发的《新仙剑奇侠传 online》，如图 1-21 所示；由上海友齐信息技术有限公司开发的《坦克英雄》，如图 1-22 所示；由昆仑在线开发的《绝代双骄》，如图 1-23 所示；

由厦门梦加网络科技有限公司开发的《蒸汽之城》，如图 1-24 所示。

▲图 1-17 Faeria

▲图 1-18 Tales from Candlekeep: Tomb of Annihilation

▲图 1-19 《轩辕剑陆：凤凌长空千载云》

▲图 1-20 《仙剑奇侠传六》

▲图 1-21 《新仙剑奇侠传 online》

▲图 1-22 《坦克英雄》

▲图 1-23 《绝代双骄》

▲图 1-24 《蒸汽之城》

❑ 基于各种 VR 平台的游戏

用 Unity 除了可以开发传统平台的游戏外，还能开发像 HTC Vive、Oculus Rift 这些 VR 平台的游戏，而且随着 VR 设备的逐步升级，VR 应用与游戏也成为一个热门的新兴领域。

例如，Valve 官方推出的 The Lab，如图 1-25 所示；Aldin Dynamics 开发的梦幻 VR 游戏 Waltz of the Wizard，如图 1-26 所示；网易游戏开发的基于 Daydream 的 VR 游戏《破晓唤龙者》，如图 1-27 所示；由 Steel Crate Games 开发的 Keep Talking and Nobody Explodes，如图 1-28 所示。

Unity 基础知识到这里介绍完毕，接下来将详细介绍 Unity 集成开发环境的搭建，这是进行 Unity 开发的第一步。通过讲解 Unity 集成开发环境的安装和如何将目标平台的 SDK 集成到 Unity，读者可以顺利地进入 Unity 集成开发环境。

▲图 1-25　The Lab

▲图 1-26　Waltz of the Wizard

▲图 1-27　《破晓唤龙者》

▲图 1-28　Keep Talking and Nobody Explodes

## 1.2　Unity 集成开发环境的搭建

本节将介绍 Unity 集成开发环境的搭建。集成开发环境的搭建分为两个步骤：Unity 集成开发环境的安装和目标平台的 SDK 与 Unity 集成，其中包括在 Windows 平台下安装 Android SDK 和在 Mac OS 平台下安装 SDK。

### 1.2.1　Windows 平台下 Unity 的下载及安装

本小节主要讲述如何在 Windows 平台下搭建 Unity 集成开发环境，主要包括如何从 Unity 官网下载 Windows 平台下使用的 Unity 游戏开发引擎，以及如何安装下载好的 Unity 安装程序，具体的操作步骤如下。

（1）登录 Unity 官方网站，将首页拖至最底部，如图 1-29 所示。在“下载”栏中单击 Unity 超链接，网页跳转到新版 Unity 的版本比较页面，该页面展示了专业版和个人版的功能区别，再将网页拖至底部，在“资源”栏中单击“Unity 旧版本”超链接，如图 1-30 所示。

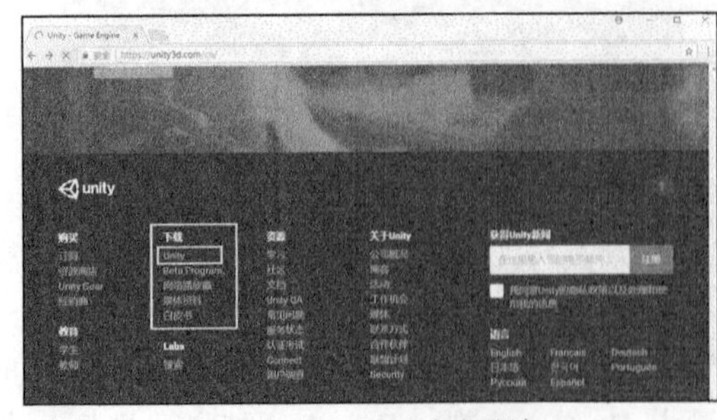


▲图 1-29　Unity 官方网站

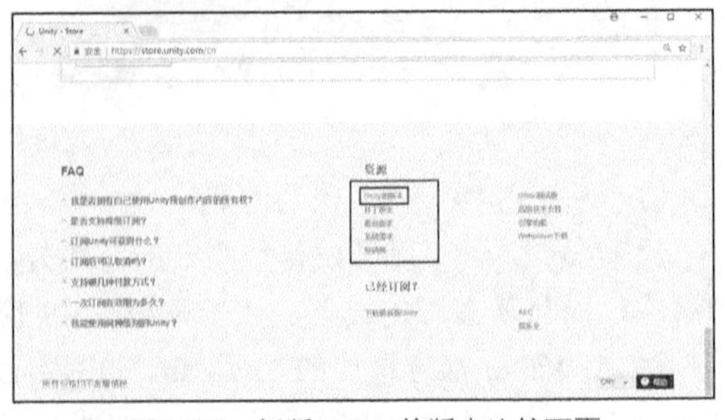


▲图 1-30　新版 Unity 的版本比较页面

> **提示**　由于 Unity 官网的默认语言为英语，因此打开页面后内容全部为英文，语言选项在网页最底部的右下角处，读者可根据个人需要选择合适的语言。

（2）单击“Unity 旧版本”超链接后，网页跳转到 Unity 下载存档页面，在该页面可以下载最新和以前版本的 Unity。这里选择 Unity 2017.2.0，如图 1-31 所示。单击右侧的“下载（Win）”按钮，弹出下拉菜单，如图 1-32 所示。下拉菜单的前两项分别为“Unity 安装程序”和“Unity 编辑器（64 位）”。读者可根据个人情况选择下载，这里选择第一项。

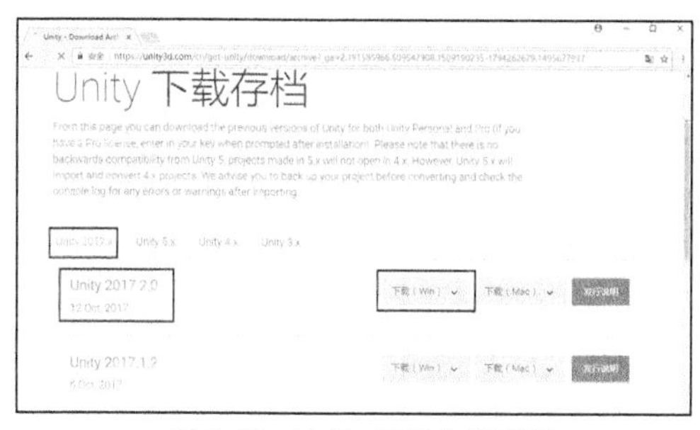


▲图 1-31　Unity 下载存档页面

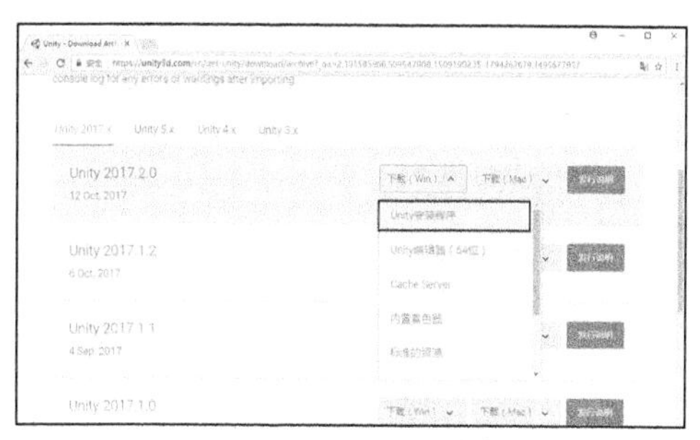


▲图 1-32　Unity 下载选项

（3）双击下载好的 Unity 安装程序 UnityDownloadAssistant-2017.2.0f3.exe，会打开 Unity 2017.2.0f3 Download Assistant 窗口，如图 1-33 所示。单击 Next 按钮，打开 License Agreement 窗口，如图 1-34 所示。

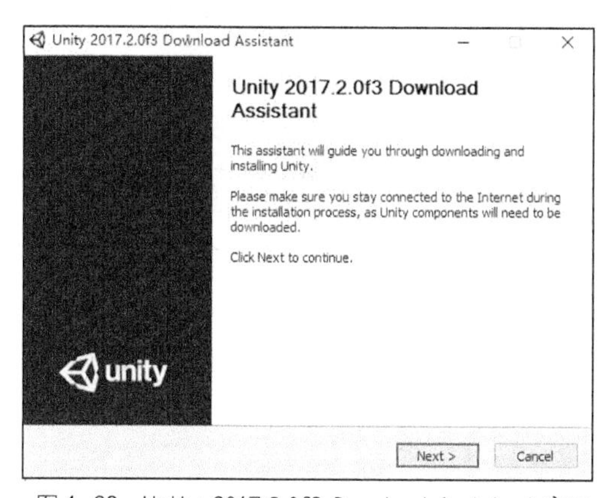


▲图 1-33　Unity 2017.2.0f3 Download Assistant 窗口

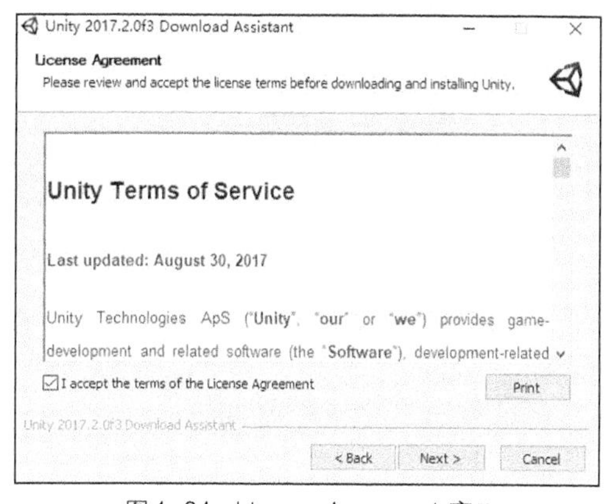


▲图 1-34　License Agreement 窗口

（4）在 License Agreement 窗口中选中 I accept the terms of the License Agreement 复选框，单击 Next 按钮，打开 Choose Components 窗口，如图 1-35 所示。单击 Next 按钮，打开 Choose Download and Install Locations 窗口，如图 1-36 所示。

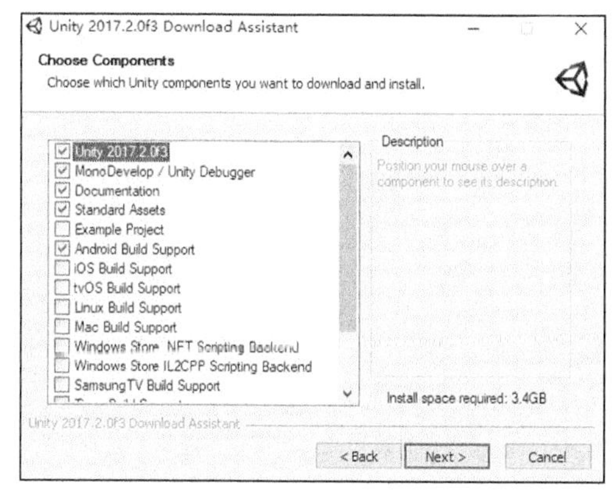


▲图 1-35　Choose Components 窗口

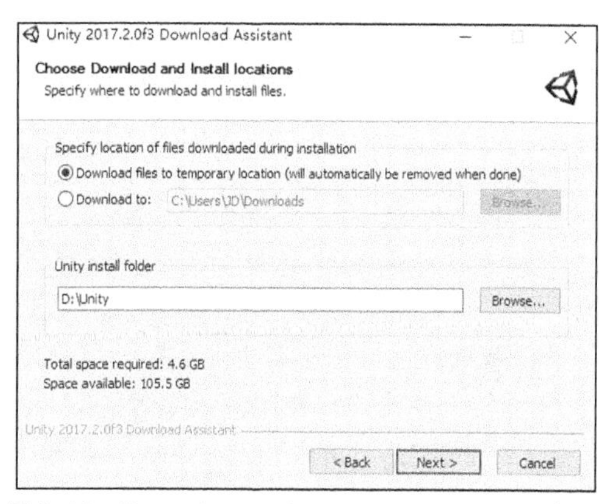


▲图 1-36　Choose Download and Install Locations 窗口

（5）选择好安装路径（本书以默认路径为例），单击 Next 按钮进行安装，同时打开 Downloading and Installing 窗口（见图 1-37），该窗口打开后（这是 Unity 的安装过程）会需要一定的时间，请耐心等待。

（6）安装结束，会跳转到 Completing the Unity Setup 窗口，如图 1-38 所示单击 Finish 按钮即可。如果选中 Launch Unity 复选框，则单击 Finish 按钮就会跳转到 License 注册窗口，此时桌面上会出现一个 Unity.exe 快捷方式，如图 1-39 所示。

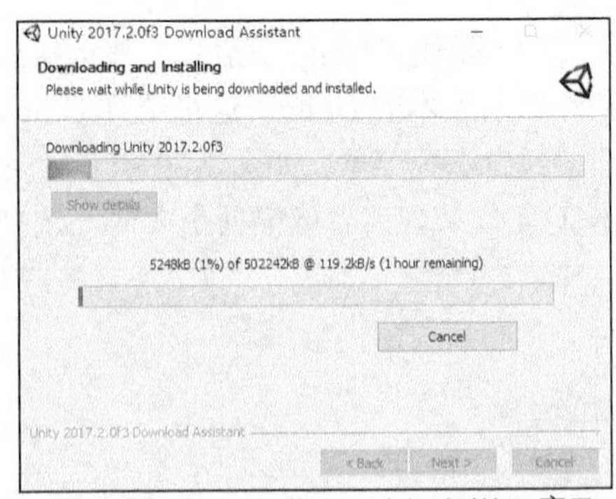


▲图 1-37　Downloading and Installing 窗口

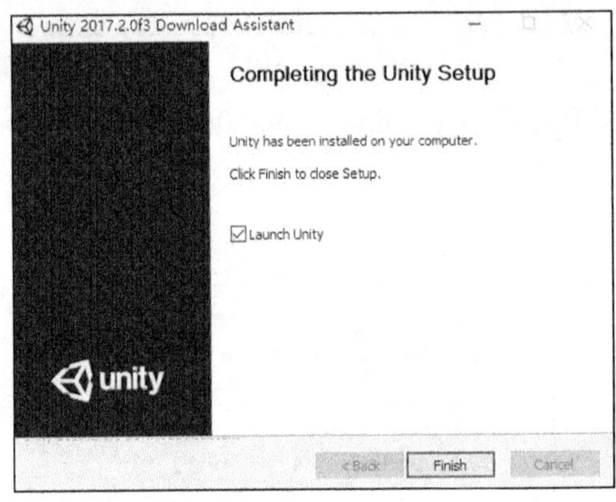


▲图 1-38　Completing the Unity Setup 窗口

▲图 1-39　Unity.exe 快捷方式

（7）如果没有选中 Launch Unity 复选框，则双击桌面上的 Unity.exe 快捷方式，也会跳转到 License 注册窗口，如图 1-40 所示。这里提示当前没有登录，操作权限会受到限制，单击右上角的 Sign in 按钮，进入登录界面。

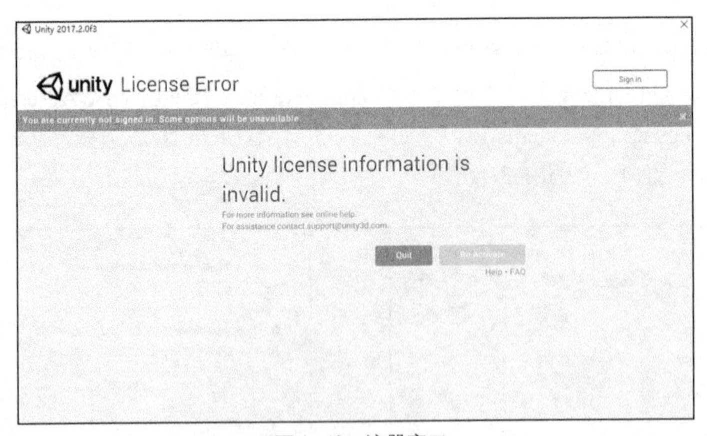


▲图 1-40　注册窗口

（8）登录界面如图 1-41 所示，提示用户输入用户名与密码。如果没有 Unity 账户，可单击 create one 超链接创建账户，在此输入笔者的账号后，单击 Sign in 按钮登录。登录后才能正确地进入 License 注册窗口，Unity Plus or Pro 为专业版，Unity Personal 为个人版，如图 1-42 所示。

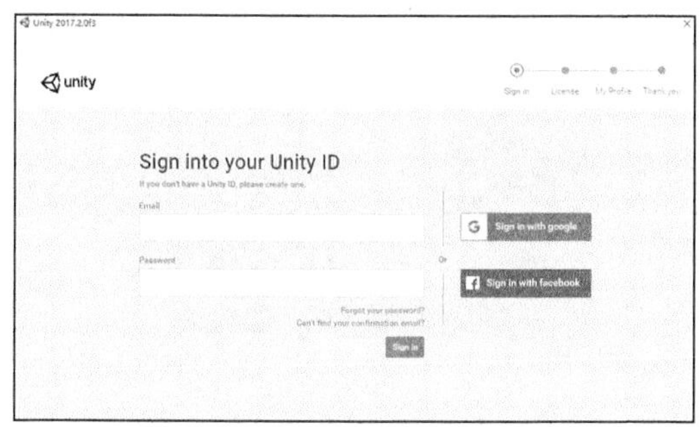


▲图 1-41　登录界面

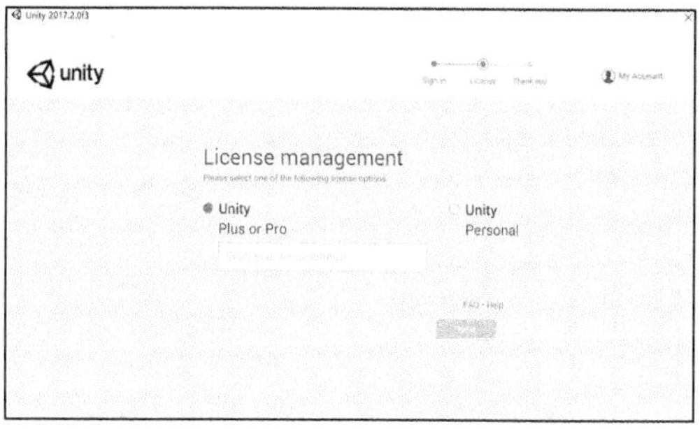

▲图 1-42　License 注册窗口

**提示**　选择使用专业版需要序列号，有序列号的用户可以选择该项后输入序列号，没有序列号的用户可以到官方购买。选择使用个人版的用户，需要在官方网站注册一个账号，通过账号激活 Unity。个人版有诸多限制，许多功能都不能在该版本中使用，不建议选择该版本。

（9）选中 Unity Personal 单选按钮，单击 Next 按钮，打开 License agreement 窗口，如图 1-43 所示，在此窗口中需要选择使用 Unity 的用途，前两项为公司开发所用，此处选择第 3 项 I don't use Unity in a professional capacity，单击 Next 按钮，打开 Thank you 窗口，如图 1-44 所示。

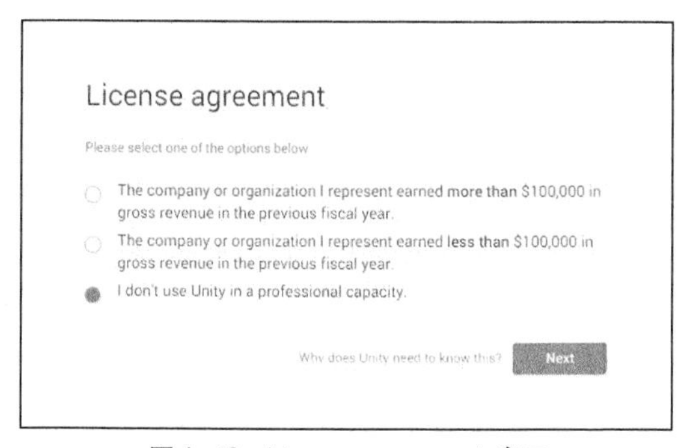


▲图 1-43　License agreement 窗口

▲图 1-44　Thank you 窗口

（10）单击 Start Using Unity 按钮，打开 Unity 启动窗口，如图 1-45 所示。OnDisk 选项卡中为本地的 Unity 项目，选择相应的项目就能打开项目；In The Cloud 选项卡为云端的项目。Learn 选项卡下包含 Unity 的相关资料，如图 1-46 所示。

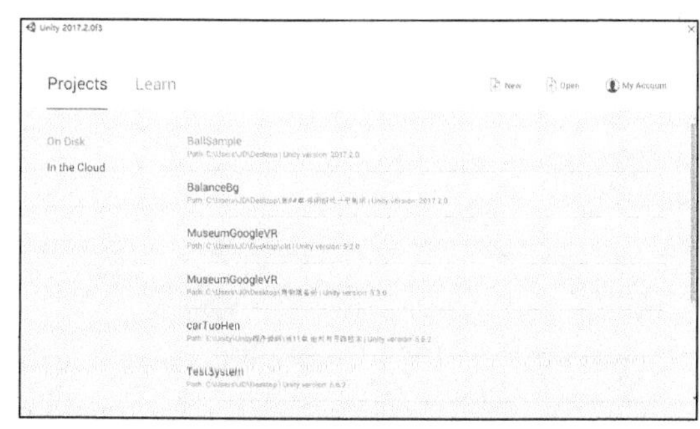


▲图 1-45　Unity 启动窗口

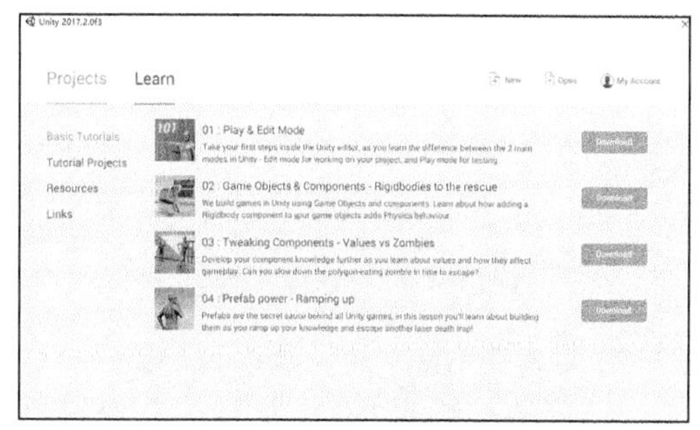


▲图 1-46　学习资料

（11）单击 New 按钮，打开创建项目窗口，如图 1-47 所示。这里的工程路径选择默认路径，然后单击 Create project 按钮进入 Unity 集成开发环境，如图 1-48 所示。

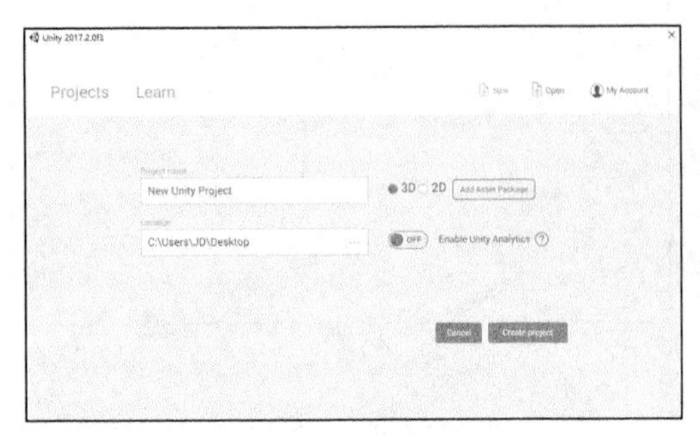


▲图 1-47 创建项目窗口

▲图 1-48 Unity 集成开发环境

**提示** Unity 的安装要求操作系统为 Windows XP SP2 以上、Windows 7 SP1 以上、Windows 8、Windows 10，不支持 Windows Vista；GPU 要求有 DX9（着色器模型 2.0）功能的显卡，2004 年以后的产品都可以。对于整体要求，现在所使用的计算机都满足以上两点。

## 1.2.2 Mac OS 平台下 Unity 的下载及安装

1.2.1 节介绍了如何在 Windows 平台下搭建 Unity 集成开发环境，本节将具体介绍如何在 Mac OS 平台下下载 Mac 版的 Unity 游戏开发引擎，以及如何安装下载好的 Mac 版 Unity 安装程序，具体操作步骤如下。

（1）Mac 平台下 Unity 的下载与 Windows 相同，故省略前面的安装程序下载步骤，直接从安装开始介绍。首先单击下载好的 Unity 安装文件 UnityDownloadAssistant-2017.2.0f3.dmg，打开 Unity 安装窗口，如图 1-49 所示。单击 Continue 按钮，打开 Software License Agreement 窗口，如图 1-50 所示。

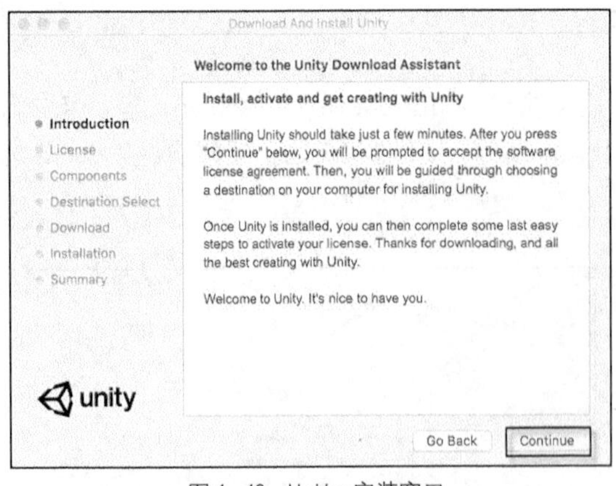


▲图 1-49 Unity 安装窗口

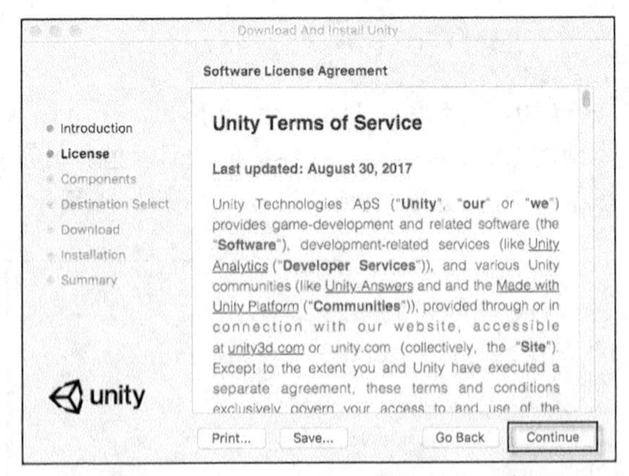


▲图 1-50 Software License Agreement 窗口

（2）阅读完 Unity 的安装许可协议后，单击 Continue 按钮，打开 Unity component Selection 窗口，选择要安装的组件，如图 1-51 所示。单击 Continue 按钮，打开 Select a Destination 窗口（见图 1-52），选择要安装 Unity 的磁盘，单击 Continue 按钮，打开 Downloading Unity Components 窗口。

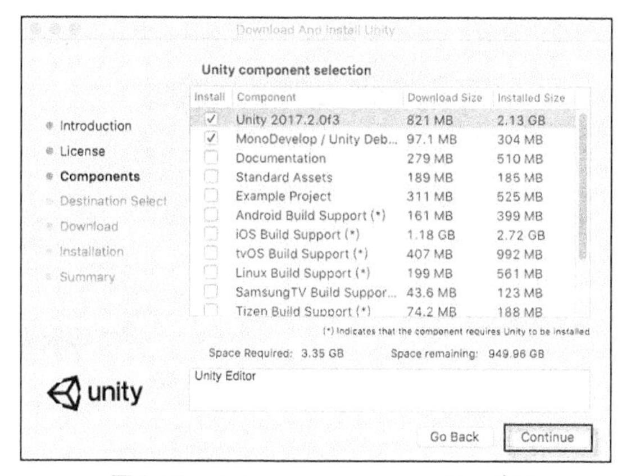


▲图 1-51 Unity component selection 窗口

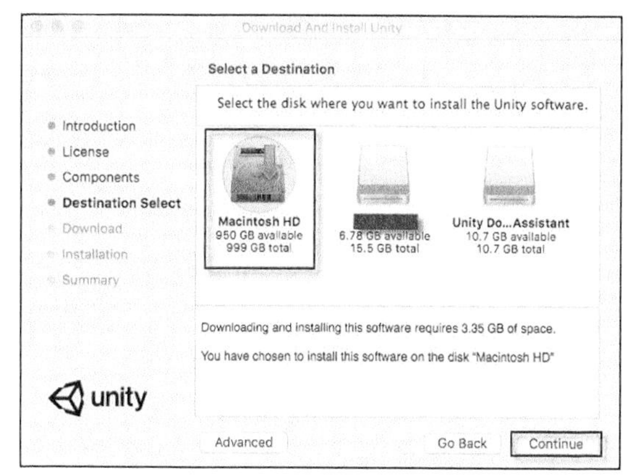


▲图 1-52 Select a Destination 窗口

（3）Downloading Unity components 窗口显示了组件的大小及当前下载进度，在此期间用户无须进行其他操作，只需要耐心等待即可，如图 1-53 所示。当下载与安装工作完成后，打开 The installation was completed successfully 窗口，如图 1-54 所示。

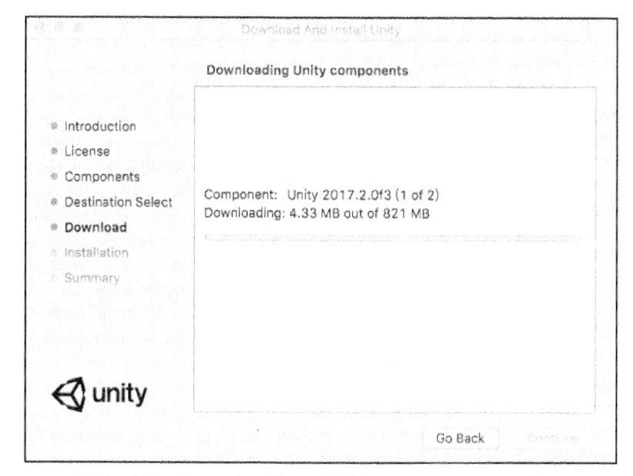


▲图 1-53 Downloading Unity components 窗口

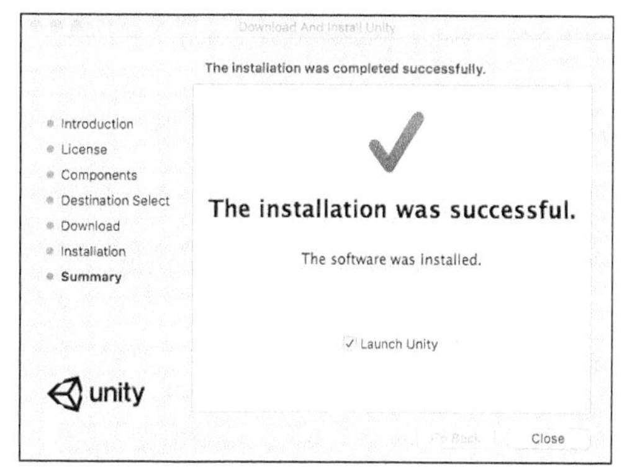


▲图 1-54 The installation was completed successfully 窗口

（4）完成安装后，在已安装的应用中找到 Unity 图标，单击打开程序。首次打开 Unity 需要进行激活，具体激活方式与 Windows 相同，由于篇幅限制，这里不再赘述具体过程，读者可参考 1.2.1 节的介绍。激活与登录成功窗口如图 1-55 和图 1-56 所示。

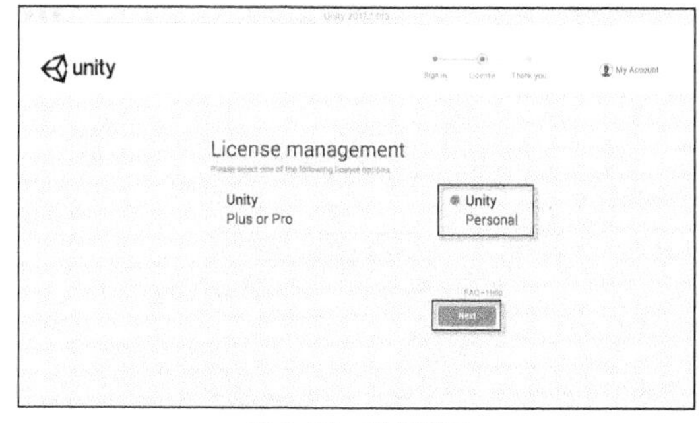


▲图 1-55 激活窗口

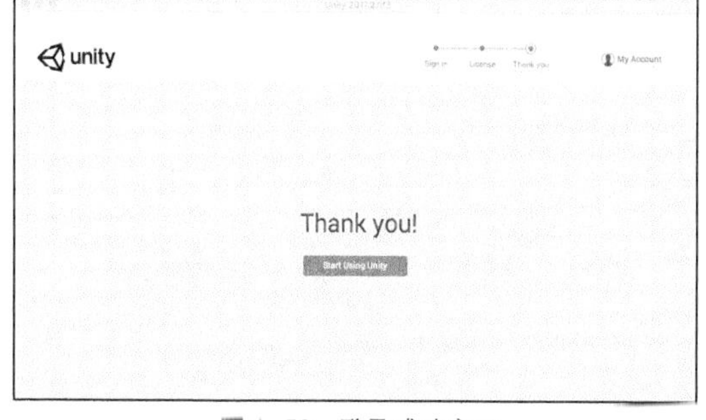


▲图 1-56 登录成功窗口

（5）完成激活后，单击 Start Using Unity 按钮，打开选择项目窗口，单击 New 按钮，打开创建项目窗口。新建项目时，重命名项目名称，这里的工程路径选择默认路径，然后单击 Create project 按钮进入 Unity 集成开发环境，如图 1-57 和图 1-58 所示。

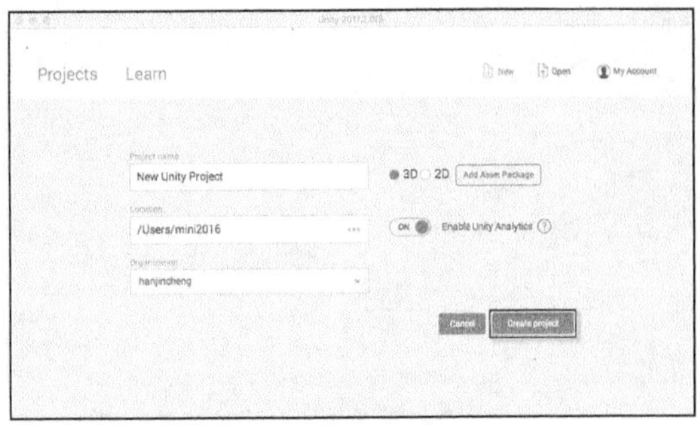


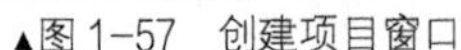

▲图 1-57　创建项目窗口

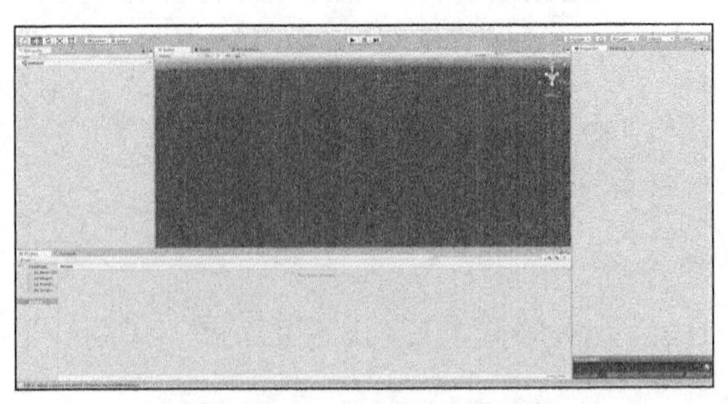

▲图 1-58　Unity 集成开发环境

## 1.2.3　目标平台的 SDK 与 Unity 集成

前面已经对 Unity 游戏引擎进行了简单的介绍，通过其可发布游戏至 Windows、Mac、Wii、iPhone 和 Android 等平台。因此对不同的目标平台而言，需要下载安装目标平台的 SDK，并将目标平台的 SDK 集成到 Unity 中。本小节将详细介绍 Android 和 iPhone 的 SOK 下载安装与集成，具体内容如下。

### 1. Android 的 SDK 下载安装与集成

前面已经对 Unity 游戏引擎的下载安装进行了详细的介绍，本部分介绍 Android 的 SDK 下载安装与集成，具体操作步骤如下。

**说明**　由于 Android 是基于 Java 的，因此要先安装 JDK。

（1）登录 ORACLE 官方网站下载最新的 JDK。双击下载的 JDK 安装程序 jdk-9.0.1_windows-x64_bin.exe，根据提示将 JDK 安装到默认目录下。

（2）右击“我的电脑”，在弹出的快捷菜单中选择“属性”，打开“系统”窗口，单击“高级系统设置”超链接，弹出“系统属性”对话框，选择“高级”选项卡，单击“环境变量”按钮，在弹出的“系统变量”对话框中新建一个名为 JAVA_HOME 的变量，设置该变量的值为 C:\Program Files\Java\jdk-9.0.1，如图 1-59 所示。再打开 Path 环境变量，在最后加上“C:\Program Files\Java\jdk-9.0.1\bin;”，单击“确定”按钮即可。

（3）到 Android 官方网站下载 Android 的 SDK，本书使用的版本是 7.0，其他版本的安装与配置方法基本相同。将下载好的 SDK 压缩包解压到任意盘的根目录下，如可将 SDK 放在 D 盘 Android 目录下，如图 1-60 所示。

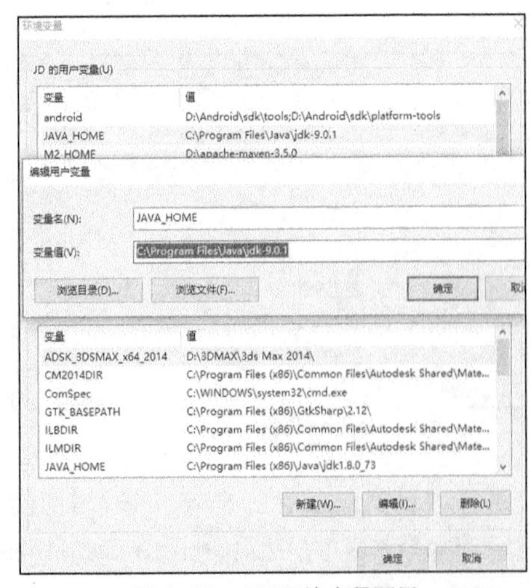


▲图 1-59　JDK 环境变量配置

▲图 1-60　SDK 的安装目录

（4）右击“我的电脑”，在弹出的快捷菜单中选择“属性”打开“系统”窗口，单击“高级系统设置”超链接，弹出“系统属性”对话框，选择“高级”选项卡，单击“环境变量”按钮，打开 Path 系统环境变量，在最后加上 SDK 解压目录中的 tools 目录 D:\Android\sdk\tools;，单击“确定”按钮完成配置，如图 1-61 所示。

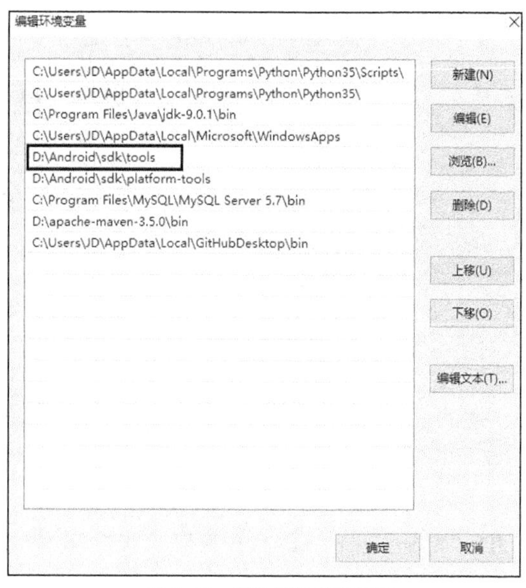


▲图 1-61　SDK 环境变量配置

（5）进入 Unity 集成开发环境，选择 Edit→Preferences，如图 1-62 所示，弹出 Unity Preferences 对话框，如图 1-63 所示，选择 External Tools 选项卡，选择正确的 Android SDK 路径。

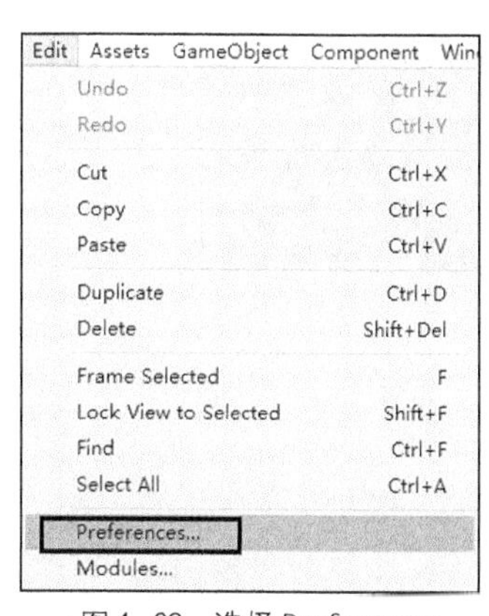


▲图 1-62　选择 Preferences

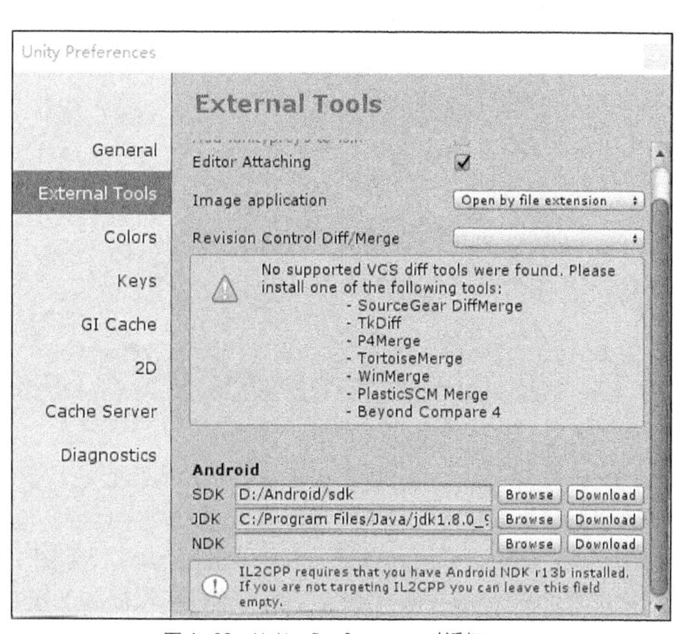


▲图 1-63　Unity Preferences 对话框

## 2. iPhone 的 SDK 下载安装与集成

由于 Unity 是跨平台的，因此对于 Unity 而言，在 iPhone 平台下同样正常运行。iPhone 的 SDK

下载安装与集成与 Android 的 SDK 下载安装与集成大体相同。

（1）登录 Apple Developer 网站，如图 1-64 所示。

▲图 1-64　登录 Apple Develper 网站

（2）如果已经有 Apple ID 了，则只需输入账号和密码，单击 Sign In 按钮登录，如图 1-65 所示。

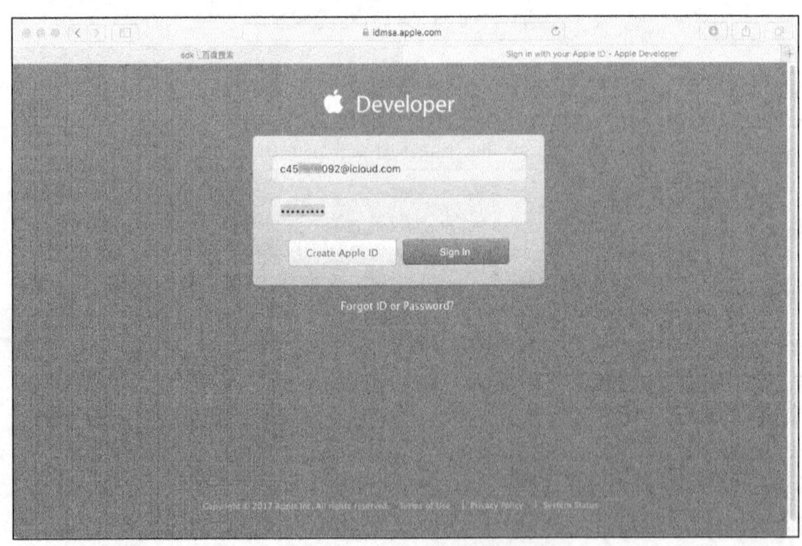


▲图 1-65　登录界面

（3）若没有 Apple ID，则需先创建一个，创建账号是免费的。在注册信息界面，所有必须填写的信息都要填写正确，填写时最好用英文，如图 1-66 所示。

（4）注册结束，并成功登录，下载 iPhone SDK，如图 1-67 所示。整个发布包大约 2GB，因此，最好通过高速 Internet 连接来下载，这样可以提高下载速度。SDK 是以磁盘镜像文件的形式提供的，默认保存在 Downloads 文件夹下。

（5）单击此磁盘镜像文件即可进行加载。加载后会看到一个名为 iPhone SDK 的卷，打开该卷会出现一个显示该卷内容的窗口。在此窗口中，能看到一个名为 iPhone SDK 的包。双击此包即可根据提示内容进行安装。

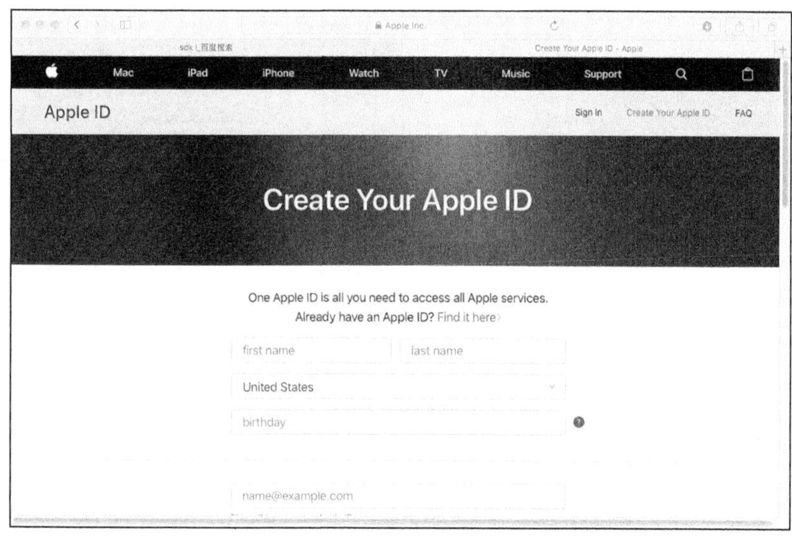


▲图 1-66　注册信息界面

▲图 1-67　注册结束并下载 iPhone SDK

提示　确保选择了 iPhone SDK 这一项，然后单击 Continue 按钮。安装程序会将 Xcode 和 iPhone SDK 安装到桌面计算机的/Developer 目录下。

## 1.3　第一个 Unity 程序

本节将详细地介绍如何在 Unity 集成开发环境中创建第一个 Unity 案例，将其运行并体验实际效果。此案例的主要内容为：制作一个具有弹性的球体，并使其能够在篮球场上弹跳。其具体操作步骤如下。

（1）启动 Unity 2017.2，如图 1-68 所示。单击 New 按钮，创建一个新工程，将其重命名为 BallSample，选中 3D 单选按钮，即建立的工程是 3D 的，如图 1-69 所示。单击 Creat project 按钮，完成创建并进入 Unity 集成开发环境。

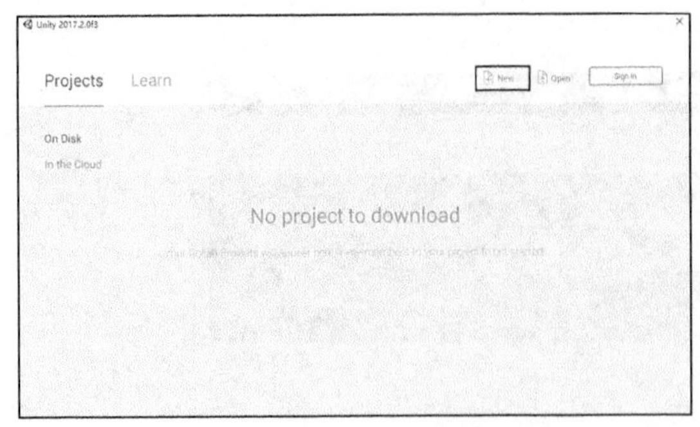


▲图 1-68　启动 Unity 2017.2

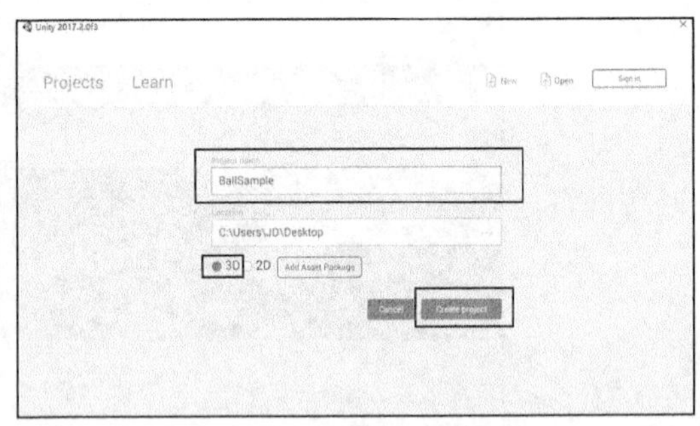


▲图 1-69　新建工程窗口

（2）进入 Unity 集成开发环境后，选择 GameObject→3D Object→Cube，创建一个 Cube（立方体），如图 1-70 所示。

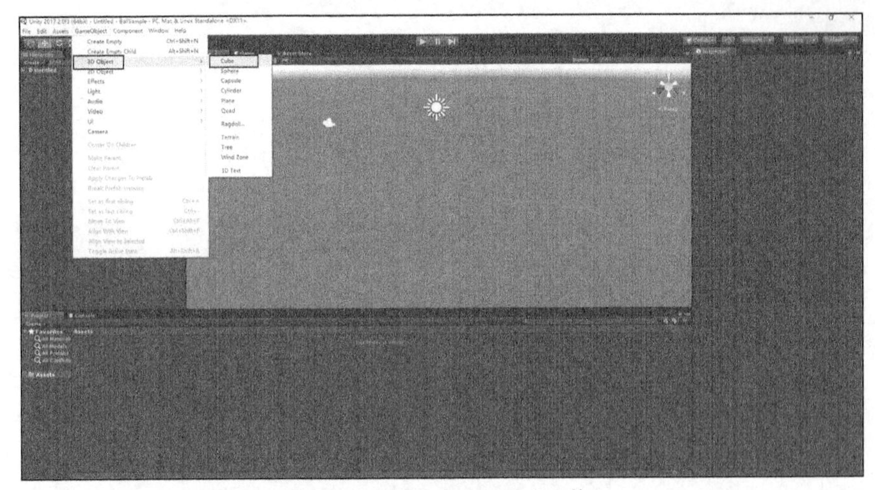

▲图 1-70　创建一个 Cube（立方体）

（3）在 Unity 集成开发环境中的 Hierarchy 面板中双击刚刚创建的 Cube 对象，在 Sence 面板的中心就会出现该 Cube 对象，如图 1-71 所示。

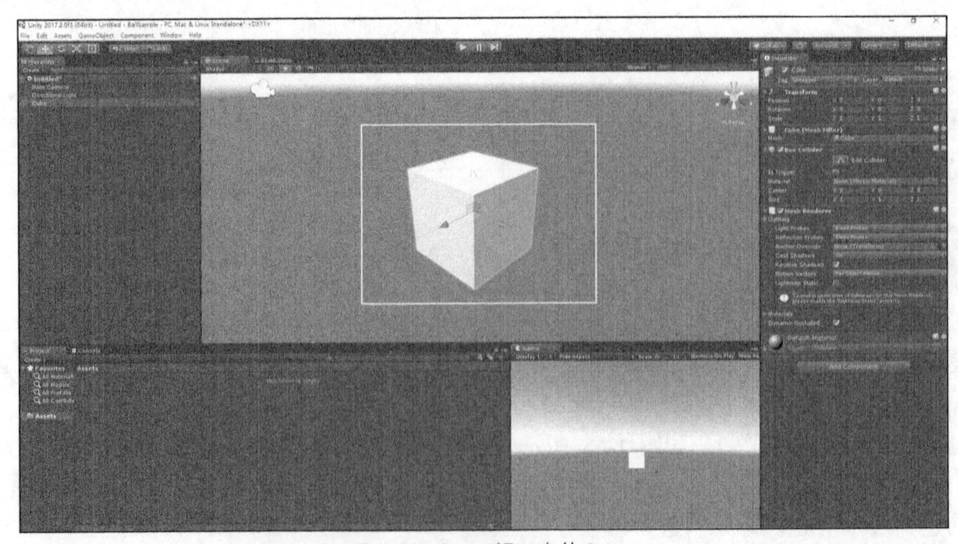

▲图 1-71　Sence 视口中的 Cube

（4）Inspector 面板中为 Cube 对象的所有属性。调整其位置参数、旋转参数和缩放参数，如图 1-72 所示。

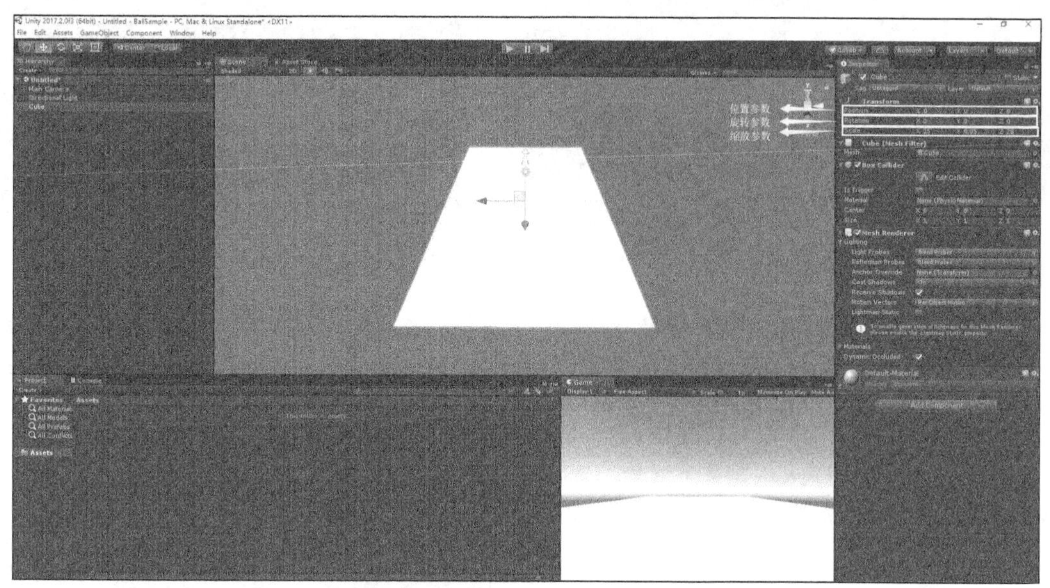


▲图 1-72　设置 Cube 属性

（5）在 Unity 集成开发环境中，选择 Assets→Import New Asset（见图 1-73），弹出 Import New Asset 对话框，导入所需要使用的资源文件。在这个案例中，所需要导入的资源是纹理图片，如图 1-74 所示，选中后，单击 Import 按钮完成导入。

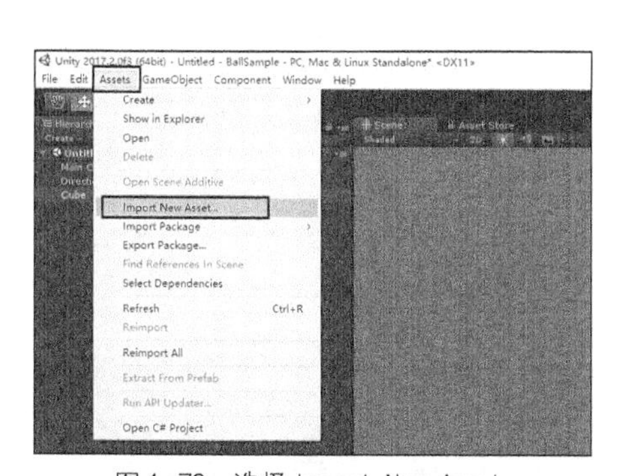


▲图 1-73　选择 Import New Asset

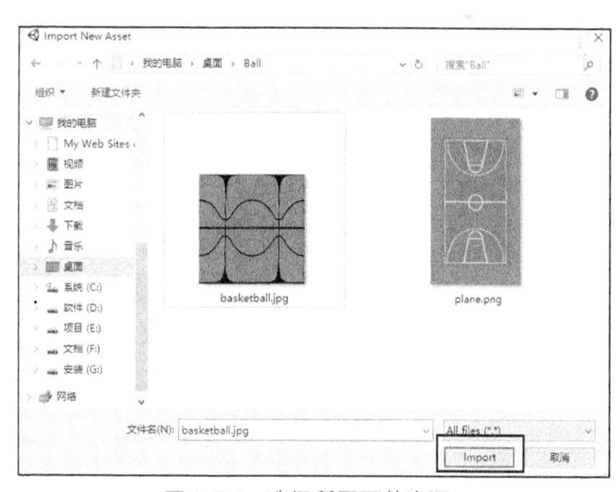


▲图 1-74　选择所需要的资源

提示　为了方便快速地导入这些比较小的资源文件，可以通过直接将其拖曳进 Unity 集成开发环境中来实现。

（6）为创建的 Cube 对象添加合适的纹理贴图，就需要创建一个材质对象。选择 Assets→Create→Material，此时资源列表中会生成一个 New Material.mat 文件，如图 1-75 所示。将其重命名为 plane.mat，在其属性栏中单击 Albedo 前的“⊙”按钮，弹出 Select Texture 对话框，选择合适的纹理贴图，如图 1-76 所示，之后关闭对话框。

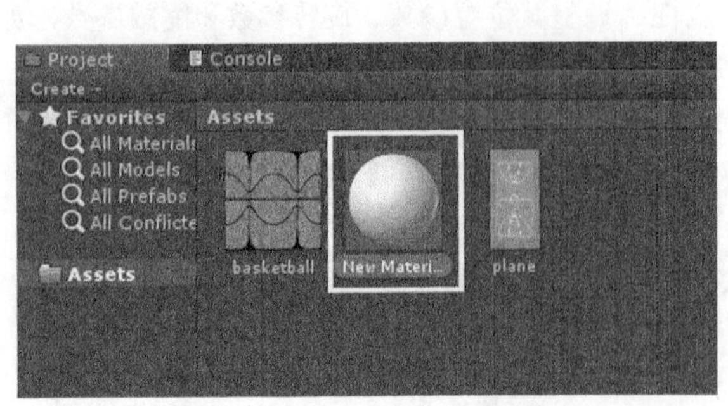

▲图 1-75　New Material 文件

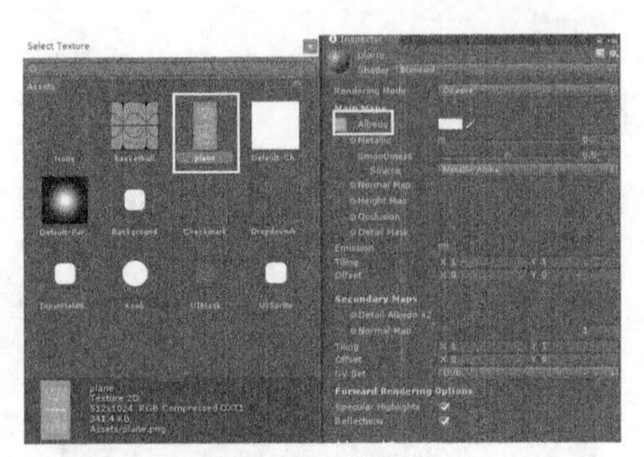

▲图 1-76　选择贴图

**提示**　给对象添加纹理最快捷的方法是直接将合适的纹理图片拖曳到 Sence 面板或 Hierarchy 面板中对应的对象上，此时资源列表中会自动生成一个名为 Materials 的文件夹，里面包含了刚刚生成的 plane.mat 文件。

（7）创建一个 Sphere（球体）对象。选择 GameObject→3D Object→Sphere，为其添加纹理 basketball.mat，效果如图 1-77 所示。设置其 Transform 组件中的参数，如图 1-78 所示。

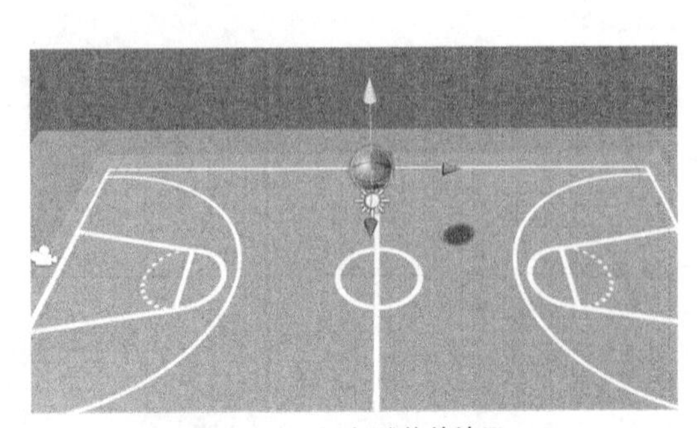

▲图 1-77　添加球体的效果

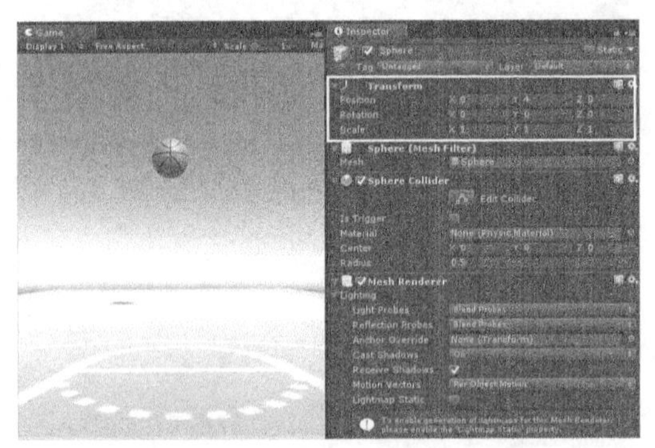

▲图 1-78　设置 Transform 参数

（8）为场景添加一个光源，这里创建的为平行光光源。选择 GameObject→Light→Directional Light，光源在 Scene 面板中的效果如图 1-79 所示。在 Inspector 面板中设置其位置、姿态、光照颜色、光照强度、阴影类型等参数，缩放比例，如图 1-80 所示。

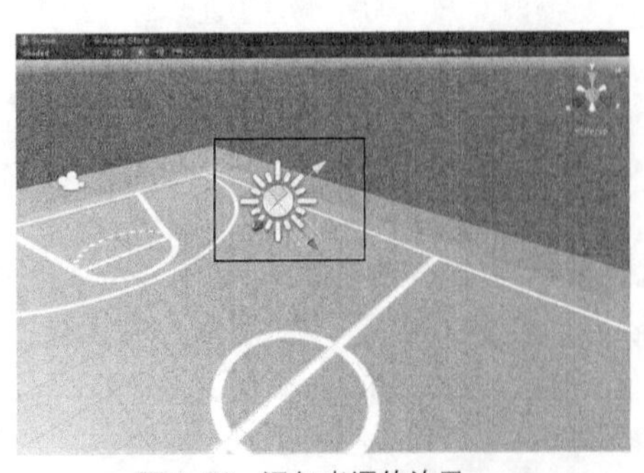

▲图 1-79　添加光源的效果

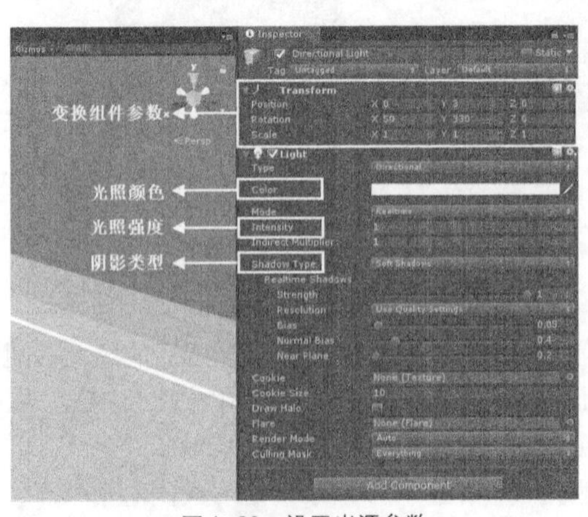


▲图 1-80　设置光源参数

（9）在 Unity 集成开发环境中的 Hierarchy 面板中选择 Main Camera（主摄像机），在 Inspector 面板中设置主摄像机的参数，包括位置、姿态、大小、背景颜色、投影方式、视角大小等，如图 1-81 所示。

▲图 1-81　设置 Main Camera 参数

> **提示**　每一个新创建的场景中都会自带一个主摄像机及一个平行光光源，用户可以直接使用。

（10）为 Sphere 对象添加 Rigidbody（刚体）组件。在 Hierarchy 面板中选择 Sphere，单击右侧属性框底部的 Add Component 按钮，如图 1-82 所示。依次单击 Physics→Rigidbody，并设置其参数，如图 1-83 所示。

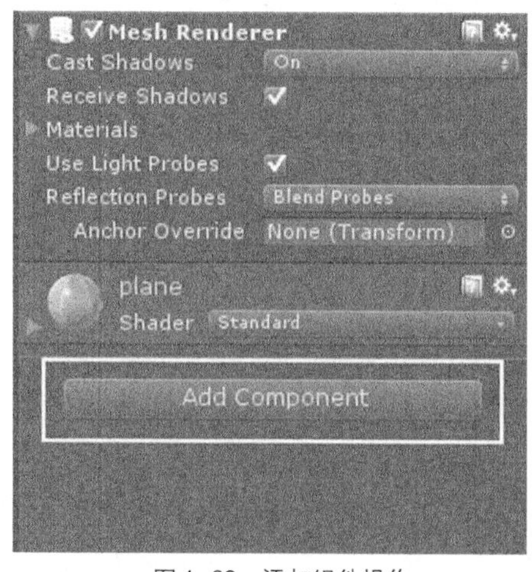


▲图 1-82　添加组件操作

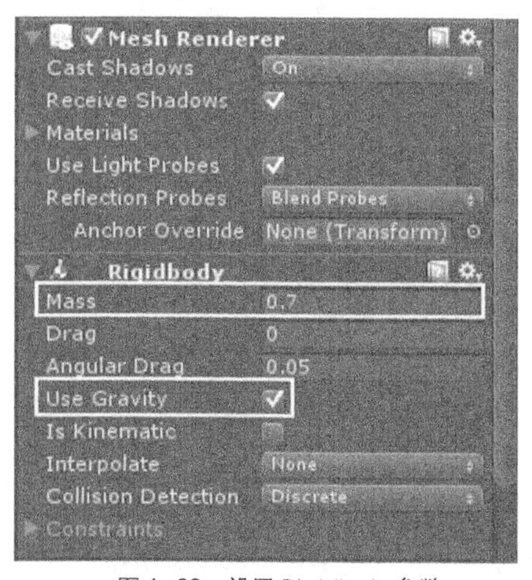


▲图 1-83　设置 Rigidbody 参数

（11）如果想要球体具有弹性，需要为球体对象添加物理材质。选择 Assets→Create→Physic Material，如图 1-84 所示，为其设置合适的 Bounciness 参数，如图 1-85 所示。除此之外，也要用相同的方法为地面添加物理材质。

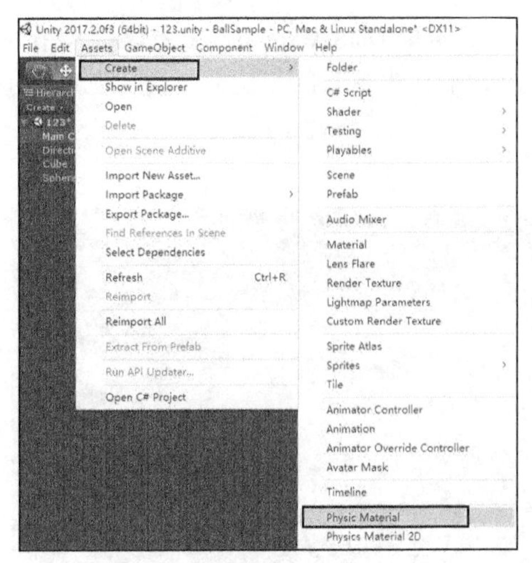


▲图 1-84　选择 Physic Material

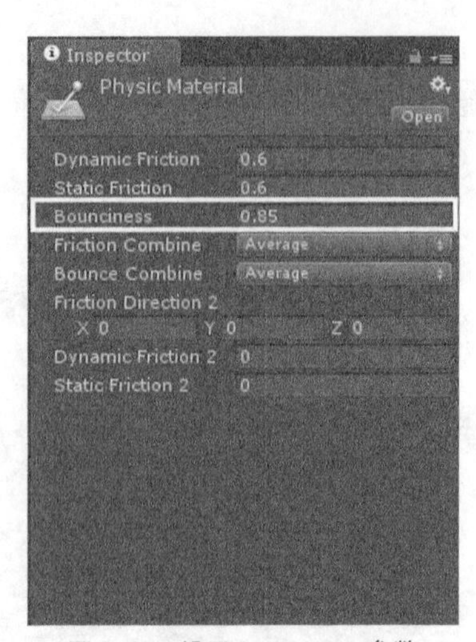


▲图 1-85　设置 Bounciness 参数

（12）一切准备完成后，即可单击“运行”按钮，所制作的 Unity 程序的运行效果就会在 Game 面板里展现出来，如图 1-86 所示。

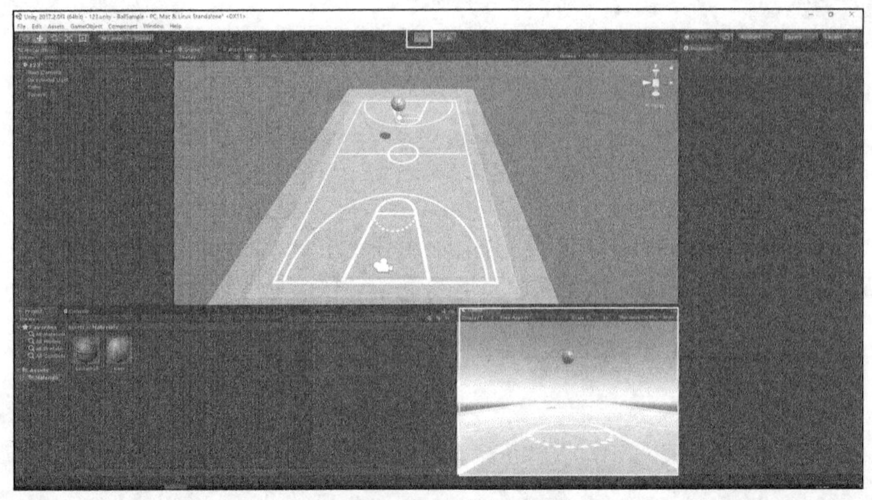

▲图 1-86　程序的运行及效果

## 1.4 本书案例的导入及运行

本节将以随书资源中 1.3 节制作的案例为例，详细介绍如何导入运行已完成的项目。读者可参照以下操作步骤将随书资源中的各个项目案例导入自己计算机上的 Unity 中进行效果预览和其他操作。

（1）启动 Unity，选择 File→Open Project，打开一个项目，如图 1-87 所示。进入 Project Wizard（项目向导）界面，单击 Open 按钮，如图 1-88 所示。

（2）弹出 Open existing Project 对话框，找到项目文件夹存放的路径，选择要导入的项目文件夹。这里以 1.3 节制作的案例为例，选择 BallSample 文件夹，单击“选择文件夹”按钮，如图 1-89 所示。

**提示**　读者在进行该步之前，必须把随书资源中对应的案例项目文件夹复制到计算机的某个路径下（路径不能出现中文）。

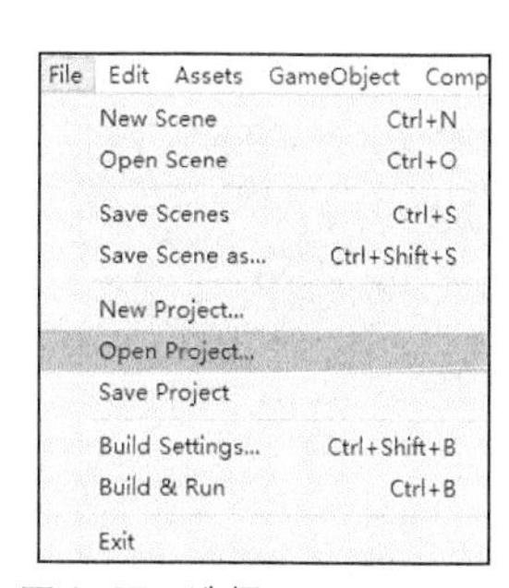


▲图 1-87　选择 Open Project

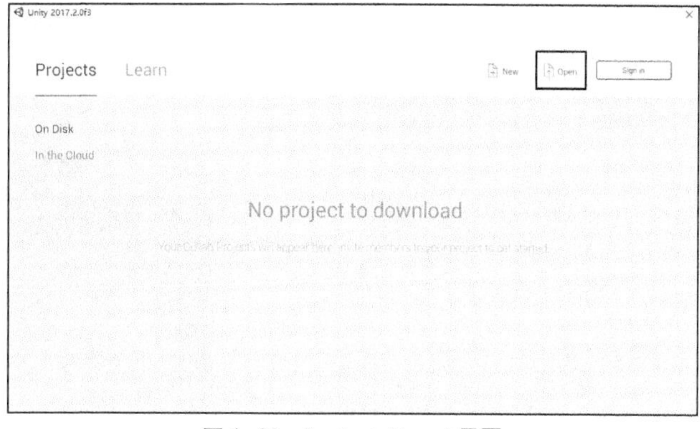


▲图 1-88　Project Wizard 界面

▲图 1-89　选择项目文件夹

（3）此时 Unity 会重新启动，在 Project 面板中的 Assets/Scene 文件夹下找到 sence1.unity 文件，双击该文件即可在 Scene 面板中看到图 1-90 所示的效果。读者还可以自己运行导入的案例。

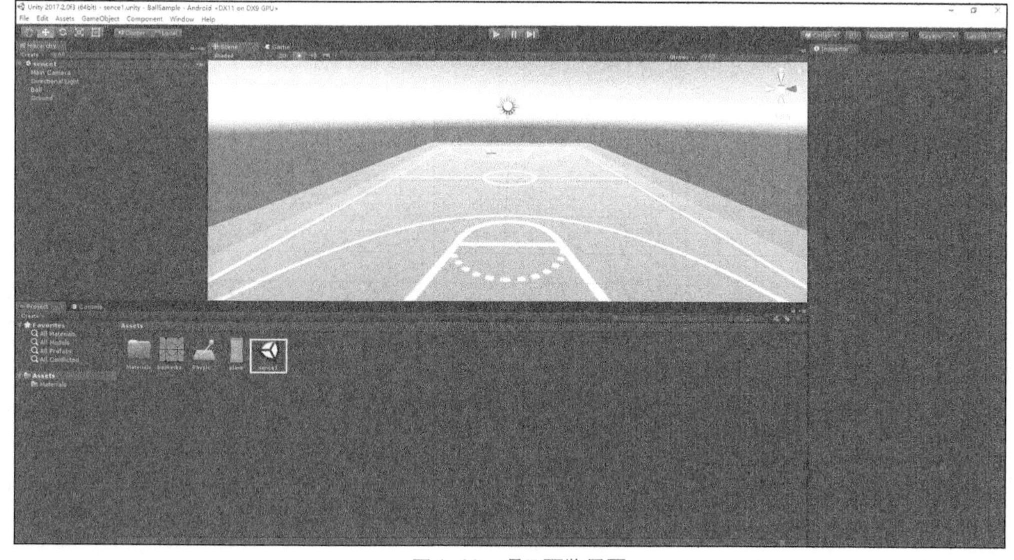

▲图 1-90　项目预览界面

（4）将项目导入 Android 手机。选择 File→Build Settings，如图 1-91 所示。进入 Build Settings

（项目导出）界面，如图 1-92 所示。单击 Add Open Scenes 按钮，添加游戏需要的场景，在 Platform 中选择 Android。

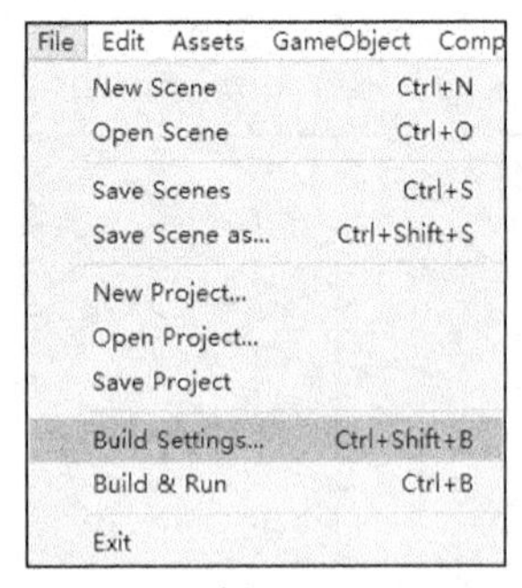


▲图 1-91　选择 Build Settings

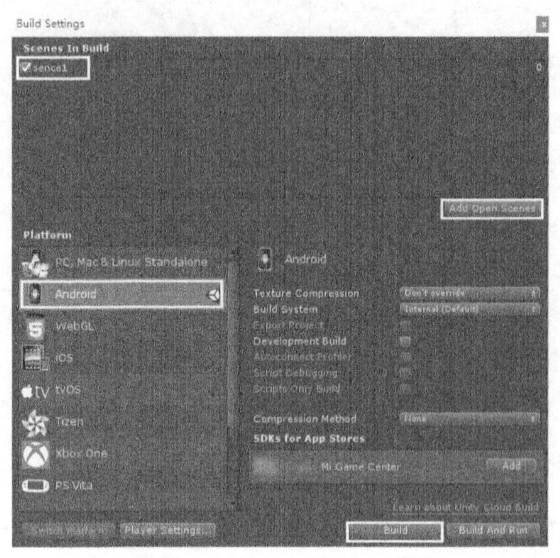


▲图 1-92　Build Settings 界面

（5）单击 Build And Run 按钮，弹出 Build Android 对话框，如图 1-93 所示。选择合适路径用于存放生成的游戏 APK 包，在“文件名”文本框中输入生成 APK 包的名字，单击“保存”按钮，开始将游戏导入手机，此时会弹出导入进度条，如图 1-94 所示。

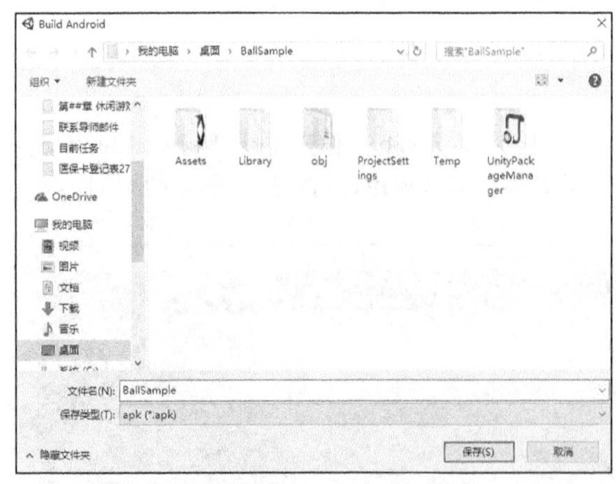


▲图 1-93　Build Android 对话框

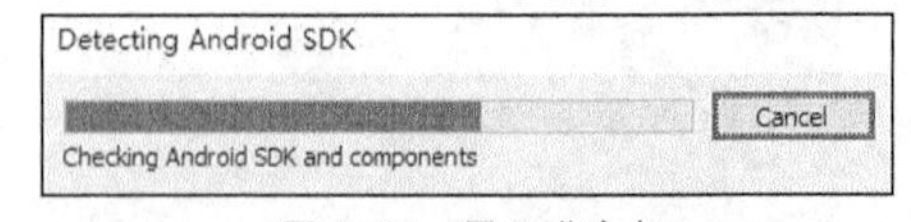


▲图 1-94　导入进度条

（6）进入 Building Player 界面后需要一定的时间，请耐心等待。生成过程结束后手机就会自动进入游戏界面，并且会在手机上显示一个游戏图标，如图 1-95 和图 1-96 所示。在原来选择的路径下出现此游戏的 APK 包，如图 1-97 所示。

（7）如果仅单击 Build 按钮，只会生成 APK 包但不会将游戏自动导入手机，所以使用这种方法生成游戏 APK 包不用连接手机。

（8）导出 iOS 项目。进入 Build Settings 界面，在 Platform 中选择 iOS，如图 1-98 所示。单击 Player Setting 按钮，进入 Player Setting 界面，设置 SDK Version 参数为 Simulator SDK，以便导出项目能在 iOS 虚拟机上运行，如图 1-99 所示。

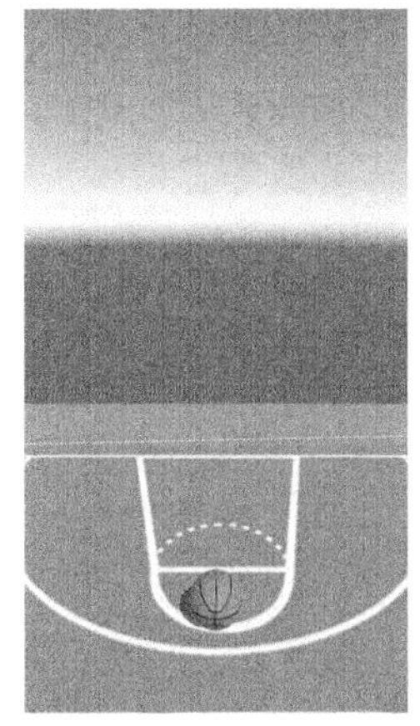

▲图 1-95　项目运行界面　▲图 1-96　导入手机的游戏图标

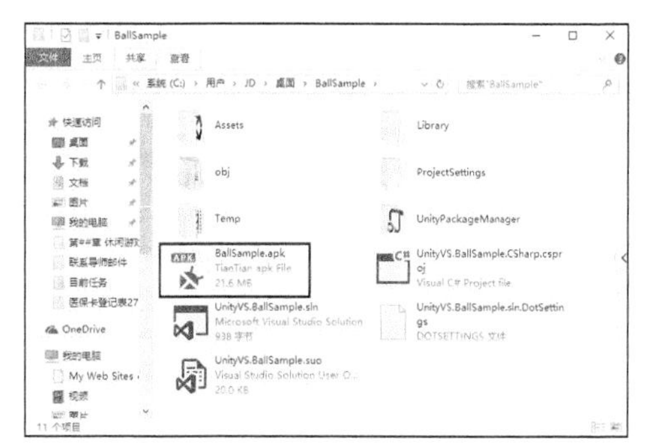

▲图 1-97　生成的 APK 包

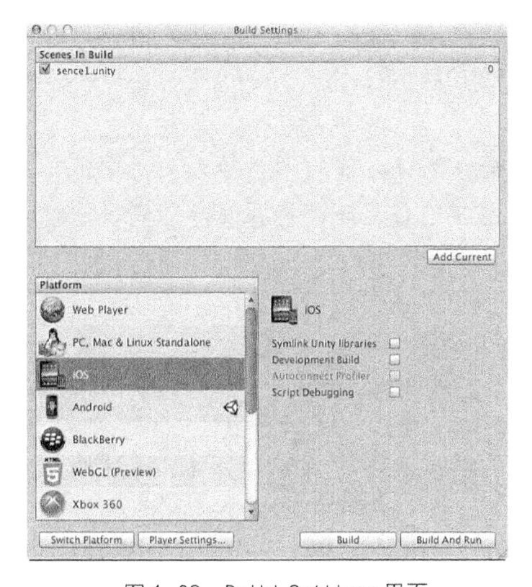


▲图 1-98　Build Settings 界面

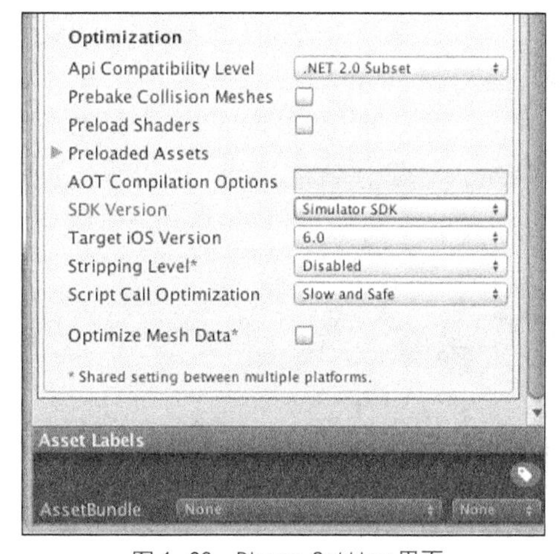


▲图 1-99　Player Setting 界面

（9）单击 Build And Run 按钮，弹出 Build iOS 对话框，如图 1-100 所示。选择合适路径用于存放生成的 iOS 项目文件夹，在文件名处输入生成项目文件夹的名字，单击 Save 按钮，开始生成 iOS 项目，此时弹出导入进度条，如图 1-101 所示。

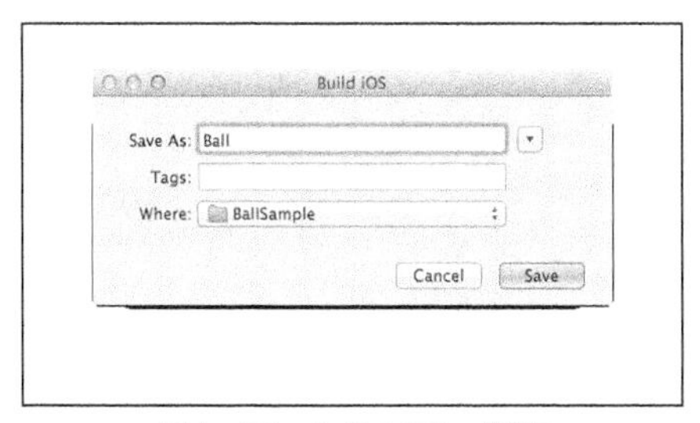


▲图 1-100　Build iOS 对话框

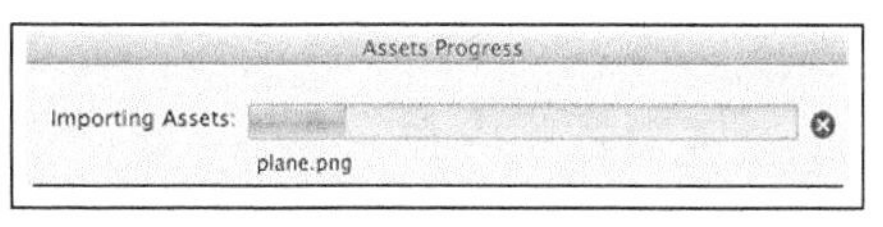


▲图 1-101　导入进度条

（10）进入 Building Player 界面后会需要一定的时间，请耐心等待。生成过程结束后会自动打开 Xcode 并将生成的 iOS 项目导入 Xcode 中，这时 Xcode 会自动打开 iOS 虚拟机并将刚生成的项目导入到虚拟机中自动运行。项目在 iOS 虚拟机中的运行界面如图 1-102 所示。

▲图 1-102　项目在 iOS 虚拟机中的运行界面

提示　由于 iPhone 平台是非开放平台，需要许可证才能将项目导入真机中运行，因此本部分只介绍了导入虚拟机的过程。如果拥有许可证，将项目导入真机的过程和导入虚拟机的过程基本相同。

## 1.5 本章小结

本章首先介绍了 Unity 的发展历史及其独具特色的特点，主要内容包括 Unity 简介、Unity 的发展和 Unity 3D 的特点等，相信读者对 Unity 已经有了初步的了解。对于 Unity 的发展历史，读者只须大致了解，无须深究。其次，本章通过讲解 Unity 集成开发环境的安装和将目标平台的 SDK 集成到 Unity，读者可以顺利地进入 Unity 集成开发环境。再次，通过讲解案例的导入及运行，读者可以方便地将随书资源中的各个项目案例导入自己计算机上的 Unity 中进行效果预览和其他操作。

# 第2章　Unity 集成开发环境详解

Unity 是一个强大的集成游戏引擎和编辑器，它可以让开发人员迅速、高效地创建对象，导入外部资源，并且通过代码把对象连接在一起。Unity 编辑器是可视化的，它围绕这样的原则构建，即开发人员可以使用一个简单的拖放动作来完成任何任务，甚至可以连接脚本，自己编写程序实现特定的功能。

本章将对 Unity 集成开发环境进行系统化的详细介绍。本章分别对 Unity 集成开发环境的整体布局、菜单栏、工具栏、面板，以及菜单栏中的每个菜单做详细的介绍和说明。通过学习本章，读者可以系统化地理解和使用 Unity 集成开发环境。

## 2.1 Unity 集成开发环境的整体布局

本节将对 Unity 集成开发环境的整体布局做详细的介绍与说明，主要包括菜单栏、工具栏、场景设计面板、游戏预览面板、属性查看器等。通过介绍，读者可以理解各个布局的作用与用途，对 Unity 集成开发环境有一个整体化的了解。

### 2.1.1 概述

Unity 集成开发环境的默认布局被分割为一系列不同的面板和带有标签的窗口。每个窗口都显示了编辑器某一方面的细节，并允许开发人员在开发游戏时使用不同的功能。如果读者使用过三维建模程序或其他的游戏编辑器，会发现它们有些相似之处。

双击 Unity 的快捷方式，进入 Unity 集成开发环境，其中包括标题栏、菜单栏、工具栏、Scene（场景设计）面板、Game（游戏预览）面板、Hierarchy 面板、Project 面板、Inspector 面板（属性查看器）等，如图 2-1 所示。

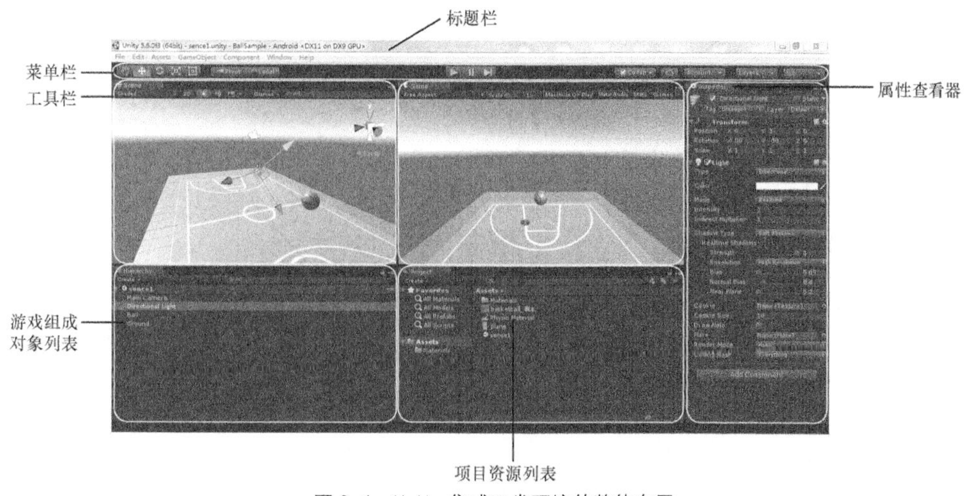


▲图 2-1　Unity 集成开发环境的整体布局

说明　读者可以根据自己的爱好和实际需要来创建自己的布局。在面板或者窗口的标签处按住鼠标左键，把面板或者窗口拖曳到适当的位置后松开即可。布局完成后可以选择 Window→Layouts→Save Layout 保存自己的布局。如果布局被不小心弄乱了，可以通过选择 Window→Layouts 找到自己保存的布局来恢复。

所有带标签的窗口都带有一个名为 Windows Options（窗口选项）的下拉列表，可以用来最大化所选中的视图窗口，也可以关闭当前显示的标签视图，还可以在这个窗口中添加另一个带标签的视图。单击该图标将会弹出可用的选项，如图 2-2 所示。

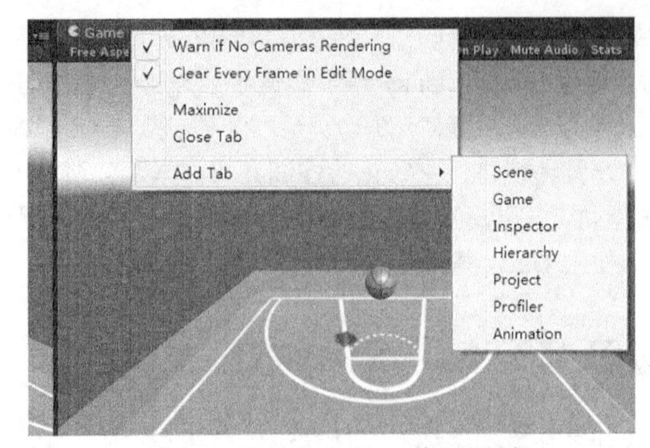


▲图 2-2　Windows Options 的下拉列表

### 2.1.2　菜单栏

初始的 Unity 菜单栏中包括 File（文件）、Edit（编辑）、Assets（资源）、GameObject（游戏对象）、Component（组件）、Window（窗口）和 Help（帮助）7 个菜单，如图 2-3 所示。每个菜单下都有子菜单，开发人员可以根据需要选择不同的菜单来实现所需要的功能，也可以根据实际需求来添加自定义菜单。

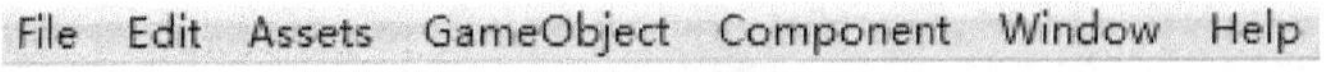

File　Edit　Assets　GameObject　Component　Window　Help

▲图 2-3　菜单栏

- File 菜单：打开和保存场景、项目，以及创建游戏。
- Edit 菜单：实现普通的复制和粘贴功能，以及选择相应的设置。
- Assets 菜单：与资源创建、导入、导出及同步相关的所有功能。
- GameObject 菜单：创建、显示游戏对象并为其创建父子关系。
- Component 菜单：为游戏对象创建新的组件或属性。
- Window 菜单：显示特定视图（如项目资源列表或游戏组成对象列表）。
- Help 菜单：包含到手册、社区论坛及激活许可证的链接。

提示　现在读者只需要了解每个菜单所包含的常见功能，稍后用到时，本书将会对各个功能给出更为详细的介绍。

### 2.1.3　工具栏

工具栏位于菜单栏的下方，主要有 Transform（变换）工具、Transform Gizmo（变换 Gizmo）

切换、Play（播放）控件、Cloud（云）按钮、Account（账户）下拉列表、Layers（分层）下拉列表和 Layout（布局）下拉列表，这些工具用于控制场景设计面板和游戏预览面板中的显示方式，以及变换场景中游戏对象的位置和方向等，如图 2-4 所示。

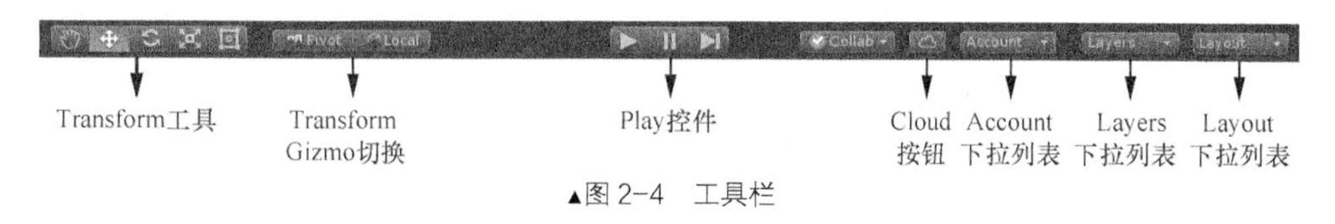


▲图 2-4 工具栏

- Transform（变换）工具：在场景设计面板中用来控制和操控对象。按照从左到右的次序，它们分别是 Hand（移动）工具、Translate（平移）工具、Rotate（旋转）工具和 Scale（缩放）工具。
- Transform Gizmo（变换 Gizmo）切换：改变场景设计面板中 Translate 工具的工作方式。
- Play（播放）控件：用来在编辑器内开始或暂停游戏的测试。
- Cloud（云）按钮：用来打开 Unity 中有关云服务部分的窗口。
- Account 下拉列表：用于开发人员访问自己的 Unity 账户。
- Layers 下拉列表：控制任何给定时刻在场景设计面板中显示哪些特定的对象。
- Layout 下拉列表：改变窗口和视图的布局，并且可以保存所创建的任意自定义布局。

> **提示** 控制工具也是按照功能分类的，它们主要用来辅助开发人员在场景设计面板和游戏预览面板中进行编辑和移动，在后面的章节将进行更为详细的介绍。

### 2.1.4 场景设计面板

场景设计面板是编辑器中非常重要的面板之一，它是游戏世界或是关卡的一个可视化表示，如图 2-5 所示。在场景设计面板中可以对游戏组成对象列表中的所有物体进行移动、操纵和放置，创建供玩家进行探险和交互的物理空间。

▲图 2-5 场景设计面板

正如读者所看到的，在游戏组成对象列表中列出的对象都会在场景设计面板中显示出来。读者可以在游戏组成对象列表中单击对象的名字来选中游戏对象，或是在场景设计面板中手动单击它，可以在场景设计面板或是游戏组成对象列表中单击不同的对象，或是在属性查看器中显示该对象所对应的数据。

> **说明**　如果读者在游戏组成对象列表中可以看到对象列表，但是场景设计面板中却没有，可能是读者的场景设计面板缩得太小，以至于无法看到各个资源。要修正这个问题，可以在游戏组成对象列表中选中某个对象，移动鼠标指针并让它悬停在场景设计面板上，随后按 F 键来放大显示。

**1. 摄像机导航**

学会怎样在场景设计面板中迅速移动，是使用编辑器所需要掌握的重要知识之一（如果读者会使用 Autodesk 3ds Max，就可能会熟悉这些控制方法）。

可以把场景设计面板想象成一个虚拟摄像机的输出或焦点。为了在场景中进行移动，读者需要移动摄像机的视野，就好像在看着不同的对象。

- Tumble（旋转，Alt+鼠标左键）：摄像机会以任意轴为中心进行旋转，从而旋转视图。
- Track（移动，Alt+鼠标中键）：在场景中把摄像机向左、向右、向上和向下移动。
- Zoom（缩放，Alt+鼠标右键或是鼠标滑轮）：在场景中缩小或放大摄像机视角。
- Flythrough（穿越）模式（鼠标右键+WASD 键）：摄像机会进入“第一人称”模式，读者可以在场景中迅速地移动和缩放。
- Center（居中，选择游戏对象并按 F 键）：摄像机会把选中的对象放大并居中显示在视野中。鼠标光标必须位于场景设计面板中，而不是在游戏组成对象列表中的对象上方。
- Full Screen（全屏）模式（空格键）：按下空格键可以使当前激活的视图占据编辑器所有可用的显示空间，再次按空格键可以返回之前的布局。当前激活的视图就是鼠标光标所悬停的视图。

场景设计面板还包含了一个名为 Persp 的特殊工具，如图 2-6 所示。这一特殊工具可以使读者迅速地切换观察场景的角度。

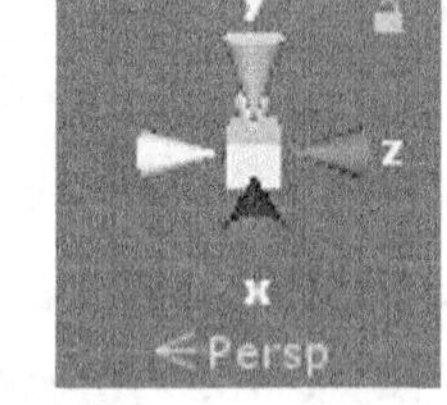


▲图 2-6　Persp 工具

单击 Persp 工具上的每个箭头都会改变观察场景的角度，使其沿着一个不同的正交或是二维方向变换，如上、后、前、右，如图 2-7 所示。单击 Persp 工具中的居中立方体图标，可以把场景设计面板恢复到默认的透视（Perspective）视图。

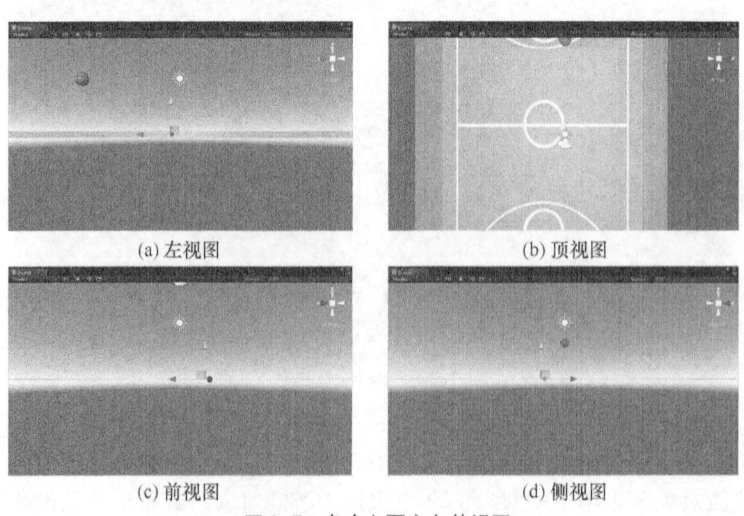

(a) 左视图　(b) 顶视图

(c) 前视图　(d) 侧视图

▲图 2-7　各个主要方向的视图

**提示** 如果读者更习惯使用与默认颜色不同的颜色来表示游戏世界的坐标轴，可以依次选择 Edit→Preference→Colors，然后修改为喜欢的任何颜色。另外，读者可以单击 Persp 工具右上方的锁来锁定视角，这时只能进行平移操作，无法转动视角。

### 2. 高级视图操作

场景设计面板的控制栏可以改变摄像机查看场景的方式，如图 2-8 所示。其默认设置可以使读者对于场景在游戏中渲染后的样子有一个很好的认识，它还会显示一个网格以帮助读者定位和移动对象。通过改变这些设置，读者可以以多种模式查看场景。

▲图 2-8 场景设计面板的控制栏

- 绘制模式：可以控制在游戏场景中对象是怎样绘制的。其默认值为 Shaded（带有材质的）——对象会使用读者为其指定的材质进行绘制。单击 Shaded，则绘制模式修改为 Wireframe（线框），会显示对象的物理网格，而不带有任何贴图。

**提示** 这些选择中的任何一个都不会改变游戏的显示方式，它只会改变读者在场景设计面板中查看这些对象的方式。

- 场景光照（Scene Lighting）按钮：可以在场景设计面板中切换默认的内置光照和读者自己实现的光照。如果读者没有在场景中放入任何光源，使用内置光照设置可以让系统为场景自动添加一个光照。
- 场景叠加（Scene Overlay）按钮：可以对摄像机显示的场景进行更新，使场景的显示方式就像在游戏中一样——网格隐藏了，其他的效果（如雾化效果、GUI 元素及天空盒）也被渲染。

### 3. 操作对象

除了把摄像机视角四处移动以外，我们还需要在场景中重新定位和移动对象。这些操作称为对象变换（Object Transform），它们可以处理任意选中对象的位置、旋转和大小（相对尺寸）。对象变换方式有以下两种：在属性查看器中为这些变换输入新的值及通过变换工具手动地移动和操作这些对象。

- 在游戏组成对象列表或者场景设计面板中单击 Ground 对象，使其信息显示在属性查看器中，如图 2-9 所示。每个对象列出的第一个属性就是变换，它保存了该对象当前的位置、旋转和缩放。单击这些文本框中的任意一个进行输入以修改相应的参数。

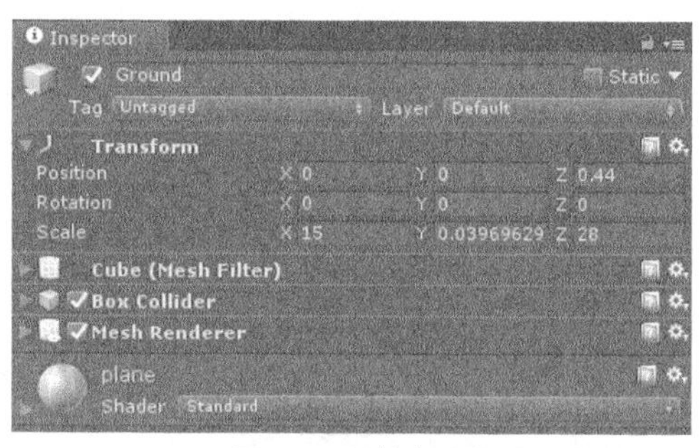


▲图 2-9 属性查看器

**提示** 也可以通过 Transform 工具对游戏对象进行变换。读者可以手动地在工具栏中选择一个工具，也可以使用 2.2 节介绍的热键在工具之间快速切换（强烈推荐）。

- 图 2-10 所示的 Translate 工具可以在场景中移动选中对象的位置，可以沿着 3 条坐标轴中的某一条移动，也可以在整个空间自由移动。在游戏组成对象列表中单击 Sphere 对象并按 W 键，可以激活移动工具。抓住其中的一个手柄，可以使对象沿着该坐标轴在游戏世界中移动。

❑ 也可以通过单击该工具的中心（或是该对象自身），以将该对象沿着所有 3 条坐标轴自由地移动。然而，这不是最好的方法，因为读者不能精细地控制放置的位置。你会发现，在不同的正交视图中切换对于精确地放置对象有很大的帮助。

▲图 2-10　移动游戏对象

| 提示 | 属性查看器中的值会根据读者的修改而进行更新，并会实时地在 Scene 面板中显示修改后的效果。 |
| --- | --- |

❑ 图 2-11 所示的 Rotate 工具可以使对象按照任何给点的坐标轴进行旋转。单击 Sphere 对象并按 E 键，可以激活这一工具。Rotate 工具的手柄就好像 3 个带有颜色的环包着一个球体，拖动这些手柄或者直接拖动鼠标就可以旋转对象。

▲图 2-11　旋转游戏对象

| 注意 | 这些环的颜色指明了这个对象会按照哪条轴来旋转。例如，如果拖动蓝色手柄，这个球体就会沿着 $z$ 轴旋转。这一工具还有一个简单的黄色环围绕在另外 3 个环的外侧，单击并拖动该黄色环，可以让对象按照 3 条坐标轴进行旋转。 |
| --- | --- |

❑ 最后一个变换工具是 Scale 工具，可以通过按 R 键来激活它，如图 2-12 所示。该工具和 Translate 工具的用法很相似——可以拖着一个手柄，把该对象在这条坐标轴上缩放，或者使用中间的黄色方块把对象所有 3 条坐标轴上一致地缩放。

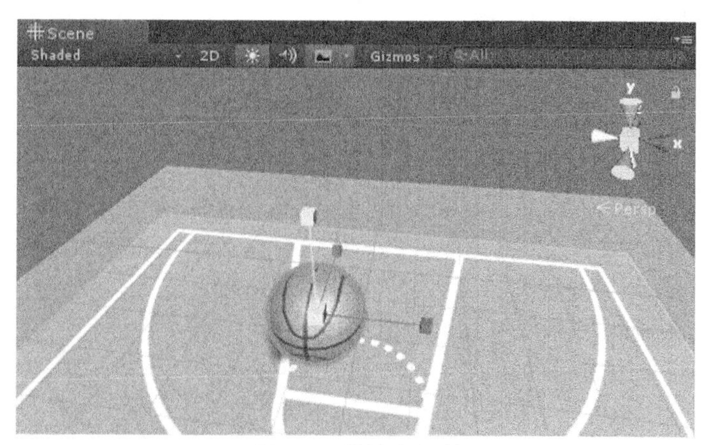


▲图 2-12 缩放游戏对象

## 2.1.5 游戏预览面板

默认的布局中，游戏预览面板位于 Scene 标签的旁边上。在这里，游戏会按照就像是最后创建并发布时一样进行渲染。读者可以在任何时候使用该面板在编辑器内测试或试玩游戏，而不需要停下来构建任何东西，如图 2-13 所示。

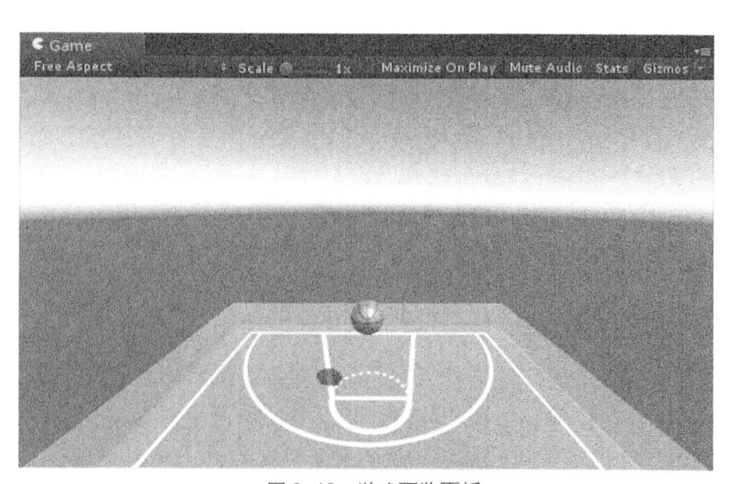


▲图 2-13 游戏预览面板

> **提示** 虽然现在这好像不是很重要，但是当读者开始要调整或是平衡成千上万个小细节时，能够自由地在编辑器和游戏中随时切换就非常重要了。

要测试游戏，可以单击工具栏上的 Play 控件中的各个按钮来实现相关的操作，如图 2-14 所示。

▲图 2-14 Play 控件

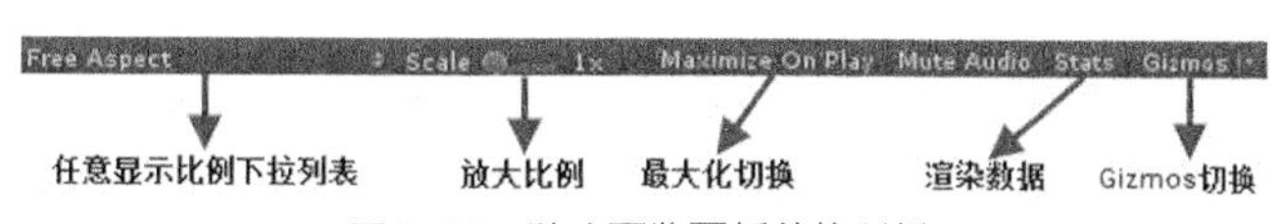


▲图 2-15 游戏预览面板的控制栏

- 第一个按钮是“运行”按钮，单击此按钮，编辑器会激活游戏预览面板，并且让所有的用户界面变得稍微黑一些，然后开始游戏。
- 中间的按钮是“暂停”按钮，即暂停游戏。单击“暂停”按钮游戏就会暂停，再次单击“暂停”按钮，可以从暂停的地方继续游戏。
- 最后一个按钮是“单帧播放”按钮，单击此按钮游戏就会暂停，以后每单击一次按钮，游戏就会运行一帧。当开发人员需要调试某段特定的、有问题的代码，或是需要查看某些东西在哪里出现错误时，这个按钮就非常有用了。

游戏预览面板和场景设计面板一样，也有控制栏。控制栏上有一些功能按钮，主要包括 Aspect 下拉列表、Scale 拖动条、Maximize On Play 按钮、Stats 按钮及 Gizmos 按钮，如图 2-15 所示。

Aspect 下拉列表可以实时改变游戏预览面板的显示比例，即使游戏正在运行。其中 Free Aspect 选项允许游戏预览面板填满当前窗口所有可用的空间，而其他选项会模拟最常见的显示器的分辨率和比例。当需要为不同大小的屏幕制作 GUI 时，这会非常方便。

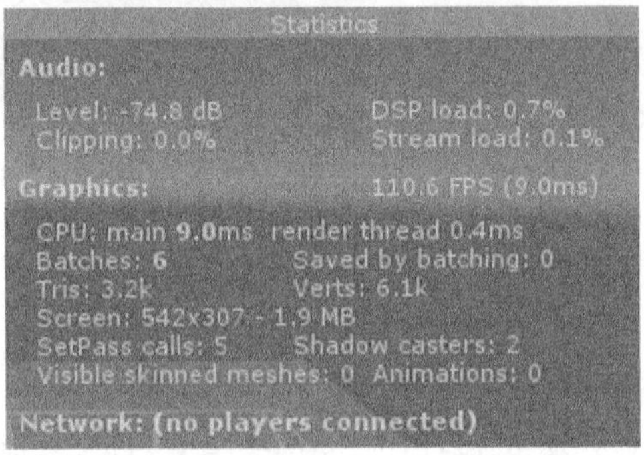

单击 Maximize On Play 按钮，可以在游戏运行时把游戏预览面板扩大到编辑器视图的整个区域。单击 Gizmos 按钮，可以切换游戏中绘制和渲染的所有工具。单击 Stats 按钮，可以显示 Statistics 页面，该页面用于显示游戏绘制的数据，如图 2-16 所示。

▲图 2-16　Statistics 页面

Statistics 页面中部分数据含义如下。

- FPS：每一秒游戏渲染的帧数。这个数值越大，说明游戏运行越流畅。
- Batches：进行批处理的批次数量。批处理是指引擎将多个物体的绘制在一次绘制调用中完成，可以大大降低 CPU 开销。为了确保良好的批处理，开发人员应该尽可能多地在不同物体之间共享材质。
- Tris：绘制三角形的数量。在游戏开发中应尽量减少三角形数量。
- Screen：屏幕的分辨率和抗锯齿级别及内存的使用量。
- Visible skinned meshes：渲染蒙皮网格的数量。
- Animations：正在播放动画的数量。

### 2.1.6　游戏组成对象列表

游戏组成对象列表列出了游戏场景中所有的游戏对象。场景中的这些对象是简单地按照生成顺序排列的。随着开发人员在游戏中添加或者删除对象，游戏组成对象列表会根据每次修改而进行更新。图 2-17 显示了当前场景设计面板中的内容。

在游戏组成对象列表中选择一个对象并按 Delete 键（或是右击，在弹出的快捷菜单中选择 Delete），可以从游戏的当前场景中删除该对象。一个资源的每个实例都会独立地列出来，这时良好的命名规范变得尤为重要。命名规范就是要达到见名知意的目的。

在游戏组成对象列表中可以为对象建立父子关系，这样进行组织可使对游戏的编辑修改更为简单。为对象建立父子关系，基本上就是将一组相似的对象收集到一起并进行分组，使它们位于一个单一的对象（父对象）之下。在该父对象下的所有其他对象都称为子对象，如图 2-18 所示。

> **说明**　在图 2-18 中，名为 GameObject 的游戏对象就是父对象，其下有 3 个子对象，分别为 Cube、Sphere 和 Capsule。单击 GameObject 左侧的箭头可以展开或收起这一分组，与 Project 视图中的文件夹一样。

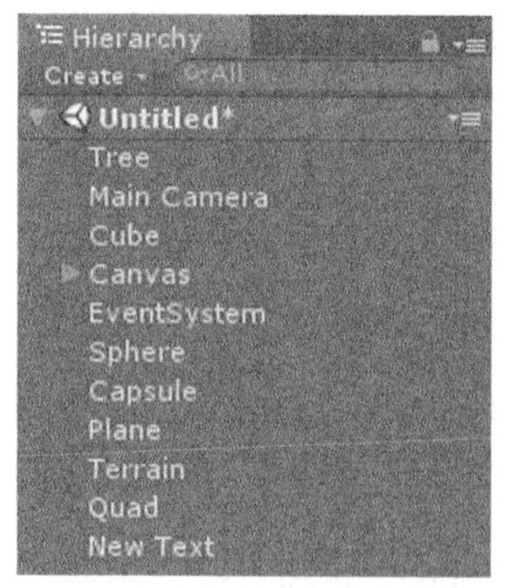


▲图 2-17 游戏组成对象列表

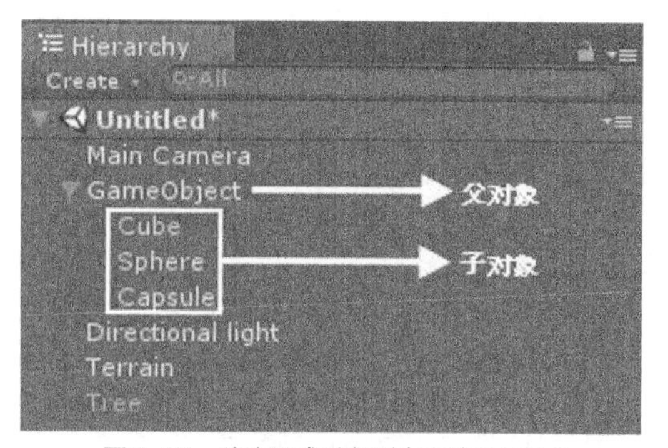


▲图 2-18 游戏组成对象列表中的父子关系

建立父子关系除了会提供一种快捷的方式把有相似功能的对象组织在一起以外，还带来了另一个重要的好处，即对父对象进行移动或操作时，也会依次地对其下所有的子对象进行同样的操作，也就是说，子对象继承了父对象的基本变换数据。

如果读者仍然无法确切地理解父子关系，可以想象一下一个普通人的身体。手臂以身体作为父对象，手以手臂的末端作为父对象。向前移动身体（父对象）也会让手臂随着它移动，这也会依次移动手（手臂和手是两个子对象）。然而，可以对手进行移动和旋转而不需要移动身体和手臂。

> **提示** 为对象建立父子关系，可以使大量对象的移动变得更为方便和精确，因此，读者应该尽可能地使用这种方法。后续章节将会介绍建立父子关系的一些更为高级的概念。

## 2.1.7 项目资源列表

项目资源列表中列出了项目中的所有文件，包括脚本、贴图、模型、场景等文件，并且这些文件都组织到一个 Assets（资源）文件夹中。Assets 文件夹中包含开发人员创建或导入的所有文件资源，如图 2-19 所示。

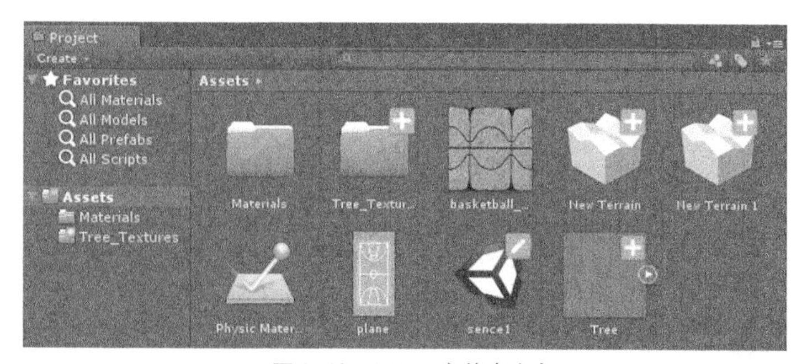


▲图 2-19 Assets 文件夹内容

项目资源列表显示了这个项目所包含的全部资源，并且这些资源在项目中的组织方式与计算机资源管理器中的组织方式完全一致。文件夹左侧的箭头表示这是一个嵌套层，单击该箭头就会展开该文件夹里的内容。在项目资源列表中简单地拖曳就可以在不同文件夹中移动和组织文件。

> **提示** 在 Unity 编辑器外部移动资源文件时要非常小心，实际上，应该不惜一切代价避免这样做。如果需要重新组织或移动某个资源，则应该在项目资源列表内部进行，否则可能会损坏或删除和该资源相关联的源数据和链接，甚至可能在此过程中损坏项目。

可以在项目资源列表中直接打开文件并进行编辑。如果发现需要对任一文件的内容（如脚本文件）进行调整或修改，只须双击该文件就可以在默认编辑器中打开它。正常地保存这个文件，Unity 编辑器就会自动把该文件更新到项目中。

如果项目中包含了成千上万个文件，读者可能会发现通过眼睛去寻找某个文件非常不方便，甚至是完全不可能的。项目资源列表提供了搜索栏，在搜索栏中输入文件名的任何部分，便可以在项目各个层次的子目录中进行查找。

**说明**　要重命名一个文件或者文件夹，可以缓慢地单击该文件两次，或是选择想要重命名的文件后按 F2 键。当完成重命名后，可以按 Enter 键确认修改。

在项目资源列表中右击，就会弹出一个高级选项菜单，该菜单包含将导入资源和外部项目控制器同步的功能选项，以及对资源进行种种操作的功能选项，如图 2-20 所示。后续章节会详细介绍这些内容。

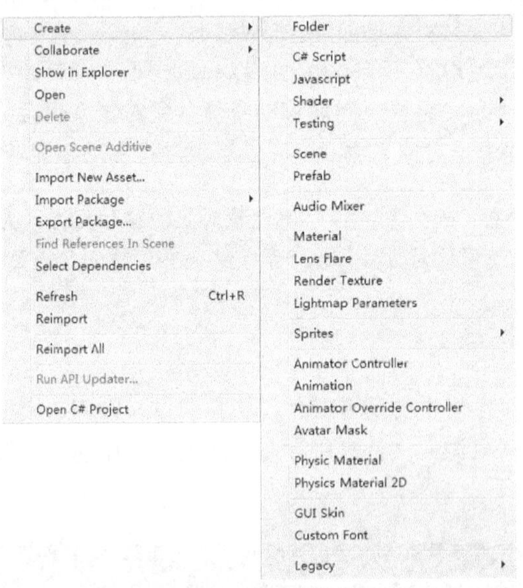


▲图 2-20　高级选项菜单

## 2.1.8　属性查看器

属性查看器显示了游戏中每个游戏对象所包含的所有组件的详细属性。单击 Plane 对象，其所有组件的详细属性就会显示在属性查看器中，如图 2-21 所示。这些组件都按照添加的先后顺序进行排列，读者可以根据需要手动地改变它们的位置。

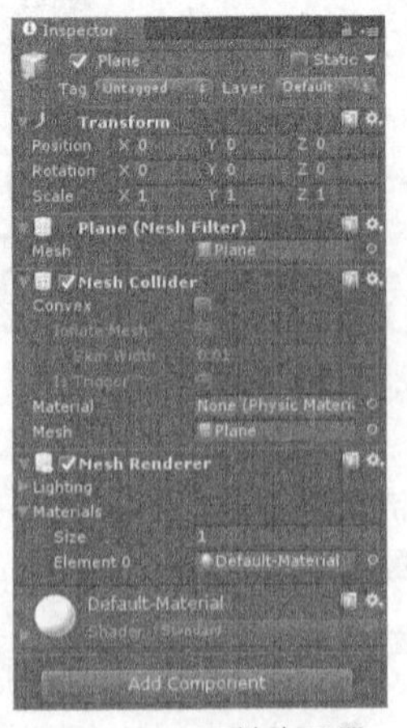


▲图 2-21　属性查看器

属性查看器中一般包含很多属性信息，这些属性初看让人无所适从，但是每个对象对应的所有属性查看器都遵循一些基本原则。在属性查看器的顶端是这个对象的名称，然后是该对象的各个方面的一个列表，如 Transform（变换）组件和 Mesh Collider（网格碰撞体）组件。

**提示**　后续章节会对这些不同种类的属性进行更为详细的介绍，但是到目前为止，读者只需要知道在这里可以任意修改对象所拥有的属性信息即可。

属性查看器中的每个属性都有与其对应的“帮助”按钮和上下文菜单。单击“帮助”按钮会显示参考手册中与该属性相关的帮助文档，读者可以挑选这些属性中的任意一个进行尝试。单击上下文菜单会显示仅与该属性相关的选项，也可以在此把该属性重置为其他默认值。

### 2.1.9 状态栏与控制台

状态栏和控制台是 Unity 集成开发环境中两个很有用的调试工具，如图 2-22 所示。状态栏总是出现在编辑器的底部。可以通过选择 Window→Console 或按 Ctrl+Shift+C 快捷键打开控制台，也可以单击状态栏打开控制台。

当单击 Play 按钮开始测试项目或是导出运行项目时，在状态栏和控制台中都会显示出相关的提示信息，也可以在脚本中让项目向控制台和状态栏输出一些信息，这有助于调试和修复错误。项目遇到的任何错误、消息或者警告，以及和这个特定错误相关的任何细节都会显示在这里。

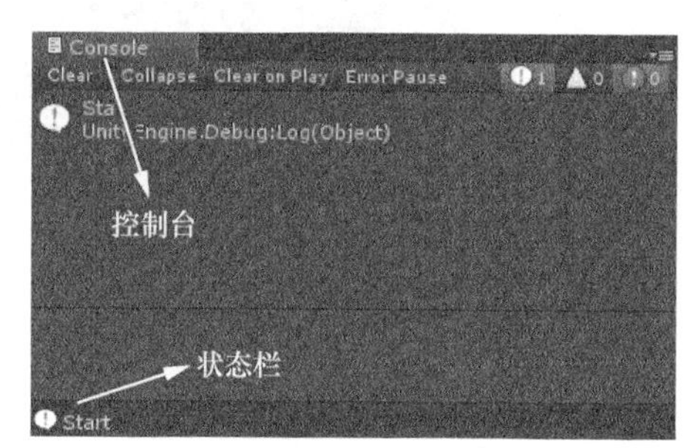


▲图 2-22 状态栏与控制台

### 2.1.10 动画视图

读者可以在动画视图中查看并调整动画曲线。该视图在默认情况下并不打开，可以通过选择 Window→Animation 或是按 Ctrl+6 快捷键来打开，如图 2-23 所示。动画视图会作为一个单独的浮动窗口弹出，读者可以四处移动它或是改变其大小。

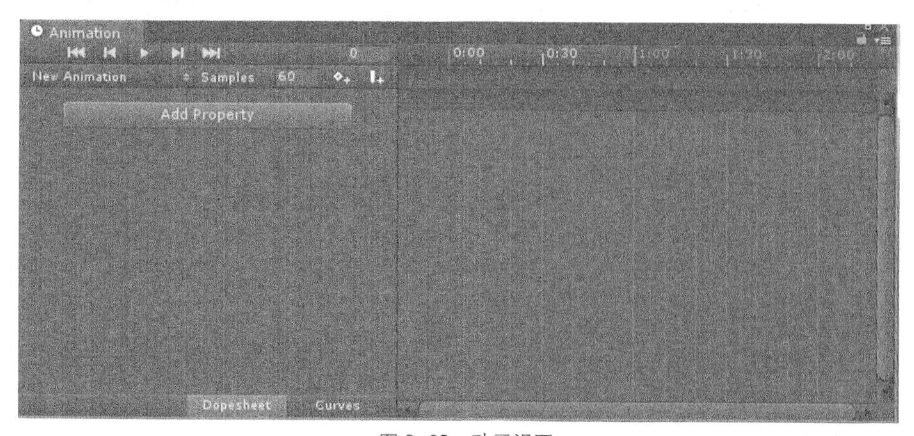


▲图 2-23 动画视图

> 提示　在稍后的章节中，读者会看到如何使用动画视图来查看动画剪辑或是在 3D 动画应用程序之外更新数据。

### 2.1.11 动画控制器编辑视图

动画控制器编辑视图用于编辑动画控制器。该视图在默认情况下也并不打开，可以通过选择 Window→Animator 或是在项目资源列表中双击动画控制器文件来打开，如图 2-24 所示。在动画控制器编辑视图中可以添加、删除动画。

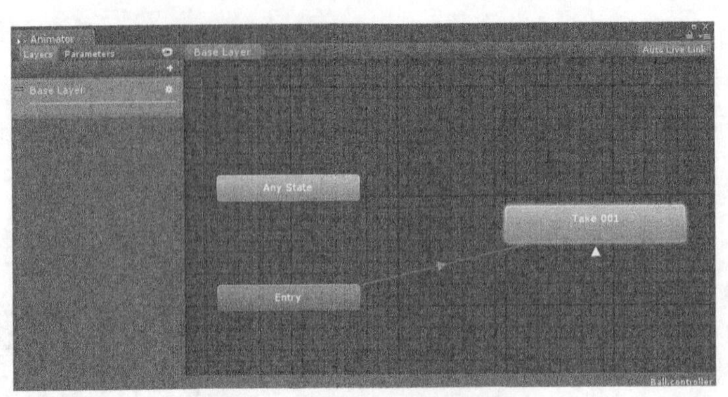


▲图 2-24　动画控制器编辑视图

## 2.2 菜单栏

本节将对菜单栏中的各个菜单及其下属的子菜单进行详细讲解。通过对菜单栏的学习，读者可以对 Unity 各项功能有一个系统、全面的认识与了解，在今后的开发中能够熟练地运用各个菜单，以满足开发的需求。

### 2.2.1 File 菜单

本小节将对菜单栏中的 File（文件）菜单进行详细讲解，并对其下的每一个子菜单都进行细致的介绍。通过本小节的学习，读者能够清楚地理解 File 菜单的功能和作用，以及其下各个菜单的功能与用途，在开发过程中进行熟练的操作。

在 Unity 集成开发环境中，单击 File 菜单，会弹出一个下拉菜单，每个子菜单及其对应的快捷键如图 2-25 所示。

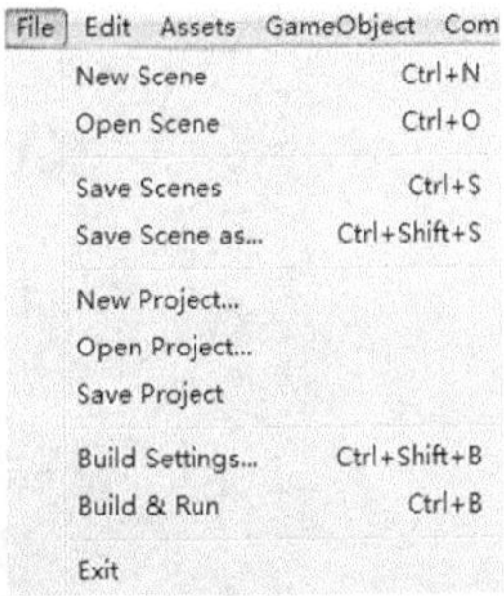

File　Edit　Assets　GameObject　Com
New Scene　Ctrl+N
Open Scene　Ctrl+O
Save Scenes　Ctrl+S
Save Scene as...　Ctrl+Shift+S
New Project...
Open Project...
Save Project
Build Settings...　Ctrl+Shift+B
Build & Run　Ctrl+B
Exit

▲图 2-25　File 子菜单

❑ New Scene

New Scene 功能为新建场景，即新建一个游戏场景，每一个新创建的游戏场景包含一个 Main Camera（主摄像机）和一个 Directional Light（平行光光源），可以根据需要在场景中添加相应的 GameObject（游戏对象），如图 2-26 所示。

❑ Open Scene

Open Scene 菜单功能为打开场景，即打开以前所保存的场景，选择 Open Scene，弹出 Load Scene 对话框，选择所要打开的场景文件（扩展名为“.unity”的文件），单击“打开”按钮即可打开场景文件，如图 2-27 所示。

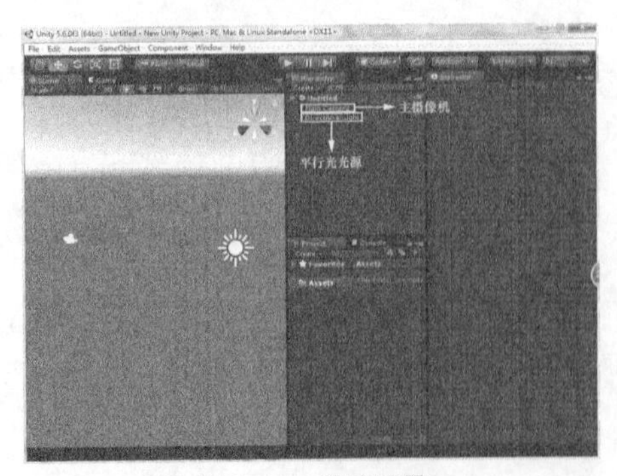


▲图 2-26　新建场景

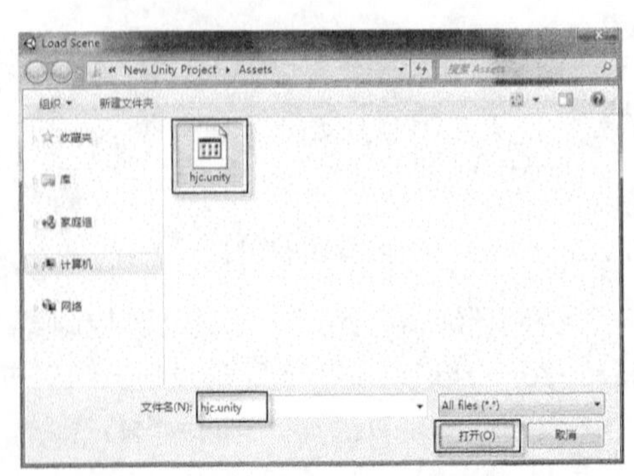


▲图 2-27　打开场景文件

❑ Save Scenes

Save Scenes 菜单功能为保存场景，即保存当前所搭建的场景。如果是第一次保存当前场景，选择 Save Scenes，弹出 Save Scene 对话框，在“文件名”文本框中输入文件名称，单击“保存”按钮，就会生成一个场景文件，如图 2-28 所示。如果之前保存过该场景，选择 Save Scenes，之前保存的场景文件就会被当前场景文件覆盖，不会弹出 Save Scene 对话框。

❑ Save Scene as

Save Scene as 菜单功能为把当前的场景另存为一个新的场景文件。选择 Save Scene as，弹出 Save Scene 对话框，在“文件名”文本框中输入文件名称，单击“保存”按钮，就会生成一个新的场景文件，如图 2-29 所示。

▲图 2-28 保存场景

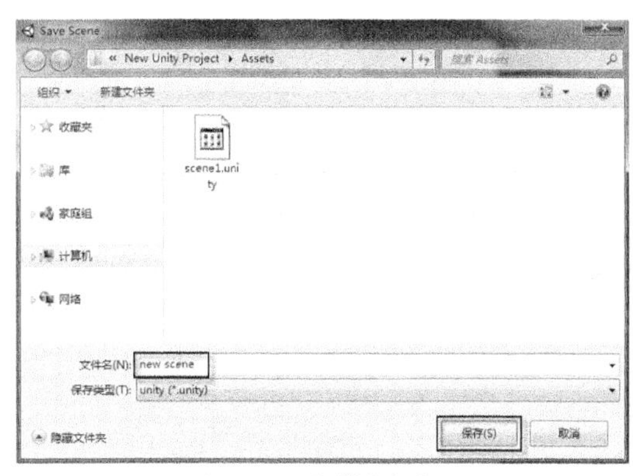


▲图 2-29 场景另存为

❑ New Project

New Project 菜单功能为新建项目，即创建一个新的项目。选择 New Project，弹出 New Project 对话框，在 Project name 文本框中输入项目名称，在 Location 处选择合适的路径，在 Add Asset Packages 处选择需要导入的资源包。新建项目默认为 3D 项目，如果想要创建 2D 项目，则需要选中 2D 单选按钮，最后单击 Create project 按钮，就会自动创建一个项目并打开 Unity 开发环境，如图 2-30 所示。

❑ Open Project

Open Project 菜单功能为打开项目，即打开以前所创建的项目。选择 Open Project，弹出 Recent projects 对话框，以前创建的项目都会显示在列表中，如图 2-31 所示，单击项目名称即可打开项目。如果想要打开列表中没有的项目，则需要单击 OPEN 按钮，弹出 Open existing Project 对话框，找到所要打开的项目，单击“选择文件夹”按钮即可打开选定项目，如图 2-32 所示。

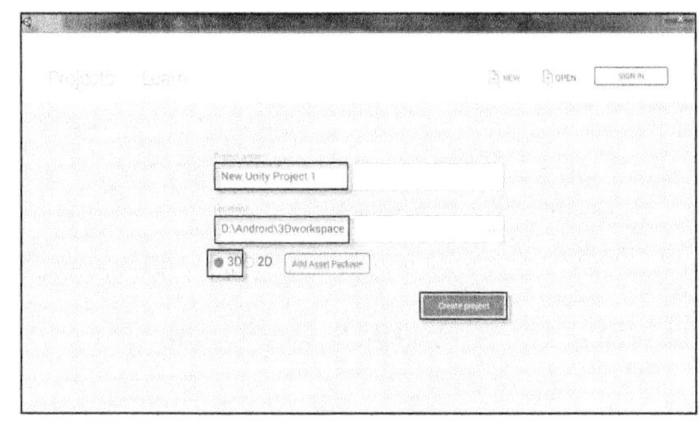


▲图 2-30 新建项目

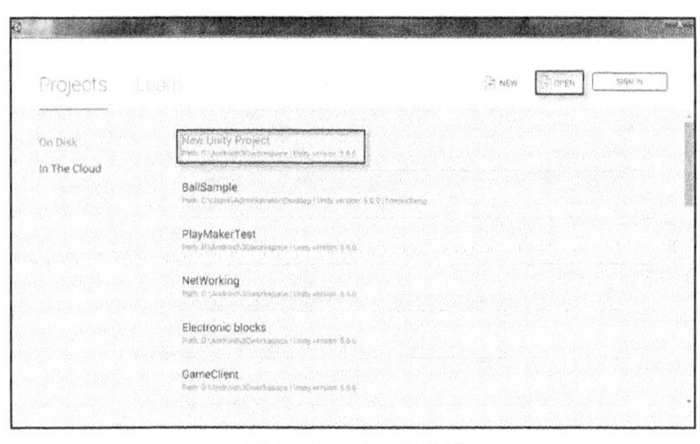


▲图 2-31 打开项目

❑ Save Project

Save Project 菜单功能为保存项目，选择 Save Project，即可保存当前正在进行编辑的项目。

❑ Build Settings

Build Settings 菜单功能为发布设置，即在发布游戏前设置一些准备工作。选择 Build Settings，弹出 Build Settings 对话框，如图 2-33 所示。在 Platform 中选择该项目发布后所要运行的平台，同时可以单击 Player Setting 按钮，在 Inspector 视图中针对要发布的平台做相应的参数设置，如图 2-34 所示。完成设置后，单击 Build 按钮，弹出 Build Android 对话框，在“文件名”文本框中输入文件名，单击“保存”按钮，开始生成安装文件，如图 2-35 所示。

▲图 2-32　打开其他项目

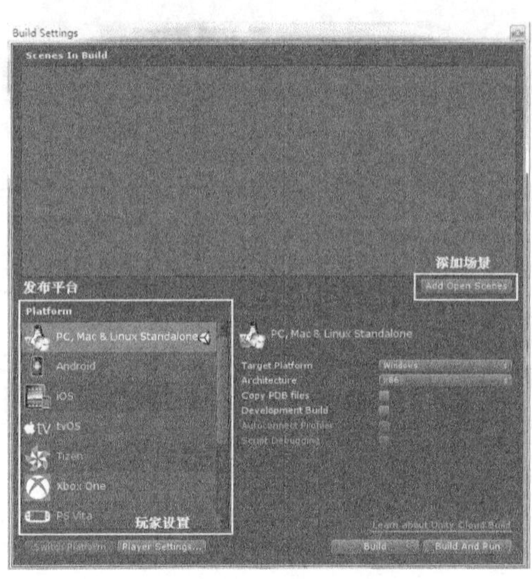


▲图 2-33　发布设置

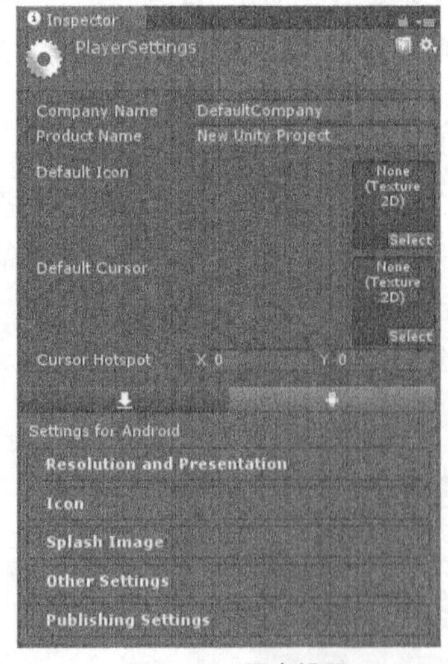


▲图 2-34　玩家设置

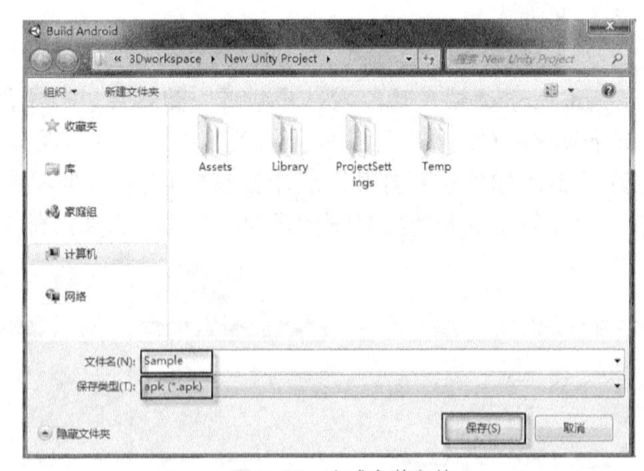


▲图 2-35　生成安装文件

❑ Build & Run

Build & Run 菜单功能为发布并运行，即在编译完游戏后，直接将游戏发布到目标平台上。

❑ Exit

Exit 菜单功能为退出，即退出 Unity 程序。

### 2.2.2 Edit 菜单

本小节将对菜单栏中的 Edit（编辑）菜单进行详细讲解，并对其下的每一个子菜单都进行细致的介绍。通过本小节的学习，读者能够清楚地理解 Edit 菜单的功能和作用，以及其下各个子菜单的功能与用途，以在开发过程中进行熟练的操作。

在 Unity 集成开发环境中，单击 Edit 菜单，会弹出一个下拉菜单，每个子菜单及其对应的快捷键如图 2-36 所示。

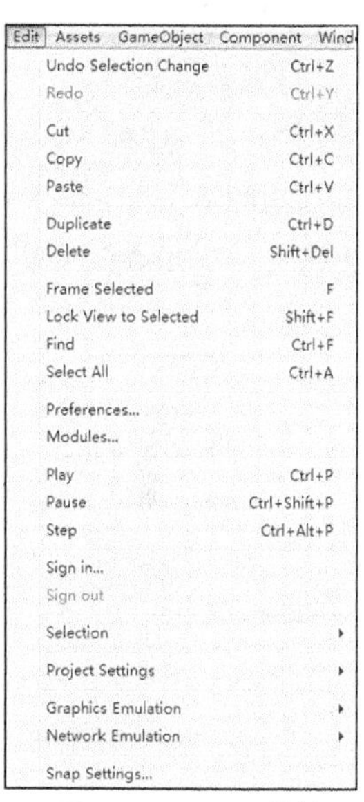

▲图 2-36　Edit 子菜单

- Undo Selection Change

Undo Selection Change 菜单功能为撤销，即取消当前的操作。该操作在开发中使用较多，快捷键为 Ctrl+Z。

- Redo

Redo 菜单功能为 Undo 的反向操作，即重新做一遍当前的操作，快捷键为 Ctrl+Y。

- Cut

Cut 菜单功能为剪切，其快捷键为 Ctrl+X。

- Copy

Copy 菜单功能为复制，其快捷键为 Ctrl+C。

- Paste

Paste 菜单功能为粘贴，其快捷键为 Ctrl+V。

- Duplicate

Duplicate 菜单功能为复制并粘贴，其快捷键为 Ctrl+D。

- Delete

Delete 菜单功能为删除，其快捷键为 Shift+Delete。

- Frame Selected

Frame Selected 菜单功能为居中并最大化显示当前选中的物体，即若要在场景设计面板中近距离观察所选中的 GameObject，便可选择 Frame Selected，其快捷键为 F。Frame Selected 可以方便地切换观察视角，极大地方便项目的开发与设计。

- Lock View to Selected

Lock View to Selected 菜单功能为居中并最大化显示层级视图中选中的物体，即在层级视图（Hierarchy）中选中物体后，选择 Lock View to Selected，该物体就会在场景中居中并最大化显示，其快捷键为 Shift+F。Lock View to Selected 所实现的效果与 Frame Selected 相同。

- Find

Find 菜单功能为查找，即查找场景中的对象。

- Select All

Select All 菜单功能为选择全部，快捷键为 Ctrl+A。

- Preferences

Preferences 菜单功能为偏好设置，即对 Unity 集成开发环境的相应参数进行设置。选择 Preferences，弹出 Unity Preferences 对话框，里面有 8 项设置，分别为 General、External Tools、Colors、Keys、GI Cache、2D、Cache Server、Diagnostics，具体含义如表 2-1 所示。

表 2-1　　Preferences 子菜单具体含义

| 菜单 | 含义 | 菜单 | 含义 |
| --- | --- | --- | --- |
| General | 综合设置 | Keys | 键值 |
| External Tools | 外部工具 | GI Cache | 实时光照缓存 |
| Colors | 颜色 | 2D | 2D 设置 |
| Cache Server | 缓存服务器 | | |

（1）选择 General，进入综合设置界面，如图 2-37 所示，该界面是整体上对 Unity 集成开发环境进行的一些相关设置，分别是 Auto Refresh、Compress Assets on Import、Show Asset Store search hits、Editor Skin、Load Previous Project on Startup、Disable Editor Analytics（Pro Only）、Verify Saving Assets、Enable Alpha Numeric Sorting，具体含义如表 2-2 所示。

表 2-2　　General 子菜单具体含义

| 菜单 | 含义 |
| --- | --- |
| Auto Refresh | 自动更新 |
| Compress Assets on Import | 导入时压缩资源 |
| Show Asset Store search hits | 显示资源商店中资源的数量 |
| Editor Skin | 界面 |
| Load Previous Project on Startup | 启动时加载以前的项目 |
| Disable Editor Analytics（Pro Only） | 自动将分析报告发送给 Unity（专业版专有） |
| Verify Saving Assets | 退出时验证所要保存的资源 |
| Enable Alpha Numeric Sorting | 允许 Hierarchy 视图中的对象按字母排序 |

（2）选择 External Tools，进入外部工具设置界面，如图 2-38 所示。该界面对与 Unity 相关的一些外部编辑工具进行设置，分别是 External Script Editor、Editor Attaching、Revision Control Diff/Merge、Add .unityproj's to .sln、Image Application、Android，具体含义如表 2-3 所示。

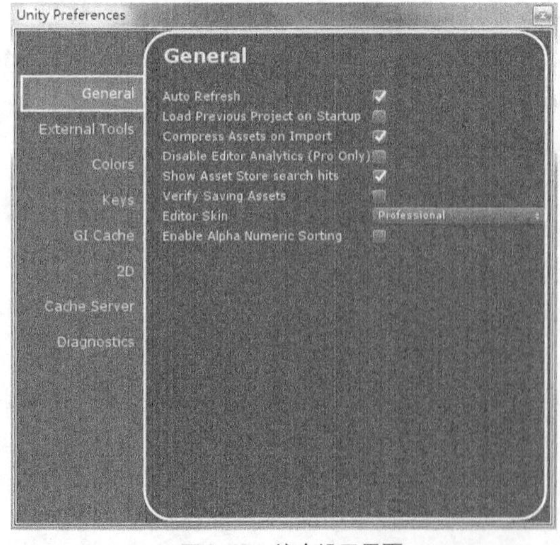


▲图 2-37　综合设置界面

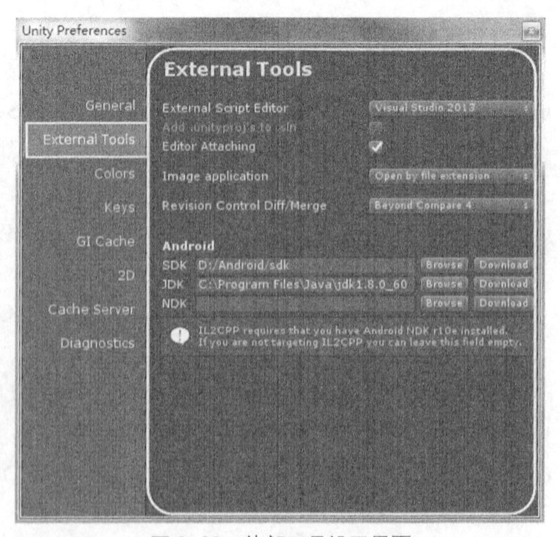


▲图 2-38　外部工具设置界面

表 2-3 External Tools 子菜单具体含义

| 菜单 | 含义 | 菜单 | 含义 |
|---|---|---|---|
| External Script Editor | 外部脚本编辑器 | Add .unityproj's to .sln | 添加到 sln 工程 |
| Editor Attaching | 编辑器附加操作 | Image Application | 打开图像文件的工具 |
| Revision Control Diff/Merge | 文件比较/合并工具 | Android | 各种工具包路径 |

（3）选择 Colors，进入颜色设置界面，如图 2-39 所示。该界面对各个窗口、工具的背景颜色、显示颜色进行设置。开发人员可根据自己的使用习惯对颜色进行选择设置，对 Unity 集成开发环境进行装饰。

（4）选择 Keys，进入键值设置界面，如图 2-40 所示。该界面对 Unity 集成开发环境中需要的键值进行设置，一般情况下使用默认的设置即可，也可根据个人使用习惯进行修改。

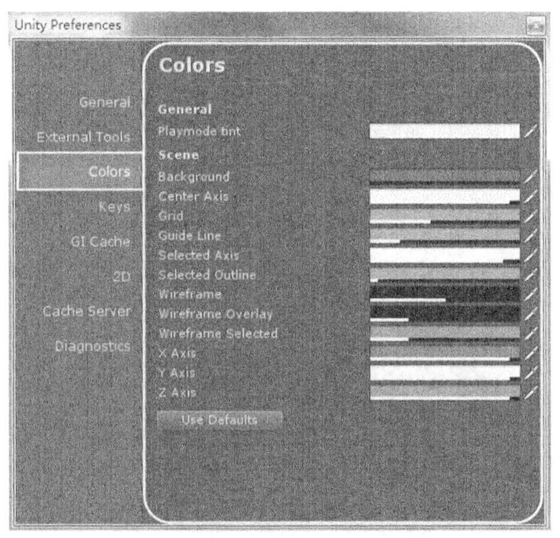


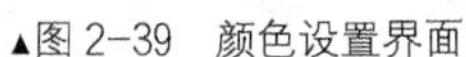
▲图 2-39 颜色设置界面

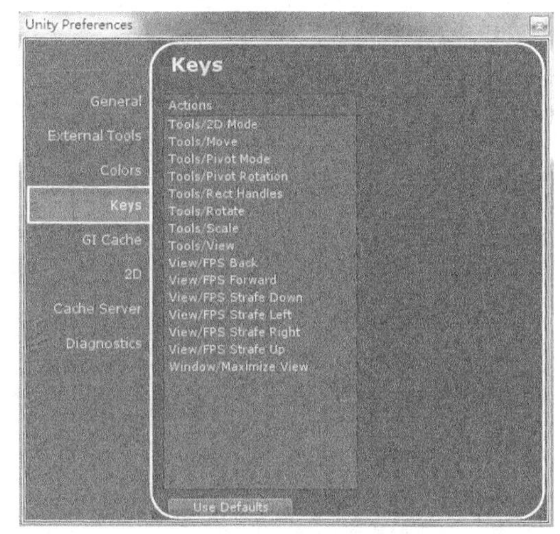


▲图 2-40 键值设置界面

（5）选择 GI Cache，进入实时光照缓存设置界面，如图 2-41 所示。该界面对 Unity 实时光照缓存进行设置，分别是 Maximum Cache Size (GB)、Cache compression、Cache Size、Custom cache location、Clean Cache、Cache Folder Location，具体含义如表 2-4 所示。

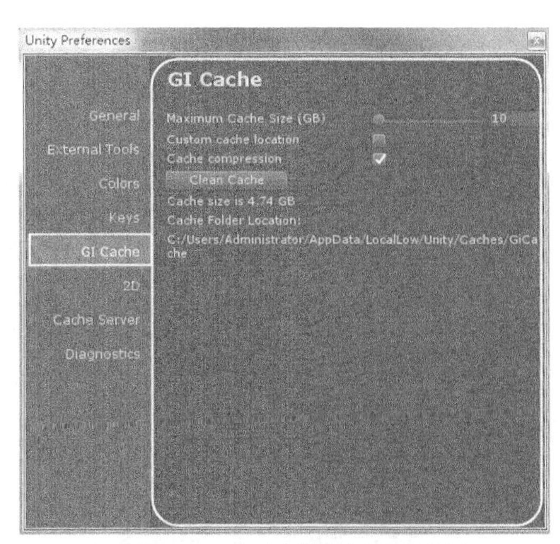


▲图 2-41 实时光照缓存设置界面

表 2-4　　GI Cache 子菜单具体含义

| 菜单 | 含义 | 菜单 | 含义 |
| --- | --- | --- | --- |
| Maximum Cache Size (GB) | 最大缓存设置 | Custom cache location | 是否自定义缓存位置 |
| Cache compression | 缓存压缩 | Clean Cache | 清除缓存 |
| Cache Size | 当前缓存尺寸 | Cache Folder Location | 当前缓存位置 |

（6）选择 2D，进入 2D 设置界面，如图 2-42 所示，该界面可以通过设置滑动条来设置最大 2D 精灵缓存文件夹的大小。根据滑动条设置的值，最大 2D 精灵缓存文件夹的大小将尽可能保持在该值以下。

（7）选择 Cache Server，进入缓存服务器设置界面，如图 2-43 所示，该界面对缓存服务器进行设置。当启动缓存服务器（即选中 Remote 复选框）时，就需要在 IP Address（IP 地址）文本框中输入正确的 IP 地址，否则不要启用。

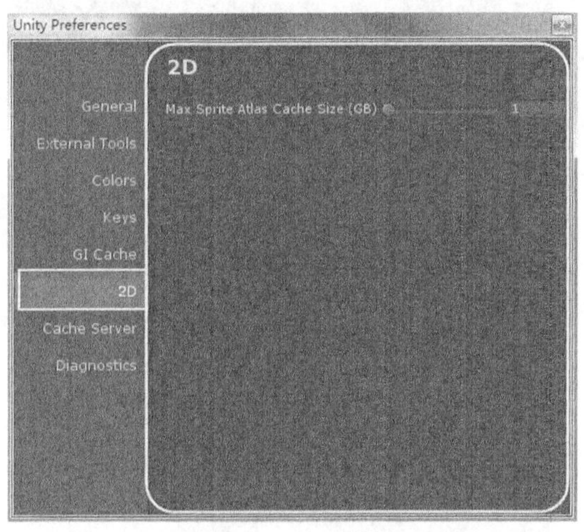


▲图 2-42　2D 设置界面

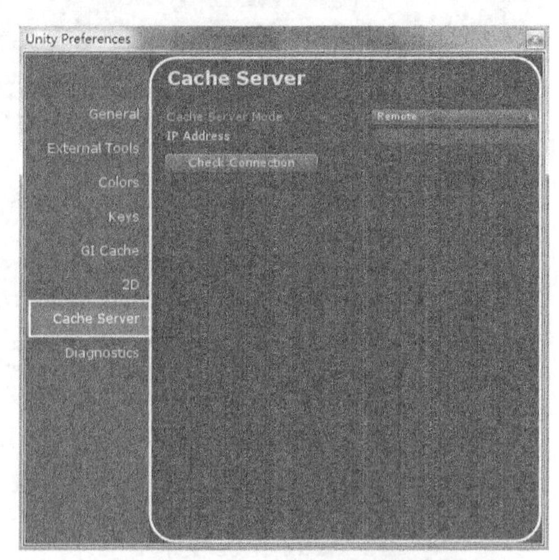


▲图 2-43　缓存服务器设置界面

❑　Modules

Modules 菜单用于模块管理，即模块管理器，该菜单展示了针对各个平台的回放引擎（图 2-44）及拓展的性能优化工具。

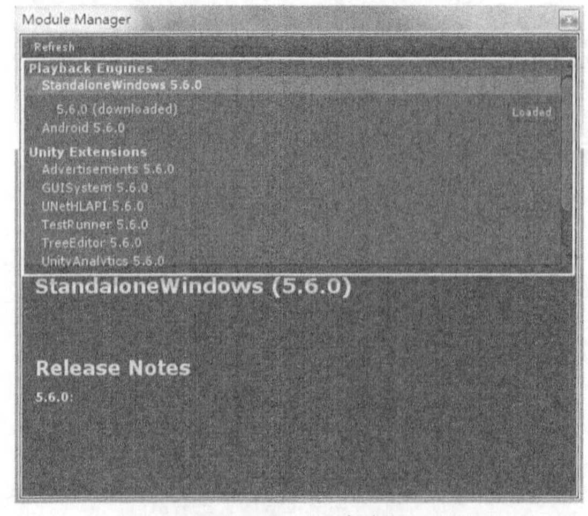


▲图 2-44　回放引擎

❑ Play

Play 菜单用于播放/运行，即播放当前场景动画。其快捷键为 Ctrl+P，相当于单击工具栏中的播放按钮，如图 2-45 所示，场景动画效果将在游戏预览面板中显示。

❑ Pause

Pause 菜单用于暂停/中断，即暂停当前场景动画。其快捷键为 Ctrl+Shift+P，相当于单击工具栏中的暂停按钮，如图 2-46 所示，场景动画效果将在游戏预览面板中显示。

❑ Step

Step 菜单用于播放当前场景动画的下一帧。其快捷键为 Ctrl+Alt+P，相当于单击工具栏中的下一帧按钮，如图 2-47 所示，场景动画效果将在游戏预览面板中显示。

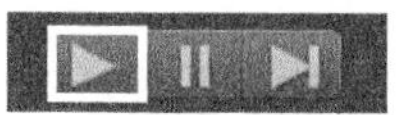

▲图 2-45 播放按钮

▲图 2-46 暂停按钮

▲图 2-47 下一帧按钮

❑ Selection

Selection 菜单用于选择，即选择要载入/存储的游戏对象的编号。选择 Selection 菜单中的加载选项（图 2-48），载入以前保存的游戏对象，选择所要载入的相应游戏对象的编号，即可载入相应的游戏对象；选择 Selection 菜单中的存储选项（图 2-49），即可保存当前场景设计面板中所选中的游戏对象，并赋予相应的编号。

❑ Project Settings

Project Settings 菜单用于进行工程设置，即对工程进行相应的设置。选择 Project Settings，弹出其子菜单，如图 2-50 所示，各子菜单具体含义如表 2-5 所示。

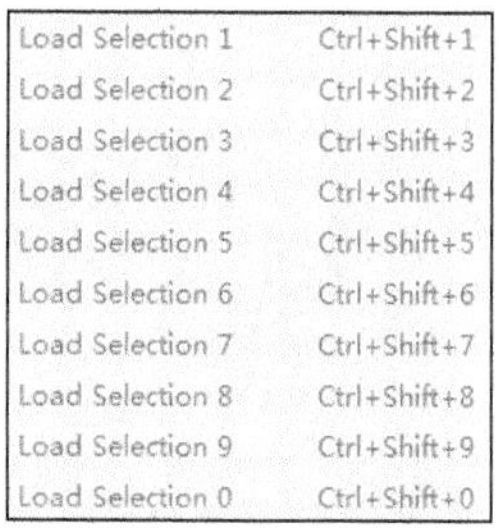

▲图 2-48 加载选项

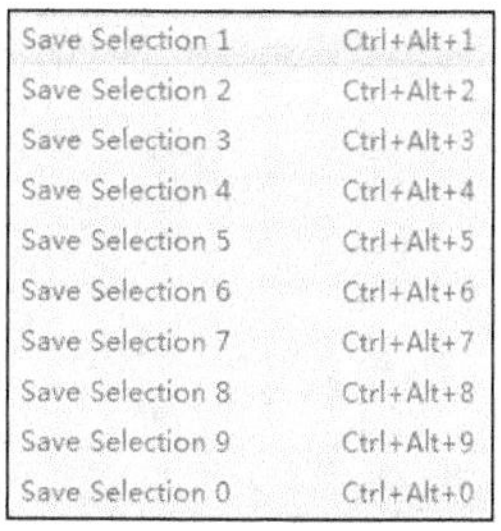

▲图 2-49 存储选项

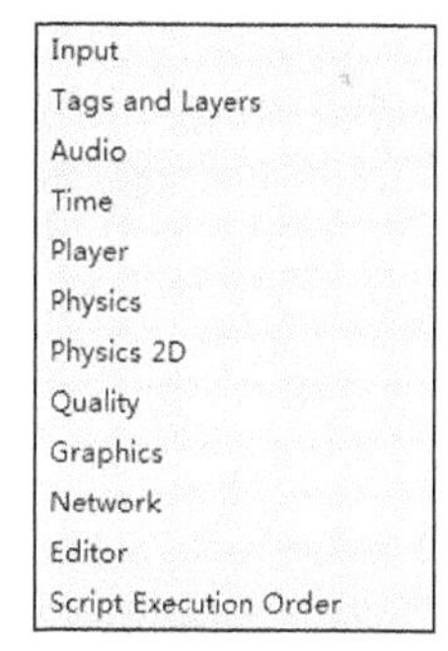


▲图 2-50 Project Settings 子菜单

表 2-5 Project Settings 子菜单具体含义

| 菜单 | 含义 | 菜单 | 含义 |
| --- | --- | --- | --- |
| Input | 输入 | Physics 2D | 2D 物理属性 |
| Tags and Layers | 标签和层 | Quality | 质量 |
| Audio | 音频 | Graphics | 图形 |
| Time | 时间 | Network | 网络 |
| Player | 播放 | Editor | 编辑 |
| Physics | 物理属性 | Script Execution Order | 脚本执行顺序 |

（1）选择 Input，Unity 集成开发环境的 Inspector 视图中就会出现 Input 选项的具体设置，可以根据需要对其中的参数做具体的调整，如图 2-51 所示。

（2）选择 Tags and Layers，Unity 集成开发环境的 Inspector 视图中就会出现 Tags&Layers 选项的具体设置，可以根据需要对其中的参数做具体的调整，如图 2-52 所示。

（3）选择 Audio，Unity 集成开发环境的 Inspector 视图中就会出现 Audio 选项的具体设置，可以根据需要对其中的参数做具体的调整，如图 2-53 所示。

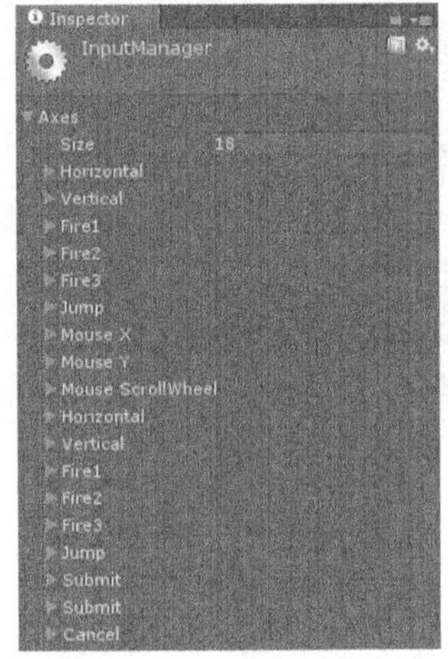


▲图 2-51 Input 选项的具体设置

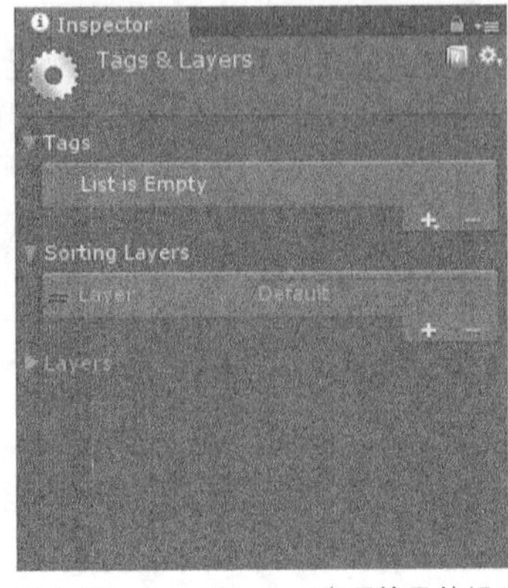


▲图 2-52 Tags&Layers 选项的具体设置

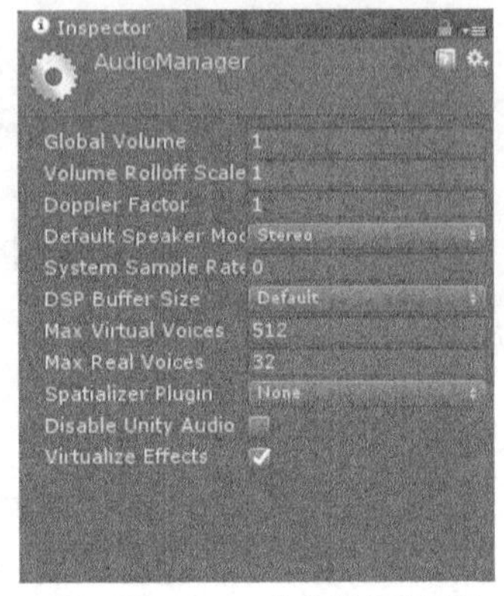


▲图 2-53 Audio 选项的具体设置

（4）选择 Time，Unity 集成开发环境的 Inspector 视图中就会出现 Time 选项的具体设置，可以根据需要对其中的参数做具体的调整，如图 2-54 所示。

（5）选择 Player，Unity 集成开发环境的 Inspector 视图中就会出现 Player 选项的具体设置，可以根据需要对其中的参数做具体的调整，如图 2-55 所示。

（6）选择 Physics，Unity 集成开发环境的 Inspector 视图中就会出现 Physics 选项的具体设置，可以根据需要对其中的参数做具体的调整，如图 2-56 所示。

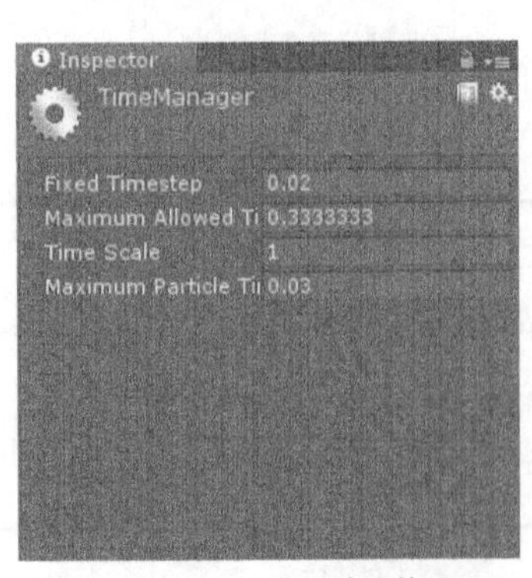


▲图 2-54 Time 选项的具体设置

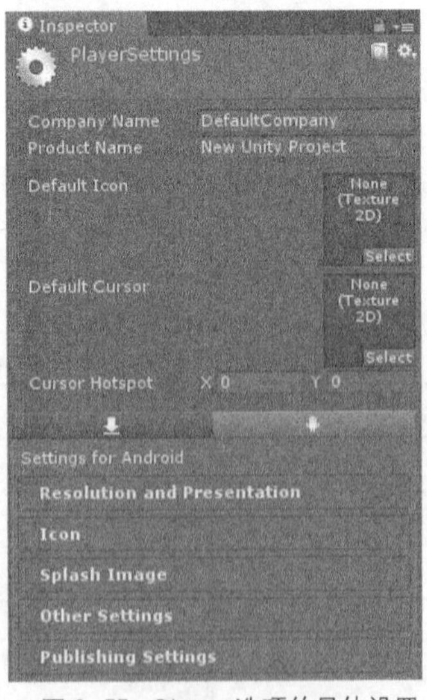


▲图 2-55 Player 选项的具体设置

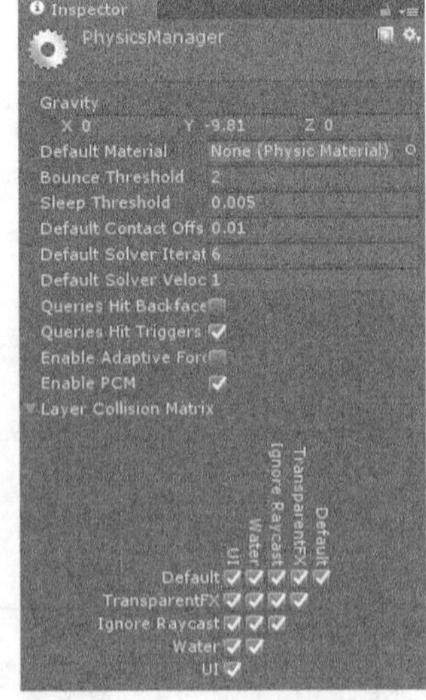


▲图 2-56 Physics 选项的具体设置

（7）选择 Physics 2D，Unity 集成开发环境的 Inspector 视图中就会出现 Physics2D 选项的具体设置，可以根据需要对其中的参数做具体的调整，如图 2-57 所示。

（8）选择 Quality，在 Unity 集成开发环境的 Inspector 视图中就会出现 Quality 选项的具体设置，可以根据需要对其中的参数做具体的调整，如图 2-58 所示。

（9）选择 Graphics，在 Unity 集成开发环境的 Inspector 视图中就会出现 Graphics 选项的具体设置，可以根据需要对其中的参数做具体的调整，如图 2-59 所示。

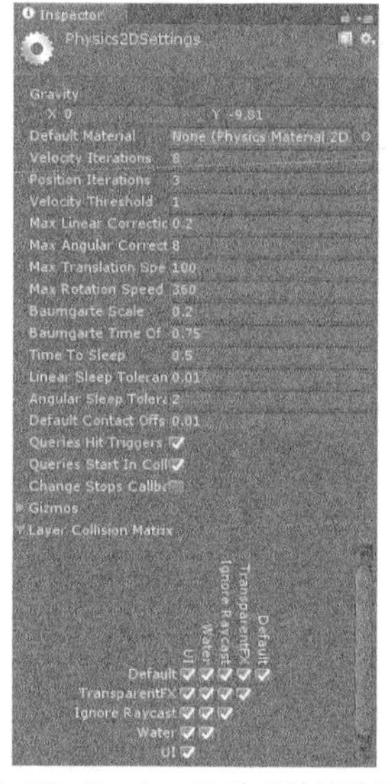


▲图 2-57　Physics 2D 选项的具体设置

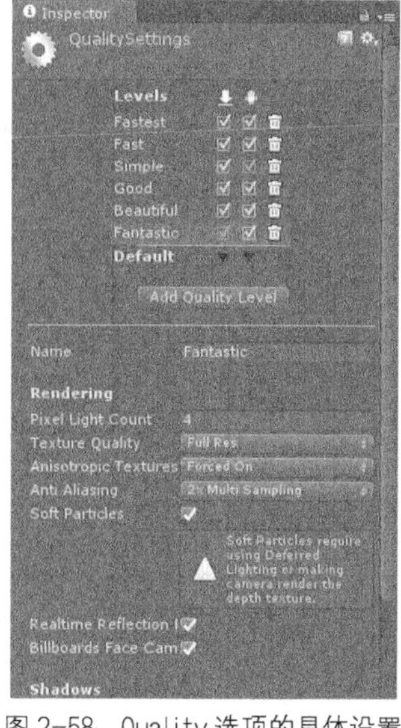


▲图 2-58　Quality 选项的具体设置

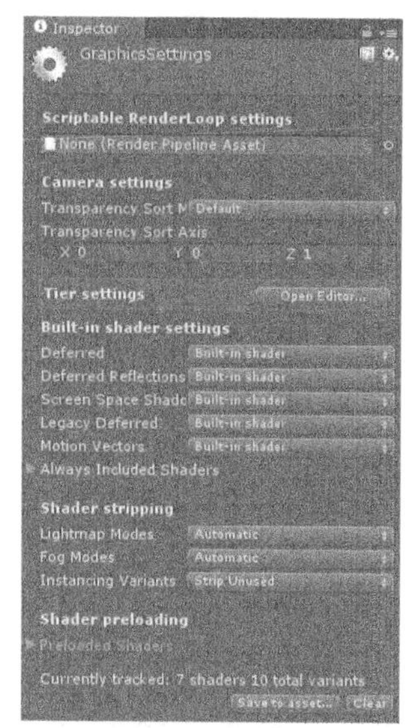


▲图 2-59　Graphics 选项的具体设置

（10）选择 Network，Unity 集成开发环境的 Inspector 视图中就会出现 Network 选项的具体设置，可以根据需要对其中的参数做具体的调整，如图 2-60 所示。

（11）选择 Editor，Unity 集成开发环境的 Inspector 视图中就会出现 Editor 选项的具体设置，可以根据需要对其中的参数做具体的调整，如图 2-61 所示。

（12）选择 Script Execution Order，Unity 集成开发环境的 Inspector 视图中就会出现 Script Execution Order 选项的具体设置，可以根据需要对其中的参数做具体的调整，如图 2-62 所示。

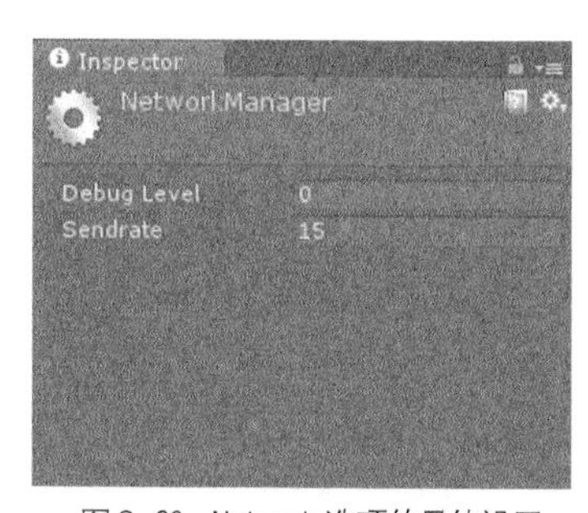


▲图 2-60　Network 选项的具体设置

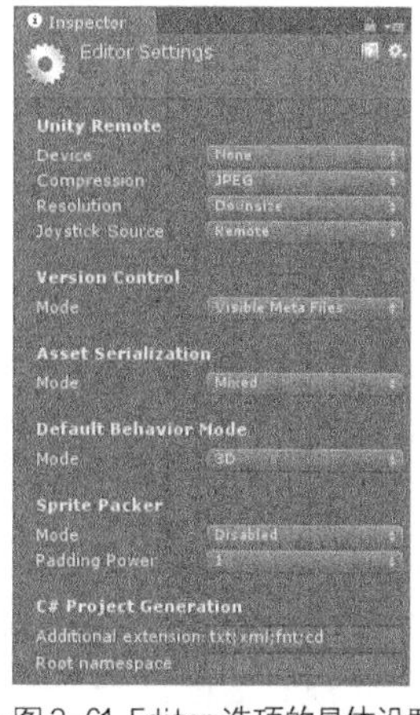


▲图 2-61　Editor 选项的具体设置

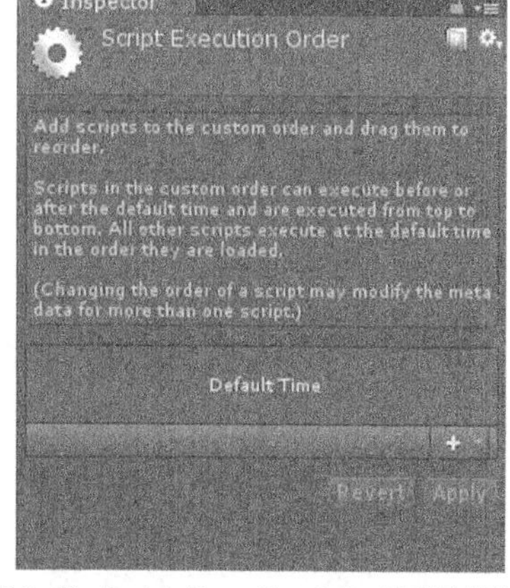


▲图 2-62　Script Execution Order 选项的具体设置

- ❑ Graphics Emulation

Graphics Emulation 菜单功能为图形模拟，即选择需要的着色器模型，如图 2-63 所示。

- ❑ Network Emulation

Network Emulation 菜单功能为网络模拟，即选择适当的网络传输方式，如图 2-64 所示。

❑ Snap Settings

Snap Settings 菜单功能为对齐设置，即适当的对齐方式，可以根据需要修改参数，如图 2-65 所示。

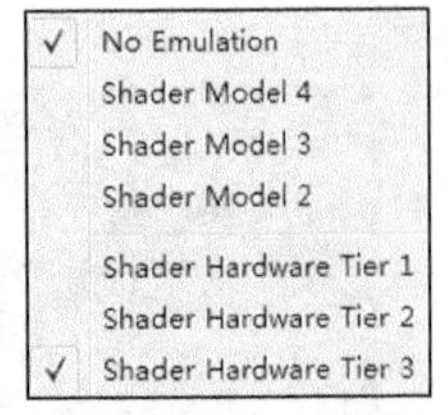


▲图 2-63　图形模拟

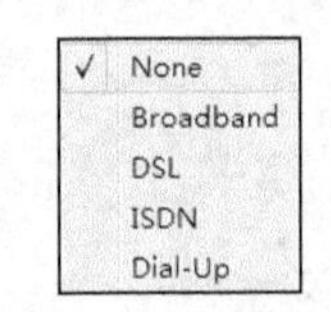


▲图 2-64　网络模拟

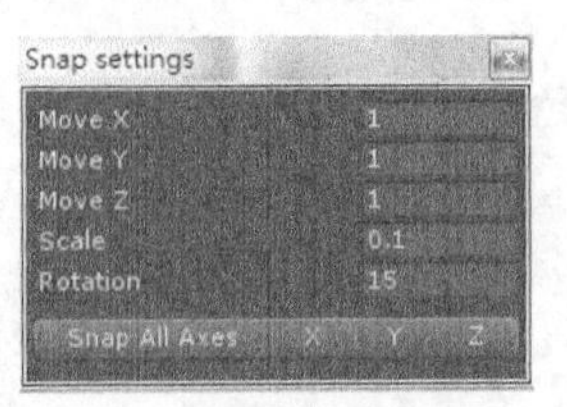


▲图 2-65　对齐设置

### 2.2.3 Assets 菜单

本小节将对菜单栏中的 Assets（资源）菜单进行详细讲解，并对其下的每一个子菜单都进行细致的介绍。通过本小节的学习，读者能够清楚地理解 Assets 菜单的功能和作用。

在 Unity 集成开发环境中，单击 Assets 菜单，会弹出一个下拉菜单，每个子菜单及其对应的快捷键如图 2-66 所示。

❑ Create

Create 菜单功能为创建 Unity 内置的资源，其子菜单为 Unity 内置的各个资源，如图 2-67 所示。创建的任何资源都会出现在项目资源列表中，根据需要对创建的各个资源进行相应的编辑，进而方便、简单地实现具体的功能。

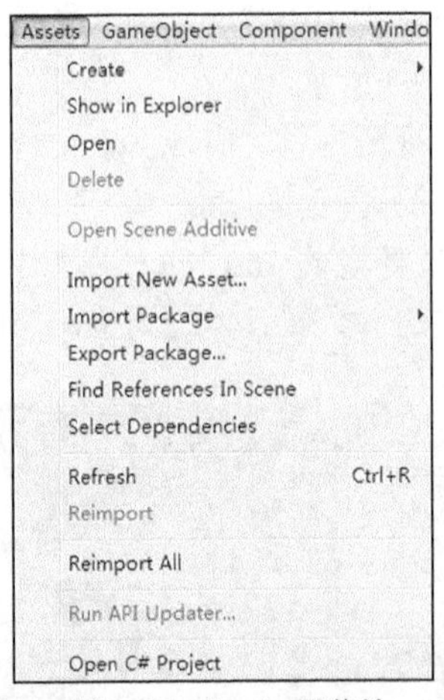


▲图 2-66　Assets 子菜单

▲图 2-67　Create 子菜单

（1）选择 Folder，就会在项目资源列表中创建一个项目文件夹，可以根据需要修改文件夹名称。

（2）选择 C# Script，就会在项目资源列表中创建一个 C#脚本，可以根据需要修改脚本名称，在脚本中用 C#编写代码，实现具体的功能。

（3）选择 Javascript，就会在项目资源列表中创建一个 JavaScript 脚本，可以根据需要修改脚本名称，在脚本中用 JavaScript 编写代码，实现具体的功能。

（4）选择 Shader 下的子菜单，就会在项目资源列表中创建相应的着色器脚本，在脚本中用 ShaderLab 语言或者 Cg.GLSL 语言编写着色器。

（5）选择 Testing 菜单下的子菜单，就会在项目资源列表中创建相应的集成测试脚本，可以根据需要修改脚本名称，在脚步中实现具体的功能。

（6）选择 Scene，就会在项目资源列表中创建一个场景文件，其作用和选择 File 菜单下的 New

Scene 子菜单功能相同。

（7）选择 Prefab，就会在项目资源列表中创建一个预制件，其作用是通过代码批量地创建相同的游戏对象。

（8）选择 Audio Mixer，就会创建一个音频混合器，如图 2-68 所示，可以根据需要混合不同的声音源来达到需要的效果。

▲图 2-68　音频混合器

（9）选择 Material，就会在项目资源列表中创建一个材质，如图 2-69 所示，可以根据需要在属性查看器中选择材质的颜色、渲染管线及渲染方式。

（10）选择 Lens Flare，就会在项目资源列表中创建一个光晕资源，如图 2-70 所示，可以选择适当的光晕 2D 纹理贴图。

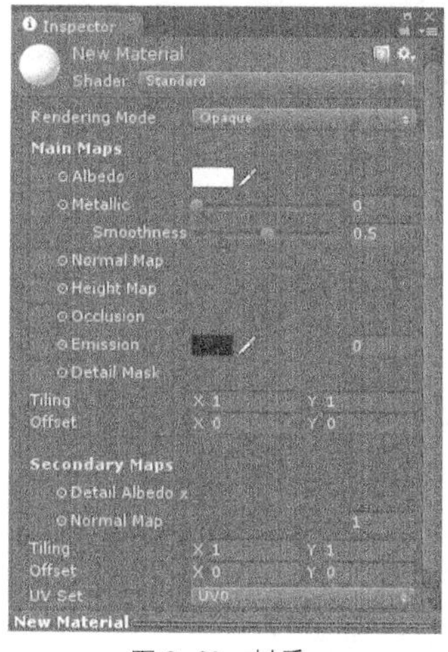


▲图 2-69　材质

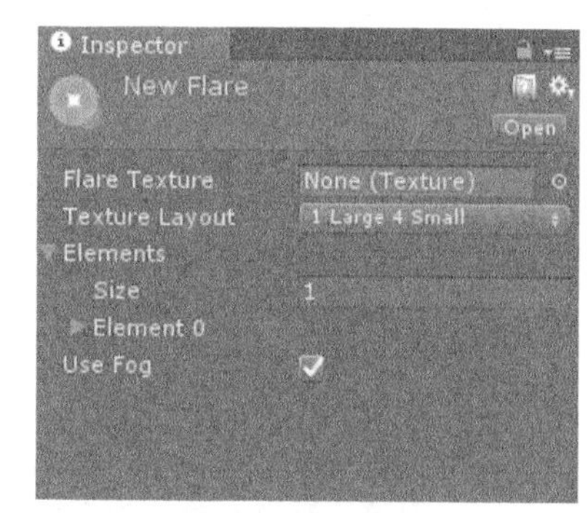


▲图 2-70　光晕资源

（11）选择 Render Texture，就会创建一个渲染纹理资源，如图 2-71 所示，可以对创建的渲染纹理资源进行相关的具体设置，开发人员可以根据实际需要进行相应的设置。

（12）选择 Lightmap Parameters，就会创建一个光照贴图参数资源，如图 2-72 所示。

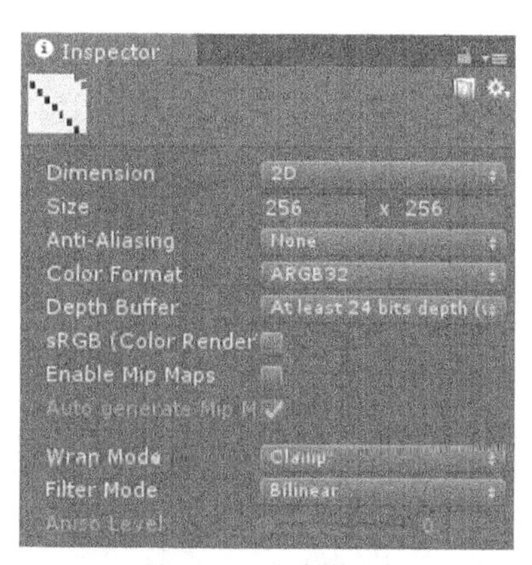


▲图 2-71　渲染纹理资源

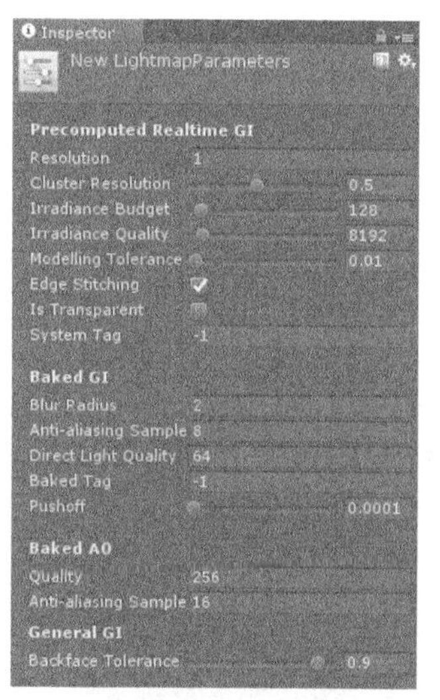


▲图 2-72　光照贴图参数资源

（13）选择 Sprites 菜单下的子菜单，就会创建不同类型的精灵对象，如图 2-73 所示，也可以给这些精灵对象赋予合适的贴图。

（14）选择 Animator Controller，就会创建一个动画控制器，如图 2-74 所示。开发人员可以根据实际的开发需求，在项目资源中打开进行设置。

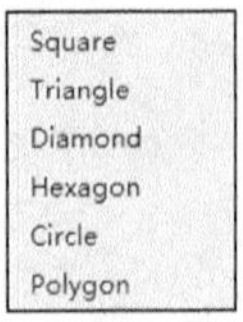

Square
Triangle
Diamond
Hexagon
Circle
Polygon

▲图 2-73　不同类型的精灵对象

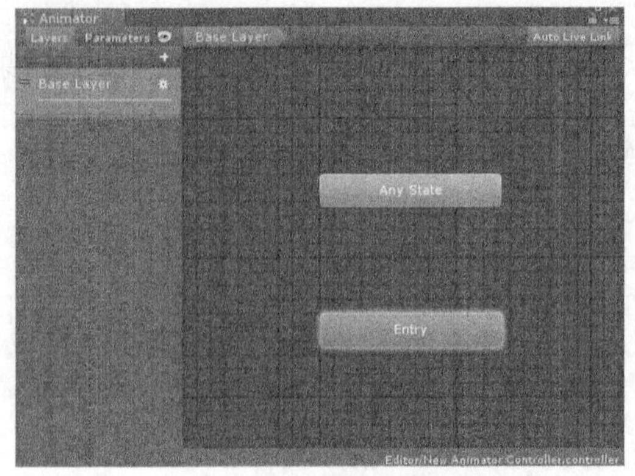


▲图 2-74　动画控制器

（15）选择 Animation，就会创建一个动画片段资源，如图 2-75 所示。

（16）选择 Animator Override Controller，就会创建一个动画重新控制器，如图 2-76 所示，用来重写给定 avatar 的控制器的某些动画剪辑。

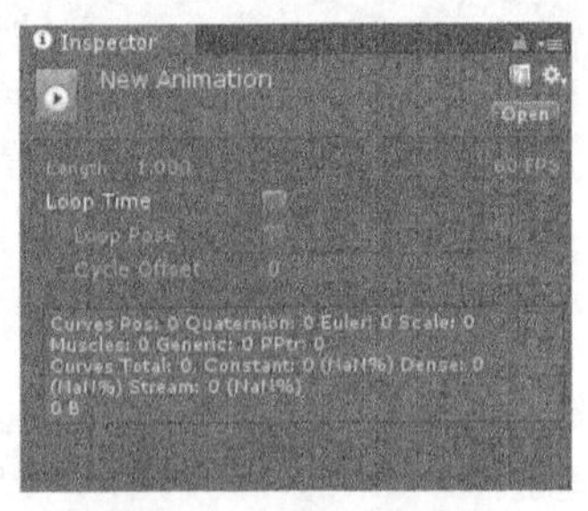


▲图 2-75　动画片段资源

▲图 2-76　动画重新控制器

（17）选择 Avatar Mask，就会创建一个身体遮罩资源，如图 2-77 所示，通过身体遮罩可以对动画中特定的身体部位进行激活或禁止。

（18）选择 Physic Material，就会创建一个物理材质，如图 2-78 所示。开发人员可以根据实际的开发需求，在属性查看器中设置相应的参数。

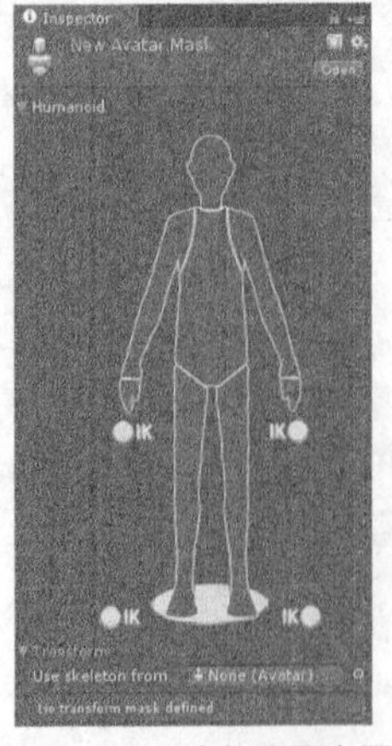


▲图 2-77　身体遮罩资源

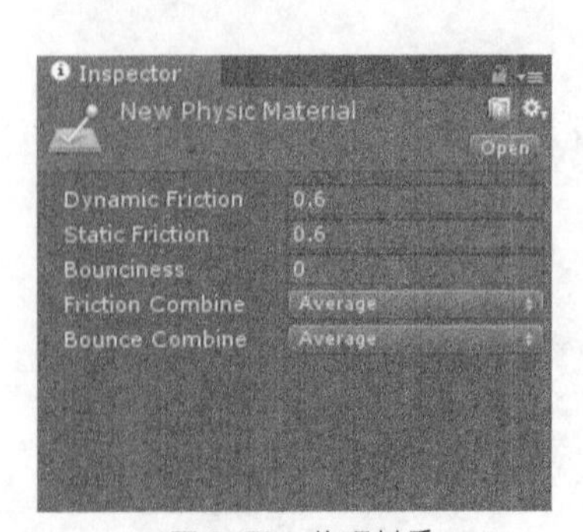


▲图 2-78　物理材质

（19）选择 Physics Material 2D，就会创建一个 2D 物理材质，如图 2-79 所示。

（20）选择 GUI Skin，就会创建一个绘制样式资源，如图 2-80 所示，该资源可以对 2D 界面中的图形绘制进行具体的设置。开发人员可以根据实际的开发需求，在属性查看器中对具体的参数进行设置。

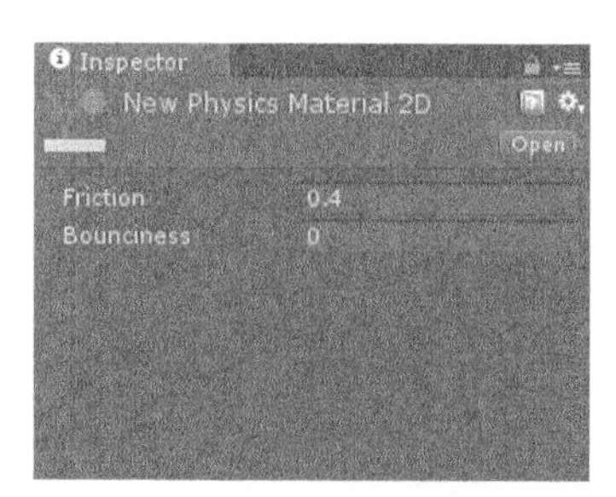


▲图 2-79　2D 物理材质

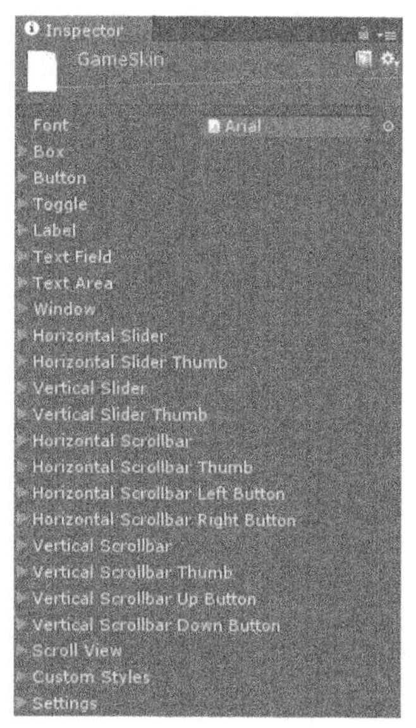


▲图 2-80　绘制样式资源

（21）选择 Custom Font，就会创建一个文本样式资源，如图 2-81 所示。

（22）选择 Legacy→Cubemap”，就会创建一个立方体纹理映射资源，如图 2-82 所示，该资源可以分别对立方体的 6 个面进行纹理设置。

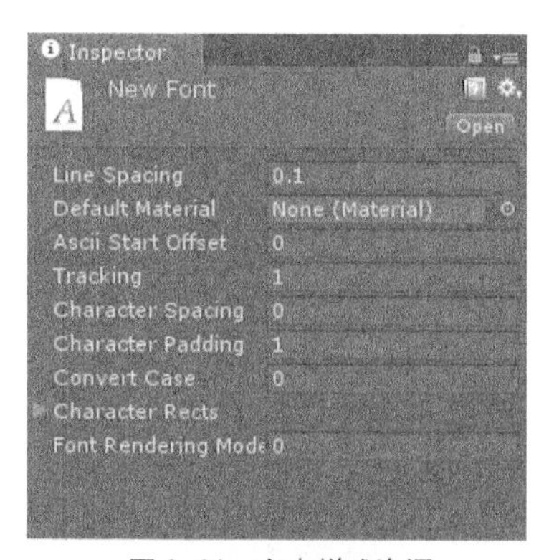


▲图 2-81　文本样式资源

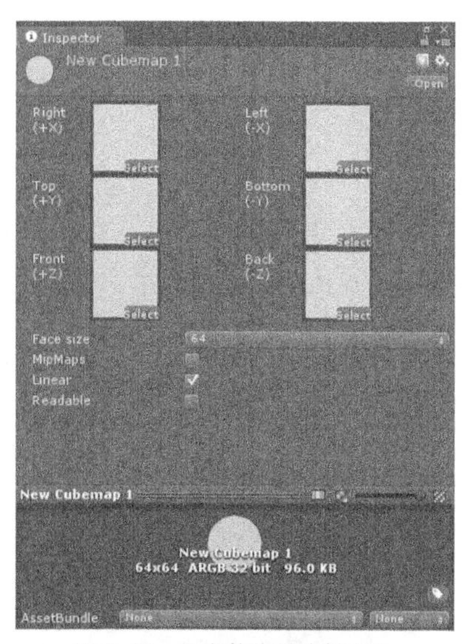


▲图 2-82　立方体纹理映射资源

## ❑ Show in Explorer

Show in Explorer 菜单功能为在资源管理器中显示资源文件。选择 Show in Explorer，当前选中的资源就会在资源管理器中显示出来。资源管理器中将显示此项目的所有资源，如图 2-83 所示。

▲图 2-83　资源管理器

❑　Open

Open 菜单功能为打开项目资源列表中的资源文件。选中一个资源，选择 Open，或者双击该资源，就会使用默认的编辑器打开这个资源文件，然后可以对该资源文件进行编辑。

❑　Delete

Delete 菜单功能为删除项目资源列表中的资源文件。选中一个资源文件，选择 Delete，或是按 Delete 键，弹出确认是否删除资源文件对话框，如图 2-84 所示，单击 Delete 按钮就会删除该资源文件。

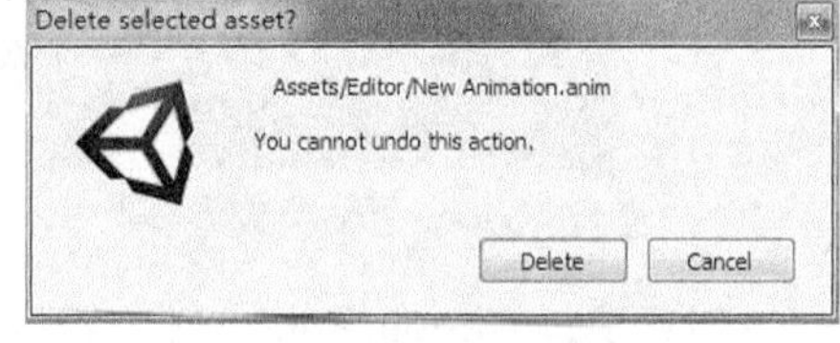


▲图 2-84　确认是否删除资源文件对话框

❑　Open Scene Additive

为当前场景添加一个附加场景。此选项允许同时运行多个场景，在选中需要添加的场景后单击此按钮即为当前场景附加了一个场景。

❑　Import New Asset

Import New Asset 菜单功能为导入工程所需要的资源。选择 Import New Asset，弹出 Import New Asset 对话框，如图 2-85 所示，选择需要导入的资源文件，单击 Import 按钮即可成功导入。

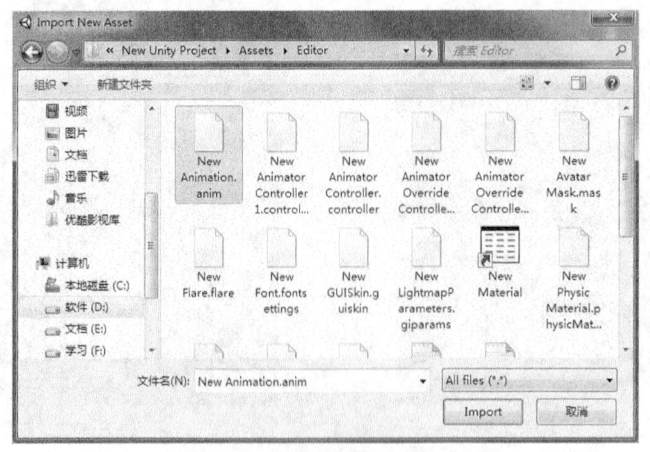


▲图 2-85　Import New Asset 对话框

**提示**　为方便起见，导入较小的资源时没必要进行这些烦琐的操作，直接选中要导入的资源，将其拖曳进 Unity 集成开发环境的项目资源列表即可成功导入。

- Import Package

Import Package 菜单功能为导入工程所需要的 Unity 资源包。选择 Import Package→Custom Package，弹出 Import package 对话框，如图 2-86 所示，选择需要导入的资源包，单击“打开”按钮就会弹出导入包的进度框。

- Export Package

Export Package 菜单功能为导出所需要的资源包。选中需要导出的资源文件，选择 Export package，弹出 Exporting package 对话框，如图 2-87 所示，单击 Export 按钮即可导出资源包。

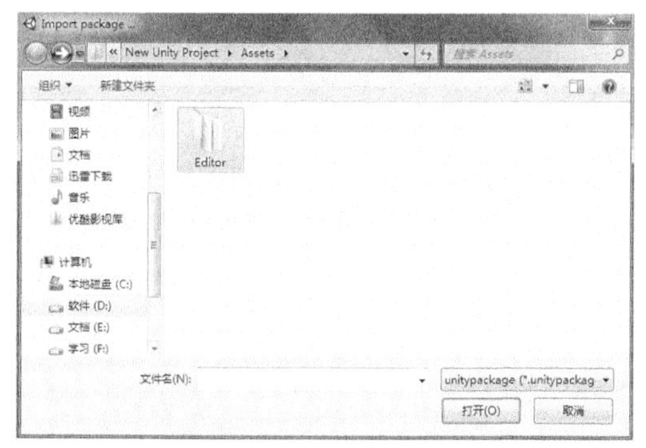


▲图 2-86 Import package 对话框

▲图 2-87 Exporting package 对话框

- Find References In Scene

Find References In Scene 菜单功能为在场景中找出使用选中资源的游戏对象。在项目资源列表中选中一个资源，选择 Find References In Scene，就会在游戏组成对象列表中显示使用该资源的游戏对象。

- Select Dependencies

Select Dependencies 菜单功能为选择游戏对象的依赖资源。在游戏组成对象列表中选择需要找出依赖资源的游戏对象，选择 Select Dependencies，就会在项目资源列表中显示出游戏对象的依赖资源。

- Refresh

Refresh 菜单功能为刷新项目资源列表。当在 Unity 编辑器外部改动项目资源后，选择 Refresh，可刷新项目资源列表。

- Reimport

Reimport 菜单功能为重新导入项目资源。选中需要重新导入的项目资源，选择 Reimport，就会将选中的资源重新导入项目。

- Reimport All

Reimport All 菜单功能为重新导入项目的所有资源。选择 Reimport All，就会将项目资源列表中的所有资源重新导入项目。

- Run API Updater

Run API Updater 菜单功能为将脚本中已经过时的 API 自动更新为最新的 API。选中旧版项目中含有的过时 API 脚本，选择 Run API Updater，就会自动更新为最新的 API。不是所有过时的 API 都能自动更新为最新的 API，有些需要手动修改代码。

- Open C# Project

Open C# Preject 菜单功能为在脚本编辑工具中打开项目工程。选择 Opcn C# Preject，就会将 Unity 项目脚本同步到脚本编辑工具项目中并在脚本编辑工具中打开该项目。

### 2.2.4 GameObject 菜单

本小节将对菜单栏中的 GameObject（游戏对象）菜单进行详细讲解，并对其下的每一个子菜单都进行细致的介绍。通过本小节的学习，读者能够清楚地理解 GameObject 菜单的功能。

单击 GameObject 菜单，会弹出一个下拉菜单，每个子菜单及其对应的快捷键如图 2-88 所示。

❑ Create Empty

Create Empty 菜单功能为创建空游戏对象，空游戏对象就是不带有任何组件的游戏对象。当其他游戏对象进行分组时，空游戏对象作为其父对象。选择 Create Empty 或按 Ctrl+Shift+N 快捷键就会在场景中创建一个空游戏对象。

❑ Create Empty Child

Create Empty Child 菜单功能为创建子游戏对象。选中一个游戏对象，选择 Create Empty Child 或按 Alt+Shift+N 快捷键，就会为选中的游戏对象创建一个子游戏对象。

❑ 3D Object

3D Object 菜单功能为创建 3D 游戏对象，其子菜单分别为 Cube、Sphere、Capsule、Cylinder、Plane、Quad、Ragdoll、Terrain、Tree、Wind Zone 和 3D Text，如图 2-89 所示，每个子菜单的具体含义如表 2-6 所示。

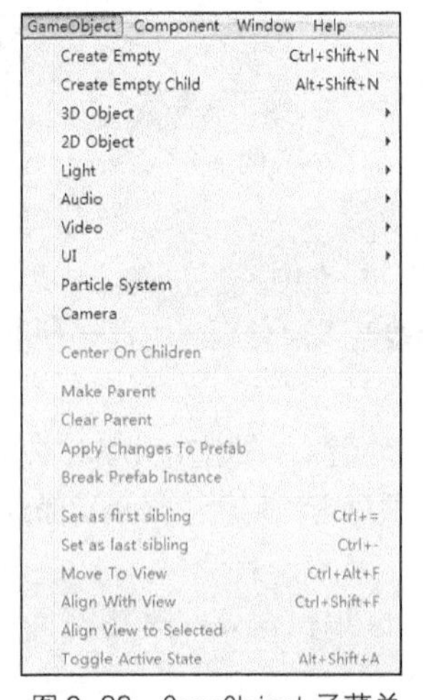

▲图 2-88　GameObject 子菜单

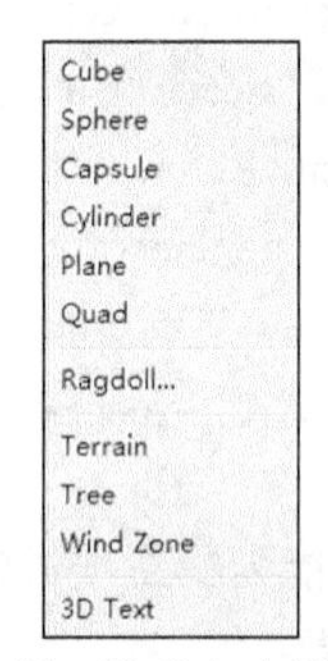


▲图 2-89　3D Object 子菜单

表 2-6　3D Object 子菜单具体含义

| 菜单 | 含义 | 菜单 | 含义 |
|---|---|---|---|
| Cube | 立方体 | Sphere | 球体 |
| Capsule | 胶囊 | Cylinder | 圆柱体 |
| Plane | 平面 | Quad | 四边形 |
| Ragdoll | 布偶系统 | Terrain | 地形 |
| Tree | 树 | Wind Zone | 风区 |
| 3D Text | 3D 文本 | — | — |

❑ 2D Object

2D Object 菜单功能为创建 2D 游戏对象，主要用于开发 2D 游戏。其子菜单只有一个游戏对象，该对象为开发 2D 游戏必须使用的 Sprite 对象，如图 2-90 所示。

❑ Light

Light 菜单功能为创建光源对象，其子菜单分别为 Directional Light、Point Light、Spotlight、Area Light、Reflection Probe 和 Light Probe Group，如图 2-91 所示，每个子菜单的具体含义如表 2-7 所示。

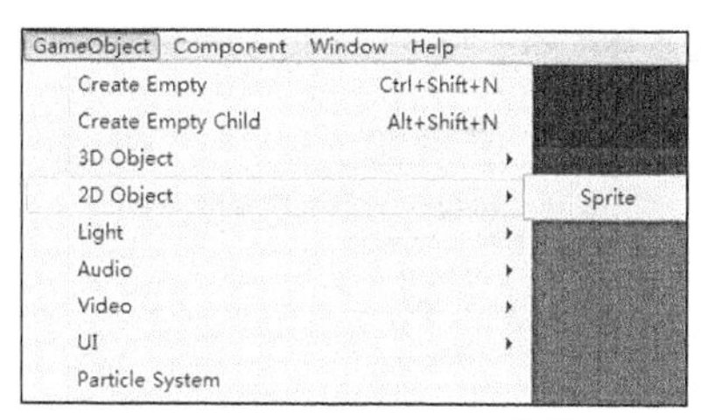


▲图 2-90 2D Object 子菜单

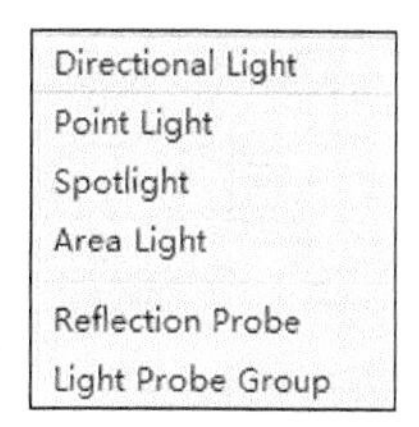


▲图 2-91 Light 子菜单

表 2-7 Ligth 子菜单具体含义

| 菜单 | 含义 | 菜单 | 含义 |
|---|---|---|---|
| Directional Light | 平行光 | Point Light | 点光源 |
| Spotlight | 聚光灯 | Area Light | 区域光 |
| Reflection Probe | 反射探头 | Light Probe Group | 灯光探测器组 |

❑ Audio

Audio 菜单功能为创建与声音有关的游戏对象，其子菜单分别为 Audio Source 和 Audio Reverb Zone，Audio Source 菜单功能为创建声音源，Audio Reverb Zone 菜单功能为创建音频混响区对象，如图 2-92 所示。

❑ Video

Video 菜单功能为创建与视频有关的游戏对象，其子菜单为 Video Player，如图 2-93 所示。Video Player 菜单功能为创建一个视频播放管理对象，如图 2-94 所示。

Audio Source
Audio Reverb Zone

▲图 2-92 Audio 子菜单

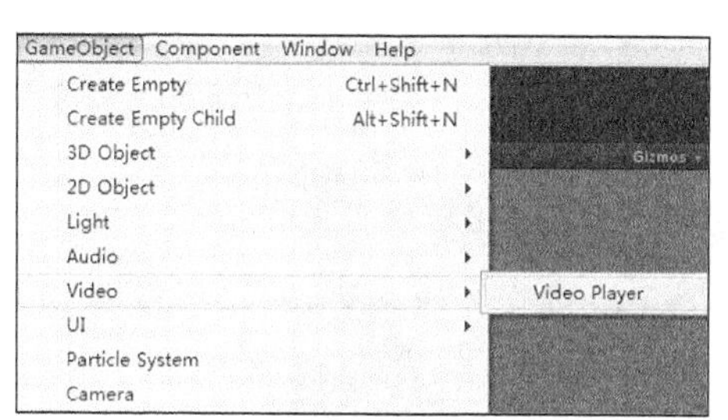


▲图 2-93 Video 子菜单

❑ UI

UI 菜单功能为创建与搭建 UI 有关的游戏对象，其子菜单分别为 Text、Image、Raw Image、Button、Toggle、Slider、Scrollbar、Dropdown、Input Field、Canvas、Panel、Scroll View 和 Event System，如图 2-95 所示，每个子菜单的具体含义如表 2-8 所示。

▲图 2-94 视频播放对象

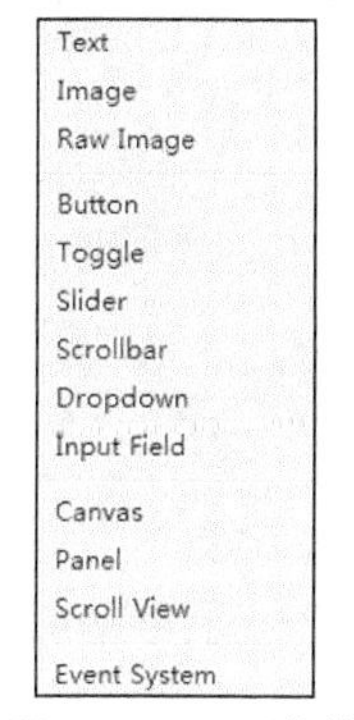


▲图 2-95 UI 子菜单

表 2-8　　UI 子菜单具体含义

| 菜单 | 含义 | 菜单 | 含义 |
|---|---|---|---|
| Text | 文本控件 | Image | 图片控件 |
| Raw Image | 原始图片控件 | Button | 按钮控件 |
| Toggle | 选项控件 | Slider | 拖动条 |
| Scrollbar | 拖动块控件 | Dropdown | 下拉列表控件 |
| Input Field | 文本框控件 | Canvas | 画布 |
| Panel | 面板 | Scroll View | 滚动视图 |
| Event System | 事件系统 | — | — |

- ❑ Particle System

Particle System 菜单功能为创建粒子系统对象，选择 Particle System，就会在场景中出现一个粒子系统对象。在游戏组成对象列表中选中该粒子对象属性查看器，就会显示此粒子系统对象的具体属性信息，开发人员可以根据需要对属性进行修改，以达到需要的效果，如图 2-96 所示。

- ❑ Camera

Camera 菜单功能为创建摄像机对象，选择 Camera，就会在场景中创建一个摄像机对象。在游戏组成对象列表中选中该摄像机对象属性查看器中，就会显示此摄像机的具体属性信息，开发人员可以根据需要对属性进行修改，以达到具体需要的效果，如图 2-97 所示。

> **提示**　在每个场景里系统会默认自动创建一个摄像机，并取名为 Main Camera，一般情况下都会达到项目要求。

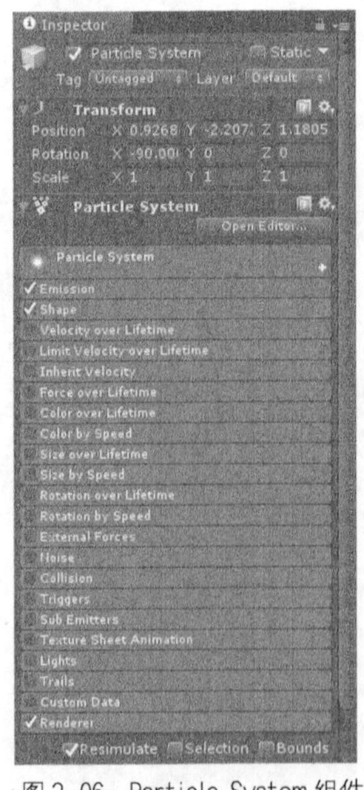

▲图 2-96　Particle System 组件

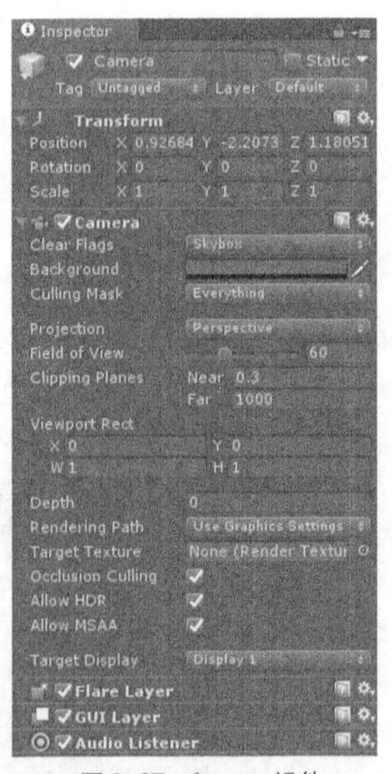

▲图 2-97　Camera 组件

- ❑ Center On Children

Center On Children 菜单功能为将父对象的位置设置到子对象的中心点上。在游戏组成对象列表中选中一个父对象，选择 Center On Children，就会将该父对象的位置移动到所有子对象的平均中心点上。

❑ Make Parent

Make Parent 菜单功能为将多个游戏对象创建为父子关系。在游戏组成对象列表中选中多个游戏对象，选择 Make Parent，就会将除选中的最上面的对象外的其他所有游戏对象设置为最上面的对象的子对象。

❑ Clear Parent

Clear Parent 菜单功能为解除子对象与父对象的父子关系。在游戏组成对象列表中选中多个游戏子对象，选择 Clear Parent，就会解除选中的多个游戏子对象与父对象的父子关系，使其成为独立对象。

❑ Apply Changes To Prefab

Apply Changes To Prefab 菜单功能为将使用预制件实例化的游戏对象的改变应用到预制件上。在游戏组成对象列表中选中使用预制件实例化的游戏对象，选择 Apply Changes To Prefab，就会将游戏对象的改变应用到预制件上。

❑ Break Prefab Instance

Break Prefab Instance 菜单功能为将使用预制件实例化的游戏对象的预制件文件删除。在游戏组成对象列表中选中使用预制件实例化的游戏对象，选择 Break Prefab Instance，就会将游戏对象的预制件文件删除。

❑ Set as first sibling

Set as first sibling 菜单功能为在游戏组成对象列表中将子对象移动到其父对象下属的所有子对象的最上面。选中需要移动的子对象，选择 Set as first sibling 或按 Ctrl+=快捷键就会将选中的子对象移动到其父对象下属的所有子对象的最上面。

❑ Set as last sibling

Set as last sibling 菜单功能为在游戏组成对象列表中将子对象移动到其父对象下属的所有子对象的最下面。选中需要移动的子对象，选择 Set as last sibling 或按 Ctrl+-快捷键就会将选中的子对象移动到其父对象下属的所有子对象的最下面。

❑ Move To View

Move To View 菜单功能为移动游戏对象到视图的中心位置。在游戏组成对象列表中选中一个游戏对象，选择 Move To View，就会将选中的游戏对象移动到场景设计面板的居中位置，使其在场景设计面板中全部显示。

❑ Align With View

Align With View 菜单功能为移动游戏对象使其与视图对齐。在游戏组成对象列表中选中一个游戏对象，选择 Align With View，就会将选中的游戏对象与视图对齐。

❑ Align View to Selected

Align View to Selected 菜单功能为移动视图与游戏对象。在游戏组成对象列表中选中一个游戏对象，选择 Align View to Selected，就会将场景设计面板的中心位置移动到选中对象的中心点上，但是选中的游戏对象的位置不变。

❑ Toggle Active State

Toggle Active State 菜单功能为控制游戏对象的激活状态。选中游戏对象，如果游戏对象处于激活状态，选择 Toggle Active State 或按 Alt+Shift+A 快捷键，该游戏对象就会变为未激活状态，在游戏组成对象列表中该游戏对象就会变暗，反之亦然。

### 2.2.5 Component 菜单

本小节将对菜单栏中的 Component（组件）菜单进行详细讲解，并对其下的每一个子菜单都进行细致的介绍。通过本小节的学习，读者能够清楚地理解 Component 菜单的功能和作用。

在 Unity 集成开发环境中，单击 Component 菜单，会弹出一个下拉菜单，每个子菜单及其对应的快捷键如图 2-98 所示。

❑ Add

Add 菜单功能是为场景中的游戏对象添加组件。选择 Add 或按 Ctrl+Shift+A 快捷键，就会在属性查看器的下方弹出下拉菜单，然后选择需要添加的组件即可，如图 2-99 所示。

❑ Mesh

Mesh 菜单功能是为游戏对象添加与网格相关的组件，其子菜单分别为 Mesh Filter、Text Mesh、Mesh Renderer 和 Skinned Mesh Renderer，如图 2-100 所示，每个子菜单的具体含义如表 2-9 所示。

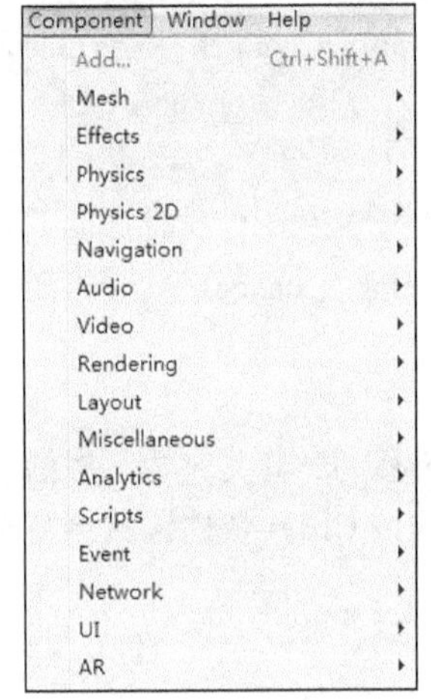


▲图 2-98　Component 子菜单

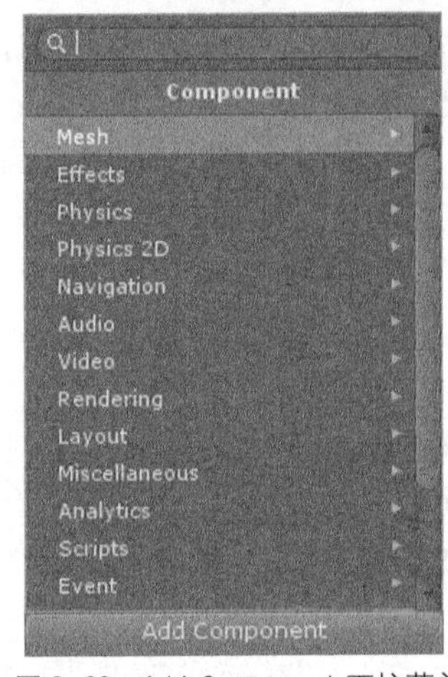


▲图 2-99　Add Component 下拉菜单

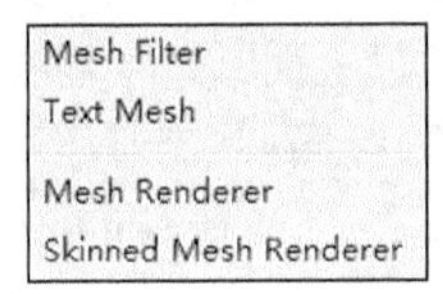


▲图 2-100　Mesh 子菜单

表 2-9　　Mesh 子菜单具体含义

| 菜单 | 含义 | 菜单 | 含义 |
|---|---|---|---|
| Mesh Filter | 网格过滤器 | Text Mesh | 文本网格 |
| Mesh Renderer | 网格渲染器 | Skinned Mesh Renderer | 带骨骼动画的网格渲染器 |

❑ Effects

Effects 菜单功能是为游戏对象添加 Unity 集成开发环境自带的特殊显示效果的相关组件，其分别为 Particle System、Trail Renderer、Line Renderer、Lens Flare、Halo、Projector 和 Legacy Particles，如图 2-101 所示。

其中，Legacy Particles 还有子菜单，如图 2-102 所示，分别为 Ellipsoid Particle Emitter、Mesh Particle Emitter、Particle Animator、World Particle Collider 和 Particle Renderer。读者根据实际的开发需求，在场景中可以添加适当的特效。每个子菜单的具体含义如表 2-10 所示。

▲图 2-101　Effects 子菜单

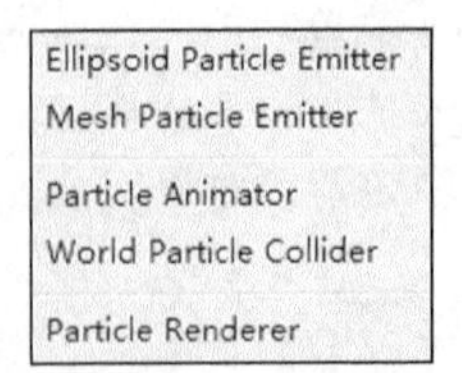


▲图 2-102　Legacy Particles 子菜单

表 2-10　　Effects 子菜单具体含义

| 菜单 | 含义 | 菜单 | 含义 |
|---|---|---|---|
| Particle System | 粒子系统 | Trail Renderer | 拖尾渲染器 |
| Line Renderer | 线性渲染器 | Lens Flare | 镜头光晕 |
| Halo | 光晕 | Projector | 投影器 |
| Legacy Particles | 旧版粒子系统 | Ellipsoid Particle Emitter | 椭球粒子发射器 |
| Mesh Particle Emitter | 网格粒子发射器 | Particle Animator | 粒子动画 |
| World Particle Collider | 世界粒子碰撞器 | Particle Renderer | 粒子渲染器 |

❑ Physics

Physics 菜单功能是为游戏对象添加物理属性组件，其子菜单分别为 Rigidbody（刚体）、Controller（控制器）、Collider（碰撞器）、Joint（关节）、Force（力）等部分，如图 2-103 所示，具体含义如表 2-11 所示。读者可以根据实际的开发需求，为场景的游戏对象添加适当的物理特效。

表 2-11　　Physics 子菜单具体含义

| 菜单 | 含义 | 菜单 | 含义 |
|---|---|---|---|
| Rigidbody | 刚体 | Character Controller | 角色控制器 |
| Box Collider | 盒子碰撞器 | Sphere Collider | 球体碰撞器 |
| Capsule Collider | 胶囊碰撞器 | Mesh Collider | 网格碰撞器 |
| Wheel Collider | 轮体碰撞器 | Terrain Collider | 地形碰撞器 |
| Cloth | 布料 | Hinge Joint | 铰链关节 |
| Fixed Joint | 固定关节 | Spring Joint | 弹性关节 |
| Character Joint | 角色关节 | Configurable Joint | 可配置关节 |
| Constant Force | 恒力 | | |

❑ Physics 2D

Physics 2D 菜单功能是为 2D 游戏对象添加物理属性组件，其菜单分别为 Rigidbody 2D（2D 刚体）、Collider 2D（2D 碰撞器）、Joint 2D（2D 关节）等部分，如图 2-104 所示，具体含义如表 2-12 所示。读者可以根据实际的开发需求，为场景的 2D 游戏对象添加适当的 2D 物理特效。

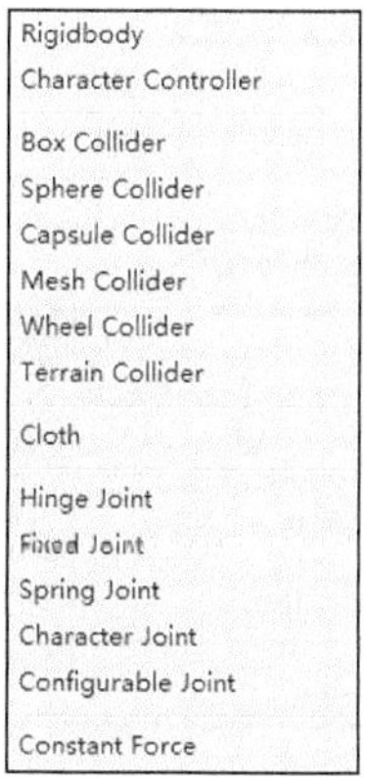

Rigidbody
Character Controller
Box Collider
Sphere Collider
Capsule Collider
Mesh Collider
Wheel Collider
Terrain Collider
Cloth
Hinge Joint
Fixed Joint
Spring Joint
Character Joint
Configurable Joint
Constant Force

▲图 2-103　Physics 子菜单

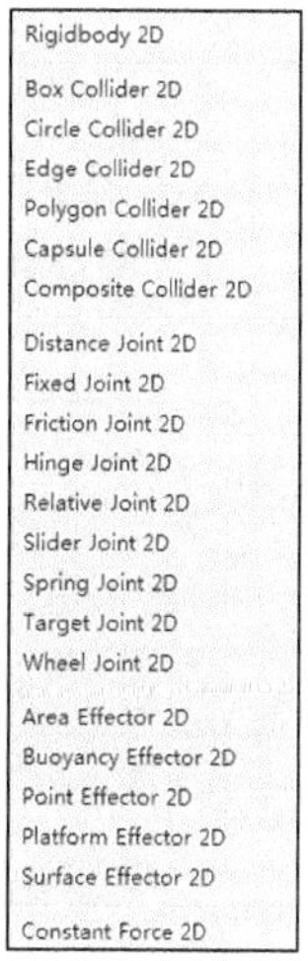

Rigidbody 2D
Box Collider 2D
Circle Collider 2D
Edge Collider 2D
Polygon Collider 2D
Capsule Collider 2D
Composite Collider 2D
Distance Joint 2D
Fixed Joint 2D
Friction Joint 2D
Hinge Joint 2D
Relative Joint 2D
Slider Joint 2D
Spring Joint 2D
Target Joint 2D
Wheel Joint 2D
Area Effector 2D
Buoyancy Effector 2D
Point Effector 2D
Platform Effector 2D
Surface Effector 2D
Constant Force 2D

▲图 2-104　Physics 2D 子菜单

表 2-12　　Physics 2D 子菜单具体含义

| 菜单 | 含义 | 菜单 | 含义 |
|---|---|---|---|
| Rigidbody 2D | 2D 刚体 | Box Collider 2D | 盒子碰撞器 |
| Circle Collider 2D | 圆圈碰撞器 | Edge Collider 2D | 边缘碰撞器 |
| Polygon Collider 2D | 多边形碰撞器 | Capsule Collider 2D | 胶囊碰撞器 |
| Composite Collider 2D | 混合碰撞器 | Distance Joint 2D | 距离关节 |
| Fixed Joint 2D | 固定关节 | Friction Joint 2D | 摩擦关节 |
| Hinge Joint 2D | 铰链关节 | Relative Joint 2D | 相对关节 |
| Slider Joint 2D | 滑动关节 | Spring Joint 2D | 弹簧关节 |
| Target Joint 2D | 定向关节 | Wheel Joint 2D | 滚轮关节 |
| Area Effector 2D | 区域效应器 | Buoyancy Effector 2D | 浮力效应器 |
| Point Effector 2D | 点效应器 | Platform Effector 2D | 平台效应器 |
| Surface Effector 2D | 表面效应器 | Constant Force 2D | 恒力 |

❑ Navigation

Navigation 菜单功能是为游戏对象添加导航组件，其子菜单分别为 Nav Mesh Agent、Off Mesh Link 和 Nav Mesh Obstacle，如图 2-105 所示。这些组件的具体用法将在后面章节进行具体介绍。

❑ Audio

Audio 菜单功能是为场景添加音效组件，其子菜单分别为 Audio Listener、Audio Source、Audio Reverb Zone、Audio Low Pass Filter、Audio High Pass Filter、Audio Echo Filter、Audio Distortion Filter、Audio Reverb Filter、Audio Chorus Filter 和 Audio Spatializer，如图 2-106 所示，具体含义如表 2-13 所示。

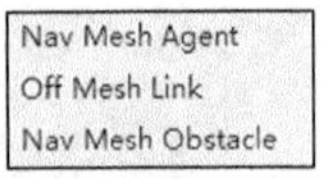

Nav Mesh Agent
Off Mesh Link
Nav Mesh Obstacle

▲图 2-105　Navigation 子菜单

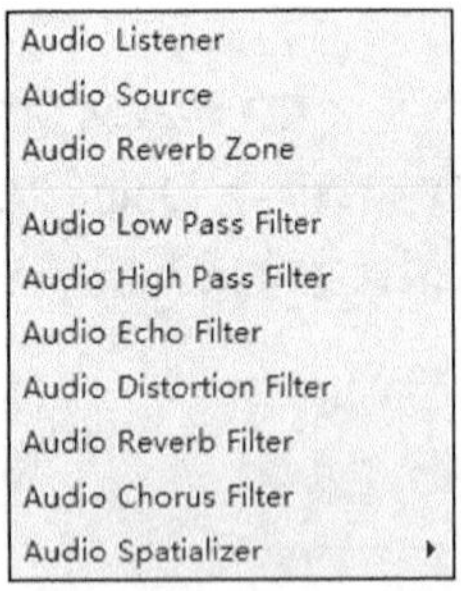

Audio Listener
Audio Source
Audio Reverb Zone
Audio Low Pass Filter
Audio High Pass Filter
Audio Echo Filter
Audio Distortion Filter
Audio Reverb Filter
Audio Chorus Filter
Audio Spatializer

▲图 2-106　Audio 子菜单

表 2-13　　Audio 子菜单具体含义

| 菜单 | 含义 | 菜单 | 含义 |
|---|---|---|---|
| Audio Listener | 声音监听器 | Audio Source | 声音源 |
| Audio Reverb Zone | 音频混响区 | Audio Low Pass Filter | 音频低通滤波器 |
| Audio High Pass Filter | 音频高通滤波器 | Audio Echo Filter | 音频回音滤波器 |
| Audio Distortion Filter | 音频失真滤波器 | Audio Reverb Filter | 音频混响滤波器 |
| Audio Chorus Filter | 音频合唱滤波器 | Audio Spatializer | 声源定位 |

❑ Video

Video菜单功能为创建与视频有关的游戏对象，其子菜单为Video Player，其功能为创建一个视频播放管理对象。

❑ Rendering

Rendering 菜单功能为添加对场景效果进行渲染工作的相关组件，其子菜单分别为 Camera、Skybox、Flare Layer、GUI Layer、Light、Light Probe Group、Light Probe Proxy Volume、Reflection Probe、Occlusion Area、Occlusion Portal、LOD Group、Sprite Renderer、Sorting Group、Canvas Renderer、GUI Texture 和 GUI Text，如图 2-107 所示，具体含义如表 2-14 所示。

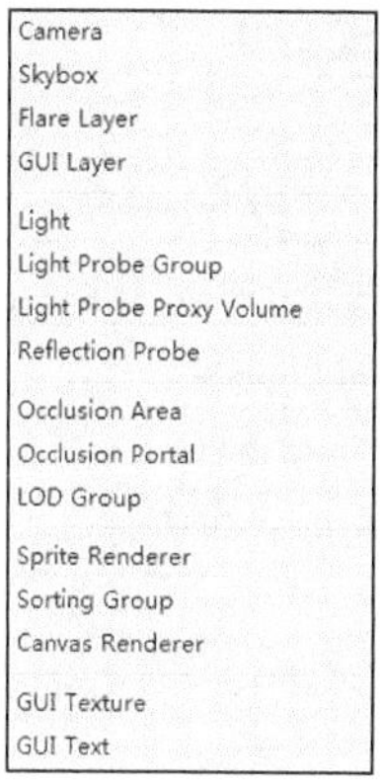

Camera
Skybox
Flare Layer
GUI Layer
Light
Light Probe Group
Light Probe Proxy Volume
Reflection Probe
Occlusion Area
Occlusion Portal
LOD Group
Sprite Renderer
Sorting Group
Canvas Renderer
GUI Texture
GUI Text

▲图 2-107 Rendering 子菜单

表 2-14 Rendering 子菜单具体含义

| 菜单 | 含义 | 菜单 | 含义 |
|---|---|---|---|
| Camera | 摄像机 | Occlusion Area | 闭塞区域 |
| Skybox | 天空盒 | Occlusion Portal | 闭塞入口 |
| Flare Layer | 光晕层 | LOD Group | 层次级别分组 |
| GUI Layer | UI 层 | Sprite Renderer | 精灵渲染器 |
| Light | 光照 | Sorting Group | 精灵组 |
| Light Probe Group | 光探针组 | Canvas Renderer | 标签渲染器 |
| Light Probe Proxy Volume | 光探针代理 | GUI Texture | UI 图片 |
| Reflection Probe | 反射探头 | GUI Text | UI 文本 |

❑ Layout

Layout 菜单功能为添加与 UI 布局相关的组件，其子菜单分别为 Rect Transform、Canvas、Canvas Group、Canvas Scaler、Layout Element、Content Size Fitter、Aspect Ratio Fitter、Horizontal Layout Group、Vertical Layout Group 和 Grid Layout Group，如图 2-108 所示，具体含义如表 2-15 所示。

❑ Miscellaneous

Miscellaneous 菜单功能为添加组件菜单中一些单独的组件，其子菜单分别为 Animator、Animation、Network View、Terrain、Wind Zone、Billboard Renderer 和 World Anchor，如图 2-109 所示，具体含义如表 2-16 所示。

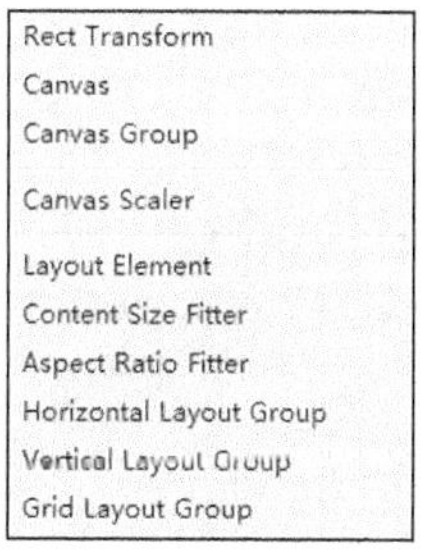

Rect Transform
Canvas
Canvas Group
Canvas Scaler
Layout Element
Content Size Fitter
Aspect Ratio Fitter
Horizontal Layout Group
Vertical Layout Group
Grid Layout Group

▲图 2-108 Layout 子菜单

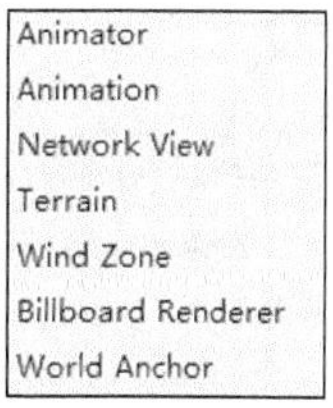

Animator
Animation
Network View
Terrain
Wind Zone
Billboard Renderer
World Anchor

▲图 2-109 Miscellaneous 子菜单

表 2-15　　Layout 子菜单具体含义

| 菜单 | 含义 | 菜单 | 含义 |
|---|---|---|---|
| Rect Transform | 矩阵变换 | Canvas | 标签 |
| Canvas Group | 标签组 | Canvas Scaler | UI 屏幕多分辨率自适应 |
| Layout Element | 布局元素 | Content Size Fitter | 内容大小适配器 |
| Aspect Ratio Fitter | 屏幕长宽比适配器 | Horizontal Layout Group | 水平布局 |
| Vertical Layout Group | 垂直布局 | Grid Layout Group | 网格布局 |

表 2-16　　Miscellaneous 子菜单具体含义

| 菜单 | 含义 | 菜单 | 含义 |
|---|---|---|---|
| Animator | 动画控制器 | Animation | 动画播放器 |
| Network View | 网络视图 | Terrain | 地形 |
| Wind Zone | 风区 | Billboard Renderer | 标志板渲染器 |
| World Anchor | 世界坐标锚 | | |

- Analytics

Analytics 菜单功能为添加分析跟踪组件 Analytics Tracker。某些情况下，API 分析自动发送事件到分析服务，然而，自定义事件也可以使用用户定义的触发器发送。这些可以在编辑器和脚本中进行配置和实现。

- Scripts

该选项中包含项目中已经存在的所有脚本，将以命名空间的格式进行分组，使用者可以在其中找到需要的脚本，从而为场景中的游戏对象添加该脚本组件。

- Event

Event 菜单功能为添加与事件监听相关的组件，其子菜单分别为 Event System、Event Trigger、HoloLens Input Module、Physics 2D Raycaster、Physics Raycaster、Standalone Input Module、Touch Input Module 和 Graphic Raycaster，如图 2-110 所示。这些组件的具体用法将在后面章节进行具体介绍。

- Network

Network 菜单功能为添加与联网功能相关的组件，其子菜单分别为 NetworkAnimator、NetworkDiscovery、NetworkIdentity、NetworkLobbyManager、NetworkLobbyPlayer、NetworkManager 等，如图 2-111 所示，具体含义如表 2-17 所示。

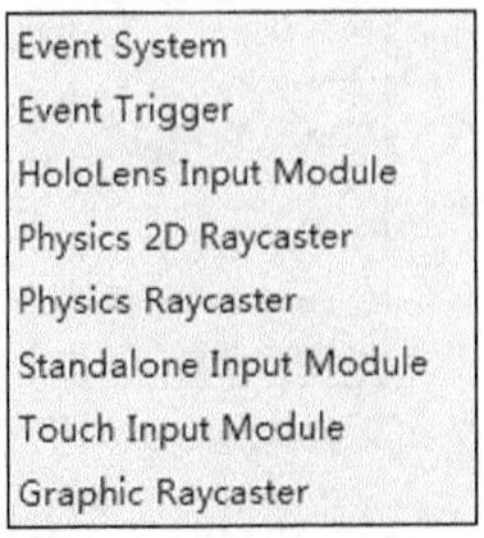

Event System
Event Trigger
HoloLens Input Module
Physics 2D Raycaster
Physics Raycaster
Standalone Input Module
Touch Input Module
Graphic Raycaster

▲图 2-110　Event 子菜单

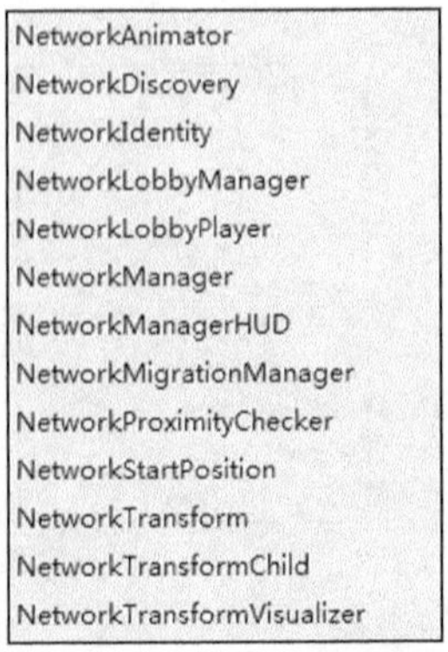

NetworkAnimator
NetworkDiscovery
NetworkIdentity
NetworkLobbyManager
NetworkLobbyPlayer
NetworkManager
NetworkManagerHUD
NetworkMigrationManager
NetworkProximityChecker
NetworkStartPosition
NetworkTransform
NetworkTransformChild
NetworkTransformVisualizer

▲图 2-111　Network 子菜单

表 2-17　　Network 子菜单具体含义

| 菜单 | 含义 | 菜单 | 含义 |
|---|---|---|---|
| NetworkAnimator | 网络动画同步组件 | NetworkDiscovery | 网络互寻类 |
| NetworkIdentity | 网络身份组件 | NetworkLobbyManager | 多人游戏大厅组件 |
| NetworkLobbyPlayer | 游戏大厅身份组件 | NetworkManager | 网络总管理组件 |
| NetworkManagerHUD | 网络状态管理组件 | NetworkMigrationManager | 网络迁移管理组件 |
| NetworkProximityChecker | 网络客户对象可见性控制组件 | NetworkStartPosition | 网络对象初始位置 |
| NetworkTransform | 网络对象 Transform 属性 | NetworkTransformChild | 网络对象子物体属性 |
| NetworkTransformVisualizer | 控制 NetworkTransform 可用组件 | | |

- UI

UI 菜单功能为添加与搭建 UI 相关的组件，其子菜单分别为 Effects、Text、Image、Raw Image、Mask、Rect Mask 2D、Button、Input Field、Scrollbar、Dropdown、Scroll Rect、Slider、Toggle、Toggle Group 和 Selectable，如图 2-112 所示，具体含义如表 2-18 所示。

表 2-18　　UI 子菜单具体含义

| 菜单 | 含义 | 菜单 | 含义 |
|---|---|---|---|
| Effects | 特效组件 | Toggle | 选项组件 |
| Text | 文本组件 | Toggle Group | 选项组组件 |
| Image | 图片组件 | Slider | 滑动条组件 |
| Raw Image | 原始图片组件 | Scrollbar | 滑动块组件 |
| Mask | 遮挡组件 | Dropdown | 下拉列表组件 |
| Rect Mask 2D | 2D 矩形遮挡组件 | Scroll Rect | 滚动条组件 |
| Button | 按钮组件 | Selectable | 可选择组件 |
| Input Field | 文本框组件 | | |

- AR

AR 菜单功能为添加与场景中空间映射相关的组件，其子菜单为 Spatial Mapping Collider 和 Spatial Mapping Renderer，如图 2-113 所示。

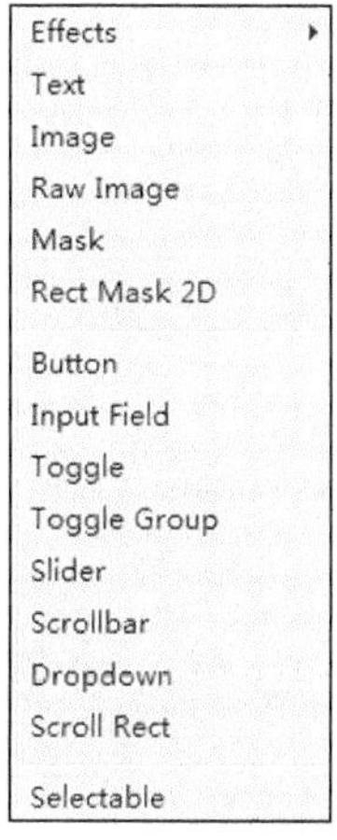


▲图 2-112　UI 子菜单

Spatial Mapping Collider
Spatial Mapping Renderer

▲图 2-113　AR 子菜单

### 2.2.6　Window 菜单

本小节将对菜单栏中的 Window（窗口）菜单进行详细讲解，并对其下的每一个子菜单都进行细致的介绍。通过本小节的学习，读者能够清楚地理解 Window 菜单的功能和作用。

在 Unity 集成开发环境中，单击 Window 菜单，会弹出一个下拉菜单，每个子菜单及其对应的快捷键如图 2-114 所示。

❑　Next Window

Next Window 菜单功能为将当前的视图转换到下一个窗口。选择 Next Window，当前的视图会自动切换到下一个窗口，实现在不同的窗口视角下观察同一物体。开发人员可以更加真实地观察场景的搭建效果及游戏中的真实效果，有助于修改。

❑　Previous Window

Previous Window 菜单功能为将当前正在操作的窗口自动编辑为当前窗口。选择 Previous Window，当前操作的窗口会自动编辑为当前窗口，以方便开发人员进行开发。

❑　Layouts

Layouts 菜单功能为设置整个 Unity 集成开发环境的整体布局，其子菜单如图 2-115 所示，分别为布局菜单、保存布局菜单、删除布局菜单和恢复出厂设置菜单。2 by 3，Unity 集成开发环境会展现第一种布局。

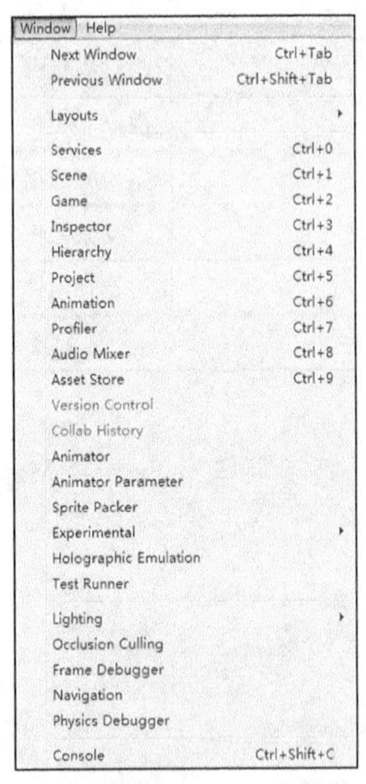

▲图 2-114　Window 子菜单

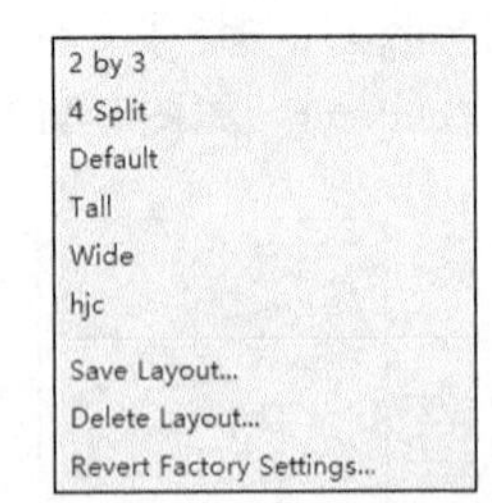

▲图 2-115　Layouts 子菜单

❑　Services

Services 为 Unity 服务窗口，在新建项目时会自动显示在编辑器中。Unity 服务主要包括广告、分析、多人游戏以及云构建等功能。

❑　Collab History

查看历史记录，使用者可以在此查看项目的整个历史记录以及所做的任何更改。

❑　Animator Parameter

Animator Parameter 的功能为打开动画控制器参数设置面板，如图 2-126 所示。在该面板上可以设置用于控制动画播放的参数，这些参数可以在动画播放控制面板中使用。

❑ Scene

Scene 菜单功能为打开场景设计面板。选择 Scene 或按 Ctrl+1 快捷键，即可打开场景设计面板，如图 2-116 所示。

❑ Game

Game 菜单功能为打开游戏预览面板。选择 Game 或按 Ctrl+2 快捷键，即可打开游戏预览面板，如图 2-117 所示。

▲图 2–116　场景设计面板

▲图 2–117　游戏预览面板

❑ Inspector

Inspector 菜单功能为打开属性查看器。选择 Inspector 或按 Ctrl+3 快捷键，即可打开属性查看器，如图 2-118 所示。

❑ Hierarchy

Hierarchy 菜单功能为打开游戏组成对象列表。选择 Hierarchy 或按 Ctrl+4 快捷键，即可切换到游戏组成对象列表，如图 2-119 所示。

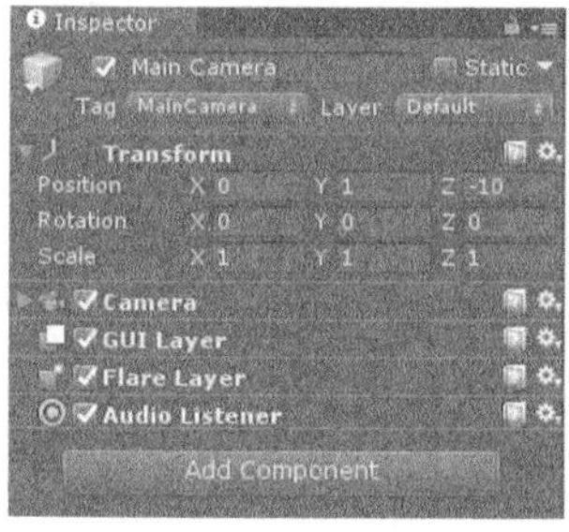


▲图 2–118　属性查看器

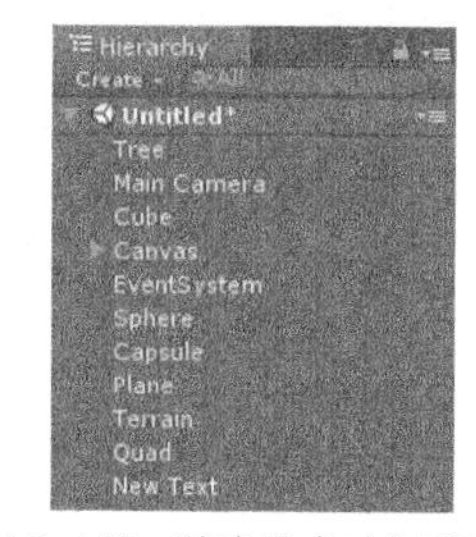


▲图 2–119　游戏组或对象列表

❑ Project

Project 菜单功能为打开项目资源列表。选择 Project 或按 Ctrl+5 快捷键，即可打开项目资源列表，如图 2-120 所示。

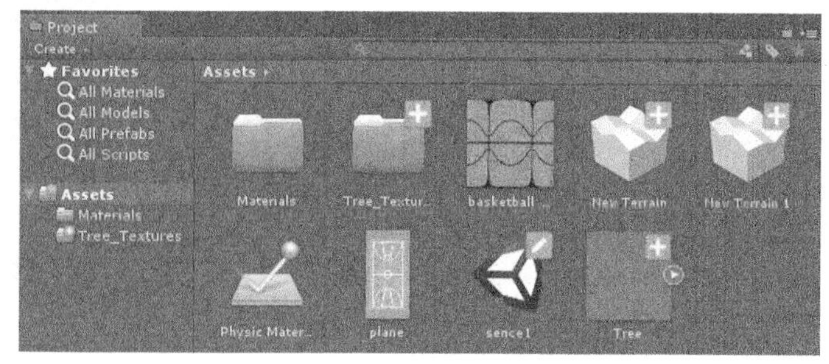


▲图 2–120　项目资源列表

❑ Animation

Animation 菜单功能为打开动画设计面板。选择 Animation 或按 Ctrl+6 快捷键，即可打开动画设计面板，如图 2-121 所示。在此不对动画的具体设计做详细说明，后面章节将做详细的讲解。

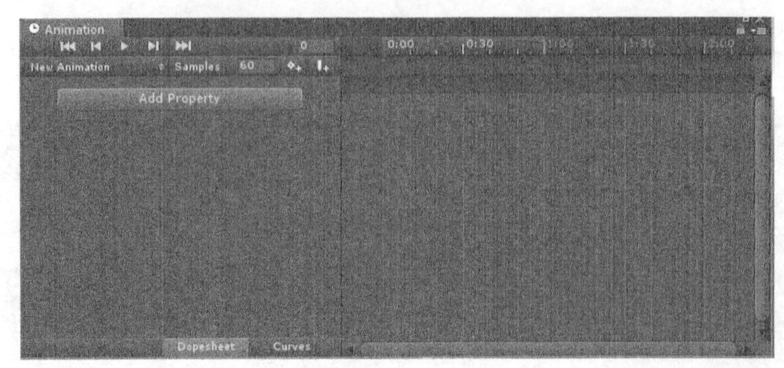


▲图 2-121　动画设计面板

❑ Profiler

Profiler 菜单功能为对 Unity 集成开发环境中各个功能选项的使用情况及 CPU 的利用率进行检查。选择 Profiler 或按 Ctrl+7 快捷键，即可进入探查窗口，如图 2-122 所示。

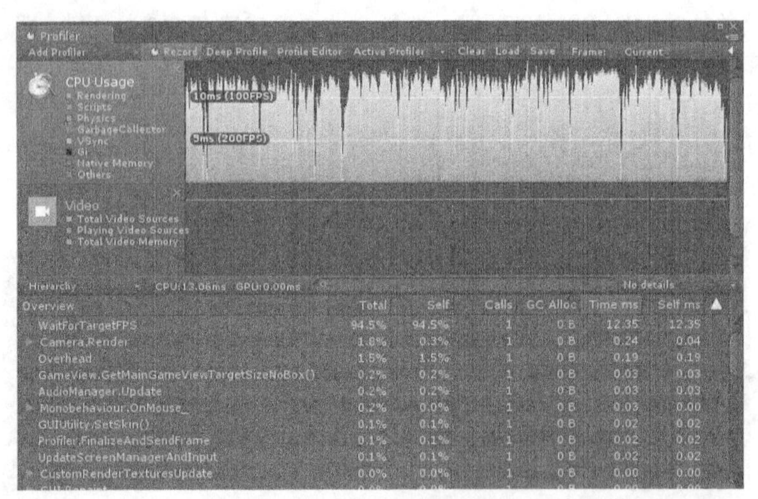


▲图 2-122　探查窗口

❑ Audio Mixer

Audio Mixer 菜单功能为打开音频混合器编辑界面。选择 Audio Mixer 或双击需要编辑的音频混合器资源，就会显示出音频混合器编辑界面，如图 2-123 所示，在该界面中可以对音频混合器资源进行编辑以达到项目需要的效果。

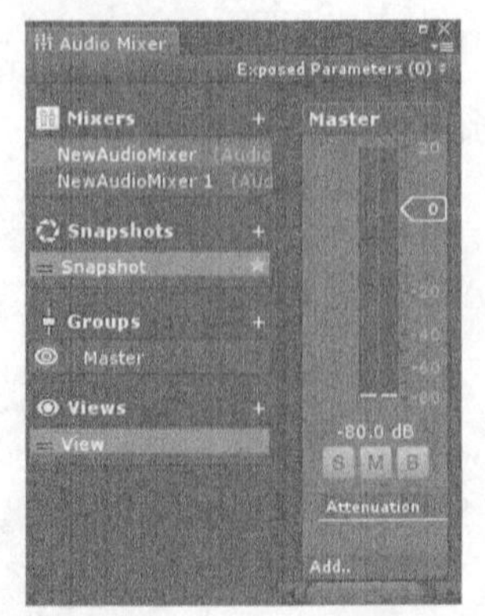


▲图 2-123　音频混合器编辑界面

❑ Asset Store

Asset Store 菜单功能为打开资源商店。选择 Asset Store 或按 Ctrl+9 快捷键，即可进入资源商店，在里面可以搜索购买资源，如图 2-124 所示。

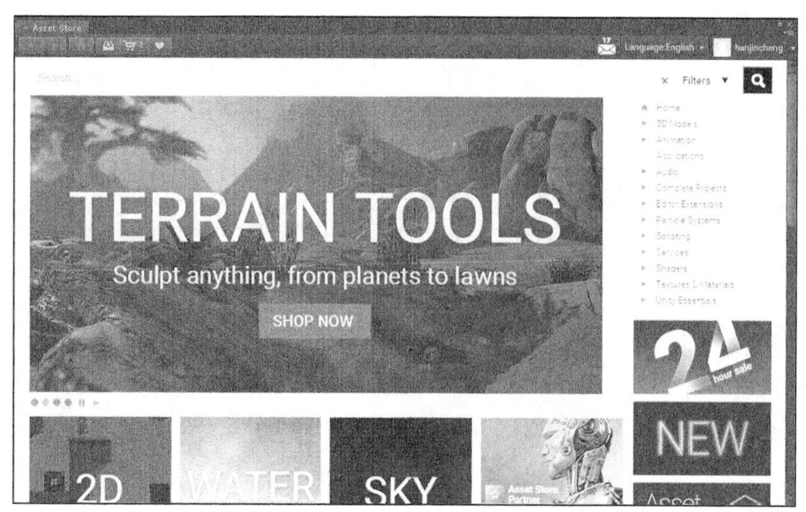


▲图 2-124 资源商店

❑ Version Control

Version Control 菜单功能为“版本控制”，选择 Version Control，打开版本控制面板，如图 2-125 所示。单击面板中的 Settings 按钮，Inspector 面板中就会显示版本控制的模式以供开发人员选择。

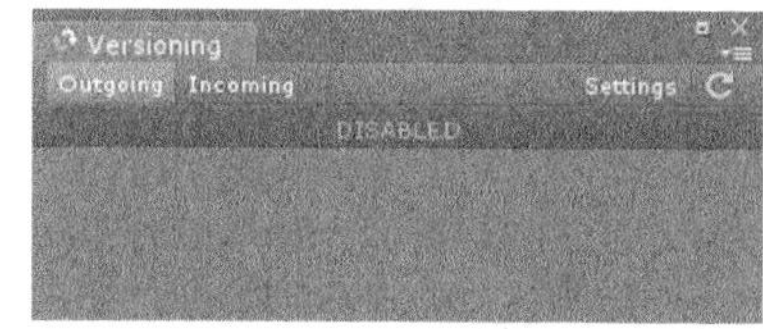


▲图 2-125 版本控制面板

❑ Animator

Animator 菜单功能为打开动画控制编辑器。选择 Animator，即可打开动画控制编辑器，如图 2-126 所示。

❑ Animator Parameter

Animator Parameter 菜单功能为打开动画控制器参数设置面板。选择 Animator Parameter，打开动画控制器参数设置面板，如图 2-127 所示。在该面板上可以设置用于控制动画播放的参数，这些参数可以在动画播放控制面板中使用。

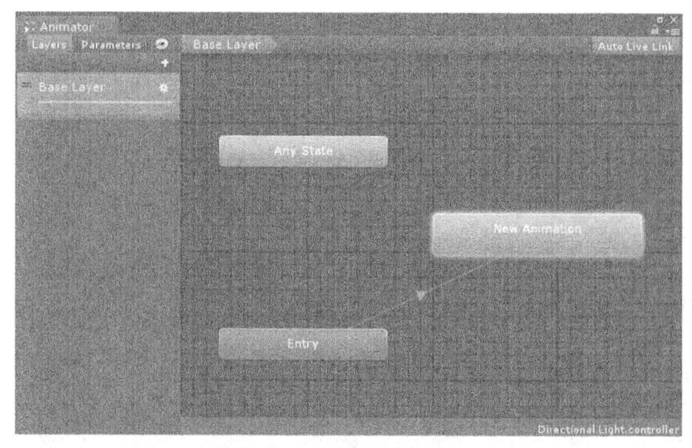


▲图 2-126 动画控制编辑器

▲图 2-127 动画控制器参数设置面板

❑ Sprite Packer

Sprite Packer 菜单功能为打开精灵打包器面板。选择 Sprite Packer，打开精灵打包器面板，如图 2-128 所示。用户可以在该面板中将具有同一标识（Packing Tag）的精灵打包成同一图集，其中 Packing Tag 属性在选中精灵的情况下的 Inspector 面板中。

❑ Experimental

Experimental 菜单功能为打开基于图像的照明工具面板，其子菜单为 Look Dev。选择 Look Dev，即可打开基于图像的照明工具面板，如图 2-129 所示。

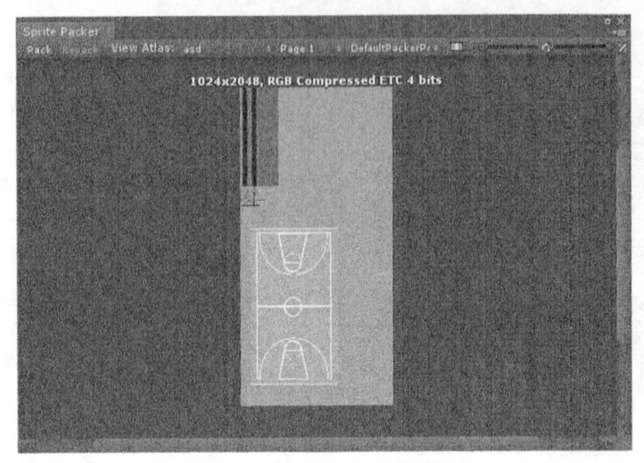


▲图 2-128　精灵打包器面板

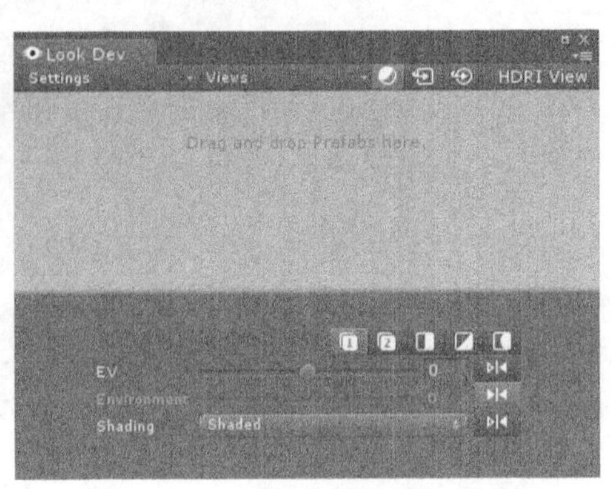


▲图 2-129　基于图像的照明工具面板

❑ Holographic Emulation

Holographic Emulation 菜单功能为打开全息仿真设置面板。选择 Holographic Emulation，即可打开全息仿真设置面板，在该面板中可以对有关全系方针的属性进行设置。

❑ Test Runner

Test Runner 菜单功能为打开测试面板。选择 Test Runner，即可打开测试设置面板，在该面板中可以对不同模式的测试实质进行设置。

❑ Lighting

Lighting 菜单功能为打开光照设置面板与光照资源管理器，其子菜单为 Settings 和 Light Explorer。选择 Settings，即可打开光照设置面板，如图 2-130 所示，在该面板中可以对与光照有关的属性进行设置，选择 Light Explorer，即可打开光照资源管理器，如图 2-131 所示。

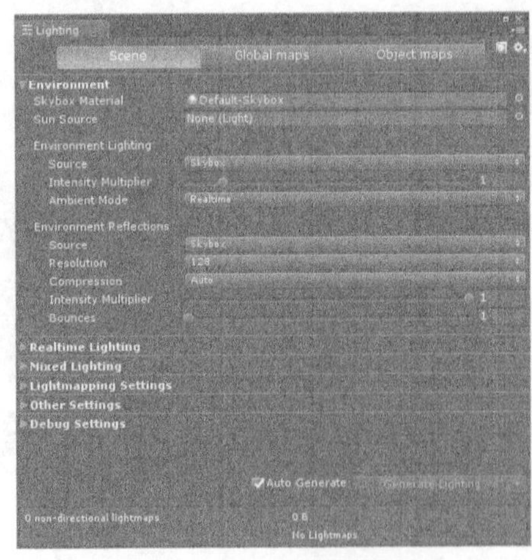


▲图 2-130　光照设置面板

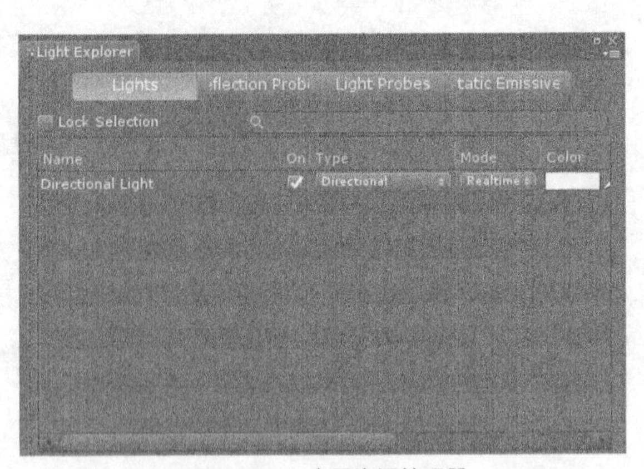


▲图 2-131　光照资源管理器

❑ Occlusion Culling

Occlusion Culling 菜单功能为打开遮挡剔除面板。选择 Occlusion Culling，即可打开遮挡剔除面板，如图 2-132 所示，在该面板中可以进行场景的遮挡剔除。

❑　Frame Debugger

Frame Debugger 菜单功能为打开帧调试器面板。选择 Frame Debugger，即可打开帧调试器面板，如图 2-133 所示，在该面板中可以详细查看场景绘制的每一步骤。

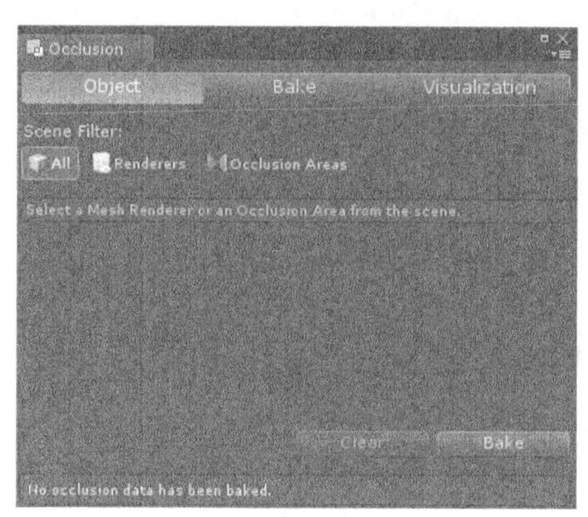


▲图 2-132　遮挡剔除面板

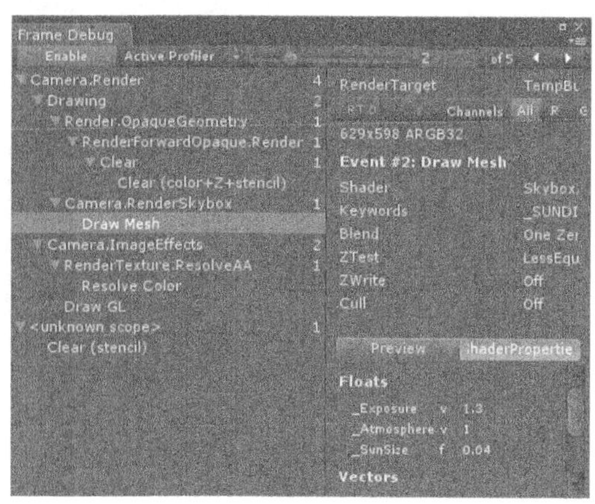


▲图 2-133　帧调试器面板

❑　Navigation

Navigation 菜单功能为打开导航网格设置面板，如图 2-134 所示。选择 Navigation，即可打开导航网格设置面板，并在 Scene 面板中显示烘焙过的区域。

❑　Console

Console 菜单功能为打开控制台面板。选择 Console 或按 Ctrl+Shift+C 快捷键，即可打开控制台面板，如图 2-135 所示。控制台中将会显示游戏遇到的任何错误、消息或者警告，以及和这个特定错误相关的任何细节，便于开发人员发现这些问题并解决。

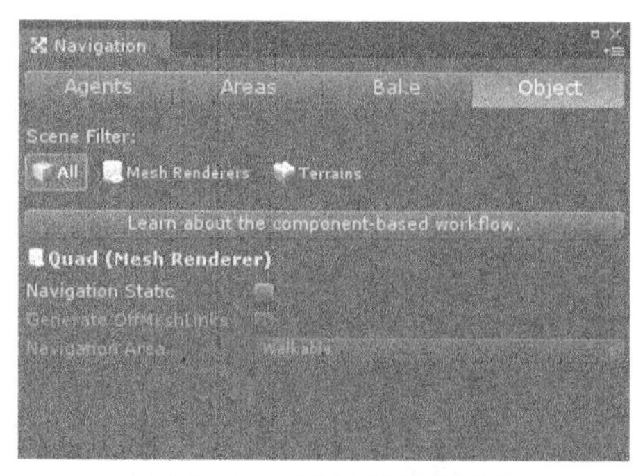


▲图 2-134　导航网格设置面板

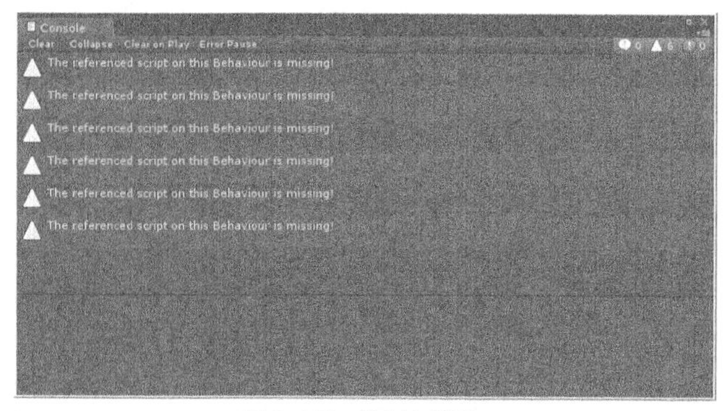


▲图 2-135　控制台面板

## 2.2.7　Help 菜单

本小节将对菜单栏中的 Help（帮助）菜单及其下的每一个子菜单进行详细的介绍。通过对本小节的学习，读者能够清楚地理解 Help 菜单的功能和作用。

在 Unity 集成开发环境中，单击 Help 菜单，会弹出一个下拉菜单，每个子菜单及其对应的快捷键如图 2-136 所示。

❑　About Unity

About Unity 菜单功能为对此 Unity 集成开发环境进行说明。选择 About Unity，打开 About Unity 界面，如图 2-137 所示。

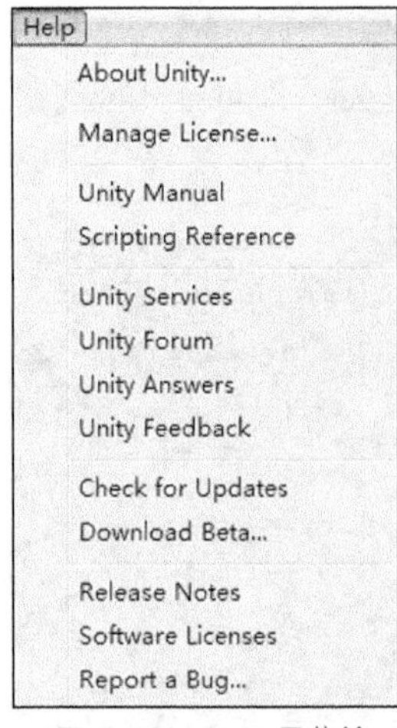


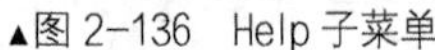
▲图 2-136　Help 子菜单

▲图 2-137　About Unity 界面

❑　Manage License

Manage License 菜单功能为对此 Unity 集成开发环境进行激活操作。选择 Manage License，打开 License Management 界面，如图 2-138 所示，开发人员可以选择需要的服务。

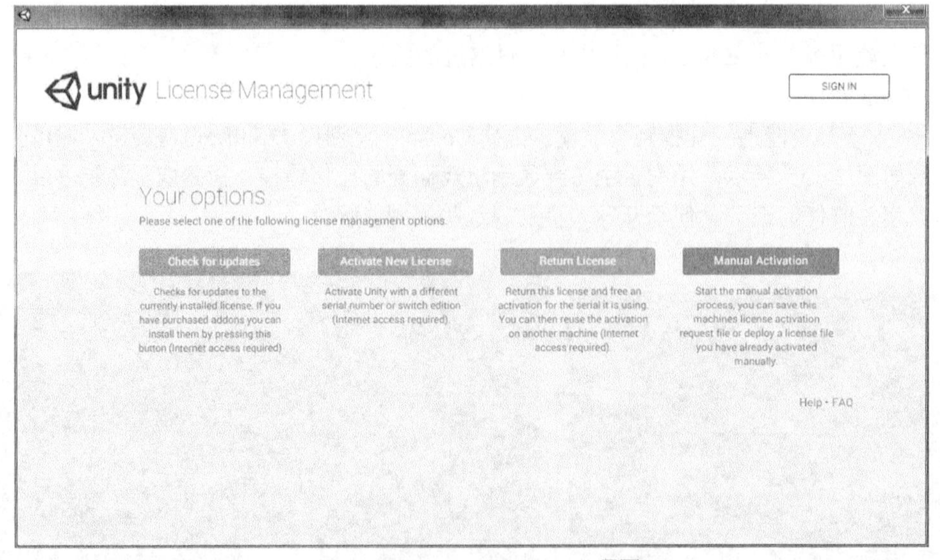


▲图 2-138　License Management 界面

第 1 章对激活进行了详细的介绍。如果没有激活，现在可以进行此操作，详细步骤见第 1 章。

❑　Unity Manual

Unity Manual 菜单表示 Unity 手册。选择 Unity Manual，就会在网页浏览器中打开 Unity 手册，如图 2-139 所示。初学者可以通过阅读此手册对 Unity 有更为全面的了解。

❑　Scripting Reference

Scripting Reference 菜单表示脚本手册。选择 Scripting Reference，就会在网页浏览器中打开脚本手册，如图 2-140 所示。它相当于 Unity 脚本的字典，只要需要即可查找。无论是初学者还是有经验的开发人员，都需要参考脚本手册。

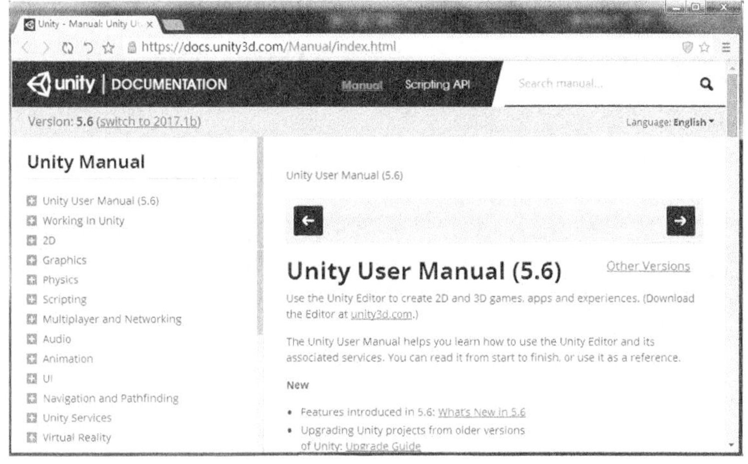
▲图 2-139 Unity 手册

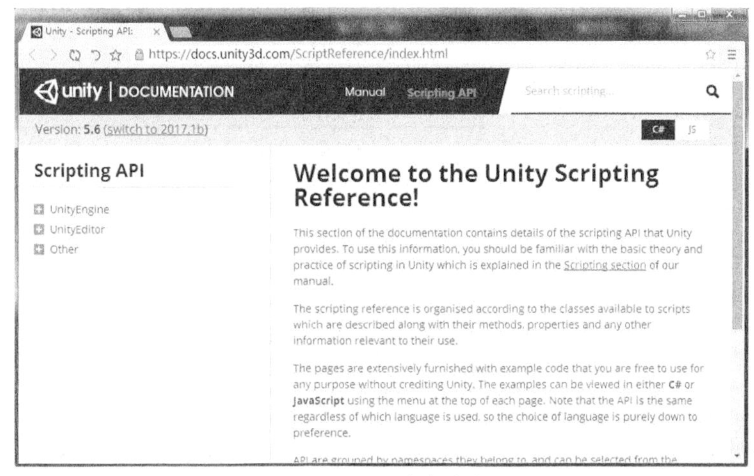
▲图 2-140 脚本手册

❑ Unity Services

Unity Services 菜单功能为打开 Unity 服务界面，如图 2-141 所示。选择 Unity Services，打开 Unity 服务界面，在该界面可以查看 Unity 服务的详细介绍并使用 Unity 服务。

▲图 2-141 Unity 服务界面

❑ Unity Forum

Unity Forum 菜单功能为打开 Unity 官方论坛。选择 Unity Forum，打开 Unity 官网论坛，如图 2-142 所示。

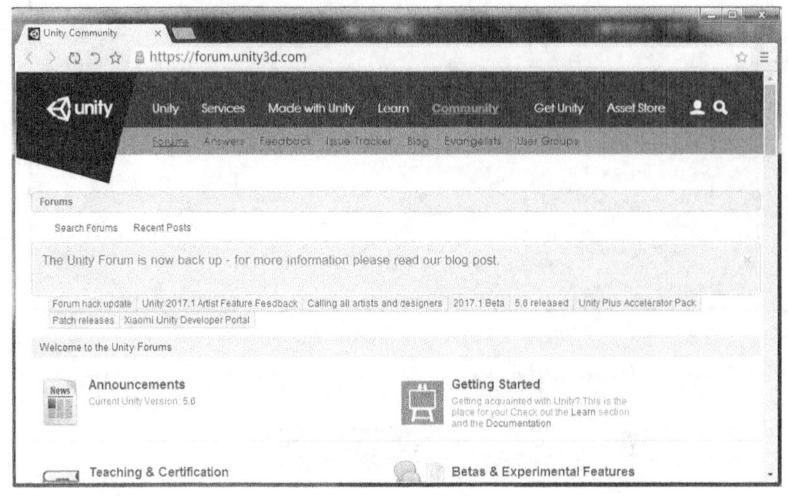


▲图 2-142　Unity 官方论坛

❑ Unity Answers

Unity Answers 菜单功能为打开 Unity 问答界面。选择 Unity Answers，打开 Unity 问答界面，如图 2-143 所示，在该界面可以提交 Unity 的问题或是查阅其他人的问答内容。

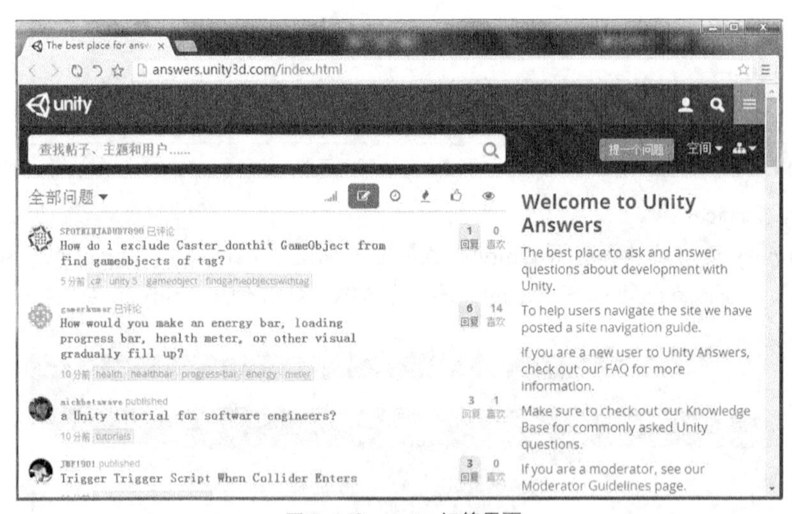


▲图 2-143　Unity 问答界面

❑ Unity Feedback

Unity Feedback 菜单功能为打开 Unity 反馈界面。选择 Unity Feedback，打开 Unity 反馈界面，如图 2-144 所示，有什么好的建议和想法可以通过该界面进行登记和提交。

❑ Check for Updates

Check for Updates 菜单功能为检查更新。选择 Check for Updates，打开 Unity Editor Update Check 窗口，如图 2-145 所示，可以检查是否有新的版本，并进行升级更新。

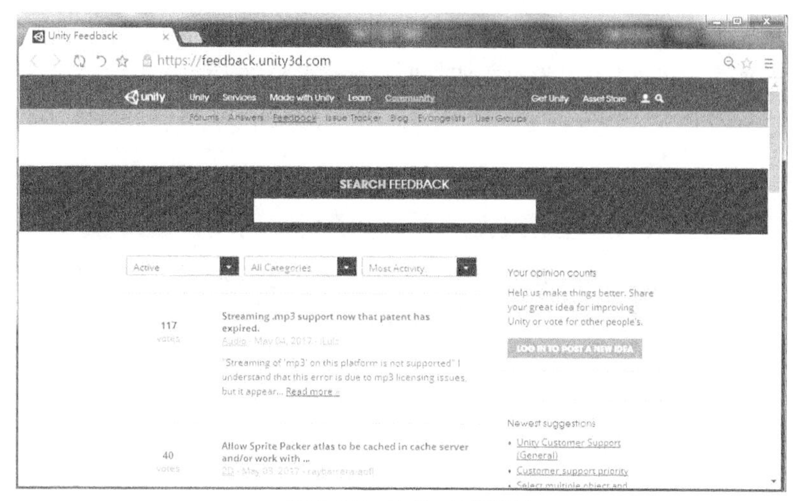


▲图 2-144　Unity 反馈界面

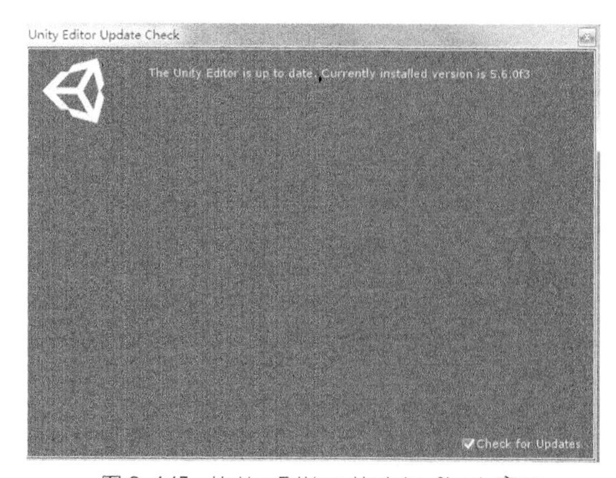


▲图 2-145　Unity Editor Update Check 窗口

❑　Download Beta

Download Beta 菜单功能为下载 Beta 版 Unity。选择 Download Beta，打开下载 Beta 测试版的 Unity 集成开发环境界面，如图 2-146 所示。

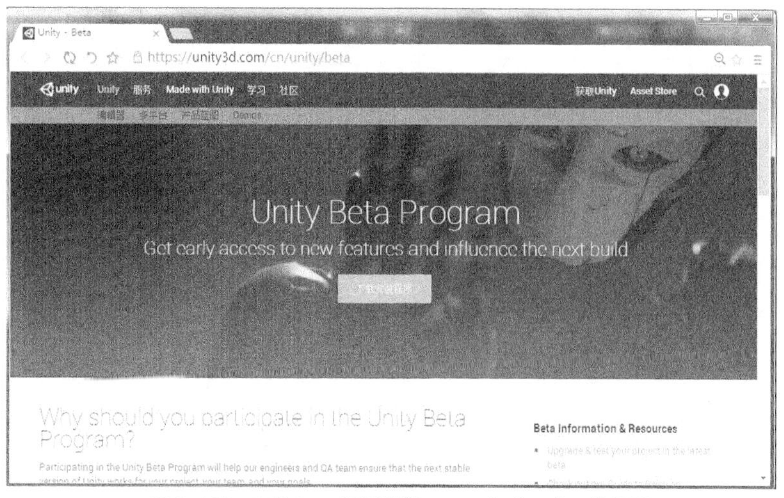


▲图 2-146　下载 Beta 测试版的 Unity 集成开发环境界面

- Release Notes

Release Notes 菜单功能为打开发行说明界面。选择 Release Notes，打开 Unity 官网上的发行说明界面，该界面中介绍了 Unity 最新版本的发行说明，包括升级内容和修复的问题，如图 2-147 所示。

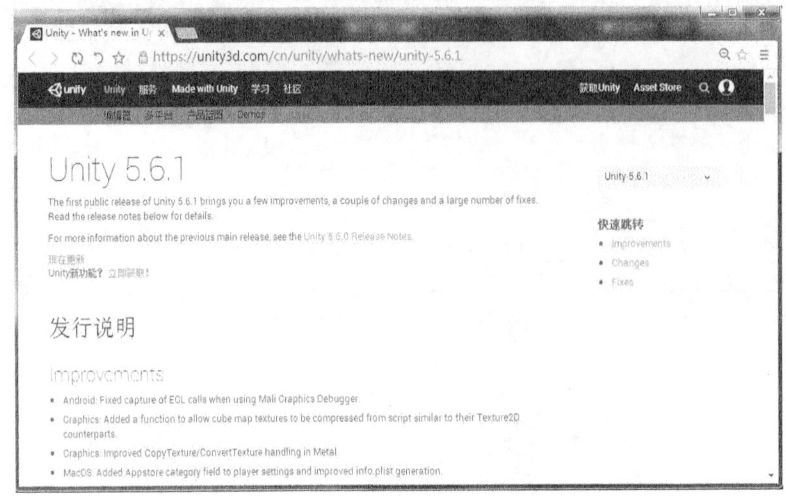


▲图 2-147　发行说明界面

- Software Licenses

Software Licenses 菜单功能表示软件许可证。选择 Software Licenses，打开 legal.txt 文件，如图 2-148 所示，在该文件中我们可以查看软件许可相关内容。

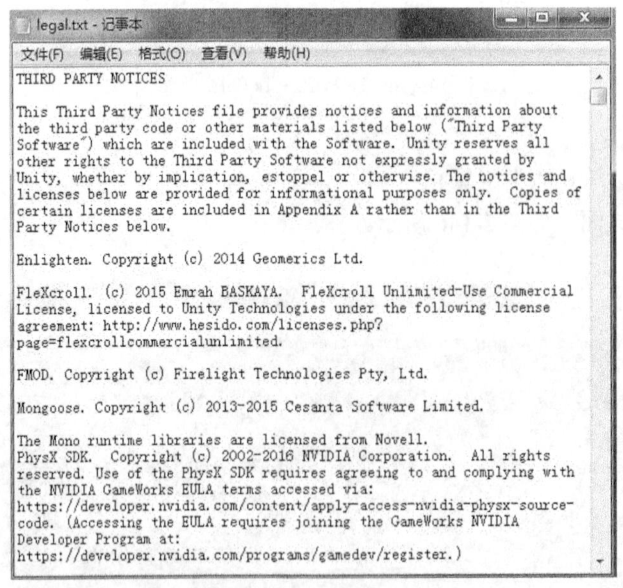

legal.txt - 记事本

文件(F) 编辑(E) 格式(O) 查看(V) 帮助(H)

THIRD PARTY NOTICES

This Third Party Notices file provides notices and information about the third party code or other materials listed below ("Third Party Software") which are included with the Software. Unity reserves all other rights to the Third Party Software not expressly granted by Unity, whether by implication, estoppel or otherwise. The notices and licenses below are provided for informational purposes only. Copies of certain licenses are included in Appendix A rather than in the Third Party Notices below.

Enlighten. Copyright (c) 2014 Geomerics Ltd.

FleXcroll. (c) 2015 Emrah BASKAYA. FleXcroll Unlimited-Use Commercial License, licensed to Unity Technologies under the following license agreement: http://www.hesido.com/licenses.php?page=flexcrollcommercialunlimited.

FMOD. Copyright (c) Firelight Technologies Pty, Ltd.

Mongoose. Copyright (c) 2013-2015 Cesanta Software Limited.

The Mono runtime libraries are licensed from Novell.
PhysX SDK. Copyright (c) 2002-2016 NVIDIA Corporation. All rights reserved. Use of the PhysX SDK requires agreeing to and complying with the NVIDIA GameWorks EULA terms accessed via: https://developer.nvidia.com/content/apply-access-nvidia-physx-source-code. (Accessing the EULA requires joining the GameWorks NVIDIA Developer Program at: https://developer.nvidia.com/programs/gamedev/register.)

▲图 2-148　legal.txt 文件

- Report a Bug

Report a Bug 菜单功能为报告错误。选择 Report a Bug，打开 Unity Bug Reporter 窗口，如图 2-149 所示，在该窗口中可以报告使用 Unity 集成开发环境时出现的错误。

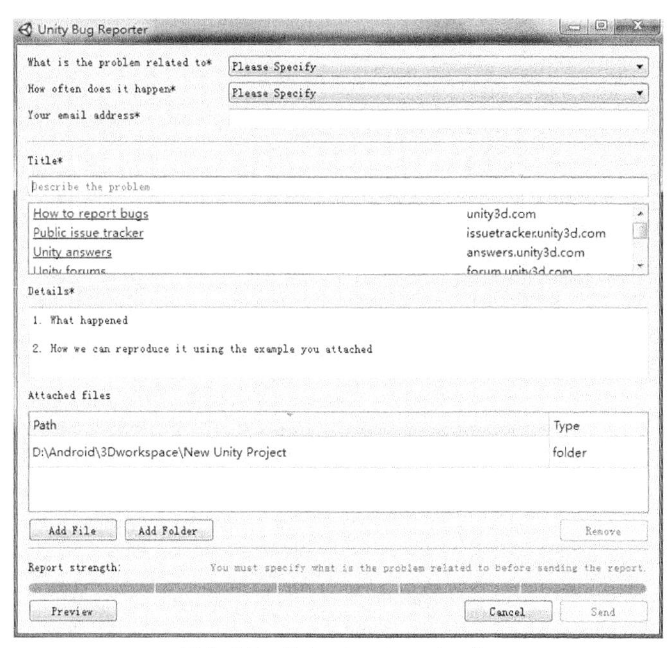


▲图 2-149 Unity Bug Reporter 窗口

## 2.3 本章小结

Unity 是一款功能强大且优雅的集成开发编辑器和引擎，为开发人员提供了创造且发布一款游戏所必需的工具。无论开发人员是要开发一款 3D 第一人称射击游戏还是休闲的 2D 智力游戏，Unity 自带的功能都有不同的、带有标签的窗口视图，每个视图都提供了不同的编辑和操作功能，以帮助开发人员完成手边的人物。

Unity 的许可方式及可选的插件可使读者在需要时得到适量的功能和定制。这款编辑器完全是以资源为中心的，它会为所有不同类型的对象创建物理链接和引用，即便是这些像代码的对象。Unity 功能灵活，可供一个独立的开发人员及一个大型的开发团队使用。

# 第3章 Unity脚本程序的开发

通过前面的学习，读者应该已经了解了Unity中一些基本物体的创建方法，本章将介绍Unity脚本程序的开发。Unity支持多种语言作为脚本语言，因为目前Unity开发中C#语言使用最为广泛，所以本章介绍C#语言在Unity中的使用。

> 提示　由于本书是针对Unity开发的，因此本章并没有致力于详细介绍C#语言的基本语法等基础知识，而是侧重于C#语言在Unity中的使用。若读者对C#语言不太熟悉，请先参考其他书籍或资料来了解C#语言的基础知识。

## 3.1 Unity脚本概述

与其他常用的平台有所不同，Unity中的脚本程序如果要起作用，主要途径是将脚本附加到特定的游戏对象上。这样，在特定的情况下脚本中不同的方法会被回调，实现特定的功能。下面给出几个常用的回调方法。

- Start方法：该方法在游戏场景加载时被调用，在该方法内可以写一些游戏场景初始化之类的代码。
- Update方法：该方法会在每一帧渲染之前被调用，大部分游戏代码在这里执行，除了物理部分的代码。
- FixedUpdate方法：该方法会在固定的物理时间步调调用一次，这里也是基本物理行为代码执行的地方。

除了以上几个常用的回调方法外，Unity还提供了其他很多回调方法，后面章节会陆续介绍。同时，还有一种称为方法外部代码的源代码，其在物理加载时运行，还可以用于初始化脚本状态，与C#里面的成员变量声明类似。

同时，开发人员在有需要的情况下，还可以重写一些处理特定事件的回调方法，这类方法一般以On前缀开头，如OnCollisionEnter方法（此方法在系统检测到碰撞开始时被回调）等。

> 提示　其实上述方法与代码一般都是位于MonoBehaviour类的子类中的，即开发脚本代码时，主要是继承MonoBehaviour类并重写其中特定的方法。

## 3.2 Unity中C#脚本的注意事项

Unity中C#脚本的运行环境使用了Mono技术，Mono是由Novell公司领导的、一个致力于.NET开源的工程。用户可以在Unity脚本中使用.NET所有的相关类。但Unity中C#的使用和传统的

C#有一些不同，下面将介绍 Unity 中 C#脚本的注意事项。

### 1. 继承自 MonoBehaviour 类

Unity 中所有挂载到游戏对象上的脚本中的类必须继承 MonoBehaviour 类（直接的或间接的）。MonoBehaviour 类中定义了各种回调方法，如 Start、Update 和 FixedUpdate 等。如果通过 Asset→Create→C# Script 创建脚本，那么系统模板已经包含了必要的定义。

```
1   public class NewBehaviourScript : MonoBehaviour {…}        //继承 MonoBehaviour 类
```

### 2. 类名必须匹配文件名

C#脚本中类名需要手动编写，而且类名必须和文件名相同，否则当脚本挂载到游戏对象时，控制台会报错。

### 3. 使用 Awake 或 Start 方法初始化

用于初始化脚本的代码必须置于 Awake 或 Start 方法中。Awake 和 Start 方法的不同之处在于，Awake 方法是在加载场景时运行，Start 方法是在第一次调用 Update 或 FixedUpdate 方法之前被调用，Awake 方法运行在所有 Start 方法之前。

### 4. Unity 脚本中协同程序有不同的语法规则

Unity 脚本中协同程序（Coroutines）必须是 IEnumerator 返回类型，并且 yield 用 yield return 替代。具体可以使用如下代码来实现。

```
1   using UnityEngine;
2   using System.Collections;                                 //导入系统包
3   public class NewBehaviourScript : MonoBehaviour {         //声明类
4     IEnumerator SomeCoroutine(){                            //C#协同程序
5       yield return 0;                                       //等待一帧
6       yield return new WaitForSeconds(2);                   //等待 2s
7   }}
```

### 5. 只有满足特定情况变量才能显示在属性面板中

只有序列化的成员变量才能显示在属性面板中，而 private 和 protected 类型的成员变量只能在专家模式中显示。而且，它的属性不被序列化也不显示在属性面板，如果属性想在属性面板中显示，那么其必须是 public 类型的。

### 6. 尽量避免使用构造函数

不要在构造函数中初始化任何变量，要用 Awake 或 Start 方法来实现。即便是编辑模式，Unity 仍会自动调用构造函数，这通常是在脚本编译之后，因为需要调用脚本的构造函数来取回脚本的默认值。无法预计何时调用构造函数，它或许会被预制件或未激活的游戏对象所调用。

而在单一模式下使用构造函数可能会导致严重后果，会带来类似随机的空引用异常。因此，如果想实现单一模式，就不要用构造函数，要用 Awake 或 Start 方法。事实上，没有必要在继承自 MonoBehaviour 的类的构造函数中写任何代码。

### 7. 调试

Unity 中 C#代码的调试与传统 C#的调试有所不同。Unity 自带了完善的调试功能，在 Unity 中的控制台（Console）中包含了当前的全部错误，每一个错误信息都明确指明了代码出错的位置和原因。若这个错误是脚本错误，那么当双击该错误时，会自动跳转到默认的脚本编辑器中，然后光标会在错误所对应行的行首跳动。

Unity 的控制台中也收集了有效的警告信息，用黄色叹号表示。这些警告信息反馈了哪些变量声明了却没有使用，还反馈了哪些自定义的方法返回了默认值等。尽量修改代码，使其不再产生警告信息，这是一个很好的编程习惯。

提示　Unity 将调试的信息显示在控制台（Console）中，无须开发人员去编写关于显示调试信息的代码，这为代码的调试提供了方便。

在 Unity 中，可以使用 print()和 Debug.Log()输出调试信息。但是 print()只能在 Mono 的类中使用，所有一般情况下最好使用 Debug.Log()。它和 print()效果一样，但是它可以在各处使用。同时，也可以使用 Debug.Log.Warning()和 Debug.LogError()来收集警告和错误信息。

Unity 通过 Debug.Break()来设置断点。如果想查看特定情况发生时对象属性的变化，可以用断点快速地完成。

## 3.3 Unity 脚本的基础语法

通过前面两节的介绍，读者应该对 Unity 脚本的基础知识和在 Unity 中使用 C#脚本的注意事项有了一些简单的了解。下面就以 C#脚本为例对 Unity 脚本的基本语法进行介绍，主要包括游戏对象的常用操作、访问游戏对象和一些重要类等基础知识。

### 3.3.1 常用操作

Unity 中很多对游戏对象的操作都是使用脚本来修改对象的 Transform（变换属性）与 Rigidbody（刚体属性）参数从而实现的。上述属性的参数可以非常方便地通过脚本编程实现修改。例如，让物体绕 $X$ 轴顺时针旋转 20°，可以使用如下代码来实现。

```
1    using UnityEngine;
2    using System.Collections;                                      //引入系统包
3    public class NewBehaviourScript : MonoBehaviour {              //声明类
4      void Update(){                                               //重写 Update 方法
5        this.transform.Rotate(20,0,0);                             //绕 X 轴旋转 20°
6    }}
```

脚本开发完成后，将该脚本挂载到需要旋转的游戏对象上，在项目运行时即可实现所需功能。如果希望游戏对象沿 $Z$ 轴正方向移动，则可以使用如下的 C#代码片段来实现。该代码运行时可以实现 gameobject 游戏对象每帧向前移动 1 个单位。

```
1    using UnityEngine;
2    using System.Collections;                                      //引入系统包
3    public class NewBehaviourScript : MonoBehaviour {              //声明类
4      void Update(){                                               //重写 Update 方法
5        this.transform.Translate(0,0,1);                           //实现物体每帧向前移动 1 个单位
6    }}
```

提示　一般情况下，在 Unity 中，$X$ 轴为红色的轴，表示左右；$Y$ 轴为绿色的轴，表示上下；$Z$ 轴为蓝色的轴，表示前后。

用于旋转的 Rotate 方法和用于移动的 Translate 方法都有 4 个参数的重载形式，第 4 个参数为 Space 枚举类型。如果设置为 Space.Self，则变换相对于自身轴；如果设置为 Space.World，则变换相对于世界坐标系统。如果不设置第 4 个参数，则默认设置为 Space.Self。代码如下。

```
1    this.transform.Rotate(5,0,0,Space.World);                      //相对于世界坐标系统进行旋转
2    this.transform.Translate(5,0,0,Space.Self);                    //相对于自身轴进行旋转
```

### 3.3.2 记录时间

在 Unity 中记录时间需要用到 Time 类。Time 类中比较重要的变量为 deltaTime（只读），它指完成最后一帧所花费的时间。如果想均匀地旋转一个物体，在不考虑帧速率的情况下，可以乘以

Time. deltaTime。具体可以使用如下代码来实现。

```
1   using UnityEngine;
2   using System.Collections;                                    //引入系统包
3   public class NewBehaviourScript : MonoBehaviour {            //声明类
4     void Update(){                                             //重写 Update 方法
5       this.transform.Rotate(10*Time. deltaTime,0,0);           //绕 X 轴均匀旋转
6   }}
```

**提示**　系统在绘制每一帧时都会回调一次 Update 方法，因此，如果想在系统绘制每一帧时都做同样的工作，可以把对应的代码写在 Update 方法中。

同样地，也可以使用类似的方法来移动物体。具体可以使用如下代码来实现。

```
1   using UnityEngine;
2   using System.Collections;                                    //引入系统包
3   public class NewBehaviourScript : MonoBehaviour {            //声明类
4     void Update(){                                             //重写 Update 方法
5       this.transform.Translate (0, 0, 1*Time. deltaTime); //绕 Z 轴均匀平移
6   }}
```

如果想每秒增加或者减少一个值，需要乘以 Time.deltaTime，同时也要明确在游戏中是需要每秒 1 个单位还是每帧 1 个单位的效果。如果是乘以 Time.deltaTime，那么游戏对象就会按固定的节奏运动而不是依赖游戏的帧速率，因此，游戏对象的运动变得更容易控制。

例如，想让游戏对象（GameObject）沿 *Y* 轴正方向每秒上升 5 个单位。具体可以使用如下代码来实现。

```
1   using UnityEngine;
2   using System.Collections;                                    //引入系统包
3   public class NewBehaviourScript : MonoBehaviour {            //声明类
4     public GameObject gameObject;                              //声明一个游戏对象
5     void Update(){                                             //重写 Update 方法
6       Vector3 te = gameObject.transform.position;              //获取游戏对象的位置坐标
7       te.y += 5 * Time.deltaTime;                              //沿 Y 轴每秒上升 5 个单位
8       gameObject.transform.position = te;                      //设置游戏对象的位置坐标
9   }}
```

如果涉及刚体，可以写在 FixedUpdate 方法中。在 FixedUpdate 方法中，如果想每秒增加或者减少一个值，需要乘以 Time.fixedDeltaTime。例如，想让刚体沿 *Y* 轴正方向每秒上升 5 个单位，具体可以使用如下代码来实现。

```
1   using UnityEngine;
2   using System.Collections;                                    //引入系统包
3   public class NewBehaviourScript : MonoBehaviour {            //声明类
4     public GameObject gameObject;                              //声明游戏对象
5     void FixedUpdate(){                                        //重写 FixedUpdate 方法
6       Vector3 te = gameObject.GetComponent<Rigidbody>().transform.position;
                                                                 //获取刚体的位置坐标
7       te.y += 5 * Time.fixedDeltaTime;                         //刚体沿 Y 轴正方向每秒上升 5 个单位
8       gameObject.GetComponent<Rigidbody>().transform.position = te;//设置刚体的位置坐标
9   }}
```

**提示**　FixedUpdate 方法是按固定的物理时间被系统回调执行的，代码的执行与游戏的帧速率无关。

### 3.3.3　访问游戏对象组件

组件属于游戏对象，如把一个 Renderer（渲染器）组件附加到游戏对象上，可以使游戏对象显示到游戏场景中；把 Camera（摄像机）组件附加到游戏对象上，可以使该对象具有摄像机的所

有属性。由于所有的脚本都是组件，因此一般的脚本都可以附加到游戏对象上。

常用的组件可以通过简单的成员变量取得。下面介绍了一些常见的成员变量，如表 3-1 所示。

表 3-1　常见的成员变量

| 组件 | 变量 | 组件 | 变量 |
| --- | --- | --- | --- |
| Transform | transform | Rigidbody | rigidbody |
| Renderer | renderer | Camera | Camera（只在摄像机对象有效） |
| Light | Light（只在光源对象有效） | Animation | animation |
| Collider | collider | — | — |

提示　这里的组件体现在属性面板上，而变量是在脚本中体现的。一个游戏对象的所有组件及其所带的属性参数都能够在属性面板中查看。如果想通过挂载在游戏对象上的脚本代码来实现获得该游戏对象上的对应组件及其属性，可以通过变量名来获得。

如果想查看所有的预定义成员变量，可以查看关于 Component、Behavior 和 MonoBehaviour 类的文档，本书不再一一介绍。如果游戏对象中没有想要取得的值，那么上面的变量将为 null。

在 Unity 中，附加到游戏对象上的组件可以通过 GetComponent 方法获得，具体可以使用如下的 C#代码片段来实现。代码中第 5 行和第 6 行代码功能是一样的，都是使游戏对象沿 *X* 轴正方向移动 1 个单位，而第 6 行代码通过获取 Transform 组件来使游戏对象移动。

```
1  using UnityEngine;
2  using System.Collections;                                    //引入系统包
3  public class NewBehaviourScript : MonoBehaviour {            //声明类
4    void Update(){                                             //重写 Update 方法
5      transform.Translate(1, 0, 0);                            //沿 X 轴正方向移动 1 个单位
6      GetComponent<Transform>().Translate(1, 0, 0);            //沿 X 轴正方向移动 1 个单位
7  }}
```

提示　注意 transform 和 Transform 之间大小写的区别，前者是变量（小写），后者是类或脚本（大写）。大小写不同可使开发人员能够从类和脚本名中区分变量。

同样地，也可以通过 GetComponent 方法获取其他脚本。例如，有一个 HelloWorld 的脚本，里面有一个 sayHello 方法。HelloWorld 脚本要与调用它的脚本附加在同一游戏对象上。具体可以使用如下代码来实现。

```
1  using UnityEngine;
2  using System.Collections;                                    //引入系统包
3  public class NewBehaviourScript : MonoBehaviour {            //声明类
4    void Update(){                                             //重写 Update 方法
5      HelloWorld helloWorld = GetComponent<HelloWorld>();      //获取 HelloWorld 脚本组件
6      helloWorld.sayHello();                                   //执行 sayHello 方法
7  }}
```

提示　在 C#代码中只有 public 类型的变量和方法才能在所有其他类中使用，private 类型的变量和方法只能在自身类中使用，protected 类型的变量和方法只能在子类和同命名空间下的类中使用，而不写类型的变量和方法只能在同命名空间下的类中使用。

### 3.3.4　访问其他游戏对象

大部分脚本不只控制附加到其上的游戏对象，Unity 脚本中有很多方法访问其他的游戏对象和游戏组件。可以通过属性面板指定参数的方法来获取游戏对象，也可以通过 Find()方法来获取

游戏对象，下面将对这几种方法进行详细介绍。

### 1. 通过属性面板指定参数

代码中声明 public 类型的游戏对象引用，在属性面板就会显示该游戏对象参数，然后就可以将需要获取的游戏对象拖曳到属性面板的相关参数位置，具体可以使用如下的 C#代码片段来实现。代码获取游戏对象上的 Test 脚本组件，然后执行 doSomething 方法。

```
1   using UnityEngine;
2   using System.Collections;                                  //引入系统包
3   public class NewBehaviourScript : MonoBehaviour {          //声明类
4     public GameObject otherObject;                           //游戏对象引用
5     void Update(){                                           //重写 Update 方法
6       Test test = otherObject.GetComponent<Test>();          //获取 Test 脚本组件
7       test.doSomething();                                    //执行 doSomething 方法
8   }}
```

### 2. 确定对象的层次关系

游戏对象在游戏组成对象列表中存在父子关系，在代码中可以通过获取 Transform 组件来找到子对象或者父对象。具体可以使用如下代码来获取游戏对象的子对象和父对象。

```
1   using UnityEngine;
2   using System.Collections;                                  //引入系统包
3   public class NewBehaviourScript : MonoBehaviour {          //声明类
4     void Update(){                                           //重写 Update 方法
5         transform.Find("hand").Translate(0, 0, 1);           //找到 hand 子对象,并将其沿 Z 轴每帧
                                                                移动 1 个单位
6         transform.parent.Translate(0, 0, 1);       //找到父对象，并将其沿 Z 轴每帧移动 1 个单位
7   }}
```

一旦读者成功获取 hand 子对象，就可以通过 GetComponent 方法获取 hand 对象的其他组件，也可以直接调用 GetComponentInChildren 与 GetComponentInParent 方法获取父对象和子对象上的组件。例如，有一个 Test 脚本挂载在子对象 hand 上。具体可以使用如下代码来实现。

```
1   using UnityEngine;
2   using System.Collections;                                     //引入系统包
3   public class NewBehaviourScript : MonoBehaviour {             //声明类
4     void Update(){                                              //重写 Update 方法
5       transform.Find("hand").GetComponent<Test>().a=2;
6       //找到子对象 "hand"，同时设置 Test 脚本中的变量 a 为 2
7       transform.Find("hand").GetComponent<Test>().doSomething();
                                                                  //执行 doSomething 方法
8       transform.GetComponentInParent<Test>().doSomething();//调用父对象的 doSomething 方法
9       transform.Find("hand").GetComponent<Rigidbody>().
10      AddForce(0, 0, 2);                     //为 hand 子对象的刚体属性加一个沿 Z 轴的大小为 2 的力
11  }}
```

也可以使用脚本来循环获取到所有的子对象，然后对子对象做某种操作，如平移、旋转等。具体可以使用如下代码来实现。

```
1   using UnityEngine;
2   using System.Collections;                                  //引入系统包
3   public class NewBehaviourScript : MonoBehaviour {          //声明类
4     void Update(){                                           //重写 Update 方法
5       foreach (Transform child in transform){                //循环获取所有的子对象
6         child.Translate(0, 5, 0);                            //沿 Y 轴每帧移动 5 个单位
7   }}}
```

### 3. 通过名字或标签获取游戏对象

Unity 脚本中可以使用 FindWithTag 方法和 Find 方法来获取游戏对象，FindWithTag 方法获取指定标签的游戏对象，Find 方法获取指定名字的游戏对象。具体可以使用如下代码来实现。

```
1   using UnityEngine;
2   using System.Collections;                                  //引入系统包
```

```
3   public class NewBehaviourScript : MonoBehaviour {     //声明类
4     void Start(){                                       //重写 Start 方法
5       GameObject name = GameObject.Find("somename");    //获取名称为 somename 的游戏对象
6       name.transform.Translate(0, 0, 1);                //沿 z 轴平移
7       GameObject tag = GameObject.FindWithTag("sometag");//获取标签为 sometag 的游戏对象
8       tag.transform.Translate(0, 0, 1);                 //沿 z 轴平移
9   }}
```

这样，通过 GetComponent 方法就能得到指定游戏对象上的任意脚本或组件。具体可以使用如下代码来实现。

```
1   using UnityEngine;
2   using System.Collections;                              //引入系统包
3   public class NewBehaviourScript : MonoBehaviour {      //声明类
4     void Start (){                                       //重写 Start 方法
5         GameObject name = GameObject.Find("somename");  //获取名称为 somename 的游戏对象
6         name.GetComponent<Test>().doSomething();   //调用 Test 脚本中的 doSomething 方法
7         GameObject tag = GameObject.FindWithTag("sometag");  //获取标签为 sometag 的游戏对象
8         tag.GetComponent<Test>().doSomething();    //调用 Test 脚本中的 doSomething 方法
9   }}
```

#### 4. 通过传递参数来获取游戏对象

一些事件回调方法的参数包含特殊的游戏对象或组件信息，如触发碰撞事件的 Collider 组件。在 OnTriggerStay 方法的参数中有一个碰撞体参数，通过这个参数能得到碰撞的刚体。具体可以使用如下代码来实现。

```
1   using UnityEngine;
2   using System.Collections;                              //引入系统包
3   public class NewBehaviourScript : MonoBehaviour {      //声明类
4     void OnTriggerStay(Collider other){                  //重写 OnTriggerStay 方法
5       if (other.GetComponent<Rigidbody>()){              //如果该游戏对象上有刚体组件
6         other.GetComponent<Rigidbody>().AddForce(0, 0, 2);   //给刚体施加一个力
7   }}}
```

或者通过 Collider 组件得到这个游戏对象上挂载的 Test 脚本。具体可以使用如下代码来实现。

```
1   using UnityEngine;
2   using System.Collections;                              //引入系统包
3   public class NewBehaviourScript : MonoBehaviour {      //声明类
4     void OnTriggerStay(Collider other){                  //重写 OnTriggerStay 方法
5       if (other.GetComponent<Test>()){                   //如果该游戏对象上有 Test 脚本组件
6         other.GetComponent<Test>().doSomething();        //调用 Test 脚本的 doSomething 方法
7   }}}
```

#### 5. 通过组件名称获取游戏对象

Unity 脚本可以通过 FindObjectsOfType 方法和 FindObjectOfType 方法来找到挂载特定类型组件的游戏对象。FindObjectsOfType 方法可以获取所有挂载指定类型组件的游戏对象，而 FindObjectOfType 方法可以获取挂载指定类型组件的第一个游戏对象。具体可以使用如下代码来实现。

```
1   using UnityEngine;
2   using System.Collections;                             //引入系统包
3   public class NewBehaviourScript : MonoBehaviour {     //声明类
4     void Start(){                                 //重写 Start 方法
5       Test test = FindObjectOfType<Test>();       //获取第一个找到的 Test 组件
6       Debug.Log(test.gameObject.name);            //输出挂载 Test 组件的第一个游戏对象的名称
7       Test[] tests = FindObjectsOfType<Test>();//获取所有的 Test 组件
8       foreach (Test te in tests){
9         Debug.Log(te.gameObject.name);            //输出挂载 Test 组件的所有的游戏对象的名称
10  }}}
```

### 3.3.5　向量

3D 游戏开发中经常需要用到向量的运算，Unity 中提供了完整的向量及向量操纵方法，分别为表示二维向量的 Vector2 类、表示三维向量的 Vector3 类与表示四维向量的 Vector4 类。由于这

3 种向量使用方法基本相同，下面以三维向量为例详细介绍 Unity 中向量的使用方法。

Vector3 类可以在实例化时进行赋值，也可以实例化后给 *x*、*y*、*z* 分别进行赋值。具体可以使用如下代码来实现。

```
1   using UnityEngine;
2   using System.Collections;                                    //引入系统包
3   public class NewBehaviourScript : MonoBehaviour {            //声明类
4     public Vector3 position1 = new Vector3();                  //实例化 Vector3
5     public Vector3 position2 = new Vector3(1, 2, 2);           //实例化 Vector3 并赋值
6     void Start(){                                              //重写 Start 方法
7       position1.x = 1;                                         //为 x 赋值
8       position1.y = 2;                                         //为 y 赋值
9       position1.z = 2;                                         //为 z 赋值
10  }}
```

Vector3 类中也定义了一些常量，如 Vector.up 等同于 Vector(0,1,0)，这样可以简化代码。这些常量对应的值如表 3-2 所示。

表 3-2　　Vector3 类中常量对应的值

| 常量 | 值 | 常量 | 值 |
|---|---|---|---|
| Vector3.zero | Vector(0,0,0) | Vector3.one | Vector(1,1,1) |
| Vector3.forward | Vector(0,0,1) | Vector3.up | Vector(0,1,0) |
| Vector3.right | Vector(1,0,0) | Vector3.back | Vector(0,0, −1) |
| Vector3.down | Vector(0,−1,0) | Vector3.left | Vector(−1,0,0) |

Vector3 类中有很多对向量进行操纵的方法，如想要获得两点之间的距离时，可以使用 Distance 方法来完成。除此之外，还能通过 magnitude 等属性获取向量的长度等信息，这些属性与方法的作用如表 3-3 所示。

表 3-3　　Vector3 类中属性与方法的作用

| 属性/方法 | 作用 |
|---|---|
| magnitude | 向量的长度 |
| normalized | 向量归一化后的结果 |
| sqrMagnitude | 向量的平方长度 |
| Lerp | 两个向量之间的线性插值 |
| Slerp | 在两个向量之间进行球形插值 |
| OrthoNormalize | 使向量规范化并且彼此相互垂直 |
| MoveTowards | 从当前的位置移向目标 |
| RotateTowards | 从当前的向量转向目标 |
| SmoothDamp | 随着时间的推移，逐渐改变一个向量朝向预期的目标 |
| Scale | 两个矢量组件对应相乘 |
| Cross | 两个向量的交叉乘积 |
| Reflect | 沿着法线反射向量 |
| Dot | 两个向量的点乘积 |
| Project | 投影一个向量到另一个向量 |
| Angle | 返回两个向量的夹角 |
| Distance | 返回两点之间的距离 |
| ClampMagnitude | 返回向量的长度，最大不超过 maxLength 所指示的长度 |

续表

| 属性/方法 | 作用 |
| --- | --- |
| Min | 返回两个向量中长度较小的向量 |
| Max | 返回两个向量中长度较大的向量 |
| operator + | 两个向量相加 |
| operator - | 两个向量相减 |
| operator * | 两个向量相乘 |
| operator / | 两个向量相除 |
| operator == | 两个向量是否相等 |

### 3.3.6 成员变量和静态成员变量

一般情况下，定义在方法体外的变量是成员变量，如果这个变量为public类型的，就可以在属性面板中看到。若在属性面板中对它的值进行修改，它的值就会随着项目一起自动保存。代码如下。

```
public int a = 1;
```

可以在属性面板中看到这个变量，名字为 a，它默认显示的值为“1”，读者可以随时在属性面板中修改它的值。

如果声明的是一个组件类型的变量（类似 GameObject、Transform、Rigidbody 等），则需要在属性面板中将游戏对象拖曳到变量处并确定它的值。具体可以使用如下代码来实现。

```
1   using UnityEngine;
2   using System.Collections;                                    //引入系统包
3   public class NewBehaviourScript : MonoBehaviour {            //声明类
4     public Transform ren;                                      //声明一个 Transform 组件
5     void Update(){                                             //重写 Update 方法
6       if (Vector3.Distance(ren.position, transform.position) < 10){
                                                                 //如果ren和transform的距离小于10
7         Debug.Log(ren.position);                               //输出 ren 的位置
8   }}}
```

可以通过 private 关键字创建私有变量，这些变量在属性面板中不会显示，可以避免被修改。具体可以使用如下代码来实现。

```
1   using UnityEngine;
2   using System.Collections;                                    //引入系统包
3   public class NewBehaviourScript : MonoBehaviour {            //声明类
4     private Collider collider;                                 //声明私有的 Collider 组件
5     void OnCollisionEnter(Collision collisionInfo){            //重写 OnCollisionEnter 方法
6       collider = collisionInfo.collider;                       //获取 Collider 组件
7   }}
```

在 C#脚本中可以通过 static 关键字来创建全局变量，这样就可以在不同脚本间调用该变量。具体可以使用如下代码来实现。

```
public static int test;
```

如果想从另外一个脚本中调用变量 Test，读者可以通过“脚本名.变量名”的方法来调用。具体可以使用如下代码来实现。

```
1   using UnityEngine;
2   using System.Collections;                                //引入系统包
3   public class HelloWorld: MonoBehaviour {                 //声明类
4     void Start(){                                          //重写 Start 方法
5       Test.test = 1;                                       //为 Test 脚本中的 test 变量赋值
6   }}
```

### 3.3.7 实例化游戏对象

在 Unity 中如果想创建游戏对象，可以通过创建游戏对象菜单在场景中创建游戏对象，这些游戏对象在场景加载时被创建出来；也可以在脚本中动态地创建游戏对象。在游戏运行的过程中，根据需要在脚本中实例化游戏对象的方法更加灵活。

如果想在 Unity 中创建很多相同的物体（如射击出去的子弹、保龄球瓶等）时，可以通过实例化（Instantiate）快速实现。实例化出来的游戏对象包含该对象所有的属性，这样就能保证原封不动地创建所需的对象。实例化在 Unity 中有很多用途，合理使用它非常有必要。

例如，创建一个脚本 Hit.cs，该脚本的功能为当一个碰撞体撞击到一个物体时，销毁这个物体，并在原来的位置实例化一个损坏的物体。该脚本的代码如下。

```
1   using UnityEngine;
2   using System.Collections;                              //引入系统包
3   public class NewBehaviourScript : MonoBehaviour{  //声明类
4     public GameObject explosion;                         //声明游戏对象引用
5     void OnCollisionEnter(){                             //重写 OnCollisionEnter 方法
6       Destroy(gameObject, 1);                            //撞击发生 1s 后销毁对象
7       GameObject theClonedExplosion = Instantiate(explosion, transform.position,
        transform.rotation)
8       as GameObject;                                     //在物体原来的位置实例化一个损坏的物体
9   }}
```

**说明** Destroy(gameObject,n)方法是在 *n* 秒后销毁物体。如果想立刻销毁物体，可以使用 DestroyImmediate(gameObject,boolean)，如果参数的布尔值为 true，就会立刻销毁物体。

### 3.3.8 协同程序和中断

协同程序，即在主程序运行的同时开启另一段逻辑处理来协同当前程序的执行。但它与多线程程序不同，所有的协同程序都是在主线程中运行的，它还是一个单线程程序。在 Unity 中可以通过 StartCoroutine 方法来启动协同程序。

StartCoroutine 方法为 MonoBehaviour 类中的一个方法，即该方法必须在 MonoBehaviour 或继承于 MonoBehaviour 的类中调用。StartCoroutine 方法可以将返回值为 IEnumerator 的类型方法作为参数。具体可以使用如下代码来实现。

```
1   using UnityEngine;
2   using System.Collections;                              //引入系统包
3   public class NewBehaviourScript : MonoBehaviour{       //声明类
4     void Start(){                                        //重写 Start 方法
5       StartCoroutine(doThing());                         //开启协同程序
6     }
7     IEnumerator doThing(){                               //声明 doThing 方法
8       Debug.Log("dothing");                              //输出提示信息
9       yield return null;
10  }}
```

协同程序中使用 yield 关键字来中断协同程序，可以使用 WaitForSeconds 类的实例化对象让协同程序休眠。具体可以使用如下代码来实现。

```
1   using UnityEngine;
2   using System.Collections;                              //引入系统包
3   public class NewBehaviourScript : MonoBehaviour{       //声明类
4     void Start(){                                        //重写 Start 方法
5       StartCoroutine(doThing());                         //开启协同程序
6     }
```

```
7      IEnumerator doThing(){                              //声明 doThing 方法
8        yield return new WaitForSeconds(2);               //协同程序休眠 2s
9        Debug.Log("dothing");                             //输出提示信息
10   }}
```

可以将多个协同程序进行连接，然后创建一个脚本。该脚本在 Start 方法中开启 doThing1 协同程序，在 doThing1 协同程序中开启并等待执行 doThing2 协同程序，doThing2 协同程序休眠 2s，然后输出“doThing2”提示信息；doThing2 协同程序执行完后返回 doThing1 协同程序，然后输出“doThing1”提示信息。具体代码如下。

```
1    using UnityEngine;
2    using System.Collections;                             //引入系统包
3    public class NewBehaviourScript : MonoBehaviour{      //声明类
4      void Start(){                                       //重写 Start 方法
5        StartCoroutine(doThing1());                       //开启 doThing1 协同程序
6      }
7      IEnumerator doThing1(){                             //声明 doThing1 方法
8        yield return StartCoroutine(doThing2());          //开启 doThing2 协同程序
9        Debug.Log("dothing1");                            //输出提示信息
10     }
11     IEnumerator doThing2(){                             //声明 doThing2 方法
12       yield return new WaitForSeconds(2);               //协同程序休眠 2s
13       Debug.Log("dothing2");                            //输出提示信息
14   }}
```

### 3.3.9 一些重要的类

本小节将向读者介绍 Unity 脚本中一些重要的类，由于篇幅的限制，本小节只对这些类中比较常用的变量和方法进行简单的介绍说明，其他具体的信息读者可以参考官方脚本手册。

#### 1. MonoBehaviour 类

MonoBehaviour 类是每个脚本的基类，继承自 Behaviour 类。在 C#脚本中，必须直接或间接地继承 MonoBehaviour 类。MonoBehaviour 类中的一些方法可以重写，这些方法会被系统在固定的时间回调。下面将介绍常用的可重写的方法，如表 3-4 所示。

表 3-4 MonoBehaviour 类中常用的可重写的方法

| 方法 | 含义 |
|---|---|
| Update | 当脚本启用后，该方法在每一帧被调用 |
| FixedUpdate | 当脚本启用后，这个方法会在固定的物理时间步调调用一次 |
| LateUpdate | 当场景所有脚本中的 Update 方法执行完毕后，执行此方法 |
| Awake | 当脚本实例被载入时该方法被调用 |
| Start | 该方法仅在 Update 方法第一次被调用前调用 |
| OnCollisionEnter | 当刚体撞击碰撞体或碰撞体撞击刚体时该方法被调用 |
| OnEnable | 当对象变为可用或激活状态时该方法被调用 |
| OnDisable | 当对象变为不可用或非激活状态时该方法被调用 |
| OnDestroy | 当对象被销毁时该方法被调用 |
| OnGUI | 渲染和处理 GUI 事件时调用 |

MonoBehaviour 类中有许多可以被子类继承的成员变量，这些成员变量可以在脚本中直接使用。下面将介绍常用的可继承的成员变量，如表 3-5 所示。

表 3-5　　MonoBehaviour 类中常用的可继承的成员变量

| 成员变量 | 含义 |
| --- | --- |
| enabled | 启用行为被更新，禁用行为不更新 |
| transform | 附加到游戏物体的 Transform 组件（如无附加则为空） |
| rigidbody | 附加到游戏物体的 Rigidbody 组件（如无附加则为空） |
| camera | 附加到游戏物体的 Camera 组件（如无附加则为空） |
| light | 附加到游戏物体的 Light 组件（如无附加则为空） |
| animation | 附加到游戏物体的 Animation 组件（如无附加则为空） |
| constantForce | 附加到游戏物体的 ConstantForce 组件（如无附加则为空） |
| renderer | 附加到游戏物体的 Renderer 组件（如无附加则为空） |
| audio | 附加到游戏物体的 AudioSource 组件（如无附加则为空） |
| guiText | 附加到游戏物体的 GUIText 组件（如无附加则为空） |
| collider | 附加到游戏物体的 Collider 组件（如无附加则为空） |
| particleEmitter | 附加到游戏物体的 ParticleEmitter 组件（如无附加则为空） |
| gameObject | 组件附加的游戏物体。一个组件总是被附加到一个游戏物体 |
| tag | 游戏物体的标签 |

MonoBehaviour 类中有许多可以被子类继承的成员方法，这些成员方法可以直接在子类中使用。下面将介绍常用的可继承的成员方法，如表 3-6 所示。

表 3-6　　MonoBehaviour 类中常用的可继承的成员方法

| 成员方法 | 含义 |
| --- | --- |
| GetComponent | 返回游戏物体上指定名称的组件 |
| GetComponentInChildren | 返回第一个找到的游戏对象及其子对象上指定类型的组件 |
| GetComponents | 返回游戏物体上指定名称的全部组件 |
| SendMessage | 在游戏物体每一个脚本上调用指定名称的方法 |
| Instantiate | 实例化游戏对象 |
| Invoke | 在一定时间后调用某个方法 |
| Destroy | 删除一个游戏物体、组件或资源 |
| DestroyImmediate | 立即销毁物体 |
| FindObjectsOfType | 返回指定类型的所有激活的、加载的物体列表 |
| FindObjectOfType | 返回指定类型第一个激活的、加载的物体 |

### 2. Transform 类

场景中的每一个物体都有一个 Transform 组件，它是 Transform 类实例化的对象，用于储存并操控物体的位置、旋转和缩放。每一个 Transform 可以有一个父级，允许分层次应用位置、旋转和缩放。可以在 Hierarchy 面板中查看层次关系。Transform 类包含很多成员变量。下面将介绍常用的成员变量，如表 3-7 所示。

表 3-7　　Transform 类中常用的成员变量

| 成员变量 | 含义 |
| --- | --- |
| position | 在世界空间坐标中游戏对象的位置 |
| localPosition | 相对于父级的变换位置 |

续表

| 成员变量 | 含义 |
| --- | --- |
| eulerAngles | 物体旋转的欧拉角 |
| localEulerAngles | 相对于父级旋转的欧拉角 |
| right | 在世界空间坐标变换的红色轴，即 $X$ 轴 |
| up | 在世界空间坐标变换的绿色轴，即 $Y$ 轴 |
| forward | 在世界空间坐标变换的蓝色轴，即 $Z$ 轴 |
| rotation | 在世界空间坐标物体变换的旋转角度 |
| localRotation | 物体变换的旋转角度相对于父级的物体变换的旋转角度 |
| localScale | 相对于父级物体变换的缩放 |
| parent | 物体变换的父级 |
| worldToLocalMatrix | 从世界坐标转为自身坐标的矩阵变换（只读） |
| localToWorldMatrix | 从自身坐标转为世界坐标的矩阵变换（只读） |
| childCount | 变换的子物体数量 |
| lossyScale | 物体的全局缩放（只读） |

Transform 类中也包含很多的成员方法。下面将介绍常用的成员方法，如表 3-8 所示。

表 3-8　　Transform 类中常用的成员方法

| 成员方法 | 含义 |
| --- | --- |
| Translate | 移动游戏对象的方向和距离 |
| Rotate | 应用一个欧拉角的旋转角度 |
| RotateAround | 在世界坐标轴按照指定角度旋转物体 |
| LookAt | 旋转物体，指向目标的当前位置 |
| TransformDirection | 变换方向从自身坐标到世界坐标 |
| InverseTransformDirection | 变换方向从世界坐标到自身坐标 |
| TransformPoint | 变换位置从自身坐标到世界坐标 |
| InverseTransformPoint | 变换位置从世界坐标到自身坐标 |
| DetachChildren | 所有子物体解除父子关系 |
| IsChildOf | 这个变换是否是父级的子物体 |

### 3. Rigidbody 类

Rigidbody 组件可以模拟物体在物理效果下的状态，它就是 Rigidbody 类实例化的对象。它可以让物体接受力和扭矩，让物体相对真实地移动。如果一个物体想被重力所约束，其必须挂载 Rigidbody 组件。Rigidbody 类中包含很多的成员变量。下面介绍常用的成员变量，如表 3-9 所示。

表 3-9　　Rigidbody 类中常用的成员变量

| 成员变量 | 含义 |
| --- | --- |
| velocity | 刚体的速度向量 |
| angularVelocity | 刚体的角速度向量 |
| drag | 物体的阻力 |
| angularDrag | 物体的角阻力 |

续表

| 成员变量 | 含义 |
|---|---|
| mass | 刚体的质量 |
| useGravity | 控制重力是否影响整个刚体 |
| isKinematic | 控制物理学是够影响整个刚体 |
| freezeRotation | 控制物理学是否改变物体的旋转 |
| collisionDetectionMode | 刚体的碰撞检测模式 |
| centerOfMass | 相对于变换原点的重心 |
| worldCenterOfMass | 在世界坐标空间的刚体的重心（只读） |
| inertiaTensorRotation | 旋转惯性张量 |
| inertiaTensor | 相对于重心的质量的惯性张量对角线 |
| detectCollisions | 碰撞检测是否启用（默认总是启用的） |
| position | 刚体的位置 |
| rotation | 刚体的旋转角 |
| interpolation | 插值允许开发人员以固定的帧率平滑物理运行效果 |
| solverIterationCount | 允许覆盖每个刚体的求解迭代次数 |
| sleepVelocity | 线性速度，低于该值的物体将开始休眠 |
| sleepAngularVelocity | 角速度，低于该值的物体将开始休眠 |
| maxAngularVelocity | 刚体的最大角速度 |

Rigidbody 类中也包含很多的成员方法。下面将介绍常用的成员方法，如表 3-10 所示。

表 3-10　Rigidbody 类中常用的成员方法

| 成员方法 | 说明 |
|---|---|
| SetDensity | 基于附加的碰撞器假设一个固定的密度设置质量 |
| AddForce | 施加一个力到刚体 |
| AddRelativeForce | 施加一个力到刚体，相对于自身的系统坐标 |
| AddTorque | 施加一个力矩到刚体 |
| AddRelativeTorque | 施加一个力矩到刚体，相对于自身的系统坐标 |
| AddForceAtPosition | 在指定位置施加一个力 |
| AddExplosionForce | 施加一个力到刚体来模拟爆炸效果，爆炸力将随着到刚体的距离线性衰减 |
| ClosestPointOnBounds | 到附加的碰撞器包围盒上的最近点 |
| GetRelativePointVelocity | 相对于刚体在指定点的速度 |
| GetPointVelocity | 刚体在世界坐标空间中指定点的速度 |
| MovePosition | 移动刚体到指定位置 |
| MoveRotation | 旋转刚体到指定角度 |
| Sleep | 强制一个刚体休眠至少一帧 |
| IsSleeping | 判断刚体是否在休眠 |
| WakeUp | 强制唤醒在休眠状态中的刚体 |

#### 4. CharacterController 类

角色控制器是 CharacterController 类的实例化对象，用于第三人称或第一人称游戏角色控制。它可以根据碰撞检测判断是否能够移动，且不必添加刚体和碰撞器。另外，角色控制器不会受到力的影响。CharacterController 类包含很多的成员变量。下面将介绍常用的成员变量，如表 3-11 所示。

表 3-11　CharacterController 类中常用的成员变量

| 成员变量 | 含义 |
| --- | --- |
| isGrounded | 角色控制器是否触碰地面 |
| velocity | 角色控制器当前的相对速度 |
| collisionFlags | 在最近一次调用角色控制器移动方法时，角色控制器的哪个部分与周围环境相碰撞 |
| radius | 角色控制器的半径 |
| height | 角色控制器的高度 |
| center | 角色控制器的中心位置 |
| slopeLimit | 角色控制器的坡度度数限制 |
| stepOffset | 角色控制器的台阶偏移量（台阶高度） |
| detectCollisions | 其他的刚体和角色控制器是否能够与本角色控制器相碰撞 |

CharacterController 类中也包含很多的成员方法。下面将介绍常用的成员方法，如表 3-12 所示。

表 3-12　CharacterController 类中常用的成员方法

| 成员方法 | 含义 |
| --- | --- |
| SimpleMove | 以一定的速度移动角色 |
| Move | 一个更加复杂的移动函数，每次都是绝对移动 |

### 3.3.10　特定文件夹

在 Unity 项目的开发过程中，可以选择创建任意符合规范名称的文件夹来组成整个项目的目录结构。同时，Unity 定义了一系列特定名称的文件夹用于处理指定的任务，如必须将与编辑器相关的脚本放置在 Editor 文件夹内才能正常工作。下面逐个介绍主要特定文件夹的具体功能。

#### 1. Assets

Assets 文件夹包含了 Unity 项目中使用到的所有资源文件。新建 Unity 项目后，会自动创建该文件夹。在 Project 面板中，Assets 作为根文件夹使用。并且，不需要明确地指明，所有的 API 方法默认全部的资源文件都位于 Assets 文件夹内。

#### 2. Editor

放置到 Editor 文件夹内的脚本被看为编辑器脚本，而不是运行时脚本。换句话说，也就是该文件夹内的脚本仅仅开发时在编辑器内运行，而不会被包含进 build 后的项目中。只有在此文件夹内的脚本能够访问 Unity Editor 的 API，从而对编辑器进行扩展。

注意　在项目中可以包含多个 Editor 文件夹。在普通文件夹下，Editor 文件夹可以处于目录的任何层级，但是在特定文件夹下，Editor 文件夹必须是其直接子文件夹。

#### 3. Resources

Resources 文件夹允许在脚本中通过文件的名称来访问对应的资源。使用 Resource.Load 方法进行动态加载，放在这一文件夹的资源永远被包含进 build 中，即使没有被使用。一旦打包生成项目，Resources 文件夹内的所有资源均被打包进存放资源的 archive 中。

> **提示**　当资源作为脚本变量访问时，这些资源在脚本被实例化之后就被加载进内存。若资源过大，可以将这些大资源放进该文件夹内进行动态加载；当不再使用这些资源时，调用 Resources.UnloadUnusedAssets 释放内存。

#### 4. Plugins

Plugins 文件夹用于存放 native 插件，这些插件会被自动包含进 build 中。在 Windows 平台下，native 插件是 dll 文件；在 Mac OS X 平台下，native 插件是 bundle 文件；在 Linux 平台下，native 插件是 so 文件。

> **注意**　Plugins 文件夹必须是 Assets 文件夹的直接子目录。

#### 5. Gizmos

Unity 可以使用 Gizmos 类在 Scene 面板中绘制图像来显示设计细节，其中 Gizmos.DrawIcon 函数可以在场景窗口中绘制一个图标以标记特殊的对象和位置，而该函数所使用的图像文件位于 Gizmos 文件夹中。

#### 6. StreamingAssets

当需要使用某种保留原格式的资源而不是被 Unity 进行特殊处理后的格式时，可将该资源放置在 StreamingAssets 文件夹中。该文件夹中资源将在游戏安装时原样复制到目标设备相应的文件夹下，无论任何平台都可以通过 Application.streamingAssetsPath 进行访问。

#### 7. StandardAssets

StandardAssets 文件夹中的脚本最先被编译，这些脚本会根据语言被导出到 Assembly-Csharp-firstpass 或 Assembly-UnityScript-firstpass 项目中。将脚本放到此文件夹内，就可以用 C# 脚本来访问 js 脚本或其他语言的脚本。

#### 8. 隐藏文件夹

以“.”‘”’ 开头、以“～”结尾、以“cvs”命名或以“.tmp”为扩展名的文件夹均为隐藏文件夹，隐藏文件夹中的资源不会被导入，脚本也不会被编译，Unity 将会完全忽略此文件夹的存在。

### 3.3.11　脚本编译

作为一名 Unity 开发人员，熟悉 Unity 脚本的编译步骤是很有必要的，这样可以更加高效地编写自己的代码，如果代码出现了问题，还能有效地改正错误。由于脚本的编译顺序会涉及特定文件夹，因此脚本的放置位置就非常重要了。

根据官方的解释，脚本的具体编译需要以下 4 步。

（1）编译在 StandardAssets、Pro StandardAssets、Plugins 文件夹中的所有脚本。在这些文件夹之内的脚本不能直接访问这些文件夹以外的脚本，不能直接引用类或它的变量，但是可以使用 GameObject.SendMessage 与它们通信。

（2）编译在 StandardAssets/Editor、Pro StandardAssets/Editor、Plugins/Editor 文件夹中的所有脚本。如果想要使用 UnityEditor 命名空间，必须将脚本放置到这些文件夹中。

（3）编译在 Assets/Editor 外面的并且不在步骤（1）和（2）中的所有脚本文件。

（4）编译在 Assets/Editor 中的所有脚本。

### 3.3.12　与销毁相关的方法

在游戏的开发过程中，经常会遇到对象、组件、资源等在使用完毕后就失去了作用的情况，如果放任其不管，轻则影响项目运行效率，重则可能影响到项目的正常运行。因此，必须有一类方法来管理、删除这些没有用的资源。本节将要介绍 Unity 中的各类销毁方法。

Unity 中有很多 Destroy 方法，不同功能的 Destroy 方法用于销毁不同类型的资源，下面将介绍常用的各个类型的 Destroy 方法的区别及使用。首先展示表 3-13 中罗列的 Destroy 方法。

表 3-13　　不同功能的 Destroy 方法

| 函数 | 功能 | 函数 | 功能 |
| --- | --- | --- | --- |
| Object.Destroy | 删除游戏对象、组件或资源 | MonoBehaviour.OnDestroy | 脚本被销毁时调用 |
| NetWork.Destroy | 销毁网络对象 | — | — |

下面将对表中的各个方法进行详细的介绍。

### 1. Object.Destroy 方法

Object.Destroy 方法可以将对象立即销毁，也可以设置时间后销毁。如果删除的对象是一个组件，则该组件会被移除。下面将通过一个具体的代码片段来说明 Object.Destroy 的使用方式。具体代码如下。

```
1  void Start () {
2    Destroy(ball.GetComponent<Rigidbody>());
3    Destroy(ball,5);
4  }
```

**说明**　在这个代码片段中，ball 是场景中的一个挂有 Rigidbody 组件的游戏对象。在 Start 方法中，首先删除 ball 上挂载的刚体组件，然后在 5s 后删除 ball 游戏对象。

### 2. NetWork.Destroy 方法

NetWork.Destroy 方法可以销毁网络对象，该方法包含两种重载方式。方法签名如下。

```
public static void Destroy(NetworkViewID viewID)
public static void Destroy(GameObject gameObject)
```

当使用第一种重载方式时，需要给出网络对象的 viewID，然后系统会删除所有和该 viewID 相关的物体。需要注意的是，本地的和远端的物体都会被销毁。使用方法见如下代码。

```
1  using UnityEngine;
2  using System.Collections;
3  public class example : MonoBehaviour {
4    //通过网络销毁拥有该脚本的物体，必须具备 NetworkView 属性
5    public float timer = 0;                            //计时器
6    void Awake() {
7      timer = Time.time;                               //记录开始时间
8    }
9    void Update() {
10     if (Time.time - timer > 2)                       //2s 后
11       Network.Destroy(GetComponent<NetworkView>().viewID);    //删除具有 NetworkView 的物体
12 }}
```

NetWork.Destroy 方法还可以使用第二种重载方式来销毁网络上的游戏对象。下面将用一段 C#代码片段来说明，具体代码如下。

```
1  using UnityEngine;
2  using System.Collections;
3  public class example : MonoBehaviour {
4    public float timer = 0;                          //声明计时器
5    void Awake() {
6      timer = Time.time;                             //记录开始时间
7    }
8    void Update() {
9      if (Time.time - timer > 2)                     //2s 后
10       Network.Destroy(gameObject);                 //删除 gameObject
11 }}
```

**说明**　这段代码的主要功能是脚本唤醒后 2s 删除游戏对象 gameObject，其中 Time.time 代表游戏开始后的真实时间。

### 3. MonoBehaviour.OnDestroy 方法

MonoBehaviour.OnDestroy 方法是 MonoBehaviour 中的销毁回调方法。类似于脚本中常见的 Update、Start 方法，该方法也由系统自动回调。该方法的回调条件是当该脚本被移除时系统回调，如以下代码所示。

```
1   using UnityEngine;
2   using System.Collections;
3   public class DestroyTest : MonoBehaviour {
4   void Start () {
5     Destroy(this.GetComponent<DestroyTest>(), 5);        //移除该脚本
6   }
7   void OnDestroy(){
8     Debug.Log("this script has been destroy");          //移除该脚本时回调
9   }}
```

**说明**　将该脚本挂载到摄像机上后运行场景，这段代码首先在第 5 行指定了 5s 后将从摄像机上删除这个脚本，5s 后删除脚本时就会看到第 8 行的输出，这是因为 OnDestroy 方法在移除该脚本时被自动回调了。

## 3.3.13　性能优化

Unity 本身已经针对各个平台在功能上进行了大量的优化，从而保证了程序的顺利运行。在使用 Unity 开发软件的过程中，培养良好的开发习惯，积累编程技巧，对开发人员至关重要。良好的开发习惯不仅能帮助开发人员编写健康的程序，还能达到事半功倍的效果。下面将介绍一些针对 Unity 开发的优化措施。

### 1. 缓存组件查询

当通过 GetComponent 获取一个组件时，Unity 必须从游戏物体里查找目标组件。如果是在 Update 方法中进行查找，就会影响运行速度。可以设置一个私有变量去储存该组件，这样 Unity 就无须在每一帧中去查询组件。实现方法可以参考如下代码。

```
1   public class NewBehaviourScript : MonoBehaviour {
2     private Transform m_transform;                    //声明静态变量
3     void Start () {
4       m_transform = this.transform;
5     }
6     void Update () {
7       m_transform.Translate(new Vector3(0,0,1));      //沿 z 轴每帧移动 1m
8   }}
```

### 2. 使用内建数组

虽然 ArrayList 和 Array 使用起来容易、方便，但是与内建数组相比，两者的速度还是有很大的差异。内建数组直接嵌入 struct 数据类型并存入第一缓冲区里，该数组不需要其他类型信息或者其他资源，因此用作缓存遍历更加快捷。实现方法可以参考如下代码。

```
1   private Vector3[] positions;                          //声明静态向量
2   void Start() {
3     positions = new Vector3[100];                       //创建向量数组
4     for (int i = 0; i < positions.Length; i++) {        //遍历数组
5      positions[i] = Vector3.zero;                       //为每个向量赋值
6   }}
```

### 3. 尽量少调用函数

最简单且最有效的优化就是做最少的工作。Unity 中 Update 函数的每一帧都在运行，所以减少 Update 函数中的工作量可以大幅度提高运行效率。读者通过协调程序或者加入标志位就能减少 Update 函数的工作量。

> **注意** 在实际开发中，一般把标志位检查放在函数外面，这样就无须每一帧都检查标志位，从而减少了设备性能的消耗。

## 3.4 综合示例

前面的章节对 Unity 的基本语法进行了系统化的介绍，如果读者还是不太了解，这里将用一个简单的控制飞机飞行的示例来进行说明。该示例初衷就是运用基本的方法完成对飞机运动状态的控制及摄像机对目标物体的跟随。

本示例基本上包含了 Start 方法和 Update 方法的使用、向量的应用、标签功能的应用、Android 设备各个键的监听、整体场景的搭建及灯光的控制等，正是这些应用的相互配合，才能使项目得以顺利运行。最终的运行效果如图 3-1 和图 3-2 所示。

▲图 3-1　最终运行效果▲图 1

▲图 3-2　最终运行效果▲图 2

### 3.4.1　示例策划及准备工作

制作该示例的目的很简单，即读者通过本章所介绍的基本知识，可以控制飞机的飞行状态（主要包含飞机的前进、转向等功能）。在项目开发前，首先要对项目开发所需要使用的资源进行收集和归类，需要的主要资源如表 3-14 和表 3-15 所示。

表 3-14　图片资源列表

| 图片 | 大小（KB） | 像素 | 用途 |
| --- | --- | --- | --- |
| plane_texture.jpg | 1024 | 2048×2048 | 飞机机身贴图 |
| plane_glass.jpg | 7.59 | 64×64 | 飞机挡风玻璃贴图 |

表 3-15　模型资源列表

| 图片 | 大小（KB） | 格式 | 用途 |
| --- | --- | --- | --- |
| airplane.FBX | 146 | FBX | 2D 物理属性 |

### 3.4.2　创建项目及场景搭建

上一小节介绍了项目开发前的策划及准备工作，本节将介绍项目的创建及游戏场景搭建的具体过程，主要包括新建 Unity 项目、已经准备好的地形资源包的导入、飞机模型包的导入、光源的设置等操作，具体操作步骤如下。

（1）双击桌面上的 Unity 快捷方式，进入 Unity 集成开发环境。此时 Unity 会自动创建一个场景，里面包含一个 Main Camera（主摄像机）与 Directional Light（平行光光源）。

（2）导入飞机模型包，选择 Assets→Import Package→Custom Package，弹出 Import package 对话框，如图 3-3 所示。在该对话框内浏览所要导入的包并选中，单击“打开”按钮，弹出 Import Unity Package 对话框，如图 3-4 所示。选中所需要导入的资源文件，单击 Import 按钮，开始导入资源。地形资源包的导入方法与飞机模型包的导入步骤相同，由于篇幅所限，因此不再赘述。

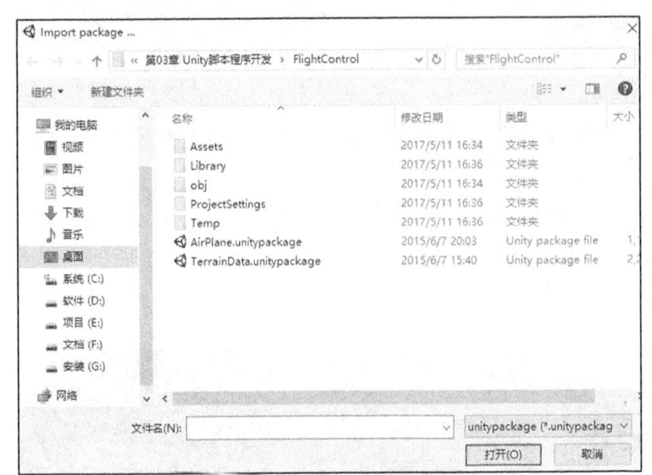


▲图 3-3　Import package 对话框

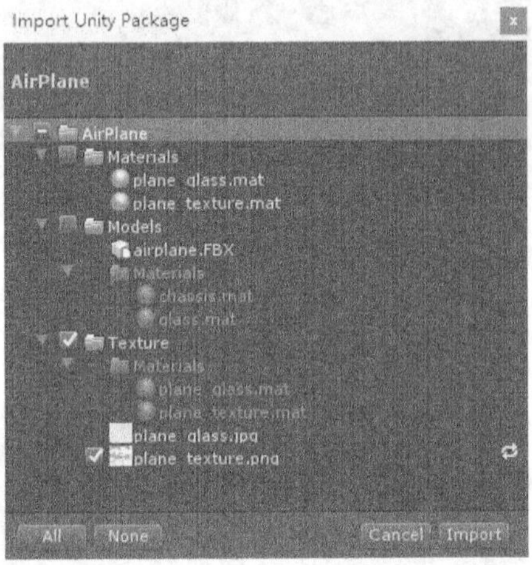

▲图 3-4　Import Unity Package 对话框

> **注意**　该项目中所使用的资源包已经放入该项目文件夹中，读者可在随书资源中复制、导入到自己的项目中。飞机和地形资源包见随书资源中第 3 章目录下的 FlightControl 文件夹内。

（3）完成资源的导入后，在 Project 面板中选中飞机模型 airplane.FBX，如图 3-5 所示，将其拖曳到场景中，如图 3-6 所示。

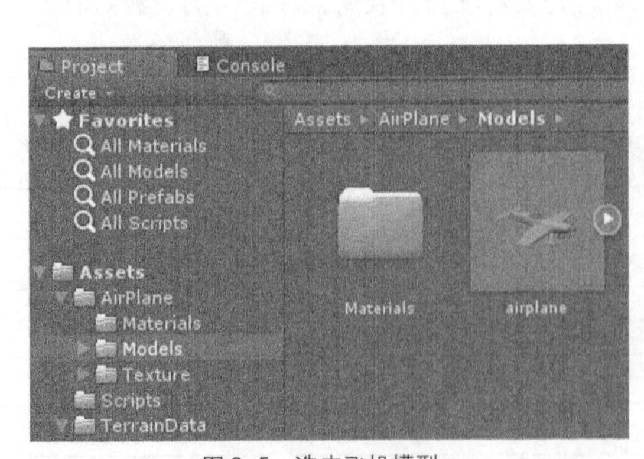


▲图 3-5　选中飞机模型

▲图 3-6　场景中的飞机模型

（4）在 Project 面板中分别选中纹理贴图 plane_texture.jpg 和 plane_glass.jpg，如图 3-7 所示。选中纹理贴图并将其拖曳到飞机模型身上即可为模型添加纹理，最终效果如图 3-8 所示。

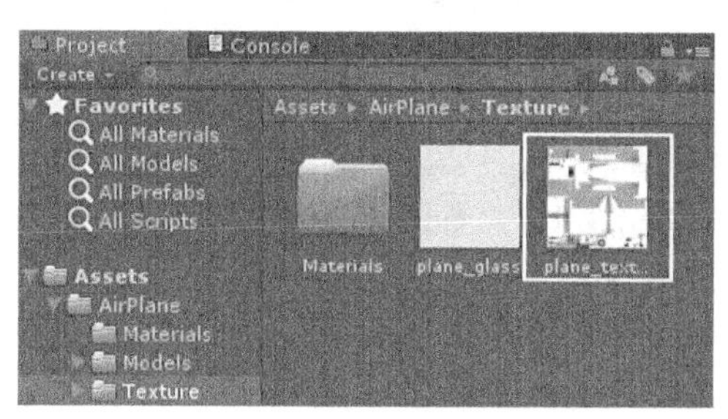


▲图 3-7 选中纹理贴图

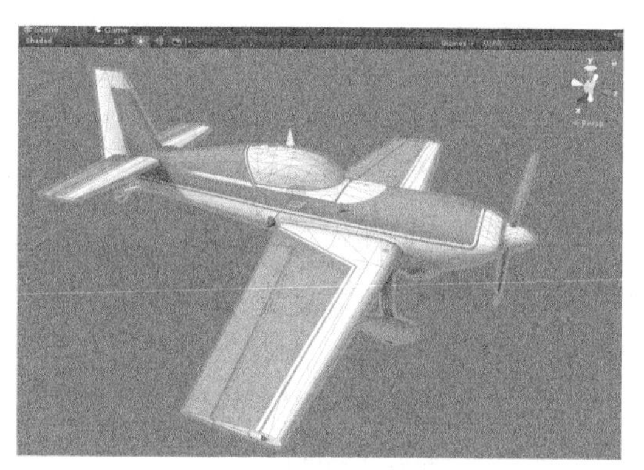

▲图 3-8 带贴图的飞机模型

（5）为飞机模型添加刚体组件，选中模型，在 Inspector 面板中单击 Add Component 按钮，如图 3-9 所示，依次单击 Physics→Rigidbody 按钮添加刚体。添加完成后，设置刚体组件参数，如图 3-10 所示，取消选中 Use Gravity 复选框，使物体不受重力的影响。

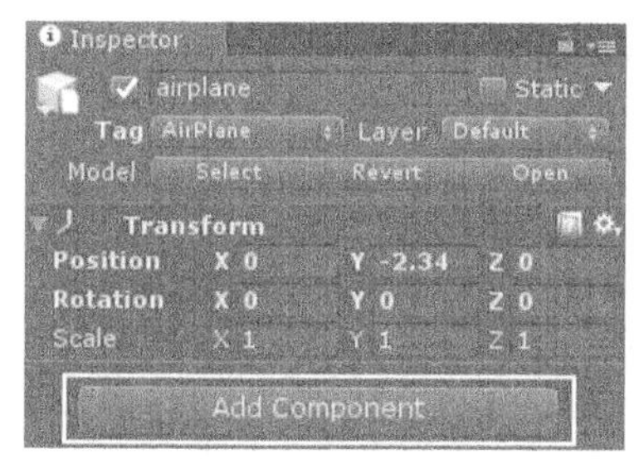


▲图 3-9 单击 Add Component 按钮

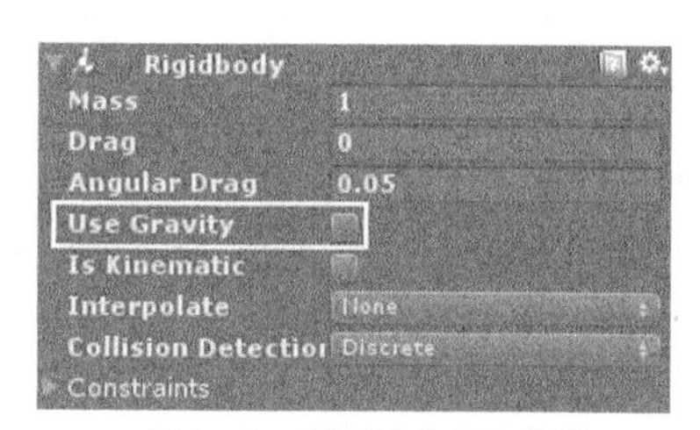


▲图 3-10 设置刚体组件参数

（6）在 Project 面板中选中地形文件 TerrainData→Prefabs 目录下的 SceneTerrain-Town-Scene 预制件，如图 3-11 所示，将其拖曳到场景中，并调整位置，如图 3-12 所示。

▲图 3-11 选中地形模型

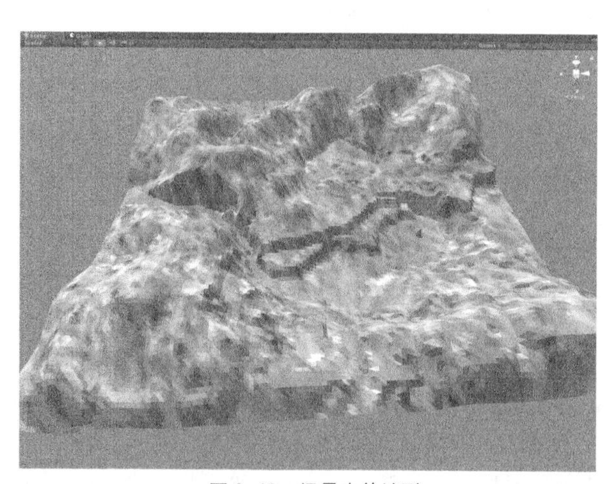

▲图 3-12 场景中的地形

**注意** 本示例所使用的地形和预制件的知识将在后面章节进行具体介绍，这里读者只需要按照步骤将地形模型拖入场景即可。

### 3.4.3　飞机控制脚本实现

3.4.2 节介绍了项目的创建及游戏场景搭建的具体过程，本小节将详细介绍控制飞机飞行的脚本。为了便于初学者能够清楚理解脚本的内容，这里将按照脚本的编写顺序，分步介绍每一个功能的开发过程。

（1）创建一个名为 AirControl.cs 的脚本，步骤为选择 Assets→Create→C# Script，将此脚本挂载到飞机模型上。双击脚本文件，打开编辑器，开始编写脚本。下面介绍脚本中声明的全局变量，具体代码如下。

代码位置：随书资源中源代码\第 3 章目录下的 FlightControl\Assets\Scripts\AirControl.cs

```
1   using UnityEngine;
2   using System.Collections;
3   public class AirControl : MonoBehaviour {
4     private Transform m_transform;                        //保存 Transform 实例
5     public float speed = 600f;                            //飞机的飞行速度
6     private float rotationz = 0.0f;                       //绕 Z 轴的旋转量
7     public float rotateSpeed_AxisZ = 45f;                 //绕 Z 轴的旋转速度
8     public float rotateSpeed_AxisY = 20f;                 //绕 Y 轴的旋转速度
9     private Vector2 touchPosition;                        //触摸点坐标
10    private float screenWeight;                           //屏幕宽度
11     void Start () {/*此处省略的代码将在下文讲解*/}
12    void Update () {/*此处省略的代码将在下文讲解*/}
13  }
```

- 第 1～2 行导入系统包。
- 第 3 行为 Mono，继承自 MonoBehaviour 类，只有继承自 MonoBehaviour 的类才可以作为 Unity 脚本组件被使用。
- 第 4 行声明了一个 Transform 实例，用于调用存放 Transform 的组件。
- 第 5 行为飞机飞行的速度，该变量为 public 型，可在 Unity 中直接更改它的值。
- 第 6 行为飞机绕 *Z* 轴的旋转量，用于保存飞机的实时姿态。
- 第 7～8 行为飞机绕 *Z* 轴的旋转速度和绕 *Y* 轴的旋转速度。
- 第 9 行为手指触摸到移动设备屏幕上的坐标。
- 第 10 行为移动设备屏幕的宽度。

（2）重写 Start 函数。Start 函数是在第一次调用 Update 或 FixedUpdate 函数之前被调用的，它一般包括在脚本开启后先执行且执行一次的代码，如一些初始化操作，具体代码如下。

代码位置：随书资源中源代码\第 3 章目录下的 FlightControl\Assets\Scripts\AirControl.cs

```
1   void Start() {
2     m_transform = this.transform;                                          //获取 transform
3     this.gameObject.GetComponent<Rigidbody>().useGravity = false;     //关闭重力影响
4     screenWeight = Screen.width;                                           //获取屏幕宽度
5   }
```

- 第 2 行用于保存 this.transform 的应用，避免后面在 Update 方法中多次调用游戏对象的 Transform 组件，这样写可以减少外部代码的调用，提高运行效率。
- 第 3 行用于关闭重力对游戏对象的影响。使用 GetComponent 方法获取游戏对象的 Rigidbody 组件后，将其 useGravity 变量赋值为 false。
- 第 4 行用于获取设备屏幕的度。

（3）让飞机动起来。首先是飞机可以向前飞行及飞机的螺旋桨可以转动，此时需要重写 Update 方法，具体代码如下。

代码位置：随书资源中源代码\第 3 章目录下的 FlightControl\Assets\Scripts\AirControl.cs

```
1   void Update () {
2     m_transform.Translate(new Vector3(0, 0, speed * Time.deltaTime));    //向前移动
3     //寻找到名称为"propeller"的对象并使其绕 Y 轴旋转
4     GameObject.Find("propeller").transform.Rotate(new Vector3(0, 1000f * Time.deltaTime, 0));
5   }
```

❑ 第 2 行使飞机朝 Z 轴方向移动，Vector3 是一个三维向量，用于在 Unity 传递 3D 位置或方向，3 个参数分别代表 X、Y、Z 轴上的分量。Time.deltaTime 为相对于上一帧的时间变化量，每帧中需要修改的数值可以与其相乘以将数值变化与时间变化挂钩。

❑ 第 4 行查找螺旋桨 propeller 对象，并使其旋转。通过 Find 方法，查找飞机身上名为 propeller 的游戏对象，propeller 对象的位置如图 3-13 所示。通过 Rotate 方法使其旋转，这里仍然用到了 Vector3，因为螺旋桨是围绕 Y 轴旋转，所以第二个参数有值，为旋转的速度。

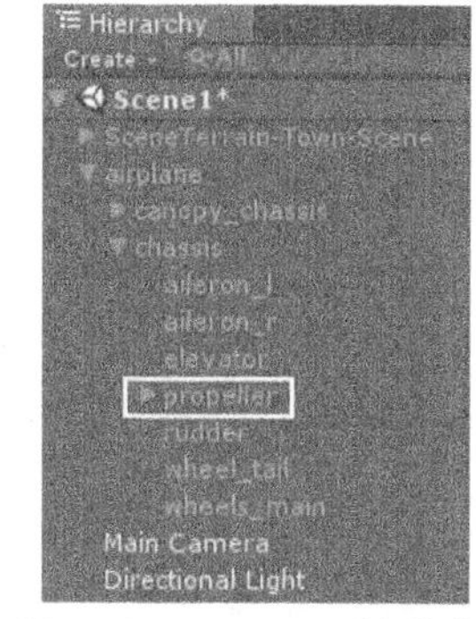

▲图 3-13　propeller 对象的位置

（4）控制飞机左右转向的代码。控制飞机转向是通过触摸屏幕来实现的，当玩家触摸屏幕的左半侧时，飞机左转；触摸屏幕的右半侧时，飞机右转；当没有触摸事件发生时，飞机为平衡状态。其具体代码如下。

代码位置：随书资源中源代码\第 3 章目录下的 FlightControl\Assets\Scripts\AirControl.cs

```
1   void Update () {
2      //...此处省略了飞机向前飞行的功能代码，详见上文
3     rotationz = this.transform.eulerAngles.z;              //获取飞机对象绕 Z 轴的旋转量
4     if (Input.touchCount > 0) {                            //当触摸的数量大于 0
5       for (int i = 0; i < Input.touchCount; i++) {
6         Touch touch = Input.touches[i];                    //实例化当前触摸点
7           // 手指在屏幕上没有移动或发生滑动时触发的事件
8         if (touch.phase == TouchPhase.Stationary || touch.phase == TouchPhase.Moved) {
9           // 获取当前触摸点坐标
10          touchPosition = touch.position;
11          // 触摸点在屏幕左半侧
12          if (touchPosition.x < screenWeight / 2) {
13          // 飞机左转
14            m_transform.Rotate(new Vector3(0, -Time.deltaTime * 30, 0), Space.World);
15          }
16          // 触摸点在屏幕右半侧
17          else if (touchPosition.x >= screenWeight / 2) {
18          // 飞机右转
19            m_transform.Rotate(new Vector3(0, Time.deltaTime * 30, 0), Space.World);
20         }}
21          // 手指离开屏幕时触发的事件
22          else if (touch.phase == TouchPhase.Ended) {
23            BackToBlance();                               //调用恢复平衡状态方法
24     }}}
25     if (Input.touchCount == 0) {                         //当没有手指触摸屏幕时
26       BackToBlance();                                    //调用恢复平衡状态方法
27     }}
```

❑ 第 3～5 行获取飞机对象绕 Z 轴的旋转量，同时判断当前是否发生触摸事件。

❑ 第 6 行实例化当前触摸点，用于判断触摸事件的类型和获取触摸点坐标。

❑ 第 7～8 行判断触摸事件，通过 phase 的值来判断。当其等于 TouchPhase.Stationary 时，代表手指在屏幕上但没有移动；当其等于 TouchPhase. Moved 时，手指在屏幕上发生了滑动。

❑ 第 9～15 行判断飞机左转。如果触摸点在屏幕左半侧，就以一定的速度发生旋转。因为是左转，所以旋转的速度取负值。

❑ 第 16～20 行判断飞机右转，与左转类似，故不再赘述。

❑ 第 21～24 行判断手指离开屏幕时触发的事件，所调用的 BackToBlance 方法将在后面进

行详细介绍。

- 第 25～27 行判断没有手指触摸屏幕时触发的恢复平衡事件，调用的还是 BackToBlance 方法。

（5）为了使飞机的转向更加真实，需要在飞机转向时让飞机的机身倾斜。例如，飞机左转时，机身应该同时向左稍微倾斜，所以需要改进上面的代码，将上面的第 12～15 行代码改为如下代码。

代码位置：随书资源中源代码\第 3 章目录下的 FlightControl\Assets\Scripts\AirControl.cs

```
1  if (touchPosition.x < screenWeight / 2) {                    //触摸点在屏幕左半侧
2    if ((rotationz <= 45 || rotationz >= 315)) {          //若飞机没有超过设定的阈值
3      //飞机向左倾斜
4      m_transform.Rotate(new Vector3(0, 0, (Time.deltaTime * rotateSpeed_AxisZ)),
       Space.Self);
5    }
6    //飞机左转
7    m_transform.Rotate(new Vector3(0, -Time.deltaTime * 30, 0), Space.World);
8  }
```

- 第 2 行判断飞机发生倾斜的阈值。
- 第 3～4 行使飞机向左倾斜，同样是使用了 Rotate 方法，此时是通过使飞机绕自身的 Z 轴旋转来实现倾斜的效果。因为是要绕自身坐标旋转，所以要使用 Space.Self 参数。

**注意**　向右倾斜功能的代码与向左倾斜类似，由于篇幅所限，因此省略，读者可参照随书源代码。

（6）下面介绍 BackToBlance 方法，该方法用于在没有发生转向时使飞机恢复到平衡状态，具体代码如下。

代码位置：随书资源中源代码\第 3 章目录下的 FlightControl\Assets\Scripts\AirControl.cs

```
1  void BackToBlance() {                               //恢复平衡方法
2    if ((rotationz <= 180)) {                         //判断如果飞机为右倾状态
3      if (rotationz - 0 <= 2) {                       //在阈值内轻微晃动
4        m_transform.Rotate(0, 0, Time.deltaTime * -1);
5      }else {                                         //快速恢复平衡状态
6        m_transform.Rotate(0, 0, Time.deltaTime * -40);
7    }}
8    if ((rotationz > 180)) {                          //判断如果飞机为左倾状态
9      if (360 - rotationz <= 2) {                     //在阈值内轻微晃动
10       m_transform.Rotate(0, 0, Time.deltaTime * 1);
11     }else {                                         //快速恢复平衡状态
12       m_transform.Rotate(0, 0, Time.deltaTime * 40);
13 }}}
```

- 第 2～7 行使飞机从右倾状态恢复到平衡状态。当 rotationz≤180 时，可判断飞机为右倾状态，这时以 Time.deltaTime×(−40)的速度恢复平衡；当 rotationz 接近 0 值时，飞机会发生明显的晃动，所以需要设定一个阈值，当 rotationz 小于此阈值时，恢复速度减小为 Time.deltaTime×(−1)。
- 第 8～12 行使飞机从左倾状态恢复到平衡状态，具体实现与上述类似，故不再赘述。

（7）在 Update 方法中为 Android 设备的按键添加控制方法。当按 Home 键或者返回键时，退出游戏，具体代码如下。

代码位置：随书资源中源代码\第 3 章目录下的 FlightControl\Assets\Scripts\AirControl.cs

```
1  //判断当前运行平台为 Android 平台
2  if (Application.platform == RuntimePlatform.Android) {   //判断运行平台是否为 Android 平台
3    if (Input.GetKeyDown(KeyCode.Home)) {                  //判断当前的输入是否为 Home 键
4      Application.Quit();                                  //退出程序
5  }
6  if (Input.GetKeyDown(KeyCode.Escape)) {                  //判断当前的输入是否为 Escape 键
7    Application.Quit();                                    //退出程序
8  }}
```

- 第 2 行判断当前运行的平台是否为 Android 平台
- 第 3～4 行添加对设备 Home 键的控制，按 Home 键，程序退出。如果没有添加 Home 键控制，当按 Home 键后，设备将返回主界面，程序切换到后台运行。

- 第 6～7 行添加对设备 Escape 键的控制，按 Escape 键，程序退出。

提示　编写完飞机控制的 AirPlane 脚本后，需要将该脚本挂载在 airplane 游戏对象上，这样才能实现对飞机的控制。

### 3.4.4 摄像机跟随脚本实现

3.4.3 节介绍了飞机控制脚本的编写步骤，本小节将介绍摄像机跟随脚本的代码，此脚本能够使主摄像机在场景中实时地跟随着飞机游戏对象，保证飞机一直出现在屏幕上。在飞机对象发生转向时，摄像机能够平滑地转向。该脚本挂载在 Main Camera（主摄像机）上。

该脚本是 Unity 标准资源包中的自带脚本，为了介绍 Tag（标签）的相关知识，笔者对该脚本进行了简单的修改，下面只对修改的部分进行介绍。其他代码与本章所要介绍的内容无关，但笔者也添加了注释，有兴趣的读者可自行学习。

（1）创建新的标签。选择 Edit→Project Settings→Tags and Layers，在 Inspector 面板中单击添加按钮，如图 3-14 所示。将新标签命名为 AirPlane，修改之后即可在 Inspector 面板中将 airplane 对象的 Tag 修改为 AirPlane，如图 3-15 和图 3-16 所示。

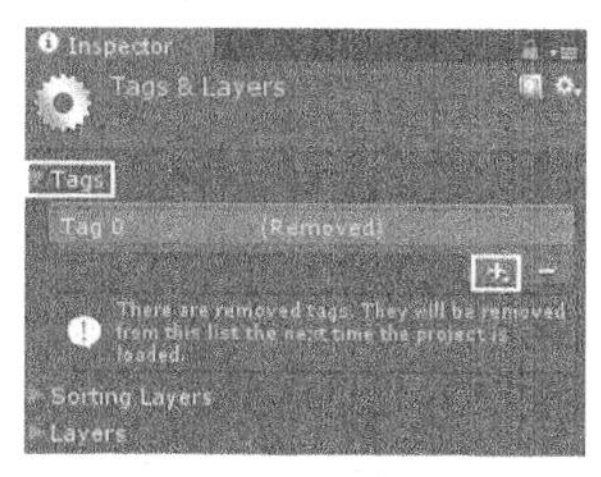

▲图 3-14　添加标签

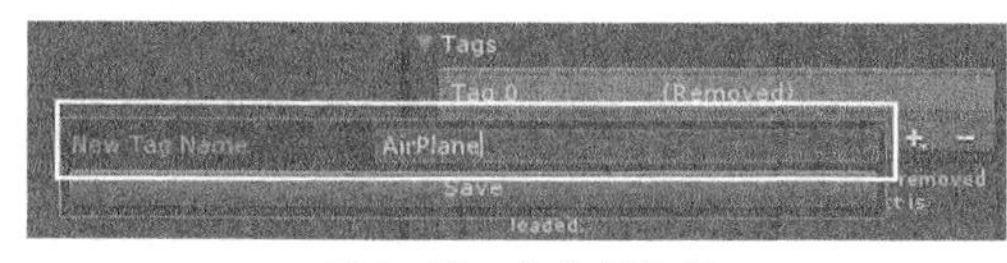

▲图 3-15　命名新标签

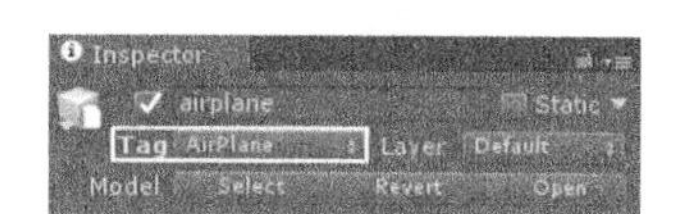

▲图 3-16　更改飞机对象的标签

（2）下面介绍如何根据游戏对象的标签属性在场景中查找游戏对象。在该脚本中，笔者在重写的 Start 方法中实现了此功能，具体代码如下。

代码位置：随书资源中源代码\第 3 章目录下的 FlightControl\Assets\Scripts\SmoothFollow.cs

```
1   void Start(){
2       //寻找标签为 AirPlane 的游戏对象并将其设置为要跟随的目标对象
3     target = GameObject.FindWithTag("AirPlane");
4   }
```

- 第 1 行重写 Start 方法。因为查找游戏对象的操作只需要在脚本开始时执行一次，所以写在 Start 方法中即可。
- 第 3 行查找游戏对象。通过 FindWithTag 方法查找场景中标签为 AirPlane 的游戏对象，将其赋值给已经声明的变量 target。

## 3.5 本章小结

本章简要介绍了 Unity 中控制游戏对象运动的相关脚本，讲解了 Unity 中 C#脚本的基本应用。通过本章的学习，读者应该对 Unity 的脚本有一定的了解，能初步写一些脚本，为以后模拟复杂的、真实的物体控制打下坚实的基础。

本章最后通过一个简单的示例，对前面讲解的一些基础知识进行了实践。通过示例的编写与开发，读者能够顺利地掌握并使用这些基本语法，以便于后续的开发。

# 第 4 章　Unity 图形用户界面基础

在使用 Unity 游戏开发引擎进行游戏开发的过程中，经常需要搭建一些图形用户界面，这需要很多功能控件。同时，在进行人机交互界面的开发过程中，经常需要获取用户的输入情况，包括触控屏幕的相关参数、按键的情况等。

本章将要介绍包含 Unity 的旧 UI 系统及 Unity 在 4.6 版本新增加的 UI 系统 UGUI。新系统对原本的 UI 控件进行了升级，使其在外观和使用方面更加适合游戏的制作，并且该系统为官方支持，所以对它的学习变得尤为重要。本章将对 Unity 3D 中的界面系统进行详细介绍。

## 4.1 GUI 系统

在开发过程中，我们经常会用到 GUI（Graphical User Interface，图形用户界面）组件。一个项目一般包含按钮、文本框、图片的插入及滑块等控件的应用，通过合理地设计及应用可以搭建出优美的 GUI。一般的游戏设置界面和帮助界面都是通过对 GUI 组件中的各个控件的合理使用而搭建成的。

首先要声明，GUI 组件的绘制位置是通过坐标定位的。读者在开发的过程中要注意，这里以屏幕左上角为坐标位置（0,0），屏幕右下角为坐标位置（Screen.Width,Screen.Height），并且是以像素为坐标单位进行开发的。

### 4.1.1 GUI 组件的变量

Unity 提供了丰富的 GUI 组件变量，通过这些变量，用户可以在整体上对 GUI 组件做出相应的设置，从而实现特定的开发需求。下面对 GUI 的部分组件的常用变量进行详细介绍，如表 4-1 所示。

表 4-1　GUI 组件的常用变量

| 变量 | 含义 | 变量 | 含义 |
|---|---|---|---|
| skin | 使用的皮肤风格 | backgroundColor | GUI 组件的背景颜色 |
| color | GUI 组件的颜色 | contentColor | 对 GUI 组件中的文本进行着色 |
| tooltip | 提示框 | enabled | 控制 GUI 组件的启用状态 |
| changed | 检测输入数据是否发生改变，如改变则返回 true | depth | 按深度排序执行当前 GUI 组件的行为 |
| | | — | — |

#### 1. skin 变量

skin 变量是对所使用的皮肤风格的设置。在使用该变量时，应当先新建一个 GUI Skin 资源，或者从网络上下载喜欢的皮肤资源，创建步骤为：在 Project 面板中右击，从弹出的快捷菜单中选择 Create→GUI Skin，单击新建的 New GUISkin，在 Inspector 面板中就会罗列出各个控件选项，在这里就可以对各个控件进行设置。具体代码如下。

代码位置：随书资源中源代码\第 4 章目录下的 GUI\Assert\C#\Skin.cs

```
1   using UnityEngine;
2   using System.Collections;
3   public class Skin : MonoBehaviour {
4     public GUISkin[] gskin;                              //GUISkin 资源引用
5     public int skin_Index=0;                             //使用皮肤的索引
6     void Update () {
7       if (Input.GetKeyDown(KeyCode.Space)){              //按 Space 键
8         skin_Index++;                                    //索引+1
9         if (skin_Index >= gskin.Length){                 //索引大于 gskin 数组长度
10          skin_Index = 0;                                //重置索引
11    }}}
12    void OnGUI(){
13      GUI.skin = gskin[skin_Index];                      //设置皮肤
14      if (GUI.Button(new Rect(0, 0, Screen.width / 10, Screen.height / 10),
        "a button")){                                      //创建按钮
15        Debug.Log("Button has been pressed");            //输出单击信息
16      }
17      GUI.Label(new Rect(0,Screen.height*3/10,Screen.width/10,Screen.height/10),
        "a lable");                                        //创建标签
18  }}
```

**说明** 本示例创建了两个 GUISkin 资源(GUISkin1 和 GUISkin2)，按 Space 键切换效果。需要注意的是，控件的样式改变时创建该控件的代码没有任何变化，仅仅是使用的皮肤发生改变。

将该脚本挂载到摄像机上后，为 gskin 变量挂载两个或两个以上的 GUISkin 资源，运行后就可以通过按 Space 键来切换预定的皮肤，如图 4-1 和图 4-2 所示 。

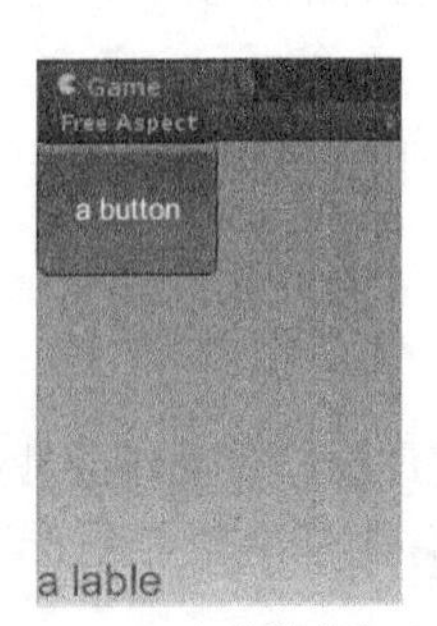

▲图 4-1 皮肤样式演示 1

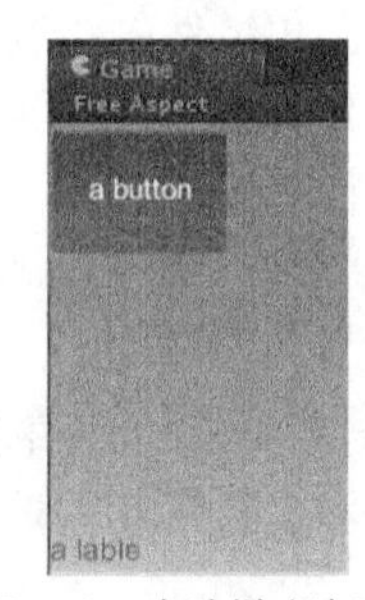

▲图 4-2 皮肤样式演示 2

**说明** 在旧版的 UI 系统中，通常可以使用 Skin 来设置不同控件的响应方式。在创建的 GUISkin 资源中可以设置各个控件在不同事件下的样式，如按钮的单击状态、选中状态、鼠标指针指向状态等。熟练地运用该属性可以使控件更加活灵活现。

### 2. color 变量

color 变量用于控制 GUI 组件的颜色。在开发过程中可以通过设置 color 的值来改变 GUI 组件的背景及文本颜色，进而实现开发的具体需要，具体代码如下。

代码位置：随书资源中源代码\第 4 章目录下的 GUI\Assert\C#\Test1.cs

```
1   using UnityEngine;
2   using System.Collections;                                        //导入系统类
3   public class Test : MonoBehaviour {
4     void OnGUI(){                                                  //声明 OnGUI 方法
5       GUI.color = Color.yellow;                                    //将颜色设置为黄色
```

```
6       GUI.Label (new Rect (Screen.width / 10, Screen.height / 10,    //绘制一个标签
7         Screen.width / 5,Screen.height / 10), "Hellow World!");
8       GUI.Box (new Rect(Screen.width / 10, Screen.height / 5,        //绘制一个盒子
9         Screen.width / 5,Screen.height / 5),"A Box");
10      GUI.Button (new Rect(Screen.width / 10 ,Screen.height / 2,     //绘制一个按钮
11        Screen.width / 5,Screen.height / 10),"A Button");
12  }}
```

说明

本示例创建了一个 Label、一个 Box 和一个 Button，文本颜色均设置成了黄色。需要注意的是，color 变量是对全局 GUI 进行染色，背景和文本颜色都会改变。

将编写好的脚本挂载到摄像机上，单击 Unity 集成开发环境的“运行”按钮，游戏预览面板中就会显示颜色变量的设置效果，如图 4-3 所示。

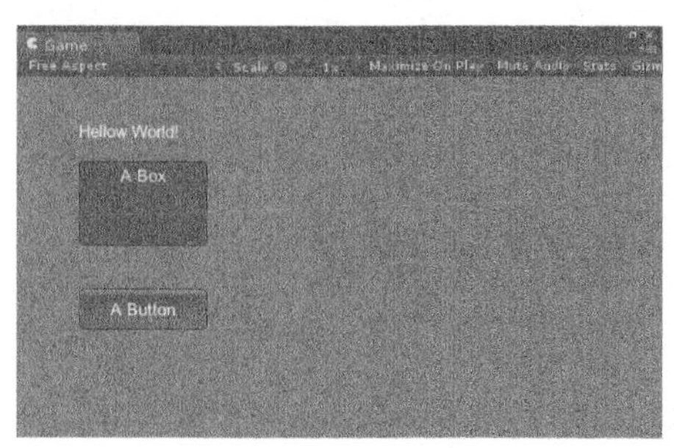


▲图 4-3 颜色变量的设置效果

### 3. backgroundColor 变量

backgroundColor 变量用于控制 GUI 组件的背景颜色。在开发过程中可以通过设置 backgroundColor 的值来改变 GUI 组件的颜色，进而实现开发的具体要求，具体代码如下。

代码位置：随书资源中源代码\第 4 章目录下的 GUI\Assert\C#\Test2.cs

```
1   using UnityEngine;
2   using System.Collections;                                  //导入系统类
3   public class Test2 : MonoBehaviour {
4     void OnGUI(){                                            //声明 OnGUI 方法
5       GUI.backgroundColor = Color.yellow;                    //将背景颜色设置为黄色
6       GUI.Button (new Rect(Screen.width/10,Screen.height/10, //绘制一个按钮
7         Screen.width/5,Screen.height/10),"A Button");
8   }}
```

说明

本示例创建了一个 Button，背景颜色为黄色。需要注意的是，设置 backgroundColor 属性后，只会将这之后创建的所有 GUI 组件的背景颜色修改为 backgroundColor 属性所设颜色，而不会对这之前创建的 GUI 组件的背景颜色造成影响。

将编写好的脚本挂载到摄像机上，单击 Unity 集成开发环境的“运行”按钮，游戏预览面板中就会显示背景颜色变量的设置效果，如图 4-4 所示。

### 4. contentColor 变量

contentColor 变量用于对 GUI 组件中的文本着色。在开发过程中可以通过设置 contentColor 的值来改变 GUI 组件中文本的颜色，进而实现开发的具体需求，具体代码如下。

代码位置：随书资源中源代码\第 4 章目录下的 GUI\Assert\C#\Test3.cs

```
1   using UnityEngine;
2   using System.Collections;                                  //导入系统类
3   public class Test3 : MonoBehaviour {
4     void OnGUI() {                                           //声明 OnGUI 方法
5       GUI.contentColor = Color.yellow;                       //将文本颜色设置为黄色
6       GUI.Button(new Rect(Screen.width/10,Screen.height/10,//绘制一个按钮
7       Screen.width/5,Screen.height/10),"A Button");
8   }}
```

> **说明**　本示例创建了一个 Button，文本颜色设置为黄色。contentColor 变量和上述两种变量一样，只会将其后面创建的所有 GUI 组件的文本颜色设置为 centerColor 所设置的颜色，而不会对其前面创建的 GUI 组件的文本颜色造成影响。

将编写好的脚本挂载到摄像机上，单击 Unity 集成开发环境的“运行”按钮，游戏预览面板中就会显示文本颜色变量的设置效果，如图 4-5 所示。

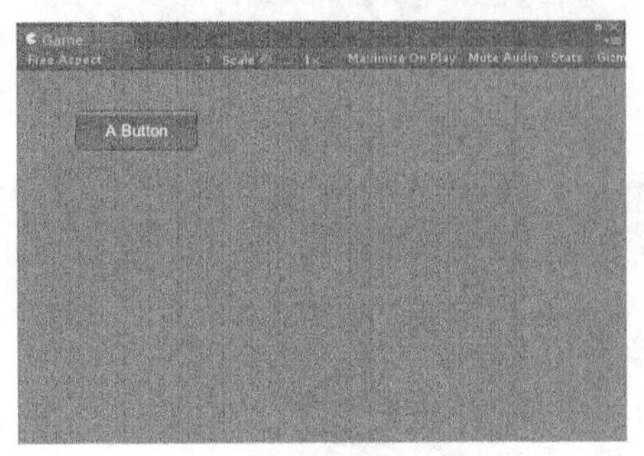


▲图 4-4　背景颜色变量的设置效果

▲图 4-5　文本颜色变量的设置效果

### 5. changed 变量

changed 变量可以检测任何控件中输入数据的值是否发生改变，若改变则返回 true，并根据需要执行相应的操作或输出一些提示信息，具体代码如下。

代码位置：随书资源中源代码\第 4 章目录下的 GUI\Assert\C#\Test4.cs

```
1   using UnityEngine;
2   using System.Collections;                                  //导入系统类
3   public class Test4 : MonoBehaviour {
4     public string stringToEdit="Modify me.";               //声明一个字符串 stringToEdit
5     void OnGUI() {                                          //声明 OnGUI 方法
6       //绘制一个单行文本编辑框，并将输入的数据赋给变量 stringToEdit
7       stringToEdit = GUI.TextField(new Rect(Screen.width/10,
8       Screen.height/10,Screen.width/4,Screen.height/10),stringToEdit,25);
9       if (GUI.changed)                                      //调用 changed 变量，检测输入数据是否发生改变
10        Debug.Log("Text field has changed.");  //若检测到输入数据发生改变，则输出提示信息
11  }}
```

> **说明**　本示例创建了一个文本框，若改变文本框的内容时，状态栏内就会显示出 Text field has changed 的提示信息。

将编写好的脚本挂载到摄像机上，单击 Unity 集成开发环境的“运行”按钮，游戏预览面板中就会显示使用 changed 变量的效果，如图 4-6 所示。

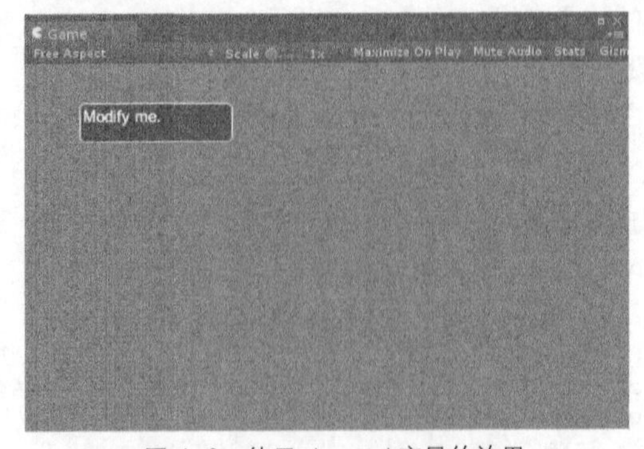


▲图 4-6　使用 changed 变量的效果

### 6. enabled 变量

enabled 变量可以判断 GUI 组件是否被启用。在开发过程中可以对 enabled 变量的 boolean 值进行设置，从而控制 GUI 组件的启用情况，具体代码如下。

代码位置：随书资源中源代码\第 4 章目录下的 GUI\Assert\C#\Test5.cs

```
1   using UnityEngine;
2   using System.Collections;                       //导入系统类
3   public class Test5 : MonoBehaviour {
4     public bool allOptions = true;                //声明一个初始值为 true 的布尔型变量 allOptions
5     public bool extended1 = true;                 //声明一个初始值为 true 的布尔型变量 extended1
6     public bool extended2 = true;                 //声明一个初始值为 true 的布尔型变量 extended2
7     void OnGUI(){                                 //声明 OnGUI 方法
8       //在自定义区域内绘制一个名为 Edit All Options 的开关，其初始状态为 allOptions
9       allOptions = GUI.Toggle(new Rect(0,0,Screen.width/5,
10      Screen.height/10),allOptions,"Edit All Options");
11      GUI.enabled = allOptions;                   //将 allOptions 的值赋给 enabled 组件
12      //在各个自定义的区域内绘制两个开关
13      extended1 = GUI.Toggle(new Rect(Screen.width/10,Screen.height/10,
14        Screen.width/5,Screen.height/10),extended1,"Extended Option1");
15      extended2 = GUI.Toggle(new Rect(Screen.width / 10, Screen.height / 5,
16        Screen.width / 5, Screen.height / 10), extended1, "Extended Option2");
17      GUI.enabled = true;                         //将 enabled 组件的值设置为 true
18      //在自定义的区域内绘制一个名为 ok 的按钮，并判断是否被按下
19      if (GUI.Button(new Rect(0, Screen.height * 3 / 10, Screen.width / 5, Screen.
          height / 10), "ok"))
20        print("user clicked ok");
21  }}
```

**说明** 本示例创建了 3 个开关，单击开关时相应组件的 enabled 将被置为 false 而被禁用。Enabled 变量为 false，从而禁用所有 GUI 互动，这时所有控件将被绘制为半透明，并且将不响应用户输入。

将编写好的脚本挂载到摄像机上，单击 Unity 集成开发环境的“运行”按钮，游戏预览面板中就会显示使用 enabled 变量的效果，如图 4-7 和图 4-8 所示。

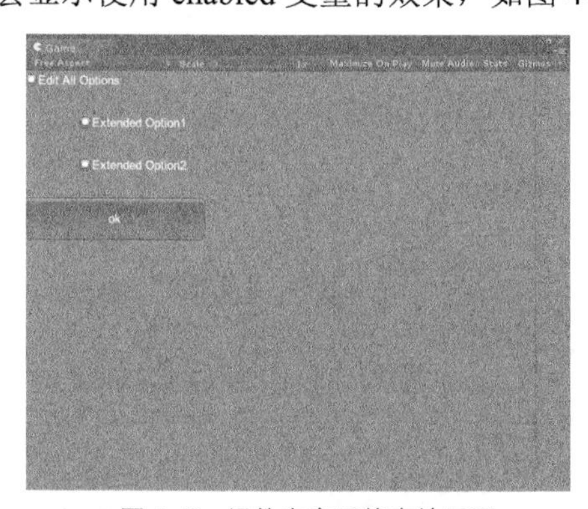


▲图 4-7　组件在启用状态效果图

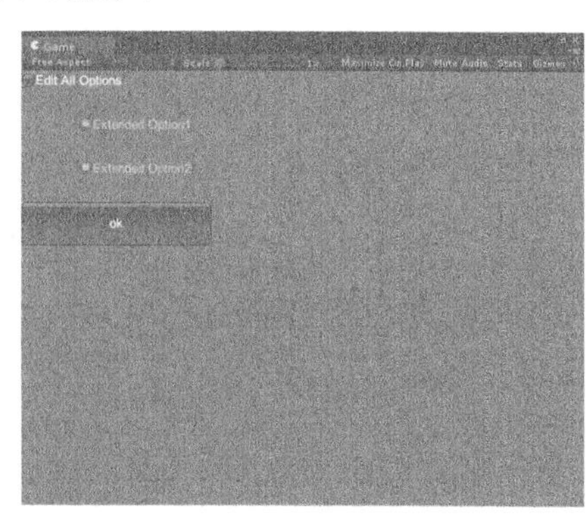


▲图 4-8　组件在禁用状态效果图

### 7. tooltip 变量

tooltip 变量是提示框变量。在创建 GUI 控件时，该变量可以传递一个工具作为提示信息。该变量可以通过改变内容参数去自定义 GUIContent 物体，而不是仅仅传递一个字符串。这里可以根据开发的实际需求来实现不同的提示效果。下面将用一个简单例子来说明 tooltip 变量的具体应用，具体代码如下。

代码位置：随书资源中源代码\第 4 章目录下的 GUI\Assert\C#\Test6.cs

```
1   using UnityEngine;
2   using System.Collections;                              //导入系统类
```

```
3    public class Test6 : MonoBehaviour {
4      void OnGUI() {                                  //声明 OnGUI 方法
5        //绘制一个名为 Click me 的按钮，并设置提示信息 This is the tooltip
6        GUI.Button(new Rect(Screen.width / 10, Screen.height / 10, Screen.width / 5,
7          Screen.height / 10), new GUIContent("Click me", "This is the tooltip"));
8        //绘制一个标签，并将提示信息赋给标签
9        GUI.Label(new Rect(Screen.width / 10, Screen.height / 5,
10         Screen.width / 5, Screen.height / 10), GUI.tooltip);
11   }}
```

**说明**　在本示例中，鼠标指针位于按钮上方或单击按钮就会显示 tooltip 变量的提示信息。需要注意的是，当鼠标指针通过有提示信息的控件时，GUI.tooltip 的值将被设置为此控件的提示信息。如果鼠标指针没有通过任何控件，它的值将会是当前拥有键盘焦点的控件的提示信息。上述代码的最后创建了一个标签来显示当前 GUI.tooltip 的值。

将编写好的脚本挂载到摄像机上，单击 Unity 集成开发环境的“运行”按钮，游戏预览面板中就会显示使用 tooltip 变量的效果，如图 4-9 和图 4-10 所示。

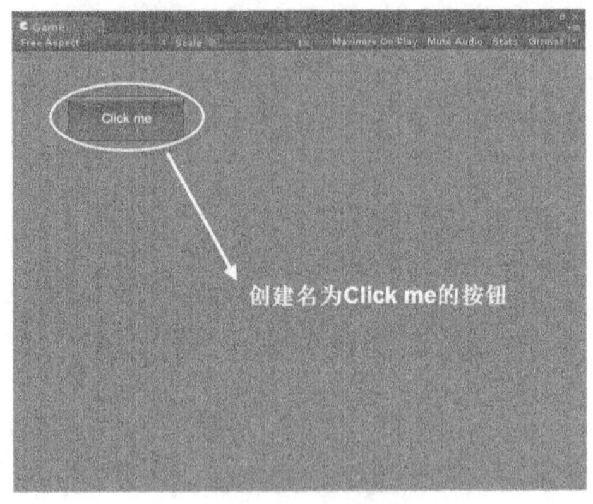


▲图 4-9　显示按钮

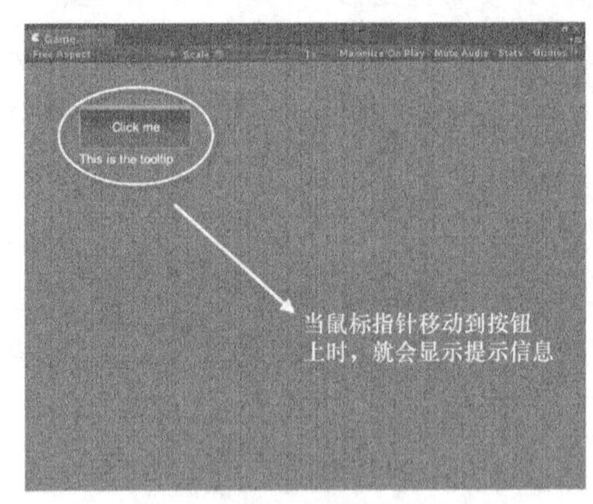


▲图 4-10　鼠标指针触发提示信息

读者还可以使用元素的顺序，创建“层次”工具来提示，具体代码如下。

代码位置：随书资源中源代码\第 4 章目录下的 GUI\Assert\C#\Test7.cs

```
1    using UnityEngine;
2    using System.Collections;                     //导入系统类
3    public class Test7 : MonoBehaviour {
4      void OnGUI(){                               //声明 OnGUI 方法
5        //在自定义区域绘制一个 Box，Box 中的内容为 Box，提示信息为 this box has a tooltip
6        GUI.Box(new Rect(Screen.width / 20, Screen.height / 10, Screen.width * 3 / 5,
7          Screen.height * 3 / 5), new GUIContent("Box", "this box has a tooltip"));
8        //在自定义区域绘制一个名为 No tooltip here 的按钮
9        GUI.Button(new Rect(Screen.width/10, Screen.height / 3, Screen.width / 2,
10         Screen.height / 10 ), "No tooltip here");
11       //在自定义区域绘制一个内容为 I have a tooltip 的按钮,提示信息为 The button overrides the box
12       GUI.Button(new Rect(Screen.width / 10, Screen.height  / 2, Screen.width / 2,
13         Screen.height / 10), new GUIContent("I have a tooltip", "The button overrides
            the box"));
14       //在自定义区域绘制一个标签，标签显示的内容为 GUI.tooltip 提供的信息
15       GUI.Label(new Rect(Screen.width / 10, Screen.height  / 5, Screen.width  * 2 / 5,
16         Screen.height / 10), GUI.tooltip);
17   }}
```

**说明**　在本示例中，不同的按钮显示不同的 tooltip 变量的提示信息。当创建 GUI 控件时，用户可以传递一个提示信息给它们，这就意味着可以通过改变内容参数去自定义 GUIContent 物体，而不是仅仅传递一个字符串。

将编写好的脚本挂载到摄像机上，单击 Unity 集成开发环境的“运行”按钮，游戏预览面板中就会显示使用 tooltip 变量的效果，如图 4-11 和图 4-12 所示。

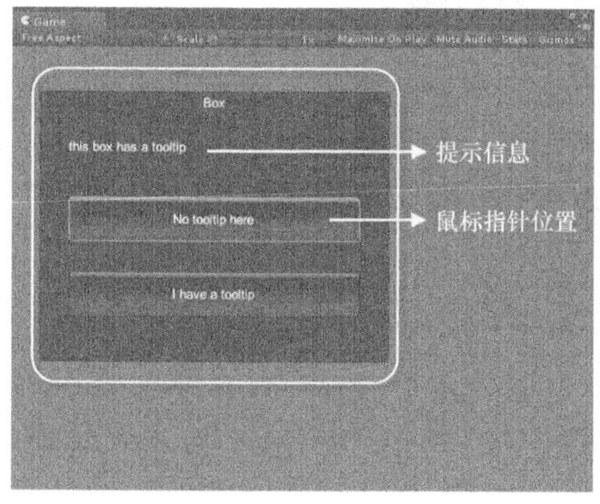


▲图 4-11　按钮 1 的提示信息

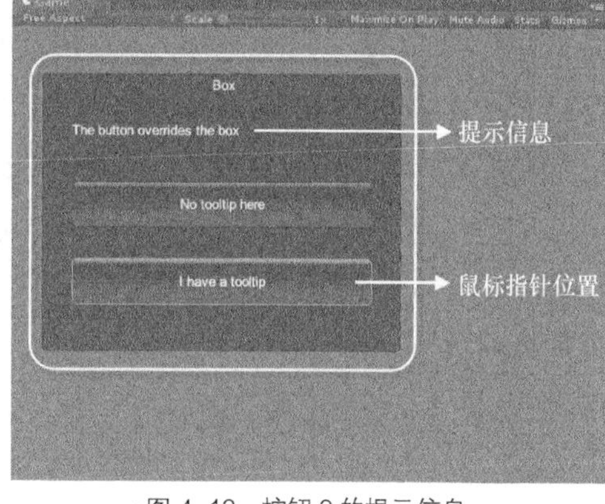


▲图 4-12　按钮 2 的提示信息

tooltip 变量作为提示框变量，还可以用来实现 OnMouseOver/OnMouseOut 邮件系统，具体代码如下。

代码位置：随书资源中源代码\第 4 章目录下的 GUI\Assert\C#\Test8.cs

```
1    using UnityEngine;
2    using System.Collections;                           //导入系统类
3    public class Test8 : MonoBehaviour {
4      public string lastTooltip = " ";                  //声明一个名为 lastTooltip 的空字符串
5      void OnGUI(){                                     //声明 OnGUI 方法
6        GUILayout.Button(new GUIContent("Play Game", "Button1"));
7                                                        //通过 GUI 的布局管理器绘制按钮 Button1
8        GUILayout.Button(new GUIContent("Quit", "Button2"));
9                                                        //通过 GUI 的布局管理器绘制按钮 Button2
10       if (Event.current.type == EventType.Repaint && GUI.tooltip != lastTooltip){
11                                                       //对当前事件进行判定
12       if (lastTooltip != "")                          //若 lastTooltip 不为空，则发送消息
13       SendMessage(lastTooltip + "OnMouseOut", SendMessageOptions.DontRequireReceiv
er);
14       if (GUI.tooltip != "")                          //若 lastTooltip 为空，则发送消息
15       SendMessage(GUI.tooltip + "OnMouseOver", SendMessageOptions.DontRequireReceiver);
16       lastTooltip = GUI.tooltip;                      //将 lastTooltip 的值置为 GUI.tooltip
17       }}
18       void Button1OnMouseOver(){                      //声明 Button1MouseOver 方法
19         Debug.Log("Play game got focus");             //输出提示信息
20       }
21       void Button2OnMouseOut(){                       //声明 Button2MouseOver 方法
22         Debug.Log("Quit lost focus");                 //输出提示信息
23   }}
```

**说明**　本示例采用 Tooltip 实现了 OnMouseOver/OnMouseOut 消息系统。

将编写好的脚本挂载到摄像机上，单击 Unity 集成开发环境的“运行”按钮，游戏预览面板中就会显示使用 tooltip 变量的效果，如图 4-13 所示。

### 8. depth 变量

depth 变量是按照深度对当前执行的 GUI 控件进行排序的行为，因此在搭建 GUI 时，若有不同的脚本需要同时运行，则可以设置这个值来确定排序。一般情况下，最上面的先执行。下面将搭建两个按钮，第一个按钮的具体代码如下。

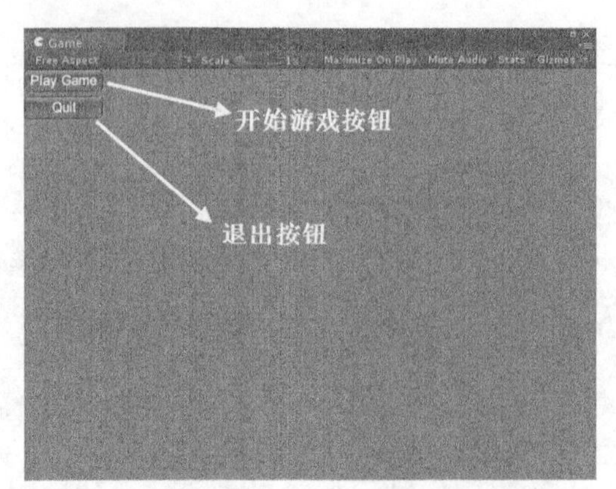


▲图 4-13　邮件系统预览界面

代码位置：随书资源中源代码\第 4 章目录下的 GUI\Assert\C#\Test9.cs

```
1   using UnityEngine;
2   using System.Collections;                    //导入系统类
3   public class Test9 : MonoBehaviour {         //声明一个类 Test9，它继承自类 MonoBehaviour
4     public static int guiDepth = 0;            //声明一个初始值为 0 的静态整型变量 guiDepth
5     void OnGUI(){                              //声明 OnGUI 方法
6       GUI.depth = guiDepth;                    //将 GUI.depth 设置为 guiDepth
7       if (GUI.RepeatButton(new Rect(Screen.width / 10, Screen.height / 10,
8         Screen.width / 5, Screen.height / 5), "GoBack")){
                                                 //绘制一个名为 GoBack 的 RepeatButton
9         guiDepth = 1;                          //若持续单击按钮 GoBack，则将 guiDepth 变量置为 1
10        Test10.guiDepth = 0;                   //将 Test10.guiDepth 的值置为 0
11  }}}
```

**说明**　本示例会创建两个类来实现两个按钮的功能，注意文件名需要和脚本名一致。

第二个按钮的具体代码如下。

代码位置：随书资源中源代码\第 4 章目录下的 GUI\Assert\C#\Test10.cs

```
1   using UnityEngine;
2   using System.Collections;                    //导入系统类
3   public class Test10 : MonoBehaviour {        //声明一个类 Test10，并继承自类 MonoBehaviour
4     public static int guiDepth = 1;            //声明一个初始值为 1 的静态整型变量 guiDepth
5     void OnGUI(){                              //声明 OnGUI 方法
6       GUI.depth = guiDepth;                    //将 GUI.depth 设置为 guiDepth
7       if (GUI.RepeatButton(new Rect(Screen.width / 5, Screen.height / 5,
8         Screen.width / 5, Screen.height / 5), "GoBack")){
9                                              //绘制一个名为 GoBack 的 RepeatButton
10      guiDepth = 1;                          //若持续单击按钮 GoBack，则将 guiDepth 变量置为 1
11      Test9.guiDepth = 0;                    //Test9.gui Depth 的值置为 0
12  }}}
```

**说明**　depth 变量是对当前执行的 GUI 行为的深度排序，当有不同的脚本同时运行时，可以通过设置这个值来确定排序。

将编写好的脚本挂载到摄像机上，单击 Unity 集成开发环境的“运行”按钮，在游戏预览面板中就会显示使用 depth 变量的效果。本示例中创建了两个部分重叠的按钮，单击任一按钮该按钮就会置于另一按钮上方，如图 4-14 所示。

上面介绍的这些变量在项目的开发过程中是经常用到的，但是需要一起配合才能发挥其强大的功能。只有将这些变量的应用技巧在整体上融会贯通，才能搭建出具有实际应用价值的 GUI。

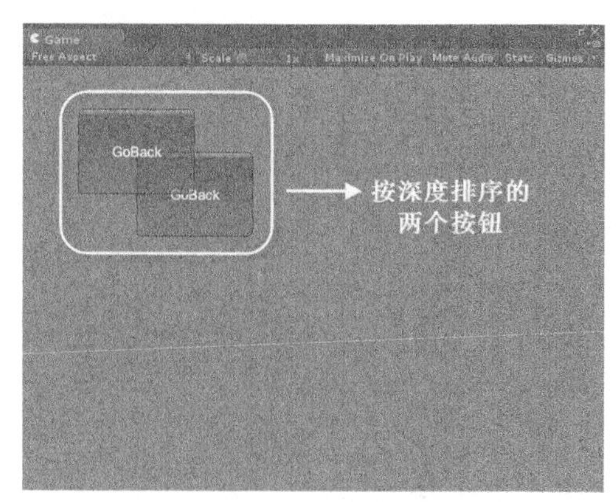


▲图 4-14 depth 变量的设置效果

## 4.1.2 GUI 中的常用控件

Unity 提供了丰富的 GUI 控件，使用这些控件要通过系统所提供的 GUI 工具类。我们可以调用 GUI 类下的静态方法在界面内绘制所需要的控件，并通过不同控件的搭配来实现所需的界面效果，具体的控件信息如表 4-2 所示。

表 4-2 GUI 中的常用控件

| 控件 | 描述 | 控件 | 描述 |
|---|---|---|---|
| Label | 文本或者纹理标签控件 | Box | 图形盒子控件 |
| DrawTexture | 纹理图片控件 | FocusControl | 焦点控件 |
| Toggle | 开关控件 | Toolbar | 工具栏控件 |
| Window | 窗口控件 | Bring WindowToFront | 使窗口到前面 |
| DragWindow | 可拖动的窗口控件 | Bring WondowToBack | 使窗口到后面 |
| SelectionGrid | 网格按钮控件 | ScrollTo | 将内容滚动到指定位置 |
| BeginScrollView | 滚动视图控件 | EndScrollView | 结束滚动视图 |
| DrawTextureWithTexCoords | 纹理图片控件 | Button | 按钮控件 |
| RepeatButton | 按钮控件 | TextField | 单行文本编辑控件 |
| PasswordField | 密码文本框控件 | TextArea | 多行文本编辑控件 |
| SetNextControlName | 设置下一个控件名字 | GetNameOfFocusedControl | 获取有焦点被命名控件的名称 |
| Focus Window | 焦点窗口控件 | UnfocusWindow | 失焦窗口 |
| BeginGroup | 开始组控件，必须与 End Group 配对出现 | EndGroup | 结束组控件，必须与 Begin Group 配对出现 |
| HorizontalSlider | 水平的滑块控件，并且可以自己设置阈值 | VerticalSlider | 垂直滑块控件，可以自己设置阈值 |
| HorizontalScrollbar | 水平的滚动条控件，并且可以自己设置阈值 | VerticalScrollbar | 垂直滚动条控件，可以自己设置阈值 |
| ModalWindow | 模态窗口控件 | — | — |

下面将对以上的各个控件进行详细介绍，包括创建控件所需的静态方法、具体参数机器代码实现演示。通过介绍，读者能够更加理解各个空间的功能和具体实现的步骤。

### 1. Label 控件

Label 控件用于在屏幕上绘制文本或者纹理标签。一般情况下创建此控件对象采用的是静态方法，具体代码如下：

```
1    public static void Label(Rect position, string text);
2    public static void Label(Rect position, Texture image);
3    public static void Label(Rect position, GUIContent content);
4    public static void Label(Rect position, string text, GUIStyle style);
5    public static void Label(Rect position, Texture image, GUIStyle style);
6    public static void Label(Rect position, GUIContent content, GUIStyle style);
```

**说明**　上述声明方法包含许多不同的参数。position 参数表示标签在屏幕上的位置；text 参数表示标签显示的文本；image 参数表示标签上显示的纹理；content 参数表示标签上显示的文本、图片和信息提示；style 参数表示使用样式。

用下面的代码来创建 Label 控件，分别在屏幕上绘制一个中文标签和一个纹理标签，具体代码如下。

代码位置：随书资源中源代码\第 4 章目录下的 GUI\Assert\C#\GUILabel.cs

```
1    using UnityEngine;
2    using System.Collections;
3    public class GUILabel : MonoBehaviour{
4      public Texture2D textureToDisplay;                //声明一个纹理图片
5      void OnGUI(){                                     //声明 OnGUI 方法
6        GUI.Label(new Rect(Screen.width / 10,Screen.height / 10,         //绘制一个文本标签
7          Screen.width / 5,Screen.height / 10), "Hello World!");
8        GUI.Label(new Rect(Screen.width / 10,Screen.height / 3,          //绘制一个纹理图片
9          textureToDisplay.width, textureToDisplay.height), textureToDisplay);
10   }}
```

**说明**　Label 控件没有用户交互，不捕捉鼠标单击，并总是被渲染为普通样式。如果想创建响应用户输入的可视化控件，则应该使用 Box 控件。

将编写好的脚本挂载到摄像机上，单击 Unity 集成开发环境的“运行”按钮，游戏预览面板中就会显示 Label 控件的创建效果。本示例创建了一个文本标签和一幅纹理图，如图 4-15 所示。

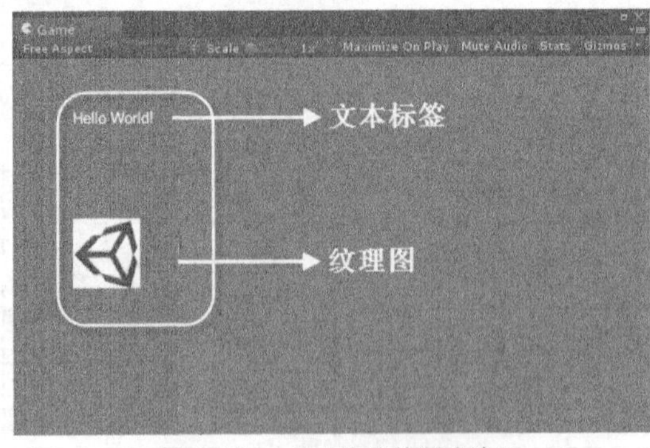


▲图 4-15　Label 控件的创建效果

## 2. DrawTexture 控件

DrawTexture 控件用于在给定的坐标系内绘制一幅纹理图，一般情况下创建此控件对象所采用的静态方法如下。

```
1    public static void DrawTexture(Rect position, Texture image);
2    public static void DrawTexture(Rect position, Texture image, ScaleMode scaleMode);
3    public static void DrawTexture(Rect position, Texture image, ScaleMode scaleMode,
     bool alphaBlend);
4    public static void DrawTexture(Rect position, Texture image, ScaleMode scaleMode,
     bool alphaBlend,
5       float imageAspect);
```

说明　上述声明方法绘制了一幅纹理图，并且根据需要设置了纹理图片的位置、显示纹理、图片的缩放模式、图片的混合模式和源图片的长宽比。

创建 DrawTexture 控件并在屏幕上绘制一幅纹理图，具体实现方法如下面的代码所示。

代码位置：随书资源中源代码\第 4 章目录下的 GUI\Assert\C#\GUIDrawTexture.cs

```
1   using UnityEngine;
2   using System.Collections;
3   public class GUIDrawTexture : MonoBehaviour {
4     public Texture aTexture;                          //声明一个纹理图
5     void OnGUI() {                                    //声明 OnGUI 方法
6       GUI.DrawTexture(new Rect(Screen.width / 10,Screen.height / 10,Screen.width / 5,
7       Screen.height / 5),aTexture,ScaleMode.ScaleToFit,true,0.0f);     //绘制一个纹理图
8   }}
```

用编写好的代码来创建 DrawTexture 控件，单击 Unity 集成开发环境的“运行”按钮，在游戏预览面板中就会显示 DrawTexture 控件的创建效果。本示例创建了一幅固定坐标范围的纹理图，如图 4-16 所示。

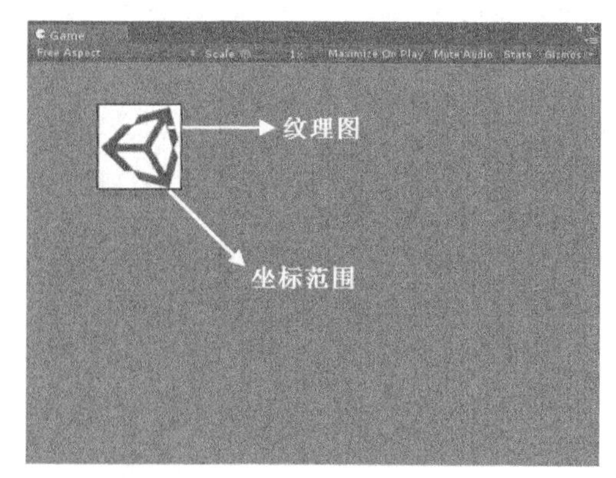


▲图 4-16　DrawTexture 控件的创建效果

### 3. DrawTextureWithTexCoords 控件

DrawTextureWithTexCoords 控件用于在给定的坐标系内绘制一幅纹理图，一般情况下创建此控件对象所采用的静态方法如下。

```
1   public static void DrawTextureWithTexCoords(Rect position, Texture image, Rect texCoords);
2   public static void DrawTextureWithTexCoords(Rect position, Texture image, Rect texCoords,
3      bool alphaBlend);
```

说明　以上方法绘制了一幅纹理图，并设置了屏幕坐标的具体位置、显示的纹理图、图片伸缩比，以及是否启用默认的 alpha 渲染管线。

### 4. Box 控件

Box 控件用于在自定义的区域内绘制一个图形化的盒子，一般情况下创建此控件对象所采用的静态方法如下。

```
1   public static void Box(Rect position, string text);
2   public static void Box(Rect position, Texture image);
3   public static void Box(Rect position, GUIContent content);
4   public static void Box(Rect position, string text, GUIStyle style);
5   public static void Box(Rect position, Texture image, GUIStyle style);
6   public static void Box(Rect position, GUIContent content, GUIStyle style);
```

**说明**　上述声明方法包含许多不同的参数。position 参数表示盒子在屏幕上的矩形位置；text 参数表示在盒子上显示的文本；“image” 参数表示在盒子上显示的纹理图；content 参数表示盒子的文本、图片和提示信息；style 参数表示盒子的使用样式。

创建 Box 控件并在屏幕上绘制一个图形化的盒子，具体实现方法如下面的代码所示。

代码位置：随书资源中源代码\第 4 章目录下的 GUI\Assert\C#\GUIBox.cs

```
1   using UnityEngine;
2   using System.Collections;                                //导入系统类
3   public class GUIBox : MonoBehaviour {
4     void OnGUI(){                                          //声明 OnGUI 方法
5       //在屏幕的自定义范围内绘制一个内容为 This is a title 的 Box 控件
6       GUI.Box(new Rect(Screen.width / 5, Screen.height / 5,
7         Screen.width / 2, Screen.height / 2), "This is a title");
8   }}
```

使用编写好的代码来创建 Box 控件，单击 Unity 集成开发环境的“运行”按钮，游戏预览面板中就会显示 Box 控件的创建效果。本示例创建了一个名为 This is a title 的图形化盒子，如图 4-17 所示。

▲图 4-17　Box 控件的创建效果

### 5. Button 控件

Button 控件用于绘制一个单次按下按钮，当用户单击此按钮时会立即触发事件。一般情况下创建此控件对象所采用的静态方法如下。

```
1   public static bool Button(Rect position, string text);
2   public static bool Button(Rect position, Texture image);
3   public static bool Button(Rect position, GUIContent content);
4   public static bool Button(Rect position, string text, GUIStyle style);
5   public static bool Button(Rect position, Texture image, GUIStyle style);
6   public static bool Button(Rect position, GUIContent content, GUIStyle style);
```

**说明**　上述声明方法包含许多不同的参数。position 参数表示按钮在屏幕上的矩形位置；text 参数表示在按钮上显示的文本；image 参数表示在按钮上显示的纹理图片；content 参数表示按钮的文本、图片和提示信息；style 参数表示按钮的使用样式。

创建 Button 控件并在屏幕上绘制一个纹理按钮和文本按钮，具体实现方法如下面的代码所示。

代码位置：随书资源中源代码\第 4 章目录下的 GUI\Assert\C#\GUIButton.cs

```
1   using UnityEngine;
2   using System.Collections;
3   public class GUIButton : MonoBehaviour{
4     public Texture btnTexture;                           //声明一个 2D 纹理图
```

```
5     void OnGUI(){                                       //声明 OnGUI 方法
6       if (!btnTexture){                                 //判断是否存在纹理图片
7         Debug.LogError("Please assign a texture on the inspector"); //若不存在，输出提示消息
8         return;
9       }
10      if (GUI.Button(new Rect(Screen.width / 10,Screen.height / 10,Screen.width / 10,
11        Screen.width / 10), btnTexture))    //创建一个纹理按钮，并进行是否执行按钮操作的判定
12      Debug.Log("Clicked the button with an image"); //若单击按钮，则输出提示信息
13      if (GUI.Button(new Rect(Screen.width / 10,Screen.height / 3, Screen.width / 5,
14        Screen.height / 10), "Click"))       //创建一个文本按钮，并进行是否执行按钮操作的判定
15      Debug.Log("Clicked the button with text");      //若单击按钮，则输出提示信息
16  }}
```

说明　本示例创建了一个纹理按钮和一个文本按钮，单击按钮时会在控制台界面输出相应的提示信息。注意，按钮只能单次按下，这时用户单击按钮事件会立即触发。

用编写好的代码来创建 Button 控件，单击 Unity 集成开发环境的“运行”按钮，游戏预览面板中就会显示 Button 控件的创建效果，如图 4-18 所示。

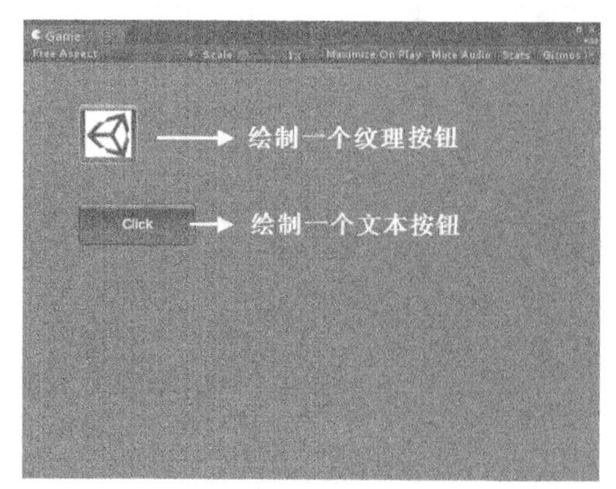


▲图 4-18　Button 控件的创建效果

### 6. RepeatButton 控件

RepeatButton 控件用于创建一个按钮，该按钮只有在用户持续按下时才会被激活，并且从按住按钮到释放按钮的时间内将连续不断地发送 OnClick 事件。一般情况下创建此控件对象所采用的静态方法如下。

```
1   public static bool RepeatButton(Rect position, string text);
2   public static bool RepeatButton(Rect position, Texture image);
3   public static bool RepeatButton(Rect position, GUIContent content);
4   public static bool RepeatButton(Rect position, string text, GUIStyle style);
5   public static bool RepeatButton(Rect position, Texture image, GUIStyle style);
6   public static bool RepeatButton(Rect position, GUIContent content, GUIStyle style);
```

说明　上述声明方法包含许多不同的参数。position 参数表示按钮在屏幕上的矩形位置；text 参数表示在按钮上显示的文本；image 参数表示在按钮上显示的纹理图；content 参数表示按钮的文本、图片和提示信息；style 参数表示按钮的使用样式。

创建 RepeatButton 控件并在屏幕上绘制一个纹理按钮和文本按钮，具体实现方法如下面的代码所示。

代码位置：随书资源中源代码\第 4 章目录下的 GUI\Assert\C#\GUIReButton.cs

```
1   using UnityEngine;
2   using System.Collections;
3   public class GUIReButton : MonoBehaviour {
```

```
4      public Texture btnTexture;                           //声明一个纹理图
5      void OnGUI(){                                        //声明 OnGUI 方法
6        if (!btnTexture){                                  //判断是否存在纹理图
7          Debug.LogError("Please assign a texture on the inspector");
                                                            //若不存在，则输出提示信息
8          return;
9        }
10       if (GUI.RepeatButton(new Rect(Screen.width / 10, Screen.height / 10,
11         Screen.width / 10, Screen.width / 10), btnTexture))  //绘制一个纹理图 RepeatButton
12         Debug.Log("Clicked the button with an image");       //若持续按下按钮，则输出提示信息
13       if (GUI.RepeatButton(new Rect(Screen.width / 10,Screen.height / 3,
14         Screen.width / 5,Screen.height / 10), "Click"))      //绘制一个文本 RepeatButton
15         Debug.Log("Clicked the button with text");           //若持续按下按钮，则输出提示信息
16   }}
```

**说明**　需要注意的是，RepeatButton 控件和 Button 控件是不同的。前者只要用户按着不放就将一直被激活，是一种从按下按钮到释放按钮的时间内重复引发其 Click 事件的控件，即它将连续不停地发送单击事件。

将编写好的脚本挂载到摄像机上，单击 Unity 集成开发环境的“运行”按钮，游戏预览面板中就会显示 RepeatButton 控件的创建效果。本示例创建了一个纹理按钮和一个文本按钮，持续按下按钮会在控制台界面输出相应的提示信息，如图 4-19 所示。

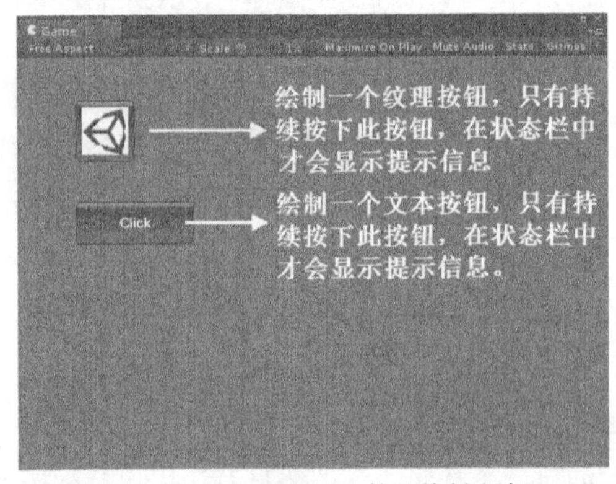


▲图 4-19　RepeatButton 控件的创建效果

### 7. TextField 控件

TextField 控件用于绘制一个单行文本框，用户可以在里面编辑一个字符串。一般情况下创建此控件对象所采用的静态方法如下。

```
1   public static string TextField(Rect position, string text);
2   public static string TextField(Rect position, string text, GUIStyle style);
3   public static string TextField(Rect position, string text, int maxLength);
4   public static string TextField(Rect position, string text, int maxLength, GUIStyle style);
```

**说明**　上述声明方法包含许多不同的参数。position 参数表示文本字段在屏幕上的矩形位置；text 参数表示显示的编辑文本；maxLength 参数控制字符的最大长度；style 参数表示文本字段的使用样式。

创建 TextField 控件并在屏幕上绘制一个单行文本编辑框，具体实现方法如下面的代码所示。

代码位置：随书资源中源代码\第 4 章目录下的 GUI\Assert\C#\GUITxField.cs

```
1   using UnityEngine;
2   using System.Collections;
3   public class GUITxField : MonoBehaviour {
```

```
4     public string stringToEdit = "Hello World"; //声明一个字符串
5     void OnGUI(){                              //声明 OnGUI 方法
6       stringToEdit = GUI.TextField(new Rect(Screen .width /10, Screen.height /10,
7         Screen.width / 3, Screen.height / 10), stringToEdit, 25);  //绘制一个单行文本编辑框
8   }}
```

说明　本示例创建了一个单行文本框，单击文本内容可继续编辑。

将编写好的脚本挂载到摄像机上，单击 Unity 集成开发环境的“运行”按钮，游戏预览面板中就会显示 TextField 控件的创建效果，如图 4-20 所示。

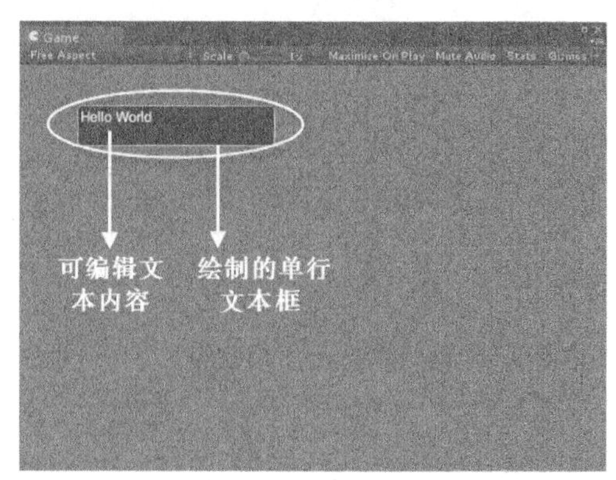


▲图 4-20　TextField 控件的创建效果

### 8. PasswordField 控件

PasswordField 控件用于绘制一个可编辑密码的文本框。一般情况下创建此控件对象所采用的静态方法如下。

```
1   public static string PasswordField(Rect position, string password, char maskChar);
2   public static string PasswordField(Rect position, string password, char maskChar,
    GUIStyle style);
3   public static string PasswordField(Rect position, string password, char maskChar,
    int maxLength);
4   public static string PasswordField(Rect position, string password, char maskChar,
    int maxLength,
5      GUIStyle style);
```

说明　上述声明方法包含许多不同的参数。position 参数表示文本字段在屏幕上的矩形位置；password 参数表示编辑的密码；maskChar 参数表示密码的字符遮罩；maxLength 参数表示字符串的最大长度；style 参数表示密码字段的使用样式。

创建 PasswordField 控件并在屏幕上绘制一个密码编辑框，具体实现方法如下面的代码所示。

代码位置：随书资源中源代码\第 4 章目录下的 GUI\Assert\C#\GUIPwField.cs

```
1   using UnityEngine;
2   using System.Collections;
3   public class GUIPwField : MonoBehaviour {
4     public string passwordToEdit = "My Password"; //声明一个字符串
5     void OnGUI(){                                //声明 OnGUI 方法
6       //绘制一个密码编辑框，并设置用*号来代替密码，设置密码编辑框的最大长度为 25
7       passwordToEdit = GUI.PasswordField(new Rect(Screen.width / 10,Screen.height / 10,
8         Screen.width / 2, Screen.height / 10), passwordToEdit, "*"[0], 25);
9   }}
```

说明　本示例创建了一个密码文本框，可以在里面输入密码。

将编写好的脚本挂载到摄像机上，单击 Unity 集成开发环境的“运行”按钮，游戏预览面板中就会显示 PasswordField 控件的创建效果，如图 4-21 所示。

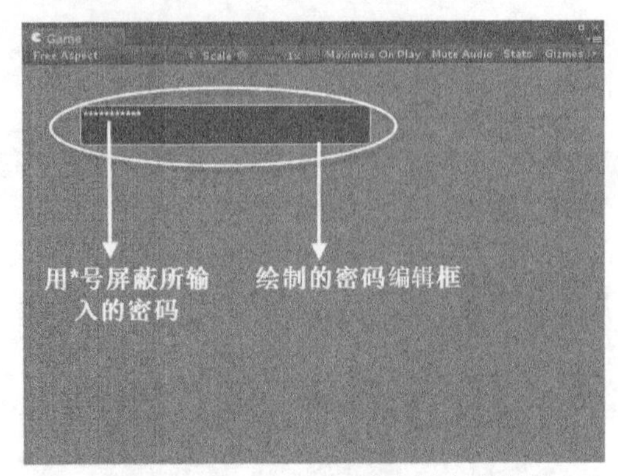


▲图 4-21 PasswordField 控件的创建效果

### 9. TextArea 控件

TextArea 控件用于绘制一个多行文本编辑框，用户可以在里面编辑一段字符串。一般情况下创建此控件对象所采用的静态方法如下。

```
1    public static string TextArea(Rect position, string text);
2    public static string TextArea(Rect position, string text, GUIStyle style);
3    public static string TextArea(Rect position, string text, int maxLength);
4    public static string TextArea(Rect position, string text, int maxLength, GUIStyle style);
```

> **说明** 上述声明方法包含许多不同的参数。position 参数表示文本区域在屏幕上的矩形位置；text 参数表示显示的编辑文本；maxLength 参数表示字符串的最大长度；style 参数表示文本区域的使用样式。

创建 TextArea 控件并在屏幕上绘制一个多行文本编辑框，具体实现方法如下面的代码所示。

代码位置：随书资源中源代码\第 4 章目录下的 GUI\Assert\C#\GUITtArea.cs

```
1    using UnityEngine;
2    using System.Collections;
3    public class GUITtArea : MonoBehaviour {
4      public string stringToEdit = "Hello World\nI've got 2 lines...";  //声明一段字符串
5      void OnGUI(){                                          //声明 OnGUI 方法
6        //绘制一个多行文本编辑框，将已声明的字符串赋给它，并设置其最大长度为 200
7        stringToEdit = GUI.TextArea(new Rect(Screen.width / 10,Screen.height / 10,
8          Screen.width / 2,Screen.height /2), stringToEdit, 200);
9    }}
```

> **说明** 本示例创建了一个多行文本编辑框，用户可在内进行文本编辑，最大长度为 200。

将编写好的脚本挂载到摄像机上，单击 Unity 集成开发环境的“运行”按钮，游戏预览面板中就会显示 TextField 控件的创建效果，如图 4-22 所示。

### 10. SetNextControlName 控件和 GetNameOfFousedControl 控件

SetNextControlName 控件用于给下一步控制设置事件名字。一般情况下创建此控件对象所采用的静态方法如下。

```
1    public static void SetNextControlName(string name);
```

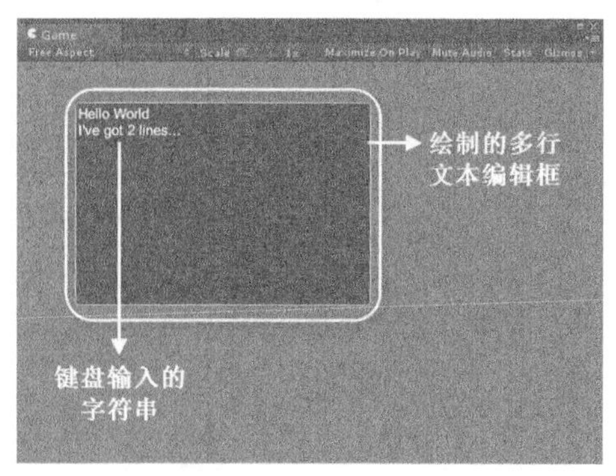


▲图 4-22 TextArea 控件的创建效果

说明　此方法的参数 name 表示设置的事件名字。

GetNameOfFocusedControl 控件用于得到当前控制焦点的名字，其声明一般采用静态方法，具体的方法声明如下。

```
public static string GetNameOfFocusedControl();
```

说明　此方法无参数，它用于得到当前控制的焦点名字，返回值为 string 类型。

创建 SetNextControlName 控件和 GetNameOfFousedControl 控件后，可以通过得到的当前控制焦点的名字来执行下一步的事件，具体实现方法如下面的代码所示。

代码位置：随书资源中源代码\第 4 章目录下的 GUI\Assert\C#\GUISName.cs

```
1   using UnityEngine;
2   using System.Collections;
3   public class GUISName : MonoBehaviour {
4     public string login = "username";        //声明一个内容为 username 的字符串 login
5     public string login2 = "no action here"; //声明一个内容为 no action here 的字符串 login2
6     void OnGUI(){                            //声明 OnGUI 方法
7       GUI.SetNextControlName("user");        //设置下一步控制事件的名字为 user
8       login = GUI.TextField(new Rect(Screen.width / 10,Screen.height / 10, Screen.
        width / 3,
9         Screen.height / 10), login);         //绘制一个单行文本编辑框
10      login2 = GUI.TextField(new Rect(Screen.width / 10, Screen.height / 3, Screen.
        width / 3,
11         Screen.height / 10), login2);       //绘制一个单行文本编辑框
12      if (Event.current.Equals(Event.KeyboardEvent("return")) &&
                                               //判断当前事件是否为键盘事件 return
13        GUI.GetNameOfFocusedControl() == "user")   //判断得到的当前事件名字是否为 user
14        Debug.Log("Login");                  //输出提示信息 Login
15      if (GUI.Button(new Rect(Screen.width / 2,Screen.height / 10, Screen.width / 5,
16       Screen.height / 10), "Login"))        //在自定义的矩形区域内绘制一个按钮
17        Debug.Log("Login");                  //输出提示信息
18  }}
```

说明　SetNextControlName 控件用于给接下来被注册的控件命名。

将编写好的脚本挂载到摄像机上，单击 Unity 集成开发环境的“运行”按钮，游戏预览面板中就会显示 SetNextControlName 控件和 GetNameOfFousedControl 控件的创建效果。本示例创建了两个单行文本编辑框和一个按钮，如图 4-23 所示。

11. FocusControl 控件

FocusControl 控件用于通过键盘在当前焦点处输入值。一般情况下创建此控件对象所采用的

静态方法如下：

```
1   public static void FocusControl(string name);
```

说明　此方法中的参数 name 表示焦点所要移动到的控件的名称。

创建 FocusControl 控件，可以在当前焦点处通过键盘输入值然后显示，具体的使用方法如下面的代码所示。

代码位置：随书资源中源代码\第 4 章目录下的 GUI\Assert\C#\GUIFControl.cs

```
1   using UnityEngine;
2   using System.Collections;
3   public class GUIFControl : MonoBehaviour {
4     public string username = "username";    //声明一个内容为 username 的字符串 username
5     public string pwd = "a pwd";             //声明一个内容为 a  pwd 的字符串 pwd
6     void OnGUI(){                            //声明 OnGUI 方法
7       GUI.SetNextControlName("MyTextField");   //将下一步的控制事件命名为 MyTextField
8       //绘制一个单行文本编辑框，并将字符串 username 的内容赋给它
9       username = GUI.TextField(new Rect(Screen.width / 10,Screen.height/ 10,
10        Screen.width /3,Screen.height/ 10), username);
11      //绘制一个单行文本编辑框，并将字符串 pwd 的内容赋给它
12      pwd = GUI.TextField(new Rect(Screen.width / 10,Screen.height / 4,
13        Screen.width /3, Screen.height/ 10), pwd);
14      //绘制一个名为 Move Focus 的按钮，并判定按钮是否被按下
15      if (GUI.Button(new Rect(Screen.width/ 10,Screen.height *2/ 5,
16        Screen.width  /6, Screen.height /10), "Move Focus"))
17        GUI.FocusControl("MyTextField");
18  }}
```

说明　本示例创建了两个单行文本编辑框（分别用来输入用户名和密码）和一个按钮。

将编写好的脚本挂载到摄像机上，单击 Unity 集成开发环境的“运行”按钮，游戏预览面板中就会显示 FocusControl 控件的创建效果，如图 4-24 所示。

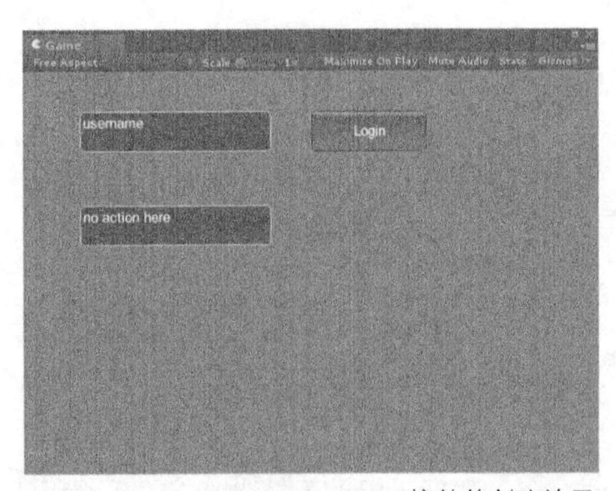

▲图 4-23　SetNextControlName 控件的创建效果

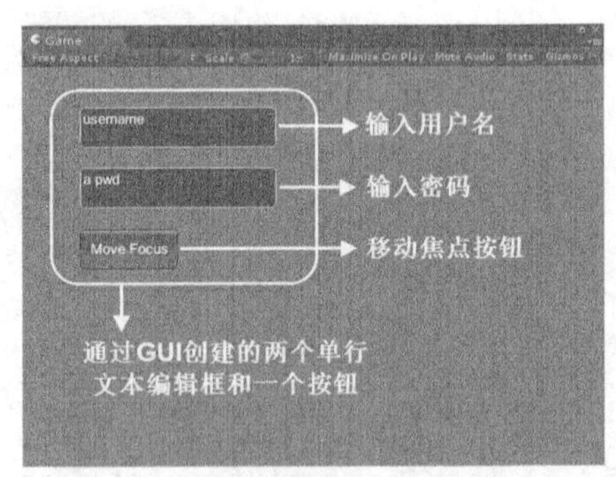

▲图 4-24　FocusControl 控件的创建效果

## 12. Toggle 控件

Toggle 控件用于绘制开关，我们可以通过控制开关的闭合来执行一些具体的操作。一般情况下创建此控件对象所采用的静态方法如下。

```
1   public static bool Toggle(Rect position, bool value, string text);
2   public static bool Toggle(Rect position, bool value, Texture image);
3   public static bool Toggle(Rect position, bool value, GUIContent content);
4   public static bool Toggle(Rect position, bool value, string text, GUIStyle style);
5   public static bool Toggle(Rect position, bool value, Texture image, GUIStyle style);
6   public static bool Toggle(Rect position, bool value, GUIContent content, GUIStyle style);
7   public static bool Toggle(Rect position, int id, bool value, GUIContent content,
    GUIStyle style);
```

说明　上述声明方法包含许多不同的参数。position 参数表示开关按钮在屏幕上的矩形位置；value 参数表示开关按钮的初始开关状态；text 参数表示按钮上显示的文本；image 参数表示按钮显示的纹理图；content 参数表示按钮的文本、图片和提示信息；style 参数表示开关按钮的使用样式。

创建 Toggle 控件并通过控制开关的闭合来执行一些具体操作，具体实现方法如下面的代码所示。

代码位置：随书资源中源代码\第 4 章目录下的 GUI\Assert\C#\GUIToggle.cs

```
1   using UnityEngine;
2   using System.Collections;
3   public class GUIToggle : MonoBehaviour {
4     public Texture aTexture;              //声明一个纹理图
5     private bool toggleTxt = false;       //声明一个初始值为 false 的布尔变量 toggleTxt
6     private bool toggleImg = false;       //声明一个初始值为 false 的布尔变量 toggleImg
7     void OnGUI(){                         //声明 OnGUI 方法
8       if (!aTexture){                     //判定是否存在纹理图
9         Debug.LogError("Please assign a texture in the inspector.");
                                            //若没有则输出提示信息
10        return;
11      }
12      //绘制一个名为 A Toggle text 且初始状态为 toggleTxt 的开关
13      toggleTxt = GUI.Toggle(new Rect(Screen.width/ 10,Screen.height/ 10,
14        Screen.width/ 3,Screen.height / 10), toggleTxt, "A Toggle text");
15      //绘制一个纹理图为 aTexture 且初始状态为 toggleImg 的开关
16      toggleImg = GUI.Toggle(new Rect(Screen.width/ 10,Screen.height/ 4,
17        Screen.width / 10,Screen.height / 10), toggleImg, aTexture);
18  }}
```

说明　Toogle 控件用于创建 on\off 开关按钮，即单选按钮。

将编写好的脚本挂载到摄像机上，单击 Unity 集成开发环境的“运行“按钮，游戏预览面板中就会显示 Toggle 控件的创建效果。本示例创建了一个文本开关和一个纹理开关，默认的闭合状态均为 false，如图 4-25 所示。

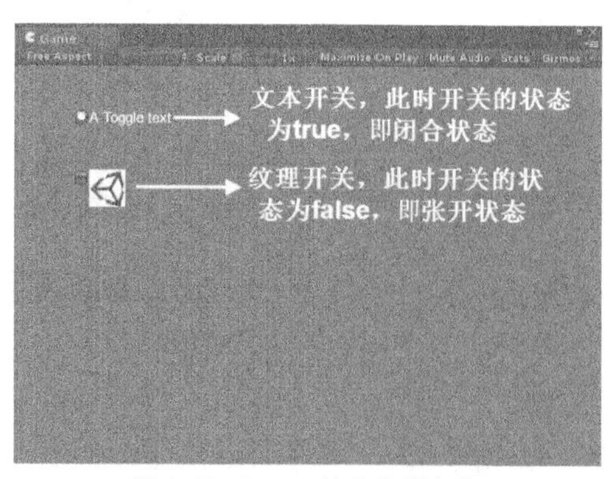


▲图 4-25　Toggle 控件的创建效果

### 13. Toolbar 控件

Toolbar 控件用于绘制一个工具条，在里面可以置入一些工具按钮。一般情况下创建此控件对象所采用的静态方法如下。

```
1   public static int Toolbar(Rect position, int selected, string[] texts);
2   public static int Toolbar(Rect position, int selected, Texture[] images);
3   public static int Toolbar(Rect position, int selected, GUIContent[] content);
```

```
4   public static int Toolbar(Rect position, int selected, string[] texts, GUIStyle style);
5   public static int Toolbar(Rect position, int selected, Texture[] images, GUIStyle
    style);
6   public static int Toolbar(Rect position, int selected, GUIContent[] contents,
    GUIStyle style);
```

**说明** 上述声明方法包含许多不同的参数。position 参数表示工具栏在屏幕上的矩形位置；selected 参数表示被选择按钮的索引号；texts 参数表示显示在工具栏按钮上的字符串数组；images 参数表示显示在工具栏按钮上的纹理图数组；content 参数表示工具栏的文本、图片和提示信息；style 参数表示工具栏的使用样式。

创建 Toolbar 控件的具体方法如下面的代码所示。

代码位置：随书资源中源代码\第 4 章目录下的 GUI\Assert\C#\GUIToolbar.cs

```
1   using UnityEngine;
2   using System.Collections;
3   public class GUIToolbar : MonoBehaviour {
4     public int toolbarInt = 0;                    //声明一个初始值为 0 的整型变量 toolbarInt
5     public string[] toolbarStrings = new string[] { "Toolbar1", "Toolbar2", "Toolbar3" };
6                                                   //声明一个具有内容的字符型数组
7     void OnGUI(){                                 //声明 OnGUI 方法
8       //绘制一个内容为 toolbarStrings 且当前焦点在第 toolbarInt 上的工具条
9       toolbarInt = GUI.Toolbar(new Rect(Screen.width /10,Screen.height /10, Screen.width /2,
10        Screen.height /10), toolbarInt, toolbarStrings);
11  }}
```

**说明** Toolbar 控件返回的是 int 类型的被选择按钮的索引号。

将编写好的脚本挂载到摄像机上，单击 Unity 集成开发环境的“运行”按钮，游戏预览面板中就会显示 Toolbar 控件的创建效果。本示例绘制了 3 个内容分别为 Toolbar1、Toolbar2、Toolbar3 的工具栏，如图 4-26 所示。

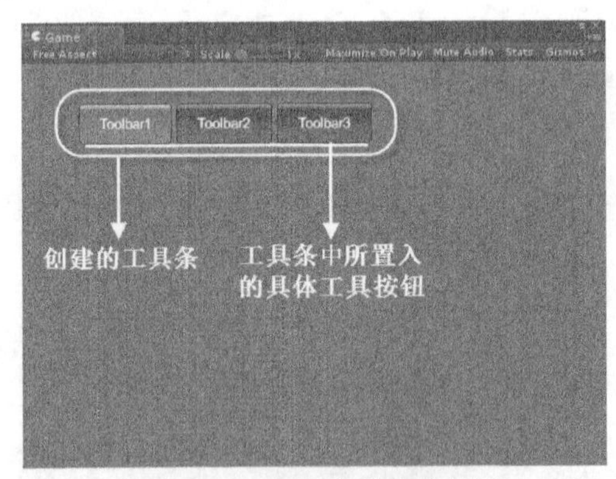


▲图 4-26 Toolbar 控件的创建效果

## 14. SelectionGrid 控件

SelectionGrid 控件用于绘制网格按钮，用户可以在自定义的网格内置入具体功能按钮。一般情况下创建此控件对象所采用的静态方法如下。

```
1   public static int SelectionGrid(Rect position, int selected, string[] texts,
    int xCount);
2   public static int SelectionGrid(Rect position, int selected, Texture[] images,
    int xCount);
3   public static int SelectionGrid(Rect position, int selected, GUIContent[]
    content, int xCount);
4   public static int SelectionGrid(Rect position, int selected, string[] texts,
    int xCount, GUIStyle style);
```

```
5   public static int SelectionGrid(Rect position, int selected, Texture[] images,
    int xCount, GUIStyle style);
6   public static int SelectionGrid(Rect position, int selected, GUIContent[] content,
    int xCount,
7      GUIStyle style);
```

说明　上述声明方法包含许多不同的参数。position 参数表示网格在屏幕上的矩形位置；selected 参数表示被选择表格按钮的索引号；texts 参数表示显示在网格按钮上的字符串数组；images 参数表示显示在网格按钮上的纹理图数组；content 参数表示网格按钮的文本、图片和提示信息；xCount 参数表示水平方向上的元素个数；style 参数表示网格按钮的使用样式。

创建 SelectionGrid 控件的具体方法如下面的代码所示。

代码位置：随书资源中源代码\第 4 章目录下的 GUI\Assert\C#\GUISeGrid.cs

```
1   using UnityEngine;
2   using System.Collections;
3   public class GUISeGrid : MonoBehaviour {
4     public int selGridInt = 0;      //声明一个初始值为 0 的整型变量 selGridInt
5     public string[] selStrings = new string[] { "Grid 1", "Grid 2", "Grid 3", "Grid 4" };
6                                     //声明一个具有内容的字符型数组
7     void OnGUI(){                   //声明 OnGUI 方法
8       //绘制一个内容为 selStrings 且当前焦点在第 selGridInt 上的网格按钮控件
9       selGridInt = GUI.SelectionGrid(new Rect(Screen.width /10,Screen.height /10,
10        Screen.width /2, Screen.height /3), selGridInt, selStrings, 2);
11  }}
```

说明　SelectionGrid 控件返回的是 int 类型的被选择按钮的索引号。

将编写好的脚本挂载到摄像机上，单击 Unity 集成开发环境的“运行”按钮，游戏预览面板中就会显示出 SelectionGrid 控件的创建效果。本示例创建了一个 2×2 的网格按钮，分别为 Grid1、Grid2、Grid3 和 Grid4，如图 4-27 所示。

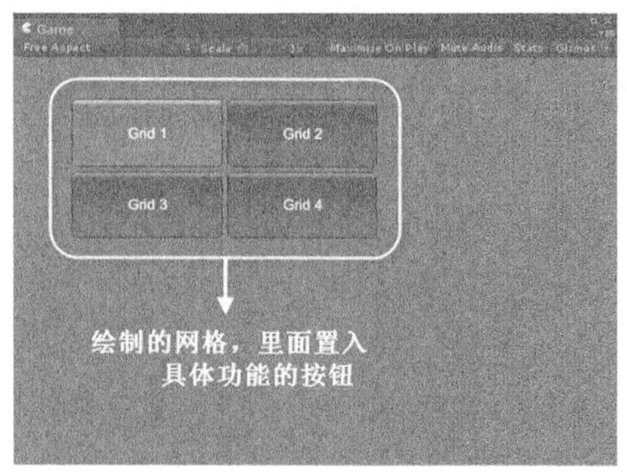


▲图 4-27　SelectionGrid 控件的创建效果

### 15. HorizontalSlider 控件

HorizontalSlider 控件用于绘制水平滑块，用户可以自己设置阈值。一般情况下创建此控件对象所采用的静态方法如下。

```
1   public static float HorizontalSlider(Rect position, float value, float leftValue,
    float rightValue);
2   public static float HorizontalSlider(Rect position, float value, float leftValue,
    float rightValue,
3      GUIStyle slider, GUIStyle thumb);
```

说明 上述声明方法包含许多不同的参数。position 参数表示滑动条在屏幕上的矩形位置；value 参数表示滑动条的值，它确定了可拖动滑块的位置；leftValue 参数表示滑动条最左边的值；rightValue 参数表示滑动条最右边的值；slider 参数表示用于显示可拖动区域的 GUI 样式；thumb 参数表示用于显示可拖动滑块的 GUI 样式。

创建 HorizontalSlider 控件的具体方法如下面的代码所示。

代码位置：随书资源中源代码\第 4 章目录下的 GUI\Assert\C#\GUIHorSlider.cs

```
1   using UnityEngine;
2   using System.Collections;
3   public class GUIHorSlider : MonoBehaviour {
4     public float hSliderValue = 0.0F;              //声明一个浮点型变量 hSliderValue
5     void OnGUI(){                           //声明 OnGUI 方法
6       //绘制一个初始值为 hSliderValue 的水平滚动条
7       hSliderValue = GUI.HorizontalSlider(new Rect(Screen.width /10,
8         Screen.height/10, Screen.width/3, Screen.height /10), hSliderValue, 0.0F, 10.0F);
9   }}
```

说明 HorizontalSlider 控件返回值为 float 类型，并且其所创建的水平滑动条，用户只能在最小和最大值之间拖动改变。

将编写好的脚本挂载到摄像机上，单击 Unity 集成开发环境的“运行”按钮，游戏预览面板中就会显示 HorizontalSlider 控件的创建效果。本示例创建了一个水平滚动条，可以用鼠标滑动滑块来调节控件的值，如图 4-28 所示。

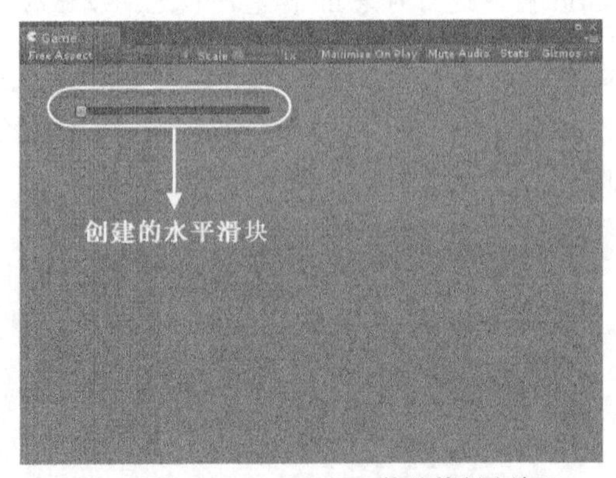


▲图 4-28 HorizontalSlider 控件的创建效果

### 16. VerticalSlider 控件

VerticalSlider 控件用于绘制一个垂直的滑块，并且可以自己设置阈值。一般情况下创建此控件对象所采用的静态方法如下。

```
1   public static float VerticalSlider(Rect position, float value, float topValue,
    float bottomValue);
2   public static float VerticalSlider(Rect position, float value, float topValue,
    float bottomValue,
3     GUIStyle slider, GUIStyle thumb);
```

说明 上述声明方法包含许多不同的参数。position 参数表示滑动条在屏幕上的矩形位置；value 参数表示滑动条的值，它确定了可拖动滑块的位置；topValue 参数表示滑动条最顶部的值；bottomValue 参数表示滑动条最底部的值；slider 参数表示用于显示可拖动区域 GUI 样式；thumb 参数表示用于显示可拖动滑块的 GUI 样式。

创建 VerticalSlider 控件的具体方法如下面的代码所示。

代码位置：随书资源中源代码\第 4 章目录下的 GUI\Assert\C#\GUIVerSlider.cs

```
1   using UnityEngine;
2   using System.Collections;
3   public class GUIVerSlider : MonoBehaviour {
4     public float vSliderValue = 0.0F;   //声明一个初始值为 0.0 的浮点型变量 vSliderValue
5     void OnGUI(){                       //声明 OnGUI 方法
6       //绘制一个初始值为 vSliderValue 的竖直滑块
7       vSliderValue = GUI.VerticalSlider(new Rect(Screen.width/10,Screen.height/10,
8         Screen.width/10, Screen.height/3), vSliderValue, 10.0F, 0.0F);
9   }}
```

说明　VerticalSlider 控件返回值为 float 类型，并且其所创建的竖直滑动条，用户只能在最小和最大值之间拖动改变。

将编写好的脚本挂载到摄像机上，单击 Unity 集成开发环境的“运行”按钮，游戏预览面板中就会显示 VerticalSlider 控件的创建效果。本示例创建了一个竖直滚动条，可以用鼠标滑动滑块调节控件的值，如图 4-29 所示。

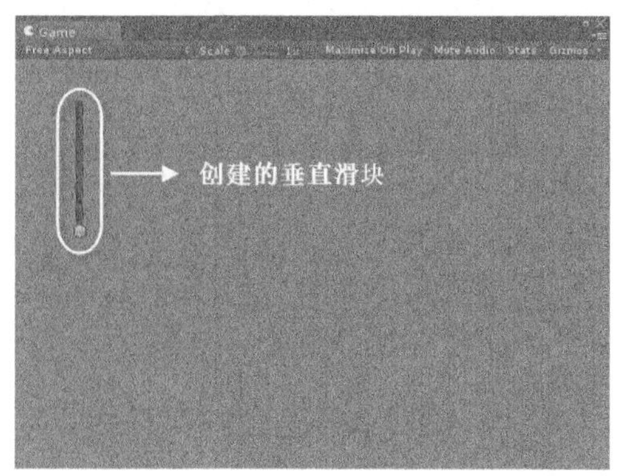


▲图 4-29　VerticalSclider 控件的创建效果

### 17. HorizontalScrollbar 控件

HorizontalScrollbar 控件用于绘制一个水平滚动条，并且可以设置阈值。一般情况下创建此控件对象所采用的静态方法如下。

```
1   public static float HorizontalScrollbar(Rect position, float value, float size,
    float leftValue,
2      float rightValue);
3   public static float HorizontalScrollbar(Rect position, float value, float size,
    float leftValue,
4         float rightValue, GUIStyle style);
```

说明　上述声明方法包含许多不同的参数。position 参数表示滑动条在屏幕上的矩形位置；value 参数表示滑动条的值，它确定了可拖动滑块的位置；size 参数表示我们所能看到的大小；leftValue 参数表示滑动条最左端的值；rightValue 参数表示滑动条最右端的值；style 参数表示滚动条背景的样式。

创建 HorizontalScrollbar 控件的具体方法如下面的代码所示。

代码位置：随书资源中源代码\第 4 章目录下的 GUI\Assert\C#\GUIHScrollbar.cs

```
1   using UnityEngine;
2   using System.Collections;
3   public class GUIHScrollbar : MonoBehaviour {
```

```
4      public float hSbarValue;             //声明一个浮点型变量 hSbarValue
5      void OnGUI(){                        //声明 OnGUI 方法
6        //绘制一个初始值为 hSbarValue 的水平滚动条
7        hSbarValue = GUI.HorizontalScrollbar(new Rect(Screen.width/10, Screen.height/10,
8          Screen.width/3,Screen.height/10), hSbarValue, 1.0F, 0.0F, 10.0F);
9    }}
```

**说明**　HorizontalScrollbar 控件返回值为 float 类型，并且能通过用户拖动滚动条或单击滚动条上的箭头来改变其值。滚动条的作用是通过滚动来浏览文档。大多数情况下也可以使用 scrollView 控件代替。

将编写好的脚本挂载到摄像机上，单击 Unity 集成开发环境的“运行”按钮，游戏预览面板中就会显示 HorizontalScrollbar 控件的创建效果。本示例创建了一个水平滚动条，可以用鼠标滑动滚动条来调节控件的值，如图 4-30 所示。

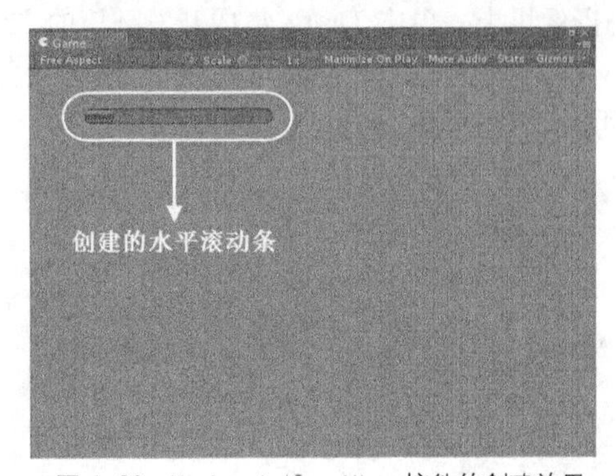


▲图 4-30　HorizontalScrollbar 控件的创建效果

### 18. VerticalScrollbar 控件

VerticalScrollbar 控件用于绘制一个垂直滚动条，并且可以设置阈值。一般情况下创建此控件对象所采用的静态方法如下。

```
1    public static float VerticalScrollbar(Rect position, float value, float size,
     float topValue,
2       float bottomValue);
3    public static float VerticalScrollbar(Rect position, float value, float size,
     float topValue,
4       float bottomValue, GUIStyle style);
```

**说明**　上述声明方法包含许多不同的参数。position 参数表示滑动条在屏幕上的矩形位置；value 参数表示滑动条的值，它确定了可拖动滑块的位置；size 参数表示我们所能看到的大小；topValue 参数表示滑动条最顶部的值；bottomValue 参数表示滑动条最底部的值；style 参数表示滚动条背景的样式。

创建 VerticalScrollbar 控件的具体方法如下面的代码所示。

代码位置：随书资源中源代码\第 4 章目录下的 GUI\Assert\C#\GUIVScrollbar.cs

```
1    using UnityEngine;
2    using System.Collections;
3    public class GUIVScrollbar : MonoBehaviour {
4      public float vSbarValue;             //声明一个浮点型变量 vSbarValue
5      void OnGUI(){                        //声明 OnGUI 方法
6        //绘制一个初始值为 vSbarValue 的竖直滚动条
7        vSbarValue = GUI.VerticalScrollbar(new Rect(Screen.width/10, Screen.height/10,
8          Screen.width/10, Screen.height/3), vSbarValue, 1.0F, 10.0F, 0.0F);
9    }}
```

说明　VerticalScrollbar 控件返回值为 float 类型，并且能通过用户拖动滚动条或单击滚动条上的箭头来改变其值。其和水平滚动条一样，能通过滚动来浏览文档。大多数情况下，可以使用 scrollView 控件代替。

将编写好的脚本挂载到摄像机上，单击 Unity 集成开发环境的“运行”按钮，游戏预览面板中就会显示 VerticalScrollbar 控件的创建效果。本示例创建了一个竖直滚动条，可以用鼠标滑动滚动条来调节控件的值，如图 4-31 所示。

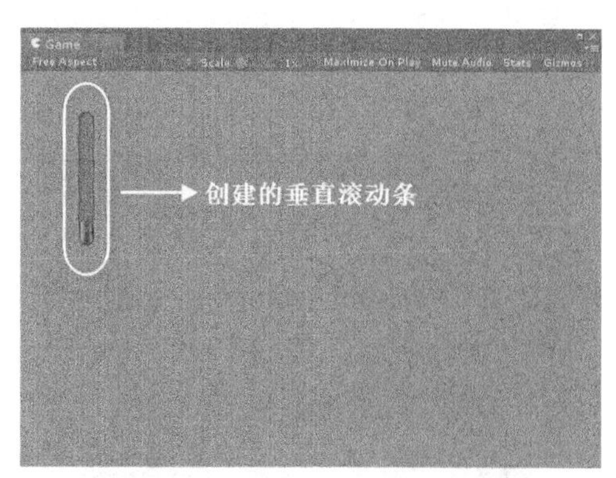


▲图 4-31　VerticalScrollbar 控件的创建效果

### 19. BeginGroup 控件和 EndGroup 控件

BeginGroup 控件用于开始一个组，但必须与 EndGroup 控件配合来结束一个组。一般情况下创建此控件对象所采用的静态方法如下。

```
1   public static void BeginGroup(Rect position);
2   public static void BeginGroup(Rect position, string text);
3   public static void BeginGroup(Rect position, GUIStyle style);
4   public static void BeginGroup(Rect position, Texture image);
5   public static void BeginGroup(Rect position, GUIContent content);
6   public static void BeginGroup(Rect position, string text, GUIStyle style);
7   public static void BeginGroup(Rect position, Texture image, GUIStyle style);
8   public static void BeginGroup(Rect position, GUIContent content, GUIStyle style);
```

说明　上述声明方法包含许多不同的参数。position 参数表示组在屏幕上的矩形位置；text 参数表示在组上显示的文本；image 参数表示在组上显示的纹理图；content 参数表示组的文本，图片和提示；style 参数表示组的背景样式。

EndGroup 控件用于结束一个组，必须与 BeginGroup 配对出现。一般情况下创建此控件对象所采用的静态方法如下。

```
public static void EndGroup();
```

说明　此方法无参数，主要用于结束一个组。

创建 BeginGroup 控件和 EndGroup 控件的具体方法如下面的代码所示。

代码位置：随书资源中源代码\第 4 章目录下的 GUI\Assert\C#\GUIBgEdGroup.cs

```
1   using UnityEngine;
2   using System.Collections;
3   public class GUIBgEdGroup : MonoBehaviour {
4     void OnGUI(){                                          //声明 OnGUI 方法
5       GUI.BeginGroup(new Rect(Screen.width / 2 - 200,      //在屏幕自定义区域内创建一个组
6         Screen.height / 2 - 100, 400, 200));
```

```
7       GUI.Box(new Rect(0, 0, 400, 200),                    //在自定义区域内创建一个 Box 控件
8         "This box is now centered! - here you would put your main menu");
9                                                           //Box 控件用于显示的内容
10      GUI.EndGroup();                                     //结束这个组
11  }}
```

> **说明**　当开始创建一个组时，里面的 GUI 控件的坐标系统相对于组的左上角设置为 (0,0)，所有的控件被限制到该组内。组可以嵌套，子组将依附于父组。并且当在屏幕上移动一批 GUI 元素时，组将非常有用。

将编写好的脚本挂载到摄像机上，单击 Unity 集成开发环境的“运行”按钮，游戏预览面板中就会显示 BeginGroup 控件和 EndGroup 控件的创建效果。本示例开始了一个组并创建了一个 Box 控件，然后结束了这个组，如图 4-32 所示。

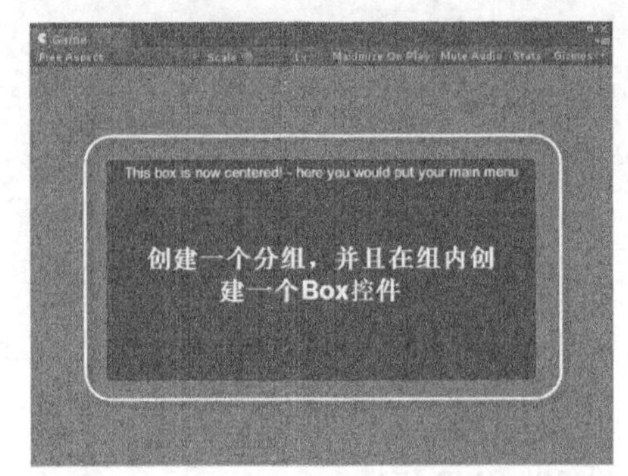


▲图 4-32　BeginGroup 控件和 EndGroup 控件的创建效果

### 20. BeginScrollView 控件和 EndScrollView 控件

BeginScrollView 控件用于在 GUI 中创建一个滚动视图。一般情况下创建此控件对象所采用的静态方法如下。

```
1   public static Vector2 BeginScrollView(Rect position, Vector2 scrollPosition,
    Rect viewRect);
2   public static Vector2 BeginScrollView(Rect position, Vector2 scrollPosition,
3      Rect viewRect, bool alwaysShowHorizontal, bool alwaysShowVertical);
4   public static Vector2 BeginScrollView(Rect position, Vector2 scrollPosition,
5      Rect viewRect, GUIStyle horizontalScrollbar, GUIStyle verticalScrollbar);
6   public static Vector2 BeginScrollView(Rect position, Vector2 scrollPosition,
7      Rect viewRect, bool alwaysShowHorizontal, bool alwaysShowVertical,
8      GUIStyle horizontalScrollbar, GUIStyle verticalScrollbar);
```

> **说明**　上述声明方法包含许多不同的参数。position 参数表示组在屏幕上的矩形位置；scrollPosition 参数显示滚动位置；viewRect 参数表示滚动视图内使用的矩形；alwaysShowHorizontal 参数表示是否显示水平滚动条；alwaysShowVertical 参数表示是否显示垂直滚动条；horizontalScrollbar 参数表示水平滚动条的可选 GUIStyle；verticalScrollbar 参数表示竖直滚动条的可选 GUIStyle。

EndScrollView 控件用于在 GUI 中撤销一个滚动视图。一般情况下创建此控件对象所采用的静态方法如下。

```
1   public static void EndScrollView();
2   public static void EndScrollView(bool handleScrollWheel);
```

> **说明**　第一个方法无参数，用于结束被开始的滚动视图；第二个方法接受一个布尔型参数，同样用于结束被开始的滚动视图。

创建 BeginScrollView 控件和 EndScrollView 控件的具体方法如下面的代码所示。

代码位置：随书资源中源代码\第 4 章目录下的 GUI\Assert\C#\GUIBgEdView.cs

```
1   using UnityEngine;
2   using System.Collections;
3   public class GUIBgEdView : MonoBehaviour {
4     public Vector2 scrollPosition = Vector2.zero;
5                                //声明一个初始值为（0,0）的坐标 scrollPosition
6     void OnGUI(){              //声明 OnGUI 方法
7       //在屏幕的自定义区域内创建一个滚动视图
8       scrollPosition = GUI.BeginScrollView(
9         new Rect(Screen.width/10,Screen.height/10, Screen.width/4, Screen.height/3),
10        scrollPosition, new Rect(0, 0,Screen.width /2, Screen.height/2));
11      //在屏幕的自定义区域内创建 4 个按钮
12      GUI.Button(new Rect(0, 0, 100, 20), "Top-left");
13      GUI.Button(new Rect(120, 0, 100, 20), "Top-right");
14      GUI.Button(new Rect(0, 120, 100, 20), "Bottom-left");
15      GUI.Button(new Rect(120, 120, 100, 20), "Bottom-right");
16      GUI.EndScrollView();     //撤销这个滚动视图
17  }}
```

**说明** 要注意 BeginScrollView 必须和 EndScrollView 配对使用。

将编写好的脚本挂载到摄像机上，单击 Unity 集成开发环境的“运行”按钮，游戏预览面板中就会显示 BeginScrollView 控件和 EndScrollView 控件的创建效果。本示例创建了一个滚动视图并在其区域中创建了 4 个按钮，如图 4-33 所示。

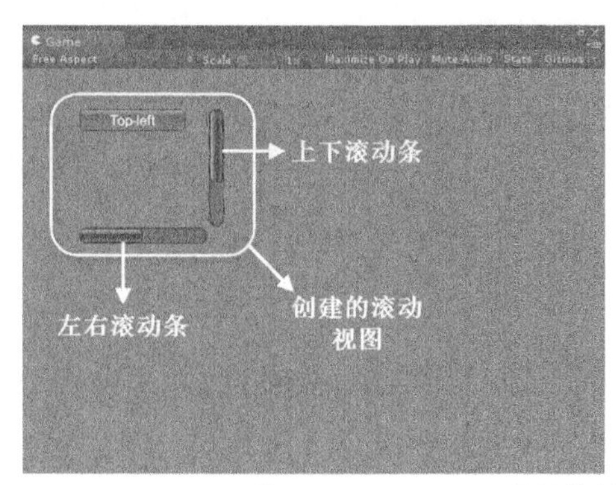


▲图 4-33　BeginScrollView 控件和 EndScrollView 控件的创建效果

### 21. ScrollTo 控件

ScrollTo 控件用于将内容滚动到给定坐标的位置。一般情况下创建此控件对象所采用的静态方法如下。

```
public static void ScrollTo(Rect position);
```

**说明** 上述声明方法包含的 position 参数表示在屏幕上滚动到的位置。

创建 ScrollTo 控件的具体方法如下面的代码所示。

代码位置：随书资源中源代码\第 4 章目录下的 GUI\Assert\C#\GUIScrollTo.cs

```
1   using UnityEngine;
2   using System.Collections;
3   public class GUIScrollTo : MonoBehaviour {
4     public Vector2 scrollPos = Vector2.zero;   //声明一个初始值为（0,0）的坐标 scrollPos
5     void OnGUI(){                              //声明 OnGUI 方法
6       scrollPos = GUI.BeginScrollView(         //在屏幕指定区域内创建一个自定义滚动区域
7         new Rect(Screen.width/10,Screen.height/ 10, Screen.width/5, Screen.height/4),
8           scrollPos, new Rect(0, 0, Screen.width/2,Screen.height/ 10));
```

```
9        //创建一个名字为 Go Right 的按钮，并判断按钮是否被按下
10       if (GUI.Button(new Rect(0,0,Screen.width/5, Screen.height/10), "Go Right"))
11         GUI.ScrollTo(new Rect(Screen.width / 4, 0, Screen.width / 4, Screen.height / 10));
12                                //是当前焦点则立即跳到指定的区域
13       //创建一个名字为 Go Left 的按钮，并判断按钮是否被按下
14        if (GUI.Button(new Rect(Screen.width/4, 0, Screen.width/5, Screen.height/10),
         "Go Left"))
15         GUI.ScrollTo(new Rect(0, 0, Screen.width/5, Screen.height/10));
16                                //是当前焦点则立即跳到指定的区域
17       GUI.EndScrollView();     //撤销滚动视图
18     }}
```

说明　ScrollTo 控件将 scrollviews 滚动到 position 指定的位置，通俗来说就是把内容滚动到指定的坐标。

将编写好的脚本挂载到摄像机上，单击 Unity 集成开发环境的“运行”按钮，游戏预览面板中就会显示出 ScrollTo 控件的创建效果。本示例创建了一个滚动视图，然后在其中创建了两个可滚动焦点的按钮，如图 4-34 所示。

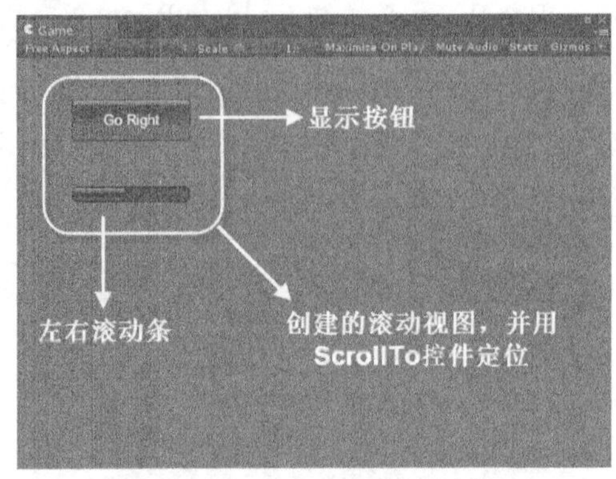


▲图 4-34　ScrollTo 控件的创建效果

### 22. Window 控件

Window 控件用于创建弹出窗口，该窗口浮动在普通 GUI 控件之上。一般情况下创建此控件对象所采用的静态方法如下。

```
1   public static Rect Window(int id, Rect clientRect, GUI.WindowFunction func,
    string text);
2   public static Rect Window(int id, Rect clientRect, GUI.WindowFunction func,
    Texture image);
3   public static Rect Window(int id, Rect clientRect, GUI.WindowFunction func,
    GUIContent content);
4   public static Rect Window(int id, Rect clientRect, GUI.WindowFunction func,
    string text, GUIStyle style);
5   public static Rect Window(int id, Rect clientRect, GUI.WindowFunction func,
    Texture image,
6      GUIStyle style);
7   public static Rect Window(int id, Rect clientRect, GUI.WindowFunction func,
    GUIContent title,
8      GUIStyle style);
```

说明　上述声明方法包含许多不同的参数。id 参数表示每个窗口的唯一 ID；clientRect 参数表示窗口组在屏幕上的矩形位置；func 参数表示在窗口中创建 GUI 的函数；text 参数表示窗口的标题文本显示；content 参数表示窗口的文本、图片和提示；style 参数表示用户窗口的可选样式。

创建 Window 控件的具体方法如下面的代码所示。

代码位置：随书资源中源代码\第 4 章目录下的 GUI\Assert\C#\GUIWindow1.cs

```
1   using UnityEngine;
2   using System.Collections;
3   public class GUIWindow1 : MonoBehaviour {
4     public Rect windowRect = new Rect(20, 20, 120, 50); //声明窗口的矩形区域 windowRect
5     void OnGUI(){                                      //声明 OnGUI 方法
6       //在 windowRect 矩形区域内绘制一个名为 My Window 的窗口
7       windowRect = GUI.Window(0, windowRect, DoMyWindow, "My Window");
8     }
9     void DoMyWindow(int windowID){               //声明 DoMyWindow 函数，用于创建一个按钮
10      if (GUI.Button(new Rect(10, 20, 100, 20), "Hello World"))
11                                                 //创建一个按钮，并判定按钮是否被按下
12        print("Got a click");                    //若按钮被按下，则输出提示信息
13  }}
```

**说明**　Window 控件浮动在普通 GUI 控件之上，拥有点选焦点和能被终端用户随意拖动的特点，不像其他的 GUI 控件，Window 控件需要单独提供一个方法，此方法中可以通过代码描述 Window 控件中有哪些子控件（如按钮、标签等）。另外，如果使用 GUILayout 来摆放组件，就需要配套使用 GUILayout.Window。

将编写好的脚本挂载到摄像机上，单击 Unity 集成开发环境的“运行”按钮，游戏预览面板中就会显示 Window 控件的创建效果。本示例创建了一个窗口，并在其中创建了一个按钮，如图 4-35 所示。

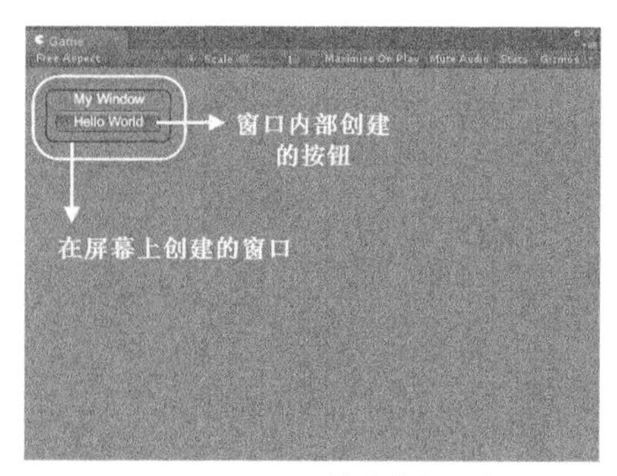


▲图 4-35　Window 控件的创建效果

Window 控件可以使用一样的函数来创建多个窗口，但是要确定每一个窗口有自己的 ID，具体实现方法如下面的代码所示。

代码位置：随书资源中源代码\第 4 章目录下的 GUI\Assert\C#\GUIWindow2.cs

```
1   using UnityEngine;
2   using System.Collections;
3   public class GUIWindow2 : MonoBehaviour {
4     public Rect windowRect0 = new Rect(20, 20, 120, 50);  //声明窗口的矩形区域 windowRect0
5     public Rect windowRect1 = new Rect(20, 100, 120, 50); //声明窗口的矩形区域 windowRect1
6     void OnGUI(){                                        //声明 OnGUI 方法
7       //分别在 windowRect0 和 windowRect1 两个矩形区域内绘制两个窗口
8       windowRect0 = GUI.Window(0, windowRect0, DoMyWindow, "My Window");
9       windowRect1 = GUI.Window(1, windowRect1, DoMyWindow, "My Window");
10    }
11    //声明 DoMyWindow 函数，用于创建一个按钮
12    void DoMyWindow(int windowID){
13      if (GUI.Button(new Rect(10, 20, 100, 20), "Hello World"))
                                                       //绘制一个按钮，并判定是否被按下
14        print("Got a click in window " + windowID); //若按钮被按下，则输出相关提示信息
15        GUI.DragWindow(new Rect(0, 0, 10000, 10000)); //在自定义的矩形区域绘制一个可拖动窗口
16  }}
```

说明　Window 控件返回 Rect 类型，即窗口所在的矩形。

将编写好的脚本挂载到摄像机上，单击 Unity 集成开发环境的“运行”按钮，在游戏预览面板中就会显示 Window 控件的创建效果。在本示例中创建了两个不同 ID 的窗口，并在其中创建了一个按钮，如图 4-36 所示。

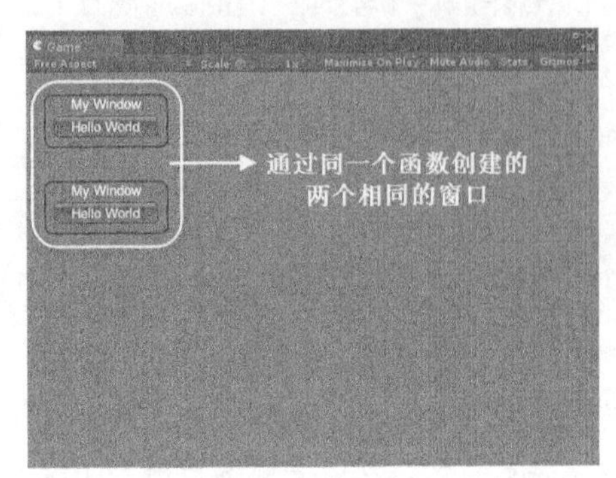


▲图 4-36　通过 Window 函数创建多个窗口

如果想要停止显示一个窗口，只需停止调用 OnGUI 方法，这样就会取消 Window 控件的绘制，也就取消了窗口的显示，具体实现方法如下面的代码所示。

代码位置：随书资源中源代码\第 4 章目录下的 GUI\Assert\C#\GUIWindow3.cs

```
1    using UnityEngine;
2    using System.Collections;
3    public class GUIWindow3 : MonoBehaviour {
4      public bool doWindow0 = true;       //设置一个初始值为 true 的布尔型变量 doWindow0
5      void DoWindow0(int windowID){       //声明 DoWindow0 函数，它用于绘制一个按钮
6        GUI.Button(new Rect(10, 30, 80, 20), "Click Me!"); //绘制一个名为 Click Me! 的按钮
7      }
8      void OnGUI(){                       //声明 OnGUI 方法
9        //绘制一个开关，并将 doWindow0 的值赋给开关
10       doWindow0 = GUI.Toggle(new Rect(10, 10, 100, 20), doWindow0, "Window 0");
11       //对 doWindow0 变量进行判定，判断是否绘制窗口
12       if (doWindow0)
13         GUI.Window(0, new Rect(110, 10, 200, 60), DoWindow0, "Basic Window");
14                                         //绘制指定的窗口
15   }}
```

说明　窗口需要从后向前绘制，在上面的窗口需要比它们下面的窗口晚绘制，这意味着不能在 Dowindow0 函数中调用特定的排序函数指定窗口绘制顺序。为了使整个窗口绘制工作无缝，创建窗口时的绘制顺序将被保存下来，并且 DoWindow0 被 GUI.skin、GUI.enabled、GUI.color、GUI.backgroundColor、Gui.centerColor 和 GUI.matrix 调用时，创建窗口时的绘制顺序将被重新取回。

将编写好的脚本挂载到摄像机上，单击 Unity 集成开发环境的“运行”按钮，游戏预览面板中就会显示 Window 控件的创建效果。本示例创建了用于控制窗口绘制的按钮，打开开关，窗口显示；关闭开关，窗口消失，如图 4-37 和图 4-38 所示。

可以改变 Window 控件的变量来创建出各种各样独具特色的窗口，下面就通过设置一些变量来创建不同的窗口，具体实现方法如下面的代码所示。

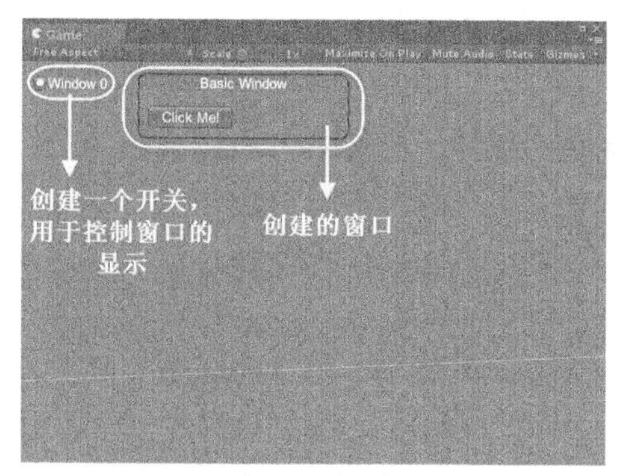


▲图 4-37　打开开关，窗口显示

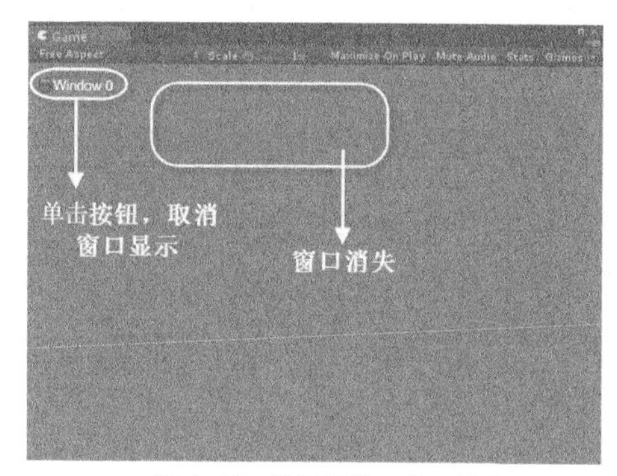


▲图 4-38　关闭开关，窗口消失

代码位置：随书资源中源代码\第 4 章目录下的 GUI\Assert\C#\GUIWindow4.cs

```
1    using UnityEngine;
2    using System.Collections;
3    public class GUIWindow4 : MonoBehaviour {
4      public Rect windowRect0 = new Rect(20, 20, 120, 50);  //声明窗口的矩形区域windowRect0
5      public Rect windowRect1 = new Rect(20, 100, 120, 50); //声明窗口的矩形区域windowRect1
6      void OnGUI(){                                        //声明 OnGUI 方法
7        //设置 GUI 的 color 变量为红色，并在 windowRect0 区域内绘制一个窗口
8        GUI.color = Color.red;
9        windowRect0 = GUI.Window(0, windowRect0, DoMyWindow, "Red Window");
10       //设置 GUI 的 color 变量为绿色，并在 windowRect1 区域内绘制一个窗口
11       GUI.color = Color.green;
12       windowRect1 = GUI.Window(1, windowRect1, DoMyWindow, "Green Window");
13     }
14     //声明 DoMyWindow 函数，它用于创建一个可拖动窗口
15     void DoMyWindow(int windowID){
16       if (GUI.Button(new Rect(10, 20, 100, 20), "Hello World"))
                                                        //声明一个按钮，并判断是否被按下
17         print("Got a click in window with color " + GUI.color);    //输出提示信息
18       //在自定义区域内绘制一个可拖动窗口
19       GUI.DragWindow(new Rect(0, 0, 10000, 10000));
20   }}
```

**说明**　为了实现更好的效果，可以使用 GUI.color 的控件通道来淡入淡出窗口。

将编写好的脚本挂载到摄像机上，单击 Unity 集成开发环境的“运行”按钮，游戏预览面板中就会显示 Window 控件的创建效果。本示例创建了一个红色背景的窗口和一个绿色背景的窗口，如图 4-39 所示。

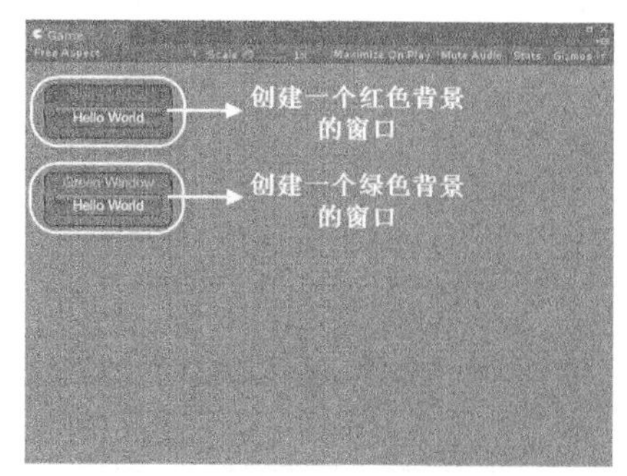


▲图 4-39　创建不同颜色背景的窗口

### 23. DragWindow 控件

DragWindow 控件用于绘制一个可拖动的窗口，并且可以设置其可拖动的区域。一般情况下创建此控件对象所采用的静态方法如下。

```
1   public static void DragWindow();
2   public static void DragWindow(Rect position);
```

说明　上述声明方法包含的 position 参数表示能拖动窗口的位置。

创建 DragWindow 控件的具体方法如下面的代码所示。

代码位置：随书资源中源代码\第 4 章目录下的 GUI\Assert\C#\GUIDgWindow.cs

```
1   using UnityEngine;
2   using System.Collections;
3   public class GUIDgWindow : MonoBehaviour {
4     public Rect windowRect = new Rect(20,20,120,50);    //声明窗口的矩形区域windowRect
5     void OnGUI(){                                       //声明 OnGUI 方法
6       //在 windowRect 矩形区域中绘制一个内容为 My Window 的窗口
7       windowRect = GUI.Window(0, windowRect, DoMyWindow, "My Window");
8     }
9     void DoMyWindow(int windowID){          //声明 DoMyWindow 函数，用于创建一个可拖动窗口
10      GUI.DragWindow(new Rect(0, 0, 10000, 20));      //在自定义区域内绘制一个可拖动窗口
11  }}
```

说明　DragWindow 控件需要在代码窗口调用函数来创建一个可拖动窗口。如果想将完整的窗口背景作为拖动区域，则需使用 DragWindow 的不带参数版本，然后将其放在窗口函数的末尾。这意味着，任何其他控件将会优先，拖动将仅在没有别的鼠标焦点时才被激活。

将编写好的脚本挂载到摄像机上，单击 Unity 集成开发环境的“运行”按钮，游戏预览面板中就会显示 DragWindow 控件的创建效果。本示例创建了一个可拖动窗口，并设置了一个可拖曳区域来说明 DragWindow 控件的具体方法，如图 4-40 所示。

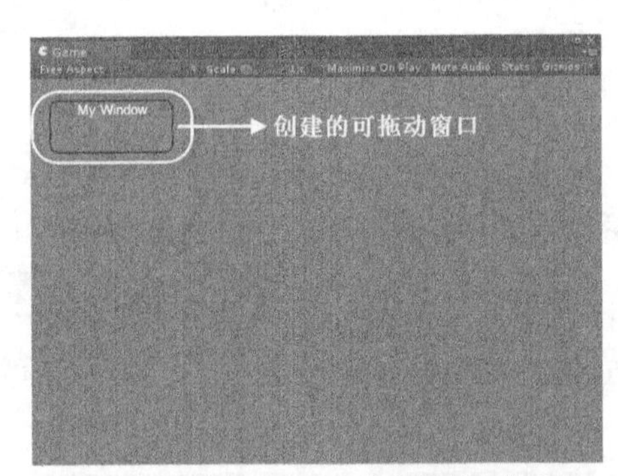


▲图 4-40　DragWindow 控件的创建效果

## 24. BringWindowToFront 控件

BringWindowToFront 控件用于将当前窗口显示至最上面，即将当前窗口设置在创建的所有窗口的最上面。一般情况下创建此控件对象所采用的静态方法如下。

```
public static void BringWindowToFront(int windowID);
```

说明　上述声明方法包含的 windowID 参数表示在窗口调用时创建窗口使用的标识符。

创建 BringWindowToFront 控件的具体方法如下面的代码所示。

代码位置：随书资源中源代码\第 4 章目录下的 GUI\Assert\C#\GUIBwtFront.cs

```
1   using UnityEngine;
2   using System.Collections;
```

```
3   public class GUIBwtFront : MonoBehaviour{
4     private Rect windowRect = new Rect(20, 20, 120, 50);  //声明窗口的矩形区域windowRect
5     private Rect windowRect2 = new Rect(80, 20, 120, 50); //声明窗口的矩形区域windowRect2
6     void OnGUI(){                                         //声明OnGUI方法
7       windowRect = GUI.Window(0, wi ndowRect, DoMyFirstWindow, "First");//绘制第一个窗口
8       windowRect2 = GUI.Window(1, windowRect2, DoMySecondWindow, "Second");
9                                                           //绘制第二个窗口
10    }
11    void DoMyFirstWindow(int windowID){                   //声明DoMyFirstWindow函数
12      if (GUI.Button(new Rect(10, 20, 100, 20), "Bring to front"))
                                                            //绘制一个按钮，并判断是否被按下
13        GUI.BringWindowToFront(1);
14        //调用BringWondowToFront方法，并将ID为1的窗口置于最上方
15        GUI.DragWindow(new Rect(0, 0, 10000, 20));        //绘制一个可拖动窗口
16    }
17    void DoMySecondWindow(int windowID){                  //声明DoMySecondWindow函数
18      if (GUI.Button(new Rect(10, 20, 100, 20), "Bring to front"))
                                                            //绘制一个按钮，并判断是否被按下
19        GUI.BringWindowToFront(0);
20        //调用BringWindowToFront方法，将ID为0的窗口置于最上方
21        GUI.DragWindow(new Rect(0, 0, 10000, 20));
22  }}
```

说明　本示例创建了部分重叠的两个窗口，单击窗口的按钮会将其置于最上方。

将编写好的脚本挂载到摄像机上，单击 Unity 集成开发环境的"运行"按钮，游戏预览面板中就会显示 BringWindowToFront 控件的创建效果，如图 4-41 所示。

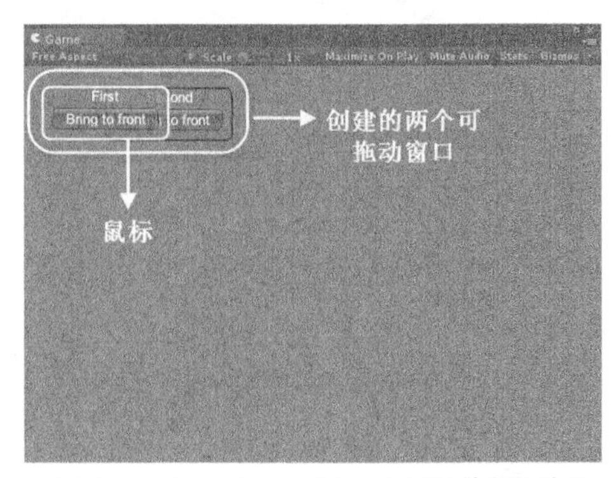


▲图 4-41　BringWindowToFront 控件的创建效果

## 25. BringWindowToBack 控件

BringWindowToBack 控件用于将当前窗口移至最下面，即将当前窗口置于创建的所有窗口的最下方。一般情况下创建此控件对象所采用的静态方法如下。

```
1   public static void BringWindowToBack(int windowID);
```

说明　上述声明方法包含的 windowID 参数表示在窗口调用时创建窗口使用的标识符。

创建 BringWindowToBack 控件的具体方法如下面的代码所示。

代码位置：随书资源中源代码\第 4 章目录下的 GUI\Assert\C#\GUIBwtBack.cs

```
1   using UnityEngine;
2   using System.Collections;
3   public class GUIBwtBack : MonoBehaviour {
4     private Rect windowRect = new Rect(20, 20, 120, 50);   //声明窗口的矩形区域windowRect
5     private Rect windowRect2 = new Rect(80, 20, 120, 50);  //声明窗口的矩形区域windowRect2
6     void OnGUI(){                                          //声明OnGUI方法
```

```
7        windowRect = GUI.Window(0, windowRect, DoMyFirstWindow, "First");
8                                                         //绘制第一个窗口
9        windowRect2 = GUI.Window(1, windowRect2, DoMySecondWindow, "Second");
10                                                        //绘制第二个窗口
11     }
12     void DoMyFirstWindow(int windowID){                    //声明 DoMyFirstWindow 函数
13       if (GUI.Button(new Rect(10, 20, 100, 20), "Put Back"))//绘制一个按钮，并判断是否被按下
14         GUI.BringWindowToBack(0);    //调用 BringWindowToBack 函数，将 ID 为 0 的窗口置于最后
15       GUI.DragWindow(new Rect(0, 0, 10000, 20));           //绘制一个可拖动窗口
16     }
17     void DoMySecondWindow(int windowID){                   //声明 DoMySecondWindow 函数
18       if (GUI.Button(new Rect(10, 20, 100, 20), "Put Back"))//绘制一个按钮，并判断是否被按下
19         GUI.BringWindowToBack(1);    //调用 BringWindowToBack 函数，将 ID 为 1 的窗口置于最后
20         GUI.DragWindow(new Rect(0, 0, 10000, 20))          //绘制一个可拖动窗口
21   }}
```

**说明**　本示例创建了部分重叠的两个窗口，单击窗口的按钮会将其置于最下方。

将编写好的脚本挂载到摄像机上，单击 Unity 集成开发环境的“运行”按钮，游戏预览面板中就会显示 BringWindowToBack 控件的创建效果，如图 4-42 所示。

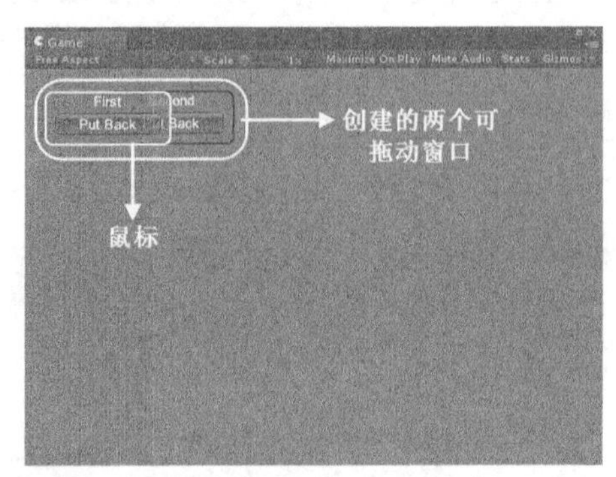


▲图 4-42　BringWindowToBack 控件的创建效果

### 26. FocusWindow 控件

FocusWindow 控件可以将一个窗口设置为当前焦点窗口，通过调用窗口的 ID 即可完成设置。一般情况下创建此控件对象所采用的静态方法如下。

```
public static void FocusWindow(int windowID);
```

**说明**　上述声明方法包含的 windowID 参数表示在窗口调用时创建窗口使用的标识符。

创建 FocusWindow 控件的具体方法如下面的代码所示。

代码位置：随书资源中源代码\第 4 章目录下的 GUI\Assert\C#\GUIFcWindow.cs

```
1    using UnityEngine;
2    using System.Collections;
3    public class GUIFcWindow : MonoBehaviour {
4      private Rect windowRect = new Rect(20, 20, 120, 50);     //声明窗口的矩形区域 windowRect
5      private Rect windowRect2 = new Rect(20, 80, 120, 50);    //声明窗口的矩形区域 windowRect2
6      void OnGUI(){                                            //声明 OnGUI 方法
7        windowRect = GUI.Window(0, windowRect, DoMyFirstWindow, "First");
8                                                         //绘制第一个窗口
9        windowRect2 = GUI.Window(1, windowRect2, DoMySecondWindow, "Second");
10                                                        //绘制第二个窗口
11     }
12     void DoMyFirstWindow(int windowID){                    //声明 DoMyFirstWindow 函数
13       if (GUI.Button(new Rect(10, 20, 100, 20), "Focus other"))
                                                          //绘制一个按钮，并判断是否被按下
```

```
14        GUI.FocusWindow(1);        //调用 FocusWindow 函数，并将 ID 为 1 的窗口设置为焦点窗口
15    }
16    void DoMySecondWindow(int windowID){                  //声明 DoMySecondWindow 函数
17      if (GUI.Button(new Rect(10, 20, 100, 20), "Focus other"))
                                                           //绘制一个按钮，并判断是否被按下
18        GUI.FocusWindow(0);        //调用 FoucsWindow 函数，并将 ID 为 0 的窗口设置为焦点窗口
19  }}
```

说明　FocusWindow 控件用于使一个窗口成为活动窗口。本示例创建了两个窗口，单击一个窗口的按钮会将另一窗口设置为焦点窗口。

将编写好的脚本挂载到摄像机上，单击 Unity 集成开发环境的“运行”按钮，游戏预览面板中就会显示出 FocusWindow 控件的创建效果，如图 4-43 所示。

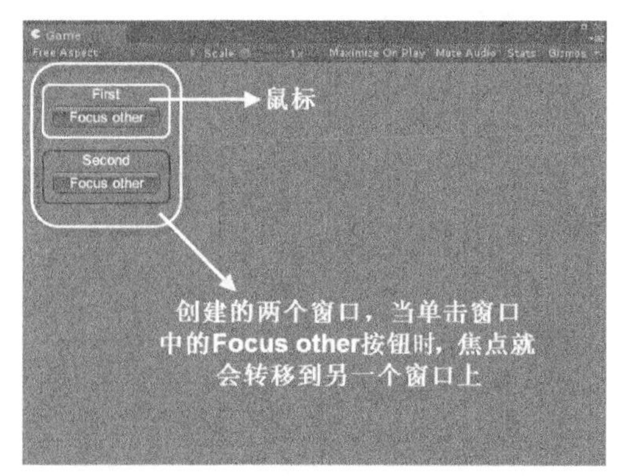


▲图 4-43　FocusWindow 控件的创建效果

### 27. UnfocusWindow 控件

UnfocusWindow 控件用于将当前的焦点窗口从所有的窗口中移除，通过调用窗口的 ID 即可完成设置。一般情况下创建此控件对象所采用的静态方法如下。

```
public static void UnfocusWindow();
```

创建 UnfocusWindow 控件的具体方法如下面的代码所示。

代码位置：随书资源中源代码\第 4 章目录下的 GUI\Assert\C#\GUIDgWindow.cs

```
1   using UnityEngine;
2   using System.Collections;
3   public class GUIUfcWindow : MonoBehaviour {
4     private Rect windowRect = new Rect(20, 20, 120, 50); //声明窗口的矩形区域 windowRect
5     private Rect windowRect2 = new Rect(20, 80, 120, 50);//声明窗口的矩形区域 windowRect2
6     void OnGUI(){                                       //声明 OnGUI 方法
7       windowRect = GUI.Window(0, windowRect, DoMyFirstWindow, "First");
8                                                         //绘制第一个窗口
9       windowRect2 = GUI.Window(1, windowRect2, DoMySecondWindow, "Second");
10                                                        //绘制第二个窗口
11    }
12    void DoMyFirstWindow(int windowID){                 //声明 DoMyFirstWindow 函数
13      if (GUI.Button(new Rect(10, 20, 100, 20), "UnFocus"))
                                                          //绘制一个按钮,并判断按钮是否被按下
14        GUI.UnfocusWindow();                            //若被按下，则移除当前窗口的焦点
15    }
16    void DoMySecondWindow(int windowID){                //声明 DoMyFirstWindow 函数
17      if (GUI.Button(new Rect(10, 20, 100, 20), "UnFocus"))
                                                          //绘制一个按钮,并判断按钮是否被按下
18        GUI.UnfocusWindow();                            //若被按下，则移除当前窗口的焦点
19  }}
```

说明　UnfocusWindow 控件用于从所有窗口移除焦点，即使所有窗口处于不激活状态。

将编写好的脚本挂载到摄像机上，单击 Unity 集成开发环境的“运行”按钮，游戏预览面板中就会显示 UnfocusWindow 控件的创建效果。本示例创建了两个窗口，单击窗口的按钮会移除当前窗口的焦点，如图 4-44 所示。

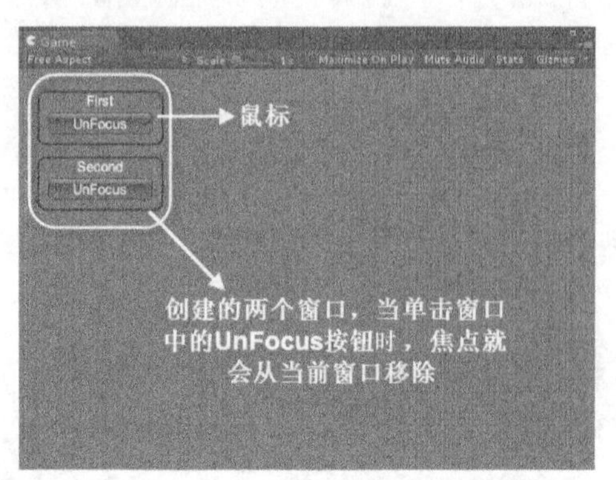


▲图 4-44 UnfocusWindow 控件的创建效果

### 28. ModalWindow 控件

ModalWindow 控件用于创建模态窗口，通过调用窗口的 ID 即可完成设置。一般情况下创建此控件对象所采用的静态方法如下。

```
1  public static Rect ModalWindow(int id, Rect clientRect, GUI.WindowFunction func,
   string text);
2  public static Rect ModalWindow(int id, Rect clientRect, GUI.WindowFunction func,
   Texture image);
3  public static Rect ModalWindow(int id, Rect clientRect, GUI.WindowFunction func,
   GUIContent content);
4  public static Rect ModalWindow(int id, Rect clientRect, GUI.WindowFunction func,
   string text,
5     GUIStyle style);
6  public static Rect ModalWindow(int id, Rect clientRect, GUI.WindowFunction func,
   Texture image,
7     GUIStyle style);
8  public static Rect ModalWindow(int id, Rect clientRect, GUI.WindowFunction func,
   GUIContent content,
9     GUIStyle style);
```

**说明** 上述声明方法包含许多不同的参数。id 参数表示每个窗口的 ID；clientRect 参数表示窗口组在屏幕上的矩形位置；func 参数表示在窗口中创建 GUI 的函数；text 参数表示窗口的标题文本显示；content 参数表示窗口的文本、图片和提示；style 参数表示用户窗口的可选样式。

创建 ModalWindow 控件的具体方法如下面的代码所示。

代码位置：随书资源中源代码\第 4 章目录下的 GUI\Assert\C#\GUIMalWindow.cs

```
1  using System.Collections;
2  using System.Collections.Generic;
3  using UnityEngine;
4  public class GUIMalWindow : MonoBehaviour {
5    public Rect windowRect = new Rect(150, 20, 120, 50);  //声明窗口的矩形区域windowRect
6    private bool toggle = false;                          //声明一个初始值为false的布尔型变量toggle
7    void OnGUI() {                                        //声明 OnGUI 方法
8      if(GUI.Button(new Rect(10, 20, 100, 20), "Hello World"))
                                                           //创建一个按钮，并判定按钮是否被按下
9        print("Got a click");                             //若按钮被按下，则输出提示信息
10     //绘制一个名为 Show ModalWindow 且初始状态为 toggle 的开关
11     toggle = GUI.Toggle(new Rect(150, 70, 120, 50), toggle, "Show ModalWindow");
12     if(toggle) {                                        //如果 toggle 为 true
```

```
13          //在 windowRect 矩形区域内绘制一个名为 Modal Window 的窗口
14          windowRect = GUI.ModalWindow(0, windowRect, DoMyWindow, "Modal Window");
15      }}
16      void DoMyWindow(int windowID) {                //声明 DoMyWindow 函数，用于创建一个按钮
17        if(GUI.Button(new Rect(10, 20, 100, 20), "Close Window"))
                                                       //创建一个按钮，并判定按钮是否被按下
18          toggle = false;                            //若按钮被按下，则输出提示信息
19    }}
```

说明 ModalWindow 与 GUI.Window 类似，但其窗口始终位于所有其他 GUI 组件的顶部，并且当其显示时，该控件将是所有 GUI 输入和事件的唯一接收者。当显示 ModalWindow 控件时，其他控件将不会处理输入，并且一次只能显示一个 ModalWindow 控件。

将编写好的脚本挂载到摄像机上，单击 Unity 集成开发环境的“运行”按钮，游戏预览面板中就会显示 ModalWindow 控件的创建效果。本示例创建了一个窗口、一个开关和一个按钮，并且窗口里面还有一个按钮，窗口的显示由开关和窗口内的按钮控制，如图 4-45 所示。

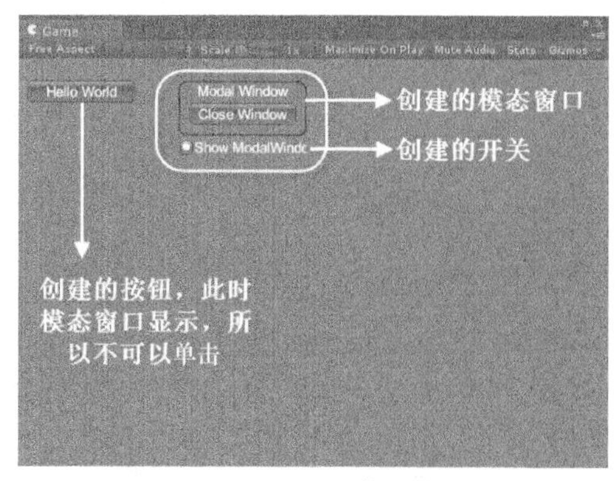


▲图 4-45 ModalWindow 控件的创建效果

### 4.1.3 GUI 控件综合示例

在实际的开发过程中，GUI 控件会得到大量的应用。例如，在开发游戏时，游戏设置界面和帮助界面的搭建会使用 GUI 搭建的相关知识，正确、合理地应用这些 GUI 控件就可以搭建出绚丽、漂亮的界面。

本小节用一些单纯的 GUI 控件来搭建一个相册的界面。在相册里面将绘制一些按钮、纹理图、窗口，通过这些控件的合理搭配，进而搭建出一个较为绚丽的相册界面。下面就对这个相册的制作过程进行详细介绍，具体的制作步骤如下：

（1）收集相册所需的资源。既然要搭建一个相册界面，就避免不了收集照片、相册中的按钮纹理贴图及相册标题贴图，表 4-3 详细地介绍了这些资源的具体信息。

表 4-3 相册所需资源的具体信息

| 图片 | 大小（KB） | 像素（$W \times H$） | 用途 |
| --- | --- | --- | --- |
| 1.jpg | 170 | 512×512 | 用于显示示例图片 1 |
| 2.jpg | 170 | 512×512 | 用于显示示例图片 2 |
| 3.jpg | 170 | 512×512 | 用于显示示例图片 3 |
| 4.jpg | 170 | 512×512 | 用于显示示例图片 4 |
| 5.jpg | 170 | 512×512 | 用于显示示例图片 5 |

续表

| 图片 | 大小（KB） | 像素（W×H） | 用途 |
|---|---|---|---|
| album.png | 85 | 256×128 | 相册标题纹理贴图 |
| ok.png | 85 | 256×128 | “确定”按钮纹理贴图 |
| return.png | 85 | 256×128 | “返回”按钮纹理贴图 |
| bg.jpg | 341 | 1024×512 | 背景图片 |

（2）将所收集的资源导入 Unity 集成开发环境。单击桌面上的 Unity 图标，进入 Unity 集成开发环境，选择 File→New Scene，新建一个场景；然后选择 Assets→Import New Asset，弹出 Import New Asset 对话框，选择需要导入的资源。

（3）编写脚本，实现具体的 GUI 搭建。选择 Assets→Create→C# Script，在项目资源列表中就创建了一个 C# Script 脚本。在此将脚本的名字重命名为 AlbumScript，双击该脚本即可进入默认的脚本编辑器。在脚本编辑器中编写此相册的脚本，具体实现方法如下面的代码所示。

代码位置：随书资源中源代码\第 4 章目录下的 GUI\Assert\C#\AlbumScript.cs

```
1   using UnityEngine;
2   using System.Collections;
3   public class AlbumScript : MonoBehaviour {
4     public Texture BackgroundTex;                       //声明背景纹理图
5     public Texture Texture1;                            //声明示例图片 1
6     public Texture[] Scene;                             //声明示例图片数组
7     int i = 1;                                          //声明示例图片数组索引
8     public GUIStyle MyStyle;                            //声明 GUIStyle
9     //此处省略一些变量声明的代码，有兴趣的读者可以自行翻看随书源代码
10    void Update() {                                     //声明 Update 方法
11      if (Application.platform == RuntimePlatform.Android) {
                                                          //判断运行平台是否为 Android 平台
12        if (Input.GetKeyUp(KeyCode.Home)) {             //判断按键是否为 Android 设备的 Home 键
13          Application.Quit();                           //若是 Home 键，项目退出
14    }
15    if (Input.GetKeyUp(KeyCode.Escape)) {               //判断按键是否为 Android 设备的 Escape 键
16      Application.Quit();                               //若是 Escape 键，项目退出
17    }}}
18    void OnGUI(){                                       //声明 OnGUI 方法
19      float ratioScaleTempH = Screen.height / 960.0f;   //声明屏幕自适应的纵向缩放比变量
20      float ratioScaleTempW = Screen.width / 540.0f;    //声明屏幕自适应的横向缩放比变量
21      Rect windowRect =new Rect(20*ratioScaleTempW,     //声明自定义矩形窗口，实现屏幕自适应
22        250*ratioScaleTempH,500*ratioScaleTempW,550*ratioScaleTempH);
23      GUI.DrawTexture(new Rect(0,0,540*ratioScaleTempW, //绘制背景纹理图，并实现屏幕自适应
24        960*ratioScaleTempW),BackgroundTex,ScaleMode.ScaleToFit,true,540.0f/960.0f);
25      GUI.DrawTexture(new Rect(170*ratioScaleTempW,     //绘制相册标题纹理图，并实现屏幕自适应
26        20*ratioScaleTempH,200*ratioScaleTempW,100*ratioScaleTempH),
27          AlbumTex,ScaleMode.ScaleToFit,true,200.0f/100.0f);
28      //绘制左箭头按钮纹理图，并实现屏幕自适应，以及对按钮是否被按下进行判定
29      if (GUI.Button(new Rect(20 * ratioScaleTempW, 145 * ratioScaleTempH,
30      50 * ratioScaleTempW, 50 * ratioScaleTempH),LeftTexture,MyStyle)){
31        i--;                                            //示例图片数组索引自减
32        if (i < 0) {                                    //若示例图片数组索引小于 0
33          i = 4;                                        //将索引值设为 4
34      }}
35      //绘制示例图片 1 按钮的纹理图，并实现屏幕自适应，以及对按钮是否被按下进行判定
36      if (GUI.Button(new Rect(70 * ratioScaleTempW, 130 * ratioScaleTempH,
37        80 * ratioScaleTempW, 80 * ratioScaleTempH),Texture1, MyStyle)) {
38        i = 0;                                          //设置示例图片数组的索引值为 0
39      }
40      ……//此处省略一些按钮绘制的代码，有兴趣的读者可以自行翻看随书资源中的源代码
41      windowRect = GUI.Window(0,windowRect,DoMyWindow,"");        //绘制一个窗口
42      //绘制确定按钮纹理图，并实现屏幕自适应，以及对按钮是否被按下进行判定
43      if (GUI.Button(new Rect(70 * ratioScaleTempW, 830 * ratioScaleTempH,
44        100 * ratioScaleTempW, 50 * ratioScaleTempH),okTexture, MyStyle)) {
45        Debug.Log("显示的风景图片");                      //若被按下，则输出提示信息
```

```
46          }
47          ……//此处省略一些按钮绘制的代码，有兴趣的读者可以自行翻看随书资源中的源代码
48          }}
49          void DoMyWindow(int windowID){                    //声明 DoMyWindow 函数
50            float ratioScaleTempH = Screen.height / 960.0f; //声明屏幕自适应的纵向缩放比变量
51            float ratioScaleTempW = Screen.width / 540.0f;  //声明屏幕自适应的横向缩放比变量
52            //在刚绘制的窗口内自定义一个区域，并绘制一个与示例图片数组索引项对应的示例图片
53            GUI.DrawTexture(new Rect(10 * ratioScaleTempW, 30 * ratioScaleTempH,
54              480 * ratioScaleTempW, 480 * ratioScaleTempH),Scene[i],
55                ScaleMode.ScaleToFit, true, 500.0f / 500.0f);
56      }}
```

- 第 1～8 行声明变量，主要声明了背景纹理图、示例图片、示例图片数组、示例图片数组索引及相册的显示样式等。在开发环境下的 Inspector 面板中可以为各个参数指定资源或者取值。
- 第 10～17 行实现了 Update 方法的重写，该方法在脚本加载时执行。其主要功能是判断是否为 Android 平台，并且对手机 Home 键和 Escape 键进行了监听，分别实现了 Home 键按下时的退出功能和 Escape 键按下时的返回功能。
- 第 19～22 行对 OnGUI 方法进行了重写，该方法声明了屏幕自适应的横纵缩放比并且自定义了矩形窗口，使相册能够进一步实现屏幕自适应。
- 第 23～27 行绘制了相册的背景纹理图和相册标题纹理图片，并且分别实现了屏幕自适应。
- 第 28～39 行绘制了左箭头按钮纹理图和示例图片 1 按钮的纹理图，分别实现了其屏幕自适应。另外，对各个按钮的按下进行判断，分别实现了对应的功能：按下左箭头按钮，跳转到前一幅图片；按下示例图片 1 按钮，跳转到第一幅图片。
- 第 41～48 行绘制了窗口和确定按钮的纹理图，实现其自适应，并且对确定按钮的按下进行了判定，实现了该按钮的功能，按下确定按钮会输出当前图片的提示信息。
- 第 49～56 行声明了 DoMyWindow 函数，在此函数中声明了屏幕的横向和纵向的缩放比，然后在刚绘制的窗口内自定义了一个区域，并且绘制了一幅与示例图片数组索引相对应的示例图。

（4）脚本的挂载和脚本中声明的资源与项目中资源的连接。编写完脚本即可将脚本挂载到场景中的摄像机上，此时摄像机就会多出一个 AlbumScript 的脚本属性，在该属性中需要将里面需要的资源与项目中的资源相连接，即将项目中的资源选中，然后拖曳到脚本声明中相应资源的位置。完成连接后，项目就能正常运行，如图 4-46 所示。

▲图 4-46　脚本中资源声明与项目中资源的连接

# 4.2 UGUI 系统

4.1 节介绍了旧版的 GUI 系统的使用及一些重要参数，本节将要介绍 Unity 3D 在 4.6 版本开始新增的 UGUI 系统。旧版的 GUI 系统在使用时有很多不便，而且没有可视性，以至于在实际的游戏开发时一般都选用其他方式代替它。新版的 UGUI 相比旧的 GUI 系统有了很大的提升，使用起来思路更加清晰，界面更加美观，而且它是一个开源的系统，下面将详细地进行介绍。

## 4.2.1　创建 UGUI 控件

开始介绍 UGUI 系统前，首先要了解如何去创建一个 UGUI 控件。选择 GameObject→UI 就会出现所有的 UGUI 控件，如图 4-47 所示。选择一个想要的控件，如 Button 控件，单击就可以完成创建，如图 4-48 所示。

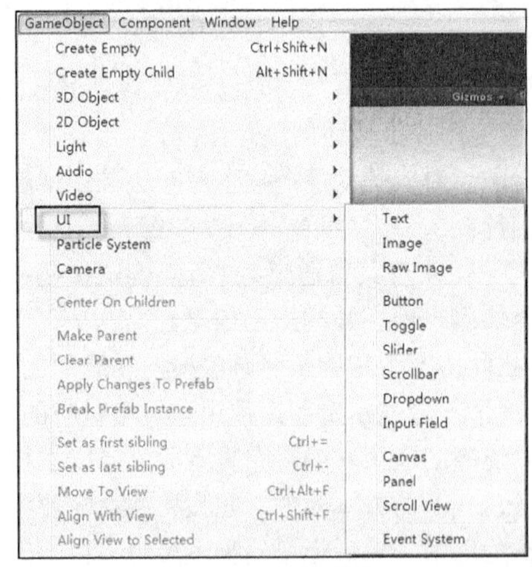


▲图 4-47　UGUI 控件

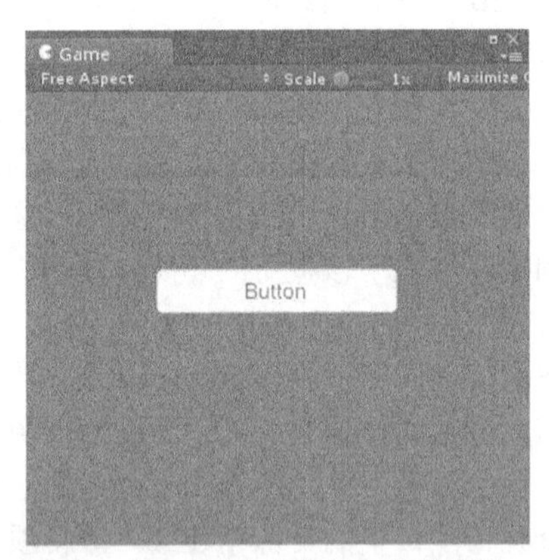


▲图 4-48　创建一个 Button 控件事例

创建好 Button 控件后就会在 Hierarchy 面板中看到图 4-49 所示的结构。其中 Canvas 是画布，在该界面中创建的所有控件都会自动变为 Canvas 游戏对象的子对象。若是场景中没有 Canvas 游戏对象，在创建控件时 Canvas 对象会被自动创建。

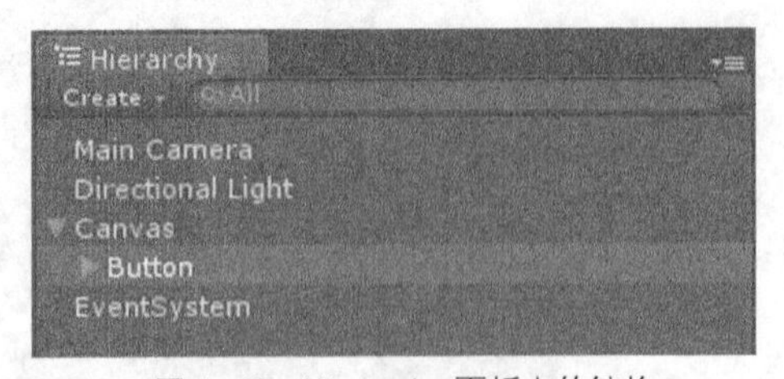


▲图 4-49　Hierarchy 面板中的结构

**说明**　创建第一个 UGUI 控件时，若场景中没有已经存在的 Canvas 游戏对象，就会自动创建一个，并将 UGUI 控件设置为 Canvas 的子对象，同时会自动创建一个名为 EventSystem 的游戏对象，上面挂载了若干可供设置的事件监听的相关组件，这些内容将在下面的小节中详细介绍。

### 4.2.2 Canvas

本小节介绍 UGUI 中的一个重要组成部分，即 Canvas。Canvas 是一个游戏对象，自带 Canvas 游戏组件，所有的 UI 元素都必须是 Canvas 的子对象。若场景中没有 Canvas，那么当创建一个新的 UI 元素时会自动生成一个 Canvas 游戏对象。对于 Canvas，需要了解的内容如下。

#### 1. UI 元素的绘制顺序

UI 元素在 Canvas 里的绘制顺序和它们在 Hierarchy 面板中的排序是一致的，即第一个子对象最先绘制，然后是第二个子对象，以此类推。如果两个 UI 元素有重叠部分，那么之后绘制的元素会挡在先绘制的元素上面。可以参考图 4-50 和图 4-51 帮助理解。

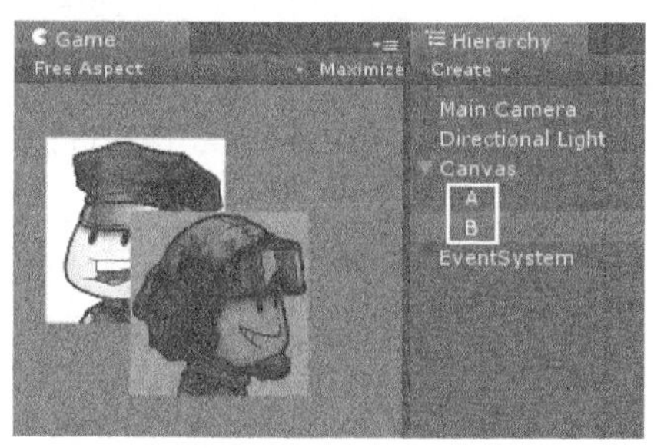


▲图 4-50　UI 的绘制顺序图解 1

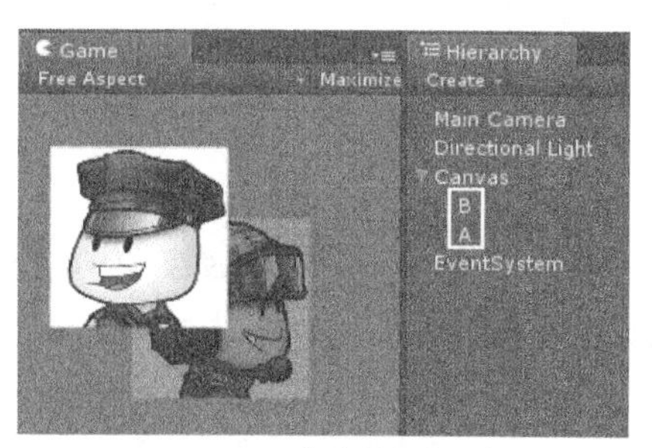


▲图 4-51　UI 的绘制顺序图解 2

**说明**　在图 4-50 和图 4-51 中，A、B 两个对象是两个 Image 控件，用于显示图片。当 A 在 B 上方时，如图 4-50 所示，A 被后渲染的 B 挡住；当 B 在 A 上方时，A 把先渲染的 B 挡住。这样在 Hierarchy 面板中简单地拖曳就可以改变出现在最上层的 UI 元素或控件。

#### 2. Render Modes（渲染模式）

在 Canvas 中还可以通过设置渲染模式来确定 UI 元素在 Screen Space 上还是在 World Space 上渲染。Unity 3D 支持的渲染模式有 3 种：Screen Space-Overlay、Screen Space-Camera 和 World Space，如图 4-52 所示。下面将详细介绍。

- Screen Space-Overlay

该渲染模式是默认的渲染模式。在该模式下所有的 UI 元素都渲染在场景中的最上层（类似于计算机屏幕上的贴膜，所有的 UI 元素都在这层贴膜上）。如果屏幕尺寸或者分辨率发生变化，Canvas 也会自动和变化后的尺寸相适应。

- Screen Space-Camera

该渲染模式和 Screen Space-Overlay 类似。在该模式下，Canvas 游戏对象放置在一个预先设置好的摄像机的特定距离外，UI 元素通过该摄像机进行渲染。使用该模式时应该创建一个摄像机并将其指定给 Canvas 组件下的 Render Camera。改变该摄像机的设置，UI 元素的显示效果也会跟着改变。

- World Space

该渲染模式使得 Canvas 更像一个游戏对象，可以手动改变其 RectTransform 组件，从而更改其大小与旋转。在渲染时 UI 元素会根据它们在 3D 场景中的位置被渲染在其他游戏对象之前或之后，使其成为游戏视图的一个成分。在做动态效果较多的界面时使用该模式比较方便，效果如图 4-53 所示。

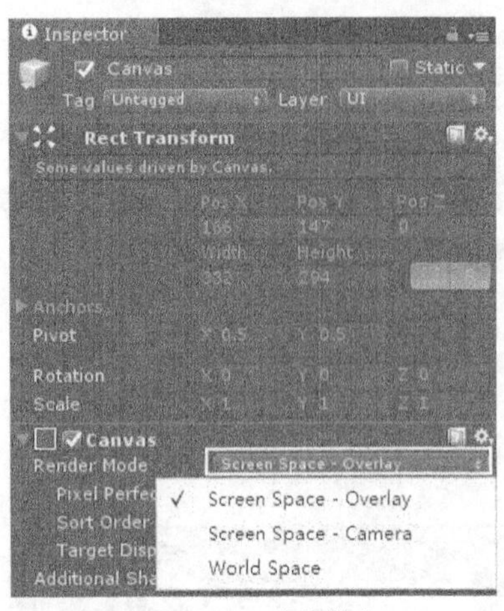


▲图 4-52　渲染模式

▲图 4-53　World Space 模式下的 UI

**说明**　在 Screen Space 的两种渲染模式下，UI 独立于游戏场景，不会被场景中的其他对象遮挡，始终保持在最上层；而在 WorldSpace 渲染模式下，UI 元素会被场景中的 3D 游戏物体遮挡，并且 Canvas 可旋转缩放等，适合制作一些非常酷炫的 UI 效果。

### 3. Graphic Raycaster

每个 Canvas 都有一个 Graphic Raycaster 组件，用于获取用户选中的 UGUI 控件。多个 Canvas 之间的事件响应顺序由其显示顺序决定，在 Hierarchy 面板中越靠上的 Canvas 越后响应。当 Canvas 使用 World Space 或 Camera Space 渲染模式时，Graphic Raycaster 的 Block 选项可以用来设置遮挡目标。

## 4.2.3　EventSystem 组件

创建一个 UGUI 元素后，Unity 会创建一个游戏对象，其名为 EventSystem，上面挂载了一系列用于控制各类事件的组件，如图 4-54 所示。其自带的 Input Module 组件用于响应标准输入。在 Input Module 中封装了对 Input 模块的调用，用于根据用户操作触发对应的 Event Trigger 事件。

EventSystem 组件统一管理 Input Module 和各种 Raycaster。该组件每帧调用多个 Input Module 处理用户的操作，同时还调用多个 Raycaster 用于获取用户单击到的 UGUI 控件或 2D、3D 物体。

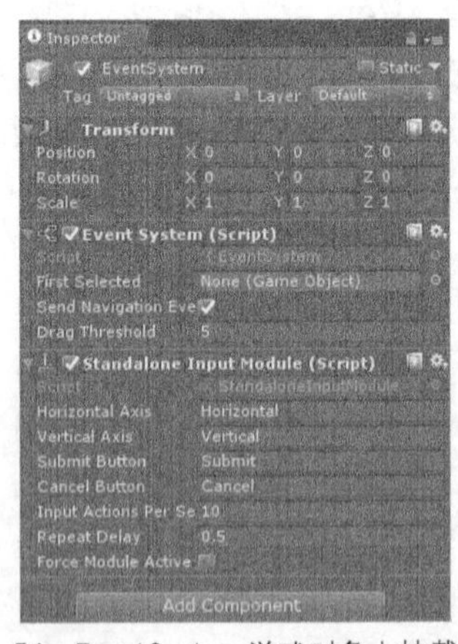


▲图 4-54　EventSystem 游戏对象上挂载的组件

**说明**　EventSystem 是 Unity 中的事件管理系统，对于 UGUI 中控件的单击监听等方法的实现将在下面进行介绍，在本小节读者只需要了解到 EventSystem 是一种将基于输入的事件发送到应用程序的对象，包括键盘、鼠标或自定义输入。

### 4.2.4 Rect Transform 组件

UGUI 中每个控件都包括 Canvas，Canvas 会带一个 Rect Transform 组件，如图 4-55 所示。该组件继承自 Transform，用于控制 UI 元素的 Transform 信息。当开发人员向 Empty Object（空对象）添加 UI Component 组件时，Transform 组件会自动变为 Rect Transform。其参数介绍如表 4-4 所示。

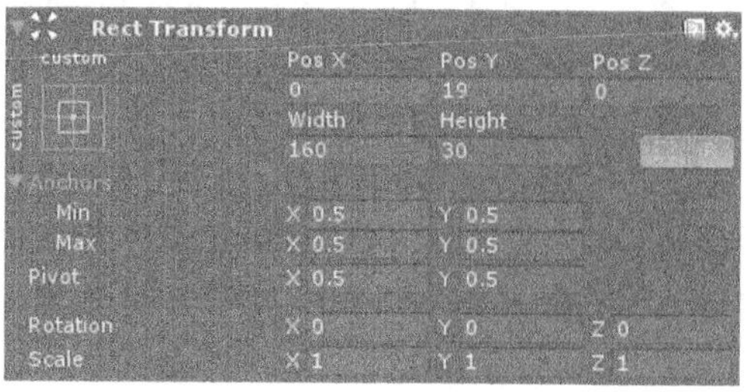

▲图 4-55 Rect Transform 组件

表 4-4 Rect Transform 组件中的参数介绍

| 参数 | 含义 | 参数 | 含义 |
|---|---|---|---|
| PosX、PosY、PosZ | UI 元素的位置 | Width、Height | UI 元素的长度和高度 |
| Anchors | 相对于父对象的锚点 | Pivot | UI 元素的中心 |
| Rotation | 按轴旋转 | Scale | 按轴缩放 |

**说明** 单击 Rect Transform 组件中左上角的准星图标，可以在打开的 Anchor Presets 面板中进行快速设置。按住 Shift 键能同时设置 Pivot，这时控件虽然不动，但 Position 已经改变。如果按住 Alt 键，则在设置 Anchor 的同时设置 Position。如果同时按住 Shift 和 Alt 键，那么就能同时设置 Anchor、Pivot 和 Position。

### 4.2.5 Panel 控件

选择 GameObject→UI→Panel，就会在 Canvas 游戏对象下创建一个 Panel 控件。该控件是一个覆盖屏幕的平面，一般可以用来显示 UI 的背景，如图 4-56 所示。在其 Image 控件中，Source Image 用于放置需要显示的 Sprite，Color 属性可以更改其颜色及透明度。读者也可以自行调配材质，然后拖曳到 Material 属性中。

▲图 4-56 Panel 控件

> **说明** Panel 控件在默认情况下会自动根据屏幕的大小来调整自身的大小，所以不用担心其屏幕自适应问题。对于其上挂载的 Image 组件，将在后面章节介绍。

### 4.2.6 Button 控件

按钮是界面的重要组成元素之一。在 UGUI 中选择 GameObject→UI→Button，就可以创建一个按钮控件，如图 4-57 所示。创建出来的 Button 控件中包含一个 Text 子对象，控制 Button 上显示的字样，若不需要按钮上显示字样，也可以将该子对象删除。

**1. 组件介绍**

接下来介绍 Button 控件挂载的组件。每个按钮都挂载 Button 组件和 Image 组件，其中 Image 组件用于管理按钮的显示图片，Button 组件用于管理按钮被单击后的变化及监听，具体内容如下。

- Image 组件

Button 控件上的 Image 组件和之前介绍的 Panel 控件上的 Image 组件没有任何区别，在 Source Image 中可以放上合适的 Sprite 图片精灵，Color 和 Material 可以设置图片的颜色和材质，如图 4-58 所示。

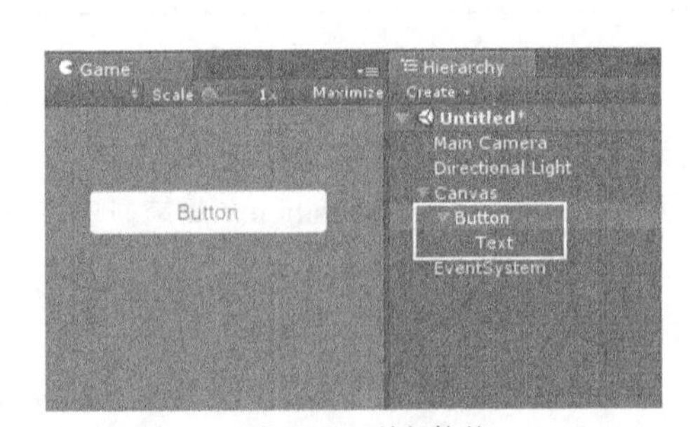

▲图 4-57 按钮控件

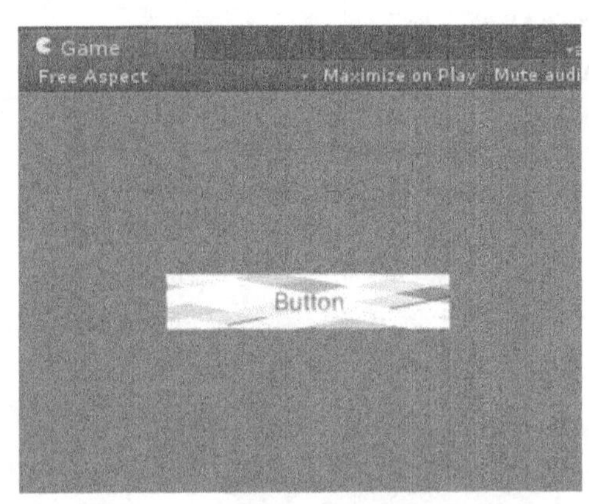

▲图 4-58 使用自定义图片的 Button 控件

- Button 组件

按钮上挂载的 Button 组件实现了按钮的全部功能，包括单击后的特效、单击的事件监听方法挂载。Button 组件中各个参数的含义如表 4-5 所示。

表 4-5 Button 组件各个参数的含义

| 参数 | 含义 | 参数 | 含义 |
|---|---|---|---|
| Interactable | 该按钮是否启用 | Navigation | 导航，使用键盘方向键切换选中按钮时的切换顺序 |
| Transition | 按钮状态变化模式 | Visualize | 可视化，使 Navigation 顺序在 Scene 面板中可视化 |

Button 组件中的 Transition 过渡选项定义了 4 种过渡模式，分别为 None、Color Tint、Sprite Swap 和 Animation。除了 None 模式，其他过渡模式中每个按钮都有 4 种状态：Normal（正常状态）、Highlight（突出显示）、Pressed（按下状态）和 Disable（禁用），开发人员可以对每种状态的按钮过渡进行自定义，具体区别如下。

（1）Color Tint。当使用该模式时，可以通过 Color 属性对按钮的 4 种状态进行设置，在对应的状态下时按钮的颜色就会变成设置的颜色，与正常状态产生区别。

（2）Sprite Swap。该过渡模式为精灵换图，同样地，其按钮有 4 种状态可以设置，用户可以为每种状态的按钮设置一个图片 Sprite，设置完毕后，当按钮处于对应状态下时就会显示出对应的图片。注意，在各种状态中设置图片时，图片也应当是一个 Sprite，设置步骤可以参考 Button 控件中 Image 组件部分的说明。

（3）Animation。该过渡模式是 UGUI 的特色，该功能可以使 UGUI 系统和 Unity 中的动画系统完美地结合，使用动画状态机可以对不同状态下的按钮的位置、大小、旋转、图片等参数进行设置，可以说功能非常全面。接下来介绍一个使用 Animation 过渡模式的例子。

① 选择 GameObject→UI→Button，创建一个按钮，将其 Button 组件中的 Transition 选为“Animation”。单击 Auto Generate Animation 按钮，在弹出的对话框中找到合适的目录创建一个动画控制器，如图 4-59 所示。

② 创建好动画控制器后，选择 Window→Animation，打开动画编辑器窗口，单击 Hierarchy 面板中的上一步创建的 Button 组件，在 Animation 面板中单击左上角的下拉列表就可以选择想要编辑的按钮状态，如图 4-60 所示。

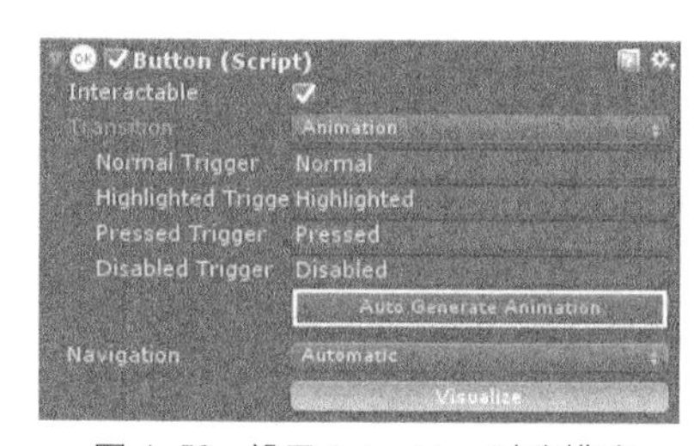


▲图 4-59　设置 Animation 过渡模式

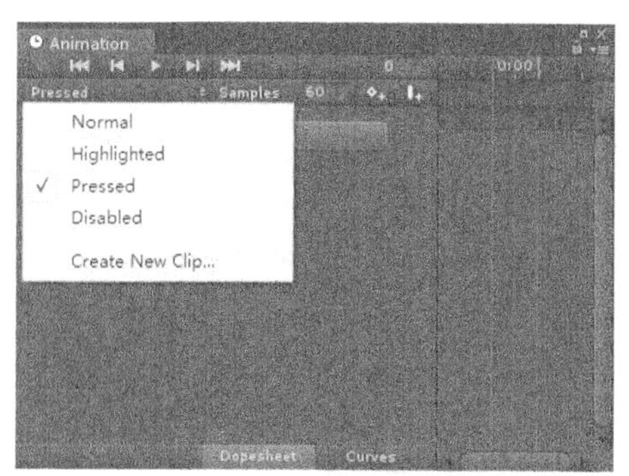


▲图 4-60　选择需要编辑的按钮状态

③ 示例想要达到的效果是单击按钮后按钮进行弹性缩放，所以将当前编辑的按钮状态设置为 Pressed，然后单击 Add Property 按钮。展开 Rect Transform，单击 Scale 右边的“+”按钮，操作如图 4-61 所示。

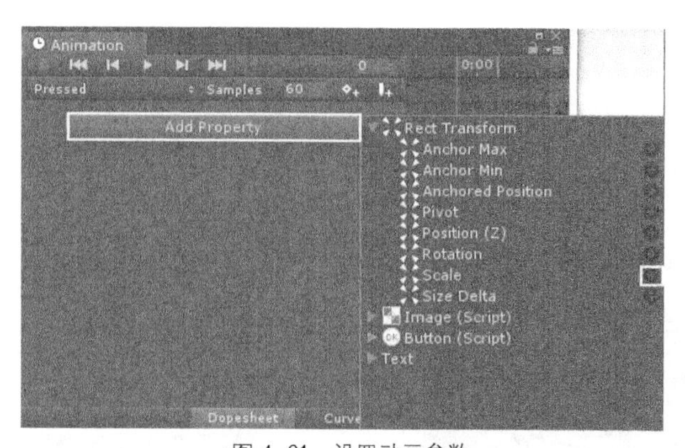


▲图 4-61　设置动画参数

④ 单击 Animation 面板中的 Curves 按钮，进入曲线编辑模式，在该模式下可以对按钮 Scale 中 $X$、$Y$、$Z$ 这 3 个参数进行设置。本示例的动画曲线如图 4-62 所示。

⑤ 到此动画设置结束，关闭 Animation 面板，运行场景。当玩家单击按钮时，按钮会进行弹性缩放。本示例使用到的 Animation 相关知识较少，读者可以通过学习 Animation 章节的对应知

识来实现更加酷炫的 UI 动画效果。

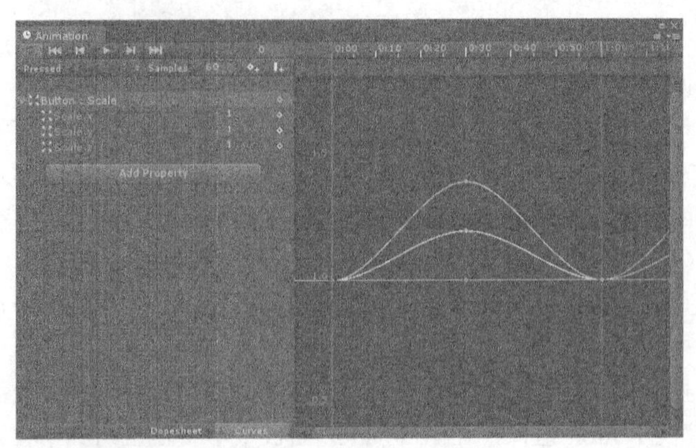

▲图 4-62　按钮动画曲线

### 2. 按钮单击监听挂载

本部分介绍如何给创建好的按钮挂载单击监听。当然，为按钮挂载单击监听的方法有很多，读者可以根据需要自主选择，这里介绍的是通过 Button 组件中的 On Click（）事件参数添加按钮单击监听，具体步骤如下。

（1）按步骤在 Project 面板中右击，在弹出的快捷菜单中选择 Create→C# Script 来创建一个 C#脚本，将其命名为 UGUIOnClick.cs，然后将其挂载到 Canvas 游戏对象上。双击打开，然后开始编辑脚本。本脚本的功能非常简单，声明一个返回类型为空的方法，里面加上输出信息即可，具体代码如下。

代码位置：随书资源中源代码\第 4 章目录下的 UI\Assets\UGUIScript\UGUIOnClick.cs

```
1   using UnityEngine;
2   using System.Collections;
3   public class UGUIOnClick : MonoBehaviour {
4     public void Onbt1Click(){                              //监听方法
5       Debug.Log("This is bt1");                            //输出
6   }}
```

**说明**　Onbt1Click 方法就是场景中的按钮单击事件监听方法。在 Unity 中将该方法添加到按钮的单击事件列表中后，单击按钮就会自动回调该方法。

（2）单击 Button 组件 On Click()下方的“+”按钮，为监听列表添加一个事件，如图 4-63 所示。将挂载有 UGUIOnClick.cs 脚本的游戏对象 Canvas 拖到图 4-64 所示的选框中，展开有 No Function 字样的下拉列表，选择 UGUIOnClick.Onbt1Click 即可。

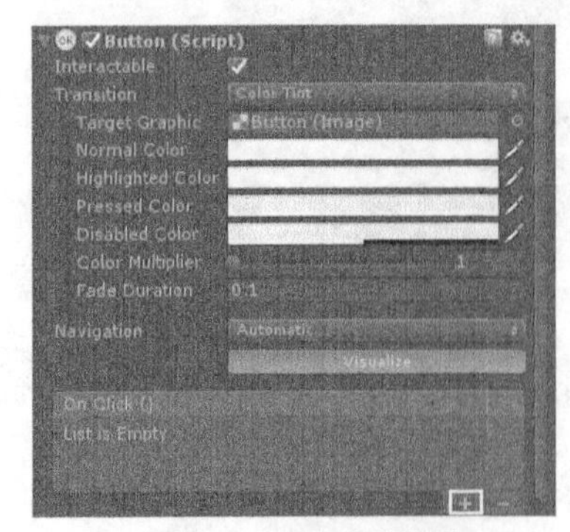


▲图 4-63　添加事件监听

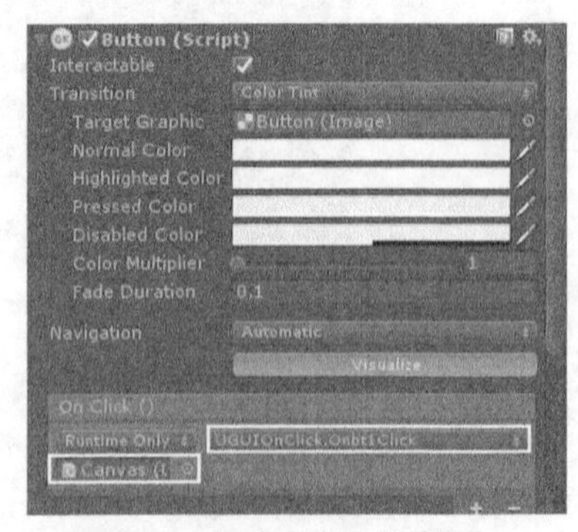


▲图 4-64　指定事件监听方法

（3）运行场景，单击按钮后就会在 Console 面板中看到输出的 This is bt1 字样。在指定监听方法时还可以传递参数，修改上述代码，为 Onbt1Click 方法添加一个 int 类型的参数，然后保存，具体代码如下。

代码位置：随书资源中源代码\第 4 章目录下的 UI\Assets\UGUIScript\UGUIOnClick.cs

```
1   using UnityEngine;
2   using System.Collections;
3   public class UGUIOnClick : MonoBehaviour {
4     public void Onbt1Click(int index){                          //声明方法
5       Debug.Log("This is bt"+index);                            //输出信息
6   }}
```

说明　在按钮的事件列表中为 Onbt1Click 设置参数，单击该按钮，就会调用该方法，并且传入设置好的参数。本示例传入的参数类型是 int 型，这样在方法中就可以收到相应的参数了。

（4）重新在 Button 组件的 On Click()列表中指定方法后，下方会多出一个文本框。在其中输入对应的 int 类型参数即可，如图 4-65 所示。设置完毕后运行游戏场景，单击按钮就可以看到输出信息 This is bt5。

▲图 4-65　设置带参数的按钮单击监听方法

## 4.2.7　Text 控件

Unity 的控件中有一个名为 Text 的控件，该控件的主要功能是在对应的区域内显示相应的文本。虽然在游戏中大部分文本为了美观需要使用 Image 来代替，但是 Text 控件依旧可以在开发中省却很多步骤。该控件包含的参数如表 4-6 所示。

表 4-6　Text 控件包含的参数

| 参数 | 含义 | 参数 | 含义 |
|---|---|---|---|
| Text | 显示的文本 | Font Style | 字体样式，包括加粗、斜体 |
| Font | 需要选用的字体 | Font Size | 字体大小 |
| Line Spacing | 行间距 | Alignment | 对齐方式 |
| Rich Text | 是否为多格式文本 | Color | 字体颜色 |
| Material | 字体材质 | Vertical Overflow | 竖直溢出方式 |
| Alignment By Gaometry | 按几何对齐 | Horizontal Overflow | 水平溢出方式 |
| Best Fit | 最佳匹配方式（字体大小会根据内容多少和 Text 控件大小自动更改） | — | — |

接下来给出一段代码，该代码用于更改 Text 控件中的显示内容及字体颜色，将该代码挂载到 Canvas 游戏对象上，并将新建的 Text 控件指定给该脚本中对应的变量。具体代码如下。

代码位置：随书资源中源代码\第 4 章目录下的 UI\Assets\UGUIScript\UGUIText.cs

```
1   using UnityEngine;
2   using System.Collections;
3   using UnityEngine.UI;
4   public class UGUIText : MonoBehaviour {
5     public Text tt;
6     void Start () {
7       tt.color = Color.red;                        //设置 Text 的颜色
8       tt.text = "this is text";                    //设置显示文本
9   }}
```

注意

Unity 支持导入外带的字体包，TTF 格式的字体一般都可以使用。具体导入方法是将下载好的 TTF 文件放在项目目录下的 Assets\Font 目录下(没有请自己创建)，在字体的 Font 参数中就可以找到导入的字体了。图 4-66 是使用 Unity 自带的字体及方正卡通字体的 Text 控件显示效果。

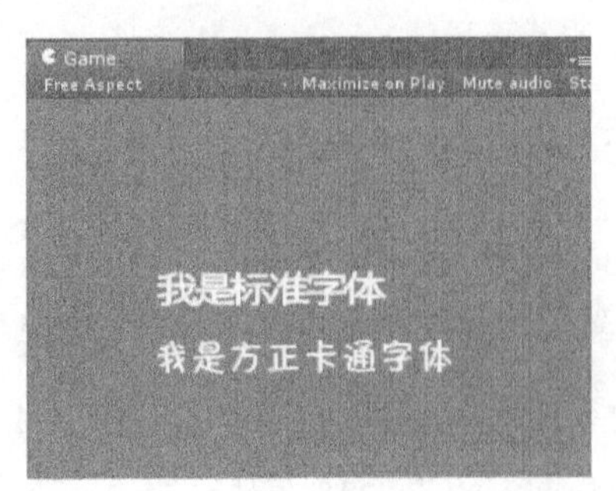


▲图 4-66　在 Text 控件中使用自带字体和自定义字体

### 4.2.8　Image 控件

Image 控件即图片控件，该控件用于显示一个非交互式的图片精灵 Sprite。作为游戏中常用的控件之一，Image 控件可以用于装饰界面、图标等。Image 控件包含的参数如表 4-7 所示。

表 4-7　Image 控件包含的参数

| 参数 | 含义 | 参数 | 含义 |
|---|---|---|---|
| Source Image | 用于显示的图片素材 | Color | 图片的色调 |
| Material | 图片的材质 | Raycast Target | 是否接受射线事件 |

说明

在 Image 组件中，Source Image 用于显示 Sprite，所以当读者需要使用自己的图片时可以将其设置为 Sprite 格式。具体步骤为单击图片，在 Inspector 面板中将 Texture Type 设置为 Sprite（2D and UI），单击 Apply 按钮即可。

### 4.2.9　Raw Image 控件

Raw Image 控件用于显示一个非交互式的图像，这点与 Image 控件非常类似，区别在于 Image 控件只能显示 Sprite（图片精灵），而 Raw Image 控件可以显示任何纹理。其 Raw Image 控件包含的参数如表 4-8 所示。

表 4-8　Raw Image 控件包含的参数

| 参数 | 含义 | 参数 | 含义 |
|---|---|---|---|
| Texture | 用于显示的图片纹理 | Color | 图片的色调 |
| Material | Raw Image 所使用的材质 | Raycast Target | 是否接受射线事件 |
| UV Rect | 图片在控件矩形中显示的偏移和大小 | — | — |

由于 Raw Image 控件不需要精灵纹理 Sprite，因此它可以用于显示在游戏中使用 WWW 类从某个 URL（Uniform Resource Locator，统一资源定位符）下载的图像或渲染纹理，也可以使用场景中某个特定摄像机的渲染图在 UI 中呈现出该摄像机拍摄到的画面。下面将介绍如何使用 Raw

Image 控件呈现出场景中的摄像机 Camera1 锁拍摄的画面。

（1）在 Project 面板中右击，在弹出的快捷菜单中选择 Create→RenderTexture，创建一个渲染图片，并将其命名为 Camera1RT。在场景中创建一个名为 Camera1 的摄像机，并将 Camera 组件中的 Target Texture 设置为 Camera1RT，如图 4-67 所示。

（2）在 Raw Image 控件上的 RawImage 组件中将 Texture 设置为 Camera1RT，如图 4-68 所示。设置完毕后单击 Apply 按钮运行该游戏场景。这时 Raw Image 控件显示的就是 Camera1 拍摄到的画面。

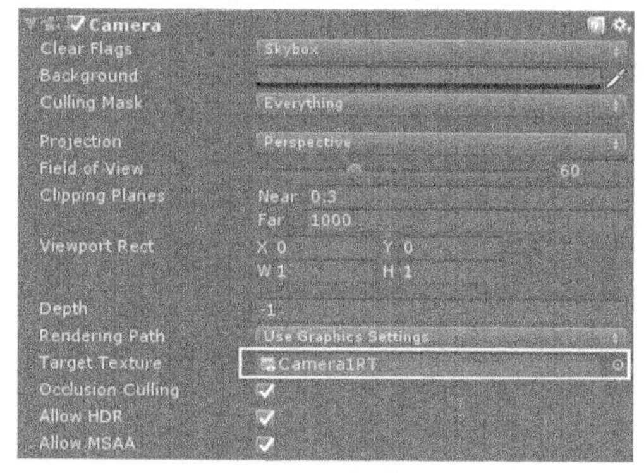


▲图 4-67 设置摄像机

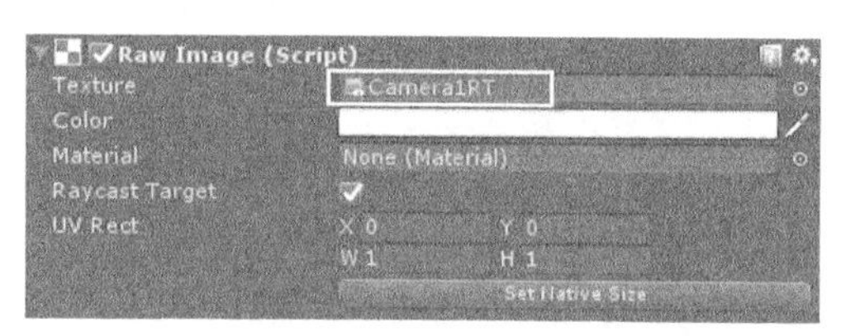


▲图 4-68 设置 RawImage 组件

## 4.2.10 Slider 控件

选择 GameObject→UI→Slider，即可以创建一个 Slider 控件（滑块控件），如图 4-69 所示，其子对象结构如图 4-70 所示。该控件可由玩家滑动以操控其值的大小，可以用来制作游戏中的音量滑块等。

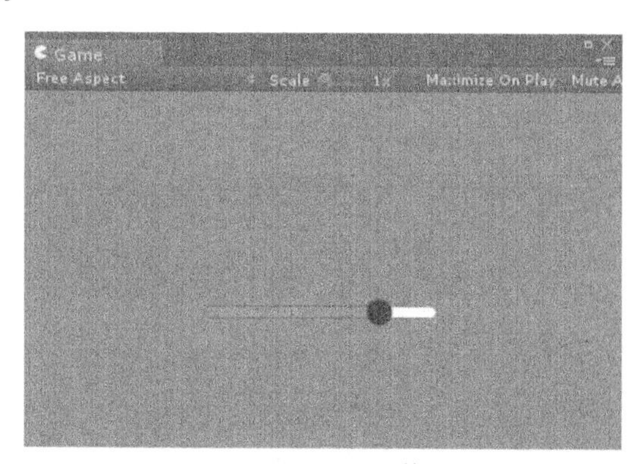


▲图 4-69 Slider 控件

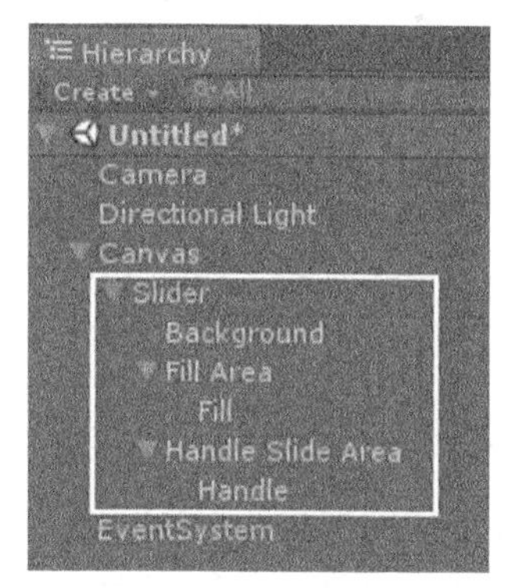


▲图 4-70 Slider 控件子对象结构

Slider 的子对象中，Background 是滑块主题背景，本身为一个 Image 控件；Fill Area 下的子对象 Fill 代表已经被选中的部分，类似图 4-69 中灰色部分，它会随着滑块的左右滑动而改变长度；Handle 子对象是玩家单击的滑块按钮，即图 4-69 中黑色部分。接下来介绍 Slider 控件中的参数含义，如表 4-9 所示。

表 4-9 Slider 控件包含的参数

| 参数 | 含义 | 参数 | 含义 |
| --- | --- | --- | --- |
| Interactable | 是否启用该控件 | Transition | 过渡模式 |
| Navigation | 导航，使用键盘方向键切换选中按钮时的切换顺序 | Visualize | 可视化，使 Navigation 顺序在 Scene 窗口中可视化 |

续表

| 参数 | 含义 | 参数 | 含义 |
| --- | --- | --- | --- |
| FillRect | Fill 子对象的 RectTransform 组件的引用 | HandleRect | Handle 子对象的 RectTransform 组件的引用 |
| Direction | 滑块的方向，默认是从左到右 | Min Value | 滑块的最小值 |
| Max Value | 滑块的最大值 | Whole Number | 滑块的值是否只能是整数 |
| Value | 滑块的当前值 | — | — |

Slider 控件最下方的 On Value Changed（Single）还可以为 Slider 控件绑定事件监听方法，该控件发出的事件前提是“值发生改变”，所以绑定的监听方法就会在滑块值发生变化时回调。其具体设置步骤如下。

（1）创建一个脚本，将其命名为 UGUISlider.cs，并将其挂载到 Canvas 游戏对象上，将其 sd 参数指定为 Slider，具体代码如下。

代码位置：随书资源中源代码\第 4 章目录下的 UI\Assets\UGUIScript\UGUISlider.cs

```
1    using UnityEngine;
2    using System.Collections;
3    using UnityEngine.UI;
4    public class UGUISlider : MonoBehaviour {
5      public Slider sd;
6      public void OnsdValueChange(){            //值发生改变后回调的方法
7        Debug.Log (sd.value);                    //输出变化后的值
8    }}
```

**说明**　该脚本较为简单，里面仅有一个 OnsdValueChange 方法，在 Unity 中将该脚本中的监听方法挂载给对应的滑块后，若滑块的值发生改变，系统就会自动回调 OnsdValueChange 方法。

（2）单击 On Value Change（Single）下方的“+”按钮添加一个事件监听，将挂载有脚本 UGUISlider.cs 的游戏对象 Canvas 拖曳到 Runtime 下的 GameObject 选框中。在右边选择其监听方法为 UGUISlider.OnsdValueChange，如图 4-71 所示。这时运行场景，若滑块的值变化，就会输出变化后的滑块值。

▲图 4-71　添加滑块值变化事件的回调方法

## 4.2.11　Scrollbar 控件

Scrollbar 控件即滚动条控件，选择 GameObject→UI→Scrollbar，即可以创建出一个 Scrollbar 控件，如图 4-72 所示，其子对象结构如图 4-73 所示。Scrollbar 控件和 Slider 控件功能相似，其具体参数如表 4-10 所示。

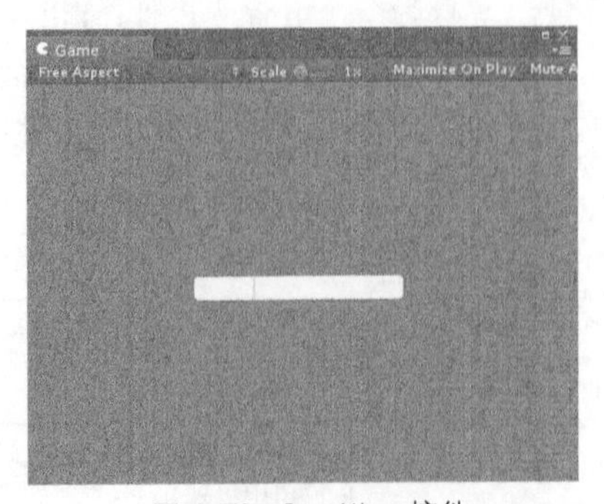

▲图 4-72　Scrollbar 控件

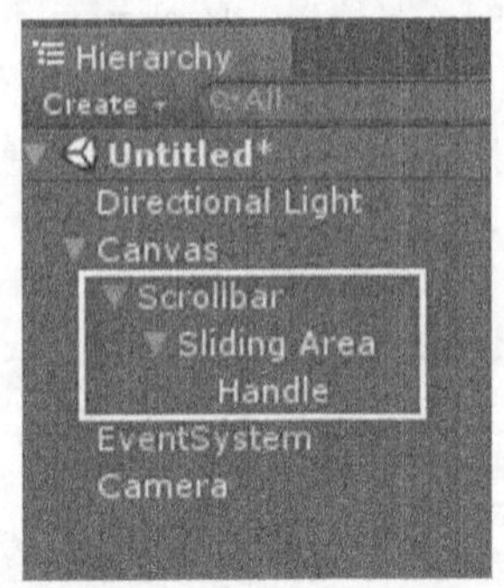

▲图 4-73　Scrollbar 控件子对象结构

表 4-10 Scrollbar 控件包含的参数

| 参数 | 含义 | 参数 | 含义 |
|---|---|---|---|
| Interactable | 是否启用控件 | Transition | 过渡模式 |
| Navigation | 导航，使用键盘方向键切换选中按钮时的切换顺序 | Visualize | 可视化，使 Navigation 顺序在 Scene 面板中可视化 |
| Handle Rect | Handle 子对象的 Rext Transform 组件 | Direction | Scrollbar 的方向，默认从左到右 |
| Value | Scrollbar 的值 | Size | 滑块的大小 |
| Number of Steps | 进行分段，滚动条的显示分段 | — | — |

## 4.2.12 Toggle 控件

游戏的设置界面中经常能见到各种开关，在 UGUI 中开关控件 Toggle 就实现了开关的功能。选择 GameObject→UI→Toggle，即可以创建一个 Toggle 控件，如图 4-74 所示，其内部结构如图 4-75 所示。

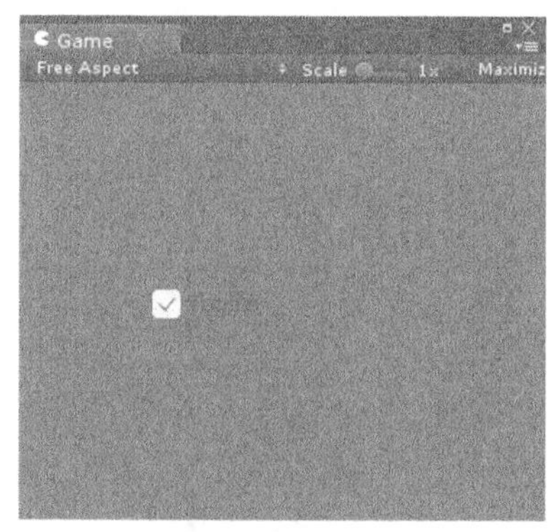


▲图 4-74 Toggle 控件

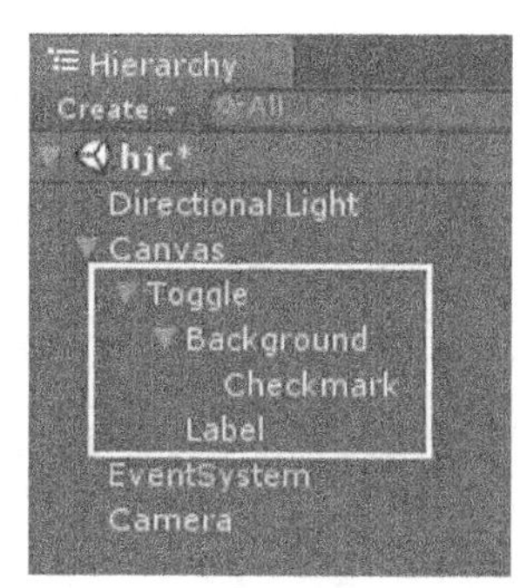


▲图 4-75 Toggle 控件内部结构

Toggle 控件的子对象中包含 Background，它是一个 Image 控件，作为开关的背景；Checkmark 也是一个 Image 控件，用于显示选中后的图案，如图 4-74 中的“对勾”图样；Lable 是一个 Text 控件，可用来显示开关的信息，如图 4-74 中的 Toggle 字样。在游戏中若是用不到 Lable 可以将其删除。Toggle 控件包含的参数如表 4-11 所示。

表 4-11 Toggle 控件包含的参数

| 参数 | 含义 | 参数 | 含义 |
|---|---|---|---|
| Interactable | 是否启用该控件 | Transition | 过渡模式 |
| Navigation | 导航，确认控件的顺序 | Visualize | 使导航顺序在 Scene 面板中可视化 |
| Is On | 开关的状态（“开”或“关”） | Toggle Transition | 开关的消隐模式，有 none 和 Fade（褪色消隐）两种模式 |
| Graphic | Checkmark 子对象的引用 | Group | 成组（将一组开关变成多选一开关） |

接下来将介绍如何使用 Toggle 控件的 Group 参数。

（1）在 Hierarchy 面板中选中 Canvas 游戏对象，右击，在弹出的快捷菜单中选择 Create Empty，创建一个空对象，方便管理。依次创建 3 个 Toggle 控件，将其设置为 GameObject（刚才创建的空对象）的子对象，如图 4-76 所示。在这里需要将创建的 3 个 Toggle 控件中的 Is On 设置为关闭状态。

（2）选中第（1）步中创建的 GameObject 空对象，选择 Component→UI→Toggle Group，添加一个 Toggle Group 组件，如图 4-77 所示，其中的 Allow Switch Off 参数决定是否可以取消选中打开的开关。

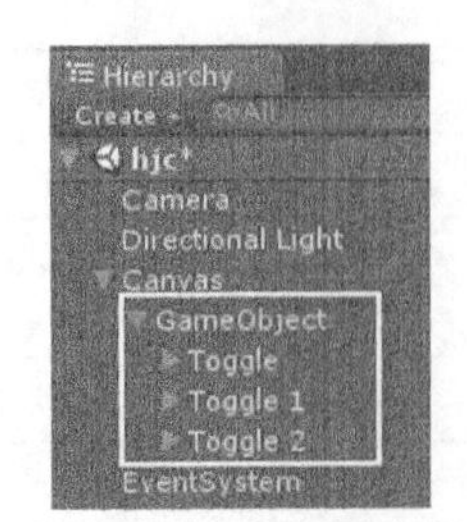


▲图 4-76　创建 Toggle 控件组

▲图 4-77　Toggle Group 组件

（3）依次选中第（1）步创建的 3 个 Toggle 控件，将其 Toggle 控件中的 Group 参数选为挂载有 Toggle Group 组件的 GameObject 游戏对象。这样 3 个 Toggle 控件就成组了，最多只能选中一个。

### 4.2.13　Input Field 控件

Input Field 控件是 UGUI 中的文本框控件，用户在移动设备上单击到该控件时，就会弹出用于输入的键盘，常见于各个游戏中给游戏人物取名等地方。在文本框没有输入时，会显示默认的提示文本，如图 4-78 所示，其内部结构如图 4-79 所示。

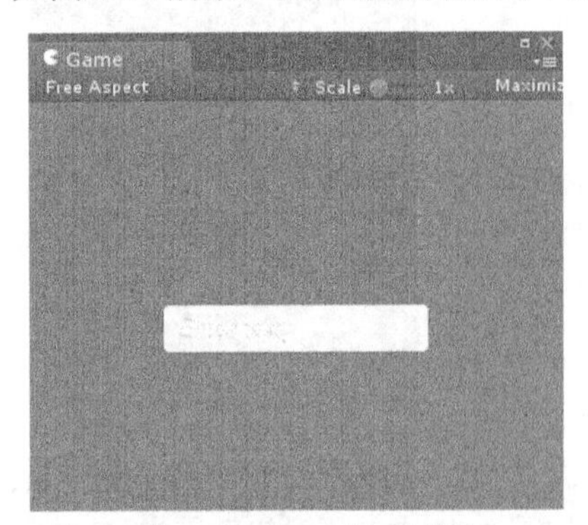


▲图 4-78　Input Field 控件

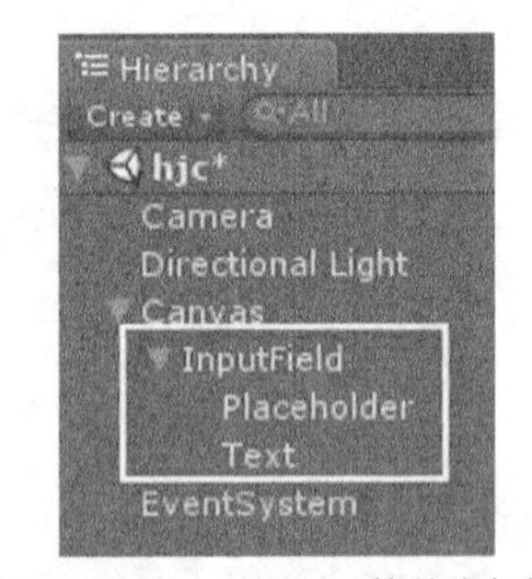


▲图 4-79　Input Field 控件内部结构

在 Input Field 控件的子对象中，Placeholder 用于显示默认提示信息的文本框，如图 4-78 中的 Enter text 字样；Text 用于显示用户输入的文本，若想改变默认提示文本，直接改变 Placeholder 的 Text 属性即可。Input Field 控件包含的参数如表 4-12 所示。

表 4-12　Input Field 控件包含的参数

| 参数 | 含义 | 参数 | 含义 |
|---|---|---|---|
| Interactable | 是否启用该控件 | Transition | 过渡模式 |
| Navigation | 导航 | Visualize | 使导航顺序在 Scene 面板中可视化 |
| Text Component | 用于用户输入的文本框的引用 | Text | 用户输入文本框中的内容 |
| Character Limit | 可以输入到文本框中的最多文字数 | Content Type | 指定文本框的类型 |
| Line Type | 换行方式，包括单行显示、自动换行、自定义换行 | Placeholder | 提示文本框的引用 |
| Caret Blink Rate | 光标的闪烁速度 | Caret Width | 光标的宽度 |
| Custom Caret Color | 光标的颜色 | Selection Color | 选中文本框中文本时文本框的颜色 |
| Hide Mobile Input | 在移动设备上输入时是否隐藏 | Read Only | 是否只读 |

Input Field 控件可以发出两个事件：OnValueChanged 和 OnEndEdit，分别在当值发生改变时发出和结束编辑时发出。用户可以自行单击事件下方的“+”按钮添加事件监听方法，两个事件监听的添加方法完全相同，具体方式已介绍过，在这里不再赘述。

### 4.2.14 DropDown 控件

在游戏的设置界面中有时能见到各种下拉菜单，UGUI 的 DropDown 控件就实现了下拉菜单的功能。选择 GameObject→UI→DropDown，即可以创建一个下 DropDown 控件，如图 4-80 所示，其内部结构如图 4-81 所示。

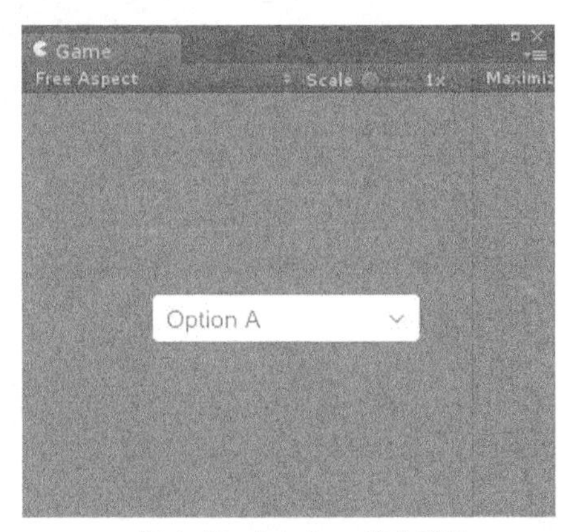


▲图 4-80 DropDown 控件展示

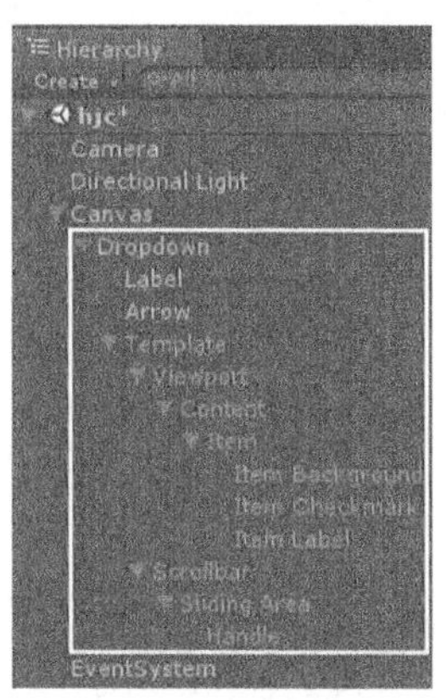


▲图 4-81 DropDown 控件内部结构

DropDown 控件的子对象中，Label 是一个 Text 控件，用于显示下拉菜单的信息；Arrow 是一个 Image 控件，用于显示下拉箭头的图案，如图 4-80 所示的箭头图样；Template 是一个下拉列表控件，用来显示下拉菜单的信息。DropDown 控件包含的参数如表 4-13 所示。

表 4-13 DropDown 控件包含的参数

| 参数 | 含义 | 参数 | 含义 |
|---|---|---|---|
| Interactable | 是否启用该控件 | Transition | 过渡模式 |
| Navigation | 导航，确认控件的顺序 | Visualize | 使导航顺序在 Scene 面板中可视化 |
| Template | 下拉列表模板的 Rect Transform | Caption Text | 保存当前选定选项文本的文本组件 |
| Caption Image | 用于保存当前选定选项图像的图像组件 | Item Text | 用于保存项目文本的文本组件 |
| Item Image | 用于保存项目图像的图像组件 | Value | 当前选择选项的索引。0 是第一个选项，1 是第二个选项，依此类推 |
| Options | 可以为每个选项指定文本字符串和图像 | — | — |

DropDown 控件可以发出一个事件：OnValueChanged，具体意义是当值发生改变时发出此事件。用户可以自行单击事件下方的“+”按钮添加事件监听方法，具体方式在前面的章节中已有详细介绍，这里不再赘述。

### 4.2.15 Scroll View 控件

Scroll View（滚动视图）控件在游戏中非常常见，选择 GameObject→UI→Scroll View，即可以创建一个 Scroll View 控件，如图 4-82 所示，其内部结构如图 4-83 所示。接下来通过一个小示例详细介绍 Scroll View 控件，具体步骤如下。

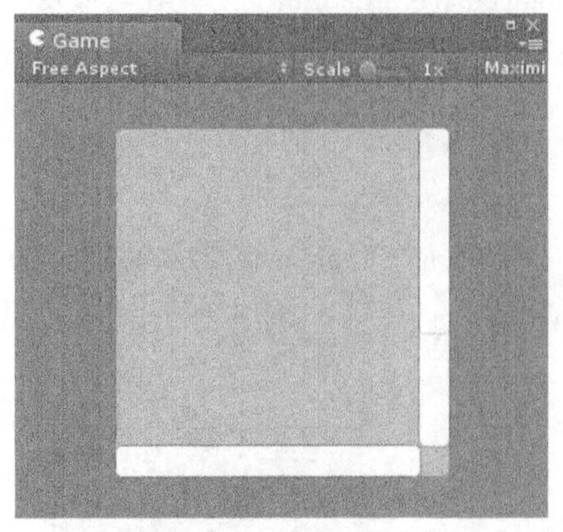


▲图 4-82　Scroll View 控件展示

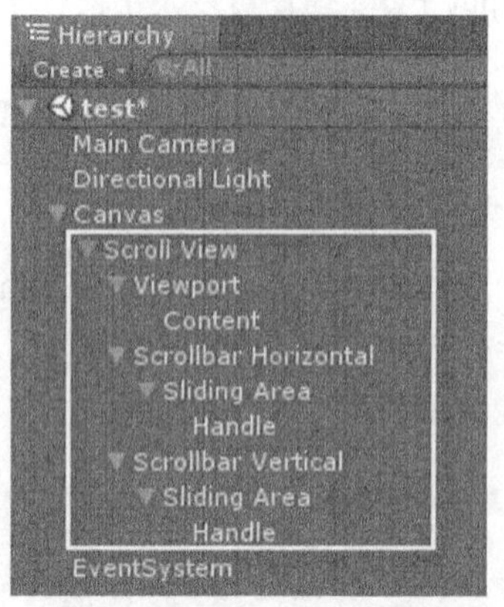


▲图 4-83　Scroll View 控件内部结构

（1）在 Hierarchy 面板中选中 Content 对象，选择 Add Component→Layout→Grid Layout Group，为 Content 对象添加一个网格布局组件，参数如图 4-84 所示。在 Content 对象下创建 12 个 Image 控件，以此充当滚动视图的内容，如图 4-85 所示。

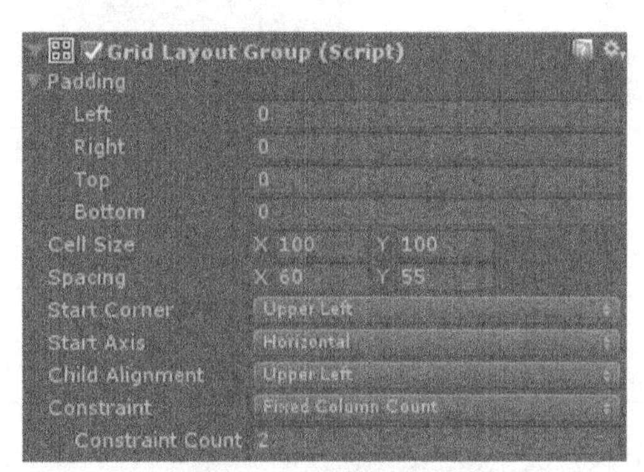


▲图 4-84　添加网格布局组件

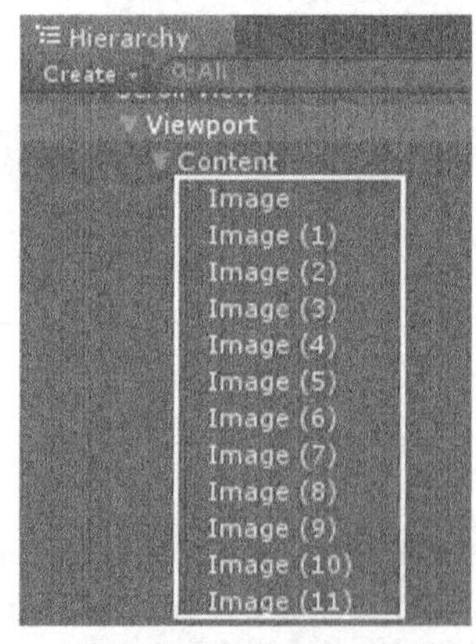


▲图 4-85　添加 Image 控件

（2）修改 Scroll Rect 的参数，取消选中 Horizontal 复选框，表示滚动视图不支持横向滑动，如图 4-86 所示。为了使滚动视图纵向适配视图内容，我们需要在 Content 对象上添加一个内容尺寸适配器，参数设置如图 4-87 所示。该适配器将在后面做详细介绍。

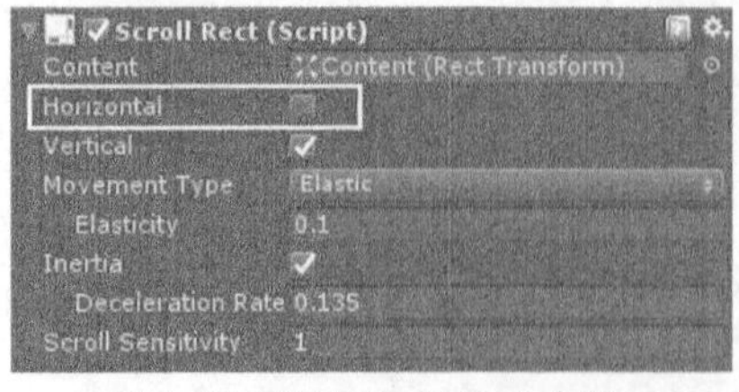


▲图 4-86　设置 Scroll Rect 参数

▲图 4-87　添加内容尺寸适配器

（3）至此，滚动视图创建完毕。最后为 Image 赋予贴图后，运行场景，便可上下拖动滚动视图，运行效果如图 4-88 所示。

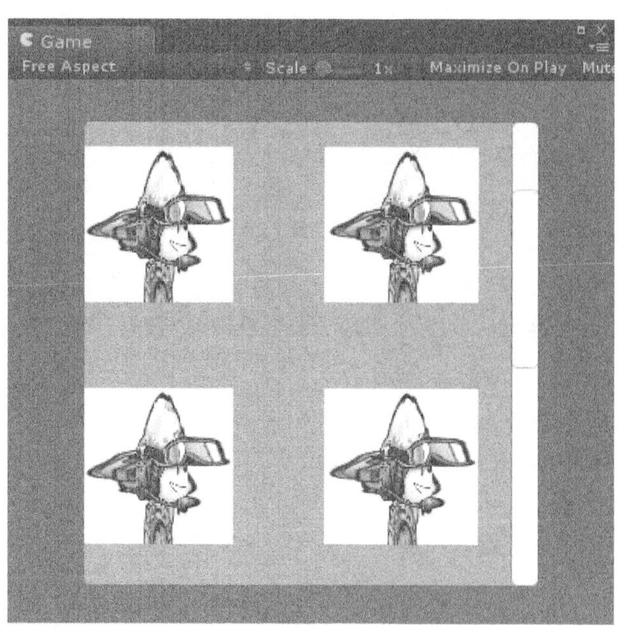


▲图 4-88 滚动视图

### 4.2.16 UGUI 布局管理的使用及相关组件介绍

之前介绍了 UGUI 中控件的相关知识，接下来讲解如何管理、布局多个控件。这部分知识的运用常见于游戏的奖励窗口，由于预先不知道获得奖励的数量，但是依旧需要让获得的奖励道具按照一定的布局整齐地出现在界面中，这时就需要用到布局的知识了。

Unity 自带的布局组分为 3 种，分别是水平布局、垂直布局和网格布局，还有其他一些适配器、布局元素等组件。接下来将逐个介绍其功能和用法。首先创建 5 个 Image 控件，并将其放在空对象 UIMain 下成为其子对象，如图 4-89 所示。

#### 1. Horizontal Layout Group（水平布局）

选中 UIMain 空对象，选择 Add Component→Layout→Horizontal Layout Group，即可为该游戏对象添加一个水平布局管理组件。顾名思义，在该组件的作用下，UIMain 的子对象将按照一定的要求进行水平排列。该组件如图 4-90 所示，组件包含的参数如表 4-14 所示。

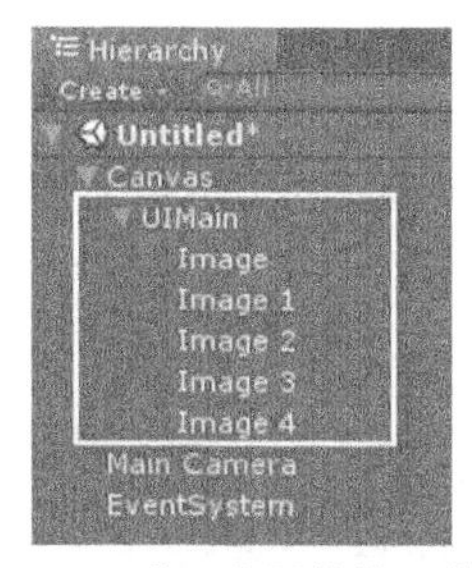


▲图 4-89 使用布局前的 UI 搭建

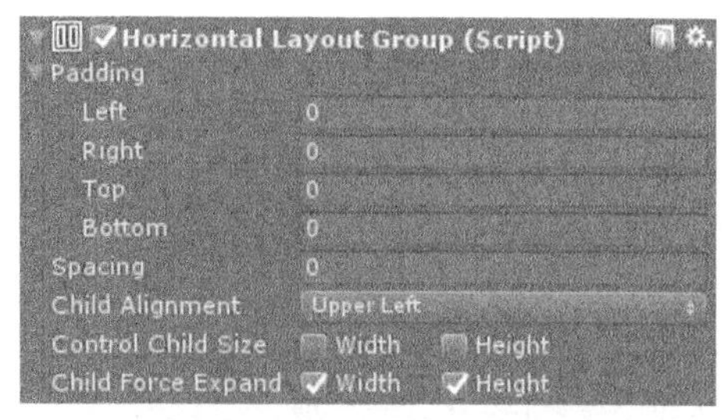


▲图 4-90 Horizontal Layout Group 组件

表 4-14 Horizontal Layout Group 组件包含的参数

| 参数 | 含义 | 参数 | 含义 |
|---|---|---|---|
| Padding | 布局的边缘填充（偏移） | Spacing | 布局内的元素间距 |
| Child Alignment | 对齐方式 | Control Child Size | 是否控制子物体缩放 |
| Child Force Expand | 自适应宽和高 | — | — |

为 UIMain 添加 Horizontal Layout Group 组件后，它所有 UI 元素子对象都会根据对 Horizontal Layout Group 组件的设置进行水平自动排列，如图 4-91 所示。

▲图 4-91　应用水平布局

## 2. Vertical Layout Group（垂直布局）

选中 UIMain 游戏对象，选择 Add Component→Layout→Vertical Layout Group，即可给该游戏对象添加一个垂直布局管理组件，如图 4-92 和图 4-93 所示。该组件的功能是将 UI 元素按照一定的规则进行整齐的垂直排列，其内部参数和 Horizontal Layout Group 的参数基本一样，这里不再赘述。

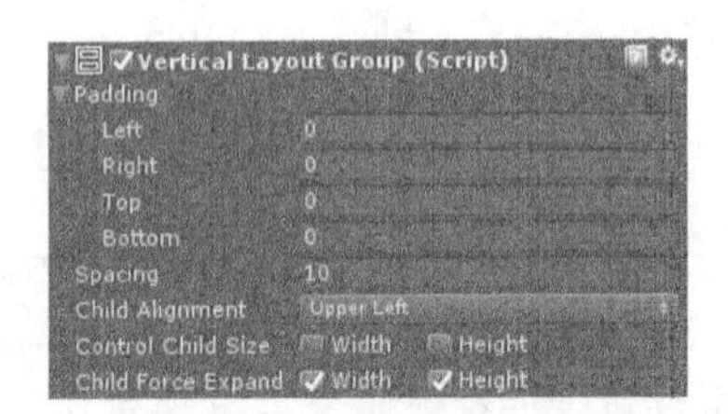


▲图 4-92　Vertical Layout Group 组件

▲图 4-93　应用垂直布局

## 3. Grid Layout Group（网格布局）

Grid Layout Group 是网格布局管理器组件，该组件会将其管理下的 UI 元素进行自动的网格型的排列，如图 4-94 和图 4-95 所示。此外，它还实现了自动换行等功能。该组件常见于各个游戏中的背包内部的储物格。Grid Layout Group 组件包含的参数如表 4-15 所示。

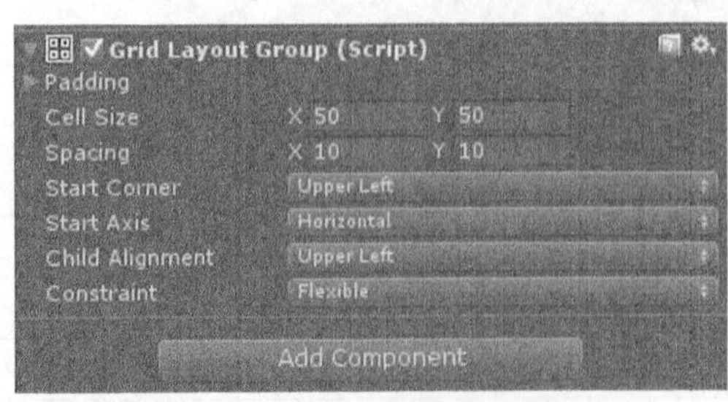


▲图 4-94　Grid Layout Group 组件

▲图 4-95　应用网格布局

表 4-15 Grid Layout Group 组件包含的参数

| 参数 | 含义 | 参数 | 含义 |
|---|---|---|---|
| Padding | 偏移 | Cell Size | 内部元素的大小 |
| Spacing | 每个元素间的水平间距和垂直间距 | Start Corner | 第一个元素的位置 |
| Start Axis | 元素的主轴线 | Child Alignment | 对齐方式 |
| Constraint | 指定网格布局的行或列 | — | — |

**说明** 以上即为 Unity 自带的 3 种布局管理模式，大部分情况下可以满足开发的需要。在游戏运行时随时将新实例化的 UI 控件或者游戏对象设置为挂载有 Layout Group 组件（3 种中任意一个皆可）的游戏对象的子对象，Layout Group 组件便会对其进行自动布局排列，具体代码如下。

代码位置：随书资源中源代码\第 4 章目录下的 UI\Assets\UGUIScript\UGUILayout.cs

```
1  using UnityEngine;
2  using System.Collections;
3  public class UGUILayout : MonoBehaviour {
4      public GameObject UIMain;              //挂载有 Layout Group 组件的游戏对象
5      public GameObject items;               //需要实例化的 UI 控件或者游戏对象的预制件
6      void Start () {
7          GameObject item = (GameObject)Instantiate(items);        //实例化 items
8          item.transform.parent = UIMain.transform;    //将实例化的游戏对象设置为 UIMain 的子对象
9  }}
```

**说明** 在 Start 方法中新实例化出了一个 item 预制件，将其设置为挂载有布局管理器组件的 UIMain 的子对象，然后观察场景，就会发现新实例化的预制件已经被自动排列好了。这在游戏开发中非常方便，可以随时实例化 UI 元素而不用再三考虑排列布局问题。

### 4. Layout Element（布局元素）

Layout Element 是布局元素组件，该组件常用于管理带有布局组对象的子物体。选择 Add Component→Layout→Layout Element，即可以给该游戏对象添加一个布局元素组件，如图 4-96 和图 4-97 所示。Layout Element 组件包含的参数如表 4-16 所示。

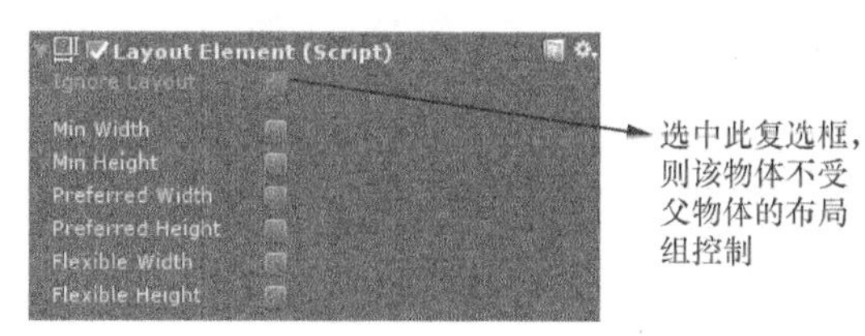


▲图 4-96 Layout Element 组件

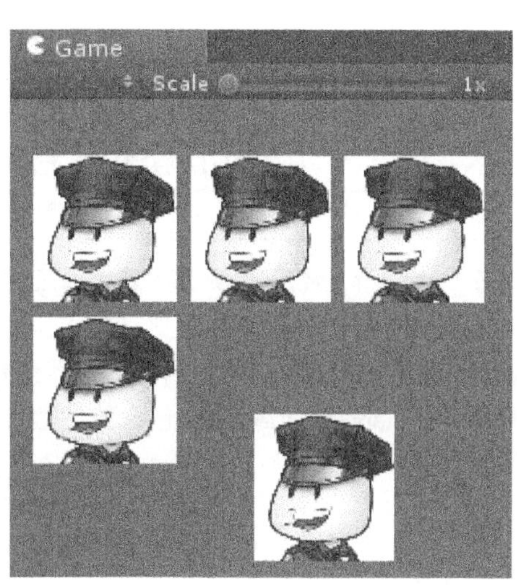


▲图 4-97 应用布局元素组件

表 4-16　　Layout Element 组件包含的参数

| 参数 | 含义 | 参数 | 含义 |
|---|---|---|---|
| Ignore Layout | 是否受布局组影响 | Min Width | 布局元素的最小宽度 |
| Min Height | 布局元素的最小高度 | Preferred Width | 布局元素的最大宽度 |
| Preferred Height | 布局元素的最大高度 | Flexible Width | 宽度拉伸布局比例 |
| Flexible Height | 高度拉伸布局比例 | — | — |

**说明**　笔者为程序内的 5 个 Image 均添加了 Layout Element 组件，并且将第一个 Image 的 Layout Element 组件中的 Ignore Layout 属性置成 true，这样就可以任意改变该 Image 的坐标，这表示该 Image 已经脱离了父物体的 Grid Layout Group 组件的控制。

### 5. Content Size Fitter（内容尺寸适配器）

Content Size Fitter 是内容尺寸适配器组件，尺寸大小由前面介绍的布局元素组件决定。选择 Add Component→Layout→Content Size Fitter，即可给 UIMain 游戏对象添加一个内容尺寸适配器组件。然后将 Image 的 Layout Element 组件中的 Preferred Width 设置为 300，如图 4-98 和图 4-99 所示。

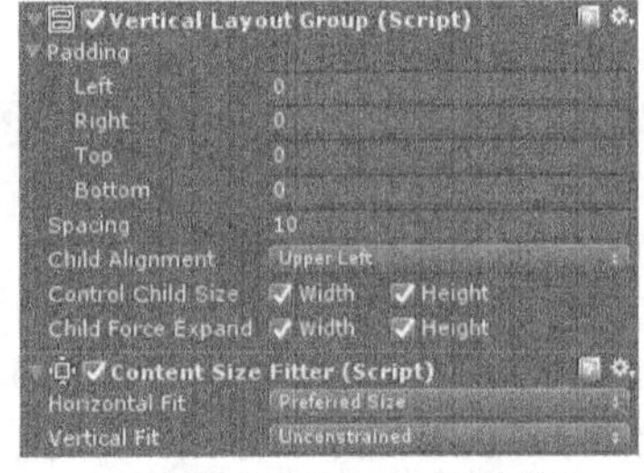


▲图 4-98　UIMain 组件参数

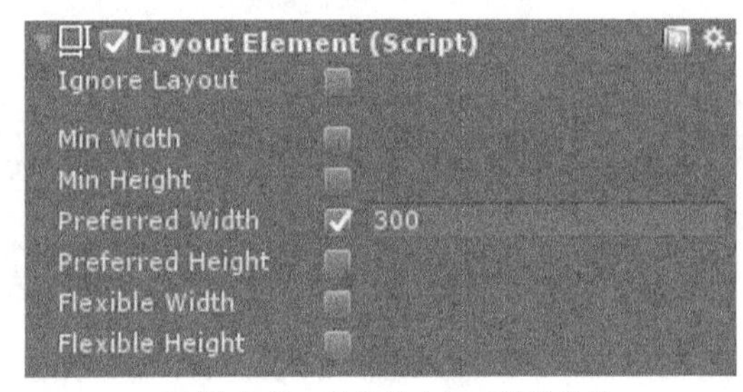


▲图 4-99　子物体 Image 组件参数

**说明**　未进行内容尺寸适配之前，当改变 UIMain 的长度和宽度时，Image 的大小变化并没有界限，当通过上面的设置后，Image 的理想宽度被设置为 300。也就是说，无论怎么改变 UIMain 组件长宽，Image 的宽度都不会改变。Content Size Fitter 组件包含的参数如表 4-17 所示。

表 4-17　　Content Size Fitter 组件包含的参数

| 参数 | 含义 | 参数 | 含义 |
|---|---|---|---|
| Unconstrained | 不使用任何基于布局元素的尺寸 | Min Size | 使用基于布局元素的最小尺寸 |
| Preferred Size | 使用基于布局元素的优选尺寸 | — | — |

### 6. Aspect Ratio Fitter（宽高比适配器）

Aspect Ratio Fitter 是宽高比适配器组件，它可以调节高度以适应宽度，反之亦然。按步骤给 UIMain 游戏对象添加一个宽高比适配器组件，如图 4-100 所示，之后将 Image 的 Layout Element 组件删掉。Aspect Ratio Fitter 包含的参数如表 4-18 所示。

▲图 4-100　Aspect Ratio Fitter 组件

表 4-18 Aspect Size Fitter 组件包含的参数

| 参数 | 含义 | 参数 | 含义 |
|---|---|---|---|
| Aspect Mode | 宽高比适配模式 | None | 不进行宽高比适配 |
| Width Controls Height | 高度适配宽度 | Height Controls Width | 宽度适配高度 |
| Fit In Parent | 尽量填充父物体空间，但不会有越界部分 | Envelope Parent | 尽量填充父物体空间，可以越界 |
| Aspect Ratio | 宽高比 | — | — |

### 4.2.17 UGUI 中不规则形状的按钮的碰撞检测

UGUI 自带的按钮是标准的矩形，虽然可以由玩家任意换图，但是其碰撞检测区域始终是矩形的。有时可能会用到特殊形状的按钮，但是其碰撞检测区域也要符合按钮形状。本小节就将使用 UGUI 中的知识来创建一个不规则形状的按钮，具体步骤如下。

（1）创建一个 Button 控件，命名为 bt1，由于这里不需要它的 Text 子对象，因此可以将其删除。选中 bt1，选择 Add Component→Physics2D→Polygon Collider 2D，为 bt1 添加一个多边形碰撞器组件，如图 4-101 所示。

（2）单击 Polygon Collider 2D 组件中的 Edit Collider 按钮，之后就可以在 Scene 面板中将想要的碰撞检测区域勾选出来，如图 4-102 中五边形边上的亮线所示，勾选出来的五边形即该按钮的碰撞检测区域。

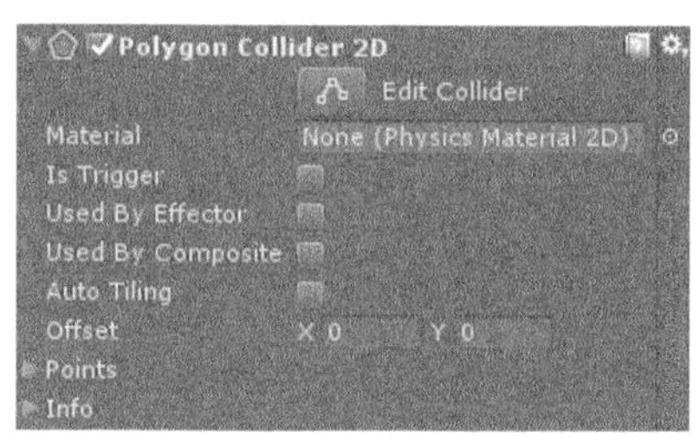


▲图 4-101 2D 多边形碰撞器组件

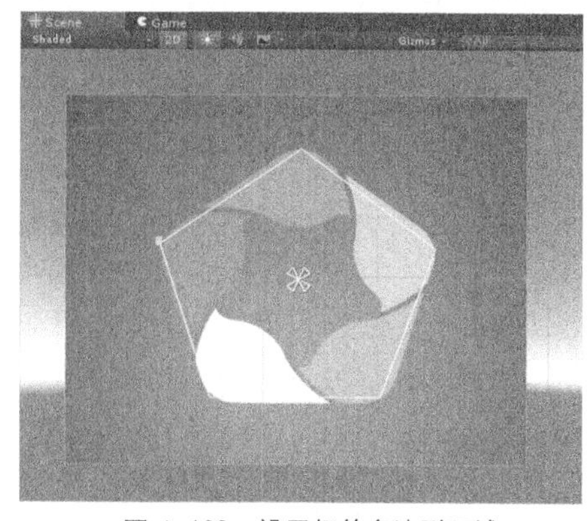

▲图 4-102 设置好的多边形区域

（3）将按钮的碰撞区域和 Polygon Collider 2D 组件勾选区域挂钩，这一步要重写 Image 类。新建一个 C#脚本。将其命名为 UGUIImagePlus.cs，该脚本需要引用 UnityEngine.UI 命名空间，并继承 Image 类，具体代码如下。

代码位置：随书资源中源代码\第 4 章目录下的 UI\Assets\UGUIScript\UGUIImagePlus.cs

```
1   using UnityEngine;
2   using System.Collections;
3   using UnityEngine.UI;
4   public class UGUIImagePlus : Image {
5       PolygonCollider2D collider;                              //多边形碰撞器组件
6       void Awake(){
7           collider = GetComponent<PolygonCollider2D>();        //获取 2D 多边形碰撞器组件
8       }
9       public override bool IsRaycastLocationValid(Vector2 screenPoint,
        Camera eventCamera){
10          bool inside = collider.OverlapPoint(screenPoint);    //判断触摸是否在圈出的多边形区域内
11          return inside;                                       //返回是否在多边形内
12  }}
```

> **说明**　本脚本继承自 UnityEngine.UI.Image 类，并重写了该类的 IsRaycastLocationValid 方法。该方法用于判断触摸点（screenPoint）是否在图片范围内。在该方法中使用 Collider2D.OverlapPoint 方法判断点是否在多边形区域内。

（4）将 bt1 上面挂载的 Image 组件移除。单击 Inspector 面板中的 Image 组件右边的设置按钮，选择 Remove Component，如图 4-103 所示。将自己编写的 UGUIImagePlus.cs 组件类拖曳到 bt1 上后会生成 UGUIImagePlus 组件，用它来替代之前的 Image 组件。

（5）当挂载好 UGUIImagePlus 组件后，重新为该组件指定好纹理图，如图 4-104 所示。这样，触摸图片时，若触摸到 Polygon Collider 2D 组件勾选出来的区域，将被系统对应的监听捕获到。

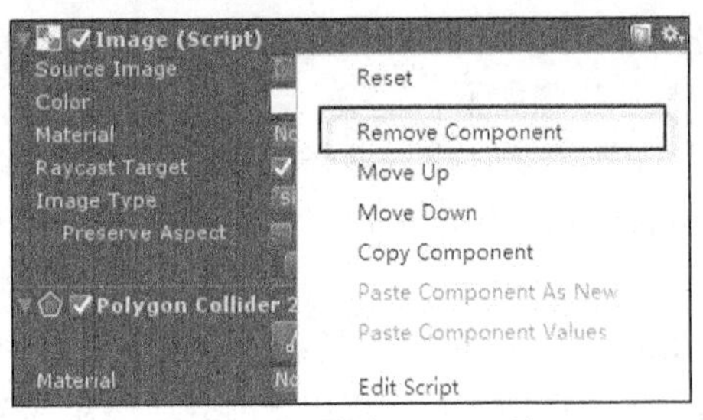


▲图 4-103　移除 Image 组件

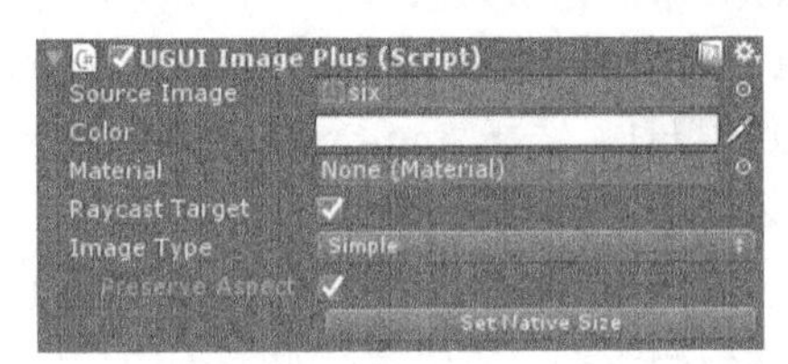


▲图 4-104　新挂载 UGUIImagePlus 组件

（6）为 bt1 上面的 Button 组件挂载单击事件监听，具体添加方法在 4.2.6 节中已经有过介绍，在这里挂载的监听方法依旧是 UGUIOnClick/Onbt1Click()，如图 4-105 所示。这时不规则按钮的创建就完成了。按钮的单击监听写在 Onbt1Click()方法中即可。

▲图 4-105　添加按钮单击监听

### 4.2.18　UGUI 屏幕自适应和锚点

随着技术的发展，屏幕的分辨率也越来越高。针对不同的屏幕分辨率制作不同的素材是不现实的，所以就需要我们提供一套分辨率自适应的机制来适配不同屏幕分辨率的设备。本节将介绍 UGUI 提供的分辨率自适应机制，具体步骤如下。

（1）在 Game 面板中将测试分辨率更改为 WVGA Landspace（800×480），如图 4-106 所示。创建一个画布，并在它的 Canvas 组件中将 Render Mode 设置为 Screen Space-Camera，将 Canvas Scaler 组件的 UI Scale Mode 设置为 Scale With Screen Size，如图 4-107 所示。

▲图 4-106　设置测试分辨率

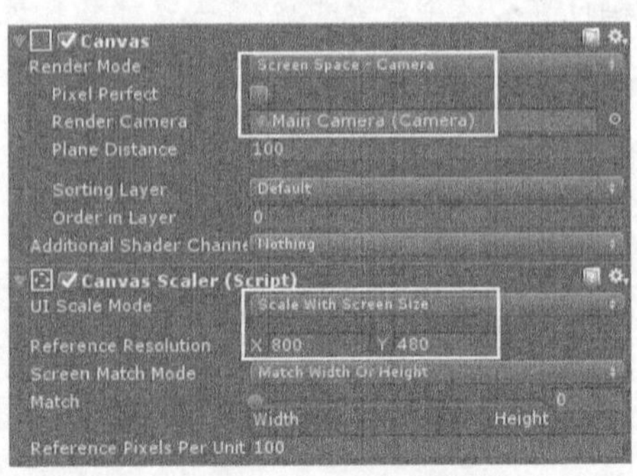


▲图 4-107　设置画布参数

（2）创建一个按钮，将其命名为bt1，将按钮的位置移动到画布的左上角，如图 4-108 所示。在 Scene 面板中将模式切换到 2D 编辑模式，这时当选中新建的按钮时，在画布的中心会出现一个类似于“雪花”的图案，该图案就是此按钮的锚点，如图 4-109 所示。

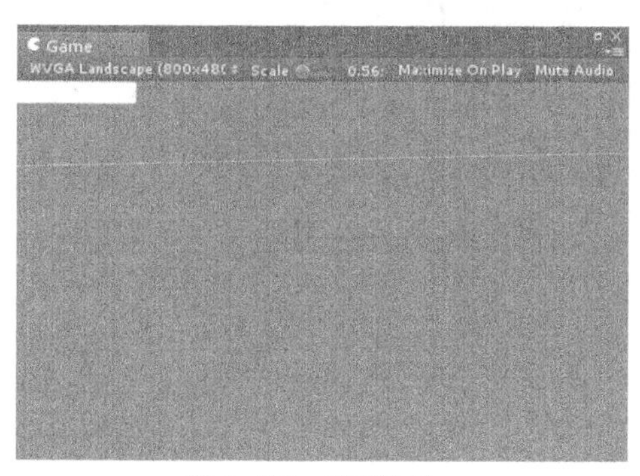

▲图 4-108 创建按钮

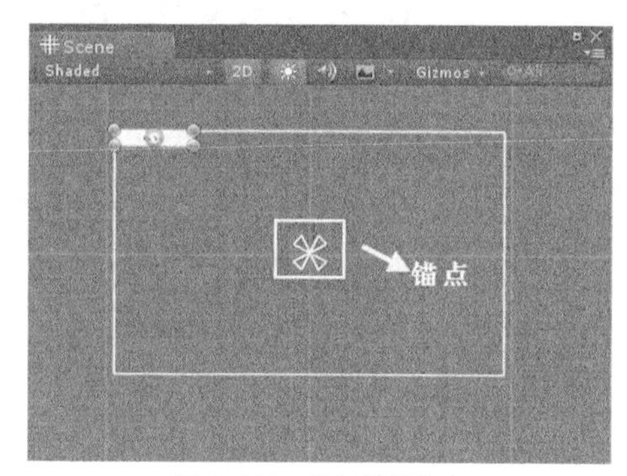


▲图 4-109 按钮的锚点

说明：如图 4-109 所示，按钮拥有 4 个锚点（“雪花” 图案的四角），同时按钮的四角还有 4 个蓝色圆形纽扣。锚点实现自适应屏幕的原理就在于：4 个锚点与圆形纽扣之间的距离是永远不变的，记住是距离不变，而不是距离比例不变。

（3）用鼠标拖动锚点，将锚点的位置拖到画布的左上角，如图 4-110 所示。这样无论设备的分辨率怎样变化，按钮会永远居于屏幕的左上角。在 Game 面板中将测试分辨率修改为 HVGA Landspace（480×320），可以发现按钮位置仍居于屏幕左上角，如图 4-111 所示。

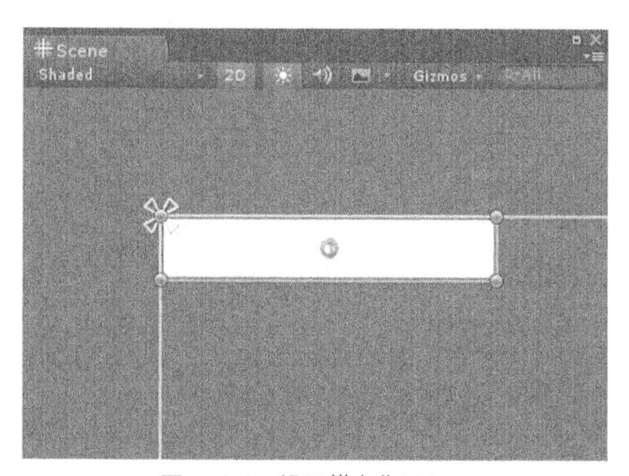


▲图 4-110 设置锚点位置

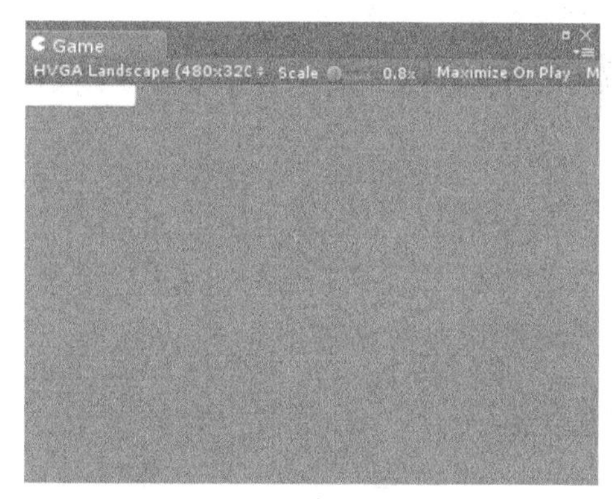


▲图 4-111 按钮自适应屏幕

说明：UI 屏幕自适应一直以来都是一项重要的研究课题，Unity 中的屏幕自适应方法还有很多，实现屏幕自适应需要和实际开发结合。笔者介绍了一个最简单的方法，旨在讲解锚点的含义，有兴趣的读者可以自行上网查阅有关屏幕自适应的资料。

### 4.2.19 UGUI 综合示例——音乐播放器的 UI 搭建

经过前面的介绍，读者已经对 UGUI 基本控件的创建和使用有了一个基本的了解。本节将给出一个由 UGUI 系统搭建的音乐播放器的 UI。希望通过本章的学习，读者对 UGUI 系统的使用更加得心应手。播放器界面如图 4-112 所示。

▲图 4-112 播放器界面

（1）导入本示例需要用到的图片资源，这些资源都放在原项目文件中的 Assets\UGUIDemo\MusicPlayerPIC 中，图片列表及用途如表 4-19 所示。

表 4-19 示例中使用到的图片列表及用途

| 图片 | 用途 | 图片 | 用途 |
| --- | --- | --- | --- |
| delete.png | 删除按钮图标 | Edit.png | 编辑按钮图标 |
| musicPlayer_0000_ListBG.png | 音乐列表按钮背景图 | musicPlayer_0001_BGMask.png | 音乐列表界面背景 |
| musicPlayer_0001_titleBG.png | 音乐列表界面标题背景 | musicPlayer_0002_soundbutton.png | 音量按钮 |
| musicPlayer_0003_PLAY.png | 播放按钮 | musicPlayer_0015_BG1.png | 播放按钮背景 |
| musicPlayer_0005_SKIP-_-NEXT.png | 播放下一首按钮 | musicPlayer_0006_LIST-2.png | 显示音乐列表界面按钮 |
| musicPlayer_0007_REPEAT-2.png | 重新开始按钮 | musicPlayer_0008_SHUFFLE.png | 随机播放按钮 |
| musicPlayer_0009_next-bg.png | 下一首按钮背景 | musicPlayer_0010_back-bg.png | 上一首按钮背景 |
| musicPlayer_0011_play-bg.png | 播放上一首按钮 | musicPlayer_0012_you-3.png | 修饰播放器的图片 |
| musicPlayer_0004_SKIP-_-PREVIOUS.png | 用于显示作者的背景 | musicPlayer_0016_BG-2.png | 用于显示当前音乐名称的底版背景 |
| musicPlayer_0017_LIGHT1.png | 光晕 1 | musicPlayer_0018_LIGHT2.png | 光晕 2 |
| musicPlayer_0019_LIGHT3.png | 光晕 3 | musicPlayer_0020_bg.png | 播放器主界面背景图 |
| musicPlayer_0021_BG.png | 场景背景图 | musicPlayer_0000s_0002_base.png | 滑块 handle 图 |

（2）需要注意的是，导入的图片类型是 PNG 类型的，在使用前需要在 Inspector 面板中将导入的图片设置为精灵模式 Sprite(2D and UI)，这样图片资源才能通过 Image 控件正常显示出来，如图 4-113 所示。

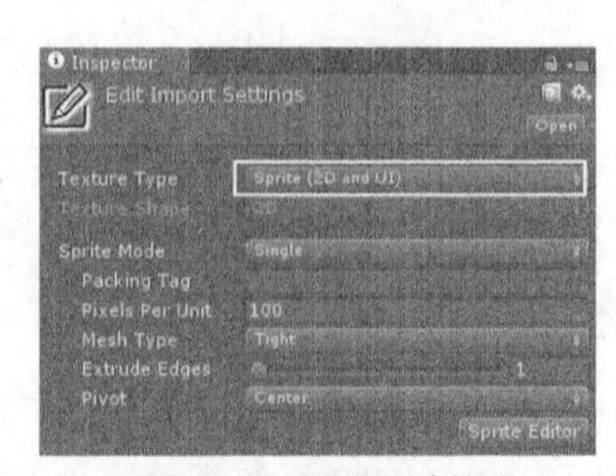


▲图 4-113 设置图片格式

（3）搭建 UI。本部分所使用的控件较多，每个控件的创建方法都已经介绍过，所以此处不再赘述。下面将用表格的形式介绍场景中 Canvas 下的 MusicPlayer 及其子对象，读者可以按照表 4-20 中的内容及层级关系依次进行创建。

表 4-20　　MusicPlayer 中的 UI 元素介绍

| UI 元素 | 控件类型 | 介绍 |
|---|---|---|
| MusicPlayer | Image | 音乐播放器主界面 |
| MusicName | Image | 用于显示当前音乐的背景 |
| MakerName | Image | 用于显示作者的背景 |
| PlayBT | Button | “播放”按钮 |
| BTImage | Image | “播放”按钮图标 |
| BackBT | Button | “上一首”按钮 |
| BTImage | Image | “上一首”按钮图标 |
| NextBT | Button | “下一首”按钮 |
| BTImage | Image | “下一首”按钮图标 |
| ShuffleBT | Button | “随机播放”按钮 |
| RePeatBT | Button | “重新播放”按钮 |
| Light | GameObject | 用于存放光晕图片的父对象 |
| Center | Image | 中部光晕 |
| Top | Image | 顶部光晕 |
| Light | Image | 灯图片 |
| ListBT | Image | “显示音乐列表”按钮 |
| SoundBT | Button | “调节音量”按钮 |
| BackGroundMask | Image | 覆盖整个界面的一张背景图 |
| Slider | Slider | 调节音量滑块 |

**说明**　表 4-20 的 UI 元素列通过层级缩进的形式表示了子对象的层次，越靠前的 UI 元素所处的层级越高，方便读者对照源项目的 UI 结构进行创建。

（4）按照表 4-20 的内容创建 MusicPlayer 游戏对象及其子对象，为每个控件赋予相应的贴图后，在 Game 面板中应该可以看到图 4-114 所示的 UI。其子对象结构如图 4-115 所示。下面将对部分特殊控件的设置进行介绍。

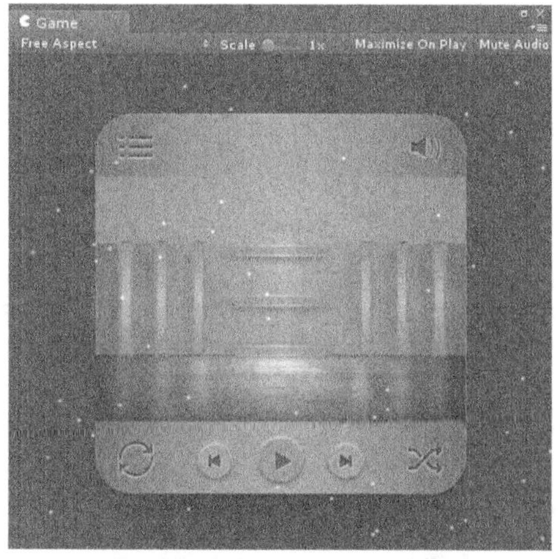


▲图 4-114　MusicPlayer 显示效果

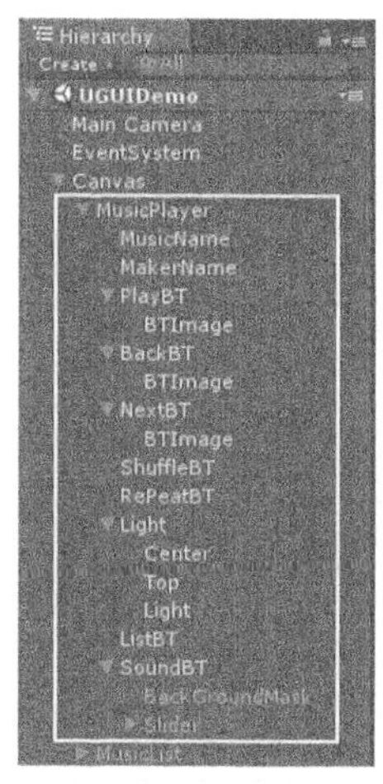


▲图 4-115　MusicPlayer 子对象结构

**说明**　在搭建 MusicPlayer 时，若子对象中有 Image 组件，需要赋予贴图，每个控件对应的贴图读者可以自行查表 4-19。当然读者也可以查看光盘中源项目的设置，见随书资源中源代码\第 4 章目录下的 UI\Assets\UGUIDemo。

（5）首先将 Canvas 游戏对象中的 Canvas 组件中的 Render Mode 设置为 World Space，这样，该画布就可以在 3D 场景中进行旋转等变换了，如图 4-116 所示。然后将 SoundBT 下的子对象 BackGroundMask 中的 Image 组件的颜色设置为黑色，透明度设置为半透明，如图 4-117 所示。

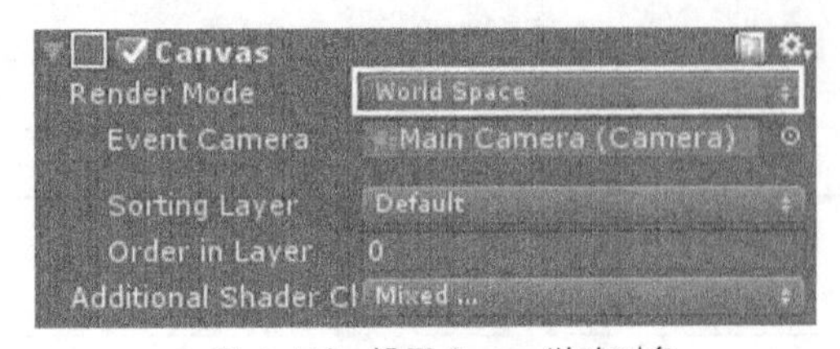


▲图 4-116　设置 Canvas 游戏对象

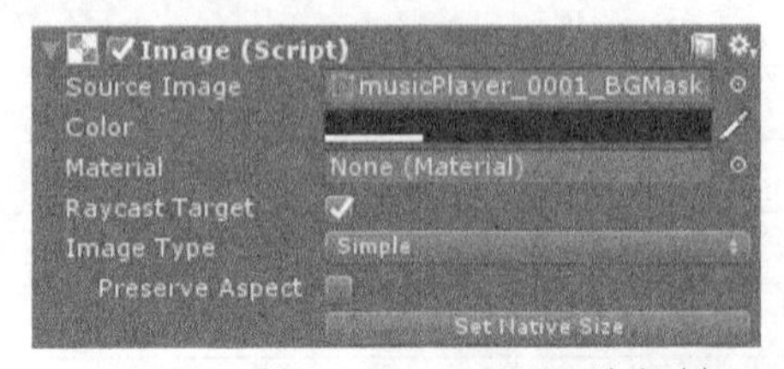


▲图 4-117　设置 BackGroundMask 游戏对象

（6）设置完 BackGroundMask 游戏对象的 Color 后，将其位置和大小设置为和 MusicPlayer 游戏对象重合，这样做的话，当 BackGroundMask 游戏对象被激活后，整个 UI 变暗，突出 Slider 控件。

（7）对 Slider 游戏对象进行设置，该滑块用于调节音量，其位置位于“音量”按钮的正下方，将 Slider 组件中的 Direction 参数设置为 Bottom to Top，这样该滑块就是一个垂直的滑块了，如图 4-118 所示。

（8）将 Slider 子对象中的 Handle 的贴图设置为 musicPlayer_0000s_0002_base.png，将滑块中的 Fill 游戏对象的 Image 组件中的 Color 设置为淡紫色，符合整个 UI 的配色方案即可。全部设置完毕后，将 Slider 游戏对象和 BackGroundMask 游戏对象关闭，如图 4-119 和图 4-120 所示。

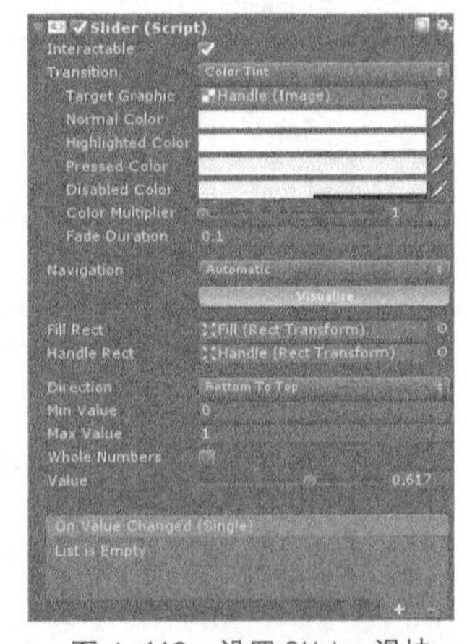


▲图 4-118　设置 Slider 滑块

▲图 4-119　关闭 Slider 游戏对象

▲图 4-120　关闭 BackGroundMask 游戏对象

（9）前面介绍了该音乐播放器的主界面的搭建，接下来将要介绍的是音乐播放器的音乐列表界面 MusicList 的搭建。在本示例中，单击 ListBT 界面由主界面跳转到音乐列表界面，音乐列表界面显示当前音乐播放器中包含的音乐，运行效果如图 4-121 所示。MusicList 中的 UI 元素介绍如表 4-21 所示。

表 4-21　MusicList 中的 UI 元素介绍

| UI 元素 | 控件类型 | 介绍 |
|---|---|---|
| MusicList | Image | 音乐列表界面背景 |
| List | GameObject | 用于存放歌曲 Button 的空对象 |
| Title | Image | 音乐列表标题背景 |
| BackMenuBT | Button | “返回主界面”按钮 |
| EditBT | Button | “编辑列表”按钮 |

> 说明　表 4-21 中的 UI 元素列通过层级缩进的形式表示了子对象的层次，越靠前的 UI 元素所处的层级越高，方便读者对照源项目的 UI 结构进行创建。

（10）根据表 4-21 创建好游戏对象后，MusicList 的子对象结构应该如图 4-122 所示。接下来讲解特殊子对象的设置。首先选中 List 游戏对象，为其添加 Grid Layout Group 组件，并对其内部参数进行设置，如图 4-123 所示。

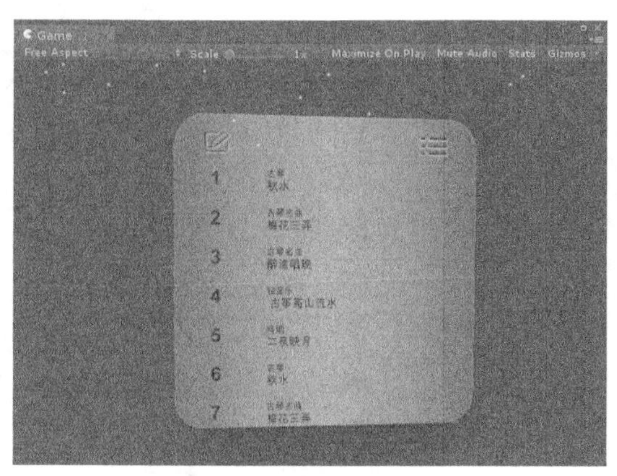


▲图 4-121　音乐列表界面

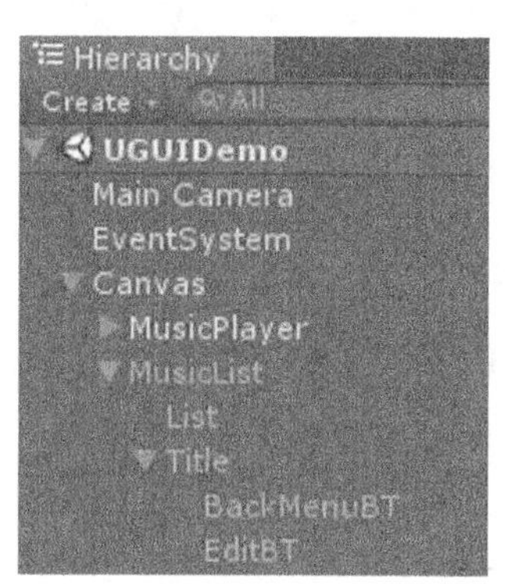


▲图 4-122　MusicList 的子对象结构

（11）选中 MusicList 游戏对象，为其添加 Scroll Rect 组件及 Mask 组件，并将 Scroll Rect 组件的 Content 参数设置为 List 游戏对象，如图 4-124 所示。添加这两个组件后，MusicList 就变成了一个滚动视图，并且超出的内容可以由鼠标上下拖动。

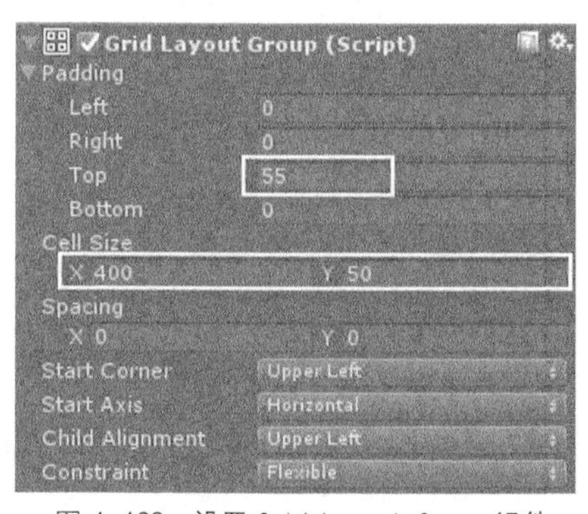


▲图 4-123　设置 Grid Layout Group 组件

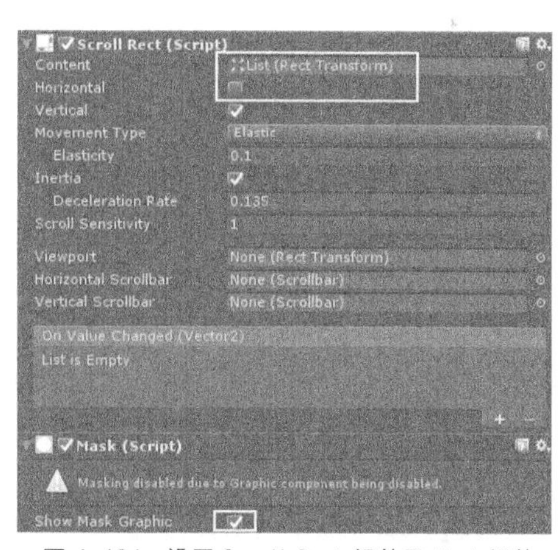


▲图 4-124　设置 Scroll Rect 组件及 Mask 组件

（12）设置完毕后选中 MusicList 游戏对象，并将其关闭，如图 4-125 所示。这是因为在示例运行后 MusicList 界面是看不到的，只有当玩家单击 ListBT 按钮后该游戏对象才会被激活。

（13）制作用于显示音乐列表中元素按钮的预制件。首先创建一个 Button 控件，将其命名为 ListButton，其 Transform 的设置如图 4-126 所示。然后将该按钮下的子对象 Text 命名为 Count，Count 用于显示当前歌曲的编号。最后将其摆放到合适的位置。

（14）在 ListButton 游戏对象下再创建一个 Text 控件，将其命名为 MusicInformation，它用于显示音乐的信息（音乐名及歌手）。调整大小后将其摆放到合适的位置。Count 和 MusicInformation 控件中的 Text 组件设置如图 4-127 和图 4-128 所示。

▲图 4-125 关闭 MusicList 游戏对象

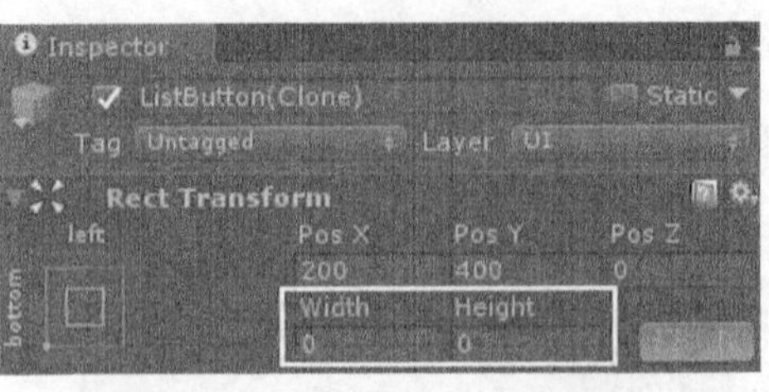


▲图 4-126 ListButton 的长宽设置

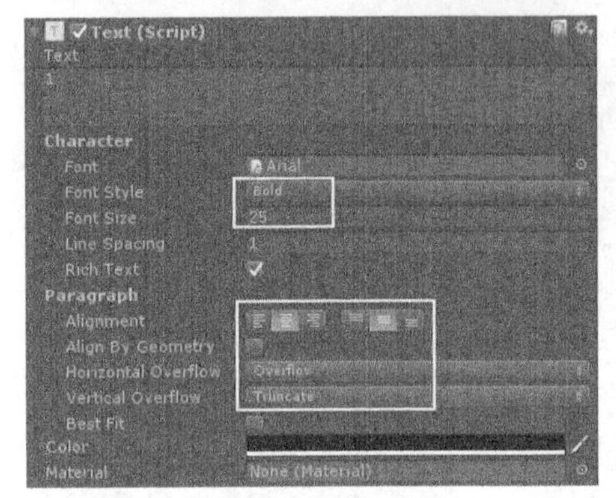


▲图 4-127 设置 Count 游戏对象的 Text 组件

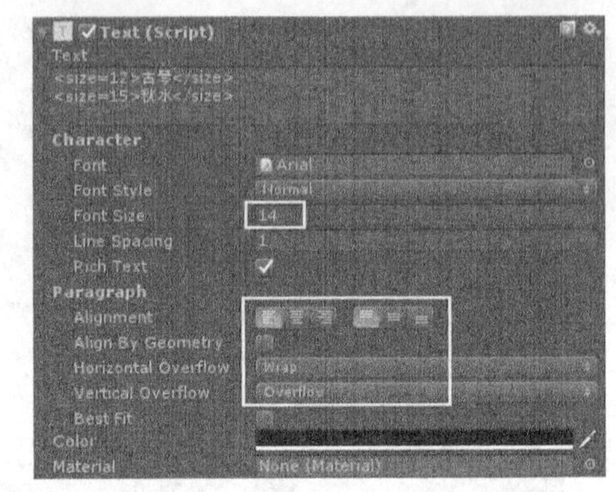


▲图 4-128 设置 MusicInformation 游戏对象的 Text 组件

（15）将两个 Text 控件设置完毕后，开始创建删除按钮 DeleteBT。在 ListButton 子对象中创建一个 Button 控件，将其命名为 DeleteBT，删除其下的 Text 控件，并创建一个 Image 控件代替。DeleteBT 对应的贴图为 musicPlayer_0011_play-bg.png，Image 对应的贴图为 delete.pn。设置完毕后，ListButton 子对象的结构应该如图 4-129 所示，效果应该如图 4-130 所示。

▲图 4-129 ListButton 子对象结构

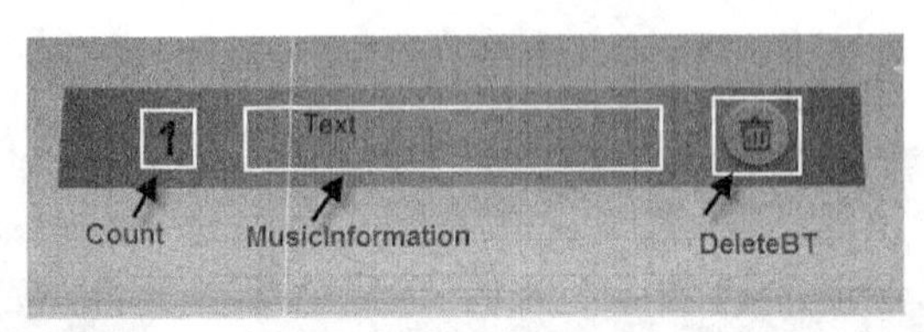


▲图 4-130 创建好的 ListButton

（16）将 ListButton 创建完毕后，将 DeleteBT 子对象关闭。在 Project 面板中右击，在弹出的快捷菜单中选择 Create→Prefab，创建一个预制件，将其命名为 ListButton。然后将游戏场景中的 ListButton 拖曳给该预制件，完成设置，如图 4-131 所示。

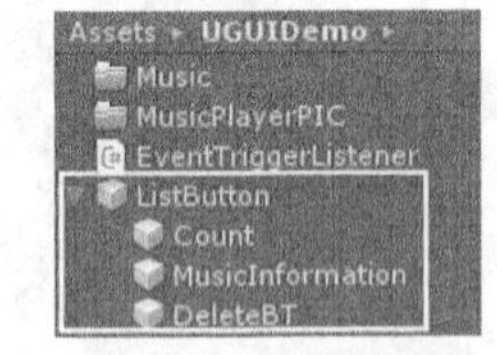


▲图 4-131 创建预制件

（17）到这一步，场景的搭建已经基本结束，下面将介绍示例的脚本的开发及使用。首先创建一个 C#脚本 MusicBtnListener.cs，该脚本的主要功能为监听主界面中所有按钮的触控事件。具体代码如下。

代码位置：随书资源中源代码\第 4 章目录下的 UI\Assets\UGUIDemo\MusicBtnListener.cs

```
1   using UnityEngine;
2   using System.Collections;
3   using UnityEngine.UI;
4   public class MusicBtnListener : MonoBehaviour {
5     public Button bplay;                        //“播放”按钮
6     public Button bnext;                        //“下一首”按钮
7     public Button blist;                        //“显示列表”按钮
8     public Button bsound;                       //“声音”按钮
9     public Button bbackMenu;                    //“返回主界面”按钮
```

```
10      public GameObject MusicPlayer;                    //播放器主界面
11      public GameObject MusicList;                      //音乐列表
12      private bool setSound = false;                    //是否正在设置声音
13      private bool showList = false;                    //是否显示列表
14      void Start () {
15        blist.onClick.AddListener(OnListBtnClick);          //给“显示列表”按钮添加单击监听
16        bplay.onClick.AddListener(OnPlayBtnClick);          //给“播放”按钮添加单击监听
17        bsound.onClick.AddListener(OnSoundBtnClick);        //给声音按钮添加单击监听
18        bbackMenu.onClick.AddListener(OnListBtnClick);      //给“返回主菜单”按钮添加单击监听
19      }
20      void OnListBtnClick(){                            //显示列表与“返回主菜单”按钮监听方法
21        showList = !showList;                           //更改是否显示列表标志位
22        MusicList.SetActive(showList);                  //设置主菜单界面是否显示
23      }
24      void OnPlayBtnClick(){                            // “播放”按钮监听
25        Debug.Log("play");                              //输出单击
26      }
27      void OnSoundBtnClick(){                           // “音量”按钮单击监听
28        setSound = !setSound;                           //更改标志位是否为设置状态
29        bsound.transform.GetChild(0).gameObject.SetActive(setSound); //开启/关闭背景遮罩
30        bsound.transform.GetChild(1).gameObject.SetActive(setSound); //开启/关闭音量滑块
31    }}
```

**说明** 创建好脚本后，将该脚本挂载在 Canvas 游戏对象上，并将其中的按钮分别拖曳到脚本上，如图 4-132 所示。该脚本的内容较为简单，在 Start 方法中将每个按钮的监听方法设置好，然后对应每个方法实现相应的单击功能即可，如第 20～31 行即为定义的 3 个按钮的单击监听方法。

▲图 4-132　设置挂载好脚本后的参数

（18）既然在主菜单界面中的按钮就都有单击监听了，接下来就创建脚本 MusicList BtnListener.cs，该脚本挂载在 Canvas 游戏对象上，用于初始化音乐列表，并包含了音乐列表界面中每个按钮的监听。具体代码如下。

代码位置：随书资源中源代码\第 4 章目录下的 UI\Assets\UGUIDemo\MusicListBtnListener.cs

```
1     using UnityEngine;
2     using System.Collections;
3     using UnityEngine.UI;
4     public class MusicListBtnListener : MonoBehaviour {
5       public AudioClip[] ac;                           //音乐资源数组
6       public GameObject List;                          //列表游戏对象
7       public GameObject musicBT;                       //制作好的 ListButton 预制件
8       public Button bEdit;                             //编辑按钮
9       private ArrayList alb=new ArrayList();           //动态数组储存在列表中的歌曲
10      private bool isEdit=false;                       //当前是否为编辑模式标志位
11      void Start () {
12      for (int i = 0; i < ac.Length; i++){             //生成音乐资源按钮
13        GameObject bt = Instantiate(musicBT);          //实例化预制件
14        bt.GetComponent<RectTransform>().
15          SetParent(List.GetComponent<RectTransform>());      //设置父对象
16        bt.GetComponent<RectTransform>().localScale = Vector3.one;          //调整大小
17        bt.GetComponent<RectTransform>().localPosition = Vector3.zero;      //调整位置
18        string[] musicInfomation = ac[i].name.Split('-');      //按照‘-’符号拆分音乐名
19        bt.transform.FindChild("Count").GetComponent<Text>().text = ""+(i+1);//设置编号
20        bt.transform.FindChild("MusicInformation").GetComponent<Text>().text =
```

```
21        string.Format("<size=12>{0}</size>" + "\n<size=15>{1}</size>",
22        musicInfomation[0], musicInfomation[1]);            //设置 MusicInformation 的显示
23      bt.GetComponent<Button>().onClick.AddListener(     //给实例化的按钮添加监听
24        delegate(){                          //委托
25          this.onListElementBtnClick(bt);    //添加一个带有 GameObject 参数类型的监听
26      });
27      Button bdelete = bt.transform.FindChild("DeleteBT").GetComponent<Button>();
                                               //获取“删除”按钮
28      bdelete.onClick.AddListener(           //给“删除”按钮添加监听
29        delegate(){                          //委托
30          this.OnDeleteBthClick(bt);         //添加一个带参数的监听方法
31      }});
32      List.GetComponent<RectTransform>().sizeDelta =
33        new Vector2(400, ac.Length * 50 + (ac.Length - 1) * 5); //根据内容设置列表的大小
34      bEdit.onClick.AddListener(OnEditBtnListener);        //编辑
35      for (int i = 0; i < List.transform.childCount; i++){    //添加到动态数组
36        alb.Add(List.transform.GetChild(i));                 //将 List 的子对象添加到动态列表
37    }}
38    public void onListElementBtnClick(GameObject bt){        //每个 UI 列表中的按钮单击监听
39        Debug.Log("this is bt"+bt.name);                     //输出按钮信息
40      }
41    void OnEditBtnListener(){
42      isEdit = !isEdit;                                      //设置当前是否为编辑模式
43      foreach(Transform go in alb){                          //遍历动态列表
44        go.transform.FindChild("DeleteBT").gameObject.SetActive(isEdit);
                                                              //将“删除”按钮开始/关闭
45    }}
46    void OnDeleteBthClick( GameObject bt){          //“删除”按钮监听
47          alb.Remove(bt.transform);                 //从动态列表中移除 bt
48          Destroy(bt);                              //删除 bt 游戏对象
49          UpdateMusicArrayListButtonText();         //更新列表
50    }
51    void UpdateMusicArrayListButtonText(){          //更新列表方法
52      foreach(Transform go in alb){                 //遍历动态数组
53        go.transform.FindChild("Count").GetComponent<Text>().text =
54          "" + (alb.IndexOf(go.transform) + 1);     //重新设置编号
55      }
56      List.GetComponent<RectTransform>().sizeDelta =
57        new Vector2(400, (alb.Count+1) * 50);       //重新设置列表的长度
58  }}
```

- 第 1～10 行为名称空间的引用及变量的声明。由于本脚本使用了 UI 方面的 API，因此需要 Using UnityEngine.UI 名称空间。在变量声明阶段声明了在下面代码中需要使用的变量,如各个按钮的引用、存储列表中按钮的动态数组、列表游戏对象等。
- 第 11～26 行在 Start 方法中初始化每个音乐资源对应的按钮，首先获取音乐资源数组 ac，将其每个元素都实例化成一个对应的 ListButton 预制件；然后调整其大小、位置及内部两个 Text 控件的显示字样，再将其设置为 list 的子对象；最后为每个 ListButton 对象都指定同一个单击监听方法 onListElementBtnClick。
- 第 27～37 行首先为每个实例化出的 ListButton 对象中的 DeleteBT 子对象指定了单击监听方法 OnDeleteBthClick，然后根据其子对象的数目调整列表大小。为编辑按钮添加监听方法后，将每个 List 的子对象都添加到动态数组 alb 中。
- 第 38～45 行是两个按钮的监听方法，单击“音乐”按钮会输出单击按钮的信息。由于本示例是一个 UI 示例，因此没有编写音乐播放的逻辑代码，有兴趣的读者可以自行完善。OnEditBtnListener 方法是编辑模式按钮，单击后每个 list 子对象都会出现一个删除按钮。
- 第 46～50 行为 OnDeleteBthClick 方法，该方法是删除方法，单击后会将该按钮从 alb 中移除并删除对象。删除后回调 UpdateMusicArrayListButtonText 方法，重置按钮编号及 list 的控件大小。
- 第 51～58 行代码为 UpdateMusicArrayListButtonText 方法，每当动态数组内元素发生变

化后要回调该方法。该方法会重新设置每个 ListButton 子对象中 Count 控件显示的编号，然后按照 alb 中还有的元素数目重新设置 list 控件的大小。

（19）到这一步，本示例的开发已经基本结束，读者可以添加粒子系统、PanWithMouse.cs 脚本来让 UI 更加美观。注意，PanWithMouse.cs 脚本为一个动态动画脚本，挂载到 Canvas 上后该对象会根据鼠标指针的位置动态地变换，可以让界面动态性更强。最后示例的运行效果如图 4-133 和图 4-134 所示。

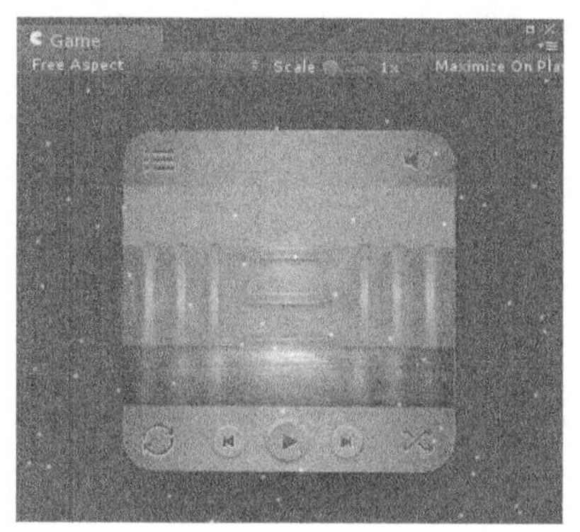


▲图 4-133　主菜单界面演示

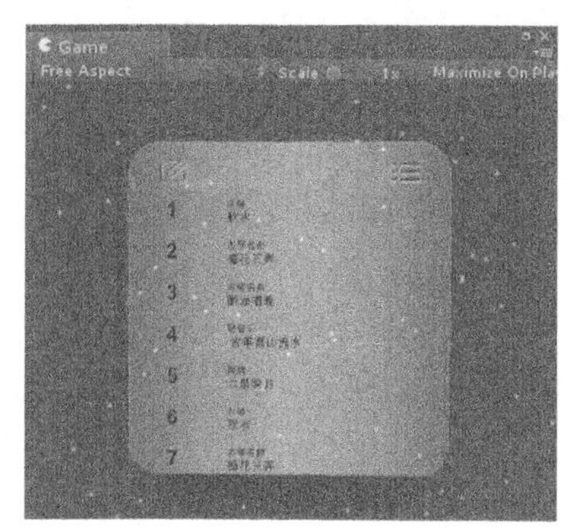


▲图 4-134　音乐列表界面演示

> **说明**　PanWithMouse.cs 脚本可以同时挂载在 Canvas 和摄像机上来组合使用以达到更佳的动态效果。当挂载在 Canvas 上时，需要确保 Canvas 组件中的 Render Mode 为 World Space，这样脚本才会起作用。

## 4.3 预制件资源的应用

在项目的开发过程中，开发人员经常会用到预制件（prefab）资源，在开发场景时需要同时创建多个完全相同的游戏对象，如果一一创建会耗费大量的时间，并且也会耗费游戏资源，在管理上也会有一定的难度，这时就需要实例化预制件了。

### 4.3.1　预制件资源的创建

前面已经讲解了 Assets 中各个菜单的用途和功能。在 Create 菜单的子菜单中创建 prefab 菜单，就会在资源项目列表中创建一个预制件资源。此时的预制件只是一个空壳，还需添加一些具体的游戏对象。下面将对具体的创建过程进行讲解，操作步骤如下。

（1）通过 Unity 集成开发环境中的菜单创建一个 prefab。选择 Assets→Create→Prefab，即可在项目资源列表中创建一个预制件，然后将其名字改为 BallPrefab。

（2）在场景中创建一个球体。选择 Creat→3D Object→Sphere，即可在游戏组成列表中创建一个 Sphere，然后将其改名为 Ball。

（3）向项目中导入一个球面纹理图资源。选择 Assets→Import New Asset，弹出 Import New Assets 对话框，在该对话框中选中需要的球面纹理图，单击 Import 按钮完成导入。

（4）为创建的 Ball 添加刚体属性和球体碰撞属性。选中 Ball，选择 Component→Physics→Rigidbody，即可为 Ball 添加刚体属性；选择 Component→Physics→Sphere Collider，即可为 Ball 添加球体碰撞属性。

（5）将导入的球面纹理图资源添加到创建的 Ball 上面。选中纹理图，然后将其拖动到创建的 Ball 上面即可。添加的各个属性都会在 Inspector 面板中显示出来，如图 4-135 所示。

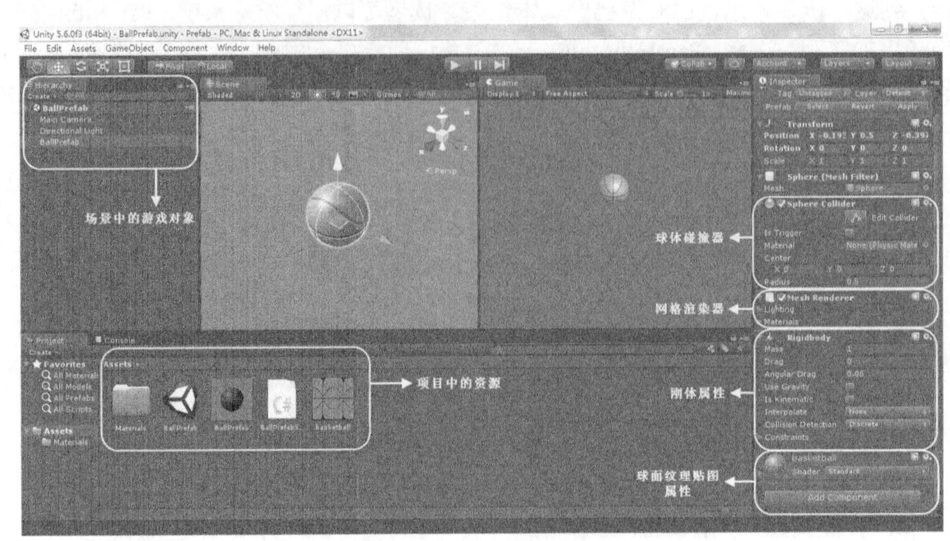


▲图 4-135　添加的各个属性

（6）为刚创建的 BallPrefab 添加真实的游戏对象该操作和第（5）步一样。选中刚刚创建的 Ball 对象，将其拖曳到 Assets 面板中已经创建好的 BallPrefab 上即可，此时这个空的 BallPrefab 就拥有了与 Ball 对象完全相同的属性，如图 4-136 所示。

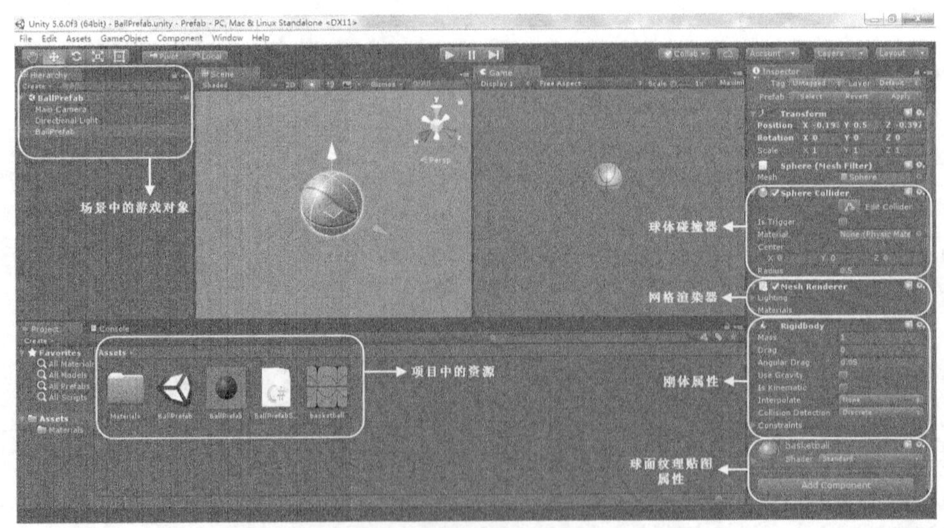


▲图 4-136　成功创建的 BallPrefab

## 4.3.2　通过 prefab 资源进而实例化对象

在实际的开发过程中，若要创建大量重复的资源，就需要使用到预制件。通过脚本编写程序来实例化这些游戏对象，这样可以省去创建过程的时间，也可以省去为各个游戏对象添加相同属性的烦琐操作，并且还会节省大量的游戏资源，提高项目的运行效率。

下面将通过一个实例化篮球的小示例来讲解预制件实例化的具体操作过程，具体步骤如下。

（1）以上面的 BallPrefab 为例，有关预制件的具体创建过程就不再进行讲解。

（2）编写脚本，实例化篮球。选择 Assets→Create→C# Script，在项目中创建一个 C# Script 脚本，将此脚本的名字改为 BallPrefabScript，双击脚本进入脚本编辑器，对脚本进行编辑，具体代码如下。

代码位置：见随书资源中源代码\第 4 章目录下的 Prefab\Assets\BallPrefabScript.cs。

```
1   using UnityEngine;
2   using System.Collections;
3   public class BallPrefabScript : MonoBehaviour {
4     public int i = 5;                                     //声明整型变量 i
5     public int j = 0;                                     //声明整型变量 j
6     public Rigidbody BallPrefab;                          //声明刚体 BallPrefab
7     public float x = 0.0f;                                //初始化 x、y、z 的坐标
8     public float y = 4.0f;
9     public float z = 0.0f;
10    public float k = 2.0f;                                //声明实例化球的行数
11    public int n = 4;
12    int count = 0;                                        //声明一个计数器
13    public Rigidbody[] BP;                                //声明刚体数组
14    void Start(){                                         //声明 Start 方法
15      BP = new Rigidbody[10];                             //初始化刚体组数
16      count = 0;                                          //计数器置 0
17      for (i = 0; i <= n; i++)                            //对变量 i 进行循环
18        for ( j = 0; j < i; j++)                          //对变量 j 进行循环
19          //在自定义坐标位置实例化 10 球
20          BP[count++] =(Rigidbody )Instantiate(BallPrefab,
21            new Vector3(x-2.0f*k*i+4.0f*j*k,2.0f,z-2.0f*1.75f*k*i),BallPrefab.rotation);
22  }}
```

❑ 第 1～13 行声明变量，主要声明了整型变量 $i$、$j$，刚体 BallPrefab 的 $x$、$y$、$z$ 的坐标，刚体的行数及计数器，并且对相关的参数进行了赋值等。在开发环境下的 Inspector 面板中，用户可以为各个参数指定资源或者取值。

❑ 第 14～22 行对 Start 方法进行重写，初始化刚体组数，然后先对 $i$ 进行循环，再在 $i$ 的循环中对 $j$ 进行循环，最后在自定义坐标位置中通过实例化刚体数组创建了 10 个球体，并且对 10 个球的位置按照一定的规律进行了排列。

（3）将编写完的脚本挂载到摄像机上，然后对摄像机脚本属性中的各个变量参数进行设置。单击 Unity 集成开发环境的“运行”按钮，游戏场景中就会显示出实例化的效果。本示例创建了 10 个 BalllPrefab，如图 4-137 所示。

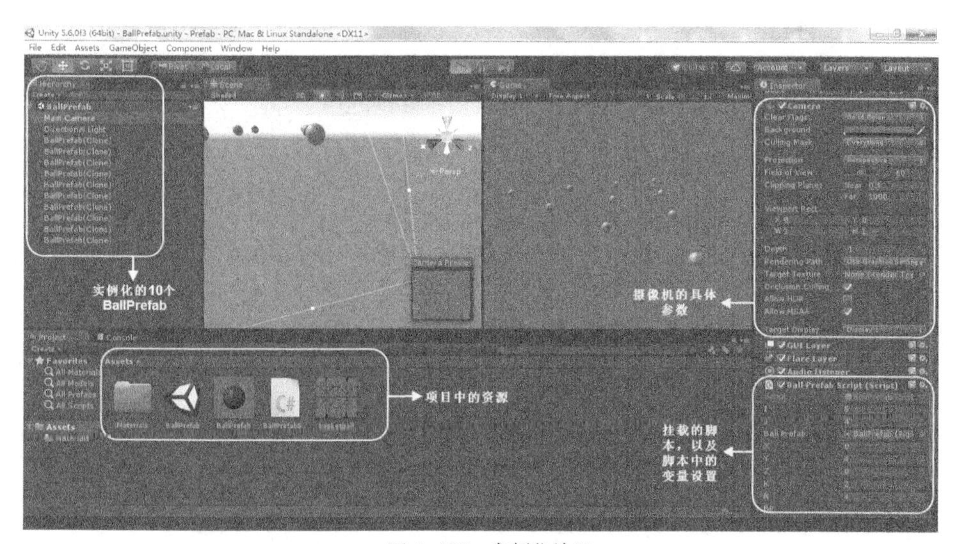


▲图 4-137 实例化效果

## 4.4 常用的输入对象

在游戏的开发过程中，时常需要获取用户的输入情况，类似于手机、平板的触控行为，PC 端的键盘、鼠标操作行为等。在其他的开发平台中，要获取这些操控参数往往需要编写很多代码，而 Unity 3D 引擎在设计时就已经封装好了这些常用的方法与参数。

针对用户的输入，Unity 3D 引擎专门为开发人员提供了两个输入对象——Touch 与 Input。开发人员通过 Touch 与 Input 输入对象中的方法及参数可以非常方便地获取用户输入的各种参数，包括触控的位置、相位、手指按下位移及用户鼠标键盘的输入等，下面将一一介绍。

### 4.4.1　Touch 输入对象

Touch 输入对象提供了非常详细的参数及方法，通过使用该对象，开发人员可以获取详细的如 Android、iOS 等移动平台中的触摸操控信息。读者可以将分析 Touch 的代码写在对应的脚本中，然后挂载到对应的游戏对象上，这样就可以简单地获取到 Touch 的信息了。Touch 输入对象的变量如表 4-22 所示。

表 4-22　　Touch 输入对象的变量

| 变量 | 含义 | 变量 | 含义 |
| --- | --- | --- | --- |
| fingerID | 手指的索引 | Position | 手指的位置 |
| deltaPosition | 距离上次改变的距离增量 | deltaTime | 自上次改变的时间增量 |
| tapCount | 单击次数 | Phase | 触摸相位 |

Touch 触摸输入对象的各个参数在开发的过程中一般都是相互配合使用的，只有各个变量之间相互配合才能符合开发的需要。接下来将给出一个解析玩家手势操控的示例，希望通过该示例，读者可以更深入地了解所学习的内容。

（1）搭建所需的游戏场景。新建一个名为 TouchTest 的场景，在其中创建一个平行光（Direction Light）。选择 GameObject→3D Object→Sphere，创建一个小球，并赋予其纹理图。调整小球的大小与位置，如图 4-138 所示。调整摄像机的位置，如图 4-139 所示。

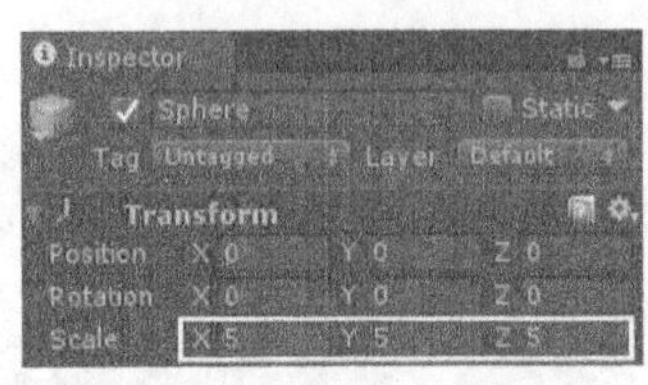


▲图 4-138　调整球的大小与位置

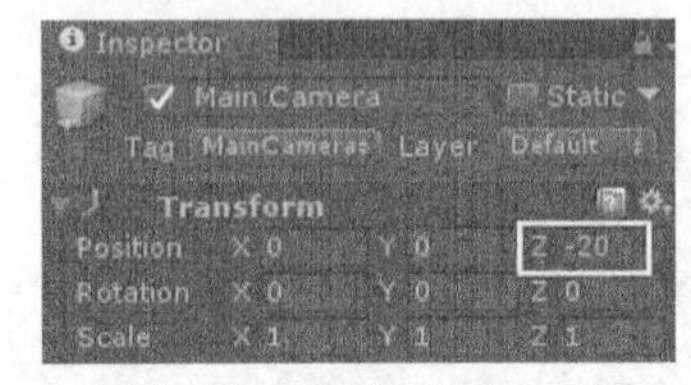


▲图 4-139　调整摄像机的位置

（2）搭建好场景后即可进行脚本的开发。新建一个 C#脚本，将其命名为 TouchTest.cs，将其挂载到摄像机上。具体代码如下。

代码位置：随书资源中源代码\第 4 章目录下的 UI\Assets\OtherScript\TouchTest.cs

```
1    using UnityEngine;
2    using System.Collections;
3    public class TouchTest : MonoBehaviour {
4      public GameObject ball;                          //Sphere 游戏对象的引用
5      private float lastDis=0;                         //上一次两个手指的距离
6      private float cameraDis = -20;                   //摄像机距离球的距离
7      public float ScaleDump = 0.1f;                   //缩放阻尼
8      void Update() {
9        if (Input.touchCount ==1) {                    //触控
```

```
10          Touch t = Input.GetTouch(0);                    //获取触控
11          if (t.phase == TouchPhase.Moved){               //手指移动中
12            ball.transform.Rotate(Vector3.right, Input.GetAxis("Mouse Y"), Space.World);
                                                            //竖直旋转
13            ball.transform.Rotate(Vector3.up, -1 * Input.GetAxis("Mouse X"), Space.World);
                                                            //水平旋转
14        }}
15        else if (Input.touchCount > 1){
16          Touch t1 = Input.GetTouch(0);                   //获取触控
17          Touch t2 = Input.GetTouch(1);                   //获取触控
18          if (t2.phase == TouchPhase.Began){              //开始触摸
19            lastDis = Vector2.Distance(t1.position, t2.position);       //初始化 lastDIs
20          }else
21          if (t1.phase == TouchPhase.Moved && t2.phase == TouchPhase.Moved){
                                                                          //两个手指都在移动
22            float dis = Vector2.Distance(t1.position, t2.position);     //计算手指位置
23              if (Mathf.Abs(dis - lastDis)>1)                      //若是手指距离大于 1
24                cameraDis += (dis - lastDis)*ScaleDump;            //设置摄像机到物体的距离
25                cameraDis=Mathf.Clamp(cameraDis, -40, -5);         //限制摄像机到物体的距离
26                lastDis = dis;                                     //备份本次触摸结果
27      }}}
28      void LateUpdate(){
29        this.transform.position = new Vector3(0,0,cameraDis);     //调整摄像机的位置
30      }
31      void OnGUI(){                                                //输出信息与退出按钮
32        string s = string.Format("Input.touchCount={0}\ncameraDIS=\n{1}",
33        Input.touchCount,cameraDis);                               //输出字符串
34        GUI.TextArea(new Rect(0, 0, Screen.width / 10, Screen.height), s);
                                                                     //用 Text 控件显示字符串
35        if (GUI.Button(new Rect(Screen.width * 9 / 10, 0,
36          Screen.width / 10, Screen.height / 10),"quit")){         // “退出” 按钮
37                Debug.Log("quit");                                 //输出单击信息
38                Application.Quit();                                //退出程序
39    }}}
```

❑ 第 1~7 行是命名空间的引用及声明变量。在声明变量的部分中声明了场景中的 Sphere 游戏对象的引用 Ball，方便下面对其进行旋转等变换；同时还声明了一些数据全局变量，其用途后续将会介绍。

❑ 第 8~14 行在 Update 方法中对单指操控行为进行解析，当发生触控并且用户的手指处在移动状态时，就可以通过 Input.GetAxis("Mouse X/Y")获取用户的手指位移，然后将其转换为旋转角对 ball 进行旋转。运行时就可以看到用户滑动手指，场景中的小球根据滑动方向进行旋转了。

❑ 第 15~27 行解析用户多点操控的行为。当手指数目大于 1 时，计算两个手指间的距离，并与上一次计算出的距离进行比较，若是距离变大就将摄像机向近推产生放大的效果，反之摄像机向后推就可以得到缩小的效果。第 25 行代码还对摄像机的位置进行了限制，使其不能无限放大或者缩小。最后备份这一帧中手指间的距离，用于下一帧和新的距离进行比较。

❑ 第 28~30 行重写 LateUpdate 方法，该方法在 Update 方法回调完后进行回调。在这部分中，根据上一步算出来的 cameraDis 对摄像机进行前推或者后拉，产生放大或者缩小的效果。

❑ 第 31~39 行的作用与触控的检测没有太大关系，主要是使用 Text 控件对触控的信息进行输出，使其在真机上也可以看到，方便学习与调试。最后还设置了一个“退出”按钮，单击该按钮后程序结束运行。

**说明**

第 12 行和第 13 行使用了 Input.GetAxis("Mouse X\Y")而不是 Touch. deltaPosition 来获取用户手指的位移，这是因为手机屏幕不同，Touch.deltaPosition 的返回值是不同的，所以使用起来不太方便；Input.GetAxis("Mouse X\Y")也可以实现相同的效果，并且支持 iOS 平台。具体使用哪个，读者可以根据开发需要自行选择。

（3）将示例导入手机中运行，就可以看到小球根据玩家的手指滑动或两指放大收缩发生旋转或缩放了。需要注意的是，与 Touch 有关的项目都需要在真机上进行测试。有兴趣的读者还可以

开发出更多的手势检测来适应不同的游戏。

### 4.4.2　Input 输入对象

如果说 Touch 输入对象可以用于获取用户的触摸操作信息，那么 Input 输入对象就可以获取用户一切的其他行为的输入，如鼠标、键盘、加速度、陀螺仪、按钮等，所以掌握 Input 输入对象就可以在外部输入信息和系统之间架立一座桥梁，其尤为重要。Input 对象的主要变量如表 4-23 所示。

表 4-23　Input 对象的主要变量

| 变量 | 含义 | 变量 | 含义 |
| --- | --- | --- | --- |
| mousePosition | 当前鼠标指针的像素坐标 | anyKey | 当前是否有按键按下，若有返回 true |
| anyKeyDown | 用户单击任何键或鼠标按钮，第一帧返回 true | inputString | 返回键盘输入的字符串 |
| acceleration | 加速度传感器的值 | touches | 返回当前触摸（Touch）列表 |

#### 1. mousePosition 变量

mousePosition 变量是一个三维坐标，用于获取当前鼠标指针的像素坐标。像素坐标是以屏幕左下角为（0,0）、屏幕右上角坐标为（Screen.width,Screen.height）计算的，具体获取方式可以参照下面的代码：

```
1   void Update () {
2     if (Input.GetButtonDown("Fire1")) {                  //鼠标左键按下
3       Debug.Log(Input.mousePosition);                    //输出鼠标指针位置
4   }}
```

#### 2. anyKey 变量与 anyKeyDown 变量

anyKey 变量的功能是检测当前是否有任何按键按下，若是有，就返回 True，可以参看下面的 C#代码片段。将下面的代码添加到脚本中，将脚本挂载到摄像机上，当按下任何按键时就会不停地显示出输出信息。

```
1   void Update () {
2     if (Input.anyKey) {                                              //有按钮按下
3       Debug.Log("A key or mouse click has been detected");          //输出信息
4   }}
```

anyKeyDown 变量和 anyKey 变量有些许差别，该变量只有按下按钮后的第一帧返回 True。将上面的 C#代码片段稍做修改后运行场景，你会发现只要有按钮按下，就会输出一次信息，若是按钮持续处于按下状态，也仅仅输出第一次。

```
1   void Update () {
2     if (Input. anyKeyDown) {                                    //按钮按下
3       Debug.Log("A key or mouse click has been detected");     //输出信息
4   }}
```

#### 3. inputString 变量

inputString 变量的功能是返回键盘在这一帧中输入的字符串。注意，返回的字符串中只包含 ASCII 码中的字符，若是本次没有输入字符串就会返回一个空串，如下面的 C#代码片段所示：

```
1   void Update () {
2     if (Input.inputString!=""){                       //若当前输入字符串不为空
3       Debug.Log(Input.inputString);                   //输出输入字符串
4   }}
```

#### 4. acceleration 变量

acceleration 变量可以获取设备在当前三维空间中的线性加速度，它常见于 3D 游戏中的重力感应操控模式。当用户倾斜设备时，若设备上有加速度传感器，就会传回一个代表设备倾斜加速度的三维向量，使用 Input.acceleration 变量就可以获取该参数。其具体代码如下。

```
1   using UnityEngine;
2   using System.Collections;
3   public class example : MonoBehaviour {
4     public float speed = 10.0F;                      //移动速度
5     void Update() {
6       Vector3 dir = Vector3.zero;                    //新建一个三维向量
7       dir.x = -Input.acceleration.y;                 //获取重力感应 y 轴参数
8       dir.z = Input.acceleration.x;                  //获取重力感应 x 轴参数
9       if (dir.sqrMagnitude > 1)                      //若是获取的三维向量不是标准向量
10        dir.Normalize();                             //规格化向量
11      dir *= Time.deltaTime;                         //将方向向量转换为速度
12      transform.Translate(dir * speed);              //平移物体
13  }}
```

**说明** 将该脚本挂载在一个游戏对象上，然后将所属项目导入支持重力传感器的设备中运行，即可看到游戏对象会根据用户倾斜手机的方向进行相应方向的移动。当然，这段代码需要设备支持重力感应，否则就会一直返回 Vector3.Zero。

### 5. touches 变量

4.4.1 节介绍了 Touch 输入对象，通过 Input.touches 变量可以获取到当前在屏幕上的所有触控的引用（Touch[]类型），开发人员就可以根据索引轻易地获取各个触控点的信息，所以该变量也经常被使用到。其具体代码如下。

```
1   void Update() {
2     int fingerCount = 0;                                 //手指数目计数器
3     foreach (Touch touch in Input.touches) {             //遍历每个触控点
4       if (touch.phase != TouchPhase.Ended &&             //当前触控点不是结束状态
5          touch.phase != TouchPhase.Canceled)             //且当前触控不是取消状态
6          fingerCount++;                                  //触摸计数器自加
7     }
8     if (fingerCount > 0)                                 //有触摸
9      print("User has " + fingerCount + " finger(s) touching the screen");    //输出信息
10  }
```

**说明** 该代码片段的作用为若发生触控，就通过 Input.touches 获取到每个触控的引用，然后遍历触控列表；若触控的相位不是结束状态或取消状态，就将手指数目计数器 fingerCount 加 1，最后输出当前在屏幕上的有效触控手指的数目。

Input 输入对象不仅包括丰富的变量，而且还提供了大量的实用方法。下面将对 Input 输入对象中封装好的常用方法进行详细介绍，具体方法如表 4-24 所示。

表 4-24　Input 输入对象中的常用方法

| 方法 | 含义 | 方法 | 含义 |
|---|---|---|---|
| GetAxis | 返回被表示的虚拟轴的值 | GetAxisRaw | 返回没有经过平滑处理的虚拟轴的值 |
| GetButton | 若虚拟按钮被按下，则返回 true | GetButtonDown | 虚拟按钮被按下的一帧返回 true |
| GetButtonUp | 抬起虚拟按钮的一帧返回 true | GetKey | 按下指定按钮时返回 true |
| GetKeyDown | 按下指定按钮的一帧返回 true | GetKeyUp | 抬起指定按钮的一帧返回 true |
| GetMouseButton | 指定的鼠标按键按下时返回 true | GetMouseButtonDown | 指定的鼠标按键按下的一帧返回 true |
| GetMouseButtonUp | 指定鼠标按键抬起的一帧返回 true | GetTouch | 根据索引返回当前触控（Touch 类型） |

❑ GetAxis 方法和 GetAxisRaw 方法

GetAxis 方法和 GetAxisRaw 方法都是获取虚拟轴对应值的方法。在游戏的开发过程中，开发人员经常会在屏幕中添加一些 2D 的虚拟轴。通过触控或者鼠标事件改变虚拟轴的值可以控制场景中的游戏对象，具体使用方法如下面的代码所示。

```
1   using UnityEngine;
2   using System.Collections;
3   public class InputTest : MonoBehaviour {
4     private float speed = 0.1f;                                         //移动速度
5   void Update () {
6     float moveX = Input. GetAxis ("Horizontal");                        //获取水平轴的值
7     float moveY = Input.GetAxis("Vertical");                            //获取垂直轴的值
8     this.transform.Translate(new Vector3(moveX, moveY,0)*speed);  //移动物体
9   }}
```

将上面的脚本挂载到场景中的游戏对象上，使用键盘的方向键就可以控制游戏对象的移动了。这时若把 moveX 的值输出来就会发现，当按下方向键时，其值是从-1～+1 平滑过渡的。接下来运行下面的代码。

```
1   void Update () {
2     float moveX = Input.GetAxisRaw("Horizontal");                      //获取水平轴的值
3     Debug.log(moveX);                                                  //输出值
4   }
```

这段代码使用了 GetAxisRaw 方法，运行后按下方向键就会发现 moveX 的值只有-1、0、1 这 3 种变化，没有中间的过渡值。与 GetAxis 方法相比，GetAxisRaw 方法没有使用平滑滤波器，在需要自定义差值的情况下可以使用 GetAxisRaw 方法。

❑　GetButton 方法、GetButtonDown 方法与 GetButtonUp 方法

这 3 个方法用于监听虚拟按钮的按下状态，包括按钮按下时、按钮按下中、按钮抬起时 3 个状态。开发人员需要在 Update 方法中回调这些方法来判断按钮的状态，其中的区别可以参看下面的代码，以加深理解。

```
1   using UnityEngine;
2   using System.Collections;
3   public class InputTest : MonoBehaviour {
4     void Update () {
5       if (Input.GetButton("Fire1")){                    //使用 GetButton 监听 Fire1 按键
6         Debug.Log("Fire  GetButton");                   //输出信息
7       }
8       if (Input.GetButtonDown("Fire1")){                //使用 GetButtonDown 监听 Fire1 按键
9         Debug.Log("Fire  GetButtonDown");               //输出信息
10      }
11      if (Input.GetButtonUp("Fire1")){                  //使用 GetButtonUp 监听 Fire1 按键
12        Debug.Log("Fire  GetButtonUp");                 //输出信息
13  }}}
```

**说明**　将上述脚本挂载到主摄像机上，按住鼠标左键不放，就会发现第 6 行的输出始终在被回调，而第 8 行的输出代码仅在按下时回调了两次。当松开鼠标左键时，才会发现第 12 行代码被回调。通过这个简单的脚本，读者应该已经可以区分开这 3 种方法了。

❑　GetKey 方法、GetKeyDown 方法与 GetKeyUp 方法

这 3 种方法用于监听键盘上的按键状态，开发人员需要在 Update 方法中调用这些方法，并传入想要监听的键名或键码。每个按钮的状态分为按下、按住、抬起这 3 种，开发人员可以根据需要进行选用。使用方法如下面的代码所示。

```
1   using UnityEngine;
2   using System.Collections;
3   public class InputTest : MonoBehaviour {
4     void Update () {
5       if (Input.GetKey("up")){                        //使用 GetKey 监听↑按键
6         Debug.Log("up arrow GetKey");                 //输出信息
7       }
8       if (Input.GetKeyDown(KeyCode.UpArrow)){         //使用 GetKeyDown 监听↑按键
```

```
9          Debug.Log("up arrow GetKeyDown");          //输出信息
10       }
11       if (Input.GetKeyUp(KeyCode.UpArrow)){          //使用 GetKeyUp 监听↑按键
12         Debug.Log("up arrow GetKeyUp");            //输出信息
13   }}}
```

**说明**　第 5 行和第 8 行分别使用了键名和键码两种方式来监听↑键，其效果是相同的。将上面的脚本挂载到摄像机上运行场景，按↑键就会看到相应的输出信息，可见 GetKey 是按住时始终回调的，GetKeyDown 和 GetKeyUp 只有按下和抬起的一帧调用。

- GetMouseButton 方法、GetMouseButtonDown 方法和 GetMouseButtonUp 方法

当开发 PC 端的游戏时，肯定需要监听鼠标的操控。Input 输入对象包含 GetMouseButton、GetMouseButtonDown 和 GetMouseButtonUp 这 3 种方法，这 3 种方法都是用来监听鼠标按键的。在使用时，需要在 Update 方法中传入鼠标按键的索引，这就可以对鼠标进行监听了。与前面介绍的方法类似，这 3 种方法也分别监听了鼠标按键的 3 种状态。使用方法见如下面的代码所示。

```
1   void Update () {
2     if (Input.GetMouseButton(0)){                          // GetMouseButton 监听鼠标左键
3       Debug.Log("left mouseButton GetMouseButton"); //输出信息
4     }
5     if (Input.GetMouseButtonDown(0)){                      // GetMouseButtonDown 监听鼠标左键
6       Debug.Log("left mouseButton GetMouseButtonDown");    //输出信息
7     }
8     if (Input.GetMouseButtonUp(0)){                        // GetMouseButtonUp 监听鼠标左键
9       Debug.Log("left mouseButton GetMouseButtonUp");      //输出信息
10  }}
```

**说明**　这 3 种方法的参数是一个 int 类型的索引。常用的鼠标按键索引为 0、1、2，它们分别监听鼠标的左键、右键、中键，需要使用时传入相应的索引就可以监听对应的按键了。

- GetTouch 方法

4.4.1 节介绍了 Touch 输入对象，使用其参数时需要获取一个 Touch 类型的变量。Input.GetTouch 方法用于获取 Touch 输入对象的引用。在使用时应传入一个索引值，它代表要获取的触控索引。其使用方法见如下代码：

```
1   void Update () {
2     if (Input.touchCount != 0){                          //当前发生触控
3       Vector3 touchPOS=Input.GetTouch(0).position;       //记录下触控点的位置
4   }}
```

**说明**　上面的代码片段获取了发生触控时的首个触控点，并将其位置记录了下来。注意，该方法只有在支持触摸的移动设备上运行才会生效。

## 4.5 本章小结

本章首先从整体上对 GUI 组件下的各个控件进行了详细讲解，然后对 Unity 3D 在 4.6 版本新增的 GUI 系统 UGUI 进行了详细讲解。新版的 UGUI 相比 GUI 系统有了很大的提升，使用起来思路更加清晰，外观更加美观。然后，本章对预制件资源的应用进行了详细介绍，这部分内容是通过预制件的创建和对象的实例化来讲解的。最后，本章对开发过程中的常用输入对象进行了讲解。通过相关技术的相互配合和使用，一个项目才能顺利地开发和完成，开发人员才能开发出用户满意的游戏或应用。

# 第5章 物理引擎

对于一个优秀的游戏开发平台来说，除了友好的开发环境外，还必须拥有一个完备的物理引擎系统。现实生活中的所有事物都遵循自然界的物理定律，要想达到现实世界的物理效果，就必须使用具有自然物理法则的物理引擎作辅助。

Unity 3D游戏引擎内置了由NVIDIA出品的PhysX物理仿真引擎，该引擎是世界三大引擎之一，具有高效低耗的特点，且仿真程度极高。物理引擎通过为刚性物体赋予真实的物理属性的方式来计算它们的运动、旋转和碰撞反应，在开发过程中只需要简单的操作就可以使物体按照物理运动规律运动。

## 5.1 刚体

### 5.1.1 刚体特性

介绍Unity 3D的物理引擎之前，首先要讲解的是刚体（Rigidbody）的概念。刚体是在使用物理引擎过程中经常用到的一个组件。刚体可以使物体在物理作用力的控制下运动。任何一个非角色对象，如果希望通过作用力及扭转力进行仿真运动，都需要挂载一个刚体组件。刚体设置了许多属性、变量和相关方法，下面将分别进行介绍。

**1. 刚体属性**

为了便于开发人员控制物理系统，Unity 3D提供了多个属性接口，开发人员可以通过更改这些参数来实现对物体物理状态的控制。在实际的开发过程中，这些参数都被详细地罗列在属性面板中，开发人员可以很方便地对这些属性进行修改。接下来对这些属性进行详细讲解。

- Mass（质量）

Mass属性表示刚体的质量，其数据类型是float，默认值为1。一般来说，大部分物体的Mass属性值应该设置为0.1～10.0，这样才符合日常生活中的感官感受。刚体的质量并没有单位，在开发过程中读者应通过保持物体与物体之间的质量比来提高其物理仿真度。

- Drag（阻力）

这里的Drag指的是物体的移动阻力，进行任意方向的移动都会受到Drag的影响，该属性的数据类型是float，默认值为0。Drag的方向与物体运动的方向相反，对物体的移动起阻碍作用。通过对Drag设置不同的值，可以模拟出羽毛和石头掉落的情景。

- Angular Drag（旋转阻力）

Angular Drag与Drag类似，也是阻碍物体运动的一个力，该属性的数据类型是float，默认值是0.05。如果将该属性设置为0，则物体在受瞬时力而旋转后，将不会停止旋转运动。此属性值越高，物体的角速度衰减就越严重。

- Use Gravity（使用重力）

Use Gravity属性是以布尔值的形式存在的，其初始值为true。将这一属性设为false时，物体将不受重力的作用，但其他非重力的力则正常计算。使用该属性可以模拟出物体在外太空等特殊场合的无重力状态。对于某些特殊场景的物理模拟，Use Gravity 是非常有用的。

- Is Kinematic（是否遵循运动学）

该属性表示的是该游戏对象是否遵循牛顿运动学物理定律，其数据类型是 bool，初始值为 false。值得注意的是，该属性值为 true 时表示该对象的运动只受脚本和动画的影响，作用力、关节和碰撞都不会对其产生任何作用。只有将该属性值设置为 false 时，才能正常调用物理计算。

另外，虽然该属性值为 true 时物体不受物理定律的约束，但是该物体还是会影响其他物体，改变其他物体的运动状态。在游戏开发中此属性经常会被用到。想象一下，在第一人称视觉射击类游戏中，敌人被击杀后会倒地不动，因为这个敌人对象中 Rigidbody 组件上的 Is Kinematic 属性被赋为 true。

- Interpolate（插值方式）

该属性表示的是物体运动的插值模式。默认情况下，Interpolate 属性值是空（None），此时物体的物理计算不进行插值，所需的值取最近计算的值。开发人员可以选择内插值（Interpolate）或外插值（Extrapolate）两种模式进行插值。由于篇幅有限，内插值和外插值的概念在此不过多阐述。

由于在 Unity 3D 中物理模拟和画面渲染并不同步，如果不进行插值处理，所计算得到的物理数据会是上一个物理模拟时间点的数据，而插值是获取近似当前渲染时间点数据的一种手段。然而，插值得到的值并非真实值，其会导致对象产生轻微抖动。建议在开发过程中，只对主要游戏对象进行插值处理。

- Collision Detection（碰撞检测模式）

假设一个高速运动的物体，其两个相邻物理模拟时间点所进行的位移大于被碰撞物体的厚度，且本身厚度足够小，则该物体将有可能直接穿过被碰撞物体，这种现象称为碰撞检测的穿透。为防止这种现象的出现，Unity 3D 提供了 3 种不同的碰撞检测模式，用于应对不同情况下的碰撞检测。

本属性默认使用占用资源较少的离散模式（Discrete），对于静止或运动较慢的物体建议使用该模式；而对于高速运动或体积较小的物体建议使用连续模式（Continuous）；被使用了连续检测模式的物体所撞击的物体，则应该使用动态连续模式（Continuous Dynamic）。

- Constraints（约束条件）

该属性表示的是该物体的位移或旋转是否受到物理定律的约束。默认状态下，物体任意方向的位移和任意轴的旋转都是受物理定律的约束的。开发人员通过设置指定方向的位移和指定轴的旋转，可以灵活地设置物体的状态，达到自己想要的效果。

以上属性在属性面板中的位置如图 5-1 所示。读者在实际开发过程中，除了可以在代码中对这些属性进行修改外，还可以在属性面板中直接对其进行修改，以提高开发效率。

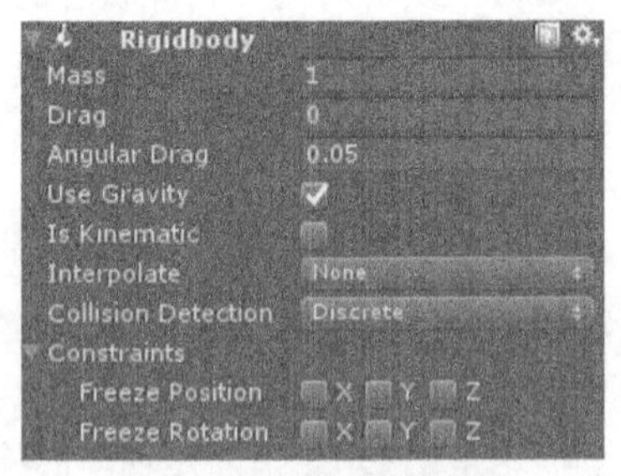


▲图 5-1　刚体属性面板

> **说明**　Rigidbody 和 Transform 是不同的，主要不同在对力的使用。Rigidbody 可以使用力，而 Transform 则不能。Transform 可以对物体进行旋转和平移，但并不是通过物理作用；Rigidbody 则根据真实物理碰撞改变物体的位置和角度。

### 2. 刚体变量

为了获取和更改物体的运动状态，Unity 3D 还预留了多个变量接口，这些接口简化了对物体运动的处理，开发人员能够轻易地干预物体的运动状态。接下来将具体介绍这些变量。

❑ 角速度（angularVelocity）

该变量表示刚体的角速度向量，其数据类型为Vector3，该向量的方向为刚体旋转轴的方向，旋转方向遵循左手定则；该角速度的大小为向量的模，单位为rad/s。非必要情况下，不建议对此变量进行过多干预，直接修改该值会造成一定的模拟失真。

下面的代码可以实现一个静止物体的旋转：

```
1   void Start () {
2     GetComponent<Rigidbody>().angularVelocity = Vector3.up;  //使物体以Y轴为旋转轴进行旋转
3   }
```

❑ 位移速度（velocity）

该变量表示物体的位移速度值，在Unity 3D中单位1表示现实生活中的1m。在开发过程中，直接修改此变量的值并不是一个明智的做法。经过非常复杂的计算，Unity 3D中物体的运动才能自然、平滑，如果有外加干预，物体的运动会模拟失真。

下面的代码可以实现一个物体的速度骤增，以实现瞬移效果。

```
1   void Start () {
2     GetComponent<Rigidbody>().velocity = Vector3.up;         //给物体赋予向上的速度
3   }
```

❑ 重心（centerOfMass）

调低物体的重心，物体不易因其他物体的碰撞或作用力而倒下。若不对重心进行设置，Unity 3D会对重心位置自动进行计算，其计算基础为物体所挂载的碰撞器。值得注意的是，物体重心的坐标以模型坐标系为准，而不是世界坐标系。

下面的代码可以修改一个物体的重心：

```
1   void Start () {
2     GetComponent<Rigidbody>().centerOfMass = Vector3.up;     //修改物体的重心位置
3   }
```

❑ 碰撞检测开关（detectCollisions）

该变量是一个非常有用的变量，该变量默认是true，在必要的时候可以关闭。在实现开发的过程中，有一些物体并不是时刻都需要进行碰撞检测的，此时通过设置本属性，而不是移除刚体组件来实现，对提高程序的运行效率有明显作用。

下面的代码演示了如何关闭物体碰撞检测：

```
1   void Start () {
2     GetComponent<Rigidbody>().detectCollisions = false;      //关闭碰撞检测
3   }
```

❑ 惯性张量（inertiaTensor）

该变量用来描述物体的转动惯量，其数据类型为Vector3。如果不对该值进行设置和干预，它将通过挂载在物体对象上的碰撞器组件自动进行计算。

下面的代码可以实现给物体赋予一个自定义的惯性张量：

```
1   void Start () {
2     GetComponent<Rigidbody>().inertiaTensor = Vector3.one;    //修改惯性张量
3   }
```

❑ 惯性张量旋转（inertiaTensorRotation）

该变量指物体惯性张量的旋转值，其数据类型为Quaternion，即四元数。如果不对该值进行设置和干预，它将通过挂载在物体对象上的碰撞器组件自动进行计算。

下面的代码可以实现给物体赋予一个原始惯性张量旋转值：

```
1   void Start () {
2     GetComponent<Rigidbody>().inertiaTensorRotation = Quaternion.identity;
```

```
                                                                    //修改惯性张量
3    }
```

❑ 最大角速度（maxAngularVelocity）

该变量用于设置物体的最大角速度，其数据类型为 float，单位为 rad/s，只能为非负数，且数值可无限大，默认为 7。最大角速度用来限制物体的旋转速度，使物体的旋转速度不至于过大。当物体的旋转向量的模大于最大角速度时，则使物体旋转速度等于最大角速度。最大角速度在一些指定的情况下会特别有用。

下面的代码可以实现对物体最大角速度的修改：

```
1    void Start () {
2      GetComponent<Rigidbody>(). maxAngularVelocity = 1.9f;         //修改最大角速度
3    }
```

❑ 最大穿透速度（maxDepenetrationVeloctiy）

当一个物体穿透其他碰撞器时，物体的速度会变得非常不稳定，此时通过设置本变量可以限制物体的速度，从而使物体的运动变得平滑。该值的数据类型为 float，只能为非负数，且数值可无限大，默认情况下为无限大。

下面的代码可以实现对物体最大穿透速度的修改：

```
1    void Start () {
2      GetComponent<Rigidbody>(). maxDepenetrationVeloctiy = 1.9f;    //修改最大穿透速度
3    }
```

❑ 坐标（position）

该变量表示刚体在世界坐标系中的坐标，数据类型为 Vector3。该变量与 transform.position 具有完全不同的意义，切不可混淆乱用，前者代表物理模拟中的坐标，而后者指绘制场景中的坐标。两者的数值会尽量保持一致，但在高速运动的过程中，这两个变量的数值会有细微的差别。

下面的代码用于输出物体的刚体坐标位置值：

```
1    void Start () {
2      Debug.log(GetComponent<Rigidbody>().position);                //输出刚体位置值
3    }
```

❑ 旋转（rotation）

该变量表示刚体在世界坐标系中的旋转，数据类型为 Quaternion。该变量与 transform.rotation 也具有完全不同的意义，前者代表物理模拟中的旋转值，而后者指绘制场景中的旋转值。两者的数值会尽量保持一致，但在高速旋转的过程中，这两个变量的数值会有细微的差别。

下面的代码用于输出物体的刚体旋转值：

```
1    void Start () {
2      Debug.log(GetComponent<Rigidbody>().rotation);                //输出刚体旋转值
3    }
```

❑ 是否使用锥形摩擦（useConeFriction）

该变量表示是否使用锥形摩擦，数据类型为 bool，默认情况下为 false。由于该变量对资源的消耗很大，因此除非特殊情况，否则一般都不会使用该变量。

下面的代码用于开启锥形摩擦：

```
1    void Start () {
2      GetComponent<Rigidbody>(). useConeFriction = true;            //开启锥形摩擦
3    }
```

#### 3. 刚体常用方法

在介绍了刚体的属性与变量之后，接下来介绍 Unity 提供的相关方法。

❑ 给刚体施加力（AddForce）

此方法的方法签名为public void AddForce(Vector3 force, ForceMode mode)。此方法被调用时，将会向刚体施加一个沿着force方向的力，该力的类型为mode。ForceMode的类型包括计算重力的连续力、忽略重力的连续力、计算重力的瞬时力、忽略重力的瞬时力4种，具体如下。

❑ 计算重力的连续力（Force）。此模式能够给指定物体施加向某一方向的连续力，真实模拟了现实世界中物体的运动规律。当把相同的力分别施加给质量为1和2的物体上时，质量为1的物体的移动速度会大于质量为2的物体的移动速度，施加力的计算方法为质量×距离/时间$^2$。

❑ 忽略重力的连续力（Acceleration）。此模式与Force类似，唯一不同的是Acceleration并不会考虑施加物体的质量，即不论物体的质量相差多大，只要为其施加相同的力，它们的移动速度将会完全相同，施加力的计算方法为距离/时间$^2$。

❑ 计算重力的瞬时力（Impulse）。在此模式下只会为物体施加瞬时力，而不会像前两个模式那样持续为物体施加力。在为物体施加瞬时力时仍然会考虑重力的作用，施加力的计算方法为质量×距离/时间。

❑ 忽略重力的瞬时力（VelocityChange）。此模式与Impulse类似，唯一不同的是此种作用方式下将忽略刚体的实际质量，采用默认质量1.0，所以此种方式下施加力的计算方法为，1.0（质量）×距离/时间。

❑ 移动刚体（MovePosition）

此方法的方法签名为public void MovePosition(Vector3 position)。当此方法被调用时，系统会根据指定的参数将刚体移动到对应的位置，其效果是物体的位置会因为刚体的移动也随之移动。该方法经常用于FixedUpdate方法中。

下面的代码实现了对物体的匀速平移操作。

```
1    void FixedUpdate () {
2      GetComponent<Rigidbody>().MovePosition(transform.position
3      + Vector3.right * Time.deltaTime);                          //平移刚体
4    }
```

❑ 旋转刚体（MoveRotation）

此方法的方法签名为public void MoveRotation(Quaternion rot)。此方法被调用时，系统会根据指定的参数将刚体旋转到相对应的角度，其效果是物体的角度会因为刚体的旋转也随之变化。该方法经常用于FixedUpdate方法。

下面的代码实现了对物体的匀速旋转操作。

```
1    void FixedUpdate () {
2      GetComponent<Rigidbody>().MoveRotation(transform.rotation * Quaternion.Euler
3      (new Vector3(0, 100, 0) * Time.deltaTime));                 //旋转刚体
4    }
```

❑ 添加爆炸力（AddExplosionForce）。

此方法的方法签名为public void AddExplosionForce(float explosionForce, Vector3 explosionPosition, float explosionRadius, float upwardsModifier, ForceMode mode)，它将在explosionPosition处产生模式为mode、大小explosionForce的爆炸力，该爆炸力半径为explosionRadius，并在物体下方upwardsModifier向上施加。

下面的代码实现了产生一个爆炸力的操作。

```
1    void Start () {
2      GetComponent<Rigidbody>().AddExplosionForce(19.0f, transform.position, 10,
3      1.5f, ForceMode.Force);                                     //添加爆炸力
4    }
```

说明　如果将爆炸力的值设置为负数，则该方法可以模拟出引力的效果，使在半径之内的物体因爆炸力的作用向中心点靠拢。

- 在指定点施加力（AddForceAtPosition）

此方法的方法签名为 public void AddForceAtPosition(Vector3 force, Vector3 position, ForceMode mode)。该方法被调用时，将在 position 处添加一个 mode 模式、force 大小的力。这里的 position 是基于世界体系的坐标，读者应使 position 在物体之内，否则将会很难进行控制。

下面的代码实现了向物体施加一个力的操作。

```
1   void FixedUpdate () {
2     GetComponent<Rigidbody>().AddForceAtPosition(Vector3.up,
3     transform.position, ForceMode.Force);                    //施加作用力
4   }
```

- 施加相对力（AddRelativeForce）

此方法的方法签名为 public void AddRelativeForce(Vector3 force, ForceMode mode)。调用此方法时，刚体会受到一个沿着 force 方向的力，该力的模式为 mode。在本方法中，force 是基于物体的模型坐标的，与基于世界坐标的 AddForce 方法略有不同。

下面的代码实现了向刚体施加一个相对力的操作。

```
1   void Start () {
2     GetComponent<Rigidbody>().AddRelativeForce(Vector3.up, ForceMode.Force);
                                                                   //施加相对力
3   }
```

- 施加力矩（AddTorque）

此方法的方法签名为 public void AddTorque(Vector3 torque, ForceMode mode)。该方法被调用时，将向刚体施加一个 torque 的力矩，其力模式为 mode。此方法可以使物体受力矩的作用而进行运动。

下面的代码实现了向刚体施加一个力矩的操作。

```
1   void Start () {
2     GetComponent<Rigidbody>().AddTorque(Vector3.up, ForceMode.Force);   //施加力矩
3   }
```

- 施加相对力矩（AddRelativeTorque）

此方法的方法签名为 public void AddRelativeTorque(Vector3 torque, ForceMode mode)。调用此方法时，刚体将受到一个沿着 torque 方向的力矩，该力的模式为 mode。在本方法中，torque 基于物体的模型坐标，与基于世界坐标的 AddTorque 方法略有不同。

下面的代码实现了向刚体施加一个相对力矩的操作。

```
1   void Start () {
2     GetComponent<Rigidbody>().AddRelativeTorque(Vector3.up, ForceMode.Force);
                                                                  //施加相对力矩
3   }
```

- 计算相对刚体的最近点（ClosestPointOnBounds）

此方法的方法签名为 public Vector3 ClosestPointOnBounds(Vector3 position)，调用此方法时，可以计算出在刚体包含的三维空间内与 position 距离最短的点的坐标。通过计算与刚体距离最近的点，可以在一些特殊场合中实现所需效果。

下面的代码实现了计算相对刚体最近点的操作。

```
1   void Update () {
2     Debug.Log(GetComponent<Rigidbody>().ClosestPointOnBounds(Vector3.zero));
                                                                  //计算最近点
3   }
```

❑ 获取基于点坐标系的速度（GetPointVelocity）

此方法的方法签名为 public Vector3 GetPointVelocity(Vector3 worldPoint)。给定一个基于世界坐标的点 worldPoint，调用此方法可以计算出刚体在以 worldPoint 为原点的坐标系中的速度。

下面的代码实现了获取基于点坐标系的速度的操作。

```
1   void Update () {
2     Debug.Log(GetComponent<Rigidbody>().GetPointVelocity(Vector3.up));   //获取速度
3   }
```

❑ 获取基于相对点坐标系的速度（GetRelativePointVelocity）

此方法的方法签名为 public Vector3 GetRelativePointVelocity(Vector3 relativePoint)。给定一个基于刚体模型坐标系的点 relativePoint，调用此方法可以计算出刚体在以 relativePoint 为原点的坐标系中的速度。

下面的代码实现了获取基于相对点坐标系的速度的操作。

```
1   void Update () {
2     Debug.Log(GetComponent<Rigidbody>(). GetRelativePointVelocity (Vector3.up));
                                                                      //获取速度
3   }
```

❑ 确定是否处于休眠（IsSleeping）

此方法的方法签名为 public bool IsSleeping()。调用此方法将返回一个 bool 类型的值，表明该刚体是否处于休眠状态。

下面的代码实现了输出休眠状态的操作。

```
1   void Update () {
2     Debug.Log(GetComponent<Rigidbody>().IsSleeping);            //输出休眠状态
3   }
```

❑ 设置密度（SetDensity）

此方法的方法签名为 public void SetDensity(float density)。调用此方法将给刚体设置一个密度值，该密度值基于碰撞器的体积，而不是物体的体积。

下面的代码实现了设置刚体密度的操作。

```
1   void Start () {
2     GetComponent<Rigidbody>().SetDensity(1.9f);                 //设置刚体密度
3   }
```

❑ 强制休眠（Sleep）

此方法的方法签名为 public void Sleep()，可将对应刚体强制进行休眠，不参与物理模拟计算。通过将不重要的物体进行强制休眠，可以节约大量的资源，以提高程序的运行效率。

下面的代码实现了将刚体进行强制休眠的操作。

```
1   void Start () {
2     GetComponent<Rigidbody>().Sleep();                          //将刚体强制休眠
3   }
```

❑ 唤醒（WakeUp）

此方法的方法签名为 public void WakeUp()，可将处于休眠状态的刚体进行唤醒，使其重新加入物理模拟计算。

下面的代码实现了使刚体不被休眠的操作。

```
1   void Update () {
2     if (GetComponent<Rigidbody>().IsSleeping()) {
3       GetComponent<Rigidbody>().WakeUp();                      //将休眠的刚体进行唤醒
4   }}
```

❑　扫描检测（SweepTest）

此方法的方法签名为 public bool SweepTest(Vector3 direction, out RaycastHit hitInfo, float maxDistance)。调用该方法时，会产生一条沿着 direction 方向、长度为 maxDistance 的射线 hitInfo。若该射线碰撞到其他刚体，则返回 true，否则返回 false。第一个被检测到的刚体信息储存在 hitInfo 上。

下面的代码实现了扫描检测的功能。

```
1    RaycastHit rh = new RaycastHit();
2    void Update () {
3      Debug.Log(GetComponent<Rigidbody>().SweepTest(Vector3.forward, out rh, 10.0f));
                                                                              //扫描结果
4    }
```

❑　扫描检测所有（SweepTestAll）

此方法的方法签名为 public RaycastHit[] SweepTestAll(Vector3 direction, float maxDistance)。该方法与 SweepTest 类似，不同的是将会返回 RaycastHit 类型的数组，其中储存了在 direction 方向检测到的所有刚体的信息。该数组的最大长度不超过 128。

下面的代码实现了扫描所有刚体的功能。

```
1    RaycastHit rh = new RaycastHit();
2    void Update () {
3      Debug.Log(GetComponent<Rigidbody>().SweepTestAll(Vector3.forward, 10.0f).Length);
                                                                              //扫描个数
4    }
```

**说明**　SweepTest 和 SweepTestAll 方法都只能扫描到简单类型的碰撞器（如 sphere、cube、capsule），而网格碰撞器则不适合使用本方法。更多碰撞器的知识将在后面章节进行详细讲解。

### 5.1.2　物理管理器

前面的内容简单介绍了刚体的属性、变量和方法，接下来将讲解物理管理器（Physics Manager）的相关内容。

作为一个优秀的游戏开发平台，Unity 3D 出色的管理模式是令人称赞的。在 Unity 3D 中，开发人员不仅可以对单个分组进行属性设置，还可以对场景全局进行设置。本小节将会向读者详细讲解 Unity 3D 中场景的全局物理参数是如何设置的。

**1．物理管理器预览**

（1）打开 Unity 3D 开发平台，选择 Edit→Project Settings（图 5-2），弹出图 5-3 所示的全局设置列表。在全局设置列表中选择 Physics，即可进入物理管理器界面。

（2）按照第（1）步进行操作后，Inspector 面板中会呈现出物理管理器面板，如图 5-4 所示。读者可以在该面板中对当前项目的全局物理参数进行设置。

**2．物理管理器参数**

前面的内容讲解了物理管理器的打开操作，读者应该能够熟练地调出物理管理器面板。接下来介绍物理管理器中的相关参数的含义和用法。

❑　重力（Gravity）

该参数表示的是当前项目中的重力加速度，它将被应用于所有刚体。该参数的 3 个数值分别指在 $x$、$y$、$z$ 方向上的重力加速度，一般重力加速度是竖直向下的，所以只有 $Y$ 轴上有一个负值。默认情况下，$Y$ 轴上的值大小为−9.81，$X$ 轴和 $Z$ 轴方向的值为 0。

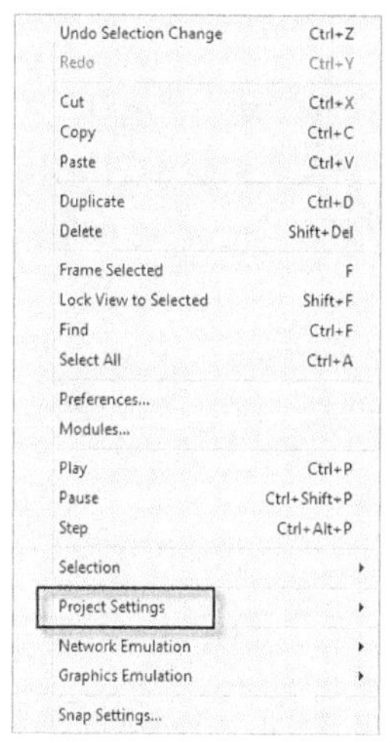


▲图 5-2 选择 Project Settings

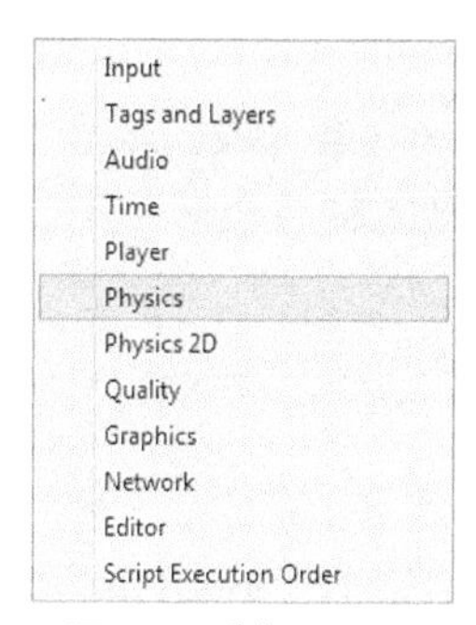


▲图 5-3 选择 Physics

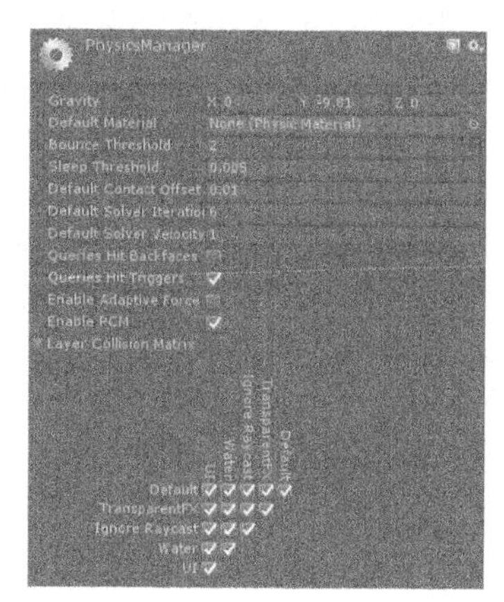


▲图 5-4 物理管理器面板

❑ 默认材质（Default Material）

该参数表示当物体没有被指定物理材质时，该物体的默认材质。默认状态下该参数是没有指定值的，即在默认状态下创建的物体都是没有指定材质的。因为在 Unity 3D 中，每个物体的物理材质可能会有很大的不同，有时指定默认材质并没有太大的意义。

❑ 反弹阈值（Bounce Threshold）

该参数表示项目中的反弹阈值，被应用于所有刚体。如果两个相互碰撞的物体的相对速度低于反弹阈值，则将不会进行反弹计算。通过合理设计，该参数可以有效减少物理模拟过程中的抖动。这里所有的相对速度是指以其中一个刚体为参照物，另外一个刚体的速度值。

❑ 休眠阈值（Sleep Threshold）

该参数用来代替之前版本中的 SleepVelocity、SleepAngularVelocity 等值，实为刚体的能量值，其大小受刚体的平移速度和旋转速度的影响。设刚体能量为 $E$，平移速度大小为 $V$，角速度大小为 $A$，则刚体的能量计算公式为 $E=(\sqrt{V}+\sqrt{A})\times 0.5$。当刚体能量低于该阈值时，则进行休眠操作。

❑ 默认接触偏差（Default Contact Offset）

当两个刚体的表面距离低于该值时，则认为两个刚体已经接触，并对其进行物理模拟计算。该参数只能为正数，不能为负数或 0。在实际的物理模拟计算中，两个刚体很难刚好无缝贴合。如果想对其进行碰撞检测，就必须有一个容差值，使两个刚体能够进行物理模拟计算。

❑ 默认求解迭代（Default Solver Iterations）

该参数是确定多个物理相互作用的迭代器，如关节的运动或者重叠刚体之间的接触。该参数用来定义 unity 每帧运行多少个求解进程，这会影响求解器的输出质量。通常在使用非默认的 Time.fixedDeltaTime 的情况下更改该参数。

❑ 默认求解速度迭代（Default Solver Velocity Iterations）

该参数用来设置求解器每帧执行的速度。求解器执行的进程越多，刚体反弹后速度的准确性越高。如果遇到在连接刚体元件或者 Ragdolls 碰撞后移动过大的问题，可尝试更改此参数。

❑ 查询命中背景（Queries Hit Backface）

如果希望物理查询检测与 MeshCollider 的背面三角形匹配，应选择此选项。此选项默认为未选中。

❑ 查询命中触发器（Queries Hit Triggers）

当希望物理碰撞测试与被标记为触发器的碰撞器相交时返回命中消息，应选择此选项。单个射线检测会覆盖此行为。此选项默认为选中。

- 允许自适应力（Enable Adaptive Force）

自适应力是 PhysX 所使用的一项特殊技术，它主要用于修正 PhysX 在模拟动态状况时不可避免的数值偏差。Unity 3D 在 5.0 版本之后采用了 PhysXSDK3 版本的物理引擎，它在经典版本 PhysXSDK 2.X 的基础上进行了重新设计，并将 PhysX 的自适应力设置为可切换的，在默认状态下是关闭状态。

- 启用 PCM（Enable PCM）

选择此选项会启用物理引擎的多点持续接触（Persistent Contacts Manifold，PCM），这样在每个物理框架会重新产生较少的接触点，并通过框架产生更多的接触点信息。PCM 触点产生路径更加准确，通常情况下会产生更好的碰撞反馈。

## 5.2 碰撞器

5.1 节讲解了刚体的主要特性，本小节将对碰撞器（Collider）进行详细介绍。碰撞器在 Unity 内置物理引擎中起着很重要的作用，理解碰撞器的原理和概念并掌握碰撞器的使用技巧对于 Unity 的学习是非常重要的。

碰撞器组件会根据物体的形状设置物理碰撞器。要注意的是，碰撞器是不可见的。碰撞器并不需要与对象的形状完全一样，有时大致相似的形状在游戏体验中会产生更好的效果。所以，读者在设置碰撞器时要根据自身情况灵活运用。

Unity 中内置的碰撞器包括 6 种，具体情况如下所述。

- 盒子碰撞器（BoxCollider）

盒子碰撞器是一种基本的方形碰撞器原型，它可以调整为不同大小的长方体，能够很好地应用于门、墙、平台和木箱等，同时也能够用于角色的躯干或者交通工具的外壳。

一般情况下，盒子碰撞器应用于比较规则的物体上，它能够恰当地将作用对象的主要部分包裹起来。因此，适当地使用该碰撞器可以在一定程度上减少物理计算，提高性能。

- 球体碰撞器（SphereCollider）

球体碰撞器是一种基本的球形碰撞器原型，在三维上可以均等地调节大小，但是不能只改变某一维。该碰撞器适用于石头、篮球、弹珠等。

- 胶囊碰撞器（CapsuleCollider）

胶囊碰撞器是一种胶囊状碰撞器原型，由一个圆柱体上下表面各连接一个半球体组成。胶囊碰撞器的半径和高度均可以单独调节。该碰撞器可以应用于角色控制器或者与其他碰撞器结合应用于形状不规则的物体上。

- 网格碰撞器（MeshCollider）

网格碰撞器是一种在物体的网格资源上构建的碰撞器。对于复杂的网状模型上的碰撞检测，该碰撞器要比上述几个原型碰撞器精确得多。该碰撞器的大小和位置与挂载物体对象上的 Transform 属性相同。

- 车轮碰撞器（WheelCollider）

车轮碰撞器是一种特殊的车辆碰撞器。该碰撞器自带碰撞检测、车轮物理引擎和基于滑动的轮胎摩擦模型。它专门为车辆的轮胎设计，同时也可应用于其他对象。车轮碰撞器的碰撞检测是通过车轮中心向外发射一条 $Y$ 轴方向的射线来实现的。

车轮碰撞器将在 5.4 节中更加详细地介绍，在这里不再赘述。

- 地形碰撞器（TerrianCollider）

地形碰撞器是一种主要作用于地形上的碰撞器，它用于检测地形和地形上物体对象的碰撞检测，防止加有刚体属性的对象无限制地下落。

说明：在实际的开发中，经常会将多种碰撞器组合使用，以保证碰撞的真实性。

### 5.2.1 碰撞器的添加

在 Unity 开发平台下，开发人员想要对游戏对象进行碰撞处理是一件很简单的事情。对于某一个游戏对象，只需要对其附加上碰撞器即可实现。在 Unity 中，碰撞器是游戏对象的一种组件，可以随意添加或者删除。接下来将介绍碰撞器的添加方式。

**1. 碰撞器的基本添加方法**

在这里仅对基本碰撞器的使用方法进行介绍。对于某个物体，如果仅要求其起到简单的碰撞效果，那么只需对其附加碰撞器即可，具体步骤如下。

（1）创建一个立方体对象（Cube），选择 GameObject→3D Object→Cube，完成创建，如图 5-5 所示。

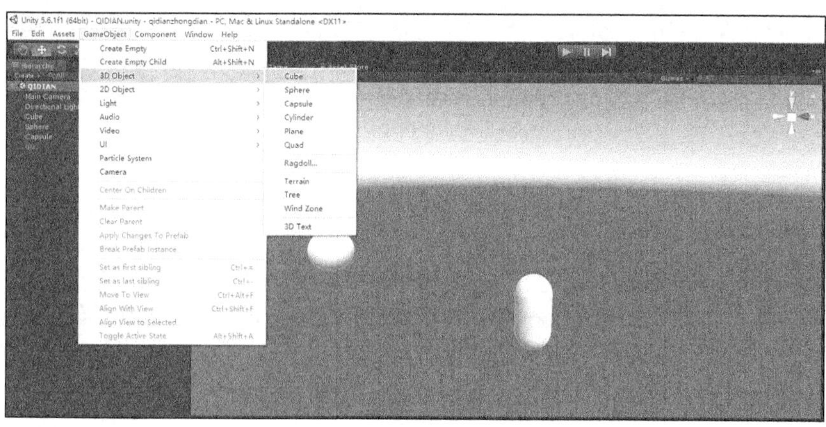


▲图 5-5 创建 Cube 游戏对象

（2）在游戏对象列表（Hierarchy）中找到第（1）步创建的立方体对象，选中此对象后可以在 Inspector 面板中看到此游戏对象的所有属性。其中名为 BoxCollider 的组件就是碰撞器，如图 5-6 所示。

（3）在 BoxCollider 处右击或者单击该组件的“设置”按钮，在弹出的快捷菜单中选择 Remove Component，可以移除已经附加在游戏对象上的碰撞器组件，如图 5-7 所示。

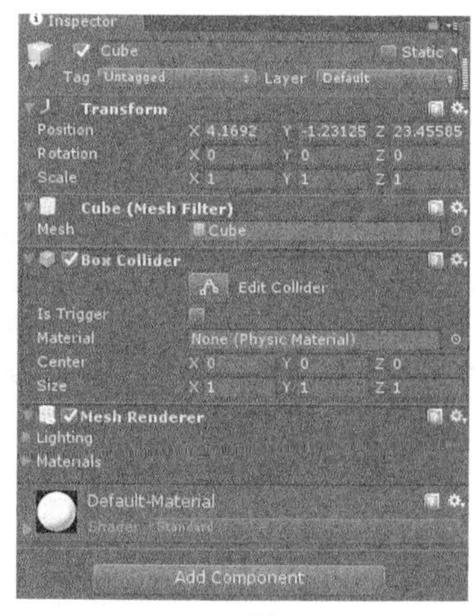


▲图 5-6 碰撞器组件

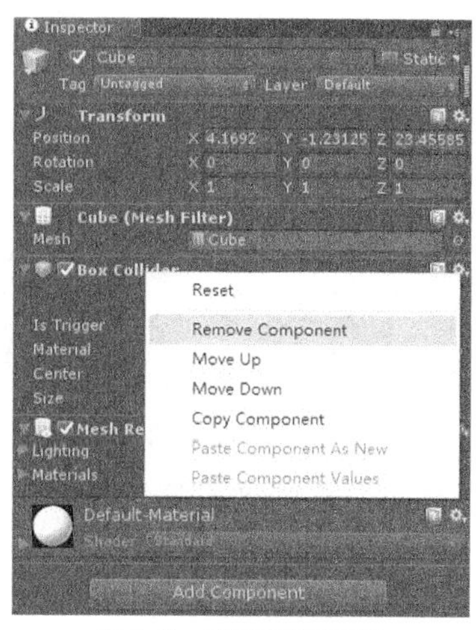


▲图 5-7 移除碰撞器组件

（4）在立方体对象被选中的状态下，选择 Component→Physics→BoxCollider，为当前立方体对象添加碰撞器组件，如图 5-8 所示。

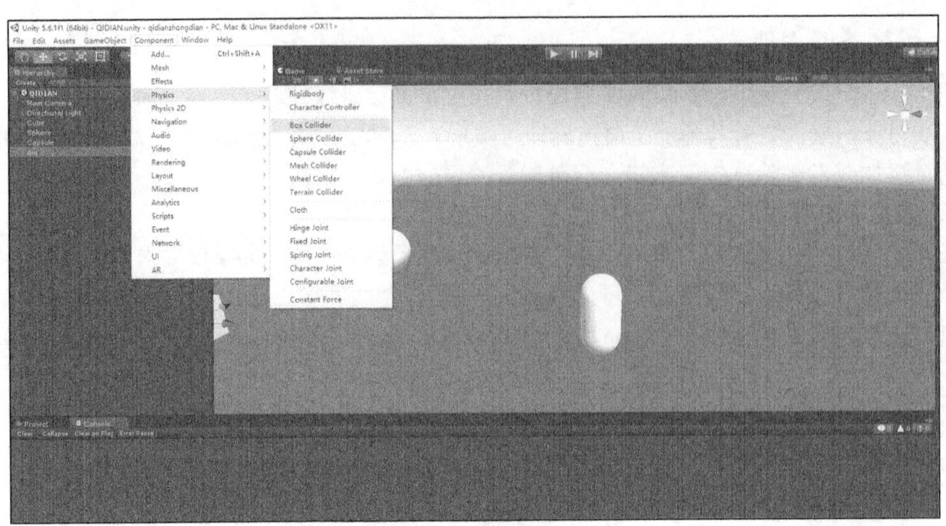

▲图 5-8　添加碰撞器组件

**说明**　同一个对象可以指定多个相同种类的碰撞器，在数量上不作限制。

### 2. 碰撞器的组合使用

在项目的开发过程中，单个碰撞器的使用方法是很简单的，前面的内容已经进行了详细介绍。但是在某些情况下，由于 Unity 内置的碰撞器都是规则的形状类型，并不能满足非规则形状物体的碰撞事件处理。针对这种情况，下面将介绍一种适合的解决方案，具体步骤如下：

（1）在 Unity 中，选择 GameObject→3D Object→Plane，创建一个平面作为地板，为其指定纹理（将纹理图片直接拖曳到地板对象上即可），如图 5-9 所示。

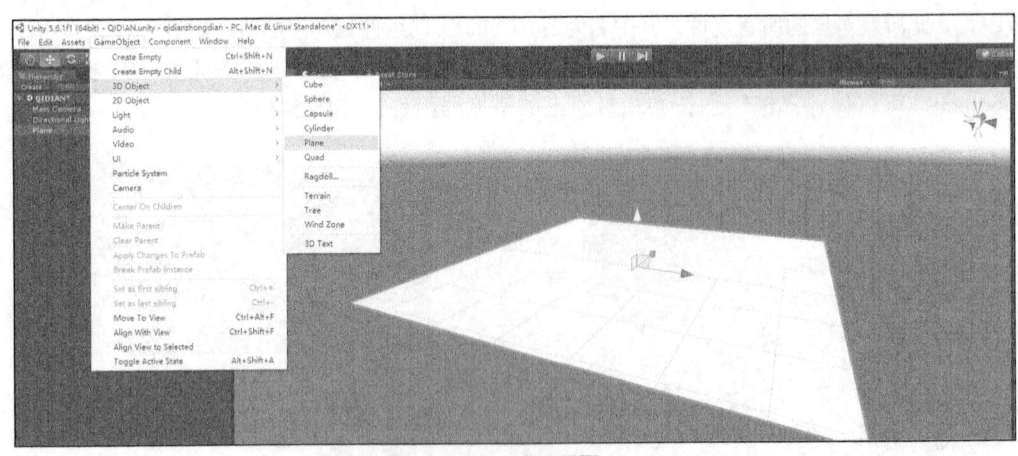

▲图 5-9　创建平面

（2）选择 GameObject→3D Object→Capsule，创建一个胶囊（Capsule），为其指定纹理后将其放置到第（1）步中创建的地板的上方和摄像机的正前方，调整好位置后将此对象自带的胶囊碰撞器移除。该胶囊作为碰撞器组合体的主体，如图 5-10 所示。

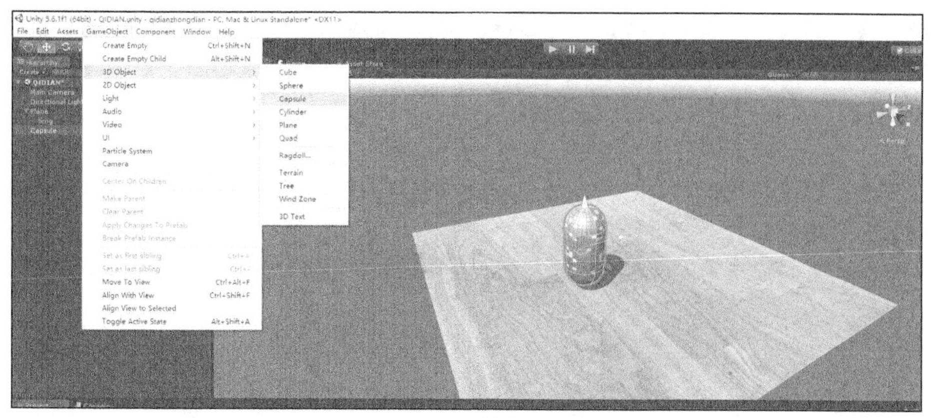


▲图 5-10　创建胶囊

（3）在胶囊对象被选中的状态下，选择 Component→Physics→BoxCollider 和 Component→Physics→SphereCollider，为胶囊对象添加一个盒子碰撞器和球体碰撞器，调整两个碰撞器与胶囊对象的相对位置和各自的大小，直至球体碰撞器将胶囊的上半球完全遮盖，以及盒子碰撞器将胶囊的圆柱体和下半球完全遮盖，如图 5-11～图 5-13 所示。

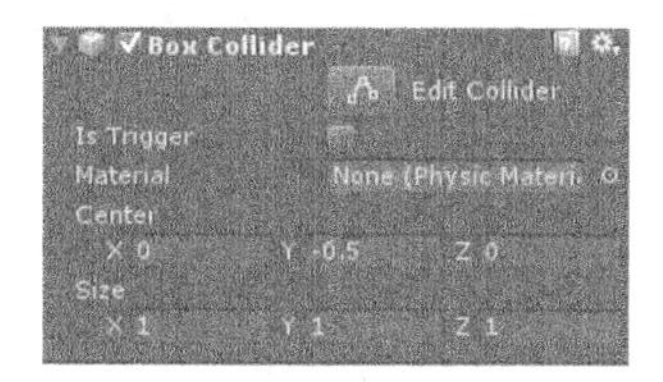


▲图 5-11　调整盒子碰撞器的大小和中心点

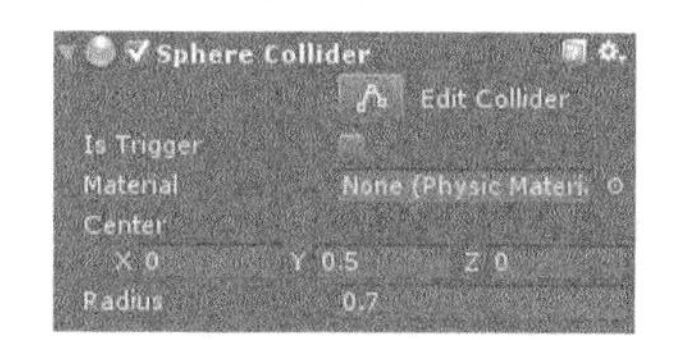


▲图 5-12　调整球体碰撞器的直径和中心点

（4）仍然使胶囊处于被选中的状态，选择 Component→Physics→Rigidbody，为其添加刚体。添加完毕后单击项目预览面板中的“开始”按钮，观看项目的效果，如图 5-14 所示。

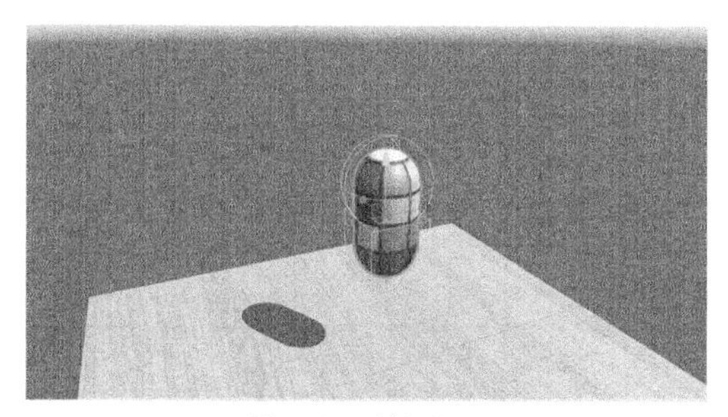

▲图 5-13　效果图

▲图 5-14　碰撞器组合最终效果

**说明**　本示例的场景文件位于随书资源中的源代码\第 5 章目录下的 PhysX\Assets\Scenes 中的相应文件中。为了简化操作，使读者易于了解操作步骤，本示例使用胶囊作为不规则物体的替代物，读者可以举一反三，对一些复杂的模型进行碰撞器组合拼接，以达到预期效果。

### 5.2.2　碰撞过滤

在 Unity 的开发过程中，对于某些游戏对象来说，如果两者之间不需要检测碰撞效果或者两者之间的碰撞不符合现实，那么就要规避这种碰撞。可以使用 Unity 开发平台下的碰撞过滤这一功能来解决这一问题。碰撞过滤就是对某些对象不进行碰撞检测，可以是两个对象之间，也可以是层与层之间，开发人员可以灵活运用这一点来解决问题。

### 1. 通过代码实现两者之间不进行碰撞检测

在 Unity 中，项目中的物理环境不仅能够在开发环境的菜单项中进行设置，也可以通过编写脚本代码来进行设置。两个对象之间不进行碰撞检测的原理是当脚本激活时，使当前对象的“不检测碰撞体”为指定的另一个对象。

接下来以当前对象与另外两个对象碰撞检测为例来进行具体说明，具体代码如下。

```
1    public Transform ballA;
2    public Transform ballB;
3    public Transform ballC;                        //3 个小球的引用
4    void Start () {                                //开始方法在对象被激活时开始执行
5      Physics.IgnoreCollision(ballA.GetComponent<Collider>(),ballC.GetComponent<Collider>());
6      Physics.IgnoreCollision(ballB.GetComponent<Collider>(), ballC.GetComponent<Collider>());
                                                    //控制 ballC 对象不和 ballA、ballB 对象发生碰撞
7    }
```

- 第 1～3 行获取对象的引用，需要在开发环境下的 Inspector 面板中分别指定对象。
- 第 4～7 行设置 ballC 对象不和 ballA、ballB 对象发生碰撞。

### 2. 层与层之间的碰撞过滤

前面的内容介绍了用代码控制碰撞过滤的方法，接下来将通过一个示例来讲解层与层之间实现碰撞过滤的方法，具体的步骤如下。

（1）导入纹理图资源。在资源列表（Project）中的 Texture 文件夹上右击或选择 Assets，在弹出的快捷菜单中选择 Import New Asset，弹出 Import New Asset 对话框，选择要导入的纹理图文件，单击 Import 按钮导入图片，如图 5-15 和图 5-16 所示。

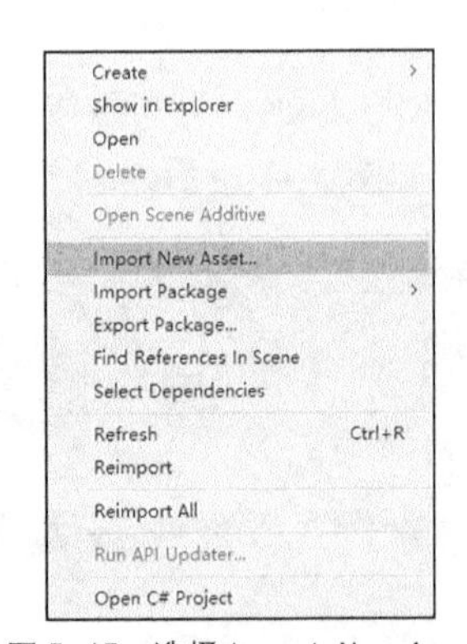


▲图 5-15　选择 Import New Asset

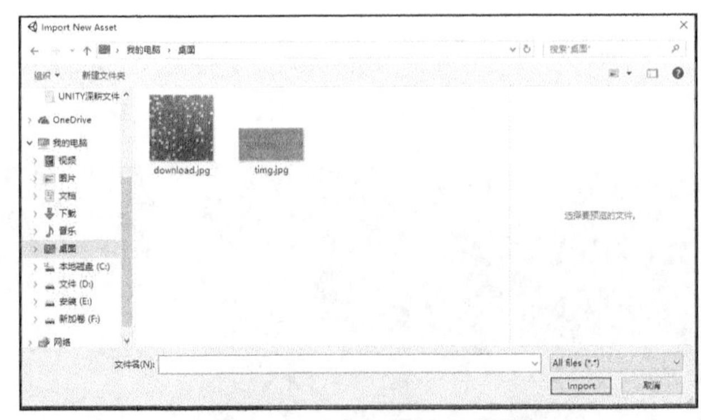


▲图 5-16　Import New Asset 对话框

（2）选择 GameObject→3D Object→Plane，创建一个平面作为地板。将第（1）步导入的纹理图拖曳到创建好的平面上。

（3）选择 GameObject→3D Object→Sphere，创建一个球体作为示例中检测碰撞的小球，创建完毕后将其命名为 red 0。

（4）为球体添加刚体。在球体对象被选中的状态下选择 Component→Physics→RigidBody 即可添加。

（5）在资源列表中右击或选择 Assets，在弹出的快捷菜单中选择 Create→Material，创建一个材质球，创建完毕后将其命名为 RedBall，在材质球属性面板中的 Albedo 组件中为其指定纹理和颜色（颜色为红色），如图 5-17～图 5-20 所示。

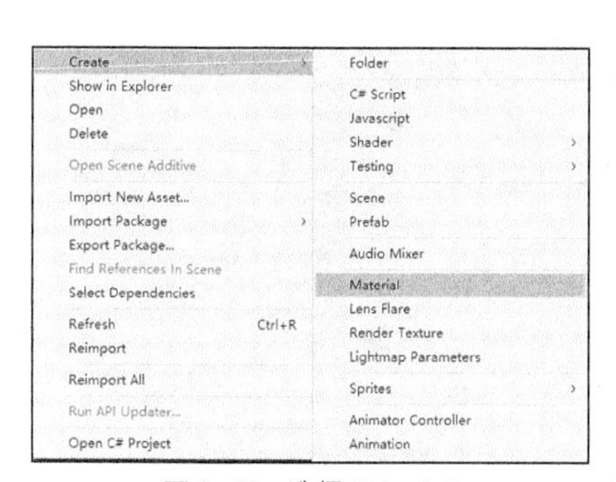


▲图 5-17 选择 Material

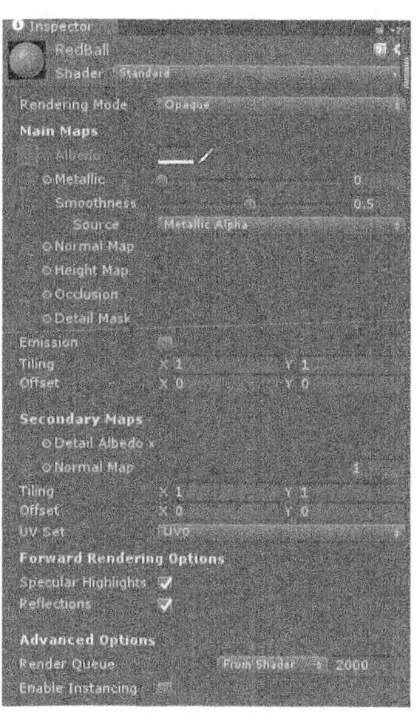


▲图 5-18 材质球属性面板

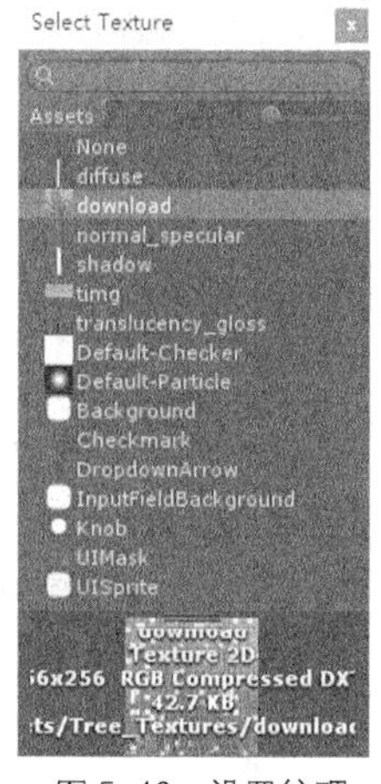


▲图 5-19 设置纹理

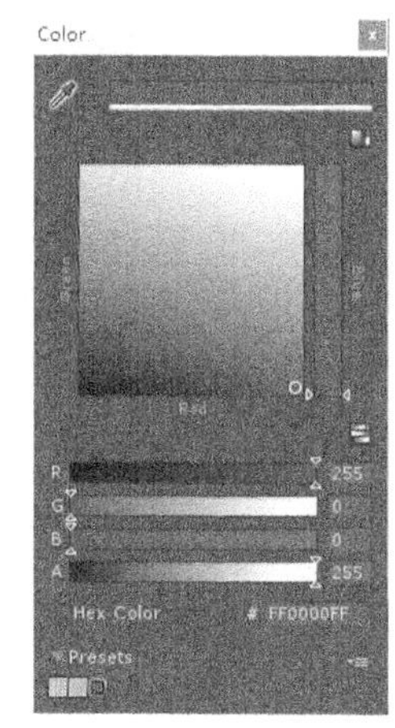


▲图 5-20 设置颜色

（6）为球体指定材质。将创建好的材质球 RedBall 拖曳到游戏对象列表中创建好的球体 red 0 上，拖曳完成后可以看到小球变成了红色并贴有纹理图，如图 5-21 所示。

▲图 5-21 球体指定材质后效果

（7）添加层。选择任意对象，选择 Inspector 面板中的 Layer 属性，在弹出的下拉列表中选择 Add Layer，添加新的层。此时会打开 Tags&Layers 面板，在该面板中的 Layers 属性下添加 green、blue 和 red 3 个层，如图 5-22 和图 5-23 所示。

Default
TransparentFX
Ignore Raycast
Water
UI
Add Layer...

▲图 5-22　选择 Add Layer

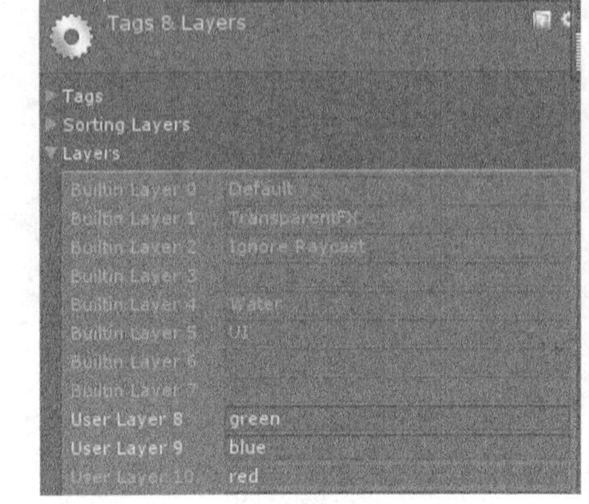


▲图 5-23　添加层

（8）重复第（3）步和第（4）步，创建出 5 个红色球、5 个蓝色球和 5 个绿色球，分别将其命名为 red 0～red 4、blue 0～blue 4 和 green 0～green 4，添加刚体并按照示例调整相对位置。

（9）重复第（5）步，创建出 3 个材质球，依次将其命名为 RedBall、BlueBall 和 GreenBall，分别为其指定纹理图并调整成对应的颜色。

（10）给前面创建好的不同颜色的小球指定对应的材质球和层，指定层的方式为在对象被选中的状态下，在 Inspector 面板中的 Layer 属性的下拉列表中选择对应层，如图 5-24 所示。

（11）设置物理管理器。选择 Edit→Project Settings→Physics，打开物理管理器，如图 5-25 所示。

Default
TransparentFX
Ignore Raycast
Water
UI
green
blue
red
Add Layer...

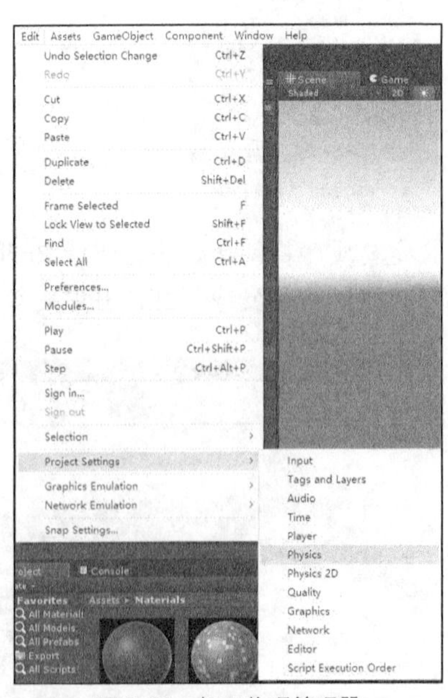

▲图 5-24　指定层　　▲图 5-25　打开物理管理器

（12）在同一个层的对象之间设置碰撞过滤。在物理管理器中的 Layer Collision Matrix 属性中取消选中 red 行与 red 列的复选框、blue 行与 blue 列的复选框和 green 行与 green 列的复选框，这里的 red、blue 和 green 就是之前创建的层。取消选中后同一个层之间将进行碰撞过滤，如图 5-26 所示。

（13）完成上述操作后，单击“游戏预览”按钮，查看运行效果，如图 5-27 所示。

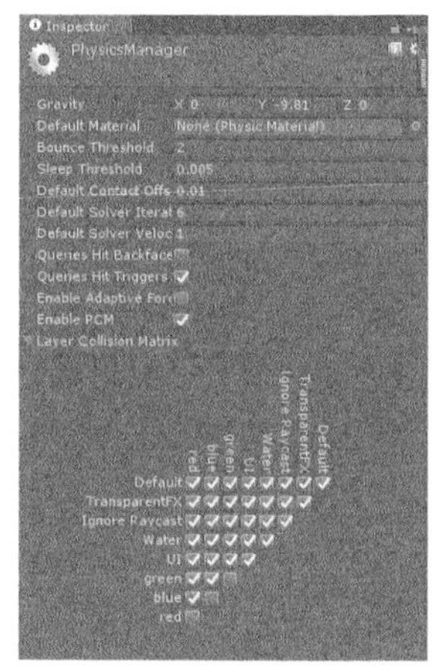


▲图 5-26　修改层之间的碰撞关系

▲图 5-27　运行效果

**说明**　本示例的场景文件位于随书资源中的源代码\第 5 章目录下的 PhysX\Assets\Scene 中的相应文件夹中。在运行时场景中颜色相同的小球会叠加到一起，颜色不同的小球会发生碰撞，这就是设置层与层之间的碰撞过滤和碰撞检测达到的效果。

### 5.2.3　触发器

在脚本中通过 OnCollisionEnter 函数可以检测何时发生碰撞。配置为触发器的碰撞器不表现为固体对象，并且可以允许其他碰撞器通过。当一个碰撞器进入其空间时，触发器将在触发器对象的脚本上调用 OnTriggerEnter 函数。

要想使用触发器，只需选中 Is Trigger 复选框即可，如图 5-28 所示。当选中 Is Trigger 复选框时，两个物体即使有碰撞器也并不会产生碰撞，物体仍然受到自身力的作用的影响，但并不受其他物理力的作用，如图 5-29 所示。

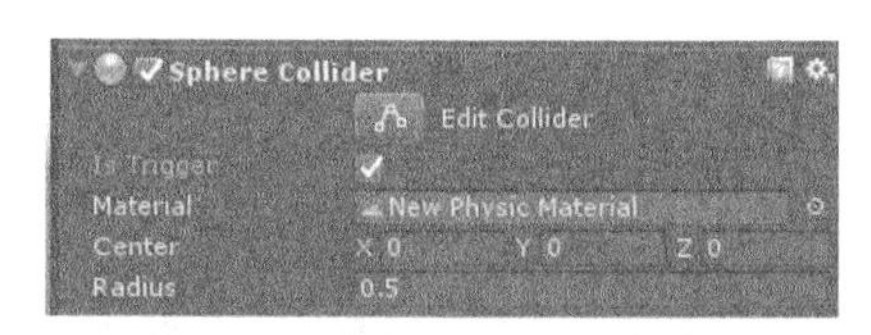


▲图 5-28　选中 Is Trigger 复选框

▲图 5-29　触发器碰撞效果

### 5.2.4　碰撞检测

在开发游戏时，经常要检测物体间是否发生碰撞。例如，发射一颗子弹，被射到的物体需要做出一系列反应，这就要准确地计算出子弹射击物体的时间。在 Unity 中可以使用碰撞器和触发器来进行碰撞检测，其中经常用到的几个函数如下。

❑　进入触发器判断方法（OnTriggerEnter）

判断物体进入触发器的具体代码如下。

```
1   using UnityEngine;
2   using System.Collections;
3   public class ExampleClass : MonoBehaviour {
4       void OnTriggerEnter(Collider other) {                          //进入触发器判断方法
5           Destroy(other.gameObject);                                 //销毁碰撞器
6      }}
```

❑　退出触发器判断方法（OnTriggerExit）

判断物体退出触发器的具体代码如下。

```
1   using UnityEngine;
2   using System.Collections;
3   public class ExampleClass : MonoBehaviour {
4       void OnTriggerExit(Collider other) {                          //退出触发器判断方法
5           Destroy(other.gameObject);                                //销毁碰撞器
6       }}
```

❑　逗留触发器判断方法（OnTriggerStay）

判断物体在触发器逗留的具体代码如下。

```
1   using UnityEngine;
2   using System.Collections;
3   public class ExampleClass : MonoBehaviour {
4       void OnTriggerStay(Collider other) {                        //逗留触发器判断方法
5           if (other.attachedRigidbody)                            //判断碰撞器是否附加刚体
6               other.attachedRigidbody.AddForce(Vector3.up * 10); //给碰撞器刚体施加力
7       }}
```

❑　进入碰撞器判断方法（OnCollisionEnter）

判断物体进入碰撞器的具体代码如下。

```
1   using UnityEngine;
2   using System.Collections;
3   public class ExampleClass : MonoBehaviour{
4      AudioSource audio;                                       //声明声音源
5       void Start(){
6         audio = GetComponent<AudioSource>();}
7       void OnCollisionEnter(Collision collision){       //进入碰撞器的判断方法
8           foreach (ContactPoint contact in collision.contacts){    //碰撞器接触点列表
9               Debug.DrawRay(contact.point, contact.normal, Color.white); }
10          if (collision.relativeVelocity.magnitude > 2)
11              audio.Play();}}                             //播放声音源
```

❑　退出碰撞器判断方法（OnCollisionExit）

判断物体退出碰撞器的具体代码如下。

```
1   using UnityEngine;
2   using System.Collections;
3   public class ExampleClass : MonoBehaviour {
4       void OnCollisionExit(Collision collisionInfo) {      //退出碰撞器判断方法
5           print("No longer in contact with " + collisionInfo.transform.name);
                                                             //输出相关信息
6       }}
```

❑　逗留碰撞器判断方法（OnCollisionStay）

判断物体在碰撞器中逗留的具体代码如下。

```
1   using UnityEngine;
2   using System.Collections;
3   public class ExampleClass : MonoBehaviour {
4       void OnCollisionStay(Collision collisionInfo) {      //逗留碰撞器判断方法
5           foreach (ContactPoint contact in collisionInfo.contacts) {
6               Debug.DrawRay(contact.point, contact.normal, Color.white); //绘制相关点
7        }}}
```

### 5.2.5 物理材质

在 Unity 的开发过程中，开发人员往往会需要一些特殊的碰撞效果，如篮球在地面上的弹起效果，铅球坠落到沙地的效果。要实现这些碰撞效果，就需要使用 Unity 中的“物理材质”这一概念。

物理材质，顾名思义就是指定了物理特性的一种材质。它的特性包括物体的弹性和摩擦因数等。在实际的开发过程中，开发人员可以调整其各个属性，以得到想要的物理材质。

**1. 物理材质属性**

物理材质有多个可调节属性，这些属性共同决定了物体材质的弹性和摩擦因数，同时包括碰撞体间的摩擦力混合模式（Friction Combine Mode）和物体在不同轴向上可以设置的不同大小摩擦力的异性方向（Friction Direction2）。其参数如表 5-1 所示。

表 5-1　　物理材质属性

| 属性 | 含义 | 属性 | 含义 |
|---|---|---|---|
| Dynamic Friction | 滑动摩擦力 | Static Friction | 静摩擦力 |
| Bounciness | 表面弹性 | Friction Combine | 碰撞体的摩擦力混合模式 |
| Bounce Combine | 表面弹性混合模式 | — | — |

**2. 物理材质的创建**

作为影响物体碰撞反应的又一重要因素，物理材质的不同在很大程度上影响了物体运动的表现形式。物理材质的创建方式有两种。

方式一：选择 Assets→Create→Physics Material 即可，如图 5-30 所示。

方式二：在资源列表面板中右击，在弹出的快捷菜单中依次选择 Create→Physics Material 完成创建，如图 5-31 所示。创建好的材质在被选中的状态下可以在 Inspector 面板中查看其各个属性。

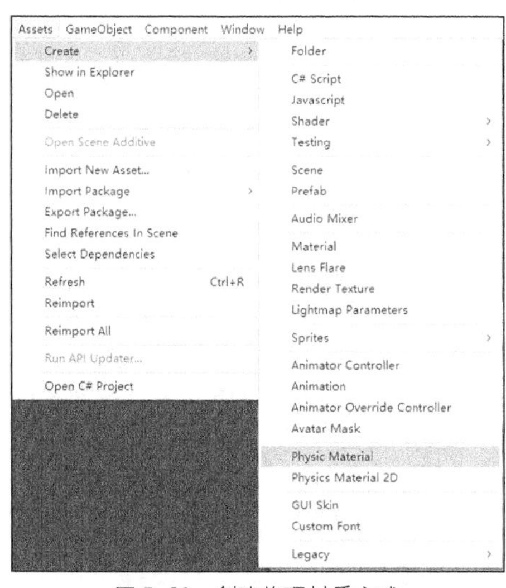


▲图 5-30　创建物理材质方式一

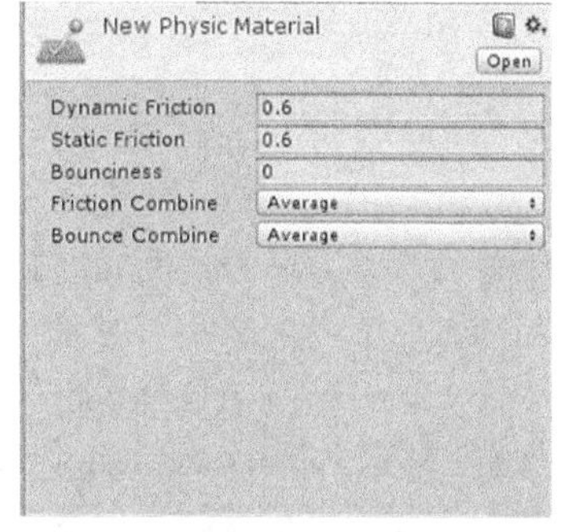


▲图 5-31　创建物理材质方式二

**3. 物理材质的设置**

在 Unity 项目的开发过程中，物理材质是模拟现实的重要因素之一，物理材质这一组件也方便了开发人员调节物体的物理特性。为物理材质的各个属性设置合理的取值是成功使用物理材质的关键，而开发人员要掌握取值的技巧则需要一定的经验。下面将介绍一些小技巧，希望对读者有所启发。

一般情况下物理材质只需要修改 3 个属性，如图 5-32 所示。

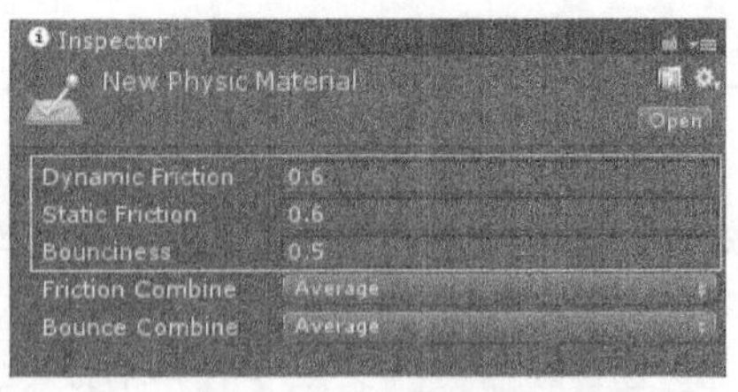


▲图 5-32　设置物理材质

- Dynamic Friction（滑动摩擦因子）和 Static Friction（静摩擦因子）的设定

滑动摩擦因子或静摩擦因子的取值范围是 0～1。当滑动摩擦因子或静摩擦因子的值为 0 时，被此材质控制的对象将会产生类似于冰面的效果，物体与其摩擦时流畅感很强；当值为 1 时，受控对象就会产生类似于橡胶面的效果，物体与其摩擦时会不流畅。一般情况下设置为 0.6 即可。

- Bounciness（弹性因子）的设定

弹性因子的取值范围是 0～1。当弹性因子的值为 0 时，受控物体将不再拥有弹性，类似于橡皮泥的效果，与其碰撞的物体将会完全陷入此物体；当值为 1 时，受控物体会类似于钢珠的效果，与其碰撞物体将会发生完全弹性碰撞，没有能量损耗。

### 5.2.6　碰撞器交互

在实际开发项目过程中，只有一种碰撞器是不够的，有时需要添加多种碰撞器。根据刚体组件的配置方式，碰撞器会相互影响，其中经常用到的碰撞器有以下 3 种。

- 静态碰撞器（Static Collider）

静态碰撞器指没有附加刚体而附加了碰撞器的游戏对象，这类对象会保持静止或者很轻微地移动。这对于环境模型十分好用，如不会移动的墙体碰撞器。

- 刚体碰撞器（Rigidbody Collider）

刚体碰撞器指添加了刚体和碰撞器的游戏对象。

- 运动学刚体碰撞器（Kinematic Rigidbody Collider）

运动学刚体碰撞器指在刚体碰撞器的基础上选中了 IsKinematic 属性。要注意的是，如果要移动这类对象，就只能修改它的 Transform，而不是用力。

> **说明**　需要注意的是，这 3 类碰撞器如果选中了 Is Trigger 复选框，就会变成相应的触发器。

## 5.3　关节

在现实生活中，大部分的运动物体并不是单独的一个简单基本体。对象要和其他对象进行交互，就必须存在内存联系。例如，枪械对象的设计，枪械对象的刚体组件并不是由简单的一个基本刚体组成的，它需要多个子对象刚体组件的拼接来组成，这就需要关节中的固定关节来解决。

在 Unity 3D 中，关节包括铰链关节（Hinge Joint）、固定关节（Fixed Joint）、弹簧关节（Spring Joint）、角色关节（Character Joint）和可配置关节（Configurable Joint）5 种。通过关节组装可以轻松地实现人体、机车等游戏模型的模拟。下面将对各种关节逐一地进行介绍。

### 5.3.1　铰链关节的特性

在 Unity 3D 的基本关节中，铰链关节用途很广，利用铰链关节不仅可以做门、风车的模型，甚至还可以做机动车的模型。铰链关节是将两个刚体束缚在一起，在两者之间产生一个铰链的效果，其属性如表 5-2 所示。

表 5-2 铰链关节的属性

| 属性 | 含义 |
|---|---|
| Connected Body | 与主体构成铰链组合的目标刚体 |
| Anchor | 本体的锚点，连接目标旋转时围绕的中心点 |
| Connected Anchor | 连接目标的锚点，本体旋转时围绕的中心点 |
| Axis | 锚点和目标锚点的方向，即指定了本体和连接目标的旋转方向 |
| Auto Configure Connected Anchor | 当选中该属性时，仅给出锚点的坐标，系统将自动计算出目标锚点的坐标 |
| Use Spring | 关节组件中是否使用弹簧，只有当该属性被选中时，弹簧属性（Spring）才会有效 |
| Spring | 弹簧力，表示维持对象移动到一定位置的力 |
| Damper | 阻尼，指物体运动所受到的阻碍的大小。此值越大，对象移动越缓慢 |
| Target Position | 目标位置，表示弹簧旋转的目标角度，弹簧负责将对象拉到这个目标角度 |
| Use Motor | 使用电动机，规定了在关节组件中是否需要使用电动机 |
| Target Velocity | 目标速率，表示对象试图达到的速度，它将会以此速度为目标进行加速或减速 |
| Force | 此属性表示用于达到目标速率的力 |
| Free Spin | 规定了受控对象的旋转是否会被破坏，若启用，电动机将永远不会破坏旋转，只会加速 |
| Use Limits | 规定了在关节下的旋转是否受限 |
| Min | 规定了该刚体旋转所能达到的最小角度 |
| Max | 规定了该刚体旋转所能达到的最大角度 |
| Min Bounce | 规定了刚体达到最小限值时的弹跳值 |
| Max Bounce | 规定了刚体达到最大限值时的弹跳值 |
| Break Force | 给出一个力的限值，当关节受到的力超过此值时关节会损坏 |
| Break Torque | 给出一个力矩的限值，当关节受到的力矩超过此值时关节会损坏 |

### 5.3.2 铰链关节的创建

5.3.1 节介绍了铰链关节的特性，本小节将介绍铰链关节的创建。在介绍铰链关节的创建之前请读者先理解一点，关节是依附在刚体上的，即一个对象必须先挂载一个刚体组件才能够添加铰链关节组件。铰链关节的创建步骤如下：

（1）选择 GameObject→3D Object→Cylinder，创建一个圆柱体；选择 GameObject→3D Object→Cube，创建一个立方体，如图 5-33 所示。设置这两个对象的 Position 为（0,0,0），使其重合并在原点处，如图 5-34 所示。

▲图 5-33 创建圆柱体和立方体

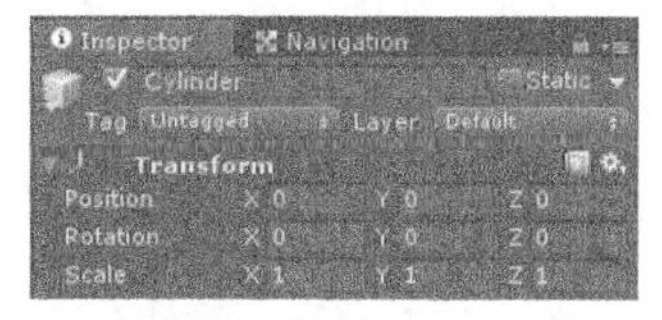

▲图 5-34 设置 Position

（2）分别调整 Cylinder 和 Cube 对象的大小和位置，以模拟出门和门轴模型的大小，如图 5-35

所示。分别选中这两个对象，选择 Component→Physics→Rigidbody，分别为其添加刚体组件，如图 5-36 所示。

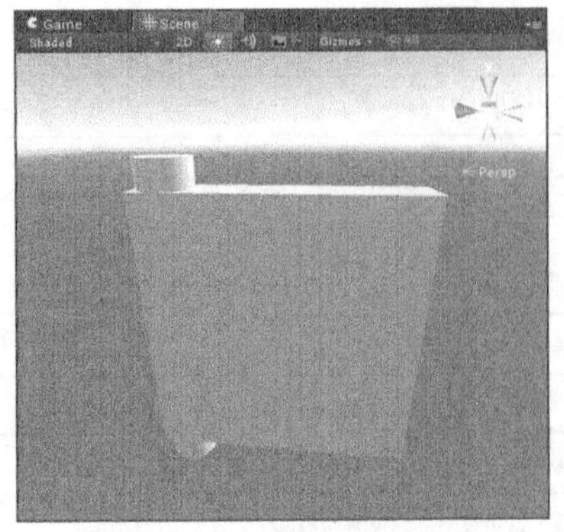
▲图 5-35　调整 Cylinder 和 Cube 对象的大小和位置

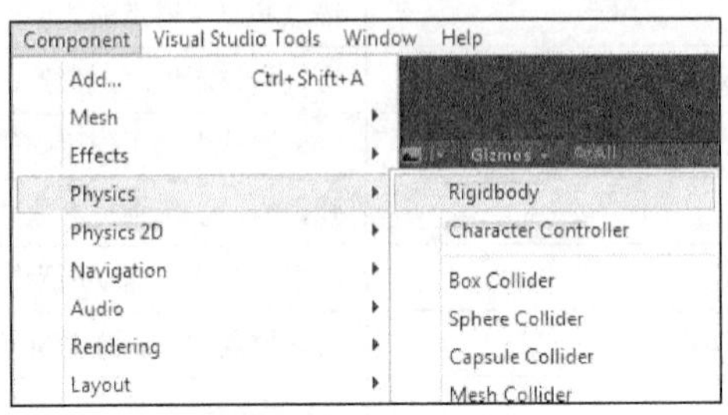

▲图 5-36　添加刚体组件

（3）为圆柱体添加一个铰链关节组件。先选中 Cylinder 对象，选择 Component→Physics→Hinge Joint，为圆柱体添加一个铰链关节，如图 5-37 所示。在 Inspector 面板中设置其参数，如图 5-38 所示。读者可以参照随书资源中的示例进行设置。

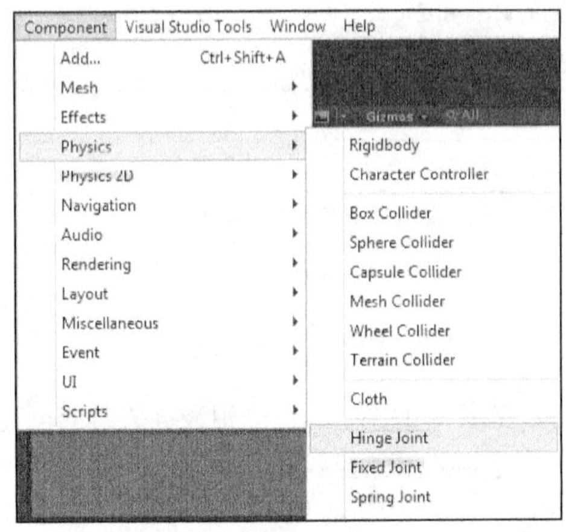

▲图 5-37　添加铰链关节

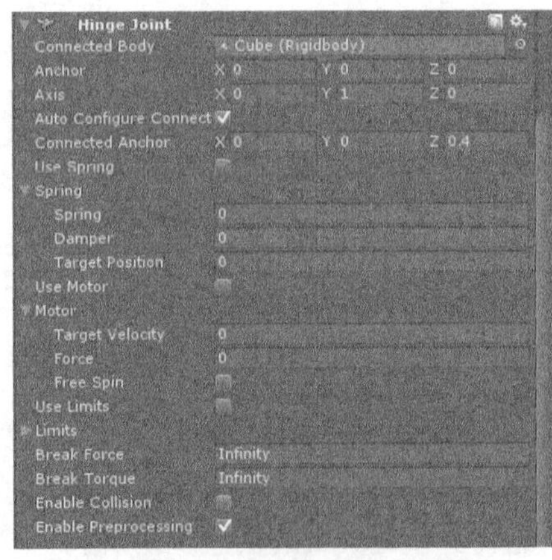

▲图 5-38　设置铰链关节参数

（4）选中圆柱体对象，在 Inspector 面板中设置属性。在 Rigidbody 组件中，把 Constraints 内的所有坐标轴复选框都选中，以冻结圆柱体的运动，如图 5-39 所示。这样充当门的长方体可以转动，以此可以制作一个以圆柱体为中心轴的门模型，如图 5-40 所示。

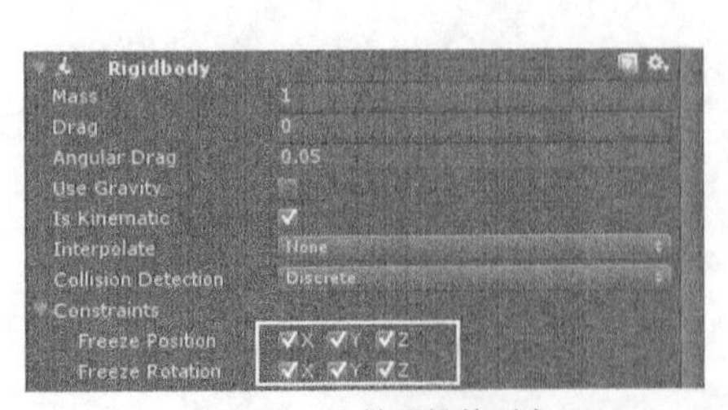

▲图 5-39　冻结圆柱体对象

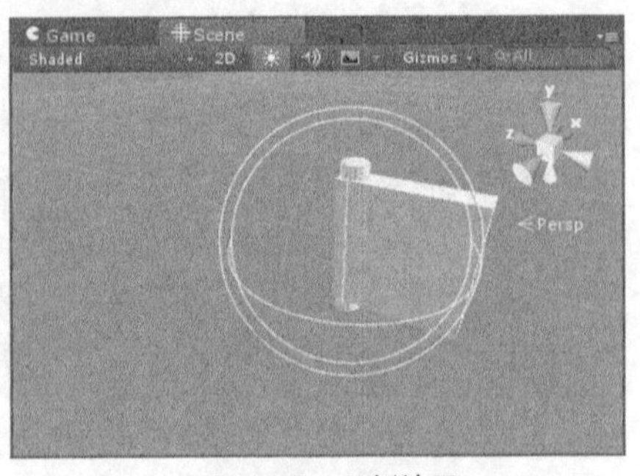
▲图 5-40　示例效果

### 5.3.3 固定关节的特性

在 Unity 3D 的基本关节中，固定关节起到的往往是组装的作用，利用固定关节可以拼接刚体。固定关节将两个刚体束缚在一起，使两者之间的相对位置保持不变，永远不会变化，在很多开发情况下是非常有用的一个关节。固定关节的属性如表 5-3 所示。

表 5-3　固定关节的属性

| 属性 | 含义 |
|---|---|
| Connected Body | 连接目标刚体对象 |
| Break Force | 给出一个力的限值，当关节受到的力超过此限值时关节就会损坏 |
| Break Torque | 给出一个力矩的限值，当关节受到的力矩超过此限值时关节就会损坏 |
| Enable Collision | 允许碰撞检测 |
| Enable Preprocessing | 允许进行预处理 |

### 5.3.4 固定关节的创建

5.3.3 节介绍了固定关节的特性，本小节将介绍固定关节的创建。在介绍固定关节的创建之前，请读者先理解一点，固定关节是用于连接刚体的，即游戏对象只有在挂载了刚体组件之后才能使用固定关节。创建固定关节的步骤如下。

（1）创建两个球体。选择 GameObject→3D Object→Sphere，分别创建 Sphere1 和 Sphere2 对象，如图 5-41 所示。选择 GameObject→Physics→Rigidbody，分别为这两个对象添加刚体组件，如图 5-42 所示。

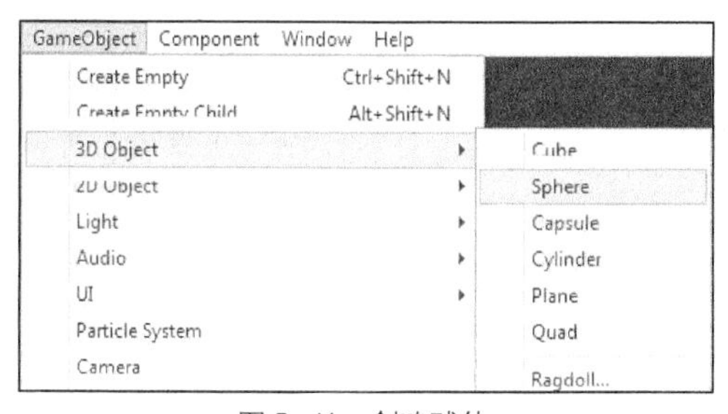


▲图 5-41　创建球体

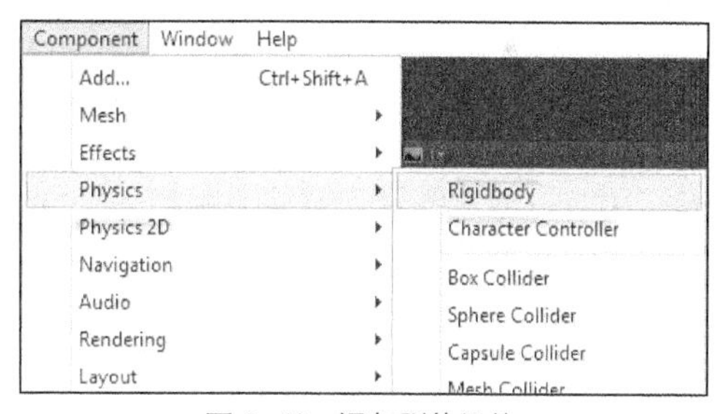


▲图 5-42　添加刚体组件

（2）选中 Sphere1 对象，选择 Component→Physics→Fixed Joint，为其添加一个固定关节，如图 5-43 所示。然后在 Inspector 面板中设置其参数，使其与图 5-44 所示的参数相符。至此，固定关节的创建就完成了。

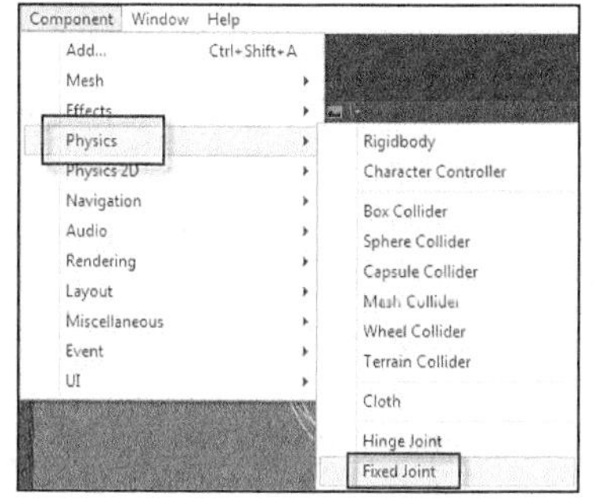


▲图 5-43　添加固定关节

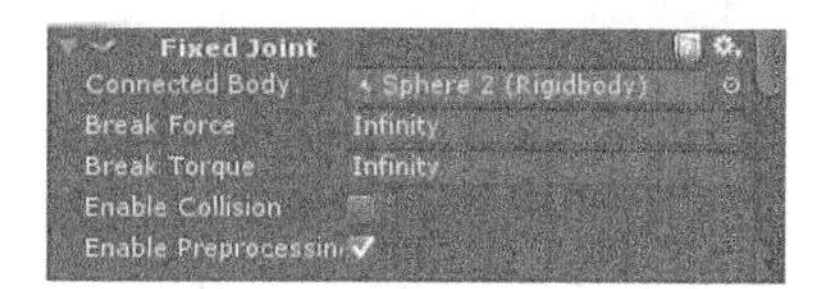


▲图 5-44　设置固定关节参数

### 5.3.5　弹簧关节的特性

在 Unity 3D 的基本关节中，弹簧关节的效果极佳，其模拟效果非常真实。利用弹簧关节可以模拟多种物理模型。弹簧关节将两个刚体束缚在一起，使两者之间好像有一个弹簧连接一样，其属性如表 5-4 所示。

表 5-4　弹簧关节的属性

| 属性 | 含义 |
|---|---|
| Connected Body | 连接目标刚体，是关节所依赖的可靠刚体参考对象，默认时关节将连接至世界空间 |
| Anchor | 锚点，基于本体的模型坐标系，表示弹簧的一端 |
| Connected Anchor | 目标锚点，基于连接目标的模型坐标系，表示弹簧的另一端 |
| Auto Configure Connected Anchor | 仅给出本体锚点，便自动计算目标锚点 |
| Spring | 表示弹簧的劲度系数，此值越高，弹簧的弹性效果越强 |
| Damper | 阻尼，此值越高，弹簧减速效果越明显 |
| Min Distance | 弹簧两端的最小距离 |
| Max Distance | 弹簧两端的最大距离 |
| Break Force | 破坏弹簧所需的最小力 |
| Break Torque | 破坏弹簧所需的最小力矩 |
| Enable Collision | 允许碰撞检测 |
| Enable Preprocessing | 允许进行预处理 |

### 5.3.6　弹簧关节的创建

5.3.5 节介绍了弹簧关节的特性，本小节将介绍弹簧关节的创建。在介绍弹簧关节的创建之前，请读者先理解一点，弹簧关节是用于连接刚体的，即游戏对象只有在挂载了刚体组件之后才能使用弹簧关节。创建弹簧关节的步骤如下。

（1）创建两个球体。选择 Create→3D Object→Sphere，分别创建 Sphere1 和 Sphere2 对象，如图 5-45 所示。选择 Component→Physics→Rigidbody，分别为这两个对象添加刚体组件，如图 5-46 所示。

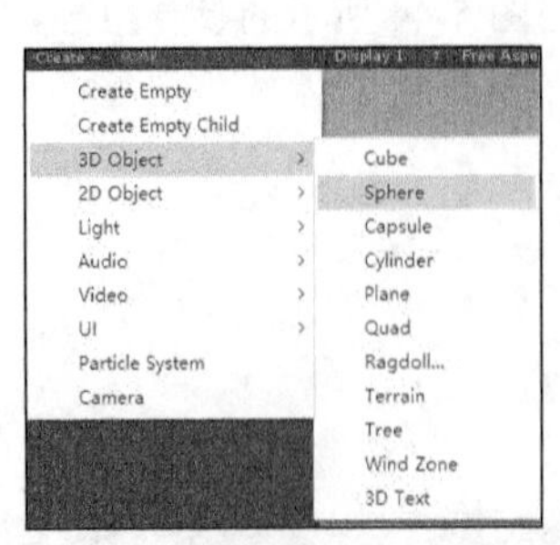

▲图 5-45　创建球体

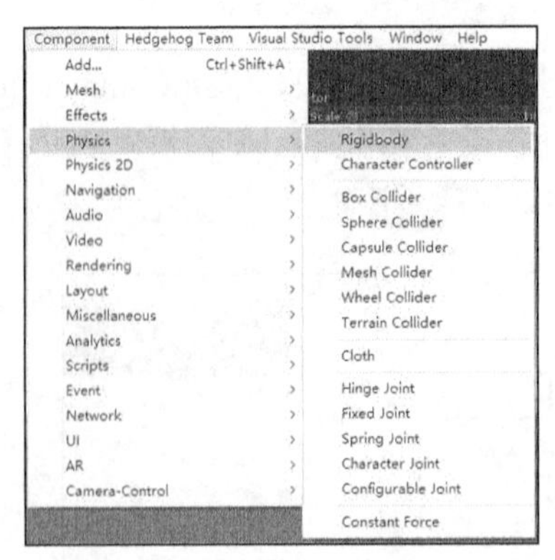

▲图 5-46　添加刚体组件

（2）选中 Sphere1 对象，选择 GameObject→Physics→Spring Joint，为其添加一个弹簧关节，如图 5-47 所示。在 Inspector 面板中设置其参数，使其与图 5-48 所示的参数相符。至此，弹簧关节的创建就完成了。

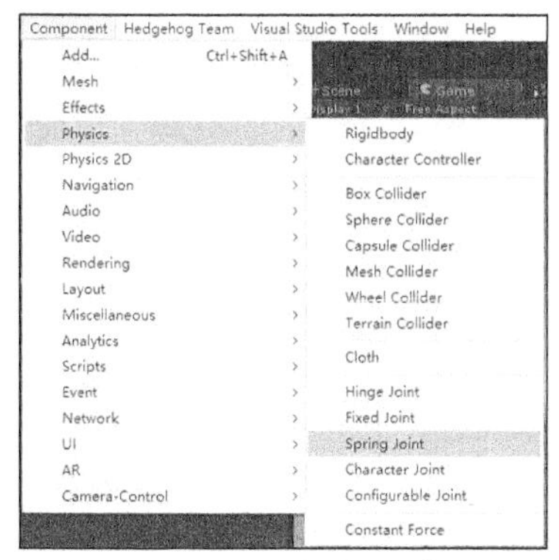


▲图 5-47 添加弹簧关节

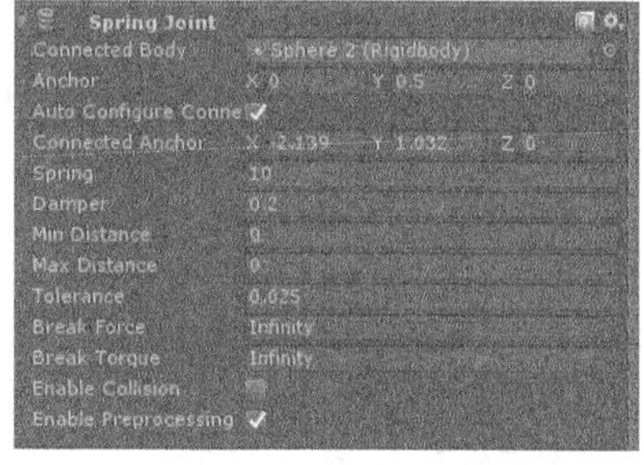


▲图 5-48 设置弹簧关节参数

## 5.3.7 角色关节的特性

在 Unity 3D 的基本关节中，角色关节是应用较广的一个基本关节。角色关节一般配合 Ragdoll 使用，是一个扩展的球窝状关节，允许在每个轴上限制关节，利用角色关节可以模拟人体模型。角色关节的属性如表 5-5 和表 5-6 所示。

表 5-5 角色关节的属性

| 属性 | 含义 |
|---|---|
| Connected Body | 连接目标刚体，是关节所依赖的可选刚体参考对象 |
| Auto Configure Connected Anchor | 是否自动计算目标锚点 |
| Connected Anchor | 目标锚点，基于目标钉嵌体的模型坐标系的锚点 |
| Swing Axis | 摆轴，指角色对象上某两个部分的摆所绕的轴，用绿色的 gizmo 圆锥表示 |
| Twist Limit Spring | 扭轴弹簧限制，为关节指定了弹簧限制 |
| Low Twist Limit | 扭轴下限，为关节扭轴指定了下限，关节扭曲的角度不可低于此下限 |
| High Twist Limit | 扭轴上限，为关节扭轴指定了上限，关节扭曲的角度不可高于此上限 |
| Swing 1 Limit | 摆轴旋转限制 1，用绿轴表示，当设置为 30 时，表示被限制在-30°～+30° |
| Swing 2 Limit | 摆轴旋转限制 2，用橙轴表示，当设置为 30 时，表示被限制在-30°～+30° |
| Enable Projection | 进行违反物理定律的关节投射，一般情况下为 false，在关节被外力强行拆开时可使用 |
| Enable Preporcessing | 允许进行预处理 |

表 5-6 角色关节的属性

| 属性 | 含义 | 属性 | 含义 |
|---|---|---|---|
| Anchor | 基于本体的模型坐标系的锚点 | Axis | 指关节的扭轴，以橙色的 gizmo 圆锥表示 |
| Spring | 弹簧限制的弹簧系数 | Damper | 弹簧限制的弹簧阻尼 |
| Limit | 限制角度 | Bounciness | 在对应限制中的反弹系数 |
| Contact Distance | 在对应限制中的接触距离 | Projection Angle | 关节投射的角度 |
| Break Force | 破坏关节所需的力 | Break Torque | 破坏关节所需的力矩 |
| Enable Collision | 允许碰撞检测 | Projection Distance | 关节投射的距离 |

## 5.3.8 角色关节的创建

5.3.7 节介绍了弹簧关节的特性，本小节将介绍角色关节的创建。在介绍角色关节的创建之前，请读者先理解一点，角色关节是用于连接刚体的，即游戏对象只有在挂载了刚体组件之后才能使用角色关节。角色关节的创建步骤如下：

（1）创建两个球体。选择 Create→3D Object→Cube，分别创建 Cube1 和 Cube2 对象，如图 5-49 所示。选择 Component→Physics→Rigidbody，分别为这两个对象添加刚体组件，如图 5-50 所示。

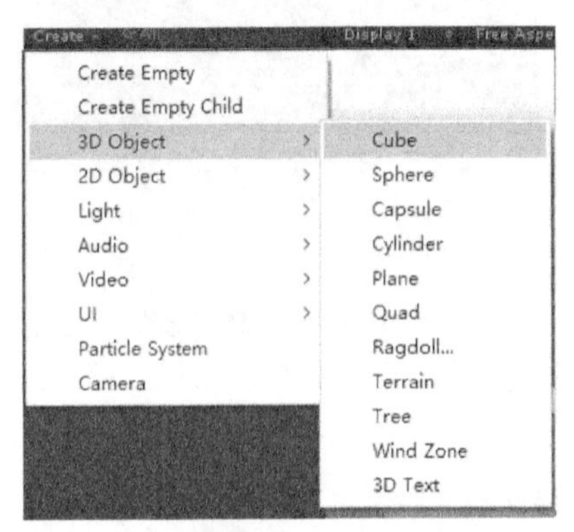


▲图 5-49 创建球体

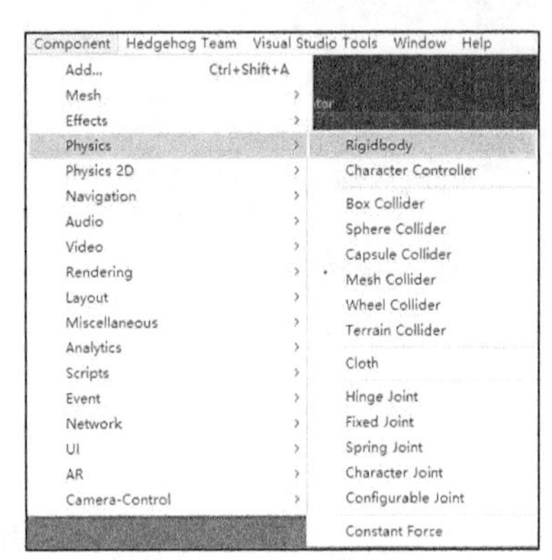


▲图 5-50 添加刚体组件

（2）选中 Cube1 对象，选择 Component→Physics→Character Joint，为其添加一个角色关节，如图 5-51 所示。在 Inspector 面板中设置其参数，使其与图 5-52 中的参数相符。至此，角色关节的创建就完成了。

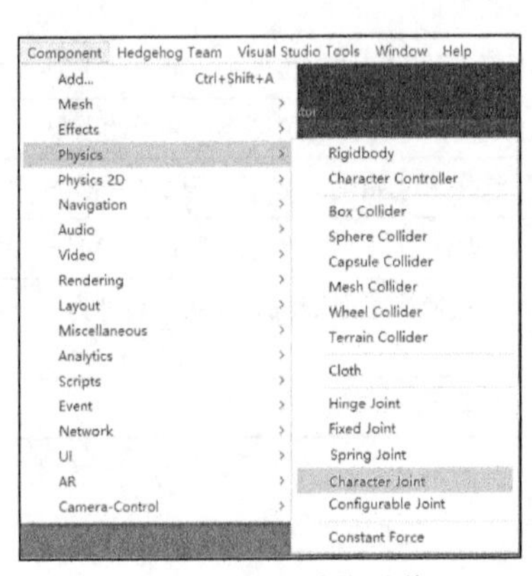


▲图 5-51 添加角色关节

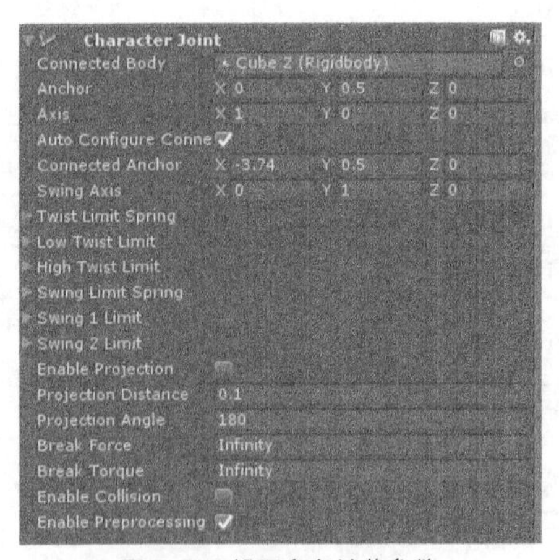


▲图 5-52 设置角色关节参数

## 5.3.9 可配置关节的特性

可配置关节是可定制的。可配置关节将 PhysX 引擎中所有与关节相关的属性都设置为可配置的，因此可以用此组件创造出与其他关节类型行为相似的关节。正是由于其强大的灵活性，也造成了其复杂性。可配置关节的属性如表 5-7 和表 5-8 所示。

表 5-7　　可配置关节的属性

| 属性 | 含义 |
|---|---|
| Anchor | 关节的中心点，所有的物理模拟都以此点为中心进行计算 |
| Axis | 主轴，即局部旋转轴，定义了物理模拟下物体的自然旋转 |
| Secondary Axis | 副轴，与主轴共同定义了关节的局部坐体系 |
| Linear Limit | 以与关节原点距离的形式定义物体的平移限制 |
| Low Angular XLimit | 以与关节原点距离的形式定义物体 *X* 轴的旋转下限 |
| High Angular XLimit | 以与关节原点距离的形式定义物体 *X* 轴的旋转上限 |
| Angular YLimit | 以与关节原点距离的形式定义物体 *Y* 轴的旋转上限 |
| Angular ZLimit | 以与关节原点距离的形式定义物体 *Z* 轴的旋转上限 |
| Bouncyness | 反弹系数，当物体达到限制时给予的反弹值 |
| Damper | 弹簧阻尼 |
| Mode | 目标位置或目标速度或两者都有，默认是 Disabled 模式 |
| Target Rotation | 目标角度，用一个四元数进行表示，定义了关节的旋转目标 |
| Target Angular Velocity | 目标角速度，用一个 Vector3 值表示，表示关节的目标角速度 |
| Rotation Drive Mode | 旋转驱动模式，表示用 *X*、*Y* 和 *Z* 角驱动或插值驱动控制物体的旋转 |
| Angular XDrive | *X* 轴角驱动，定义了关节如何绕 *X* 轴旋转，只有当旋转驱动模式为 *X*&*YZ* 角驱动时才有效 |
| Angular YZDrive | *Y* 轴角驱动，定义了关节如何绕 *Y* 轴旋转，只有当旋转驱动模式为 *X*&*YZ* 角驱动时才有效 |
| Slerp Drive | 插值驱动，定义了关节如何绕所有局部旋转轴旋转，只有当旋转驱动模式为插值时才有效 |
| Projection Mode | 投影模式，当物体离开它受限的位置太远时让它迅速回到受限的位置 |
| Projection Distance | 投影距离，当物体与连接体的距离差异超过投影距离时，才会迅速回到受限的位置 |
| Projection Angle | 投影角度，当物体与连接体的角度差异超过投影角度时，才会迅速回到受限的位置 |
| Congfigure in World Space | 若启动此项，所有与目标相关的计算都会在世界坐标系中进行 |
| Break Force | 当受力超过该值时，关节结构将会被破坏 |
| Break Torque | 当力矩超过该值时，关节结构将会被破坏 |

表 5-8　　可配置关节的属性

| 属性 | 含义 | 属性 | 含义 |
|---|---|---|---|
| Xmotion | 限定物体沿 *X* 轴的平移模式 | Ymotion | 限定物体沿 *Y* 轴的平移模式 |
| Zmotion | 限定物体沿 *Z* 轴的平移模式 | Angular XMotion | 限定物体沿 *X* 轴的旋转模式 |
| Angular YMotion | 限定物体沿 *Y* 轴的旋转模式 | Angular ZMotion | 限定物体沿 *Z* 轴的旋转模式 |
| Limit | 限制值 | Spring | 进行反弹的弹簧系数 |
| Target Position | 目标位置，指关节应该到达的位置 | Target Velocity | 目标速度，指关节应该达到的速度 |
| XDrive | *X* 轴驱动，定义关节如何沿 *X* 轴运动 | YDrive | *Y* 轴驱动，定义关节如何沿 *Y* 轴运动 |
| ZDrive | *Z* 轴驱动，定义关节如何沿 *Z* 轴运动 | Position Spring | 位置弹力，朝着定义方向的弹力 |
| Maximum Force | 朝着定义方向的最大力 | Position Damper | 位置阻尼，朝着定义方向的弹力阻尼 |

## 5.3.10　可配置关节的创建

5.3.9 节介绍了可配置关节的特性，本小节将详细介绍可配置关节的创建。在介绍可配置关节的创建之前，请读者先理解一点，可配置关节是依附在刚体上的，即必须挂载有刚体的物体才能够添加可配置关节。可配置关节的创建步骤如下：

（1）创建一个球体和一个立方体。选择 GameObject→3D Object→Sphere 和 GameObject→3D Object→Cube，分别创建 Sphere 和 Cube 对象，然后将这两个对象摆放到合适位置，如图 5-53 所示。

（2）选择 Component→Physics→Rigidbody，分别为 Sphere 和 Cube 对象添加刚体组件，如图 5-54 所示。只有挂载了刚体组件的对象才能使用关节。

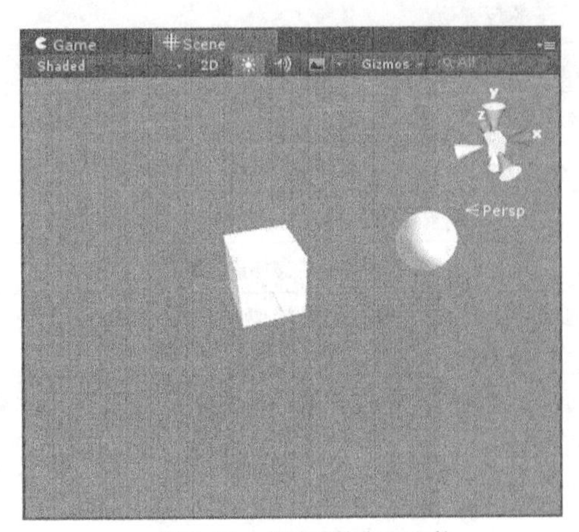


▲图 5-53　创建球体和立方体

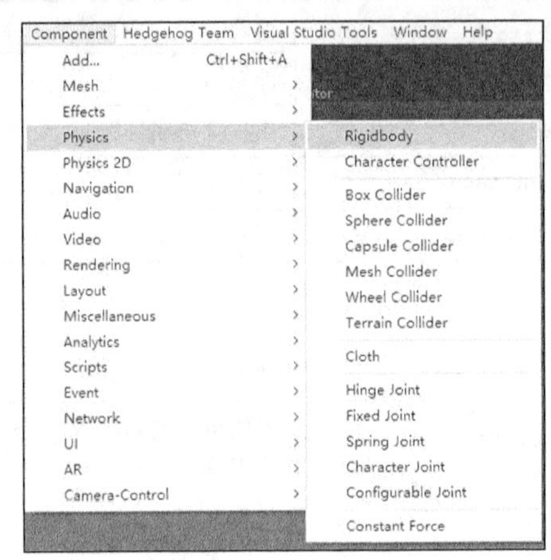


▲图 5-54　添加刚体组件

（3）选中 Cube 对象，选择 Component→Physics→Configurable Joint，为其添加一个可配置关节，如图 5-55 所示。在 Inspector 面板中设置其参数，使其与图 5-56 中的参数相符。将 X Motion、YMotion 和 ZMotion 参数都修改为 Locked。

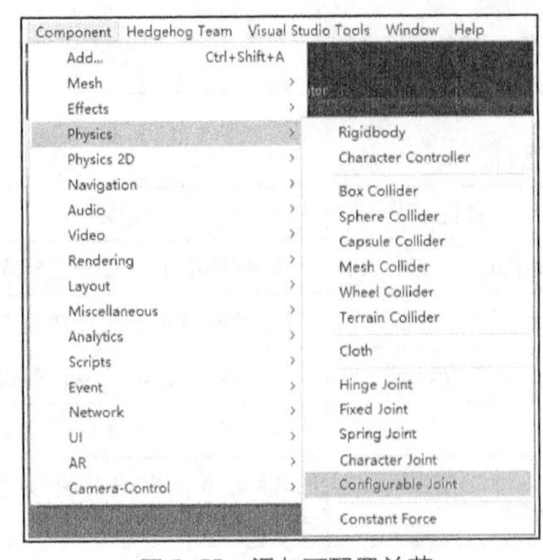


▲图 5-55　添加可配置关节

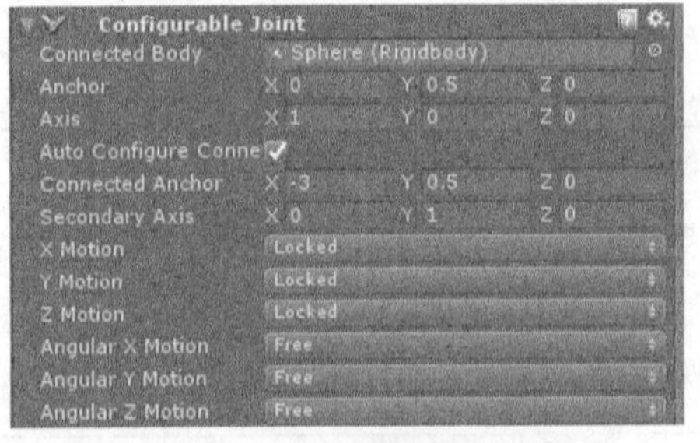


▲图 5-56　设置可配置关节参数

（4）选中 Cube 对象，设置其刚体组件中的参数使其固定在原点，如图 5-57 所示。单击“运行”按钮，此时的 Sphere 将会在 Cube 对象下面左右摆动，其运行效果如图 5-58 所示。不仅如此，可配置关节还可以模拟出许多其他有趣的效果，由于篇幅有限，在此就不再赘述。

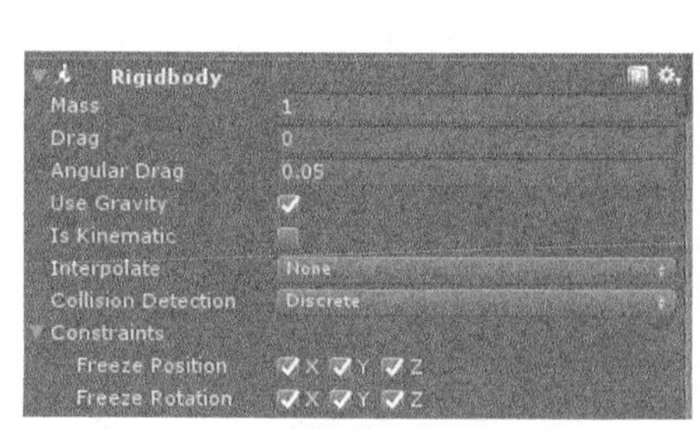


▲图 5-57 设置刚体组件参数

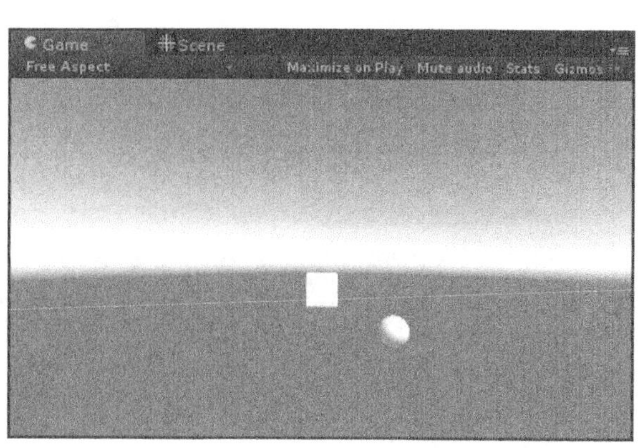


▲图 5-58 运行效果

## 5.3.11 关节综合示例——机械手

前面向读者详细地介绍了关节的相关基础知识。为了加深读者的理解，熟悉开发中关节的用法，本小节将介绍一个机械手的开发过程。本示例运用到了一些关节的知识，读者可以将前面所学到的知识在本示例中进行运用。该示例的具体开发步骤如下。

（1）选择 File→New Scene 新建一个场景，如图 5-59 所示。选择 File→Save Scene 弹出 Save Scene 对话框，在“文件名”文本框中输入 Catcher，设置保存路径为 Assets\Scehes，单击“保存”按钮，如图 5-60 所示。读者可在随书资源中/第 5 章目录下找到本示例的项目资源文件。

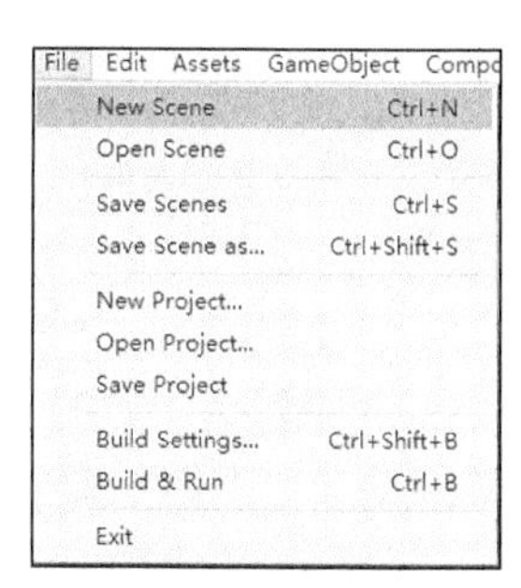


▲图 5-59 新建场景

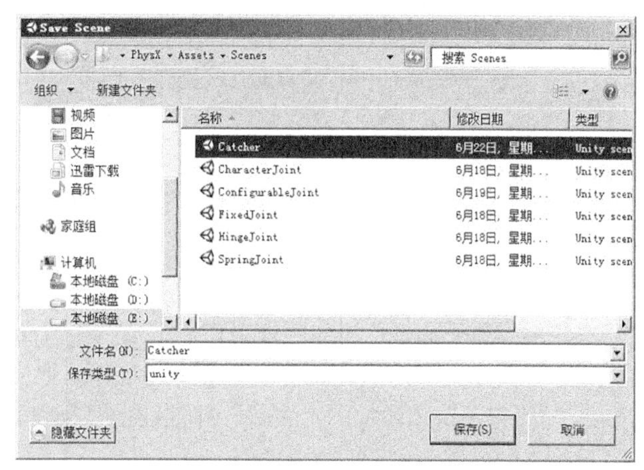


▲图 5-60 保存场景

（2）选择 GameObject→3D Object→Plane，创建 5 个 Plane 对象，然后将其摆列成图 5-61 所示的状态。选中这 5 个 Plane 对象，选择 Component→Physics→Rigidbody，为其添加刚体组件，然后将其进行锁定，如图 5-62 所示。

▲图 5-61 摆放 Plane

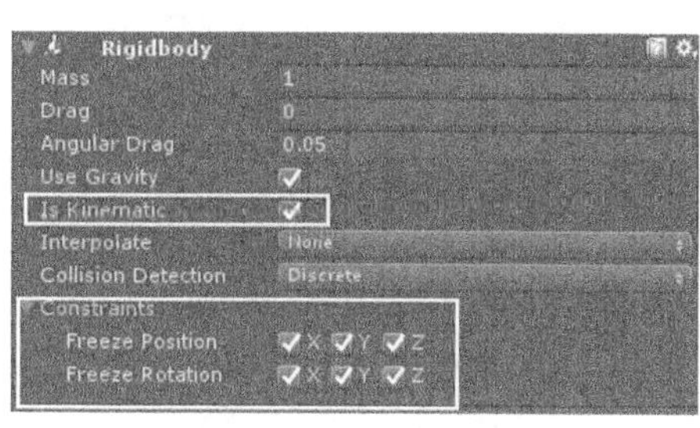


▲图 5-62 锁定刚体组件

（3）创建一些物体用于充当机械手夹取的对象，如图 5-63 所示，并为其添加适当的纹理图。其中有一些较为复杂的几何体模型文件位于随书资源中/第 5 章/Assets/Models 目录下，如图 5-64 所示，读者若有需要可自行提取使用。

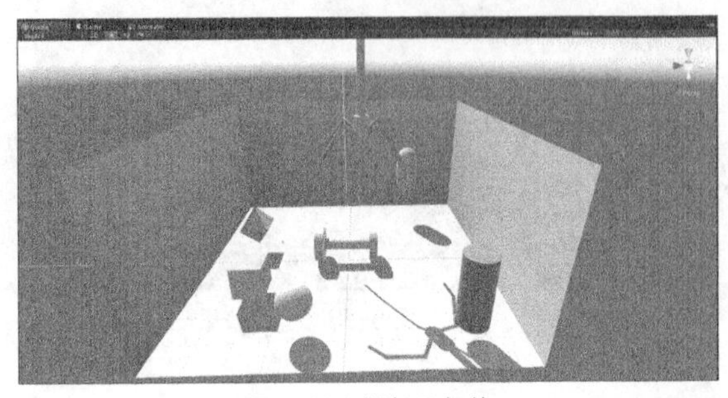

▲图 5-63　添加几何体

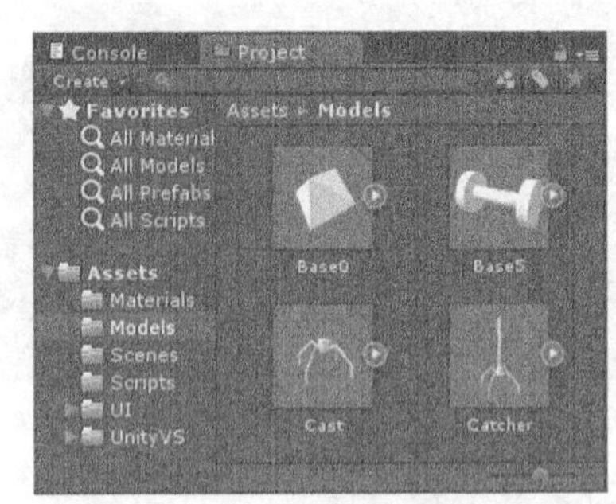


▲图 5-64　Models 目录

（4）将 Models 文件夹中的 Catcher 文件拖曳到场景中，并给予适当的贴图，如图 5-65 所示。将 Catcher 对象进行重新整理，使其分为 Line 和 MainCatcher 两部分，分别充当绳子和爪子，如图 5-66 所示。读者可适当参考随书资源中的项目进行整理。

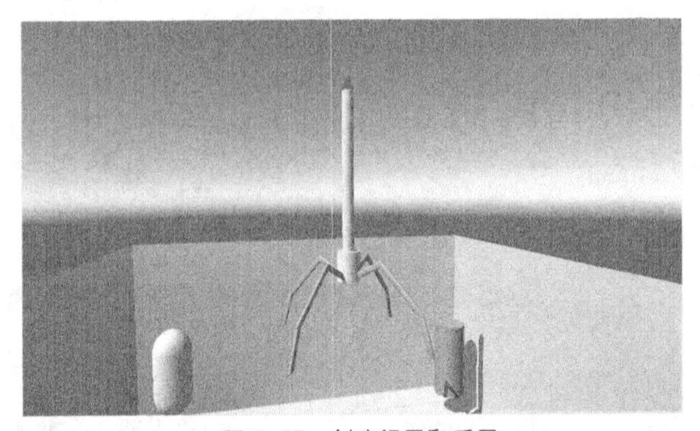

▲图 5-65　创建绳子和爪子

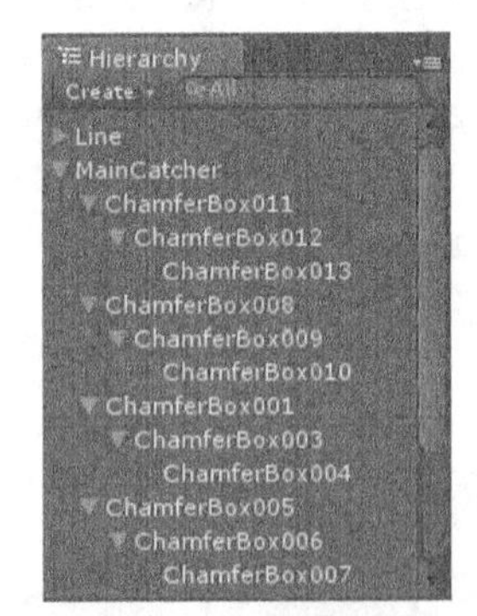


▲图 5-66　整理目录

（5）先分别为绳子和爪子添加刚体组件，然后选中 Line 对象，选择 Component→Physics→Spring Joint，为其添加一个弹簧关节，并把连接目标设置为 Line 的第一个子对象，如图 5-67 所示。为 Line 的所有子对象添加固定关节，并把连接目标设置为下一个子对象，如图 5-68 所示。

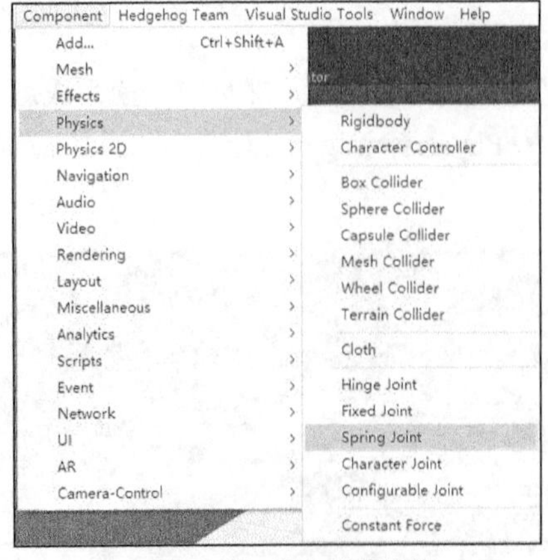


▲图 5-67　添加弹簧关节

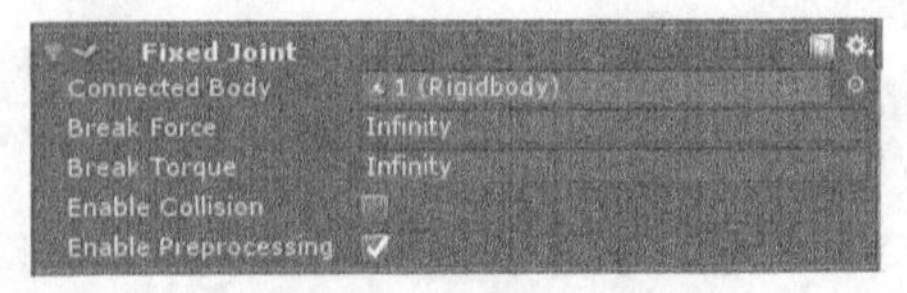


▲图 5-68　添加固定关节

（6）在资源列表中右击，在弹出的快捷菜单中选择 Create→Folder，创建一个文件夹，并将其命名为 Scripts。然后再右击，在弹出的快捷菜单中选择 Create→C# Script，创建 C#脚本，并将其命名为 JointControl.cs，该脚本的具体代码如下。

代码位置：随书资源中源代码\第 5 章目录下的 PhysX\Assets\Scripts\JointControl.cs

```
1   using UnityEngine;
2   ……//此处省略了部分代码，其余代码请参考随书资源
3   using UnityEngine.EventSystems;
4   public class JointControl : MonoBehaviour {
5     public Transform[] claws0;                            //爪子一级支节
6     public Transform[] claws1;                            //爪子二级支节
7     public Transform[] claws2;                            //爪子三级支节
8     private float angle;                                  //爪子打开或合拢的角度
9     private float offset;                                 //角度步长
10    public Transform Line;                                //绳子对象
11    private Vector3 offsetPosition;                       //绳子移动步长
12    private Vector3 rotateAxis;                           //绳子旋转轴
13    private bool isMove;                                  //绳子移动标志位
14    private bool isRota;                                  //绳子旋转标志位
15    void Start () {
16      InitUI();                                           //初始化 UI，进行屏幕自适应
17      angle = 0;                                          //默认爪子为开启
18    }
19    void Update () {
20      if (angle + offset >= 0 && angle + offset < 20) {   //爪子可进行操作
21        for (int i = 0; i < 4; i++) {                     //进行开启或合拢
22          claws0[i].Rotate(Vector3.left, offset * 2.5f, Space.Self);
                                                            //三级支节分别进行开启或合拢
23          claws1[i].Rotate(Vector3.left, offset * 0.2f, Space.Self);
24          claws2[i].Rotate(Vector3.left, offset * 1.8f, Space.Self);
25        }
26        angle += offset; }                                //自加操作阈值
27      if (isMove) {                                       //移动绳子
28        Line.position=Vector3.Lerp(Line.position,Line.position+offsetPosition*1.
          2f,Time.deltaTime*1.2f); }
29      if (isRota) {                                       //旋转绳子
30        Line.Rotate(rotateAxis, 5);                       //按照给定的旋转轴进行旋转
31  }}}
```

- 第 1～14 行进行相应包的导入和相关参数的初始化。爪子拆解后存放于数组内，以便对其进行操纵。程序设定标志位，用于监听爪子的操作。
- 第 15～18 行实现 Start 方法的重写，主要进行程序界面 UI 按钮的初始化，使其能在不同分辨率的屏幕下正常运行。同时，设定 angle 的值，当 angle 的值为最小值时，爪子为打开状态；当该值为最大值时，爪子则为合拢状态。
- 第 19～31 行进行 Update 方法的重写。该方法实现了爪子打开合拢功能、移动绳子、旋转绳子等功能。当进行爪子的操作时，将各个支节进行旋转，使其达到想要的效果。当移动或旋转标志位被修改时，则对绳子对象进行操作，这么做可使其运行较为平滑。

（7）下面进行 JointControl.cs 中与界面 UI 按钮相关函数的讲解，包括“操控”按钮回调方法、“移动”按钮回调方法、“旋转”按钮回调方法等，其具体代码如下。

代码位置：随书资源中源代码\第 5 章目录下的 PhysX\Assets\Scripts\JointControl.cs

```
1   public void ControlCatcher(int i) {                     //开启或合拢爪子监听方法
2     offset = i == 1 ? -0.2f : 0.2f;
3   }
4   public void MoveCatcher(int i) {                        //移动绳子监听方法
5     Vector3[] poses = new Vector3[6] {Vector3.forward, Vector3.back, Vector3.left,
      Vector3.right,
6       Vector3.up, Vector3.down};                          //移动方向集合
7     offsetPosition = poses[i];                            //设定移动方向
8     isMove = true; }                                      //进行移动操作
```

```
9   public void RotateCatcher(int i) {                          //旋转绳子监听方法
10    Vector3[] rotas = new Vector3[2] { Vector3.forward, Vector3.back };
                                                                 //旋转轴集合
11    rotateAxis = rotas[i];                                     //设定旋转轴
12    isRota = true;    }                                        //进行旋转操作
13  public void MoveButtonUp() {                                  //按钮抬起监听方法
14    isMove = false;                                            //停止移动操作
15    isRota = false; }                                          //停止旋转操作
```

- 第 1～3 行实现操控爪子的监听方法。合拢或开启爪子会对参数 *i* 赋予不同的值，程序根据 *i* 的值设定爪子的变化角度 offset 的值，该值为正时爪子进行合拢操作，否则为打开操作。爪子的合拢和开启功能在 Update 方法中进行实现。
- 第 4～15 行实现移动和旋转绳子的监听方法。笔者将关键参数储存在数组中，不同的操作将传入不同的索引下标，在获得了某个索引下标之后，便进行相对应的操作。旋转和移动操作的功能在 Update 方法中进行实现。当按钮抬起时，将标志位置反，以结束这些操作。

（8）选择 GameObject→UI→Button，分别创建 Close、Open、Forward、Back、Left、Right、TurnL、TurnR、Up、Down 等按钮，并删除其 Text 子对象，如图 5-69 所示。为这几个按钮添加对应的纹理图，并将其合理摆放，如图 5-70 所示。

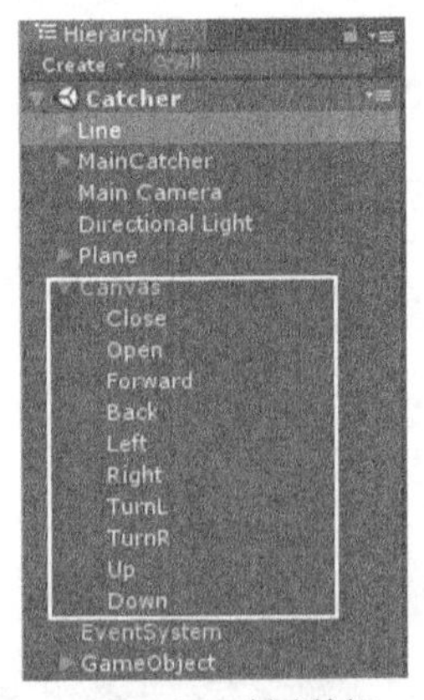


▲图 5-69　创建按钮

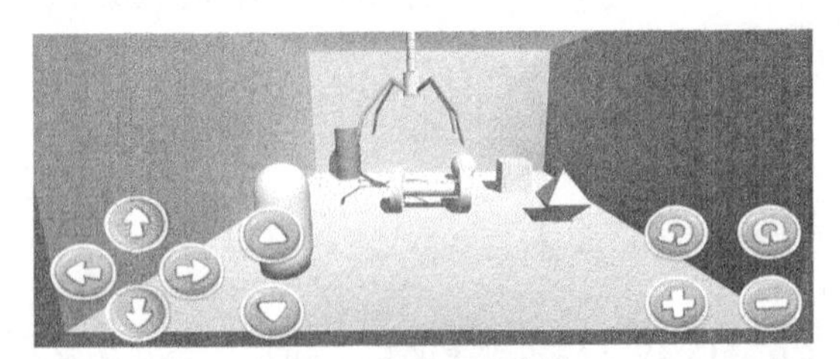

▲图 5-70　摆放按钮

（9）选中前面创建好的按钮，在属性面板中右击 Button 组件，在弹出的快捷菜单中选择 Remove Component，将其按钮组件删除，如图 5-71 所示。然后将随书资源中源代码/第 5 章/PhysX/Assets/Scripts 目录下的 MyButton.cs 脚本拖曳给这几个按钮，如图 5-72 所示。

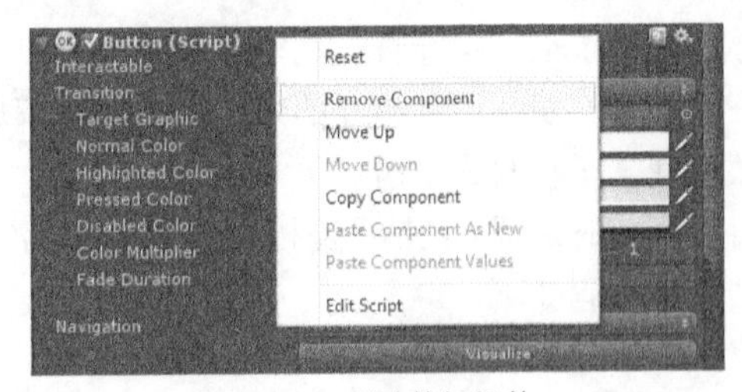


▲图 5-71　删除按钮组件

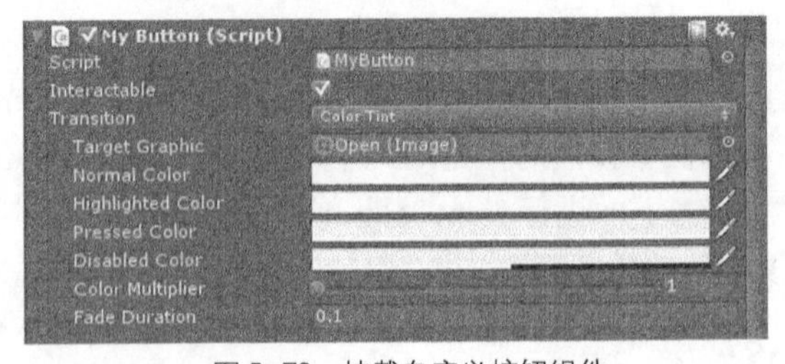


▲图 5-72　挂载自定义按钮组件

**说明**

由于在 Unity 3D 提供的 UI 系统中，按钮只有单击回调方法，没有按下和抬起的回调方法，为此，笔者开发了一个具备多种回调方法的自定义按钮组件，以配合本示例的开发。由于该组件所涉及的知识超出了本章的内容，在此便不再赘述，感兴趣的读者可以参考随书资源进行学习。

（10）选中 Forward、Back、Left、Right、Up、Down 按钮，为其添加 JointControl 脚本中的 MoveCatcher 方法作为按下回调方法，如图 5-73 所示。选中 TurnL 和 TurnR 按钮，为其添加 JointControl 脚本中的 RotateCather 方法作为按下回调方法，如图 5-74 所示。

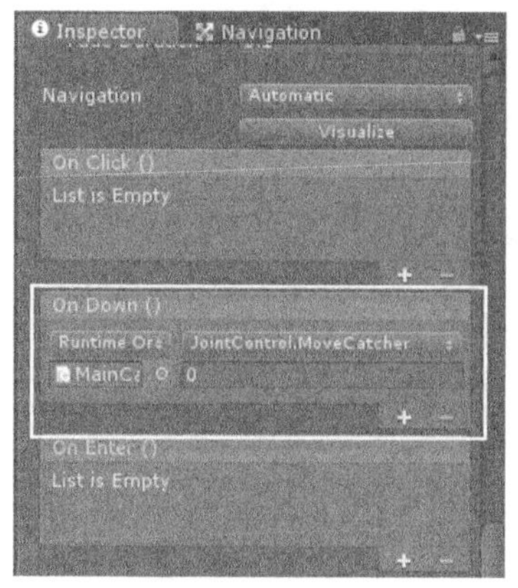

▲图 5-73　按下回调方法（移动）

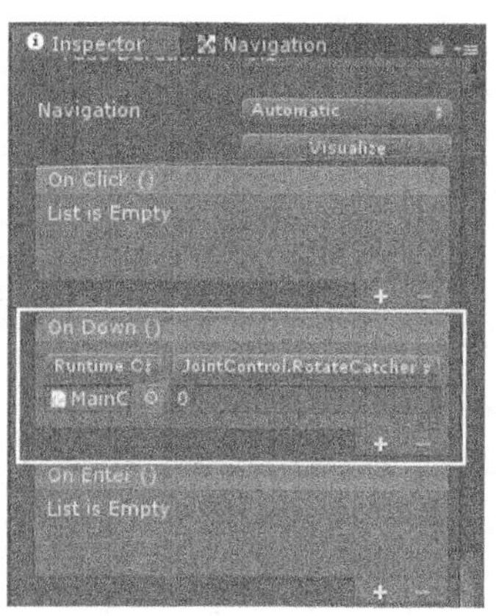

▲图 5-74　按下回调方法（旋转）

（11）分别选中 Open 和 Close 按钮，为其添加 JointControl 脚本中的 ControlCatcher 方法作为按下回调方法，如图 5-75 所示。选中除 Open 和 Close 以外的所有按钮，为其添加 JointControl 脚本中的 MoveButtonUp 方法作为抬起回调方法，如图 5-76 所示。

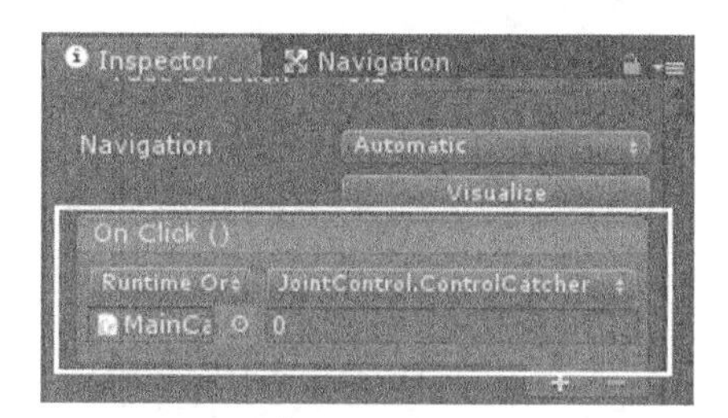

▲图 5-75　按下回调方法（操纵爪子）

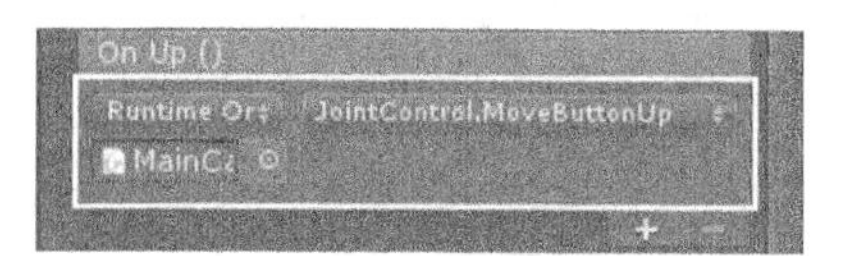

▲图 5-76　按钮抬起回调方法

**说明**　部分在按钮上挂载的方法保留了一个 int 类型的参数，该值的实际意义为关键参数数组的索引下标，该值的大小可参照按钮意义和 JointControl 内相关数组的值进行设置。

（12）到现在为此，示例已开发完毕，运行示例查看运行效果。单击前、后、左、右按钮可以调整机械手的位置，单击上、下按钮可以调整机械手的高度，如图 5-77 所示。该机械手可以进行物体的夹取，并携带着被夹取对象移动，其效果如图 5-78 所示。

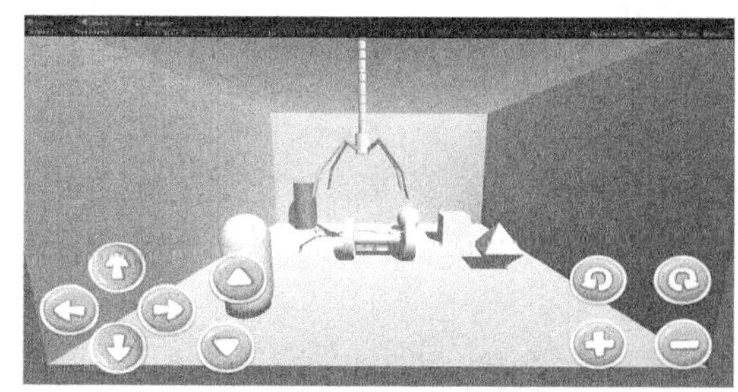
▲图 5-77　运行效果

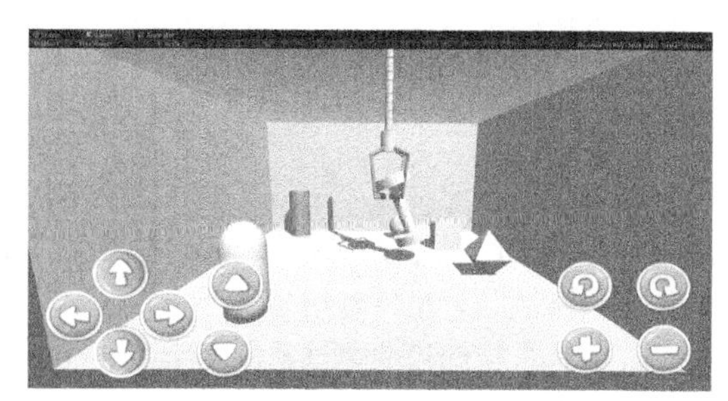
▲图 5-78　夹取物体

（13）本示例可导出 APK 安装包在 Android 手机端运行。选择 File→Build Settings→Player Settings,修改 Bundle Identifier 为自定义参数，如图 5-79 所示。将手机与计算机正确连接之后，读者可单击 Build And Run 按钮将其导出并安装在手机端中，如图 5-80 所示。

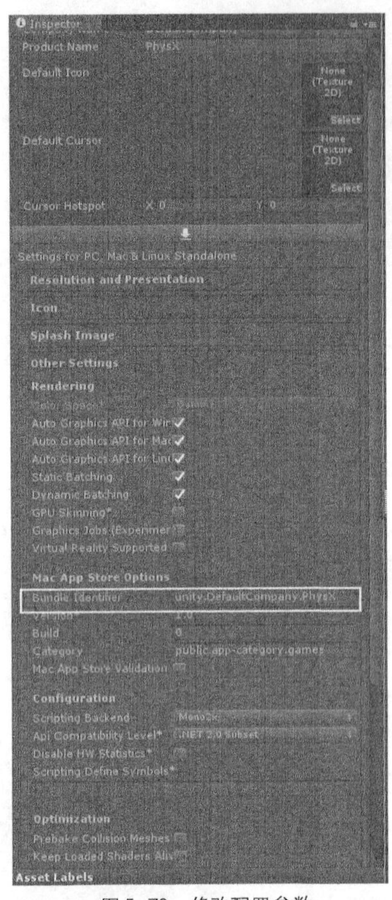


▲图 5-79　修改配置参数

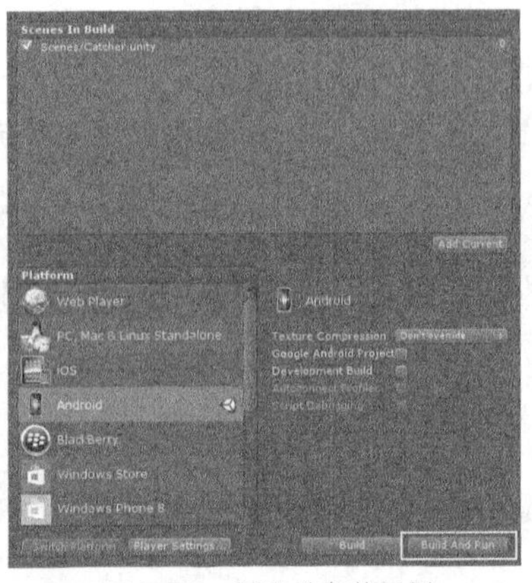


▲图 5-80　导出并安装示例

# 5.4 交通工具

前面介绍了 Unity 开发平台下部分物理引擎的内容，Unity 内置的完善度较高的物理引擎使得开发人员模拟现实变得更加简单。本节将介绍物理引擎中的交通工具类型运动，同时将会通过一个小示例向读者进行更加详细的介绍。

读者也许对汽车的行驶原理有一定的了解，在 Unity 中通过车轮碰撞器（Wheel Collider）这一概念来控制车轮运动，以实现车轮带动汽车行驶的效果。

## 5.4.1　车轮碰撞器的添加

车轮碰撞器的添加方法与其他碰撞器的添加方法有所区别，车轮碰撞器一般不直接添加到车轮游戏对象上，而是添加到交通工具游戏对象的子对象目录中新建的空对象上，然后将此空对象的位置调整到与车轮位置相同。

选中为车轮创建的空对象，选择 Component→Physics→Wheel Collider，如图 5-81 所示。添加完毕后可以在该对象的属性面板中查看车轮碰撞器的属性，如图 5-82 所示。

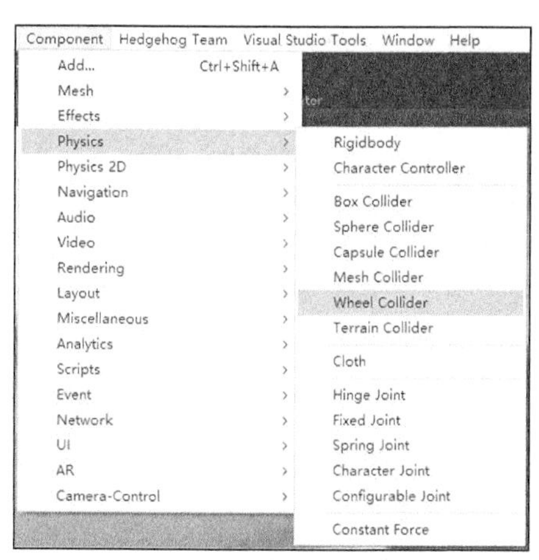


▲图 5-81 添加车轮碰撞器

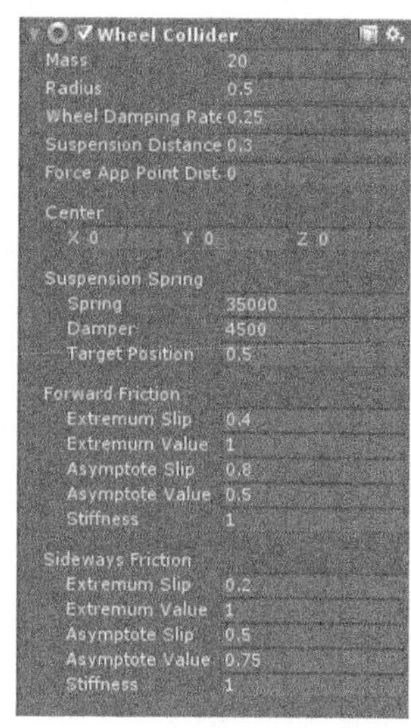


▲图 5-82 车轮碰撞器属性面板

### 5.4.2 车轮碰撞器的特性

车轮碰撞器是一种针对车轮的特殊碰撞器，在车轮碰撞器的属性面板中可以看到它具有多个可调属性。合理地调整这些属性可以使车轮碰撞器控制的交通工具成功地模拟现实中的交通工具，同时调整这些交通工具自身的性能。车轮碰撞器的属性如表 5-9 所示。

表 5-9 车轮碰撞器的属性

| 属性 | 含义 |
|---|---|
| Mass | 车轮的重力 |
| Radius | 车轮的半径 |
| Wheel Damping Rate | 车轮旋转阻尼 |
| Suspension Distance | 悬挂高度，可提高车辆稳定性，不小于 0 且方向垂直向下 |
| Force App Point Distance | 悬挂力应用点 |
| Center | 基于模型坐标系的车轮碰撞器的中心点 |
| Spring(Suspension Spring) | 达到目标中心的弹力，值越大到达中心越快（悬挂弹簧参数） |
| Damper(Suspension Spring) | 悬浮速度的阻尼，值越大车轮归位所消耗的时间越长 |
| Target Position(Suspension Spring) | 悬挂中心 |
| Extremum Slip(Forward Friction) | 前向摩擦曲线滑动极值（车轮前向摩擦力） |
| Extremum Point(Forward Friction) | 前向摩擦曲线的极值点 |
| Asymptote Slip(Forward Friction) | 前向渐近线的滑动值 |
| Asymptote Point(Forward Friction) | 前向曲线的渐近线点 |
| Stiffness(Forward Friction) | 刚度，控制前向摩擦曲线的倍数 |
| Extremum Slip(Sideways Friction) | 侧向摩擦曲线滑动极值（车轮侧向摩擦力） |
| Extremum Point(Sideways Friction) | 侧向摩擦曲线的极值点 |
| Asymptote Slip(Sideways Friction) | 侧向渐近线的滑动值 |
| Asymptote Point(Sideways Friction) | 侧向曲线的渐近线点 |
| Stiffness(Sideways Friction) | 刚度，控制侧向摩擦曲线的倍数 |

### 5.4.3　车轮碰撞器的应用

5.4.2 节介绍了车轮碰撞器（Wheel Collider）的各个属性，本小节将通过一个模拟现实中车辆行驶的示例向读者进一步介绍车轮碰撞器及它的使用方法。

**1. 示例效果与基本原理**

在开始介绍示例的开发过程之前，先介绍本示例的效果和基本原理。

本示例的效果是能够使用“虚拟摇杆”按钮控制车辆在平直路面或者凹凸不平的道路上前行、后退、转弯等，同时车辆能够与路面上的障碍发生碰撞，并根据被撞物体的不同出现不同的碰撞效果，运行效果如图 5-83 和图 5-84 所示。

▲图 5-83　运行效果 1

▲图 5-84　运行效果 2

从示例中可以看出，通过控制虚拟摇杆控制车辆行驶，车辆会与场景中的木箱或者油桶发生碰撞，并且产生不同的碰撞效果。示例中天空和地形技术在这里不再介绍，车辆行驶通过添加车轮碰撞器，同时编写控制脚本完成车辆的控制和行驶功能。

**2. 场景搭建及开发步骤**

前面介绍了本示例的运行效果及车辆行驶的基本原理，接下来将对本示例中场景的搭建过程和具体功能的开发步骤进行详细的介绍。

（1）新建项目并且保存场景。打开 Unity，在“Project name*”文本框中输入项目名称 Car，在“Location*”处选择项目路径。项目创建完毕后，选择 File→Save Scenes 或者按 Ctrl+S 快捷键保存场景，将场景命名为 CarDemo，如图 5-85 和图 5-86 所示。

▲图 5-85　新建项目

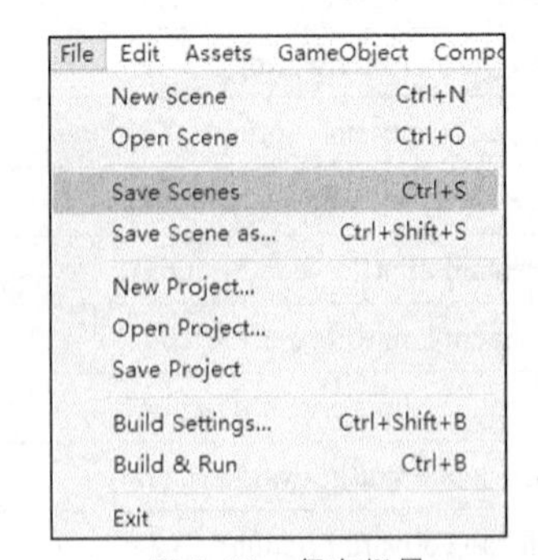


▲图 5-86　保存场景

（2）导入资源。将准备好的赛车模型 F1.Fbx 和油桶模型 OilTank.Fbx 及其对应的贴图文件导入项目文件夹中（列表游戏对象中的木箱游戏对象是 Unity 内置的 Cube 对象），同时将准备好的 EasyTouch 插件资源导入项目文件夹中，如图 5-87 和图 5-88 所示。

（3）搭建场景。完成场景搭建的相关工作，包括模型位置的摆放、灯光的创建及地形的设定等，这些步骤前面已有详细介绍，这里不再赘述。

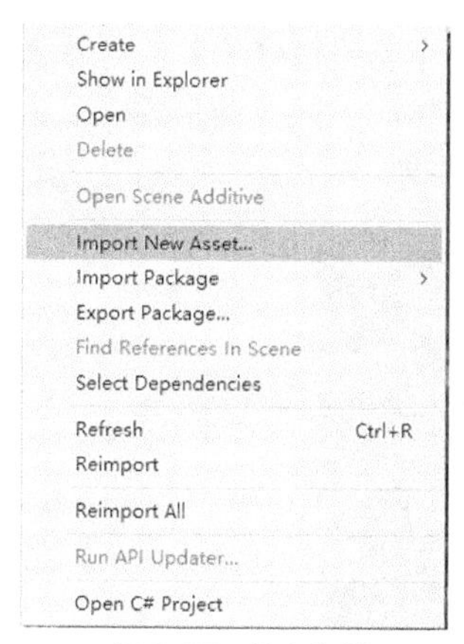


▲图 5-87　导入资源

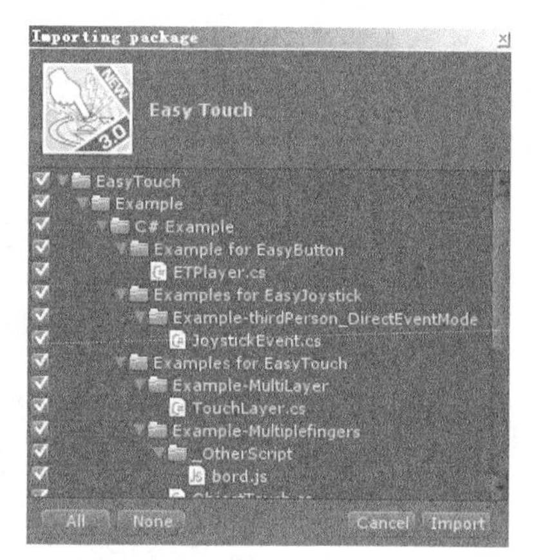


▲图 5-88　导入 EasyTouch 插件

（4）对赛车模型进行相关操作。首先选中赛车模型对象，选择 Component→Physics→Rigidbody，为赛车添加刚体组件。在赛车游戏对象 F1 的子对象目录下创建一个空对象，重置该空对象的 Transform 属性，并将其命名为 Wheel。将赛车模型的 4 个车轮对象添加到 Wheel 子对象目录下，如图 5-89 和图 5-90 所示。

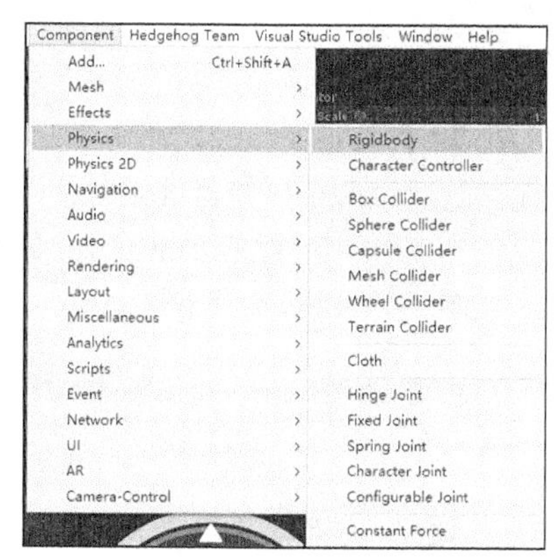


▲图 5-89　添加刚体组件

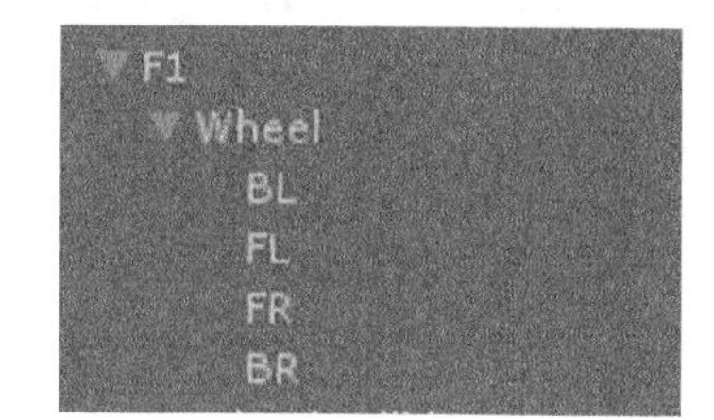


▲图 5-90　F1 子目录 1

（5）按照同样的步骤在 F1 下创建一个名为 Wheel Collider 的子对象，Wheel Collider 子对象目录下包含 BLCollider、BRCollider、FLCollider、FRCollider 4 个空对象，为这 4 个空对象添加车轮碰撞器，添加步骤为选择 Component→Physics→Wheel Collider，如图 5-91 和图 5-92 所示。

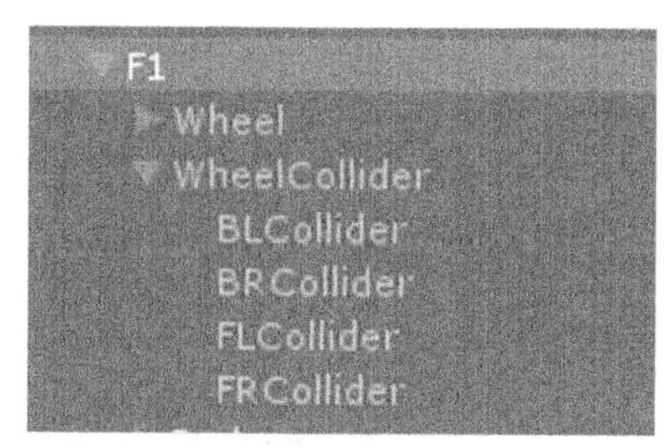


▲图 5-91　F1 子目录 2

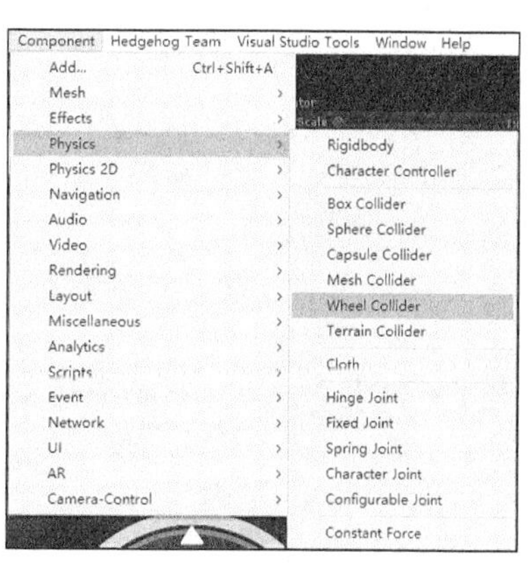


▲图 5-92　添加车轮碰撞器

（6）调整车轮碰撞器。调整车轮碰撞器的位置只需调整车轮碰撞器挂载的空对象即可，将这 4 个车轮碰撞器的位置调整到和赛车模型中对应车轮的位置相同，同时调整各个车轮碰撞器的属性，使赛车模型不再颤抖，如图 5-93 所示。

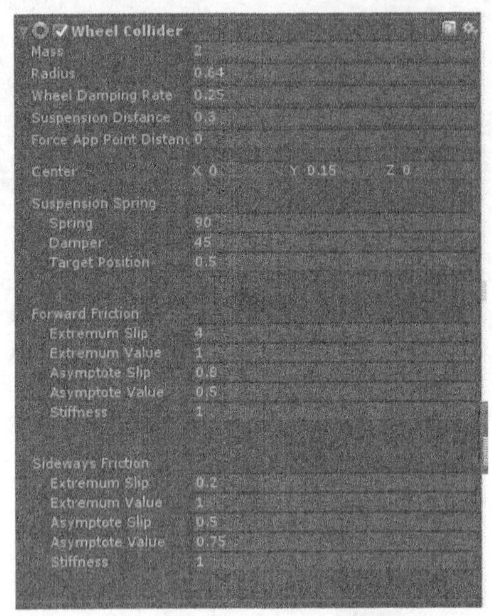


▲图 5-93　调整车轮碰撞器属性

（7）给赛车的车身添加碰撞器。本示例中车身的碰撞器是通过盒子碰撞器的组合使用来实现的，具体步骤为在赛车游戏对象中添加名为 BodyCollider 的空对象，重置其 Transform 属性，在其子对象目录中添加 6 个空对象并依次添加盒子碰撞器，如图 5-94 和图 5-95 所示。

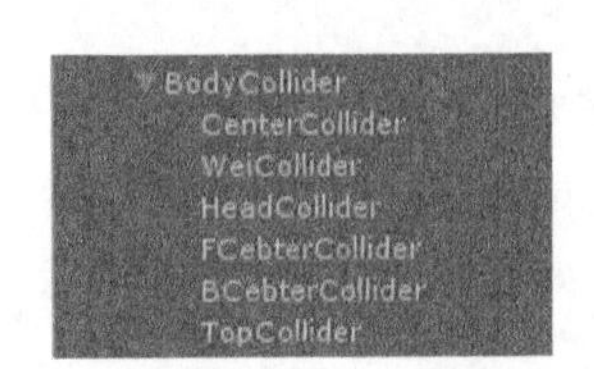


▲图 5-94　添加 BodyCollider 空对象

▲图 5-95　车身碰撞体最终效果

（8）添加“虚拟摇杆”按钮。选择 Hedgehog Team→EasyTouch→Extensions→Adding joystick，向游戏对象目录中添加“虚拟摇杆”按钮。

（9）创建赛车控制脚本。创建一个 C#脚本，将其命名为 Car.cs，该脚本的主要作用是使用虚拟摇杆控制赛车的行驶，包括前行、后退和转弯等，双击打开脚本后开始编写，具体代码如下。

代码位置：随书资源中源代码\第 5 章目录下的 PhysX\Assets\Scripts\Move.cs

```
1   using UnityEngine;
2   using System.Collections                          //导入系统包
3   public class Car : MonoBehaviour {                //声明类名
4       public WheelCollider FLCollider;              //声明车前左侧车轮碰撞器
5       public WheelCollider FRCollider;              //声明车前右侧车轮碰撞器
```

```
6       public EasyJoystick myJoystick;                         //声明虚拟摇杆
7       public float maxTorque = 500;                           //初始化最大力矩
8       public float maxAngle = 20;                             //初始化最大旋转角
9       void Start () {
10          GetComponent<Rigidbody>().centerOfMass = new Vector3(0, -0.8f, 0); }
                                                                //赛车刚体重心
11      void FixedUpdate () {
12          FLCollider.motorTorque = maxTorque * myJoystick.JoystickTouch.y;
                                                                //控制力矩
13          FLCollider.steerAngle = maxAngle * myJoystick.JoystickTouch.x;
                                                                //控制旋转角
14          FRCollider.motorTorque = maxTorque * myJoystick.JoystickTouch.y;
                                                                //控制力矩
15          FRCollider.steerAngle = maxAngle * myJoystick.JoystickTouch.x;
                                                                //控制旋转角
16      }}
```

（10）编写完毕后，将脚本 Car.cs 挂载到示例中的赛车对象 F1 上，挂载完毕后将对应的游戏对象拖曳到脚本组件界面中，拖曳完毕后的脚本组件界面如图 5-96 所示。

（11）创建赛车车轮旋转控制脚本。创建一个 C#脚本，将其命名为 Wheel.cs，该脚本的主要作用是根据车轮碰撞器在行驶过程中和转弯过程中发生的旋转，使车轮游戏对象与车轮碰撞器同步。双击打开脚本后开始编写，具体代码如下。

代码位置：随书资源中源代码\第 5 章目录下的 PhysX\Assets\Scripts\Move.cs

```
1   using UnityEngine;
2   using System.Collections;                                   //导入系统包
3   public class Wheel : MonoBehaviour {                        //声明类名
4       public WheelCollider CPCollider;                        //声明对应的车轮碰撞器
5       public float CirValue=0;                                //声明车轮滚动角
6       void Update () {
7           transform.rotation = CPCollider.transform.rotation*
8         Quaternion.Euler(CirValue,CPCollider.steerAngle,0);        //旋转车轮
9           CirValue += CPCollider.rpm * 360 / 60 * Time.deltaTime;  //计算车轮滚动角
10      }}
```

（12）编写完毕后将脚本 Wheel.cs 依次挂载到示例中赛车对象 F1 子对象目录中的 FL、FR、BL、BR 上，挂载完毕后将对应的游戏对象拖曳到脚本组件界面中。由于对该赛车对象采用的是前驱运动，为了防止前轮打滑现象，在示例中使赛车前轮跟随后轮的车轮碰撞器进行滑动，如图 5-97 所示。

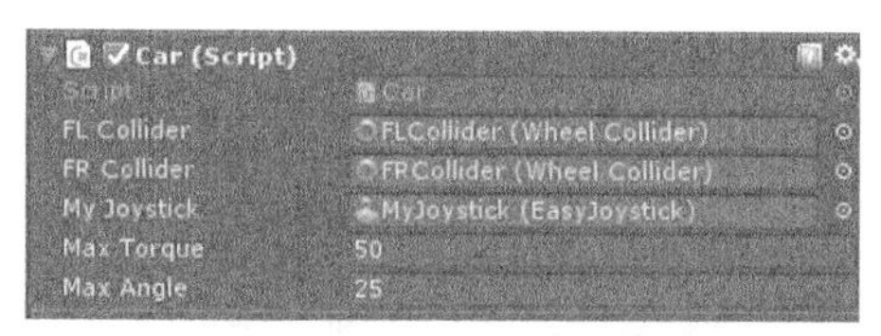


▲图 5-96 Car.cs 组件界面

▲图 5-97 Wheel.cs 组件界面

（13）添加摄像机跟随脚本。创建一个 C#脚本，将其命名为 SmoothFollow.cs，该脚本的主要作用是使摄像机按照一定的距离和高度跟随赛车游戏对象 F1 同步运动。双击打开脚本开始编写，具体代码如下。

代码位置：随书资源中源代码\第 5 章目录下的 PhysX\Assets\Scripts\SmoothFollow.cs

```
1   using UnityEngine;
2   using System.Collections;                                   //导入系统包
3   public class SmoothFollow : MonoBehaviour {                 //声明类名
4       public float distance = 10.0f;                          //声明跟随距离
5       public float height = 5.0f;                             //声明跟随高度
6       public float heightDamping = 2.0f;                      //声明高度阻尼
7       public float rotationDamping = 3.0f;                    //声明角度阻尼
```

```
8       public float offsetHeight = 1.0f;                    //声明高度偏移量
9       Transform selfTransform;
10      public Transform Target;                             //声明对象
11      [AddComponentMenu("Camera-Control/Smooth Follow")]   //在功能列表中添加功能选项
12     void Start () {
13         selfTransform = GetComponent<Transform>();}       //初始化游戏对象
14     void LateUpdate () {
15         if (!Target)                                      //跟随对象
16             return;
17         float wantedRotationAngle =Target.eulerAngles.y;              //预设角度
18         float wantedHeight = Target.position.y + height;              //预设高度
19         float currentRotationAngle = selfTransform.eulerAngles.y;     //当前角度
20         float currentHeight = selfTransform.position.y;               //当前高度
21         currentRotationAngle = Mathf.LerpAngle(currentRotationAngle,
22       wantedRotationAngle, rotationDamping * Time.deltaTime);   //角度渐变至预设角度
23         currentHeight = Mathf.Lerp(currentHeight, wantedHeight,
24       heightDamping * Time.deltaTime);                          //高度渐变至预设高度
25         Quaternion currentRotation = Quaternion.Euler(0, currentRotationAngle, 0
);
26         selfTransform.position = Target.position;                 //位置调整
27         selfTransform.position -= currentRotation * Vector3.forward * distance;
28         Vector3 currentPosition = transform.position;
29         currentPosition.y = currentHeight;                        //设置摄像机高度
30         selfTransform.position = currentPosition;                 //设置当前位置
31         selfTransform.LookAt(Target.position
32       + new Vector3(0, offsetHeight, 0));                         //设置摄像机正对中心
33     }}
```

❑ 第 1～11 行导入系统包、声明类名和声明脚本中用到的变量。第 11 行可以实现在场景布局中的 Component 选项下的列表中添加快捷键功能，用户可以在列表中单击 Component 中添加的快捷键给对象添加此脚本。

❑ 第 12～33 行重写脚本中的 Start 和 Update 方法。通过重写这两个方法设置摄像机的跟随对象，同时利用声明的共有变量来调节摄像机与跟随物体的高度、角度、旋转阻尼、位移阻尼及摄像机的位置，使摄像机能够按设置跟随物体。

（14）编写完毕后将该脚本挂载到主摄像机游戏对象上，在该脚本的属性界面中将各个属性调整到合适值，同时将赛车游戏对象 F1 拖曳到 Target 属性中，修改后的属性界面如图 5-98 所示。

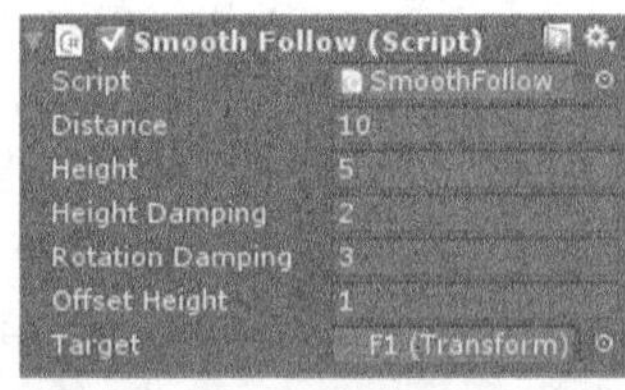

▲图 5-98 SmoothFollow.cs 属性界面

（15）创建两个物理材质，依次将其命名为 Wood 和 Metal，它们分别是木箱游戏对象和油桶游戏对象的物理材质。创建步骤前文已有讲述，在这里不再赘述。调整其属性界面，如图 5-99 和图 5-100 所示。

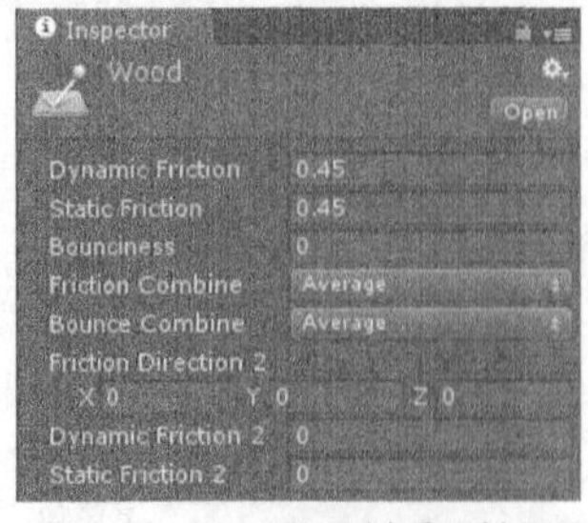

▲图 5-99 Wood 物理材质属性界面

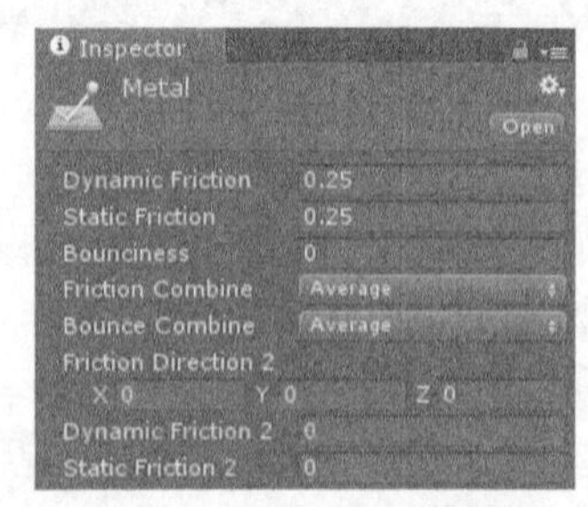

▲图 5-100 Metal 物理材质属性界面

（16）物理材质创建完毕后，将这两个物理材质分别附加到木箱和两个油桶游戏对象上，同时为其添加刚体组件，达到真实的碰撞效果，如图 5-101 和图 5-102 所示。

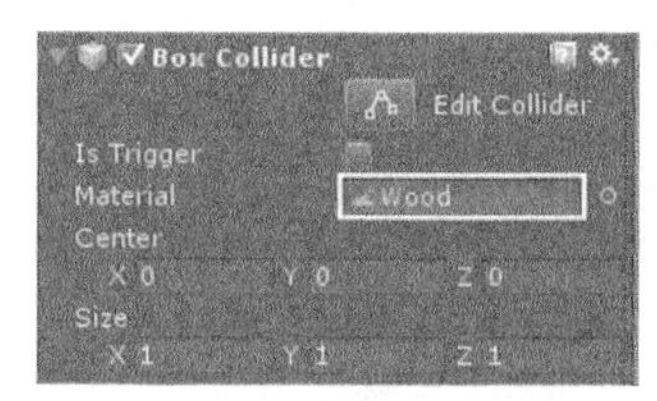


▲图 5-101 木箱附加 Wood 物理材质

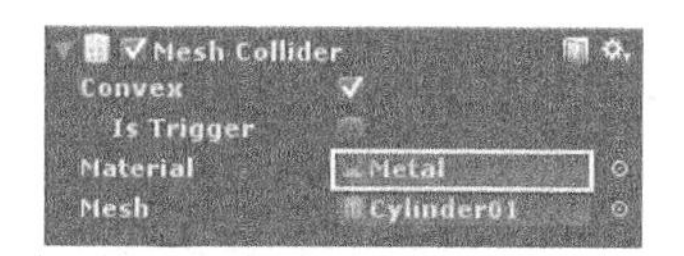


▲图 5-102 油桶附加 Metal 物理材质

## 5.5 布料

本节主要向读者介绍布料（Cloth）的相关知识。在 Unigy 5.0 及之后的版本中，为提高布料的物理模拟效率，Unity 3D 废弃了之前的 Interactive Cloth 和 Cloth Renderer 组件，转而使用 Cloth 和 Skinned Mesh Renderer（蒙皮网格）组件代替，以实现布料功能，其所有的参数属性也随之变化。

### 5.5.1 蒙皮网格的特性

在进行布料组件的讲解前，很有必要介绍一下蒙皮网格的特性，该组件的属性如表 5-10 所示。蒙皮网格可以模拟出非常柔软的网格体，不但在布料中充当了非常重要的角色，同时还支撑了人形角色的蒙皮功能。通过运用该组件，开发人员可以模拟出许多与皮肤类似的效果。

表 5-10 Skinned Mesh Renderer 组件的属性

| 属性 | 含义 |
|---|---|
| Cast Shadows | 投影方式，包括关（Off）、单向（On）、双向（Two Sided）、仅阴影（Shadows Only） |
| Receive Shadows | 是否接受其他对象对自身进行投射阴影 |
| Materials | 为该对象指定的材质 |
| Use Light Probes | 是否使用灯光探头 |
| Reflection Probes | 反射探头模式，包括混合（Blend Probes）、混合及天空盒（Blend Probes And Skybox）、单一（Simple），灯光探头和反射探头的相关知识将在后面章节中进行讲解 |
| Anchor Override | 网格锚点，网格对象将跟随锚点移动并进行物理模拟 |
| Lightmap Parameters | 光照烘焙参数，指定所使用的光照烘焙配置文件 |
| Quality | 影响任意一个顶点的骨头数量，包括自动（Auto）、一/二/三个（1/2/3 Bones） |
| Update When Offscreen | 在屏幕之外的部分是否随帧进行物理模拟计算 |
| Mesh | 该渲染器所指定的网络对象，通过修改该对象可以设置不同形状的网格 |
| Root Bone | 根骨头 |
| Bounds(Center) | 包围盒的中心点坐标，该坐标值基于网格的模型体系，且不可修改 |
| Bounds(Extents) | 包围盒 3 个方向的长度，不可修改。当网格在屏幕之外时，使用包围盒进行计算 |

### 5.5.2 布料的特性

Unity 3D 将布料封装为一个组件。任何一个物体，只要挂载了蒙皮网格和布料组件，就拥有了布料的所有功能，能够模拟出布料的效果。Cloth 组件的属性如表 5-11 所示。该表格中显示了布料组件在属性面板中的所有属性的含义及使用方法。

表 5-11　　Cloth 组件的属性

| 属性 | 含义 |
| --- | --- |
| Stretching Stiffness | 布料的韧度，其值在区间(0,1]之内，表示布料的可拉伸程度 |
| Bending Stiffness | 布料的硬度，其值在区间(0,1]之内，表示布料的可弯曲程度 |
| Use Tethers | 是否对布料进行约束，以防止其出现过度不合理的偏移 |
| Use Gravity | 是否使用重力 |
| Damping | 该布料的运动阻尼系数 |
| External Acceleration | 外部加速度，相当于对布料施加一个常量力，可以模拟随和风扬起的旗帜 |
| Random Acceleration | 随机加速度，相当于对布料施加一个变量力，可以模拟随强风鼓动的旗帜 |
| World Velocity Scale | 世界坐标系下的速度缩放比例，原速度经过缩放后成为实际速度 |
| World Acceleration Scale | 世界坐标系下的加速度缩放比例，原加速度经过缩放后成为实际加速度 |
| Friction | 布料相对于角色的摩擦力 |
| Collision Mass Scale | 粒子碰撞时的质量增量 |
| Use Continuous Collision | 是否使用连续碰撞模式，连续碰撞模式的知识请参考刚体相关内容 |
| Use Virtual Particles | 为每一个三角形附加一个虚拟粒子，以提高其碰撞稳定性 |
| Solver Frequency | 计算频率，即每秒的计算次数，应权衡性能和精度对该值进行设置 |
| Sleep Threshold | 休眠阈值，有关休眠阈值的知识请参考刚体相关内容 |
| Capsule Colliders(Size) | 可与布料产生碰撞的胶囊碰撞器个数，并在下方进行指定 |
| Sphere Colliders(Size) | 可与布料产生碰撞的球碰撞器的个数 |
| First/Second | First 和 Second 两个球碰撞器相互连接组成胶囊碰撞器，通过适当的设置可调整成锥形胶囊体 |

## 5.5.3　布料简单示例

通过前面的学习，读者对布料有了一个简单的认识。本小节主要通过一个简单的示例，向读者讲述如何在 Unity 3D 中创建并使用布料。该示例的开发步骤如下。

（1）新建一个 Scene 场景，并将其命名为 Cloth，保存在 Assets\Scenes 目录下，如图 5-103 所示。创建一个 Plane 对象，将其命名为 Plane，它用来充当地板对象；创建两个 Sphere 对象，将其命名为 Sphere0 和 Sphere1，它们用来充当布料的碰撞体，如图 5-104 所示。

▲图 5-103　保存 Scene 场景

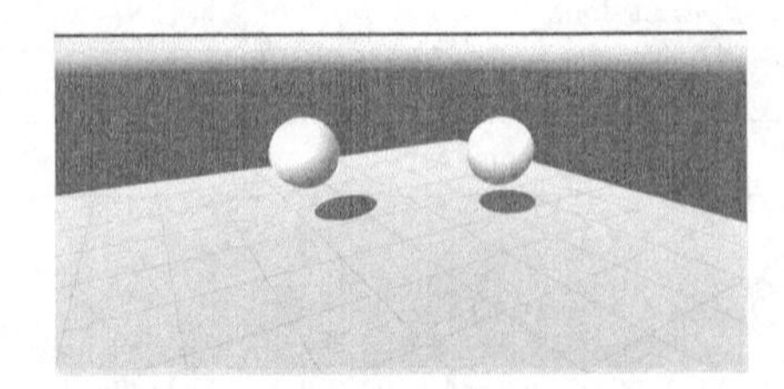

▲图 5-104　创建对象

（2）选择 GameObject→Create Empty，创建一个空对象，并将其命名为 Cloth，如图 5-105 所示。选择 Component→Physics→Cloth，为其添加一个 Cloth 组件，此时 Unity 3D 将同时向该对象挂载 Skinned Mesh Renderer 和 Cloth 组件，如图 5-106 所示。

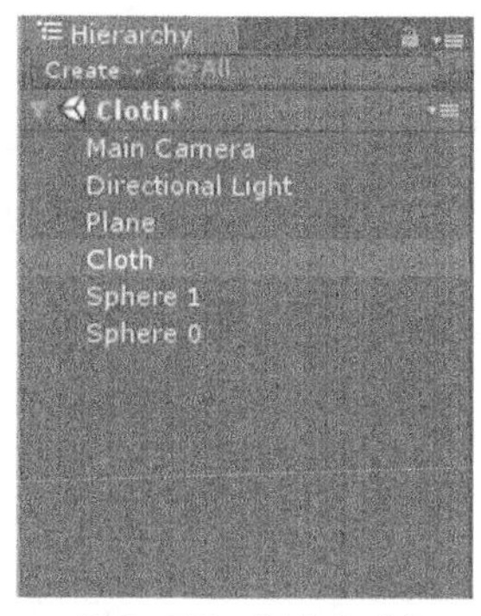


▲图 5-105　创建空对象

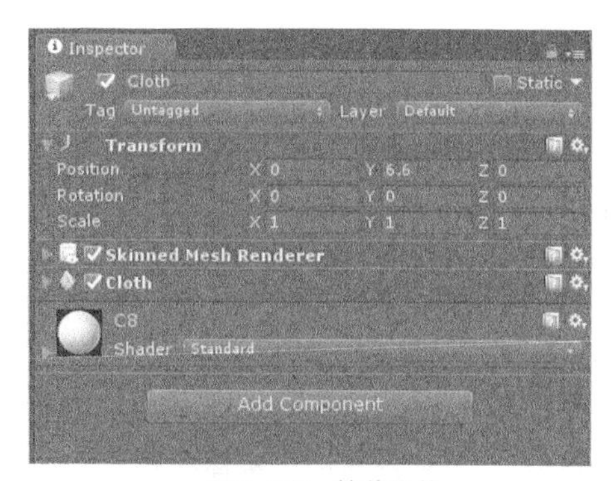


▲图 5-106　挂载组件

（3）设置 Cloth 对象的 Skinned Mesh Renderer 组件上的参数，使其如图 5-107 所示，主要指定了该组件的网格类型为 Plane 和根结点为自身。网格类型可设置为系统自带的网格类型，也可以设置为导入模型的网格样式，从而创建出任意形状的布料。

（4）设置 Cloth 对象的 Cloth 组件上的参数，使其如图 5-108 所示。为使效果明显，将摩擦力调为最大值 1。然后将 Sphere0 和 Sphere1 添加成为该布料的碰撞对象，并连接成胶囊体。

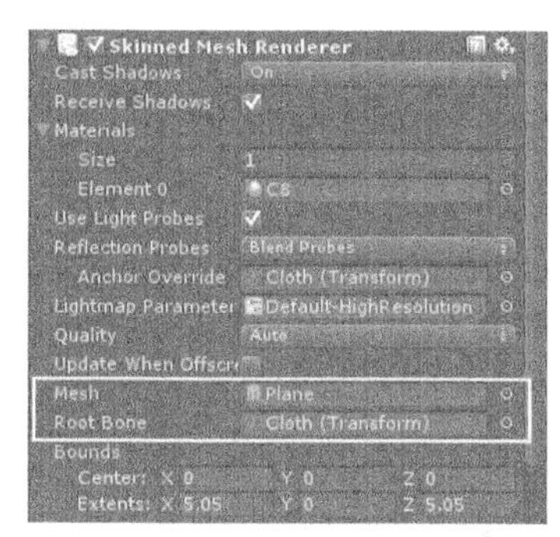


▲图 5-107　Skinned Mesh Renderer 组件

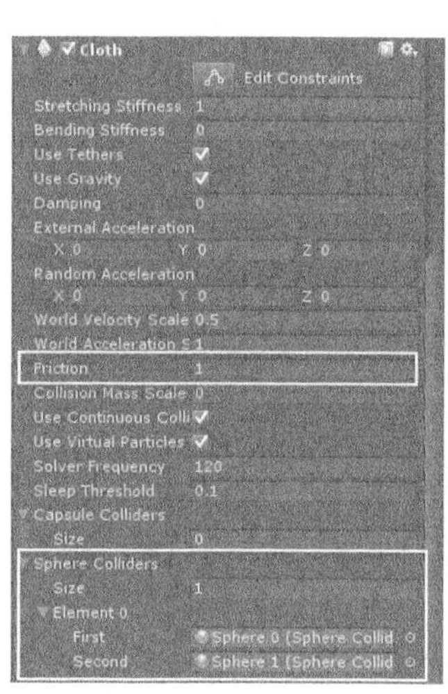


▲图 5-108　Cloth 组件

（5）单击“运行”按钮，如图 5-109 所示，Cloth 对象将向下作自由落体运动，然后挂在平面上的两个球对象上。不难发现，在短暂的停留之后，布料将直接滑落而不是停留在 Plane 对象上，这是因为在 Cloth 组件上仅指定了两个球体作为其碰撞体，而未指定 Plane 对象不与之进行碰撞处理。

▲图 5-109　运行效果

# 5.6 力场

在实际的开发过程中，有时需要给物体施加一个恒定的力或力矩，在过去的版本中，会给其挂载一个用于施力的脚本。如今，Unity 3D 提供了一个更为简便的方法以实现该功能，即通过封装一个组件，在物体周围产生一个恒定的力场，并通过物理模拟使物体平移或旋转。

## 5.6.1 力场的特性

在 Unity 3D 中，通过对一个刚体挂载一个 Constant Force（力场组件），从而对该刚体施加指定方向及大小的力或力矩，也可同时施加力和力矩。在力或力矩的作用下，物体将会进行匀加速平移运动或旋转运动。表 5-12 所示为 Constant Force 的属性。

表 5-12　Constant Force 的属性

| 属性 | 含义 |
|---|---|
| Force | 恒定力，基于世界坐标系，通过一个 Vector3 类型的数值进行表示 |
| Relative Force | 相对恒定力，基于物体自身坐标系，通过一个 Vector3 类型的数值进行表示 |
| Torque | 恒定力矩，基于世界体系，通过一个 Vector3 类型的数值进行表示，可使物体进行匀速旋转 |
| Relative Torque | 相对恒定力矩，基于物体自身体系，通过一个 Vector3 类型的数值进行表示 |

## 5.6.2 力场综合示例

5.6.1 节详细介绍了力场的基础知识，通过使用力场组件，可以模拟出类似磁场这种没有物体间接触的作用力。为了加深读者的理解，熟悉在实际开发过程中力场的用法，本小节将介绍一个有关力场开发过程的示例，其具体开发步骤如下。

（1）新建一个场景，将其命名为“Constant.unity”，并保存在 Assets\Scenes 目录下，如图 5-110 所示。分别创建一个 Sphere 和 Plane 对象，调整其 Position 参数使其摆放合理，Sphere 对象完全在 Plane 对象之上，分别为其添加合适的材质，如图 5-111 所示。

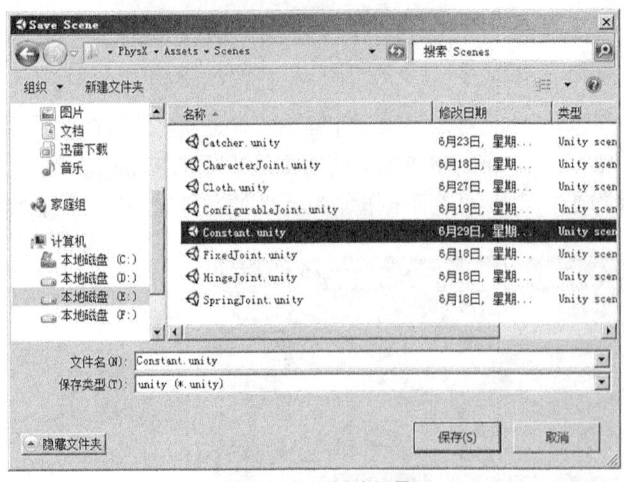


▲图 5-110　新建场景

▲图 5-111　创建对象

（2）选中 Sphere 对象，为其添加刚体组件，选择 Component→Physics→Constant Force，为 Sphere 对象添加一个力场组件，如图 5-112 所示。接着在力场组件面板中为该对象添加一个相对力和一个相对力矩，使 Sphere 对象受到相对力和相对力矩的作用，如图 5-113 所示。

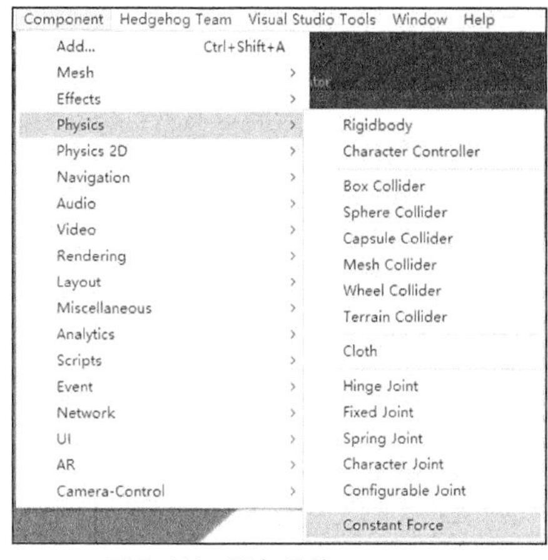


▲图 5-112　添加组件

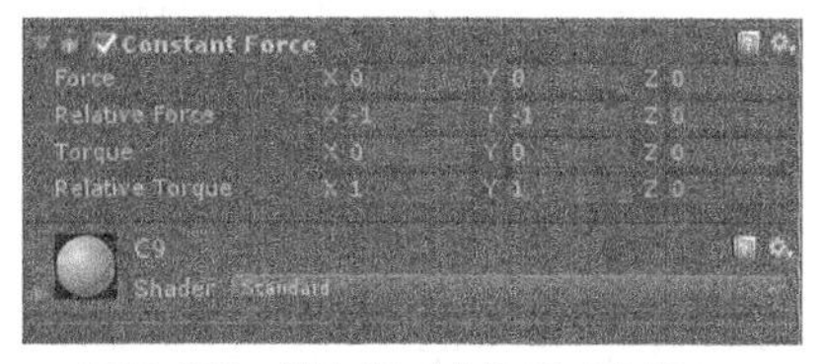


▲图 5-113　添加相对力和相对力矩

（3）单击上方的“运行”按钮，运行效果如图 5-114 所示。球体受到相对力和相对力矩的作用，在进行小范围的绕圈滚动之后原地打转，且不会掉落到 Plane 之外。这是由于球体添加的是相对力和相对力矩，当球体向前滚动半圈之后，其相对力和相对力矩方向刚好与运动方向相反，使其向反方向运动。

▲图 5-114　运行效果

## 5.7 角色控制器

在游戏运行过程中，场景中的各类物体经常会相互碰撞。一般情况下，将碰撞直接交给物理引擎基于刚体进行仿真计算即可满足要求。但在某些特殊情况下，直接使用物理引擎基于刚体计算会带来一些问题，导致效果不真实。例如，推门的动作，若直接使用刚体和碰撞器，门打开的过程可能非常不真实，此时使用角色控制器就可以很好地满足要求。

### 5.7.1　角色控制器的特性

Unity 3D 中角色控制器（CharacterController）的作用在于可以使对象进行物理碰撞但不被弹开。在完成人在地面行走、上下楼梯等动作时，使用角色控制器可以达到很好的效果。需要注意的是，角色控制器的运动不受力的影响，仅当调用 Move 函数时才发生运动。表 5-13 所示为角色控制器的属性。

表 5-13　CharacterController 的属性

| 属性 | 含义 |
|---|---|
| Slope Limit | 坡度限制，角色控制器只能爬上小于该值的坡度 |
| Step Offset | 台阶高度，该值决定了角色控制器可以迈上的最高台阶 |
| Skin width | 皮肤厚度，该值决定了两个角色控制器可以相互深入的深度，如果太大会发生颤抖，太小会使角色控制器卡住 |
| Min Move Distance | 最小移动距离，如果角色控制器的移动距离小于该值，角色控制器就不会移动 |
| Center | 中心，其值决定胶囊碰撞器在世界坐标系中的位置，不影响其运动 |
| Radius | 角色控制器胶囊碰撞器的半径，其值影响胶囊碰撞器的宽度 |
| Height | 角色控制器胶囊碰撞器的高度，其值影响胶囊碰撞器在 *Y* 轴方向的伸缩 |

## 5.7.2　角色控制器综合示例

5.7.1 节介绍了角色控制器的基础特性。在开发项目时通过使用角色控制器可以实现许多复杂的碰撞，也可以达到更加真实的效果。为了加深读者的理解，本小节将介绍一个关于角色控制器的开发示例。开发步骤如下。

（1）新建一个场景，将其命名为 Character.unity，并保存在 Assets\Scenes 目录下。创建两个 Plane、一个 Sphere 和一个 Cube 对象，调整参数使其摆放合理，如图 5-115 所示。

▲图 5-115　整体摆放效果

（2）分别为 Sphere 对象和 Plane 对象添加对应的碰撞器和刚体组件。为 Cube 对象添加角色控制器组件，添加方法为选择 Component→Physics→CharacterController，如图 5-116 所示。然后通过脚本给 Sphere 对象添加一个 *x* 方向的初速度，如图 5-117 所示。

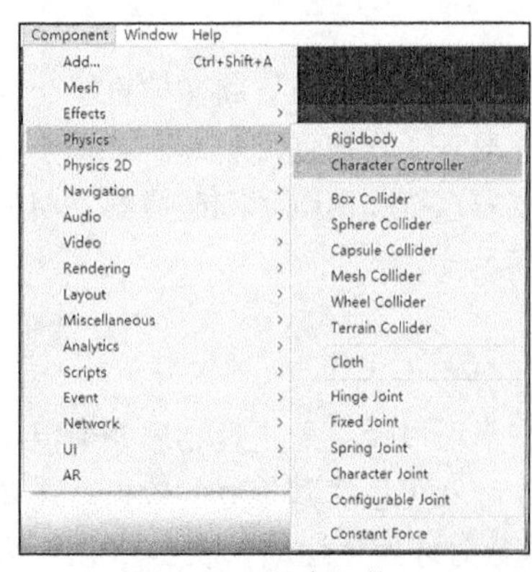


▲图 5-116　添加组件

```
using System.Collections;
using System.Collections.Generic;
using UnityEngine;

public class NewBehaviourScript : MonoBehaviour {

    public GameObject g1;

    // Use this for initialization
    void Start () {
        g1.GetComponent<Rigidbody>().velocity = new Vector3(3,0,0);
    }

    // Update is called once per frame
    void Update () {

    }
}
```

▲图 5-117　给 Sphere 对象添加一个初速度

（3）单击上方的“运行”按钮，其运行效果如图 5-118 所示。圆球向方块方向移动，与方块发生碰撞，但并没有弹开。这是因为方块对象添加了角色控制器，它会发生物理碰撞，但并不会受到力的作用。

▲图 5-118 运行效果

## 5.8 粒子系统

开发游戏时，大多数 3D 角色、道具和场景都采用 Mesh 呈现，而 2D 部分则采用 Sprite 呈现。但 Mesh 和 Sprite 都是设计用于呈现具有明确形状的实体对象，对于呈现诸如液体、云层、烟雾等没有明确形状的事物则比较困难。这时最方便的就是采用粒子系统，本节将详细介绍粒子系统各方面的相关知识。

> **提示** 粒子系统不是一种简单的静态系统，其中的粒子会随着时间不断地变形和运动，同时会自动生成新的粒子，销毁旧的粒子。基于这一原理，可以表现出类似于烟、雨、水、雾、火焰和流星等现象的特效，这些特效能够极大地提高游戏的可观赏性。

### 5.8.1 粒子系统简介

粒子系统在 Unity 开发平台下可以很方便地被使用，很多绚丽的特效都可以通过调整粒子系统的各个参数来实现。接下来将对粒子系统的创建和使用方法进行介绍。

**1．基础粒子系统**

选择 GameObject→Particle System，即可创建粒子系统，如图 5-119 所示。

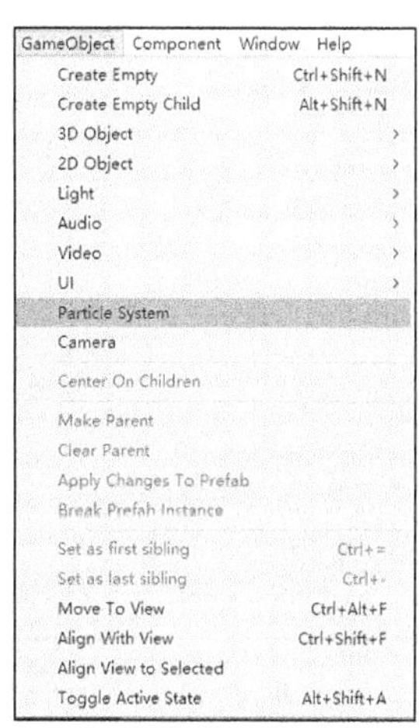


▲图 5-119 创建粒子系统

**2．组件粒子系统**

粒子系统在 Unity 中不仅可以作为一种游戏对象，还可以充当一种组件附加在其他游戏对象上。读者可以参考燃烧的火堆，这种效果就可以通过在火堆模型上附加一个粒子系统来实现。粒子系统作为一种组件的创建方法如下。

（1）导入树桩模型 Wood.Fbx 和纹理图文件 Wood.png 和 dimian.png，如图 5-120 所示，导入完毕后给树桩模型添加纹理图。

（2）选中树桩模型对象，选择 Component→Effects→Particle System，给火堆模型添加粒子系统组件，如图 5-121 所示。

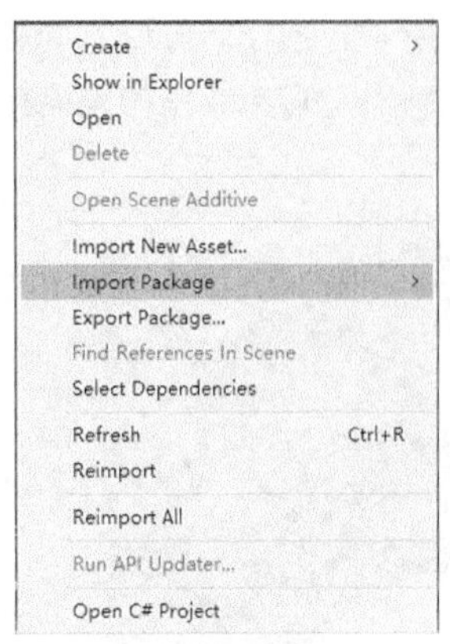


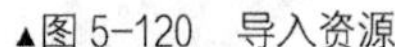
▲图 5-120　导入资源

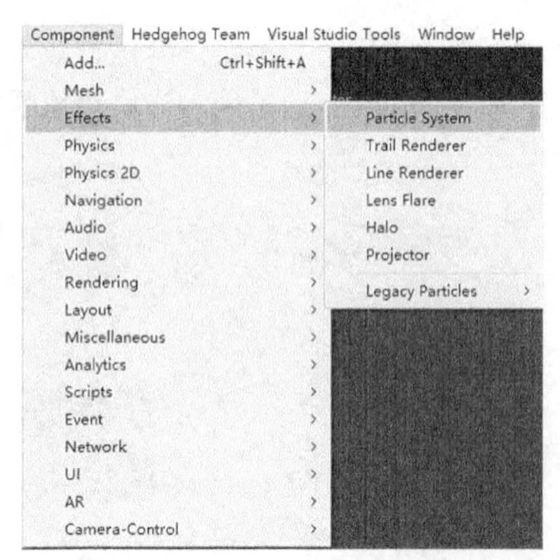


▲图 5-121　为对象添加粒子系统组件

**说明**　本示例的场景文件位于随书资源中源代码\第 5 章目录下的 PhysX\Assets\Scenes\FireParticle。

### 5.8.2　粒子系统的特性

粒子系统是一种非常复杂的对象，有许多属性和参数。一般在使用粒子系统时，只调节粒子系统中 4 个默认选中的属性，分别是粒子系统总体（Particle System 或者附加粒子系统的对象的名称）、喷射（Emission）、形态（Shape）和渲染器（Render）。接下来将对粒子系统的各个属性进行介绍。

#### 1. 粒子系统总体

粒子系统总体函数包括许多粒子的基本特性，如粒子的生命周期、循环喷射、喷射延迟、粒子大小、粒子基础颜色、缩放模式，如表 5-14 所示。读者可以根据实际需要自行修改，其属性如图 5-122 所示。

表 5-14　粒子系统总体的属性

| 属性 | 含义 | 属性 | 含义 |
|---|---|---|---|
| Duration | 粒子的喷射周期 | Looping | 是否循环喷射 |
| Prewarm | 预热（Looping 状态下预产生下一周期的粒子） | Start Delay | 粒子喷射延迟（Prewarm 状态下无法延迟） |
| Start Lifetime | 粒子的生命周期 | Start Speed | 粒子的喷射速度 |
| 3D Start Size | 是否将粒子大小立体化 | Start Size | 粒子的大小 |
| 3D Start Rotation | 是否将粒子角度立体化 | Start Rotation | 粒子的旋转角 |
| Randomize Rotation Direction | 粒子沿反方向旋转角度 | Gravity Modifier | 相对于物理管理器中重力加速度的重力密度（缩放比） |
| Start Color | 粒子颜色 | Simulation Space | 粒子系统的模拟空间 |
| Scaling Mode | 缩放模式 | Play on Awake | 创建时自动播放 |
| Max Particles | 一个周期内发射的粒子数，多于此数目时停止发射 | Auto Random Seed | 如果选中此复选框，每次粒子系统出现时不相同，否则，每次出现的粒子系统完全相同 |

#### 2. 喷射

喷射中包含频率（Rate）和爆发（Bursts）两个主要属性，这两个属性决定了粒子系统的喷射特性，其属性如图 5-123 所示。

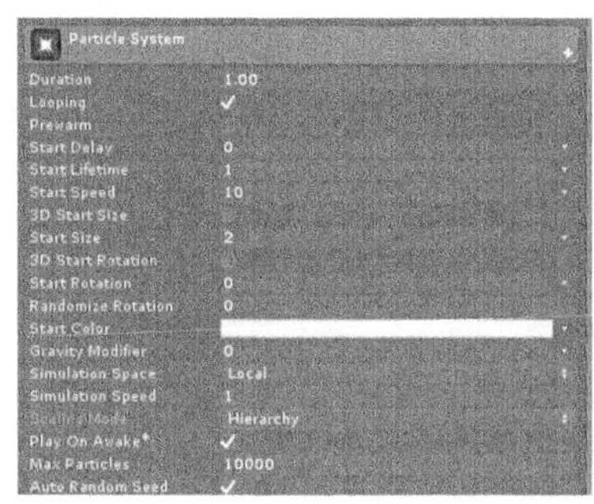

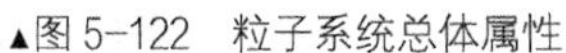
▲图 5-122 粒子系统总体属性

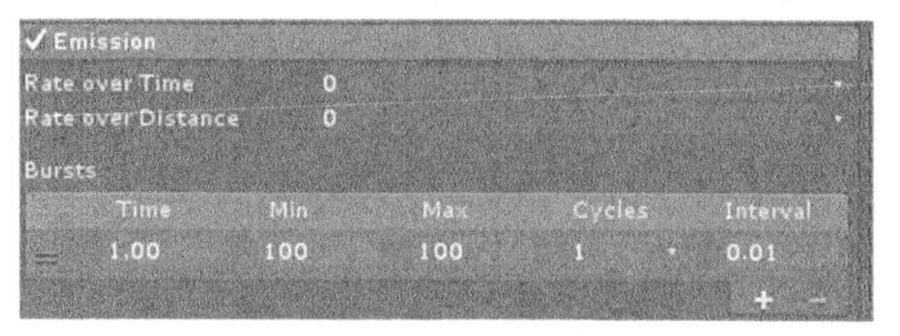

▲图 5-123 喷射属性

- ❑ 时间速率（Rate overTime）：单位时间内发射的粒子数。
- ❑ 距离速率（Rate overDistance）：单位距离内移动的颗粒数。
- ❑ 爆发（Bursts）：在某个特定时间内喷射出一定数量的粒子，使用该属性可以轻松地实现爆炸特效。单击该属性右下角的“+”按钮，可以添加一个预设参数，其中的 Time 参数为粒子的喷射时间，Particles 参数为瞬间喷射的粒子数目。

### 3. 形态

形态属性决定了粒子系统的喷射形式，可供选择的形状有球体（Sphere）、半球体（HemiSphere）、圆锥体（Cone）、盒子（Box）、网格（Mesh）、环形（Circle）和边线（Edge），每种属性都包含各自的参数，如表 5-15 和表 5-16 所示。

表 5-15 形态的属性 1

| 属性 | 含义 |
| --- | --- |
| （Sphere）Randomize Direction | 粒子发射方向是否随机 |
| （Sphere）Spherize Direction | 粒子发射方向是否沿球面方向，其取值范围是 0～1 |
| （Hemisphere）Emit from Shell | 是否从半球体表面发射粒子 |
| （Hemisphere）Align to Direction | 是否根据喷射形状发射粒子 |
| （Hemisphere）Randomize Direction | 粒子发射方向是否随机 |
| （Hemisphere）Spherize Direction | 粒子发射方向是否沿底面圆方向，其取值范围是 0～1 |
| （Cone）Align to Direction | 是否根据喷射形状发射粒子 |
| （Cone）Randomize Direction | 粒子发射方向随机比例，取值范围是 0～1，1 代表完全随机 |
| （Cone）Spherize Direction | 粒子发射方向是否沿底面圆方向，其取值范围是 0～1 |
| （Box）Align to Direction | 是否根据喷射形状发射粒子 |
| （Box）Randomize Direction | 粒子发射方向随机比例，取值范围是 0～1，1 代表完全随机 |
| （Box）Spherize Direction | 粒子发射方向的曲面程度 |
| （Mesh）Signal Material | 粒子是否从给定的网格值发射 |
| （Mesh）Align to Direction | 是否根据喷射形状发射粒子 |
| （Mesh）Randomize Direction | 粒子发射方向随机比例，取值范围是 0～1，1 代表完全随机 |
| （Circle）Emit From Edge | 使粒子从环形边缘发射，而不是从环形中心 |
| （Circle）Randomize Direction | 粒子发射方向随机比例，取值范围是 0～1，1 代表完全随机 |
| （Edge）Randomize Direction | 粒子发射方向随机比例，取值范围是 0～1，1 代表完全随机 |

表 5-16　　形态的属性 2

| 属性 | 含义 | 属性 | 含义 |
| --- | --- | --- | --- |
| （Sphere）Radius | 球体半径 | （Sphere）Emit from Shell | 是否从球体表面发射粒子 |
| （Sphere）Align to Direction | 是否根据喷射形状发射粒子 | （Hemisphere）Radius | 半球的半径 |
| （Cone）Angle | 锥体斜面倾斜角度 | （Cone）Radius | 锥体下表面半径 |
| （Cone）arc | 发射粒子的底面圆的角度 | （Cone）Emit from | 发射方式 |
| （Box）Box X | 立方体 *X* 轴长度 | （Box）Box Y | 立方体 *Y* 轴长度 |
| （Box）Box Z | 立方体 *Z* 轴长度 | （Box）Emit from | 发射方式 |
| （Mesh）Vertex | 粒子从网格顶点发射 | （Mesh）Mesh | 粒子的发射网格类型 |
| （Mesh）Use Mesh Color | 使用或者忽略网格颜色 | （Mesh）Normal Offset | 发射偏移 |
| （Mesh）Mesh Scale | 源网格的大小 | （Mesh）Spherize Direction | 粒子发射方向的曲面程度 |
| （Circle）Radius | 环形半径 | （Circle）Arc | 发射粒子的底面圆的角度 |
| （Circle）Align to Direction | 是否根据喷射形状发射粒子 | （Circle）Spherize Direction | 粒子发射方向的曲面程度 |
| （Edge）Radius | 边线长度 | （Edge）Align to Direction | 是否根据喷射形状发射粒子 |

### 4. 生命周期速度偏移

生命周期速度偏移（Velocity over Lifetime）决定了粒子在生命周期内的速度偏移量，如图 5-124 所示。通过应用此属性并对其参数进行修改，可以使粒子在粒子系统自身或者世界坐标轴的 *X* 轴、*Y* 轴和 *Z* 轴拥有一个速度，从而实现粒子系统的速度偏移。

▲图 5-124　生命周期速度偏移属性

- *X*、*Y*、*Z* 这 3 个参数分别为粒子系统在 *X* 轴、*Y* 轴和 *Z* 轴方向的速度。
- Space 属性中有两个可供选择的参数——Local 和 World。其中 Local 为粒子系统自身坐标轴，World 为世界坐标轴。

### 5. 生命周期内限制速度

生命周期内限制速度（Limit Velocity over Lifetime）的作用是对粒子系统发射的粒子进行限速，当速度超过给定的最大粒子的速度时就会逐渐减小到给定的上限速度，如图 5-125 所示。

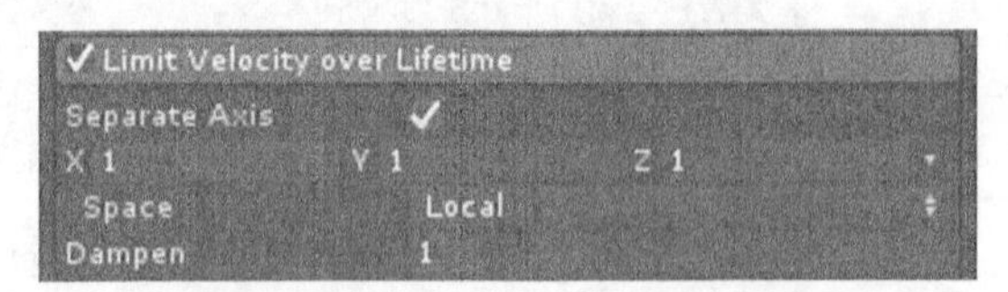


▲图 5-125　生命周期内限制速度属性（选中 Separate Axis 复选框时）

- 分离轴（Separate Axis）的含义是限制速度是否区分不同轴向。当选中此复选框时，可以在下行的 *X* 轴、*Y* 轴、*Z* 轴设置各自的轴向限制速度，取消选中时将会出现上限速度（Speed）属性将 *X* 轴、*Y* 轴、*Z* 轴向和空间坐标系（Space）属性替代，如图 5-126 所示。

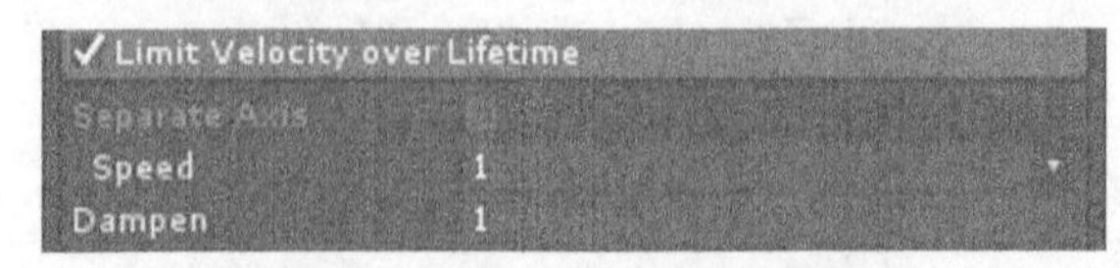


▲图 5-126　生命周期内限制速度属性（取消选中 Separate Axis 复选框）

❑ 空间坐标系（Space）的含义是当选中 Separate Axis 复选框时，在此处选择轴向。有两个可供选项，分别为自身轴（Local）和世界轴（World）。

❑ 上限速度（Speed）的作用是当取消选中 Separate Axis 复选框时用来设置整体限制速度。

❑ 阻尼（Dampen）的含义是当粒子速度超过上限时对粒子的减速程度，取值为 0～1。

### 6. 速度继承

速度继承（Inherit Velocity）属性用来控制粒子的速度如何随时间来反映其父对象的移动，包括模式（Mode）和乘数（Multiplier）两个属性，如图 5-127 所示。

▲图 5-127 速度继承属性

❑ 模式用于指定发射速度如何施加于对应粒子，包括初始（Initial）和当前（Current）两种模式。

❑ 乘数指粒子应该继承的发射器速度的比例。

### 7. 生命周期内的受力偏移

生命周期内的受力偏移（Force over Lifetime）的含义是粒子系统在生命周期内因受力而产生偏移，如一个烟雾粒子系统受到风或地心引力的作用力而产生偏移。

此属性包含轴向的设置参数、空间坐标系（Space）选择和随机数生成器（Randomize），如图 5-128 所示。

▲图 5-128 生命周期内的受力偏移属性

❑ *X*、*Y*、*Z* 参数分别为粒子系统在不同轴向上的受力大小。

❑ 空间坐标系为粒子受力应用的坐标轴，有两个选项，分别为自身轴（Local）和世界轴（World）。

❑ 随机数生成器的含义是当选中此复选框时，粒子将受到随机产生的力的影响，包括力的大小和方向。

### 8. 生命周期内的颜色

生命周期内的颜色（Color over Lifetime）决定了粒子在生命周期内的颜色变化，如图 5-129 所示。当选中此复选框时，此处设置的颜色与粒子系统主体中的 Start Color 处设置的颜色重叠，读者可以尝试分别设置然后观看效果，也可以两者综合使用。如要分别查看效果时，将另一处设置成白色即可进行观察。

可以单击颜色（Color）右侧的倒三角按钮，在弹出的下拉列表中选择颜色梯度变化（Gradient）或者两个梯度变化之间随机颜色（Random Between Two Gradients），如图 5-130 所示。

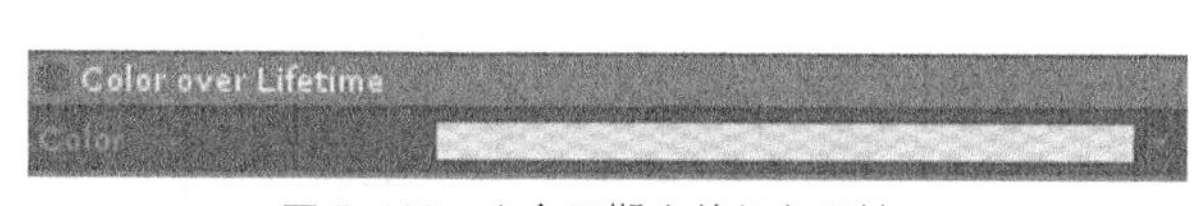


▲图 5-129 生命周期内的颜色属性

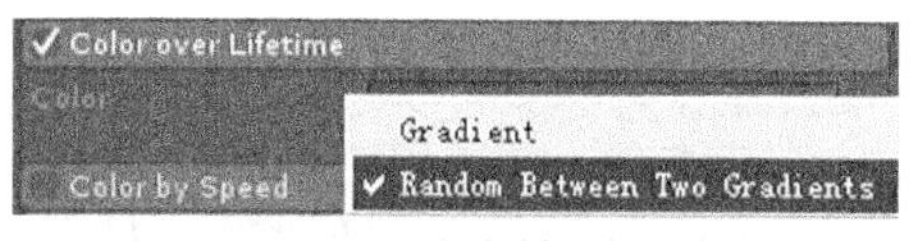


▲图 5-130 颜色梯度变化选择

### 9. 颜色随速度变化

颜色随速度变化（Color by Speed）可以使粒子的颜色随着粒子的速度发生变化。此处设置的颜色与粒子系统主体中的 Start Color 处的颜色和生命周期内的颜色重叠。设置观察方法前文已有讲解，这里不再赘述。颜色随速度变化属性如图 5-131 所示。

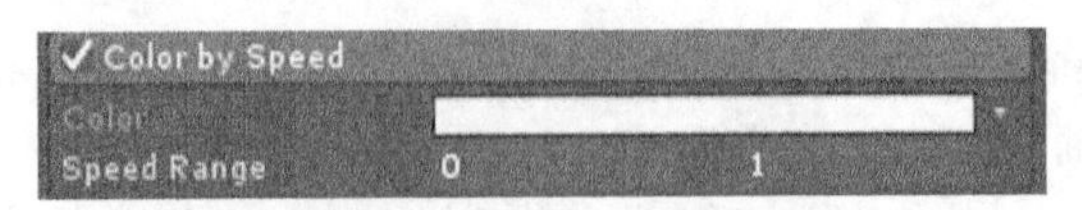

▲图 5-131　颜色随速度变化属性

- 颜色（Color），可以单击颜色右侧的倒三角按钮，在弹出的下拉列表中设置颜色梯度变化。
- 速度范围（Speed Range）决定了颜色发生变化的速度范围，取值范围为 0～1。

**10. 生命周期内的大小**

生命周期内的大小（Size over Lifetime）决定了粒子在生命周期内的大小变化。此处粒子的大小是粒子系统主体的 Start Size 处设置大小的倍数，取值范围为 0～1，如图 5-132 所示。

▲图 5-132　生命周期内的大小属性

粒子大小（Size）控制粒子大小的参数，默认给出的大小变化方式是曲线（Curve）变化方式，此外还有两常量间随机（Random Between Two Constants）变化方式和两曲线间随机（Random Between Two Curves）变化方式，如图 5-133 所示。

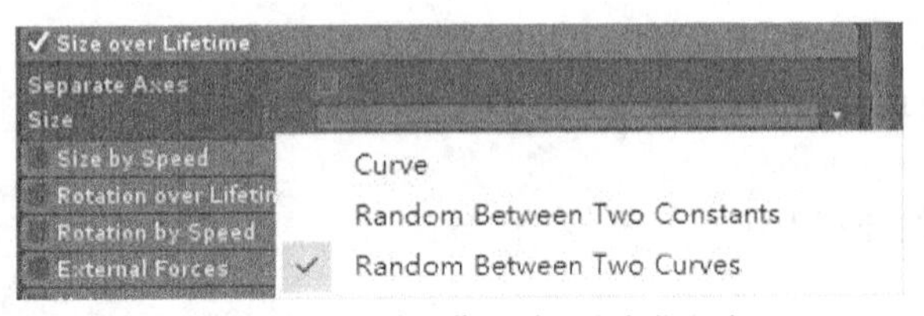

▲图 5-133　生命周期内的大小变化方式

当选择生命周期内的大小曲线变化方式时，在粒子系统 Inspector 面板的底端可以看见粒子系统的曲线设置界面，在这里 Unity 默认提供了一些曲线的变化方式模块，如图 5-134 所示。开发人员可以选择默认提供的变化方式，也可以单击此界面左下角的“设置”按钮，打开添加变化方式界面，然后自行添加变化曲线，如图 5-135 所示。

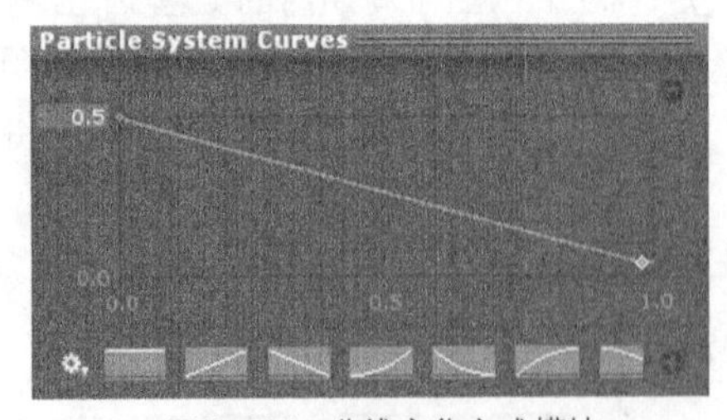

▲图 5-134　曲线变化方式模块

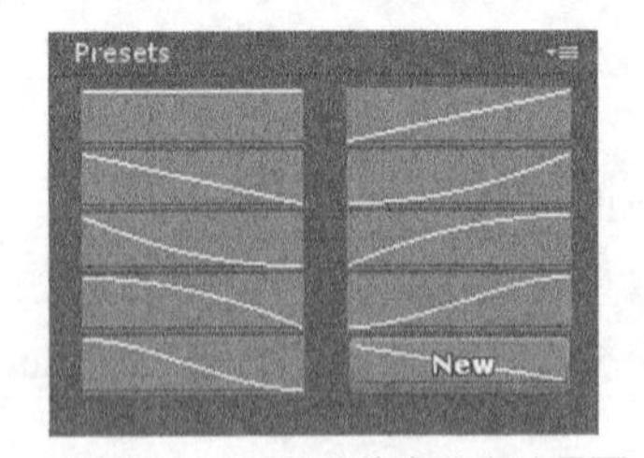

▲图 5-135　添加曲线变化方式界面

在曲线中，横轴代表粒子的发射时间，数值代表粒子的生命周期（Start Lifetime）的比值；纵轴为粒子大小，其中数值代表与粒子设定的大小（Start Size）的比值。通过在曲线中右击添加点，如图 5-136 所示。

选中曲线中的任意点，按住鼠标左键拖动可以调整曲线中点的位置，从而实现对曲线的调整。在选中点的同时右击，弹出快捷菜单，如图 5-137 所示，该快捷菜单为曲线上点的属性，各个属性的含义如表 5-17 和表 5-18 所示。

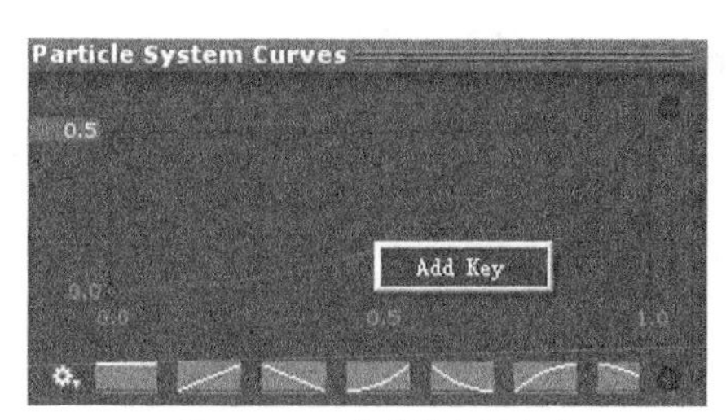

▲图 5-136 在曲线上添加点

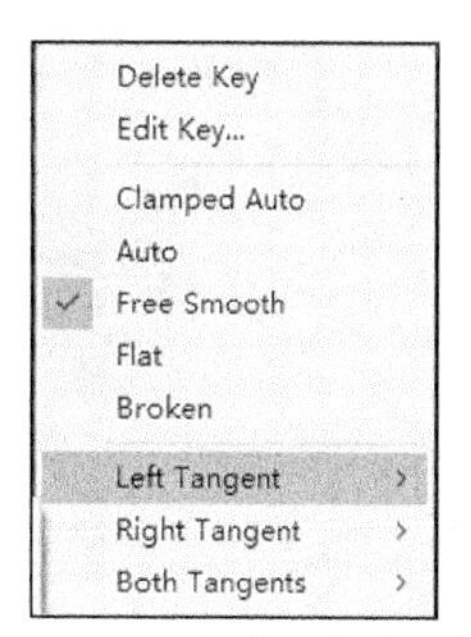

▲图 5-137 曲线上点的属性

表 5-17 粒子大小曲线上点的相关属性 1

| 属性 | 含义 | 属性 | 含义 |
|---|---|---|---|
| Delete Key | 删除点 | Edit Key | 设置点（包括时间和数值） |
| Clamped Auto | 自动夹紧 | Auto | 自动调整（包括切线和圆滑程度） |
| Free Smooth | 自由圆滑（可调整该点单向切线） | Flat | 使切线平直（Free Smooth 下可用） |
| Broken | 断开切线（点的左右两侧切线均可调整） | （Left Tangent）Free | 左侧切线自由调整 |
| （Both Tangent）Free | 两侧切线自由调整 | （Both Tangent）Linear | 线性化两侧切线 |

表 5-18 粒子大小曲线上点的相关属性 2

| 属性 | 含义 |
|---|---|
| （Left Tangent）Constant | 点化左侧切线（选择时点左侧与起始点 $Y$ 轴相同） |
| （Right Tangent）Free | 右侧切线自由调整 |
| （Right Tangent）Linear | 线性化右侧切线（选择时右侧切线不可调整） |
| （Right Tangent）Constant | 点化右侧切线（选择时点右侧与终止点 $Y$ 轴相同） |
| （Both Tangent）Constant | 点化两侧切线 |

当选择两常量间随机变化方式时，之前选择的曲线处会出现输入粒子大小值的选项，输入的值是与粒子设定的大小（Start Size）的比值，粒子的大小会在这两个值之间随机取值，如图 5-138 所示。

当选择两曲线间随机变化方式时，在粒子系统 Inspector 面板底端会出现两曲线的设置界面。在设置界面中可以调整任一曲线，调整方法同粒子的曲线变化方式，在这里不再赘述。调整完毕后粒子大小会在两曲线的纵轴间随机取值，并随着横轴变化改变粒子大小的取值范围，如图 5-139 所示。

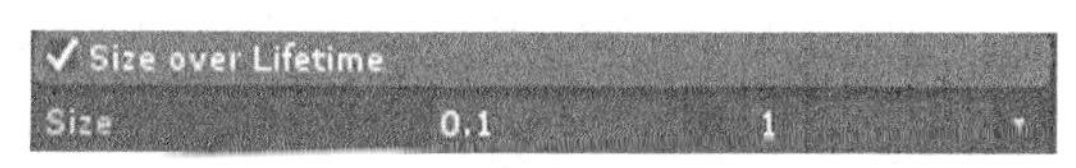

▲图 5-138 粒子的两常量间随机变化方式

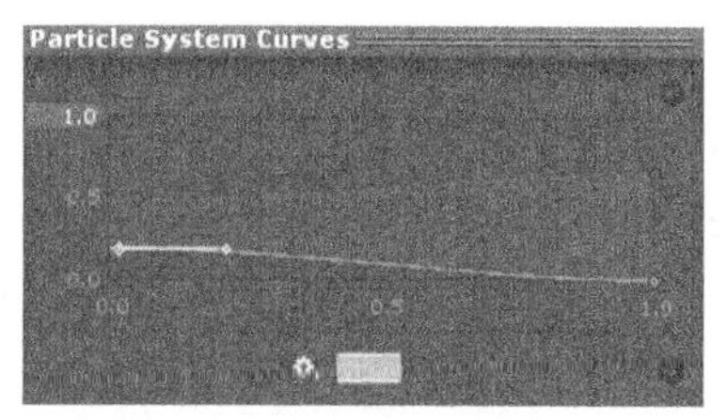

▲图 5-139 粒子的两曲线间随机变化方式

### 11. 大小随速度变化

大小随速度变化（Size by Speed）属性根据粒子的速度重新定义了粒子的大小，包含独立轴

（Separate Axes）、粒子的大小（Size）和速度范围（Speed Range）3 个属性，如图 5-140 所示。

▲图 5-140　大小随速度变化属性

- 当选中独立轴复选框时，粒子的 $X$ 轴、$Y$ 轴和 $Z$ 轴会独立开来，这样方便开发人员对其参数进行设置。
- 粒子的大小包含 3 种变化方式，分别是曲线（Curve）变化方式、两常量间随机变化方式（Random Between Two Constants）和两曲线间随机变化方式（Random Between Two Curves），这 3 种变化方式在（10）中已有介绍，这里不再赘述。
- 粒子的速度范围中包含两个参数，左侧参数为最小速度，右侧参数为最大速度，参数值是粒子设定速度（Start Speed）的倍数，最小速度不得大于最大速度。

### 12. 生命周期内的转速

生命周期内的转速（Rotation over Lifetime）属性使粒子在自身的生命周期内发生旋转，在此属性中可以调整粒子旋转时的角速度（Angular Velocity），如图 5-141 所示。

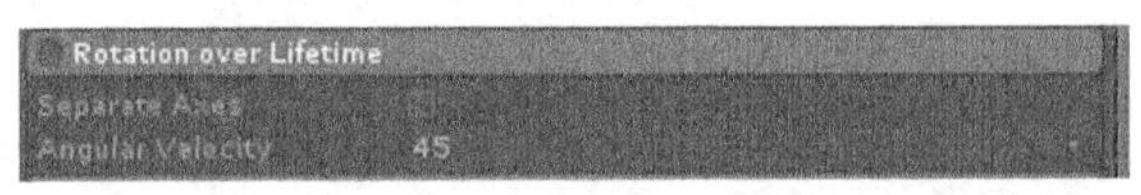


▲图 5-141　生命周期内的转速属性

- 当选中独立轴（Separate Axes）复选框时，粒子的 3 个坐标会独立开来，可以对其进行单独设置。
- 角速度包含 4 种选择方式，包括固定值（Constant）、曲线变化（Curve）、两固定值间随机变化方式（Random Between Two Constants）和两曲线间随机变化方式（Random Between Two Curves）。当选择固定值时，在参数中输入一个数值，粒子会按照该数值在生命周期内旋转。其他 3 种方式前文已有介绍，在这里不再赘述。

### 13. 角速度随速度变化

角速度随速度变化（Rotation by Speed）属性根据速度重新定义了粒子的角速度，包含独立轴（Separate Axes）、角速度（Angular Velocity）和速度范围（Speed Range）3 个属性，如图 5-142 所示。

▲图 5-142　角速度随速度变化属性

- 当选中独立轴复选框时，开发人员可以对其坐标进行单独设置。
- 角速度包含 4 种选择方式，固定值（Constant）、曲线变化（Curve）、两固定值间随机变化方式（Random Between Two Constants）和两曲线间随机变化方式（Random Between Two Curves），4 种方式前文已有介绍，这里不再赘述。
- 速度范围，前文中已有介绍，这里不再赘述。

### 14. 外部作用力

外部作用力（External Forces）属性重新定义了粒子系统的风域属性，其中的倍增（Multipler）参数为风域的倍增系数，如图 5-143 所示。

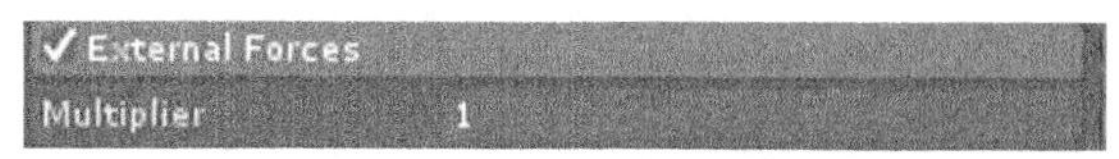


▲图 5-143 外部作用力属性

### 15. 噪声

通过添加噪声（Noise）干扰，可以使粒子的运动更加真实。例如，强烈的噪声可以模拟火焰余烬，柔和的噪声则用来模拟烟雾。只有合理地运用噪声，才能实现想要的效果。噪声包含多个属性，如图 5-144 和表 5-19 所示。

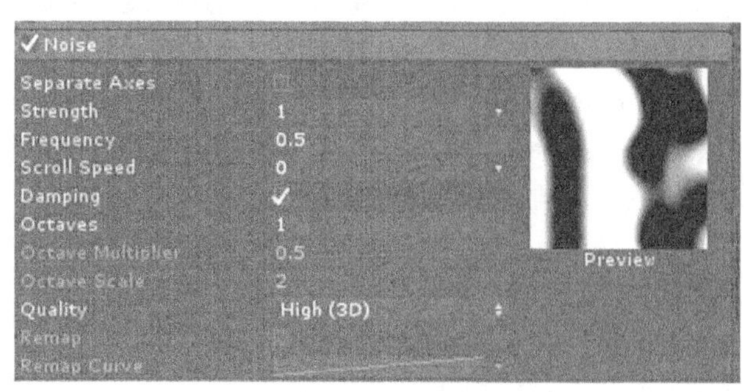


▲图 5-144 噪声属性

表 5-19 噪声的属性

| 属性 | 含义 |
| --- | --- |
| Separate Axes | 设置粒子的 3 个坐标 |
| Strength | 定义了噪声在其寿命内对粒子的影响程度 |
| Frequency | 噪声的柔和程度。其值越低，噪声越柔和 |
| Scroll Speed | 随着声音可以移动噪声场，从而使粒子的移动更加随机 |
| Damping | 当选中此复选框时，噪声强度与频率成正比，噪声可以进行缩放 |
| Octaves | 指定噪声的重叠层数 |
| Quality | 噪声的质量，分为高（High）、中（Medium）、低（Low）。质量越低，成本越低，其性能也越低 |
| Remap | 噪声是否重映射 |
| Remap Curve | 噪声重映射的曲线 |

### 16. 碰撞

碰撞（Collision）属性可以为粒子系统中的每一个粒子添加碰撞效果，这种碰撞检测的效率非常高。有两种碰撞形式可供选择，指定平面（Planes）碰撞和世界范围（World）碰撞。

当选择指定平面碰撞时，开发人员可以指定一个或者多个物体与粒子系统发生碰撞，指定的物体可以是任意对象，如图 5-145 所示。

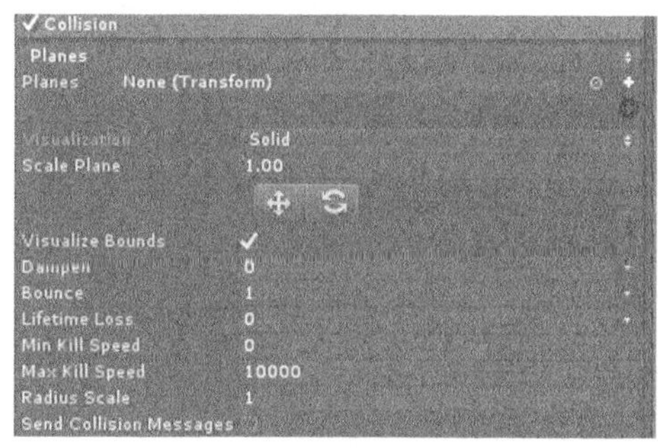


▲图 5-145 指定平面碰撞属性

- 碰撞平面（Planes）可以指定与粒子系统发生碰撞的物体。单击右侧白色“+”按钮，可以创建一个空对象，并且将碰撞平面挂载到碰撞平面属性中；白色“+”按钮下方的黑色“+”按钮，可以增加碰撞平面对象，使用此项功能可以指定多个平面与粒子系统发生碰撞检测。
- 显示方式（Visualization）是一个可展开列表，包含网格显示方式（Grid）和立体显示方式（Solid）。

❑ 显示平面大小比例（Scale Plane）决定了可视化平面的大小尺寸，参数是与粒子系统范围的比值。

❑ 可视化界限（Visualize Bounds），当选中此复选框时，粒子的碰撞范围会有线框表示。

❑ 阻尼系数（Dampen）决定了粒子经过一次碰撞后的速度损失比例，取值范围是0～1。

❑ 弹跳系数（Bounce）决定了粒子经过一次碰撞后再次弹起时的速度比例，取值范围是0～2。

❑ 生命周期损失（Lifetime Loss）决定了粒子经过一次碰撞后生命周期的损失比例，取值范围是0～1。

❑ 最小清除速度（Min Kill Speed）的含义是当粒子的速度减小为此速度或者小于此速度时将此粒子清除。该值越大，粒子消失得越快，读者可以自己揣摩。

❑ 最大清除速度（Max Kill Speed）的含义与最小清除速度相反。

❑ 粒子系统半径（Radius Scale）的含义是粒子系统与碰撞平面发生碰撞后的有效距离，主要是为了避免粒子系统与碰撞平面的剪裁问题。

❑ 发送碰撞信息（Send Collision Messenges），当时，粒子系统与碰撞平面发生的碰撞检测可以被脚本中的OnParticleCollision方法检测到。

当选择世界范围碰撞时，不需要开发人员指定与粒子系统发生碰撞的物体，粒子会与场景中所有的游戏对象发生碰撞，如图5-146所示。

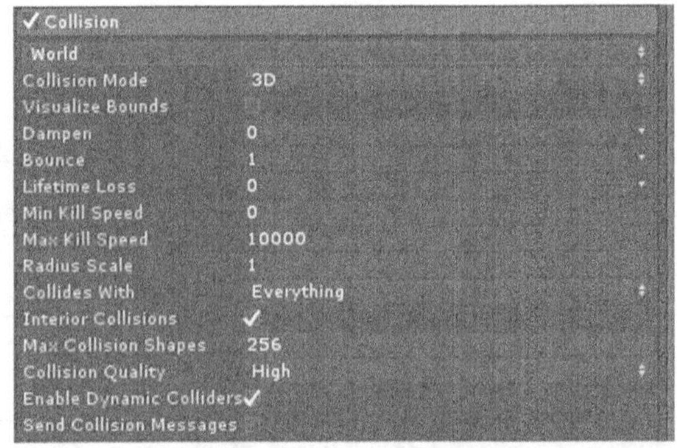

▲图5-146 世界范围碰撞属性

❑ 碰撞模式（Collision Mode）可选为3D或者2D。

❑ 其中可视化界限（Visiualize Bounds）、阻尼系数（Dampen）、弹跳系数（Bounce）、生命周期损失（Lifetime Loss）、最小清除速度（Min Kill Speed）、最大清除速度（Max Kill Speed）、粒子系统半径（Radius Scale）和发送碰撞信息（Send Collision Messenges）与指定平面碰撞（Planes）中的含义相同，这里不再赘述。

❑ 可碰撞物体（Collides With）决定了可以与粒子系统发生碰撞的层，在下拉列表中选择需要与粒子系统发生碰撞的层。

❑ 内部碰撞（Interior Collisions），在粒子运动之前报告碰撞。

❑ 最大碰撞形状（Max Collision Shapes）指定粒子最大碰撞形状范围。

❑ 碰撞检测质量（Collision Quality）决定了物体与粒子系统发生碰撞的概率大小，其下拉列表包括高质量（High）、中等质量（Medium）和低质量（Low）。质量越高，发生碰撞的概率越大。

❑ 启用动态对照（Enable Dynamic Colliders），如果不选中此复选框，粒子只能与静态碰撞器碰撞。

❑ 立体像素尺寸（Voxel Size）的含义是碰撞检测中立体像素的大小，只有当碰撞检测质量为中等质量和低质量时才可用。

**17. 触发器**

要计算粒子系统与物体的碰撞、粒子进入或退出碰撞器等动作，都需要用到触发器（Triggers）进行触发回调。下面对触发器组件进行介绍，如图5-147所示。触发器组件共包括7个参数，读者可根据需要修改。

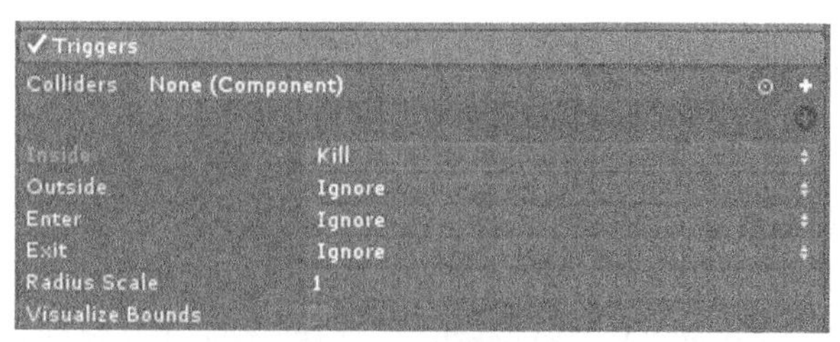


▲图 5-147 触发器属性

- 碰撞器（Colliders），将指定碰撞器拖入此处。
- 内部（Inside），在粒子位于触发器内部时触发事件，可供选择的有回调、忽略和销毁。
- 外部（Outside），在粒子位于触发器外部时触发事件。
- 进入（Enter），在粒子进入碰撞器时触发事件，可供选择的有回调、忽略和销毁。
- 退出（Exit），在粒子退出碰撞器时触发事件。
- 碰撞器半径（Radius Scale），用来设置碰撞器的碰撞半径。
- 可视化界限（Visualize Bounds），当选中此复选框时，粒子的碰撞范围会有线框表示。

### 18. 子发射系统

子发射系统（Sub Emitters）属性可以在粒子系统生成粒子（Birth）、粒子发生碰撞（Collision）和粒子消失（Death）时调用其他粒子系统，如图 5-148 所示。

### 19. 纹理层动画

纹理层动画（Texture Sheet Animation）可以将粒子在生命周期内的纹理图动态化。其属性如图 5-149 所示。

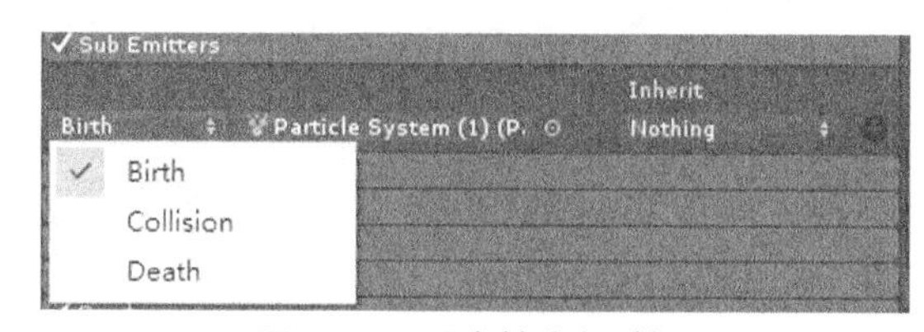


▲图 5-148 子发射系统属性

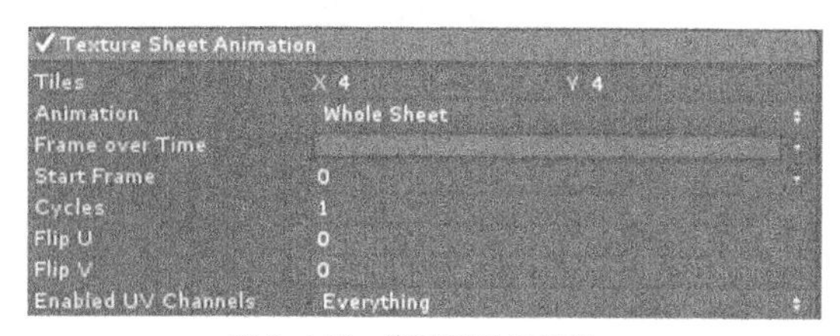


▲图 5-149 纹理层动画属性

- 平铺尺寸（Tiles）定义纹理图的平铺，分为 $X$ 和 $Y$ 两个平铺参数。
- 动画（Animation）为纹理图指定动画类型，其下拉列表中包含整个网格（Whole Sheet）和单行（Single Row）两种方式。
- 时间帧（Frame over Time）决定了动画的变化方式，其下拉列表中包括 4 种选择方式，分别是固定值（Constant）、曲线变化（Curve）、两固定值间随机变化方式（Random Between Two Constants）和两曲线间随机变化方式（Random Between Two Curves）。
- 开始帧（Start Frame）指定粒子动画开始的帧。
- 灯光（Light）表示在此拖入所需要的灯光组件。
- 比例（Ratio）表示接收光的粒子的比例，其取值范围是 0～1。
- 随机分布（Random Distribution）表示是否选择随机分布。
- 使用粒子颜色（Use Particle Color）表示灯光的颜色是否将由其所附加的粒了的颜色进行绘制。
- 大小影响强度（Size Affects Range）表示灯光影响的范围是否将乘以粒子的大小。
- Alpha 影响强度（Alpha Affects Intensity）灯光的强度是否将乘以粒子的 Alpha 值。
- 范围乘数（Range Multiplier）表示粒子生命周期内影响光范围的值。

- 强度乘数（Intensity Multiplier）表示影响光强度的值。
- 最大灯光数（Maximum Lights）表示灯光数的最大值。
- 周期（Cycles）决定了动画的播放周期，周期越小，速度越快。
- 翻转 U 坐标（Flip U）。在一定的比例上水平的镜像纹理。其值越大，翻转的粒子越多。
- 翻转 V 坐标（Flip V）。在一定的比例上垂直的镜像文理。其值越大，翻转的粒子越多。
- 启用 UV 通道（Enabled UV Channels），允许指定哪些 UV 流受到粒子系统的影响。

### 20. 灯光

灯光（Lights）是一种可以为粒子系统添加实时照明的方法。灯光可以使系统将光线投射到周围环境中，如火、烟花或者闪电，还可以使其所附加的粒子集成各种属性。灯光的属性如图 5-150 所示。

### 21. 轨迹

轨迹（Trails）提供了显示出粒子轨迹的功能，其轨迹可应用于多种效果，如烟雾、子弹和魔术视觉效果。其属性如图 5-151 所示。

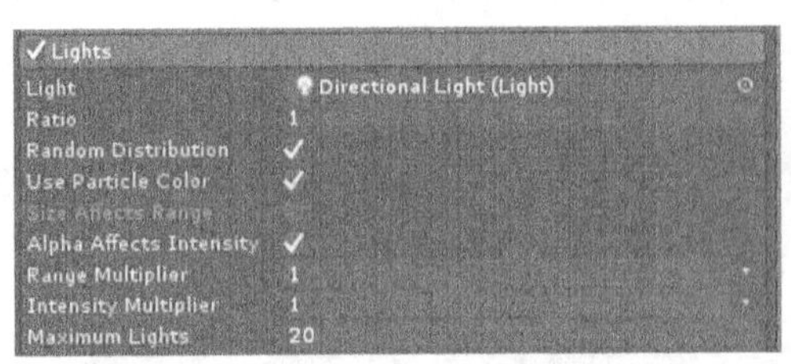


▲图 5-150 灯光属性

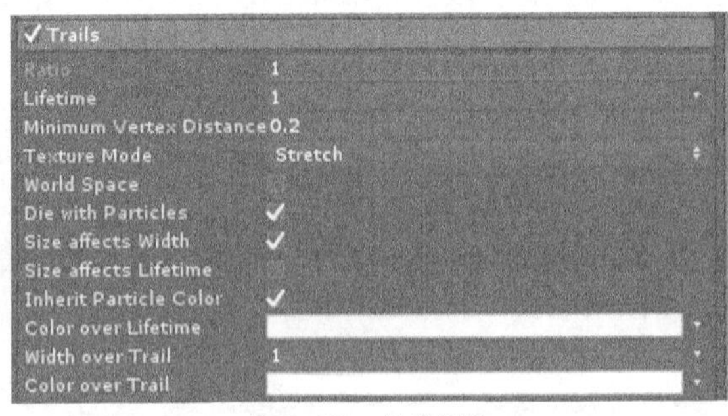


▲图 5-151 轨迹属性

- 比例（Ratio），显示粒子轨迹的比例，介于 0～1。
- 生命周期（Lifetime），轨迹存活的周期。
- 最小顶点距离（Minimum Vertex Distance）指定了粒子在其轨迹在接收到新顶点之前必须行进的距离。
- 纹理模式（Texture Mode），可供选择的有伸展（Stretch）和平铺（Tile）等。
- 世界坐标系（World Space），启用世界坐标系。
- 与粒子一起消失（Die With Particles），如果选中此复选框，则粒子消失时轨迹立即消失，否则粒子消失时，轨迹仍然运动。
- 尺寸影响宽度（Size Affects Width），如果选中此复选框，则轨迹宽度受粒子大小的影响。
- 尺寸影响生命周期（Size Affects Lifetime），如果选中此复选框，则轨迹生命周期受粒子大小的影响。
- 继承粒子颜色（Inherit Particle Color），如果选中此复选框，则轨迹颜色会受粒子颜色的影响。
- 生命周期内的颜色（Color over Lifetime），在（8）中已有介绍，在此不做解释。
- 轨迹宽度（Width over Trail），轨迹在生命周期内的宽度，默认给出的变化方式是曲线（Curve）变化方式，此外还有两常量间随机变化方式（Random Between Two Constants）和两曲线间随机变化方式（Random Between Two Curves）。
- 轨迹颜色（Color over Trail），轨迹在生命周期内的颜色，默认给出的变化方式是曲线（Curve）变化方式，此外还有两常量间随机变化方式（Random Between Two Constants）和两曲线间随机变化方式（Random Between Two Curves）。

### 22. 自定义数据（Custom Data）

自定义模块允许在编译器中自定义粒子部分数据，数据可以是 Vector 形式，最多可以有 4 个组件参数。其参数如图 5-152 所示。

### 23. 渲染器

渲染器（Renderer）属性定义了粒子系统中粒子的渲染特性，运用此属性可以更加灵活地使用粒子系统，如图 5-153 所示。

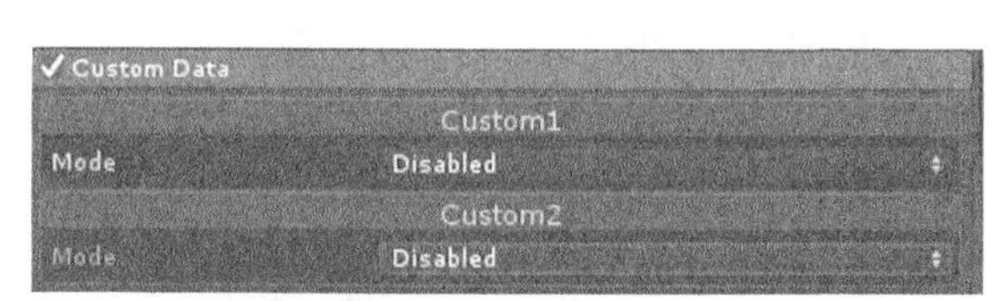


▲图 5-152 自定义数据属性

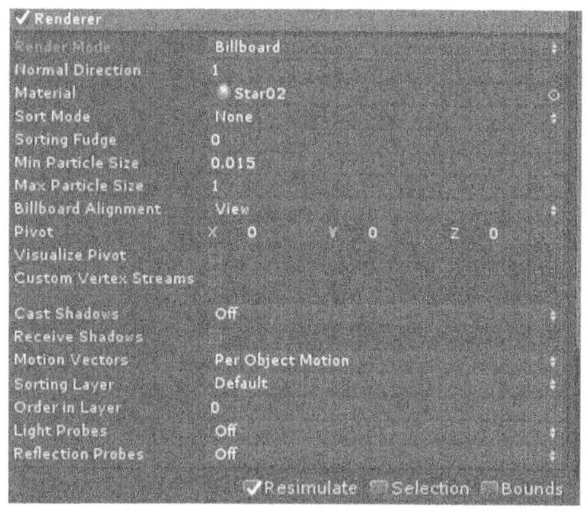


▲图 5-153 渲染器属性

- 渲染模式（Render Mode）决定了粒子渲染的方式，其下拉列表中包含 5 种渲染方式，分别为面板渲染（Billboard）、拉伸面板渲染（Stretched Billboard）、水平面板渲染（Horizontal Billboard）、垂直面板渲染（Vertical Billboard）和网格渲染（Mesh）。
- 法线方向（Normal Direction）决定了粒子光照贴图法线的方向，取值范围为 0～1。当取值为 0 时朝向屏幕中心，当取值为 1 时朝向摄像机，当渲染模式为网格渲染时不可用。
- 材质（Material）属性决定了粒子的材质。
- 排序模式（Sort Mode）是粒子产生不同优先级的依据，其下拉列表中包括 4 种方式，分别为空（None）、依照距离（By Distance）、最新生置首（Youngest First）和生成时间最久置首（Oldest First）。
- 校正排序系数（Sorting Fudge）决定了粒子的排序偏差，较低的系数值会增加粒子系统的渲染覆盖其他游戏对象的相对概率。
- 最小粒子尺寸（Min Particle Size）决定了粒子的最小尺寸（不用考虑其他位置设置的大小）。
- 最大粒子尺寸（Max Particle Size）决定了粒子的最大尺寸（不用考虑其他位置设置的大小），即视口中的最大尺寸。
- 标志板朝向设置（Billboard Alignment）决定了每个粒子对象的朝向。
- 中心点（Pivot）用来修正作为旋转粒子中心的枢轴点。
- 预览中心点（Visualize Pivot）表示是否在场景视图中预览粒子中心点。
- 顶点数据流配置（Custom Vertex Streams）用于控制在材质的顶点着色器中配置哪些粒子属性。
- 投射阴影（Cast Shadows）决定了粒子系统对其他不透明材质投射阴影的方式（只能是不透明的材质），其下拉列表中包括 4 种可选方式，分别为关闭（Off）、打开（On）、两侧阴影（Two Sided）和仅投影（Shadows Only）。
- 接受投影（Receive Shadows）决定了粒子系统是否接受投影，只有不透明的材质才能投射阴影。
- 分层排序（Sorting Layer）决定了粒子系统中不同层的显示顺序，可在下拉列表中添加排序层。

❑ 层顺序（Order in Layer）决定了每个排序层的渲染顺序。

❑ 反射（Reflection Probes）决定了粒子的反射形式，其下拉列表中包括 4 种方式，分别为关闭（Off）、混合探测（Blend Probes）、混合探测和天空盒（Blend Probes and Skybox）及简单形式（Simple）。

## 5.8.3　通过脚本控制粒子系统

粒子系统是一种相对复杂的游戏对象，它包含众多的属性和参数。只需在控制面板中选中相应属性，并设置相关参数就可以完成对粒子系统的控制。从 Unity 5.3 开始，所有的粒子系统属性均可以通过脚本进行配置，下面将通过 Particle_Demo 示例向读者介绍如何通过脚本控制粒子系统。

### 1. 场景搭建

（1）新建一个场景。选择 File→New Scene，如图 5-154 所示。选择 File→Save Scene，在弹出的保存对话框中添加场景名——Particle_Demo。该场景将作为主菜单场景，用于显示粒子系统的控制选项界面。

（2）创建 Dropdown。选择 GameObject→UI→Dropdown，如图 5-155 所示，新建 Dropdown，在右侧的 Inspector 面板中可以查看其属性，如图 5-156 所示。

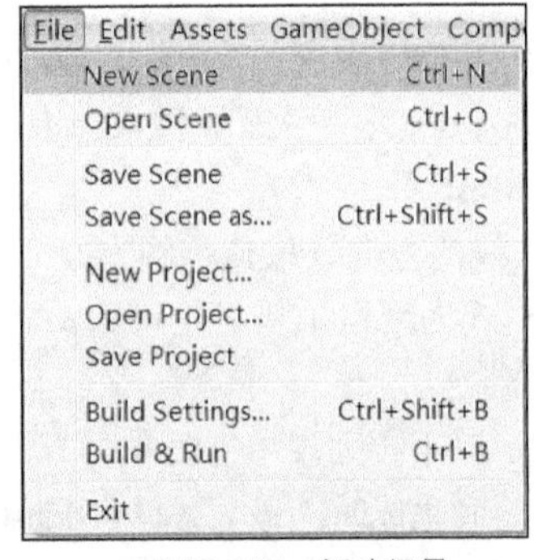


▲图 5-154　新建场景

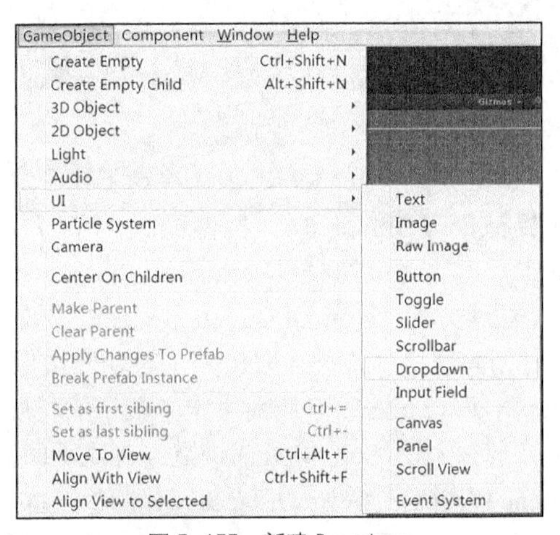


▲图 5-155　新建 Dropdown

（3）在 Dropdown 中添加 Options，分别为 emission、forceOverLifetime、colorOverLifetime、sizebySpeed 和 velocityoverLifetime，如图 5-157 所示。

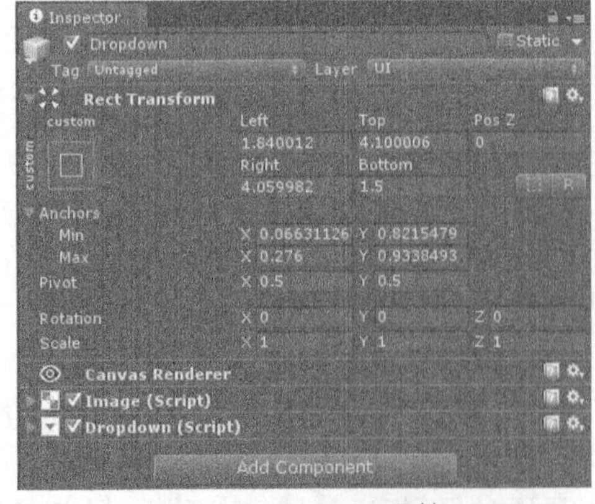


▲图 5-156　Dropdown 属性

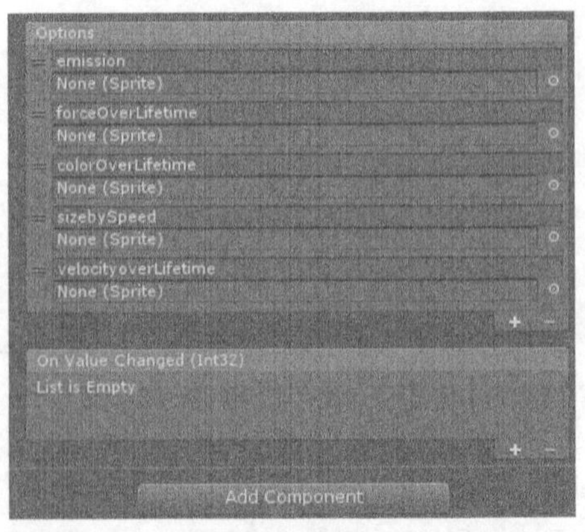


▲图 5-157　添加 Options

（4）创建 Panel，选择 GameObject→UI→Panel，以 Panel 为父对象创建空对象。选择 GameObject→Create Empty，如图 5-158 所示，将其命名为 Emission。

（5）选择 GameObject→UI→Text，创建 Text；选择 GameObject→UI→InputField，创建 InputField，并且更改所表示内容。选择 GameObject→UI→Button，创建按钮。在 Hierarchy 面板中更改各个对象名称，如图 5-159 所示。

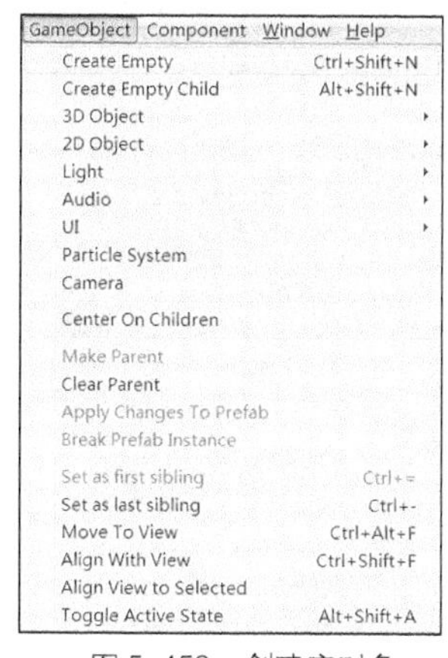


▲图 5-158　创建空对象

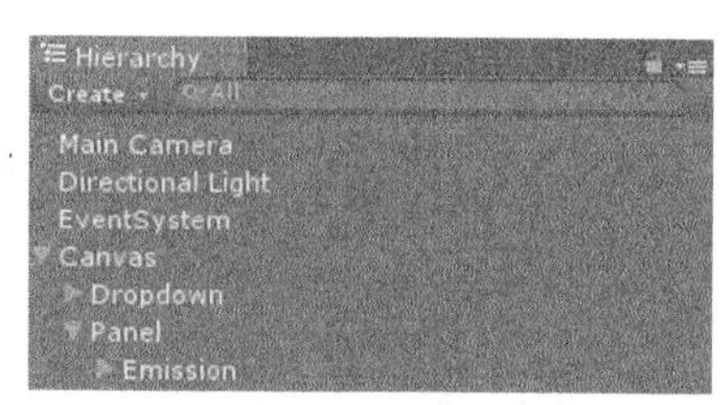


▲图 5-159　Hierarchy 中的结构

（6）选择 GameObject→Particle System，创建粒子系统，至此本示例的场景搭建已经完成。场景预览如图 5-160 所示。Hierarchy 面板中各游戏对象的信息如图 5-161 所示。接下来介绍脚本的开发。

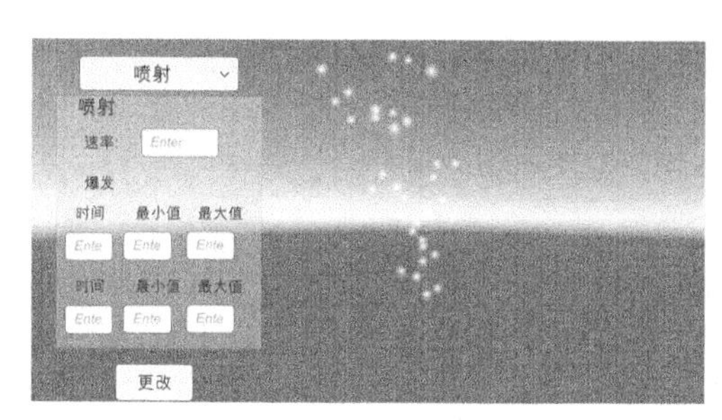


▲图 5-160　场景预览

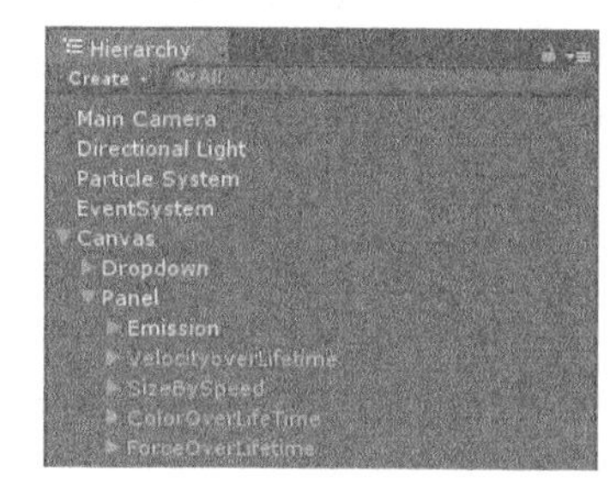


▲图 5-161　Hierarchy 面板中各游戏对象的信息

### 2. 脚本的开发

下面介绍 Particle_Demo 示例脚本的开发，本部分主要为读者详细讲解粒子系统的 emission、velocityoverLifetime、forceOverLifetime 和 colorOverLifetime 这 4 个属性的设置。首先获取用户要修改的粒子系统属性，获取数据输入对象，获取输入值；再根据不同选择调用不同方法来完成粒子系统的脚本控制。

（1）创建一个 C#脚本，将其命名为 SwitchValue.cs，该脚本的主要作用是根据 Dropdown 选择不同属性。选择后切换到该属性的参数设置界面，参数设置完成后单击 Change 按钮就可以完成对粒子系统属性的更改。具体代码如下。

代码位置：随书资源中源代码\第 5 章目录下的 Particle_Demo\Assets\Scripts\SwitchValue.cs

```
1    using UnityEngine;
2    ……//此处省略了其余部分代码，其余代码请参考随书资源
3    using UnityEngine.Events;
4    public class SwitchValue : MonoBehaviour {
5       ParticleSystem ps;                              //创建粒子系统对象
```

```
6      public Dropdown dd;                              //修改属性 Dropdown 对象
7      public Dropdown DVelocityoverLifetime;           //Dropdown 对象
8      public Dropdown DColorOverLifeTime1;             //Dropdown 对象
9      public Dropdown DColorOverLifeTime2;             //Dropdown 对象
10     public Mesh m;                                   //网格
11     GameObject []go_CheckNum;                        //所要检验数字的游戏对象数组
12     GameObject goEmission;                           //粒子系统 Emission 对象
13     GameObject goVelocityoverLifetime;               //粒子系统 VelocityoverLifetime 对象
14     GameObject goSizeBySpeed;                        //粒子系统 SizeBySpeed 对象
15     GameObject goColorOverLifeTime;                  //粒子系统 ColorOverLifeTime 对象
16     GameObject goForceOverLifetime;                  //粒子系统 ForceOverLifetime 对象
17     void Awake(){
18        setInputLimit ();
19        goEmission = GameObject.Find ("Canvas/Panel/Emission");//找到 Emission 游戏物体
20        goVelocityoverLifetime = GameObject.Find ("Canvas/Panel/VelocityoverLifetime");
21        goSizeBySpeed = GameObject.Find ("Canvas/Panel/SizeBySpeed");
22                                   //找到并返回名称为 SizeBySpeed 的游戏对象
23        goColorOverLifeTime = GameObject.Find ("Canvas/Panel/ColorOverLifeTime");
24                                   //找到并返回名称为 ColorOverLifeTime 的游戏对象
25        goForceOverLifetime = GameObject.Find ("Canvas/Panel/ForceOverLifetime");
26                                   //找到并返回名称为 ForceOverLifetime 的游戏对象
27        goEmission.SetActive (false);//停用此游戏对象
28        goVelocityoverLifetime.SetActive (false);    //停用 VelocityoverLifetime 游戏对象
29        goColorOverLifeTime.SetActive (false);       //停用 ColorOverLifeTime 游戏对象
30        goForceOverLifetime.SetActive (false);       //停用 ForceOverLifetime 游戏对象
31        goSizeBySpeed.SetActive (false);             //停用 SizeBySpeed 游戏对象
32        ps = GetComponent<ParticleSystem>();         //获取 ParticleSystem 组件
33  }……//此处省略了其余部分代码，详细说明将在下面进行介绍
```

- 第 1～4 行导入系统相关类。在此用到的系统包名需要全部进行导入。
- 第 5～11 行声明了一些所需的成员变量。其中，粒子系统对象供运行时代码进行控制和修改，Dropdown 对象用于来自系统修改属性的选择，其余 3 个 Dropdown 对象为粒子系统中属性参数的表示。声明网格作为粒子发射器。
- 第 12～16 行声明游戏对象数组，用于获取指定 Tag 表示的游戏对象；声明各个游戏对象，用于控制该游戏对象属性的调整。
- 第 17～26 行通过 GameObject.Find 找到并返回指定名字的游戏物体，如果查找名字中包含“/”，则这个名称被视作 Hierarchy 中的路径名。
- 第 27～33 行停用 Emission、VelocityoverLifetime、ColorOverLifeTime、ForceOverLifetime 和 SizeBySpeed 游戏对象，此时这 5 个游戏对象在场景中不可见。获取 ParticleSystem 组件，用作后续属性参数的修改。

（2）介绍在 SwitchValue.cs 脚本中如何根据 Dropdown 所选属性进行相应修改及如何控制所有的 InputField 只能输入数字。首先选中 Hierarchy 面板中的所有 InputField 对象，在右侧的属性面板中选择 Tag，单击 AddTag 按钮，添加名为 InputField 的 Tag。具体代码如下。

代码位置：随书资源中源代码\第 5 章目录下的 Particle_Demo\Assets\Scripts\SwitchValue.cs

```
1   ……//此处省略了其余部分代码，读者可自行查看资源
2   void Update () {
3      if (!Constants.selected.Equals(dd.options [dd.value].text)) {
                                                    //Dropdown 中所选值是否改变
4         Constants.selected = dd.options[dd.value].text;     //将标志位值设为所选值
5         ValueSetting (Constants.selected);          //根据所选值进行判断，将在下面进行介绍
6   }}
7   private void setInputLimit(){                              //只能输入数字
8      go_CheckNum=GameObject.FindGameObjectsWithTag("InputField");   //根据 Tag 查找
9      for(int i=0;i<go_CheckNum.Length;i++){                  //遍历游戏对象数组
10        go_CheckNum [i].GetComponent<InputField> ().characterValidation =
11           InputField.CharacterValidation.Decimal; //获取 InputField 组件，并对其进行限制
12  }}
13  ……//此处省略了其余部分代码，读者可自行查看资源
```

❑ 第 1～6 行主要讲的是 Update 方法，该方法在每一帧都被调用。首先获取 Dropdown 中当前所显示值的字符串，并与全局变量中标志位所保存的字符串进行比较。如果两者不相同，则说明 Dropdown 中值发生改变，然后根据该值进行后续判断。

❑ 第 7～13 行对 InputField 中所输入内容进行限制。首先根据 Tag 名查找到该游戏对象数组，然后遍历数组，对每一个 InputField 进行输入限制。

（3）下面将以 SwitchValue.cs 脚本中的 ColorOverLifeTimeInput 方法为例，介绍如何获取用户输入的参数。首先找到并返回用户输入数据的游戏对象，获取输入值并进行传递。具体代码如下。

代码位置：随书资源中源代码\第 5 章目录下的 Particle_Demo\Assets\Scripts\SwitchValue.cs

```
1   ……//此处省略了相似部分代码，读者可自行查看资源
2   public void getColorOverLifeTimeInput(){
3         GameObject gokey1=GameObject.Find ("Canvas/Panel/ColorOverLifeTime/InputFieldKey1");
4         float fkey1 =float.Parse(gokey1.GetComponent<InputField> ().text);
5   ……//此处省略了相似部分代码，读者可自行查看资源
6         float fkey6 =float.Parse(gokey6.GetComponent<InputField> ().text);
7         String s1=DColorOverLifeTime1.options [DColorOverLifeTime1.value].text;
8         String s2=DColorOverLifeTime2.options [DColorOverLifeTime2.value].text;
9         colorOverLifetime (s1, s2, fkey1, fkey2, fkey3, fkey4, fkey5, fkey6);
10  }……//此处省略了部分代码，读者可自行查看资源
```

**注意** 在获取用户输入的数据之前首先要获取该输入对象，这部分可以通过 GameObject. Find 进行查找。在获取 InputField 所输入字符串后，需要根据实际需求进行格式转换，Dropdown 的选择可以直接用字符串表示，可用于后面设置粒子系统参数时不同属性的判断。获取输入数据后调用相应方法。

（4）介绍粒子系统中各个属性参数的设置方法。前面已经介绍了如何获取在面板上输入的粒子系统设置信息，将这些参数传递给相应方法，根据不同属性进行输入参数设置。单击 Change 按钮，设置并更改粒子系统参数。具体代码如下。

代码位置：随书资源中源代码\第 5 章目录下的 Particle_Demo\Assets\Scripts\SwitchValue.cs

```
1   private void emission(float rate,float time,short min,short max,float time2,
    short min2,short max2){
2      var em = ps.emission;             //声明并初始化 em 变量，将其作为粒子系统的发射器属性
3      em.enabled = true;                //启用粒子发射器
4      em.type = ParticleSystemEmissionType.Time;          //设置粒子发射器类型为时间类型
5      em.SetBursts(new ParticleSystem.Burst[]{ new ParticleSystem.Burst(time, min,max),
6         new ParticleSystem.Burst(time2,min2,max2)});      //设置爆发的时间和爆发粒子的数量
7      AnimationCurve curve = new AnimationCurve();        //创建动画曲线
8      curve.AddKey(0.0f, 0.1f);                           //设置关键帧值
9      curve.AddKey(0.75f, 1.0f);                          //设置关键帧值
10     em.rate = new ParticleSystem.MinMaxCurve(rate, curve);//将发射器速度参数设置为动画曲线
11  }
12  private void velocityoverLifetime(float key1,float key2,float key3,float key4,string s){
13     var vel = ps.velocityOverLifetime; //声明并初始化 vel 变量，将其作为粒子系统速度的生命周期属性
14     vel.enabled = true;              //启用粒子系统速度的生命周期控制
15     if (string.Equals (s, "Local")) {                            //判断当前控件坐标
16        vel.space = ParticleSystemSimulationSpace.Local;          //本身空间坐标系
17     } else {vel.space = ParticleSystemSimulationSpace.World; }   //世界坐标系
18     AnimationCurve curve = new AnimationCurve();                 //创建动画曲线
19     curve.AddKey( key1, key2 );                                  //设置关键帧值
20     curve.AddKey( key3, key4 );                                  //设置关键帧值
21     vel.x = new ParticleSystem.MinMaxCurve(10.0f, curve); } //将 x 轴曲线设置为动画曲线
22  private void forceOverLifetime(float key1, float key2,float key3,float key4){
23     var fo = ps.forceOverLifetime;  //声明并初始化 fo 变量，将其作为粒子系统力的生命周期属性
24     fo.enabled = true;                                    //启用力的生命周期控制
25     AnimationCurve curve = new AnimationCurve();          //创建动画曲线
26     curve.AddKey(key1, key2 );                            //设置关键帧值
27     curve.AddKey(key3, key4 );                            //设置关键帧值
28     fo.x = new ParticleSystem.MinMaxCurve(1.5f, curve); }  //将 x 轴曲线设置为动画曲线
```

```
29  private void colorOverLifetime(string s1,string s2,float key1,float key2, float
    key3, float key4,
30     float key5,float key6){
31     var col = ps.colorOverLifetime; //声明并初始化 col 变量，将其作为粒子系统颜色的生命周期属性
32     col.enabled = true;                                         //启用颜色的生命周期控制
33     Gradient grad = new Gradient();                             //创建动画颜色渐变
34     if (string.Equals (s1, s2)) {                               //判断选择值
35        if (string.Equals (s1, "blue")) {
36           grad.SetKeys (new GradientColorKey[] {                //在渐变中定义所有的颜色键
37           new GradientColorKey (Color.blue, key1),
38                 new GradientColorKey (Color.blue, key2)
39           }, new GradientAlphaKey[] {                           //在渐变中定义所有的 Alpha 键
40              new GradientAlphaKey (key3, key4),
41                 new GradientAlphaKey (key5, key6)
42              });} //……此处省略了其余部分代码，读者可以自行查看资源
43        col.color = new ParticleSystem.MinMaxGradient(grad);//设置动画颜色为渐变动画
```

- 第 1～11 行设置粒子系统发射器。首先启用粒子发射器，更改粒子发射器的类型为时间类型，设置粒子发射器爆发的周期和每次爆发时粒子的最大数量和最小数量。然后创建动画曲线，将粒子发射器速度设置为所创建的动画曲线。
- 第 12～21 行设置粒子系统速度的生命周期。首先启用该属性，根据所获取的字符串值判断当前所选坐标系，当前坐标系设置的规则是字符串所表示的坐标系。然后为其创建动画曲线，设置关键帧值。最后将 *X* 轴曲线设置为动画曲线。
- 第 22～32 行设置粒子系统力的声明周期。首先启用该属性，为其创建动画曲线，将两组关键帧进行赋值。然后将 *X* 轴曲线设置为动画曲线。
- 第 33～43 行设置粒子系统颜色的生命周期。首先启用该属性，根据用户选择的颜色组合进行颜色设置。然后创建动画颜色渐变对象，根据用户设置的值在渐变中定义所有颜色和所有 Alpha 键。最后将动画颜色渐变动画赋值给该属性。

### 3. 粒子系统其他属性的控制

前面的示例主要为读者详细讲解了粒子系统 4 种属性的设置，其余属性将通过代码进行介绍，每个属性的设置通过一个单独的脚本来讲解，具体操作可以参考下面代码及前面讲解的示例。

- Collision

在创建的粒子系统下添加脚本。要创建粒子系统对象，首先获取粒子系统组件，声明并初始化粒子碰撞属性对象。启用粒子碰撞属性，为粒子碰撞对象的弹力属性设置一个动画曲线并赋值，具体代码如下。

```
1   using UnityEngine;
2   using System.Collections;
3   public class ExampleClass : MonoBehaviour {
4       void Start() {
5           ParticleSystem ps = GetComponent<ParticleSystem>(); //创建粒子系统对象并获取组件
6           var coll = ps.collision;                            //声明并初始化碰撞
7           coll.enabled = true;                                //启用碰撞属性
8           coll.bounce = new ParticleSystem.MinMaxCurve(0.5f); //设置碰撞弹力数值
9   }}
```

- ColorBySpeed

首先在创建的粒子系统中添加脚本。获取粒子系统组件，声明并初始化颜色速度对象。启用粒子颜色属性，创建一个动画颜色渐变对象，根据需要设置颜色组合参数，并在动画颜色渐变中定义所有颜色和所有 Alpha 键，最后将动画颜色渐变对象赋值给初始化的颜色速度对象，具体代码如下。

```
1   using UnityEngine;
2   using System.Collections;
3   public class ExampleClass : MonoBehaviour {
```

```
4       void Start() {
5           ParticleSystem ps = GetComponent<ParticleSystem>(); //创建粒子系统对象并获取组件
6           var col = ps.colorBySpeed;             //基于速度变化声明并初始化粒子颜色
7           col.enabled = true;                    //启用上一步初始化属性
8           Gradient grad = new Gradient();        //创建动画颜色渐变对象
9           grad.SetKeys( new GradientColorKey[] { new GradientColorKey(Color.blue, 0.0f),
                                                   //颜色
10            new GradientColorKey(Color.red, 1.0f) }, new GradientAlphaKey[] {
                                                   //Alpha 键
11              new GradientAlphaKey(1.0f, 0.0f), new GradientAlphaKey(0.0f, 1.0f) } );
12          col.color = new ParticleSystem.MinMaxGradient(grad);    //设置粒子的颜色
13  }}
```

❑ ExternalForces

在创建的粒子系统中添加脚本。创建粒子系统对象并获取粒子系统组件，声明并初始化外力属性对象。启用粒子外力属性，为其倍增器属性赋值。在此给出的值是 0.1f，读者可根据自己的实际情况进行调节，具体代码如下。

```
1   using UnityEngine;
2   using System.Collections;
3   public class ExampleClass : MonoBehaviour {
4       void Start() {
5           ParticleSystem ps = GetComponent<ParticleSystem>(); //创建粒子系统对象并获取组件
6           var ex = ps.externalForces;                        //声明并初始化外力
7           ex.enabled = true;                                 //启用外力属性
8           ex.multiplier = 0.1f;                              //设置倍增力大小
9   }}
```

❑ InheritVelocity

继承速度是访问粒子系统的速度继承模块。首先在创建的粒子系统下添加脚本，创建粒子系统对象并获取粒子系统组件。然后声明并初始化继承速度属性对象，启用继承速度属性，为其添加一个动画曲线。对关键帧进行赋值后，对继承速度曲线进行设置，具体代码如下。

```
1   using UnityEngine;
2   using System.Collections;
3   public class ExampleClass : MonoBehaviour {
4       void Start() {
5           ParticleSystem ps = GetComponent<ParticleSystem>();    //创建粒子系统对象并获取组件
6           var iv = ps.inheritVelocity;                          //声明并初始化继承速度
7           iv.enabled = true;                                    //启用继承速度属性
8           AnimationCurve curve = new AnimationCurve();          //创建动画曲线
9           curve.AddKey( 0.0f, 1.0f );                           //设置关键帧值
10          curve.AddKey( 1.0f, 0.0f );                           //设置关键帧值
11          iv.curve = new ParticleSystem.MinMaxCurve(1.0f, curve); //设置继承速度动画曲线
12  }}
```

❑ LimitVelocityOverLifetime

在创建的粒子系统中添加脚本。创建粒子系统对象并获取粒子系统组件，声明并初始化限制生命周期速度属性对象。启用该属性，设置速度超过多少应被阻尼。创建一个动画曲线对象，将其设置为粒子大小随粒子发射时间的增大而变小的关系曲线，具体代码如下。

```
1   using UnityEngine;
2   using System.Collections;
3   public class ExampleClass : MonoBehaviour {
4       void Start() {
5           ParticleSystem ps = GetComponent<ParticleSystem>(); //创建粒子系统对象并获取组件
6           var lv = ps.limitVelocityOverLifetime;       //声明并初始化限制生命周期速度属性
7           lv.enabled = true;                           //启用该属性
8           lv.dampen = 0.5f;                            //设置被阻尼
9           AnimationCurve curve = new AnimationCurve();//创建动画曲线
10          curve.AddKey( 0.0f, 1.0f );                  //设置关键帧值
11          curve.AddKey( 1.0f, 0.0f );                  //设置关键帧值
12          lv.limit = new ParticleSystem.MinMaxCurve(10.0f, curve); //设置限制曲线
13  }}
```

❑ RotationBySpeed

在创建的粒子系统中添加脚本。创建粒子系统对象并获取粒子系统组件，声明并初始化旋转速度属性对象。启用该属性，创建动画曲线，并在关键帧进行赋值。设置 Z 轴的按速度旋转曲线，范围在所创建的两个动画曲线之间，具体代码如下。

```
1   using UnityEngine;
2   using System.Collections;
3   public class ExampleClass : MonoBehaviour {
4       void Start() {
5           ParticleSystem ps = GetComponent<ParticleSystem>(); //创建粒子系统对象并获取组件
6           var rot = ps.rotationBySpeed;                //获取管理粒子系统旋转速度的对象
7           rot.enabled = true;                          //启用该属性
8           AnimationCurve curve = new AnimationCurve();              //创建动画曲线
9           curve.AddKey(0.0f, 0.1f);                    //设置关键帧值
10           curve.AddKey(0.75f, 0.6f);                  //设置关键帧值
11           AnimationCurve curve2 = new AnimationCurve();            //创建动画曲线
12           curve2.AddKey(0.0f, 0.2f);                  //设置关键帧值
13           curve2.AddKey(0.5f, 0.9f);                  //设置关键帧值
14           rot.z = new ParticleSystem.MinMaxCurve(2.0f, curve, curve2);
                                                         //设置 z 轴变化曲线
15    }}
```

❑ RotationOverLifetime

在创建的粒子系统中添加脚本。创建粒子系统对象并获取粒子系统组件，初始化并声明旋转周期属性对象。启用该属性，创建两个动画曲线，并分别在关键帧进行赋值。设置旋转周期属性对象的角速度，让其位于两个动画曲线之间，具体代码如下。

```
1   using UnityEngine;
2   using System.Collections;
3   public class ExampleClass : MonoBehaviour {
4       void Start() {
5           ParticleSystem ps = GetComponent<ParticleSystem>();
6           var rot = ps.rotationOverLifetime;          //创建粒子系统对象并获取组件
7           rot.enabled = true;                         //启用该属性
8         AnimationCurve curve = new AnimationCurve(); //创建动画曲线
9         curve.AddKey(0.0f, 0.1f);                     //设置关键帧值
10        curve.AddKey(0.75f, 0.6f);                    //设置关键帧值
11        AnimationCurve curve2 = new AnimationCurve();//创建动画曲线
12        curve2.AddKey(0.0f, 0.2f);                    //设置关键帧值
13        curve2.AddKey(0.5f, 0.9f);                    //设置关键帧值
14        rot.angularVelocity = new ParticleSystem.MinMaxCurve(2.0f, curve, curve2);
                                                        //设置角度变化
15  }}
```

❑ Shape

在创建的粒子系统中添加脚本。创建粒子系统对象并获取粒子系统组件，初始化并声明形状属性对象。启用该属性，将粒子系统的形状类型设置为网格，将指定网格作为粒子的发射器形状。在实际操作中，此处的 myMesh 应有对应的实际网格，具体代码如下。

```
1   using UnityEngine;
2   using System.Collections;
3   public class ExampleClass : MonoBehaviour {
4       void Start() {
5           ParticleSystem ps = GetComponent<ParticleSystem>(); //创建粒子系统对象并获取组件
6           var sh = ps.shape;                                  //声明并初始化形状
7           sh.enabled = true;                              //启用该属性
8           sh.shapeType = ParticleSystemShapeType.Mesh;.//设置形状类型
9           sh.mesh = myMesh;                               //指定网格
10  }}
```

❑ SizeBySpeed

在创建的粒子系统中添加脚本。创建粒子系统对象并获取粒子系统组件。初始化粒子大小和

基于速度变化的属性对象。启用该属性，设置其大小位于两个值之间。创建动画曲线，将基于速度控制粒子大小的曲线设置为刚才创建的动画曲线，具体代码如下。

```
1    using UnityEngine;
2    using System.Collections;
3    public class ExampleClass : MonoBehaviour {
4        void Start() {
5            ParticleSystem ps = GetComponent<ParticleSystem>();//创建粒子系统对象并获取组件
6            var ss = ps.sizeBySpeed;              //获取管理粒子系统粒子大小与粒子速度关系的对象
7            ss.enabled = true;                               //启用该属性
8          ss.range = new Vector2(0.0f, 2.0f);                //设置变化范围
9            AnimationCurve curve = new AnimationCurve(); //创建动画曲线
10         curve.AddKey(0.0f, 0.1f);                          //设置关键帧值
11         curve.AddKey(0.75f, 1.0f);                         //设置关键帧值
12         ss.size = new ParticleSystem.MinMaxCurve(10.0f, curve);      //设置大小
13   }}
```

❑ SubEmitters

在创建的粒子系统中添加脚本。创建粒子系统对象并获取粒子系统组件。初始化子发射器，启用该属性，设置在父粒子系统的粒子死亡时，子粒子系统产生，并指定子发射器，具体代码如下。

```
1    using UnityEngine;
2    using System.Collections;
3    public class ExampleClass : MonoBehaviour {
4        void Start() {
5            ParticleSystem ps = GetComponent<ParticleSystem>();    //创建粒子系统对象并获取组件
6            var sub = ps.subEmitters;                     //声明并初始化子发射器
7            sub.enabled = true;                           //启用该属性
8            sub.death0 = mySubEmitter;                    //设置父粒子系统死亡时启动的子粒子系统
9    }}
```

❑ TextureSheetAnimation

在创建的粒子系统中添加脚本。创建粒子系统对象并获取粒子系统组件。初始化纹理格动画属性对象，启用该属性，在 *X* 轴上定义纹理的镶嵌图案。每个粒子发射时都使用随机纹理表的行，具体代码如下。

```
1    using UnityEngine;
2    using System.Collections;
3    public class ExampleClass : MonoBehaviour {
4        void Start() {
5            ParticleSystem ps = GetComponent<ParticleSystem>(); //创建粒子系统对象并获取组件
6            var ts = ps.textureSheetAnimation;                  //声明并初始化纹理格动画
7            ts.enabled = true;                                  //启用该属性
8            ts.numTilesX = 2;                                   //设置 X 轴定义纹理
9            ts.useRandomRow = true;                             //粒子发射时使用随机纹理表的行
10   }}
```

### 5.8.4 粒子系统综合示例

在生活中会有这样的情况，某些物体从高处坠入水中或者在水面移动时会在水面上激起水花并在水面上留下波纹。例如，一艘赛艇在水面上前进，赛艇在移动时会在水面上激起水花并且在水面上留下波纹。本节将通过示例“用粒子系统实现真实水花”向读者介绍这一效果的开发过程。

#### 1. 示例效果与基本原理

在介绍示例的具体开发过程之前，首先需要了解本示例所要达到的效果及效果能够达成的基本原理。本节的示例效果是使赛艇在水面上移动或者旋转时能够激起水花并且在水面上留下波纹，运行效果如图 5-162 和图 5-163 所示。

▲图 5-162　运行效果 1

▲图 5-163　运行效果 2

从示例的运行效果中可以看出，在本示例中，水面上有一艘赛艇在向前游动，游动的过程中激起了水花，同时在水面上留下了一些波纹。示例中的自然场景是使用前面介绍的天空盒技术和地形的创建技术实现的，这里不再赘述。水花和波纹效果是通过粒子系统技术实现的。

粒子系统不是一个简单的静态系统，它的原理是在系统中粒子会随着时间的推移不断变形和运动，同时系统会自动产生新的粒子，销毁旧的粒子。这样就能够表现出和示例中的水花和波纹等现象极其相似的效果，极大地提高了游戏的可观赏性。

**2. 场景搭建及开发步骤**

了解到示例所要达到的运行效果和基本原理后，下面将对示例的场景搭建和开发步骤进行详细介绍。

（1）创建项目。新建一个文件夹，将其命名为 PhysX。打开 Unity，生成项目。在项目中新建场景，将其命名为 Rowing。在项目中新建 3 个文件夹，分别命名为 Models、Texture 和 Map。

（2）导入模型及其对应贴图。将准备好的赛艇模型 Rowing.fbx 和人物模型 Hero.fbx 导入前面创建的文件夹 PhysX 中，然后将对应的贴图 Rowing.png 和 Hero.jpg 导入文件夹 Texture 中。将地形所需的资源导入文件夹 Map 中。

（3）搭建场景。完成场景搭建的相关工作，包括模型位置的摆放、灯光的创建及地形的设置等，这些步骤前面已有详细介绍，这里不再赘述。至此，基本场景的开发已经完成，下面开始水花特效的开发和相关脚本开发的介绍。

（4）创建一个粒子系统，将其命名为 WaterBottom，并拖曳到赛艇的子对象 Rowing 中，作为 Rowing 的子对象，如图 5-164 所示。将粒子系统 WaterBottom 调整到合适的位置，作为水面上赛艇底端生成的波纹粒子特效，如图 5-165 所示。

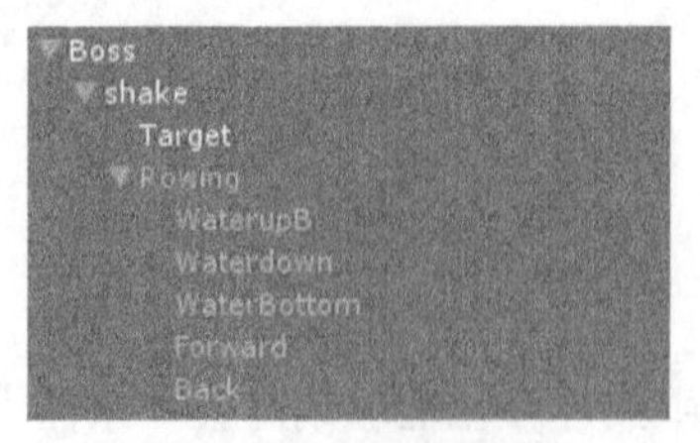


▲图 5-164　子对象列表

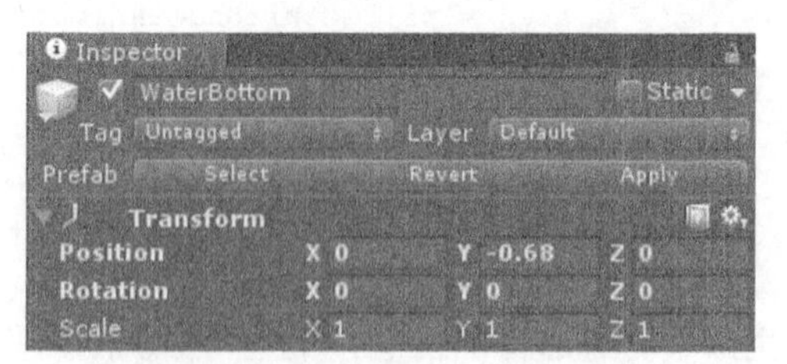


▲图 5-165　WaterBottom 相对位置

（5）创建两个粒子系统，将其分别命名为 Waterdown 和 WaterupB，它们分别是赛艇尾部底端生成的波纹和尾部生成的水花。将两个粒子系统分别拖曳到赛艇的子对象 Rowing 中，作为 Rowing 的子对象，然后调整到合适位置，如图 5-166 和图 5-167 所示。

（6）更换粒子系统的材质。创建两个 material，将其分别命名为 WaterMat1 和 WaterMat2，在它们属性界面中选择 Shader→Particles/Addictive→Particle Texture。选择 Texture 文件夹下的图片 foam.tga 作为底部波纹和尾部水花的材质，完成后的效果如图 5-168 和图 5-169 所示。

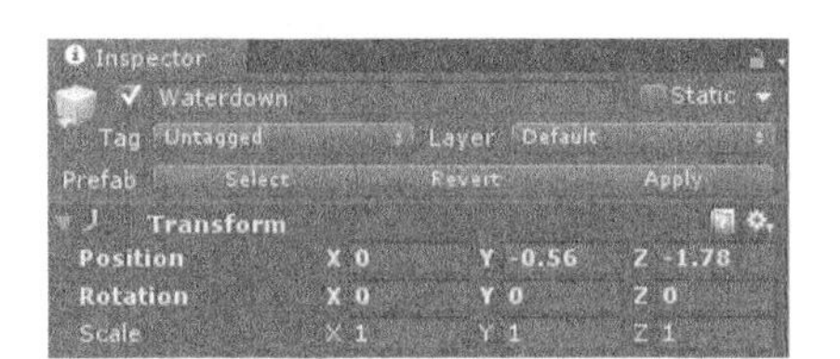


▲图 5-166 Waterdown 相对位置

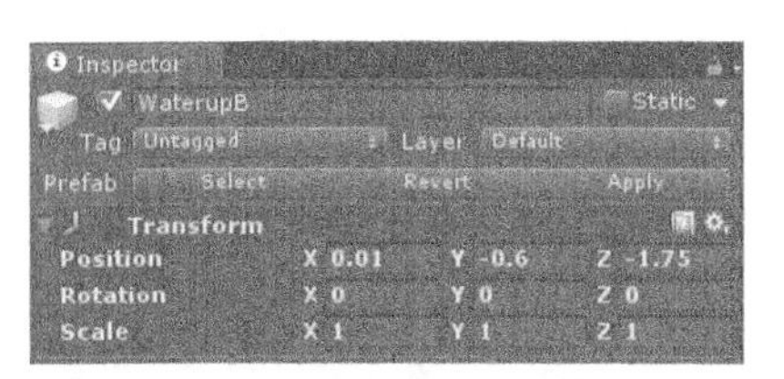


▲图 5-167 WaterupB 相对位置

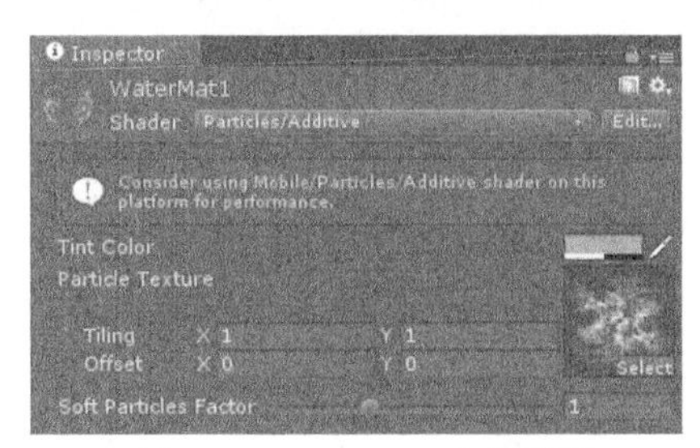


▲图 5-168 WaterMat1 属性界面

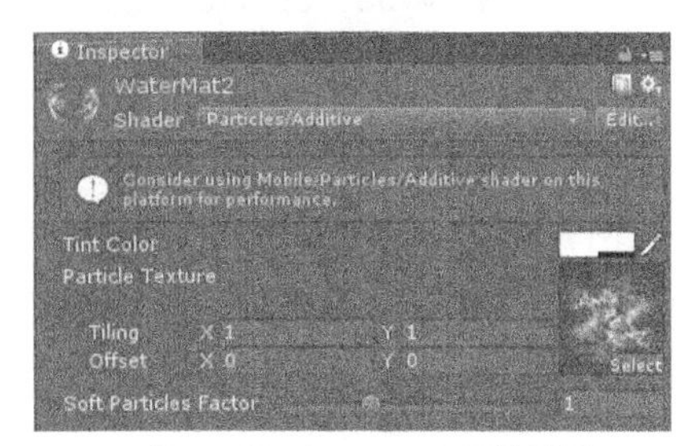


▲图 5-169 WaterMat2 属性界面

（7）调整粒子系统的参数。前面完成了粒子系统的基本创建，下面开始设置粒子系统的各个参数。以模拟水花和波纹特效为例，参考前面各个参数细节表依次设置水花和两个波纹粒子系统，设置后的结果如图 5-170 和图 5-171 所示（这里只给出了 WaterupB 的参数和材质）。

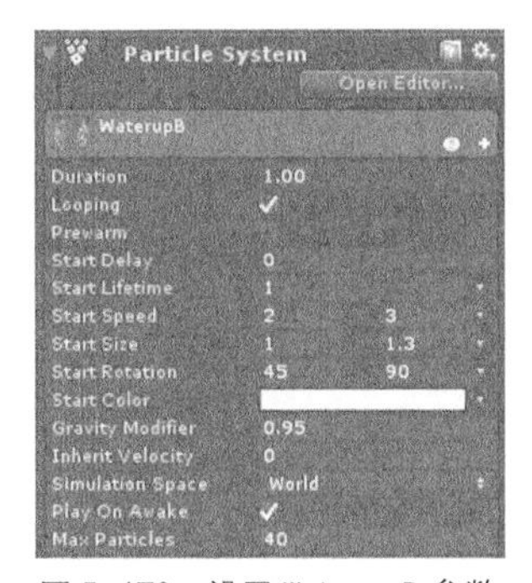


▲图 5-170 设置 WaterupB 参数

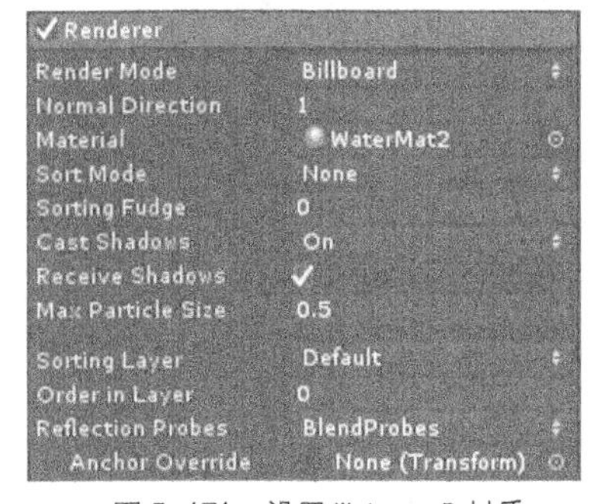


▲图 5-171 设置 WaterupB 材质

（8）搭建好粒子系统后，水花和波纹特效已经完成，单纯在同一位置生成的波纹和水花并不能真实地模拟现实生活中的情况，下面介绍示例中赛艇控制脚本的开发。新建一个 C#脚本，将其命名为 Move.cs，双击打开脚本后开始编写。脚本代码如下。

代码位置：随书资源中源代码\第 5 章目录下的 PhysX\Assets\Scripts\Move.cs

```
1   using UnityEngine;
2   using System.Collections;                                  //导入系统包
3   public class Move : MonoBehaviour{                         //声明类名
4       public EasyJoystick MyJoystick;                        //声明摇杆
5       float MoveSpeed = 0.05f;                               //声明移动速度
6       float RotSpeed = 0.5f;                                 //声明旋转速度
7       public GameObject WaterB;                              //声明尾部水花
8       void Start() { WaterB.SetActive(false); }              //尾部水花不可见
9       void Update(){                                         //Update 方法
10          if (MyJoystick.JoystickTouch.x > 0.5f) {           //摇杆到右半部分
11              transform.Rotate(0, RotSpeed, 0);              //赛艇向右旋转
12              Circle.addSpeed = true;                        //螺旋桨加速
13          }
14          if (MyJoystick.JoystickTouch.x < -0.5f){           //摇杆到左半部分
15              transform.Rotate(0, -RotSpeed, 0);             //赛艇向左旋转
16              Circle.addSpeed = true;                        //螺旋桨加速
17          }
```

```
18          if (MyJoystick.JoystickTouch.y > 0.5f){          //摇杆到上半部分
19              WaterB.SetActive(true);                      //尾部水花可见
20              transform.Translate(0, 0, MoveSpeed);        //赛艇向前移动
21              Circle.addSpeed = true;                      //螺旋桨加速
22          }
23          if (MyJoystick.JoystickTouch.y < -0.5f) {        //摇杆到下半部分
24              transform.Translate(0, 0, -MoveSpeed);       //赛艇向后移动
25              Circle.addSpeed = true;                      //螺旋桨加速
26          }
27          if (MyJoystick.JoystickTouch.x == 0 && MyJoystick.JoystickTouch.y==0){
                                                             //摇杆未移动
28              WaterB.SetActive(false);                     //尾部水花不可见
29              Circle.minusSpeed = true;                    //螺旋桨减速
30          }}}
```

❑ 第 1～8 行导入系统包、声明类名和声明脚本中用到的变量。由于要实现初始状态中赛艇在静止状态下不激起尾部水花的效果，因此在脚本的 Start 方法中将前面声明的对象 WaterB 设置为不可见，使其只在需要的时候出现。

❑ 第 9～30 行使用脚本的 Update 方法来实现通过检测摇杆的位置来控制赛艇的功能。当检测到摇杆发生不同位置的位移后，赛艇会向对应的方向执行加速或者减速功能，同时控制尾部水花的可见与不可见。

（9）脚本创建完毕后将 Move.cs 挂载到示例中的对象 Boss 上，将其子对象 WaterupB 拖曳到脚本组件界面中的 WaterupB 选项中，同时导入插件 Easytouch，将插件中的 New Joystick 对象挂载到脚本组件界面中的 My Joystick 选项中。Move.cs 组件界面如图 5-172 所示。

（10）前面介绍了脚本 Move.cs 的开发，接下来新建脚本，并将脚本命名为 Shake.cs。该脚本主要用于实现赛艇在水面上随水流而产生的波动。编写完成后将脚本拖曳到对象 Boss 的子对象 Shake 上，具体代码如下。

▲图 5-172　Move.cs 组件界面

代码位置：随书资源中源代码\第 5 章目录下的 PhysX\Assets\Scripts\Shake.cs

```
1   using UnityEngine;
2   using System.Collections;                                    //导入系统包
3   public class Shake : MonoBehaviour {                         //声明类名
4       float RotSpeedX=0.04f;                                   //声明 X 轴旋转速度
5       float RotSpeedZ=0.06f;                                   //声明 Z 轴旋转速度
6       float ShakeFactor = 4;                                   //声明旋转中心面
7       void Update () {                                         //Update 方法
8           if (transform.eulerAngles.x >= ShakeFactor &&
9              transform.eulerAngles.x <= 180) {                 //X 轴旋转最大限度
10                  RotSpeedX = -0.04f; }                        //定义旋转速度
11          if (transform.eulerAngles.x <= 360 - ShakeFactor &&
12              transform.eulerAngles.x > 180){                  //X 轴旋转最小限度
13                  RotSpeedX = 0.04f; }                         //定义旋转速度
14          if (transform.eulerAngles.z >= ShakeFactor &&
15              transform.eulerAngles.z <= 180) {                //Z 轴旋转最大限度
16                  RotSpeedZ = -0.06f; }                        //定义旋转速度
17          if (transform.eulerAngles.z <= 360 - ShakeFactor &&
18              transform.eulerAngles.z > 180) {                 //Z 轴旋转最小速度
19                  RotSpeedZ = 0.06f; }                         //定义旋转速度
20          transform.Rotate(RotSpeedX, 0, RotSpeedZ); }}        //旋转
```

❑ 第 1～6 行导入系统包、声明类名和声明脚本中用到的变量。此脚本的主要功能是模拟示例中的赛艇在水面上随水流摆动。这里定义了 $X$ 轴的旋转速度、$Z$ 轴的旋转速度和旋转围绕的平面 3 个变量。

❑ 第 7～20 行使用脚本的 Update 方法来实现脚本所要实现的功能。此脚本中赛艇绕摆动平面的 $X$ 轴旋转速度和 $Z$ 轴旋转速度不同，这样可以使赛艇在摆动过程中的规律性不太明显，摆动的效果更加真实。

（11）前面介绍了脚本 Shake.cs 的开发，下面新建脚本，并将脚本命名为 Circle.cs。该脚本主要可以实现赛艇尾部螺旋桨加速转动、减速转动和匀速转动等功能。编写完成后将脚本拖曳到对象 Shake 的子对象 Back 上，具体代码如下。

代码位置：随书资源中源代码\第 5 章目录下的 PhysX\Assets\Scripts\Circle.cs

```
1   using UnityEngine;
2   using System.Collections;                                    //导入系统包
3   public class Circle : MonoBehaviour {                        //声明类名
4       float CirSpeed;                                          //声明旋转速度
5       float minSpeed = -1;                                     //声明最小速度
6       float maxSpeed = -10;                                    //声明最大速度
7       public static bool addSpeed;                             //加速标志位
8       public static bool minusSpeed;                           //减速标志位
9       bool Add = true;                                         //加速计时标志位
10      bool Minus = true;                                       //减速计时标志位
11      float TimeA;                                             //加速时间
12      float TimeM;                                             //减速时间
13      void Update () {                                         //Update 方法
14          transform.Rotate(CirSpeed, 0, 0);                    //旋转螺旋桨
15          if (addSpeed) {                                      //加速
16              if (Add){                                        //加速计时
17                  TimeA = Time.time;                           //计时
18                  Add = false;                                 //停止计时
19              }
20              CirSpeed = Mathf.Lerp(minSpeed, maxSpeed, Time.time - TimeA);    //定义速度
21              if (CirSpeed == maxSpeed) {                      //到最大速度
22                  addSpeed = false;                            //停止加速
23              }}
24              else{Add = true; }                               //开始计时
25          if (minusSpeed) {                                    //减速
26              if (Minus){                                      //减速计时
27                  TimeM = Time.time;                           //计时
28                  Minus = false; }                             //停止计时
29              CirSpeed = Mathf.Lerp(maxSpeed, minSpeed, Time.time - TimeM);    //定义速度
30              if (CirSpeed == minSpeed) {                      //到最小速度
31                  minusSpeed = false;    }}                    //停止减速
32              else { Minus = true;    }}}                      //开始计时
```

❑ 第 1～12 行导入系统包、声明类名和声明脚本中用到的变量。此脚本的主要功能是实现示例中的赛艇尾部螺旋桨的加速和减速功能，脚本中通过记录一个时间点来实现加速和减速效果。

❑ 第 13～32 行使用脚本的 Update 方法来实现脚本所要实现的功能。脚本通过插值方式来实现时间速度渐变效果，同时通过记录按钮按下的时间点来控制赛艇尾部螺旋桨的加速和减速时间。

（12）至此，示例中的脚本开发完毕。下面导入摄像机跟随脚本，导入过程为选择 Assets 文件夹，右键，在弹出的快捷菜单中选择 Import Package→Scripts，弹出 Importing package 对话框，选择其中的 SmoothFollow.js 脚本文件导入，如图 5-173 所示。

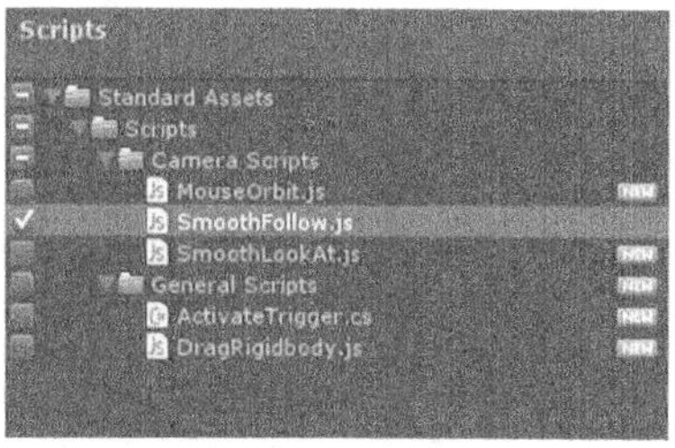

▲图 5-173 导入摄像机跟随脚本

（13）将导入的摄像机跟随脚本 SmoothFollow.js 挂载到场景中的主摄像机上。单击主摄像机，打开主摄像机的组件界面，然后将对象列表中的 Boss 对象的子对象 Target 拖曳到组件 SmoothFollow.js 中的 Target 选项中。设置参数，如图 5-174 所示。

（14）给赛艇添加刚体和碰撞体。选中对象 Boss，选择 Component→physics→Rigidbody，去掉重力，选中 Freeze Position 中的 Y 复选框，以及 Freeze Rotation 的 X 复选框和 Z 复选框。设置后的结果如图 5-175 所示。

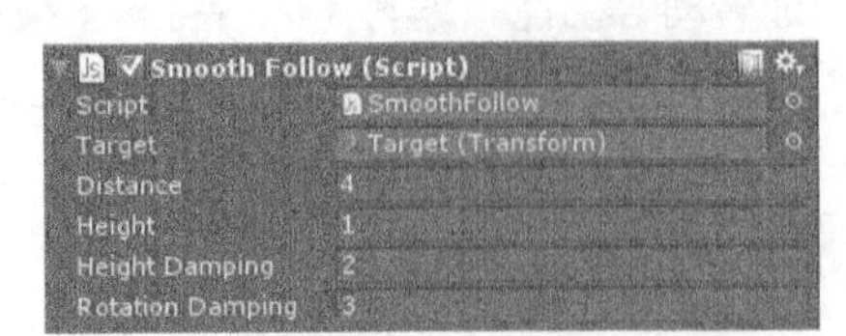


▲图 5-174　设置摄像机跟随脚本组件

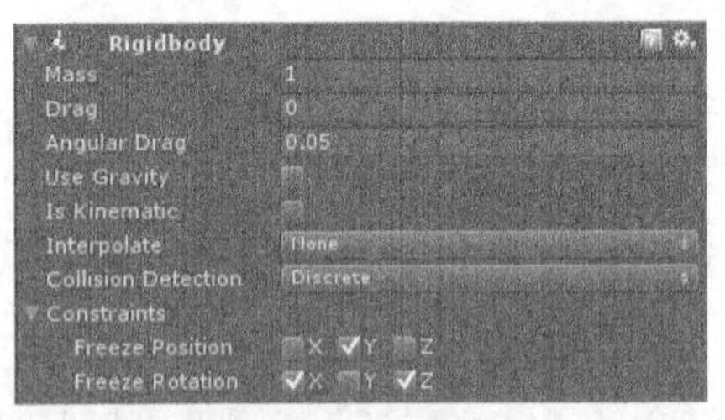


▲图 5-175　设置刚体组件

（15）添加天空盒。选中主摄像机，选择 Component→Rendering→Skybox，导入系统天空盒资源。选择 Sunny1 Skybox，将属性界面的 Shader 更改为 Mobile→Skybox，将更改后的材质拖曳到主摄像机 Skybox 组件的 Custom Skybox 中，至此示例完成。

本示例的场景文件位于随书资源中源代码\第 5 章目录下的 PhysX\Assets\Scenes 中。读者可以举一反三，将此种方案加以推广，可以将多个粒子系统进行组合以达到更加细致精确的效果。

## 5.9 物理引擎在动画系统中的使用

在进行格斗游戏、运动类游戏的开发时，经常会使用到 Unity 3D 中的角色动画系统（Mecanim），同时需要在使用动画系统的基础上，通过物理引擎进行物理模拟计算。本节将通过一个简单的示例向读者介绍如何在角色动画系统中使用物理引擎进行开发。

### 5.9.1　场景的搭建

（1）选择 File→New Scene，新建一个 Scene 场景，将其命名为 Animation，并将其保存在 Assets\Scene 目录下，如图 5-176 所示。该场景用于承载本示例的开发。

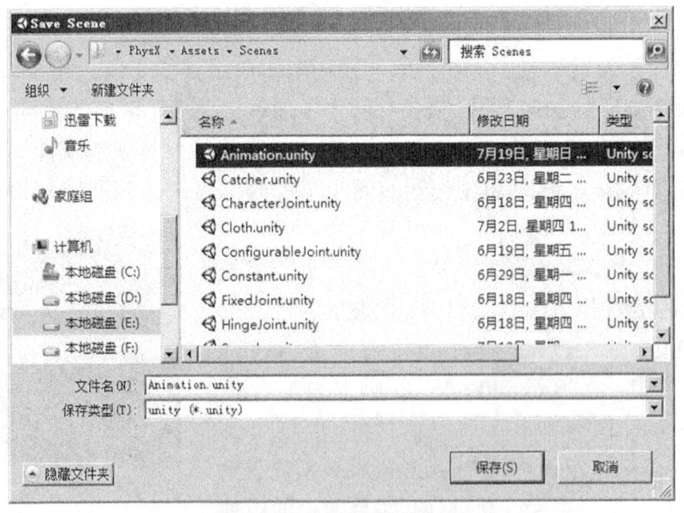


▲图 5-176　新建并保存场景

（2）选择 GameObject→3D Object→Terrain，创建一个地形，如图 5-177 所示。为该地形添加一个纹理图，其效果如图 5-178 所示。该图片保存在 Assets\Texs 目录下，本示例中使用到的所有资源都可在随书资源中获得。

（3）选中 Assets\Models 目录下的 Boy.fbx 模型，在 Inspector 面板中将 Rig 中的 Animation Type 设置为 Humanoid，并单击 Apply 按钮，如图 5-179 所示。然后将该模型拖曳到场景中，并调整其

朝向和位置，场景效果如图 5-180 所示。

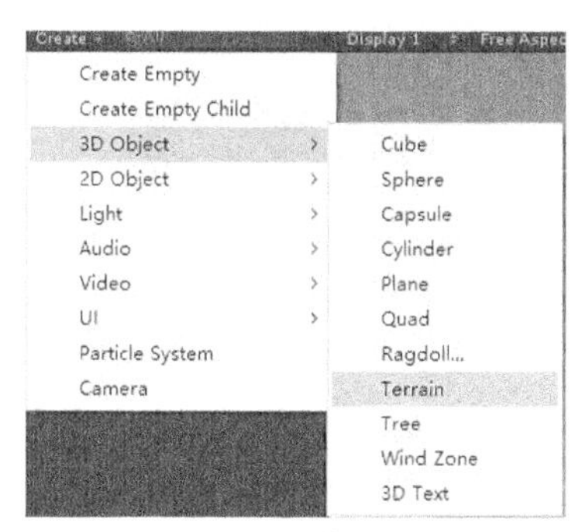


▲图 5-177 创建地形

▲图 5-178 地形效果

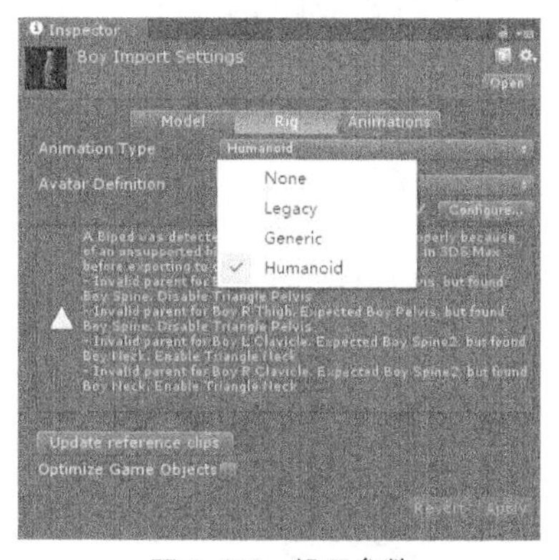


▲图 5-179 设置参数

▲图 5-180 场景效果

（4）在 Assets 目录上右击，在弹出的快捷菜单中选择 Create→Animator Controller，如图 5-181 所示，创建一个动画控制器，并将其命名为 BoyAni。双击该动画控制器，进入其编辑窗口，并在 Project 面板中将 Boy 模型根目录下的 Take 001 动画拖曳进去成为 Idle 动画块，如图 5-182 所示。

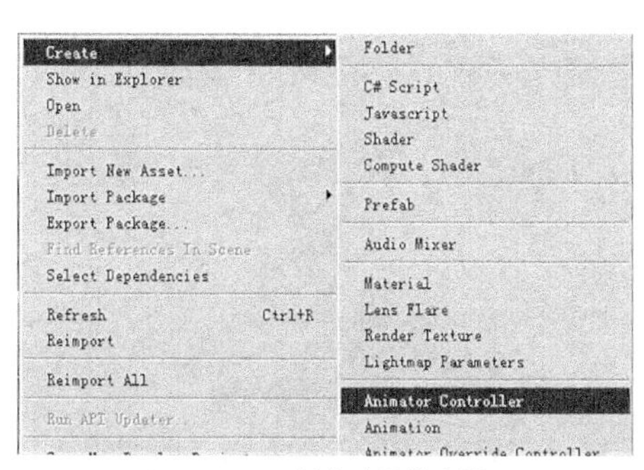


▲图 5-181 创建动画控制器

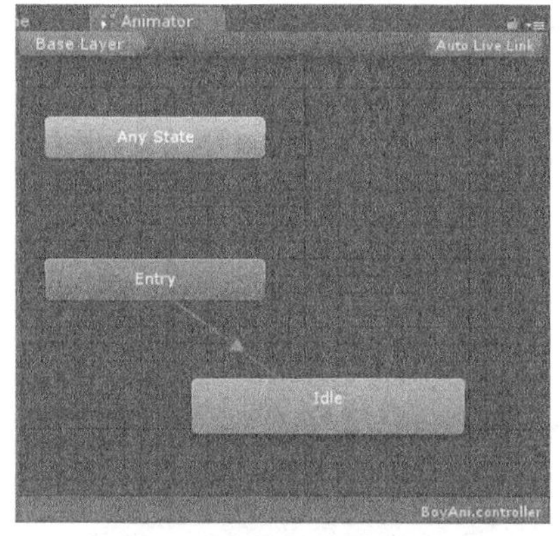


▲图 5-182 编辑动画控制器

（5）选中 Assets\Models 目录下的 Boy@Soccer.fbx 模型，同样将其 Animation Type 设置为 Humanoid，如图 5-183 所示。然后把位于其子目录下的 Soccer 动画拖曳到动画编辑窗口中，如图 5-184 所示，为 Idle 和 Soccer 动画建立连接。

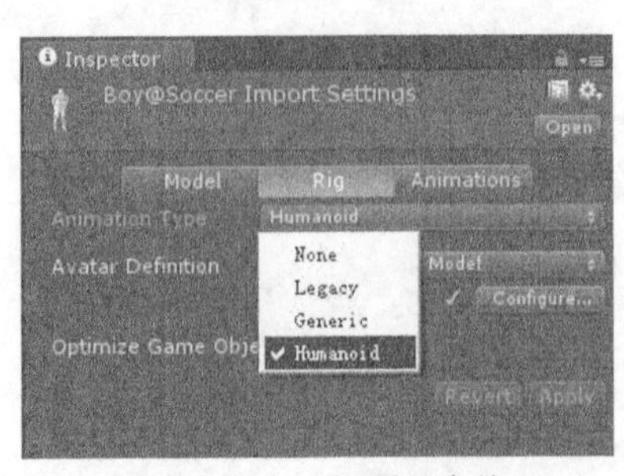


▲图 5-183　设置动画参数

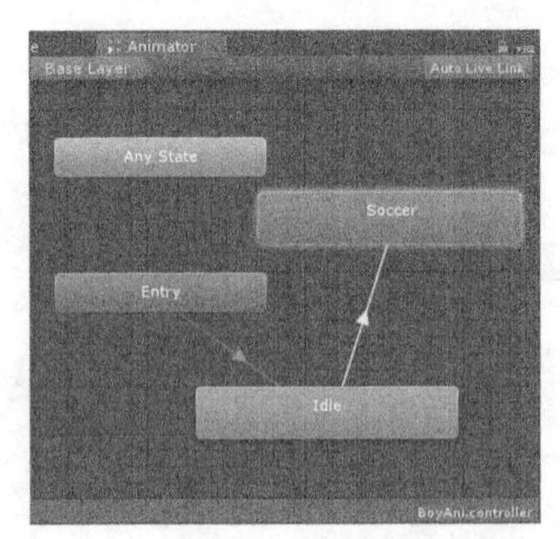


▲图 5-184　添加动画

（6）将 BoyAni 动画控制器拖曳到场景中 Boy 对象上的 Animator 组件中的 Controller 内，如图 5-185 所示。单击“运行”按钮，Boy 对象将会播放踢球动画，其运行效果如图 5-186 所示。

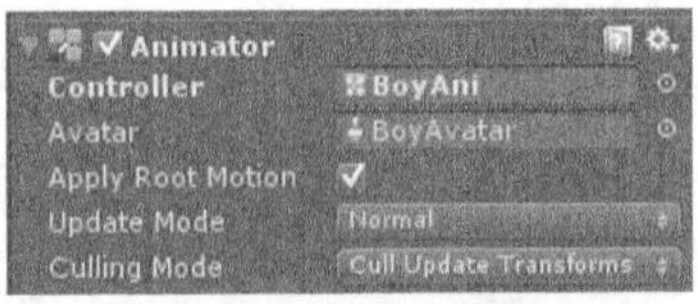

▲图 5-186　运行效果

▲图 5-185　设置参数

（7）选中相对应的骨头对象，选择 Component→Physics→BoxCollider，为其添加盒子碰撞器；选择 Component→Physics→Rigidbody，为其添加刚体，如图 5-187 所示。调整其大小，使多个盒子碰撞器能够刚好包住角色，其最终效果如图 5-188 所示。

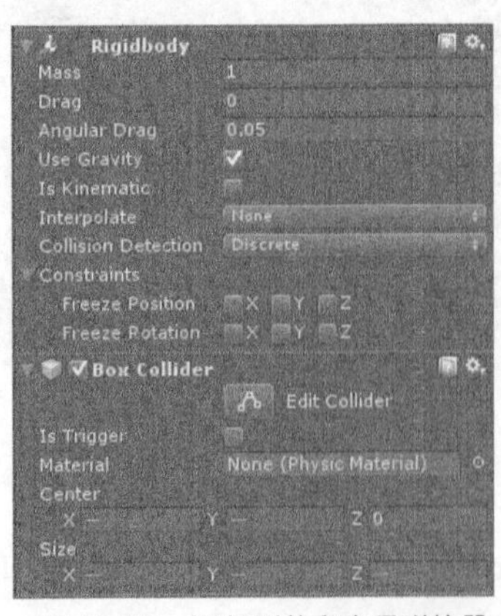


▲图 5-187　添加刚体和盒子碰撞器

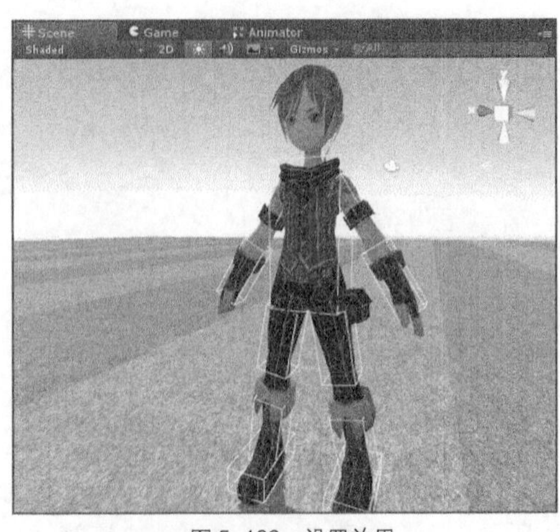


▲图 5-188　设置效果

（8）选择 GameObject→3D Object→Sphere，如图 5-189 所示，创建一个球体对象，并将其命名为 Ball。它充当足球对象，并将它摆放到适当的位置，使 Boy 对象刚好能够踢中它。分别为其添加刚体和球形碰撞器，如图 5-190 所示。

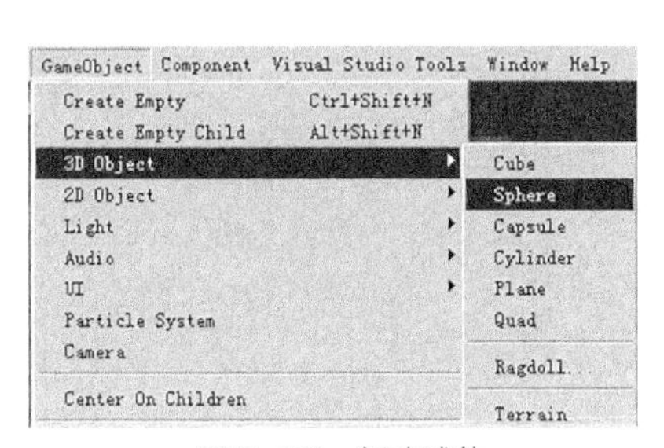


▲图 5-189 新建球体

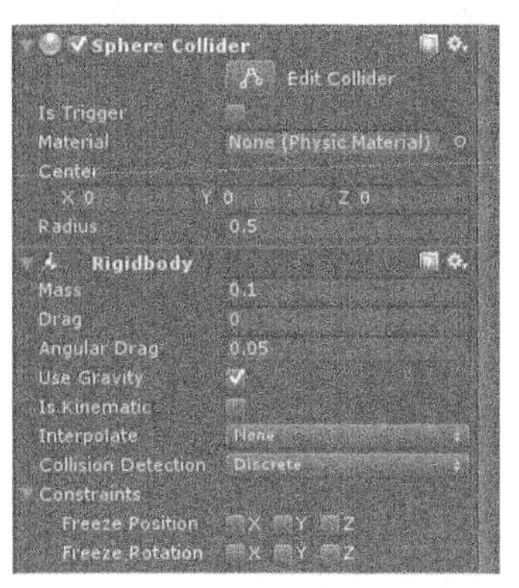


▲图 5-190 添加刚体和球形碰撞器

（9）在 Inspector 面板中单击 Tag 按钮，在弹出的下拉列表中选择 Add Tag，如图 5-191 所示。此时会弹出图 5-192 所示的界面，在该界面中添加一个 Player 标签。分别选中前面添加过碰撞器和刚体的对象，均为其指定 Player 标签。

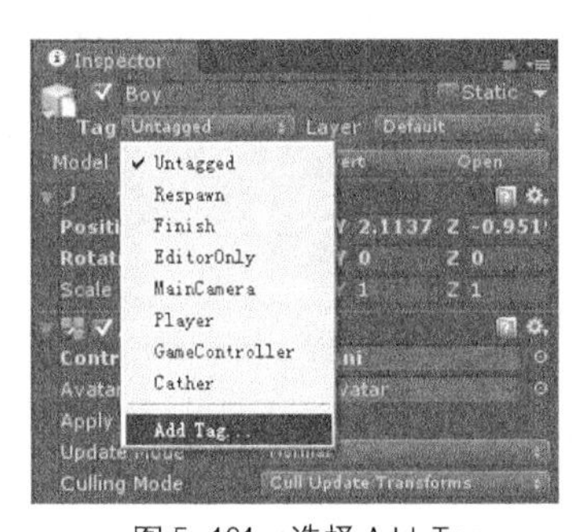


▲图 5-191 选择 Add Tag

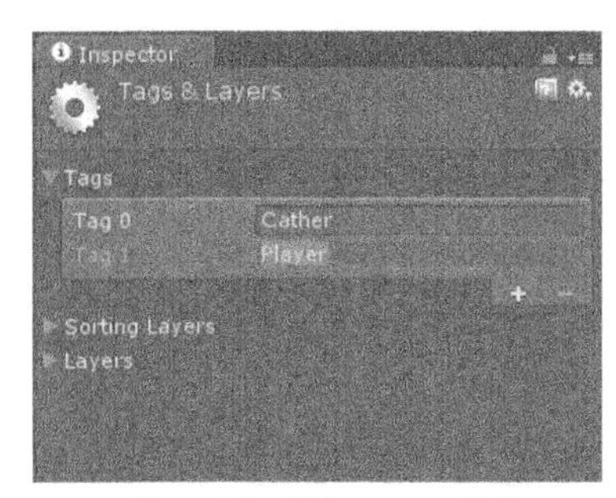


▲图 5-192 添加 Player 标签

## 5.9.2 脚本的开发

本示例使用了 C#作为其开发语言，主要包含球与运动员间的碰撞检测。在运动员与球相互接触时，向球体施加一个瞬时力，使球产生被击飞的效果。在前面章节中已经对相应的知识进行了详细介绍，此处将不再赘述，读者若有需要可翻阅前面的内容进行查看。

新建一个 C#脚本，并将其命名为 Ball.cs，该脚本挂载在 Ball 对象上，用于进行球体的碰撞检测。其具体代码如下。

代码位置：随书资源中源代码\第 5 章目录下的 PhysX\Assets\Scripts\Ball.cs

```
1  using UnityEngine;
2  using System.Collections;
3  public class Ball : MonoBehaviour {
4    void OnCollisionEnter(Collision collisionInfo) {           //碰撞检测
5      if (collisionInfo.gameObject.tag.Equals("Player")) {    //若与运动员产生碰撞
6        collisionInfo.gameObject.GetComponent<Rigidbody>()
7        .AddForce(collisionInfo.contacts[0].normal * 3000);   //向足球施加一个瞬时力
8  }}}
```

❑ 第 1～8 行进行 OnCollisionEnter 方法的开发。该方法在球体被触碰之后执行并只执行一次。对碰撞对象的标签进行识别，若碰撞对象的标签与运动员的标签相同，即运动员与球体进行碰撞，则向球体施加一个力，从而产生球被运动员踢走的效果。

### 5.9.3　运行效果

单击“运行”按钮，场景中的 Boy 对象将会播放踢球动画，如图 5-193 所示。当 Boy 对象的脚踢中 Ball 对象时，球将会被击飞，从而产生图 5-194 所示的效果，球会被踢中并以弧线运动，最后落在草地上。

▲图 5-193　播放动画

▲图 5-194　击飞足球

## 5.10 物理引擎综合示例

前面已经对 Unity 3D 中物理引擎的基础知识进行了详细讲解，还通过一些小示例具体介绍了物理引擎的相关应用。本节将讲解一个综合示例，通过该示例，读者可对 Unity 3D 中的物理引擎有一个更加深入的了解。在完成本示例的学习后，读者可以熟练地使用物理引擎进行实际开发。

### 5.10.1　场景的搭建

本小节先讲解场景的搭建。在前面的学习中，读者跟随笔者的讲解了解了部分示例的开发。经过这些讲解，读者应该对场景的搭建及对象的创建有了一定的了解，所以本小节对于这部分知识将只进行简单介绍，不再赘述，如有疑问可参考随书资源中的内容。

（1）选择 File→New Scene，如图 5-195 所示，新建一个 Scene 场景，并将其命名为 Sample，保存在 Assets\Scenes 目录下。选择 GameObject→3D Object→Plane，如图 5-196 所示创建一个 Plane 对象，命名为 Plane，用它来充当地板对象，并为其指定合适的材质。

（2）将 Assets\Models 目录下的 Gun 模型拖曳到场景中，如图 5-197 所示。读者可在随书资源中“第 5 章\Assets\Models”中找到该模型对象，可按照自身喜好为其添加材质。

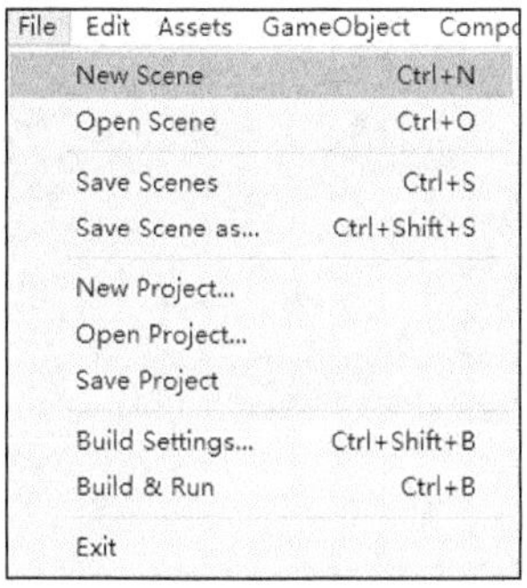

▲图 5-195 新建场景

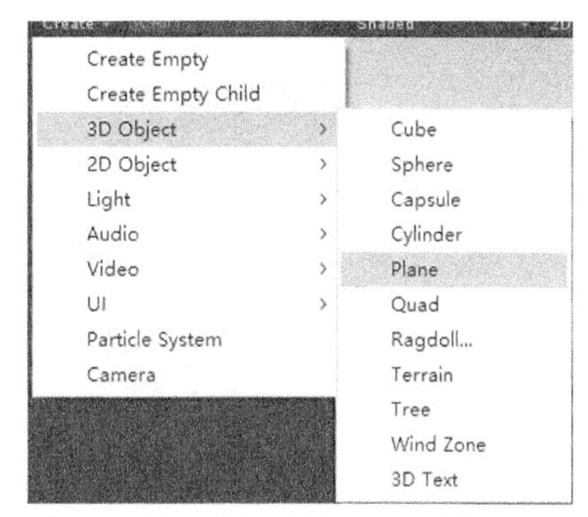


▲图 5-196 创建 Plane 对象

▲图 5-197 Gun 对象

（3）选择 GameObject→3D Object→Sphere，如图 5-198 所示，创建一个球体对象，并将其命名为 Ball，赋予其材质并调整其位置，使球刚好位于炮口处，以用于炮弹的复制参照点。调整 Ball 对象的目录，将其拖曳成 Gun\Gun 的子对象，如图 5-199 所示。

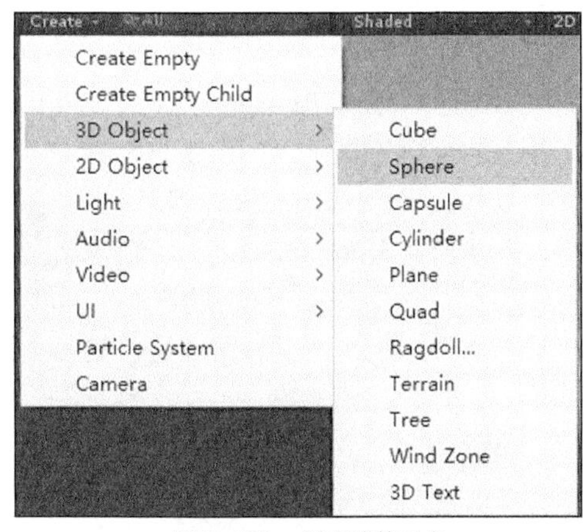


▲图 5-198 创建球体对象

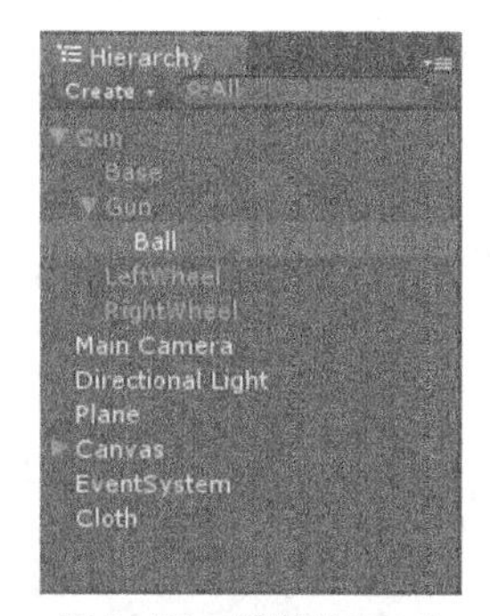


▲图 5-199 调整从属关系

（4）选中刚刚创建完成的 Ball 对象，选择 Component→Physics→Rigidbody，如图 5-200 所示，为其添加一个刚体组件。将 Ball 从 Hierarchy 面板中拖曳到 Assets\Models 目录下，使其成为一个预制件，如图 5-201 所示。

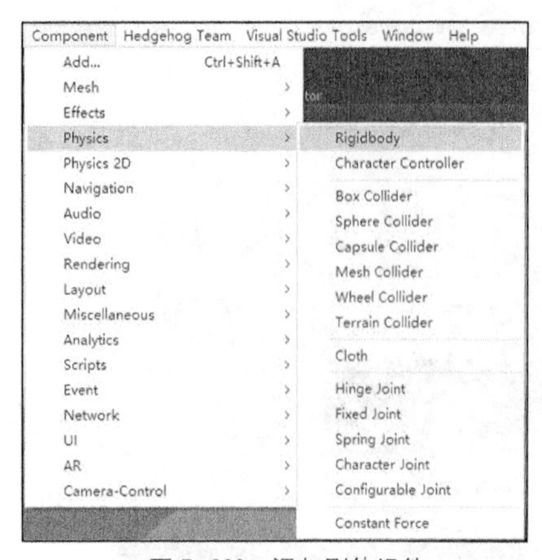


▲图 5-200　添加刚体组件

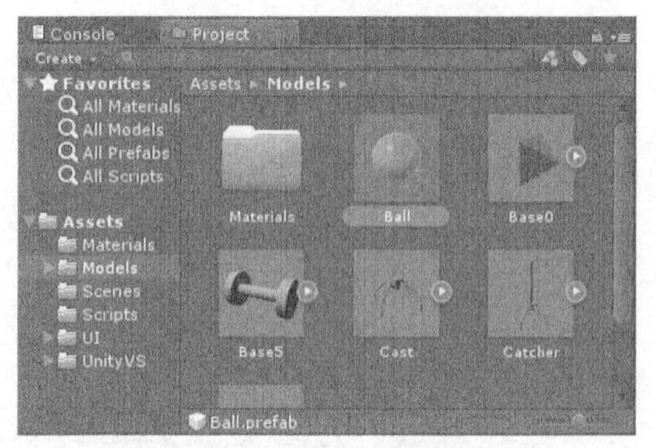


▲图 5-201　生成预制件

（5）选择 GameObject→Create Empty，如图 5-202 所示，创建一个空对象，并将其命名为 Cloth，用来充当场景中的布料。选中 Cloth 对象，选择 Component→Physics→Cloth，如图 5-203 所示，为其添加一个布料组件。

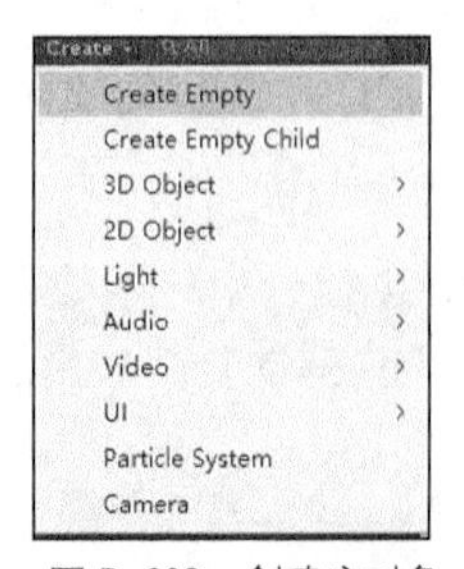


▲图 5-202　创建空对象

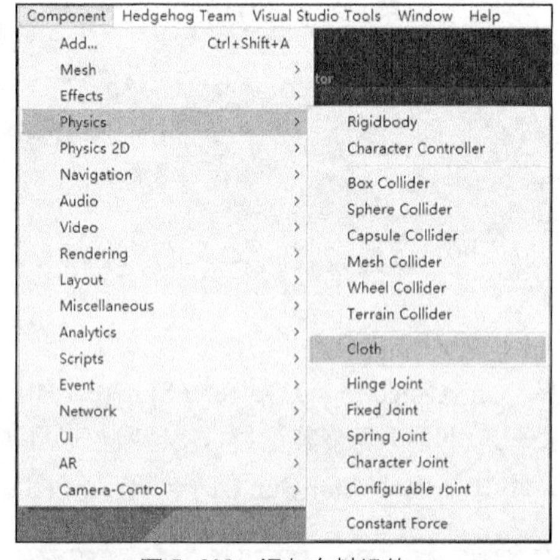


▲图 5-203　添加布料组件

（6）选中 Cloth 对象，在 Inspector 面板中，设置 Skinned Mesh Renderer 组件下的 Mesh 为 Plane，如图 5-204 所示，设置 Materials 中 Size 为 1，并添加合适的材质，如图 5-205 所示。

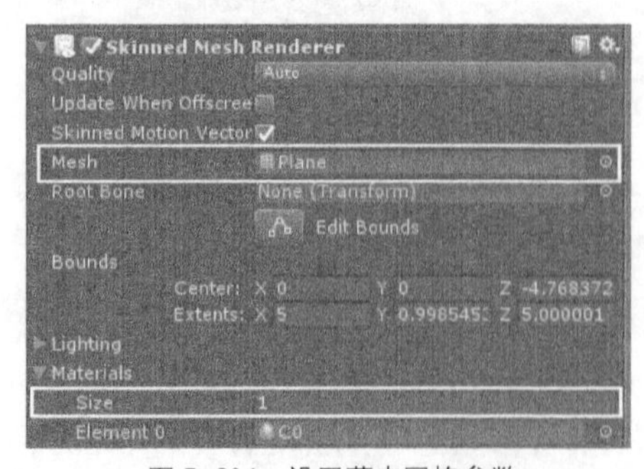


▲图 5-204　设置蒙皮网格参数

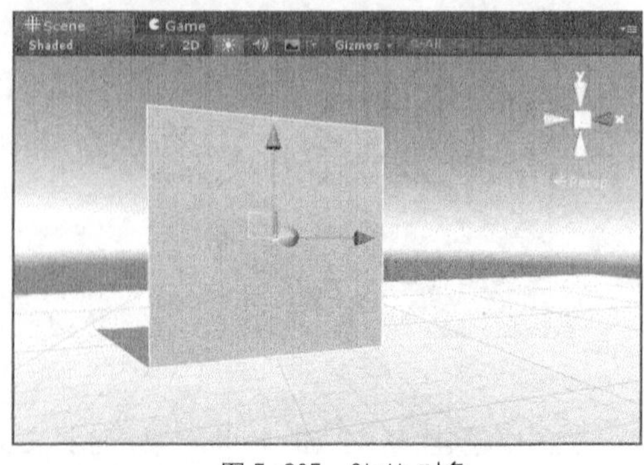


▲图 5-205　Cloth 对象

（7）选中 Cloth 对象，在 Inspector 面板中设置 Cloth 组件下的 Random Acceleration 为(0,100,0)，

如图 5-206 所示，为布料添加一个方向指定、大小为 10 的随机作用力，使布料产生一个随风飘动的效果。该布料的物理模拟效果如图 5-207 所示。

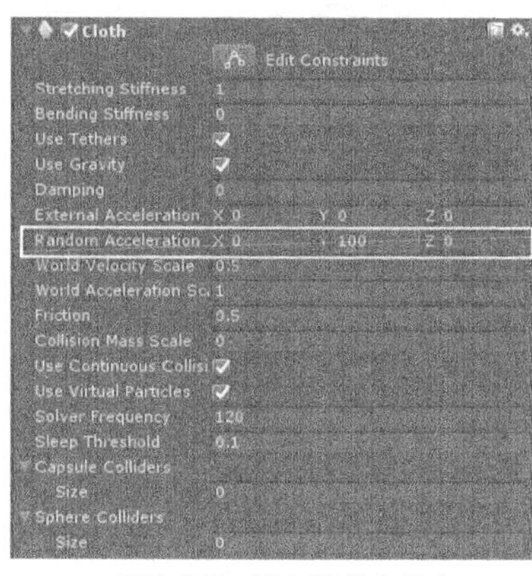


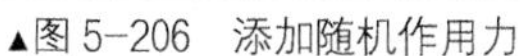
▲图 5-206　添加随机作用力

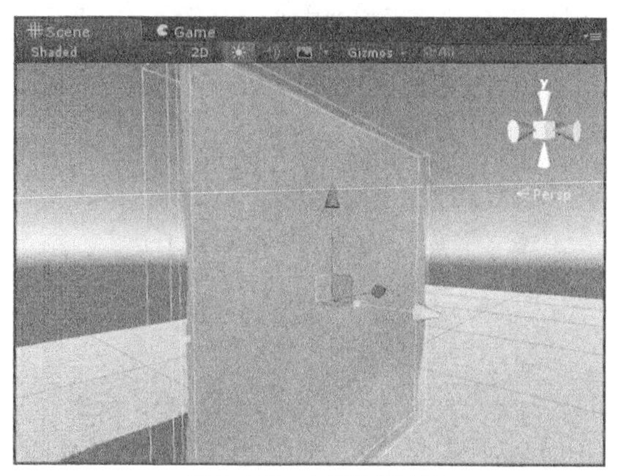


▲图 5-207　布料模拟效果

（8）选中 Cloth 对象，选择 Component→Physics→Box Collider，如图 5-208 所示，为其添加一个盒子碰撞器。单击盒子碰撞器组件中的“调整”按钮，调整该碰撞器的大小及位置，使其刚好位于布料后方且厚度合适，如图 5-209 所示。

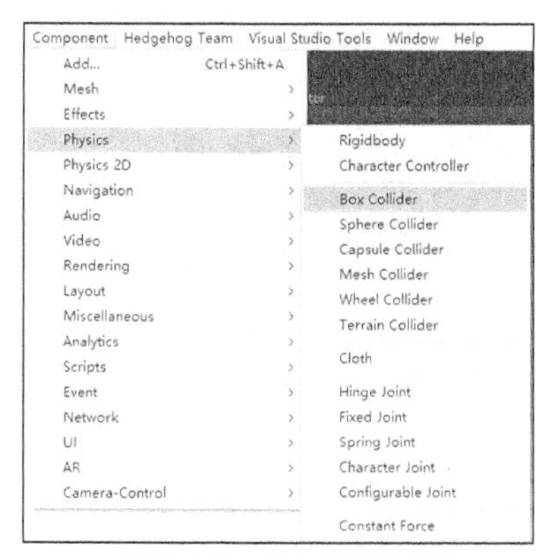


▲图 5-208　添加盒子碰撞器

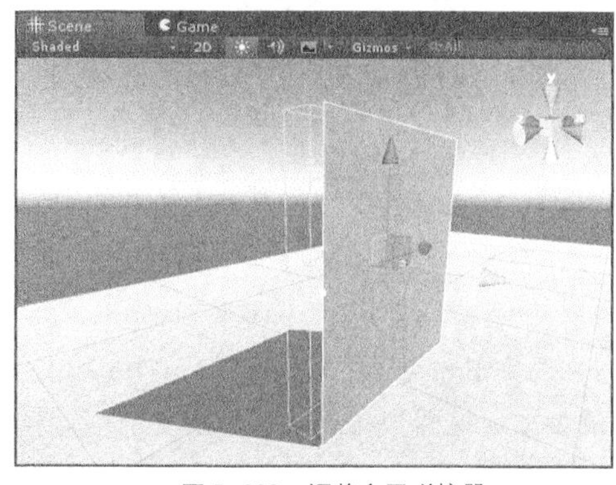


▲图 5-209　调整盒子碰撞器

（9）分别选中 Gun 对象的子对象 Gun 对象和 Base 对象，选择 Component→Physics→Rigidbody，如图 5-210 所示，为其添加一个刚体组件。选中 Gun 对象，选择 Component→Physics→Hinge Joint，如图 5-211 所示，为其添加一个铰链关节组件。

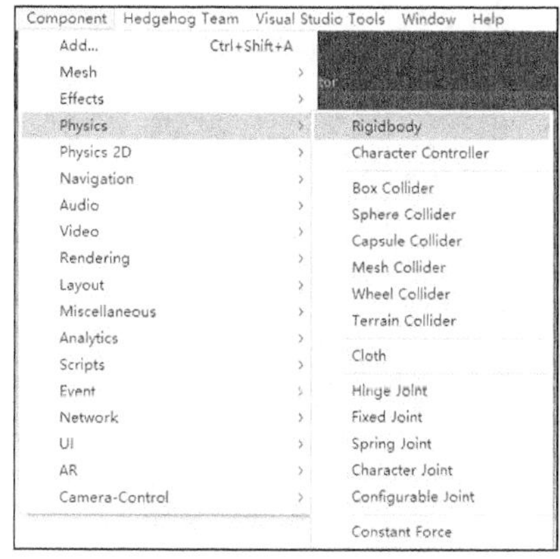


▲图 5-210　添加刚体组件

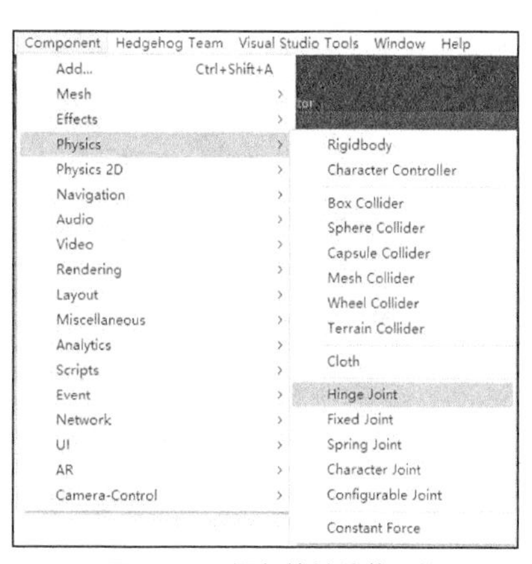


▲图 5-211　添加铰链关节组件

（10）选中 Gun 对象，设置其铰链关节组件参数，将 Connected Body 指定为 Base 对象，如图 5-212 所示。取消选中 Auto Configure Connected Anchor 复选框，调整连接点的位置，使两个刚体的旋转轴重合并位于炮架中心，如图 5-213 所示。

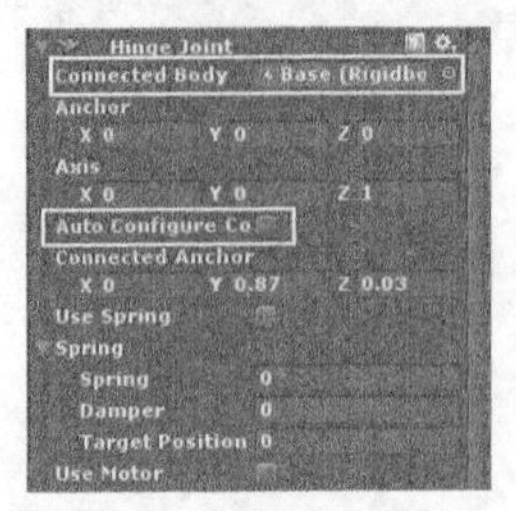

▲图 5-212　指定连接对象

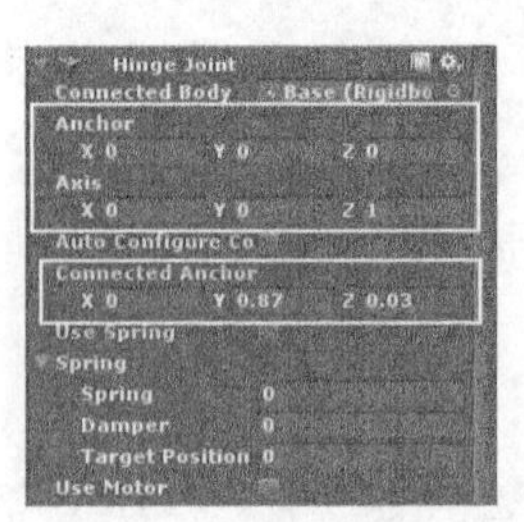

▲图 5-213　设置旋转轴

（11）选择 GameObject→Create Empty，分别创建两个空对象，并将其命名为 Emi 和 FireFlare，以分别用于实现爆炸和烟雾效果；选择 GameObject→Particle System，创建一个粒子系统对象，并将其命名为 Follow，如图 5-214 所示。

（12）选中 Emi 对象，创建两个粒子系统对象作为其子对象，并将其命名为 EmiFire 和 EmiFlare；选中 FireFlare 对象，创建两个粒子系统对象作为其子对象，并将其命名为 PousFlare 和 PousFire，如图 5-215 所示。

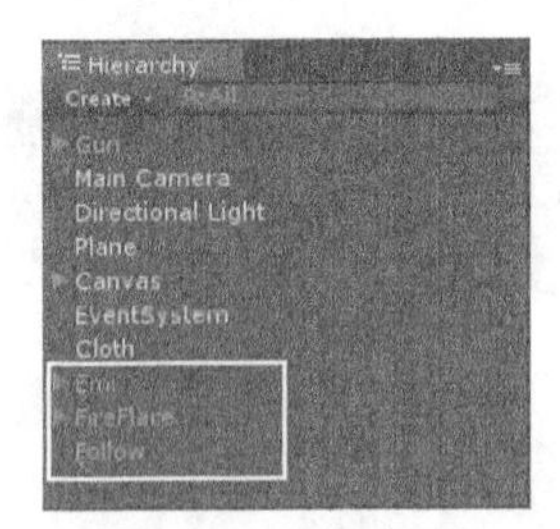

▲图 5-214　创建对象

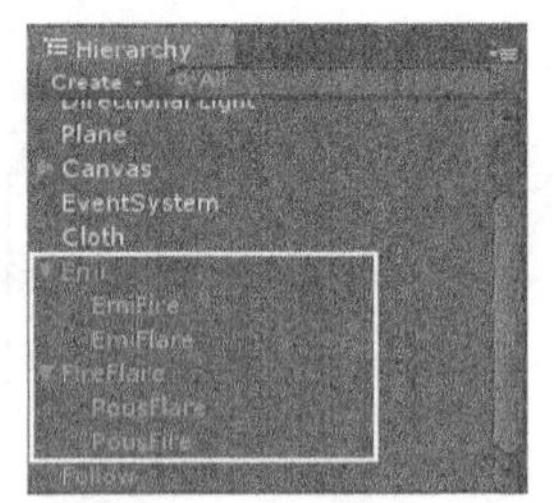

▲图 5-215　创建粒子系统

（13）选中 Emi 对象的子对象 EmiFire 和 EmiFlare，参考图 5-216 和图 5-217，设置这两个粒子系统的参数。这两个粒子系统分别充当炮弹爆炸时产生的焰火和烟雾。

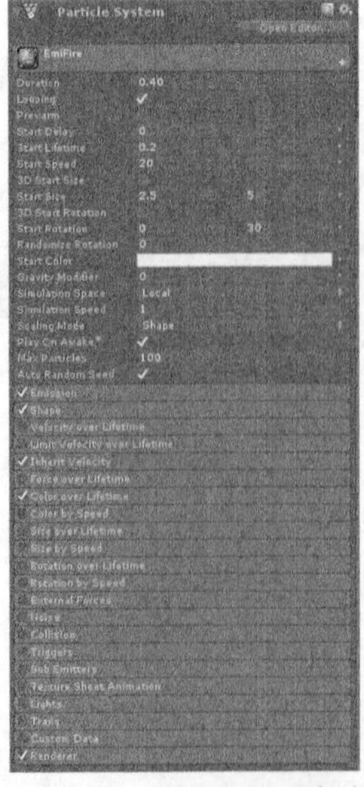
▲图 5-216　设置 EmiFire 参数

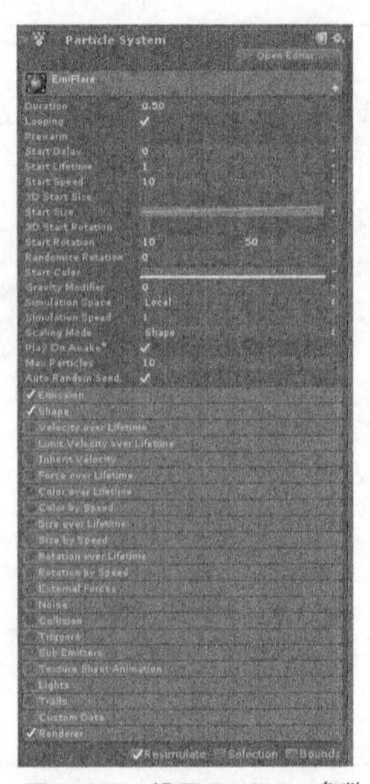
▲图 5-217　设置 EmiFlare 参数

（14）选中 FireFlare 对象的子对象 PousFlare 和 PousFire，参考图 5-218 和图 5-219，设置这两个粒子系统的参数。这两个粒子系统分别充当炮弹发射时产生的焰火和烟雾。参考图 5-220，设置 Follow 粒子系统的参数。该粒子系统用于充当追随在炮弹后面的烟雾。

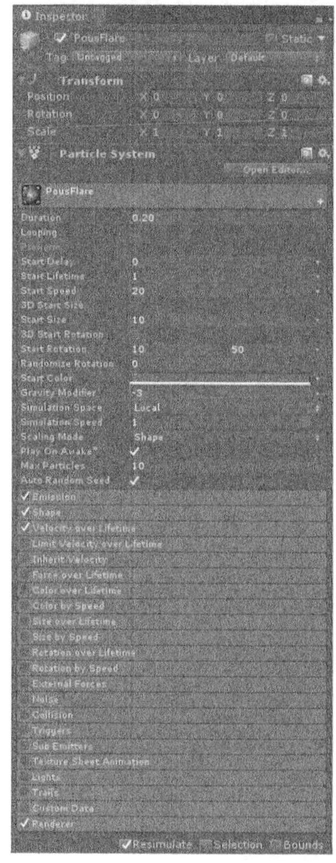
▲图 5-218　设置 PousFlare 参数

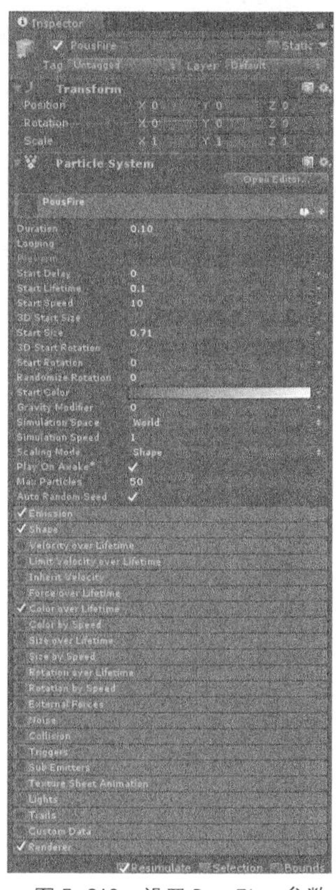
▲图 5-219　设置 PousFire 参数

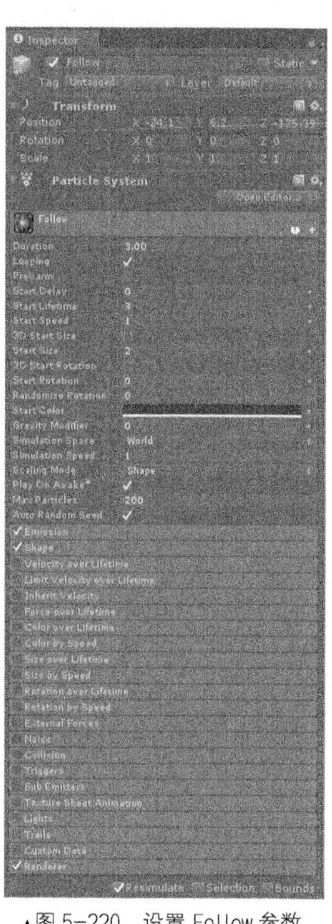
▲图 5-220　设置 Follow 参数

> **说明**　由于在前面章节中已经对粒子系统进行了详细介绍，且本书的篇幅有限，所以对于这几个粒子系统对象的设置在此就不再赘述。感兴趣的读者可以参照随书资源中第 5 章/PhysX/Assets/Models 目录下的预制件进行设置。

（15）参数设置完成之后，这 3 个粒子系统的最终运行效果如图 5-221～图 5-223 所示。读者可以根据自身喜好进行适当发挥，不必与笔者完全一致。

▲图 5-221　Emi 效果

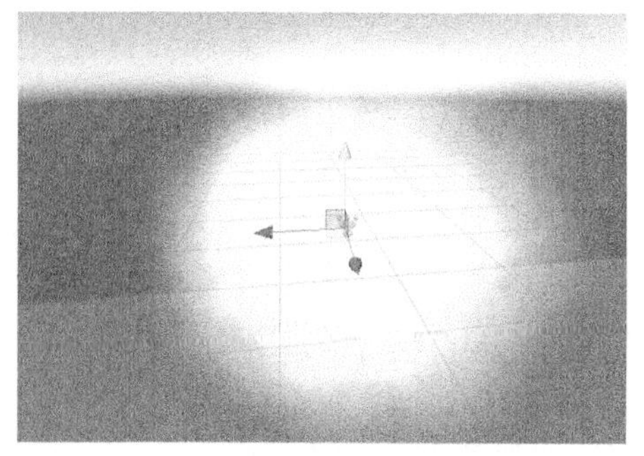
▲图 5-222　FireFlare 效果

（16）将 Emi、FireFlare 和 Follow 等对象分别拖曳到 Assets\Models 目录下，使其成为预制件，

以供后面的脚本开发使用，如图 5-224 所示。最后将场景中的粒子系统对象删除，在后续的开发中将通过对预制件实例化来完成粒子系统的使用。

▲图 5-223　Follow 效果

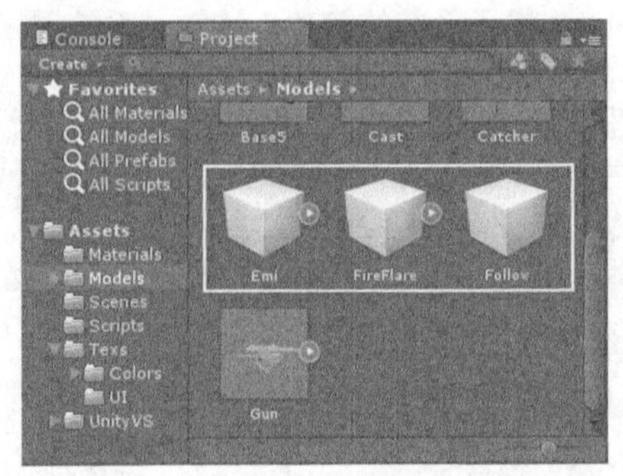

▲图 5-224　生成预制件

## 5.10.2　界面的搭建

本小节介绍程序交互界面的开发。本程序所需的按钮较少，只需要“炮管角度调整”按钮和“开火”按钮即可。此处通过 UGUI 系统进行 UI 的开发，其所涉及的知识在前面章节已经进行了详细讲解，此处不再赘述，只进行纯粹的使用。

（1）选择 Create→UI→Button，如图 5-225 所示，创建 3 个按钮，将其分别命名为 ButtonFIRE、ButtonUP 和 ButtonDOWN。本程序只需要简单的按钮，因此可分别删除 3 个按钮各自的子对象 Text，如图 5-226 所示。

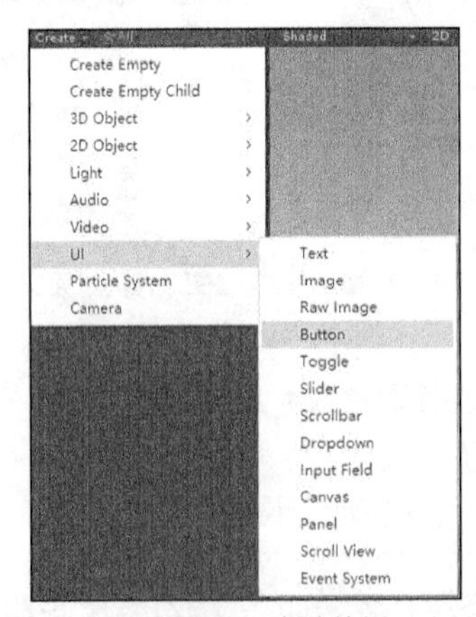

▲图 5-225　创建按钮

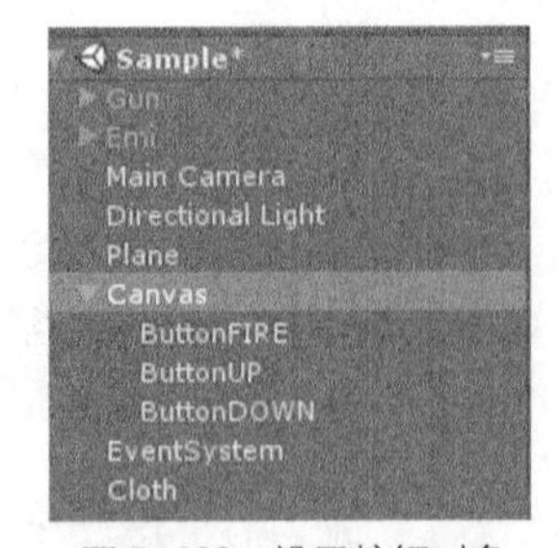

▲图 5-226　设置按钮对象

（2）选中创建完成的 3 个按钮，调整 Rect Transform 组件下的参数。单击左上角的方块，选择 left 和 bottom，为屏幕自适应的开发做准备，如图 5-227 所示。通过设置 Image 组件下的 Source Image 参数，为其添加按钮图片，并调整至合适位置，如图 5-228 所示。

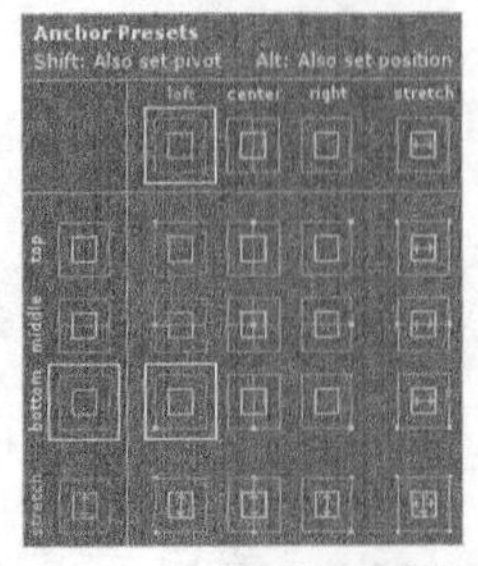

▲图 5-227　调整 UI 原点

▲图 5-228　调整按钮位置

### 5.10.3　脚本的开发

本示例使用了C#作为其开发语言，主要包含炮弹监听和按钮监听两部分的开发，其中调用了部分与物理引擎相关的函数及其他有关GUI的开发方法。在前面章节中已经对相应的知识进行了详细介绍，此处不再赘述，读者若有需要可翻阅前面的内容进行查看。

（1）选择Assets→Create→C# Script，创建一个C#脚本，将其命名为SampleListener.cs。该脚本用于UI监听和部分逻辑的开发，其具体代码如下。

代码位置：随书资源中源代码\第5章目录下的PhysX\Assets\Scripts\SampleListener.cs

```
1   using UnityEngine;
2   using System.Collections;
3   public class SampleListener : MonoBehaviour {
4     public GameObject ballPre;                                    //炮弹预制件
5     public Transform targetPos;                                   //炮弹生成点
6     public Cloth cloth;                                           //布料对象
7     private int icount;                                           //计数器
8     public GameObject FireFlare;                                  //发射烟雾
9     void Start () {
10      InitUI();                                                   //屏幕自适应
11    }
12    public void Fire() {
13      Rigidbody ballRi = ((GameObject)(Instantiate(ballPre, targetPos.position,
14      targetPos.rotation))).GetComponent<Rigidbody>();           //实例化炮弹
15      ballRi.AddForce((targetPos.position - transform.position) * 500);
                                                                   //向炮弹施加一个力
16      addCollider(ref cloth, ballRi.gameObject.GetComponent<SphereCollider>());
                                                                   //添加到碰撞列表
17      BallListener.destoryGameobject.Add((GameObject)Instantiate(FireFlare,
18      targetPos.position, targetPos.rotation));                  //添加到待销毁列表
19    }
20    public void Update() {
21      if (BallListener.destoryGameobject.Count != 0) {           //检测待销毁对象列表是否为空
22        icount++;                                                //计数器自加
23        if (icount > 60) {
24        GameObject.Destroy((GameObject)BallListener.destoryGameobject[0]);
                                                                    //销毁列表头对象
25        BallListener.destoryGameobject.RemoveAt(0);               //移除列表中的对象
26        icount = 0;                                               //重置计数器
27    }}}
28    public void Roat(int i) {                                     //炮管旋转回调方法
29      transform.Rotate(Vector3.forward, i * 5);                   //炮管围绕自身坐标进行旋转
30    }
31    private void addCollider(ref Cloth c, SphereCollider sc) {
32      ClothSphereColliderPair[] cscp = new
33      ClothSphereColliderPair[c.sphereColliders.Length + 1];     //重新声明碰撞器数组
34        for (int i = 0; i < c.sphereColliders.Length; i++) {
35          cscp[i] = c.sphereColliders[i];                         //初始化碰撞器数组
36        }
37      cscp[cscp.Length - 1] = new ClothSphereColliderPair(sc);//添加碰撞器
38      BallListener.clothColliders.Add(cscp[cscp.Length - 1]);   //储存碰撞器至列表
39      c.sphereColliders = cscp;                                   //设置碰撞列表
40    }
41    private void InitUI() {                                       //UI按钮屏幕自适应方法
42    Vector2 editScreen = new Vector2(866, 477);                   //设置编辑窗口大小
43    Transform canvas = GameObject.Find("Canvas").transform;      //调整位置和大小
44    Vector2 scaleExchange = new Vector2(Screen.width / editScreen.x, Screen.height /
      editScreen.y);
45    for (int i = 0; i < canvas.childCount; i++) {
46      RectTransform canvasChildRT = canvas.GetChild(i).GetComponent<RectTransform>();
47      canvasChildRT.position = new Vector3(scaleExchange.x * canvasChildRT.position.x,
48      scaleExchange.y * canvasChildRT.position.y, 0);            //调整控件位置
49      canvasChildRT.sizeDelta = new Vector3(scaleExchange.x * canvasChildRT.sizeDelta.x,
50      scaleExchange.y * canvasChildRT.sizeDelta.y, 1);           //调整控件大小
51  }}}
```

❑ 第 1～11 行进行相关参数和对象的声明，并调用 UI 初始化方法实现屏幕自适应。对于公共的对象，将在后面的开发过程中进行手动挂载。

❑ 第 12～30 行主要进行了发射按钮回调方法、上下调整按钮回调方法以及 Update 方法的开发。程序通过给新生成的炮弹施加一个作用力使其被弹出。程序通过一个静态列表储存待销毁的对象，并在 Update 中每隔一段时间销毁列表头对象。

❑ 第 31～51 行实现添加布料碰撞器和屏幕自适应方法的开发。将新生成的炮弹添加到布料碰撞器列表中，使炮弹与布料产生相互作用。程序通过将实际屏幕的尺寸与预定的屏幕尺寸进行对比，重新设置 UI 控件的大小，使其能够在不同的屏幕上正常运行。

（2）将 SampleListener.cs 脚本挂载在 Gun\Gun 对象上，并将 Assets\Models 目录下的 Ball 和 FireFlare 预制件分别拖曳到 Ball Pre 和 Fire Flare 中，把场景中的 Ball 和 Cloth 对象分别拖曳到 Target Pos 和 Cloth 中，如图 5-229 所示。

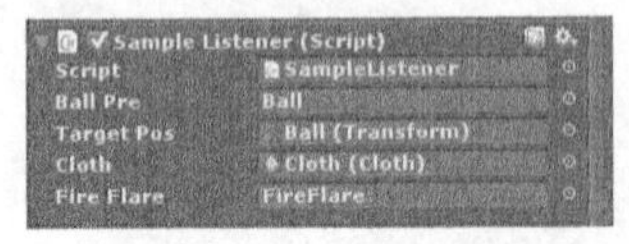


▲图 5-229　挂载脚本

（3）依次选中 ButtonFIRE、ButtonUP 和 ButtonDOWN，为其添加一个 On Click 回调方法，将 Gun 对象拖曳到 Select Object 中，将 Fire 指定为 ButtonFIRE 按钮的回调方法，将 Rota 指定为 ButtonUP 和 ButtonDOWN 按钮的回调方法，如图 5-230 和图 5-231 所示。

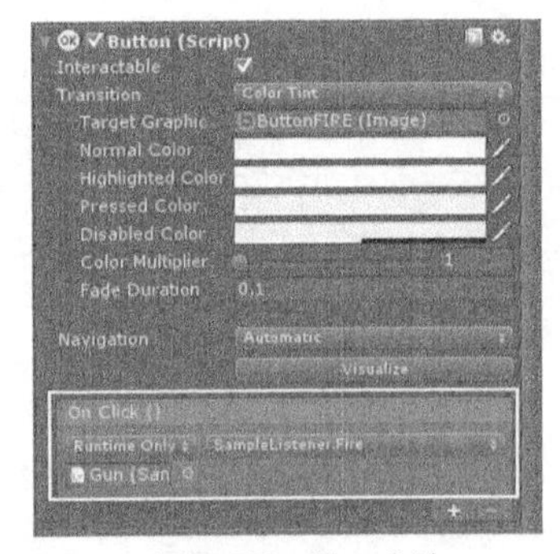


▲图 5-230　Fire 方法

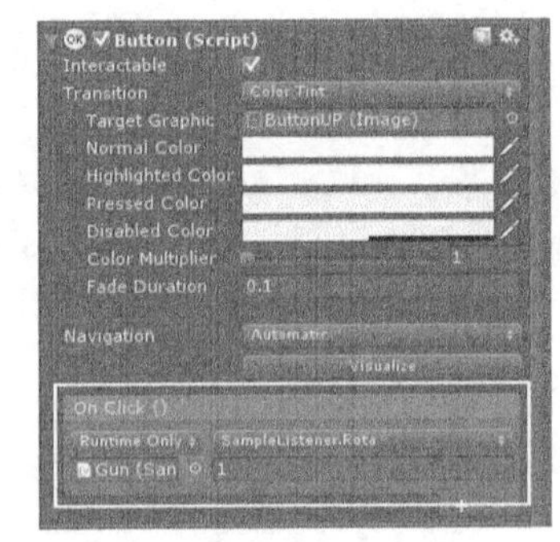


▲图 5-231　Rota 方法

（4）创建一个脚本，并将其命名为 BallListener.cs，该脚本用于实现炮弹的监听，并在适当的时间点销毁炮弹对象，产生对应的粒子系统。该脚本的具体代码如下。

代码位置：随书资源中源代码\第 5 章目录下的 PhysX\Assets\Scripts\BallListener.cs

```
1   using UnityEngine;
2   using System.Collections;
3   public class BallListener : MonoBehaviour {
4     public static ArrayList clothColliders = new ArrayList();
                                          //列表中储存了能与布料发生碰撞的对象
5     public static ArrayList destoryGameobject = new ArrayList();
                                          //列表中储存了将要进行销毁的对象
6     public GameObject Emi;              //爆炸粒子系统对象
7     Cloth cloth;                        //指定的布料对象
8     void Start () {
9       cloth = GameObject.Find("Cloth").GetComponent<Cloth>();    //初始化布料对象
10    }
11    void OnTriggerEnter(Collider target) {                   //碰撞检测
12      removeCollider();                                      //移除碰撞列表中的对象
13      Quaternion q = new Quaternion();                       //声明一个临时四元数
14      q.eulerAngles = new Vector3(270, 0, 0);                //设置该四元数朝向
15      GameObject fire = (GameObject)Instantiate(Emi, transform.position, q);
                                                               //声明粒子系统对象
16      if (!target.gameObject.name.Equals("Cloth")) {         //与非布料对象发生碰撞
17        destoryGameobject.Add(fire);                         //添加到销毁列表中
18      }
19      Destroy(gameObject);                                   //进行自我销毁
```

```
20      }
21      void removeCollider() {
22        //在碰撞列表中移除自身
23        clothColliders.Remove(new ClothSphereColliderPair(GetComponent<SphereCollider>()));
24        //重新声明碰撞列表
25        ClothSphereColliderPair[] cscp = new ClothSphereColliderPair[clothColliders.Count];
26        for (int i = 0; i < cscp.Length; i++) {
27          cscp[i] = (ClothSphereColliderPair)clothColliders[i];    //初始化碰撞列表
28        }
29        cloth.sphereColliders = cscp;                              //设置碰撞列表
30    }}
```

- 第1～10行进行相关参数和对象的声明，并进行Start方法的开发。该方法在脚本运行时运行一次，用于布料对象的初始化。
- 第11～20行进行炮弹的碰撞检测。当炮弹与其他物体产生碰撞时，会产生一个火焰粒子系统对象，同时销毁该炮弹对象。若不是与布料对象碰撞，则将其加入待销毁列表，并在一定时间之后将其销毁。
- 第21～30行实现移除碰撞体函数的开发，该函数与SampleListener.cs脚本中的addCollider方法相对应。在炮弹进行销毁之前，将其在布料碰撞器列表中的项删除，使其不再占用布料碰撞器列表的位置。

（5）将BallListener.cs脚本挂载在Ball预制件上，并将Emi粒子系统的预制件挂载在Eami框中。单击“运行”按钮，其运行效果如图5-232和图5-233所示。通过单击“发射”按钮，可以进行炮弹的发射，当炮弹打上布料时，其产生的火焰将不会熄灭。

▲图5-232 运行效果1

▲图5-233 运行效果2

### 5.10.4 示例开发总结

到此本示例的开发已经结束，细心的读者应该注意到了，在开发过程中有多处对参数的设置，这些修改都是凭借经验来进行的。没有经验的初学者可以在特定范围内进行尝试，以体验不同的取值带来的不同视觉感受，这一阶段对于初学者是必不可少的。

本示例的开发过程同时使用了刚体、粒子系统和交互布料。将多种技术用在同一个场景中在示例开发中是很常见的，初学者要提高综合运用能力，才能对各种技术的理解更加深入，开发的思路也更加开阔。

## 5.11 本章小结

Unity 3D的便利之处在于，仅仅需要几步简单的操作，就可以使游戏中的物体严格按照物理法则运动。刚体和碰撞器特性模拟了物理的实体性，每个对象将不仅仅是呈现在屏幕上的虚假现象，它可以与游戏玩家发生仿真的交互。

本章内容不仅涉及了物理引擎的刚体和碰撞器特性，也介绍了关节、粒子系统和力场的使用方法。在Unity 3D的学习过程中，最关键的是对对象的关键物理特性的理解，开发人员应该时刻保持“仿真”的心态，以更加贴近现实为目标开发出最真实的游戏场景。

# 第6章　着色器

本章将介绍 Unity 的着色器（Shader）和着色语言——ShaderLab，从基础语法到渲染管线、从基本的顶点片元着色器到复杂的曲面细分着色器与几何着色器，最后通过综合示例灵活运用基础知识，由浅入深，能够帮助读者逐步掌握 Unity 中各种基础着色器的编写。

## 6.1 初识着色器

### 6.1.1 着色器概述

实际游戏开发中的许多特效，如镜面反射和折射、动物毛发、卡通效果等，都是使用着色器来实现的。这些效果如果直接通过编程实现会比较困难，即使实现了，在程序运行时其计算量也会比用着色器实现同样效果的计算量大很多，从而影响游戏的整体运行。

着色器是一种运行在图形处理单元（Graphic Processor Unit，GPU）上的程序，其他可以让开发人员对图形硬件的渲染功能进行设置。Unity 中大多数的渲染都是通过着色器来完成的，Unity 中有大量的内置着色器程序，开发人员可以直接使用，也可以根据需求开发自己的着色器程序。

目前这种面向 GPU 的编程有 3 种高级图像语言可供选择，具体如下。

- HLSL

Microsoft 公司提供的 HLSL（High Level Shading Language）是通过 Direct3D 图形软件库来编写着色器程序，只能供 Microsoft 的 Direct3D 和 XNA 使用（Direct3D 是 Microsoft 公司的 DirectX Graphics 的三维部件）。

- Cg 语言

NVIDIA 公司和 Microsoft 公司合作提供了 Cg（C for Graphics）语言，Cg 语言与 C 语言相似，但是其有自己的一套关键词和函数库。Cg 语言是独立于三维编程接口的，完全和 Direct3D 或者 OpenGL 结合在一起。一个正确的 Cg 程序可以编写一次，之后在 Direct3D 或者 OpenGL 上工作。这种灵活性意味着 Cg 语言提供了一种方法来编写能够同时工作在主要的三维程序接口和任何操作系统上的程序。Cg 语言的这种多厂商、跨 API 和多平台的特征使它成为可编程图形处理器编写程序的最好选择。

- GLSL

OpenGL 委员会提供了 GLSL（OpenGL Shading Language），该语言用来在 OpenGL 中进行着色编程，即开发人员写的短小的自定义程序。它们是在图形卡的 GPU 上执行的，代替了固定的渲染管线的一部分，使渲染管线中不同层次具有可编程型。

Unity 引擎对着色语言的支持非常全面，但为了实现对跨平台性的支持，Unity 对着色语言的重点支持为 Cg 语言。作为一款跨平台性最好的游戏开发引擎，对于要适应不同 GPU 的着色器来说，Unity 使用自定义 ShaderLab 来组织着色器程序的内容，并将对不同的平台进行编译。

### 6.1.2 材质、着色器与贴图

在前面的章节中，读者已经接触过了模型的贴图渲染，在这一过程中往往会使用到材质、着色器与贴图，那么这三者有着什么样的关系？它们又有什么用呢？其实，在 Unity 的渲染过程中，这三者起到了关键性的作用，它们的关系如图 6-1 所示。

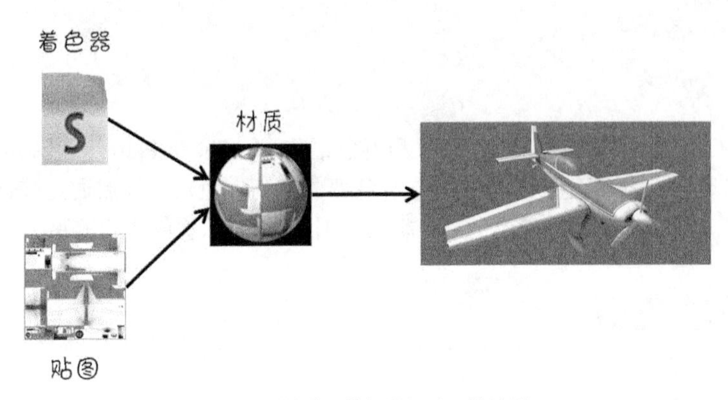


▲图 6-1 材质、着色器与贴图的关系

其中，每一个材质都需要指定一个着色器。通过着色器的指令，对应的材质就能明白如何对物体进行渲染，着色器能根据需要指定一个或者多个贴图，这些贴图变量都能够在材质面板中进行选择指定，具体定义如下。

- 材质定义了如何对一个表面进行渲染，包含贴图与颜色等参数的引用，任何一个材质都必须有一个指定的着色器。
- 简单地说，着色器就是一个能够利用数学算法计算每个片元颜色值的脚本，这些计算方法由开发人员根据需要任意编写，有很强的灵活性。
- 通俗地讲，贴图就是一张位图，材质中包含所需贴图的引用，这样着色器就能结合光照与贴图等信息实现对每个片元的渲染。

### 6.1.3 ShaderLab 语法基础

Unity 中的着色器程序使用的是 ShaderLab 着色语言，该语言具备了显示材质所需的一切信息，同时还支持使用 Cg、HLSL 或 GLSL 编写的着色器程序。ShaderLab 着色语言类似于 Microsoft 公司的 FX 文件或 NVIDIA 的 CgFX，顶点和片段程序用 Cg 或 HLSL 编写。下面将介绍 ShaderLab 的基本语法结构。

#### 1. Shader

Shader 是一个着色器程序的根命令，每个着色器程序都必须定义唯一一个 Shader，其中定义了材质如何使用这个着色器渲染对象。Shader 命令的基本语法如下。

```
Shader "name" {
    [Properties]
    Subshaders {…}
    [Fallback]
}
```

- 上面的语句定义了一个名为 name 的 Shader。这些内容在材质属性查看器上列于 name 下。着色器程序通过 Properties 来可选地定义一个显示在材质设定界面中的属性列表。后面紧跟 SubShaders 列表，并可额外添加一个代码块用于应对 Fallback 的情况。

❑ 着色器程序拥有一个 Properties 列表。任何定义在着色器程序中的属性都会显示在属性查看器中。典型的属性有颜色、纹理或是任何被着色器使用的数值数据。

❑ 着色器程序还包含一个子着色器列表，其中至少有一个子着色器。当加载一个着色器程序时，Unity 将遍历该列表，获取第一个能被用户机器支持的子着色器。如果没有子着色器被支持，Unity 将尝试使用降级着色器，即 Fallback 操作。

### 2. Properties

着色器可以在属性块中定义一些属性参数，这些参数可以由开发人员在 Unity 的 Inspector 面板中编辑和调整，而不需要单独的编辑器，着色器程序中的 Properties 块就是用来定义这些参数的地方。Properties 的基本语如下：

```
Properties { 属性块 }
```

其定义了属性块，它可包含多种类型，如表 6-1 所示。

表 6-1　Properties 类型

| 类型 | 含义 |
|---|---|
| name ("display name", Range (min, max)) = num | 定义浮点数范围属性，在属性查看器中可通过一个标注了最大值和最小值的滑动条来修改 |
| name ("display name", Float) = num | 定义浮点数属性 |
| name ("display name", Int) = num | 定义整型属性 |
| name ("display name", Color) = (num, num, num, num) | 定义颜色属性，num 取值范围为 0～1 |
| name ("display name", Vector) = (num, num, num, num) | 定义四维向量属性 |
| name ("display name", 2D) = " name " { options } | 定义 2D 纹理属性，默认值为 white、black、gray、bump |
| name ("display name", Cube) = " name " { options } | 定义立方贴图纹理属性，默认值与 2D 纹理属性相同 |
| name ("display name", 3D) = " name " { options } | 定义 3D 纹理属性 |

❑ 包含在着色器程序中的每一个属性通过 name 索引（在 Unity 中，通常使用下画线来开始一个着色器属性的名字），属性值通过 name 来访问。属性会将 display name 显示在属性查看器中，还可以在等号后为每个属性提供默认值。属性结构如图 6-2 所示。

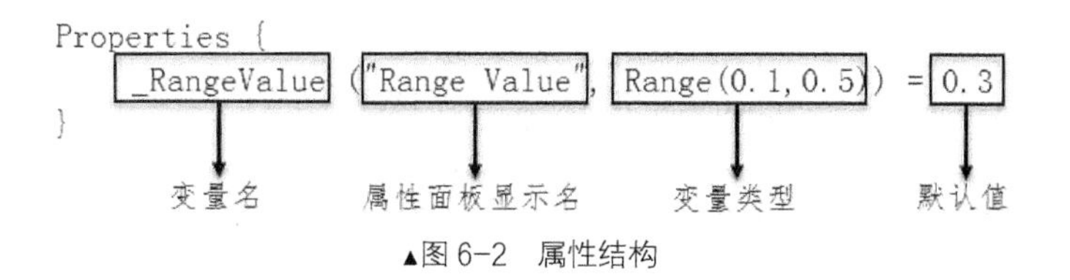

▲图 6-2　属性结构

❑ 包含在纹理属性的大括号中的 options（选项）是可选的，可选的选项如表 6-2 所示。

表 6-2　纹理属性选项

| 选项 | 含义 |
|---|---|
| TexGen | 纹理自动生成纹理坐标时的模式，可以是 ObjectLinear、EyeLinear、SphereMap、CubeReflect 或 CubeNormal，这些模式和 OpenGL 的纹理生成模式相对应。注意，如果使用自定义顶点片元着色器，那么纹理生成将被忽略 |
| LightmapMod | 光照贴图模式，如果给出该选项，纹理会被渲染器的光线贴图所影响，即纹理不能被应用在材质中，而是使用渲染器中的设定 |

❑ Properties 除了定义属性外，还能够在每一个属性之前定义可选属性，这些可选属性由

Unity 进行自动识别，根据需要改变材质面板上的显示方式。需要注意的是，这些可选属性都应包含在方括号中，具体可选属性如表 6-3 所示。

表 6-3　　可选属性

| 可选属性 | 含义 |
|---|---|
| [HideInInspector] | 在材质的属性面板中不会显示对应属性的信息 |
| [NoScaleOffset] | 在材质的属性面板中不会显示贴图对应的 tilling 和 offset |
| [Normal] | 表明此贴图属性期待得到的是一张法线贴图 |
| [HDR] | 表明此贴图属性期待得到的是一张 HDR 图 |
| [Gamma] | Float 或 Vector 属性被指定为 sRGB 颜色值 |
| [PerRendererData] | 表明此纹理数据通过程序进行赋值 |

下面的代码说明了 Properties 的定义方法。

```
1   Properties {
2       _RangeValue ("Range Value", Range(0.1,0.5)) = 0.3       //定义一个浮点数范围属性
3       _FloatValue ("Float Value", Float) = 1.5                //定义一个浮点数属性
4       _Color ("Color", Color) = (1,1,1,1)                     //定义一个颜色属性
5       _Vector ("Vector", Vector) = (1,1,1,1)                  //定义一个四维向量属性
6       _MainTex ("Albedo (RGB)", 2D) = "white" {TexGen EyeLinear}      //定义 2D 纹理属性
7       _Cube("CubeTex", Cube)="skybox"{ TexGen CubeReflect}    //定义立方贴图纹理属性
8   }
```

### 3. Subshader

真正用于呈现渲染物体的功能是在 SubShader 中实现的，使用 SubShader 的目的在于能使开发人员针对不同性能的显卡编写不同的着色器程序。Unity 中的每一个着色器都包含了一个 SubShader 列表，Unity 运行时会针对实际的运行环境，在列表中从上到下选出第一个被用户显卡支持的 SubShader 来呈现效果。

Subshader 的基本语法如下。

```
SubShader{ [Tags] [CommonState] Pass{} }
```

- 子着色器由可选标签（Tags）、通用状态（CommonState）和一个通道（Pass）列表构成。
- 子着色器定义了一个渲染通道列表，并可以选择是否作为所有通道初始化所需要的通用状态。
- 当 Unity 3D 选择一个 Subshader 进行渲染时，将优先渲染一个被每个通道所定义的对象（这个对象很可能是由光线交互决定的）。由于渲染每一个物体是一个十分昂贵的操作，有时在一些显卡上，所需要的效果不能通过单次通道来完成，就必须使用多次通道。
- 定义通道的类型有 RegularPass、UsePass 和 GrabPass。
- 在通道中定义的状态同时对整个子着色器块可见，这将使得所有通道共享状态。

下面的代码是一个简单的子着色器，此 SubShader 定义了一个 Pass，关闭了所有的光照，仅将一张_MainTex 贴图显示在 Mesh 上。

```
1   SubShader {
2       Tags { "Queue" = "Transparent" }            //设置渲染队列为“透明”
3       Pass {
4           Lighting Off                            //关闭光照
5           SetTexture [ _MainTex] {}               //设置纹理
6   }}
```

### 4. Subshader Tags

子着色器使用标签（Tags）来告诉 Unity 渲染引擎或者其他用户如何认证该 SubShader。

Tags 的基本语法如下：

```
Tags { "标签1" = "值1"     "标签2" = "值2" }
```

标签的标准是键值对，可以有任意多个，常用的标签如下所示。

- Queue Tag——队列标签，队列标签用来决定对象被渲染的次序。着色器决定对象所归属的渲染队列，任何透明物体都可以通过这种方法确保自身在不透明物体渲染之后渲染。ShaderLab中有 5 种预定义的可选值，分别是 Background（背景），对应值为 1000；Geometry（几何体，此为默认值），对应值为 2000；AlphaTest（Alpha 测试），对应值为 2450；Transparent（透明），对应值为 3000；Overlay（覆盖），对应值为 4000。每个标签的意义将在 6.5.2 节中详细介绍。

队列标签的基本语法如下：

```
1   Tags { "Queue" = "Transparent" }                    //设置渲染队列为“透明”
```

说明 透明渲染队列为了达到最优的性能，优化了对象绘制次序。其他渲染队列根据距离来排序对象，从最远的对象开始，由远至近渲染。

- 自定义队列标签，对于特殊的需要可以使用中间队列来满足。每一个队列都有自己的对应值。通过着色器可以自定义一个队列，如下面的代码。

因为这些标签都可以对应成数字，所以可以将这些单词当作整型变量来看，例如：

```
    Tag { "Queue" = " Geometry +600" }                    //自定义渲染队列
```

上面的代码使对象的设置渲染队列为 Geometry+600，即 2600，该数值大小位于 AlphaTest 队列和 Transparent 队列之间。

- RenderType Tag——渲染类型标签。渲染类型标签将着色器分为若干个预定义组。例如，采用透明着色器还是 Alpha 测试的着色器等。这个由着色器替换使用，有时用于生成摄像机的深度纹理。渲染类型标签的可选值如表 6-4 所示。

表 6-4 渲染类型标签可选值

| 队列名称 | 含义 |
|---|---|
| Opaque | 不透明，用于大多数着色器（法线着色器、自发光着色器、反射着色器及地形着色器） |
| Transparent | 透明，用于大多数半透明着色器（透明着色器、粒子着色器、字体着色器、地形额外通道着色器） |
| TransparentCutout | 遮蔽的透明着色器（透明镂空着色器、两个通道植被着色器） |
| Background | 天空盒着色器 |
| Overlay | GUITexture、光晕着色器、闪光着色器 |
| TreeOpaque | 地形引擎树皮着色器 |
| TreeTransparentCutout | 地形引擎树叶 |
| TreeBillboard | 地形引擎布告板树 |
| Grass | 地形引擎草 |
| GrassBillboard | 地形引擎布告板草 |

- DisableBatching Tag——禁用批处理标签。某些着色器（大部分是进行物体空间顶点变形的）在进行描绘调用批处理时会不起作用，禁用批处理标签用来指示这种情况。禁用批处理标签有 3 个可选值，分别为 True（该着色器将一直禁用批处理）、False（不禁用批处理，此为默认值）和 LODFading（当 LOD fading 被激活时禁用批处理）。
- ForceNoShadowCasting Tag——强制不投射阴影标签。当给定强制不投射阴影标签并且该

标记有 true 时，使用该子着色器渲染的对象将永不投射阴影。当想在透明对象上使用着色器替换，但不想从另一个子着色器获得阴影通道时，这会非常有用。

- IgnoreProjecttor Tag——忽略投影标签。如果设置忽略投影标签为 True，那么使用该着色器的对象将不会被投影器所影响。这对半透明的物体来说最有用，因为这样它就不会受到投影器的影响而产生阴影。
- CanUseSpriteAtlas Tag——使用精灵图集标签。若该着色器用于精灵对象上，如果设置使用精灵图集标签为 False，当精灵被打包进图集后，着色器就不会起作用。
- PreviewType Tag——预览类型标签。预览类型标签指示出材质检视器应该怎样展示材质文件。默认情况下，材质文件以材质球的形式展示，但是预览类型标签也可以设置为 Plane（以 2D 形式展示）或者 Skybox（作为天空盒展示）。

### 5. Pass

SubShader 包装了一个渲染方案，而该方案是由一个个通道（Pass）来执行的。SubShader 可以包括多个 Pass 块，每个 Pass 都能使几何对象被渲染一次。

Pass 的基本语法如下：

```
Pass { [Name and Tags] [RenderSetup] [TextureSetup] }
```

基本的通道命令包含一个可选的渲染设置命令（RenderSetup）列表和可选的纹理设置命令（TextureSetup）列表。一个通道能定义它的 Name 和任意数量的 Tags（用于向渲染引擎传递通道的意图的名称/值的字符串）。

> **说明**　Pass 块的 Name 一般用来引用此 Pass，这种引用意味着可以定义一个 Pass 块，然后在其他着色器程序的 Pass 块中多次引用它，可以减少重复操作。由于 Unity 的原因，命名时必须使用大写。

通道渲染设置命令可以设置显卡的各种状态，如能打开 Alpha 混合、能使用雾等。这些命令如表 6-5 所示。

表 6-5　通道渲染设置命令

| 命令 | 含义 | 说明 |
| --- | --- | --- |
| Lighting | 光照 | 开启或关闭顶点光照，开关状态的值为 On 或 Off |
| Material{材质块} | 材质 | 定义一个使用顶点光照管线的材质 |
| ColorMaterial | 颜色集 | 当计算顶点光照时使用顶点颜色，颜色集可以是 AmbientAndDiffuse 或 Emission |
| SeparateSpecular | 开关状态 | 开启或关闭顶点光照相关的镜面高光颜色，开关状态的值为 On 或 Off |
| Color | 颜色 | 设置当顶点光照关闭时所使用的颜色 |
| Fog{雾块} | 雾 | 设置雾参数 |
| AlphaTest | Alpha 测试 | Less、Greater、LEqual、GEqual、Equal、NotEqual、Always（小于、大于、小于等于、大于等于、等于、不等于、一直），默认值为 LEqual |
| ZTest | 深度测试模式 | 设置深度测试模式，有 Less、Greater、LEqual、GEqual、Equal、NotEqual、Always |
| ZWrite | 深度写模式 | 开启或关闭深度写模式。开关状态的值为 On 或 Off |
| Blend | 混合模式 | 设置混合模式，混合模式有 SourceBlendMode、DestBlendMode、AlphaSourceBlendMode、AlphaDestBlendMode |
| ColorMask | 颜色遮罩 | 设置颜色遮罩，颜色值可以是 R、G、B、A 或任何 R、G、B、A 的组合，设置为 0 将关闭所有颜色通道的渲染 |
| Offset | 偏移因子 | 设置深度偏移，该命令仅接收常数参数 |

前面讲的通道为普通通道（RegularPass）。除此之外，还有两个特殊的通道，用于反复利用普通通道或者实现一些高级特效，如表 6-6 所示。

表 6-6 两个特殊通道

| 通道名称 | 语法 | 含义 |
|---|---|---|
| UsePass | UsePass"Shader/Name" | 插入所有来自给定着色器中的给定名字的通道。Shader 为着色器的名字，Name 为通道的名字 |
| GrabPass | GrabPass{ ["纹理名"] } | 屏幕捕获到一个纹理，该纹理通常在靠后的通道中使用。“纹理名”是可选项 |

在着色器中通过 UsePass 重用其他着色器中已存在的通道，提高了代码的重用率。为了让 UsePass 能正常工作，必须为希望使用的通道命名，用 Name"通道名"为通道进行命名。以下代码对此进行了说明。

```
1    UsePass "Specular/BASE"              //插入镜面高光着色器中名为 BASE 的通道
2    Name "MyPassName"                    //将通道命名为 MyPassName
```

GrabPass 是一种特殊的通道类型，它会捕获物体所在位置的屏幕的内容并写入一个纹理中，该纹理被用在后续的通道中完成一些高级图像特效。GrabPass 中同样可以使用 Name 和 Tags 命令。将 GrabPass 放入 SubShader 中有两种方式，具体如下。

- GrabPass {}

捕获当前屏幕的内容到一个纹理中，纹理能在后续通道中通过_GrabTexture 进行访问。

说明　该形式的捕获通道将在每一个使用该通道的对象渲染过程中执行极耗资源的屏幕捕获操作。

- GrabPass { "纹理名" }

捕获屏幕内容到一个纹理中，但只会在每帧中处理第一个使用给定纹理名的纹理对象。该纹理在后续的通道中可以以通道给定的纹理名访问。当在一个场景中拥有多个使用 GrabPass 的对象时，它会提高游戏性能。

6. Fallback

Fallback（降级）定义在所有子着色器后。简单来说，它表示“如果没有任何子着色器能被运行到当前硬件上，请尝试使用降级着色器”，其常用语法如下。

- Fallback "着色器名"

退回到给定名称的着色器。

- Fallback Off

显示声明没有降级并且不会输出任何警告，甚至没有子着色器会被当前硬件运行。

7. CustomEditor

开发人员可以为着色器定义 CustomEditor（自定义编辑器）。执行此操作时，Unity 会查找以该名称拓展 MaterialEditor 的类。如果找到一个，则使用该着色器的所有材质都将使用该材质检视器，其常用语法如下。

```
CustomEditor "name"
```

提示　CustomEditor 语句会影响使用该着色器程序的所有材质。

8. Category

Category（分类）是渲染命令的逻辑组。大多数情况下用于继承渲染状态。例如，着色器可以有多个子着色器，它们都需要关闭雾效果、混合等。下面的代码说明了分类的使用。

```
1    Shader "example" {
2    Category {
3            Fog { Mode Off }                                //设置雾模式
4            Blend One One                                   //设置混合模式
5            SubShader {…}                                   //SubShader 块
6      SubShader {…}                                         //SubShader 块
7      ……//此处省略分类模块的其他内容
8    }}
```

分类块只影响着色器的解析，这与将分类块中设定的任何状态“粘贴”到其下所有子着色器中效果完全一样，根本不会影响着色器程序的执行速度。

### 6.1.4　着色器中涉及的各种空间概念

要绘制出屏幕上绚丽多彩的 3D 场景画面，就需要将每个物体从自己所属的物体空间依次经世界空间、摄像机空间、剪裁空间、标准设备空间进行变换，最终到达实际窗口空间。了解每一个空间概念，可以帮助开发人员认识每个顶点在不同空间之间是如何变换的。

#### 1. 物体空间

物体空间比较容易理解，就是需要绘制的 3D 物体所在的原始坐标系空间，在 3ds Max 等建模软件中，为了便于表示和导出，每一个物体都有一个以自身为原点的三维坐标空间，导出时将自身看作一个整体，如图 6-3 所示。例如，导出的汽车模型，4 个车轮虽然与车身是分开的，但在建模时将车轮放置在了汽车底部，并随车身移动，这就是在汽车模型的物体空间中完成的。

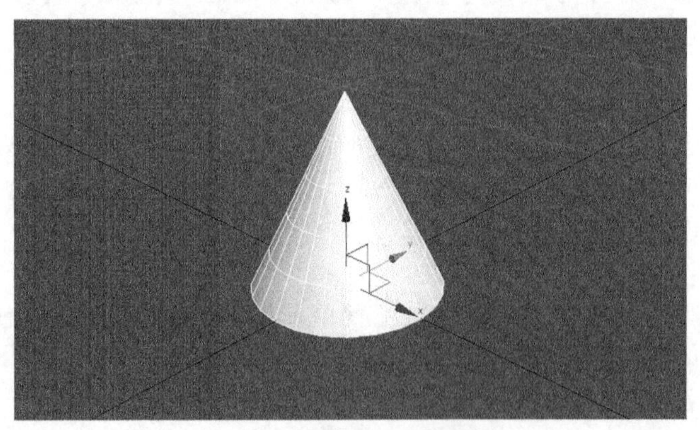

▲图 6-3　物体空间中的物体

在 Unity 脚本中，可以通过 transform.worldToLocalMatrix 矩阵的 MultiplyPoint、MultiplyPoint3×4 和 MultiplyVector 方法，将用世界坐标表达的矢量转换为该物体用物体空间表达的矢量。在着色器编程中，可以通过左乘_World2Object 矩阵来实现。

> **说明**　在进行设计时，一般以物体的几何中心为物体坐标系原点，人物模型一般是以双脚的中心点为物体坐标系原点。

#### 2. 世界空间

世界空间就是物体在最终 3D 场景中的摆放位置对应的坐标所属的坐标系代表的空间。由于每个物体的模型空间都是处理自身内部的相对关系，无法处理自身与其他物体之间的关系，因此就需要一个统一的空间坐标来管理所有的物体，用于表达空间中各个模型的相对关系、大小、旋转姿态等。例如，要在[2,0,0]摆放一个立方体，在[1,0,2]摆放一个球体，这里[2,0,0]和[1,0,2]两组坐标系所属的坐标系代表的就是世界空间，如图 6-4 与图 6-5 所示。

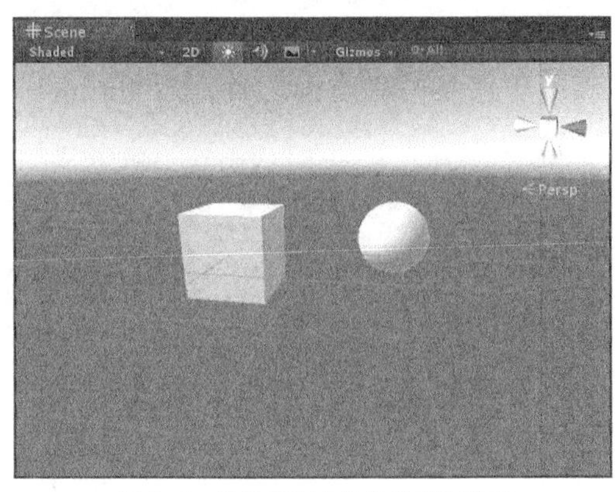


▲图 6-4 世界空间中的物体相对位置

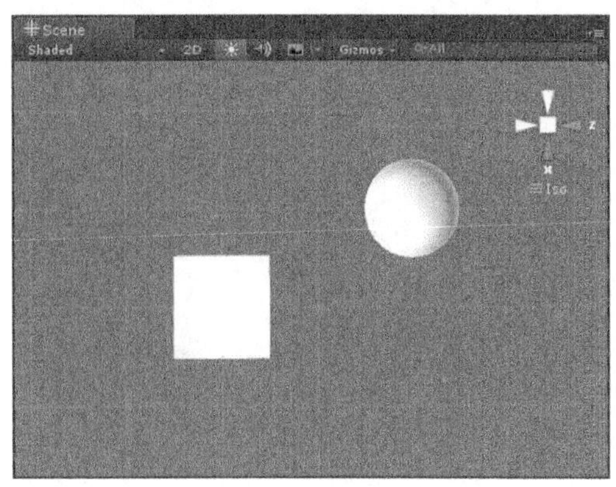


▲图 6-5 世界空间中的物体俯视图

在 Unity 脚本中，可以通过 transform.localToWorldMatrix 矩阵的 MultiplyPoint、MultiplyPoint3×4 和 MultiplyVector 方法，将用物体空间表达的矢量转换为用世界坐标表达的矢量。在着色器编程中，可以通过左乘_Object2World 矩阵来实现。

**3. 摄像机空间**

物体经摄像机观察后，进入摄像机空间。摄像机空间的含义稍复杂一些，指以观察场景的摄像机为原点的一个特定坐标系代表的空间。在这个坐标系中，摄像机位于原点，视线沿 *Z* 轴负方向，*Y* 轴方向与摄像机的 UP 向量方向一致。

相对于世界坐标系，摄像机坐标系可能是歪的或斜的。也就是说，摄像机空间代表的是以摄像机本身为中心的一种坐标系，就像人眼观察世界时若将头歪过来，感觉是物体倾斜了，其实物体在世界坐标系中是正的，只是经过观察后进入了摄像机坐标系，在这个坐标系里是歪的。图 6-6 和图 6-7 所示为摄像机在不同位置观察到的物体，物体的位置没有发生变化，但在摄像机空间中相对位置完全相反。

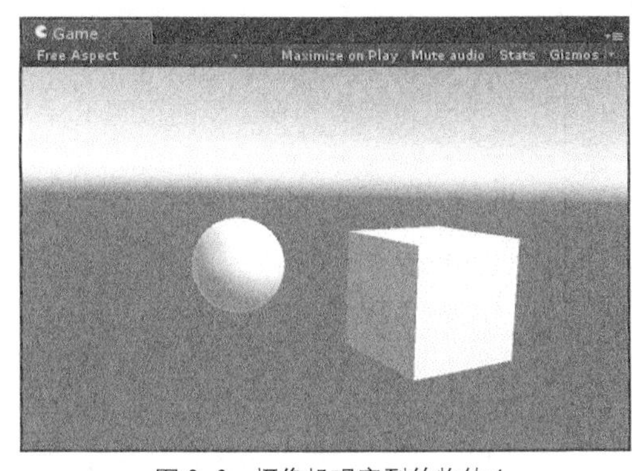


▲图 6-6 摄像机观察到的物体 1

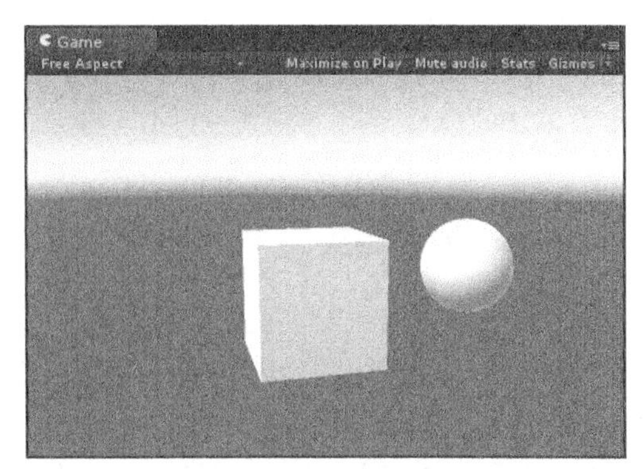


▲图 6-7 摄像机观察到的物体 2

在着色器编程中，可以通过 UNITY_MATRIX_MV 矩阵将物体从模型空间转换到摄像机空间。

**4. 剪裁空间**

首先需要引入“视景体”的概念。视景体也称视锥体，对于平行投影来说，视景体是一个四边平行于投影方向的四棱柱，如图 6-8 所示；对于透视投影来说，视景体是一个以近平面为上底、远平面为下底的棱台。当近平面为 0 时，视景体则是一个以投影中心为顶点的四棱锥，如图 6-9 所示。

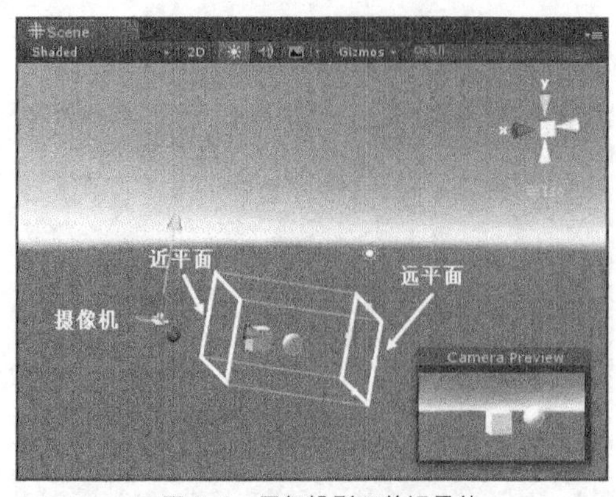


▲图 6-8　平行投影下的视景体

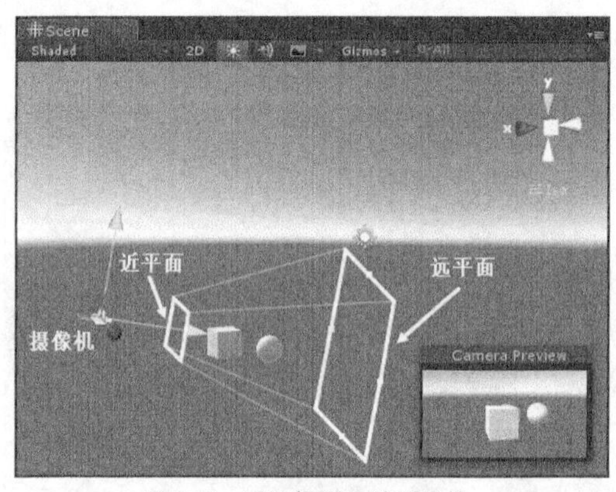


▲图 6-9　透视投影下的视景体

视景体与人眼类似。尽管世界空间中的物体都是客观存在的，但是人眼只会看到视力范围内的物体。渲染引擎同样不会将世界空间内的全部物体渲染出来，而只是渲染出现在视景体内的物体。

通过前面对视景体的介绍，读者应该了解到，只有在视景体里面的物体才能最终被用户观察到。也就是说，并不是摄像机空间中所有的物体都能被观察到，只有在摄像机空间中，并且位于视景体内的物体才能被观察到。因此，将摄像机空间内的视景体内的部分独立出来经过处理就成为剪裁空间。

在着色器编程中，可以通过 UNITY_MATRIX_MVP 一次性完成物体从物体空间到摄像机空间再到投射到屏幕上的变换。

**5. 标准设备空间**

标准设备空间就是对剪裁空间执行透视除法后得到的空间。例如，对于 OpenGL ES 而言，标准设备空间 3 个轴的坐标范围都是–1.0～+1.0。所谓的透视除法，就是将齐次坐标[*x,y,z,w*]的 4 个分量都除以 *w*，结果为[*x/w,y/w,z/w*,1]，本质上就是对齐次坐标进行了规范化。

**6. 实际窗口空间**

实际窗口空间一般代表的是设备屏幕上的一块矩形区域，其坐标以像素为单位。转换到该空间的主要工作是将执行透视除法后的 *x*、*y* 坐标分量转换为实际窗口的 *XY* 像素坐标.；主要的思路是将标准设备空间的 *XY* 平面对应到视口上，将–1.0～+1.0 内的 *x*、*y* 坐标折算为视口上的像素坐标。

## 6.2 渲染管线

若想深入理解着色器，首先要明白着色器是如何工作的。其实，着色器是渲染管线的一个环节，而将一个 3D 物体渲染到屏幕上必须经过渲染管线的渲染。简单来讲，渲染管线的作用是将一系列的顶点、纹理等信息转化成一张人眼可见的二维图片。

Unity 底层采用 OpenGL 与 DirectX 两个 3D 应用程序接口，根据发布平台的不同采用对应的接口，这样开发人员就能方便地实现跨平台开发。但是 OpenGL 与 DirectX 的渲染管线却有一些细微的差别，下面分别介绍这两个 3D 应用程序接口的渲染管线。

> **提示**　本节仅从概念上介绍渲染管线的流程，若读者初次接触着色器可能会感觉有些抽象、难懂。在接下来的章节中笔者会对这些可编程的着色器进行实战编写，加深读者对于各种着色器的理解。

### 6.2.1 OpenGL 渲染管线

OpenGL 是当前应用广泛的 3D 图形 API，适用于 UNIX、Mac OS、Linux 及 Windows 等几乎所有的操作系统，可以开发游戏、工业建模及嵌入式设备。OpenGL 最初的版本只提供了固定的渲染管线，而到目前为止，最新的版本已经支持多种可编程的渲染阶段以供开发人员使用，其发展历程如下。

- OpenGL 1.X 只提供固定的渲染管线，仅仅对开发人员开放一些 API。在整个渲染管线的运行过程中，开发人员是不能直接干预的。
- 从 OpenGL 2.X 开始，它有了自己的着色语言，开始了支持顶点着色器与片元着色器的可编程阶段。在本阶段中固定管线与可编程管线并存。
- OpenGL 3.0 到 OpenGL 4.X 是可编程管线崛起的阶段。渲染管线加入更多的可编程着色器，如曲面细分着色器和几何着色器。借助这些可编程的渲染管线，开发人员可以更加灵活地开发出各种复杂、酷炫的效果。
- 2016 年，Vulkan 也初露头角，它是 Khronos 组织制定的 OpenGL“下一代”开放的图形显示 API，是可以与 DirectX 12 匹敌的 GPU API 标准。Vulkan 引入了更多高性能可编程渲染方式，在并行计算方面也有了显著的性能提高。

下面介绍 OpenGL 的渲染管线，如图 6-10 所示。顶点数据送入 GPU 的渲染管线后，进行了一系列的操作处理。其中，顶点着色器、曲面细分控制着色器、曲面细分计算着色器、几何着色器与片元着色器是完全可编程的处理阶段，能让开发人员随意发挥。接下来对其中主要的阶段进行详细讲解。

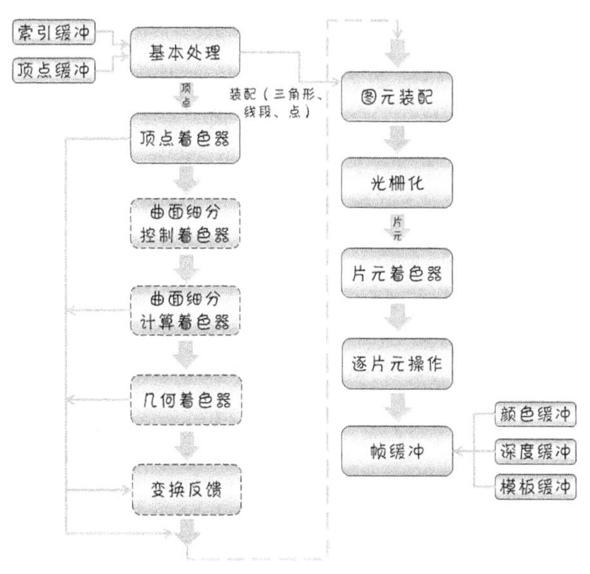


▲图 6-10 OpenGL 渲染管线

#### 1. 基本处理

该阶段的主要任务是对顶点进行齐次坐标变换与光照处理，设定顶点坐标、顶点对应颜色与顶点的纹理坐标等属性，为后续顶点着色器的处理提供对应的数据。本阶段能够对顶点缓冲与索引缓冲中的数据进行操作，顶点缓冲存储每个顶点的相关数据，索引缓冲记录每个顶点之间的关联情况。

从 OpenGL 渲染管线图中可以看出，基本处理阶段将索引缓冲中所存储的每个顶点的关联情况直接传送到了图元装配阶段，它告诉图元装配阶段这些顶点应该如何组装。OpenGL 中基本的图元有三角形、线段和点，所有的顶点将会装配成这 3 种图元。

**2. 顶点着色器**

顶点数据经过简单的处理后，被送入顶点着色器。顶点着色器是一个可编程的处理单元，能对顶点进行变换、光照、材质应用与计算等相关操作。其处理单位是顶点，所以输入进来的每一个顶点都会经过顶点着色器的处理。

> **注意**　顶点着色器本身并不具备新建或删除任何顶点的能力，同时也不能获得顶点之间的关系，只能够批量地对每一个单独顶点进行处理。

其工作过程为：首先将原始的顶点集合信息及其他属性传送到顶点着色器中，经过自己开发的顶点着色器处理后会产生纹理坐标、颜色、点位置等后续流程需要的各项顶点属性信息：然后将其送入渲染管线的下一阶段。顶点着色器的基本功能如下。

- 假设需要对一个 3D 模型进行渲染。首先经过基本处理阶段，将该 3D 模型上的所有顶点数据传送到顶点着色器；然后顶点着色器需要将这些顶点从物体空间变换到剪裁空间；同时也可以根据光照、纹理等对顶点颜色进行计算。
- 如果有需要也可以对顶点的位置进行移动处理。处理完毕后，将顶点数据传送到曲面细分（Tessellation）、变换反馈或者图元装配阶段，由这些阶段进行更深一步的处理。

**3. 曲面细分着色器**

OpenGL 的曲面细分又分为曲面细分控制与曲面细分计算两个阶段，这两个阶段共同实现了曲面细分的功能，它是一个可选的着色器。前面介绍的顶点着色器无法创建额外的几何图形，仅更新当前所处理的顶点的相关数据，同时也无法访问当前图元的其他顶点数据。

为了解决这些问题，OpenGL 的渲染管线中添加了曲面细分着色器，而细分曲面的过程并不对基本的几何图元进行操作，而是使用一个新的图元——面片（Patch）。简单来说，将能够组成一个三角形的 3 个顶点送入曲面细分阶段，将会输出多个由此三角形细化出来的三角形面，如图 6-11 所示。

▲图 6-11　曲面细分阶段处理结果

从图 6-12 中可以看出，曲面细分阶段的具体流程除了两个可编程的着色器外，还包括一个细分曲面图元生成阶段，此阶段位于两个可编程的着色器之间，为固定的渲染流程。曲面细分的输入与输出均为顶点，可见曲面细分的主要功能就是对顶点进行操作处理。

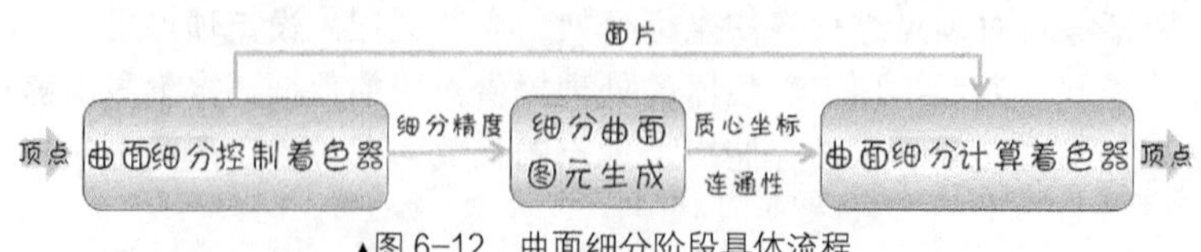


▲图 6-12　曲面细分阶段具体流程

曲面细分控制着色器需要输入一组被称为控制点的顶点，这些顶点并没有被真正定义成如三角形这样的形状，而是定义为了一个曲面。当移动其中一个控制点时，整个曲面都会产生相应的影响，这一组控制点通常被称为一个面片。曲面细分 3 个阶段的主要功能如下：

- 曲面细分控制着色器。该着色器使用一组控制点作为输入，并且输出一个面片传送到曲面计算着色器中，开发人员能够在这里对控制点进行变换、添加或删除。除此之外，开发人员还要确定曲面细分的精细程度，简单来讲，也就是说对于面片需要生成多少个三角形。
- 细分曲面图元生成。该阶段实现细分操作，但并不是真正意义地对面片进行细分，而是借助细分精度中的信息在三角形内部生成一系列的点。每个点都是由这个三角形的质心坐标系确定的。然后将生成的一系列顶点的坐标及顶点之间的连通性信息传送到曲面细分计算着色器，进行最终顶点的生成。
- 曲面细分计算着色器。这一阶段会将曲面细分控制着色器中生成的每一个位于质心坐标系下的顶点生成一个真正的顶点。该着色器与顶点着色器在某种程度上十分相似，在每次的处理工程中只能生成一个顶点，但是不能丢弃任何一个顶点。

#### 4. 几何着色器

与曲面细分着色器类似，几何着色器也是一个可选的着色器。它被启用后，将会获得从顶点着色器或者曲面细分着色器传来的图元，然后对图元中的顶点进行处理。几何着色器将决定输出的图元类型和个数。需要注意的是，其只能生成点、直线带或三角形带 3 种图元。

当输出的图元减少或者不输出时，几何着色器实际上起到了裁剪图形的作用：如果输出的顶点数比原始图元多，那么相当于对几何体进行了细化操作。除此之外，几何着色器还可以产生与输入数据不同的输出图元类型，即能够在此过程中改变几何体的类型。

> **提示**　几何着色器的输入内容与输出类型不存在任何关联，如点可生成三角形，三角形可生成三角形带。

举个简单的例子，在图 6-13 中可以看到一个由三角形面组成的胶囊。将组成三角形的每一个点传送到几何着色器中，然后沿着该点的法线方向，隔开一定距离创建一个新的点，以线段的形式将其从几何着色器传送出去，这样就能呈现出该胶囊对象每个顶点的法线，如图 6-14 所示。

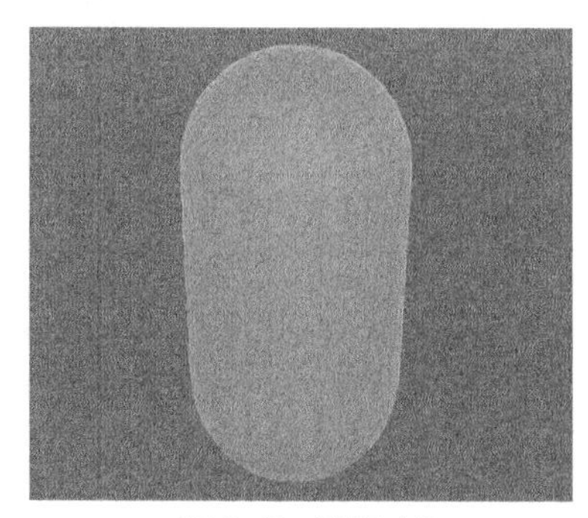

▲图 6-13　胶囊对象

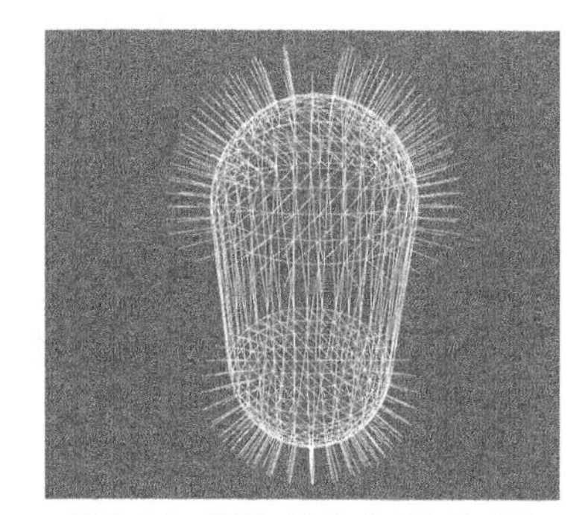

▲图 6-14　胶囊对象每个顶点的法线

#### 5. 变换反馈

变换反馈（Transform Feedback）是 OpenGL 中比较实用的特性，它可以重新捕获即将装配为图元（点、线段、三角形）的顶点，然后将这些顶点的部分或者全部属性传递到缓存对象中，这样就可以通过回读这些数据来进行后续的渲染操作。

此阶段的灵活性较大，可以通过对缓存对象中的顶点数据进行进一步操作实现特定的功能。

比较常见的就是粒子系统的实现，如图 6-15 所示，当变换反馈接收到从上层渲染阶段传过来的顶点后，选取需要的顶点将其送入变换反馈缓冲，供下次渲染时顶点着色器使用。

渲染某一帧时，上一帧中输出顶点的信息可以在这一帧中作为顶点缓存使用。在这样的一个循环中，开发人员可以不借助应用程序来实现对粒子信息的更新，从而简化了程序的编写，也提升了性能。

**6. 图元装配**

图元装配阶段主要有两个任务，一个是图元组装，另一个是图元处理。图元组装指顶点数据根据绘制方式组合成完整的图元。例如，点绘制方式仅需要一个单独的顶点，此方式的下顶点为一个图元；三角形绘制方式下需要 3 个顶点组成一个图元。

图元处理最重要的工作就是剪裁，其任务是消除位于半空间（half-space）之外的部分几何图元，这个半空间是由一个剪裁平面所定义的。例如，点剪裁就是简单地接受或者拒绝顶点，线段或者多边形剪裁可能需要增添额外的顶点，具体取决于直线或者多边形与剪裁平面之间的位置关系，如图 6-16 所示。

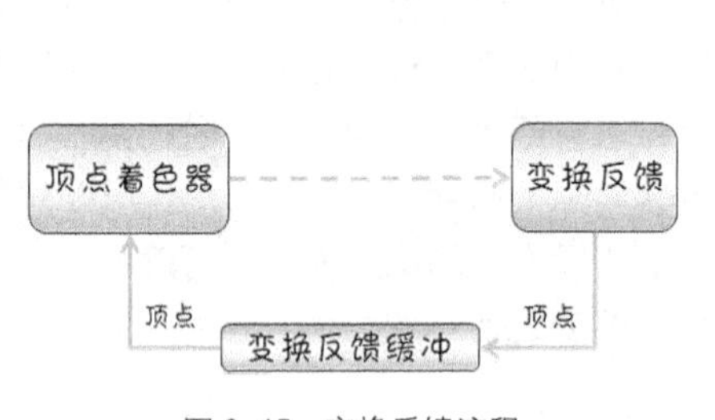


▲图 6-15　变换反馈流程

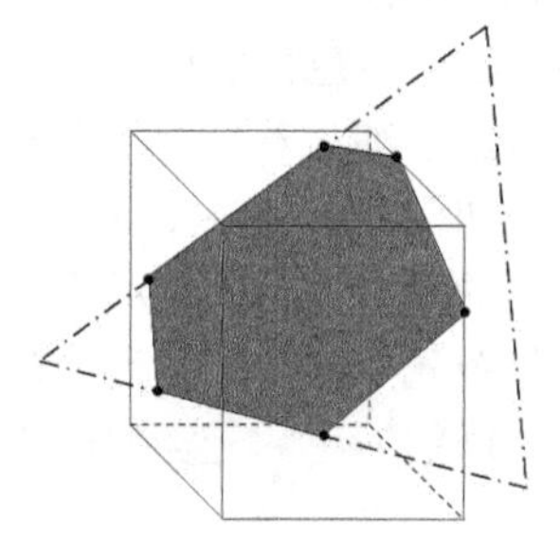

▲图 6-16　剪裁三角形 3 个顶点生成 6 个新的顶点

> **说明**　图 6-16 给出了一个三角形图元（图中为点画线绘制）被 4 个剪裁平面剪裁的情况。4 个剪裁平面分别为上面、左侧面、右侧面、后面。

之所以要进行剪裁，是因为随着观察位置、角度的不同，并不总能看到（这里可以简单地理解为显示到设备屏幕上）特定 3D 物体某个图元的全部。例如，当观察一个正四面体并离某个三角形面很近时，可能只能看到此面的一部分，这时在屏幕上显示的就不再是三角形了，而是经过裁剪后形成的多边形，如图 6-17 所示。

▲图 6-17　从不同角度、距离观察正四面体

剪裁时，若图元完全位于视景体及自定义剪裁平面的内部，则不进行裁剪；如果其完全位于视景体或者自定义剪裁平面的外部，则丢弃该图元；如果其有一部分位于内部，另一部分位于外部，则需要剪裁该图元。

**7. 光栅化**

虚拟 3D 世界中的几何信息是三维的，但由于目前用于显示的设备都是二维的，因此在真正执行光栅化工作之前，首先需要将虚拟 3D 世界中的物体投影到视平面上。需要注意的是，由于观察位置的不同，同一个 3D 场景中的物体投影到视平面可能会产生不同的效果，如图 6-18 所示。

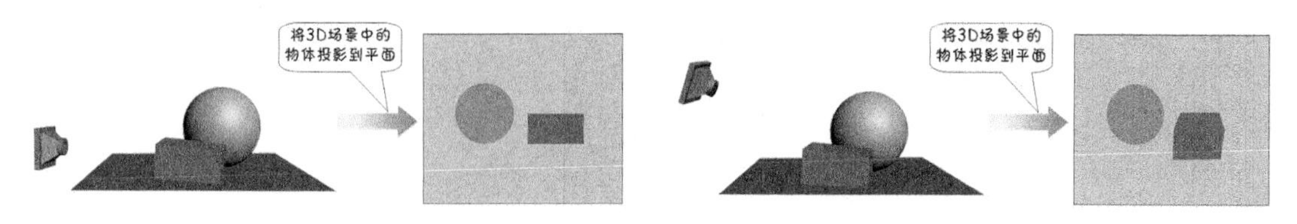


▲图 6-18 光栅化阶段，投影到视口

另外，由于虚拟 3D 世界当中物体的几何信息一般采用连续的数学量来表示，因此投影的平面结果也是用连续的数学量表示的。但目前的显示设备屏幕都是离散化的（由一个一个的像素组成），因此还需要将投影的结果离散化。将其分解为一个一个离散化的小单元，这些小单元一般称为片元，具体效果如图 6-19 所示。

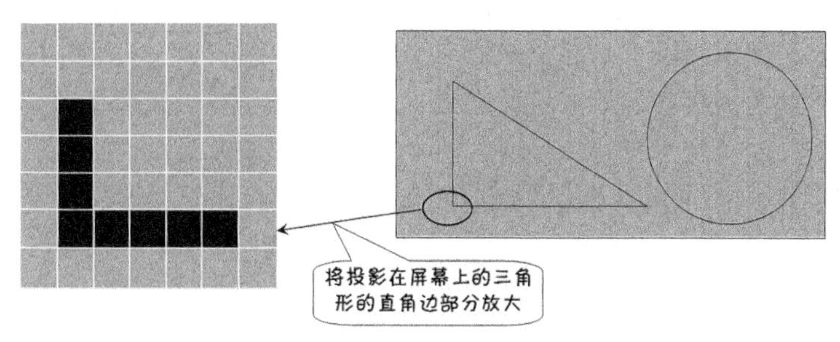


▲图 6-19 投影后图元离散化

其实每个片元都对应于帧缓冲中的一个像素，之所以不直接称为像素，是因为 3D 空间中的物体是可以相互遮挡的。而一个 3D 场景最终显示到屏幕上虽然是一个整体，但每个 3D 物体的每个图元是独立处理的。这就可能出现这样的情况：系统先处理的是位于离观察点较远的图元，其光栅化成为一组片元后，暂时将其送入帧缓冲的对应位置。但后面继续处理离观察点较近的图元时，也光栅化出了一组片元。两组片元中有对应到帧缓冲中同一个位置的，这时距离近的片元将覆盖距离远的片元（覆盖的检测是在深度检测阶段完成的）。因此某片元就不一定能成为最终屏幕上的像素，称之为像素就不准确了，可以将其理解为候选像素。

**提示** 每个片元包含其对应的顶点坐标、顶点颜色、顶点纹理坐标及顶点深度等信息，这些信息是系统根据投影前此片元对应的 3D 空间中的位置及与此片元相关的图元的各顶点信息进行插值计算而生成的。

### 8. 片元着色器

片元着色器是除了顶点着色器之外的另一个非常重要的可编程着色器，它是处理片元值及其相关数据的可编程单元，它可以执行纹理的采样、颜色的汇总等操作，每片元执行一次。片元着色器的主要功能是计算出 3D 物体中的图元光栅化后产生的每个片元的颜色属性，然后将其送入后续阶段。

需要注意的是，可编程的片元着色器替代了纹理、颜色求和、雾及 Alpha 测试等阶段。与顶点着色器类似，被替代的功能将不再提供，即开发人员需要根据程序的需要进行编写添加，这在提高灵活性的同时也增加了开发的难度。其基本功能如下：

❑ 本阶段的输入是光栅化阶段对顶点信息进行差值后得到的结果，输出是一个或多个颜色值，如图 6-20 所示。片元着色器主要是对每个光栅化后的片元的颜色进行计算。

❑ 片元着色器能够根据三角形 3 个顶点的颜色、光照等其他信息计算出每个片元对应的颜色，除此之外，其也能够根据每个顶点对应的纹理得到覆盖片元的纹理坐标。

▲图 6-20　片元着色器的输入与输出

> 提示
>
> 通过对光栅化、顶点着色器与片元着色器的介绍，我们可以看出顶点着色器每顶点一执行，而片元着色器每片元一执行，片元着色器的执行次数明显大于顶点着色器的执行次数。因此在开发中，应尽量减少片元着色器的运算量，可以将一些复杂运算尽量放在顶点着色器中执行。

**9. 逐片元操作**

逐片元操作是渲染管线的最后一个需要配置的阶段，这一阶段主要有两个任务，一个是决定片元的可见性，如深度测试、模板测试等测试工作；另一个就是将片元的颜色与颜色缓冲区中的颜色进行混合，简称混合，此阶段是高度可配置性的，能够针对具体的实施步骤进行设置。

❑ 深度测试是指将片元的深度值与帧缓冲区中存储的对应位置片元的深度值进行比较，若输入片元的深度值小则将输入片元送入下一阶段准备覆盖帧缓冲中的原片元或与帧缓冲中的原片元进行混合，否则丢弃该输入片元。

❑ 模板测试的主要功能是将绘制区域限定在一定范围内，一般用在湖面倒影、镜像等场景，后面章节会详细介绍。

**10. 帧缓冲**

OpenGL 中物体的绘制并不是直接在屏幕上进行的，而是预先在帧缓冲区中进行绘制，每绘制完一帧再将绘制的结果交换到屏幕上。同时还需要了解的是，为了应对不同方面的需要，帧缓冲是由一套组件组成的，主要包括颜色缓冲、深度缓冲及模板缓冲，各组件的具体用途如下：

❑ 颜色缓冲用于存储每个片元的颜色值，每个颜色值包括 R、G、B、A（红、绿、蓝、透明度）4 个色彩通道，应用程序运行时在屏幕上看到的就是颜色缓冲中的内容。

❑ 深度缓冲用来存储每个片元的深度值。深度值是指以特定的内部格式表示的从片元处到观察点（摄像机）的距离。在启用深度测试的情况下，新片元想进入帧缓冲时，需要将自己的深度值与帧缓冲中对应位置片元的深度值进行比较，若结果为小于才有可能进入缓冲，否则被丢弃。

❑ 模板缓冲用来存储每个片元的模板值，供模板测试使用。模板测试是几种测试中最为灵活和复杂的，后面章节将详细进行介绍这些内容。

### 6.2.2　DirectX 渲染管线

DirectX 是一种应用程序接口，可以让以 Windows 为平台的游戏或者多媒体程序获得更高的执行效率，还可以加强 3D 图形与声音的效果。与 OpenGL 不同，DirectX 不仅是一种图形函数库，它还包含声音、输入与网络等模块。

DirectX 从 1.0 到 7.0 版本使用的均是固定渲染管线，直到 DirectX 8.0 才开始支持顶点着色器与像素着色器，使 GPU 真正成为可编程的处理器。随着技术的发展与版本的变更，DirectX 11.0 在渲染管线中增添了更多的可编程阶段，如图 6-21 所示。

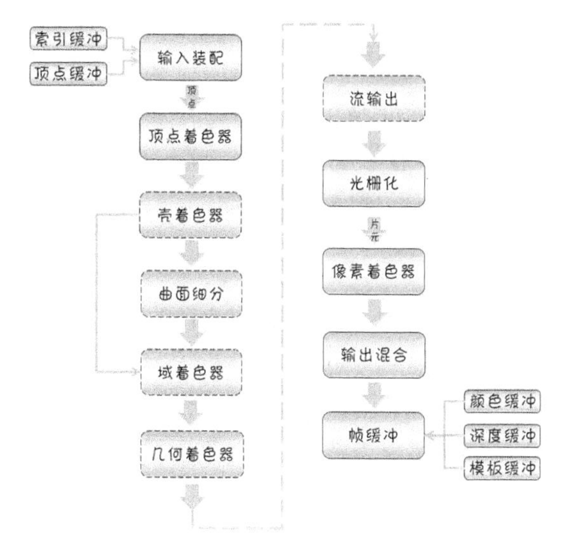


▲图 6-21　DirectX 11 渲染管线图

读者看到 DirectX 11 的渲染管线图之后，可能会觉得其与 OpenGL 的渲染管线图有很大的区别，其实并不是这样的。渲染管线中每个阶段的基本功能都大致相同，只不过在名称与使用细节上有些许的差别，具体如下。

- DirectX 中的输入装配阶段与 OpenGL 中的基本处理阶段功能相同，都是对顶点进行简单的变换处理，提供给顶点着色器所需要的数据。
- 壳着色器、曲面细分与域着色器共同实现曲面细分的功能：壳着色器计算如何添加新顶点及在何处添加顶点；曲面细分根据从壳着色器中得到的结果执行实际的图元划分；域着色器根据前两个阶段得到的数据创建更多的细节，它与 OpenGL 中的曲面细分着色器类似。
- 流输出（Stream Output Stage）与 OpenGL 中的变换反馈相对应。
- DirectX 中像素着色器与输出混合阶段分别与 OpenGL 中的片元着色器与逐片元处理阶段的功能相同，只不过换了一个名称。

### 6.2.3 Unity 可编程渲染阶段

6.2.1 节和 6.2.2 节分别介绍了 OpenGL 与 DirectX 的渲染管线，可以发现这两种渲染管线的基本处理流程大致相同，这也为 Unity 的封装提供了便捷。在 Unity 中不需要关注底层的细节处理，它会根据发布平台的不同自动进行适配，读者只需要关注图 6-22 所示的可编程阶段即可。

在 Unity 中，这些可编程阶段均在 Shader 文件中编写，其中曲面细分着色器与几何着色器为可选着色器，能根据具体的编程需要进行设置。测试&混合阶段是一个可高度配置的阶段，只需通过几句简单的命令即可进行配置，详细的编写方法将在后面章节进行介绍，这里读者有一个整体上的理解即可。

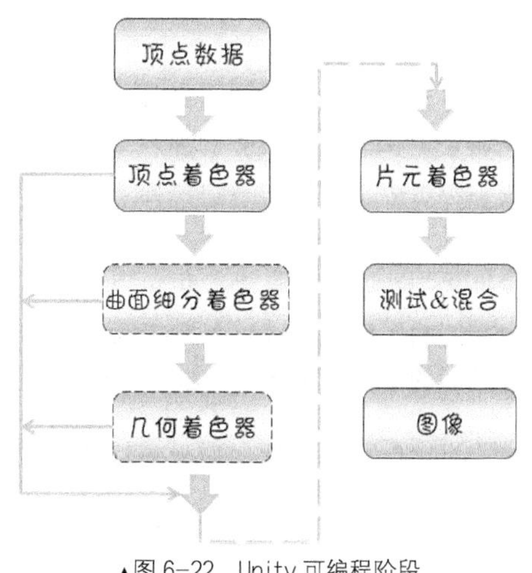


▲图 6-22　Unity 可编程阶段

## 6.3 着色器的形态

Unity 下的着色器可以使用 3 种不同的形态来编写，它们分别为固定管线着色器、顶点片元着色器和表面着色器。其中固定管线着色器是为了兼容老一代 GPU 而设计的，而表面着色器是 Unity 推荐使用的形态，因为它能更加方便地处理光照。

### 6.3.1　固定管线着色器

固定管线是在老一代 GPU 能力比较有限时，对着色器的约束性比较高的一种形态。为了市场占有率，新一代显卡仍对其有所选择地进行支持，但是它会在未来被逐步淘汰。下面将通过 Unity 官方文档中固定管线的基本形态来介绍固定管线着色器。

代码位置：随书资源中源代码\第 6 章目录下的 Shader\Assets\BaseForm1.shader

```
1    Shader "Custom/BaseForm1" {
2      Properties {                                              //定义属性块
3        _Color ("Main Color", Color) = (1,1,1,0.5)              //定义主颜色数值
4        _SpecColor("Sec Color",Color)=(1,1,1,1)                 //定义高光颜色数值
5        _Emission("Emission Color",Color)=(0,0,0,0)             //定义自发光颜色数值
6        _Shininess("Shininess",Range(0.01,1))=0.7               //定义高光系数数值
7        _MainTex ("Base (RGB)", 2D) = "white" {}                //定义纹理数值
8      }
9      SubShader {
10       Pass{
11         Material{                                             //材质块
12           Diffuse [ _Color]                                   //漫反射
13           Ambient [ _Color]                                   //环境光
14           Shininess [ _Shininess]                             //高光系数
15           Specular [ _SpecColor]                              //高光
16           Emission [ _Emission]                               //自发光
17         }
18         Lighting On                                           //开启光照
19         SeparateSpecular On                                  //允许高光使用一个不同于主颜色的颜色
20         SetTexture [ _MainTex]{                              //处理纹理块
21         constantColor [ _Color]                              //定义颜色值
22         Combine texture*primary DOUBLE,texture*constant      //计算最终颜色
23   }}}}
```

- 第 2～8 行为固定管线着色器的定义属性块。固定管线着色器用到的所有属性都必须在这里定义，以_Color 属性为例，_Color 为属性在固定管线着色器中的名称，Main Color 为材质属性面板中显示的名称，Color 为属性的类型，“(1,1,1,0.5)”为属性的初始值。
- 第 11～17 行为固定管线着色器的材质块。在固定管线着色器中，Material 的内容把在属性块中定义的数值映射到固定管线光照所有的属性上。除了使用在属性块中定义的属性外，材质块中也可以直接使用数值，如 Specular(1,1,1,1)。
- 第 20～23 行为处理纹理块。首先 constantColor 定义了一个常量颜色值，除了使用在定义属性块中定义的属性外，也可以直接使用数值，如 constantColor(1,1,1,0.5)。Combine 语句被逗号分开的两部分，前面是对颜色的计算，后面则是对 Alpha 的计算，其中 texture 是对方括号中的纹理贴图的引用，primary 是上一步的顶点光照，constant 是 constantColor 定义的颜色值。

### 6.3.2　顶点片元着色器

顶点片元着色器为可编程着色器，相对于固定管线着色器而言，它可以给开发人员更大的发挥空间，但它的缺点是不能直接和光照交互。顶点片元着色器程序用 Cg 或 HLSL 编写，嵌入在着色器的渲染通道块中。Cg 程序代码片段被编写在 CGPROGRAM 和 ENDCG 之间。

### 1. 编译指令

在代码片段编译指令的开头，可以使用 #pragma 指令来控制顶点片元着色器代码的编译。常用编译指令如表 6-7 所示。

表 6-7 常用编译指令

| 编译指令 | 含义 |
|---|---|
| #pragma vertex <name> | 将名称为 name 的函数编译为顶点着色器 |
| #pragma fragment <name> | 将名称为 name 的函数编译为片元着色器 |
| #pragma geometry <name> | 将名称为 name 的函数编译为几何着色器 |
| #pragma hull <name> | 将名称为 name 的函数编译为壳着色器（DirectX）/曲面细分控制着色器（OpenGL） |
| #pragma domain <name> | 将名称为 name 的函数编译为域着色器（DirectX）/曲面细分计算着色器（OpenGL） |
| #pragma target <name> | 要编译成哪个着色器目标 |

提示　每个代码片段都必须包含一个顶点程序或一个片元程序或两者皆包含。因此，要求必须使用一个 #pragma vertex 指令或一个 #pragma fragment 指令或两者都使用。

### 2. 顶点数据结构体

顶点片元着色器中的顶点数据必须以一个结构体的形式提交给 Cg/HLSL 顶点程序，几个常用的顶点结构都定义在 UnityCG.cginc 文件中。大多数情况下只使用它们就足够了，如果不够用也可以自定义结构体。下面介绍这几种常用的顶点结构。

- appdata_base：由顶点位置、法线和一个纹理坐标构成。其中 vertex 为顶点坐标，normal 为法线，texcoord 为纹理坐标。
- appdata_tan：由顶点位置、切线、法线和一个纹理坐标构成。其中 vertex 为顶点坐标，tangent 为切线，normal 为法线，texcoord 为纹理坐标。
- appdata_full：由顶点位置、切线、法线、两个纹理坐标及颜色构成。其中 vertex 为顶点坐标，tangent 为切线，normal 为法线，texcoord 为第一个纹理坐标，texcoord1 为第二个纹理坐标，color 为颜色。
- appdata_img：由顶点位置和一个纹理坐标构成。其中 vertex 为顶点坐标，texcoord 为纹理坐标。

### 3. 内置变换矩阵

顶点着色器处理传入的顶点数据，处理完成后返回通过总变换矩阵变换的顶点位置；片元着色器处理从顶点着色器传出的经过光栅化的片元数据，处理完成后返回片元的最终颜色。Unity 着色器内置的常用的变换矩阵如表 6-8 所示。

表 6-8 常用的变换矩阵

| 变换矩阵 | 含义 |
|---|---|
| UNITY_MATRIX_MVP | 基本变化矩阵×摄像机矩阵×投影矩阵 |
| UNITY_MATRIX_MV | 基本变化矩阵×摄像机矩阵 |
| UNITY_MATRIX_V | 摄像机矩阵 |
| UNITY_MATRIX_P | 投影矩阵 |
| UNITY_MATRIX_VP | 摄像机矩阵×投影矩阵 |
| UNITY_MATRIX_T_MV | （基本变化矩阵×摄像机矩阵）的转置矩阵 |

续表

| 变换矩阵 | 含义 |
|---|---|
| UNITY_MATRIX_IT_MV | （基本变化矩阵×摄像机矩阵）的逆转置矩阵 |
| _Object2World | 从自身坐标转到世界坐标的矩阵 |
| _World2Object | 从世界坐标转到自身坐标的矩阵 |

#### 4. 语义

在编写着色器程序的过程中，输入和输出变量需要通过语义来表明这些变量的意图。这些语义包括顶点着色器与片元着色器输入/输出数据语义及其他特殊语义。

- 顶点着色器输入数据语义。Mesh 中的相关信息数据都能作为顶点着色器的输入信息，但是每一个输入的数据都需要使用语义进行特殊的标识。通过这种方式，Unity 就能根据语义标识为顶点着色器准备好对应的输入数据。顶点着色器输入数据语义如表 6-9 所示。

表 6-9　顶点着色器输入语义

| 语义 | 含义 |
|---|---|
| POSITION | 顶点的位置，常用 float3 或 float4 声明 |
| NORMAL | 顶点的法线，常用 float3 声明 |
| TEXCOORD0 | 第一个 UV 纹理坐标，常用 float2、float3 或 float4 声明 |
| TEXCOORD1/ TEXCOORD2/ TEXCOORD3 | 其余 3 个 UV 纹理坐标，也可表示其他自定义数据 |
| TANGENT | 切线向量，常用 float4 声明 |
| COLOR | 每个顶点的颜色，常用 float4 声明 |

- 片元着色器输出数据语义。通常，一个片元着色器仅输出一个颜色值，这一颜色值需要用 SV_Target 进行表示。除此之外，在多渲染目标的情况下，片元着色器也能输出多个颜色值和片元的深度值，具体如表 6-10 所示。

表 6-10　片元着色器输出数据语义

| 语义 | 含义 |
|---|---|
| SV_Target | 片元的颜色值，常用 fixed 声明 |
| SV_TargetN | 在多渲染目标的情况下，可以用 SV_Target0、SV_Target1 等输出多个颜色 |
| SV_Depth | 通常情况下片元着色器是不会改变片元的深度值的，但有些效果需要通过修改深度值来实现，而输出的深度值用 float 声明 |

- 顶点着色器输出数据语义。顶点着色器最重要的作用就是将顶点从物体坐标系转换到剪裁坐标系，之后经过图元装配、光栅化等阶段将片元传送到片元着色器。从顶点着色器输出的顶点位置就需要使用 SV_Position 语义进行标识。
- 其他特殊语义。除了标识顶点着色器输入与输出数据、片元着色器的输出语义外，Unity 还提供了许多实用的特殊语义，具体如表 6-11 所示。

表 6-11　其他特殊语义

| 语义 | 含义 |
|---|---|
| VPOS | 在片元着色器中提供了每个片元在屏幕坐标系上的位置，这一特性仅存在于渲染目标为 3.0 以上的版本。为了统一不同平台的版本，需要使用 UNITY_VOPS_TYPE 类型对该变量进行声明 |
| VFACE | 在片元着色器中提供了每个片元是否朝向摄像机的变量，同样这一特性也存在于渲染目标为 3.0 以上的版本 |
| SV_VertexID | 该语义可以作为顶点着色器的输入数据语义，标示当前传入顶点的数量，这一特性仅存在于渲染目标为 3.5 以上的版本中 |

#### 5. 水波纹的制作

下面将通过一个制作水波纹的示例让读者加深对顶点片元着色器的理解。

在真实场景里，水波纹的产生是由于水受到机械波的作用，势能发生改变。在水表面上，不同的波源发出的机械波在某一点叠加，造成这一点的水面高度发生改变。在 Unity 3D 中，通过改变模型网格顶点的高度来实现水波纹，其原理如图 6-23 和图 6-24 所示。

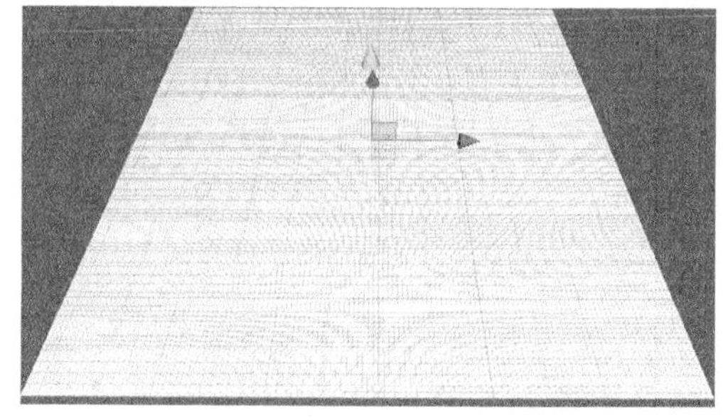
▲图 6-23 示例原理 1

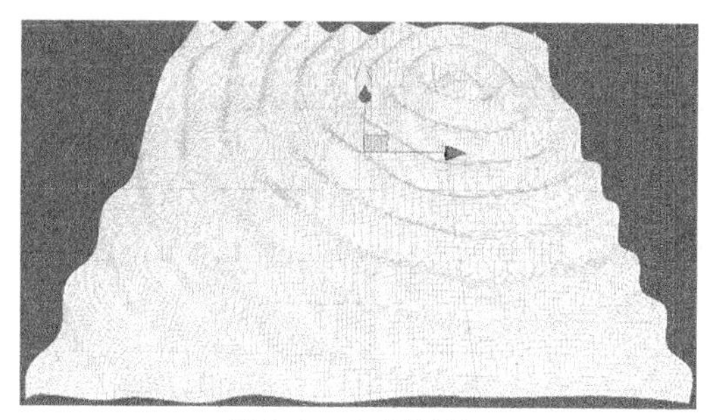
▲图 6-24 示例原理 2

- 图 6-23 所示为模型在 Unity 3D 场景中的原始状态。在没有受到扰动的情况下，模型中的所有网格顶点均在同一个平面内整齐排列。
- 图 6-24 所示为网格顶点坐标改变后的模型。可从图 6-24 中看出，模型上的一点作为波源振动，它产生的机械波向周围传播。每个顶点受到波的作用改变了高度。如果在模型上选择多个点作为波源，使其产生不同振幅、不同频率的波，效果会更加真实。

了解了水波纹的实现原理后，为模型添加一张带有水面效果的贴图，适当调节摄像机的位置，就能获得会波动的水面了。示例效果如图 6-25 和图 6-26 所示。

▲图 6-25 示例效果 1

▲图 6-26 示例效果 2

- 图 6-25 所示为带有贴图的模型在 Unity 3D 场景中的原始状态。它犹如平静的水面，没有受到过任何扰动。
- 图 6-26 所示为网格顶点坐标改变后的模型。像是在向水中投掷了一枚石子，水面受到扰动，产生了水波纹。

前面介绍了水波纹制作的基本原理和示例效果，下面介绍水波纹制作的具体步骤。

（1）导入模型。在 Unity 3D 中的 Assets 面板中右击，在弹出的快捷菜单中选择 Import new Asset，打开加载界面。在这里加载本示例需要用到的所有模型、贴图和声音文件等，需要加载的模型资源如表 6-12 所示。

表 6-12　　模型资源

| 文件 | 大小（KB） | 用途 |
|---|---|---|
| water_plane.FBX | 4939 | 水面模型 |
| water_surface.jpg | 42.7 | 水面贴图 |
| flow.mp3 | 264 | 水流音效 |

（2）将导入的 water_plane.FBX 模型拖到游戏场景中，并赋予模型贴图。在材质面板中的 Shader 下拉列表中选择 Custom→MyWater，具体如图 6-27 所示。

（3）创建声音源。在资源列表中右击，在弹出的快捷菜单中选择 Audio→Audio Source，添加一个声音源。在属性面板中设置 Audio Clip flow.mp3，并选中 Play On Awake 和 Loop 复选框，这样声音就会在启动时播放，并且开启循环播放模式，具体如图 6-28 所示。

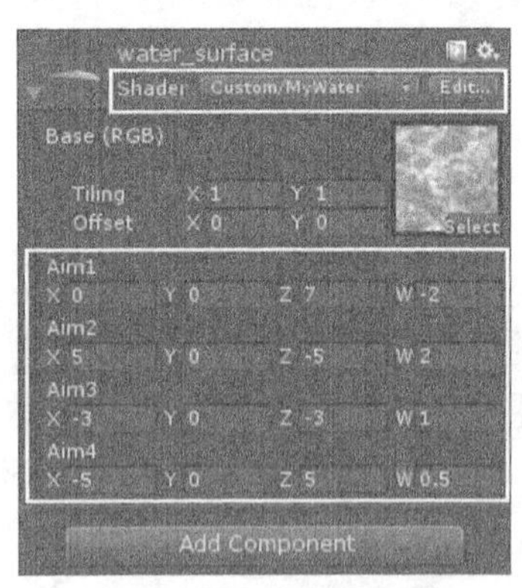


▲图 6-27　设置水面材质

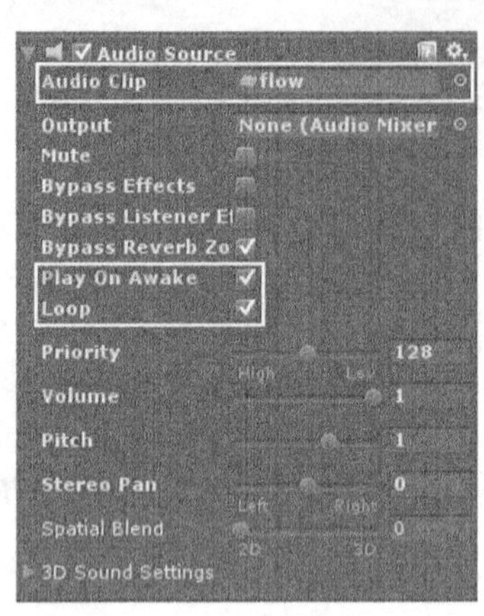


▲图 6-28　设置声音源

（4）创建水波纹着色器。在资源列表右击，在弹出的快捷菜单中选择 Create→Shader，创建一个着色器程序，并将其命名为 MyWater，将创建好的着色器拖到水面对象上。着色器具体代码如下。

着色器代码位置：随书资源中源代码\第 6 章目录下的 WaterShader\Assets\Shader\MyWater.shader

```
1   Shader "Custom/MyWater" {                              //定义了一个着色器，名称为 MyWater
2      Properties {                                        //属性列表，用来指定这段代码将有哪些输入
3         _MainTex ("Base (RGB)", 2D) = "white" {}             //定义一个 2D 纹理属性，默认白色
4         _Aim1("Aim1",Vector) = ( 3, 0, 3, -2.5)             //波源位置 1
5         _Aim2("Aim2",Vector) = ( 5, 0, -5, 2.0)             //波源位置 2
6         _Aim3("Aim3",Vector) = (-3, 0, -3, 1.0)             //波源位置 3
7         _Aim4("Aim4",Vector) = (-5, 0, 5,  0.5)             //波源位置 4
8         _High("High",Float) = 1
9      }
10     SubShader {                                          //子着色器
11        Pass{                                             //通道
12           CGPROGRAM                                      //开始标记
13           #pragma vertex verf                            //定义顶点着色器
14           #pragma fragment frag                          //定义片元着色器
15           #include "UnityCG.cginc"                       //引用 Unity 自带的函数库
16           sampler2D _MainTex;                            //2D 纹理属性
17           float4 _Aim1;    float4 _Aim2;    float4 _Aim3;    float4 _Aim4    //声明四维变量
18           float4 _MainTex_ST;
19           float _High;
20           struct v2f {                                   //顶点数据结构体
21              float4 pos:SV_POSITION;                     //声明顶点位置
22              float2 uv:TEXCOORD0;                        //声明纹理
23           }
```

```
24          v2f verf(appdata_base v)    {                      //顶点着色器
25             v2f o;                                          //声明一个结构体对象
26             //计算当前顶点与_Aim1、_Aim2、_Aim3、_Aim4 的距离
27             float dis1 = distance(v.vertex.xyz,_Aim1.xyz);
28             float dis2 = distance(v.vertex.xyz,_Aim2.xyz);
29             float dis3 = distance(v.vertex.xyz,_Aim3.xyz);
30             float dis4 = distance(v.vertex.xyz,_Aim4.xyz);
31             //计算当前顶点的高度
32             float H = sin(dis1*_Aim1.w+_Time.z *_High)/5;       //计算正弦波的高度
33             H += sin(dis2*_Aim2.w + _Time.z*_High)/10;          //叠加正弦波的高度
34             H += sin(dis3*_Aim3.w + _Time.z*_High)/15;          //叠加正弦波的高度
35             H += sin(dis4*_Aim4.w + _Time.z*_High)/10;          //叠加正弦波的高度
36             o.uv = TRANSFORM_TEX(v.texcoord,_MainTex);
37             o.pos = mul(_Object2World,v.vertex);          //将顶点转换到世界坐标的矩阵
38             o.pos.y = H;                                  //将 h 赋给顶点的 y 值
39             o.pos = mul(_World2Object,o.pos);             //将顶点转换到自身坐标的矩阵
40             o.pos = mul(UNITY_MATRIX_MVP,o.pos);          //计算顶点位置
41             return o;                                     //返回顶点着色器对象
42          }
43          fixed4 frag(v2f_img i):COLOR {
44             float4 texCol = tex2D(_MainTex,i.uv);         //获取顶点对应 UV 的颜色
45             return texCol;                                //返回顶点染色
46          }
47          ENDCG                                            //结束标志
48       }}
49    FallBack "Diffuse"                                     //降级着色器（备用的着色器）
50 }
```

- 第 2～9 行为属性块列表，定义了材质的默认颜色为白色。在所定义的四维向量中，$x$、$y$、$z$ 为波源的位置，$w$ 为正弦函数的初相位。其具体用途在代码的后半部分中体现。
- 第 12～19 行定义了顶点着色器、片元着色器、纹理贴图变量及确定 4 个波源位置的四维向量。
- 第 24～42 行为顶点着色器的代码。首先计算当前顶点距离各个波源的距离，然后通过距离与角速度的乘积来计算该点的正弦值。将 4 个波函数在此点的正弦值相加即为该点的高度。_Time.z 为时间参量，它根据时间改变波函数的初相位，可实现正弦波整体的上下浮动。
- 第 43～47 行为片元着色器的实现。这里没有对片元进行更改，故只返回顶点颜色即可。
- 第 49 行为备用的着色器。如果所有的 SubShader 都失败了，为了在用户的设备上呈现出设定的机制，则会调用 FallBack 下的着色器。FallBack 是 Unity 自己预制的 Shader 实现，一般能够在所有显卡上运行。

（5）创建用于辅助观察示例中的效果的脚本。在资源列表中右击，在弹出的快捷菜单中选择 Create→C# Script，创建一个 C#脚本，将其命名为 GUIswift.cs，并将其挂载到主摄像机上。该脚本的主要功能是通过单击屏幕上的按钮，来控制是否为平面添加水波纹效果，具体代码如下。

代码位置：随书资源中源代码\第 6 章目录下的 WaterShader\Assets\Scripts\GUIswift.cs

```
1   using UnityEngine;
2   using System.Collections;
3   public class GUIswift : MonoBehaviour {
4       public Material mat;                                  //材质变量
5       public AudioSource flow;
6      void Start () {
7           WaveOn();                                         //初始化波源状态
8       }
9      void Update () {}                                      //Update 方法
10         void OnGUI() {
11          if (GUI.Button(new Rect(10, 10, 58, 30), "有波纹")) {
12              WaveOn();                                     //执行打开水波方法
13          }
14          if (GUI.Button(new Rect(10, 50, 58, 30), "无波纹")) {
15              WaveOff();                                    //执行关闭水波方法
16        } }
```

```
17          void WaveOn() {                                    //产生水波纹的方法
18           mat.SetVector("_Aim1", new Vector4(3, 0, 3, -2.5f));       //波源 1 的位置
19           mat.SetVector("_Aim2", new Vector4(5, 0, -5, 2f));         //波源 2 的位置
20           mat.SetVector("_Aim3", new Vector4(-3, 0, -3, 1f));        //波源 3 的位置
21           mat.SetVector("_Aim4", new Vector4(-5, 0, 5, 0.5f));       //波源 4 的位置
22           mat.SetFloat("_High", 1);
23           flow.Play();                                               //播放声音
24          }
25          void WaveOff() {                                            //关闭水波纹的方法
26           mat.SetVector("_Aim1", new Vector4(3, 0, 3, 0));           //波源 1 的位置
27           mat.SetVector("_Aim2", new Vector4(5, 0, -5, 0));          //波源 2 的位置
28           mat.SetVector("_Aim3", new Vector4(-3, 0, -3, 0));         //波源 3 的位置
29           mat.SetVector("_Aim4", new Vector4(-5, 0, 5, 0));          //波源 4 的位置
30           mat.SetFloat("_High", 0);
31           flow.Stop();                                               //停止播放
32     }}
```

- 第 4～5 行用于声明。声明的材质对象用于存放水面上的材质。声音源对象为带有流水音效的水面对象。
- 第 6～16 行定义了 Start、Update 与 OnGUI 方法，这些方法用于在屏幕上创建按钮，并对按钮进行监听。
- 第 17～24 行为产生水波的方法。具体实现方法为改变着色器中的变量的值，使用 Material 下的 SetVector 方法赋予着色器中的_Aim1 一个四维向量，四维向量的前 3 个变量为波源的位置，第 4 个变量为波源所产生的波的角速度 $\omega$，可通过改变此参数的值来改变波的频率。_Aim2、_Aim3、_Aim4 的赋值方法与上述相同。
- 第 25～32 行为关闭水波纹的方法，具体实现与产生水波纹的方法大致相同。其实现原理是将所有波函数的角速度置为 0。

### 6.3.3　表面着色器

6.3.2 节介绍了顶点片元着色器，其最大的缺点是不能直接和光照交互。为了能够让开发人员更方便、快捷地处理光照，Unity 提供了表面着色器。表面着色器代码也是使用 Cg 或 HLSL 编写的。下面将通过在 Unity 中直接新建表面着色器来介绍表面着色器的基本结构。

代码位置：随书资源中源代码\第 6 章目录下的 Shader\Assets\BaseForm2.shader

```
1   Shader "Custom/BaseForm2" {
2     Properties {                                          //定义属性块
3       _Color ("Color", Color) = (1,1,1,1)                 //定义主颜色数值
4       _MainTex ("Albedo (RGB)", 2D) = "white" {}          //定义纹理数值
5       _Glossiness ("Smoothness", Range(0,1)) = 0.5        //定义高光系数数值
6       _Metallic ("Metallic", Range(0,1)) = 0.0            //定义金属材质系数数值
7     }
8     SubShader {
9       Tags { "RenderType"="Opaque" }                      //标签
10      LOD 200                                             //LOD 数值
11      CGPROGRAM
12      #pragma surface surf Standard fullforwardshadows //表面着色器编译指令
13      #pragma target 3.0                                  //着色器编译目标
14      sampler2D _MainTex;                                 //2D 纹理属性
15      struct Input {                                      //定义输入参数结构体
16        float2 uv_MainTex;                                //纹理 UV 坐标
17      };
18      half _Glossiness;                                   //定义高光系数属性
19      half _Metallic;                                     //定义金属材质系数属性
20      fixed4 _Color;                                      //定义主颜色属性
21      void surf (Input IN, inout SurfaceOutputStandard o) {  //表面着色器函数
22        fixed4 c = tex2D (_MainTex, IN.uv_MainTex) * _Color; //根据 UV 坐标从纹理提取颜色
23        o.Albedo = c.rgb;                                 //设置颜色
24        o.Metallic = _Metallic;                           //设置金属材质系数
25        o.Smoothness = _Glossiness;                       //设置高光系数
```

```
26          o.Alpha = c.a;                                    //设置透明度
27        }
28        ENDCG
29      }
30      FallBack "Diffuse"                                    //降级着色器
31    }
```

❑ 第2～7行为着色器的定义属性块。着色器用到的所有属性都必须在这里定义。以_Color属性为例，_Color为属性在着色器中的名称，"Color"为材质属性面板上显示的名称，Color为属性的类型，“(1,1,1,1)”为属性的初始值。

❑ 第9～10行为通道渲染指令。这里设置了标签和LOD数值，在标签中可以设置渲染队列、渲染类型等数值。Alpha测试、混合操作、深度测试等指令都需要写在这里。

❑ 第12～13行为编译指令。surface surf指令告诉编译器下面定义的surf函数为表面着色器函数，Standard指令是指使用Standard光照模型，target 3.0指令是指着色器编译目标为3.0。

❑ 第14～20行定义属性和结构体，如果想在着色器中使用属性块中定义的属性，必须在这里定义相对名称的属性。Input结构体为表面着色器提供输入参数，该结构体的名称必须为Input。

❑ 第21～27行为表面着色器函数。实现表面着色器的代码都写到这里，该函数主要实现了从纹理中提取颜色并为Albedo参数赋值。

表面着色器最终会被编译为一个复杂的顶点片元着色器，不过通过表面着色器开发人员不需要关心如何处理光照、阴影及不同的渲染路径。这些比较复杂的工作一般由Unity自动完成，这极大地提高了开发效率。6.4节将详细介绍表面着色器的基础知识。

## 6.4 表面着色器详述

6.3节介绍了着色器的3种形态，其中表面着色器比固定管线着色器更加灵活，比顶点片元着色器更加方便地处理光照，因此游戏开发中最常用的是表面着色器。6.3节简单地介绍了表面着色器的基本结构，本节将详细介绍表面着色器的基础知识及应用。

### 6.4.1 表面着色器基础知识

本小节将详细介绍表面着色器的基础知识，主要包括表面着色器的编译指令、输入/输出参数结构体、自定义光照模型、顶点变换函数及最终颜色修改函数。通过本小节的学习，读者可以对表面着色器有一个深入的了解。

**1. 编译指令**

表面着色器与其他任何着色器一样，都放置于CGPROGRAM…ENDCG块中，区别是其必须放置在子着色器块中，而不能放置在通道中，表面着色器自身会编译为多个通道。表面着色器使用#pragma surface指令来表明它是一个表面着色器。

#pragma surface指令：

```
#pragma surface <surfaceFunction> <lightModel> [optionalparams]
```

❑ surfaceFunction：表面着色器函数名称。通过该指令告诉编译器Cg代码中surfaceFunction函数为表面着色器函数。

❑ lightModel：光照模型。通过该指令告诉编译器该表面着色器使用哪个光照模型。Unity内置的光照模型为漫反射（Lambert）和高光（BlinnPhong），还有一些基于物理的Standard和StandardSpecular光照模型，除此之外也可以自定义光照模型。

❑ optionalparams：可选参数。可用的可选参数如表6-13所示。

表 6-13　　表面着色器编译指令可选参数

| 可选参数 | 含义 |
| --- | --- |
| alpha/alpha:auto | Alpha 混合模式。将该参数用于半透明着色器 |
| alpha:blend | 启用 Alpha 混合 |
| alpha:fade | 启用传统的淡化透明度 |
| alpha:premul | 启用预乘 Alpha 透明度 |
| alphatest:VariableName | Alpha 测试模式。将该参数用于透明镂空着色器。镂空值（VariableName）为浮点型的变量 |
| keepalpha | 不透明的表面着色器将 1 写入 Alpha 通道，无论输出结构体中的 Alpha 为何值 |
| vertex:VertexFunction | 自定义名为 VertexFunction 的顶点函数 |
| finalcolor:ColorFunction | 自定义名为 ColorFunction 的最终颜色修改函数 |
| finalgbuffer:ColorFunction | 自定义名为 ColorFunction、用于修改 G-Buffer 内容的延迟路径 |
| finalprepass:ColorFunction | 自定义名为 ColorFunction 的预制基本路径 |
| exclude_path:prepass 或 exclude_path:forward | 使用指定的渲染路径 |
| addshadow | 添加阴影投射器和集合通道 |
| dualforward | 将双重光照贴图用于正向渲染路径中 |
| fullforwardshadows | 在正向渲染路径中支持所有阴影类型 |
| decal:add | 附加印花着色器 |
| decal:blend | 附加半透明印花着色器 |
| softvegetation | 使表面着色器仅在 Soft Vegetation 开启时被渲染 |
| noambient | 不使用任何环境光照或者球面调和光照 |
| novertexlights | 在正向渲染中不使用球面调和光照或逐顶点光照 |
| nolightmap | 在这个着色器上禁用光照贴图 |
| nodirlightmap | 在这个着色器上禁用方向光照贴图 |
| noforwardadd | 禁用正向渲染添加通道。这会使这个着色器支持一个完整的方向光和所有逐顶点/SH 计算的光照 |
| approxview | 对于有需要的着色器，逐顶点而不是逐像素计算规范化视线方向。这种方法更快速，但当摄像机靠近表面时，视线方向不会完全正确 |
| halfasview | 将半方向向量（而非视线方向向量）传递到光照函数中。半方向向量将会被逐顶点计算和规范化。这种方法更快速，但不会完全正确 |

提示　此外，还可以在 CGPROGRAM 块中编写#pragma debug，然后表面编译器（Surface Compiler）将产生大量生成代码的注释。读者可以在着色器检视器中使用开放的编译着色器（Open Compiled Shader）进行查看。

### 2. 输入/输出参数结构体

表面着色器函数可以有两个参数，其中一个参数为 Input 结构体，用于为表面着色器函数输入所需的纹理坐标和其他数据；另一个参数为 SurfaceOutput 结构体，需要在表面着色器函数中写入相应的值，用于输出数据。

Input 结构体中的纹理坐标必须在纹理名称前面加上 uv 或 uv2，带 uv 的纹理坐标为物体所带的第一个纹理坐标，带 uv2 的纹理坐标为物体所带的第二个纹理坐标。其他可用的数据如表 6-14 所示。

表 6-14 Input 结构体其他可用的数据

| 可用的数据 | 含义 |
|---|---|
| float3 viewDir | 视图方向。为了计算视差、边缘光照等效果，Input 需要包含视图方向 |
| float4 color | 每个顶点颜色的插值 |
| float4 screenPos | 屏幕空间中的位置。为了获得反射效果，需要包含屏幕坐标 |
| float3 worldPos | 世界坐标空间位置 |
| float3 worldRefl | 世界空间中的反射向量，但必须表面着色器不写入 o.Normal 参数 |
| float3 worldNormal | 世界空间中的法线向量，但必须表面着色器不写入 o.Normal 参数 |
| float3 worldRefl; INTERNAL_DATA | 世界坐标中的反射向量，但必须表面着色器写入 o.Normal 参数。要基于逐像素法线贴图获得反射向量，应使用 WorldReflectionVector (IN, o.Normal) |
| float3 worldNormal; INTERNAL_DATA | 世界坐标中的法线向量，但必须表面着色器写入 o.Normal 参数。要基于逐像素法线贴图获得法线向量，应使用 WorldNormalVector (IN, o.Normal) |

Input 结构体不仅可以包含上面所列的数据，也可以包含自定义的数据。自定义的数据用于从顶点函数传数据给表面着色器函数。

表面着色器的输出结构体 SurfaceOutput 是内置定义好的，只需在表面着色器函数中为需要的变量赋值即可。标准的表面着色器输出结构体如下。

```
1   struct SurfaceOutput {
2       half3 Albedo;                                    //漫反射的颜色值
3       half3 Normal;                                    //法线坐标
4       half3 Emission;                                  //自发光颜色
5       half Specular;                                   //镜面反射系数
6       half Gloss;                                      //光泽系数
7       half Alpha;                                      //透明度系数
8   };
```

自 Unity 5.0 版本之后，表面着色器开始支持基于物理的光照模型，其中内置的 Standard 光照模型与 StandardSpecular 光照模型需要分别用如下的输出结构体。

```
1    struct SurfaceOutputStandard {                 //Standard 光照模型输出结构体
2       fixed3 Albedo;                              //基础颜色（漫反射或镜面）
3       fixed3 Normal;                              //法线坐标
4       half3 Emission;                             //自发光颜色
5       half Metallic;                              //0：非金属，1：金属
6       half Smoothness;                            //0：粗糙，1：光滑
7       half Occlusion;                             //遮挡程度（默认为 1）
8       fixed Alpha;                                //透明度系数
9   };
10  struct SurfaceOutputStandardSpecular {          //StandardSpecular 光照模型输出结构体
11      fixed3 Albedo;                              //漫反射的颜色值
12      fixed3 Specular;                            //镜面反射系数
13      fixed3 Normal;                              //法线坐标
14      half3 Emission;                             //自发光颜色
15      half Smoothness;                            //0：粗糙，1：光滑
16      half Occlusion;                             //遮挡程度（默认为 1）
17      fixed Alpha;                                //透明度系数
18  };
```

除此之外，也可以自定义表面着色器的输出结构体，但自定义的输出结构体必须包括 SurfaceOutput 结构体的所有变量，然后可以添加自己需要的变量用于从自定义光照模型函数传数据给表面着色器函数。

### 3. 自定义光照模型

编写表面着色器就是描述一个表面的属性（反射率颜色、法线等），并由光照模型完成光照交互的计算。系统内置了 Lambert 和 BlinnPhong 两个光照模型。有时也需要开发自定义光照模型。

自定义的光照模型是由名称为 Lighting 开头的函数实现的。自定义光照模型函数的声明有以下几种形式，用于不同的需求。

- half4 Lighting<Name> (SurfaceOutput s, half3 lightDir, half atten)：其在正向渲染路径中用于与视线方向不相关的光照模型（如漫反射）。
- half4 Lighting<Name> (SurfaceOutput s, half3 lightDir, half3 viewDir, half atten)：其在正向渲染路径中用于与视线方向相关的光照模型。
- half4 Lighting<Name>_PrePass (SurfaceOutput s, half4 light)：其用于延时光照路径中的光照模型。

其中，SurfaceOutput 结构体用于和表面着色器函数传输数据，该结构体也可以自己定义，但必须与表面着色器函数的输出结构体相同；lightDir 参数为点到光源的单位向量；viewDir 参数为点到摄像机的单位向量；atten 参数为光源的衰减系数。

光照模型函数的返回值为经过光照计算的颜色值。下面通过一个带自定义光照模型的表面着色器来详细介绍自定义光照模型。

代码位置：随书资源中源代码\第 6 章目录下的 Shader\Assets\BaseForm3.shader

```
1  Shader "Custom/BaseForm3" {
2    Properties {
3      _Color ("Color", Color) = (1,1,1,1)                          //主颜色数值
4      _MainTex ("Albedo (RGB)", 2D) = "white" {}                  //2D 纹理数值
5      _Shininess ("Shininess ", Range(0,10)) = 10                 //镜面反射系数
6    }
7    SubShader {
8      CGPROGRAM
9      #pragma surface surf Phong                                  //表面着色器编译指令
10     sampler2D _MainTex;                                          //2D 纹理属性
11     fixed4 _Color;                                               //主颜色属性
12     float _Shininess;                                            //镜面反射系数属性
13     struct Input {
14       float2 uv_MainTex;                                         //UV 纹理坐标
15     };
16     float4 LightingPhong(SurfaceOutput s, float3 lightDir,half3 viewDir, half atten){
                                                                    //光照模型函数
17       float4 c;
18       float diffuseF = max(0,dot(s.Normal,lightDir));            //计算漫反射强度
19       float specF;
20       float3 H = normalize(lightDir+viewDir);                    //计算视线与光线的半向量
21       float specBase = max(0,dot(s.Normal,H));                   //计算法线与半向量的点积
22       specF = pow(specBase,_Shininess);                          //计算镜面反射强度
23       c.rgb = s.Albedo * _LightColor0 * diffuseF *atten + _LightColor0*specF;
24       //结合漫反射光与镜面反射光计算最终光照颜色
25       c.a = s.Alpha;
26       return c;                                                  //返回最终光照颜色
27     }
28     void surf (Input IN, inout SurfaceOutput o) {                //表面着色器函数
29       fixed4 c = tex2D (_MainTex, IN.uv_MainTex) * _Color; //根据 UV 坐标从纹理提取颜色
30       o.Albedo = c.rgb;                                          //设置颜色
31       o.Alpha = c.a;                                             //设置透明度
32     }
33     ENDCG
34   }
35   FallBack "Diffuse"                                             //降级着色器
36 }
```

- 第 2～6 行为着色器的定义属性块。其中定义了主颜色数值、2D 纹理数值及用于表面着色器的镜面反射系数。

❑ 第 7～15 行为表面着色器编译指令和定义属性。编译指令中的 Phong 告诉编译器表面着色器使用自定义名称为 Phong 的光照模型。名称为 LightingPhong 的函数为光照模型函数。

❑ 第 16～27 行为自定义光照模型函数。其中通过法线和光线的点积求出漫反射强度，然后通过视线与光线的半向量与法线的点积求出镜面反射强度，最后结合漫反射光与镜面反射光计算最终光照颜色。

❑ 第 28～32 行为表面着色器函数。该函数主要实现了从纹理中提取颜色并将提取到的颜色赋给 Albedo 参数和 Alpha 参数的功能。

❑ 第 35 行为备用的着色器。如果所有的 SubShader 都失败了，为了在用户的设备上呈现设定的机制，则会调用 FallBack 下的着色器。

**4. 顶点变换函数**

顶点变换函数可以修改顶点着色器中的输入顶点数据并为表面着色器函数传递顶点数据，可用于程序性动画、沿法线的挤压等。使用表面着色器编译指令 vertex:<Name>，其中 Name 为顶点函数的名称。顶点函数的声明有以下几种形式，用于不同的需求。

❑ void <Name> (inout appdata_full v)：其用于只修改顶点着色器中的输入顶点数据。

❑ half4 <Name> (inout appdata_full v, out Input o)：其用于修改顶点着色器中的输入顶点数据并为表面着色器函数传递数据。

其中，inout 类型的结构体使用了顶点数据结构体，用于给顶点函数输入顶点数据；out 类型的结构体为表面着色器中使用的输入结构体，用于顶点变换函数为表面着色器函数传递数据。下面通过使用顶点变换函数来实现吹气膨胀效果的表面着色器来详细介绍顶点变换函数。

代码位置：随书资源中源代码\第 6 章目录下的 Shader\Assets\BaseForm4.shader

```
1   Shader "Custom/BaseForm4" {
2     Properties {
3       _MainTex ("Texture", 2D) = "white" {}                    //2D 纹理数值
4       _Amount ("Extrusion Amount", Range(0,0.1)) = 0.05        //膨胀系数数值
5     }
6     SubShader {
7       CGPROGRAM
8       #pragma surface surf Lambert vertex:vert                 //表面着色器编译指令
9       struct Input {                                           //Input 结构体
10        float2 uv_MainTex;                                     //UV 纹理坐标
11      };
12      float _Amount;                                           //定义膨胀系数属性
13      sampler2D _MainTex;                                      //定义 2D 纹理
14      void vert (inout appdata_base v) {                       //顶点变换函数
15        v.vertex.xyz += v.normal * _Amount;                    //通过法线挤压实现充气的效果
16      }
17      void surf (Input IN, inout SurfaceOutput o) {            //表面着色器函数
18        o.Albedo=tex2D (_MainTex, IN.uv_MainTex).rgb;
                                        //从纹理中提取颜色并将提取的颜色赋值给参数
19      }
20      ENDCG
21    }
22    Fallback "Diffuse"                        //降级着色器
23  }
```

❑ 第 2～5 行为着色器的定义属性块。其中定义了 2D 纹理数值和膨胀系数数值，这些值都用于表面着色器。

❑ 第 8～13 行为表面着色器编译指令和定义属性。编译指令中的 vertex:vert 告诉编译器表面着色器名称为 vert 的函数是顶点变换函数。

❑ 第 14～16 行为顶点变换函数。其中通过将顶点向法线方向移动来实现充气的效果。

❑ 第 17～19 行为表面着色器函数。该函数主要实现了从纹理中提取颜色并将提取到的颜色

赋值给 Albedo 参数。

- 第 22 行为备用的着色器。如果所有的 SubShader 都失败了，为了在用户的设备上呈现出设定的机制，则会调用 FallBack 下的着色器。

**5. 最终颜色修改函数**

最终颜色修改函数用于修改表面着色器的最终颜色，可用于绘制物体表面的最终调色。使用表面着色器编译指令 finalcolor:<Name>，其中 Name 为最终颜色修改函数的名称。最终颜色修改函数的声明形式如下：

```
void <Name> (Input IN, SurfaceOutput o, inout fixed4 color)
```

其中，Input 结构体用于顶点变换函数，为最终颜色修改函数传递数据；SurfaceOutput 结构体用于为最终的颜色修改函数传输数据；inout 类型的 color 参数为最终颜色修改函数输出的最终颜色。下面通过使用最终颜色修改函数实现调色的表面着色器来详细介绍最终颜色修改函数。

代码位置：随书资源中源代码\第 6 章目录下的 Shader\Assets\BaseForm5.shader

```
1   Shader "Custom/BaseForm5" {
2     Properties {
3       _MainTex ("Texture", 2D) = "white" {}                          //2D 纹理数值
4       _ColorTint ("Tint", Color) = (1.0, 0.6, 0.6, 1.0)              //调色数值
5     }
6     SubShader {
7       Tags { "RenderType" = "Opaque" }                       //设置 RenderType 为 Opaque
8       CGPROGRAM
9       #pragma surface surf Lambert finalcolor:mycolor        //表面着色器编译指令
10      struct Input {                                         //Input 结构体
11        float2 uv_MainTex;                                   //UV 纹理坐标
12      };
13      fixed4 _ColorTint;                                     //调色数值属性
14      sampler2D _MainTex;                                    //2D 纹理属性
15      void mycolor(Input IN, SurfaceOutput o, inout fixed4 color){  //最终颜色修改函数
16        color *= _ColorTint;                                 //通过调色数值修改最终颜色
17      }
18      void surf (Input IN, inout SurfaceOutput o) {          //表面着色器函数
19        o.Albedo = tex2D (_MainTex, IN.uv_MainTex).rgb;  //从纹理提取颜色并将提取颜色赋值参数
20      }
21      ENDCG
22    }
23    Fallback "Diffuse"                                   //降级着色器
24  }
```

- 第 2～5 行为着色器的定义属性块。其中定义的 2D 纹理数值和调色数值都用于表面着色器。
- 第 9～14 行为表面着色器编译指令和定义属性。编译指令中的 finalcolor:mycolor 告诉编译器表面着色器名称为 mycolor 的函数是最终颜色修改函数。
- 第 15～17 行为最终颜色修改函数。其中通过调色数值来修改最终颜色。
- 第 18～20 行为表面着色器函数。该函数主要实现了从纹理提取颜色并将提取到的颜色赋值给 Albedo 参数。
- 第 23 行为备用的着色器。如果所有的 SubShader 都失败了，为了在用户的设备上呈现出设定的机制，则会调用 FallBack 下的着色器。

### 6.4.2　通过表面着色器实现体积雾

现实世界中的雾气往往是随风变化的，并不是在所有的位置都遵循完全一致的雾浓度因子计算公式，简单雾特效也有一定的局限性。本小节将介绍一种能更好地模拟山岚烟云效果的雾特效技术——体积雾，通过其可以开发出非常真实的山中烟雾缭绕的效果。

### 1. 基本原理

介绍具体的示例之前，首先需要了解本示例实现体积雾的基本原理。体积雾实现的关键点在于计算出每个待绘制片元的雾浓度因子，然后根据雾浓度因子、雾的颜色及片元本身采样的纹理颜色计算出片元的最终颜色。

简单雾特效采用的也是这样的策略，但体积雾雾浓度因子的计算模型不像简单雾特效那样是一个简单的公式，其具体的计算策略如图 6-29 所示。此计算由表面着色器完成。

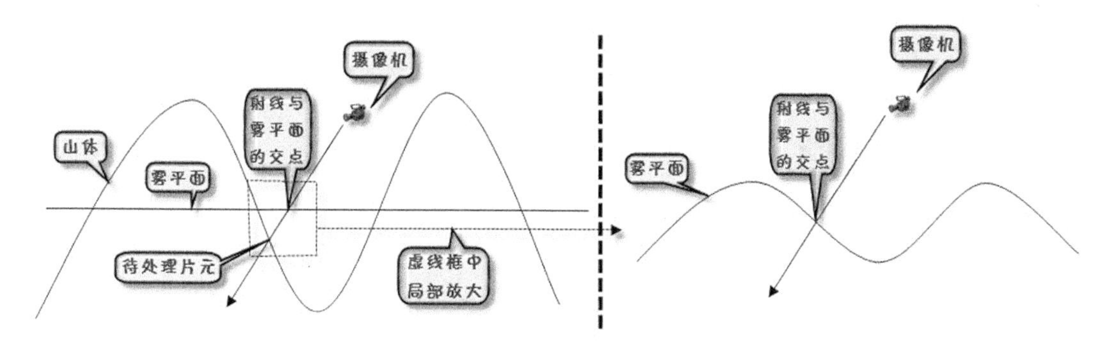


▲图 6-29　体积雾雾浓度因子计算策略

- 通过当前待处理片元的位置与摄像机的位置确定一条射线，通过雾平面的高度求出一个比值 $t$，$t$ 为摄像机位置到射线与雾平面交点位置的距离与摄像机位置到片元位置的距离的比。
- 如果片元位置在雾平面以下，通过 $t$ 值计算出射线与雾平面交点的坐标，求出交点到待处理片元位置的距离。根据求出距离的大小求出雾浓度因子，距离越大雾越浓。

> **提示**　为了进一步增加真实感，实际示例中的雾平面并不是一个完全的平面，而是加入了正弦函数的高度扰动，使得雾平面看起来有波动效果，如图 6-29 中右图所示。

### 2. 体积雾特效示例的开发

前面介绍了体积雾特效开发的基本原理，相信读者对体积雾特效的开发有了一定的了解。下面将通过一个示例来向读者详细介绍体积雾特效的开发。示例的设计目的是使用体积雾特效实现山中烟雾缭绕的效果。

（1）新建一个场景，将其命名为 text 并保存，具体步骤此处不再介绍。

（2）创建一个 Plane 对象。选择 GameObject→3D Object→Plane，如图 6-30 所示。设置 Plane 对象的位置和大小，具体参数如图 6-31 所示。

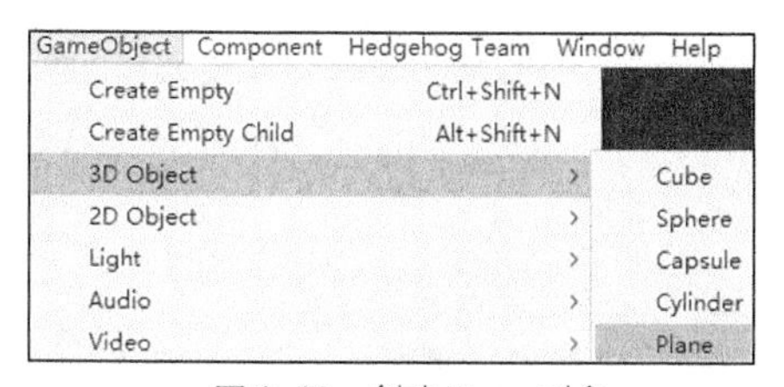


▲图 6-30　创建 Plane 对象

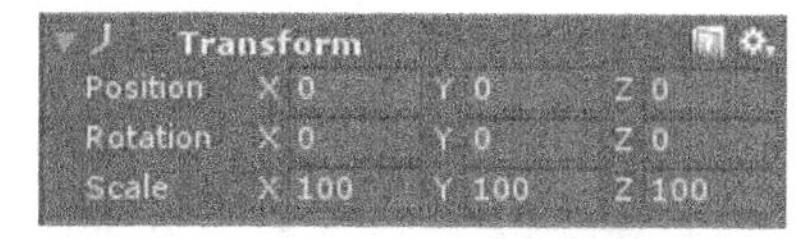


▲图 6-31　设置 Plane 对象的位置和大小

（3）导入山模型，将 Assets\Model 文件夹下的山模型文件导入场景中，具体导入模型的步骤此处不再介绍。将山连续覆盖到 Plane 对象上，直到将 Plane 对象完全覆盖。创建一个空对象，将其命名为 shan，将所有山对象拖曳到 shan 对象上使其成为 shan 对象的子对象。

（4）添加光源。选择 GameObject→Create Other→Directional Light，自动创建一个定向光源。

设置其位置和角度，使其能够照亮场景，具体参数如图 6-32 所示。

（5）开发体积雾特效的着色器。在 Shader 文件夹中右击，在弹出的快捷菜单中选择 Create→Shader→Standard Surface Shader，创建着色器，如图 6-33 所示。将其命名为 VolumeFog，然后双击打开该着色器，开始 VolumeFog 着色器的编写。

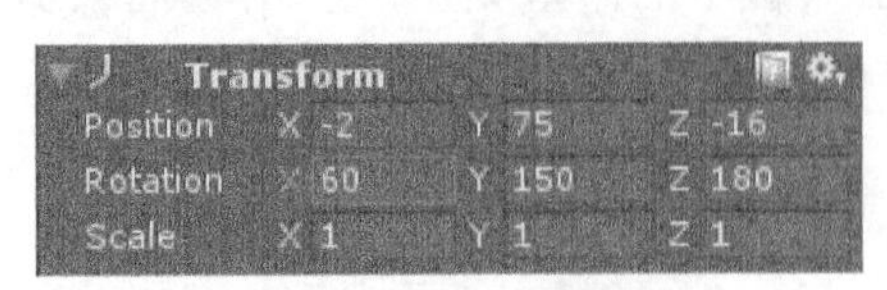


▲图 6-32　设置光源的位置和角度

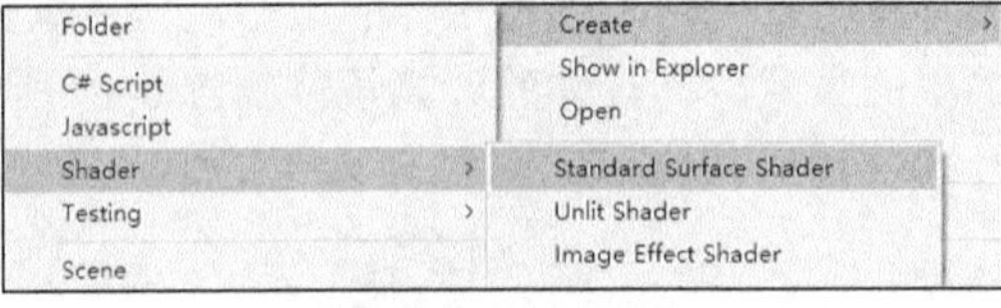


▲图 6-33　创建着色器

代码位置：随书资源中源代码\第 6 章目录下的 FogExampleB\Assets\Shader\VolumeFog.shader

```
1    Shader "Custom/VolumeFog" {
2      Properties {
3        _MainTex ("Pic", 2D) = "white" {}                        //岩石纹理
4        _MainTex1 ("Pic1", 2D) = "white" {}                      //草皮纹理
5        _CameraPosition("CameraPosition",Vector)=(0,0,0,1)       //摄像机位置
6        _StartAngel("startAngel",float)=0                        //扰动起始角
7        _FogColor("FogColor",Color)=(1,1,1,1)                    //雾颜色
8      }
9      SubShader {
10       Tags { "RenderType"="Geometry " }                        //要确保渲染顺序在透明之前
11       CGPROGRAM
12       #pragma surface surf Lambert vertex:myVertex
13       sampler2D _MainTex;                                      //岩石纹理
14       sampler2D _MainTex1;                                     //草皮纹理
15       float4 _CameraPosition;                                  //摄像机位置
16       float _StartAngel;                                       //扰动起始角
17       float4 _FogColor;                                        //雾颜色
18       struct Input{
19         float2 uv_MainTex;                                     //纹理坐标
20         float3 orignPosition;                                  //片元位置
21       }
22       ……//此处省略了用于计算体积雾浓度因子的方法，在下面将详细介绍
23       void myVertex(inout appdata_full v, out Input o){
24         UNITY_INITIALIZE_OUTPUT(Input,o);                      //初始化结构体 o
25         o.orignPosition=v.vertex.xyz;                 //设置 orignPosition 参数为该顶点位置
26       }
27       void surf (Input IN, inout SurfaceOutput o) {
28         float3 pLocation=IN.orignPosition;                     //获取片元位置
29         half4 c = tex2D (_MainTex1, IN.uv_MainTex);            //从纹理图中获取片元颜色
30         if(pLocation.y<20){                                    //如果片元位置 y 坐标小于 20
31           c = tex2D (_MainTex1, IN.uv_MainTex);                //从草皮纹理中获取片元颜色
32         }
33         else if(pLocation.y>=36){                              //如果片元位置 y 坐标大于 36
34           c = tex2D (_MainTex, IN.uv_MainTex);                 //从岩石纹理中获取片元颜色
35         }else{                                         //如果片元位置 y 坐标在草皮和岩石混合处
36           float te=(pLocation.y-20)/16;                //计算岩石纹理所占的百分比
37           //将岩石、草皮纹理颜色按比例混合
38           c=tex2D (_MainTex, IN.uv_MainTex)*(te)+tex2D (_MainTex1, IN.uv_MainTex)*
             (1-te);
39         }
40         o.Alpha =1.0;                                  //设置 Alpha 值
41         float fogFactor=tjFogCal(pLocation);           //计算雾浓度因子
42       //根据雾浓度因子、雾的颜色及片元本身采集的纹理颜色计算出片元的最终颜色
43         o.Albedo=c.rgb*(fogFactor)+(1-fogFactor)*half3(_FogColor.rgb);
44       }
45       ENDCG
46     }
47     FallBack "Diffuse"
48   }
```

- 第 2～8 行为着色器参数声明，在这部分中声明的参数会在着色器面板中看到相应的 UI。

在这里声明了两种纹理图及对应的色调，还有摄像机位置、扰动起始角和雾颜色等一系列因数，这些因数将会在下面代码中被使用。

- 第 9～21 行添加了一个 SubShader。之后将 Properties 块中声明过的变量再声明一次作为着色器内部参数，这种操作相当于参数的传递，将从 Unity 中传递进的参数赋值给着色器中的参数以供使用。声明了一个结构体 Input，里面带有贴图的 UV 及顶点位置。
- 第 22～26 行计算体积雾浓度因子和顶点着色器。顶点着色器的工作是将顶点位置信息储存在结构体中的 orignPosition 变量中，此处省略了用于计算体积雾浓度因子的方法，在下面将详细介绍。
- 第 27～44 行为表面着色器。表面着色器的工作是获取片元位置，并且通过判断片元位置 $y$ 坐标来确定从哪个纹理图中采集纹理颜色。通过调用计算体积雾浓度因子的方法来计算雾浓度因子，根据雾浓度因子、雾的颜色及片元采集的纹理颜色计算出片元的最终颜色。

（6）前面介绍了 VolumeFog 着色器中的顶点着色器和表面着色器，下面介绍用于计算体积雾浓度因子的 tjFogCal 方法。

代码位置：随书资源中源代码\第 6 章目录下的 FogExampleB\Assets\Shader\VolumeFog.shader

```
1    float tjFogCal(float3 pLocation){
2      float startAngle=_StartAngel;                     //获取扰动起始角
3      float slabY=24.0;                                 //设置雾平面高度
4      float3 uCamaraLocation=_CameraPosition.xyz;  //获取摄像机位置
5      float fogFactor;
6      float xAngle=pLocation.x/30.0*3.1415926;        //计算出顶点 x 坐标折算出的角度
7      float zAngle=pLocation.z/30.0*3.1415926;        //计算出顶点 z 坐标折算出的角度
8      float slabYFactor=sin(xAngle+zAngle+startAngle)*1.5f;       //计算出角度和的正弦值
9      float t=(slabY+slabYFactor-uCamaraLocation.y)/(pLocation.y-
10     uCamaraLocation.y);                    //求从摄像机到顶点射线参数方程 Pc+(Pp-Pc)t 中的 t 值
11     if(t>0.0&&t<1.0){                      //有效的 t 的范围应该位于 0～1
12       float xJD=uCamaraLocation.x+(pLocation.x-
13       uCamaraLocation.x)*t;                //求出射线与雾平面的交点 x 坐标
14       float zJD=uCamaraLocation.z+(pLocation.z-
15       uCamaraLocation.z)*t;                //求出射线与雾平面的交点 z 坐标
16       float3 locationJD=float3(xJD,slabY,zJD);          //射线与雾平面的交点坐标
17       float L=distance(locationJD,pLocation.xyz);       //求出交点到顶点的距离
18       float L0=20.0;
19       fogFactor=(L0/(L+L0));                            //计算雾浓度因子
20     }else{
21       fogFactor=1.0;                       //若待处理片元不在雾平面以下，则此片元不受雾影响
22     }
23     return fogFactor;                      //返回雾浓度因子
24   }
```

- 第 2～8 行声明一些变量，这些变量主要包括扰动起始角、雾平面高度、摄像机位置及雾平面高度波动的正弦值。
- 第 9～19 行求取从摄像机到顶点射线参数方程 Pc+(Pp−Pc)$t$ 中的 $t$ 值，如果 $t$ 的范围位于 0～1，则表示该片元在雾平面以下。通过 $t$ 值可以计算出射线与雾平面的交点坐标，求出交点到顶点的距离，最后通过距离计算出雾浓度因子。
- 第 20～24 行如果 $t$ 值不位于 0～1，表示待处理片元不在雾平面以下，则此片元不受雾影响。最后返回雾浓度因子。

（7）创建体积雾材质。在 Material 文件夹中右击，在弹出的快捷菜单中选择 Create→Material，创建材质，如图 6-34 所示，将其命名为 VolumeFog。将材质的 Shader 属性设置为 Custom/VolumeFog，如图 6-35 所示。

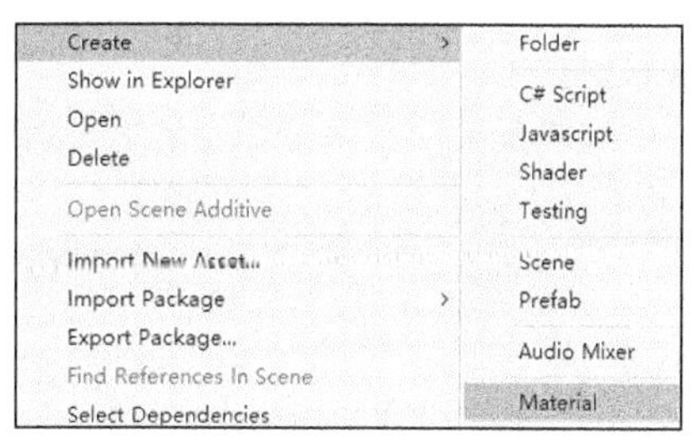

▲图 6-34　创建材质

（8）设置 VolumeFog 材质着色器的各个参数。参数中的第一个纹理设置为 Assets\Texture 文件夹下的 Mountain 纹理图，第二个纹理设置为 Assets\Texture 文件夹下的 grass 纹理图。其他详细参数的设置如图 6-35 所示。

（9）设置山物体的网格渲染器的材质。选中所有的山物体，将网格渲染器组件中的 Materials 参数设置为上面创建的 VolumeFog 材质，如图 6-36 所示。

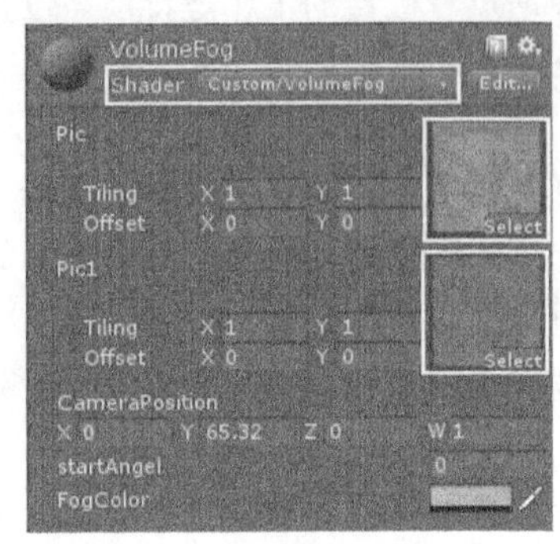


▲图 6-35　设置材质参数

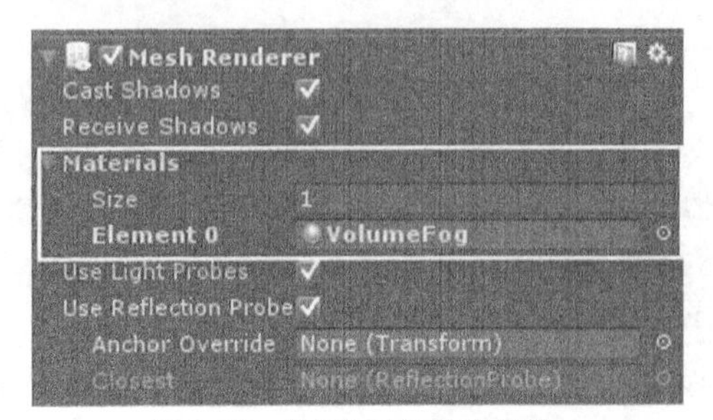


▲图 6-36　设置网格渲染器材质

（10）前面介绍了体积雾材质的创建，接下来将在 Script 文件夹中创建脚本——VolumeCS。该脚本用于向体积雾着色器中传递参数，该脚本编写完毕以后，将此脚本拖曳到所有的山对象上，具体代码如下。

代码位置：随书资源中源代码\第 6 章目录下的 FogExampleB\Assets\Script\VolumeCS.cs

```
1   using UnityEngine;
2   using System.Collections;
3   public class VolumeCS : MonoBehaviour {
4     public GameObject CameraA;                          //主摄像机对象
5     float StartAngel = 0;                               //扰动起始角
6     void Update () {
7         StartAngel+=0.05f%360f;                         //不断改变扰动起始角
8         GetComponent<Renderer>().material.SetVector("_CameraPosition",CameraA.
9         transform.position);                            //将摄像机位置传递给着色器
10        GetComponent<Renderer>().material.SetFloat("_StartAngel",
11        StartAngel);                                    //将扰动起始角传递给着色器
12  }}
```

**说明**　该脚本重写了 Update 方法，物体每次被绘制时该方法被调用。它的主要功能是不断改变扰动起始角，并将摄像机位置和扰动起始角传递给着色器。

（11）创建控制摄像机移动的虚拟摇杆。这些步骤之前已经介绍过，此处不再赘述，读者可以参考相关章节进行创建。

（12）创建控制摄像机移动的脚本。在 Script 文件夹中创建脚本并将其命名为 KongZhi。该脚本的主要功能是用键盘和虚拟摇杆控制摄像机的移动。该脚本编写完毕以后，将此脚本拖曳到摄像机对象上，具体代码如下。

代码位置：随书资源中源代码\第 6 章目录下的 FogExampleB\Assets\Script\KongZhi.cs

```
1   using UnityEngine;
2   using System.Collections;
3   public class KongZhi : MonoBehaviour {
4     void Update () {
5       if ((Input.GetKey(KeyCode.UpArrow))){               //如果按下向上键
6         Vector3 te = transform.position;                 //获取摄像机位置
7         if (te.z > -224f){                               //如果摄像机位置 z 坐标大于-224
8           te.z--;                                        //摄像机向前移动
```

```
9           }
10          transform.position = te;                          //设置摄像机位置
11        }
12        ……//此处省略了按下向下键控制摄像机向后移动的代码，读者可以自行翻看资源中的源代码
13        if (Input.GetKey(KeyCode.LeftArrow)){               //如果按下向左键
14          Vector3 te = transform.position;                  //获取摄像机位置
15          if (te.x < 300f){                                 //如果摄像机位置 x 坐标小于 300
16            te.x++;                                         //摄像机向左移动
17          }
18          transform.position = te;                          //设置摄像机位置
19        }
20        ……//此处省略了按下向右键控制摄像机向右移动的代码，读者可以自行翻看资源中的源代码
21      }
22      ……//此处省略了脚本开启、停用和销毁时系统回调方法的代码，读者可以自行翻看资源中的源代码
23      void OnJoystickMove(MovingJoystick move){
24        float joyPositonX = move.joystickAxis.x;          //获得摇杆偏移量 x 的值
25        float joyPositonY = move.joystickAxis.y;          //获得摇杆偏移量 y 的值
26        ……//此处省略了通过虚拟摇杆控制摄像机移动的代码，读者可以自行翻看资源中的源代码
27  }}
```

❑ 第 5～12 行当按下向上或向下键时，通过改变摄像机位置的 $z$ 坐标使摄像机向前或向后移动。此处省略了摄像机向后移动的代码，读者可以自行翻看资源中的源代码。

❑ 第 13～20 行当按下向左或向右键时，通过改变摄像机位置 $x$ 坐标使摄像机向左或向右移动。此处省略了摄像机向右移动的代码，读者可以自行翻看资源中的源代码。

❑ 第 23～27 行通过虚拟摇杆控制摄像机的移动。通过获得摇杆偏移量 $x$ 和 $y$ 的值来确定摄像机移动的方向。此处省略了通过虚拟摇杆控制摄像机移动的代码，读者可以自行翻看资源中的源代码。

（13）单击“游戏运行”按钮，观察效果。在 Game 窗口中可以看到烟雾缭绕山群。通过上、下、左、右键可以控制摄像机移动。当然，还可以导入 Android 设备上运行，通过虚拟摇杆控制摄像机的移动，Android 设备运行效果如图 6-37 和图 6-38 所示。

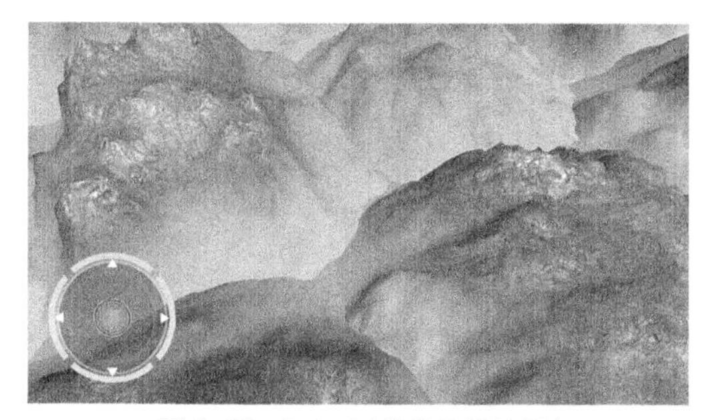

▲图 6-37 Android 设备运行效果 1

▲图 6-38 Android 设备运行效果 2

说明：本示例的源文件位于随书资源中源代码\第 6 章目录下的 FogExampleB 文件夹中。如果读者想运行本示例，只需把 FogExampleB 文件复制到非中文路径下，然后双击 FogExampleB\Assets 目录下的 text.unity 文件就能够打开运行了。

## 6.5 渲染通道的通用指令

渲染通道可以通过一些通用指令来控制，在固定管线着色器、顶点片元着色器及表面着色器都可以使用这些通用指令。这些通用指令可以制作游戏中一些非常常用的特效，如半透明效果。下面将详细介绍这些通用指令。

## 6.5.1 设置 LOD 数值

着色器可以为 SubShader 设置一个 LOD 数值，使程序根据脚本中设置的可以使用的最大 LOD 数值来决定是否使用此 SubShader。如果 SubShader 中设置的 LOD 值不大于脚本中设置的最大 LOD 数值，就可以使用此 SubShader。下面通过一个示例来让读者更加直观地理解 LOD 数值。

（1）新建场景。在 LOD 文件夹下创建一个场景，将其命名为 test，在该场景中创建一个小球对象。然后在 LOD 文件夹下创建一个材质资源，将其命名为 LODShader，具体步骤不再赘述。

（2）将创建的材质资源拖曳到小球对象的网格渲染器组件的材质属性栏中。在 LOD 文件夹下创建一个着色器，将其命名为 LODShader。然后双击打开该着色器，开始 LODShader 着色器的编写。

代码位置：随书资源中源代码\第 6 章目录下的 Shader\Assets\pass\LOD\LODShader.shader

```
1   Shader "Custom/LODShader" {
2     SubShader {                                    //将物体渲染为红色的 SubShader
3       LOD 600                                      //设置 LOD 数值为 600
4       CGPROGRAM
5       #pragma surface surf Lambert                 //表面着色器编译指令
6       struct Input {                               //Input 结构体
7         float2 uv_MainTex;
8       };
9       void surf (Input IN, inout SurfaceOutput o) {        //表面着色器函数
10        o.Albedo = float3(1,0,0);                          //设置颜色为红色
11      }
12      ENDCG
13    }
14    SubShader {                                    //使物体渲染为绿色的 SubShader
15      LOD 500                                      //设置 LOD 数值为 500
16      CGPROGRAM
17      #pragma surface surf Lambert                 //表面着色器编译指令
18      struct Input {                               //Input 结构体
19        float2 uv_MainTex;
20      };
21      void surf (Input IN, inout SurfaceOutput o) {        //表面着色器函数
22        o.Albedo = float3(0,1,0);                          //设置颜色为绿色
23      }
24     ENDCG
25    }
26    SubShader {                                    //使物体渲染为蓝色的 SubShader
27      LOD 400                                      //设置 LOD 数值为 400
28      CGPROGRAM
29      #pragma surface surf Lambert                 //表面着色器编译指令
30      struct Input {                               //Input 结构体
31        float2 uv_MainTex;
32      };
33      void surf (Input IN, inout SurfaceOutput o) {        //表面着色器函数
34        o.Albedo = float3(0,0,1);                          //设置颜色为蓝色
35      }
36      ENDCG
37  }}
```

- 第 2～3 行将把物体渲染为红色的 SubShader 的 LOD 数值设置为 600。
- 第 9～11 行在表面着色器函数中设置物体表面的颜色为红色。
- 第 14～15 行将把物体渲染为绿色的 SubShader 的 LOD 数值设置为 500。
- 第 21～23 行在表面着色器函数中设置物体表面的颜色为绿色。
- 第 26～27 行将把物体渲染为蓝色的 SubShader 的 LOD 数值设置为 400。
- 第 33～35 行在表面着色器函数中设置物体表面的颜色为蓝色。

（3）将创建的着色器拖曳到 LODShader 材质的着色器属性栏中。然后创建控制最大 LOD 数值的 C#脚本，将其命名为 SetShaderLOD.cs。双击打开该脚本，开始 SetShaderLOD.cs 脚本的编写。

代码位置：随书资源中源代码\第6章目录下的 Shader\Assets\pass\LOD\SetShaderLOD.cs

```
1   using UnityEngine;
2   using System.Collections;
3   public class SetShaderLOD : MonoBehaviour {
4     public Shader myShader;                              //着色器
5     private float val = 6;                               //LOD 数值
6     void Update(){
7       myShader.maximumLOD = (int)val * 100;              //设置最大 LOD 数值
8     }
9     void OnGUI(){
10      val = (int)GUI.HorizontalSlider(new Rect(250,125,300,30),val,3,6);
                                                          //显示控制 LOD 数值的滑动控件
11      GUI.Label(new Rect(333,100,170,30),"Current LOD is:"+val*100);
                                                          //显示当前的最大 LOD 数值
12  }}
```

- 第4～8行定义 LODShader 着色器引用及 LOD 数值，在 Update 方法中设置着色器的最大 LOD 数值。
- 第9～12行在屏幕上显示控制 LOD 数值的滑动控件，该控件用来调节最大 LOD 数值，以及显示当前的最大 LOD 数值。

（4）将创建的 SetShaderLOD.cs 脚本拖曳到主摄像机上，然后将 LODShader 着色器拖曳到主摄像机的 SetShaderLOD.cs 脚本组件的 myShader 属性栏中。

（5）单击游戏“运行”按钮，观察效果。从右到左依次调节 LOD 数值为 600、500、400、300，观察小球的颜色变化为红、绿、蓝和小球消失。当 LOD 数值为 600 时，使物体渲染为红色的 SubShader 被使用，而下面的 SubShader 虽然符合要求，但不被使用，说明在着色器里最多只能有一个 SubShader 被使用。当 LOD 数值为 300 时，找不到符合要求的 SubShader，物体就不会被渲染。

> **说明** 本示例的源文件位于随书资源中源代码\第6章目录下的 Shader 文件夹中。如果读者想运行本示例，只需把 Shader 文件复制到非中文路径下，然后双击 Shader\Assets\pass\LOD 目录下的 test.unity 文件即可。

除了针对某一特定着色器设置最大 LOD 数值外，也可在脚本中设置一个全局最大 LOD 数值。通过设置 Shader.globalMaximumLOD 属性的数值来设置全局最大 LOD 数值。Unity 内置的着色器都有 LOD 分级，内置着色器的 LOD 分级如表 6-15 所示。

表 6-15　内置着色器的 LOD 分级

| LOD 分级 | 对应值 |
|---|---|
| VertexLit kind of shaders | 100 |
| Decal、Reflective VertexLit | 150 |
| Diffuse | 200 |
| Difuse Detail、Reflective Bumped Unlit、Reflective Bumped VertexLit | 250 |
| Bumped、Specular | 300 |
| Bumped Specular | 400 |
| Parallax | 500 |
| Parallax Specular | 600 |

## 6.5.2 渲染队列

渲染队列数值决定了 Unity 在渲染场景物体时的先后顺序。渲染队列在制作特定场景特效时被用到，如半透明材质的制作。Unity 在渲染物体时，在关闭深度检测的情况下总是会出现后渲染的物体遮挡住先渲染的物体的情况。下面通过一个示例来说明。

（1）新建场景。在 RenderQueue 文件夹下创建一个场景，将其命名为 test，在场景中创建两个小球对象，分别命名为 Sphere100 和 Sphere200。然后设置它们的位置使 Sphere200 对象比 Sphere100 对象距离摄像机更近。

（2）在 RenderQueue 文件夹下创建两个材质资源，并将其命名为 RenderQueue100 和 Render Queue200。将 RenderQueue100 材质设置为 Sphere100 对象的材质，RenderQueue200 材质设置为 Sphere200 对象的材质。

（3）在 RenderQueue 文件夹下创建一个着色器，并将其命名为 RenderQueue100。双击打开该着色器，开始 RenderQueue100 着色器的编写。

代码位置：随书资源中源代码\第 6 章目录下的 Shader\Assets\pass\RenderQueue\Render Queue100.shader

```
1   Shader "Custom/RenderQueue100" {
2     Properties {
3       _Color ("Main Color", Color) = (0,0,0,0)          //主颜色数值
4     }
5     SubShader {
6       Tags { "Queue"="Geometry+100" }                   //设置渲染队列数值
7       ZTest off                                         //关闭深度检测
8       CGPROGRAM
9       #pragma surface surf Lambert                      //表面着色器编译指令
10      fixed4 _Color;                                    //主颜色属性
11      struct Input {                                    //Input 结构体
12        float2 uv_MainTex;
13      };
14      void surf (Input IN, inout SurfaceOutput o) {     //表面着色器函数
15        o.Albedo = _Color;                              //设置物体表面颜色
16      }
17      ENDCG
18  }}
```

❑ 第 2～4 行定义属性块，其中定义了主颜色数值用于表面着色器设置物体表面颜色。

❑ 第 6～7 行设置渲染队列数值为"Geometry+100"并关闭深度检测。为了到达后渲染的物体遮挡住先渲染的物体的效果，需要关闭深度检测。

❑ 第 10～13 行定义主颜色属性及 Input 结构体，其中主颜色属性用于在表面着色器函数中设置物体表面颜色。

❑ 第 14～16 行为表面着色器函数，其中使用主颜色数值设置物体表面颜色。

（4）将创建的着色器拖曳到 RenderQueue100 材质的着色器属性栏中。创建一个着色器，将其命名为 RenderQueue200。该着色器和 RenderQueue100 着色器基本相同，设置渲染队列数值为"Geometry+200"。将创建的着色器拖曳到 RenderQueue200 材质的着色器属性栏中。

（5）单击游戏“运行”按钮，观察效果。发现绿色小球遮挡住红色小球，虽然在位置上红色小球在绿色小球的前面。因为绿色小球材质的渲染队列数值比红色小球的大，后渲染的绿色小球遮挡住先渲染的红色小球。

（6）单击“停止运行”按钮。将 RenderQueue100 着色器拖曳到 RenderQueue200 材质的着色器属性栏中，将 RenderQueue200 着色器拖曳到 RenderQueue100 材质的着色器属性栏中。单击游戏“运行”按钮，观察效果。发现红色小球遮挡住绿色小球。

**说明**　本示例的源文件位于随书资源中源代码\第 6 章目录下的 Shader 文件夹中。如果读者想运行本示例，只需把 Shader 文件复制到非中文路径下，然后双击 Shader\Assets\pass\RenderQueue 目录下的 test.unity 文件即可。

Unity 中内置了 5 种默认的渲染队列的值，如表 6-16 所示。

表 6-16 渲染队列可选值

| 队列名称 | 含义 |
|---|---|
| Background | 背景，对应值为 1000。该渲染队列在所有队列之前被渲染，通常用于渲染真正需要放在背景上的物体，如天空盒 |
| Geometry (default) | 几何体（默认值），对应值为 2000。该队列是默认的渲染队列，被用于大多数对象。不透明的几何体使用这个队列 |
| AlphaTest | Alpha 测试，对应值为 2450。Alpha 测试的几何结构使用这种队列。它是一个独立于 Geometry 的队列，可以在所有固体对象绘制后更有效地渲染采用 Alpha 测试的对象 |
| Transparent | 透明，对应值为 3000。该渲染队列在 Geometry 队列之后被渲染，采用从后到前的次序。任何采用 Alpha 混合的对象（不对深度缓冲产生写操作的着色器）均在这里渲染，如玻璃、粒子效果 |
| Overlay | 覆盖，对应值为 4000。该渲染队列被用于实现叠加效果。需要最后进行渲染的对象应该放置在此处，如镜头光晕 |

## 6.5.3 混合模式

混合操作用于所有的计算已经结束后，确定如何将当前的计算结果输出到帧缓冲中的时候。混合操作有两个对象：源和目标，因此也有两个对应的因子，即源因子和目标因子。混合模式常用来绘制透明和半透明的物体。混合操作常用的指令如下。

- Blend Off：关闭混合。
- Blend 源因子、目标因子：配置并开启混合。计算产生的颜色和源因子相乘，然后两个颜色相加。
- Blend 源因子、目标因子、源因子 A、目标因子 A：源因子和目标因子用于混合颜色值，源因子 A 和目标因子 A 用于混合 Alpha 值。
- BlendOp 操作命令：不是将加入的颜色混合在一起，而是对它们做其他一些操作。主要操作命令有 Min（取最小值）、Max（取最大值）、Sub（求差）和 RevSub（求反差）。

常用的混合因子（对源因子和目标因子都有效）如表 6-17 所示。

表 6-17 混合因子

| 混合因子 | 含义 |
|---|---|
| One | 值为 1：用它可使源颜色或目标颜色完全显示出来 |
| Zero | 值为 0：用它可删除源颜色值或目标颜色值 |
| SrcColor | 这个阶段的值乘以源颜色值 |
| SrcAlpha | 这个阶段的值乘以源 Alpha 值 |
| DstColor | 这个阶段的值乘以帧缓存源颜色值 |
| DstAlpha | 这个阶段的值乘以帧缓存源 Alpha 值 |
| OneMinusSrcColor | 这个阶段的值乘以（1～源颜色之间的值） |
| OneMinusSrcAlpha | 这个阶段的值乘以（1～源颜色 Alpha 之间的值） |
| OneMinusDstColor | 这个阶段的值乘以（1～目标颜色之间的值） |
| OneMinusDstAlpha | 这个阶段的值乘以（1～目标颜色 Alpha 之间的值） |

下面通过一个制作带透明效果的球网的示例来详细说明混合操作。

（1）新建场景。在 Blend 文件夹下创建一个场景，将其命名为 test。在场景中创建一个 Plane 对象和一个 Cube 对象，设置它们的位置，使 Plane 对象完全显示在屏幕中；Cube 对象在 Plane

对象后面，Plane 对象能够完全遮挡住 Cube 对象。具体情况如图 6-39 所示。

（2）在 Blend 文件夹下创建一个材质资源，将其命名为 Blend，将 Blend 材质设置为 Plane 对象的材质，将 Blend 文件夹下的 net 纹理图拖曳到 Plane 对象上。创建一个着色器，将其命名为 Blend。双击打开该着色器，开始 Blend 着色器的编写。

代码位置：随书资源中源代码\第 6 章目录下的 Shader\Assets\pass\Blend\Blend.shader

```
1  Shader "Custom/Blend" {
2    Properties {
3      _Color ("Main Color", Color) = (1,1,1,1)              //主颜色数值
4      _MainTex ("Albedo (RGB)", 2D) = "white" {}            //2D 纹理
5    }
6    SubShader {
7      Tags { "Queue"="Transparent" }                        //设置渲染队列为 Transparent
8      Pass{
9        Material{
10         Diffuse [ _Color]                                 //设置漫反射颜色
11         Ambient [ _Color]                                 //设置环境光颜色
12       }
13       Blend SrcAlpha OneMinusSrcAlpha                     //开启混合
14       Lighting On                                         //打开光照
15       SetTexture [ _MainTex]{                             //设置纹理
16         constantColor [ _Color]                           //定义颜色常量
17         Combine texture*primary DOUBLE,texture*constant   //计算最终颜色
18 }}}}
```

- 第 2～5 行定义属性块，定义了主颜色数值和 2D 纹理。
- 第 6～7 行设置渲染队列数值 Transparent，这样做是为了使该对象在场景中的其他非透明物体被渲染后再渲染。因为有透明效果的物体需要在没有透明效果的物体渲染后再渲染，否则就不会显示出透明效果。
- 第 9～12 行固定管线着色器的材质块，主要设置了漫反射颜色和环境光颜色。
- 第 13～14 行开启混合和打开光照。其中混合的源因子设置为 SrcAlpha，目标因子设置为 OneMinusSrcAlpha，这样做的目的是使该物体的颜色乘以它的 Alpha 值，然后与缓冲区目标颜色的值相混合以达到透明的效果。
- 第 15～18 行处理纹理块并计算最终颜色。该内容在 6.3.1 节中已经详细介绍了，在这里不再赘述。

（3）将创建的着色器拖曳到 Blend 材质的着色器属性栏中，然后设置着色器属性栏中的 Main Color 属性为黑色，便于观察效果。单击游戏“运行”按钮，观察效果。通过球网上的透明小孔可以看到在它后面的 Cube 对象。本示例的运行效果如图 6-40 所示。

▲图 6-39　场景对象位置布置

▲图 6-40　运行效果

> 说明　本示例的源文件位于随书资源中源代码\第 6 章目录下的 Shader 文件夹中。如果读者想运行本示例，只需把 Shader 文件复制到非中文路径下，然后双击 Shader\Assets\pass\Blend 目录下的 test.unity 文件即可。

### 6.5.4 Alpha 测试

Alpha 测试是阻止片元被写到屏幕的最后机会。在最终渲染出的颜色被计算出来之后，可选择将颜色的透明度值和一个固定值比较。如果 Alpha 值满足要求，则通过测试，绘制此片元；否则丢弃此片元，不进行绘制。Alpha 测试指令如下。

- AlphaTest（开关状态）

开关状态为 Off（默认）时关闭 Alpha 测试，绘制所有片元；开关状态为 On 时开启 Alpha 测试。

- AlphaTest（比较模式 测试值）

设置 Alpha 测试只渲染透明度值在某一确定范围内的片元。常用的 Alpha 比较模式如表 6-18 所示。

表 6-18　Alpha 比较模式

| Alpha 比较模式 | 含义 | Alpha 比较模式 | 含义 |
|---|---|---|---|
| Greater | 大于 | GEqual | 大于等于 |
| Less | 小于 | LEqual | 小于等于 |
| Equal | 等于 | NotEqual | 不等于 |
| Always | 渲染所有片元，等于 AlphaTest Off | Never | 不渲染任何片元 |

下面通过一个示例来让读者更加直观地理解 Alpha 测试。

（1）新建场景。在 AlphaTest 文件夹下创建一个场景，将其命名为 test。在场景中创建一个 Plane 对象，设置它的位置，使其完全显示在屏幕中。在 AlphaTest 文件夹下创建一个材质资源，将其命名为 AlphaTest，将 AlphaTest 材质设置为 Plane 对象的材质。

（2）将 AlphaTest 文件夹下的 wenlitu 纹理图拖曳到 Plane 对象上。其中 wenlitu 纹理图的 Alpha 值从左到右依次递减，如图 6-41 所示。图 6-41 中灰白相间的格子区域表示透明区域，格子越清楚 Alpha 值越小，这是一种约定俗称的表示方式。

▲图 6-41　wenlitu 纹理图

（3）在 AlphaTest 文件夹下创建一个着色器，将其命名为 AlphaTest。将创建的着色器拖曳到 AlphaTest 材质的着色器属性栏中，然后双击打开该着色器，开始 AlphaTest 着色器的编写。

代码位置：随书资源中源代码\第 6 章目录下的 Shader\Assets\pass\AlphaTest\AlphaTest.shader

```
1   Shader "Custom/AlphaTest" {
2     Properties {
3       _Color ("Main Color", Color) = (1,1,1,1)                //主颜色数值
4       _MainTex ("Albedo (RGB)", 2D) = "white" {    }          //2D 纹理
5       _CutOff("Alpha cutoff",Range(0,9))=0.0                  //Alpha 范围数值
6     }
7     SubShader {
8       Tags { "Queue"="AlphaTest" }                            //设置渲染队列为 AlphaTest
9       Pass{
10        Material{
11          Diffuse [ _Color]                                   //设置漫反射颜色
12          Ambient [ _Color]                                   //设置环境光颜色
13        }
14        AlphaTest GEqual [ _CutOff]                           //进行 Alpha 测试
```

```
15          Lighting On                                           //打开光照
16          SetTexture [ _MainTex]{                               //设置纹理
17            constantColor [ _Color]                             //定义颜色常量
18            Combine texture*primary DOUBLE,texture*constant     //计算最终颜色
19    }}}}
```

- 第 2～6 行定义属性块，其中定义了主颜色数值、2D 纹理和 Alpha 范围数值。
- 第 7～8 行设置渲染队列数值为 AlphaTest，这样做是为了使该对象在场景中其他普通物体被渲染后再渲染。因为带 Alpha 测试的物体需要在普通物体渲染后再渲染，否则就不会显示出 Alpha 测试的效果。
- 第 10～13 行固定管线着色器的材质块，主要设置了漫反射颜色和环境光颜色。
- 第 14·15 行进行 Alpha 测试和打开光照。其中将进行 Alpha 测试的比较模式设置为 GEqual，这样做的目的是只渲染 Alpha 值大于或等于_CutOff 数值的片元。
- 第 16～19 行处理纹理块并计算最终颜色。该部分在 6.3.1 节中已经详细介绍过了，这里不再赘述。

（4）单击游戏“运行”按钮，观察效果。发现黑色的 Plane 对象完整地显示在屏幕上，这是因为默认的_CutOff 数值为 0，Plane 对象纹理图的所有 Alpha 值都不小于 0。在着色器属性栏中调节_CutOff 数值使它不断增大，发现 Plane 对象从右到左不断消失，这是因为 Plane 对象的纹理图的 Alpha 值从右到左不断增大。_CutOff 数值为 0.5 时的运行效果如图 6-42 所示。

▲图 6-42　运行效果

> **说明**　本示例的源文件位于随书资源中源代码\第 6 章目录下的 Shader 文件夹中。如果读者想运行本示例，只需把 Shader 文件复制到非中文路径下，然后双击 Shader\Assets\pass\AlphaTest 目录下的 test.unity 即可。

### 6.5.5　深度测试

深度测试是为了使距离摄像机近的物体遮挡住距离摄像机远的物体，确保场景看起来是正确的。在片元写入帧缓冲前，需要将待写入的片元的深度值 $Z$ 与深度缓冲区对应的深度值进行比较测试，只有测试成功才会写入帧缓冲。深度测试指令如下。

- Zwrite（深度写开关）

控制是否将来自对象的片元深度值 $Z$ 写入深度缓冲（默认开启）。如果绘制不透明物体，设置为 On；如果绘制半透明物体，设置为 Off。

- Ztest（深度测试模式）

设置深度测试如果执行，默认模式是 LEqual（使深度值 $Z$ 不大于深度缓冲区对应的深度值的片元写入帧缓冲，实现距离摄像机近的物体遮挡住距离摄像机远的物体的效果）。深度测试模式如表 6-19 所示。

表 6-19　深度测试模式

| 深度测试模式 | 含义 | 深度测试模式 | 含义 |
|---|---|---|---|
| Less | 小于 | Greater | 大于 |
| LEqual | 小于等于 | GEqual | 大于等于 |
| Equal | 等于 | NotEqual | 不等于 |
| Always | 总是渲染，相当于关闭深度测试 | — | — |

❑ Offset Factor，Units

允许使用两个参数——因子（factor）和单元（units）指定深度偏移，因子衡量多边形 $Z$ 轴与 $X$ 轴或 $Y$ 轴的最大斜率，而单元衡量可分解的最小深度缓存值。这使开发人员可以强制地将一个多边形绘制在另一个多边形上，即使它们实际上处于相同位置。例如，Offset 0, −1 忽略多边形的斜率，使其靠近摄像机；Offset−1, −1 使多边形从切线角看时更加靠近摄像机。

下面通过一个示例来让读者更加直观地理解深度测试。

（1）新建场景。在 ZTest 文件夹下创建一个场景，将其命名为 test。在场景中创建 4 个 Plane 对象，设置它们的位置，使它们以不同的方向倾斜。它们在场景中的位置如图 6-43 所示。然后将向左倾斜的 Plane 对象命名为 Plane_Z。

▲图 6-43　4 个 Plane 对象在场景中的位置

（2）在 ZTest 文件夹下创建 3 个材质资源，分别命名为 Material1、Material2 和 Material3，将 Material1 材质设为红色，Material2 材质设为绿色，Material 材质设为蓝色。将 3 个材质分别设置为 3 个 Plane 对象的材质。

（3）在 ZTest 文件夹下创建一个文件夹，将其命名为 Shader，在 Shader 文件夹下创建 7 个材质资源，分别命名为 Always、Equal、GEqual、Greater、LEqual、Less 和 NotEqual。创建 7 个着色器，名字和 7 个材质资源一一对应。

（4）将 7 个着色器分别拖曳到对应名字的材质的着色器属性栏中。这 7 个着色器除了深度测试模式不同外其他部分都相同，而 7 个着色器的深度测试模式与其名字相同。下面以 LEqual 着色器为例来介绍。

代码位置：随书资源中源代码\第 6 章目录下的 Shader\Assets\pass\Ztest\Shader\AlphaTest.shader

```
1   Shader "Custom/LEqual" {
2     SubShader {
3       ZTest LEqual                                        //深度测试
4       CGPROGRAM
5       #pragma surface surf Lambert                        //表面着色器编译指令
6       struct Input {                                      //Input 结构体
7         float2 uv_MainTex;                                //UV 纹理坐标
8       };
9       void surf (Input IN, inout SurfaceOutput o) {       //表面着色器函数
10        o.Albedo = float3(1,1,1);                         //设置漫反射颜色为白色
11      }
12      ENDCG
13  }}
```

❑ 第 2～3 行设置深度测试模式。该着色器的深度测试模式为 LEqual，其他几个着色器的深度测试模式与着色器的名字相同。

❑ 第 4～13 行为一个非常简单的表面着色器，主要功能为将物体漫反射颜色设置为白色。

（5） 创建用于改变 Plane_Z 对象材质资源的脚本。在 ZTest 文件夹下创建一个脚本，将其命名为 ZTest。将其拖曳到 Plane_Z 对象上，双击打开该脚本，开始 ZTest 脚本的编写。

代码位置：随书资源中源代码\第 6 章目录下的 Shader\Assets\pass\Ztest\ZTest.cs

```
1   using UnityEngine;
2   using System.Collections;
3   public class ZTest : MonoBehaviour {
4     public Renderer rd;                                   //渲染器组件
5     public Material[] mats;                               //材质数组
6     public string[] labels;                               //显示当前深度测试模式
7     public Rect rect,tip;                                 //滑动控件和显示控件的位置和大小
8     public int n;                                         //渲染器当前使用材质的序列号
```

```
9      void Start () {
10       rd=this.GetComponent<MeshRenderer>();                  //获取渲染器组件
11     }
12     void Update () {
13       rd.material = mats[n];                                  //为渲染器设置材质
14     }
15     void OnGUI(){
16       n = (int)GUI.HorizontalSlider(rect, n, 0, 6);          //显示滑动控件并获取滑动控件的值
17       GUI.Label(tip,"Current ZTest "+labels[n]);             //显示当前深度测试模式
18   }}
```

- 第 4～8 行定义变量，主要定义了渲染器组件、材质数组、用于显示当前深度测试模式的指令及渲染器当前使用材质的序列号等变量。
- 第 9～14 行获取渲染器组件并为渲染器设置材质。在 Start 方法内获取渲染器组件，在 Update 方法内根据滑动控件设置的值来为渲染器设置对应序列号的材质。
- 第 15～18 行为 OnGUI 方法的重写，主要功能为显示滑动控件、获取滑动控件的值并显示当前深度测试模式。

（6）设置 Plane_Z 对象的 ZTest 脚本组件的相应参数，具体参数设置如图 6-44 所示。其中 Mats 数组数量设为 7，将上面创建的 7 个材质资源拖曳到相应位置。

（7）单击游戏“运行”按钮，观察效果。Plane_Z 对象使用的默认材质的深度测试模式为 LEqual，场景看起来和普通场景没有什么区别，都是距离摄像机近的物体遮挡住距离摄像机远的物体。拖动滑动条切换深度测试模式，观察效果。深度测试模式为 LEqual 时的运行效果如图 6-45 所示。因为本书是黑白印刷，运行效果可能表现不出应有效果，请读者运行项目来观察效果。

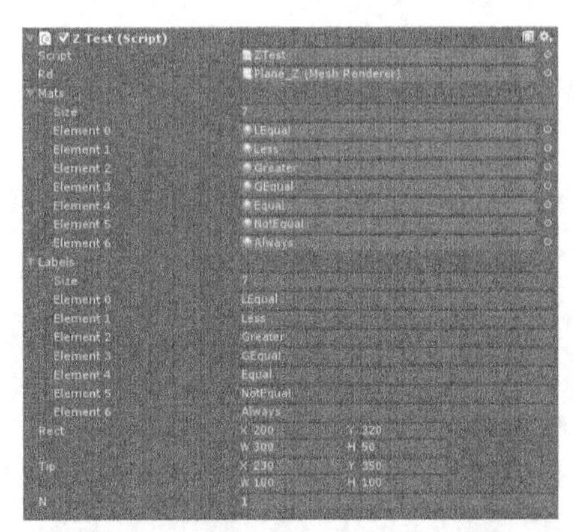


▲图 6-44　设置 ZTest 脚本组件的参数

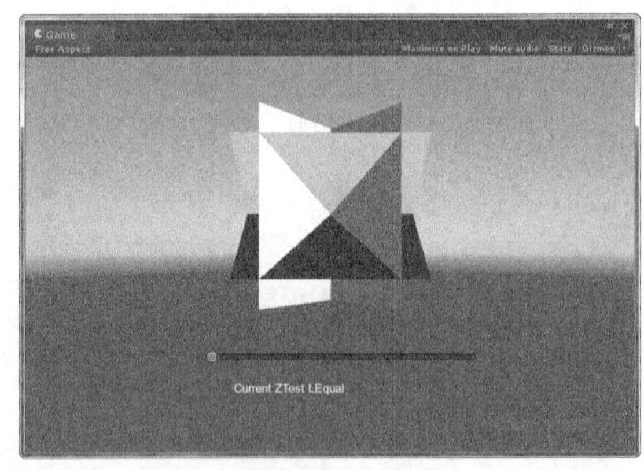


▲图 6-45　运行效果

> **说明**　本示例的源文件位于随书资源中源代码\第 6 章目录下的 Shader 文件夹中。如果读者想运行本示例，只需把 Shader 文件复制到非中文路径下，然后双击 Shader\Assets\pass\ZTest 目录下的 test.unity 文件即可。

## 6.5.6　模板测试

模板测试与 Alpha 测试、深度测试类似，能够决定一个片元是否被写入帧缓冲中。模板缓冲区中通常是每像素 8 位整数，该值可写入、增加或减少，之后能够对该值进行测试，决定在执行片元着色器之前是否丢弃此片元。模板测试语义如表 6-20 所示。

表 6-20 模板测试语义

| 语义 | 含义 |
| --- | --- |
| Ref referenceValue | 要比较或写入缓冲区的值，取值范围为 0～255 的整数 |
| ReadMask readMask | 与 referenceValue 及 stencilBufferValue（模板缓冲值）进行按位与操作，取值范围为 0～255 的整数，默认值为 255，二进制为 1111 1111 |
| WriteMask writeMask | 当写入模板缓冲时进行按位与操作，取值范围为 0～255 的整数，默认值为 255。当修改 stencilBufferValue 值时，写入的仍然是原始值 |
| Comp comparisonFunction | 定义将 referenceValue 与 stencilBufferValue 比较的操作函数，默认值为 always |
| Pass stencilOperation | 当模板测试与深度测试都通过时，根据 stencilOperation 的值对 stencilBufferValue 进行处理，默认值为 keep |
| Fail stencilOperation | 当模板测试与深度测试都失败时，根据 stencilOperation 的值对 stencilBufferValue 进行处理，默认值为 keep |
| ZFail stencilOperation | 当模板测试通过而深度测试失败时，根据 stencilOperation 的值对 stencilBufferValue 进行处理，默认值为 keep |

其中 Comp 比较语义需要指定的函数进行比较，所有的比较函数如表 6-21 所示。

表 6-21 比较函数

| 比较函数 | 含义 | 比较函数 | 含义 |
| --- | --- | --- | --- |
| Less | 小于 | Greater | 大于 |
| LEqual | 小于等于 | GEqual | 大于等于 |
| Equal | 等于 | NotEqual | 不等于 |
| Always | 总是通过模板测试 | Never | 总是不能通过模板测试 |

在模板测试结束后，无论模板测试通过与否，都需要对模板进行相应的更新。具体更新方法由开发人员自行定义，在模板测试的语义中，Pass、Fail 与 ZFail 命令就是根据不同的判断条件对模板缓冲区的值进行更新操作，操作命令如表 6-22 所示。

表 6-22 操作命令

| 操作命令 | 含义 |
| --- | --- |
| Keep | 保留当前缓冲中的内容，即 stencilBufferValue 不变 |
| Zero | 将 0 写入缓冲，即 stencilBufferValue 值变为 0 |
| Replace | 将参考值写入缓冲，即将 referenceValue 赋值给 stencilBufferValue |
| IncrSat | stencilBufferValue 加 1，如果 stencilBufferValue 大于 255，则保留为 255 |
| DecrSat | stencilBufferValue 减 1，如果 stencilBufferValue 大于 0，则保留为 255 |
| Invert | 将当前模板缓冲值按位取反 |
| IncrWrap | 当前缓冲值加 1，如果超过 255，则变为 0 |

下面通过一个示例来让读者更加直观地理解模板测试。

（1）新建场景。在 Stencil 文件夹下创建一个场景，将其命名为 test。在场景中创建一个 Plane 对象和两个 Sphere 对象，将 Sphere 对象命名为 Shpere UP 与 Shpere_DOWN，设置它们的位置，使两个 Sphere 对象对应地放置在 Plane 对象的上方与下方。

（2）创建一个材质资源，将其命名为 plane。将创建的材质资源设置为前面创建的 Plane 对象的材质，将创建的 Stencil_Plane 着色器拖曳到 plane 材质的着色器属性栏中。双击打开该着色器，开始 Stencil_Plane 着色器的编写，该着色器实现了半透明的效果，具体代码如下。

代码位置：随书资源中源代码\第 6 章目录下的 Shader\Assets\pass\Stencil\Stencil_Plane.shader

```
1   Shader "Custom/Stencil_Panel" {
2     Properties {                                          //定义属性块
3       _MainTex("MainTex", 2D) = "white"{}                 //纹理
4     }
5     SubShader{
6       Tags{ "RenderType" = "Transparent" "Queue"="Transparent"   //设置渲染队列
7            "IgnoreProjector"="True"}
8       Pass{
9         Stencil{                                          //定义模板测试指令
10          Ref 2                                           //设置 referenceValue 为 2
11          Comp always                                     //总是通过模板测试
12          Pass replace                                    //测试通过后将缓冲值替换
13        }
14        ZWrite Off                                        //关闭深度写
15        Blend SrcAlpha OneMinusSrcAlpha                   //开启混合模式
16        CGPROGRAM
17        #pragma vertex vert                               //定义顶点着色器
18        #pragma fragment frag                             //定义片元着色器
19        #include "Lighting.cginc"                         //导入光照计算包
20        sampler2D _MainTex;                               //纹理
21        float4 _MainTex_ST;                               //坐标变化值
22        struct v2f {
23          float4 pos : SV_POSITION;                       //顶点位置
24          float3 normal : TEXCOORD0;                      //法线
25          float2 uv : TEXCOORD1;                          //纹理 UV 坐标
26        };
27        v2f vert(appdata_base v) {                        //顶点着色器
28          v2f o;                                          //输出结构体
29          o.pos = UnityObjectToClipPos(v.vertex);         //将顶点位置变换到剪裁空间
30          o.uv = TRANSFORM_TEX(v.texcoord, _MainTex);     //纹理坐标变换
31          return o;                                       //返回结构体
32        }
33        half4 frag(v2f i) : SV_Target{                    //片元着色器
34          fixed3 albedo = tex2D(_MainTex,i.uv).rgb;       //对纹理进行采样
35          return fixed4(albedo,0.5);                      //将采样的纹理值赋给对应片元
36        }
37        ENDCG
38  }}}
```

❑ 第 2～4 行为属性列表，定义了需要贴在对象上的纹理。

❑ 第 5～7 行声明了渲染队列，使该渲染对象作为透明物体进行渲染，这一步骤是渲染透明物体的必备条件。

❑ 第 8～13 行为模板测试的主要指令，需要将所有的模板测试指令写入 Stencil 花括号内。先对 referenceValue 进行赋值，并且声明该对象总是能通过模板测试，测试通过后将缓冲值替换。

❑ 第 14～15 行关闭了深度写功能，同时开启了混合模式，能够将渲染对象的颜色值与颜色缓冲中的数值进行混合以达到透明的效果。

❑ 第 16～26 行开始编写 Cg 片段，并且声明顶点着色器与片元着色器，最后声明了顶点着色器的输出结构体。

❑ 第 27～37 行开始编写顶点着色器与片元着色器。顶点着色器负责将物体空间上的顶点转换到剪裁空间，同时对纹理坐标进行平移旋转变换；片元着色器负责为每个片元的颜色进行采样，将每个片元变为半透明。

（3）创建一个名为 basketball 的材质，将该材质设置为 Shpere_DOWN 对应的材质。创建 Stencil_Ball 着色器，将其拖曳到 basketball 材质的着色器属性栏中。双击打开该着色器，开始 Stencil_Ball 着色器的编写。该着色器开启了模板测试功能，具体代码如下。

代码位置：随书资源中源代码\第 6 章目录下的 Shader\Assets\pass\Stencil\Stencil_Ball.shader

```
1    Shader "Custom/Stencil_Ball" {
2      Properties{                                          //属性列表
3        _Color ("Color Tint", Color) = (1, 1, 1, 1)        //颜色值
4        _MainTex ("Main Tex", 2D) = "white" {}             //纹理
5      }
6      SubShader{
7        Tags{"Queue" = "Overlay" }                         //设置渲染队列
8        Pass{
9          Stencil{                                         //定义模板测试指令
10           Ref 2                                          //设置 referenceValue 为 2
11           Comp equal                                     //相等的情况下测试通过
12           Pass keep                                      //测试通过后保留缓冲值
13         }
14         CGPROGRAM
15         #pragma vertex vert                              //定义顶点着色器
16         #pragma fragment frag                            //定义片元着色器
17         #include "Lighting.cginc"                        //导入光照工具包
18         fixed4 _Color;                                   //颜色值
19         sampler2D _MainTex;                              //纹理
20         float4 _MainTex_ST;                              //坐标变化
21         struct a2v {
22           float4 vertex : POSITION;                      //顶点位置
23           float3 normal : NORMAL;                        //法线
24           float4 texcoord : TEXCOORD0;                   //纹理颜色值
25         };
26         struct v2f {                                     //顶点着色器输入结构体
27           float4 pos : SV_POSITION;                      //顶点坐标
28           float3 worldNormal : TEXCOORD0;                //顶点世界空间中的法线
29           float3 worldPos : TEXCOORD1;                   //顶点世界空间中的位置
30           float2 uv : TEXCOORD2;                         //纹理 UV 坐标
31         };
32         v2f vert(a2v v) {                                //顶点着色器
33           v2f o;                                         //定义输出结构体
34           o.pos = UnityObjectToClipPos(v.vertex);             //将顶点转化到剪裁空间坐标系
35           o.worldNormal = UnityObjectToWorldNormal(v.normal);  //将法线转化到世界坐标系
36           o.worldPos = mul(unity_ObjectToWorld, v.vertex).xyz; //将顶点转化到世界坐标系
37           return o;
38         }
39         fixed4 frag(v2f i) : SV_Target{                              //片元着色器
40           fixed3 worldNormal = normalize(i.worldNormal);             //归一化顶点法线
41           fixed3 worldLightDir = normalize(UnityWorldSpaceLightDir(i.worldPos));
                                                                        //归一化光照方向
42           fixed3 albedo = tex2D(_MainTex, i.uv).rgb * _Color.rgb; //纹理采样
43           fixed3 ambient = UNITY_LIGHTMODEL_AMBIENT.xyz * albedo; //计算环境光
44           fixed3 diffuse = _LightColor0.rgb * albedo * max(0, dot(worldNormal,
             worldLightDir));                                          //漫反射值
45           return fixed4(ambient + diffuse, 1.0);                    //返回片元颜色值
46         }
47         ENDCG
48   }}}
```

- 第 2～5 行定义了球体的颜色值与纹理。
- 第 7 行声明了渲染队列，该渲染队列被定义为 Overlay，能够在所有物体渲染完成之后渲染。
- 第 8～13 行为模板测试的主要指令，需要将所有的模板测试指令写入 Stencil 花括号内，先对 referenceValue 进行赋值，值为 2。它与 Plane 对象的 referenceValue 值相同，当与比较值相同时，通过模板测试保留当前的缓冲值。
- 第 14～31 行开始编写 Cg 片段，并且声明顶点着色器与片元着色器，最后声明了顶点着色器的输入与输出结构体。
- 第 32～38 行为顶点着色器。该着色器将顶点从物体坐标系转化到剪裁空间坐标系中，同时将顶点与法线都转化到世界坐标系中。

- 第 39～46 行为片元着色器。该着色器使用半兰伯特光照模型计算漫反射值，将环境光与漫反射值相加得到片元颜色。

（4）为 Plane 与 Sphere_UP 对象添加碰撞器。创建两个物理材质，分别挂载到这两个对象上，除此之外还要为 Sphere_UP 挂载刚体，以实现碰撞效果。然后创建并编写脚本 Run，使 Sphere_DOWN 对象根据 Sphere_UP 的运动轨迹进行反向移动，具体内容可查看源代码。

（5）单击“运行”按钮，观察效果。发现 3 个对象均正常被渲染，如图 6-46 所示。但是等到小球弹起到超出 Plane 对象的范围时，Sphere_DOWN 不再进行渲染，如图 6-47 所示，这是因为小球未显示的部分没有通过模板测试。

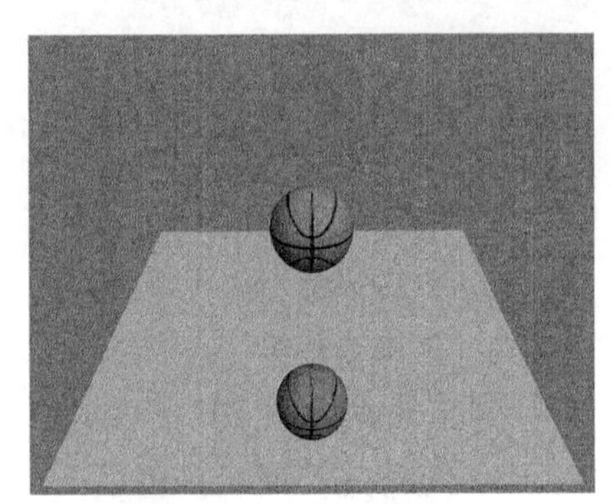

▲图 6-46 场景初始位置

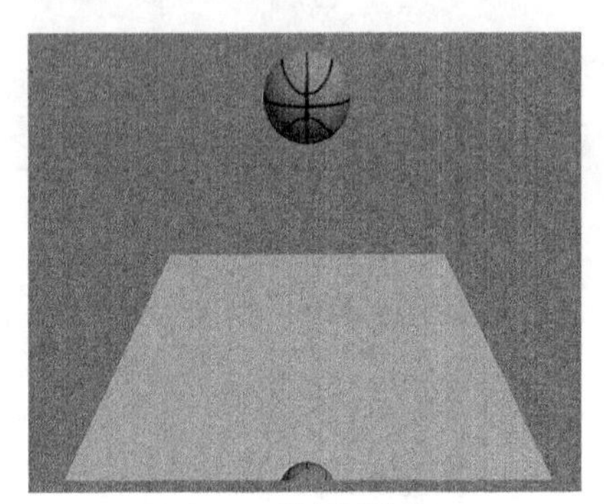

▲图 6-47 模板测试效果

### 6.5.7 通道遮罩

通道遮罩可以让开发人员指定渲染结果的输出通道，而不是通常情况下的 R、G、B、A 这 4 个通道皆会被写入。其可选参数是 R、G、B、A 的任意组合。如果参数为 0，这就意味着不会写入任何通道，但会做一次深度测试并写入深度缓冲。

下面通过一个示例来让读者更加直观地理解通道遮罩。

（1）新建场景。在 ColorMask 文件夹下创建一个场景，将其命名为 test。在场景中创建两个 Plane 对象，设置它们的位置，使它们一前一后地显示在屏幕上，后面的 Plane 对象要比前面的 Plane 对象大，前面的 Plane 对象不能完全遮挡住后面的 Plane 对象，具体在场景中的位置如图 6-48 所示。

▲图 6-48 两个 Plane 对象在场景中的位置

（2）创建一个材质资源，将其命名为 Test。将创建的材质资源设置为前面的 Plane 对象的材质。然后创建一个着色器，将其命名为 Test，将创建的着色器拖曳到 Test 材质的着色器属性栏中。双击打开该着色器，开始 Test 着色器的编写。

代码位置：随书资源中源代码\第 6 章目录下的 Shader\Assets\pass\ColorMask\Test.shader

```
1    Shader "Custom/Test" {
2      SubShader {
3        Tags {"Queue"="Geometry+2"}                              //设置渲染队列
4        Pass{
5          Color(1,1,1,1)                                         //设置物体表面颜色
6    }}}
```

**说明** 该着色器的功能为设置渲染队列，使该物体在场景中最后被渲染，并且渲染为白色。

（3）将 ColorMask 文件夹下的 wulitu 纹理图拖曳到后面的 Plane 对象上。然后在场景中创建一个小球，设置小球的位置，使小球在 Plane 对象的前面。

（4）创建一个材质资源，将其命名为 ColorMask，将创建的材质资源设置为小球对象的材质。然后创建一个着色器，命名为 ColorMask，将创建的着色器拖曳到 ColorMask 材质的着色器属性栏中。双击打开该着色器，开始 ColorMask 着色器的编写。

代码位置：随书资源中源代码\第 6 章目录下的 Shader\Assets\pass\ColorMask\ColorMask.shader

```
1   Shader "Custom/ColorMask" {
2     SubShader {
3       Tags{"Queue"="Geometry+1"}                    //设置渲染队列
4       Pass{
5         ColorMask 0                                 //设置通道遮罩模式为 0
6         Color(1,1,1,1)                              //设置物体表面颜色
7   }}}
```

说明：该着色器的功能为设置渲染队列，使该物体在前面的 Plane 对象渲染前、后面的 Plane 对象渲染后被渲染，并且将通道遮罩模式设置为 0，使物体的 R、G、B、A 通道都不会被写入。

（5）单击“运行”按钮，观察效果。发现在小球的位置上透过前面的 Plane 对象可以直接看到后面的 Plane 对象，这是因为场景中最先渲染的是后面的 Plane 对象，然后渲染小球。小球的 R、G、B、A 通道都不写入，但深度值写入了深度缓冲，这使最后渲染的前面的 Plane 对象的小球位置的片元深度测试失败。运行效果如图 6-49 所示。

▲图 6-49　运行效果

说明：本示例的源文件位于随书资源中源代码\第 6 章目录下的 Shader 文件夹中。如果读者想运行本示例，只需把 Shader 文件复制到非中文路径下，然后双击 Shader\Assets\pass\ColorMask 目录下的 test.unity 文件即可。

### 6.5.8 面的剔除操作

面的剔除操作是一种通过不渲染背对摄像机的几何体面来提高性能的优化措施。所有的几何体都包含正面和反面。面的剔除操作基于大多数对象都是封闭的事实，因此不需要绘制出背面。面的剔除操作有以下几种模式，如表 6-23 所示。

表 6-23　面的剔除操作模式

| 面的剔除操作模式 | 含义 |
|---|---|
| Cull Back | 不绘制背向摄像机的面（默认项） |
| Cull Front | 不绘制面向摄像机的面 |
| Cull Off | 关闭面的剔除操作 |

下面将通过一个产生描边效果的示例来让读者更加直观地理解面的剔除操作。

（1）新建场景。在 Cull 文件夹下创建一个场景，将其命名为 test。在场景中创建一个 Sphere

对象，设置它的位置，使它显示在屏幕中间位置。然后在 Cull 文件夹下创建一个材质资源，将其命名为 Cull。将创建的材质资源设置为 Sphere 对象的材质。

（2）创建用于产生描边效果的着色器。在 Cull 文件夹下创建一个着色器，将其命名为 Cull。将创建的 Cull 着色器拖曳到 Cull 材质的着色器属性栏中。双击打开该着色器，开始 Cull 着色器的编写。

代码位置：随书资源中源代码\第 6 章目录下的 Shader\Assets\pass\Cull\Cull.shader

```
1    Shader "Custom/Cull" {
2      SubShader {
3        pass{
4          Cull Front                                    //不绘制面向摄像机的面
5          CGPROGRAM
6          #pragma vertex vert                           //指定 vert 函数为顶点着色器函数
7          #pragma fragment frag                         //指定 frag 函数为片元着色器函数
8          #include "UnityCG.cginc"                      //引入 UnityCG.cginc 文件
9          struct v2f{                                   //片元着色器函数输入结构体
10           float4 pos:SV_POSITION;                     //顶点位置
11         };
12         v2f vert(appdata_base v){                     //顶点着色器函数
13           v2f o;
14           o.pos=v.vertex;                             //获取顶点位置
15           o.pos.xyz+=v.normal*0.03;                   //使顶点位置沿法线移动一点点
16           o.pos=mul(UNITY_MATRIX_MVP,o.pos);          //计算变换后的最终顶点位置
17           return o;                                   //返回顶点数据
18         }
19         float4 frag(v2f i):COLOR{                     //片元着色器函数
20           return float4(1,1,1,1);                     //返回片元的颜色为白色
21         }
22         ENDCG
23       }
24       pass{
25         Cull Back                                     //不绘制背向摄像机的面
26         Lighting On                                   //打开光照
27         Material{ Diffuse(1,1,1,1) }                  //设置漫反射颜色
28   }}}
```

- 第 3～4 行设置第一个 Pass 的面的剔除操作模式为不绘制面向摄像机的面。第一个 Pass 用于渲染描边，不绘制面向摄像机的面是为了使其不能遮挡住小球本体。
- 第 6～8 行指定 vert 函数为顶点着色器函数，指定 frag 函数为片元着色器函数，并且引入 UnityCG.cginc 文件。
- 第 9～18 行定义片元着色器函数输入结构体及顶点着色器函数。在顶点着色器函数中使顶点位置沿法线挤出一点点，使其出现描边轮廓。
- 第 19～22 行为片元着色器函数。它的主要功能为返回片元的颜色为白色。
- 第 24～28 行为渲染小球本体的 pass。设置面的剔除操作模式为不绘制背向摄像机的面，然后打开光照，设置漫反射颜色。

（3）单击“运行”按钮，观察效果，发现小球的周围有一圈白边。这是因为该球的着色器包含了两个 Pass，第一个 Pass 使用的是 Cull Back，并将球体沿法线挤出一点点；第二个 Pass 使用 Cull Front 正常渲染。两个 Pass 结合，从而产生了描边效果。运行效果如图 6-50 所示。

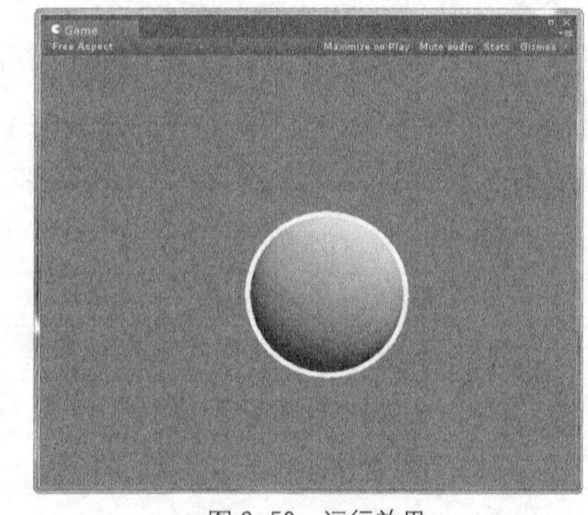

▲图 6-50　运行效果

说明

本示例的源文件位于随书资源中源代码\第 6 章目录下的 Shader 文件夹中。如果读者想运行本示例，只需把 Shader 文件复制到非中文路径下，然后双击 Shader\Assets\pass\Cull 目录下的 test.unity 文件即可。

### 6.5.9 抓屏操作

GrabPass 是一种特殊的通道类型，它会捕获物体所在位置的屏幕内容并写入一个纹理中。这个纹理被用于后续的通道中以完成一些高级图像特效。总体来说，GrabPass 开销较大，不得不用 GrabPass 时才用 GrabPass。GrabPass 指令有如下两种形式。

❑ GrabPass{}

捕获当前屏幕的内容到一个纹理中。纹理能在后续通道中通过_GrabTexture 进行访问。

说明

这种形式的捕获通道将在每一个使用该通道的对象渲染过程中执行昂贵的屏幕捕获操作。

❑ GrabPass{ "TextureName" }

捕获屏幕内容到一个纹理中，但只会在每帧中处理第一个使用给定纹理名的纹理对象的渲染过程中产生捕获操作。纹理在未来的通道中可以通过给定的纹理名访问。当在一个场景中拥有多个使用 GrabPass 的对象时将提高性能。

下面通过一个示例来让读者更加直观地理解抓屏操作。

（1）新建场景。在 GrabPass 文件夹下创建一个场景，将其命名为 test。在场景中创建一个 Plane 对象作为地面，再创建两个 Capsule 对象放在 Plane 对象上面。最后创建一个 Plane 对象，将其命名为 Grab，它用于显示抓屏信息。场景中游戏对象的位置排布如图 6-51 所示。

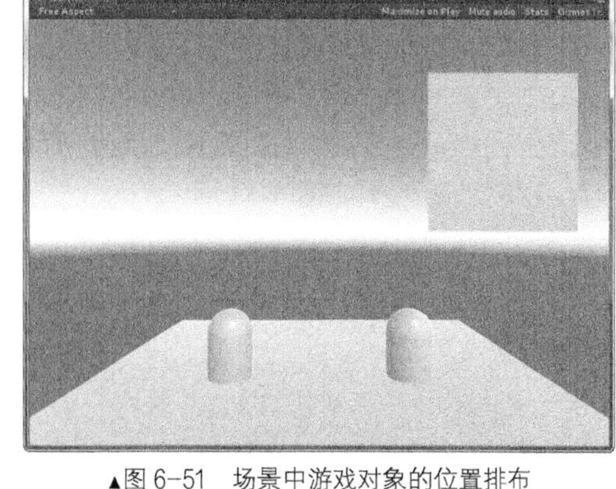

▲图 6-51 场景中游戏对象的位置排布

（2）创建一个材质资源，将其命名为 GrabPass。将创建的材质资源设置为 Grab 对象的材质。创建一个着色器，将其命名为 GrabPass，将创建的着色器拖曳到 GrabPass 材质的着色器属性栏中。双击打开该着色器，开始 GrabPass 着色器的编写。

代码位置：随书资源中源代码\第 6 章目录下的 Shader\Assets\pass\GrabPass\GrabPass.shader

```
1   Shader "Custom/GrabPass" {
2     SubShader {
3       Tags {"Queue"="Overlay"}                    //设置渲染队列
4       GrabPass {"_MyGrab"}                        //捕获屏幕的内容并写入_MyGrab 纹理中
5       pass{
6         CGPROGRAM
7         #pragma vertex vert                       //指定 vert 函数为顶点着色器函数
8         #pragma fragment frag                     //指定 frag 函数为片元着色器函数
9         #include "UnityCG.cginc                   //引入 UnityCG.cginc 文件
10        sampler2D _MyGrab;                        //定义_MyGrab 纹理变量
11        struct v2f {                              //片元着色器函数输入结构体
12          float4 pos:SV_POSITION;                 //顶点位置
13          float2 uv:TEXCOORD0;                    //UV 纹理坐标
14        };
15        v2f vert (appdata_full v) {               //顶点着色器函数
```

```
16          v2f o;
17          o.pos=mul(UNITY_MATRIX_MVP,v.vertex); //计算变换后的最终顶点位置
18          o.uv=v.texcoord.xy;                   //设置 UV 坐标
19          return o;                             //返回顶点数据
20        }
21        float4 frag(v2f i):COLOR{               //片元着色器函数
22          float4 c=tex2D(_MyGrab,i.uv);         //从捕获屏幕的内容的纹理中提取颜色
23          return c;                             //返回片元颜色
24        }
25        ENDCG
26  }}}
```

❑ 第 3～4 行设置渲染队列为 Overlay，并且捕获屏幕的内容写入_MyGrab 纹理中。为了捕获场景中的所有物体，抓屏通道需要最后渲染。

❑ 第 7～9 行指定 vert 函数为顶点着色器函数，指定 frag 函数为片元着色器函数，并且引入 UnityCG.cginc 文件。

❑ 第 10～14 行定义_MyGrab 纹理变量及片元着色器函数输入结构体。

❑ 第 15～20 行为顶点着色器函数。它的主要功能为计算变换后最终顶点的位置，并且设置 UV 纹理坐标，最后返回顶点数据。

❑ 第 19～22 行为片元着色器函数。它的主要功能为从捕获屏幕的内容纹理中提取颜色，然后返回片元颜色。

（3）单击“运行”按钮，观察效果。发现右上方的屏幕显示了 GrabPass 抓取的屏幕内容。程序运行效果如图 6-52 所示。

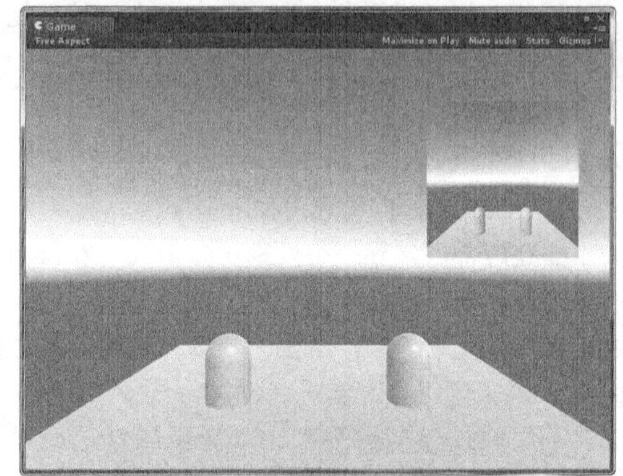


▲图 6-52　运行效果

说明　本示例的源文件位于随书资源中源代码\第 6 章目录下的 Shader 文件夹中。如果读者想运行本示例，只需把 Shader 文件复制到非中文路径下，然后双击 Shader\Assets\pass\GrabPass 目录下的 test.unity 文件即可。

## 6.6 曲面细分着色器

曲面细分技术由 ATI 开发，Microsoft 公司采纳后将其加入 DirectX 11，从而成为 DirectX 11 的组成部分之一。开启曲面细分后，系统能够自动插入大量新的顶点，模型的曲面能够被分得非常细腻，可以极大地提升画面细节和画质。

Unity 中的表面着色器能够支持 DX11 GPU 曲面细分，但这种技术目前也有局限性，仅支持三角面，不支持四边形等其他图形，这样对更复杂的细分要求还有一定的局限性。目前，Unity 中支持的曲面细分包括固定数量的曲面细分、基于距离的曲面细分、基于边缘长度的曲面细分和 Phong 曲面细分 4 种。

### 6.6.1　固定数量的曲面细分

固定数量的曲面细分是为整个网格模型用相同的细分级别进行细分。如果模型的面在屏幕上是大致相同的尺寸，这种做法是合适的。但是对于距离摄像机比较远的低多边形模型就没有必要了，因为在人眼视角中距离越远，细分效果越不明显，效果如图 6-53 所示。

▲图 6-53　固定数量曲面细分效果

在固定数量的曲面细分效果中，左侧的恐龙使用了固定数量的曲面细分，右侧的恐龙未开启曲面细分着色器。我们可以明显地看到，左侧恐龙的顶点与面片数量远远多于未使用固定数量曲面细分着色器的右侧恐龙，着色器具体代码如下。

代码位置：随书资源中源代码\第 6 章目录下的 ShaderAdd\Shader\Tessellation1.shader

```
1    Shader "Custom/Tessellation1" {           //定义了一个着色器，其名称为 Tessellation1
2           Properties {                        //属性列表，用来指定这段代码将有哪些输入
3               _Tess ("Tessellation", Range(1,32)) = 4    //定义切分区间，默认值为 4
4               _MainTex ("Base (RGB)", 2D) = "white" {}  //定义 2D 纹理属性，默认白色
5               _DispTex ("Disp Texture", 2D) = "gray" {} //定义 2D 纹理属性，默认灰色
6               _NormalMap ("Normalmap", 2D) = "bump" {}  //定义法线纹理图
7               _Displacement ("Displacement", Range(0, 1.0)) = 0  //定义置换区间
8               _Color ("Color", color) = (1,1,1,0)               //定义主颜色值
9               _SpecColor ("Spec color", color) = (0.5,0.5,0.5,0.5) //定义颜色值
10          }
11          SubShader {
12              Tags { "RenderType"="Opaque" }                    //设置标签
13              LOD 300                                           //设定 LOD 值
14              CGPROGRAM
15              #pragma surface surf BlinnPhong addshadow         //表面着色器编译指令
16              fullforwardshadows vertex:disp tessellate:tessFixed nolightmap
17              #pragma target 5.0                                //着色器编译目标
18              struct appdata {                                  //定义顶点属性结构体
19                  float4 vertex : POSITION;                     //定义坐标值
20                  float4 tangent : TANGENT;                     //定义切线值
21                  float3 normal : NORMAL;                       //定义法线值
22                  float2 texcoord : TEXCOORD0;                  //定义坐标值
23              };
24              float _Tess;                                      //声明切分值
25              float4 tessFixed(){
26                  return _Tess;                                 //返回切分值
27              }
28              sampler2D _DispTex;                               //声明 2D 纹理
29              float _Displacement;                              //声明置换值
30              void disp (inout appdata v){
31                  float d = tex2Dlod(_DispTex, float4(v.texcoord.xy,0,0)).r *
                    _Displacement;
32                  v.vertex.xyz += v.normal * d;                //添加法线值
33              }
34              struct Input {                                   //定义输入参数结构体
35                  float2 uv_MainTex;                           //纹理 UV 坐标
36              };
37              sampler2D _MainTex;                              //声明主纹理图
38              sampler2D _NormalMap;                            //声明法线纹理图
39              fixed4 _Color;                                   //声明颜色值
40              void surf (Input IN, inout SurfaceOutput o) {  //表面着色器函数
41                  half4 c = tex2D (_MainTex, IN.uv_MainTex) * _Color;
                                                                 //根据 UV 坐标从纹理提取颜色
42                  o.Albedo = c.rgb;                            //设置反射率
43                  o.Specular = 0.2;                            //设置镜面反射率
44                  o.Gloss = 1.0;
```

```
45                  o.Normal = UnpackNormal(tex2D(_NormalMap, IN.uv_MainTex));
46              }
47              ENDCG
48          }
49          FallBack "Diffuse"                                      //备用着色器
50  }
```

- 第 2～10 行为属性块列表，定义了材质的默认颜色为白色，定义了法线纹理图和置换区间，定义了切分区间。读者可以调节切分值来控制模型的细分程度，切分值越大，细分程度越大。最后还定义了主颜色值。
- 第 11～17 行为 SubShader 模块，设置了标签为不透明，使渲染器渲染非透明物体，设定 LOD 值，设置表面着色器编译指令，使用 BlinnPhong 光照模型，设置着色器编译目标。
- 第 18～27 行定义顶点属性结构体，包括顶点的坐标值、切线值和法线值。第 24～27 行的功能为声明切分值，构建 tessFixed 函数，返回切分值。曲面细分函数 tessFixed 返回一个 float4 值：*x*、*y*、*z* 是三角形 3 个顶点的细分程度，*w* 是比例，本着色器中使用一个 float 常量作为细分程度。
- 第 28～33 行定义了顶点函数，把每个顶点都向着法线方向偏移一些距离（取决于_Displacement 值），tex2Dlod 以指定的细节级别和可选的位置来解析贴图。
- 第 34～36 行定义输入参数结构体，定义纹理 UV 坐标。
- 第 37～39 行主纹理图、法线纹理图、颜色值。
- 第 40～49 行构建表面着色器函数，根据 UV 坐标从纹理图中提取颜色值，设置光照反射率，设置镜面反射率。根据主纹理图和 UV 坐标进行坐标采样，并调用 UnpackNormal 函数获取法线值，并将其赋值给输出变量。

### 6.6.2　基于距离的曲面细分

基于距离的曲面细分根据到摄像机的距离来改变细分级别。例如，我们可以定义两个距离值：细分最大的距离值（如 30m）和曲面细分向水平逐渐降低的距离值（如 10m）。因为人眼观察本身就是越近距离越清晰。基于距离的曲面细分能更有效地节约 GPU 资源开销，大幅提升渲染速度，效果如图 6-54 和图 6-55 所示。

▲图 6-54　摄像机距离较远

▲图 6-55　摄像机距离较近

摄像机距离被渲染物体越近，显示的顶点与面片数量越多；摄像机距离被渲染物体越远，显示的顶点与面片数量就越少，着色器具体代码如下。

代码位置：随书资源中源代码\第 6 章目录下的 ShaderAdd\Shader\Tessellation2.shader

```
1   Shader "Custom/Tessellation2" {                    //定义一个着色器，其名称为 Tessellation2
2       Properties {                                   //属性列表，用来指定这段代码将有哪些输入
3           _Tess ("Tessellation", Range(1,32)) = 4    //定义切分区间，默认值为 4
4           _MainTex ("Base (RGB)", 2D) = "white" {}   //定义 2D 纹理属性，默认白色
```

```
5              _DispTex ("Disp Texture", 2D) = "gray" {} //定义2D纹理属性，默认灰色
6              _NormalMap ("Normalmap", 2D) = "bump" {}  //定义法线纹理图
7              _Displacement ("Displacement", Range(0, 1.0)) = 0.3  //定义置换区间
8              _Color ("Color", color) = (1,1,1,0)                  //定义主颜色值
9              _SpecColor ("Spec color", color) = (0.5,0.5,0.5,0.5) //定义颜色值
10         }
11         SubShader {
12             Tags { "RenderType"="Opaque" }                  //设置标签
13             LOD 300                                         //设定LOD值
14             CGPROGRAM
15             #pragma surface surf BlinnPhong addshadow       //表面着色器编译指令
16              fullforwardshadows vertex:disp tessellate:tessDistance nolightmap
17             #pragma target 5.0                              //着色器编译目标
18             #include "Tessellation.cginc"         //引用Tessellation.cginc
19             struct appdata {                      //定义顶点属性结构体
20                 float4 vertex : POSITION;         //定义坐标值
21                 float4 tangent : TANGENT;         //定义切线值
22                 float3 normal : NORMAL;           //定义法线值
23                 float2 texcoord : TEXCOORD0;      //定义坐标值
24             };
25             float _Tess;                          //声明切分值
26             float4 tessDistance (appdata v0, appdata v1, appdata v2) {
27                 float minDist = 10.0;             //初始化最小距离
28                 float maxDist = 25.0;             //初始化最大距离
29                 return UnityDistanceBasedTess(v0.vertex, v1.vertex, //产生新的顶点
30                        v2.vertex, minDist, maxDist, _Tess);
31             }
32             sampler2D _DispTex;                   //声明2D纹理
33             float _Displacement;                  //声明置换值
34             void disp (inout appdata v){
35                 float d = tex2Dlod(_DispTex, float4(v.texcoord.xy,0,0)).
                   r * _Displacement;
36                 v.vertex.xyz += v.normal * d;             //添加法线值
37             }
38             struct Input {                                //定义输入参数结构体
39                 float2 uv_MainTex;                        //纹理UV坐标
40             };
41             sampler2D _MainTex;                           //声明主纹理图
42             sampler2D _NormalMap;                         //声明法线纹理图
43             fixed4 _Color;                                //声明颜色值
44             void surf (Input IN, inout SurfaceOutput o) {   //表面着色器函数
45                 half4 c = tex2D (_MainTex, IN.uv_MainTex) * _Color;
46                 o.Albedo = c.rgb;                         //设置反射率
47                 o.Specular = 0.2;                         //设置镜面反射
48                 o.Gloss = 1.0;
49                 o.Normal = UnpackNormal(tex2D(_NormalMap, IN.uv_MainTex));
50             }
51             ENDCG
52         }
53         FallBack "Diffuse"                                //备用着色器
54  }
```

- 第2～10行为属性列表，定义了材质的默认颜色为白色；定义了法线纹理图和置换区间；定义了切分区间；读者可以根据切分值来控制模型的细分程度，切分值越大则细分程度越大；还定义了主颜色值。
- 第11～18行SubShader模块，设置了标签为不透明，使渲染器渲染非透明物体，设定LOD值，设置表面着色器编译指令，使用BlinnPhong光照模型，设置着色器编译目标，引用Tessellation.cginc文件。
- 第19～34行定义顶点属性结构体，包括顶点的坐标值、切线值和法线值。第25～31行的功能为声明切分值，构建tessDistance函数，初始化最小距离和最大距离，调用UnityDistanceBasedTess函数产生新的顶点。
- 第32～37行声明2D纹理，声明置换值，按照纹理图进行采样，为顶点添加法线值。
- 第38～40行定义输入参数结构体，定义纹理UV坐标。

- 第 41～43 行声明主纹理图、法线纹理图、颜色值。
- 第 44～53 行构建表面着色器函数，根据 UV 坐标从纹理图中提取颜色值，设置光照反射率，设置镜面反射率，根据主纹理图和 UV 坐标进行坐标采样，并调用 UnpackNormal 函数获取法线值，并将其赋值给输出变量。

### 6.6.3　基于边缘长度的曲面细分

当物体的三角形网格尺寸都很相似时，纯粹的基于距离的曲面细分才能够有较好的效果。但是如果物体对象的三角形片面有大有小，小三角形物体的细分网格太多，而大三角形的细分却不足够。基于边缘长度的曲面细分能够根据三角形的边长计算，越长的边采用越大的细分因数，着色器具体代码如下。

代码位置：随书资源中源代码\第 6 章目录下的 ShaderAdd\Shader\Tessellation3.shader

```
1    Shader "Custom/Tessellation3" {           //定义一个着色器，其名称为 Tessellation3
2       Properties {                            //属性列表，用来指定这段代码将有哪些输入
3              _EdgeLength ("Edge length", Range(2,50)) = 15 //定义边线长度区间
4              _MainTex ("Base (RGB)", 2D) = "white" {}      //定义 2D 纹理属性，默认白色
5              _DispTex ("Disp Texture", 2D) = "gray" {}     //定义 2D 纹理属性，默认灰色
6              _NormalMap ("Normalmap", 2D) = "bump" {}      //定义法线纹理图
7              _Displacement ("Displacement", Range(0, 1.0)) = 0.3  //定义置换区间
8              _Color ("Color", color) = (1,1,1,0)                  //定义主颜色值
9              _SpecColor ("Spec color", color) = (0.5,0.5,0.5,0.5) //定义颜色值
10             _Tess("Tess",Range(1,32))=3
11          }
12          SubShader {
13             Tags { "RenderType"="Opaque" }                //设置标签
14             LOD 300                                       //设定 LOD 值
15             CGPROGRAM
16             #pragma surface surf BlinnPhong addshadow     //表面着色器编译指令
17                fullforwardshadows vertex:disp tessellate:tessEdge nolightmap
18             #pragma target 5.0                            //着色器编译目标
19             #include "Tessellation.cginc"             //引用 Tessellation.cginc
20             struct appdata {                          //定义顶点属性结构体
21                 float4 vertex : POSITION;             //定义坐标值
22                 float4 tangent : TANGENT;             //定义切线值
23                 float3 normal : NORMAL;               //定义法线值
24                 float2 texcoord : TEXCOORD0;          //定义坐标值
25             };
26             float _EdgeLength;                        //声明边线长度
27             float4 tessEdge (appdata v0, appdata v1, appdata v2){ //返回新的顶点坐标
28                 return UnityEdgeLengthBasedTess (v0.vertex, v1.vertex, v2.vertex,
                   _EdgeLength);
29             }
30             sampler2D _DispTex;                       //声明 2D 纹理
31             float _Displacement;                      //声明置换值
32             void disp (inout appdata v){
33                 float d = tex2Dlod(_DispTex, float4(v.texcoord.xy,0,0)).r *
                   _Displacement;
34                 v.vertex.xyz += v.normal * d;         //添加法线值
35             }
36             struct Input {                            //定义输入参数结构体
37                 float2 uv_MainTex;                    //纹理 UV 坐标
38             };
39             sampler2D _MainTex;                       //声明主纹理图
40             sampler2D _NormalMap;                     //声明法线纹理图
41             fixed4 _Color;                            //声明颜色值
42             void surf (Input IN, inout SurfaceOutput o) {  //表面着色器函数
43                 half4 c = tex2D (_MainTex, IN.uv_MainTex) * _Color;
44                 o.Albedo = c.rgb;                          //设置反射率
45                 o.Specular = 0.2;                          //设置镜面反射
46                 o.Gloss = 1.0;
47                 o.Normal = UnpackNormal(tex2D(_NormalMap, IN.uv_MainTex));
48             }
```

```
49              ENDCG
50          }
51          FallBack "Diffuse"                                    //备用着色器
52  }
```

- 第 2～11 行为属性列表，定义了材质的默认颜色为白色；定义了法线纹理图和置换区间；定义了边线长度区间，渲染器根据三角形边线长度比例添加新的顶点，边长越大的三角形会获得更多新的顶点；定义了主颜色值。
- 第 12～19 行为 SubShader 模块，设置了标签为不透明，使渲染器渲染非透明物体，设定 LOD 值，设置表面着色器编译指令，使用 BlinnPhong 光照模型，设置着色器编译目标，引用 Tessellation.cginc 文件。
- 第 20～25 行定义顶点属性结构体，包括顶点的坐标值、切线值和法线值。
- 第 26～29 行声明边线长度，构建 tessEdge 函数，调用 UnityEdgeLengthBasedTess 函数，根据边线长度返回新的顶点坐标。
- 第 30～35 行声明 2D 纹理，声明置换值，按照纹理图进行采样，为顶点添加法线值。第 36～38 行定义输入参数结构体，定义纹理 UV 坐标。
- 第 39～41 行声明主纹理图、法线纹理图、颜色值。
- 第 42～51 行构建表面着色器函数，根据 UV 坐标从纹理图中提取颜色值，设置光照反射率，设置镜面反射率，根据主纹理图和 UV 坐标进行坐标采样，并调用 UnpackNormal 函数获取法线值，并将其赋值给输出变量。

### 6.6.4 Phong 曲面细分

Phong 曲面细分会修改细分面的位置，以便所产生的表面稍微向着模型网格法线位置倾斜。这是一个非常有效的方式，可使低多边形网格变得更加光滑，效果如图 6-56 和图 6-57 所示。

▲图 6-56 未使用 Phong 曲面细分

▲图 6-57 使用 Phong 曲面细分

可以明显地看出，未使用 Phong 曲面细分的恐龙模型十分粗糙，边框较为明显；而使用了 Phong 曲面细分的恐龙模型轮廓十分光滑。对于一些需要光滑呈现的模型来说，Phong 曲面细分比前 3 种曲面细分效果更好，着色器具体代码如下。

代码位置：随书资源中源代码\第 6 章目录下的 ShaderAdd\Shader\Tessellation4.shader

```
1   Shader "Custom/Tessellation4" {              //定义一个着色器，其名称为 Tessellation4
2           Properties {                         //属性列表，用来指定这段代码将有哪些输入
3               _EdgeLength ("Edge length", Range(2,50)) = 5    //定义边线长度区间
4               _Phong ("Phong Strengh", Range(0,1)) = 0.5      //定义 Phong 区间
5               _MainTex ("Base (RGB)", 2D) = "white" {}        //定义 2D 纹理属性，默认白色
6               _Color ("Color", color) = (1,1,1,0)             //定义主颜色值
7               _Tess("Tess",Range(1,32))=3                     //定义颜色值
8           }
```

```
9           SubShader {
10              Tags { "RenderType"="Opaque" }                    //设置标签
11              LOD 300                                           //设定 LOD 值
12              CGPROGRAM
13              #pragma surface surf Lambert vertex:dispNone      //表面着色器编译指令
14                  tessellate:tessEdge tessphong:_Phong nolightmap
15              #include "Tessellation.cginc"              //引用 Tessellation.cginc
16              struct appdata {                            //定义顶点属性结构体
17                  float4 vertex : POSITION;               //定义坐标值
18                  float3 normal : NORMAL;                 //定义法线值
19                  float2 texcoord : TEXCOORD0;            //定义坐标值
20              };
21              void dispNone (inout appdata v) { }
22              float _Phong;                               //声明 Phong 值
23              float _EdgeLength;                          //声明边线长度
24              float4 tessEdge (appdata v0, appdata v1, appdata v2){ //获取新的顶点坐标
25                  return UnityEdgeLengthBasedTess (v0.vertex, v1.vertex, v2.vertex,
                    _EdgeLength);
26              }
27              struct Input {                              //定义输入参数结构体
28                  float2 uv_MainTex;                      //纹理 UV 坐标
29              };
30              fixed4 _Color;                              //声明颜色值
31              sampler2D _MainTex;                         //声明主纹理图
32              void surf (Input IN, inout SurfaceOutput o) {       //表面着色器函数
33                  half4 c = tex2D (_MainTex, IN.uv_MainTex) * _Color;
34                  o.Albedo = c.rgb;                       //设置反射率
35                  o.Alpha = c.a;                          //设置透明度
36              }
37              ENDCG
38          }
39          FallBack "Diffuse"                              //备用着色器
40  }
```

- 第 2～8 行为属性列表，定义了材质的默认颜色为白色；定义了 Phong 值区间；定义了边线长度区间，渲染器根据三角形边线长度比例添加新的顶点，边长越大的三角形可以获得更多新的顶点；定义了主颜色值。
- 第 9～15 行为 SubShader 模块，设置了标签为不透明，使渲染器渲染非透明物体，设定 LOD 值，设置表面着色器编译指令，使用 BlinnPhong 光照模型，设置着色器编译目标，引用 Tessellation.cginc 文件。
- 第 16～20 行为定义顶点属性结构体，包括顶点的坐标值、切线值和法线值。
- 第 21～26 行构建 dispNone 函数，声明 Phong 值和边线长度，构建 tessEdge 函数，根据 EdgeLength 值获取新的顶点坐标。
- 第 27～39 行定义输入参数结构体，定义纹理 UV 坐标。第 30～38 行的功能为声明颜色值，声明主纹理图，构建 surf 函数，根据 UV 坐标从纹理图中提取颜色值，设置光照反射率，设置透明度。

## 6.7 几何着色器

几何着色器是一种专门用来处理几何图形的可选着色器。顶点着色器每次运行只能处理一个顶点的数据，并且每次只能输出一个顶点的结果。在整个游戏场景中，绘制几何图形的任务量十分庞大，如果仅依靠顶点着色器单一完成，效率比较低下。基于这一点考虑，DirectX 10 版本以后增添了几何着色器。

在 Unity 中可以为几何着色器设置输入与输出的几何图元，能够使用点、线与三角形这 3 种图元，在几何着色器中可以任意地增加或删减顶点，其具体代码如下：

```
1    #pragma geometry geom.                                             //声明几何着色器
2    [maxvertexcount(3)]                                                //输出顶点的最大数量
3    void geom(triangle v2g p[3], inout TriangleStream<g2f> triStream){ //几何着色器函数
4        ……//此处为几何着色器的具体操作代码
5    }
```

❑ 第1～2行与顶点、片元着色器的编写相同。编写几何着色器之前，首先要在Pass的开头定义几何着色器；第2行定义了几何着色器输出顶点的最大数量。

❑ 第3～5行为几何着色器函数，函数名需要与上面声明的名称相同。第一个参数为传入几何着色器的图元，包含point、line、triangle、lineadj与triangleadj 5种类型，数组大小需要与处理的图元顶点数量一致；第二个参数是几何着色器的输出图元，分为PointStream、LineStream与TriangleStream 3种类型，必须要加inout前缀。

下面通过一个简单的几何着色器的示例来讲解具体如何应用。该示例通过编写几何着色器实现了将模型的点法线转化为面法线的效果，步骤如下。

（1）创建一个新场景，将其命名为GeometryDemo.unity并保存。创建两个Sphere对象，调整其大小与位置。新建名为Geometry的材质与名为GeometryDemo的着色器，双击打开该着色器，编写面法线效果程序，具体代码如下。

代码位置：随书资源中源代码\第6章目录下的ShaderAdd\Shader\GemotryShaderDemo.shader

```
1    Shader "Custom/GemotryShaderHard"{                              //定义着色器名称
2      Properties{                                                  //属性列表
3        _Diffuse("Diffuse",Color) = (1,1,1,1)                      //漫反射颜色值
4      }
5      SubShader{
6        Pass{
7          Tags{"RenderType" = "Opaque"}                            //设置标签
8          CGPROGRAM                                                //Cg程序开始标志
9          #pragma target 5.0                                       //着色器编译目标
10         #pragma vertex vert                                      //声明顶点着色器
11         #pragma fragment frag                                    //声明片元着色器
12         #pragma geometry geom                                    //声明几何着色器
13         #include "UnityCG.cginc"                                 //导入基础函数包
14         #include "Lighting.cginc"                                //导入光照包
15         fixed4 _Diffuse;                                         //定义漫反射值
16         struct v2g{                                              //定义几何着色器输入结构体
17           float4 pos:POSITION;                                   //顶点位置
18           float3 normal:NORMAL;                                  //模型法线
19         };
20         struct g2f{                                              //定义几何着色器输出结构体
21           float4 pos:SV_POSITION;                                //位置坐标
22           float3 normal:NORMAL;                                  //法线
23         };
24         v2g vert(appdata_base v) {                               //顶点着色器
25           v2g o;                                                 //输出结构体对象
26           o.pos = mul(unity_ObjectToWorld, v.vertex);            //将顶点转化到世界坐标系
27           o.normal = v.normal;                                   //输出法线
28           return o;
29         }
30         [maxvertexcount(3)]                                      //设置几何着色器最大输出顶点数
31         void geom(triangle v2g p[3], inout TriangleStream<g2f> triStream){    //几何着色器
32           float3 A = p[1].pos.xyz - p[0].pos.xyz;   //计算三角形从顶点1到顶点0的方向向量
33           float3 B = p[2].pos.xyz - p[0].pos.xyz;   //计算三角形从顶点2到顶点0的方向向量
34           float3 fn = normalize(cross(A, B));       //计算该三角形面的法向量
35           g2f o;                                    //输出结构体对象
36           for (int i = 0; i < 3; i++){              //遍历三角形的3个顶点
37             o.pos = mul(UNITY_MATRIX_VP, p[i].pos); //将顶点转变到剪裁坐标系
38             o.normal = fn;                          //设置顶点法向量为面法向量
39             triStream.Append(o);                    //将该顶点添加到输出流
40         }}
41         fixed4 frag(g2f i):COLOR{                   //片元着色器
42           fixed3 ambient = UNITY_LIGHTMODEL_AMBIENT.xyz;            //获取环境光
43           fixed3 worldNormal = normalize(i.normal);                 //法线归一化
```

```
44          fixed3 worldLightDir = normalize(_WorldSpaceLightPos0.xyz); //光向量归一化
45        //根据半兰伯特光照模型计算光照
46          fixed3 diffuse = _LightColor0.rgb * _Diffuse.rgb * (dot(worldNormal,
            worldLightDir)*0.5+0.5);
47           return fixed4(ambient + diffuse, 1);                  //为片元着色
48        }
49        ENDCG
50  }}}
```

- 第 1～4 行定义了着色器的名称与漫反射的属性，这样就可以通过 Unity 编辑器的属性栏修改物体的漫反射颜色值了。
- 第 5～15 行定义了一个 SubShader，声明顶点、片元与几何着色器，设置 SubShader 的编译目标为 5.0，同时导入基础函数包与光照包。
- 第 16～23 行为几何着色器的输入与输出结构体，从顶点着色器需要向几何着色器传入模型顶点的坐标与法线向量。同时，需要从几何着色器传送到片元着色器的数据包括模型顶点在剪裁坐标系中的位置与法线向量。
- 第 24～29 行为顶点着色器，在顶点着色器中把模型的顶点坐标从模型坐标系转换到了世界坐标系，并将顶点坐标与法线向量传送到几何着色器。
- 第 30～40 行为几何着色器，首先定义了几何着色器输出顶点的最大数量为 3，设置几何着色器接收的图元为三角形，输出流也为三角形的形式。然后根据传入三角形的两边向量计算出该三角形面法向量。最后将这 3 个顶点的坐标变换到剪裁坐标系中，将面法向量赋值给法线。
- 第 41～48 行为片元着色器，根据环境光、法线、光源的方向向量计算出每个片元的具体着色情况，利用半兰伯特光照模型进行计算。最终将计算结果与前面定义的漫反射颜色值相加，得出每个片元的具体颜色。

（2）新建一个不更改法线的着色器进行参照，将该着色器命名为 GeometryCommon。该着色器与上述着色器类似，只不过删减了几何着色器，由于篇幅有限这里不再赘述。运行项目，可以看到图 6-58 所示的采用顶点法线的球体和图 6-59 所示的利用几何着色器修改为面法线的球体。

▲图 6-58　顶点法线球体

▲图 6-59　面法线球体

## 6.8 Standard Shader

除了自行编写着色器外，Unity 还提供了两个基于物理的着色器，分别为 Standard 和 Standard（Specular setup），简单地调节这两个着色器的参数就可以实现各种酷炫的效果。本节将向读者详细介绍什么是基于物理的着色以及如何去使用它。

### 6.8.1　基于物理的着色

基于物理的着色（Physical Based Shading，PBS）是用模拟现实的方法呈现出材质和灯光之间的相互作用，给用户逼真的视觉效果。基于物理的着色的思路是给用户营造出连续性，并且看上去是在不同灯光控制下的效果。它模仿了灯光在真实情景中的行为，但不需要使用过多的专业工具。

为了表现出真实的灯光效果，它模仿了物理过程，包括能量储存（意味着物体反射的光源不大于它接收的光源）、Fresnel 反射（视线不垂直于物体表面时，夹角越小，反射越明显）及表面的遮蔽（来自物理学术语）等。

Unity 中包含的 Standard 着色器和完整的 PBS 一起使用时，就可以实现很好的画面效果，可以真实地模拟出石头、陶瓷、黄铜、橡胶等材质，甚至还可以模拟出皮肤、头发、布料等材质。

## 6.8.2 材质编辑器

本小节将介绍 Standard 着色器的材质编辑器。Unity 中包含的两个标准着色器的材质编辑器如图 6-60 和图 6-61 所示。用户可以在 Project 面板中右击，在弹出的快捷菜单中选择 Create→Material，创建一个材质，然后在 Inspector 面板中的 Shader 下拉列表中选择想要的标准着色器。

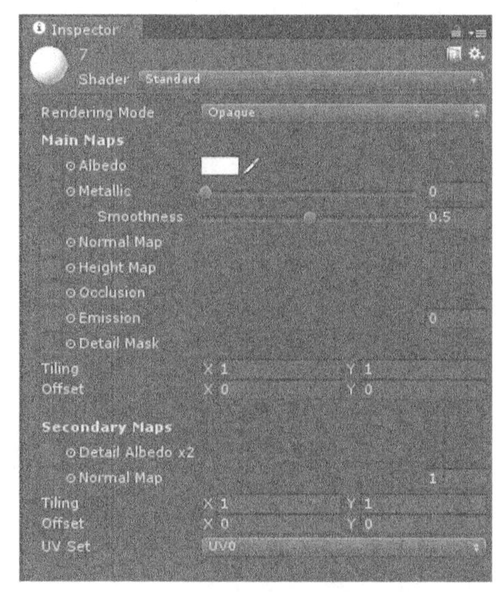

▲图 6-60　Standard 着色器的材质编辑器

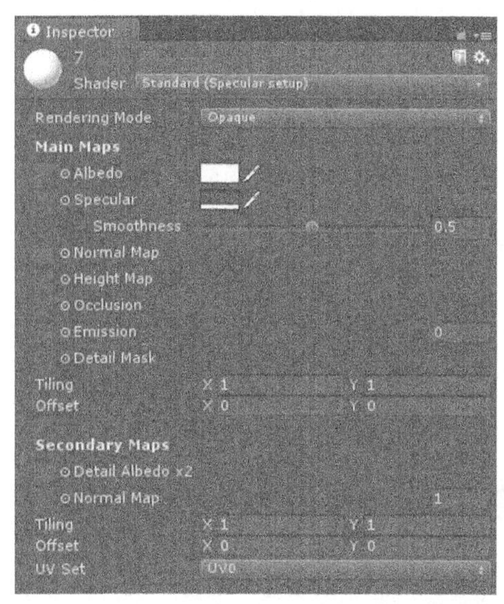


▲图 6-61　Standard（Specular setup）着色器的材质编辑器

在项目的制作过程中，开发人员可以方便地根据需要调节这两个材质编辑器的相关参数以达到特定的效果。Standard 着色器中的参数如表 6-24 所示。

表 6-24　Standard 着色器中的参数

| 参数 | 含义 | 参数 | 含义 |
|---|---|---|---|
| Rendering Mode | 渲染模式，有 4 种模式可选，后面会详细介绍 | Albedo | 漫反射纹理图，也可以设置其颜色和透明度（透明度需要正确的 Rendering Mode） |
| Metallic | 金属性，值越高，反射效果越明显 | Smoothness | 此值影响计算反射时的表面光滑程度，值越高，反射效果越清晰 |
| Specular | 高光，颜色可以自行设置 | Normal Map | 法线贴图 |
| Height Map | 高度图，通常是灰度图 | Occlusion | 环境遮盖贴图，后面会详细介绍 |
| Emission | 自发光属性，开启后该材质在场景中类似一个光源，可以调节其 GI 模式 | Detail Mask | 细节遮罩贴图，当某些地方不需要细节图时可以使用遮罩图来进行设置，如嘴唇部分不需要毛孔等 |
| Tiling | 贴图的重复贴图次数 | Offset | 贴图的偏移量 |
| Secondary Maps | 细节贴图，后面会详细介绍 | — | — |

1. Rendering Mode

表 6-24 介绍了 Standard 着色器中的参数，接下来将介绍 Standard 着色器的 Rendering Mode 中的 4 种不同的着色模式。在使用 Standard 着色器时，一定要设置正确的渲染模式，否则很可能无法得到正确的视觉效果，具体内容如下。

- Opaque 模式：这种模式代表该着色器不支持透明通道，即该标准着色器只能是完全不透明的（当制作石头、金属等材质时使用该模式）。
- Cutout 模式：这种模式下着色器支持透明通道，但是不支持半透明。也就是说，要显示的纹理图的内容要么完全透明，要么完全不透明。图片内容是否透明由 Albedo 中的 Alpha 值和 Alpha Cutoff 决定（这种模式下的着色器适合制作叶子、草等带有透明通道的图片却又不希望出现半透明效果的材质）。
- Fade 模式：褪色模式。该模式下可以通过操控 Albedo 的 Color 中的 Alpha 值来操作材质的透明度，根据 Alpha 的设定可以制作出半透明的效果。但是该模式并不适合制作类似玻璃等半透明材质，因为当 Alpha 值降低时，其表面的高光、反射等效果也会跟着变淡（比较适合制作物体渐渐淡出的动画效果）。该模式的效果类似于图 6-62 中被投射出的小人。
- Transparent 模式：这种模式下的材质同样可以通过 Albedo 的 Color 中的 Alpha 值来调整其透明度。不同的是，当物体变为半透明时，其表面的高光和反射不会变淡（非常适合制作玻璃等具有光滑表面的半透明材质）。Transparent 模式的效果如图 6-63 中宇航员的玻璃头盔。

▲图 6-62 Fade 模式效果演示

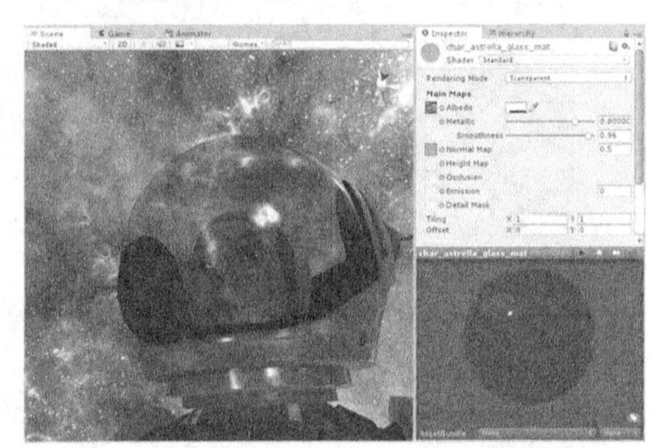

▲图 6-63 Transparent 模式效果演示

2. Occlusion Map

Occlusion Map（遮挡图）是一种用于表示模型的表面应当接受多少间接反射的图片。一个表面凹凸不平的物体，在其凹下的地方（如裂纹或折叠处）应当接受较少的间接光照，这样才显得真实。这种贴图通常是通过第三方建模软件渲染得到的。

遮挡图是一张灰度图。其中白色部分表示接受完全的间接照明，黑色部分表示不接受间接照明。图 6-64 所示为机器人的遮挡图，图 6-65 所示为机器人的漫反射图，图 6-66 所示为应用了遮挡图的机器人，图 6-67 所示为没有应用遮挡图的机器人。

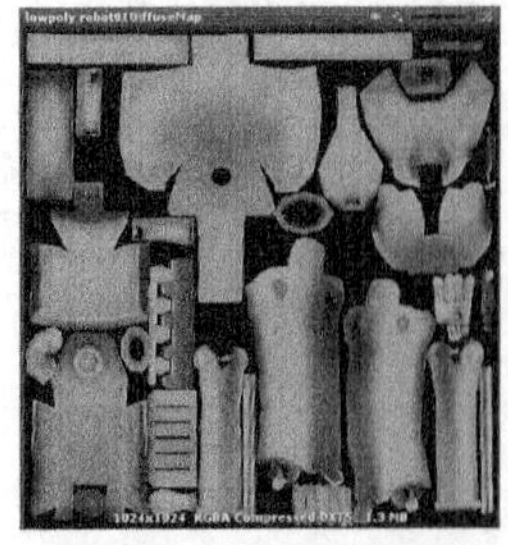

▲图 6-64 机器人的遮挡图

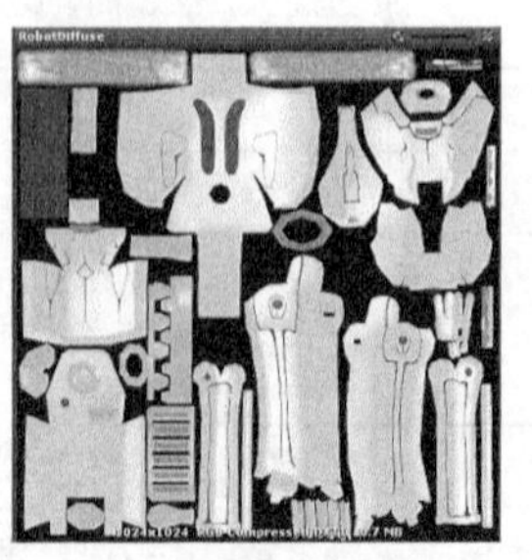

▲图 6-65 机器人的漫反射图

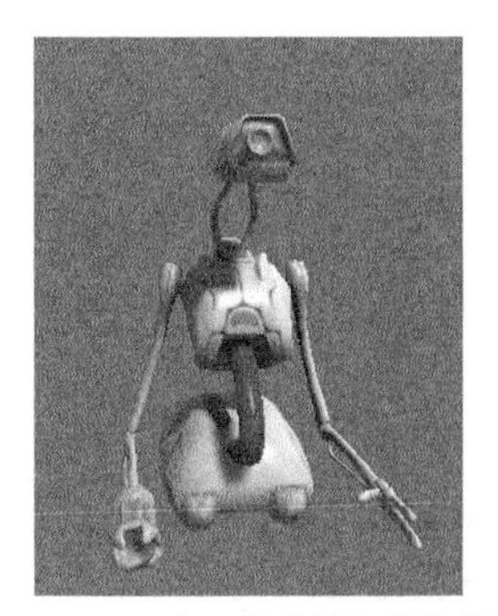

▲图 6-66 应用了遮挡图的机器人

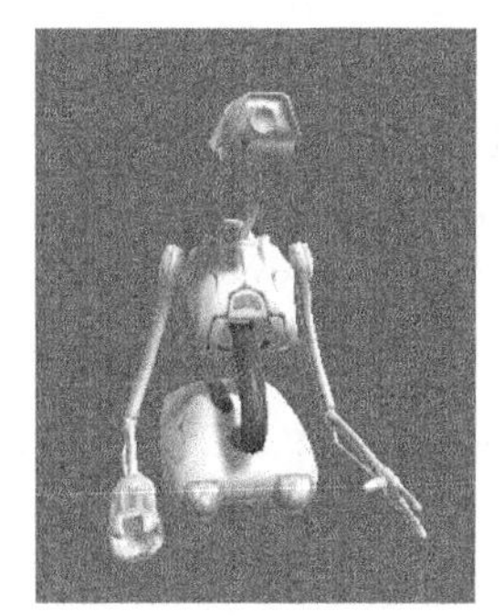

▲图 6-67 没有应用遮挡图的机器人

### 3. Secondary Maps

Standard 材质中的最后一项是 Secondary Maps，也可以称为 Detail Map。简单来讲，它就是材质的次级贴图（细节贴图）。其作用是展示第一组贴图中没有显示出的材质的细节效果。Unity 允许用户在一个材质上添加一个次级的漫反射图和法线图，这两张图会在物体的表面重复贴若干次。

为什么要使用 Secondary Maps 呢？这是为了让摄像机近距离观察材质时可以显示出更多的细节内容，同时在摄像机远离材质时又有一个普通的显示效果（看不到细节的效果）。若是不使用另外一张贴图，那么为了实现细节就会需要一张非常精细的贴图，这显然是非常浪费资源的。

用到 Secondary Maps 的地方有很多，如显示皮肤上的毛发和毛孔、石路上的地衣和细小的裂缝等。图 6-68 和图 6-69 所示为皮肤上没有使用 Secondary Maps 和使用了 Secondary Maps 的效果对比。

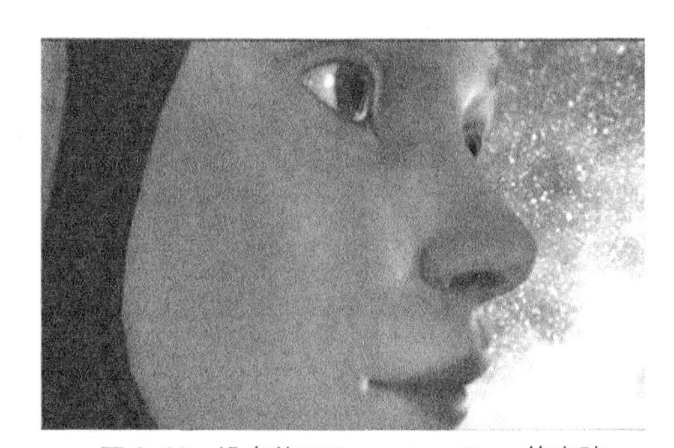

▲图 6-68 没有使用 Secondary Maps 的皮肤

▲图 6-69 使用了 Secondary Maps 的皮肤

## 6.9 着色器的组织和优化

通过对前面章节的学习，读者应该已经对着色器有了系统的认识，并学会了如何编写着色器程序。本节将为读者介绍如何通过组织着色器程序、复用代码来提高着色器程序的运行效率，高效地开发着色器程序。此外，本节还将介绍一些针对移动平台的优化方法。

### 6.9.1 着色器的组织和复用

有效的组织和复用着色器程序，可以帮助开发人员有效地利用自己开发好的着色器程序或者函数库，从而减少不必要的重复操作，降低着色器程序的复杂度，以实现节省资源、提高着色器程序的运行效率的目的。

#### 1. cginc 文件

Unity 含有大量用来引入预定义变量和帮助函数的文件，这些文件可由开发人员编写的着色器程序调用。这是通过标准#include 指令完成的。这些文件的拓展名为.cginc。在前面编写的着色器程序中也会经常见到如下格式的语句：

```
1   CGPROGRAM
2   ......//此处省略与导入文件无关的代码
3   #include "UnityCG.cginc"                    //导入"UnityCG.cginc"文件
4   ENDCG
```

如果想看帮助代码中具体完成了什么操作，可在 Unity 应用程序内找到这些文件，Windows 操作系统下文件的路径为：{安装路径}\Unity\Data\CGIncludes；Mac 操作系统下文件的路径为:/Applications\Unity\Unity.app\Contents\CGIncludes\UnityCG.cginc。常用的 cginc 文件如表 6-25 所示。

表 6-25　　常用的 cginc 文件

| 文件 | 含义 |
|---|---|
| HLSLSupport.cginc | （自动包含）用于声明多个预处理器宏来协助多平台着色器的开发 |
| UnityShaderVariables.cginc | （自动包含）常用的全局变量 |
| UnityCG.cginc | 常用的帮助函数 |
| AutoLight.cginc | 光照和阴影功能，如表面着色器在内部使用此文件 |
| Lighting.cginc | 标准表面着色器光照模型，当编写表面着色器时自动将其包含 |
| TerrainEngine.cginc | 用于地形（Terrain）和植被（Vegetation）着色器的帮助函数 |

上述内建文件中，UnityCG.cginc 文件被使用的最为频繁，它通常包含在 Unity 着色器中以引入多个帮助函数和定义。下面将为读者介绍 UnityCG.cginc 文件所包含的数据结构和帮助函数，方便读者以后查询和使用。

（1）下面介绍 UnityCG.cginc 中的数据结构。

❑ appdata_base。具有位置、法线和一个纹理坐标的顶点着色器输入，具体结构如下面的代码所示。

```
1   struct appdata_base {
2      float4 vertex : POSITION;                          //位置变量
3      float3 normal : NORMAL;                            //法线变量
4      float4 texcoord : TEXCOORD0;                       //纹理坐标变量
5   };
```

❑ appdata_tan。具有位置、切线、法线和一个纹理坐标的顶点着色器输入，具体结构如下面的代码所示。

```
1   struct appdata_tan {
2      float4 vertex : POSITION;                          //位置变量
3      float4 tangent : TANGENT;                          //切线变量
4      float3 normal : NORMAL;                            //法线变量
5      float4 texcoord : TEXCOORD0;                       //纹理坐标变量
6   };
```

❑ appdata_full。具有位置、切线、法线、顶点颜色和纹理坐标的顶点着色器输入，具体结构如下面的代码所示。

```
1   struct appdata_full {
2      float4 vertex : POSITION;                          //位置变量
3      float4 tangent : TANGENT;                          //切线变量
4      float3 normal : NORMAL;                            //法线变量
5      float4 texcoord : TEXCOORD0;                       //纹理坐标变量
6      float4 texcoord1 : TEXCOORD1;                      //纹理坐标变量
7      float4 texcoord2 : TEXCOORD2;                      //纹理坐标变量
8      float4 texcoord3 : TEXCOORD3;                      //纹理坐标变量
9   #if defined(SHADER_API_XBOX360)
```

```
10      half4 texcoord4 : TEXCOORD4;                          //纹理坐标变量
11      half4 texcoord5 : TEXCOORD5;                          //纹理坐标变量
12   #endif
13      fixed4 color : COLOR;                                 //颜色变量
14   };
```

- appdata_img。具有位置和一个纹理坐标的顶点着色器输入，具体结构如下面的代码所示。

```
1    struct appdata_img {
2       float4 vertex : POSITION;                             //位置变量
3       half2 texcoord : TEXCOORD0;                           //纹理坐标变量
4    };
```

（2）UnityCG.cginc 中含有很多常用的函数，包括一些通用帮助函数、正向渲染帮助函数和顶点光照帮助函数。这些函数如表 6-26 所示。

表 6-26　　UnityCG.cginc 中的内置函数

| 函数签名 | 含义 |
|---|---|
| float3 WorldSpaceViewDir (float4 v) | 返回从给定对象空间顶点位置朝向摄像机的世界坐标空间方向（未规范化） |
| float3 ObjSpaceViewDir (float4 v) | 返回从给定对象空间顶点位置朝向摄像机的对象空间方向（未规范化） |
| float2 ParallaxOffset (half h, half height, half3 viewDir) | 计算用于视差法线贴图（Normal Mapping）的 UV 偏移量 |
| fixed Luminance (fixed3 c) | 将颜色转换为亮度（灰度） |
| fixed3 DecodeLightmap (fixed4 color) | 从 Unity 光照贴图（视平台而定为 RGBM 或 dLDR）解码颜色 |
| float4 EncodeFloatRGBA (float v) | 将[0,1)区间内的浮点数编码为 RGBA 颜色，以存储在低精度渲染目标中 |
| float DecodeFloatRGBA (float4 enc) | 将 RGBA 颜色解码为一个浮点数 |
| float2 EncodeFloatRG (float v) | 使用两个颜色通道将[0,1]区间内的浮点数编码为 RGBA 颜色，以存储于低精度渲染目标中 |
| float DecodeFloatRG (float2 enc) | 使用两个颜色通道将 RGBA 颜色解码为一个浮点数 |
| float2 EncodeViewNormalStereo (float3 n) | 将视图空间法线编码为[0,1)区间内的两个数字 |
| float3 DecodeViewNormalStereo (float4 enc4) | 从 enc4.xy 解码视图空间法线 |
| float3 WorldSpaceLightDir (float4 v) | 在给定对象空间顶点位置的情况下，计算到光源的世界坐标空间方向（未规范化） |
| float3 ObjSpaceLightDir (float4 v) | 在给定对象空间顶点位置的情况下，计算到光源的对象空间方向（未规范化） |
| float3 Shade4PointLights (…) | 在光照数据被紧密打包进向量中的情况下，计算 4 个点光灯的照明。正向渲染使用该函数来计算逐顶点光照 |
| float3 ShadeVertexLights (float4 vertex, float3 normal) | 在给定对象空间位置和法线的情况下，计算 4 个逐顶点光源和环境光的照明 |

说明　由于篇幅所限，关于帮助方法的内容不能够一一介绍，读者可根据前面提供的路径打开 UnityCG.cginc 文件，查看每个方法的具体结构。

除了使用 Unity 提供的 cginc 文件外，开发人员还可以定义自己的 cginc 文件，然后通过#include 指令来调用。首先在 CGIncludes 文件夹下创建一个自己的 cginc 文件，将其命名为 MyStructs.cginc，双击打开文件，编写自己的结构体或者方法。例如下面的代码块。

```
1    #ifndef MY_CG_INCLUDE
2    #define MY_CG_INCLUDE
3    struct myappdata_base {
4       float4 vertex : POSITION;                             //位置变量
5       float3 normal : NORMAL;                               //法线变量
6       float4 texcoord : TEXCOORD0;                          //纹理坐标变量
7    };
8    #endif
```

定义完成后，就可以在编写着色器程序时，使用自己定义的结构体或者方法了。具体方法如下面的代码所示：

```
1   Pass{
2      CGPROGRAM
3      #pragma vertex vert                              //指定 vert 函数为顶点着色器函数
4      #pragma fragment frag                            //指定 frag 函数为片元着色器函数
5      #include "UnityCG.cginc"                         //导入 UnityCG.cginc 文件
6      #include "MyStructs.cginc"                       //导入自己定义的 cginc 文件
7      sampler2D _MainTex;                              //2D 纹理
8      float4 _Color;                                   //主颜色数值
9      struct v2f {                                     //v2f 结构体
10        float4 pos :POSITION;                         //顶点位置
11        float4 uv :TEXCOORD0;                         //UV 纹理坐标
12        float4 col :COLOR;                            //颜色值
13     };
14     v2f vert( myappdata_base v ) {                   //使用自己的结构体来定义参数
15        v2f o;                                        //定义 v2f 结构体变量
16        o.pos = mul (UNITY_MATRIX_MVP, v.vertex);     //计算最终顶点位置
17        o.uv = v.texcoord;                            //设置 UV 纹理坐标
18        o.col.xyz = v.normal * 0.5 + 0.5;             //计算颜色值
19        o.col.w = 1;                                  //设置颜色值 w 为 1
20        return o;
21     }
22     ……//此处省略与导入自定义的 cginc 文件无关的代码
23  }
```

### 2. UsePass 复用

在 6.1.3 节介绍 Pass 时，简单提到了通过 UsePass 重用其他着色器中已存在的通道，可提高代码的重用率，这是在编写着色器程序时比较实用的技巧。下面的代码展示了定义 Pass 的大致格式，在名为 MyPass 的着色器程序中定义了 3 个 Pass，名称分别为 ONE、TWO 和 THREE。因为 Unity 的要求，Pass 的首字母要为大写，读者在开发时需要注意。

```
1   Shader "Custom/MyPass" {
2   ……//此处省略了着色器程序内其他无关代码
3      SubShader {
4         ……//此处省略了子着色器内其他无关代码
5         Pass {                                    //定义自己的 Pass
6            Name "ONE"                             //名称为 ONE
7            ……//此处省略了通道内容
8         }
9         Pass {                                    //定义自己的 Pass
10           Name "TWO"                             //名称为 TWO
11           ……//此处省略了通道内容
12        }
13        Pass {                                    //定义自己的 Pass
14           Name "THREE"                           //名称为 THREE
15           ……//此处省略了通道内容
16     }}
17  }
```

定义了 Pass 后，就可以在其他的着色器程序中进行复用了，复用的方法如下的代码所示。

```
1   Shader "Custom/NewShader" {
2   SubShader {
3      ……//此处省略了子着色器内其他无关代码
4      UsePass "Custom/MyPass/ONE"                  //复用已定义的 Pass
5   }}
```

### 3. 使用 multi_compile 编译着色器的多个版本

Unity 提供的 multi_compile 可以让 Unity 能够针对不同的定义条件或者关键字来编译多次。在运行时，该选项通过在脚本中开启或者关闭相关的关键字，能够使着色器程序在不同条件下执行不同的代码。其具体使用方法如下面的代码所示。

```
1   Shader "Custom/Multi_Compile" {
2      SubShader {
3         Pass {
4         CGPROGRAM
5         #pragma vertex vert                          //指定 vert 函数为顶点着色器函数
6         #pragma fragment frag                        //指定 frag 函数为片元着色器函数
7         #pragma multi_compile MY_multi_1 MY_multi_2  //告诉 Unity 编译两个不同版本的 Shader
8         #include "UnityCG.cginc"                     //导入 UnityCG.cginc 文件
9         struct vertOut {                             //vertOut 结构体
10           float4 pos:SV_POSITION;                   //顶点位置
11        };
12        vertOut vert(appdata_base v) {               //顶点着色器函数
13           vertOut o;
14           o.pos = mul(UNITY_MATRIX_MVP, v.vertex);        //计算最终顶点位置
15           return o;                                        //返回顶点数据
16        }
17        float4 frag(vertOut i):COLOR {                     //片元着色器函数
18           float4 c = float4(0, 0, 0, 0);                  //定义颜色变量
19           #ifdef MY_multi_1                               //针对条件 MY_multi_1
20           c = float4(1, 0, 0, 0);                         //输出红色
21           #endif
22           #ifdef MY_multi_2                               //针对条件 MY_multi_2
23           c = float4(0, 1, 0, 0);                         //输出绿色
24           #endif
25           return c;                                  //返回最终颜色值
26        }
27        ENDCG
28     }}
29     FallBack "Diffuse"                              //降级着色器
30  }
```

当使用 multi_complie 编译出多个版本的着色器后，就可以在自己编写的脚本中通过 Shader 的类函数来开启或者关闭相关的关键字，从而实现着色器的版本选择，具体使用方法如下面的代码所示。

```
1   using UnityEngine;
2   using System.Collections;
3   public class Multi_Compile : MonoBehaviour {
4      public bool multi_1;                          //判断选择着色器版本的标识
5      void Start () {
6         if (multi_1) {                             /选择 MY_multi_1 版本着色器
7            Shader.EnableKeyword ("MY_multi_1");    //启用 MY_multi_1 版本的着色器
8            Shader.DisableKeyword ("MY_multi_2");   //关闭 MY_multi_2 版本的着色器
9         } else {
10           Shader.EnableKeyword ("MY_multi_2");    //启用 MY_multi_2 版本的着色器
11           Shader.DisableKeyword ("MY_multi_1");   //关闭 MY_multi_1 版本的着色器
12  }}}
```

### 6.9.2 移动平台的优化

与 PC 平台相比，移动平台在各个方面的性能上都相差较大，主要原因是移动平台注重的是便携性，考虑到机身的质量和外观等因素，所以限制了元件的尺寸，且要求较高的制作工艺。此外，移动平台设备采用电池供电，这使得机器的负荷有限，散热问题也是制约其性能提高的因素。高功耗意味着高发热，一般的移动设备不会通过风扇散热，机身散热能力很有限。

所以，除了提升硬件的制作工艺以外，开发人员所要考虑的是如何最大化地优化代码，以使其在现有条件下提高运行效率。

**1. 着色计算的代码优化**

在编写着色器程序时，开发人员应特别注意，这是因为着色器代码的执行效率很高，所以应该尽量优化这部分代码，使其运算量和复杂度降到最低，这样会提高着色器的执行效率。具体需要开发人员注意以下几点。

（1）编写着色器程序时常常会进行一些计算，要尽量通过代数方法简化计算，这样可以最大限度地提高运行速度。例如，$p$=sqrt(2*($X$+1))可以改写成 1.414*($X$+1)。

（2）编写着色器程序时经常会对向量进行操作，如将向量归一化，求两个向量的点积、叉积等。对于这些操作，着色器提供了强大的支持，它内置了很多内建方法，方便开发人员使用，如求点积运算的函数 dot 等。这些函数大部分都是用硬件实现的，开发时可以直接利用，能够降低代码的复杂度，优化计算速度。

（3）编写着色器程序时，有时需要进行一些简单的计算，对于这些重复性较低且计算的内容较为简单的操作，开发过程中不应该将这种计算封装成函数，直接用代码计算即可，这样能大大减少 GPU 函数调用与返回的消耗（这方面目前是 GPU 的弱项）。

**2. 着色计算的位置优化**

通过前面的学习，读者应该了解到与着色计算相关的任务有 3 个可能的执行位置：CPU、顶点着色器和片元着色器。从获得更高画面质量的角度考虑，很多开发人员会把大量的着色计算相关代码放在片元着色器中。但在不影响画面质量或略微牺牲一点画面质量的情况下，可以考虑将相关代码的位置做一些改变，以换取性能的提升，主要包括以下两点。

（1）每当把计算任务安排到片元着色器中时，应该考虑：若将该计算任务安排到顶点着色器中，画面质量会不会有影响，若有影响，在不在可接受的范围内。如果条件允许，则应该将相应的计算任务安排到顶点着色器中进行。因为顶点着色器的执行频率远低于片元着色器，这样做一般可以获得较为明显的性能提升。

（2）每当把计算任务安排到顶点着色器中时，要首先判断此计算任务是对于每个顶点单独计算且结果不同的，还是所有顶点共享一个相同的计算结果。如果是所有顶点共享一个相同计算结果的情况，则应该将此计算任务交由 CPU 执行，然后由宿主程序将计算结果作为一致变量传入顶点着色器以供使用。

**3. 几何复杂度的考量**

顶点数量可以成为一个影响渲染效率的重要阈值，在 iOS 平台上，当前视口内的顶点总数最好不要超过 $10^5$ 个，因为这是 iOS 底层驱动默认的顶点数据缓冲区的大小。超过这个数字，就可能会导致底层驱动做一些 split 操作，从而耗费更多的资源。

**4. 纹理图的优化**

使用纹理图时，不能拿到一幅纹理图就直接使用，需要对纹理图做一些必要的处理后再使用，这样就能很好地避免资源的浪费。出于性能考虑，一般应该注意以下几点。

（1）贴图的大小尽量是 2 的幂次方，因为所有的计算和存储最终都是要以 2 的幂次方为单位进行的。尽管 ShaderLab 提供了非 2 的幂次方的属性支持，但存储和查找的效率还是会受到影响。

（2）在游戏或者可视化应用中，需要用到很多非常小的纹理，比较好的办法就是把这些纹理组合在一起，做成一张大的纹理。这样驱动程序在加载纹理时，仅仅需要加载一次，如集成游戏的 UI 图标、人物角色的面部和身体等。

（3）对于大场景贴图而言，进行纹理采样时要尽量使用 mipmap，虽然这样相对而言会占用一些存储空间，但是会提高纹理采样的效率，并且一般会得到更好的画面效果。

（4）所有的贴图类型在导入 Unity 引擎中时都会被处理为 Unity 所支持的格式，贴图文件的原始尺寸和类型与最终发布时的尺寸和类型完全无关，这对于开发人员或者美工人员来说，就意味着可以使用方便的格式和尺寸来制作贴图文件。

（5）ETC、DXT 和 PVRTC 都是硬件压缩格式，如果硬件不支持，而开发人员又使用了它们，那么将在贴图被加载时由 CPU 来解压缩。ETC 是 Android 平台上被硬件普遍支持的一种压缩格式，推荐在 Android 上使用 ETC 压缩格式，但是 ETC 不支持 Alpha 通道。因此，当贴图含有 Alpha 通道时，Unity 认为在贴图大小、质量及渲染速度之间的平衡格式是 RGBA-16bit。对于英伟达的硬件 Tegra，DXT 5 更适合。如果目标平台是 iOS 系列，或者其他使用 PowerVR 的设备，最好选择 PVRTC 的贴图压缩格式。

#### 5. 使用适当的数据类型

首先对比一下不同变量类型所占用的内存大小，以及通常使用的地方，如下所示。

- float：根据硬件不同，一般为 24～32 位单精度数据类型，是 3 个类型中运行最慢的，对应的坐标类型为 float2、float3 和 float 4。它比较适合于三维空间的坐标表示，用作进行数学运算的标量。
- half：低精度的 16 位浮点数据类型，对应的坐标类型有 half2、half3 和 half4，适合存放 UV 值、颜色值，比 float 速度快很多。
- fixed：3 个类型中最小的数据类型，对应的坐标类型有 fixed2、fixed3 和 fixed4，被所有的 fragment profiles 所支持，可以用于光照计算、颜色和其他单位化的方向矢量。

在移动平台上，half 类型的运行效率是 float 类型的两倍，fixed 类型的运行效率是 half 类型的两倍。此外，应避免这 3 种数据类型之间的相互转换，这样会引起性能和精度的损失。但是，使用 Adreno 的设备对这类精度并不敏感，如高通的骁龙系列。

> 说明　向量最长不能超过 4 元，即可以声明 float1、float2、float3、float4 类型的数组变量，但是不能声明超过 4 元的向量，如 float5 array。

#### 6. 变量的使用

因为大多数 GPU 都会尽量减少从 vertex 函数传递到 fragment 函数的参数数量，所以通常会把变量包装起来，例如将两个 fixed2 打包成一个 fixed4。但 PowerVR 是除外的，PowerVR 对变量的数量是不敏感的，如果变量是用来读取贴图的 UV 变量，尽量使用独立的 UV 变量，不要使用一个四元数来包装两个二元数。在进入 fragment 函数前确定 UV，这样 PowerVR 就能提前读取贴图的值，从而避免在 fragment 函数中读取贴图操作。在移动平台上，tex2D 是一个消耗性能的操作。

#### 7. 慎用透明效果

透明效果意味着 Unity 引擎要进行排序操作，在 GPU 中逐像素地渲染，所以应尽量避免使用透明效果。如果必须使用，要尽早进行一些可能会导致后续计算被取消的操作，如尽早进行 clip 操作。除此之外，可以使用 Blend 混合来实现透明效果，即便如此，也要尽量避免透明物体的叠加，因为每一个透明物体的渲染都会迫使 Unity 引擎进行排序。

## 6.10 着色器综合示例

前面的章节对 Unity 的着色器进行了系统化的介绍，如果读者还是不太了解，本节将用一个使用着色器的综合示例来进行说明。该示例使用顶点着色器与片元着色器来实现点光源照明及光的明暗逐渐变化效果；使用曲面细分着色器与几何着色器实现鹅卵石曲面细化与线框显示的效果。

本示例包含通过顶点片元着色器实现自定义光照，通过表面着色器实现自定义光照及顶点变换、半透明效果的制作，通过 UV 变换实现换帧动画，通过细分着色器实现曲面细化，通过几何着色器实现物体线框渲染，这些技术可以使整个场景十分美观。

### 6.10.1 示例策划及准备工作

本小节将对本示例开发之前的准备工作进行介绍，包括对相关的图片、模型等资源的选择与用途进行简单介绍，介绍内容包括资源的资源名、大小、像素（格式）及用途和各资源的存储位置，并将其整理成列表。

首先介绍的是本游戏中所用到的图片资源，将所有的图片资源放在项目文件 Assets\Texture

文件夹下。其详细情况如表 6-27 所示。

表 6-27　　图片资源

| 图片 | 大小（KB） | 像素 | 用途 | 图片 | 大小（KB） | 像素 | 用途 |
|---|---|---|---|---|---|---|---|
| Water_01.png | 8280 | 2048×2048 | 水面纹理 | Vegetation01.png | 710 | 1024×1024 | 蘑菇纹理 |
| Rock01.png | 254 | 512×512 | 石头纹理 | Mushroom01.png | 858 | 1024×1024 | 蘑菇房纹理 |
| Tree01.png | 912 | 1024×1024 | 树纹理 | House_Wind_01.png | 38.3 | 400×397 | 窗户纹理 |
| Stuff02.png | 814 | 1024×1024 | 木桩纹理 | Ground-sand01.png | 241 | 512×512 | 灰色山纹理 |
| Stuff01.png | 259 | 512×512 | 木桩纹理 | Ground-grass1.png | 280 | 512×512 | 绿色山纹理 |
| Left.jpg | 420 | 1024×1024 | 天空盒左部 | Castle01.png | 1550 | 1024×1024 | 砖块纹理 |
| Right.jpg | 384 | 1024×1024 | 天空盒右部 | Back.jpg | 369 | 1024×1024 | 天空盒后部 |
| Up.jpg | 496 | 1024×1024 | 天空盒上部 | Down.jpg | 23.5 | 256×256 | 天空盒下部 |
| wanfanshe.png | 4.48 | 512×512 | 漫反射纹理 | Front.jpg | 413 | 1024×1024 | 天空盒前部 |
| rock1.png | 19 | 512×512 | 鹅卵石纹理 | rock3.png | 19 | 512×512 | 鹅卵石纹理 |
| rock2.png | 19 | 512×512 | 鹅卵石纹理 | rock4.png | 19 | 512×512 | 鹅卵石纹理 |
| wall.jpg | 432 | 1024×1024 | 水井纹理 | — | — | — | — |

下面介绍的是本游戏所用到的模型资源，将所有模型资源全部放在项目文件 Assets/Mesh 文件夹下。其详细情况如表 6-28 所示。

表 6-28　　模型资源

| 文件 | 大小（KB） | 用途 | 文件 | 大小（KB） | 用途 |
|---|---|---|---|---|---|
| Bench01.FBX | 26 | 木质凳子模型 | Mount01.FBX | 55 | 山模型 1 |
| Box01.FBX | 21 | 木质箱子模型 | Mount02.FBX | 47 | 山模型 2 |
| House_01.FBX | 43 | 房屋模型 | Mount03.FBX | 64 | 山模型 3 |
| Island01.FBX | 78 | 小岛模型 | MushRoom_01.FBX | 69 | 蘑菇模型 2 |
| Mushroom01.FBX | 26 | 蘑菇模型 1 | Table01.FBX | 27 | 木质桌子模型 |
| Mushroom03.FBX | 26 | 蘑菇模型 3 | Teleport01.FBX | 27 | 石墩模型 |
| Mushroom04.FBX | 26 | 蘑菇模型 4 | Tent01.FBX | 29 | 帐篷模型 |
| Tree01.FBX | 30 | 树模型 1 | well01.FBX | 28 | 井模型 |
| Tree02.FBX | 37 | 树模型 2 | Woodpile.FBX | 31 | 木头堆模型 |
| Tree03.FBX | 26 | 树模型 3 | Wall.obj | 5 | 水井模型 |
| Tree04.FBX | 30 | 树模型 4 | Stone.obj | 7 | 石头模型 |

## 6.10.2 创建项目及场景搭建

6.10.1 节介绍了项目开发前的策划和准备工作，本小节将介绍项目的创建及游戏场景搭建的具体过程，主要包括新建 Unity 项目、将场景中需要的对象放入场景中、发光小球的创建、天空盒的创建等。

（1）新建一个场景。选择 File→New Scene，如图 6-70 所示。选择 File→Save Scenes，在保存对话框中添加名为 test 的场景。

（2）模型与图片资源已经在前面介绍过，可以提前放在对应文件目录下，读者可参看 6.10.1 节的相关内容。

（3）调节场景中光源的强度和方向。设置场景中光源的位置和方向，具体参数如图 6-71 所示。设置光源的光照强度，具体参数如图 6-72 所示。

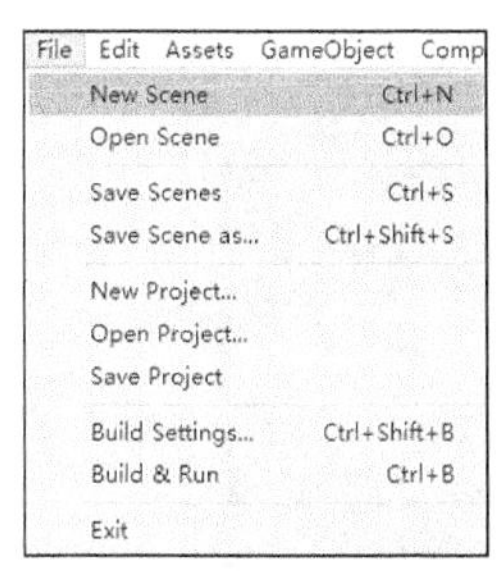


▲图 6-70　新建场景

▲图 6-71　设置光源的位置和方向

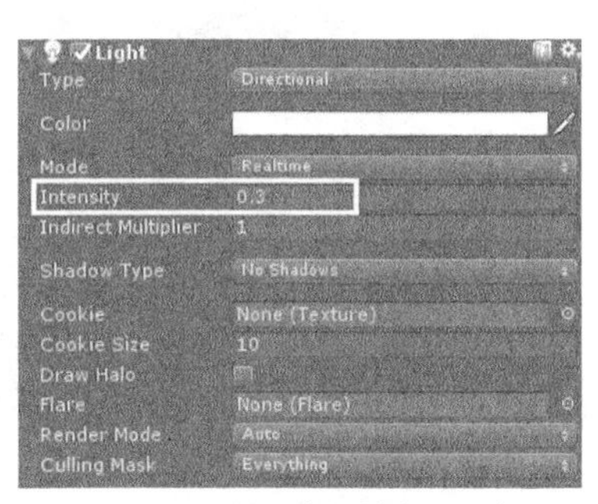


▲图 6-72　设置光源的光照强度

（4）在场景上摆放模型。场景中需要的对象如小山、花草、房屋、水井等，可从 Assets 文件夹下找到对应的模型拖曳到场景中，具体对象的摆放位置参考本示例的源文件中的场景。为这些对象设置对应的纹理图。再创建一个空对象，将这些对象拖曳到空对象中。

（5）创建水。选择 GameObject→3D Object→Plane，新建一个 Plane 对象，并将其命名为 water，设置它的位置和大小，使它覆盖整个池塘，具体参数如图 6-73 所示。

（6）创建发光小球。选择 GameObject→3D Object→Sphere，新建一个 Sphere 对象，将其命名为 qiu，设置它的位置和大小，具体参数如图 6-74 所示。

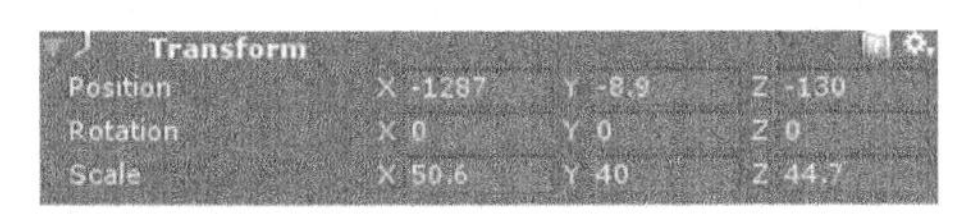


▲图 6-73　设置 water 对象的位置和大小

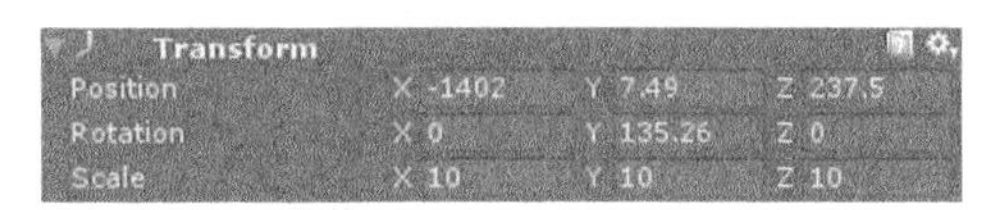


▲图 6-74　设置 qiu 对象的位置和大小

（7）创建天空盒。在 Materials 文件夹下右击，在弹出的快捷菜单中选择 Creat→Material，新建一个材质资源，并将其命名为 Skybox。在属性查看器中设置该材质的着色器为 Mobile/skybox。然后为该天空盒的前、后、左、右、上、下各面添加纹理图片，如图 6-75 所示。

（8）设置天空盒。选择 Windows→Lighting→Settings，打开 Lighting 面板。将创建的天空盒材质拖曳到 Skybox 属性栏中，如图 6-76 所示。

（9）创建 Canvas。选择 Create→UI→Canvas，创建 Canvas，如图 6-77 所示。然后在 Canvas 中创建两个 Toggle 组件，分别命名为 Toggle_Tess 与 Toggle_Geom。将两个组件调放到 Canvas 的右上角，取消选中 Toggle 组件中的 Is On 复选框，如图 6-78 所示。

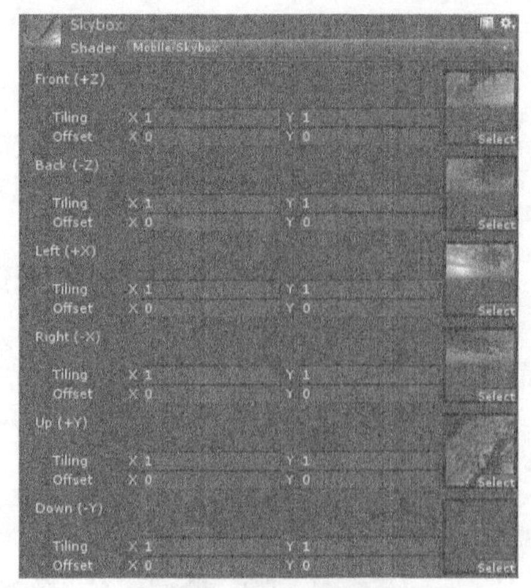


▲图 6-75　设置天空盒材质

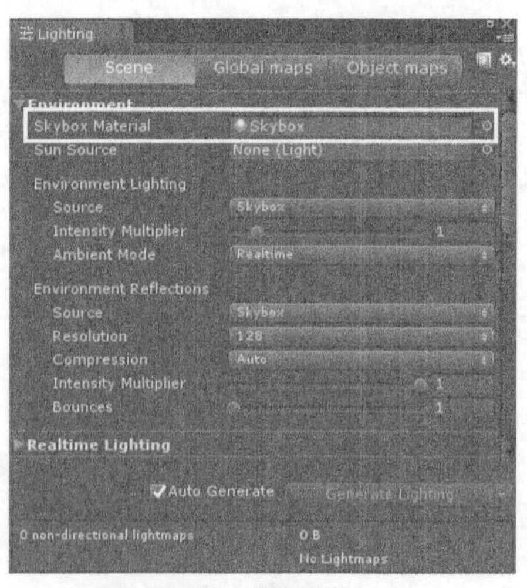


▲图 6-76　设置天空盒

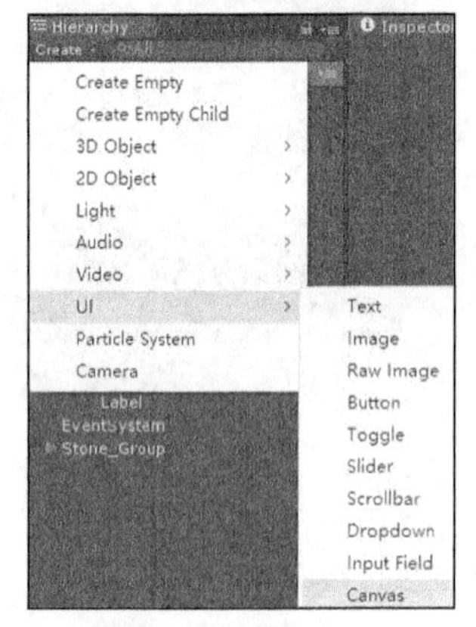


▲图 6-77　创建 Canvas

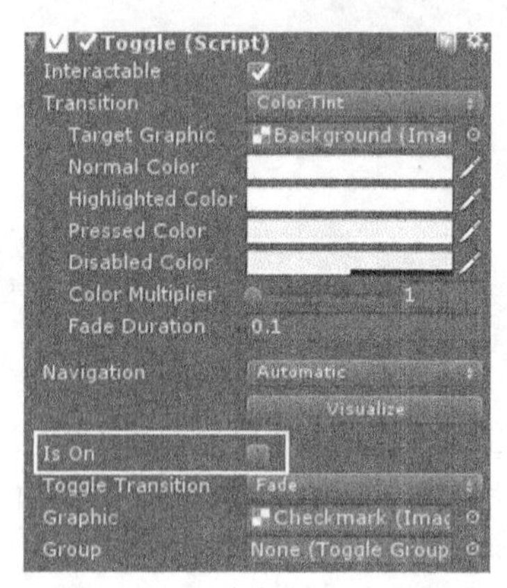


▲图 6-78　取消选中 Is On 复选框

## 6.10.3　着色器及相关脚本的开发

6.10.2 节介绍了创建项目及场景搭建的过程，本小节将要介绍本示例中的着色器及相关脚本的开发。着色器的开发是本示例重要的部分之一。本小节内容包含利用顶点片元着色器实现自定义光照、利用表面着色器实现自定义光照及顶点变换、半透明效果的制作、曲面细分与几何着色器的使用等知识。

（1）创建一个文件夹，并将其命名为 Shader。在 Shader 文件夹下创建一个着色器，将其命名为 Guang，通过自定义光照从而实现场景中对象接受发光小球的光照的效果。双击打开该着色器，开始 Guang 着色器的编写。

代码位置：随书资源中源代码\第 6 章目录下的 ShaderDemo\Assets\Shader\Guang.shader

```
1    Shader "Custom/Guang" {
2      Properties {
3        _Color ("Color", Color) = (0.2,0.2,0.2,1)          //主颜色数值
4        _teColor ("teColor", Color) = (1,0.2,0.2,1)        //接受发光小球光照颜色
5        _MainTex ("Albedo (RGB)", 2D) = "white" {}         //2D 纹理数值
6        _Tex1 ("Tex1", 2D) = "white" {}                    //漫反射 2D 纹理数值
7        _Length("Length",float)=6.0                        //接受发光小球范围
8        _Range("Range",Range(0,1))=0.8                     //接受发光小球光照强度
9      }
10     SubShader {
11       Tags { "RenderType"="Opaque" }                     //设置 RenderType 为 Opaque
12       Pass{
```

```
13        CGPROGRAM
14        #pragma vertex vert                              //指定 vert 函数为顶点着色器函数
15        #pragma fragment frag                            //指定 frag 函数为片元着色器函数
16        #include "UnityCG.cginc"                         //引入 UnityCG.cginc 文件
17        float4 _Position;                                //发光小球位置
18        ……//此处省略了 Properties 块中对应的属性定义，有兴趣的读者可以自行翻看资源中的源代码
19        fixed4 _LightColor0;                             //场景中平行光颜色
20        struct v2f{                                      //v2f 结构体
21          float4 pos:SV_POSITION;                        //顶点位置
22          float2 uv:TEXCOORD0;                           //UV 纹理坐标
23          float4 vitPosition:TEXCOORD1;                  //发光小球位置
24          float3 normal:TEXCOORD2;                       //世界坐标下的法线
25          float4 position:TEXCOORD3;                     //世界坐标下的顶点位置
26          float3 lightDir:TEXCOORD4;                     //世界坐标下的光照方向
27        };
28        v2f vert (appdata_full v) {                      //顶点着色器函数
29          v2f o;                                         //声明 v2f 结构体变量
30          o.pos=mul(UNITY_MATRIX_MVP,v.vertex);          //计算最终顶点位置
31          o.uv=v.texcoord.xy;                            //设置 UV 纹理坐标
32          o.normal=mul((float3x3)_Object2World, SCALED_NORMAL);  //计算世界坐标下的法线
33          o.position=mul(_Object2World, v.vertex);       //计算世界坐标下的顶点位置
34          o.vitPosition=_Position;                       //获取发光小球位置
35          o.lightDir=mul((float3x3)_Object2World,ObjSpaceLightDir(v.vertex));
                                                           //计算世界坐标下的光照方向
36          o.lightDir=normalize(o.lightDir);
37          return o;                                      //返回顶点数据
38        }
39        float4 frag(v2f i):COLOR{                        //片元着色器函数
40          float4 c=tex2D(_MainTex,i.uv)*_Color;          //从纹理图上获取颜色值
41          float3 te=i.vitPosition.xyz-i.position.xyz;    //计算顶点到发光小球位置的向量
42          float l=length(te);                            //计算顶点到发光小球位置的距离
43          l=max(0,_Length-l);
44          float ll=l/_Length;                            //通过距离计算光照衰减系数
45          te=normalize(te);
46          i.normal=normalize(i.normal);                  //标准化法线
47          float h=dot(i.normal,te);                      //计算顶点到发光小球位置的向量与法线的点积
48          h=h*0.5+0.5;                                   //将数值转换到 0～1
49          float diff=max(0,dot(i.normal,i.lightDir));    //计算光照方向与法线的点积
50          diff=diff*0.5+0.5;                             //将数值转换到 0～1
51          float3 ramp=tex2D(_Tex1,float2(diff-0.01,0.5)); //从漫反射纹理图中获取颜色值
52          c.rgb=c.rgb*h*ll*_teColor.rgb*_Range+c.rgb*_LightColor0.rgb*ramp*ramp;
                                                           //计算最终颜色
53          return c;                                      //返回最终颜色
54        }
55        ENDCG
56      }}
57      FallBack "Diffuse"                                 //备用的着色器
58    }
```

- 第 2～9 行为着色器的定义属性块，主要定义了主颜色数值、接受发光小球的光照颜色、2D 纹理数值、漫反射 2D 纹理数值、接受发光小球范围及接受发光小球的光照强度。
- 第 11～16 行设置 RenderType 为 Opaque，指定 vert 函数为顶点着色器函数，指定 frag 函数为片元着色器函数并且引入 UnityCG.cginc 文件。
- 第 17～19 行定义发光小球的位置变量、场景中平行光颜色变量及 Properties 块中对应的属性定义。此处省略了 Properties 块中对应的属性定义，有兴趣的读者可以自行翻看资源中的源代码。
- 第 20～27 行定义 v2f 结构体。v2f 结构体有顶点位置、UV 纹理坐标、发光小球位置、世界坐标下的法线、世界坐标下的顶点位置及世界坐标下的光照方向等变量。
- 第 28～32 行在顶点着色器函数中声明 v2f 结构体变量，并且计算最终顶点位置和设置 UV 纹理坐标，最后计算世界坐标下的法线。计算世界坐标下的法线时不能直接使用 appdata_full 结构体中的法线，而需要使用 Unity 内置的 SCALED_NORMAL。

- 第 33～38 行在顶点着色器函数中计算世界坐标下的顶点位置，获取发光小球位置及计算世界坐标下的光照方向。
- 第 40～44 行在顶点着色器函数中从纹理图上获取颜色值，计算顶点到发光小球位置的向量和计算顶点到发光小球位置的距离，然后通过距离计算光照衰减系数。
- 第 47～54 行计算顶点到发光小球位置的向量与法线的点积，计算光照方向与法线的点积，然后从漫反射纹理图中获取颜色值。计算最终颜色，其中最终颜色包含从发光小球接受的光照和从场景中平行光接受的光照。
- 第 57 行为备用的着色器。如果所有的 SubShader 都失败了，为了在用户的设备上呈现出设定的机制，则会调用 FallBack 下的着色器。

（2）将 GameObject 对象下的所有子对象的着色器设置为上面创建的着色器，然后设置其着色器属性栏中的属性，如图 6-79 所示。再创建一个着色器，将其命名为 Qiu，该着色器用于实现小球闪烁和半透明的效果。双击打开该着色器，开始 Qiu 着色器的编写。

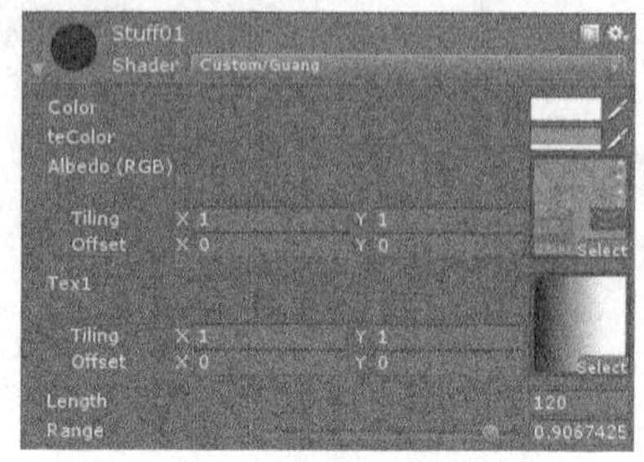


▲图 6-79　设置 Guang 着色器属性

代码位置：随书资源中源代码\第 6 章目录下的 ShaderDemo\Assets\Shader\Qiu.shader

```
1   Shader "Custom/Qiu" {
2     Properties {
3       _Color ("Color", Color) = (1,1,1,1)                    //主颜色数值
4       _Range("Range",Range(0,1))=0.8                         //发光小球光照强度
5     }
6     SubShader {
7       Tags { "Queue"="Transparent" }                         //设置 Queue 为 Transparent
8       CGPROGRAM
9       #pragma surface surf Phong vertex:vert alpha           //表面着色器编译指令
10      struct Input {                                         //Input 结构体
11        float2 uv_MainTex;                                   //UV 纹理坐标
12      };
13      float _Range;                                          //发光小球光照强度属性
14      half _Glossiness;                                      //高光系数属性
15      half _Metallic;                                        //金属光泽系数属性
16      fixed4 _Color;                                         //主颜色属性
17      float4 LightingPhong(SurfaceOutput s, float3 lightDir,half3 viewDir, half atten){
                                                               //自定义光照函数
18        float4 c;
19        float diffuseF = max(0,dot(s.Normal,viewDir)); //计算法线与视口方向点积
20        float3 col=float3(1,0.8,0.5);                        //设置发光小球颜色
21        col.g=col.g*diffuseF;                                //计算发光小球颜色 g 通道数值
22        col.b=col.b*diffuseF*diffuseF*diffuseF;              //计算发光小球颜色 b 通道数值
23        c.rgb = col*_Range;                                  //计算发光小球最终颜色
24        c.a = diffuseF*diffuseF*diffuseF;                    //计算 Alpha 数值
25        return c;
26      }
27      void vert (inout appdata_base v) {                     //顶点变换函数
28        float te=(_Range-0.5)/2+0.75;                        //根据发光小球光照强度计算缩放比
29        v.vertex.xyz = v.vertex.xyz * te;                    //计算顶点位置
30      }
31      void surf (Input IN, inout SurfaceOutput o) {          //表面着色器函数
32        fixed4 c = _Color;
33        o.Albedo = c.rgb;                                    //设置漫反射颜色
34        o.Alpha = c.a;                                       //设置 Alpha 数值
35      }
36      ENDCG
37    }
38    FallBack "Diffuse"                                       //备用的着色器
39  }
```

- 第 2～5 行为着色器的定义属性块，主要定义了主颜色数值和发光小球光照强度。

- 第 7～9 行的主要功能为设置 Queue 为 Transparent，设置表面着色器编译指令。其中因为小球为半透明的，所以渲染队列为 Transparent，表面着色器编译指令中 alpha 指令表示该表面着色器为半透明着色器。
- 第 10～16 行的主要功能为定义发光小球光照强度属性、高光系数属性、金属光泽系数属性、主颜色属性及 Input 结构体，在 Input 结构体中包含了 UV 纹理坐标。
- 第 17～26 行自定义光照函数。在自定义光照函数中通过法线与视口方向点积来计算发光小球颜色及 Alpha 数值。
- 第 27～30 行为顶点变换函数。在顶点变换函数中根据发光小球光照强度计算缩放比，通过缩放比来计算顶点位置。
- 第 31～35 行为表面着色器函数。在表面着色器函数中根据主颜色数值来设置小球表面的漫反射颜色和 Alpha 数值。
- 第 38 行为备用的着色器。如果所有的 SubShader 都失败了，为了在用户的设备上呈现出设定的机制，则会调用 FallBack 下的着色器。

（3）创建小球材质。在 Materials 文件夹下新建一个材质资源，并将其命名为 qiu。将创建的材质设置为 qiu 对象的材质。将上面创建的 Qiu 着色器设置为 qiu 材质的着色器，然后设置其着色器属性栏中的属性，如图 6-80 所示。

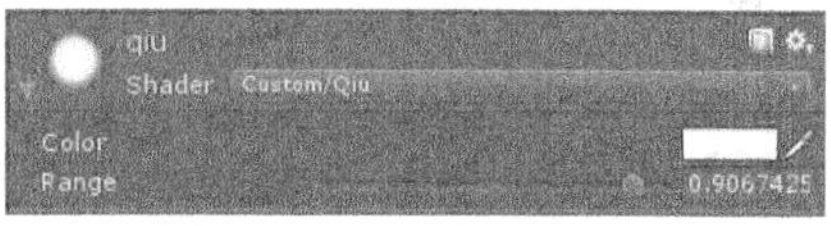

▲图 6-80 设置 qiu 着色器属性

（4）创建渲染水井与鹅卵石小路的着色器。在 Shader 文件夹下新建名为 TessOnGemoOn 的着色器，该着色器的主要功能是实现对模型细分操作与线框显示，其中包括曲面细分着色器与几何着色器。双击打开该着色器，开始着色器的编写。

代码位置：随书资源中源代码\第 6 章目录下的 ShaderDemo\Assets\Shader\TessOnGemoOn.shader

```
1   Shader "Tess/TessOnGeomOn" {
2     Properties {
3       _Out("Out",Range(0.1,20)) = 2                          //三角形 3 条边的细分程度
4       _In("In",Range(0,20)) = 2                              //三角形内部的细分程度
5       _MainTex ("Albedo (RGB)", 2D) = "white" {}             //主纹理
6       _Color ("Color", Color) = (0.2,0.2,0.2,1)              //模型颜色值
7     }
8     SubShader {
9       Pass{
10        CGPROGRAM                                            //开始编写 Cg 程序段
11        #pragma target 5.0                                   //定义编译目标为 5.0
12        #pragma vertex VS                                    //声明顶点着色器为 VS
13        #pragma fragment PS                                  //声明片元着色器为 PS
14        #pragma hull HS                                      //声明曲面细分控制着色器为 HS
15        #pragma domain DS                                    //声明曲面细分计算着色器为 DS
16        #pragma geometry GS                                  //声明几何着色器为 GS
17        #include "UnityCG.cginc"                             //导入工具包
18        ……//此处省略了部分结构体与变量，有兴趣的读者可翻看随书源代码
19        struct VS_Input{                                     //顶点着色器输入结构体
20          float4 pos : POSITION;                             //模型顶点坐标
21          float3 normal : NORMAL;                            //模型法线
22          float2 uv : TEXCOORD0;                             //模型纹理坐标
23        };
24        HS_Input VS( VS_Input Input ){                       //顶点着色器
25          ……//此处省略了部分代码，有兴趣的读者可翻看随书源代码
26        }
27        HS_ConstantOutput HSConstant( InputPatch<HS_Input, 3> Input ){ //细分因子计算函数
28          ……//此处省略了部分代码，下面将详细讲解
29        }
30        HS_ControlPointOutput HS( InputPatch<HS_Input, 3> Input,    //曲面细分控制着色器
31         uint uCPID : SV_OutputControlPointID ){
32          ……//此处省略了部分代码，下面将详细讲解
33       }
34       float3 PNCalInterpolation(float3 p1,float3 p2,float3 p3, //细分顶点位置计算函数
```

```
35          float3 n1,float3 n2, float3 n3,float u,float v,float w){
36            ……//此处省略了部分代码，有兴趣的读者可翻看随书源代码
37          }
38        DS_Output DS( HS_ConstantOutput HSConstantData,          //曲面细分计算着色器
39          const OutputPatch<HS_ControlPointOutput, 3> Input,
40          float3 BarycentricCoords : SV_DomainLocation){
41            ……//此处省略了部分代码，下面将详细讲解
42        }
43        void GS(triangle DS_Output p[3], inout LineStream<FS_Input> lineStream){
                                                                   //几何着色器
44            ……//此处省略了部分代码，下面将详细讲解
45        }
46        FS_Output PS( FS_Input i ){                              //片元着色器
47            ……//此处省略了部分代码，下面将详细讲解
48        }
49        ENDCG
50    }}
51    FallBack "Diffuse"
52  }
```

❑ 第 2～7 行声明了属性列表，其中分别定义了三角形 3 条边的细分程度、三角形内部的细分程度、主纹理和模型颜色值。

❑ 第 8～17 行定义了子着色器。由于需要编写细分着色器与几何着色器，因此需要将编译目标设置为 5.0。然后分别声明顶点着色器、片元着色器、曲面细分控制着色器、曲面细分计算着色器与几何着色器。

❑ 第 18～23 行定义了顶点着色器输入结构体，包括顶点、发现、纹理坐标等数据。

❑ 第 24～33 行为顶点着色器、曲面细分控制着色器与细分因子计算函数，其中顶点着色器主要是将模型顶点坐标与纹理坐标传递给下一个处理阶段，起到了信息传递的作用，曲面细分控制着色器调用细分因子计算函数标定细分结果的精细程度。

❑ 第 34～37 行为细分顶点位置计算函数，使用了基于点法线（PN）三角形的细分方式，进而实现有效的平滑度计算。该函数能够根据三角形 3 个顶点的坐标位置、法线向量与切分系数计算出细分顶点的坐标位置。

❑ 第 38～45 行为曲面细分计算着色器与几何着色器。曲面细分计算着色器根据计算新生成顶点的位置坐标与纹理坐标，几何着色器将输入的三角形图元变换成 3 条线段，使被渲染的物体以线框的形式显示。

❑ 第 46～51 行定义了片元着色器，该着色器的主要功能是为每一个片元进行颜色的赋值，根据纹理坐标对纹理上的颜色进行采样。

（5）前面已经介绍了物体细分渲染着色器的代码结构，下面详细介绍顶点着色器、曲面细分控制着色器、细分计算着色器与几何着色器。曲面细分控制着色器与曲面细分计算着色器实现对物体表面的细化，使模型看起来更加光滑；几何着色器实现对模型的线框显示处理，具体代码如下。

代码位置：随书资源中源代码\第 6 章目录下的 ShaderDemo\Assets\Shader\TessOnGemoOn.shader

```
1   HS_ConstantOutput HSConstant( InputPatch<HS_Input, 3> Input ){ //细分因子计算函数
2     HS_ConstantOutput Output = (HS_ConstantOutput)0;             //定义输出结构体
3     Output.TessFactor[0] = Output.TessFactor[1] = Output.TessFactor[2] = _Out;
                                                                  //设置周长细分因子
4     Output.InsideTessFactor =  _In;                   //设置三角形内部细分因子
5     return Output;
6   }
7   [domain("tri")]                                     //定义曲面细分控制着色器的输入图元是三角形
8   [partitioning("integer")]                           //细分因子为整数
9   [outputtopology("triangle_cw")]                     //组成三角形的 3 个顶点的顺序为顺时针
10  [patchconstantfunc("HSConstant")]                   //指明计算 factor 的方法
11  [outputcontrolpoints(3)]                            //输出面片的顶点数量
```

```
12  HS_ControlPointOutput HS( InputPatch<HS_Input, 3> Input,    //曲面细分控制着色器
13    uint uCPID : SV_OutputControlPointID ){
14    HS_ControlPointOutput Output = (HS_ControlPointOutput)0; //定义输出结构体
15    Output.pos = Input[uCPID].pos;                          //传递顶点的位置坐标
16    Output.normal = Input[uCPID].normal;                    //传递顶点的法线
17    Output.uv = Input[uCPID].uv;                            //传递顶点的位置坐标
18    return Output;
19  }
20  [domain("tri")]                               //定义曲面细分计算着色器的处理图元为三角形
21  DS_Output DS( HS_ConstantOutput HSConstantData,               //曲面细分计算着色器
22    const OutputPatch<HS_ControlPointOutput, 3> Input,
23    float3 BarycentricCoords : SV_DomainLocation){
24    DS_Output Output = (DS_Output)0;                            //定义输出结构体
25    ……//此处省略顶点位置等变量的初始化步骤，有兴趣的读者可翻看随书源代码
26    float3 currPosition = PNCalInterpolation(p1,p2,p3,n1,n2,n3,u,v,w);
                                                   //利用 PN 三角形方法计算切分点坐标
27    Output.pos = float4(currPosition,1.0);       //将当前细分点的最终绘制位置传给渲染管线
28    float3 tempTexCoor = PNCalInterpolation(t1,t2,t3,n1,n2,n3,u,v,w);
                                                   //计算出当前切分点的纹理坐标
29    Output.uv = tempTexCoor.xy;                  //将当前细分点的纹理坐标传给渲染管线
30    return Output;
31  }
32  [maxvertexcount(32)]                           //设置几何着色器最多输出 6 个顶点
33  void GS(triangle DS_Output p[3], inout LineStream<FS_Input> lineStream){
                                                   //几何着色器
34    FS_Input o;                                  //定义输出结构体
35    o.pos = UnityObjectToClipPos(p[0].pos);      //将顶点从物体坐标系转换到剪裁坐标系
36    o.uv = p[0].uv;                              //设置顶点纹理坐标
37    lineStream.Append(o);                        //将该顶点添加到输出流
38    ……//此处省略了另外两条线段的生成过程，有兴趣的读者可翻看随书源代码
39  }
40  FS_Output PS( FS_Input i ){                    //片元着色器
41    FS_Output Output;                            //定义输出结构体
42    float4 c=tex2D(_MainTex,i.uv)*_Color;        //根据顶点纹理坐标对纹理进行颜色采样
43    Output.color =float4(c.rgb,1);               //给片元赋颜色值
44    return Output;
45  }
```

- 第 1～6 行定义了细分因子计算函数，该函数最终生成周长细分因子与三角形内部细分因子，供曲面细分计算着色器使用。其中，周长细分因子包含 3 个变量，分别为三角形 3 条边的细分程度；而三角形内部细分因子定义了在内部细分成几个分段。
- 第 7～19 行为曲面细分控制着色器。该着色器调用了细分因子计算函数生成了细分因子，定义输出面片的顶点数量为 3，并且将组成三角形的 3 个顶点的顺序设置为顺时针方向。
- 第 20～31 行为曲面细分计算着色器，定义该阶段的处理图元为三角形，获取曲面细分生成阶段传送过来的重心坐标值，使用 PN 三角形方法计算细分顶点的坐标位置。同样，计算出细分顶点的纹理坐标并传送到下一个处理阶段。
- 第 32～39 行定义了几何着色器，设置该着色器最多输出 6 个顶点，输入图元为三角形，输出图元为线段。该着色器实现了对渲染物体的线框显示，将顶点从物体坐标系转换为剪裁坐标系。
- 第 40～45 行定义了片元着色器，根据顶点纹理坐标对纹理进行颜色采样，确定片元的最终颜色。

> **提示** 为了方便读者在示例中观察细分着色器与几何着色器的开启效果，除了 TessOnGemoOn 着色器外还编写了 TessOnGemoOff、TessOffGemoOn 与 TessOffGemoOff 3 个着色器，这 3 个着色器分别实现了鹅卵石细分、几何着色器的开启与关闭效果。由于编写内容大致相同，这里不再详细介绍，有兴趣的读者可翻看随书源代码。

（6）创建水的着色器。在 Shader 文件夹下新建一个着色器，并将其命名为 Water。该着色器用于实现接受发光小球的光照及使用 UV 变换实现水纹波动的效果，其中接受发光小球的光照的代码与 Guang 着色器的代码相同。双击打开该着色器，开始 Water 着色器的编写。

代码位置：随书资源中源代码\第 6 章目录下的 ShaderDemo\Assets\Shader\Water.shader

```
1    Shader "Custom/Water" {
2      Properties {
3        ……//此处省略了与 Guang 着色器相同的代码，有兴趣的读者可以自行翻看资源中的源代码
4        _uv_x("uv_x",int)=0                                //UV 纹理坐标 X 轴偏移量
5        _uv_y("uv_y",int)=0                                //UV 纹理坐标 Y 轴偏移量
6      }
7      SubShader {
8        Tags { "Queue"="Transparent" }                     //设置 Queue 为 Transparent
9        Pass{
10         blend SrcAlpha OneMinusSrcAlpha                  //设置混合模式
11         CGPROGRAM
12         #pragma vertex vert                              //指定 vert 函数为顶点着色器函数
13         #pragma fragment frag                            //指定 frag 函数为片元着色器函数
14         #include "UnityCG.cginc"                         //引入 UnityCG.cginc 文件
15         int _uv_x;                                       //UV 纹理坐标 X 轴偏移量
16         int _uv_y;                                       //UV 纹理坐标 Y 轴偏移量
17         ……//此处省略了与 Guang 着色器相同的代码，有兴趣的读者可以自行翻看资源中的源代码
18         v2f vert (appdata_full v) {                      //顶点着色器函数
19           ……//此处省略了与 Guang 着色器相同的代码，有兴趣的读者可以自行翻看资源中的源代码
20         }
21         float4 frag(v2f i):COLOR{                        //片元着色器函数
22           i.uv.x=i.uv.x/8+_uv_x*0.125f;                  //计算出 UV 纹理坐标的 X 轴数值
23           i.uv.y=i.uv.y/8+_uv_y*0.125f;                  //计算出 UV 纹理坐标的 Y 轴数值
24           ……//此处省略了与 Guang 着色器相同的代码，有兴趣的读者可以自行翻看资源中的源代码
25         }
26         ENDCG
27   }}}
```

❑ 第 2～6 行为着色器的定义属性块，主要定义了 UV 纹理坐标 $X$ 轴偏移量和 $Y$ 轴偏移量。此处省略了与 Guang 着色器相同的代码，有兴趣的读者可以自行翻看资源中的源代码。

❑ 第 8～14 行的主要功能为设置 Queue 为 Transparent，指定 vert 函数为顶点着色器函数，指定 frag 函数为片元着色器函数，并且引入 UnityCG.cginc 文件。

❑ 第 15～17 行的主要功能为定义 UV 纹理坐标 $X$ 轴偏移量和 $Y$ 轴偏移量。此处省略了与 Guang 着色器相同的代码，有兴趣的读者可以自行翻看资源中的源代码。

❑ 第 18～20 行为顶点着色器函数。顶点着色器函数与 Guang 着色器中顶点着色器函数的代码相同，这里不再赘述，有兴趣的读者可以自行翻看资源中的源代码。

❑ 第 21～25 行为片元着色器函数。在片元着色器函数中计算出 UV 纹理坐标的 $X$ 轴数值和 $Y$ 轴数值。计算光照的代码与 Guang 着色器中计算光照的代码相同，这里不再赘述，有兴趣的读者可以自行翻看资源中的源代码。

（7）创建水的材质。在 Materials 文件夹下新建一个材质资源，并将其命名为 Water_01。将创建的材质设置为 water 对象的材质。将前面创建的 Water 着色器设置为 Water_01 材质的着色器，然后设置着色器属性栏中的属性，如图 6-81 所示。

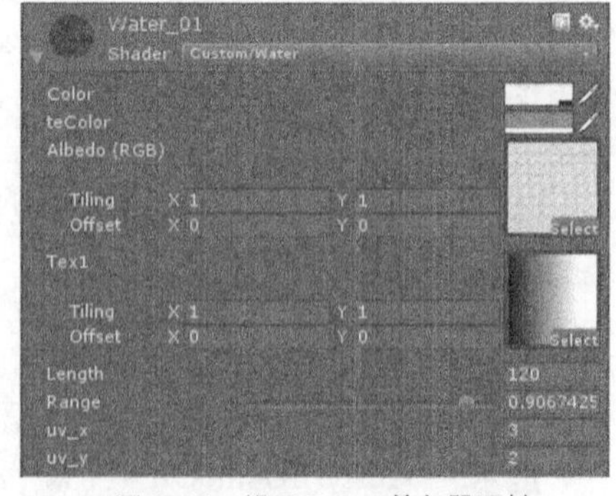

▲图 6-81　设置 Water 着色器属性

（8）创建脚本。在 Script 文件夹下新建一个 C#脚本，并将其命名为 KongZhi。该脚本用于向着色器传递参数，不断变换发光小球发光强度并控制 UV 纹理偏移量。双击打开该脚本，开始 KongZhi

脚本的编写。

代码位置：随书资源中源代码\第 6 章目录下的 ShaderDemo\Assets\Script\KongZhi.cs

```
1   using UnityEngine;
2   using System.Collections;
3   public class KongZhi : MonoBehaviour {
4     public Material[] mat;                              //使用 Guang 着色器的材质
5     public Material qiuMat;                             //使用 Qiu 着色器的材质
6     public Material water;                              //使用 Water 着色器的材质
7     public GameObject qiu;                              //发光小球
8     public float range = 0.8f;                          //发光小球发光强度
9     bool add;
10    int x=0,y=7;                                        //UV 纹理偏移量
11    float time;                                         //用于记录时间
12    void Start () {
13      for (int i = 0; i < mat.Length; i++){
14        mat[i].SetVector("_Position", qiu.transform.position); //将小球位置传入着色器
15        mat[i].SetFloat("_Range", range);               //将发光强度传入着色器
16      }
17      qiuMat.SetFloat("_Range", range);                 //将发光强度传入着色器
18    }
19    void Update () {
20      if (add){                                         //如果发光强度需要增加
21        range = range + 0.5f * Time.deltaTime;          //不断增加发光强度
22        if (range > 1f){                                //如果发光强度大于 1
23          add = false;                                  //发光强度需要减小
24      }}else{
25        range = range - 0.5f * Time.deltaTime;          //不断减小发光强度
26        if (range < 0.5f){                              //如果发光强度小于 0.5
27          add = true;                                   //发光强度需要增加
28      }}
29      for (int i = 0; i < mat.Length; i++){
30        mat[i].SetVector("_Position", qiu.transform.position); //将小球位置传入着色器
31        mat[i].SetFloat("_Range", range);               //将发光强度传入着色器
32      }
33      time += Time.deltaTime;                           //用于记录时间的变量不断增加
34      if (time >= 0.0625){                              //如果时间大于 0.0625
35        x++;                                            //UV 纹理偏移量 X 轴数值不断增加
36        if (x == 8){                                    //如果 UV 纹理偏移量 X 轴数值为 8
37          x = 0;                                        //UV 纹理偏移量 X 轴数值设置为 0
38          y--;                                          //UV 纹理偏移量 Y 轴数值不断减小
39          if (y <0){                                    //如果 UV 纹理偏移量 Y 轴数值小于 0
40            y = 7;                                      //UV 纹理偏移量 Y 轴数值设置 7
41        }}
42        time = 0;                                       //用于记录的时间归 0
43      }
44      qiuMat.SetFloat("_Range", range);                 //将发光强度传入着色器
45      water.SetVector("_Position", qiu.transform.position);  //将小球位置传入着色器
46      water.SetFloat("_Range", range);                  //将发光强度传入着色器
47      water.SetInt("_uv_x", x);                         //将 UV 纹理偏移量 X 轴数值传入着色器
48      water.SetInt("_uv_y", y);                         //将 UV 纹理偏移量 Y 轴数值传入着色器
49  }}
```

- 第 4～11 行的主要功能为定义变量，主要定义了各种材质、发光小球、发光小球发光强度及 UV 纹理偏移量等变量。
- 第 12～18 行重写 Start 方法。该方法在场景加载时被系统调用，它的主要功能为将小球位置和发光强度传入 Guang 着色器，将发光强度传入 Qiu 着色器。
- 第 20～28 行的主要功能为不断改变发光小球的发光强度。如果发光强度需要增加，则不断增加发光强度；如果发光强度大于 1，则不断减小发光强度。
- 第 29～32 行的主要功能为将小球位置和发光强度传入 Guang 着色器。
- 第 33～43 行的主要功能为不断改变 UV 纹理偏移量。不断增加用于记录时间的变量，如

果时间大于 0.0625，则 UV 纹理偏移量 *X* 轴数值不断增加。如果 UV 纹理偏移量 *X* 轴数值为 8，则 UV 纹理偏移量 *Y* 轴数值不断减小。

❑ 第 44～49 行的主要功能为传递数据给着色器，将发光强度传入 Guang 着色器和 Water 着色器，将小球位置传入 Guang 着色器，将 UV 纹理偏移量传入 Water 着色器。

（9）将创建的脚本拖曳到主摄像机对象上，然后设置对应属性。将使用 Guang 着色器的材质拖曳到 Mat 属性框中，将使用 Qiu 着色器的材质拖曳到 qiu Mat 属性框中，将使用 Water 着色器的材质拖曳到 Water 属性框中，具体设置如图 6-82 所示。

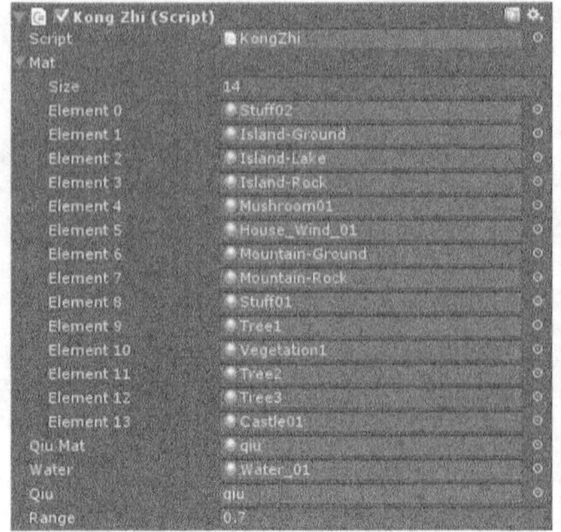

▲图 6-82　设置 KongZhi 脚本组件属性

（10）创建脚本并将其命名为 MenuListener，该脚本会根据画布上几何着色器与曲面细分着色器的勾选情况实时地更换场景中模型的材质，方便读者更好地观察曲面细分着色器和几何着色器开启与关闭时的区别，使读者进一步了解这两个着色器的用途，具体代码如下。

代码位置：随书资源中源代码\第 6 章目录下的 ShaderDemo\Assets\Script\MenuListener.cs

```
1   using UnityEngine;
2   using UnityEngine.UI;
3   public class MenuListener : MonoBehaviour {
4     public Toggle Tess;                          //曲面细分开关
5     public Toggle Geometry;                      //几何着色器开关
6     public Material[] TessONGeomON;              //曲面细分着色器与几何着色器同时开启的材质数组
7     public Material[] TessONGeomOFF;             //开启曲面细分着色器与关闭几何着色器时的材质数组
8     public Material[] TessOFFGeomON;             //关闭曲面细分着色器与开启几何着色器时的材质数组
9     public Material[] TessOFFGeomOFF;            //曲面细分着色器与几何着色器同时关闭的材质数组
10    public GameObject[] Obj;                     //物体对象数组
11    private void Start(){
12      Change();                                  //在程序初始时变换模型材质
13    }
14    public void Change(){                        //变换模型的材质
15      if(Tess.isOn && Geometry.isOn){            //全部开启
16        for(int i = 0; i < TessONGeomON.Length; i++){                    //遍历材质数组
17          foreach(Transform obj in Obj[i].transform){                    //遍历物体数组
18            obj.GetComponent<Renderer>().material = TessONGeomON[i];//更改模型对应的材质
19        }}}
20        ……//此处省略了另外 3 种选择情况，有兴趣的读者可翻看随书源代码
21      }
22  }
```

❑ 第 1～2 行导入了该脚本需要使用的工具包。

❑ 第 3～10 行定义了曲面细分着色器与几何着色器开关的引用，除此之外还定义了 4 种不同选择的材质数组与对应的物体对象数组。

❑ 第 11～13 行在程序刚开始运行时，调用 Change 方法将模型的材质变换为初始状态。

❑ 第 14～20 行是变换模型材质的方法，该方法能够根据曲面细分着色器与几何着色器开关引用的状态更换场景中模型的材质。

（11）编写完 MenuListener 脚本后，将其挂载在 Canvas 对象上，同时初始化材质数组等变量，如图 6-83 所示。然后将 MenuListener 脚本中的 Change 方法添加到 Canvas 对象下的两个 Toggle 组件上，如图 6-84 所示。

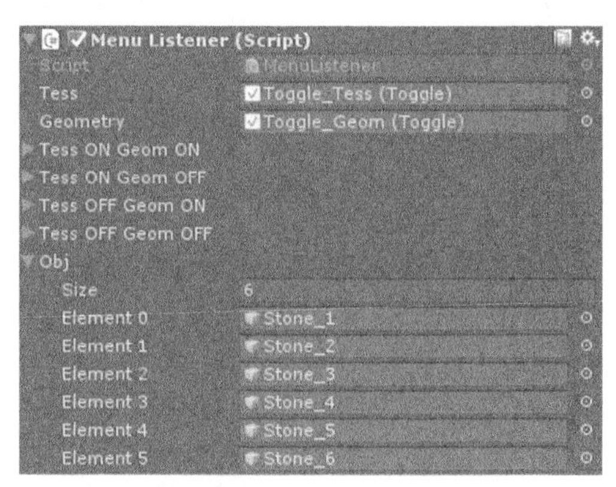


▲图 6-83 设置 MenuListener 脚本组件属性

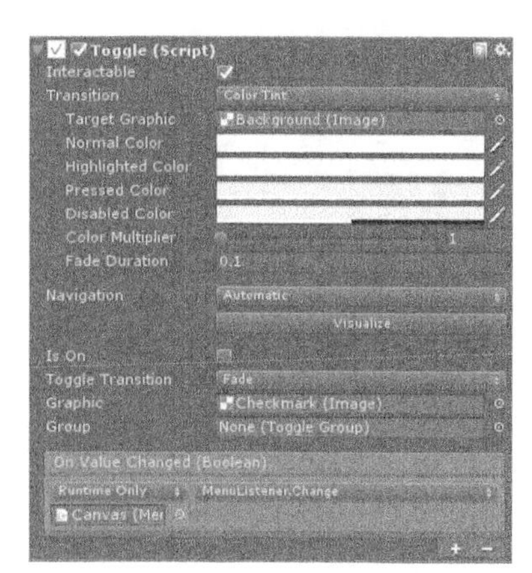


▲图 6-84 Toggle 组件

## 6.10.4 节点对象的创建及相关脚本的开发

场景中，发光游戏对象的移动路径不是随机的，而是按照一条预置的路线移动的，这条路线由多个节点连起来组成。本小节将详细介绍场景中节点对象的创建及相关脚本的开发。创建节点的具体步骤如下。

（1）在场景中新建节点对象，为了便于观察节点的位置，这里使用球体来标识节点的位置。首先创建一个空对象用于统一存放所有的节点，选择 GameObject→CreateEmpty，此时 Hierarchy 面板中就会多出一个名为 GameObject 的空对象，将其重命名为 nodes。接下来创建节点对象，选择 GameObject→Sphere，此时 Hierarchy 面板中会多出一个 Sphere 对象，将其挂到 nodes 对象下面，成为 nodes 对象的子对象。重复上述创建操作，具体次数视所需要的节点数目而定，最终结构如图 6-85 所示。将每个节点按照顺序放置在场景中合适的位置，这些位置就是游戏对象要经过的点。

（2）节点创建完成后，将 FollowNode 脚本挂载到之前创建的 qiu 对象上，在 Inspector 面板中改变数组的长度，并将创建好的节点按照顺序依次添加到数组对象中，如图 6-86 所示。

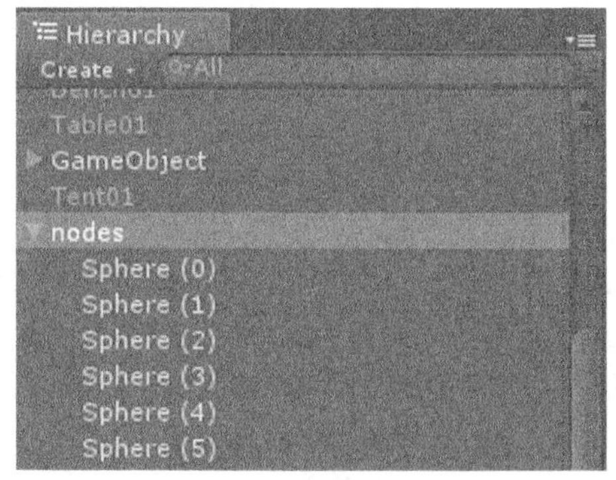


▲图 6-85 最终节点结构

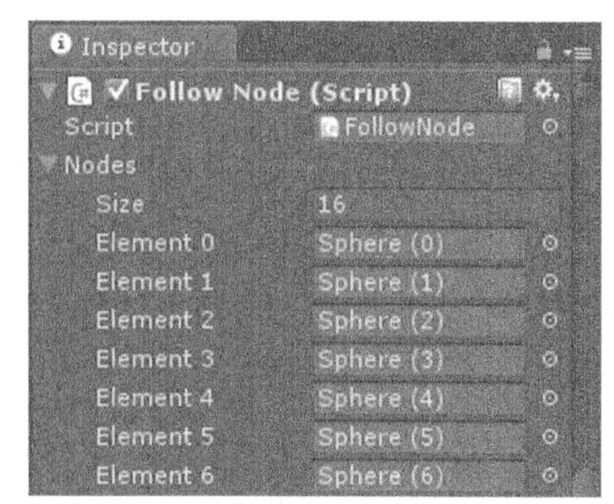


▲图 6-86 节点成员

（3）前面介绍了创建节点对象的具体步骤，下面将介绍相关脚本的开发。首先介绍前面使用过的 FollowNode 脚本，该脚本的功能是使游戏对象在游戏场景中能够沿着预设好的节点在场景中移动，具体代码如下。

代码位置：随书资源中源代码\第 6 章目录下的 ShaderDemo\Assets\Script\FollowNode.cs

```
1   using UnityEngine;
2   using System.Collections;
```

```
3   public class FollowNode : MonoBehaviour {
4       public GameObject[] nodes = new GameObject[16];        //存放节点数组
5       public float m_speed = 2;                              //移动速度
6       private GameObject target_node;                        //目标节点
7       public int index;                                      //当前目标节点序号
8       void Start( ) {
9           target_node = nodes[0];                            //默认 0 号节点为当前目标节点
10      }
11      void Update( ) {
12          RotateTo( );                                       //转向下一个节点
13          MoveTo( );                                         //朝向下一个节点移动
14      }
15      public void RotateTo( ) {                              //旋转方法
16          this.transform.LookAt(target_node.transform);
17      }
18      public void MoveTo( ) {                                //移动方法
19          Vector3 pos1 = this.transform.position;            //当前目标节点位置
20          Vector3 pos2 = target_node.transform.position;     //小球自身位置
21          float distance = Vector3.Distance(pos1, pos2);     //计算两者距离
22          if (distance < 1.0f) {                             //距离小于一定阈值
23              index++;                                       //序号加 1
24              if (index < nodes.Length) {                    //序号不超过数组长度
25                  if (nodes[index] != null) {                //节点不为空
26                      target_node = nodes[index];            //更新目标节点
27              }}
28              else {                                         //序号超过数组长度
29                  index = 0;
30                  target_node = nodes[index];                //重新将 0 号节点作为目标节点
31          }}
32          this.transform.Translate(new Vector3(0, 0, m_speed * Time.deltaTime));
                                                               //向目标节点移动
33  }}
```

❑ 第 4～7 行用于声明变量，这里声明了一个用于存放所有节点的数组，修饰符应使用 public，便于在 Unity 环境中改变数组的大小及添加数组的每个成员。此外，还声明了游戏对象的移动速度、目标节点的实例、当前时刻目标节点在数组中的序号。本脚本主要是通过增加序号来改变目标节点。

❑ 第 8～10 行重写 Start 方法，将节点数组中的 0 号成员作为程序开始运行时的目标节点。

❑ 第 11～14 行重写 Update 方法。该方法实现了对象转向下一个节点及朝向下一个节点移动。这两个功能分别被写成了两个方法，具体内容将在后面介绍。

❑ 第 15～17 行为前面调用过的旋转方法 RotateTo。该方法功能简单，只需要一直注视着下一节点，通过使用系统提供的 LookAt 方法就可以实现。

❑ 第 19～21 行计算当前时刻游戏对象与目标节点的距离。

❑ 第 22～31 行判断是否改变目标节点。当距离小于给定的阈值时，序号加 1，将数组中新序号所对应的节点对象赋给 target_node；如果序号超出了数组的长度，说明已经到达数组的最后一个节点对象，将序号置 0，从头开始遍历节点数组。

❑ 第 32-33 行朝下一个节点移动，通过声明的 m_speed 变量来改变移动速度。

（4）前面介绍了游戏对象沿节点移动的脚本，下面将介绍摄像机跟随脚本。该脚本用于使主摄像机实时地跟随游戏对象在场景中移动。该脚本在 Unity 自带的标准资源包中可以找到，可以直接使用。不过原脚本是由 JavaScript 语言编写的，笔者将其改写成 C#脚本，具体代码如下。

代码位置：随书资源中源代码\第 6 章目录下的 ShaderDemo\Assets\Script\SmoothFollow.cs

```
1   using UnityEngine;
2   using System.Collections;
3   public class SmoothFollow : MonoBehaviour{
4       public GameObject target;                              //所要跟随的目标对象
5       public float distance = 10.0f;                         //与目标对象的距离
6       public float height = 5.0f;                            //与目标对象的高度差
```

```
7        public float heightDamping = 2.0f;                  //高度变化中的阻尼参数
8        public float rotationDamping = 0.5f;                //绕Y轴的旋转中的阻尼参数
9        void Start ( ) {}
10       void LateUpdate( ) {                                //如果目标对象不存在将跳出方法
11           if (!target){return;                            //如果对象不存在，则返回
12              //摄像机期望的旋转角度及高度
13           float wantedRotationAngle = target.transform.eulerAngles.y;
14           float wantedHeight = target.transform.position.y + height;
15              //摄像机当前的旋转角度及高度
16           float currentRotationAngle = transform.eulerAngles.y;
17           float currentHeight = transform.position.y;
18              //计算摄像机绕Y轴的旋转角度
19           currentRotationAngle = Mathf.LerpAngle(currentRotationAngle,
             wantedRotationAngle,
20          rotationDamping * Time.deltaTime);
21              //计算摄像机高度
22           currentHeight = Mathf.Lerp(currentHeight, wantedHeight, heightDamping *
             Time.deltaTime);
23              //转换成旋转角度
24           var currentRotation = Quaternion.Euler(0, currentRotationAngle, 0);
25              //摄像机距离目标背后的距离
26           transform.position = target.transform.position;
27           transform.position -= currentRotation * Vector3.forward * distance;
28              //设置摄像机的高度
29           transform.position = new Vector3(transform.position.x, currentHeight,
             transform.position.z);
30           transform.LookAt(target.transform);//摄像机一直注视目标
31   }}
```

- 第4～8行声明变量，变量包括摄像机所要跟随的目标对象及一些需要用来调节跟随效果的参数，主要有与目标对象的距离、与目标对象的高度差、高度变化中的阻尼参数、绕 *Y* 轴的旋转中的阻尼参数。
- 第10～11行判断目标对象是否存在，如果不存在，直接跳出。
- 第12～14行获取摄像机期望的旋转角度及高度。
- 第15～17行获取摄像机当前的旋转角度及高度。
- 第18～20行计算摄像机绕 *Y* 的旋转角度，使用了Mathf函数库提供的LerpAngle方法进行差值计算。LerpAngle 方法的含义就是基于浮点数 rotationDamping * Time.deltaTime 返回currentHeight到wantedHeight之间的插值。
- 第21～22行计算摄像机高度，使用了Mathf函数库提供的Lerp方法，原理同上。
- 第23～24行将计算出的currentRotationAngle变量转换成旋转角度，然后保存在currentRotation变量中。
- 第25～27行使摄像机与目标对象保持一定的距离。
- 第28～29行设置摄像机的高度，因为是高度，所以只改变了 *Y* 轴上的值。
- 第30～31行让摄像机一直注视目标，保证目标一直出现在视野里。

**说明** 本示例的源文件位于随书资源中源代码\第6章目录下的ShaderDemo文件夹中。如果读者想运行本示例，只需把ShaderDemo文件复制到非中文路径下，然后双击ShaderDemo\Assets\目录下的test.unity文件即可。

### 6.10.5 示例运行效果

运行该示例，可以看到小球沿着特定的路线缓慢移动，并在移动的过程中不断地进行缩放变换。与此同时，小球会照亮周围的物体，并根据小球的大小来调节光线强度，使其周围的物体出现明暗变化，如图6-87和图6-88所示。

▲图 6-87　小球变亮效果

▲图 6-88　小球变暗效果

当选中右上角的“曲面细分着色器”复选框后，水井、石雕与鹅卵石模型会变得十分光滑，如图 6-89 所示。除此之外，地形中央的水面也有波动效果。当选中“几何着色器”复选框后，水井、石雕与鹅卵石模型将会被线框化显示，效果如图 6-90 所示。

▲图 6-89　曲面细分着色器开启效果

▲图 6-90　几何着色器开启效果

## 6.11 本章小结

本章简要介绍了 Unity 中开发高级特效的着色语言 ShaderLab 及着色器编程，主要介绍了 ShaderLab 的基本语法、着色器的 3 种形态、表面着色器、曲面细分着色器与几何着色器等。本章还对每个知识点都使用了一个或者多个示例进行详细讲解。

通过本章的学习，读者应该对着色器和 Unity 着色语言有了一定的了解，能够初步开发着色器，从而为以后开发复杂的、更加真实的 3D 场景打好基础。

# 第7章　常用着色器特效

在游戏的开发过程中经常会使用一些着色器特效，如边缘发光、描边效果、菲涅尔效果等，来增强游戏的效果与操作体验。本章将讲解如何灵活运用着色器的基础知识来实现一些常用的酷炫特效，希望在学习完本章后，读者会受到一定的启发，可以加深对着色器的理解，能够独立编写简单的着色器特效。

## 7.1 顶点动画

在 3D 游戏的开发过程中，很多情况都需要控制模型顶点来实现特定的动画，从而让场景变得更加生动有趣。通常，在游戏中使用顶点动画来模拟飘扬的旗帜与水面的起伏效果等。本节将以模拟飘扬的旗帜为例，讲解如何实现顶点动画。

### 7.1.1 基本原理

在介绍本示例的具体开发步骤之前，首先需要了解一下实现旗帜飘扬的基本原理，如图 7-1 所示。其中，左图为原始情况下旗帜的顶点位置情况，右图为顶点着色器根据参数计算后某一帧画面中旗帜的顶点位置情况。

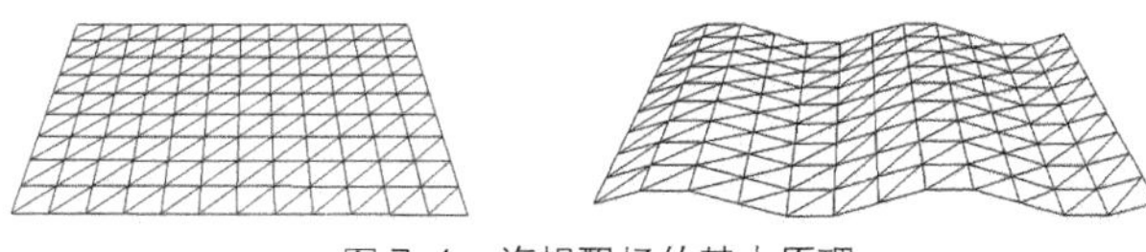

▲图 7-1　旗帜飘扬的基本原理

从图 7-1 中可以看出，矩形的旗帜与单一矩形对象 Quad 不同，不再是仅由两个三角形组成的整体，而是由大量的小三角形组成的。只要在绘制一帧画面时由顶点着色器根据一定的规则变换各个顶点的位置，即可得到旗帜迎风飘动的效果。

为了使旗帜的飘动过程比较平滑，本示例采用的是基于正弦曲线的顶点位置变换规则，具体情况如图 7-2 所示。

> **说明**　图 7-2 给出的是旗帜面向 *Z* 轴正方向（顶点沿 *Z* 轴上下振动），形成的波浪沿 *X* 轴传播的情况。同时注意，观察的方向是沿 *Y* 轴的方向。

从图 7-2 中可以看出，传入顶点着色器的原始顶点的 *Z* 坐标都是相同的（本示例中为 0），经过顶点着色器变换后顶点的 *Z* 坐标是根据正弦曲线分布的，具体计算方法如下：

（1）计算出当前处理顶点的 *X* 坐标与最左侧顶点 *X* 坐标的差值，即 *X* 距离。

（2）根据距离与角度的换算率，将 *X* 距离换算为当前顶点与最左侧顶点的角度差（tempAngle）。

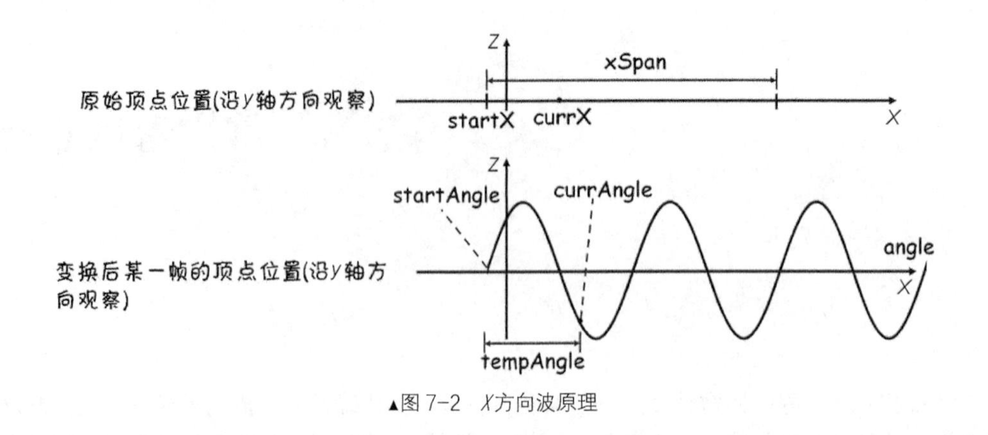


▲图 7-2　X方向波原理

> **提示**　距离与角度的换算率指由开发人员人为地设定的一个值，将距离乘以其后就可以换算成角度值。例如，可以规定，*X* 轴方向上距离 4 对应角度跨度 2π，则换算率为 2π/4，换算公式为“当前角度=*X* 轴方向上距离×2π/4”。

（3）将 tempAngle 加上最左侧顶点的对应角度（startAngle），即可得到当前顶点的对应角度（currAngle）。

（4）通过求 currAngle 的正弦值即可得到当前顶点变换后的 *Z* 坐标。

可以想象出，只要绘制每帧画面时传入不同的 startAngle 值（如在 0～2π 连续变化），即可得到平滑的、基于正弦曲线的旗帜飘扬的动画。

### 7.1.2　开发步骤

7.1.1 节介绍了旗帜飘扬的基本原理，本小节将基于此原理开发一个旗帜迎风飘扬的示例，运行效果如图 7-3 所示。

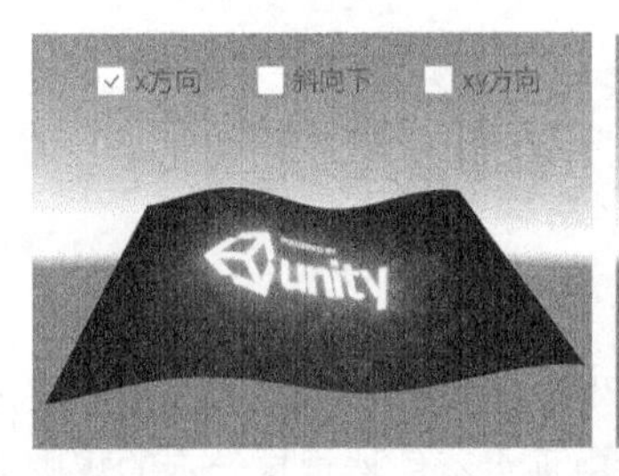

▲图 7-3　飘扬旗帜运行效果

> **提示**　图 7-3 中从左到右分别为 *x* 方向波浪、斜向下方向波浪和 *xy* 双向波浪的效果。由于插图是灰度印刷且是静态的，因此可能看得不是很清楚，建议读者亲自运行本示例体会。

了解了示例的运行效果后，接下来对本示例的具体开发过程进行简要介绍。由于本章重点讲解着色器特效的开发，因此不再介绍脚本的开发，有兴趣的读者可翻看随书源代码。步骤如下：

（1）从示例运行效果可以看出，本示例的波浪方向有 3 种选择，因此需要 3 套着色器来实现不同的波浪方向。首先给出最简单的实现 *x* 方向波浪的着色器，该功能的实现主要位于顶点着色器中，根据 7.1.1 节讲解的基本原理计算顶点位置，具体代码如下。

代码位置：随书资源中源代码\第7章目录下的SpecialEffect\Shader\VertexAnimation_1.shader

```
1   Shader "Custom/VertexAnimation_1" {
2     Properties {                                        //属性列表
3       _MainTex ("Albedo (RGB)", 2D) = "white" {}        //主纹理
4       _WidthSpan("WidthSpan", Range(4,5)) = 4.5         //旗帜的横向跨度
5       _StartAngle("StartAngle", Range(1,5)) = 1         //振动的起始角度
6       _Speed("Speed", Range(1,15)) = 5                  //飘扬速度
7     }
8     SubShader {
9       Pass{
10        CGPROGRAM
11        #pragma vertex vert                             //声明顶点着色器
12        #pragma fragment frag                           //声明片元着色器
13        #include "UnityCG.cginc"                        //导入Unity工具包
14        struct a2v {                                    //顶点着色器输入结构体
15          float4 pos : POSITION;                        //顶点坐标位置
16          float2 uv : TEXCOORD0;                        //纹理坐标
17        };
18        struct v2f {                                    //顶点着色器输出结构体
19          float4 pos : SV_POSITION;                     //剪裁坐标系下的顶点位置
20          float2 uv : TEXCOORD0;                        //纹理坐标
21        };
22        sampler2D _MainTex;                             //定义主纹理变量
23        float _WidthSpan;                               //定义旗帜的横向跨度变量
24        float _StartAngle;                              //定义振动的起始角变量
25        float _Speed;                                   //定义旗帜飘扬速度变量
26        v2f vert(a2v v){                                //顶点着色器
27          v2f o;                                        //定义输出结构体
28          float angleSpanH = 2 * 3.14159265;  //横向角度总跨度，用于进行x距离与角度的换算
29          float startX = -_WidthSpan / 2.0;      //起始x坐标
30          float currAngleX = _StartAngle + _Time.y  * _Speed +     //计算当前顶点x坐标对应的角度
31          ((v.pos.x - startX) / _WidthSpan) * angleSpanH;
32          float tz = sin(currAngleX) * 6;          //通过正弦函数求出当前顶点的z坐标
33          o.pos = UnityObjectToClipPos(float4(v.pos.x, v.pos.y, tz, 1));
                                                   //将顶点变换到剪裁空间坐标系
34          o.uv = v.uv;                             //将纹理坐标传递给片元着色器
35          return o;
36        }
37        fixed4 frag(v2f i) :SV_Target{             //片元着色器
38          fixed4 c = tex2D(_MainTex,i.uv);         //纹理采样
39          return c;                                //返回片元颜色值
40        }
41        ENDCG
42    }}
43    FallBack "Diffuse"                             //备选着色器
44  }
```

- 第2～7行为属性列表，分别定义了主纹理、旗帜的横向跨度、旗帜振动的起始角度与旗帜飘扬的速度变量等，便于在Inspector面板中动态修改这些属性值。
- 第8～13行声明了顶点着色器与片元着色器，除此之外还导入了UnityCG工具包。
- 第14～25行定义了顶点着色器输入与输出结构体，结构体中仅包含顶点坐标位置与顶点的纹理坐标，同时定义了与属性列表相对应的变量。
- 第26～36行为顶点着色器。顶点动画的主要功能都在顶点着色器内实现，在顶点着色器中根据横向角度总跨度、横向长度总跨度及当前$x$坐标折算出当前顶点$x$坐标对应的角度，并通过正弦函数求出当前点的$z$坐标，最后将顶点转换到剪裁坐标系中并传送到片元着色器。
- 第37～40行为片元着色器，该片元着色器只实现了纹理采样功能，根据纹理坐标在纹理图上进行采样，将采样结果赋值给每个片元作为片元的颜色值。

（2）实现斜向下方向波浪的着色器。该着色器除顶点着色器外，其余均与实现$x$方向波浪的着色器相同，故在此只讲解顶点着色器，具体代码如下。

代码位置：随书资源中源代码\第7章目录下的SpecialEffect\Shader\VertexAnimation_2.shader

```
1   v2f vert(a2v v){                                    //顶点着色器
2     v2f o;                                            //定义输出结构体
3     float angleSpanH = 2 * 3.14159265;                //横向角度总跨度，用于进行x距离与角度的计算
4     float startX = -_WidthSpan / 2.0;                 //起始x坐标（最左侧顶点的x坐标）
5     float currAngleX = _StartAngle * _Time.y * _Speed +  //计算当前顶点x坐标对应的角度
6       ((v.pos.x - startX) / _WidthSpan) * angleSpanH;
7     float HeightSpan = 0.618 * _WidthSpan;            //纵向长度总跨度
8     float startY = -HeightSpan / 2.0;                 //起始y坐标（最上侧顶点的y坐标）
9     //计算当前顶点y坐标对应的角度
10    float currAngleY = _Time.y * _Speed + ((v.pos.y - startY) / HeightSpan) * angleSpanH ;
11    float tz = sin(currAngleX - currAngleY) * 4;     //通过正弦函数求出当前点的z坐标
12    o.pos = UnityObjectToClipPos(float4(v.pos.x, v.pos.y, tz, 1));
                                                        //将顶点变换到剪裁空间坐标系
13    o.uv = v.uv;                                      //将纹理坐标传递给片元着色器
14    return o;                                         //将结构体传递给片元着色器
15  }
```

说明：本质上讲，上述斜向下方向波浪的顶点着色器与前面的$x$方向波浪的顶点着色器没有本质区别，仅仅是在计算当前顶点的对应角度时增加了$y$轴方向的计算，不再是仅考虑$x$轴的坐标。因此，形成的波浪方向就是斜向下的。

（3）实现沿$x$、$y$两个方向各自传播的波浪效果叠加的着色器，同样，该着色器除顶点着色器外，均与实现$x$方向波浪的着色器相同，故在此只讲解顶点着色器，具体代码如下。

代码位置：随书资源中源代码\第7章目录下的SpecialEffect\Shader\VertexAnimation_3.shader

```
1   v2f vert(a2v v){                                    //顶点着色器
2     v2f o;                                            //定义输出结构体
3     float angleSpanH = 2 * 3.14159265;                //横向角度总跨度，用于进行x距离与角度的计算
4     float startX = -_WidthSpan / 2.0;                 //起始x坐标（最左侧顶点的x坐标）
5     float currAngleX = _StartAngle * _Time.y * _Speed +  //计算当前顶点x坐标对应的角度
6       ((v.pos.x - startX) / _WidthSpan) * angleSpanH;
7     float HeightSpan = 0.618 * _WidthSpan;            //纵向长度总跨度
8     float startY = -HeightSpan / 2.0;                 //起始y坐标（最上侧顶点的y坐标）
9     float currAngleY = _Time.y * _Speed +             //计算当前顶点y坐标对应的角度
10      ((v.pos.y - startY) / HeightSpan) * angleSpanH ;
11    float tzX = sin(currAngleX) * 4;                  //x方向波浪对应的z坐标
12    float tzY = sin(currAngleY) * 4;                  //y方向波浪对应的z坐标
13    o.pos = UnityObjectToClipPos(float4(v.pos.x, v.pos.y, tzX + tzY, 1));
                                                        //将顶点变换到剪裁空间坐标系
14    o.uv = v.uv;                                      //将纹理坐标传递给片元着色器
15    return o;                                         //将结构体传递给片元着色器
16  }
```

说明：本质上讲，上述$x$、$y$双向波浪的顶点着色器与前面的$x$方向波浪的顶点着色器没有本质区别，仅仅是分别计算了$x$方向和$y$方向波浪在当前顶点位置的$z$坐标，最后将两个$z$坐标叠加实现了波的叠加。因此，运行示例时看到的波浪就是$x$、$y$两个方向的了。

## 7.2 纹理动画

在当今的游戏行业中，纹理动画的应用十分广泛，尤其是在一些性能较低的平台上。比较常见的效果如瀑布、河流、序列帧动画等都能使用纹理动画技术实现，本节将以序列帧动画为例，讲解如何实现纹理动画。

### 7.2.1 基本原理

介绍本示例的具体开发步骤之前首先需要了解一下实现序列帧动画的基本原理。如图 7-4 所示，序列帧图像包含动画播放过程中的所有关键帧图像，因此，只需要通过更改 UV 坐标依次播放所有的关键帧图像即可实现序列帧动画效果。

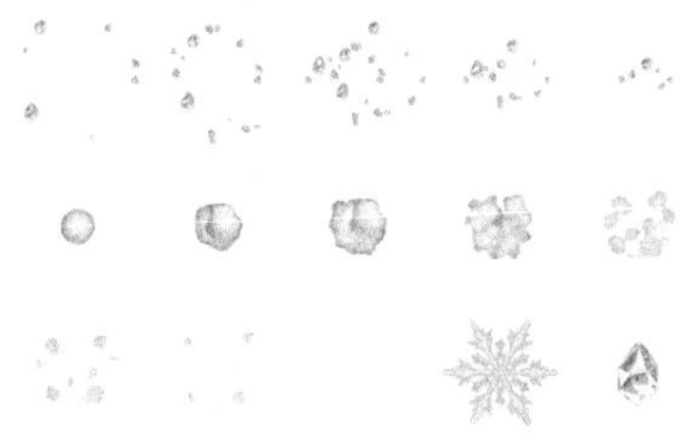

▲图 7-4 序列帧图像

在真正的游戏开发中，序列帧动画技术无须任何的物理计算或是调节复杂的粒子系统参数就可实现任意炫酷的效果，但同时它也增加了美工制作序列帧图像的工作量，读者可根据项目的具体功能与需求决定是否采用序列帧动画技术。

### 7.2.2 开发步骤

7.2.1 节介绍了序列帧动画的基本原理，本小节将基于此原理开发一个序列帧动画的示例，运行效果如图 7-5 所示。

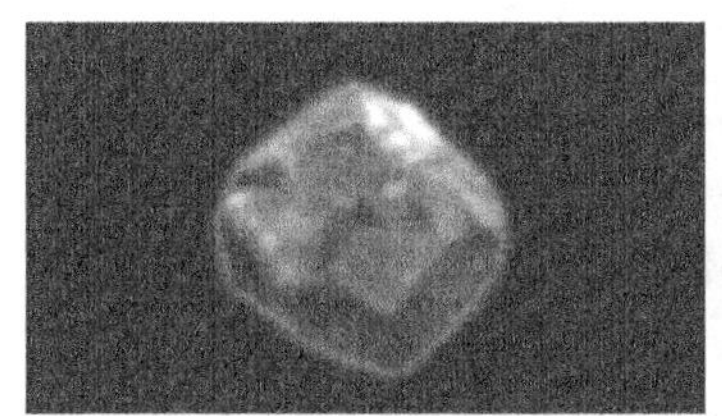

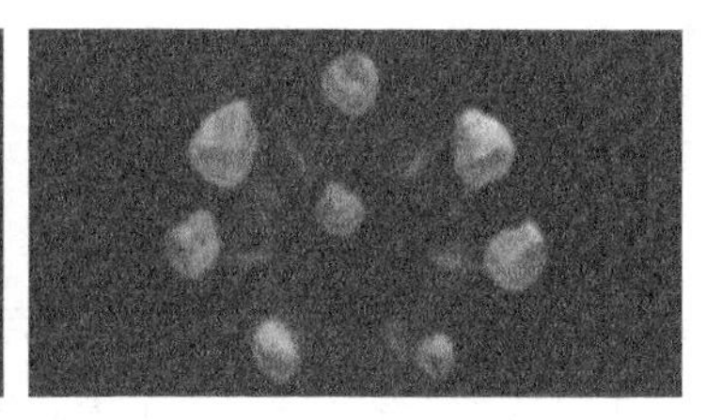

▲图 7-5 序列帧动画效果

**提示** 由于插图是静态的，不能够完全体现序列帧动画的效果，建议读者亲自运行随书资源进行体会。除此之外，随书资源中附带了十余个序列帧动画图像，便于读者学习与使用。

了解了示例的运行效果后，接下来对本示例的具体开发过程进行简要介绍。由于本章节重点讲解着色器特效的开发，因此不再介绍脚本的开发，有兴趣的读者可翻看随书源代码。首先需要创建一个 Quad 对象，通过 Quad 实现对序列帧动画的呈现，其中着色器具体代码如下。

代码位置：随书资源中源代码\第 7 章目录下的 SpecialEffect\Shader\TextureAnimation.shader

```
1   Shader "Custom/TextureAnimation" {
2     Properties{                                                  //属性列表
3       _MainTex ("Image Sequence", 2D) = "white" {}               //主纹理
4       _HorizontalAmount ("Horizontal Amount", Float) = 4         //水平图像数量
5       _VerticalAmount ("Vertical Amount", Float) = 4             //竖直图像数量
6       _Speed ("Speed", Range(1, 20)) = 1                         //序列帧播放速度
7     }
8     SubShader{
9       Tags{"Queue" = "Transparent" "IgnoreProjector" = "True"   //子着色器标签的定义
10        "RenderType" = "Transparent"}
11      Pass{
12        ZWrite Off                                               //关闭深度写入
13        Blend SrcAlpha OneMinusSrcAlpha                          //开启混合
14        CGPROGRAM
15        #pragma vertex vert                                      //声明顶点着色器
16        #pragma fragment frag                                    //声明片元着色器
17        #include "UnityCG.cginc"                                 //导入 UnityCG 工具包
18        struct a2v {                                             //顶点着色器输入结构体
```

```
19          float4 vertex : POSITION;                          //顶点位置坐标
20          float2 texcoord : TEXCOORD0;                       //顶点纹理坐标
21        };
22        struct v2f {                                         //顶点着色器输出结构体
23          float4 pos : SV_POSITION;                          //顶点在剪裁坐标系下的位置
24          float2 uv : TEXCOORD0;                             //顶点纹理坐标
25        };
26        sampler2D _MainTex;                                  //定义主纹理变量
27        float4 _MainTex_ST;                                  //定义纹理变换坐标变量
28        float _HorizontalAmount;                             //定义水平图像数量变量
29        float _VerticalAmount;                               //定义竖直图像数量变量
30        float _Speed;                                        //定义序列帧播放速度变量
31        v2f vert(a2v v){                                     //顶点着色器
32          v2f o;                                             //输出结构体
33          o.pos = UnityObjectToClipPos(v.vertex);         //将顶点坐标转化到剪裁空间坐标系
34          o.uv = TRANSFORM_TEX(v.texcoord, _MainTex);     //进行纹理坐标变换
35          return o;                                       //将结构体传递给片元着色器
36        }
37        fixed4 frag(v2f i) :SV_Target{                    //片元着色器
38          float time = floor(_Time.y * _Speed);           //计算播放序列帧的时间
39          float row = floor(time / _HorizontalAmount);    //计算当前播放序列帧图像的行数
40          float column = time - row * _HorizontalAmount; //计算当前播放序列帧图像的列数
41          half2 uv = i.uv + half2(column, -row);         //根据行数与列数计算纹理坐标
42          uv.x /= _HorizontalAmount;                 //将纹理横坐标规范到当前序列帧图像范围内
43          uv.y /= _VerticalAmount;                   //将纹理纵坐标规范到当前序列帧图像范围内
44          fixed4 c = tex2D(_MainTex, uv);            //纹理采样
45          return c;                                  //返回片元颜色值
46        }
47        ENDCG
48    }}}
```

- 第 2～7 行为属性列表，分别定义了序列帧图像、水平图像数量、数值图像数量与序列帧动画的播放速度，方便根据程序对着色器中的属性进行修改。
- 第 8～13 行定义了子着色器的标签，以透明效果对序列帧图像进行渲染。在 Pass 中，使用 Blend 命令来开启并设置混合模式，同时关闭了深度写入。
- 第 14～17 行声明了顶点着色器与片元着色器，除此之外还导入了 UnityCG 工具包。
- 第 18～30 行定义了顶点着色器输入与输出结构体，结构体中仅包含顶点坐标位置与顶点的纹理坐标，同时还定义了与属性列表相对应的变量。
- 第 31～36 行为顶点着色器。在顶点着色器中将模型的顶点位置从物体坐标系下转换到了剪裁坐标系，同时对纹理进行了坐标变换，最后将处理后的信息传送给片元着色器。
- 第 37～46 行根据自加载场景后经过的时间与播放速度属性_Speed 计算出模拟时间，同时通过 floor 函数对计算结果取整，之后计算出当前序列帧图像对应的行列索引值，并对纹理坐标进行偏移操作，将坐标规范到当前序列帧图像内，最后进行纹理采样。

## 7.3 边缘发光

边缘发光是游戏中常用的一种效果，通常为了凸显游戏中某个对象，会为此对象添加边缘发光的效果。简单地说，边缘发光效果就是通过修改模型边缘片元的颜色来实现效果。本节将详细讲解如何编写着色器来实现边缘发光的效果。

### 7.3.1 基本原理

介绍本示例的具体开发步骤之前首先需要了解一下边缘发光效果的基本原理。如图 7-6 所示，实线箭头代表物体的法线方向，虚线箭头代表视线的方向，从图中可以看出越靠近物体边缘法线向量，它与视线向量夹角越大，这就是判断顶点是否处于边缘位置的依据。

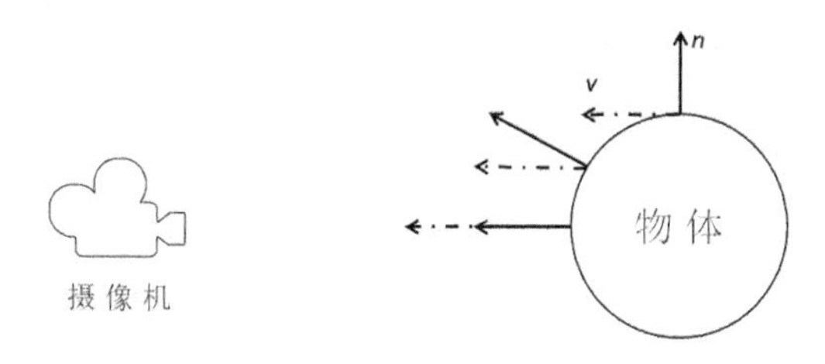


▲图 7-6　边缘发光原理

当视线 ***v*** 的方向与法线 ***n*** 的方向垂直时，则此法线对应的面就与视线方向平行，即当前的顶点对于此视角来说就处于边缘位置。这样就可以通过计算 ***n*** 与 ***v*** 向量的点积获得余弦值，根据余弦值判断片元是否处于边缘位置，进而确定是否为片元增加边缘光效果。

### 7.3.2　开发步骤

7.3.1 节介绍了边缘发光的基本原理，本小节将介绍基于此原理开发的一个人物模型边缘发光的示例，运行效果如图 7-7 和图 7-8 所示，读者可以清楚地看到游戏中人物角色的边缘发光效果，能够在较为昏暗或区分度不高的场景中凸显出人物角色。

▲图 7-7　人物边缘发光效果 1

▲图 7-8　人物边缘发光效果 2

了解了示例的运行效果后，接下来对本示例的具体开发过程进行简要介绍。由于篇幅有限，在此只对开启边缘发光的着色器进行详细讲解，该着色器是根据视线方向与法线方向判断片元是否处于边缘位置，进而实现边缘发光效果的。其他着色器效果读者可自行翻看随书源代码，具体代码如下。

代码位置：随书资源中源代码\第 7 章目录下的 SpecialEffect\Shader\RimLightOn.shader

```
1   Shader "Custom/RimLightOn" {
2     Properties {                                          //属性列表
3       _MainTex ("Base (RGB)", 2D) = "white" {}            //主纹理
4       _Color ("Main Color", Color) = (1, 1, 1, 1)         //主颜色值
5       _RimColor ("Rim Color", Color) = (1, 1, 1, 1)       //边缘发光颜色
6       _RimWidth ("Rim Width", Float) = 0.8                //边缘发光范围
7     }
8     SubShader {
9       Pass {
10        Lighting Off                                      //关闭光照效果
11        CGPROGRAM
12        #pragma vertex vert                               //声明顶点着色器
13        #pragma fragment frag                             //声明片元着色器
14        #include "UnityCG.cginc"                          //导入 UnityCG 工具包
15        struct a2f{                                       //顶点着色器输入结构体
16          float4 pos : POSITION;                          //物体顶点坐标位置
17          float3 normal : NORMAL;                         //法线向量
18          float2 uv : TEXCOORD0;                          //纹理坐标
19        };
```

```
20        struct v2f{                                          //顶点着色器输出结构体
21          float4 pos : SV_POSITION;                          //物体顶点在剪裁空间下的坐标位置
22          float2 uv : TEXCOORD0;                             //纹理坐标
23          fixed3 color : COLOR;                              //边缘发光颜色值
24        };
25        fixed4 _RimColor;                                    //定义边缘发光颜色变量
26        float _RimWidth;                                     //定义边缘发光宽度变量
27        sampler2D _MainTex;                                  //定义主纹理变量
28        fixed4 _Color;                                       //定义模型颜色变量
29        v2f vert (a2f v) {                                   //顶点着色器
30          v2f o;                                             //定义输出结构体
31          o.pos = UnityObjectToClipPos (v.pos);  //将顶点坐标从物体坐标系转换到剪裁坐标系
32          float3 viewDir = normalize(ObjSpaceViewDir(v.pos)); //获取顶点对应的视线方向
33          float dotValue = 1 - dot(v.normal, viewDir);       //构造平滑差值的参数
34          o.color = smoothstep(1 - _RimWidth, 1.0, dotValue); //根据参数因子计算边缘发光强度
35          o.color *= _RimColor;                              //混合边缘发光颜色
36          o.uv = v.uv.xy;                                    //将纹理坐标传递到片元着色器
37          return o;
38        }
39        fixed4 frag(v2f i) : COLOR {                         //片元着色器
40          fixed4 texcol = tex2D(_MainTex, i.uv);             //纹理采样
41          texcol *= _Color;                                  //混合主颜色值
42          texcol.rgb += i.color;                             //混合边缘发光片元的颜色值
43          return texcol;                                     //返回片元颜色值
44        }
45        ENDCG
46  }}}
```

- 第2～7行为属性列表，分别定义了模型主纹理、模型颜色值、边缘发光颜色与边缘发光范围，方便根据需要对着色器中的属性进行修改。
- 第8～14行声明了顶点着色器与片元着色器，除此之外还导入了UnityCG工具包，同时关闭了光照效果，便于读者理解边缘发光效果的核心代码。
- 第15～28行定义了顶点着色器输入与输出结构体，结构体中包含顶点坐标位置、顶点的纹理坐标、法线向量与边缘发光颜色值，除此之外还定义了与属性列表相对应的变量。
- 第29～38行为顶点着色器，在顶点着色器中将模型的顶点位置从物体坐标系下转换到了剪裁坐标系。然后利用顶点的位置计算出视线方向，并构造出平滑差值参数，根据参数因子计算边缘发光强度。最后混合边缘发光的颜色。
- 第39～44行为片元着色器。在片元着色器中根据顶点纹理坐标对纹理进行采样，混合主颜色值变量与边缘发光片元的颜色值，这样就能够得到每一个片元的最终颜色。

## 7.4 描边效果

7.3节讲解了边缘发光效果的开发过程。简单地说，边缘发光效果就是调整边缘片元的颜色值，并不能准确地确定发光的宽度。而本节将要讲解的描边效果是在物体的边缘上真正地扩展出轮廓，并且能够随意地更改边缘轮廓的宽度与颜色。

### 7.4.1 基本原理

介绍本示例的具体开发步骤之前，首先需要了解一下描边效果的基本原理。明确想要达到的效果是在模型的正常渲染状态下，在模型外面扩展出一个描边效果，如图7-9所示。

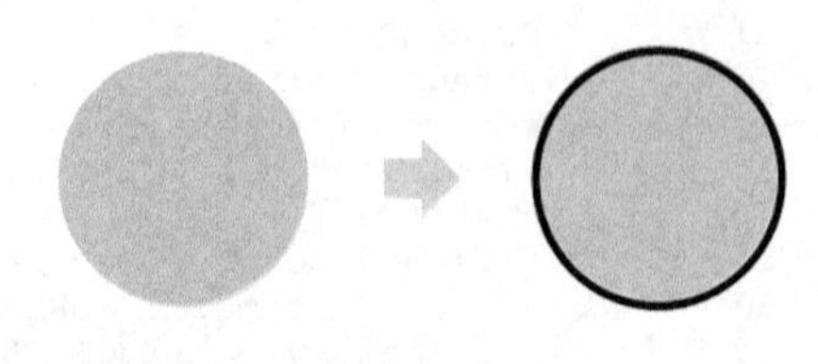

▲图7-9　描边效果

要实现图7-8所示的描边效果，需要编写两个Pass进行渲染。其中一个Pass渲染描边效果，进行外拓；

另一个 Pass 进行模型原本效果的渲染。开启第一个 Pass 的正面剪裁，这样原本模型的周围就出现了描边效果。在渲染描边效果的 Pass 中，有以下 3 种方法能够实现对模型的外拓。

❑ 直接外拓

在顶点着色器阶段，根据顶点的位置坐标与法线向量直接使用公式“顶点坐标+法线向量×描边粗细参数”来对顶点进行向外扩展，然后对扩展后的顶点进行 MVP 变换，具体代码如下。

```
1    v.vertex.xyz += v.normal * _OutlineFactor;          //根据公式计算顶点外拓后的位置
2    o.pos = UnityObjectToClipPos(v.vertex);             //将外拓后的顶点坐标变换到剪裁坐标系
```

这种方法十分简单并且容易理解，但这样做有一个弊端，模型离摄像机近的地方描边效果较粗，而远的地方描边效果较细，导致模型描边出现近大远小的结果。在绝大多数情况下，我们是不希望看见这种情况的。

❑ 剪裁空间的外拓

为了解决模型描边近大远小的问题，开发人员可以在剪裁空间中对模型进行外拓，把顶点坐标与法线向量变换到剪裁空间，然后将模型向外拓展，具体代码如下。

```
1    o.pos = UnityObjectToClipPos(v.vertex);                  //将顶点坐标变换到剪裁坐标系
2    float3 vnormal = mul((float3x3)UNITY_MATRIX_IT_MV, v.normal); //将法线变换到摄像机坐标系
3    float2 offset = TransformViewToProjection(vnormal.xy);     //将法线变换到剪裁坐标系
4    o.pos.xy += offset * _OutlineFactor;                       //对剪裁坐标系中的点进行外拓
```

有些读者可能会好奇，为什么对法线进行空间变换时不能像顶点一样直接使用 MVP 矩阵进行转换，而是通过 UNITY_MATRIX_IT_MV 矩阵将法线变换到摄像机坐标系呢？这是因为如果按照顶点转换的方式，对于非均匀缩放，会导致变换的法线归一化后与对应的面不垂直，如图 7-10 所示。

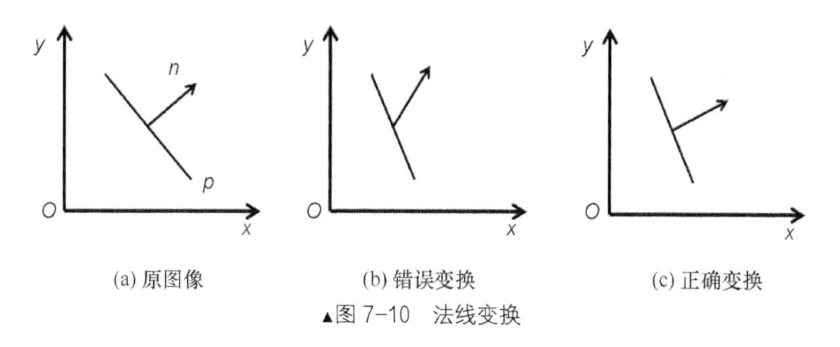


(a) 原图像　(b) 错误变换　(c) 正确变换

▲图 7-10　法线变换

❑ 采用插值方法的外拓

剪裁空间的外拓方法已能够解决大多数光滑物体的描边渲染，但是在锐利的表面上使用该方法经常会出现断层效果，如图 7-11 所示，我们可以发现正方体 3 个角点出现描边断裂的情况。而图 7-12 采用插值方法外拓的描边效果则没有这一问题。

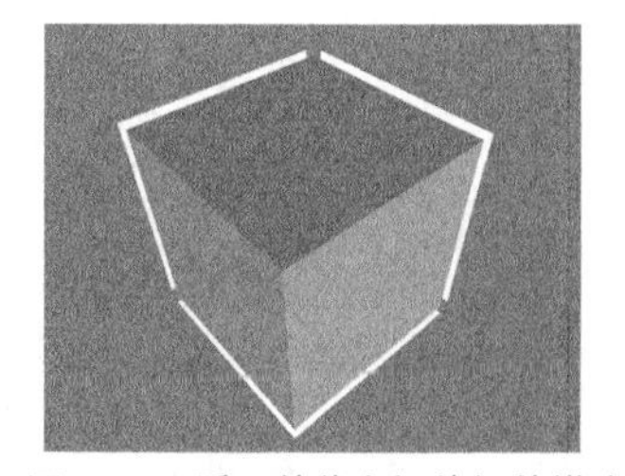

▲图 7-11　采用剪裁空间外拓的描边

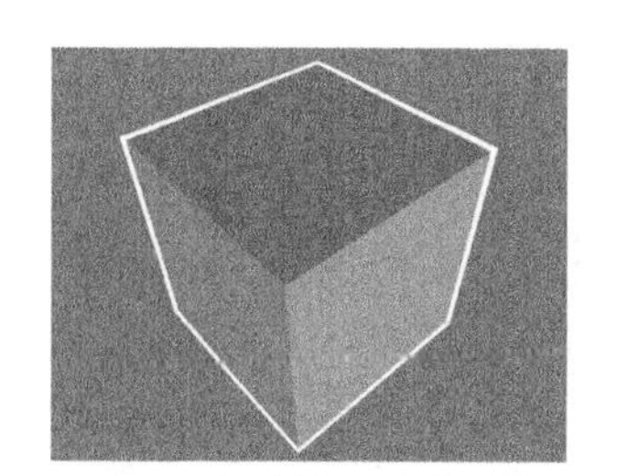

▲图 7-12　采用插值方法外拓的描边

本方法的思路并不是严格地将表面沿着法线方向扩展，而是在标准化的点元位置和法线方向

之间取一个恰当的参数进行插值。这样做的好处是表面在扩展过程中会尽量向点元方向靠拢，降低了轮廓的撕裂感，计算公式如下：

$$P_{new} = P_{old} + \boldsymbol{L} \times W_{outline} / D_{cam}$$

$$\boldsymbol{L} = \text{Normalize}\left[\text{MV}_{\text{IT}} \times \text{lerp}\left(V, \boldsymbol{N}, F\right)\right]$$

式中，$\boldsymbol{L}$ 为偏移向量；$W_{outline}$ 为描边线条的粗细程度；$D_{cam}$ 为物体和摄像机之间的距离；$V$ 为标准化后的顶点坐标；$\boldsymbol{N}$ 为法线向量；$F$ 为插值参数 $\text{MV}_{\text{IT}}$ 代表将点从模型空间变换到世界空间的变换矩阵，$P_{old}$ 代表原来裁剪空间的顶点坐标。

## 7.4.2　开发步骤

7.4.1 节介绍了描边效果的基本原理，本小节将采用插值方法的外拓对物体进行描边渲染，运行效果如图 7-13 和图 7-14 所示。我们可以明显地看到，开启描边效果后画面中心的商品周围有白色的描边，能够在众多商品中突出显示。

▲图 7-13　原场景效果

▲图 7-14　描边效果

了解了示例的运行效果后，接下来简单介绍本示例的具体开发过程。由于篇幅有限，在此只对开启描边效果的着色器进行详细讲解，对于其他的脚本与着色器读者可自行翻看随书源代码，具体代码如下。

代码位置：随书资源中源代码\第 7 章目录下的 SpecialEffect\Shader\Outline.shader

```
1   Shader "Cutstom/Outline"{
2     Properties{                                              //属性列表
3       _Diffuse("Diffuse", Color) = (1,1,1,1)                 //模型主颜色值
4       _OutlineCol("OutlineCol", Color) = (1,0,0,1)           //描边颜色值
5       _OutlineFactor("OutlineFactor", Range(0,10)) = 0.1 //描边宽度
6       _MainTex("Base 2D", 2D) = "white"{}                    //主纹理
7     }
8     SubShader{
9       Pass{                                                  //绘制描边的 Pass
10        Cull Front                                           //开启正面剪裁
11        CGPROGRAM
12        #pragma vertex vert                                  //声明顶点着色器
13        #pragma fragment frag                                //声明片元着色器
14        #include "UnityCG.cginc"                             //导入 UnityCG 工具包
15        fixed4 _OutlineCol;                                  //定义描边颜色值变量
16        float _OutlineFactor;                                //定义描边宽度变量
17        struct v2f {                                         //顶点着色器输出结构体
18          float4 pos : SV_POSITION;                          //顶点在剪裁坐标系中的位置坐标
19        };
20        v2f vert(appdata_full v) {                           //顶点着色器
21          v2f o;                                             //输出结构体
22          o.pos = UnityObjectToClipPos(v.vertex);            //将顶点位置坐标变换到剪裁坐标系
23          float3 dir = normalize(v.vertex.xyz);              //对顶点位置坐标进行归一化
24          float3 dir2 = v.normal;                            //获取法线向量
```

```
25          dir = lerp(dir, dir2, 0.9);                        //对顶点坐标与法线向量进行插值
26          dir = mul((float3x3)UNITY_MATRIX_IT_MV, dir);  //将向量变换到摄像机空间
27          float2 offset = TransformViewToProjection(dir.xy); //将向量变换到剪裁空间
28          offset = normalize ( offset );                         //归一化偏移值
29          float dist = distance(mul(UNITY_MATRIX_M,v.vertex), _WorldSpaceCameraPos );
                                                                   //计算距离
30          o.pos.xy += offset * o.pos.z * _OutlineFactor / dist;    //对顶点进行偏移操作
31          return o;
32        }
33        fixed4 frag(v2f i) : SV_Target{                         //片元着色器
34          return _OutlineCol;                                   //直接输出描边颜色
35        }
36        ENDCG
37      }
38      Pass{                                                     //正常着色的 Pass
39        ……//此处省略了模型正常着色的代码，前面的示例已经多次使用，有兴趣的读者可翻看随书源代码
40  }}}
```

- 第 2～7 行为属性列表，分别定义了模型主纹理、模型颜色值、描边颜色与描边宽度，方便根据需要对着色器中的属性进行修改。
- 第 8～14 行定义了描边着色器的第一个 Pass，此 Pass 负责将顶点沿法线方向向外扩展以达到描边的效果。其中必不可少的一步就是开启正面剪裁，使不需要显示的部分被原模型遮挡住，不再被渲染。
- 第 15～19 行定义了顶点着色器输入结构体，结构体中仅包含顶点在剪裁空间下的坐标位置，除此之外还定义了与属性列表相对应的变量。
- 第 20～30 行为顶点着色器，描边效果的核心代码都在顶点着色器中进行编写。首先对顶点坐标与法线向量进行插值，并将插值所得的结果与顶点坐标均转换到剪裁坐标系，计算摄像机与顶点在世界空间下的距离。最后根据前面讲解到的公式对顶点进行偏移操作。
- 第 33～36 行为片元着色器。在渲染描边的 Pass 中，片元着色器直接输出描边颜色。
- 第 38～40 行是对模型正常着色的 Pass。也就是说，在编写描边效果时，只需要在原有着色器基础上添加一个渲染描边的 Pass 即可。

## 7.5 遮挡透视效果

大部分第三人称角色扮演游戏中，摄像机会跟随角色进行移动，但是场景中难免会有一些建筑物阻挡在摄像机与角色之间，这样在摄像机中就不能确定角色的位置。为此，游戏开发人员通常会编写着色器将角色被遮挡的部分进行相应的处理使其呈现在屏幕上。本节就来讲解如何实现这一效果。

### 7.5.1 基本原理

遮挡透视效果往往是没有被物体遮挡的部分正常显示，被物体遮挡的部分进行灰化或者其他效果显示。这时该效果的着色器需要两个 Pass 来实现，其中一个 Pass 正常渲染模型，而另一个实现灰化或者类似边缘发光的效果以突显模型，步骤如下。

（1）将角色模型放置到最后渲染，即当渲染完所有的建筑物后再对角色模型进行渲染。通常情况下建筑物的渲染队列为 Geometry，这里只需要将角色模型的渲染队列调节到比 Geometry 更大即可。

（2）关闭深度缓存，将深度测试参数设为 Greater，这样就可以比较角色模型与深度缓存中的深度值，判断角色模型是否被其他物体所遮挡，只有当被遮挡时才进行灰化渲染。

（3）当通过深度测试后，输出角色模型被遮挡部分的颜色即可。这样开启 Blend 后的 Pass 就

能将输出片元的颜色与深度缓存中的颜色混合，以得到最终角色模型的颜色。

### 7.5.2　开发步骤

7.5.1 节介绍了透视遮挡效果的实现原理，本小节将通过具体的示例帮助读者加深理解，示例运行效果如图 7-15 和图 7-16 所示。我们可以清楚地看到，当建筑物遮挡住角色时，角色模型被遮挡的部分灰化显示，未被遮挡的部分正常显示。

▲图 7-15　角色正常渲染效果

▲图 7-16　角色遮挡透视效果

了解了示例的运行效果后，接下来对本示例的具体开发过程进行简要介绍。由于篇幅有限，在此只对角色模型遮挡透视效果的着色器进行详细讲解，对于其他的脚本与着色器，读者可自行翻看随书源代码，具体代码如下。

代码位置：随书资源中源代码\第 7 章目录下的 SpecialEffect\Shader\OcclusionPerspective.shader

```
1    Shader "Custom/OcclusionPerspective" {
2      Properties {                                        //属性列表
3        _MainTex ("Albedo (RGB)", 2D) = "white" {}        //主纹理
4        _PColor("Perspective Color", Color) = (1,1,1,0.5)    //灰化部分的片元颜色
5      }
6      SubShader {                                         //子着色器
7        Tags{"Queue" = "Geometry+900" "RenderType" = "Opaque"}      //设置标签
8        Pass{                                             //用于渲染被物体遮挡部分的通道
9          ZWrite off                                      //关闭深度写入
10         Lighting off                                    //关闭光照计算
11         Ztest Greater                                   //开启深度测试
12         Blend SrcAlpha OneMinusSrcAlpha                 //开启混合
13         CGPROGRAM
14         #pragma vertex vert                             //声明顶点着色器
15         #pragma fragment frag                           //声明片元着色器
16         #include "UnityCG.cginc"                        //导入 UnityCG 工具包
17         float4 _PColor;                                 //定义灰化颜色变量
18         struct v2f{                                     //顶点着色器输出结构体
19           float4 pos : SV_POSITION;                     //顶点在剪裁坐标系中的位置
20         };
21         v2f vert(appdata_img v){                        //顶点着色器
22           v2f o;                                        //定义输出结构体
23           o.pos = UnityObjectToClipPos(v.vertex);       //将顶点位置转化到剪裁坐标系
24           return o;
25         }
26         float4 frag(v2f i) : COLOR{                     //片元着色器
27           return _PColor;                               //输出片元颜色值
28         }
29         ENDCG
30       }
31       Pass{
32         ……//此处省略了对角色模型正常渲染的代码，有兴趣的读者可查看随书源代码
33     }}
34     FallBack "Diffuse"
35   }
```

- 第 2～5 行定义了属性列表，其中包含角色模型的主纹理与灰化部分的片元颜色。
- 第 6～7 行设置了子着色器的标签，其中最重要的一个步骤是将渲染队列 Queue 设置为比建筑物的渲染队列更大的值。
- 第 8～12 行定义了用于渲染角色模型被建筑物遮挡部分的通道，配置了渲染该通道所必需的操作：关闭深度写入、光照计算，开启深度测试与混合。
- 第 13～20 行开始编写 Cg 代码，声明顶点着色器与片元着色器，同时定义相关的变量与结构体。
- 第 21～30 行定义了顶点着色器与片元着色器；其中顶点着色器仅将物体顶点从模型坐标系转换到剪裁坐标系，而片元着色器仅将属性列表中定义的颜色赋予片元。
- 第 31～33 行是对模型正常渲染的通道。读者可根据项目的具体需求对该通道进行编写，也可通过随书源代码查看详细内容。

## 7.6 菲涅尔效果

在游戏的渲染中，经常会使用菲涅尔反射来根据视角控制物体的反射程度，模拟出与真实世界相近的游戏场景，比较常见的如水、玻璃等物体在光线的照射下都会产生菲涅尔效果。本节详细讲解如何编写着色器来实现菲涅尔效果。

### 7.6.1 基本原理

在介绍具体开发步骤之前首先需要了解一下菲涅尔效果的基本原理。产生菲涅尔效果的原因是：当光线到达两种材质的接触面时，一部分光线被反射，另一部分光线被折射。大致的规律是当入射角较小时主要发生折射，入射角较大时主要发生反射。

这与大家平时在湖边或池塘边的感觉一样：当目光与水面基本垂直时，主要看到的是水面下的内容；而当目光与水面之间的入射角很大时，主要看到的是湖面反射的内容，而看不到水面下的内容。图 7-17 简单地说明了这个问题。

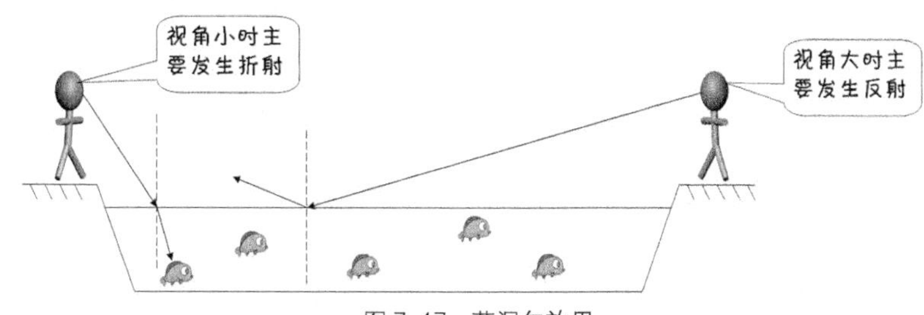


▲图 7-17　菲涅尔效果

了解了菲涅尔效果的基本原理后还有一个重要的问题需要解决，那就是在给定情况下反射和折射各自所占的比例为多少。这个问题的精确计算十分复杂，需要用到专门为菲涅尔效果建立的复杂数学模型，基于这些模型的计算难以满足游戏实时性的需要。

实际开发中笔者建议采用简化的数学模型，即将折射、反射比例分成 3 种情况进行计算，具体情况如下。

- 若入射角小于一定的值，则只计算折射效果。
- 若入射角大于一定的值，则只计算反射效果。
- 若入射角在一定的范围内，则首先单独计算折射效果与反射效果，再将两种效果的计算结果按一定的比例进行融合。

### 7.6.2　立方体纹理技术

明白了菲涅尔效果的基本原理后，仍不能直接编写着色器来实现该效果，还需要知道如何对物体反射与折射后的效果进行模拟，为此 Unity 引入了立方体纹理技术。立方图纹理技术是一种特殊的纹理映射技术，主要包括以下两个要点：

- 立方图纹理的单位是套，一套立方图纹理包括 6 幅尺寸相同的正方形纹理图。与构造天空盒的思路相同，这 6 幅图正好包含了周天 360°全部的场景内容。
- 对立方图纹理进行采样时，需要给出的不再是 S、T 两个轴的纹理坐标，而是一个规格化的向量。此规格化向量代表采样的方向，用来确定在代表全周天 360°的 6 幅图中的哪一幅的哪个位置进行采样。图 7-18 以反射效果为例说明了如何使用立方体纹理技术对环境进行采样。

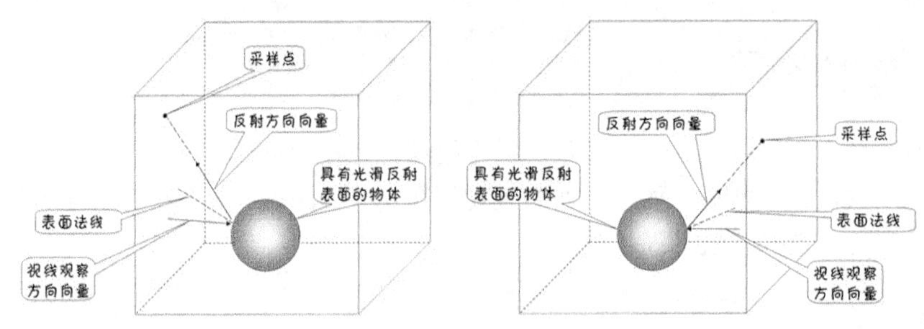


▲图 7-18　立方体纹理技术使用说明

### 7.6.3　开发步骤

7.6.1 节介绍了菲涅尔效果的基本原理，本小节将介绍基于此原理实现玻璃工艺品菲涅尔效果的示例，运行效果如图 7-19 和图 7-20 所示。我们可以清楚地看到，场景中玻璃工艺品边缘产生反射效果，而中间部分产生折射效果。

▲图 7-19　玻璃工艺品菲涅尔效果 1

▲图 7-20　玻璃工艺品菲涅尔效果 2

> **提示**　由于本书是黑白灰度印刷，因此通过效果图可能看不清菲涅尔效果，建议读者亲自行运行本节的示例观察效果。

了解了示例的运行效果后，接下来对本示例的具体开发过程进行简要介绍。本节重点讲解着色器特效的开发，不再对场景搭建等步骤进行介绍，有兴趣的读者可翻看随书源代码，具体内容如下。

（1）在当前的玻璃工艺品模型摆放位置采集场景，生成 Cubemap 立方体纹理，Unity 提供的 RenderToCubemap 方法能够方便地实现此操作。为了简单地通过菜单操作就能实现 Cubemap 的生成，在此对编辑器进行了扩展，具体代码如下。

代码位置：随书资源中源代码\第 7 章目录下的 SpecialEffect\Editor\RenderCubemapWizard.cs

```
1   public class RenderCubemapWizard : ScriptableWizard{
2     public Transform renderFromPosition;                    //渲染位置坐标
3     public Cubemap cubemap;                                 //立方体纹理
4     void OnWizardUpdate(){                                  //当向导窗口更新时调用此方法
5       string helpString = "Select transform to render from and cubemap to render into";
                                                              //提示信息
6       bool isValid = (renderFromPosition != null) && (cubemap != null);
                                                              //向导窗口是否可用判断依据
7     }
8     void OnWizardCreate(){                                  //单击窗口中 Create 按钮时调用
9       GameObject go = new GameObject("CubemapCamera");//创建临时对象
10      go.AddComponent<Camera>();                            //为该对象添加摄像机组件
11      go.transform.position = renderFromPosition.position;     //设置摄像机位置
12      go.transform.rotation = Quaternion.identity;             //设置摄像机旋转角度
13      //将摄像机位置周围的场景映射到 Cubemap 中
14      go.GetComponent<Camera>().RenderToCubemap(cubemap);
15      DestroyImmediate(go);                                 //销毁摄像机对象
16    }
17    [MenuItem("GameObject/Render into Cubemap")]          //定义菜单
18    static void RenderCubemap(){
19      ScriptableWizard.DisplayWizard<RenderCubemapWizard>(
20              "Render cubemap", "Render!");               //创建向导窗口
21  }}
```

- 第 2～3 行定义了窗体中的两个选择框，分别为渲染位置坐标与最终输出的立方体纹理。
- 第 4～7 行定义了 OnWizardUpate 方法，当扩展窗口打开或用户对窗口的内容进行改动时，会调用此方法。此方法会显示帮助文字并进行内容有效性的验证。
- 第 8～16 行是当用户单击窗口中“Create”按钮时进行的操作。创建临时的摄像机对象，将渲染位置的坐标赋予此摄像机对象，调用 RenderToCubemap 方法，将摄像机周围的场景映射到立方体纹理中，最后删除此摄像机对象。
- 第 17～21 行定义了菜单，可选择 GameObject→Render into Cubemap，弹出本脚本所代表的窗口。

> **说明** 编写完毕后需要将此脚本放入 Editor 文件夹内方可使用，关于拓展编辑器的相关知识将会在 15.4 节中详细讲解，这里读者只需简单理解即可。

（2）生成所需的立方体纹理之后，需要编写着色器，根据菲涅尔效应的原理对立方体纹理进行采样。顶点着色器获取并组织模型数据传递给片元着色器，片元着色器根据入射角进行采样，在该着色器中还能够调节反射、折射光颜色与折射率，具体代码如下。

代码位置：随书资源中源代码\第 7 章目录下的 SpecialEffect\Shader\Fresnel.shader

```
1   Shader "Custom/Fresnel" {
2     Properties{                                             //属性列表
3       _Color("Color Tint", Color) = (1, 1, 1, 1)          //主颜色
4       _ReflectColor("Reflection Color", Color) = (1, 1, 1, 1)      //反射光颜色
5       _RefractColor("Refraction Color", Color) = (1, 1, 1, 1)      //折射光颜色
6       _RefractRatio("Refraction Ratio", Range(0.1, 1)) = 0.5       //折射率
7       _Cubemap("Reflection Cubemap", Cube) = "_Skybox" {}          //立方体纹理
8       _MaxH("Max Value", Range(0, 1)) = 0.7                  //入射角大于此值，仅计算折射
9       _MinH("Min Value", Range(0, 1)) = 0.2                  //入射角小于此值，仅计算反射
10    }
11    SubShader{
12      Tags{ "RenderType" = "Opaque" "Queue" = "Geometry" }  //子着色器标签的定义
```

```
13      Pass{
14        Tags{ "LightMode" = "ForwardBase" }                        //定义 Pass 标签
15        CGPROGRAM
16        #pragma vertex vert                                         //声明顶点着色器
17        #pragma fragment frag                                       //声明片元着色器
18        #include "Lighting.cginc"                                   //导入 Lighting 工具包
19        #include "AutoLight.cginc"                                  //导入 AutoLight 工具包
20        ……//此处省略了与属性列表相同变量的定义，有兴趣的读者可翻看随书源代码
21        struct a2v {                                                //定义顶点着色器输入结构体
22          float4 vertex : POSITION;                                 //顶点位置
23          float3 normal : NORMAL;                                   //法向量
24        };
25        struct v2f {                                                //定义顶点着色器输出结构体
26          float4 pos : SV_POSITION;                                 //顶点在剪裁坐标系中的坐标
27          float3 worldPos : TEXCOORD0;                              //顶点在世界空间中的坐标
28          fixed3 worldNormal : TEXCOORD1;                           //世界空间中的法线
29          fixed3 worldViewDir : TEXCOORD2;                          //世界空间中的视线方向
30        };
31        v2f vert(a2v v) {                                           //顶点着色器
32          v2f o;
33          o.pos = UnityObjectToClipPos(v.vertex);                   //从模型坐标系到剪裁坐标系
34          o.worldNormal = UnityObjectToWorldNormal(v.normal);  //世界坐标系下的法向量
35          o.worldPos = mul(unity_ObjectToWorld, v.vertex).xyz; //世界坐标系下的顶点位置
36          o.worldViewDir = UnityWorldSpaceViewDir(o.worldPos); //视线方向
37          return o;
38        }
39        fixed4 frag(v2f i) : SV_Target{                             //片元着色器
40          ……//此处省略了片元着色器的内容，后面将详细进行介绍
41        }
42        ENDCG
43  }}}
```

- 第 2～10 行为属性列表，分别定义了主颜色值、反射光颜色、折射光颜色、折射率、立方体纹理、入射角最大分界值与入射角最小分界值。
- 第 11～19 行定义了子着色器，声明标签渲染队列为 Geometry，同时定义了 Pass 渲染通道，声明顶点着色器与片元着色器，导入 cginc 工具包。
- 第 20～30 行定义了与属性列表相同的变量，并且定义了顶点着色器的输入与输出结构体，用于在渲染管线中传递信息。
- 第 31～38 行为顶点着色器，将顶点位置从物体坐标系分别转换到世界坐标系与剪裁坐标系中，将法向量转换到世界坐标系下，并根据世界坐标系下的顶点位置获取视线方向。
- 第 39～41 行为片元着色器，在本节的程序中菲涅尔效果主要是利用片元着色器实现的，根据入射角的值判断每个片元是产生反射还是折射效果。

（3）在实现菲涅尔效果的过程中片元着色器所起到的作用：片元着色器可以计算视线方向向量与法向量的余弦值，通过比较该余弦值与最大、最小分界值的大小关系来决定产生反射效果还是折射效果，具体代码如下。

代码位置：随书资源中源代码\第 7 章目录下的 SpecialEffect\Shader\Fresnel.shader

```
1   fixed4 frag(v2f i) : SV_Target{
2     fixed3 worldNormal = normalize(i.worldNormal);                //归一化法向量
3     fixed3 worldLightDir = normalize(UnityWorldSpaceLightDir(i.worldPos));
                                                                    //归一化光照方向
4     fixed3 worldViewDir = normalize(i.worldViewDir);              //归一化视线方向
5     fixed3 vTextureCoord;                                   //用于进行立方体纹理采样的向量
6     fixed3 reflection;                                      //反射采样结果
7     fixed3 refraction;                                      //折射采样结果
8     fixed3 color;                                           //最终颜色
9     fixed testValue = abs(dot(worldViewDir,worldNormal)); //计算视线向量与法向量的余弦值
10    if (testValue > _MaxH) {                                //余弦值大于 MaxH 仅折射
11      vTextureCoord = refract(-worldViewDir, worldNormal, _RefractRatio);
                                                              //计算折射采样向量
12      refraction = texCUBE(_Cubemap, vTextureCoord).rgb * _RefractColor.rgb;
```

```
                                                    //对 Cubemap 采样
13      color = refraction;                         //赋予片元最终颜色值
14    }else if (testValue > _MinH && testValue < _MaxH) {          //折射与反射融合
15      vTextureCoord = reflect(-worldViewDir, worldNormal);       //计算反射采样向量
16      reflection = texCUBE(_Cubemap, vTextureCoord).rgb * _ReflectColor.rgb;
                                                                   //获取反射采样结果
17      vTextureCoord = refract(-worldViewDir, worldNormal, _RefractRatio);
                                                                   //计算折射采样向量
18      refraction = texCUBE(_Cubemap, vTextureCoord).rgb * _RefractColor.rgb;
                                                                   //获取折射采样结果
19      fixed ratio = (testValue - _MinH) / (_MaxH - _MinH);       //融合比例
20      color = refraction * ratio + reflection * (1.0 - ratio); //折射与反射结果线性融合
21    }else {                                                      //只有反射
22      vTextureCoord = reflect(-worldViewDir, worldNormal);       //计算反射采样向量
23      reflection = texCUBE(_Cubemap, vTextureCoord).rgb * _ReflectColor.rgb;
                                                                   //获取反射采样结果
24      color = reflection;                                        //赋予片元最终颜色值
25    }
26    return fixed4(color, 0.5);                                   //返回片元颜色值
27  }
```

- 第 2～9 行定义了顶点法向量、光照方向、视线方向、用于进行立方体纹理采样的向量、反射采样结果、折射采样结果等变量，同时计算世界坐标系下的视线向量与法向量的余弦值。
- 第 10～13 行的功能为当余弦值大于最大分界值时执行此段程序，此时仅发生折射，然后计算折射的采样向量，并对立方体纹理进行采样。
- 第 14～20 行的功能为当余弦值处于最小与最大分界值之间时执行此段程序，此时将折射效果与反射效果进行融合，分别获取反射与折射的采样结果，根据计算出的融合比例对折射与反射结果进行线性融合。
- 第 21～25 行的功能为当余弦值小于最小分界值时执行此段程序，此时仅发生反射，然后计算反射采样向量，并对立方体纹理进行采样。

## 7.7 高斯模糊

在游戏开发中，开发人员常用高斯模糊技术来减少图像噪声，降低细节层次，使图像变得较为模糊。高斯模糊是屏幕后处理效果的一种。3D 游戏中通常是将摄像机观察到的场景渲染到一张图片上，再将这张图片呈现在设备屏幕上，而高斯模糊正是对摄像机渲染后的图片进行处理。

### 7.7.1 基本原理

高斯模糊是对一整幅图像进行加权平均的过程，每一个像素点的值都由其本身和邻域内的其他像素值经过加权平均后得到。其具体做法是用一个模板扫描图像中的每一个像素，用模板确定邻域内像素的加权平均值来代替模板中心像素点的值。数学表达式如下。

$$G(x,y)=\frac{1}{2\pi\sigma^2}\mathrm{e}^{-\frac{x^2+y^2}{2\sigma^2}}$$

式中，$\sigma$ 为标准方差；$x$ 与 $y$ 为当前像素位置到卷积核中心的整数距离。

卷积核通常是一个四方形网格结构，该网格区域内每个方格都有一个权重值。

通常，实现高斯模糊的流程是取图像中一个像素为中心点，然后取该像素周围的点作为采样点，根据相对中心点的距离将区域内的像素点分别乘以相应的权值，然后将其作为处理后中心点的像素值。但是这样做在处理图像中每个像素点时，就需要大量的采样计算。

假设屏幕分辨率是 $M\times N$，卷积核大小是 $m\times n$，那么进行一次高斯模糊处理就需要进行 $M\times N\times m\times n$ 次采样。幸运的是，可以将二维高斯函数拆分成两个一维函数，从图 7-21 中可以看出

步骤 3 与步骤 1、2 的操作结果相同。

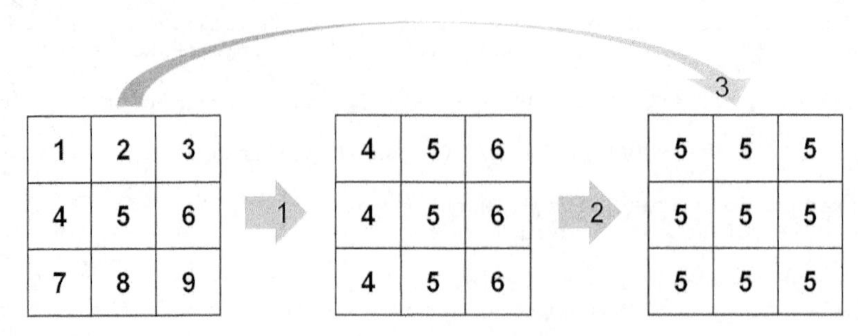


▲图 7-21　线性拆分过程

线性拆分过程如下。

（1）计算每列的平均值。(1+4+7)/3=4，(2+5+8)/3=5，(3+6+9)/3=6。

（2）计算每行的平均值。(4+5+6)/ 3=5，(4+5+6)/3=5，(4+5+6)/3=5。

（3）直接加权平均。(1+2+3+4+5+6+7+8+9)/9=5。

高斯模糊是线性操作，同样能够进行线性拆分，将二维高斯函数拆分成横向与纵向的两个一维操作，这样采样的次数就从 $M \times N \times m \times n$ 缩减成了 $(M+N) \times m \times n$，极大地减少了采样次数，提升了操作效率。

## 7.7.2　开发步骤

7.7.1 节介绍了高斯模糊的基本原理与优化方法，本小节将通过具体的示例帮助读者加深理解。示例运行效果如图 7-22 和图 7-23 所示。我们可以看到，开启高斯模糊效果后，屏幕上呈现的场景图像变得较为模糊，无法看到更多的细节。

▲图 7-22　场景原效果

▲图 7-23　场景高斯模糊效果

了解了示例的运行效果后，接下来对本示例的具体开发过程进行简要介绍。在此只对高斯模糊效果的实现过程进行讲解，其他着色器效果与操作过程读者可自行翻看随书源代码。具体内容如下。

（1）高斯模糊属于屏幕后处理效果，为了实现这种效果，除了编写对应的着色器外，还需要编写脚本来实现对屏幕图像的抓取与处理。Unity 提供了 OnRenderImage 与 Graphics.Blit 函数用于抓取屏幕上的图像并进行处理，具体代码如下。

代码位置：随书资源中源代码\第 7 章目录下的 SpecialEffect\Scripts\GaussianBlur.cs

```
1   using UnityEngine;
2   using System.Collections;
3   [ExecuteInEditMode]                                         //编辑状态下也运行
```

```
4    [RequireComponent(typeof(Camera))]                    //挂载对象需有摄像机组件
5    public class GaussianBlur : MonoBehaviour{
6      public Material _Material;                          //图像处理材质
7      public float BlurRadius = 1.0f;                     //模糊半径
8      public int downSample = 2;                          //降分辨率
9      public int iteration = 1;                           //迭代次数
10     void OnRenderImage(RenderTexture source, RenderTexture destination){ //抓取屏幕
11       if(_Material){                                    //是否有图像处理材质
12         //创建 RenderTexture，其分辨率按照 downSample 降低
13         RenderTexture rt1 = RenderTexture.GetTemporary(source.width >> downSample,
14           source.height >> downSample, 0, source.format);
15         RenderTexture rt2 = RenderTexture.GetTemporary(source.width >> downSample,
16           source.height >> downSample, 0, source.format);
17         Graphics.Blit(source, rt1);        //直接将原图复制到降分辨率的 RenderTexture 上
18         for (int i = 0; i < iteration; i++){            //进行迭代高斯模糊
19           //第一次高斯模糊，设置 offsets，竖向模糊
20           _Material.SetVector("_offsets", new Vector4(0, BlurRadius, 0, 0));
21           Graphics.Blit(rt1, rt2, _Material); //利用图像处理材质对 rt1 进行处理并将处理结果
             输出到 rt2 中
22           //第二次高斯模糊，设置 offsets，横向模糊
23           _Material.SetVector("_offsets", new Vector4(BlurRadius, 0, 0, 0));
24           Graphics.Blit(rt2, rt1, _Material);   //利用图像处理材质对 rt2 进行处理并将处理结
             果输出到 rt1 中
25         }
26         Graphics.Blit(rt1, destination);        //将处理结果输出到屏幕上
27         RenderTexture.ReleaseTemporary(rt1);    //释放申请的两块 RenderBuffer 内容
28         RenderTexture.ReleaseTemporary(rt2);
29   }}}
```

- 第 3～4 行定义了脚本的标签，表明该脚本在编辑器模式下同样能够运行，并且只能挂载到含有摄像机组件的对象上。
- 第 6～9 行定义了用于调节图像高斯模糊的程度的公有变量，分别为图像处理材质、模糊半径、降分辨率与迭代次数，其中图像处理材质用于处理所抓取的图像。
- 第 10 行定义了 OnRenderImage 方法，该方法能够实现对屏幕的抓取，其中 source 参数为原始图像，destination 参数为经过处理最终显示到屏幕上的图像。
- 第 11～17 行首先判断是否有对图像进行处理的材质，如果有就创建两个临时的 RenderTexture，其分辨率按照 downSample 的值进行降低，这样做的目的是减少处理像素的个数，在一定程度上也能增强模糊效果，最后将原图像复制到降低分辨率的 RenderTexture 上。
- 第 18～28 行开始迭代高斯模糊，通过设置图像处理材质的_offsets 属性分别对图像进行纵向与横向采样，利用临时开辟的两个 RenderTexture 将横向与纵向处理结果叠加。最后将高斯模糊的处理结果输出到屏幕上，释放所申请的两个 RednerTexture 缓存。

（2）第（1）步介绍了对屏幕图像抓取与处理的代码，其中用到了图像处理材质对图像进行操作处理。下面就来讲解高斯模糊图像处理材质所对应的着色器如何编写，在该着色器中分别计算距中心像素点上下或左右各 1、2、3 的像素颜色，对这些像素进行加权平均得到中心像素的颜色，具体代码如下。

代码位置：随书资源中源代码\第 7 章目录下的 SpecialEffect\Shader\GaussianBlur.shader

```
1    Shader "Custom/GaussianBlur"{
2      Properties{                                        //属性列表
3        _MainTex("Base (RGB)", 2D) = "white" {}          //主纹理
4      }
5      CGINCLUDE
6      #include "UnityCG.cginc"
7      struct v2f_blur{                                   //顶点着色器输出结构体
8        float4 pos : SV_POSITION;                        //顶点位置
9        float2 uv  : TEXCOORD0;                          //本像素点纹理坐标
10       float4 uv01 : TEXCOORD1;                         //与中心点距离为 1 的两个像素点的纹理坐标
11       float4 uv23 : TEXCOORD2;                         //与中心点距离为 2 的两个像素点的纹理坐标
12       float4 uv45 : TEXCOORD3;                         //与中心点距离为 3 的两个像素点的纹理坐标
```

```
13    };
14    sampler2D _MainTex;                                    //纹理变量
15    float4 _MainTex_TexelSize;                             //_MainTex 纹理对应每个纹素的大小
16    float4 _offsets;                                       //设置横向和竖向高斯模糊的关键参数
17    v2f_blur vert_blur(appdata_img v){                     //顶点着色器
18      v2f_blur o;                                          //定义输出结构体
19      o.pos = UnityObjectToClipPos(v.vertex);              //将顶点坐标转化到剪裁坐标系
20      o.uv = v.texcoord.xy;                                //纹理坐标
21      _offsets *= _MainTex_TexelSize.xyxy;                 //计算偏移量
22      //计算与中心点上下或左右的距离为 1、2、3 的像素点纹理坐标
23      o.uv01 = v.texcoord.xyxy + _offsets.xyxy * float4(1, 1, -1, -1);
24      o.uv23 = v.texcoord.xyxy + _offsets.xyxy * float4(1, 1, -1, -1) * 2.0;
25      o.uv45 = v.texcoord.xyxy + _offsets.xyxy * float4(1, 1, -1, -1) * 3.0;
26      return o;
27    }
28    fixed4 frag_blur(v2f_blur i) : SV_Target{              //片元着色器
29      fixed4 color = fixed4(0,0,0,0);                      //初始化颜色值
30      color += 0.4 * tex2D(_MainTex, i.uv);                //将中心点及周围的像素进行加权平均
31      color += 0.15 * tex2D(_MainTex, i.uv01.xy); color += 0.15 * tex2D(_MainTex,
        i.uv01.zw);
32      color += 0.10 * tex2D(_MainTex, i.uv23.xy); color += 0.10 * tex2D(_MainTex,
        i.uv23.zw);
33      color += 0.05 * tex2D(_MainTex, i.uv45.xy); color += 0.05 * tex2D(_MainTex,
        i.uv45.zw);
34      return color;                                        //返回片元的颜色值
35    }
36    ENDCG
37    SubShader{                                             //子着色器
38      Pass{
39        ZTest Always Cull Off ZWrite Off                   //通道操作
40        CGPROGRAM
41        #pragma vertex vert_blur                           //声明顶点着色器
42        #pragma fragment frag_blur                         //声明片元着色器
43        ENDCG
44  }}}
```

- 第 2～4 行定义了属性列表，其中必须声明一个名为_MainTex 的纹理属性，因为上述脚本中的 Graphics.Blit(src,dest,material)方法会将 scr 传递给本着色器程序中的_MainTex 属性。
- 第 5～13 行引入了 UnityCG 工具包，并且定义了顶点着色器的输出结构体，用于顶点着色器与片元着色器之间的信息传递，其中定义了顶点坐标与 7 个像素点的纹理坐标。
- 第 14～16 行定义了本着色器需要用到的变量，其中_MainTex_TexelSize 是_MainTex 纹理对应的每个纹素的大小。若_MainTex 的分辨率为 512×512，则_MainTex_TexelSize 的 $x$、$y$ 值均为 1/512。而_offsets 能够决定对图像进行横向采样还是纵向采样。
- 第 17～27 行为顶点着色器，其主要作用就是计算中心点周围 6 个像素点的纹理坐标。_offsets 变量在上一步的脚本中被赋值为(0,1,0,0)或(1,0,0,0)，分别代表横向与纵向的选取中心点周围的像素点，这样通过对中心点纹理坐标的偏移计算就能得到其余 6 个像素点的纹理坐标。
- 第 28～36 行为片元着色器，其主要作用是将像素本身及像素左右（或者上下，取决于顶点着色器传进来的纹理坐标）的像素值进行加权平均，最后将计算结果赋予该像素作为颜色值。
- 第 37～44 行定义了子着色器，在 Pass 中关闭了剪裁与深度写入等，这 3 个状态设置是屏幕后处理操作的“标配”。

## 7.8 Bloom 效果

Bloom 效果又被称为“全屏泛光”，是游戏中常用的一种屏幕后处理效果。使用了 Bloom 效果后，游戏画面的对比会得到增强，亮的地方的曝光也会得到增强，从而呈现出一种朦胧的效果。该效果一般用来近似模拟 HDR 效果，本节将详细介绍如何编写程序来实现 Bloom 效果。

### 7.8.1 基本原理

HDR 全称为 High Dynamic Range，意为高动态范围。计算机在表示图像时是用 8bit 或 16bit 来区分图像亮度的，这一数量并不能再现真实自然光的情况。HDR 利用 ToneMapping 技术，能够用有限的亮度分布模拟更高范围的亮度分布，但对性能的要求十分高。

由于游戏的实时性要求很高，通常采用 Bloom 近似模拟 HDR，将图像中的光照范围调高到过饱和程度。Bloom 效果的实现流程如下：

（1）利用脚本获取屏幕图像，检测屏幕中每个像素的亮度。设置阈值，当像素的亮度大于阈值时保留该像素颜色值，否则将像素颜色值置为黑色。

（2）将前面处理过的图像进行模糊化处理，模拟光线扩散的效果，这里采用 7.7 节讲解的高斯模糊。

（3）将模糊后的图像与原图像混合，得到 Bloom 效果的图像。

### 7.8.2 开发步骤

7.8.1 节介绍了 Bloom 的基本原理，本小节将通过具体的示例帮助读者加深理解。示例运行效果如图 7-24 和图 7-25 所示。可以看到，开启 Bloom 效果后，屏幕上亮的地方的曝光性更强，较原场景而言逼真度有了较大的提升。

▲图 7-24　场景原效果

▲图 7-25　场景 Bloom 效果

了解了示例的运行效果后，接下来对本示例的具体开发过程进行简要介绍。在此只对 Bloom 效果的实现过程进行讲解，其他着色器效果与操作过程读者可自行翻看随书源代码。具体内容如下。

（1）Bloom 同样属于屏幕后处理效果，需要编写脚本实现对屏幕图像的抓取与处理。创建名为 Bloom 的脚本，将其挂载到摄像机对象上。该脚本依次实现了根据阈值提取图像、高斯模糊与混合图像操作，具体代码如下。

代码位置：随书资源中源代码\第 7 章目录下的 SpecialEffect\Scripts\Bloom.cs

```
1   public class Bloom: MonoBehaviour{
2     public Material _Material;                               //图像处理材质
3     public Color colorMix = new Color(1, 1, 1, 1);           //特效颜色
4     [Range(0.0f, 1.0f)]
5     public float threshold = 0.25f;                          //Bloom 效果范围
6     [Range(0.0f, 2.5f)]
7     public float intensity = 0.75f;                          //Bloom 特效强度
8     [Range(0.2f, 1.0f)]
9     public float BlurSize = 1.0f;                            //模糊范围与质量
10    public int downSample = 2;                               //降分辨率
11    void OnRenderImage(RenderTexture source, RenderTexture destination){
12      if (_Material){
13        _Material.SetColor("_ColorMix", colorMix);           //设置材质中特效颜色
14        _Material.SetVector("_Parameter", new Vector4(BlurSize * 1.5f, 0.0f,
```

```
                                                              //向材质中传入参数
15          intensity, 0.8f - threshold));
16         //申请 RenderTexture，其分辨率按照 downSample 降低
17         RenderTexture rt1 = RenderTexture.GetTemporary(source.width >> downSample,
18          source.height >> downSample, 0, source.format);
19         RenderTexture rt2 = RenderTexture.GetTemporary(source.width >> downSample,
20          source.height >> downSample, 0, source.format);
21         Graphics.Blit(source, rt1, _Material, 0);                //第一步：根据阈值提取图像
22        //第二步：高斯模糊
23         _Material.SetVector("_offsets", new Vector4(0, 1, 0, 0));       //竖向模糊
24         Graphics.Blit(rt1, rt2, _Material, 1);
25         _Material.SetVector("_offsets", new Vector4(1, 0, 0, 0));       //横向模糊
26         Graphics.Blit(rt2, rt1, _Material, 1);
27         _Material.SetTexture("_Bloom", rt1);                      //第三步：与原图像混合
28         Graphics.Blit(source, destination, _Material, 2);
29         RenderTexture.ReleaseTemporary(rt1);        //释放申请的两块 RenderBuffer 内容
30         RenderTexture.ReleaseTemporary(rt2);
31    }}}
```

- ❑ 第 2～10 行定义了 Bloom 效果的属性参数，分别为图像处理材质、特效颜色、Bloom 效果范围、Bloom 特效强度、高斯模糊范围与所降低的分辨率。
- ❑ 第 13～20 行设置材质中特效颜色，并将成员变量中定义的参数以向量的形式传入图像处理材质中。创建两个 RednerTexture，根据 downSample 的值降低分辨率以减少需要处理的像素个数。
- ❑ 第 21 行为实现 Bloom 效果的第一步，根据阈值提取出图像中比较亮的像素，其他低于阈值的像素置为黑色。具体的操作步骤在图像处理着色器中进行编写，此步骤对应着色器中的第 1 个 Pass。
- ❑ 第 22～26 行是第二步，对第一步提取出来的图像进行高斯模糊处理，处理步骤与 7.7 节讲解的高斯模糊相同，此步骤对应着色器中的第 2 个 Pass。
- ❑ 第 27～30 行为第三步，将高斯模糊后的图像与原图像进行混合操作，此步骤对应着色器中的第 3 个 Pass，最后释放前面创建的两个 RenderTexture 缓存。

（2）第（1）步介绍了对屏幕图像抓取与处理的代码，其中用到了图像处理材质对图像进行操作处理。下面就来讲解 Bloom 效果图像处理材质所对应的着色器如何编写，在该段代码中，定义了 3 个 Pass，分别对应上述脚本中的 3 个过程，具体代码如下。

代码位置：随书资源中源代码\第 7 章目录下的 SpecialEffect\Shader\Bloom.shader

```
1    Shader "Custom/Bloom"{
2      Properties{                                              //属性列表
3        _MainTex("Base (RGB)", 2D) = "white" {}               //主纹理
4        _Bloom ("Bloom (RGB)", 2D) = "black" {}               //Bloom 效果纹理
5      }
6      CGINCLUDE
7      ……//此处省略了一些变量的定义，有兴趣的读者可翻看随书源代码
8      struct v2f_withMaxCoords {                               //Pass 0 顶点着色器输出结构体
9        half4 pos : SV_POSITION;                               //顶点位置坐标
10       half2 uv2[5] : TEXCOORD0;                              //纹理坐标数组
11     };
12     v2f_withMaxCoords vertMax (appdata_img v){              //Pass 0 顶点着色器
13       v2f_withMaxCoords o;                                   //输出结构体
14       o.pos = UnityObjectToClipPos (v.vertex);               //将顶点坐标转化到剪裁坐标系
15       o.uv2[0] = v.texcoord + _MainTex_TexelSize.xy * half2(1.5,1.5);
                                                                //计算周围像素的纹理坐标
16       o.uv2[1] = v.texcoord + _MainTex_TexelSize.xy * half2(-1.5,1.5);
17       o.uv2[2] = v.texcoord + _MainTex_TexelSize.xy * half2(-1.5,-1.5);
18       o.uv2[3] = v.texcoord + _MainTex_TexelSize.xy * half2(1.5,-1.5);
19       o.uv2[4] = v.texcoord ;                                //记录本顶点的纹理坐标
20       return o;                                              //将信息传递到片元着色器
21     }
22     fixed4 fragMax ( v2f_withMaxCoords i ) : COLOR{         //Pass 0 片元着色器
23       fixed4 color = tex2D(_MainTex, i.uv2[4]);             //采样本像素的颜色
24       color = max(color, tex2D (_MainTex, i.uv2[0]));//与周围像素比较颜色值
```

```
25        ……//此处省略了对另外 3 个像素值的比较，有兴趣的读者可翻看随书源代码
26        return saturate(color - _Parameter.w);              //设置阈值提取出图像中较亮的部分
27      }
28      ......//此处省略了 Pass 1 高斯模糊处理的顶点着色器与片元着色器
29      struct v2f_mix {                                      //Pass 2 顶点着色器输出结构体
30        half4 pos : SV_POSITION;                            //顶点位置坐标
31        half4 uv : TEXCOORD0;                               //纹理坐标
32      };
33      v2f_mix vertMix (appdata_img v){                      //Pass 2 顶点着色器
34        v2f_mix o;                                          //输出结构体
35        o.pos = UnityObjectToClipPos (v.vertex);            //将顶点坐标转化到剪裁坐标系
36        o.uv = v.texcoord.xyxy;                             //记录纹理坐标
37        #if UNITY_UV_STARTS_AT_TOP                          //若为 DirectX 平台
38          if (_MainTex_TexelSize.y < 0.0)                   //判断是否开启抗锯齿
39            o.uv.w = 1.0 - o.uv.w;                          //对竖直方向的纹理坐标进行翻转
40        #endif
41        return o;                                           //将信息传递到片元着色器
42      }
43      fixed4 fragMix( v2f_mix i ) : COLOR{                  //Pass 2 片元着色器
44        fixed4 color = tex2D(_MainTex, i.uv.xy);            //对主纹理进行采样
45        color += tex2D(_Bloom, i.uv.zw)*_Parameter.z*_ColorMix; //将主纹理与高斯模糊后的图像混合
46        return color;                                       //返回片元颜色值
47      }
48      ENDCG
49      SubShader {                                           //子着色器
50        ……//此处省略了子着色器的内容，有兴趣的读者可翻看随书源代码
51    }}
```

- 第 2～5 行定义了着色器的属性列表，其中_MainTex 代表屏幕输出的图像，_Bloom 代表对_MainTex 经过提取高亮与高斯模糊处理后的图像。
- 第 8～21 行为 Pass 0 的顶点着色器输出结构体与顶点着色器。Pass 0 的主要功能就是从原图像中提取高亮的像素，将低于高亮阈值的区域置为黑色。顶点着色器负责计算顶点坐标与本顶点相邻的上下左右 4 个片元的纹理坐标。
- 第 22～27 行为 Pass 0 的片元着色器，主要功能是根据从顶点着色器传递过来的 5 个纹理坐标比较采样颜色的大小，选取最亮的颜色作为本片元的颜色，最后根据设置的阈值决定是否在输出图像上显示该片元。
- 第 28 行省略了 Pass 1 的顶点着色器与片元着色器。Pass 1 的主要功能是对 Pass 0 输出的图像进行高斯模糊，代码与 7.7 节中的相同。
- 第 29～42 行为 Pass 2 的信息传递结构体与顶点着色器。Pass 2 的主要功能是将原图像与 Pass 1 输出的图像进行混合，得到最终的 Bloom 效果。由于 OpenGL 与 DirectX 平台使用了不同的屏幕空间坐标，因此在顶点着色器中需要进行翻转处理。
- 第 43～51 行定义了 Pass 2 中的片元着色器，根据从顶点着色器传递过来的纹理坐标进行颜色采样，最终与经过参数调节过的模糊图像进行混合。程序的最后定义了 SubShader，该部分代码十分简单，只需要将前面定义的各个方法按顺序组织成 3 个 Pass 即可。

## 7.9 景深效果

景深（Depth of Field，DOF）是在摄像机完成对焦时，景物在感光元件上清楚、锐利的范围。简单来说，景深效果就是摄像机焦点前后的物体是清晰的，其他物体离摄像机焦点越远则越模糊。在游戏的开发过程中，开发人员通常会使用景深效果来表现场景的层次感或突出呈现主体。

### 7.9.1 基本原理

在真实世界中，景深是由摄像机的光圈、镜头及物体的距离共同决定的，计算方法较为复杂。

游戏开发中经常会使用简化的方法来模拟景深效果从而减少运算量，简化后的方法十分简单，实现流程如下：

（1）使用前面章节讲解的高斯模糊方法将原图像进行模糊处理。

（2）利用_CameraDepthTexture 获取屏幕的深度纹理，通过此纹理就能知道场景中物体距离摄像机的远近。

（2）此时，根据场景中物体距离摄像机的远近，将原图像与高斯模糊后的图像进行插值混合，这样就能呈现出距离摄像机近的物体十分清晰、距离摄像机远的物体较为模糊的效果。

> **提示**　需要将摄像机的 DepthTextureMode 变量设置为 Depth，开启了 Depth 模式后就可以在着色器中通过_CameraDepthTexture 获取屏幕的深度纹理了。

## 7.9.2　开发步骤

7.9.1 节介绍了景深效果实现的流程，本小节将通过具体的示例帮助读者加深理解。示例运行效果如图 7-26 和图 7-27 所示。我们可以看到，开启景深效果后，距离摄像机远的物体变得十分模糊，而距离摄像机近的物体较为清晰，这样就能够在场景中突出呈现主体。

▲图 7-26　场景原效果图

▲图 7-27　景深效果图

了解了示例的运行效果后，接下来对本示例的具体开发过程进行简要介绍。在此只对景深效果的实现过程进行讲解，其他操作过程读者可自行翻看随书源代码。具体内容如下。

（1）景深属于屏幕后处理效果，需要编写脚本实现对屏幕图像的抓取与处理。创建名为 DepthOfField 的脚本，将其挂载到摄像机对象上。该脚本依次实现了高斯模糊、计算焦点、混合图像等操作，具体代码如下。

代码位置：随书资源中源代码\第 7 章目录下的 SpecialEffect\Scripts\DepthOfField.cs

```
1   public class DepthOfField : MonoBehaviour{
2     public Material _Material;                                  //模糊处理材质
3     public Material _BlendMaterial;                             //混合处理材质
4     public float BlurRadius = 1.0f;                             //模糊半径
5     public int downSample = 2;                                  //降分辨率
6     public int iteration = 1;                                   //迭代次数
7     public float dist = 0;                                      //起始模糊位置
8     void OnEnable(){
9       GetComponent<Camera>().depthTextureMode |= DepthTextureMode.Depth; //更改模式
10    }
11    void OnRenderImage(RenderTexture source, RenderTexture destination){ //抓取屏幕
12      if (_Material){                                           //是否有图像处理材质
13        //申请 RenderTexture，RT 的分辨率按照 downSample 降低
14        RenderTexture rt1 = RenderTexture.GetTemporary(source.width >> downSample,
15         source.height >> downSample, 0, source.format);
16        RenderTexture rt2 = RenderTexture.GetTemporary(source.width >> downSample,
```

```
17          source.height >> downSample, 0, source.format);
18        Graphics.Blit(source, rt1);                  //将原图复制到降分辨率的 RenderTexture 上
19        for (int i = 0; i < iteration; i++){         //进行迭代高斯模糊
20          //第一次高斯模糊，设置 offsets，竖向模糊
21          _Material.SetVector("_offsets", new Vector4(0, BlurRadius, 0, 0));
22          Graphics.Blit(rt1, rt2, _Material); //利用图像处理材质对 rt1 进行处理，并将处理结
            果输出到 rt2 中
23          //第二次高斯模糊，设置 offsets，横向模糊
24          _Material.SetVector("_offsets", new Vector4(BlurRadius, 0, 0, 0));
25          Graphics.Blit(rt2, rt1, _Material); //利用图像处理材质对 rt2 进行处理，并将处理结
            果输出到 rt1 中
26        }
27        Camera camera = GetComponent<Camera>();                    //获取摄像机组件
28        float focalDist = Mathf.Clamp(dist, camera.nearClipPlane, camera.farClipPlane);
                                                                     //限制 dist 的大小
29        focalDist = focalDist / (camera.farClipPlane - camera.nearClipPlane);
                                                                     //转换起始模糊位置
30        _BlendMaterial.SetTexture("_BlurTex", rt1);               //设置混合材质的纹理
31        _BlendMaterial.SetFloat("_Dist", focalDist);              //传递起始模糊位置
32        Graphics.Blit(source, destination, _BlendMaterial);  //进行混合处理操作
33        RenderTexture.ReleaseTemporary(rt1);       //释放申请的两块 RenderBuffer 内容
34        RenderTexture.ReleaseTemporary(rt2);
35  }}}
```

❑ 第 2～7 行定义了用于调节图像高斯模糊的程度等的公有变量，分别为图像处理材质、混合处理材质、模糊半径、降分辨率、迭代次数与起始模糊位置。其中模糊处理材质用于对抓取图像进行高斯模糊处理，混合处理材质用于将原图像与模糊图像进行混合。

❑ 第 8～10 行为 OnEnable 方法，该方法在对象被激活时调用，然后将摄像机更改为 Depth 模式。

❑ 第 12～26 行对抓取的屏幕图像进行高斯模糊处理，处理方法与 7.7 节的方法相同，这里不再详细讲解。

❑ 第 27～29 行获取摄像机组件，将起始的模糊位置限定在摄像机的近平面与远平面之间，同时把该参数转换到和 *Z* 深度相同的世界中。

❑ 第 30～34 行将高斯模糊后得到的纹理与起始模糊位置参数传入_BlendMaterial 材质中，利用该材质将原图像与模糊图像进行混合。

（2）前面的脚本中使用到了两个材质，分别为模糊处理材质与混合处理材质。其中模糊处理材质对应的着色器与 7.7 节所使用的着色器相同，这里不再进行讲解，读者可翻看前面的章节。混合处理材质根据摄像机深度纹理对原图像与模糊图像进行混合，具体代码如下。

代码位置：随书资源中源代码\第 7 章目录下的 SpecialEffect\Shader\DepthOfFieldBlend.shader

```
1   Shader "Custom/DepthOfFieldBlend"{
2     Properties {                                      //属性列表
3       _MainTex ("Base (RGB)", 2D) = "" {}             //主纹理
4     }
5     Subshader {                                       //子着色器
6       Pass {
7         ZTest Always Cull Off ZWrite Off              //通道操作
8         CGPROGRAM
9         #pragma vertex vert                           //声明顶点着色器
10        #pragma fragment frag                         //声明片元着色器
11        #include "UnityCG.cginc"                      //引入 UnityCG 工具包
12        struct v2f {                                  //顶点着色器输出结构体
13          float4 pos : POSITION;                      //顶点位置
14          float2 uv : TEXCOORD0;                      //顶点纹理坐标
15        };
16        sampler2D _MainTex;                           //主纹理
17        sampler2D _CameraDepthTexture;                //摄像机深度纹理
18        sampler2D _BlurTex;                           //模糊纹理
19        float _Dist;                                  //起始模糊位置
20        v2f vert (appdata_img v) {                    //顶点着色器
```

```
21          v2f o;                                          //定义输出结构体
22          o.pos = UnityObjectToClipPos(v.vertex);         //将顶点转化到剪裁坐标系
23          o.uv.xy = v.texcoord.xy;                        //纹理坐标
24          return o;
25        }
26        half4 frag (v2f i) : COLOR {                      //片元着色器
27          half4 ori = tex2D(_MainTex,i.uv);               //对原始图像进行采样
28          half4 blur = tex2D(_BlurTex,i.uv);              //对模糊图像进行采样
29          float dep = tex2D(_CameraDepthTexture,i.uv).r;  //获取摄像机深度值
30          dep = Linear01Depth(dep);                       //将深度值映射到[0,1]空间中
31          return lerp(ori,blur,dep - _Dist);              //将原图像与模糊图像进行插值处理
32        }
33        ENDCG
34  }}}
```

- 第2～4行定义了属性列表，其中必须声明一个名为_MainTex的纹理属性，因为上述脚本中的Graphics.Blit(src,dest,material)方法会将scr传递给本着色器程序中的_MainTex属性。
- 第5～11行定义了子着色器，在Pass中关闭了剪裁与深度写入等。这3个状态设置是屏幕后处理操作的“标配”。除此之外，还声明了顶点与片元着色器。
- 第12～19行定义了顶点着色器的输出结构体，同时还定义了主纹理、摄像机深度纹理、模糊纹理与起始模糊位置4个变量，其中主纹理、模糊纹理与起始模糊位置由DepthOfField脚本传入。
- 第20～25行为顶点着色器，该着色器的功能是将顶点坐标由模型坐标系变换到剪裁坐标系，同时将纹理坐标传递到片元着色器。
- 第26～32行为片元着色器。它分别对原始与模糊图像进行采样，并获取摄像机的深度值（取rgb中任一值即可）。之后将深度值映射到[0,1]空间，根据深度值与起始模糊位置对原始与模糊图像插值取样。

## 7.10 积雪效果

角色扮演游戏中常常会包含许多大型的场景，随着游戏剧情的发展，通常需要对季节进行变换。例如，当冬季下雪时，就要改变场景中的物体的贴图来模拟积雪效果，但这一过程可能会消耗大量的时间。而使用屏幕后处理技术实现就较为简单，本节就来讲解如何使用屏幕后处理技术实现积雪效果。

### 7.10.1 基本原理

积雪效果的实现原理十分简单，就是将所有法线向上的像素点改为事先准备好的雪花纹理，而法线朝向其他方向的像素需要在原始与雪花纹理之间平滑过渡采样，这样就能够通过屏幕后处理技术实现积雪效果了。但是其在实现的过程中有如下两个需要解决的问题：

- 如何获取像素对应的法线？在7.9节景深效果的实现中，通过_CameraDepthTexture获取了像素的深度值。同样，这里可以使用_CameraDepthNormalsTexture获取法线。需要注意的是，此时得到的法线是位于摄像机空间中的。
- 如何将雪花纹理映射到3D物体？屏幕后处理技术是对屏幕上呈现图像的深加工，这时就需要获取积雪部分对应在屏幕上的纹理坐标。这里采用的方法是获取每一个像素的世界坐标，然后将世界坐标的*X*和*Z*作为纹理坐标。

> **提示**　需要将摄像机的DepthTextureMode变量设置为DepthNormals，开启了此模式后就可以在着色器中通过_CameraDepthNormalsTexture获取屏幕的深度法线纹理了。

### 7.10.2　开发步骤

7.10.1 节介绍了积雪效果实现的流程，本小节将通过具体的示例讲解以帮助读者加深理解。示例运行效果如图 7-28 和图 7-29 所示。我们可以清楚地看到，开启积雪效果后场景中的所有模型均被雪花覆盖。

▲图 7-28　原始场景

▲图 7-29　积雪效果

了解了示例的运行效果后，接下来对本示例的具体开发过程进行简要介绍。在此只对积雪效果的实现过程进行讲解，其他操作过程读者可自行翻看随书源代码。具体内容如下。

（1）积雪效果的实现使用了屏幕后处理技术，需要编写脚本实现对屏幕图像的抓取与处理，创建名为 SnowScreen 的脚本，将其挂载到摄像机对象上。该脚本依次对积雪材质所需的各个参数进行赋值，具体代码如下。

代码位置：随书资源中源代码\第 7 章目录下的 SpecialEffect\Scripts\SnowScreen.cs

```
1   public class SnowScreen : MonoBehaviour{
2     public Texture2D SnowTexture;                          //雪花纹理
3     public Color SnowColor = Color.white;                  //雪花颜色
4     public float SnowTextureScale = 0.1f;                  //雪花纹理大小
5     [Range(0, 1)]                                          //限定该值位于 0～16
6     public float BottomThreshold = 0f;                     //底阈值
7     [Range(0, 1)]
8     public float TopThreshold = 1f;                        //顶阈值
9     public Material _Material;                             //主纹理
10    void OnEnable(){
11      GetComponent<Camera>().depthTextureMode |= DepthTextureMode.DepthNormals;
                                                             //更改模式
12    }
13    void OnRenderImage(RenderTexture src, RenderTexture dest){     //抓取屏幕
14      //摄像机到世界坐标系的转换矩阵
15      _Material.SetMatrix("_CamToWorld", GetComponent<Camera>().cameraToWorldMatrix);
16      _Material.SetColor("_SnowColor", SnowColor);                  //雪的颜色
17      _Material.SetFloat("_BottomThreshold", BottomThreshold);      //底阈值
18      _Material.SetFloat("_TopThreshold", TopThreshold);            //顶阈值
19      _Material.SetTexture("_SnowTex", SnowTexture);                //雪花纹理
20      _Material.SetFloat("_SnowTexScale", SnowTextureScale);        //纹理规格
21      Graphics.Blit(src, dest, _Material);              //对原图像进行雪花处理操作
22  }}
```

❑ 第 2～9 行定义了公有变量，其中包含雪花纹理、颜色及纹理大小，还有用于控制雪花覆盖范围的底阈值与顶阈值。

❑ 第 10～12 行定义了 OnEnable 方法，该方法在对象被激活时调用。该方法将摄像机更改为 DepthNormals 模式。只有改为该模式后，才能在着色器中获取摄像机的深度与法线纹理。

❑ 第 13～22 行定义了 OnRenderImage 方法。在该方法中主要完成了积雪处理材质的属性赋

值操作，将脚本中设定的参数与雪花纹理传入积雪处理材质中。

（2）第（1）步介绍了对屏幕图像抓取与处理的代码，其中用到了图像处理材质对图像进行操作处理，下面就来讲解积雪效果图像处理材质所对应的着色器如何编写。在该段代码中，根据摄像机法线与深度纹理计算出像素点对应的积雪数量，具体代码如下。

代码位置：随书资源中源代码\第7章目录下的SpecialEffect\Shader\SnowScreen.shader

```
1   Shader "Unlit/SnowScreen"{
2     Properties{                                     //属性列表
3       _MainTex ("Texture", 2D) = "white" {}         //主纹理
4     }
5     SubShader{                                      //子着色器
6       Pass{
7         Cull Off ZWrite Off ZTest Always            //通道操作
8         CGPROGRAM
9         #pragma vertex vert                         //声明顶点着色器
10        #pragma fragment frag                       //声明片元着色器
11        #include "UnityCG.cginc"                    //导入 UnityCG 工具包
12        struct v2f{                                 //顶点着色器输出结构体
13          float2 uv : TEXCOORD0;                    //纹理坐标
14          float4 vertex : SV_POSITION;              //顶点位置坐标
15        };
16        sampler2D _MainTex;                         //主纹理
17        sampler2D _CameraDepthNormalsTexture;       //摄像机深度法线纹理
18        float4x4 _CamToWorld;                       //摄像机到世界坐标系的转换矩阵
19        sampler2D _SnowTex;                         //雪花纹理
20        float _SnowTexScale;                        //雪花纹理覆盖大小
21        half4 _SnowColor;                           //雪花颜色
22        fixed _BottomThreshold;                     //雪花覆盖范围底阈值
23        fixed _TopThreshold;                        //雪花覆盖范围顶阈值
24        v2f vert (appdata_img v){                   //顶点着色器
25          v2f o;                                    //输出结构体
26          o.vertex = UnityObjectToClipPos(v.vertex);   //将顶点坐标转换到剪裁坐标系
27          o.uv = v.texcoord.xy;                        //传递纹理坐标
28          return o;
29        }
30        half3 frag (v2f i) : SV_Target{             //片元着色器
31          half3 normal;                             //定义法线变量
32          float depth;                              //定义深度值变量
33          //获取深度值与法线
34          DecodeDepthNormal(tex2D(_CameraDepthNormalsTexture, i.uv), depth, normal);
35          normal = mul((float3x3)_CamToWorld, normal); //将法线从摄像机坐标系转换到世界坐标系
36          half snowAmount = normal.g;               //获取法线沿 Y 方向的分量
37          half scale = (_BottomThreshold + 1 - _TopThreshold) / 1 + 1;      //计算积雪厚度因子
38          snowAmount = saturate( (snowAmount - _BottomThreshold) * scale); //计算雪的厚度
39          float2 p11_22 = float2(unity_CameraProjection._11, unity_CameraProjection._22);
                                                      //投影矩阵
40          float3 vpos = float3( (i.uv * 2 - 1) / p11_22, -1) * depth; //计算视口坐标
41          float4 wpos = mul(_CamToWorld, float4(vpos, 1)); //将视口坐标转化为世界坐标
42          wpos += float4(_WorldSpaceCameraPos, 0) / _ProjectionParams.z;
                                                         //转化为有效的世界坐标
43          wpos *= _SnowTexScale * _ProjectionParams.z; //乘以可配置参数与远平面的值
44          half3 snowColor = tex2D(_SnowTex, wpos.xz) * _SnowColor;   //获取积雪的颜色值
45          half4 col = tex2D(_MainTex, i.uv);           //采样主纹理的颜色值
46          return lerp(col, snowColor, snowAmount);     //对主纹理与雪花纹理进行插值采样
47        }
48        ENDCG
49  }}}
```

- 第2～4行定义了属性列表，其中必须声明一个名为_MainTex的纹理属性，因为上述脚本中的Graphics.Blit(src,dest,material)方法会将scr传递给本着色器程序中的_MainTex属性。
- 第5～11行定义了子着色器，在Pass中关闭了剪裁与深度写入等。这3个状态设置是屏幕后处理操作的“标配”。除此之外，还声明了顶点着色器与片元着色器。
- 第12～23行定义了顶点着色器输出结构体与变量，这些变量除_CameraDepthNormalsTexture

外均由 SnowScreen 脚本输入本着色器中，能够通过_CameraDepthNormalsTexture 获取摄像机的深度与法线纹理。

- 第 24～29 行为顶点着色器，它把顶点坐标转换到剪裁坐标系中，并将转换后的坐标与纹理坐标传递到片元着色器。
- 第 30～38 行为片元着色器。该着色器首先获取了深度值与法线。获取后的法线是在摄像机空间中的，需要转化到世界坐标系中。然后获取每个法线沿 *Y* 方向的分量，再结合顶阈值与底阈值变量计算积雪厚度因子以确定积雪的厚度。
- 第 39～44 行计算每个像素点的视口坐标，将视口坐标转化为世界坐标，最终根据有效世界坐标计算出每个像素对应的积雪颜色值。
- 第 45～46 行对主纹理进行采样。根据积雪厚度对主纹理与雪花纹理进行插值采样，得到最终的像素颜色值。

## 7.11 浴室玻璃效果

在搭建真实室内场景的过程中，通常会对浴室玻璃进行渲染，如何在场景中渲染出真实的浴室玻璃效果就是本节将要解决的问题。浴室玻璃的实现方法有很多种，呈现效果也不尽相同，本节将模拟玻璃的折射并使用法线纹理添加扰动效果，最终渲染出逼真的浴室玻璃效果。

### 7.11.1 基本原理

在普通玻璃的模拟过程中，只需要实现透明效果并添加折射与反射即可；而浴室玻璃除此之外还要添加水珠的扰动效果，以更加逼真地模拟浴室中水滴飞溅的效果。浴室玻璃效果的实现流程如下：

（1）使用 GrabPass 获取屏幕中呈现的图像，根据玻璃模型的顶点位置计算出每个顶点对应的捕获图像中的纹理坐标。

（2）利用法线纹理对顶点纹理坐标进行偏移操作，并根据偏移后的纹理坐标进行采样，模拟近似的折射效果以同时达到水滴的扰动效果。

（3）将玻璃的主纹理与偏移后的捕获图像进行混合，得到最终的浴室玻璃效果。

### 7.11.2 开发步骤

7.11.1 节介绍了浴室玻璃效果实现的基本原理，本小节将通过具体的示例讲解来帮助读者加深理解。示例运行效果如图 7-30 和图 7-31 所示。我们可以看到，玻璃上有细微的折射效果，同时还有水花溅落在玻璃上。该示例十分逼真地模拟出了浴室玻璃效果。

▲图 7-30　浴室玻璃效果 1

▲图 7-31　浴室玻璃效果 2

**提示** 由于本书是黑白印刷，因此通过效果图可能看不清浴室玻璃效果，建议读者亲自运行本节的示例以观察效果。

了解示例的运行效果后，接下来对本示例的具体开发过程进行简要介绍。在此只对浴室玻璃效果的实现过程进行讲解，该效果是用 Glass 着色器实现的，其他着色器效果与操作过程读者可自行翻看随书源代码。浴室玻璃着色器具体代码如下。

代码位置：随书资源中源代码\第 7 章目录下的 SpecialEffect\Shader\Glass.shader

```
1   Shader "Custom/Glass" {
2     Properties {                                          //属性列表
3       _BumpAmt ("Distortion", range (0,128)) = 10         //法线纹理影响程度
4       _MainTex ("Tint Color (RGB)", 2D) = "white" {}//主纹理
5       _BumpMap ("Normalmap", 2D) = "bump" {}              //法线纹理
6     }
7     SubShader {                                           //子着色器
8       Tags { "Queue"="Transparent" "RenderType"="Opaque" }          //设置标签
9       GrabPass {}                                         //捕获当前屏幕图像
10      Pass {
11        CGPROGRAM
12        #pragma vertex vert                               //声明顶点着色器
13        #pragma fragment frag                             //声明片元着色器
14        #include "UnityCG.cginc"                          //导入 UnityCG 工具包
15        struct a2v {                                      //顶点着色器输入结构体
16          float4 vertex : POSITION;                       //顶点在物体坐标系中的位置
17          float2 texcoord: TEXCOORD0;                     //顶点纹理坐标
18        };
19        struct v2f {                                      //顶点着色器输出结构体
20          float4 vertex : SV_POSITION;                    //顶点在剪裁坐标系中的位置
21          float4 uvgrab : TEXCOORD0;                      //捕获图像的纹理坐标
22          float2 uvbump : TEXCOORD1;                      //法线纹理图像的纹理坐标
23          float2 uvmain : TEXCOORD2;                      //主图像的纹理坐标
24        };
25        ……//此处省略了变量的定义，有兴趣的读者可翻看随书源代码
26        v2f vert (a2v v) {                                //顶点着色器
27          v2f o;
28          o.vertex = UnityObjectToClipPos(v.vertex);//将顶点坐标转换到剪裁坐标系
29          #if UNITY_UV_STARTS_AT_TOP                      //若为 DirectX 平台
30            float scale = -1.0;                           //将 scale 变量置为-1
31          #else                                           //若不是 DirectX 平台
32            float scale = 1.0;                            //将 scale 变量置为 1
33          #endif
34         //将所捕获图像的纹理坐标规范到 0～1
35          o.uvgrab.xy = (float2(o.vertex.x, o.vertex.y*scale) + o.vertex.w) * 0.5;
36          o.uvgrab.zw = o.vertex.zw;
37          o.uvbump = TRANSFORM_TEX( v.texcoord, _BumpMap );       //进行法线纹理坐标变换
38          o.uvmain = TRANSFORM_TEX( v.texcoord, _MainTex );       //进行主纹理坐标变换
39          return o;
40        }
41        half4 frag( v2f i ) : COLOR {                             //片元着色器
42          //将法线纹理中的颜色值映射成法线方向
43          half2 bump = UnpackNormal(tex2D( _BumpMap, i.uvbump )).rg;
44          float2 offset = bump * _BumpAmt * _GrabTexture_TexelSize.xy;    //计算偏移量
45          i.uvgrab.xy = offset * i.uvgrab.z + i.uvgrab.xy;
                                                            //对所捕获图像的纹理坐标进行偏移操作
46          half4 col = tex2Dproj( _GrabTexture, UNITY_PROJ_COORD(i.uvgrab));
                                                            //获取颜色值
47          half4 tint = tex2D( _MainTex, i.uvmain );       //获取主纹理颜色值
48          return col * tint;                              //融合主颜色与计算所得图像
49        }
50        ENDCG
51  }}}
```

- 第 2～6 行为属性列表，定义了法线纹理影响程度值、主纹理与法线纹理。其中法线纹理的默认值为 bump，它是 Unity 内置的法线纹理，对应了模型自带的法线信息。

- 第 7～9 行定义了子着色器的标签，将渲染队列设置为 Transparent 能够保证在渲染本物体时，其他所有不透明的物体都已经被渲染到屏幕上了。同时，GrabPass 将屏幕显示的图像捕捉到_GrabTexture 中。
- 第 10～14 行定义了 Pass 渲染通道，分别声明了顶点着色器与片元着色器，同时导入了 UnityCG 工具包。
- 第 15～25 行定义了顶点着色器的输入与输出结构体。在输出结构体中声明了法线纹理、主纹理与所捕获图像的纹理坐标，以便片元着色器使用。
- 第 26～40 行为顶点着色器。将模型顶点从模型坐标系变换到剪裁坐标系，根据渲染平台的不同规范顶点所对应 GrabPass 捕获图像的纹理坐标，同时对法线纹理与主纹理坐标进行变换。
- 第 41～49 行为片元着色器。先将法线纹理中的颜色值映射成法线的方向向量，然后根据_BumpAmt 与纹理尺寸计算偏移量，并对所捕获图像对应的纹理坐标进行偏移，根据偏移后的纹理坐标进行采样，最终将主颜色值与采样颜色融合。

## 7.12 消融效果

在游戏开发过程中，开发人员通常将消融效果应用于角色死亡、物体烧毁等方面。在这些效果中，消融从随机的地方开始，并且向着随机的方向扩张，最终随着片元的逐渐减少整个物体消失不见。本节将讲解如何编写着色器程序来实现消融效果。

### 7.12.1 基本原理

在介绍消融效果之前，先来看看什么是噪声。有时需要把一些随机变量引入程序中，如果直接调用生成随机变量的函数就会导致生成结果过于“随机”，由此学者们根据效率、自然程度、用途等方面衡量，提出了许多模拟自然噪声的方法以生成噪声纹理。本节示例中使用的噪声纹理如图 7-32 所示。

▲图 7-32 噪声纹理

消融效果的原理十分简单，主要是使用噪声与透明度测试。从噪声纹理中读取某个通道的值，将此值与设定的阈值作比较，若小于阈值，则使用 clip 函数将对应的片元裁减掉。然后为了让消融效果的过渡更加自然，将物体原本的颜色与边缘颜色进行混合。

### 7.12.2 开发步骤

7.12.1 节介绍了消融效果的基本原理，本小节将通过具体的示例讲解来帮助读者加深理解。示例运行效果如图 7-33 所示。我们可以清楚地看到，从左到右人物角色逐渐消失，其中边缘的颜色偏红色，这是在程序中进行插值的结果。

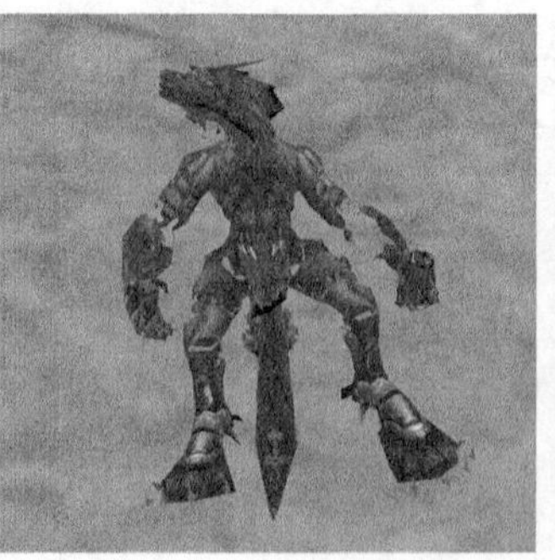

▲图7-33　消融效果变化

了解了示例的运行效果后，接下来对本示例的具体开发过程进行简要介绍。在此只对消融效果的实现过程进行讲解，关于死亡动画与相关脚本读者可自行翻看随书源代码。消融效果着色器的主要功能集中在片元着色器中，具体代码如下。

代码位置：随书资源中源代码\第7章目录下的SpecialEffect\Shader\Dissolve.shader

```
1    Shader "Custom/Dissolve"{
2      Properties{                                                        //属性列表
3        _MainTex ("Texture", 2D) = "white" {}                            //主纹理
4        _NoiseTex("Noise", 2D) = "white" {}                              //噪声纹理
5        _Threshold("Threshold", Range(0.0, 1.0)) = 0.5                   //消融阈值
6        _EdgeLength("Edge Length", Range(0.0, 0.2)) = 0.1                //边缘宽度
7        _EdgeFirstColor("First Edge Color", Color) = (1,1,1,1)           //边缘颜色值1
8        _EdgeSecondColor("Second Edge Color", Color) = (1,1,1,1) //边缘颜色值2
9      }
10     SubShader{
11       Tags { "Queue"="Geometry" "RenderType"="Opaque" }                //定义标签
12       Pass{
13         Cull Off                                                       //关闭剪裁
14         CGPROGRAM
15         #pragma vertex vert                                            //声明顶点着色器
16         #pragma fragment frag                                          //声明片元着色器
17         #include "UnityCG.cginc"                                       //导入UnityCG工具包
18         struct a2v {                                                   //顶点着色器输入结构体
19           float4 vertex : POSITION;                                    //顶点在模型空间中的位置
20           float2 uv : TEXCOORD0;                                       //纹理坐标
21         };
22         struct v2f {                                                   //顶点着色器输出结构体
23           float4 vertex : SV_POSITION;                                 //顶点在剪裁空间中的位置
24           float2 uvMainTex : TEXCOORD0;                                //主纹理坐标
25           float2 uvNoiseTex : TEXCOORD1;                               //噪声纹理坐标
26         };
27         ……//此处省略了与属性列表对应变量的定义，有兴趣的读者可翻看随书源代码
28         v2f vert (a2v v) {                                             //顶点着色器
29           v2f o;                                                       //输出结构体
30           o.vertex = UnityObjectToClipPos(v.vertex);                   //将顶点坐标变化到剪裁坐标系
31           o.uvMainTex = TRANSFORM_TEX(v.uv, _MainTex);                //进行主纹理坐标变换
32           o.uvNoiseTex = TRANSFORM_TEX(v.uv, _NoiseTex);              //进行噪声纹理坐标变换
33           return o;
34         }
35         fixed4 frag (v2f i) : SV_Target {                              //片元着色器
36           fixed cutout = tex2D(_NoiseTex, i.uvNoiseTex).r;             //获取噪声图的R通道
37           clip(cutout - _Threshold);                                   //根据消融阈值裁剪片元
38           float degree = saturate((cutout - _Threshold) / _EdgeLength); //规范化参数值
39           fixed4 edgeColor = lerp(_EdgeFirstColor, _EdgeSecondColor, degree);
                                                                          //对颜色值进行插值
40           fixed4 col = tex2D(_MainTex, i.uvMainTex);                   //对主纹理进行采样
41           fixed4 finalColor = lerp(edgeColor, col, degree); //对边缘颜色与片元颜色进行插值
42           return fixed4(finalColor.rgb, 1);                            //返回片元颜色值
43         }
44         ENDCG
45   }}}
```

- 第 2～9 行为属性列表，定义了主纹理、噪声纹理、消融阈值、边缘宽度与两个边缘颜色值，在片元着色器中会根据消融阈值对片元进行剪裁，需要在脚本中实时更改消融阈值来实现动态消融的效果。
- 第 10～13 行定义了子着色器，并设置了对应的标签，同时关闭了着色器的面片剔除效果，即模型的正面与背面都会被渲染。因为在消融过程中模型的背面有可能会暴露出来，如不关闭面片剔除会产生错误的效果。
- 第 14～17 行开始编写 Cg 代码块，声明顶点着色器与片元着色器，同时导入 UnityCG 工具包。
- 第 18～27 行定义了顶点着色器的输入与输出结构体，除此之外还定义了与属性列表中相对应的属性变量，以便在顶点着色器与片元着色器中调用。
- 第 28～34 行定义了顶点着色器，将顶点坐标从模型坐标系转化到剪裁坐标系，同时对主纹理与噪声纹理进行坐标变换。
- 第 35～43 行定义了片元着色器，获取噪声纹理的 R 通道颜色值，并根据消融阈值与 R 通道颜色值裁剪片元，对属性列表中的两种颜色进行插值处理。最后将片元颜色与插值处理后的颜色值进行混合，返回该片元的颜色值。

## 7.13 本章小结

本章详细讲解了各种常用着色器特效的开发流程，从基础的顶点动画、纹理动画到较为复杂的屏幕后处理效果，内容由浅入深，对着色器特效的应用场景做了一个较好的概括。通过对本章内容的学习，读者可以加深对着色器的理解，在以后的特效开发中会更加得心应手，使项目达到预期的效果。

# 第 8 章　3D 游戏开发的常用技术

在 3D 游戏开发过程中，开发人员会经常使用一些开发技术用来加强游戏效果和操作体验，如天空盒、虚拟按钮与摇杆、声音、3D 拾取技术及动态字体等。这些开发技术为移动端游戏的开发提供了便利。本章将对这些技术进行详细介绍，希望读者能够熟练掌握。

## 8.1 立方贴图技术的实际应用

在实际开发中，立方贴图的应用非常广泛，它是一种特殊的纹理映射技术，由 6 幅正方形的纹理图无缝拼接组成。这 6 幅正方形纹理构成的立方体可以很好地反映出周围环境的内容，下面将结合实际用途介绍立方贴图技术的使用方式及特点。

### 8.1.1 Unity 天空盒

首先要介绍的是 Unity 天空盒。天空盒是一种特殊的渲染材质，在渲染设置中选择适当的天空盒材质即可。天空盒应用的技术本质就是立方贴图技术，只不过天空盒的 6 个面充当了场景中的主体环境。天空盒素材可以在 Unity 商店中下载，下面做具体介绍。

**1. Unity 天空盒资源**

Unity 天空盒的使用方法有两种，一种是选择 Window→Lighting→Settings，打开 Scene 面板，如图 8-1 所示。这种方法是为整个场景添加天空盒，切换摄像机后天空盒不会改变。另一种方法是为摄像机添加天空盒，切换摄像机后天空盒会发生变化，如图 8-2 所示。

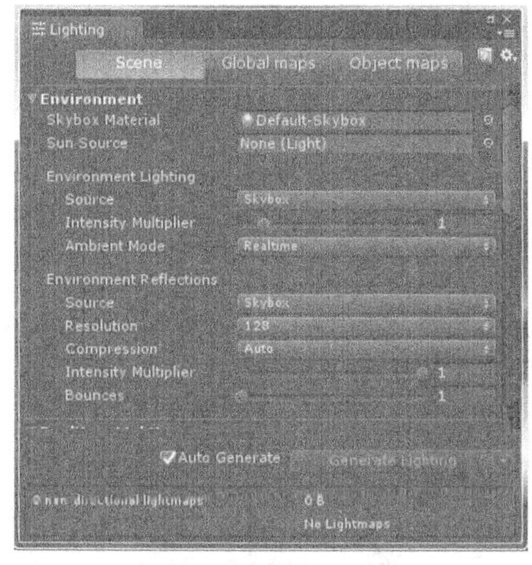


▲图 8-1　Scene 天空盒

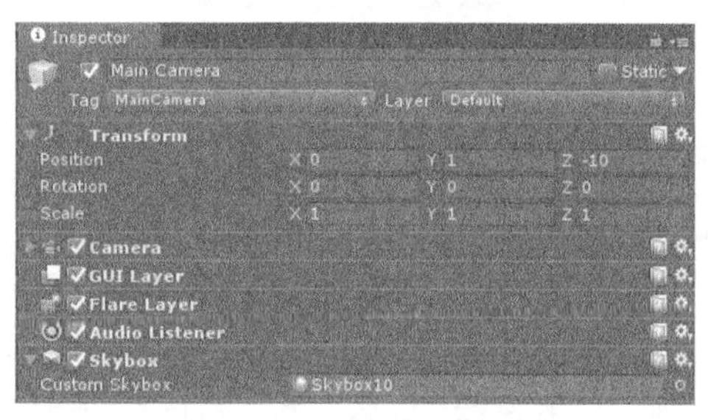


▲图 8-2　摄像机天空盒

（1）因为 Unity 集成开发环境中不再内置天空盒资源，所以应从网上下载天空盒资源包（网上资源十分丰富，这里略过下载过程）。选择 Assets→Import Package→Custom Package，选择导入的路径，单击 Import 按钮导入天空盒资源，如图 8-3 所示。

（2）导入完成后，在 Project 列表中会出现一个专门存放天空盒资源的文件夹，在 Source Images 文件夹中会有每个天空盒的材质球，在 Sky1 文件夹下放有每个天空盒的图片，如图 8-4 所示。

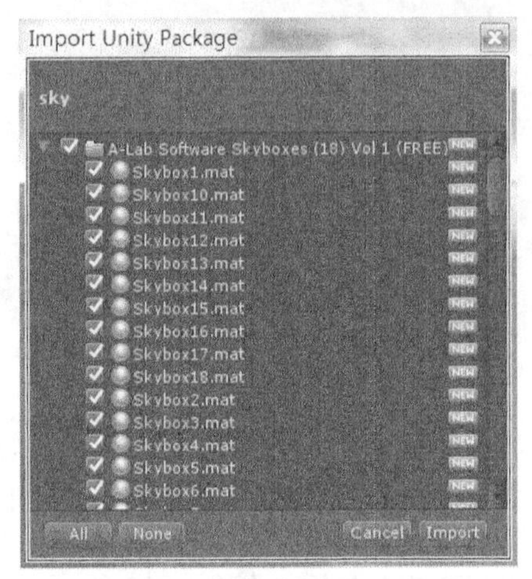


▲图 8-3　导入天空盒资源

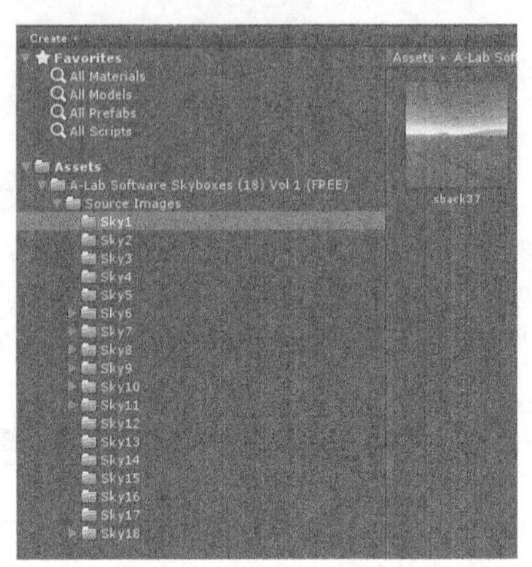


▲图 8-4　天空盒资源列表

（3）通过上面的说明，读者应该了解了天空盒含有 6 幅纹理图的材质，选中任意一个材质球时，Inspector 面板中就会显示出这个天空盒材质的具体属性材质，读者可以更加详细地理解天空盒的组成。其具体属性如图 8-5 和图 8-6 所示。

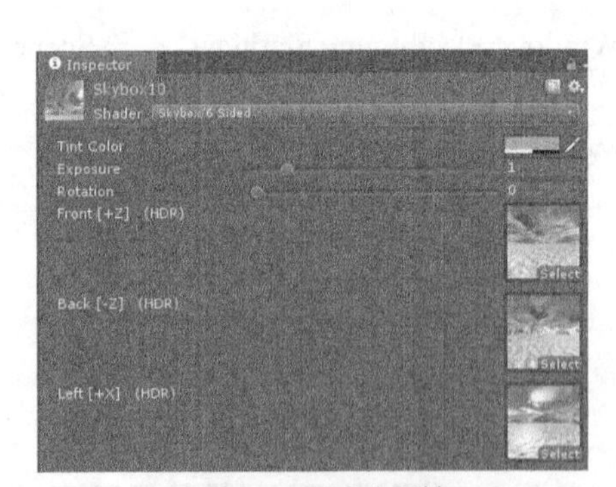


▲图 8-5　天空盒属性

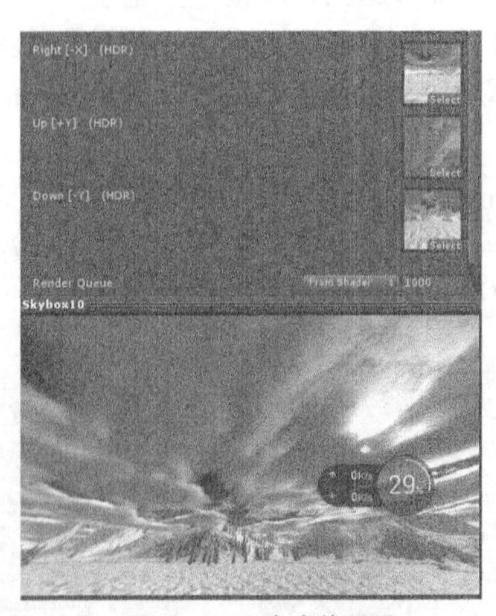


▲图 8-6　天空盒纹理图

（4）通过图 8-5 和图 8-6，读者可以看到附加在天空盒上的 6 幅纹理图。这 6 幅纹理图是特殊制作的纹理图，虽然看起来是 6 幅图，但实际上是一幅整图。在此可以添加对应的纹理图并改变每幅图对应的具体参数，即完成对天空盒的设置。

（5）通过前面的介绍，读者应该知道了 Unity 天空盒有两种使用方法，一种是 Scene 天空盒，另一种是摄像机天空盒。Scene 天空盒的添加方法已经介绍过，这里主要介绍摄像机天空盒的添加方法。选中 Scene 中的一个摄像机，选择 Component→Rendering→Skybox，如图 8-7 所示。

（6）在为摄像机添加完天空盒组件后，将任意一个天空盒材质拖曳到 Skybox 选项框中（也可以单击最右侧的按钮，在弹出的选择材质球的下拉列表中选择任意一个材质球），单击“运行”

按钮运行场景，效果如图 8-8 所示。

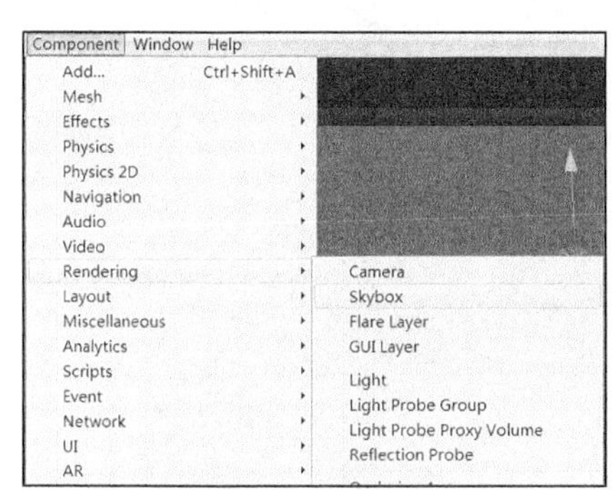


▲图 8-7 添加天空盒

▲图 8-8 运行效果

### 2. 开发实际需要的天空盒

前面介绍了现有的天空盒资源，但是在实际开发过程中需要自己制作满足开发要求的天空盒。本节将介绍如何开发实际需要的天空盒（主要就是将游戏对象材质渲染模式修改为天空盒渲染模式），开发过程如下。

（1）在 Project 面板中右击 Assets，在弹出的快捷菜单中选择 Create→Material，即可在项目中创建一个材质，将其命名为 Skyboxtwo。此时，在项目资源列表中就会出现一个名为 Skyboxtwo 的材质。

（2）选中项目资源列表中的 Skyboxtwo 材质，在 Inspector 面板中修改其渲染模式为 Skybox 模式，具体修改步骤如图 8-9 所示。修改完成后，Inspector 面板就会变成图 8-10 所示的样子。

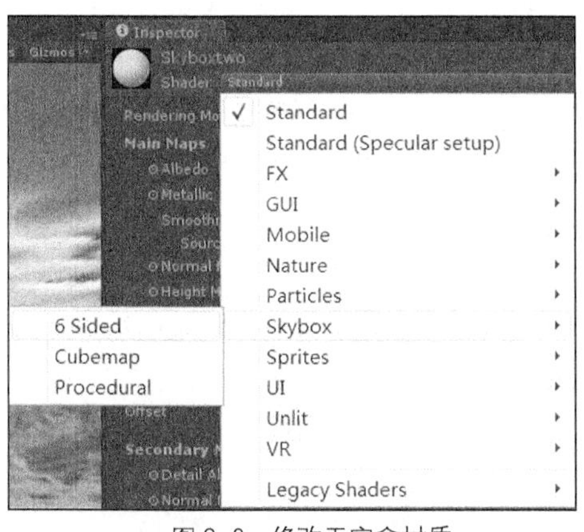


▲图 8-9 修改天空盒材质

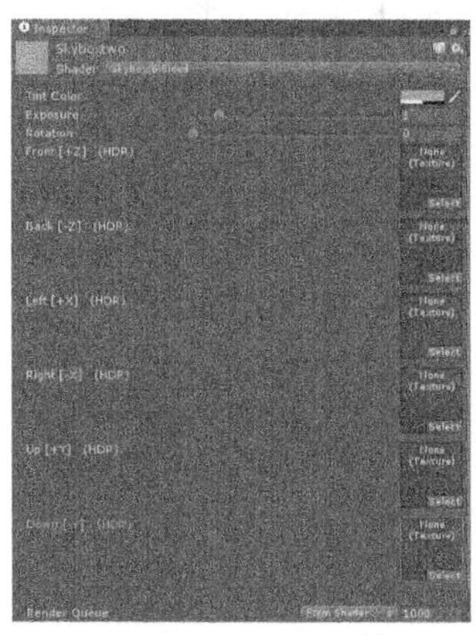

▲图 8-10 天空盒属性

（3）选择 Assets→Import New Asset，弹出 Import New Asset 对话框，然后选择需要导入的纹理图。选中导入的纹理图，将其 Wrap Mode 选项由 Repeat 模式修改为 Clamp 模式，这样可以防止天空盒出现黑色边缘线，单击 Apply 按钮应用。

（4）将每张图片拖曳到 Skyboxtwo 材质的前、后、左、右、上、下面中。在拖曳时需要注意的是，每张纹理图的边沿搭配问题。到这一步，天空盒的搭建就完成了。读者可以亲自动手试一试，体验制作过程。

（5）搭建好天空盒后，我们需要做的就是在 Unity 集成开发环境中进行相应的设置并将其显示出来。选中场景中的摄像机，选择 Component→Rendering→Skybox，为其添加天空盒，并选择将刚做好的天空盒添加到 Skybox 中，效果如图 8-11 所示。

▲图 8-11　自制天空盒效果

示例位置：见随书资源\第 8 章目录下的 3DUnityTechnology\Assets\Skybox.unity。

### 8.1.2　Cubemap 的应用

如前面介绍，每个 Cubemap 都由 6 幅尺寸相同的正方形纹理图构成。这 6 幅纹理图分别表示上面、下面、左面、右面及前面与后面，正好包含了周天 360° 的全部场景内容。而 Unity 中，Cubemap 分为静态与动态两种类型，具体内容如下。

#### 1. 静态 Cubemap

静态 Cubemap 是将预先做好的 6 幅正方形纹理图贴到 Cubemap 6 个面上生成的。由于这 6 个面的纹理是固定的，并不是根据场景中的内容自动生成的，所以静态的 Cubemap 不能实时地反映场景内容，实际应用并不是很广泛，下面做具体介绍。

（1）在 Assets 面板中右击，在弹出的快捷菜单中选择 Create→Legacy→Cubemap，新建一个 Cubemap，将其命名为 cubeMap，如图 8-12 所示。然后为其各面指定贴图，这里的贴图可以使用上面找到的天空盒的贴图资源，如图 8-13 所示。

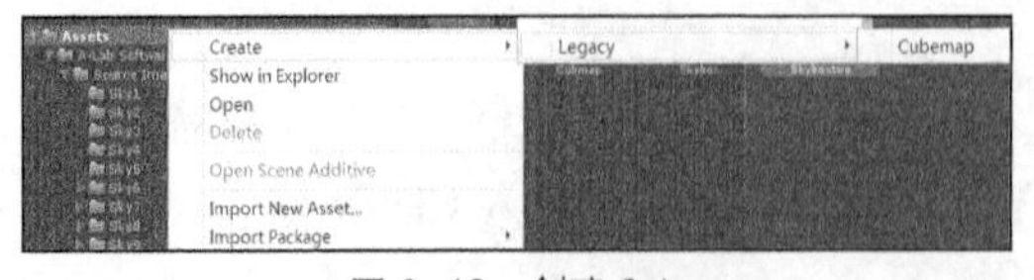


▲图 8-12　创建 Cubemap

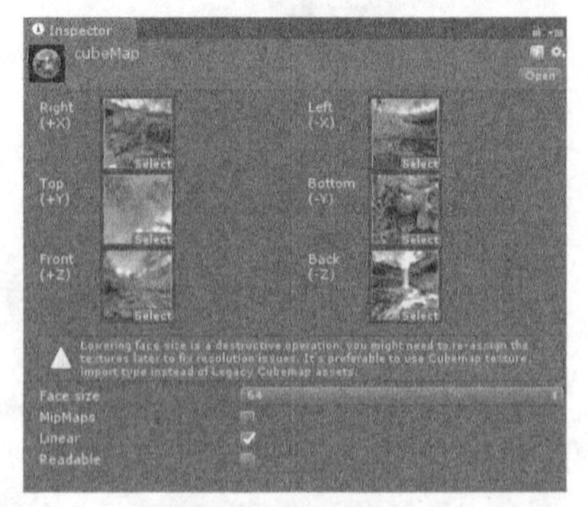


▲图 8-13　Cubemap 贴图

（2）上述的贴图是静态的，在贴图时要注意遵循左右手规则，Unity 中遵循的是左手坐标系，这与其他的一些引擎是不一样的。然后创建一个 material 材质，将其命名为 cubeMapMat。

（3）新建一个 shader，将其命名为 cubeMapShader，代码不做具体介绍，读者可以自行查阅随书源代码。之后在新建的 material 材质的 shader 中选择 Custom→cubeMapShader，如图 8-14 所示。修改完毕后将创建的 Cubemap 拖曳到 shader 的 Custom→cubeMapShader 中，如图 8-15 所示。

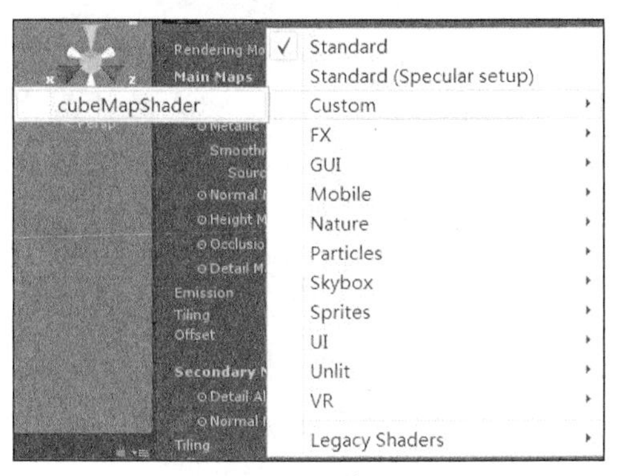

▲图 8-14 更换 shader

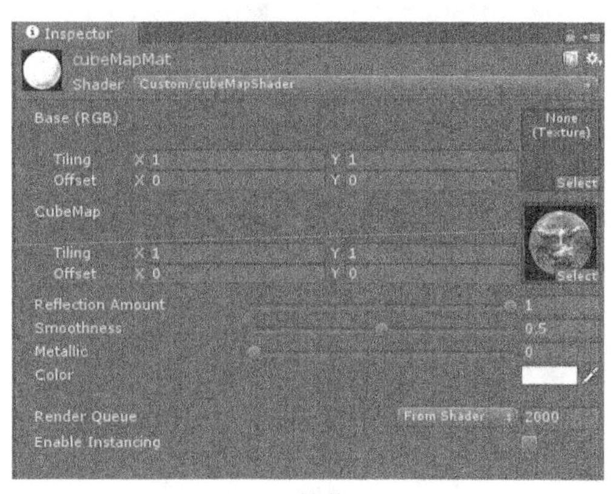

▲图 8-15 挂载 Cubemap

（4）创建完 Cubemap 和材质之后，要创建一个球体，将其命名为 sphere1，将其 Mesh Renderer→Materials→Element 0 设置为 cubeMapMat，如图 8-16 所示。这样就把球体的材质修改为 Cubemap 相关的，从而创建了一个静态 Cubemap，如图 8-17 所示。

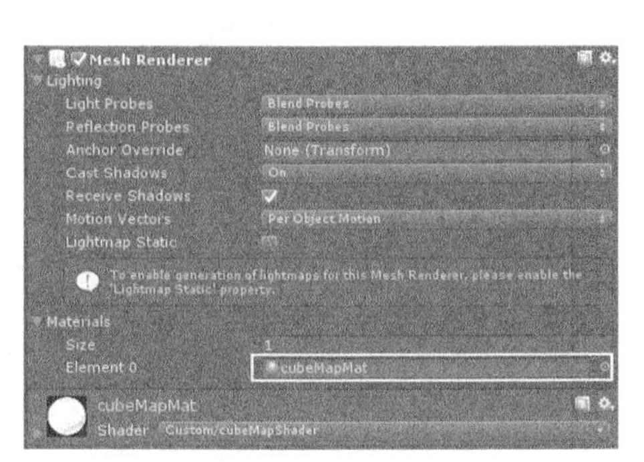

▲图 8-16 球体更换材质

▲图 8-17 静态 Cubemap 示意图

## 2. 动态 Cubemap

下面介绍动态 Cubemap。动态 Cubemap 不需要预先制作 6 个面的纹理图，这 6 幅纹理图可以根据场景内容自动生成，所以动态 Cubemap 可以很真实地反映出场景的内容。相较于静态 Cubemap，动态 Cubemap 虽然耗费了一些计算性能，但是实际作用是静态 Cubemap 无法比拟的，具体内容如下。

（1）创建一个 Cubemap，将其命名为 cubeMapRealTime，选中 Readable 复选框，如图 8-18 所示。由于动态 Cubemap 各个面的图像是实时生成的，因此不必设置各个面的贴图，这是创建动态 Cubemap 的第一步。

（2）创建一个材质球，将其命名为 cubeMapRealTimeMat，并设置 shader 为 Custom/cubeMapShader。然后在场景中新建一个 camera，将其命名为 Camera_cubeMapRealTime，并删除其 Audio Listener 组件。摄像机属性如图 8-19 所示。

（3）新建一个球体，将其命名为 sphere2，选择 Mesh Renderer→Materials→Element 0，选择 cubeMapRealTimeMat。然后建立一个 C#脚本，将其命名为 cubeMapRealTime，在这里代码不作具体介绍，读者可查阅随书源代码。

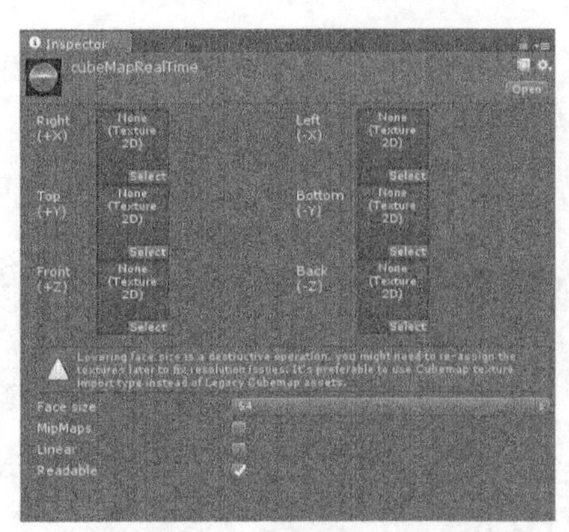


▲图 8-18　动态 Cubemap 属性

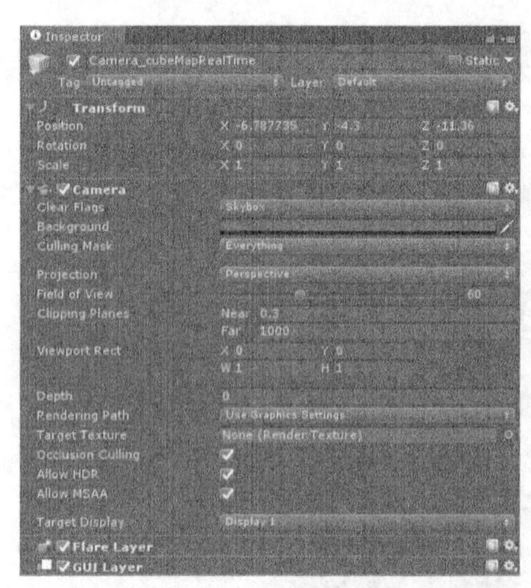


▲图 8-19　摄像机属性

（4）将建立的脚本挂载到 sphere2 球体上，然后将新建的摄像机拖给脚本的 Camera_cube Map Real Time 变量，将 cubeMapRealTime 拖给脚本的 Cube Map 变量，如图 8-20 所示。然后在场景中的 sphere2 球体旁边新建两个 3D 物体，读者可以在球体表面上看见场景的反射状态，如图 8-21 所示。

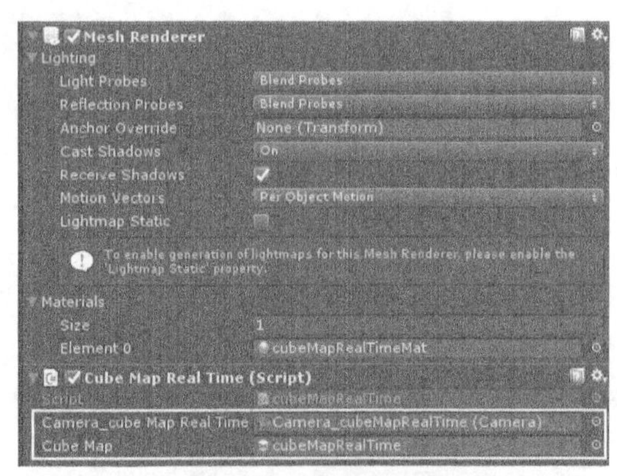


▲图 8-20　脚本挂载变量

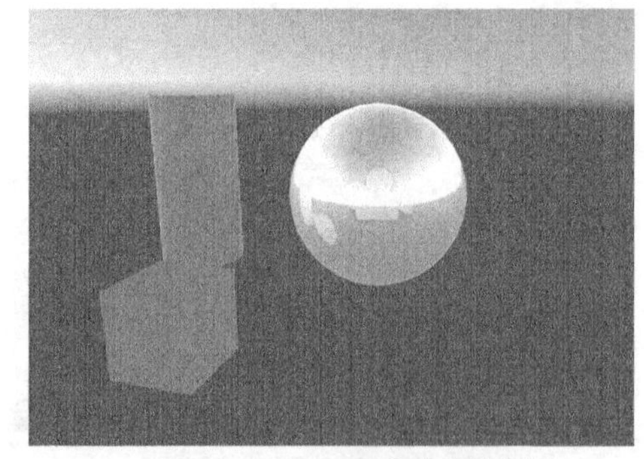

▲图 8-21　Cubemap 实时反射状态

示例位置：见随书资源\第 8 章目录下的 3DUnityTechnology\Assets\Cubemap.unity。

## 8.2　3D 拾取技术

在 3D 开发过程中，开发人员需要允许用户通过触摸屏幕对虚拟 3D 世界中的物体进行操作、控制，这时就需要使用 3D 拾取技术。因此，3D 拾取技术是开发人员必知必会的技术之一。

3D 拾取技术的基本思想十分简单，通过摄像机和屏幕上的触控点确定一条射线，此射线射向 3D 世界，最先和此射线碰撞的物体就是被选中的物体，然后对该物体编写与之对应的控制代码。Unity 底层对 3D 拾取技术进行了完美的封装，在应用时只需几行代码，具体代码如下：

```
1    foreach (Touch touch in Input.touches) {              //对当前触控进行循环
2      Ray ray = Camera.main.ScreenPointToRay(touch.position);  //声明由触控点和摄像机组成的射线
3      RaycastHit hit;                                     //声明一个 RayCastHit 型变量 hit
4      if (Physics.Raycast(ray, out hit)){                 //判断此物理事件
5        touchname = hit.transform.name;                   //获得射线碰触到的物体的名称
6        ……//此处省略事件处理代码
7      }}
```

❑ 第 1～3 行的主要功能是判断是否为触摸事件并且对事件进行循环判断，而且将由摄像机和触发点组成的射线射向 3D 世界中的物体。

❑ 第 4～7 行的主要功能是判断物理事件，获得射线碰触到的物体的名称并对该事件进行相应的处理。

下面用一个简单的例子来说明 3D 拾取技术的应用效果。首先简述该示例的整体设计思路。在 Scene 中放入几个不同的物体，并且赋予不同的纹理图。通过 3D 拾取技术，物体可以实现变换位置、变换纹理、物体爆炸等效果，制作过程如下。

（1）创建一个新 Scene，将其命名为 3DShiqu 并保存。创建 Plane 作为地板，调整其大小和位置。选择 GameObject→3D Object→Cube，创建一个 Cube 游戏对象，创建过程如图 8-22 所示，其属性如图 8-23 所示。

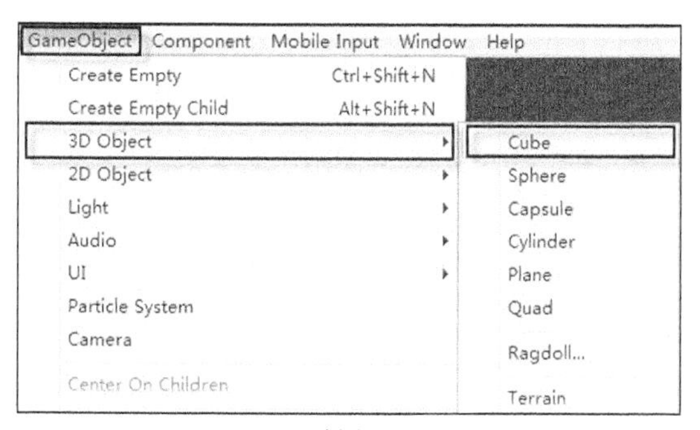


▲图 8-22 创建 Cube

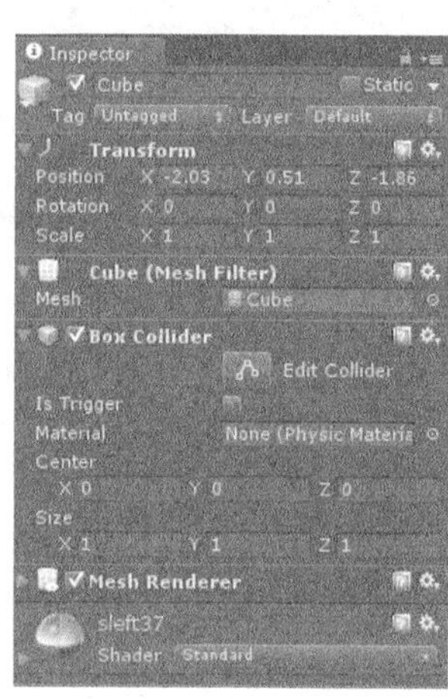


▲图 8-23 Cube 属性

（2）创建一个 Sphere 游戏对象。选择 GameObject→3D Object→Sphere，就可以在项目中创建一个 Sphere 游戏对象，其属性如图 8-24 所示。在 Transform 中调整它的位置，使其位于 Cube 的旁边。

（3）创建一个 Cylinder 游戏对象。选择 GameObject→3D Object→Cylinder，就可以在项目中创建一个 Cylinder 游戏对象，其属性如图 8-25 所示。在 Transform 中调整它的位置，使其和其他两个游戏对象成为一行。

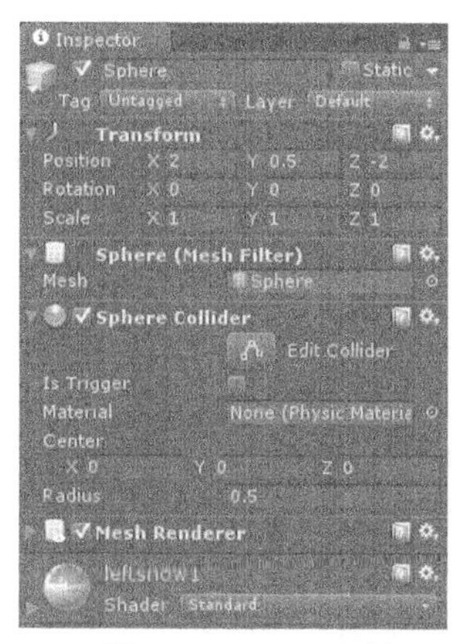


▲图 8-24 Sphere 属性

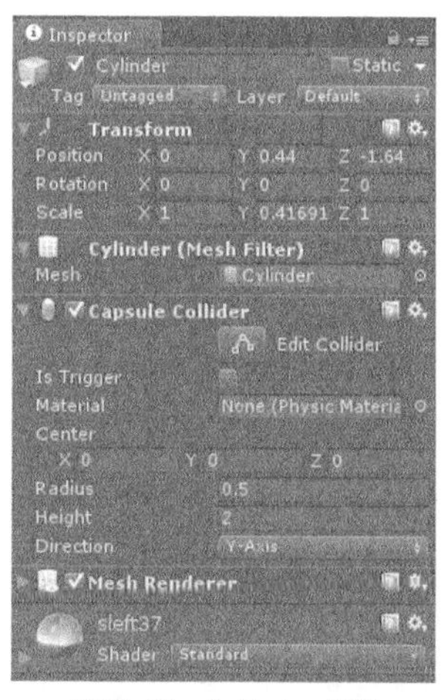


▲图 8-25 Cylinder 属性

（4）在项目资源列表中有天空盒使用过的纹理图，可以直接利用这些纹理图为 3D 物体赋纹理。选择不同却适当的纹理图分别拖曳到 3D 游戏对象上，为 Plane、Cube、Sphere 及 Cylinder 贴上纹理图，使其具有较好的视觉效果。

（5）在新场景中系统会自带平行光光源，所以不需要再单独创建。调整摄像机的属性，使摄像机的视野中完美显示出刚刚创建的游戏对象，具体参数如图 8-26 所示。在完成场景的搭建后，效果如图 8-27 所示。

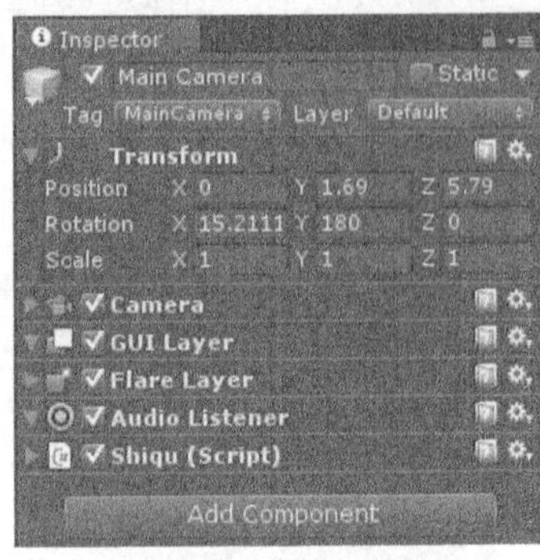


▲图 8-26　摄像机参数

▲图 8-27　效果

（6）在项目资源列表中选中 Assets 并右击，在弹出的快捷菜单中选择 Create→Folder，创建一个新文件夹，将其命名为 c#。在 c#文件夹中右击，在弹出的快捷菜单中选择 Create→C# Script，新建脚本，将其命名为 Shiqu，双击该脚本进入默认编译器，具体代码如下。

代码位置：随书资源中源代码\第 8 章目录下的 3DUnityTechnology\Assets\c#\Shiqu.cs

```
1    using UnityEngine;
2    using System.Collections;
3    public class Shiqu : MonoBehaviour {
4      public  string touchname=null;                //声明射线碰触到的物体名字变量
5      private  GameObject gb;                       //声明游戏组成对象变量
6      private  GameObject gbe;                      //声明方块游戏成员变量
7      private  GameObject obj;                      //声明球形游戏成员变量
8      public   GameObject objj;                     //声明圆柱游戏成员变量
9      private bool cubeflag=false;                  //声明一个用来判断事件发生的标志位
10     private bool sphereflag=false;
11     private bool Cylinderflag=false;
12     public Texture2D texture;                     //声明一个 Texture2D 变量
13     void Update () {
14       foreach (Touch touch in Input.touches){     //对当前触控进行循环
15         if(touch.phase==TouchPhase.Began){        //判断事件是否有触摸触发
16           Ray ray = Camera.main.ScreenPointToRay(touch.position);
                                                     //声明由触控点和摄像机连接的射线
17           RaycastHit hit;                         //声明一个 RayCastHit 型变量 hit
18           if (Physics.Raycast(ray, out hit)){     //判断此物理事件
19             touchname = hit.transform.name;       //获得射线碰触到的物体的名称
20             SetText(touchname);                   //处理碰触触发事件
21       }}}
22       if(sphereflag){                             //如果 sphereflag 为真
23         gb.transform.Rotate(Time.deltaTime *100,0,0);                     //开始旋转物体
24         gb.transform.position = new Vector3(-2.82f, -1.45f, 3.48f);//使物体位置发生移动
25       }
26       if(cubeflag){                               //如果 cubeflag 为真
27         gbe.GetComponent<Renderer>().material.mainTexture = texture;//改变物体的纹理图
28       }
29       if(Cylinderflag){                           //如果 Cylinderflag 为真
30         GameObject.Destroy(obj );                 //销毁该游戏对象
31         objj.SetActive(true);                     //显示另外一个游戏对象
32     }}
33     void SetText(string  cubename){               //处理碰触触发事件
34       switch (cubename ){
35         case "Cube":                              //如果碰触到的是 Cube
```

```
36          gbe = GameObject.Find("Cube");         //找到 Scene 中的 Cube 物体
37          cubeflag = true;                       //切换标志位
38          break;
39        case "Sphere":                           //如果碰触到的是 Sphere
40          gb = GameObject.Find("Sphere");        //找到 Scene 中的 Sphere 物体
41          sphereflag = true;                     //切换标志位
42          break;
43        case "Cylinder":                         //如果碰触到的是 Cylinder
44          obj = GameObject.Find("Cylinder");     //找到 Scene 中的 Cylinder 物体
45          Cylinderflag = true;                   //切换标志位
46          break;
47    }}}
```

- 第 3～8 行主要声明了在脚本中需要用到的几个游戏组成对象变量名称，以及由摄像机和屏幕触控点组成的射线所碰触到的物体名字变量。
- 第 9～12 行声明了在脚本中会用到的几个判断事件发生的标志位及一个 Texture2D 变量。该变量用来对 3D 世界中的物体进行纹理图切换。
- 第 13～16 行的主要功能是判断是否为触摸事件并且对事件进行循环判断，然后将由摄像机和触控点组成的射线射向 3D 世界中的物体。
- 第 17～21 行的主要功能是获取射线在 3D 世界中碰触到的物体的名称，并且对事件进行处理。
- 第 22～32 行的主要功能是分别对触发事件进行处理，第一种是对物体进行旋转并且使其位置发生变化；第二种是改变物体的纹理图；第 3 种是实现物体的爆炸效果。
- 第 33～47 行的主要功能是判断射线所触发的物体并且对事件发生标志位取反，让 Update 方法中的触发事件可以发生。

（7）在这个项目中会有实现单击一个游戏对象发生爆炸的游戏效果，这里就会用到粒子系统。Unity 开发环境中已经封装好部分粒子系统的效果，只需导入即可。选择 Assets→Import Package→ParticleSystems，即可导入粒子系统。

（8）在游戏资源列表中选择 Standard Assets→ParticleSystems→Prefabs，将 Explosion 拖曳到场景中，调整其位置，使其正好与 Cylinder 重合，然后在属性列表中取消选中 Explosion 复选框，使其变为不可见。

（9）编写完脚本代码后，单击“保存”按钮保存脚本。在游戏组成对象列表中选中 Main Camera 游戏对象，将脚本拖曳到摄像机上，拖曳一个图片到 Shiqu 脚本中的 Texture 选项中，把 Explosion 游戏对象拖曳到 Objj 选项中。

（10）将程序导入 Android 设备，将纹理图压缩格式设置为 DXT（Tegra）。选择 File→Build Setting，选择 Android 平台，在 Other Settings 中修改参数，随意修改即可，只要不是原来的就可以发布成 Android 设备上的 APK，如图 8-28 和图 8-29 所示。

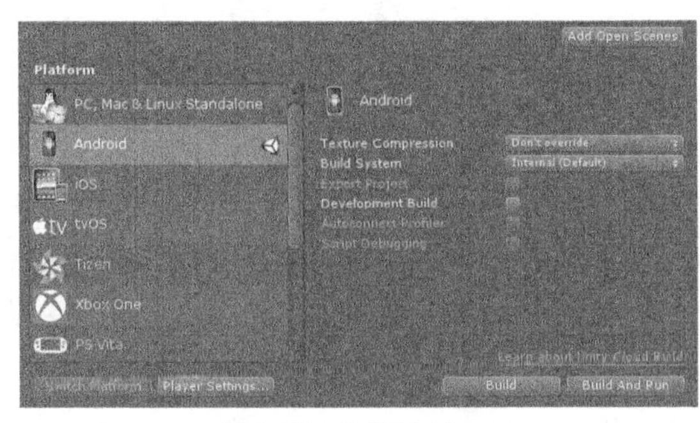


▲图 8-28　设置 Platform

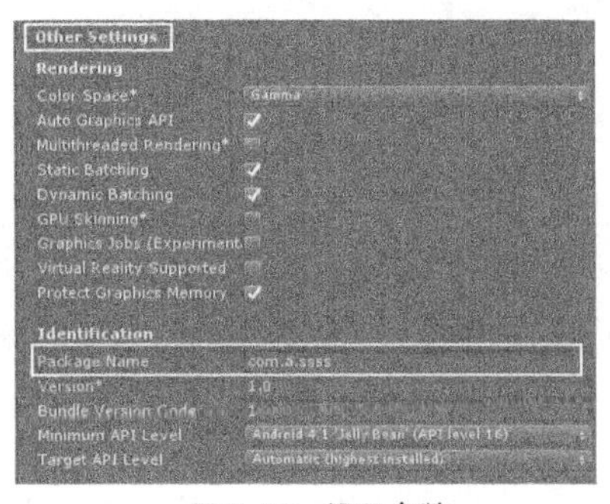


▲图 8-29　设置参数

（11）单击 Bulid 按钮生成游戏 APK，在手机上运行游戏就可以观看游戏的运行效果。随意单击 3D 游戏世界中的游戏对象，发现 Cube 会切换纹理图，Sphere 会发生旋转和位置移动，单击圆柱会使圆柱消失并且产生爆炸特效。

示例位置：见随书资源\第 8 章目录下的 3DUnityTechnology\Assets\Shiqujishu.unity。

## 8.3 视频播放器

Unity 5.6 推出了视频播放器（Video Player）功能，此视频播放器的使用流程简单，并且可以用简短的代码来灵活地控制视频的播放状态。因此，Video Player 在推出后受到了广大开发人员的一致好评，在实际开发中的应用也越来越广泛。下面讲解 Video Player 的相关知识。

### 8.3.1 导入视频片段的属性

本小节结合相关示例进行讲解。首先需要准备一段视频，包括“.mp4”“.mov”“.webm”和“.wmv”等常用的格式。然后将视频导入格式工厂中，使视频与音频分离（这部分不再赘述）。最后将分离出来的视频和音频分别拖曳到 Unity 资源目录中，其具体属性如图 8-30 和图 8-31 所示。

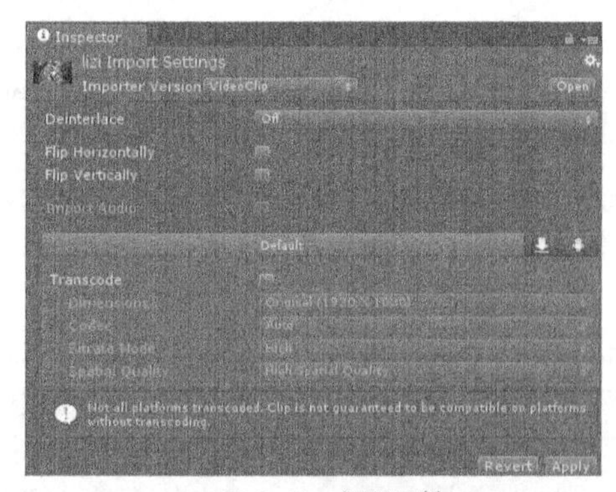


▲图 8-30 视频属性

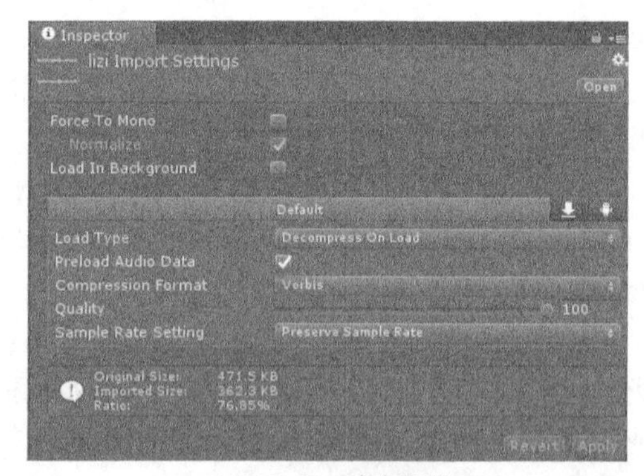


▲图 8-31 音频属性

（1）查看导入视频的大小、帧速率等属性，具体操作如图 8-32 所示。选择相关选项后就可以看到该视频的各项属性，如图 8-33 所示。

▲图 8-32 查看视频属性具体操作

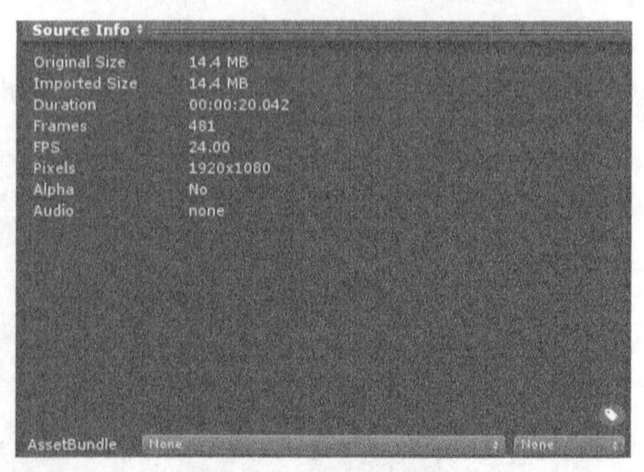


▲图 8-33 视频各项属性

（2）根据自己的项目需求正确地设置视频的各项属性是非常重要的。因为播放视频耗费的内存比较多，如果选择了不恰当的属性会影响玩家对游戏的体验效果。视频各项属性如表 8-1 所示。

表 8-1 视频各项属性

| 属性 | 含义 |
| --- | --- |
| Importer Version | VideoClip：产生合适 Video Player 的视频片段；MovieTexture (Legacy) ：转换为影片纹理 |
| Keep Alpha | 是否使用 Alpha 通道（此选项只有在视频源有 Alpha 通道属性时才会出现） |
| Deinterlace | Off：不进行隔行扫描；Even：奇数扫描；Odd：偶数扫描 |
| Flip Horizontally | 是否开启视频转码时内容的水平翻转 |
| Flip Vertically | 是否开启视频转码时内容的垂直翻转 |
| Import Audio | 是否使用音频（此选项只有在视频源有音频轨道时才可进行修改） |
| Transcode | 是否使用转码功能（自动转码成与目标平台相兼容的格式） |
| Dimensions | 控制源视频文件的大小（Original：和原来的大小一致；Three Quarter Res：缩小为原来的 3/4；Half Res：缩小为原来的 1/4；Quarter Res：缩小为原来的 1/2；Square (1024×1024) ：调整分辨率为 1024×1024；Square (512×512) ：调整分辨率为 512×512；Square (256×256) ：调整分辨率为 256×256；Custom：自定义分辨率大小） |
| Width | 图像的宽度（当 Dimensions 为 Custom 选项时出现） |
| Height | 图像的高度（当 Dimensions 为 Custom 选项时出现） |
| Aspect Ratio | 横纵比（当 Dimensions 不为 Original 时出现） |
| Codec | 使用编解码器的格式（Auto：自动调整为与目标平台最合适的格式；H264：大部分目标平台的硬件支持；VP8：大部分目标平台的软件支持，也包括一些硬件的平台，如 Android 和 WebGL） |
| Bitrate Mode | 比特率模式（相对于编解码器的基线配置文件） |
| Spatial Quality | 空间质量（Low Spatial Quality：低空间质量，在回放时视频质量损失比较大；Medium Spatial Quality：中等空间质量，在回放时视频质量损失比低空间质量小；High Spatial Quality：高空间质量，回放时没有质量损失） |

## 8.3.2 视频播放器示例

8.3.1 节介绍了导入 Unity 中的视频的各项属性及如何设置其中的一些参数以保证播放内容的效果。本小节介绍一个比较完整的视频播放器的示例，帮助读者更加深刻地理解视频播放器使用的流程及一些注意事项，该示例还介绍了一些相关的代码控制。

（1）在视频与音频的格式及相关参数设置完毕以后，需要在场景中添加一些场景来匹配视频播放器。本示例的主场景是一个儿童房，该儿童房中需要加入相关的模型来匹配场景，并且要将场景的大小和光照等因素调整到合适大小。儿童房属性如图 8-34 所示。

（2）场景创建完毕后，在场景中的墙壁上创建一个 plane，该 plane 作为播放视频的载体。选中 plain，选择 Component→Video→Video Player，为该 plane 添加 Video Player 组件，如图 8-35 所示。

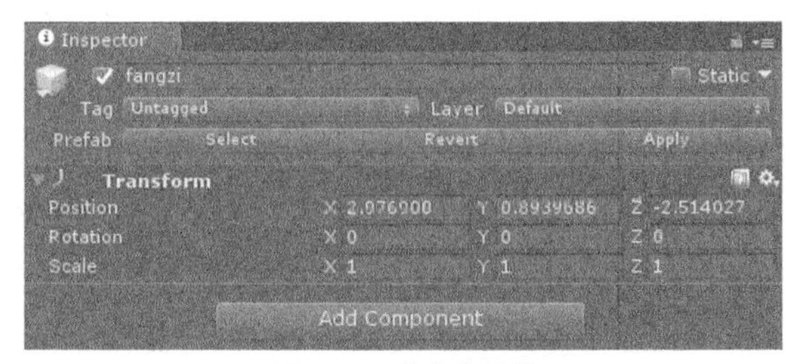


▲图 8-34 儿童房属性

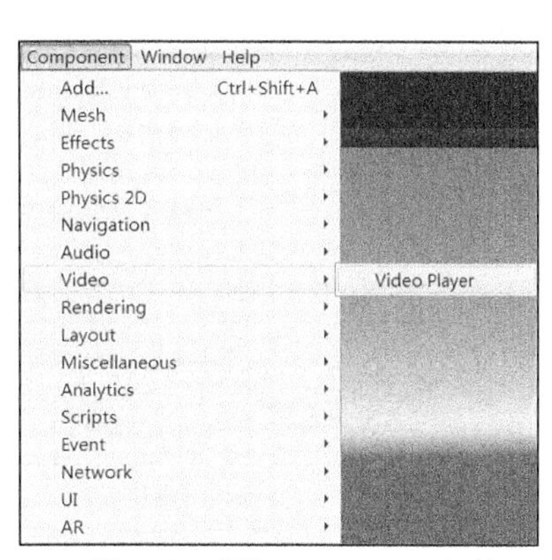


▲图 8-35 添加 Video Player 组件

（3）创建视频所需要的音频源。选择 GameObject→Audio→Audio Source，创建音频源，如图 8-36 所示。将预先准备好的 Project 工作区内的音频拖曳到创建的 AudioClip 选项中，完成音频源的创建。

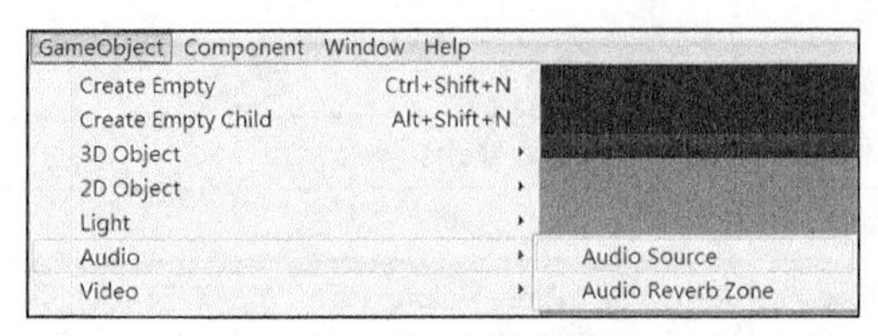


▲图 8-36　创建音频源

▲图 8-37　示例按钮

（4）音频添加完成后，单击载体板，可以看到 Video Player 属性，其属性含义如表 8-2 和表 8-3 所示。本示例设置了 3 个按钮，这些按钮可以控制视频的播放状态，如图 8-37 所示。这是由脚本 kingzhi.cs 控制的，具体代码如下。

表 8-2　Video Player 属性

| 属性 | 含义 |
| --- | --- |
| Source | 选择视频源的类型（Video Clip：视频源在项目资源中；URL：视频通过 URL 流导入） |
| URL | 选择视频 URL 流的路径 |
| Browse | 启动路径选择的按钮 |
| Play On Awake | 是否在运行后自动播放 |
| Wait For First Frame | 是否开启视频等待（保证视频的同步） |
| Loop | 是否开启视频重复播放 |
| Playback Speed | 设置视频的播放速度，默认正常速度为 1 |
| Render Mode | 视频呈现方式（Camera Far Plane：在摄像机的远平面上显示视频；Camera Near Plane：在摄像机的近平面上显示视频；Camera：定义接收视频的摄像机，只有在渲染模式为摄像机远平面或者近平面时才可使用；Alpha：设置添加到源视频的透明度级别；Render Texture：将视频渲染到纹理中；Target Texture：定义视频播放器组件渲染图像时的呈现纹理；Material Override：通过游戏对象的渲染材质选择一个纹理特性；Renderer：渲染视频播放器呈现的组件；Material Property：接收视频播放器组件图像的材质纹理属性的名称；API Only：是否必须使用脚本来将纹理分配到目的地） |
| Aspect Ratio | 视频纵横比。当使用以下相应的渲染模式时，为摄像机近平面、远平面或者纹理渲染的图像的长（No Scaling：不使用缩放；Fit Vertically：缩放源以让其垂直于目标矩形，在必要时裁剪左右两边或保留黑色区域，源宽比保持不变；Fit Horizontally：缩放源以与目标矩形横向匹配，裁剪顶部和底部区域，或在需要时保留上面和下方的黑色区域，源宽比保持不变；Fit Inside：缩放源以适应目标矩形而无须裁剪，根据需要在左、右或上方或下方留下黑色区域，源宽比保持不变；Fit Outside：缩放源以适应目标矩形，而不留下左、右或上下的黑色区域，按需要裁剪，源宽比保持不变；Stretch：水平或垂直缩放以适应目标矩形，源宽比没有被保留） |
| Audio Output Mode | 定义源音频音轨的输出方式（Direct：音频样本直接发送到音频输出硬件，绕过 Unity 的音频处理；Audio Source：音频样本被发送到选定的音频源，使 Unity 的音频处理得以应用；Disabled：不使用音频源） |
| Controlled Tracks | 音频控制轨道，仅在 URL 可以使用 |

表 8-3　　Video Player 属性

| 属性 | 含义 | 属性 | 含义 |
| --- | --- | --- | --- |
| Track Enabled | 音轨回放 | Mute | 静音 |
| Audio Source | 视频源 | Volume | 音频源的音频模式 |

代码位置：随书资源中源代码\第 8 章目录下的 Video Player\Assets\kongzhi.cs

```
1    public void ButtonOnClick(int index){                    //监听按钮
2      if (index == 0) {                                      //如果参数为 0
3        var videoPlayer = shipin.GetComponent<UnityEngine.Video.VideoPlayer>();
                                                              //获取 Video Player
4        videoPlayer.Pause();}                                //暂停视频
5      else if (index == 1) {                                 //如果参数为 1
6        var videoPlayer = shipin.GetComponent<UnityEngine.Video.VideoPlayer>();
                                                              //获取 Video Player
7        videoPlayer.Play();}                                 //播放视频
8      else if(index==2) {                                    //如果参数为 2
9        var videoPlayer = shipin.GetComponent<UnityEngine.Video.VideoPlayer>();
                                                              //获取 Video Player
10       videoPlayer.Stop();}}                                //停止视频
```

**说明**　上面是控制示例中 3 个按钮的逻辑脚本。首先获取了示例中的 Video Player，之后使用了 3 个方法来控制视频，当然还有很多操作视频的方法，这里不做具体介绍，读者可以查看官网的相关 API 学习。

（5）设置 Video Play 的相关属性以达到要求，其属性面板如图 8-38 所示。把准备好的视频和音频源挂到图 8-38 中圈出的两个选项中，这样就完成了视频播放器的创建，运行程序即可播放。

（6）Video Player 属性面板中有许多属性，由于本示例只是一个播放器，因此无须调整里面的属性，默认的值即可达到要求。但是在真实的项目中，肯定是将视频播放器与其他的功能相结合。为了达到最好的效果，就涉及设置其中的某些属性。

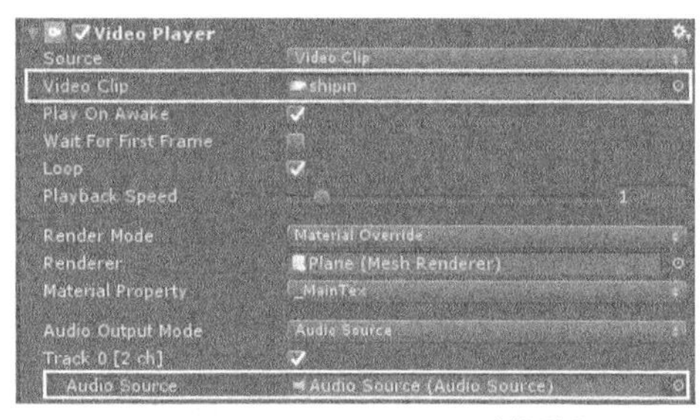


▲图 8-38　Video Player 属性面板

（7）通过调整相关属性可以获得适合项目的视频模式。在本示例中，还可以用键盘上的 W、S、A、D 键来控制摄像机视角的变换，以达到比较好的视频观影效果。摄像机的视角变换是由脚本 CameraControl.cs 控制的，这里不做具体介绍，详情请参考随书源代码。

示例代码位置：随书资源中源代码\第 8 章目录下的 Video Player\Assets\Video Player.unity

## 8.4　动态字体

Unity 5 以上支持动态字体，读者可以根据需要设置不同的字体类型。Unity 5 可以很好地支持中文字体，如楷体、隶书、宋体等，在开发过程中给开发人员带来了很大的便利。本节将以一个简单的示例介绍动态字体的应用，具体步骤如下。

（1）新建一个场景。选择 File→New Scene，创建一个场景。按下 Ctrl+S 快捷键保存该场景，将其命名为 font scene。

（2）导入资源。在 Project 面板中单击，在弹出的快捷菜单中选择 Import New Asset，然后选择需要的背景图片和字体，单击 Import 按钮导入。

（3）在 Project 面板中右击，在弹出的快捷菜中选择 Create→C# Script，新建一个脚本，将其命名为 Font。双击 Font 脚本，在脚本编辑器内编写代码，具体代码如下。

代码位置：随书资源中源代码\第 8 章目录下的 Unity_Demo\Assets\Font/Font.cs

```
1    using UnityEngine;
2    using System.Collections;
3    public class Font : MonoBehaviour {
4      public GUIStyle MyStyle;                        //定义 GUI 格式
5      public Texture BGTexture;                       //定义背景图片
6      float width=Screen.width/540f;                  //定义宽度
7      float height=Screen.height/960f;                //定义高度
8      void OnGUI(){
9        width=Screen.width/540f;                      //实时计算宽度比
10       height=Screen.height/960f;                    //实时计算高度比
11       GUI.DrawTexture (new Rect(0,0,Screen.width,
12       Screen.height),BGTexture);                    //在给定坐标区域下绘制背景图片
13       GUI.Label (new Rect(160*width,100*height,
14       100*width,100*height),"静     夜     思",MyStyle); //在给定坐标区域下绘制标签 Label
15       GUI.Label (new Rect(100*width,290*height,
16       100*width,100*height),"床 前 明 月 光",MyStyle);    //在双引号内输入想要显示的文字内容
17       GUI.Label (new Rect(100*width,440*height,
18       100*width,100*height),"疑 是 地 上 霜",MyStyle);    //设置 GUI 格式可以使 GUI 更加美观
19       GUI.Label (new Rect(100*width,590*height,
20       100*width,100*height),"举 头 望 明 月",MyStyle);    //本示例只使用它来设置字体
21       GUI.Label (new Rect(100*width,740*height,
22       100*width,100*height),"低 头 思 故 乡",MyStyle);
23   }}
```

- 第 1～2 行为导入系统包，在 Unity 开发中以上两个系统包是必不可少的。
- 第 4～7 行定义了 GUI 的格式、背景图片、图片宽度、图片高度，用于后面函数的绘制。
- 第 8 行重写了 OnGUI 函数。该函数用来绘制 GUI 控件、图片等。
- 第 9～10 行计算屏幕宽高比例，将其用于绘制控件位置以实现在不同分辨率的屏幕上的自适应。
- 第 11～22 行绘制图片和标签给定坐标，绘制内容和 GUI 格式。

（4）将 Font 脚本挂载在摄像机上，然后选中摄像机对象，在 Inspector 面板中查看 Font（Script）属性，选择 BG Texture 为导入的图片，如图 8-39 所示。然后打开 My Style 下的 Overflow，将 Font 设置为想要导入的字体，并适当调节字体大小，如图 8-40 所示。

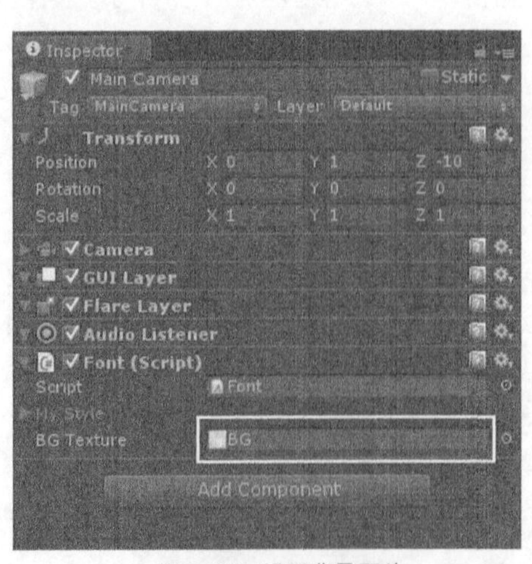


▲图 8-39　设置背景图片

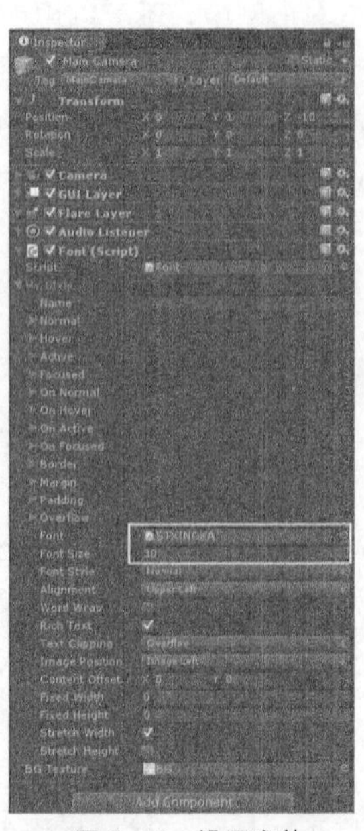

▲图 8-40　设置字体

（5）当全部工作完成后，单击“游戏播放”按钮，可以看到成功显示的中文字体，并且字体类型为导入的字体类型（本示例选择的是华文行楷），如图 8-41 所示。

▲图 8-41 运行效果

示例位置：见随书资源\第 8 章目录下的 Unity_Demo\Assets\Font\Font_Demo.unity。

## 8.5 重力加速度传感器

在移动端的游戏开发中，由于手机传感器的普及，玩家能够通过操控移动设备来进一步影响游戏内容，如赛车类游戏可以将移动设备的左右倾斜作为方向控制来模拟方向盘，这里就用到了重力加速度传感器。

线性加速度的三维向量 $x$、$y$、$z$ 分别标示手机屏幕竖直方向、水平方向和垂直屏幕方向。通过手机重力加速度传感器就能获取手机移动或旋转过程的 3 个分量数值，使用时只需在代码中调用 Input.acceleration 即可，具体代码如下。

```
1    float speed=10f;                                   //声明速度变量
2    void Update () {                                   //重写 Update 函数
3      Vector3 dir = Vector3.zero;                      //声明三维向量且其值为 0
4      dir.x = -Input.acceleration.y;                   //三维向量的 x 分量为线性加速度的 y 分量
5      dir.z = Input.acceleration.x;                    //三维向量的 z 分量为线性加速度的 x 分量
6      if (dir.sqrMagnitude > 1) {                      //如果三维向量的分量大于 1
7        dir.Normalize();                               //将分量置为 1
8      }
9      dir *= Time.deltaTime;                           //将三维向量和时间同步
10     transform.Translate (dir*speed);                 //根据获取的三维向量进行移动
11   }
```

- 第 3 行获取三维变量的零变量，即数值都为 0 的三维变量。
- 第 4～5 行获取线性加速度。根据游戏和手机的对应关系，以获取不同的加速度分量。
- 第 6～8 行将数值大于 1 的线性加速的分量限制为 1。
- 第 9～10 行根据获得的加速度的大小来控制物体的移动。

接下来用一个简单的例子来演示线性加速度的应用效果。在一个凹槽内放置一个小球，编写代码实现小球向手机倾斜的一侧滚动，并且同时能够检测物理碰撞，具体步骤如下。

（1）新建一个场景。选择 File→New Scene，创建一个场景。按 Ctrl+S 快捷键保存该场景，将其命名为 MoveBall。

（2）导入资源。在 Project 面板右击，在弹出的快捷菜单中选择 Import New Asset，然后选择需要的图片资源，单击 Import 按钮导入。

（3）在场景中创建 4 个 Cube，当作限制小球运动范围的围栏。选择 GameObject→3D Object→Cube，如图 8-42 所示。设置每个 Cube 的尺寸使这 4 个 Cube 正好围成一个围栏，并将导入的图片拖曳到 Cube 上为其添加纹理，如图 8-43 所示。

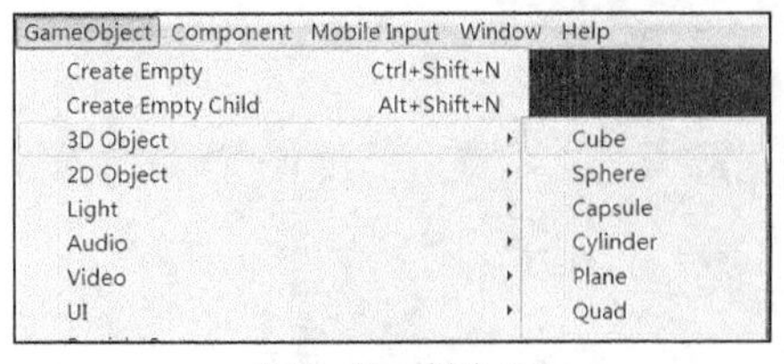


▲图 8-42　创建 Cube

▲图 8-43　搭建围栏并添加纹理

（4）创建一个作为围栏的地板和一个被玩家操控的小球，其创建方法与添加纹理和 Cube 的方式完全相同，读者可参考步骤（3）。为小球添加 Rigidbody，选中小球，选择 Component→Physics→Rigidbody，如图 8-44 所示。完成效果如图 8-45 所示。

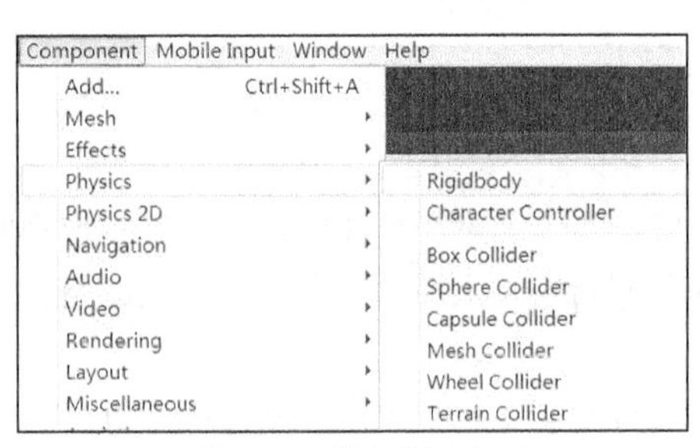


▲图 8-44　添加 Rigidbody

▲图 8-45　完成效果

（5）编写脚本，实现通过手机的重力加速度传感器来控制小球移动的功能。右击 Project 面板，在弹出的快捷菜单中选择 Create→C# Script，新建一个脚本，将其命名为 MoveBall。双击 MoveBall 脚本，在脚本编辑器内编写代码，具体代码如下。

代码位置：随书资源中源代码\第 8 章目录下的 Unity_Demo\Assets\Acceleration\MoveBall.cs

```
1   using UnityEngine;
2   using System.Collections;
3   public class MoveBall : MonoBehaviour {
4     Vector3 dir = Vector3.zero;                 //定义三维向量为零向量
5     void Update(){                              //重写 Update 方法
6       dir.z =-Input.acceleration.x;             //三维向量的 z 分量为线性加速度的 x 方向
7       dir.x = Input.acceleration.y;             //三维向量的 x 分量为线性加速的 y 方向
8       this.transform.GetComponent
9       <Rigidbody> ().AddForce (dir*5);          //为游戏对象施加一个力
10  }}
```

- 第 1～2 行使用相应的命名空间，在 Unity 开发中上述两个命名空间是必不可少的。
- 第 4 行获取三维变量的零变量，即数值都为 0 的三维变量。
- 第 6～7 行获取线性加速度，根据游戏和移动设备的对应关系，获取不同的加速度分量。
- 第 8～9 行获取物体的 Rigidbody 组件，并调用其中的方法为物体施加一个力。

示例位置：见随书资源\第 8 章目录下的 Unity_Demo\Assets\Acceleration\MoveBall.unity。

# 8.6 PlayerPrefs 类

在项目的开发过程中经常会遇到信息的存储和提取，这样可以方便信息在不同的脚本之间进行传递，以达到项目整体的统一。例如，在开发游戏时，经常需要存储游戏分数、提取分数及根据分数的多少来进行游戏，这就需要 PlayerPrefs 类。

使用 PlayerPrefs 类可以将 PlayerPrefs 代码写在相应的脚本中，然后把脚本挂载到相应的游戏对象上。PlayerPrefs 类方法如表 8-4 所示。

表 8-4 PlayerPrefs 类方法

| 方法 | 含义 | 方法 | 含义 |
|---|---|---|---|
| SetInt | 将需要记录的整型信息用标识符记录下来 | GetInt | 根据标识符提取相应的整型数据 |
| SetFloat | 将需要记录的浮点型信息用标识符记录下来 | GetFloat | 根据标识符提取相应的浮点型数据 |
| SetString | 将需要记录的字符串信息用标识符记录下来 | GetString | 根据标识符提取相应的字符串数据 |
| HasKey | 判断其标识符是否存在，如果存在就返回 true | DeleteAll | 删除所有存储的数据 |
| DeleteKey | 根据标识符删除相应数据 | Save | 保存数据 |

通过上面的介绍，读者应该对 PlayerPrefs 类方法有了大致的了解。接下来将通过一段代码来演示在开发过程中如何使用这些方法。右击 Project 面板，在弹出的快捷菜单中选择 Create→C# Script，新建一个脚本，将其命名为 PlayerPrefsDemo。双击 PlayerPrefsDemo 打开脚本，在脚本编辑器内编写代码，具体代码如下。

代码位置：随书资源中源代码\第 8 章目录下的 Unity_Demo\Assets\PPDemo\PlayerPrefsDemo.cs

```
1   using UnityEngine;
2   using System.Collections;
3   public class PlayerPrefs_Demo : MonoBehaviour {
4     void Awake() {
5       PlayerPrefs.SetInt ("First",666);                  //添加整型数据 666
6       PlayerPrefs.SetFloat ("Second",1.024f);            //添加浮点型数据 1.024
7       PlayerPrefs.SetString ("Thired","Hellow World");//添加字符串数据 Hellow World
8       PlayerPrefs.SetString ("Forth",WWW.
9       EscapeURL("3D 开发实战详解"));              //添加中文字符串
10      Print ();                                  //调用输出数据方法
11      PlayerPrefs.DeleteKey ("First");           //根据标识符删除整型数据
12      Check ();                                  //检测数据是否存在，存在输出 true
13      PlayerPrefs.DeleteAll ();                  //删除所有数据
14      Check ();                                  //检测数据是否存在，存在输出 true
15    }
16    void Print(){
17      Debug.Log ("===========================");
18      Debug.Log ("First Value is "+
19      PlayerPrefs.GetInt("First"));              //输出标识符为 First 的数据
20      Debug.Log ("Second Value is "+
21      PlayerPrefs.GetFloat("Second"));           //输出标识符为 Second 的数据
22      Debug.Log ("Thired Value is "+
23      PlayerPrefs.GetString("Third"));           //输出标识符为 Third 的数据
24      Debug.Log ("Forth Value is "+WWW.
25      UnEscapeURL(PlayerPrefs.GetString("Forth")));        //输出标识符为 Forth 的数据
26      Debug.Log ("===========================");
27    }
28    void Check(){
29      Debug.Log ("===========================");
30      Debug.Log ("First is "+PlayerPrefs.HasKey("First"));   //检测是否存在 First
31      Debug.Log ("Secong is "+PlayerPrefs.HasKey("Second"));//检测是否存在 Second
32      Debug.Log ("Thired is "+PlayerPrefs.HasKey("Third")); //检测是否存在 Third
33      Debug.Log ("Forth is "+PlayerPrefs.HasKey("Forth"));   //检测是否存在 Forth
34      Debug.Log ("===========================");
35  }}
```

- 第 4～7 行通过相应的 PlayerPrefs 类的方法存储数据。
- 第 8～9 行的主要功能是：因为需要存入中文信息，若直接存储在运行设备的闪存中，在读取时会发生未知的错误，所以先用 EscapeURL 将中文字符串转码存储。
- 第 10 行调用用于输出数据的 Print 函数。
- 第 11 行根据标识符通过 DeleteKey 方法删除相关数据。
- 第 12 行调用 Check 方法检测数据是否存在。
- 第 13 行通过 DeleteAll 方法将删除所有存储的数据。
- 第 17～23 行通过相应的 get 方法获取不同类型的数据并输出。
- 第 24～25 行获取中文字符串后通过 UnEscapeURL 方法将其转换成中文字符输出。
- 第 29～34 行通过 HasKey 方法检测对应的标识符是否存在，存在输出 true，反之输出 false。

将上面编写好的脚本挂载到场景摄像机上（其他游戏物体上均可），单击“播放”按钮，可以在 Console 面板中看到输出结果，从而加深读者对该类的理解，如图 8-46 所示。

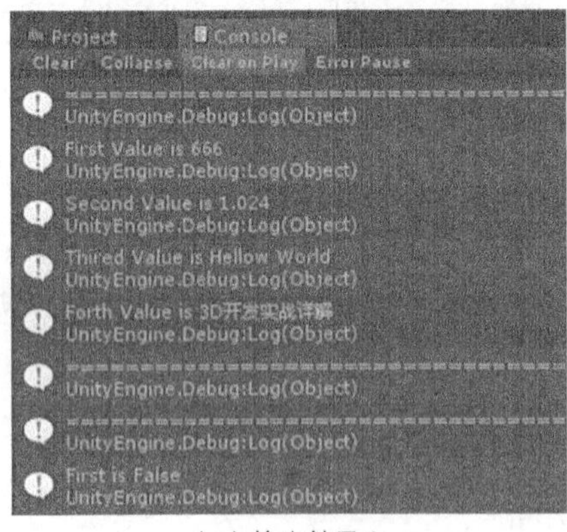


（a）输出结果 1

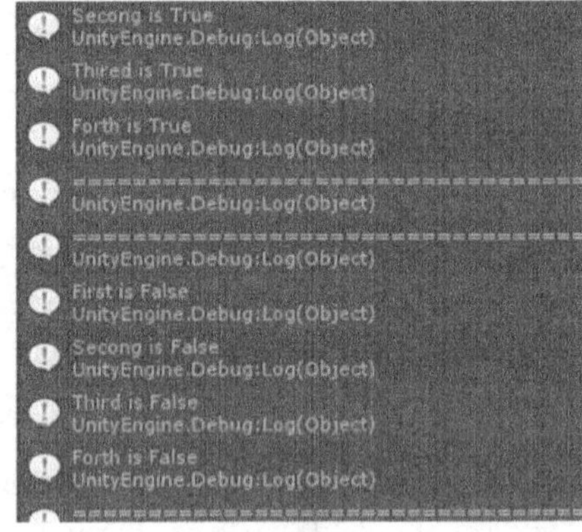


（b）输出结果 2

▲图 8-46　输出结果

代码位置：随书资源中源代码\第 8 章目录下的 Unity_Demo\Assets\PlayerPrefs\PlayerPrefs_Demo.unity

## 8.7 虚拟按钮与摇杆的使用

在实际移动端的项目开发过程中，对于控制游戏对象的移动及视角的转换的一种解决策略就是通过虚拟按钮和摇杆实现。虚拟按钮与摇杆的使用就是在屏幕上绘制按钮，通过玩家对其进行的不同的操作方式来实现人物的不同行为。

### 8.7.1　标准资源包的下载与导入

Unity 5 的标准资源包内包含了多种虚拟按钮与摇杆资源，只需要导入资源包并使用其制作完成的预制件就可以轻松实现相应功能。Unity 5 安装程序本身没有标准资源包，下面将对标准资源包的下载与导入进行详细介绍，具体步骤如下。

（1）在 Assets Store 中下载官方的标准资源包（免费）。选择 Window→Assets Store，打开 Unity 的资源商店，如图 8-47 所示。

（2）打开后，在 Assets Store 的搜索栏中输入 Standard Assets，

| Window　Help | |
| --- | --- |
| Next Window | Ctrl+Tab |
| Previous Window | Ctrl+Shift+Tab |
| Layouts | › |
| Services | Ctrl+0 |
| Scene | Ctrl+1 |
| Game | Ctrl+2 |
| Inspector | Ctrl+3 |
| Hierarchy | Ctrl+4 |
| Project | Ctrl+5 |
| Animation | Ctrl+6 |
| Profiler | Ctrl+7 |
| Audio Mixer | Ctrl+8 |
| Asset Store | Ctrl+9 |

▲图 8-47　打开资源商店

搜索需要的标准资源包，如图 8-48 所示。

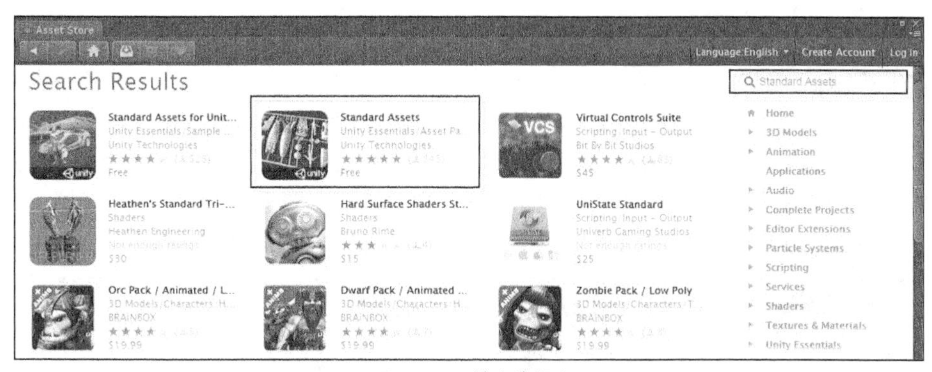


▲图 8-48　搜索资源包

（3）单击 Standard Assets 图标进入下载页面，单击 DownLoad 进行下载（读者需要注册 Unity 账户），如图 8-49 所示。下载完成后，双击下载好的资源包，弹出 Importing package 对话框，读者可根据需要选择相应的资源，单击 Import 按钮，即可导入 Unity 标准资源包，如图 8-50 所示。

▲图 8-49　下载标准资源包

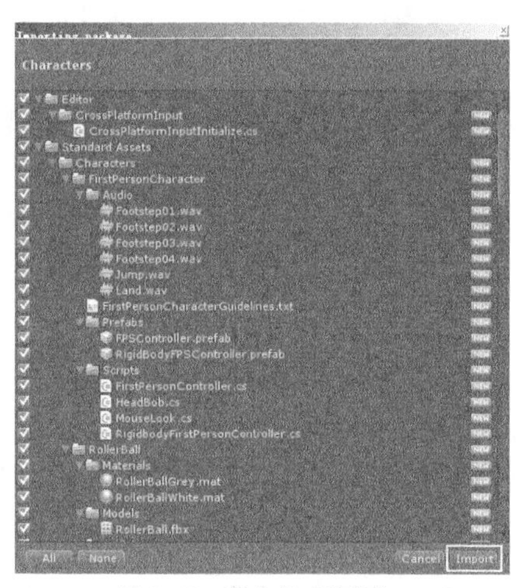


▲图 8-50　导入标准资源包

（4）导入完成后，在 Project 面板中就会多出 Editor 和 Standard Assets 两个文件夹，如图 8-51 所示。开发所需要的大部分资源都在 Standard Assets 文件夹中，资源都被分门别类地放好以便读者查看。其中不仅有虚拟摇杆的资源，还有很多其他的实用资源，读者可自行查看、使用。

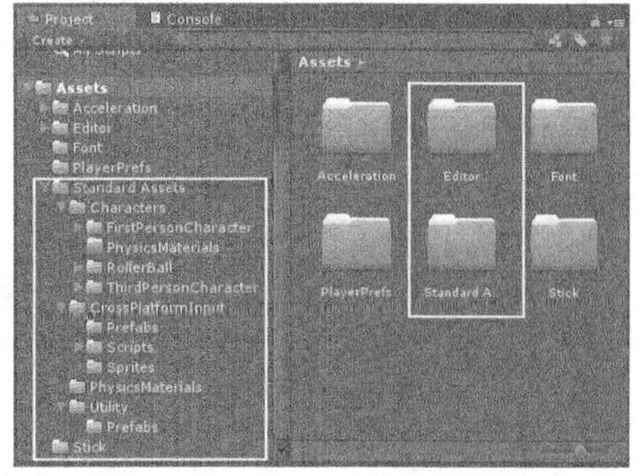


▲图 8-51　导入完成

## 8.7.2　虚拟按钮和摇杆使用示例

下面将使用一个简单的示例来讲解如何使用虚拟按钮与摇杆，本示例使用了虚拟按钮和摇杆，具体操作步骤如下。

（1）在 Unity 集成开发环境中导入虚拟按钮与摇杆的资源包。本示例采用第一人称视角，因此使用 FPSController 预制件。选择 Standard Assets→Characters→FirstPersonCharacter→Prefabs，将预制件拖曳到场景中创建一个第一人称的游戏对象，如图 8-52 所示。

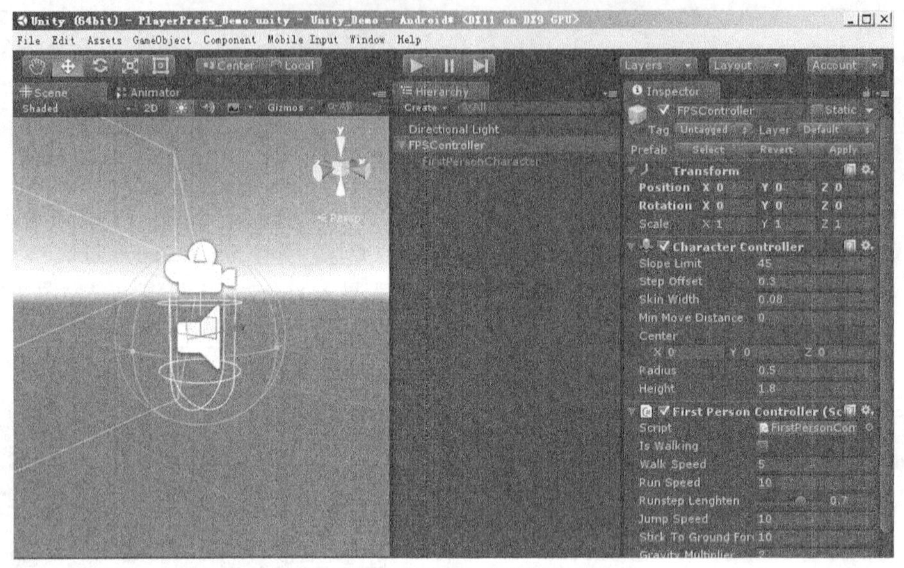


▲图 8-52　创建第一人称游戏对象

（2）添加完成后，还需要添加摇杆和按钮来控制游戏对象的移动及跳跃。这里需要使用 MobileSingleStickControl 预制件。选择 Standard Assets→CrossPlatformInput→Prefabs，将预制件拖曳到场景中即可创建一个使用 UGUI 实现的摇杆和按钮，如图 8-53 所示。

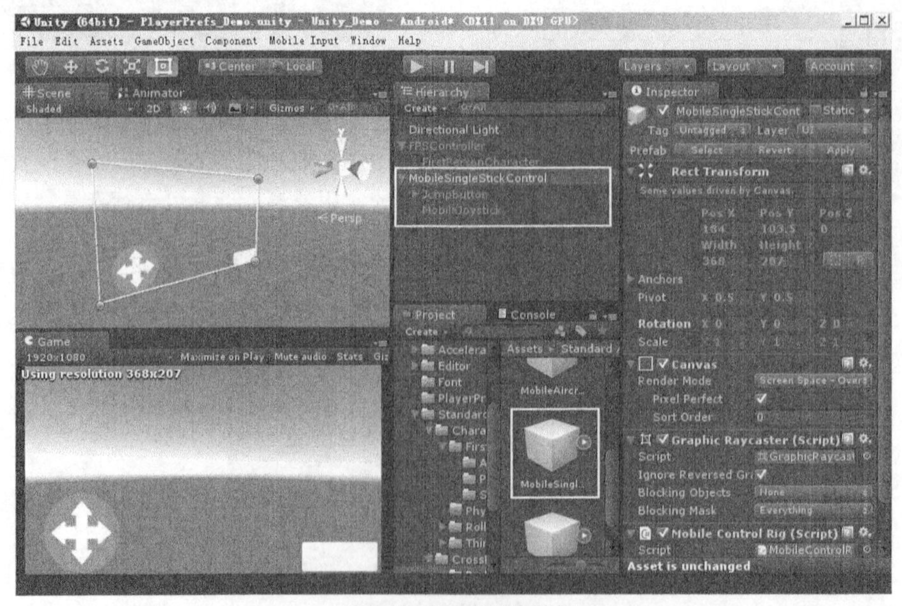


▲图 8-53　添加摇杆和按钮

（3）搭建地面，并为地面添加适当的纹理图。选择 GameObject→3D Create→Plane，创建一个平面。创建多个 Cube 当作障碍和围栏，选择 GameObject→3D Create→Cube，创建多个正方体。在 Inspector 面板中设置具体参数，效果如图 8-54 所示。

▲图 8-54 搭建场景

（4）将程序导入 Android 设备。选择 File→Build Settings，在弹出的窗口中选择 Android 平台，在 Texture Compression 下拉列表中选择 DXT(Tegra)，如图 8-55 所示。单击 Player Settings 按钮，将 Inspector 面板中的 Package Name 设置为 com.**.**（**表示自定义的子包名，读者根据自己的项目需要设置即可），如图 8-56 所示。

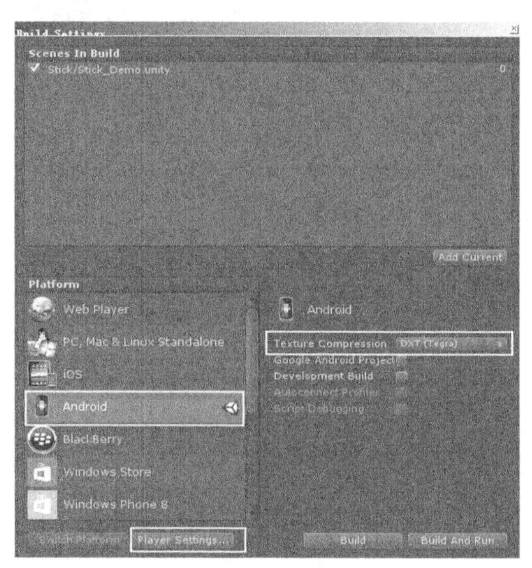


▲图 8-55 切换 Android 平台

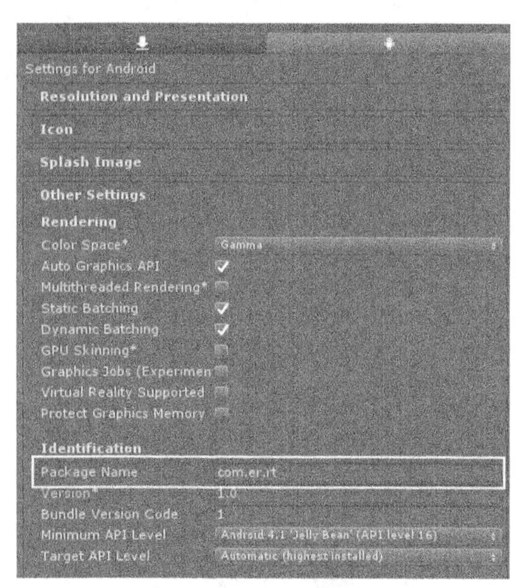


▲图 8-56 设置参数

（5）将屏幕的显示设置为横屏。单击 Player Setting 按钮，将 Inspector 面板中的“Default Orientation*”设置为 Landscape Right，如图 8-57 所示。设置完成后单击 Build 按钮，即可成功导出 Android APK 文件，运行效果如图 8-58 所示。

（6）本示例使用的是官方资源中的摇杆，功能不是特别全面，对摇杆功能的修改也需要开发人员有较高的编程能力，不适合新手使用。读者也可以下载 Easy Touch 插件来使用，Easy Touch 简单易学，能够很容易地实现各种功能，适合新手。

示例位置：见随书资源\第 8 章目录下的 Unity_Demo\Assets\Stick\Stick_Demo.unity。

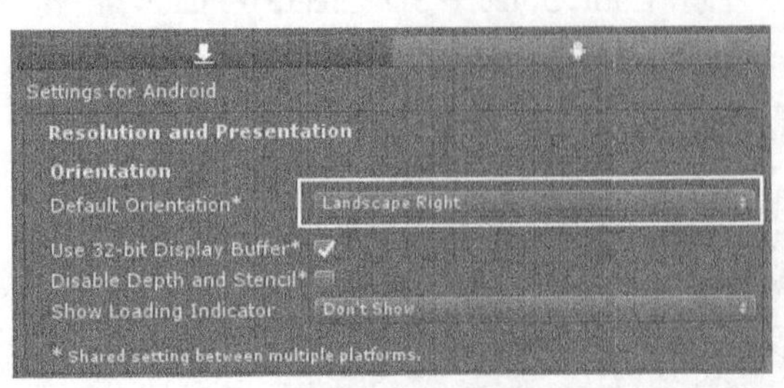


▲图 8-57　设置横屏

▲图 8-58　运行效果

## 8.8 线的渲染

Unity 中提供了画线的方法，在两个点之间可以画一条直线并且可以修改线的材质、大小、颜色、是否接受光照等属性，从而保证线的效果达到最佳；还可以结合数学公式实现较为复杂的功能。本节将结合一个示例进行线的相关知识的讲解。下面做具体介绍。

（1）创建一个场景，把场景命名为 Line Renderer，如图 8-59 所示。在场景中创建 3 个 GameObject，它们分别是线的起点、终点及中间点。创建一个空物体，并且给空物体挂载线渲染的属性，过程如图 8-60 所示。

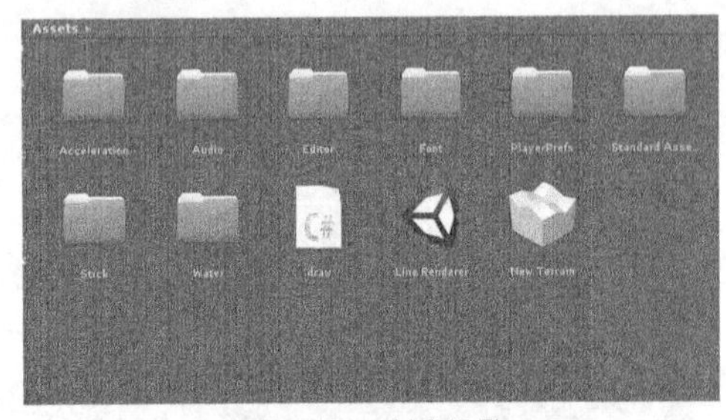

▲图 8-59　创建场景

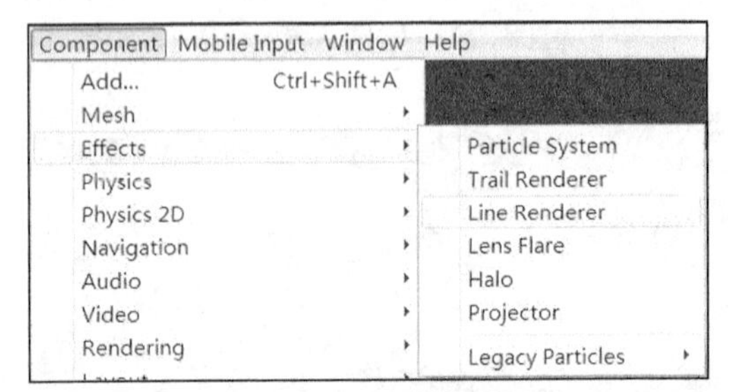


▲图 8-60　添加线属性过程

（2）可以对线属性的参数进行修改，线属性如图 8-61 所示。由于本示例只是单纯地讲解线功能的使用，因此使用的是默认参数。但是在完整的项目中，为了符合项目的需求，多多少少还是要进行一些参数修改的。

（3）下面就要实现本示例的核心功能了。首先建立一个脚本，将其命名为 draw.cs。该脚本的作用是将线的渲染和贝塞尔曲线公式结合起来。创建完毕后，将脚本挂载到空物体上，并且把相应的起点、终点、中间点挂载到脚本上，如图 8-62 所示。

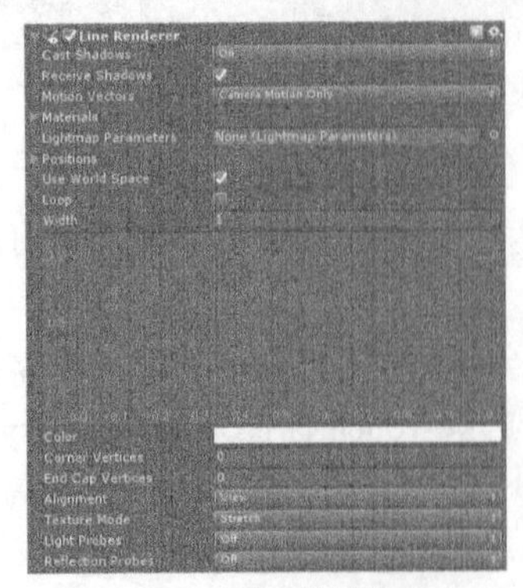

▲图 8-61　线属性

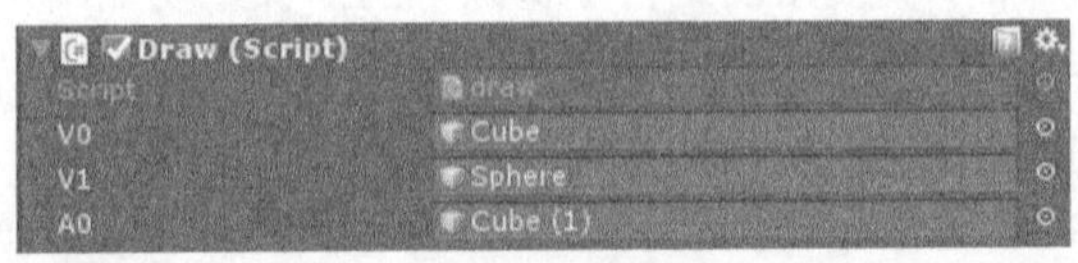


▲图 8-62　脚本属性

（4）该脚本不但控制绘制线时每个点之间的间隔，并且还包含利用贝塞尔曲线公式绘制曲线的方法，具体代码如下。

代码位置：随书资源中源代码\第 8 章目录下的 Unity_Demo\Assets\draw.cs

```
1   public class draw : MonoBehaviour{
2     public GameObject v0, v1, a0;                          //声明起点、中间点、终点
3     LineRenderer lineRenderer;                             //线的引用
4     float jianxi = 0.05f;                                  //绘制曲线的间隔
5     public Vector3[] a = new Vector3[20];                  //存储曲线路径上的点的数组
6     void Start(){
7       lineRenderer = GetComponent<LineRenderer>();         //初始化线
8       lineRenderer.SetVertexCount(21);}                    //设置点的多少
9       void Update(){
10        for (float i = 0; i < 1; i += jianxi){             //从 0～1 遍历曲线上的点
11          a[jj++] = po(i, v0, v1,a0);}                     //调用 po 方法，将点存储到数组里面
12        jj = 0;                                            //归零数组下标
13        for (int j = 0; j < 20; j++){
14          a[j]);}                                          //绘制曲线
14          lineRenderer.SetPosition(j, a[j]);}              //绘制曲线
15        lineRenderer.SetPosition(20,newVector3(v1.transform.position.x, //绘制最后一段线
16    private Vector3 po(float t, GameObject v0, GameObject v1, GameObject a0){//po 具体方法
17      Vector3 a;                                           //声明 Vector3 变量
18      a.x = t * t * (v1.transform.position.x - 2 * a0.transform.position.x +
        v0.transform.position.x)
19      + v0.transform.position.x + 2 * t * (a0.transform.position.x - v0.transform.
        position.x);
20      a.y = t * t * (v1.transform.position.y - 2 * a0.transform.position.y + v0.
        transform.position.y)
21      + v0.transform.position.y + 2 * t * (a0.transform.position.y - v0.transform.
        position.y);
22      a.z = t * t * (v1.transform.position.z - 2 * a0.transform.position.z + v0.
        transform.position.z)
23      + v0.transform.position.z + 2 * t * (a0.transform.position.z - v0.transform.
        position.z);
24      return a;}                                           //贝塞尔曲线公式
```

- 第 2～5 行是本脚本用到的相关变量。里面的 jianxi 变量值越小，所绘制的线越接近于曲线。
- 第 6～15 行是脚本的 Start 方法。该方法会执行绘制的第一层逻辑，控制了 20 个点的绘制并且用曲线将点连接起来。
- 第 16～24 行是本脚本的核心逻辑，这个方法接收 4 个参数，分别为一个间隔点和 3 个位置点，这 3 个位置点为起点、中间点及终点。其中的具体代码实现了贝塞尔曲线，公式为 $B(t)=(1-t)^2 v_0+2t(1-t) a_0+ttv_1$。其中，$v_0$ 为起点，$v_1$ 为终点，$a_0$ 为中间点。

（5）脚本功能实现完毕后，要对线的材质进行更换。首先在工作区中创建一个材质，将其命名为 xian，其所挂的 shader 如图 8-63 所示。对线里面的材质进行更换，更换的区域如图 8-64 所示，这样就完成了本示例的开发。

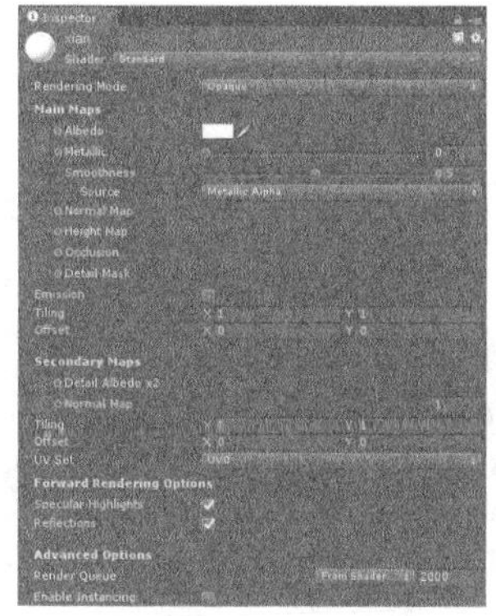

▲图 8-63 材质 shader

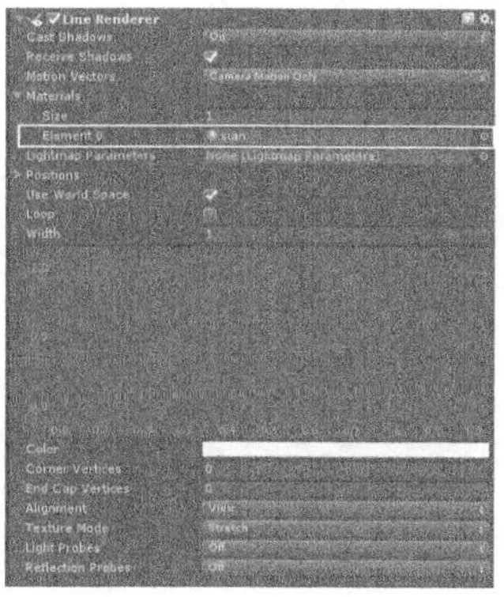

▲图 8-64 更换材质

（6）单击“运行”按钮，即可运行本示例。需要注意的是，运行成功后，可以实时改变曲线的形状，只需在 Scene 面板中拖动构成曲线 3 个关键点的其中任意一个点的位置即可。如图 8-65（a）、（b）所示的两幅图，就是拖动的中间点的位置不同，所构成的曲线的形状也大不相同。

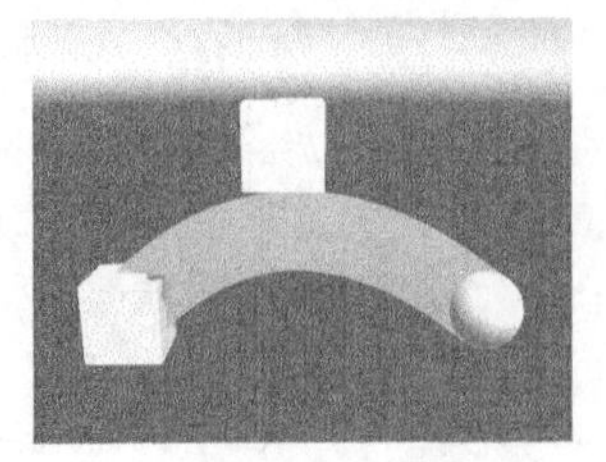
（a）运行示意图 1

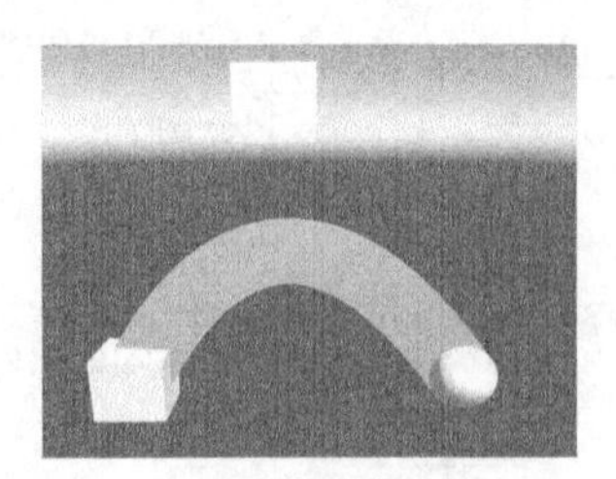
（b）运行示意图 2

▲图 8-65　运行示意图

示例代码位置：随书资源中源代码\第 8 章目录下的 Unity_Demo\Assets\Line Renderer.unity

## 8.9 Render Texture 的应用

Unity 中的 Render Texture 是一种可以在程序运行时实时更新的纹理类型，利用此纹理可以实现比较复杂的功能，现在被广泛应用在小地图的绘制中。因为小地图的图像要求实时更新，所以用普通的纹理无法实现。下面结合小地图制作的示例具体介绍 Render Texture 的使用方法。

（1）创建一个 Render Texture，将其命名为 MinMapTexture，其属性如图 8-66 所示。将此纹理挂载到摄像机上，如图 8-67 所示。

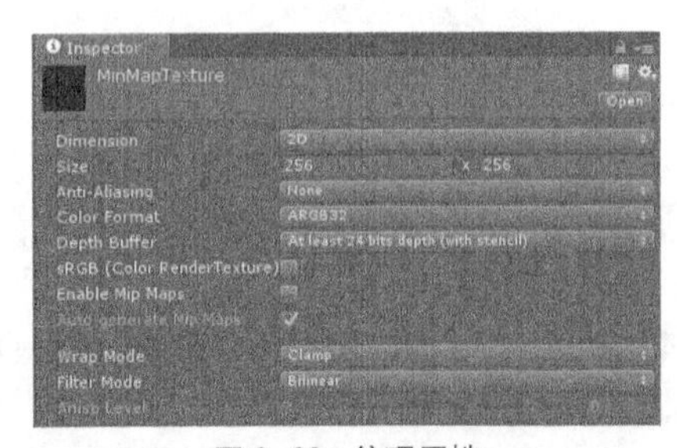

▲图 8-66　纹理属性

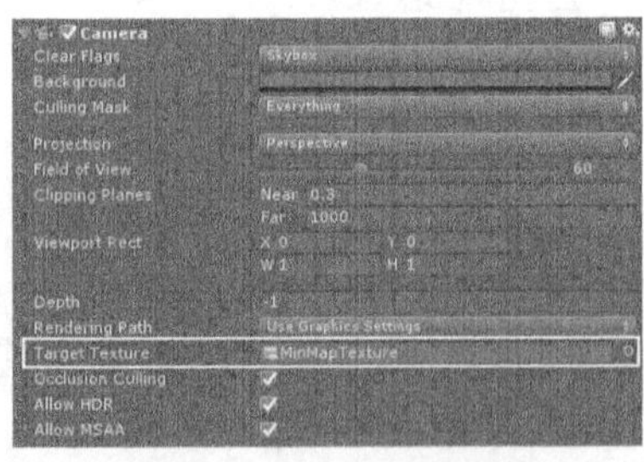

▲图 8-67　摄像机挂载纹理

（2）纹理创建完毕后，要将摄像机改成正交投影，需要将摄像机的 Projection 属性设置为 Orthographic，如图 8-68 所示，这样投影出来的小地图不会产生变形。然后搭建本示例的场景：地板、方块和小球，效果如图 8-69 所示。

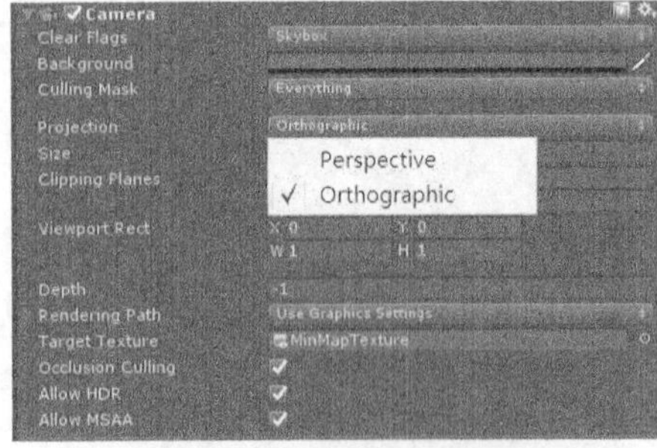

▲图 8-68　设置摄像机投影模式

▲图 8-69　场景效果

（3）由于场景中唯一的摄像机作为了小地图的投影摄像机，因此需要给场景重新添加主摄像机。添加完毕后只需要将摄像机的位置调整到合适的位置即可，不必调整其他参数。到这步实际上已经完成了小地图的制作，下面就是要将小地图作为 2D 界面上的图片显示出来。

（4）建立一个 RawImage 图片，选择 GameObject→UI→RawImage 即可创建，如图 8-70 所示。然后将已经调整好的 Render Texture 挂载在到 RawImage 的 Texture 属性上，调整 RawImage 的大小和位置即可完成小地图的显示。整个示例的运行效果如图 8-71 所示。

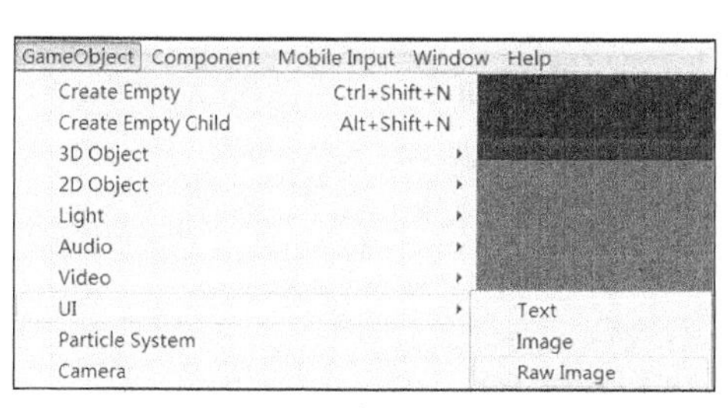


▲图 8-70　创建 RawImage

▲图 8-71　场景运行效果

（5）在本示例中，为了体现出使用 Render Texture 制作小地图的优点，特别地将黄色小方块制作成了动态的，动态的效果是由脚本 GameMove 控制的。脚本实现了物体在一定范围内晃动的效果，这样也符合小地图实时更新的特点，具体代码如下。

代码位置：随书资源中源代码\第 8 章目录下的 Unity_Demo\Assets\MinMap\GameMove.cs

```
1   using System.Collections;
2   using System.Collections.Generic;
3   using UnityEngine;
4   public class GameMove : MonoBehaviour {
5     public GameObject cube;                          //声明一个方块
6     public GameObject yuan;                          //声明一个球体
7     public bool zuoyi = false;                       //声明左滑标志位并初始化
8     public bool youyi = false;                       //声明右滑标志位并初始化
9     public float jiange = 0.01f;                     //设置晃动速度
10    void Start () {
11    zuoyi = true;}                                   //如果左滑标志位为 true
12    void Update () {
13      if (cube.transform.position.x <= 230){         //判断方块的 x 坐标
14        youyi = true;                                //右滑标志位为 true
15        zuoyi = false;}                              //左滑标志位为 false
16      if (cube.transform.position.x >= 240){         //判断方块的 x 坐标
17        youyi = false;                               //右滑标志位为 false
18        zuoyi = true;}                               //左滑标志位为 true
19      if (zuoyi){                                    //如果左滑标志位为 true
20        cube.transform.position = new Vector3(cube.transform.position.x - jiange
21        , cube.transform.position.y, cube.transform.position.z);       //设置方块位置
22      }else if (youyi){                              //如果右滑标志位为 true
23        cube.transform.position = new Vector3(cube.transform.position.x + jiange
24        , cube.transform.position.y, cube.transform.position.z);}}}    //设置方块位置
```

- 第 5～9 行声明了脚本需要的几个变量，其中包括两个物体的声明、两个标志位的声明及方块滑动速度的设置。
- 第 10～11 行是本脚本的 Start 方法。该方法将左滑标志位设置为 true，这样做保证了方块起始方向是向左移动的。
- 第 12～24 行是本脚本的 Update 方法。该方法具体判断了方块在某帧的 $x$ 坐标的位置，并且根据两个边界值来修改相应的标志位，达到方块左右来回移动的效果。

示例代码位置：见随书源代码\第 8 章目录下的 Unity_Demo\Assets\MinMap\MinMap.unity。

# 8.10 声音

游戏音频的播放在任何游戏中都占据着非常重要的地位。音频可以分为两种类型，一种为游戏音乐，另一种为游戏音效。前者适合用较长的音乐，如游戏背景音乐；后者适合用比较短的游戏音乐，如开枪打怪时的枪击声。下面将对 Unity 中声音的相关知识进行详细讲解。

## 8.10.1 声音类型

Unity 3D 游戏引擎共支持 8 种音乐格式的文件，在实际游戏开发过程中可根据实际需要使用合适的音乐类型，其中有 4 种类型用于音频跟踪模块，分别是“.Mod”“.It”“.S3m”“.Xm”，这里不再做具体介绍；其他 4 种类型常被用在音频源上，具体的介绍如下：

- .AIFF 格式，适用于较短的音乐文件，可用作游戏打斗的音效。
- .WAV 格式，适用于较短的音乐文件，可用作游戏打斗的音效。
- .MP3 格式，适用于较长的音乐文件，可用作游戏背景音乐。
- .OGG 格式，适用于较长的音乐文件，可用作游戏背景音乐。

## 8.10.2 音频管理器

音频管理器（AudioManager）是在宏观上对场景中的声音进行设置。选择 Edit→Project Setting→Audio，即可打开音频管理器，如图 8-72 所示。

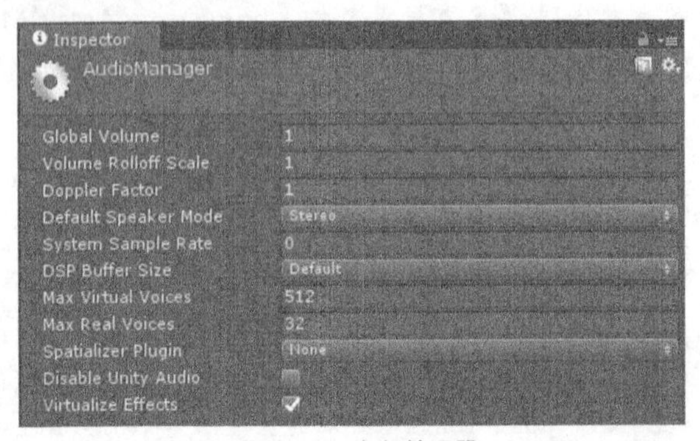


▲图 8-72 音频管理器

在实际开发过程中，可以对音频管理器中的属性参数进行修改和设置。音频管理器中的各个参数如表 8-5 所示。

表 8-5 音频管理器中的各个参数

| 参数 | 含义 |
| --- | --- |
| Global Volume（音量） | 全局声音播放的音量 |
| Volume Rolloff Scale（衰减因子） | 设置按指数衰减音频源的全局衰减系数。该数值越高，音量的衰减速度越快，反之则越慢（数值为 1，则模拟真实世界的效果） |
| Doppler Factor（多普勒因子） | 模拟多普勒效应的监听效果。0 表示关闭模拟，1 意味着在高速物体上多普勒效应会比较明显地被监听到 |
| Default Speaker Mode（默认扬声器模式） | 设置 Unity 项目中的默认扬声器模式。默认值为 2，即立体声模式（模式列表参见脚本 API 手册的 AudioSpeakerMode） |
| System Sample Rate（输出采样率） | 如果该参数设置为 0，那么将使用系统默认的采样率。也请注意，这只是作为一个参考，只有特定的平台允许改变这一点，如 iOS 和 Android |

续表

| 参数 | 含义 |
| --- | --- |
| DSPBuffer Size（DSP 缓冲区大小） | 调整 DSP 缓冲区的大小来优化延迟和性能 |
| Max Virtual Voice（虚拟声音计数） | 音频管理系统中虚拟声音的数量。该数值应该总是大于游戏中已经播放过的音频数量，如果没有，警告将在控制台上输出 |
| Max Real Voice（真实声音计数） | 能够同时播放的真实声音的数量，每一帧都将会选取其中音量最大的声音 |
| Disable Audio（禁用音频） | 在单独构建中使音频系统停止工作。注意，它也将影响 MoveTexture 的音频。在编辑器中音频系统仍将支持预览音频剪辑，除了 AudioSource（音频源） |
| Spatializer Plugin | 是否使用 3D 音效插件及插件的版本 |
| Virtualize Effects | 是否使用虚拟影响 |

提示 若想在场景中模拟多普勒效应，可以把多普勒因子设为 1，然后调整音速和多普勒因子直到达到满意的效果为止。扬声器模式可以在程序运行时通过脚本来实时地改变。

## 8.10.3 音频监听器

音频监听器（Audio Listener）在 Unity 3D 中的作用像麦克风这样的设备。它接收任何在场景中输入的音频源（AudioSource），并通过计算机的扬声器播放声音。在大部分游戏的开发过程中，开发人员经常会把音频监听器挂载到主摄像机上。

如果音频监听器位于混响区（Reverb Zone）中，混响会被应用到场景中所有能够听到的声音上。此外音频特效（Audio Effects）也可以被应用到音频监听器上，这些特效也将被应用到场景中所有能够听到的声音上。音频监听器如图 8-73 所示，它没有任何参数。

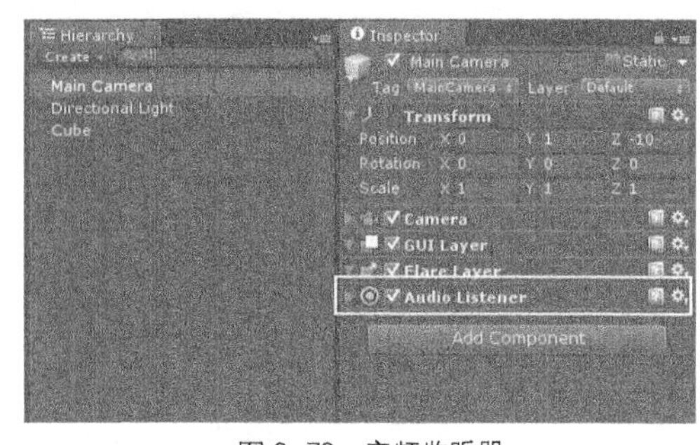


▲图 8-73 音频监听器

音频监听器配合音频源可以为游戏创建听觉体验。当音频监听器挂载到场景中的一个游戏对象上时，任何音频源，如果足够接近监听器都会被获取并输出到计算机的扬声器中。每个场景只能有一个音频监听器，否则控制台会输出提示。

提示 音频监听器没有属性，所以它必须被添加才能被使用，并且总是默认地被添加到主摄像机上。

## 8.10.4 音频源

音频源（Audio Source）在场景中播放音频剪辑（Audio Clip）。如果音频剪辑是一个 3D 音频剪辑，音频源就位于一个给定的位置，并会随距离的远离而进行衰减播放。音频不仅可以在扬声器之间传播，而且可以在 3D 和 2D 之间转换，还可以控制随距离变化的衰减曲线。

音频监听器如果在一个或多个混响区中，混响将被应用到音频源中。单独的音频滤波器可以应用到每个音频源上，从而得到更加丰富的听觉体验。下面将对音频源的创建、音频源中的各个属性和衰减类型进行详细讲解。

### 1. 音频源的创建

音频源就像是一个控制器，用来控制音频剪辑的播放和停止，并通过修改参数改变播放效果。没有分配音频剪辑的音频源不会播放任何声音。音频剪辑就是游戏中各种声音的音频文件（MP3、OGG 等），下面将具体介绍音频源的创建方法，具体步骤如下。

（1）向 Unity 项目中导入想要使用的音频文件。选择 Asset→Import New Asset，在弹出的对话框中选择需要的音频文件导入即可。选择 GameObject→Create Empty，创建一个空对象，如图 8-74 所示

（2）选中刚刚创建的游戏对象，选择 Component→Audio→Audio Source，为空游戏对象添加音频源组件，如图 8-75 所示。

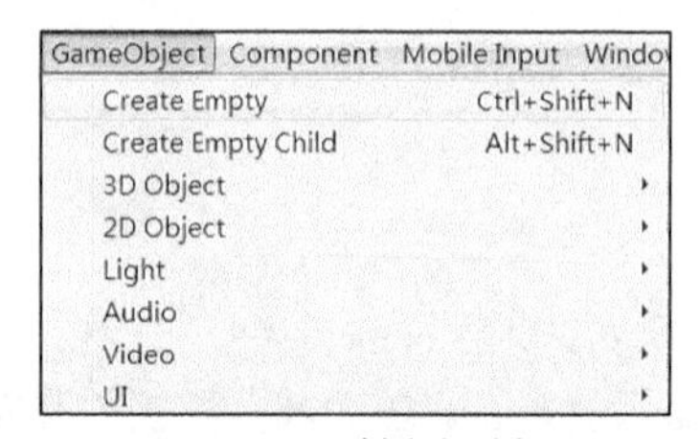


▲图 8-74　创建空对象

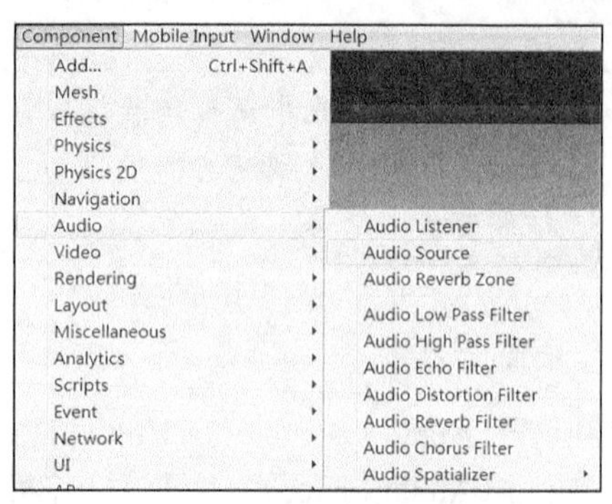


▲图 8-75　添加音频源组件

（3）在 Inspector 面板中将导入的音频剪辑添加到音频源组件中，完成后读者就可以通过调节参数或编写脚本来播放该音频剪辑了，如图 8-76 所示。

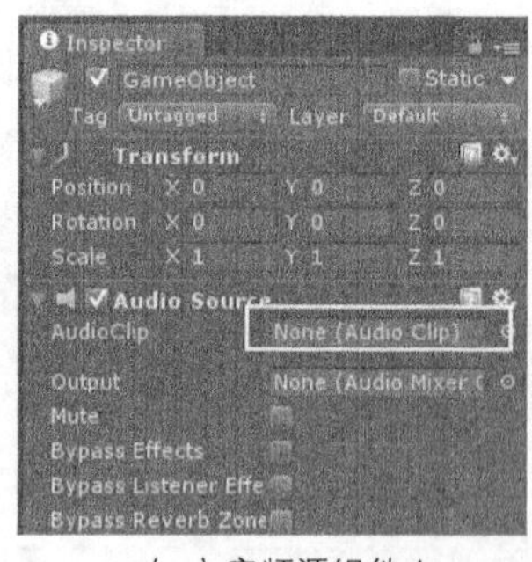


（a）音频源组件 1

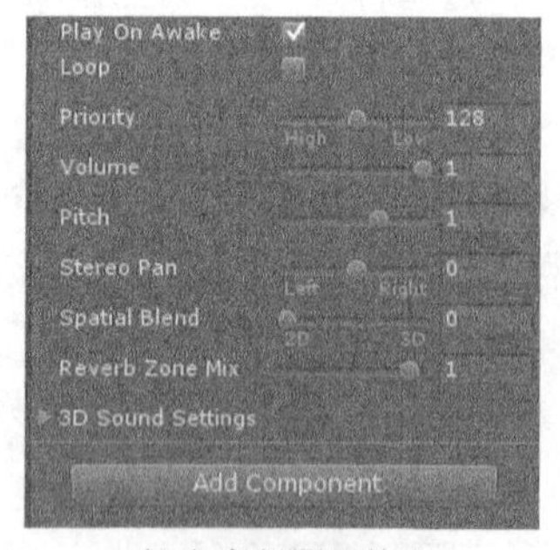


（b）音频源组件 2

▲图 8-76　音频源组件

### 2. 音频源中各种属性

在 Inspector 面板中，读者可以查看和设置音频源中的各个参数，从而达到不同的运行效果，这就要求必须了解其中每一个参数的含义。下面将对音频源组件中各个参数进行详细介绍，如表 8-6 所示。

表 8-6　音频源中的各个参数

| 参数 | 含义 |
|---|---|
| AudioClip（音频剪辑） | 将要被播放的音频剪辑文件 |
| OutPut（输出） | 音频剪辑通过音频混合器输出 |
| Mute（静音） | 如果选中该复选框，那么音频在播放时会没有声音 |

续表

| 参数 | 含义 |
| --- | --- |
| Bypass Effect（忽视效果） | 应用到音频源的快速“直通”过滤效果，用来快速打开或关闭所有特效 |
| Bypass Listener Effect（忽视监听器效果） | 用来快速打开或关闭监听器特效 |
| Bypass Reverb Zone（忽视混响区） | 用来快速打开或关闭混响区 |
| Play On Awake（唤醒时播放） | 如果启用，则声音在场景启动时就会播放；如果禁用，那么就需要在脚本中使用 Play 命令来播放 |
| Loop（循环） | 如果启用，那么音频剪辑就会循环播放 |
| Priority（优先权） | 确定场景中所有并存的音频源之间的优先权（0 为最高，256 为最低），一般使用优先权为 0 的音频剪辑，避免偶尔地换出 |
| Volume（音量） | 音频监听器监听到的音量 |
| Pitch（音调） | 改变音调值，可以加速或减速播放音频剪辑，默认 1 是正常速度播放 |
| Stereo Pan（立体声道） | 最小值为–1，采用左声道播放；最大值为 1，采用右声道播放 |
| Spatial Blend（空间混合） | 设置该音频剪辑能够被 3D 空间计算（衰减、多普勒等）影响多少，为 0 时为 2D 音效，为 1 时为全 3D 音效 |
| Reverb Zone Mix（混响区混合） | 设置有多少从音频源传过来的信号会被混合进与混响区相关联的总体混响中 |
| Doppler level（多普勒级别） | 对音频源设置多普勒效应的级别（如果设置为 0，就是没有效果） |
| Volume Rolloff（音量衰减） | 设置音量衰减的模式（对数、线性、自定义） |
| Min Distance（最小距离） | 在最小距离内，声音会保持最大音量；在最小距离之外，声音就会开始衰减 |
| Spread（扩散） | 设置 3D 立体声或者多声道音响在扬声器空间的传播角度 |
| Max Distance（最大距离） | 声音停止衰减距离（距离音频监听器的最大距离）。超过这一点，将保持音量，不再做任何衰减 |

### 3. 衰减模式

衰减模式（Types of Rolloff）有 3 种：对数衰减模式、线性衰减模式和自定义衰减模式，自定义衰减模式可以自定义衰减曲线。下面将对这 3 种模式进行详细讲解。

❑ 对数衰减模式：声音在最小距离（Min Distance）之外按对数模式进行衰减。将 Inspector 面板中的 Volume Rolloff 设置为 Logarithmic Rolloff（对数衰减模式），在下面将会显示出对数衰减模式的曲线图，如图 8-77 所示。

❑ 线性衰减模式：声音在最小距离（Min Distance）之外按线性模式进行衰减。将 Inspector 面板中的 Volume Rolloff 设置为 Linear Rolloff（线性衰减模式），在下面将会显示出线性衰减模式的曲线图，如图 8-78 所示。

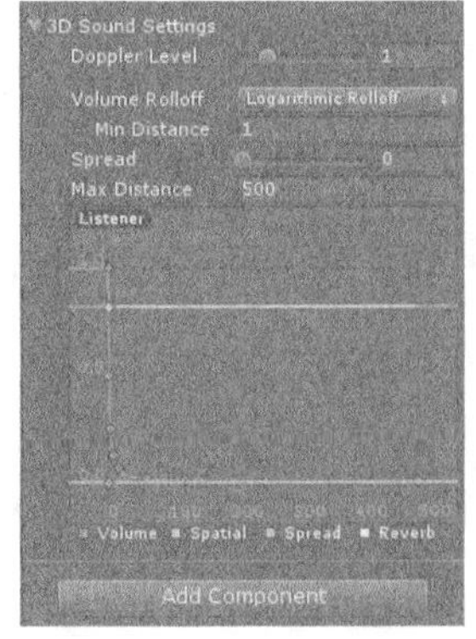


▲图 8-77 对数衰减模式

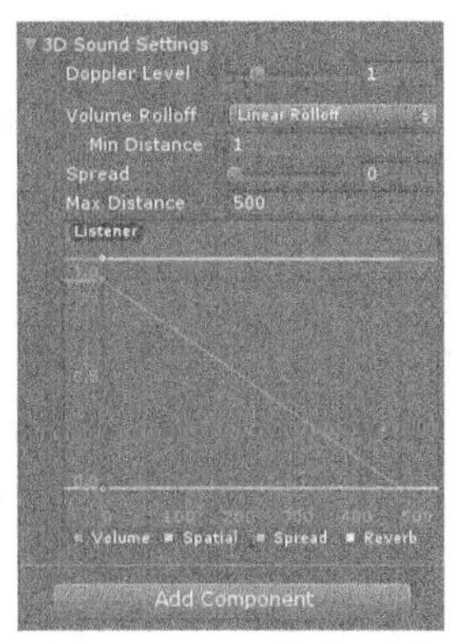


▲图 8-78 线性衰减模式

❑ 自定义衰减模式：声音在最小距离（Min Distance）之外按自定义模式进行衰减。将 Inspector 面板中的 Volume Rolloff 设置为 Custom Rolloff（自定义衰减模式），在下面将会显示出自定义衰减模式的曲线图，如图 8-79 所示。

4. 3D 音效

3D 音效可以很好地模仿真实世界中的声音。前面提到的衰减模式是构成 3D 音效的一个最重要的因素，该模式可以很真实地模拟监听器与音频源之间发生相对运动时声音状态的变化，也体现了多普勒效应对声音的影响。下面对 3D 音效的制作流程做具体介绍。

（1）3D 音效也是基于音频源产生的，相关的设置在 3D Sound Settings 面板中完成。首先创建一个音频源，然后将音乐挂载到音频源的 AudioClip 中，然后将 Spatial Blend 调整为 3D 模式，如图 8-80 所示。

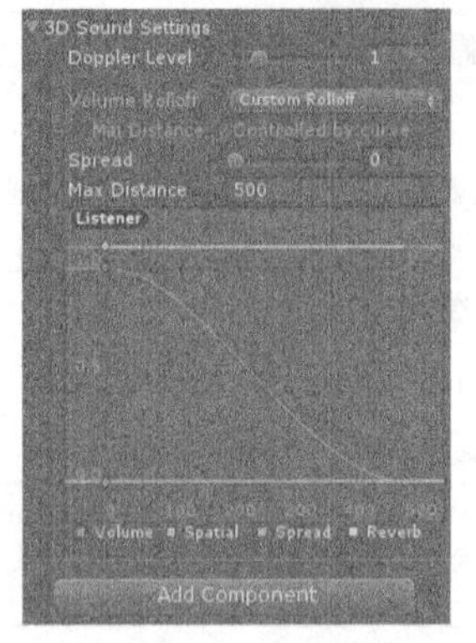


▲图 8-79　自定义衰减模式

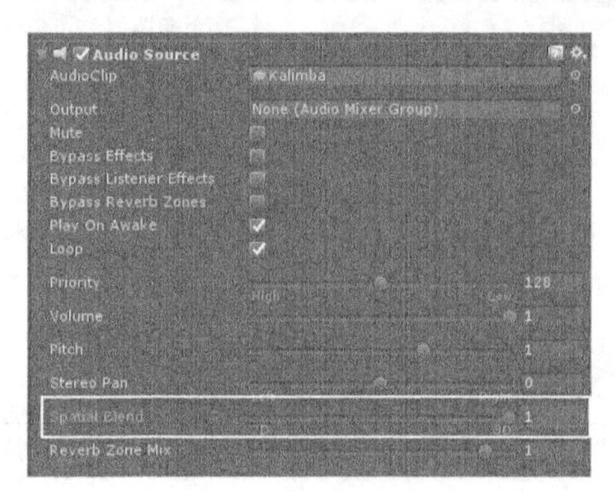


▲图 8-80　3D 模式

（2）Unity 在版本 5.6 以上已经有了支持 3D 声音的插件，该插件是与 Windows 合作开发的，只有在 Windows 10 以上版本才会有此内置插件。应用了此插件可以更好地提高声音在 Windows 系统下的立体仿真性。

（3）此插件的具体使用方法选择 Edit→Project Settings→Audio，打开音频管理器，在 Spatializer Plugin 下拉列表中，选择 MS HRTF Spatializer，如图 8-81 所示。

（4）本示例是通过控制摄像机不断移动来实现声音在不同位置、不同距离的效果。摄像机的起始位置是在声音源的正前方，界面上有 5 个按钮，可以控制摄像机向不同方向移动，如图 8-82 所示。通过不断移动摄像机，可以比较明显地感受到声音大小及方位的变化。

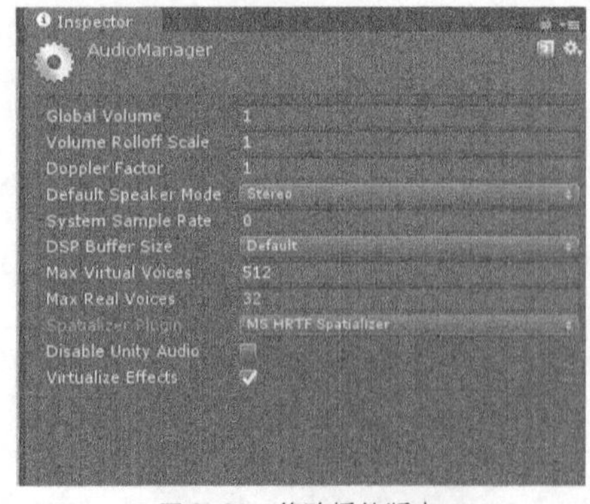


▲图 8-81　修改插件版本

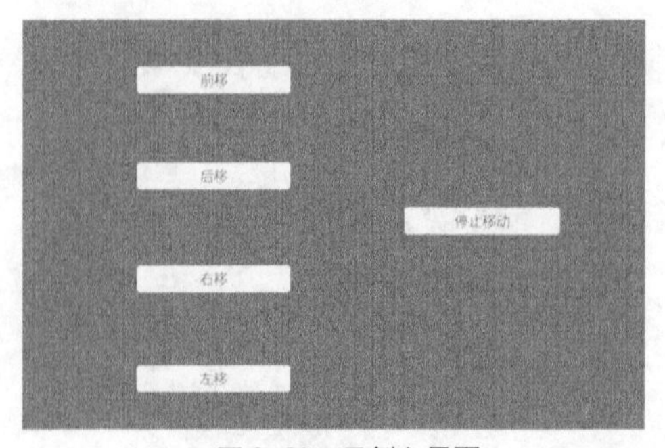


▲图 8-82　示例主界面

（5）为了获得更好的 3D 音效体验，可以修改 3D Sound Settings 面板中的一些参数，保证声音与项目中的场景等要素匹配。由于不是综合性的大示例，因此使用的属性值大部分是默认的。3D 声音属性如表 8-7 所示。

表 8-7 3D 声音属性

| 属性 | 含义 |
| --- | --- |
| Doppler Level（多普勒等级） | 该值在 0～5 变化，如果值为 0，则没有多普勒效应。多普勒效应指监听器与音频源之间发生相对运动时，声音的传递速度发生变化 |
| Spread（传播角度） | 设置音频源在空间中的立体声传播角度 |
| Min Distance（最小距离） | 默认值为 1m，指监听器距离音频源不大于此距离时，监听器可以获得的最大音量 |
| Max Distance（最大距离） | 默认值为 500m，指监听器距离音频源不小于此距离时，监听器获得的最小音量 |
| Rolloff Mode（衰减模式） | Logarithmic Rolloff：对数衰减曲线；Linear Rolloff：线性衰减曲线；Custom Rolloff：自定义衰减曲线 |

（6）衰减模式曲线图中有 4 种不同颜色的曲线[实际上有 5 种，另外一种只有在音频源添加低通滤波器（Low Pass Filter）时出现]。不同曲线代表了不同的含义，在自定义曲线时需要理解这些含义，才能制作出符合要求的曲线图，具体含义如表 8-8 所示。

表 8-8 衰减模式曲线的含义

| 曲线 | 含义 |
| --- | --- |
| Volume | 振幅在距离上的变化曲线 |
| Spatial Blend | 空间混合参数在距离上的变化曲线， 空间混合参数代表了 2D 音源-3D 音源的插值。2D 音源：原始的声道匹配；3D 音源：将当前所有声道混合转换成单声道，在距离和方向上进行衰减 |
| Spread | 传播角度在距离上的变化曲线 |
| Reverb Zone | 回音混合参数在距离上的变化曲线，注意振幅属性、距离和方向上的衰减将被首先应用到信号上，因此它们将同时影响到直接传播的声音信号和回音信号 |
| Low-Pass | 截断频率在距离上的变化曲线（只有在音源添加低通滤波器时出现） |

示例位置：见随书资源\第 8 章目录下的 Unity_Demo\Assets\Audio\3DAudio.unity。

### 8.10.5 音频效果

音频滤波器组件可以应用到音频源和音频监听器上，或是应用到带有音频源组件或是音频监听组件的游戏对象上，以达到不同的音频效果。

音频滤波器分为很多种，在 Unity 中进行封装的滤波器有 6 种，分别是低通滤波器（Low Pass Filter）、高通滤波器（High Pass Filter）、回声滤波器（Echo Filter）、失真滤波器（Distortion Filter）、混响滤波器（Reverb Filter）和合声滤波器（Chorus Filter），下面将对每种滤波器进行详细介绍。

**1. 低通滤波器**

音频低通滤波器，顾名思义，会将高于指定截止频率（Cutoff Frequency）的音频信号过滤掉，但会将低于指定截止频率的音频信号保留。

音频低通滤波器有两个非常重要的属性——截止频率和低通共振品质（Lowpass Resonance Quality）。其中截止频率位于 10.0～22000.0Hz，默认为 5000Hz；低通共振品质值位于 1.0～10.0，并且默认值为 1.0。

**说明** 低通滤波器共振品质被称为低通滤波器共振品质因数，其决定了滤波器有多少自谐振被抑制。低通滤波器的共振品质因数越大，能量损失越慢，从而使得振荡消失得更慢。

要为音频源添加一个音频低通滤波器，应选中带有音频源组件的游戏对象，选择 Component→Audio→Low Pass Filter，为其添加组件。读者可在该游戏对象的 Inspector 面板中查看该组件的相关参数，如图 8-83 所示。

提示　声音的传播在不同的环境下是不一样的。例如，想要表达一个在紧闭的房门外发出的声音通过房门传递到屋内时，就需要在监听器上挂载音频低通滤波器。该滤波器可以通过修改截止频率来模拟打开或关闭房门时的声音变化。

### 2. 高通滤波器

音频高通滤波器，顾名思义，会将低于指定截止频率的音频信号过滤掉，但会将高于指定截止频率的音频信号保留。

音频高通滤波器有两个非常重要的属性——截止频率和高通共振品质（Highpass Resonance Quality）。其中截止频率位于 10.0～22000.0Hz，默认为 5000Hz；高通共振品质值在 1.0～10.0，默认值为 1.0。

提示　高通共振品质被称为高通共振品质因数。

要为音频源添加一个音频高通滤波器，应选中带有音频源组件的游戏对象，选择 Component→Audio→High Pass Filter，为其添加组件。读者可在该游戏对象的 Inspector 面板中查看该组件的相关参数，如图 8-84 所示。

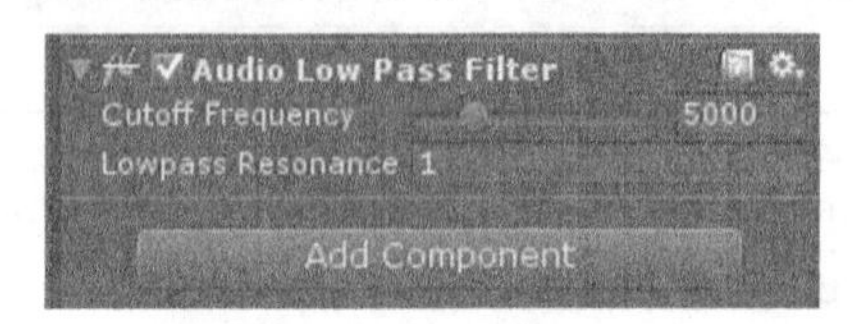


▲图 8-83　音频低通滤波器

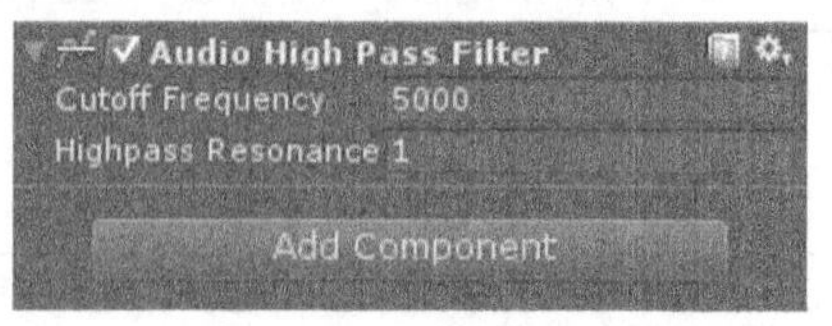


▲图 8-84　音频高通滤波器

### 3. 回声滤波器

音频回声滤波器一般添加到一个给定延迟重复的音频源上，其衰减基于重复的衰变率。音频回声滤波器具有 4 个重要的参数，分别为延迟（Delay）、衰变率（Decay Ratio）、湿度混合（Wet Mix）和直达声混合（Dry Mix）。下面对各个参数进行详细说明，如表 8-9 所示。

表 8-9　回声滤波器参数

| 参数 | 含义 |
|---|---|
| Delay | 以 ms 为单位，回声延迟值在 10.0～5000.0，默认值为 500 |
| Decay Ratio | 回声每次延迟值在 0.0～1.0，1.0 表示不延迟，0.0 表示总延迟，默认值为 0.5 |
| Wet Mix | 回声信号输出的音量值在 0.0～1.0，默认值为 1.0 |
| Dry Mix | 原始信号输出的音量值在 0.0～1.0，默认值为 1.0 |

提示　Wet Mix 标识已加入效果的声音信号的振幅。Dry Mix 标识未加入效果的直达声信号的振幅。

要为音频源添加一个音频回声滤波器，应选中带有音频源组件的游戏对象，选择 Component→Audio→Echo Filter，为其添加组件。读者可在该游戏对象的 Inspector 面板中查看该组件的相关参数，如图 8-85 所示。

### 4. 失真滤波器

音频失真滤波器对音频源的声音或达到音频监听器的声音进行失真处理。音频失真滤波器的一个重要属性就是失真（Distortion），失真值在0.0～1.0，默认值是0.5。

要为音频源添加一个音频失真滤波器，应选中带有音频源的对象，选择Component→Audio→Audio Distortion Filter，即可为游戏对象添加一个音频失真滤波器。在属性查看器中可以查看到刚刚添加的音频失真滤波器，如图8-86所示。

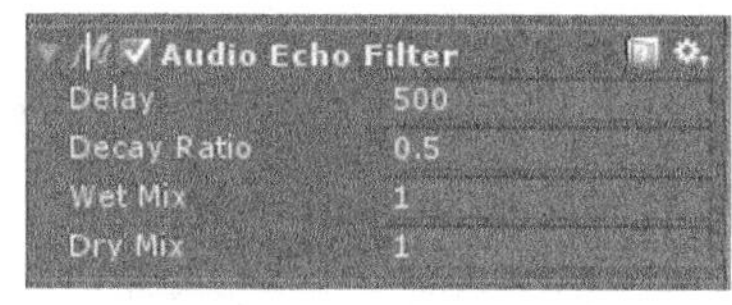


▲图8-85 音频回声滤波器

▲图8-86 音频失真滤波器

### 5. 混响滤波器

音频混响滤波器采用一个失真的音频剪辑来创建个性化的混响效果。音频混响滤波器具有多个重要的属性，其参数如表8-10所示。

表8-10 混响滤波器参数

| 参数 | 含义 |
|---|---|
| Reverb Preset（混响预设） | 自定义混响预设，用户选择创建自定义的混响 |
| Dry Level（直达声等级） | 直达声信号的混合等级，单位为MB。范围是-10 000.0～0.0，默认值为0.0 |
| Room（环境） | 在低频时的环境效果等级，单位为MB。范围是-10 000.0～0.0，默认值为0.0 |
| Room HF（环境高频） | 在高频时的环境效果等级，单位为MB。范围是-10 000.0～0.0，默认值为0.0 |
| Room LF（环境低频） | 在低频时的环境效果等级，单位为MB。范围是-10 000.0～0.0，默认值为0.0 |
| Decay Time（衰减时间） | 在低频时的混响衰减时间，单位为s。范围是0.1～20.0，默认值为1.0 |
| Decay HFRatio（衰减高频比率） | 高频到低频的衰减时间比率，范围是0.1～2.0，默认值为0.5 |
| Reflections Level（反射等级） | 相对于环境效果，早期反射等级，范围为-10000.0～1000.0，默认值为-10000.0 |
| Reflections Delay（反射延迟） | 相对于首次反射，早期混响延迟时间，单位为s，范围是0.0～0.1，默认值为0.0 |
| Reverb Leverl（混响等级） | 相对于环境效果，后期混响等级，单位为MB，范围是-10000.0～2 000.0，默认值为0.0 |
| Reverb Delay（混响延迟） | 相对于首次反射，后期混响延迟时间，单位为s，范围是0.0～0.1，默认值为0.04 |
| HFReference（引用高频） | 高频引用，单位为Hz，范围是20.0～20000.0，默认值为5000.0 |
| LFRegerence（引用低频） | 引用低频，单位为Hz，范围是20.0～1000.0，默认值为250.0 |
| Diffusion（散射度） | 混响散射度（回声密度）的百分比，范围是0.0～100.0，默认值为100 |
| Density（密度） | 混响密度（模态密度）的百分比，范围是0.0～100.0，默认值为100 |

提示 这些值只有在混响预设属性设置为User时才能被修改，否则这些值显示为灰色，所有的值都将会是默认值。

要为音频源添加一个音频混响滤波器，应选中带有音频源组件的游戏对象，选择Component→Audio→Audio Reverb Filter，为其添加组件。读者可在该游戏对象的Inspector面板中查看该组件的相关参数，如图8-87所示。

### 6. 合声滤波器

音频合声滤波器通过对一个音频进行剪裁等处理而使音频对应的声音达到一个合声效果。合声效果通过一个正弦低频振荡器（Low Frequency Oscillator，LFO）调节原始声音。输出声音像是由多个声音源发出的略有变化的相同的声音——类似一个合唱团。音频合声滤波器具有多个重要的参数，如表 8-11 所示。

表 8-11　　　　　　　　　　　　音频合声滤波器参数

| 参数 | 含义 |
| --- | --- |
| Dry Mix（直达声混合） | 原始信号输出的音量，范围是 0.0～1.0，默认值为 0.5 |
| Wet Mix 1（效果声混合 1） | 第一个合声节拍的音量，范围是 0.0～1.0，默认值为 0.5 |
| Wet Mix 2（效果声混合 2） | 第二个合声节拍的音量，这个节拍是第一个节拍的相位 90°输出，范围是 0.0～1.0，默认值为 0.5 |
| Wet Mix 3（效果声混合 3） | 第三个合声节拍的音量，这个节拍是第二个节拍的相位 90°输出，范围是 0.0～1.0，默认值为 0.5 |
| Delay（延迟） | 以 ms 为单位，正弦低频振荡器的延迟，范围是 0.1～100.0，默认值为 40ms |
| Rate（比率） | 以 Hz 为单位，正弦低频振荡器调节比率，范围是 0.0～20.0，默认值为 0.8Hz |
| Depth（深度） | 合声调节深度，范围是 0.0～1.0，默认值为 0.03 |

要为音频源添加一个音频合声滤波器，应选中带有音频源的对象，选择 Component→Audio→Audio Chorus Filter，即可为游戏对象添加一个音频合声滤波器。在属性查看器中可以查看到刚刚添加的音频合声滤波器，如图 8-88 所示。

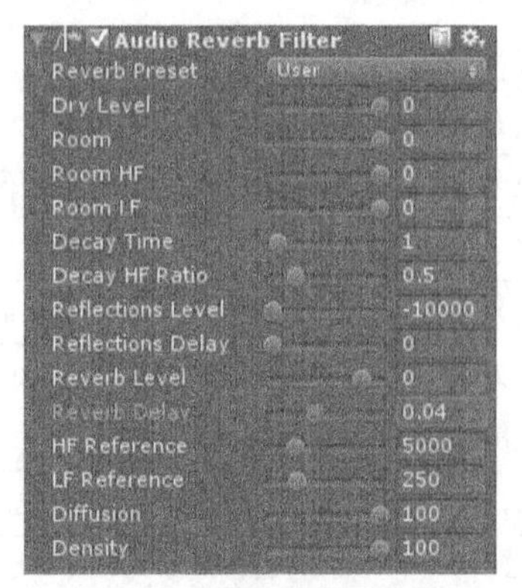


▲图 8-87　音频混响滤波器

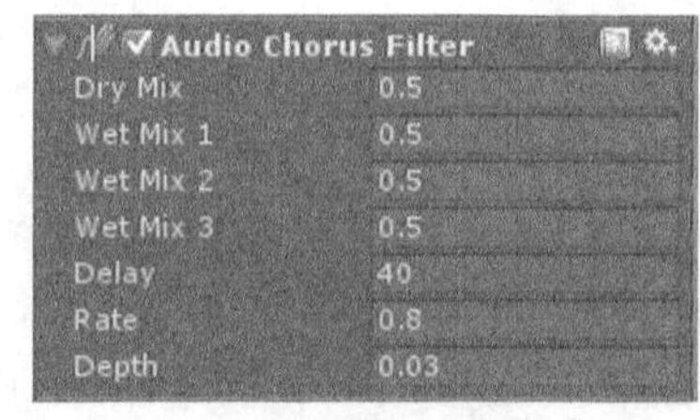


▲图 8-88　音频合声滤波器

## 8.10.6　音频混响区

音频混响区（Audio Reverb Zones）获取音频剪辑并且根据音频监听器所在的混响区进行失真处理。当一个带有音频监听器的游戏对象从一个没有环境影响的地方变化到有环境影响的地方时被使用。音频混响区具有 3 个重要的参数，下面对这 3 个参数进行说明，如表 8-12 所示。

表 8-12　　　　　　　　　　　　音频混响区参数

| 参数 | 含义 |
| --- | --- |
| Min Distance（最小距离） | 表示 Gizmo 的内圆半径，这决定了渐变混响效果和完整混响效果的区域（全混响效果区域与渐变混响区域的分界线） |
| Max Distance（最大距离） | 在 Gizmo 的外圆半径，这决定了没有混响效果区域和渐变混响效果区域的大小（没有混响效果区域和渐变混响区域的分界线） |
| Reverb Preset | 确定混响区使用的混响效果（当选为 User 时才会有下列参数） |
| Reverb Preset（混响预设） | 自定义混响预设，用户选择创建自定义的混响 |
| Dry Level（直达声等级） | 直达声信号的混合等级，单位为 MB，范围是−10000.0～0.0，默认值为 0.0 |

续表

| 参数 | 含义 |
| --- | --- |
| Room（环境） | 在低频时的环境效果等级，单位为 MB，范围是-10000.0～0.0，默认值为 0.0 |
| Room HF（环境高频） | 在高频时的环境效果等级，单位为 MB，范围是-10000.0～0.0，默认值为 0.0 |
| Room LF（环境低频） | 在低频时的环境效果等级，单位为 MB，范围是-10000.0～0.0，默认值为 0.0 |
| Decay Time（衰减时间） | 在低频时的混响衰减时间，单位为 s，范围是 0.1～20.0，默认值为 1.0 |
| Decay HFRatio（衰减高频比率） | 高频到低频的衰减时间比率，范围是 0.1～2.0，默认值为 0.5 |
| Reflections Level（反射等级） | 相对于环境效果，早期反射等级，范围是-10000.0～1000.0，默认值为-10000.0 |
| Reflections Delay（反射延迟） | 相对于首次反射，早期混响延迟时间，单位为 s，范围是 0.0～0.1，默认值为 0.0 |
| Reverb Leverl（混响等级） | 相对于环境效果，后期混响等级，单位为 MB，范围是-10000.0～2000.0，默认值为 0.0 |
| Reverb Delay（混响延迟） | 相对于首次反射，后期混响延迟时间，单位为 s，范围是 0.0～0.1，默认值为 0.04 |
| HFReference（引用高频） | 高频引用，单位为 Hz。范围是 20.0～20000.0，默认值为 5000.0 |
| LFRegerence（引用低频） | 引用低频，单位为 Hz。范围是 20.0～1000.0，默认值为 250.0 |
| Diffusion（散射度） | 混响散射度（回声密度）的百分比，范围是 0.0～100.0，默认值为 100 |
| Density（密度） | 混响密度（模态密度）的百分比，范围是 0.0～100.0，默认值为 100 |

若要为音频源添加一个音频混响区，应选中带有音频源的对象，选择 Component→Audio→Audio Reverb Zone，即可为游戏对象添加一个音频混响区。在 Inspector 面板中可以查看到刚刚添加的音频混响区，如图 8-89 所示。

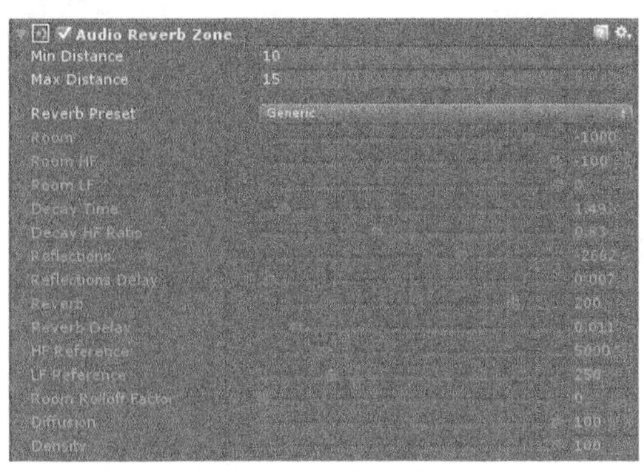


▲图 8-89 音频混响区

## 8.10.7 简单的声音控制示例

本小节将通过使用 UGUI 搭建一个声音控制界面，并配合相应的声音组件及脚本来实现对声音的控制。下面将对该示例进行详细介绍，具体步骤如下。

（1）打开 Unity 集成开发环境，将开发需要的音频文件导入 Unity 中。选择 Assets→Import New Asset，在弹出的对话框中将需要的音频文件选中并导入。

（2）选中场景中的主摄像机，选择 Component→Audio→Audio Source，即可在主摄像机的 Inspector 面板中查看到音频源组件，并将需要播放的音频剪辑添加到音频源组件中，并设置具体参数，如图 8-90 所示。

（3）完成后依次为主摄像机添加低通音频滤波器、高通音频滤波器、回声滤波器、失真滤波器、混响滤波器和合声滤波器。选择 Component→Audio，从中选取需要的滤波器组件，如图 8-91 所示。添加完成后将所有滤波器组件设置为禁用模式，如图 8-92 所示。

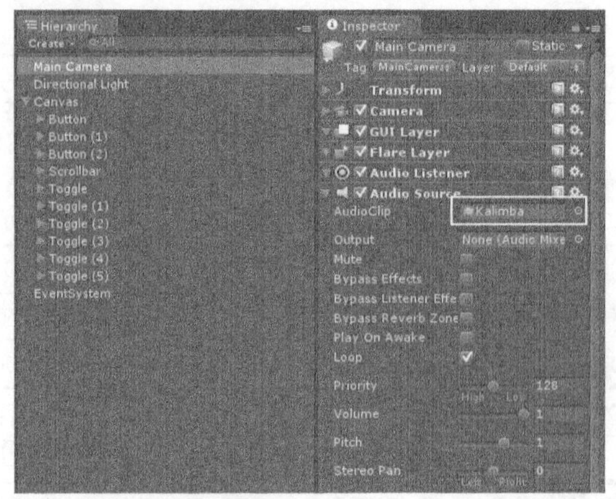


▲图 8-90　设置音频源组件

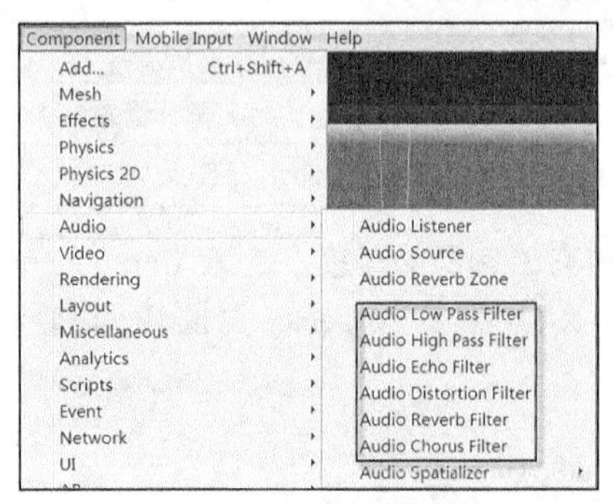


▲图 8-91　添加滤波器

▲图 8-92　设置参数

（4）完成后需要使用 UGUI 搭建控制界面。由于本示例主要是演示音频的控制，因此在这里关于 UGUI 的配置及搭建将不再赘述，读者可参考本书 UGUI 章节。

（5）编写音频源控制脚本，该脚本可以控制音频的播放、暂停与停止。右击 Project 面板，在弹出的快捷菜单中选择 Create→C# Script，新建一个脚本，将其命名为 PlayMusic。双击 PlayMusic 脚本，在脚本编辑器内编写代码，具体代码如下。

代码位置：随书资源中源代码\第 8 章目录下的 Unity_Demo\Assets\Audio\PlayMusic.cs

```
1   using UnityEngine;
2   using System.Collections;
3   public class PlayMusic : MonoBehaviour {
4     AudioSource music;                                    //定义声音源组件
5     public void Awake(){                                  //重写系统 Awake 函数
6       music = this.transform.GetComponent<AudioSource> ();       //获取音频源组件
7     }
8     public void PressPlay(){                              //当 Play 按钮被按下时调用该函数
9       if (!music.isPlaying) {                             //如果音频没有播放
10        music.Play();                                     //播放音频文件
11    }}
12    public void PressPause(){                             //当 Pause 按钮被按下时调用该函数
13      if (music.isPlaying) {                              //如果音频在播放
14        music.Pause();                                    //暂停音频播放
15    }}
16    public void PressStop(){                              //当 Stop 按钮被按下时调用该函数
17      music.Stop ();                                      //停止音频播放
18  }}
```

- 第 4 行定义了一个音频源组件，后面获取的音频源组件将赋给 music。
- 第 5～7 行通过系统 Awake 函数在脚本加载时获取音频源组件。

- 第 8～11 行编写 PressPlay 函数来控制音频播放，判断当音频没有播放时开始播放音频。
- 第 12～15 行编写 PressPause 函数来控制音频暂停，判断当音频处于播放状态时暂停播放。
- 第 16～18 行编写 PressStop 函数来控制音频的停止。

（6）脚本编写完成后将其挂载到主摄像机上，通过 UGUI 来调用脚本上的函数。单击创建的 Button 控件——Play 按钮，在 Inspector 面板中的 Script 下会看到 OnClick 选项。单击右下角的“+”按钮，添加主摄像机，并在列表中选择 PlayMusic→PressPlay()，如图 8-93 所示。

（7）所有按钮的挂载函数的方法和上面完全相同。其他音频滤波器可直接通过内置函数启用而无须手动编写。选中一个 Toggle 控件，在 Inspector 面板中的 On Value Changed 中挂载主摄像机，并在列表中选择相应的组件，选择 enable（启用）即可，如图 8-94 所示。

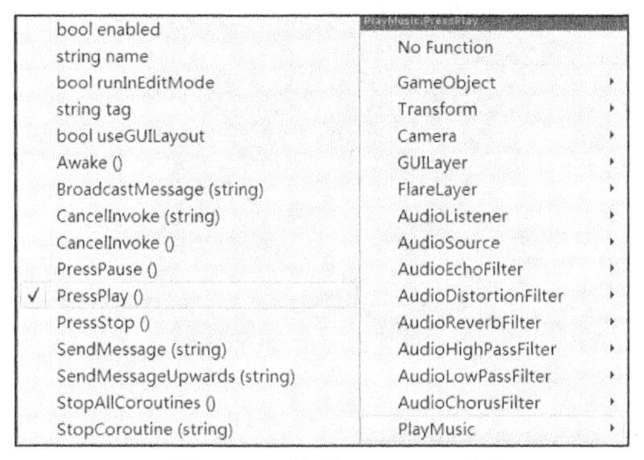


▲图 8-93　关联 PressPlay 方法

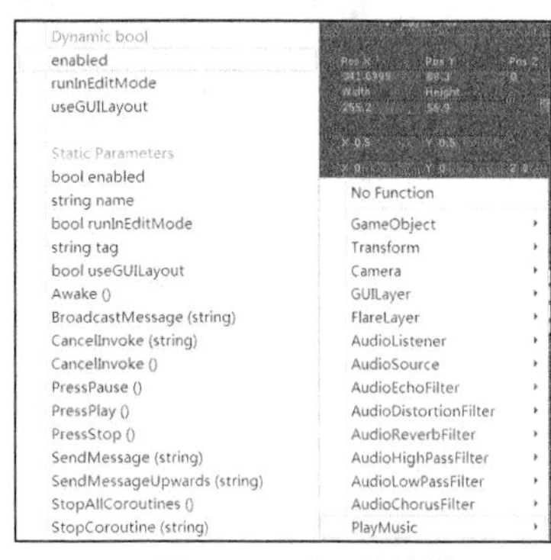


▲图 8-94　启用滤波器

（8）全部添加完成后，读者就可以运行程序了。通过单击相应的功能按钮来调节声音的播放、停止及听觉效果。本示例中的滤波器效果都是通过默认参数形成的，在实际开发过程中，读者可以根据需要调节滤波器参数以达到更加丰富的听觉体验。最终运行效果如图 8-95 所示。

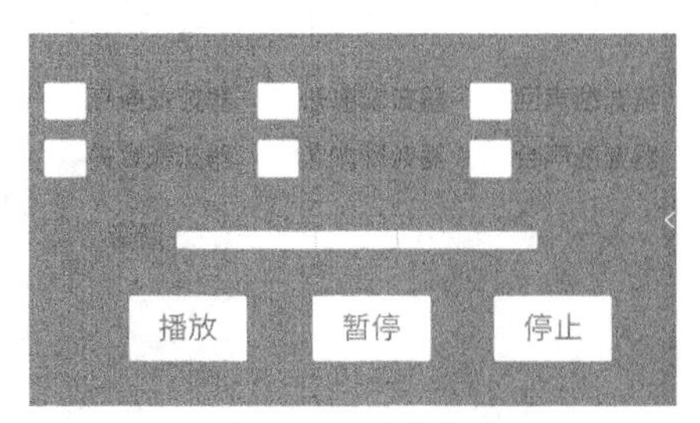


▲图 8-95　运行效果

示例代码位置：随书资源\第 8 章目录下的 Unity_Demo\Assets\Audio\Audio_Play.unity

### 8.10.8　混音器

在现在游戏的开发过程中，除了强烈的视觉冲击能够很好地烘托环境气氛以外，真实、丰富的音效制作也成为必不可少的游戏开发环节。在畅玩国外大作如使命召唤系列、寂静岭系列和生化危机系列时，大多数玩家都能够全身心地投入到游戏环境中去。

随着时代的发展，虚拟现实技术已日趋成熟。如今发展的如火如荼的游戏行业，对游戏的浸入式感官体验也越来越重视。Unity 显然已经意识到了这一点，Unity 5.0 版本的升级除了引入 3D 呈现技术外，也引入了新的音频制作插件——混音器（AudioMaxer），接下来将对其进行介绍。

#### 1. 初识混音器

混音器是一种能够被音频源引用的资源，并对从音频源生成的音频信号进行复杂的路由和混合操作。它是一类由用户资源构建的音频组（AudioGroup）的层次结构的混合。混音器能够让开发人员对音频信号进行数字信号处理（Digital Signal Processor，DSP）操作，以达到开发所需的音频效果。

混音器已经集成在 Unity 的开发环境中，读者不需要再去下载资源文件。选择 Window→Audio Mixer，即可打开混音器面板，如图 8-96 所示。对音频信号的处理都将在这个窗口内进行，后面将对混音器进行详细讲解。

▲图 8-96　混音器面板

## 2. 混音器面板介绍

通过前面的介绍，读者应该对混音器有了一个大概的印象。混音器面板由 7 部分组成，分别为 Mixers、Snapshots、Groups、View 等，下面将对每一部分进行介绍。

（1）层次结构视图（Groups）——它包含在 AudioMixer 内的所有的 AudioGroups 的混合结构，如图 8-97 所示。

（2）混合视图（Views）——这是一个缓存混合器可视参数设置的列表。每一个视图都仅显示主混合器窗口的整体层次的一个子设置，如图 8-98 所示。

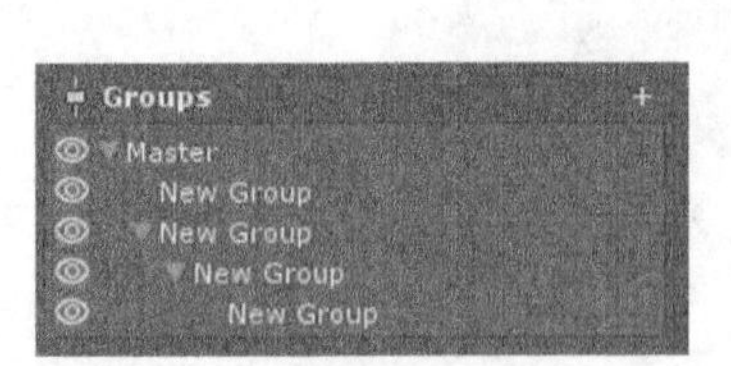


▲图 8-97　层次结构视图

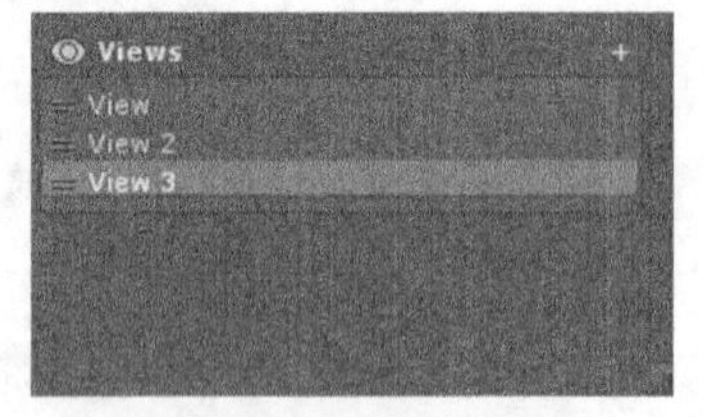


▲图 8-98　混合视图

（3）快照（Snapshots）——这是一个存放所有混音器资源的音频快照的列表。快照会捕获混音器内所有参数设置的状态，并且允许在程序运行时程序对不同的快照相互转换，如图 8-99 所示。

（4）混合器（Mixers）——在其中会有一个列表，用来显示工程中所有的混合器资源文件。在开发游戏时，开发人员往往需要用到多个混合器来相互配合，如图 8-100 所示。

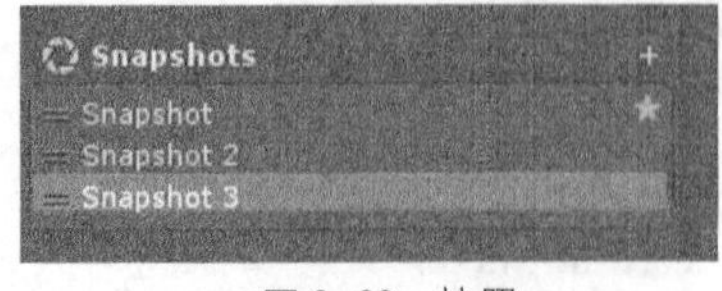


▲图 8-99　快照

▲图 8-100　混合器

（5）音频组带状视图（Audio Group Strip View）——该视图显示了 AudioGroup（音频组）的

概况，包括当前音频水平、衰减（音量）设置、静音、单独播放、效果忽略设置和 AudioGroup 的数字信号处理效果的列表，如图 8-101 所示。

（6）运行模式下编辑（Edit In Play Mode）——该功能的开启或关闭将直接影响开发人员是否能在程序运行过程中修改混音器的各个参数。默认状态下运行期间是无法进行修改的，它只能在程序运行时才会出现，如图 8-102 所示。

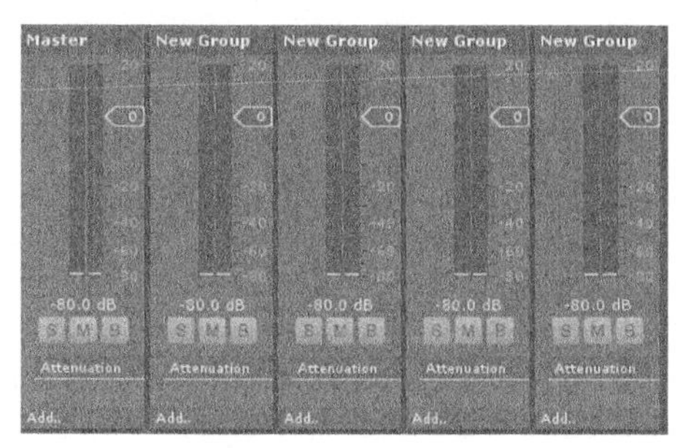


▲图 8-101　音频组带状视图

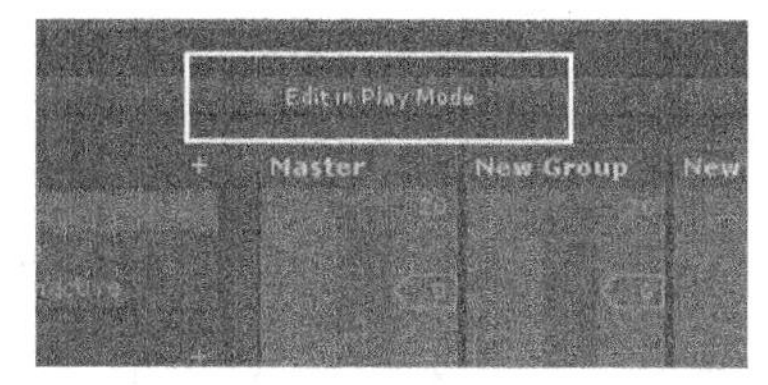


▲图 8-102　运行模式下编辑

（7）暴露参数（Exposed Parameters）——它将显示一个关于公开参数和相应字符串名称的列表。公开参数可以在程序运行时通过脚本获取并修改相应的参数值，如图 8-103 所示。

### 3. 路由与混合

音频路由是一个获取大量音频输入信号到输出一个或多个音频输出信号的过程，这里的信号是指可以分解成数字音频通道（立体声）的连续的数字音频流数据。

内部通常对这些信号做一些工作，如混合、应用效果、衰减等。AudioMixer 允许任意数量的音频组的存在，对这些信号进行混合并进行精确的输出。在音频处理过程中，AudioMixer 通常用来完成与场景图层次结构的正交操作。

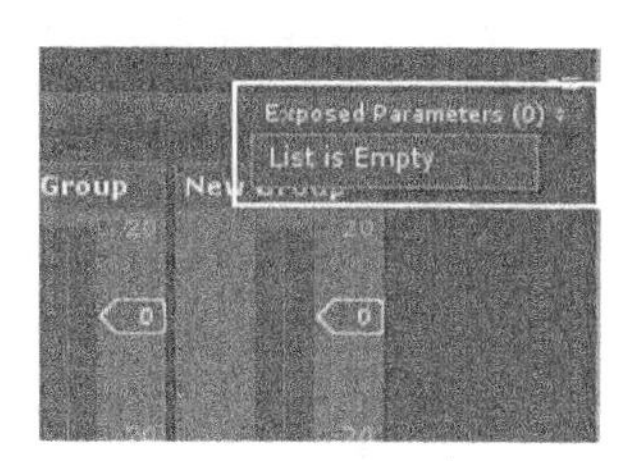


▲图 8-103　暴露参数

### 4. 情绪和主题混合

混合和路由通常也被用来打造设计师们所追求的虚拟现实的沉浸式体验。例如，混响可以被应用到所有的游戏音效上，可通过对音频信号的衰减来创造身处洞穴中的感觉。从听觉上让玩家融入游戏环境中，仿佛置身于一个幽深的洞穴中。

混音器能被用来打造游戏中的气氛。将场景中不同的混合器设置应用于快照，游戏便能够让玩家真实地感受到游戏环境中的情绪（紧张、恐怖）。例如，游戏中房间外的世界让人恐惧，而屋内是一种静谧、温暖的氛围，声音就可以让玩家的情绪在这两种环境下进行变换，这就是游戏虚拟现实的沉浸感的强大。

### 5. 屏幕快照

快照能够让玩家捕捉到混音器的不同状态，通过代码来控制快照之间的切换。在游戏中，随着游戏场景的切换、游戏剧情的推进来对音频信号进行不同的处理，从而改变游戏的气氛。在开发过程中快照已经将音频参数设置完毕，在大多数情况下开发人员只需要更改当前的快照即可。

快照捕获的 AudioMixer 内的参数值有音量、音调、发送水平、湿度混合水平和效果参数。

下面将介绍快照的使用，包含快照的创建及默认快照的选择。单击 Snapshots 右侧的“+”按钮，即可添加一个快照并可以为其重新命名，如图 8-104 所示。设置默认的快照只需要右击所需要的快照，在弹出的快捷菜单中选择 Set as start Snapshot 即可，如图 8-105 所示。

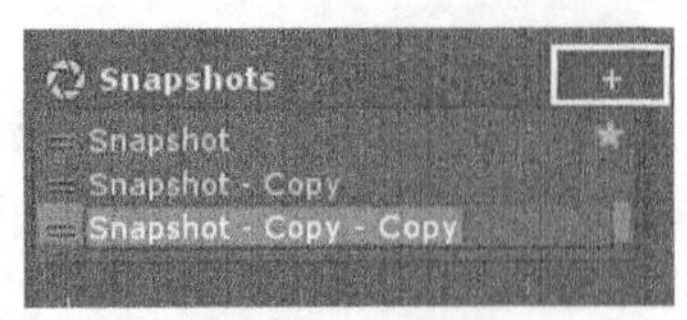


▲图 8–104　添加快照

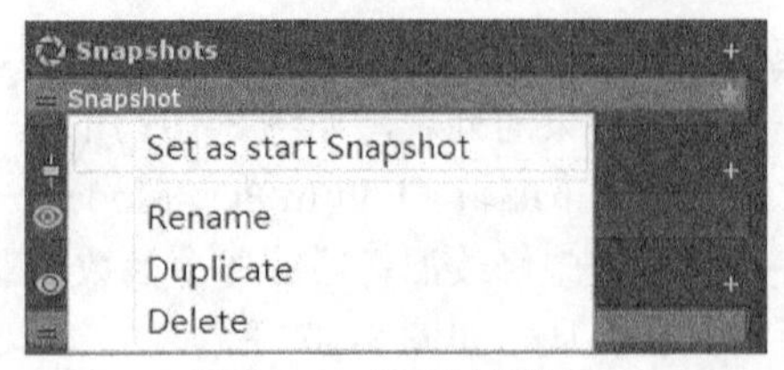


▲图 8–105　设置默认快照

### 6. 音频组视图

音频组视图是对当前音频组的完美展示。它展示了一个混音台音频组的平面布局，这种布局是水平排列的。音频组在视图中表现为垂直的条带，这个条带的布局及外观感觉和数字音频工作站等音频编辑器是相同的。下面将详细介绍音频组条带。

音频组条带顶部是标题栏，是当前音频组的名称。紧接着就是表示当前音频水平的 UV 表。从 UV 表中可以看出当前音频的衰减值及分贝水平，表下面的数值是表中分贝大小的直接体现。在 UV 表下列有 3 个按钮，3 个按钮的功能后续会解释。音频组视图如图 8-106 所示。

（1）UV 表下列的 3 个按钮分别为 S（切换）、M（静音）和 B（忽略）。S 可以让玩家在混合音效与独奏之间进行切换，M 可以使整个音频组播放时静音，B 控制混音器忽略或者使用目前存在于音频组的音频。

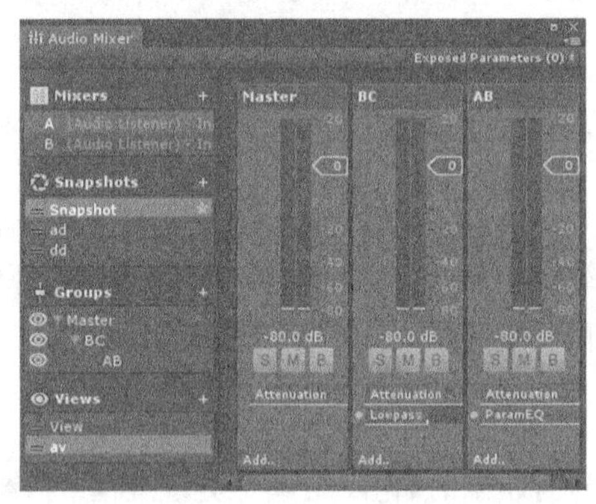


▲图 8–106　音频组视图

（2）混音器这款插件可以用来建立混合层次结构。令人惊讶的是，每个 AudioGroup 都可以包含很多不同的 DSP 音频效果。这些 DSP 音频效果是通过音频组将效果逐个以信号的形式叠加到上面的，可以使开发人员对音频进行更丰富的处理。

（3）效果器的添加与删除。在想添加效果器的音频组的 UV 列表中右击，在弹出的快捷菜单中选择想添加的位置及什么样式的效果器，或者直接单击 Add 按钮进行添加。若想要删除某个效果器，则在该效果器上右击，在弹出的快捷菜单中选择 Remove 即可。

（4）细心的读者会发现在每个添加的效果器的左边都会有一个圆圈形状的标志，该标志可以启用或者忽略某个独立的效果，读者可以通过单击该圆圈标志进行切换。添加某个效果器之后，在音频组的 Inspector 面板中也可以看到该效果器，也可以在此面板中调节效果器的参数。

（5）混音器支持用颜色标记音频组。在每个音频组的 UV 列表中右击，在弹出的快捷菜单中选择想要的标记颜色，标题栏下方会出现同样的颜色标记，并且在 Groups 列表下的眼睛图标的左侧也有同样的颜色标记。可以通过单击音频组名字右边的眼睛图标进行该音频组的启用与禁用，如图 8-107 所示。

（6）右击效果器，在弹出的快捷菜单中选择 Allow Wet Mixing（使用湿度混合），则该效果器下面底部的颜色栏即变为可用的（可以通过调整该颜色进度条改变湿度混合的湿度值）。还可以在 Inspector 面板中调整其对应的音频组中的 Wet，如图 8-108 所示。

（7）音频组 Inspector 面板中的参数。Pitch，在所有 AudioGroup 的 Inspector 面板的顶部都会有一个滑块用来定义通过该 AudioGroup 回放的音调。开发人员可以通过滑动滑块或者在右边的文本框输入参数的方式来完成对音调的修改。Attenuation Unit，其功能是对音频信号进行衰减和增强，最大衰减值为-80dB，最大增强值+20dB。每一个 Attenuation Unit 在 Inspector 面板上都有一个音量计（Volume），代表当前音频组音量的大小。

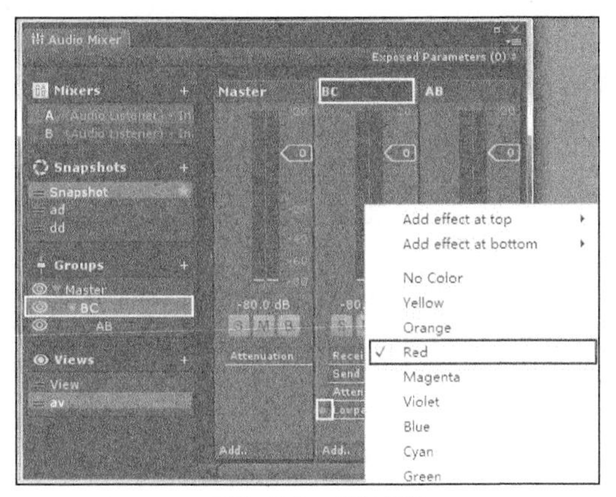


▲图 8-107 颜色标记

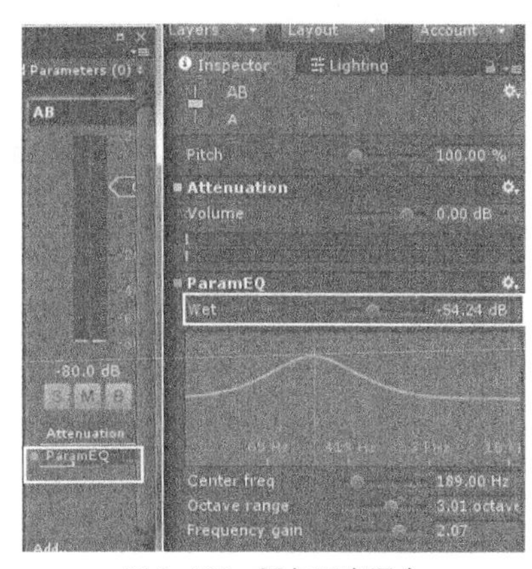


▲图 8-108 添加湿度混合

（8）效果器。发送效果器（Send Units），允许发送音频信号流到另一个效果单元。当发送的音频信号（Effect）被添加到 AudioGroup 时，默认的发送水平为 80dB。接收效果器（Receive Units），接收被发送信号的接收器，该接收器在获取发送给它们的音频信号后，会将该信号与 AudioGroup 中的当前信号进行混合。接收效果器与发送效果器一般成对出现，如图 8-109 所示。Duck Volume（音量闪避单元），它允许通过被发送的音频信号来创建侧链压缩器，Duck Volume 能够在混音器内控制音频信号的衰减。例如，NPC 正在说话，此时若想让背景音乐小声点，这个 Duck Volume 就发挥作用了，如图 8-110 所示。

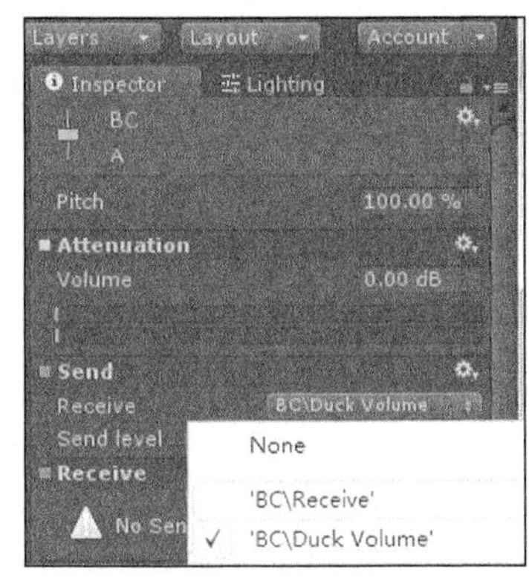


▲图 8-109 效果器

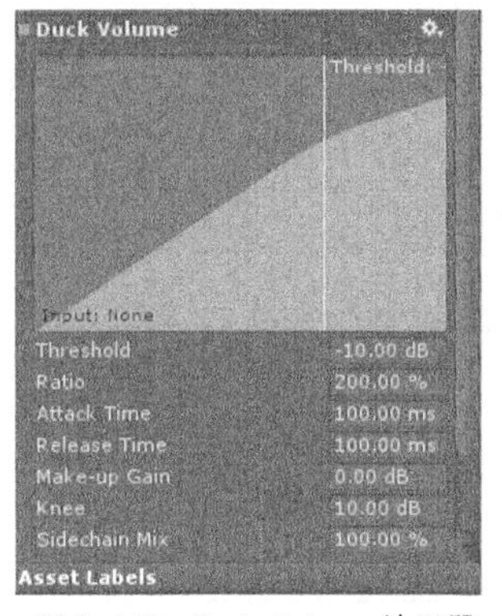


▲图 8-110 Duck Volume 效果器

### 7. 混音器中的效果器

前面介绍了如何添加混音效果器，接下来介绍每一种混音效果器的功能和作用。在 Unity 5.6 版本之前，一共有 13 种混音效果器，每一种都有着不同的效果。恰当地利用不同种类的混音器可以更好地提升音频的效果，进而提高整个项目的质量。下面做具体介绍。

- 音频低通效果器（Audio Low Pass Effect）

该效果器通过一个混音器组消除高于截止频率的频率，这样就把音频中一些过高频率降低，保证整个音频的效果。它有两个参数，一个是截止频率，范围为 10～22000Hz；另外一个是共振，范围为 1～10Hz。

- 音频高通效果器（Audio High Pass Effect）

该效果器与音频低通效果器的作用相反，通过一个混音器组消除低于截止频率的频率，这样就把音频中一些过低频率升高，保证了整个音频的效果。该效果器也有两个参数，其功能与音频低通效果器一致。

❑ 音频回声效果器（Audio Echo Effect）

该效果器就是模拟回声的效果。在某些场景中添加回声可以极大地提高场景声音的效果与真实性。该效果器有 4 个属性，不同的属性有不同的功能，如表 8-13 所示。

表 8-13　音频回声效果器属性

| 属性 | 含义 | 属性 | 含义 |
| --- | --- | --- | --- |
| Delay（延迟） | 范围为 1～5000ms，默认为 500ms | Drymix（直达声混合） | 范围为 0～100%，默认为 100% |
| Decay（衰变） | 范围为 0～100%，默认为 50% | Wetmix（湿度混合） | 范围为 0～100%，默认为 100% |

❑ 音频法兰效果器（Audio Flange Effect）

该效果器的作用是将两个相同的音频信号混合在一起产生音频效果。这个音频信号被一个小的、逐渐变化的周期延迟，周期通常小于 20ms。该效果器有 4 个属性，如表 8-14 所示。

表 8-14　音频法兰效果器属性

| 属性 | 含义 | 属性 | 含义 |
| --- | --- | --- | --- |
| Drymix（直达声混合） | 范围为 0～100%，默认为 45% | Depth（深度） | 范围为 0.01～1.0，默认为 1.0 |
| Wetmix（湿度混合） | 范围为 0～100%，默认为 55% | Rate（比率） | 范围为 0.1～20Hz，默认为 10Hz |

❑ 音频失真效果器（Audio Distortion Effect）

该效果器是将一个音频变形。该效果器比较简单，只有一个属性，就是失真长度，范围为 0～1，默认值为 0.5。

❑ 音频标准效果器（Audio Normalize Effect）

该效果器对一个音频施加一个音频流，使该音频的平均值或者峰值到达目标水平。该效果器有 3 个属性，每个属性有不同的作用，调节某些参数即可达到比较好的效果，如表 8-15 所示。

表 8-15　音频标准效果器属性

| 属性 | 含义 |
| --- | --- |
| Fade in time（衰减时间） | 范围为 0～20000s，默认为 5000s |
| Lowest volume（最低音量） | 范围为 0～1，默认为 0.1 |
| Maximum amp（最大广度） | 范围为 20～100000，默认为 20x |

❑ 音频参数均衡效果器（Audio Parametric Equalizer Effect）

该效果器改变了频率响应的音频系统，并且采用的是线性滤波器。该效果器有 3 个参数，还有一个坐标图，该图显示了在音频输出的频率范围内应用增益的效果，具体参数如表 8-16 所示。

表 8-16　音频参数均衡效果器属性

| 属性 | 含义 |
| --- | --- |
| Center freq（中心频率） | 范围为 20～22 000Hz，默认为 8 000Hz |
| Octave Range（八度音阶率） | 范围为 0.2～5，默认为 1Octave |
| Frequency Gain（频率增益） | 范围为 0.05～3，默认为 1 |

❑ 音频音调移相效果器（Audio Pitch Shifter Effect）

该效果器应用在音调中向上或者向下的移动信号上。它有 4 个属性，如表 8-17 所示。

表 8-17　　音频音调移相效果器属性

| 属性 | 含义 | 属性 | 含义 |
|---|---|---|---|
| Pitch（音调） | 范围为0.5～2.0x，默认为1.0x | Overlap（帧重叠长度） | 范围为 1～32，默认为 4 |
| FFT Size（快速傅氏变换范围） | 范围为256～4096，默认为1024 | Max channels（最大声道） | 范围为 0～16channels，默认为 0channels |

❑ 音频合声效果器（Audio Chorus Effect）

该效果器比较重要，它接收音频混合器组的输出并处理它从而产生合声的效果。该效果器可以应用在多种场景中。只需要一个输入音频，音频合声效果器就可以输出多种同样的音频，类似于合唱团的效果，如表 8-18 所示。

表 8-18　　音频合声效果器属性

| 属性 | 含义 | 属性 | 含义 |
|---|---|---|---|
| Dry mix（直达声混合） | 范围为 0～1，默认为 0.5 | Delay（延迟） | 范围为 0.1～100ms，默认为 40ms |
| Wet mix tap 1（湿度混合标签 1） | 第 1 个音频，范围为 0～1，默认为 0.5 | Rate（比率） | 范围为 0～20Hz，默认为 0.8Hz |
| Wet mix tap 2（湿度混合标签 2） | 第 2 个音频，范围为 0～1，默认为 0.5 | Depth（深度） | 范围为 0～1，默认为 0.03 |
| Wet mix tap 3（湿度混合标签 3） | 第 3 个音频，范围为 0～1，默认为 0.5 | Feedback（反馈噪声） | 范围为 0～1，默认为 0 |

❑ 音频压限效果器（Audio Compressor Effect）

该效果器通过缩小或压缩音频信号的动态范围来减小音量的声音或放大安静的声音。它有 4 个属性，其中某些属性之前已经出现过，还有一些是关于压缩比率的属性，如表 8-19 所示。

表 8-19　　音频压限效果器属性

| 属性 | 含义 | 属性 | 含义 |
|---|---|---|---|
| Threshold（压限阈值） | 范围为 0～60dB，默认为 0dB | Release（释放时间） | 范围为 20～1000ms，默认为 50ms |
| Attack（压缩时间） | 范围为 10～200ms，默认为 50ms | Make up gain（增益） | 范围为 0～30dB，默认为 0dB |

❑ 音频特效混响效果器（Audio SFX Reverb Effect）

该效果器通过自解压的混响效果，以音频混合器组的输出和变形来创建一个自定义的混响效果。该效果器在制作一些特效声音时起到了较大作用，并且它有比较多的属性，如表 8-20 所示。

表 8-20　　音频特效混响效果器属性

| 属性 | 含义 | 属性 | 含义 |
|---|---|---|---|
| Dry Level（直达声等级） | 范围为-10000～0mB，默认为 0mB | Decay HF Ratio（延迟高频比率） | 范围为 0.1～2，默认为 0.5 |
| Room（房间模式） | 范围为-10000～0mB，默认为-10000mB | Reflections（反射） | 范围为-10000～1000mB，默认为-10000mB |
| Room HF（房间高频） | 范围为-10000～0mB，默认为 0mB | Reflect Delay（反射延迟） | 范围为-10000～2000mB，默认为 0.02mB |
| Decay Time（延迟时间） | 范围为 0.1～20s，默认为 1s | Reverb（混响） | 范围为-10000～2000mB，默认为 0mB |
| Reverb Delay（混响延迟） | 范围为 0～0.1s，默认为 0.04s | Diffusion（扩散） | 范围为 0～100%，默认为 100% |
| Density（屏幕密度） | 范围为 0～100%，默认为 100% | HFReference（引用高频） | 范围为 20～20000Hz，默认为 5000Hz |
| Room LF（房间低频） | 范围为-10000～0mB，默认为 0mB | LFReference（引用低频） | 范围为 20～1000Hz，默认为 250Hz |

- 音频低通无损效果器（Audio Low Pass Simple Effect）

该效果器与音频低通效果器类似。它可以无损地处理音频，原理是谐振（低通谐振品质因数的缩写）决定滤波器的自谐振抑制了多少。低通谐振质量越高，能量损耗越低，振荡越慢。属性也仅有一个 Cutoff freq，范围是 10～22000Hz，默认为 5000Hz。

- 音频高通无损效果器（Audio High Pass Simple Effect）

该效果器与音频高通效果器类似。它可以无损地处理音频，原理是谐振（高通谐振品质因数的缩写）决定滤波器的自谐振抑制了多少。高通谐振质量越高，能量损耗越低，振荡越慢。属性也仅有一个 Cutoff freq，范围是 10～22000Hz，默认为 5000Hz。

示例代码位置：随书资源中源代码\第 8 章目录下的 Unity_Demo\Audio Mixer 窗口

### 8.10.9　录音

前面介绍了有关音频的各项属性。在实际应用中，还有另外一个比较重要的功能就是音频的录制，在一些特定的情景中会用到这项功能。音频的录制没有相关的组件，它是独立存在的。下面将结合一个示例进行音频录制方面知识的讲解。

（1）音频的录制不像音频的播放那样有播放源，它是由纯脚本实现的，但是基本的播放思路还是利用了播放源来实现。首先在场景中创建一个 Audio Source，不给它挂载音频文件，且该音频的各项属性均为默认值，这是编写本示例的第一步。

（2）界面的制作。主界面由 3 个按钮构成，并且给 3 个按钮按顺序分别命名为“开始录音”“结束录音”“播放录音”，不同按钮有不同的功能。将摄像机的 Clear Flags 属性设置为 Solid Color，这样 2D 界面就制作完毕了。

（3）录音过程中用到的脚本代码中有不同的方法和参数，分别代表着不同的意思，具体代码如下。

代码位置：随书资源中源代码\第 8 章目录下的 Unity_Demo\Assets\Audio\TestAudio.cs

```
1   using System.Collections;
2   using System.Collections.Generic;
3   using UnityEngine;
4   public class TestAudio : MonoBehaviour{
5     AudioSource aud;                                        //声明一个音频源
6     void Start(){
7       foreach (string device in Microphone.devices){       //遍历获取连接的所有麦克风设备
8         Debug.Log("Name: " + device);}}                     //输出设备
9     void Update(){}
10    public void ButtonOnClick(int index){                   //界面按钮监听
11      if (index == 0){                                      //开始录音传入参数为 0
12        aud = GetComponent<AudioSource>();                  //对音频源初始化
13        aud.clip = Microphone.Start(Microphone.devices[0], true, 10, 44100);}//开始录音
14      else if (index == 1){                                 //结束录音传入参数为 1
15        Microphone.End(Microphone.devices[0]);}             //结束录音
16      else if (index == 2){                                 //播放录音传入参数为 2
17        aud = GetComponent<AudioSource>();                  //对音频源初始化
18        aud.Play();}                                        //播放录音
19      int min = 40000;int max = 44100;                      //最小和最大频率
20      Debug.Log("播放状态" + IsRecording(Microphone.devices[0]));  //输出当前的播放状态
21      Debug.Log("播放位置" + GetPosition(Microphone.devices[0]));  //输出播放位置
22      Microphone.GetDeviceCaps(Microphone.devices[0], out min, out max);}
                                                              //将该设备的频率置于两者之间
23    public bool IsRecording(string deviceName){             //播放状态方法
24      return Microphone.IsRecording(deviceName);}
25    public int GetPosition(string deviceName){              //播放位置方法
26      return Microphone.GetPosition(deviceName);}}
```

- 第 5 行定义了一个音频源属性的变量，方便后续使用。
- 第 6～8 行遍历连接该设备的所有麦克风设备并且将它们的名称输出。
- 第 10～22 行是按钮监听方法。当传入参数为 0 时，调用开始录音的方法；当传入参数为 1 时，调用结束录音的方法；当传入参数为 2 时，调用播放录音的方法。
- 第 23～26 行是两个具体方法，分别是获取播放状态的方法及获取播放位置的方法。

（4）将脚本挂载到场景中的音频源上，这样本示例就制作完成了。由于在 PC 上需要外部的麦克风设备，因此为了更方便地进行演示，将本示例导入手机上，在运行完毕后，手机系统会发出提示，如图 8-111 所示。运行的主界面如图 8-112 所示。

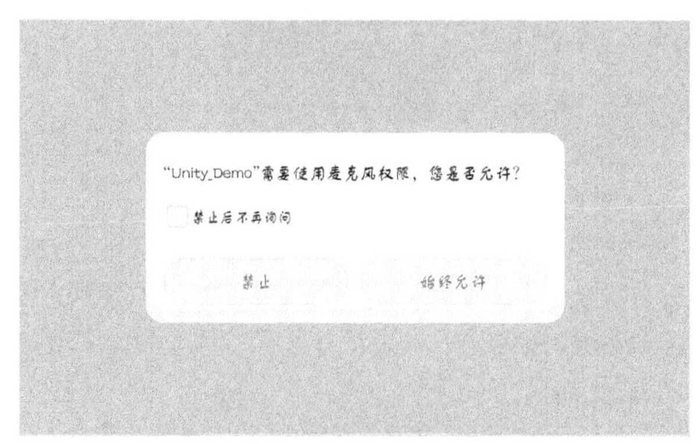


▲图 8-111　获取录音权限

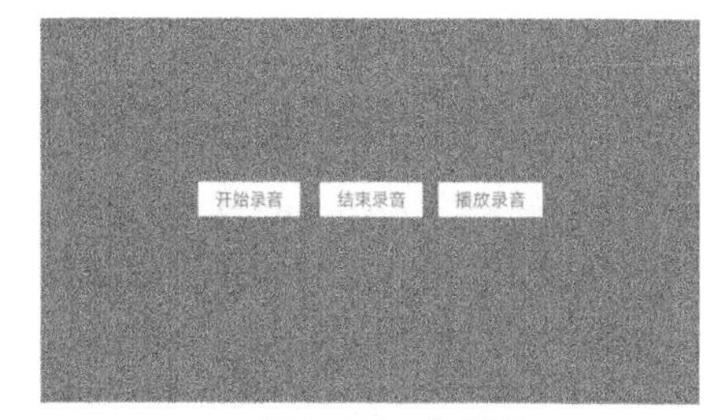


▲图 8-112　主界面

示例代码位置：随书资源\第 8 章目录下的 Unity_Demo\Assets\Audio\Microphone.unity

## 8.11 Cinemachine 相机的使用

本节主要对 Cinemachine 相机的使用进行简单的介绍，读者可以通过简单的拖、拉等操作控制相机的运动。例如，场景中有一物体并且在不断地运动，需要相机不断地跟随物体。传统的方式是编写复杂的脚本，而 Cinemachine 相机不用编写一句代码即可完成该功能。

### 8.11.1 Cinemachine 相机的下载与安装

Cinemachine 相机使用简单，操作方便，并且不需要代码控制。该相机虽然还没有集成到 Unity 的编辑窗口中，需要外部导入，但是 2017.1 版本推出该功能时仍然受到了广大开发人员的一致好评。下面就开始介绍 Cinemachine 相机的下载与安装。

（1）打开 Unity，进入 Asset Store 应用商店，在搜索栏中搜索 Cinemachine，搜索到的结果如图 8-113 所示。打开第一条搜索结果，进入应用详情后单击“导入”按钮，即可开始下载，如图 8-114 所示。

▲图 8-113　搜索结果

▲图 8-114　下载

（2）下载完毕后，Unity 会自动弹出导入目录，如图 8-115 所示。这里需要把文件中的所有内容导入项目中，导入完毕后即可发现，在 Assets 目录下出现了一个 Cinemachine 文件夹，如图 8-116 所示，该文件夹包含了 Cinemachine 相机的所有内容。

▲图 8-115　导入目录

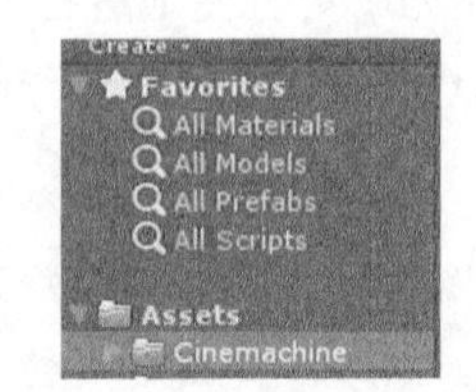


▲图 8-116　Cinemachine 文件夹

## 8.11.2　Cinemachine 相机的使用

8.11.1 节介绍了 Cinemachine 相机的下载与安装，本小节就对 Cinemachine 相机的使用方法进行简单介绍。灵活运用该相机可以极大地提升场景中摄像机的效果，并且无须编写复杂的逻辑代码，使用简单，操作方便。下面结合一个示例进行讲解。

（1）相机安装完成后，Unity 菜单栏中会出现 Cinemachine 菜单，如图 8-117 所示。选择 Create Dolly Camera with Track，创建一个 Cinemachine 相机及其附属组件，如图 8-118 所示。

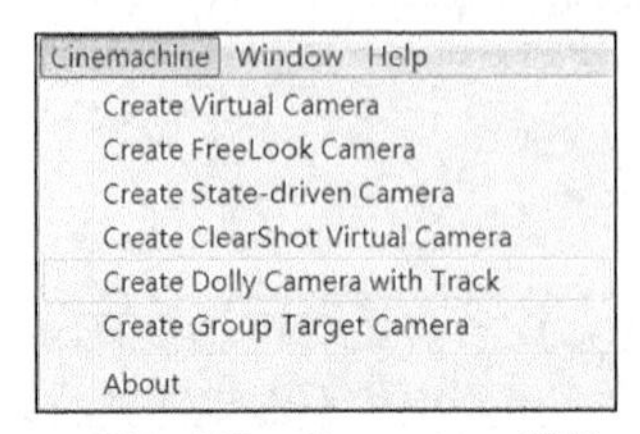


▲图 8-117　Cinemachine 菜单

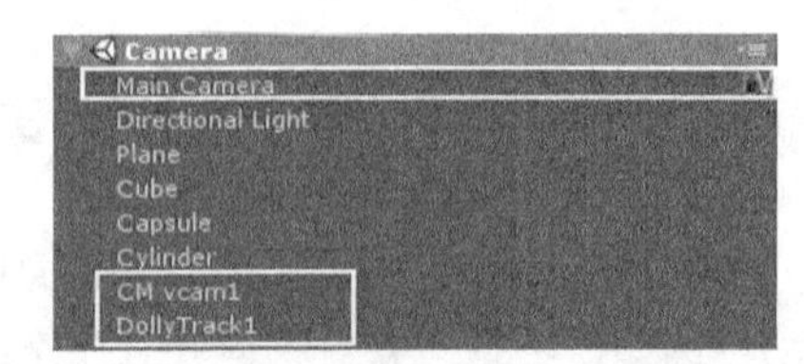


▲图 8-118　创建 Cinemachine 相机及其附属组件

（2）在场景中创建合适的模型。本示例使用了几个基本的几何体，并且赋予其中一个物体动画属性，不断修改物体的坐标，从而达到物体不断移动的效果，场景示意图如图 8-119 所示。

（3）下面是使用 Cinemachine 相机的关键步骤。本示例想要达到的效果是摄像机不断跟随移动的物体移动并且移动的物体基本保持在摄像机视口区域的正中心，如图 8-120 所示。如果用脚本实现，代码会比较复杂，但是使用 Cinemachine 相机则只需要简单的几步。

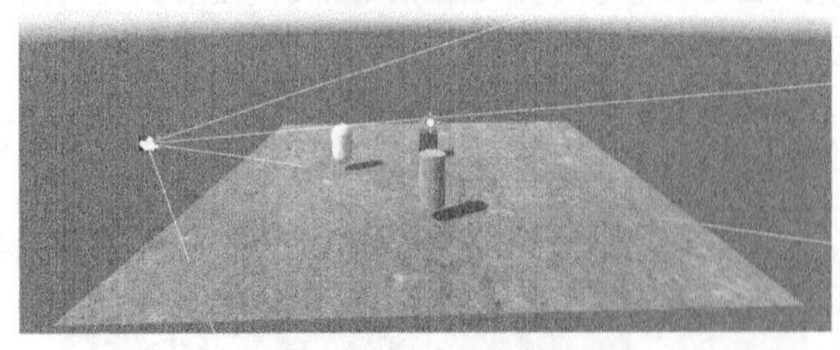

▲图 8-119　场景示意图

▲图 8-120　效果示意图

（4）选中 CM vcam1 物体，可以看到右侧属性面板中挂载的 Cinemachine Virtual Camera 脚本，将需要使用 Cinemachine 相机检测的物体挂载到脚本下的 Look At 和 Follow 属性中，并且选中 Enabled 复选框，如图 8-121 所示。

（5）选中 DollyTrack1 物体，可以看到右侧的属性面板挂载的 Cinemachine Path 脚本，该脚本控制了摄像机的轨迹路径。单击 Add a waypoint to the path 按钮，即可创建一个或多个路径点的坐标，如图 8-122 所示。这样就实现了摄像机跟随目标且保持目标基本在视口正中心的功能。

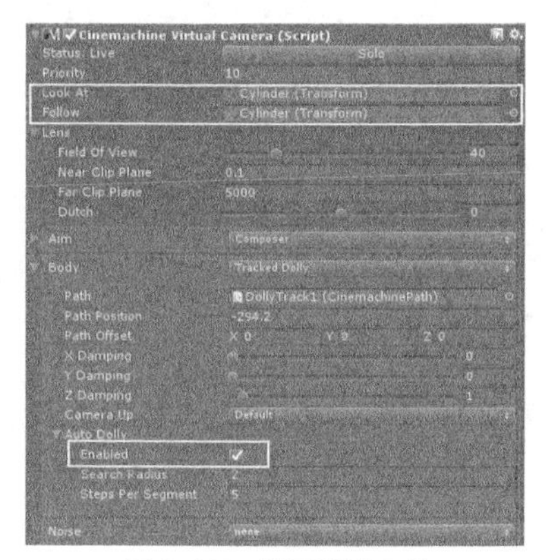


▲图 8-121　设置跟随属性

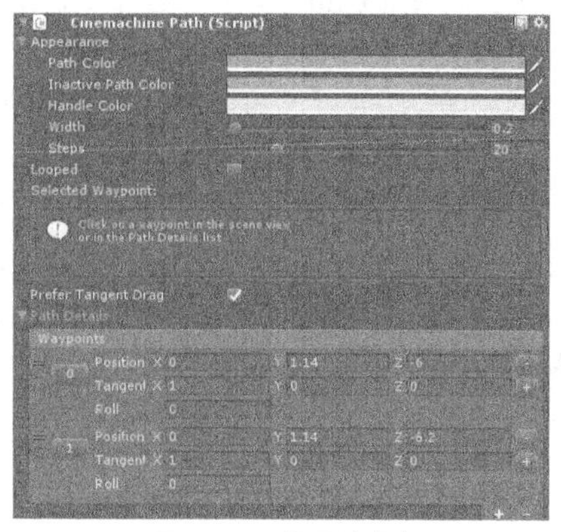


▲图 8-122　设置路径点

示例代码位置：随书资源\第 8 章目录下的 Cinemachine\Assets\Cinemachine\Camera.unity

## 8.12 Timeline 的使用

Timeline 是 Unity 最新推出的影视制作工具，该工具可以创建项目内部用到的动画过场部分，包括动作动画、声音、脚本、物体移动范围、粒子系统等。该工具不需要使用任何代码控制，使用简单。下面结合一个示例进行详细介绍。

（1）在场景中创建一个空物体，将其命名为 PlayableDirector，并且添加 Timeline 属性。Timeline 属性如图 8-123 所示。在场景中创建 3 个空物体，分别命名为 TargetPositionAndRotationA、TargetPositionAndRotationB 和 TargetPositionAndRotationC，将它们作为物体移动的中间点。

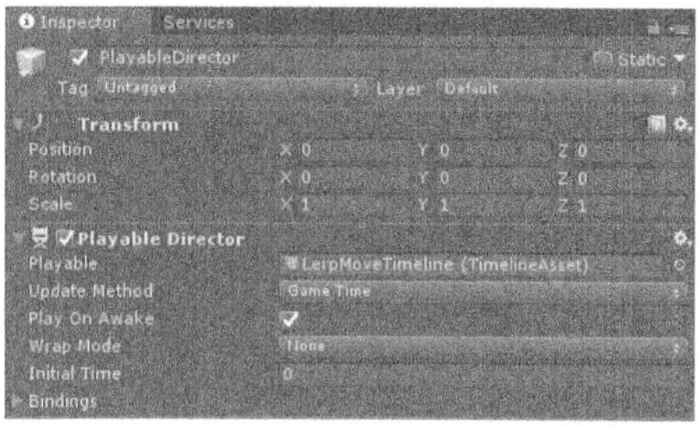

▲图 8-123　Timeline 属性

（2）场景中创建移动的物体。创建一个 Cube、一个 Sphere、两个 Cylinder 和一个粒子系统，其中 Cube 和粒子系统是由两个 Editor 脚本控制的，两个脚本的属性如图 8-124 和图 8-125 所示；Sphere 由 Timeline 控制定时显示与消失；Cylinder 附加了动画属性，不断地改变位置。

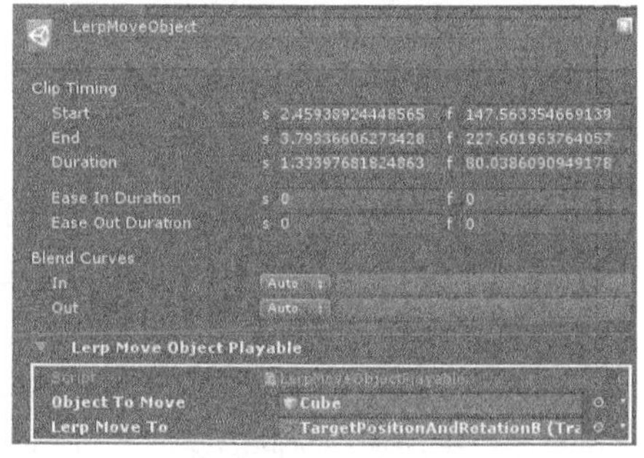


▲图 8-124　脚本属性 1

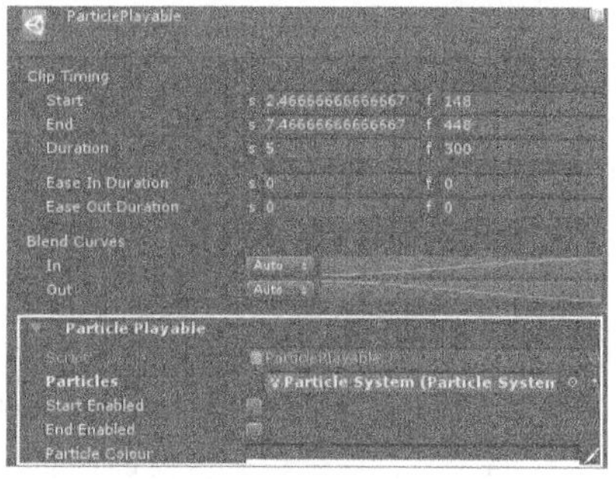


▲图 8-125　脚本属性 2

（3）选中 PlayableDirector 物体，可以在 Timeline 面板中看到各个物体的轨道，如图 8-126 所示，其中包括活动轨道、动画轨道、音频轨道、控制轨道及可跟踪轨道。在 Timeline 面板中可以随意拖动每一个轨道的大小和长度。

（4）单击 Cinemachine 按钮，运行 Timeline 中的各个物体，运行示意图如图 8-127 所示。在这个场景中可以看到物体移动、物体的消失与显示、粒子系统的显示及声音的播放、动画的播放等内容。利用 Timeline 可以随意控制各个轨道的属性。

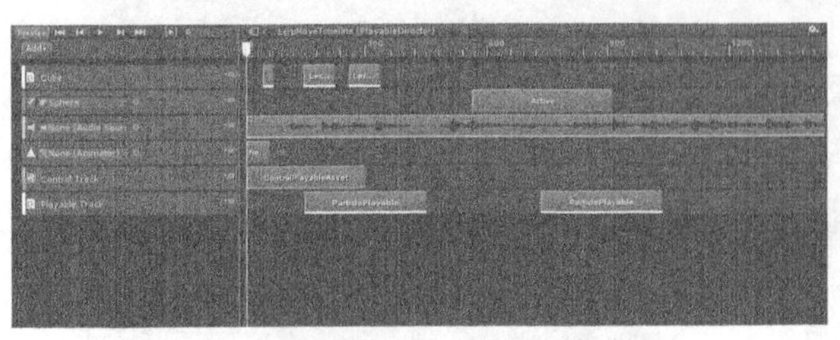

▲图 8-126　Timeline 面板

▲图 8-127　运行示意图

示例位置：见随书资源\第 8 章目录下的 Timeline\Assets\1-LerpMoveObject\LerpMoveObject.unity。

## 8.13 多场景编辑

多场景编辑（Multi-Scene Editing）是 Unity 提供的一个场景管理方式，它有着非常重要的意义，一个完整的项目肯定拥有比较大的场景并且场景需要多人来协同合作完成。此模式不但方便多人协同合作，也可以将大场景切割成若干小场景，从而利用流媒体加载。下面做具体介绍。

### 8.13.1 多场景编辑的基础操作

多场景编辑的基础操作包括如何启动多场景编辑模式、在此模式中如何修改 Hierarchy 面板中各个场景的内容。除此之外，本小节还介绍了场景中不同选项的具体含义。学习本小节之后，读者会对多场景编辑的基础知识有一个简单的认识。

（1）创建一个项目，将其命名为 Multi-Scene Editing，之后创建 3 个空场景，分别命名为 scene1、scene2 和 scene3，这是多场景编辑需要的 3 个场景，如图 8-128 所示。

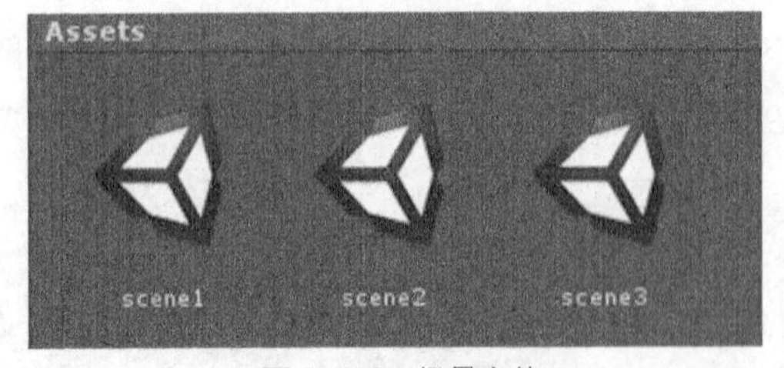


▲图 8-128　场景文件

▲图 8-129　Hierarchy 面板

（2）双击打开 scene1 场景，可以看到 Hierarchy 面板，如图 8-129 所示。这时就打开了一个场景，开发人员可以通过相关操作对场景添加物体，现在给 scene1 场景添加一个 Cube 正方体，这样就完成了第一个场景的基本操作。

（3）对第二个场景进行修改。在 scene2 场景上右击，在弹出的快捷菜单中选择 Open Scene Additive，如图 8-130 所示。这样就可以将该场景加入上方的 Hierarchy 面板中，使用相同的操作将 scene3 加入 Hierarchy 面板中，如图 8-131 所示。

（4）开启多场景编辑以后，在 Hierarchy 面板中的 scene2 上右击，弹出快捷菜单，如图 8-132 所示。该快捷菜单中不同选项有不同的功能，其中 GameObject 中是场景常用的一些物体和控件，如图 8-133 所示。

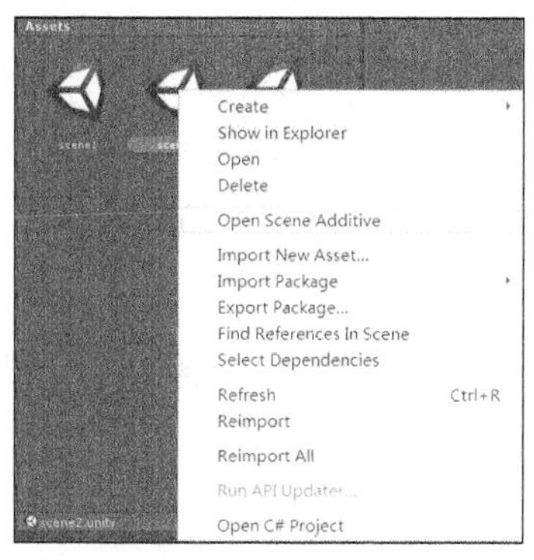


▲图 8-130 选择 Open Scene Additive

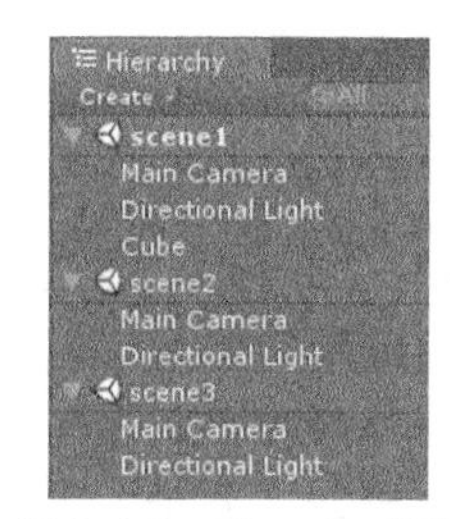


▲图 8-131 Hierarchy 面板

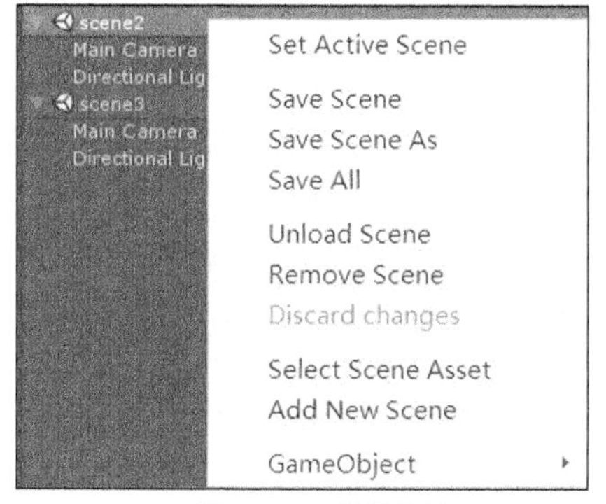


▲图 8-132 快捷菜单

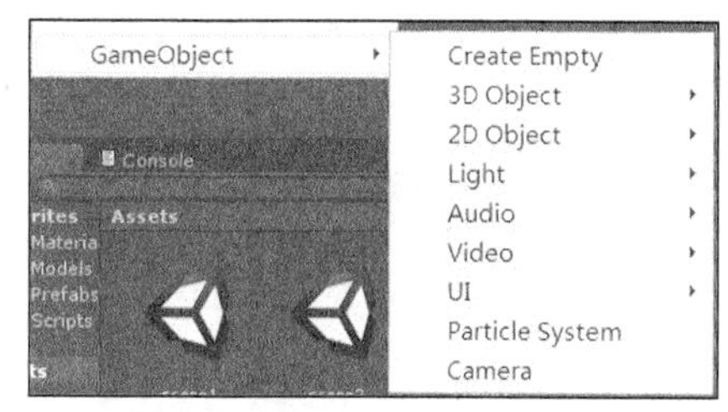


▲图 8-133 GameObject 子菜单

（5）图 8-132 中的功能大部分是关于多场景编辑的，如 Unload Scene 是将该场景卸载，但是将其保留在 Hierarchy 面板中；而 Remove Scene 会彻底将该场景卸载，Hierarchy 面板不再保留。详细说明如表 8-21 所示。

表 8-21 选项含义

| 选项 | 含义 | 选项 | 含义 |
|---|---|---|---|
| Set Active Scene | 设置选中的场景为当前打开的场景 | Unload Scene | 卸载选中的场景，将其保留在资源列表 |
| Save Scene | 保存选中的场景 | Remove Scene | 彻底卸载选中的场景 |
| Save Scene As | 将选中的场景另存为 | Select Scene Asset | 选中场景的保存路径 |
| Save All | 保存所有的场景 | GameObject | 创建对象 |
| Discard changes | 忽略场景中事物的变化 | Add New Scene | 创建新的场景 |

（6）当选中的场景被选择为 Unload Scene 时，当前场景就被卸载了，但是 Hierarchy 面板中会保留该场景。这时在该场景中右击，弹出快捷菜单，如图 8-134 所示。里面的各个含义之前都已经介绍过，这里不再赘述。

（7）在多场景编辑模式时，可以通过表 8-21 中的 GameObject 创建物体。在示例中，在 scene2 场景中创建一个新的 Cube，然后在 scene3 场景中创建另外一个 Plane，这样 Scene 面板虽然只打开了一个场景，但是这样就可以合成一个大场景，如图 8-135 所示，方便多人共同操作及加载。

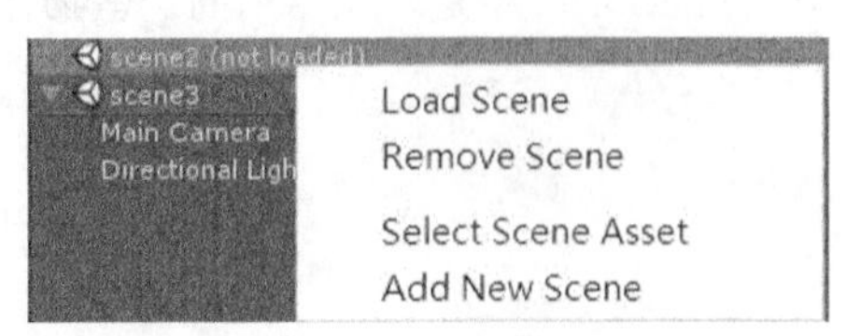


▲图 8-134　快捷菜单

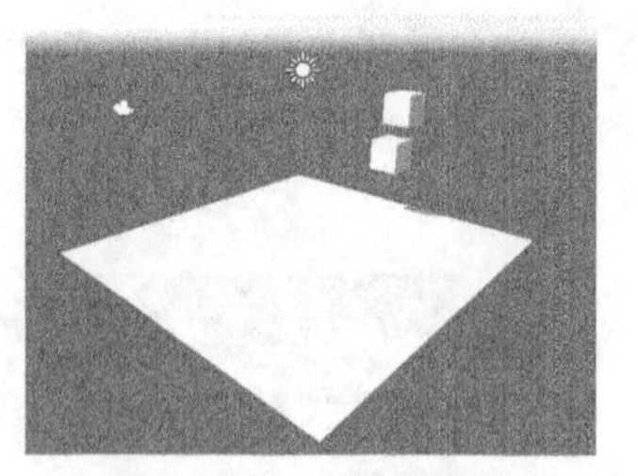

▲图 8-135　场景示意图

## 8.13.2　多场景编辑的高级操作

本小节介绍多场景编辑的高级操作。多场景编辑下的高级操作主要分为多场景编辑模式下的光照烘焙、导航网格数据的烘焙及特定场景的设置。由于多场景编辑模式比较复杂，因此一些比较复杂的操作必须在一个场景中设置，不能多场景联合设置。下面做具体介绍。

（1）场景烘焙是一项常见的场景优化技术，优点是反复打开某一个场景不需要每次都实时计算光照，里面的静态物体的阴影也是由贴图方式渲染的，不再实时计算。这样做极大地缩短了计算时间，更好地提高了项目性能。

（2）单场景烘焙在这里不再做具体介绍。多场景编辑模式下的光照烘焙与传统方式略有不同，首先需要启动多场景编辑模式，如图 8-136 所示。右击 scene1 场景，在弹出的快捷菜单中选择 Set Active Scene，如图 8-137 所示，将 scene1 场景设置为当前显示的场景。

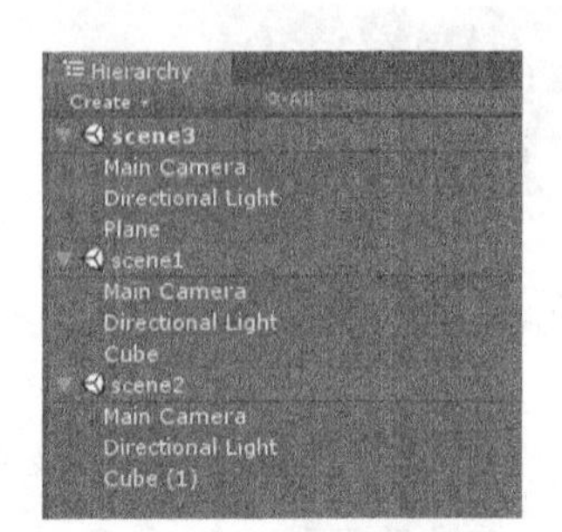


▲图 8-136　多场景编辑模式

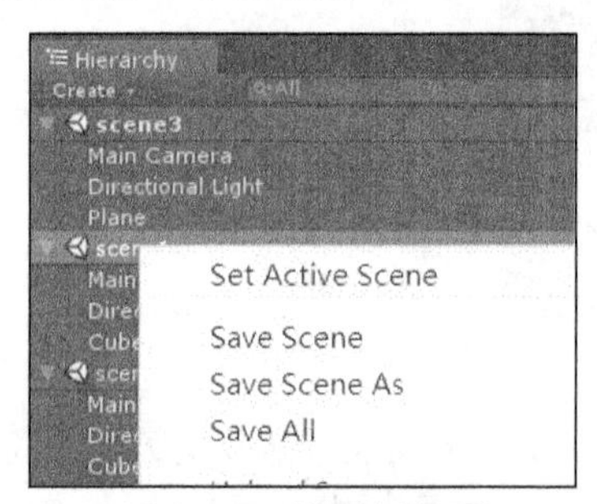


▲图 8-137　设置当前场景

（3）选择 Window→Lighting→Settings，打开场景烘焙面板，如图 8-138 所示。取消选中 Auto Generate 复选框，这样就取消了自动烘焙功能。单击 Generate Lighting 按钮，开始场景的烘焙。

（4）开始后可以在界面的右下方看到烘焙的进度条。烘焙的速度与场景中的光照设置、3D 物体的复杂程度等因素有关。由于本示例比较简单，因此完成的时间比较短，随后可在 Project 面板中看到烘焙好的光照资源文件，如图 8-139 所示。

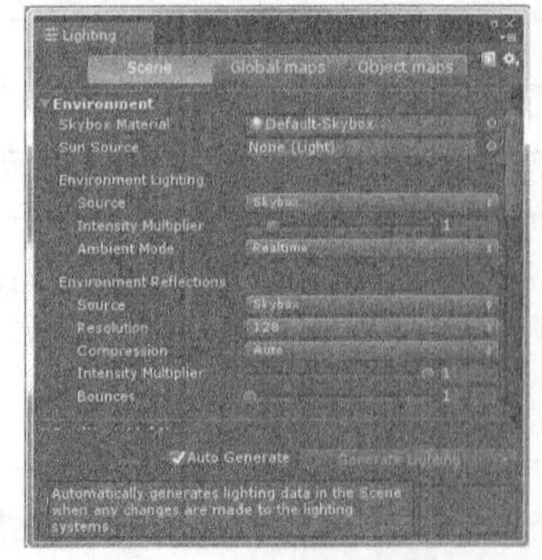

▲图 8-138　场景烘焙面板

▲图 8-139　烘焙好的光照资源文件

（5）多场景编辑模式下的另外一个高级操作就是导航网格数据的烘焙，这项技术在平常很少使用，但它却是多场景编辑模式下为数不多的高级操作之一，这也是继场景烘焙后的一个更加深入的技术。在多场景编辑模式下依次烘焙，生成的导航网格多个场景共享，如图 8-140 所示。

（6）多场景编辑模式下的最后一个高级操作是特定场景的设置。在多场景编辑模式下，用于绘制和导航的设置是与当前打开的场景有关系的，和其他的场景没有关系，并且只有与当前场景有关的设置才会被保存到该场景文件中。

▲图 8-140 烘焙导航网格数据

（7）如果想要修改某一个场景的设置，只需要打开一个场景，改变相关的设置即可；或者激活需要修改的场景，然后改变相关的设置。如果在运行时切换场景，那么将会应用新场景中的所有设置并替换所有以前场景的设置。这和单独的场景操作不太一样。

### 8.13.3 还存在的问题

多场景编辑模式在比较早的版本就已经推出，因为其在管理多个场景时非常方便，所以它获得了广大开发人员的好评。但是在不断地实际运用过程中，开发人员发现了一些存在的问题，这些问题导致该功能使用率不能获得更高的提升，问题主要存在于以下两个方面：

（1）不支持跨场景引用。在开发过程中，优势需要获得一些物体的引用，但是多场景编辑模式不支持跨场景引用，主要是因为场景不能保存，所以该功能的具体实用价值大打折扣，甚至用到引用时还不如单场景操作方便。

（2）遮挡剔除操作无法读取数据。Unity 支持多种场景优化措施，遮挡剔除便是其中一项，具体原理在后面章节会做具体介绍。这项技术重要的一项就是读取本地的场景数据，但是在多场景编辑模式下，数据不能被顺利读取。

示例代码位置：见随书源代码\第 8 章目录下的 Multi-Scene Editing。

## 8.14 水特效

水，无论是在现实世界中还是在 3D 游戏世界当中都扮演着重要的角色。因此，在游戏世界当中实现水的特效也是至关重要的，不仅可以为游戏添加动态因素，增加动态效果，还可以使游戏场景显得更加炫酷。本节将介绍水特效的开发。

### 8.14.1 基础知识

在 Unity 集成开发环境中，系统已经封装好了部分水资源特效，本小节以系统自带的水特效为例来对水特效进行讲解，使读者进一步熟悉水的特效，并可以在以后的开发中熟练地利用资源进行水特效的开发，使游戏视觉效果更加完美。

（1）选择 Assets→Import Package→Environment，导入环境资源包，如图 8-141 所示。弹出 Importing Package 对话框，单击 Import 按钮导入，如图 8-142 所示。

（2）环境资源包导入成功后，Project 面板中会出现几个文件夹。Standard Assets 文件夹下有两个子文件夹——Water 和 Water（Basic）文件夹。Water 文件夹下的 Prefabs 文件夹中有两个预制件，如图 8-143 所示。同样也会发现，Water（Basic）文件夹中也有预制件，如图 8-144 所示。

（3）由 Water 文件夹中的预制件的名字可得，WaterProDaytime 和 WaterProNighttime 分别表示白天高级水及夜晚高级水。这两种水可以接收来自太空盒或者其他 3D 物体的反射和折射，效果十分真实。但是相对于基本水特效而言，它对系统资源的占用率较高。

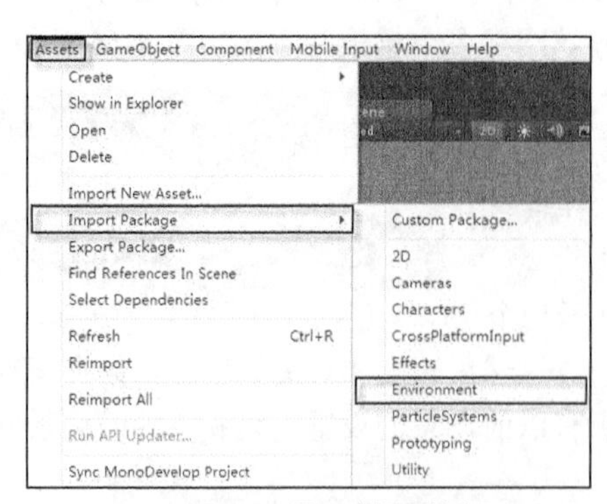


▲图 8-141　导入资源环境包

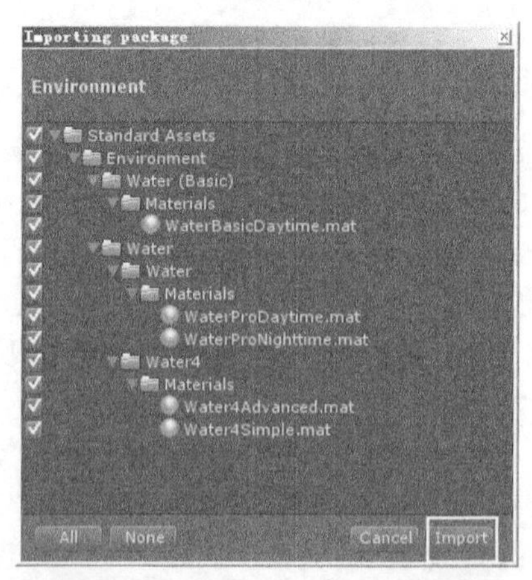


▲图 8-142　Importing Package 对话框

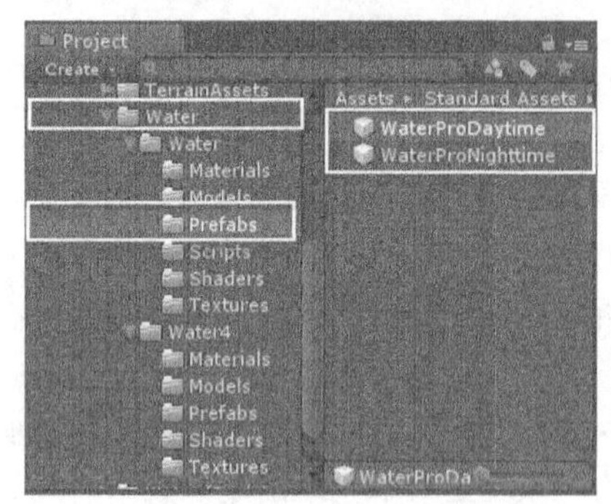


▲图 8-143　Water 预制件

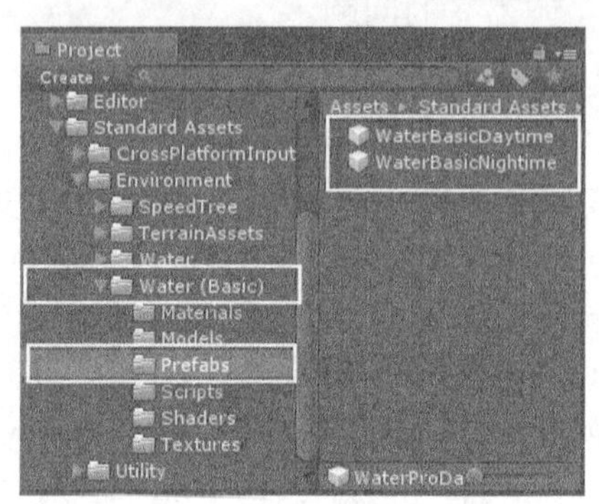


▲图 8-144　Water（Basic）预制件

（4）而 Water（Basic）文件夹中的 WaterBasicDaytime 和 WaterBasicNighttime 分别表示白天的基本水和夜晚的基本水。这两种水不可以接收来自太空盒或者其他 3D 物体的反射和折射。但是相对于高级水特效而言，它对系统资源的占用率较低。

（5）关于这 4 种水的效果及参数列表，读者可以自行查看。查看步骤为：将它们拖曳到 Scene 中，单击“运行”按钮查看水特效，然后查看每种水的属性列表，观察它们的不同之处（重点在着色器）。下面将通过一个示例来讲解如何实现完美的水特效。

### 8.14.2　水特效示例

前面已经介绍了 Unity 5 内置的水资源，内置的水资源方便开发人员使用，所以大大降低了游戏开发的技术门槛。下面将通过一个示例来向读者展示水特效的效果及如何使用 Unity 的内置资源，具体步骤如下。

（1）打开 Unity 集成开发环境，将开发需要的标准资源文件导入 Unity 中。选择 Assets→Import Package，在弹出的对话框选中并导入下载好的标准资源包，标准资源包的下载前文已经介绍完毕，这里就不再赘述。

（2）绘制地形，形成山地效果。选择 Component→3D Object→Terrian，添加地形，如图 8-145 所示。使用地形中的 Terrian 组件对地形进行调整，如图 8-146 所示。选中后只需要在地形上按住鼠标左键进行拖动即可改变地形。

（3）山地绘制完成后，地形还是白色的。接下来要为山地添加地形纹理，以模拟真实世界中的山地效果。选择 Terrain 组件中的 Paint Texture（绘制贴图） 功能，导入需要的地形纹理贴图，如图 8-147 所示。导入完成后，地形就会将纹理贴图应用到地形上，完成效果如图 8-148 所示。

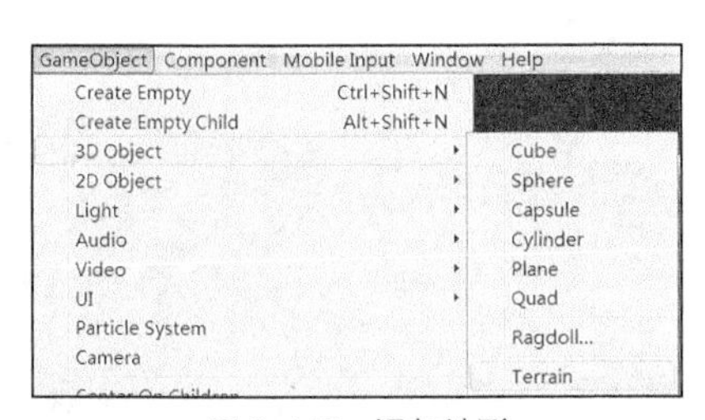


▲图 8-145　添加地形

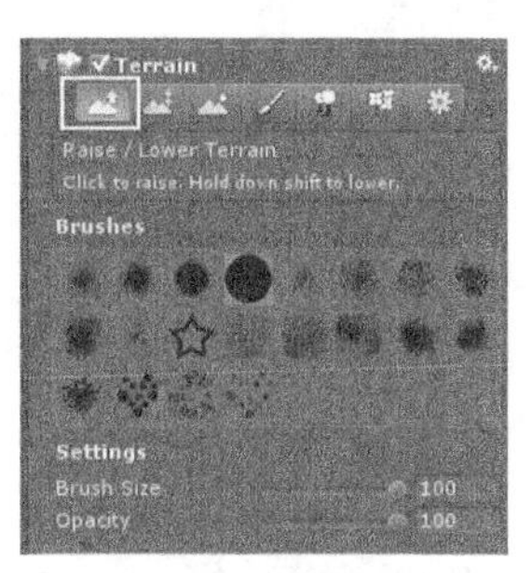


▲图 8-146　绘制山地

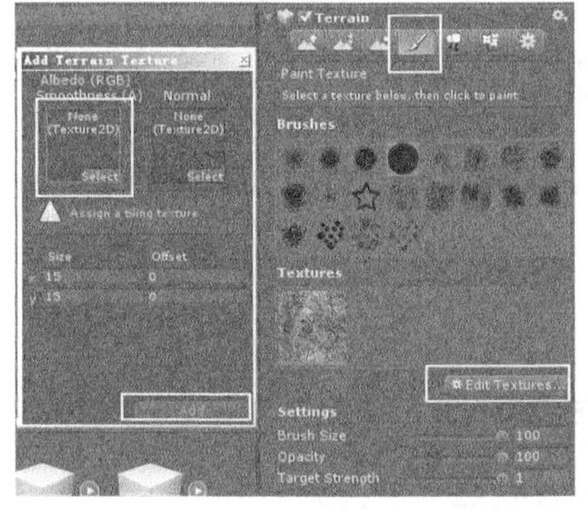


▲图 8-147　添加地形纹理贴图

▲图 8-148　完成效果

（4）在场景中添加水草，使效果更加真实。草的添加同样需要使用 Terrain 组件来完成，选中 Paint Details（绘制细节）功能，导入需要的水草贴图即可，如图 8-149 所示。将光标移动到场景中需要添加水草的位置，单击即可完成添加，完成效果如图 8-150 所示。

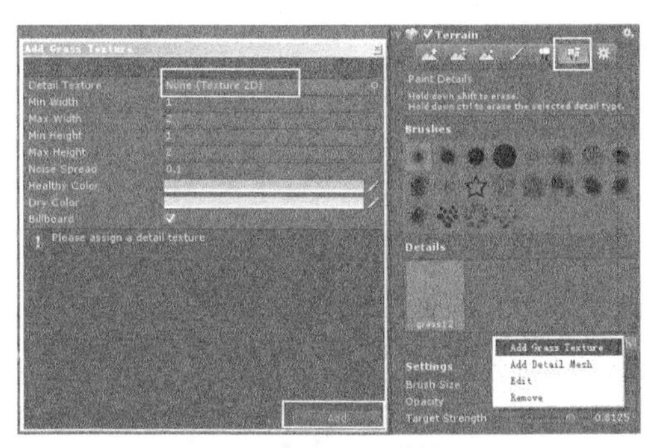


▲图 8-149　添加水草纹理

▲图 8-150　完成效果

（5）在场景中添加水效果，在 Project 面板中选择 Standard Assets→Environment→Water→Water4→Prefabs。将文件夹中的 Water4Advanced 预制件拖曳到场景中，并摆放到适当位置即可。可通过 Matrial 文件夹中的 Water4Advanced 材质球进行参数调节，如图 8-151 和图 8-152 所示。

（6）全部完成后运行效果如图 8-153 所示。本示例只使用了其中一种水特效，有兴趣的读者可查看标准资源包中的其他水特效资源，并根据实际开发情况选择相应的效果。由于目前移动端的硬件设备性能和其他平台相比稍有逊色，在开发过程中还应慎用 Unity 内置水资源（会消耗大量资源）。

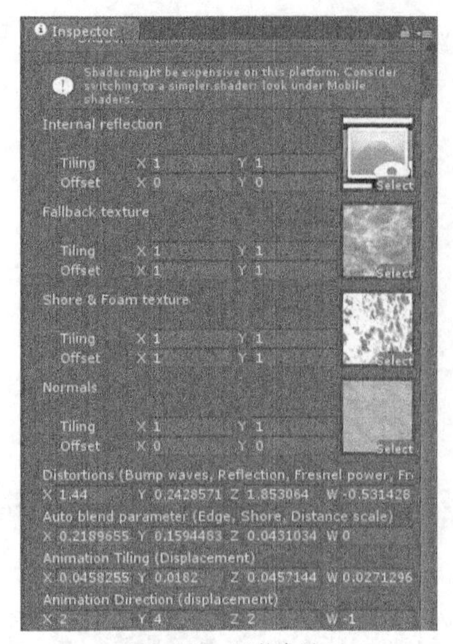


▲图 8-151　调节参数 1

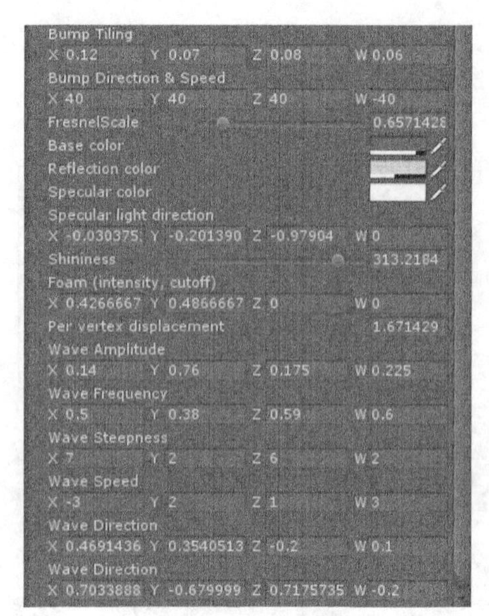


▲图 8-152　调节参数 2

▲图 8-153　运行效果

示例代码位置：见随书源代码\第 8 章目录下的 Unity_Demo\Assets\Water\Water.unity。

## 8.15 雾特效

现实生活中经常会有这样的情况，在某些时刻周围的环境会充满雾气，弥漫的雾气会遮挡住视线，使视线模糊不清。例如，一个人物角色在山林之间行走，山林中的雾气会使人物角色的视线变得模糊不清。本节将会通过示例向读者介绍雾效果的开发过程。

### 8.15.1 示例效果与基本原理

介绍示例的具体开发过程之前，首先需要了解本示例所要达到的效果及效果能够达成的基本原理。本节中，要使示例中的山和地形充满雾，并且能够使系统提供的 3 种雾互相切换和消失，运行效果如图 8-154 和图 8-155 所示。

从示例的运行效果中可以看出，本示例的地面上有一个人在场景中奔跑，场景中的雾可以根据玩家的需要选择出现或者消失。示例中的自然场景是使用天空盒技术和地形的创建技术搭建完成的，在这里不再赘述，而雾特效则是通过系统提供的 3 种雾之间的切换实现的。

▲图 8-154 雾运行效果

▲图 8-155 示例效果

雾化效果是通过已生成的像素的颜色和像素到镜头的距离来确定一个常量色而实现的。雾化不会改变已经混合的像素的透明度值，只是改变了 RGB 值。实现了雾化就可以模拟现实中的一些雾化天气等特殊效果，能够极大地提高游戏的可观赏性。

### 8.15.2 场景搭建与开发步骤

了解了示例想要达到的运行效果和基本原理后，下面将对示例的场景搭建和开发步骤进行详细介绍，具体步骤如下。

（1）创建项目。新建一个文件夹，将其命名为 FogExample。打开 Unity，生成项目。在项目中新建场景，将其命名为 Fog；在项目中新建 3 个文件夹，将创建好的 3 个文件夹分别命名为 Fbx、Texture 和 Script，以备后用。

（2）导入所需的模型及与模型对应的贴图文件。将准备好的山体模型 shan.fbx 和人物模型 SR.fbx 及人物对应的动画导入前面创建的文件夹 Fbx 中，导入模型后将对应的山体的各个贴图文件和角色的各个贴图文件导入文件夹 Texture 中。

（3）搭建场景。完成场景搭建的相关工作，包括模型位置的摆放、灯光的创建及地形的设定等，这些步骤前面已有详细介绍，这里不再赘述。至此基本场景开发完成，下面开始进行雾特效切换的开发和相关脚本开发。

（4）选择 Window→Lighting→Settings，打开 Other Settings 面板，选中 Fog 复选框，在 Mode 下拉列表中选择默认的雾类型，Linear 等，如图 8-156 和图 8-157 所示。

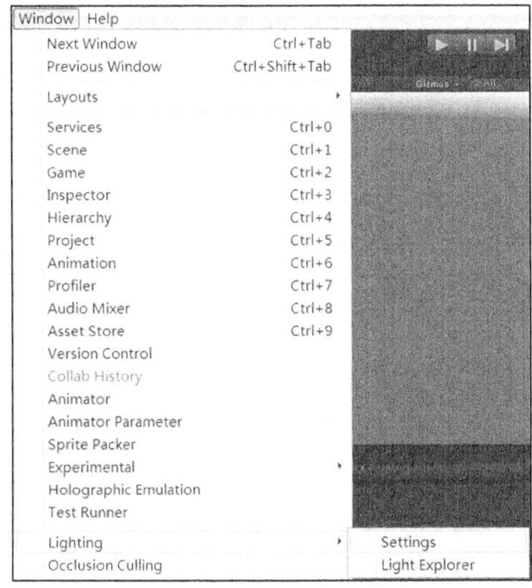

▲图 8-156 添加雾特效

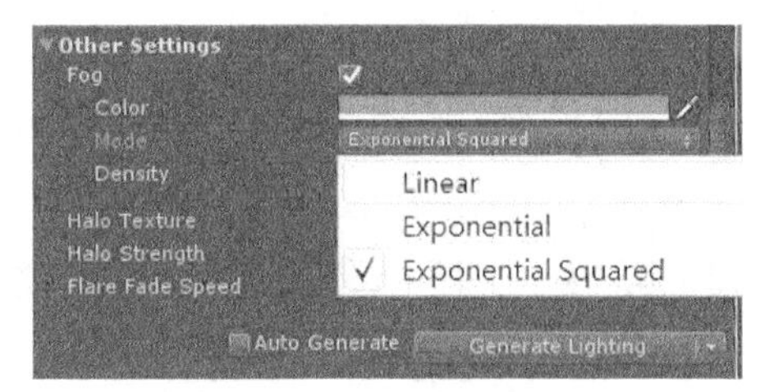

▲图 8-157 设置参数

（5）新建一个脚本，将其命名为 Pop.cs。这里使用脚本开发了一个下拉列表，以下拉列表的方式来绘制雾特效的切换菜单，以实现雾特效的切换功能。双击打开脚本后开始编写，具体代码如下。

代码位置：随书资源中源代码\第 8 章目录下的 FogExample\Assets\Script\Pop.cs

```
1   using UnityEngine;
2   using System.Collections;                                    //导入系统包
3   public class Pop : MonoBehaviour {                           //声明类名
4     private float Ypos1=0.0f;                                  //声明框一位置
5     private float Ypos2=0.0f;                                  //声明框二位置
6     private float Ypos3=0.0f;                                  //声明框三位置
7     private float Ypos4=0.0f;                                  //声明框四位置
8     private bool showDropdownButtons1 ;                        //声明"下拉"按钮
9     private bool showDropButtonsUP1;                           //声明"收缩"按钮
10    float dropSpeed = 500.0f;                                  //声明弹出速度
11    private string St="FogMode";                               //声明初始字符串
12    void Update(){                                             //Update 方法
13      if(showDropdownButtons1 == true){                        //"下拉"按钮被按下
14        Ypos1 += Time.deltaTime * dropSpeed;                   //"弹出"按钮一
15        Ypos2 += Time.deltaTime * dropSpeed;                   //"弹出"按钮二
16        Ypos3 += Time.deltaTime * dropSpeed;                   //"弹出"按钮三
17        Ypos4 += Time.deltaTime * dropSpeed;                   //"弹出"按钮四
18        if(Ypos1 >= 60){Ypos1 = 60;}                           //按钮一位置
19        if(Ypos2 >= 120){Ypos2 = 120;}                         //按钮二位置
20        if(Ypos3 >= 180){ Ypos3 = 180;}                        //按钮三位置
21        if(Ypos4 >= 240){Ypos4 = 240;                          //按钮四位置
22        if(showDropButtonsUP1 == true){                        //"收缩"按钮被按下
23          Ypos1 -= Time.deltaTime * dropSpeed;                 //按钮一收缩
24          Ypos2 -= Time.deltaTime * dropSpeed;                 //按钮二收缩
25          Ypos3 -= Time.deltaTime * dropSpeed;                 //按钮三收缩
26          Ypos4 -= Time.deltaTime * dropSpeed;                 //按钮四收缩
27          if(Ypos1 >= 0 || Ypos2 >= 0 || Ypos3 >= 0 || Ypos4 >= 0){ //弹出任意按钮被按下
28            Ypos1 = 0; Ypos2 = 0;Ypos3 = 0;Ypos4 = 0;          //按钮收缩
29            showDropButtonsUP1 = false;                        //停止收缩
30            showDropdownButtons1 = false;                      //停止弹出
31    }}}}
32    void OnGUI (){                                             //OnGUI 方法
33      if(showDropdownButtons1 == false){                       //停止弹出状态
34        if (GUI.RepeatButton (new Rect (50, 0, 200, 60), St)){      //"弹出"按钮被按下
35          showDropdownButtons1 = true;                         //开始弹出
36        }}
37        if(showDropdownButtons1 == true){                      //弹出状态
38          if (GUI.Button(new Rect(50, 0, 200, 60), St)) {           //按钮框被按下
39            showDropButtonsUP1 = true;                         //开始收缩
40            showDropdownButtons1 = false;                      //停止弹出
41          }
42          if (GUI.Button(new Rect(50, Ypos4, 200, 60), "None")){    //"None"按钮被按下
43            showDropButtonsUP1 = true;                         //开始收缩
44            showDropdownButtons1 = false;                      //停止弹出
45            RenderSettings.fogMode = 0;                        //更改雾模式
46            St = "None";                                       //更改按钮字符串
47            ……//此处省略部分代码，读者可自行查阅随书源代码
48  }}}}
```

❑ 第 1～7 行的功能主要是导入系统包，声明类名，在该示例中需要实现弹出和缩放功能，声明 4 个 $Y$ 轴位置变量。

❑ 第 8～11 行声明了两个标志位、下拉收缩速度及脚本中用到的变量。

❑ 第 12～21 行中，当“弹出”按钮被按下时，弹出 4 个按钮；使用声明的速度变量，并更改其 $Y$ 轴坐标，以实现弹出效果。

❑ 第 22～31 行中，当“收缩”按钮被按下时，将 4 个按钮收缩；使用声明的速度变量，并更改其 $Y$ 轴坐标，以实现弹出效果。

❑ 第 32～41 行中，当标志位为真时，“弹出”按钮被按下，开始弹出 4 个按钮；当收缩按

钮被按下时，停止弹出，开始收缩。

- ❑ 第 42～48 行的主要功能为在 OnGUI 方法中绘制 None 按钮，None 按钮被按下后，4 个按钮停止弹出并进行收缩，并更改雾的模式及按钮上的内容字符串。

（6）前面介绍了脚本 Pop.cs 的开发，接下来介绍场景中的人物控制的开发步骤。首先将人物模型摆放好，选中人物模型 SR，选择 Component→Physics→Character Controller，为人物角色添加角色控制器，设置角色控制器参数，如图 8-158 所示。

（7）为人物角色添加动画系统，选择 Component→Miscellaneous→Animation，在人物角色的组件界面中可以看到 Animation 属性，展开 Animations 选项，将 Size 更改为 2，在 Element 0 和 Element 1 中分别拖入动画 Laugh 和 Run，如图 8-159 所示。

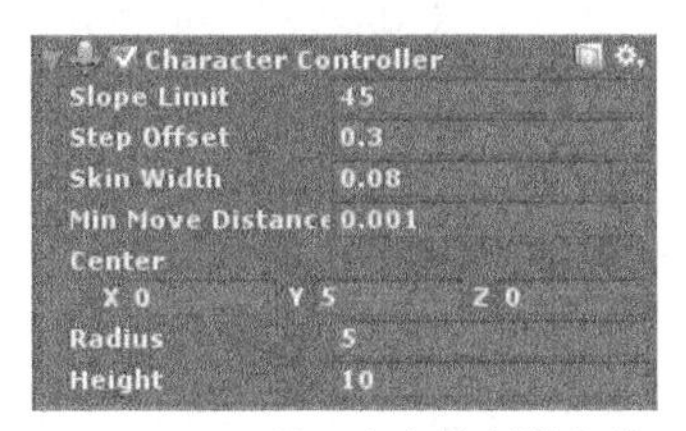

▲图 8-158　设置角色控制器参数

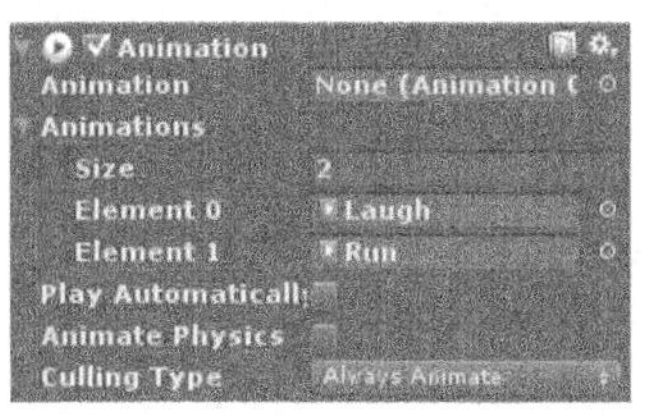

▲图 8-159　设置人物角色动画

（8）新建脚本，将其命名为 Controler.cs。该脚本可以实现人物角色不同动画的播放和检测摇杆移动的位置，可以根据摇杆不同位置的移动来判断人物的移动和主摄像机的旋转。双击打开脚本后开始编写，具体代码如下。

代码位置：随书资源中源代码\第 8 章目录下的 FogExample\Assets\Script\Controler.cs

```
1   using UnityEngine;
2   using System.Collections;                              //导入系统包
3   public class Controler : MonoBehaviour {               //声明类名
4     public EasyJoystick MyJoystick;                      //声明摇杆
5     CharacterController controller;                      //声明角色控制器
6     float RunSpeed;                                      //声明移动速度
7     Vector3 MoveDrection ;                               //声明移动方向
8     public GameObject CameraA;                           //声明摄像机
9     void Start () {                                      //Start 方法
10      controller = (CharacterController)this.GetComponent("CharacterController");
11      controller.slopeLimit = 30.0f;                     //声明最大限制坡度
12      RunSpeed = 1000;                                   //初始化移动速度
13    }
14    void Update () {                                     //Update 方法
15      MoveDrection = new Vector3(Input.GetAxis("Fire1"), 0, 0);
16      MoveDrection = transform.TransformDirection(MoveDrection);  //获取虚拟轴方向
17      if (MyJoystick.JoystickTouch.y == 0 && MyJoystick.JoystickTouch.x == 0) {
                                                           //摇杆未动
18        GetComponent<Animation>().Play("Laugh");         //播放静止状态动画
19      }
20      if (MyJoystick.JoystickTouch.y > 0.5f) {           //摇杆到前半部分
21      GetComponent<Animation>().Play("Run");             //播放奔跑动作
22      }
23     ……//此处省略其他摇杆方向的判定，读者可以自行查阅随书源代码
24      if(GetComponent<Animation>().IsPlaying("Run")){  //奔跑动作播放中
25        controller.SimpleMove(MoveDrection * (Time.deltaTime * RunSpeed));
                                                             //向前移动
26  }}}
```

- ❑ 第 4～8 行定义了摇杆、角色控制器、移动速度、移动方向及摄像机变量。
- ❑ 第 9～13 行重写了系统的 Start 方法，该方法在程序运行时被调用，它可以完成角色控制器的获取和移动速度的赋值。
- ❑ 第 15～16 行获取程序中任务将要移动的方向。

❑ 第 17～19 行根据摇杆插件返回的当前的 $X$ 轴及 $Y$ 轴的偏移量，来判断当前角色是否静止并播放相应的静止动画。

❑ 第 20～23 行根据当前摇杆的方向来播放相应的动画。

❑ 第 24～26 行通过当前播放的动画来判断角色是否正在移动，如果移动就使用 SimpleMove 函数来控制角色的移动。

（9）脚本创建完毕后，将 Controler.cs 脚本挂载到示例中的对象 SR 上，将主摄像机拖曳到脚本的组件界面中的 CameraA 选项中，同时导入插件 Easytouch，将插件中的 NewJoystick 对象挂载到脚本组件界面中的 MyJoystick 选项中。

（10）至此，示例中的脚本开发完毕，下面导入摄像机跟随脚本。导入 Unity 5 的标准资源包（前面已经介绍，这里不再赘述），单击摄像机，在 Inspector 面板下方单击 Add Component 按钮，在弹出的文本框中输入 SmoothFollow 即可搜索到该脚本，单击该脚本，完成添加，如图 8-160 所示。

（11）单击主摄像机，打开主摄像机组件界面，然后将对象列表中的 SR 对象的子对象 Target 拖曳到 SmoothFollow 组件中的 Target 选项中。调整其参数，如图 8-161 所示。到此本示例介绍完毕，读者可查看随书源代码中的相关内容。

示例代码位置：随书资源中源代码\第 8 章目录下的 FogExample\Assets\Fog.unity

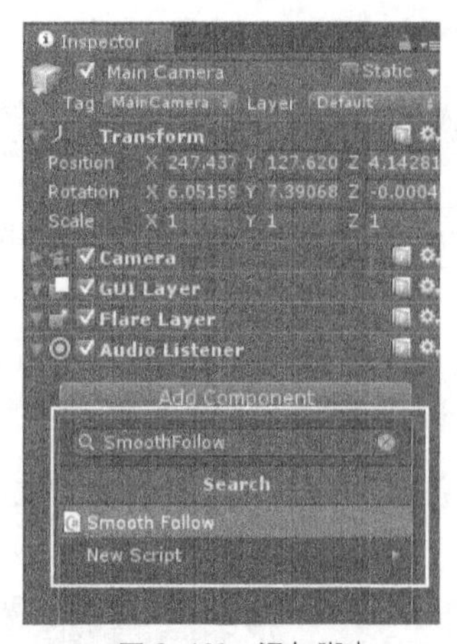


▲图 8-160　添加脚本

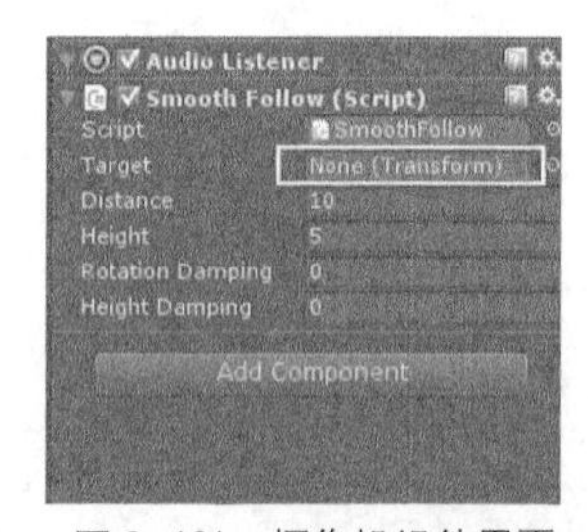


▲图 8-161　摄像机组件界面

# 8.16 3D 场景中的其他特效

Unity 在版本 5.6 以后开始支持一些 3D 场景中的特效，可以直接创建使用，不必像以前那样进行复杂的操作。恰当地使用这些特效可以极大地提升场景的效果，如场景中光源附近的光晕效果、面板渲染效果及投影器效果，下面对其进行详细介绍。

## 8.16.1　光源周围光晕

首先介绍的是第一个特效——光源周围光晕（Halo）。Unity 提供点光源并且效果模仿得非常真实。但是在实际生活中，一个灯泡发出的不只有亮光，在灯泡的周围会产生一些光晕，类似于雾气的样子并且可以调节颜色和大小，所以，这个效果就应运而生。

下面介绍 Halo 的创建过程，Halo 主要是应用在光源中，可以保证光源的效果。选中光源，选择 Component→Effects→Halo，创建一个光晕，如图 8-162 所示。Halo 可以使光源的效果达到最好。

可以看到光源属性面板中多出了 Halo 属性，如图 8-163 所示。它包含一些参数，这些参数可以调节光晕的效果，以保证光晕符合场景的需要。光晕属性如表 8-22 所示，可以帮助开发人员更好地使用 Halo 功能。

▲图 8-162　光晕特效

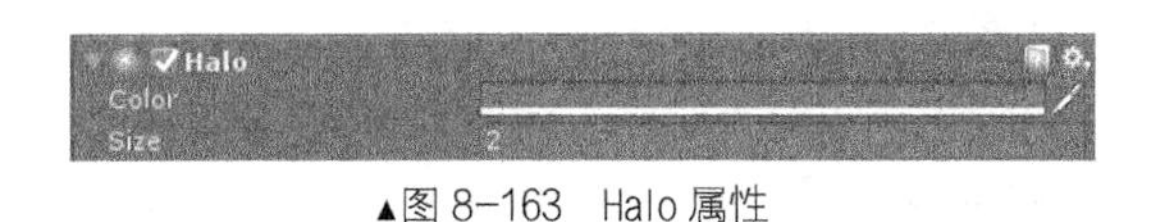


▲图 8-163　Halo 属性

表 8-22　光晕属性

| 属性 | 含义 | 属性 | 含义 |
|---|---|---|---|
| Color | 光晕的颜色 | Size | 光晕的范围尺寸 |

示例位置：见随书资源\第 8 章目录下的 Unity_Demo\Assets\Halo\Halo.unity。

## 8.16.2　面板渲染

下面介绍的是第二个特效——面板渲染（Billboard Renderer）。它的作用是保证具有面板属性的物体始终面向摄像机，就像电视中的某些广告牌一样，始终正面面向镜头以保证广告牌的宣传效果达到最佳。本特效虽然功能有限，但是调整合适之后也适合用于很多场景。

（1）在场景中创建一个 Plane 和 Sphere，这两个物体作为比照。本示例要给 Sphere 加上 Billboard Renderer 属性。添加过程需要特别说明一下，选中 Sphere，在右侧属性栏中选中最下方的 Add Component，搜索 Billboard Renderer，即可添加完毕，如图 8-164 所示。

▲图 8-164　Billboard Renderer 属性

（2）Billboard Renderer 属性中有许多参数，不同参数代表不同的功能，如表 8-23 所示在实际示例中也需要修改相应的参数以保证制作出来的特效符合场景需要。由于本示例是独立的，并不是大型的综合示例，因此所有参数都是默认值。

表 8-23　Billboard Renderer 属性

| 属性 | 含义 |
|---|---|
| Cast Shadows | 是否支持产生阴影（On：支持；Off：不支持；Two Sided：阴影双向分布；Shadows Only：显示的不是真正物体的阴影） |
| Receive Shadows | 是否支持接收阴影 |
| Motion Vectors | 使面板的运动矢量呈现到摄像机纹理中 |
| Light Probes | 是否使用光探针源照明（Off：禁用光探针；Blend Probes：混合光探针；Use Proxy Volume：使用光照代理） |
| Reflection Probes | 反射探头（Disable Reflection Probes：禁用反射探头；Blend Probes：混合反射探头；Blend Probes and Skybox：天空混合反射探头；Simple：启用了反射探头） |
| Billboard | 使用预先的面板资源对该面板渲染 |

示例代码位置：随书资源中源代码\第 8 章目录下的 Unity_Demo\Assets\Billboard\Billboard.unity

### 8.16.3　投影器

最后介绍第 3 个特效——投影器（Projector）。投影器，顾名思义就是指将某些东西投影到另外一个物体上，应用最广的就是移动平台人物影子的制作。由于实时地计算移动的人物影子是非常消耗性能的，因此不适合在移动端大量使用。下面结合示例进行投影器的讲解。

（1）在场景中建立一个 Plane 作为投影器的投影图像的载体，再创建一个 Sphere 并为其添加投影器属性。选中 Sphere，选择 Component→Effects→Projector，添加投影器的属性，创建过程如图 8-165 所示。

（2）给投影器添加具体的内容材质。创建 Material，将其命名为 black。新建着色器，将其命名为为 caizhi，将预先做好的带有 Unity 3D 字样的图片挂载到该着色器上。创建着色器的具体代码不再做具体介绍。然后将 black 材质挂到投影器上，这样就完成了投影器的创建，投影效果如图 8-166 所示。

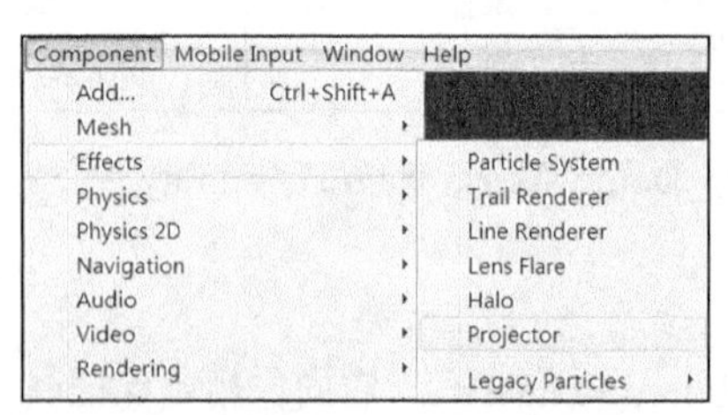


▲图 8-165　创建 Projector 过程

▲图 8-166　投影效果

（3）单击 Sphere 所挂载的投影器属性，不同的属性代表了不同的功能，如表 8-24 所示。在真实的项目中需要修改其中的一些参数以达到更好的效果。由于本示例不是综合性的，因此修改的相关参数不多，许多值是默认的。

表 8-24　　Projector 属性

| 属性 | 含义 | 属性 | 含义 |
|---|---|---|---|
| Near Clip Plane | 近平面 | Is Ortho Graphic | 启用平行投影 |
| Far Clip Plane | 远平面 | Ortho Graphic Size | 平行投影的范围 |
| Field Of View | 视野范围 | Material | 投影器的材质 |
| Aspect Ratio | 纵横比 | Ignore Layers | 不照射物体的层 |

示例代码位置：随书资源中源代码\第 8 章目录下的 Unity_Demo\Assets\Projector\Projector.unity

## 8.17　本章小结

本章介绍了 Unity 3D 开发过程中常用的开发技术，包括立方贴图技术的实际应用、纹理贴图技术、3D 拾取、Video Player、动态字体、加速度传感器、PlayerPrefs 类、虚拟按钮与遥感的使用等。通过本章的学习，读者可以在以后的开发过程中更加得心应手，实现想要的效果。

# 第 9 章　光影效果的使用

如今市面上的 3D 游戏，画面是否精美已经成为评判其优劣的一个重要标准。在画面的优化中，光影效果占据了很重要的地位。一个良好的光影系统可以很好地加强场景的立体感、美观程度等，以至于专业的游戏开发团队都会配备专业的调光师来对场景中的光影效果进行优化。

本章将详细介绍 Unity 3D 开发引擎中光影效果的使用，包括 Unity 3D 中自带的几种光源、实时阴影、光照贴图的使用与设置、法线贴图的使用和制作等知识。需要注意的是，Unity 3D 在 5.0 版本对光照系统进行了大量的升级，希望读者通过学习本章可以很好地掌握这些知识。

## 9.1 渲染路径与颜色空间

在了解 Unity 的具体光照功能前，首先需要了解 Unity 中光影效果的场景设置，即渲染路径和颜色空间。这些功能与光照或阴影的渲染有关，设置这些功能，同时配合对应的设备可以产生更加真实的光影效果和配色方案，下面将对其进行详细介绍。

### 9.1.1 渲染路径

Unity 支持许多渲染路径（Rendering Path），用户在使用时需要根据自己场景的实际情况及目标平台和硬件的支持情况来进行选择，不同的渲染路径有不同的性能和效果。大多数都是影响光照和阴影的，如果显卡无法处理选定的渲染路径，Unity 将自动使用较低保真的渲染路径。

Unity 5 设置渲染路径的方式有两种。一种是在 Graphics Settings 面板中设置不同级别的渲染路径，如图 9-1 所示。另一种是在摄像机中设置渲染路径，该设置将覆盖当前摄像机，如图 9-2 所示。Unity 5 中主要有 4 种渲染路径，下面将对其进行一一介绍。

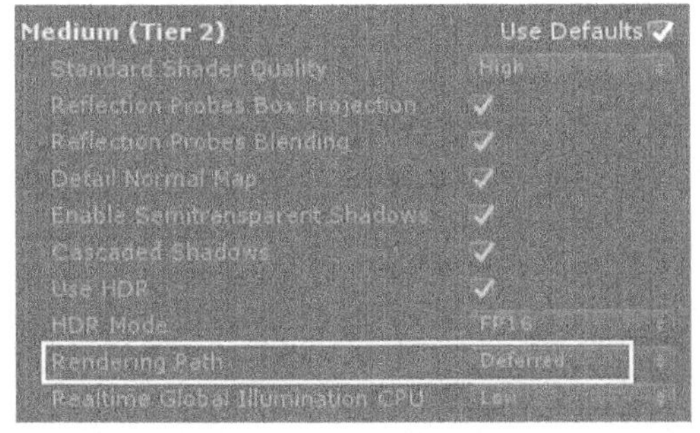

▲图 9-1　通过 Graphics Settings 面板设置渲染路径

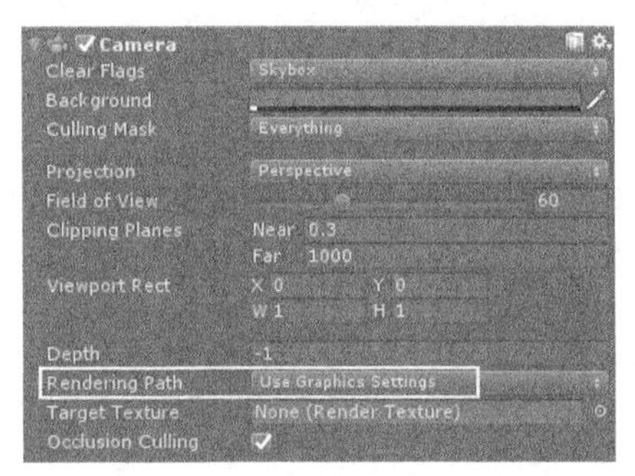

▲图 9-2　通过摄像机设置渲染路径

❑ Forward

该渲染路径也是 Unity 的默认渲染路径，在该渲染路径下，每个游戏对象的着色取决于影响它们的灯光。该渲染路径的优点是速度快，硬件要求低；其缺点是要因为每盏灯而付出相应的成本，在拥有大量光源的复杂场景中效率反而会降低。

- Deferred

该渲染路径为延迟渲染路径，其优点是照明的着色成本和像素数量而非灯光数量成正比，所以非常适合有大量 realtime 模式的光源存在的场景，但是该渲染路径需要较高的硬件水平支持，所以移动设备不支持这种渲染路径。

- Legacy Vertex Lit

该渲染路径通常在一个 pass 中渲染物体，所有的光源照明都是在物体的顶点上计算的。该渲染路径是最快速的且具有最广泛的硬件支持（不能工作在游戏机上）。由于所有的光照都是在顶点层级上计算的，因此此渲染路径不支持大部分逐像素渲染效果，如阴影、法线贴图、灯光遮罩等。

- Legacy Defferred（Light Prepass）

该渲染路径和 Defferred 渲染路径非常相似，只是采用了不同的手段去实现。需要注意的是，该渲染路径不支持 Unity 5 中的标准着色器。

### 9.1.2　颜色空间

设置好渲染路径后，选择好一个“颜色空间”（Color Space）也是非常重要的。颜色空间决定采用哪种算法来计算照明或者材质加载时的颜色混合，这会对游戏画面的真实感有非常大的影响。一般情况下，超过颜色空间设定的可能会被目标平台强制限制。

颜色空间的设定方式为选择 Edit→Project→Player，在 Inspector 面板中的 Other Settings 卷展栏下的 Color Space 下拉列表中选择需要的颜色空间，如图 9-3 所示。通常推荐的比较接近真实的是 Linear 颜色空间，它的优点是场景内提供给着色器的颜色会因为光强增加边亮。如果换成 Gamma 颜色空间，亮度马上会转为白色以作为参考，这会导致照明可能在有些部位太亮，可参考图 9-4。

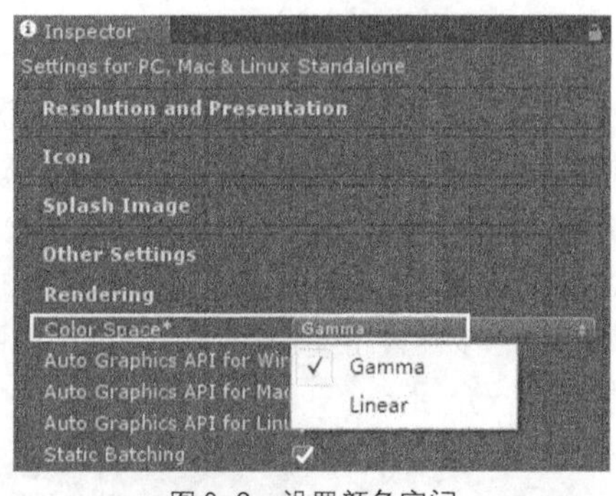


▲图 9-3　设置颜色空间

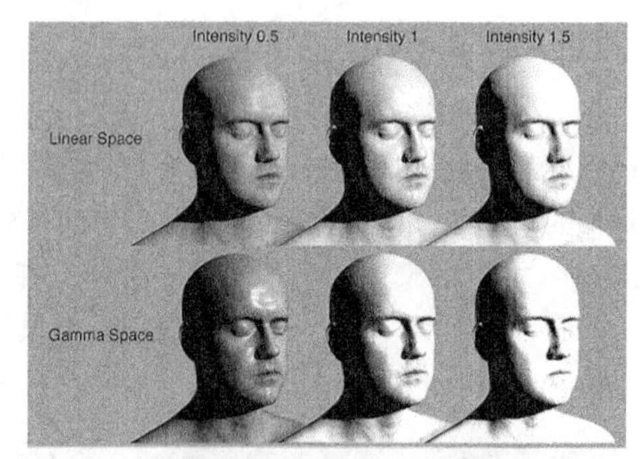


▲图 9-4　颜色空间图像对照

Linear 颜色空间的另一个好处是着色器能在没有 Gamma 补偿的情况下对贴图进行采样，这有助于确保颜色质量在经过着色通道后还能保持一致，提高颜色计算的精度，最后屏幕的输出会更加真实。但是目前有些手机平台不支持 Linear，在这种情况下就需要使用 Gamma 替代了。

> **说明**　切换颜色空间后，场景中已经烘焙好的 lightmap 需要重新烘焙（在默认的情况下这是 Unity 引擎自动完成的）。

## 9.2　光源

光源基本上是每一个游戏场景必不可少的部分。网格和纹理决定了场景的形状和外观，光源则决定了 3D 环境的色调和氛围。同一个场景中可以同时开启多个不同类型的光源，如果这些光源配合使用得当，就能搭建出层次分明、光彩炫丽的场景了。

Unity 3D 中支持的光源有 4 种，分别为点光源、平行光光源、聚光灯光源及区域光光源。可以通过选择 GameObject→Light 找到这些光源并创建。每种光源都各具特色，下面将对各个类型的光源进行详细介绍。

### 9.2.1 点光源

点光源（Point Light）是从一个点的位置向四面八方发射光线，类似于蜡烛、灯泡，是场景搭建的常用光源之一。在合适的位置添加点光源会大大增强游戏对象的层次感。选择 GameObject→Light→Point Light，即可在场景中创建一个点光源，点光源的 Light 组件如图 9-5 所示。

为了更加明了点光源的效果，可以搭建一个简单的 3D 场景，该场景包含若干个 3D 游戏对象。需要注意的是，新建的场景中包含了一个默认的平行光光源，需要将其关闭。在 3D 场景中添加一个点光源，适当调整其范围（Range），就可以得到图 9-6 所示的效果。

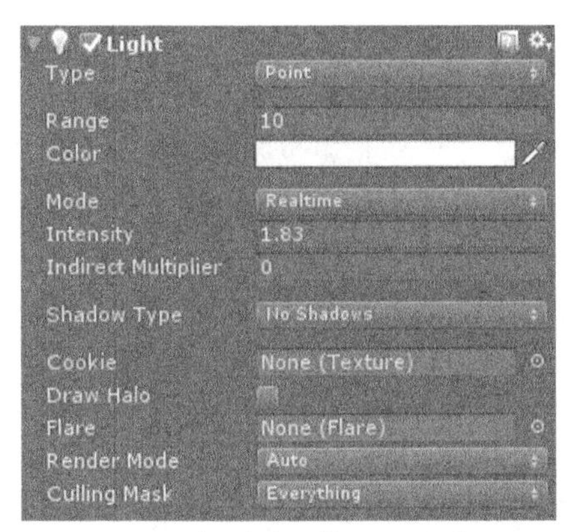


▲图 9-5　点光源的 Light 组件

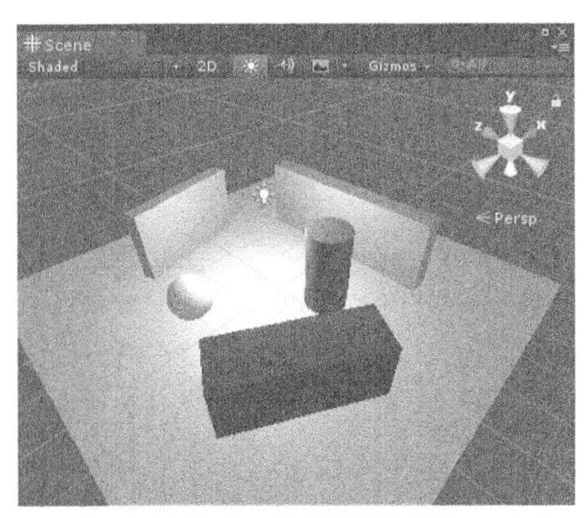


▲图 9-6　点光源运行效果

接下来介绍点光源 Light 组件中的参数，Unity 中的 4 种光源都挂载了 Light 组件，其组件的内部参数也大致相同。下面将详细介绍该组件中的各个参数，以便读者在不同的需求情况下设置想要的光照效果。Light 组件的参数如表 9-1 所示。

表 9-1　Light 组件的参数

| 参数 | 含义 |
| --- | --- |
| Type | 灯光对象当前类型 |
| Directional | 将光源改为平行光光源，将其放在无穷远处也可以影响场景中的所有物体 |
| Point | 将光源改为点光源，灯光从其位置向各个方向发射光线，影响范围内的所有对象 |
| Spot | 将光源改为聚光灯光源，光线按照聚光灯定义的角度和范围在一个圆锥区域内发射光线，影响所有在该圆锥区域内的物体 |
| Area | 将光源改为区域光光源，光在所有方向上均匀地在其表面区域发射，但仅从矩形的一侧发射 |
| Range | 灯光所能够影响到的最大范围（平行光光源不需要该属性） |
| Color | 灯光发出光线的颜色 |
| Mode | 当前光照渲染模式 |
| Intensity | 灯光发射光线的明亮程度，0 为关闭灯光，1 为最亮 |
| Indirect Multiplier | 控制对现场贡献的间接光的强度 |

续表

| 参数 | 含义 |
| --- | --- |
| Shadow Type | 灯光投射的阴影类型，分为软、硬两种类型 |
| Cookie | 使用一个带有 Alpha 通道的纹理来制作一个遮罩，使光线在不同的地方有不同的亮度。当光源是点光源时，必须为一个立方图纹理 |
| Draw Halo | 绘制光晕，若选中该复选框，光线带有一定范围的球形光晕会被绘制 |
| Flare | 可选的灯光耀斑，在光源的位置绘制 |
| Render Mode | 灯光的渲染模式 |
| Auto | 自动渲染模式，根据附近的灯光亮度和当前设置质量，在运行时确定 |
| Important | 灯光按照逐个像素渲染，只用在一些非常重要的灯光特效的渲染上 |
| Not Important | 灯光总是以最快的速度渲染 |
| Culling Mask | 有选择地使某些层不受该光源影响 |

### 9.2.2　平行光光源

平行光光源（Directional Light）类似于太阳光，当场景中开启一个平行光时，无论光源摆放在什么位置，它都可以影响到场景中的所有物体。平行光光源也是搭建场景最常用的光源，特别是在搭建白昼的场景中，平行光的使用是必不可少的。新建的场景中会自动包含一个平行光光源。

选择 GameObject→Light→Directional Light，即可在场景中创建一个平行光光源，其上挂载的 Light 组件如图 9-7 所示。其内部参数和点光源的 Light 组件基本相同，并且平行光光源支持实时动态阴影，开启阴影后的效果如图 9-8 所示。

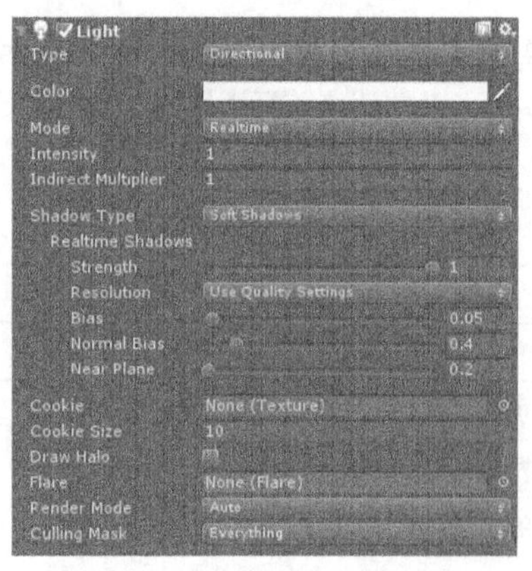


▲图 9-7　平行光光源 Light 组件

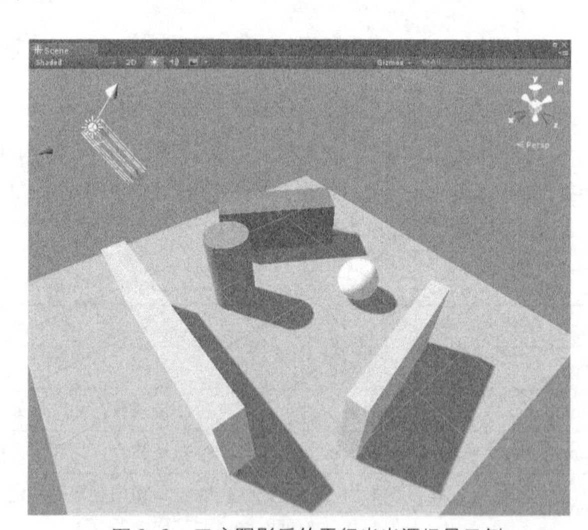


▲图 9-8　开启阴影后的平行光光源场景示例

**说明**　默认情况下，新的场景中都会附带一个平行光光源。在 Unity 5 中平行光光源还会与天空盒系统相关（方法为选择 Lighting→Settings→Scene→Skybox Material），当然用户可以删除预设的平行光并创建一个新的光源，然后从 Sun 属性重新指定（方法为选择 Lighting→Settings→Scene→Sun Source）。

### 9.2.3 聚光灯光源

聚光灯光源（Spot Light）比较特殊，其灯光是从一个点发出，只在一个方向按照一个圆锥形物体的范围照射，类似于舞台上的聚光灯。在其参数中可以调整灯光的范围和角度，并且在灯光可以照射到的范围内，距离光源越近的点，其亮度也越高。

选择 GameObject→Light→Spotlight，即可创建一个聚光灯光源，其上挂载的 Light 组件如图 9-9 所示，大部分参数和点光源的 Light 组件相同，仅仅多了用于调节灯光的角度范围的 Spot Angle 参数，聚光灯光源效果如图 9-10 所示。

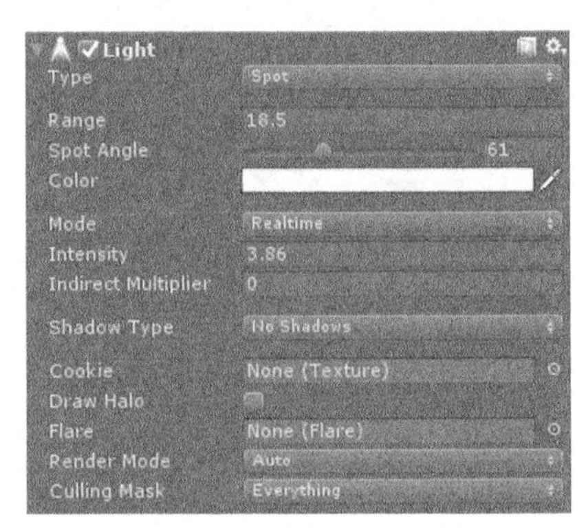


▲图 9-9　聚光灯 Light 组件

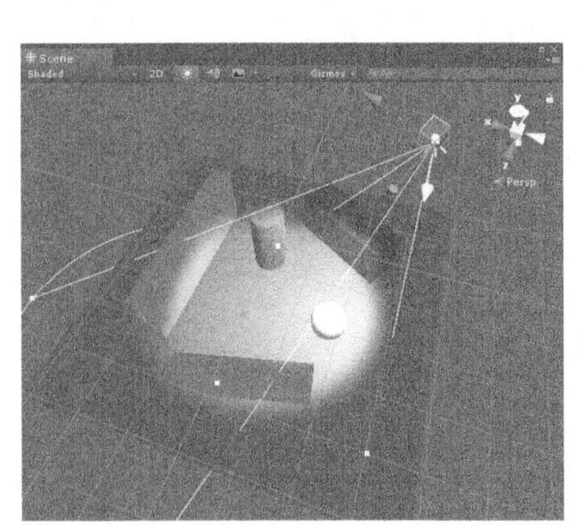


▲图 9-10　聚光灯光源效果

### 9.2.4 区域光光源

区域光光源（Area Light）是 4 种光源中最特殊的一种，只有在烘焙后才会看到光影效果。该光源参数中可以定义 Width 和 Height 参数，只有在该范围内的物体才有光照效果。

选择 GameObject→Light→Area Light，即可创建一个区域光光源，其 Light 组件如图 9-11 所示。将其放在场景中，调整其 Width 和 Height 参数可以设置灯光的范围（不可以通过调整 Transform 中的 Scale 代替），将场景中的 3D 物体设置为静态的，然后烘焙，就可以得到图 9-12 所示的效果。

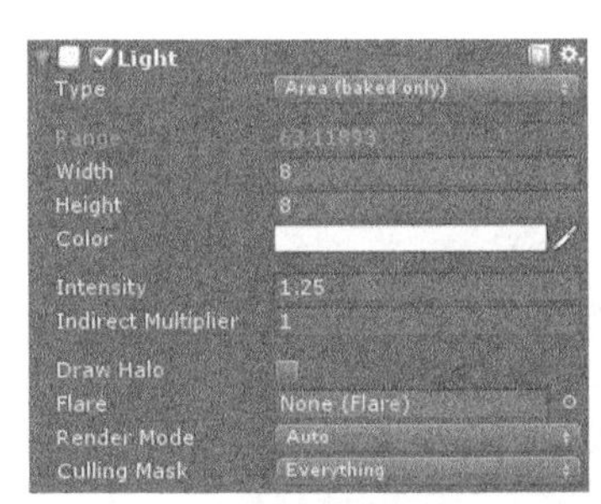


▲图 9-11　区域光光源 Light 组件

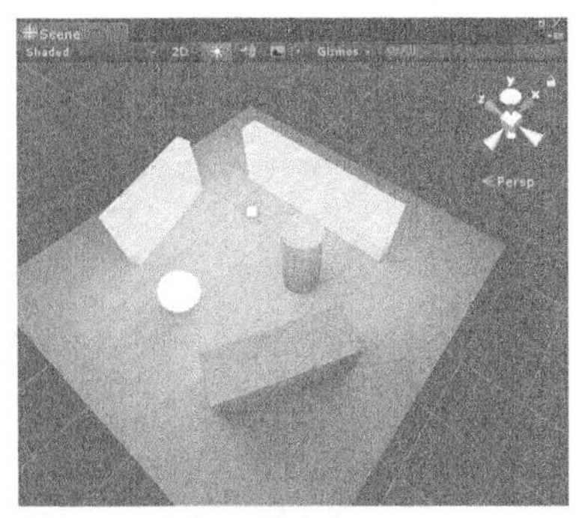


▲图 9-12　烘焙后效果

**说明**　区域光的范围会在 Scene 面板中以黄线表示，其 *Z* 轴（蓝色轴）方向就是光照方向。虽然区域光没有范围属性可以调节，但是光照的强度会随着距离光源越远而递减。在烘焙该光照前，要将场景中的 3D 物体设置为静态的。目前该光源只能配合烘焙使用。

### 9.2.5　发光材质

发光材质某种意义上应该也算是一种光源，通过给一些物体添加特殊的着色器，调节其自发光参数，就可以得到一个柔和的灯光效果。发光材质可以让物体表面发光，还可以反射场景内颜色或是光强度等。图 9-13 中黑白相间的立方体上就挂载了自发光着色器，图 9-14 为其自发光着色器的参数设置。

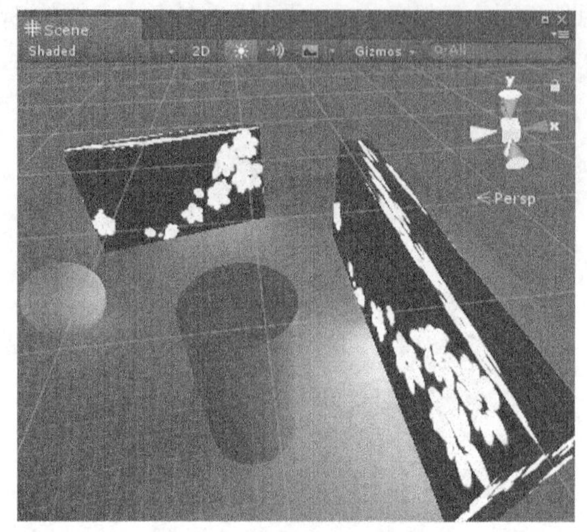

▲图 9-13　发光材质的光影效果

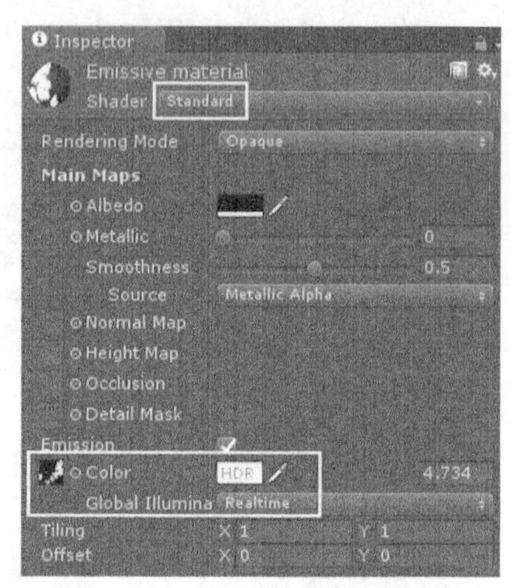

▲图 9-14　自发光着色器的参数设置

**说明**　发光材质只会作用在被标记为 Static 或 LightMapStatic 的物体上，若该材质附加在非静态物体上则不会有任何效果。距离光源越远，光的强弱就会以二的次方速度衰减。发光材质非常适合制作类似于霓虹灯等类似的游戏对象。

### 9.2.6　Cookies

灯光中的 Cookies 是一个很有趣的功能，在很早的电影或戏曲中灯光特效就被用来产生一个没有真实存在的物体的印模或轮廓，如丛林中产生假象的树冠阴影、监狱中栏杆的阴影等，这些效果可以极大地提升场景的真实感。Unity 也支持这种效果，如图 9-15 所示。

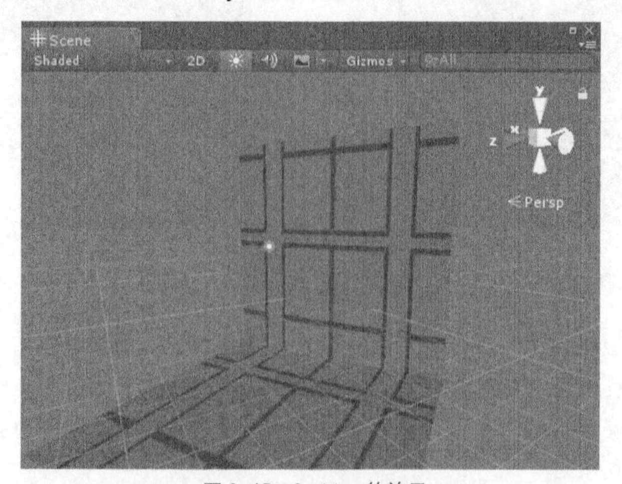

▲图 9-15　Cookies 的效果

Cookies 的使用非常简单，在平行光光源中，只要把一张带有透明通道的纹理图或者灰度图拖到光源上的 Cookies 上即可在画面中看到效果。新导入的纹理图资源要进行设置，单击图片，在 Inspector 面板中将图片类型改为 Cookie 即可，如图 9-16 所示。本示例使用的 Cookies 灰度图如图 9-17 所示。

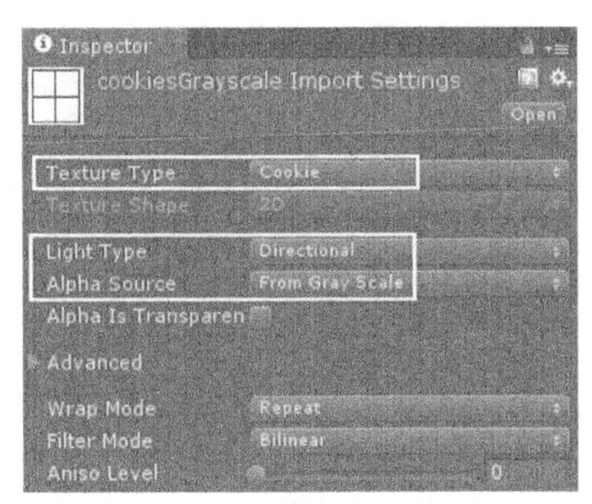


▲图 9-16　设置平行光光源的 Cookies

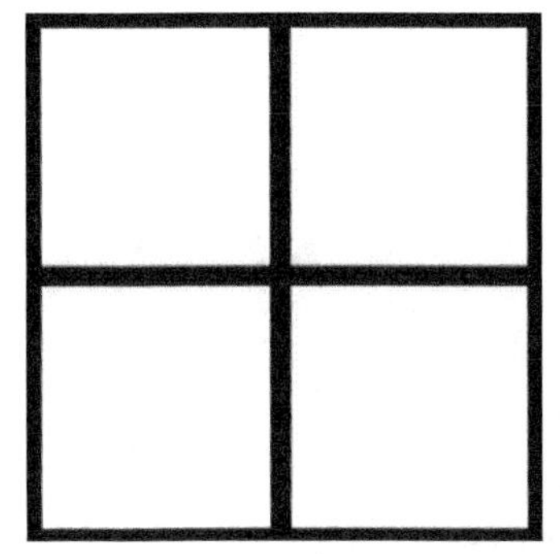

▲图 9-17　示例使用的 Cookies 灰度图

说明　Cookies 的投射方式也会根据光的类型发生改变，如点光源会从中心向四面八方发射光线，所以其 Cookies 的纹理图需要是一个 Cubemap 格式的纹理。

## 9.2.7　光照过滤

光照过滤（Culling Mask）是灯光系统中一个较为简单的小功能，但是经常会被用到。例如，场景中不想让某些物体受到某个光源的影响、需要某盏灯专门为某个对象提供光照等情况就需要使用光照过滤了。如图 9-18 所示，场景中的球就被光照剔除掉，即使场景中的灯光如何调整也不会对其产生光照和阴影，而同样处于场景中的立方体则正常地接受光照。

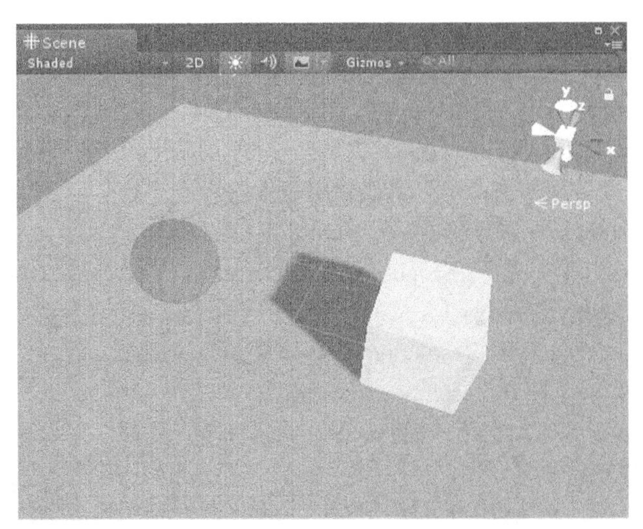


▲图 9-18　光照剔除

光照过滤的设置也比较简单，将不需要光照的物体放在某个层中，然后在灯光中对该层过滤光照即可。接下来通过一个具体示例来介绍光照过滤的设置方法，具体步骤如下。

（1）搭建所需要的场景，依次创建一个 Sphere、Cube 和一个 Plane，将其摆放到合适的位置后创建一个平行光光源。

（2）层的创建。选中 Sphere 游戏对象，在 Inspect 面板右上角的 Layer 下拉列表中选择 Add Layer，如图 9-19 所示。在新出现的面板中新输入一个层，如图 9-20 所示。创建完后将 Sphere 游戏对象选为该层。

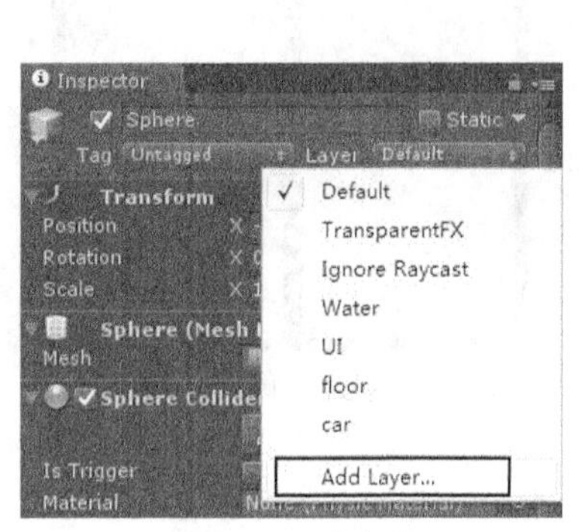


▲图 9-19　添加层

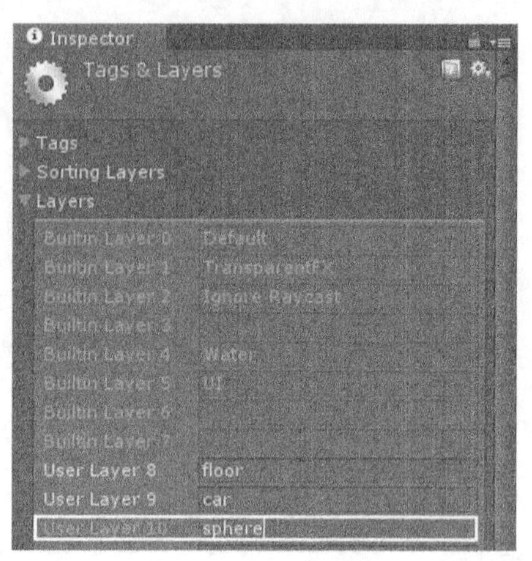


▲图 9-20　输入层

（3）选中场景中的光源，在其 Light 组件中，取消选中 Culling Mask 中的 sphere 层复选框，这样场景中的球及所有处于 sphere 层的游戏对象都不会受到该光源的影响。

## 9.3 阴影

在光照系统中，阴影是非常重要的一部分，非常好的阴影效果可以从整体上提升场景的真实性和美观性。Unity 中的阴影也可以通过参数的设置来达到不同的效果，本节将详细介绍 Unity 光照系统中的阴影参数。本节中所使用的光源为平行光。

### 9.3.1　阴影质量

Unity 中使用阴影贴图（Shadow Map）来显示阴影，阴影贴图可以将从灯光投射到场景的阴影通过纹理贴图的形式表现出来，所以其质量主要取决于两个因素：贴图分辨率（Resolution）和阴影类型（Hard/Soft Shadow）。

阴影的 Resolution 可以在光源的 Light 组件下进行设置，其中包含的参数有：Use Quality Settings（使用质量设定的参数）、Low Resolution（低质量）、Medium Resolution（中等质量）、High Resolution（高质量）和 Very High Resolution（极高质量），如图 9-21 所示。当然，阴影质量越高、越清晰，越能反映出更多细节，而其所消耗的性能也相应得越高。

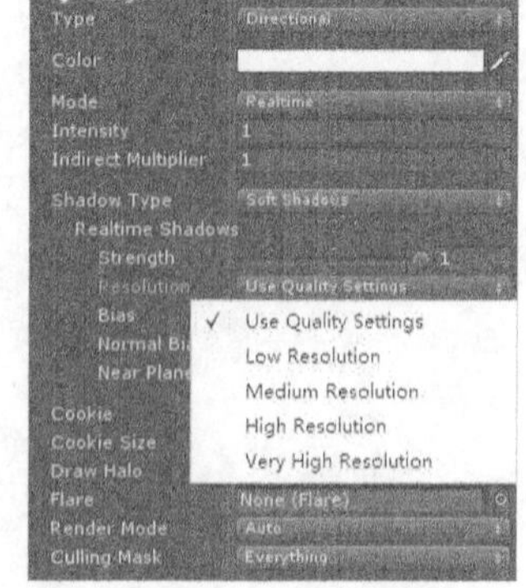


▲图 9-21　贴图分辨率

当将阴影模式（Shadow Type）设置为 Hard Shadow 时，在相同光照条件下的不同质量的阴影效果如图 9-22 所示。

当用户将阴影质量设置为 Use Quality Settings 时，阴影的效果就可以在 Edit→Project Settings→Quality 中进行设置，如图 9-23 和图 9-24 所示。在该面板中可以设置游戏质量的大部分参数，阴影质量参数如表 9-2 所示。

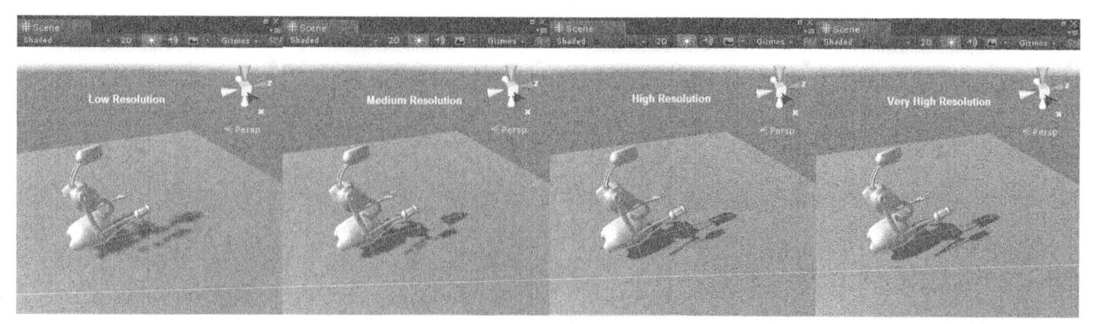


▲图 9-22 不同质量的阴影效果

▲图 9-23 设置阴影效果

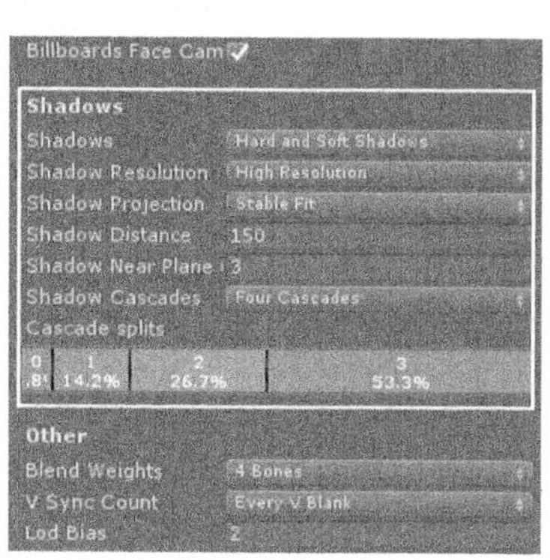


▲图 9-24 设置阴影质量参数

**表 9-2 阴影质量参数**

| 参数 | 含义 |
|---|---|
| Shadows | 设置阴影的类型 |
| Shadow Resolution | 阴影的分辨率，可以将分辨率设置为低、中、高、极高，分辨率越高，处理开销越大 |
| Shadow Projection | 阴影投射，平行光的投射阴影有两种方式：Close Fit 渲染和 Stable Fit 渲染。Close Fit 渲染的阴影高分辨率，但是摄像机移动时，阴影会稍微摆动；Stable Fit 渲染的阴影分辨率低，但是不会在摄像机移动时摆动 |
| Shadow Distance | 摄像机的最大阴影可见距离，超过该距离的阴影不会被计算 |
| Shadow Near Plane Offset | 平面附近阴影偏移，以解决大的三角形被阴影扭曲的现象 |
| Shadow Cascades | 阴影层叠，层叠数目越高，阴影质量越好，计算开销越大 |

阴影还可以设置类型（Type）。Unity 中的阴影分为 Soft Shadow 和 Hard Shadow 两种。图 9-22 中展示的就是 Hard Shadow，可以看出该模式下的阴影非常“生硬”，可以看到明显的锯齿。在相同的场景灯光环境下，Soft Shadow 的各个分辨率如图 9-25 所示。

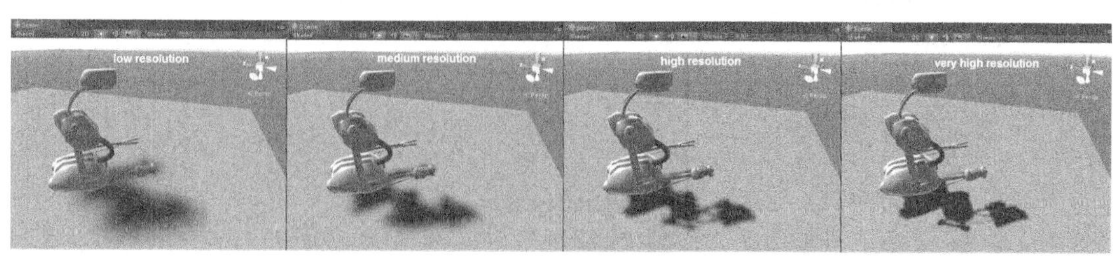


▲图 9-25 Soft Shadow 演示

可以从图 9-22 和图 9-25 的对比中看出，不同的阴影类型反映到场景中的效果是截然不同的。

Hard Shadow 相较于 Soft Shade 更加“像素化”，有明显的锯齿。Soft Shade 则类似于在 Hard Shadow 上添加了边缘模糊的效果，使其边角更加圆滑。当然 Soft Shade 的使用会更加消耗系统资源。

### 9.3.2 阴影性能

Unity 中开启阴影是需要消耗性能资源的，所以想要在整个场景都使用实时阴影是非常不现实的，也是非常不明智的，于是便需要使用一些方法来尽可能地降低消耗，同时还要保证必要的效果。降低阴影消耗的常用方法如下。

- ❑ 使用光照贴图

一个游戏场景中一定会包含一些静态物体，这些物体不会移动和形变，所以其阴影也不会发生改变，这时使用实时阴影是非常浪费资源的。光照贴图（LightMap）就非常适合处理这种情况。光照贴图会将场景中静态物体的阴影经过一段时间的烘焙和计算渲染到一张贴图上，应用光照贴图后场景中的静态物体就会有自己的“假阴影”而不必再去计算光照了。

- ❑ 分辨率和阴影模式的设置

9.3.1 节中介绍了阴影的设置，其中就包括阴影的分辨率（Resolution）和阴影模式（Hard/Soft Shadow），游戏中的实时阴影使用合适的阴影设置可以适量地降低其性能消耗。需要注意的是，Soft Shadow 比 Hard Shadow 更消耗资源，但是其只消耗 GPU（显卡）资源，所以使用 Hard/Soft Shadow 不会影响 CPU 性能和内存。

- ❑ 设置阴影距离

Quality Settings 面板中有一个名为 Shadow Distance 的参数，它可以设置阴影距离，如其默认值 150 就代表着距离观察摄像机 150 个单位以外的阴影将不会进行计算和渲染。该功能在大型场景中比较实用，可以避免计算很多距离太远看不到的阴影。

### 9.3.3 阴影的硬件支持

并非所有的硬件都可以显示阴影，虽然市面上的大部分设备都支持 Unity 的内置阴影，但是读者还是需要对其支持的型号有所了解。支持的显卡型号如下。

Windows 支持的显卡型号如下。

- ❑ ATI Radeon 9500 和其更高版本、Radeon X 系列、Radeon HD 系列。
- ❑ NVIDIA GeForce 6xxx、7xxx、8xxx、9xxx、GeForce GT、GTX 系列。
- ❑ Intel GMA X3000 (965) 和其更高版本。

Mac OS X 支持的显卡型号如下。

- ❑ Mac OS X 10.4.11 和更新版本。
- ❑ ATI Radeon 9500 和更高版本，Radeon X、Radeon HD 系列。
- ❑ NVIDIA GeForce FX、6xxx、7xxx、8xxx、9xxx、GT、GTX 系列。
- ❑ Intel GMA 950 等（Soft Shadow 由于驱动被禁用，使用 Hard Shadow 替代）。

## 9.4 光照贴图

光影效果在游戏中是十分重要的，在游戏的开发过程中同样也需要加入很多种光源来提高游戏画面质感，但是若是每次都实时地计算灯光产生的阴影明显是不明智的。由于大多数阴影都是不变的，或许可以通过某种手段使这些不变的阴影固化在场景中，这样就省去了很多不必要的计算。

光照贴图就是用来解决这类问题的，它的基本原理就是将一张包含所有场景中不会变化物体的阴影贴图附加在整个场景中，这样就制作出了相似度非常高的“假阴影”。注意，这样产生的假阴影是不会根据光源和物体的位置变化而变化的，所以只适用于场景中不会运动形变的物体，如建筑、雕塑等。下面将通过一个示例对光照贴图的制作进行详细介绍。

### 9.4.1 对场景进行光照烘焙

本小节将向读者讲解如何进行光照烘焙，通过本小节的学习，读者会对光照烘焙的具体流程有一定了解，对于光照烘焙的参数将在 9.4.2 节中详细介绍。

（1）搭建一个简单的场景，该场景包含一个简单的地面、若干石头及两个树模型。场景包含的模型资源路径为 LightTest/Assets/Area730/Stylized city/Models。将每个 3D 物体勾选为 Lightmap Static，如图 9-26 所示。

（2）创建一个平行光光源，它用于产生阴影。在光源的 Light 组件中将 Mode 设置为 Baked，并开启阴影，如图 9-27 所示。

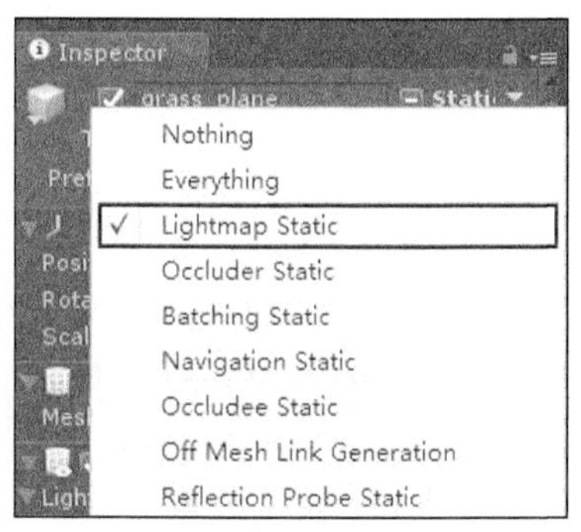


▲图 9-26 将物体设置为静态

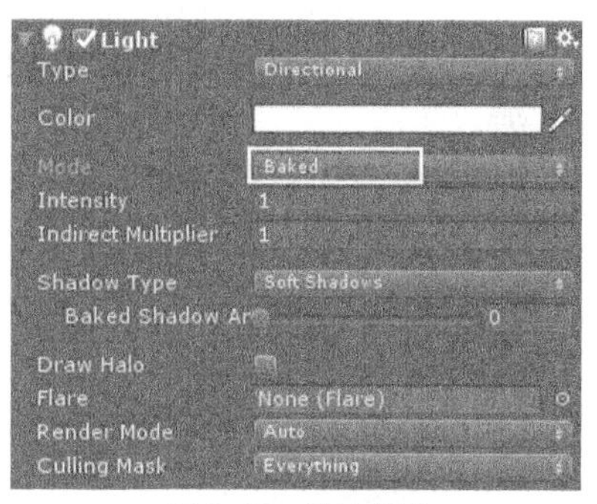


▲图 9-27 设置光源

（3）到此一个简单的场景就搭建完毕，效果如图 9-28 所示。选择 Window→Lighting，打开 Lighting 面板，有关于光照烘焙的所有参数的设置都可以在该窗口中完成，下面将详细介绍。

（4）开始烘焙前，应检查场景中的 3D 物体是否都是 Lightmap Static 模式，光源的 Light 组件中的 Mode 是否设置为 Baked。确认无误后在新打开的 Lighting 面板中的 Scene 面板中单击 Generate Lighting 按钮，即可对场景进行烘焙。注意，这时使用的都是默认的光照烘焙参数，如图 9-29 所示。注意，应关闭 Auto Generate（自动生成）开关。

▲图 9-28 预先搭建好的简单场景

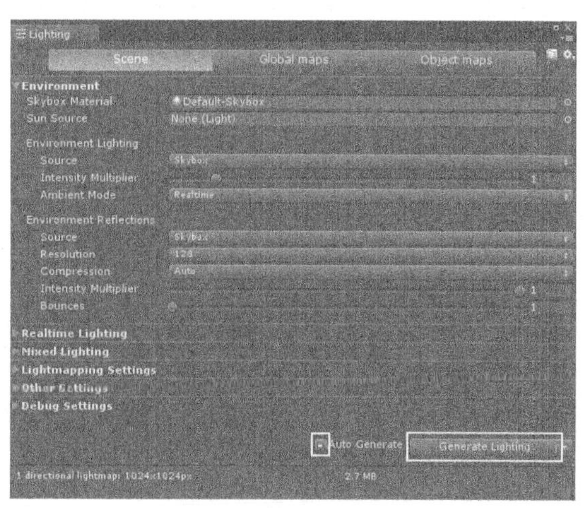


▲图 9-29 Lighting 面板

（5）等待烘焙结束后，场景中会自动应用烘焙好的光照贴图。这时读者可以发现，即使将场景中的灯光关闭，在地面上依旧可以看到阴影。若是把产生阴影的物体挪开，则会发现地上的阴影并没有根据物体的位置改变而改变。这是因为阴影已经固化到场景中了，类似于纹理图。

**说明**　第（4）步中曾提到将 Auto Generate 开关关闭，若是将该开关打开，当场景中的物体、光源发生改变时，会先显示出一个光照的预览效果，然后后台开始自动烘焙当前状态下的光照图。烘焙完成后，光照图会被自动应用，烘焙效果和预览效果大体相同，但是会更加美观，具有更多细节。可以预览烘焙效果在调节光照效果时能极大地节省时间。

### 9.4.2　光照烘焙参数详解

学习本小节之前，读者需要知道 Unity 4.X 和 Unity 5.X 的光照烘焙系统发生了很大的改变。Unity 4.X 中使用的是 Autodesk 的 Beast，该方法有一定的局限性，只能烘焙静态的光照贴图而不支持动态光照，在漫长的烘焙过程结束前无法直观地得知烘焙效果，这样的方法显然对大部分开发人员是不太友好的。

而 Unity 5.X 中使用的方案是 PowerVR Ray Tracing 和 Enlighten 结合：前者的特点是不需要烘焙过程，速度极快但是效果不是非常理想；后者依旧需要烘焙过程，但是效果很好。结合起来使用的流程就是在编辑器预览中使用 PowerVR Ray Tracing 来实时观察调整效果，达到理想效果后通过 Enlighten 烘焙出来，而且 Enlighten 具有很好的跨平台特性。

接下来介绍 Lighting 面板中的光影参数。选择 Window→Lighting→Settings，打开 Lighting 面板。该面板又分为 3 个面板，分别为 Scene、Global maps、Object maps，下面将分别进行介绍。

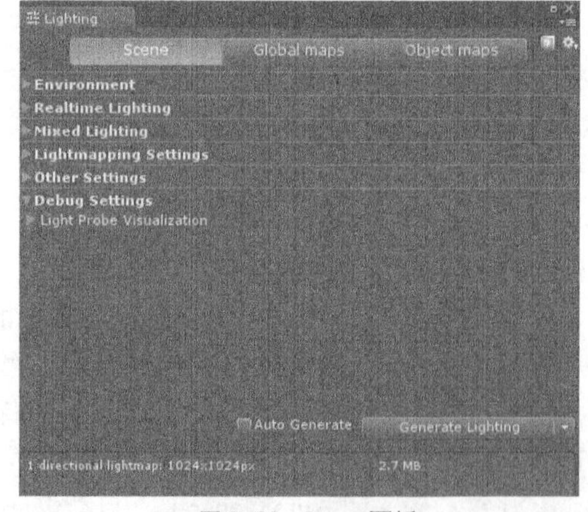


▲图 9-30　Scene 面板

#### 1. Scene 面板

Scene 面板如图 9-30 所示。该面板中的设置适用于整个场景而不是单独的某个对象，在该面板中可以设置有关于 GI 的所有参数。首先介绍 Environment（环境）选项卡中的参数，如表 9-3 所示。

表 9-3　Environment 参数

| 参数 | 含义 |
|---|---|
| Skybox Material | 场景中使用的天空盒材质 |
| Sun Srouce | 太阳光，可以为其指定一个平行光光源 |
| Environment Lighting | 环境光照 |
| Source | 环境光来源，在这里可以指定环境光是来源于天空盒、梯度还是指定颜色 |
| Intensity Multiplier | 环境光的强度 |
| Ambient Mode | 指定环境光的光照模式是实时光照还是烘焙，若下面的两种 GI 模式没有都开启，则该参数的调节是没有效果的 |
| Environment Reflections | 设置控制 Reflection Probe 烘焙中涉及的全局设置及影响全局反射的设置 |
| Source | 指定是否要使用天空盒作为反射效果，或者选择的 Cube Map |

续表

| 参数 | 含义 |
| --- | --- |
| Resolution | 解析度 |
| Compression | 使用它来定义反射纹理是否被压缩 |
| Intensity Multiplier | 反射强度，设定来自天空盒或者立方图纹理的反射强度 |
| Bounces | 反射计算次数 |

Lighting 面板中的 Realtime Lighting（实时光照）及 Mixed Lighting（混合照明）和本小节中所讲的光照烘焙没有关系，所以将其放在后面的小节中再详细介绍。本部分主要介绍 Lightmapping Settings（光照贴图设置），具体参数如表 9-4 所示。

表 9-4 Lightmapping Settings 参数

| 参数 | 含义 |
| --- | --- |
| Lightmapper | 用于计算场景中光照图的内部照明计算者，默认为 Enlighten |
| Indirect Resolution | 间接光照分辨率，若该值为 10 就代表每个单位中分布着 10 个纹理元素 |
| Lightmap Resolution | 光照贴图分辨率，若该值为 10 就代表每个单位中分布着 10 个纹理元素 |
| Lightmap Padding | 在 LightMap 中不同物体的烘焙图的间距 |
| Lightmap Size | 光照贴图纹理的大小 |
| Compress Lightmaps | 是否压缩光照图，在移动设备上最好选中 |
| Ambient Occlusion | 烘培光照图时产生一定数量的环境阻光。环境阻光计算物体每一点被一定距离内的其他物体或者一定距离内自身物体的遮挡程度（用来模拟物体表面环境光及阴影覆盖的比例，达到全局光照的效果） |
| Final Gather | 控制从最终聚集点发射出的光线数量，较高的数值可以得到更好的效果 |
| Directional Mode | 定向模式 |
| Indirect Intensity | 使用此滑块控制实时存储的间接光和烘烤光照的亮度，亮度值是 0～5。高于 1 的值会增加间接光的强度，而小于 1 的值会降低间接光强度 |
| Albedo Boost | 使用此滑块加强场景中材料的反照率，以 1～10 的值来控制表面反射的光量。增加此值可将反照率值绘制为白色，以进行间接光计算 |
| Lightmap Parameters | Unity 除了 Lighting 面板的属性之外，还使用一组用于光照映射的常规参数 |

至此，Lightmapping Settings 的参数介绍基本结束，Lighting 面板中还有雾和耀斑的设置，读者可以根据需要自行调控，在本部分中不再赘述。需要注意的是，烘焙的速度与 Indirect Resolution、Lightmap Resolution、Lightmap 和 Lightmap Size 等参数有关，当场景过大时需要适当调整相关参数，防止烘焙时间过于漫长。

说明

Lighting 面板中虽然可以同时开启实时光照和烘焙光照，但是同时启用两个模式系统的负担也会增加，最终要选择哪个方法还要取决于项目的性能和预期硬件的考虑。例如，手机等移动设备上可能使用烘焙 GI 比较合适，而计算机游戏机等硬件使用实时 GI 或两者搭配使用效果会更好。

### 2. Global maps 面板

Global maps 面板如图 9-31 所示。该面板允许开发人员查看照明系统正在使用的实际纹理，如光强度图、阴影掩膜和方向图等，如图 9-32 所示。Global maps 面板仅当使用烘焙照明或混合照明时可用。

▲图 9-31　Global maps 面板

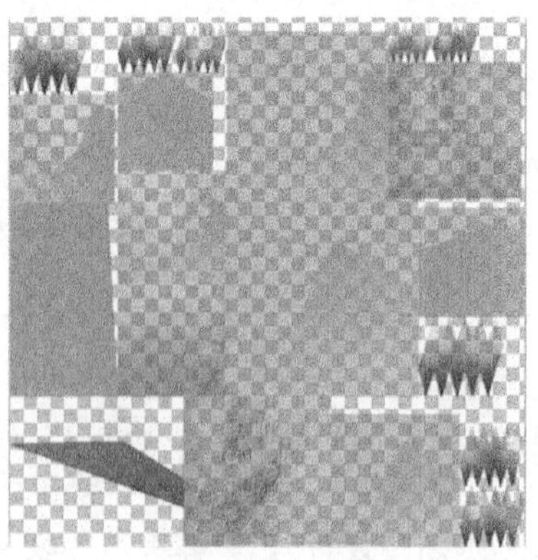

▲图 9-32　方向图

### 3. Object maps 面板

Object maps 面板如图 9-33 所示，该面板允许开发人员查看当前所选游戏对象的烘焙纹理的预览，包括阴影掩码等。例如，在本场景中，选中 grass_plane 游戏对象，在对象映射选项卡中就会显示出 grass_plane 的相关纹理贴图预览。

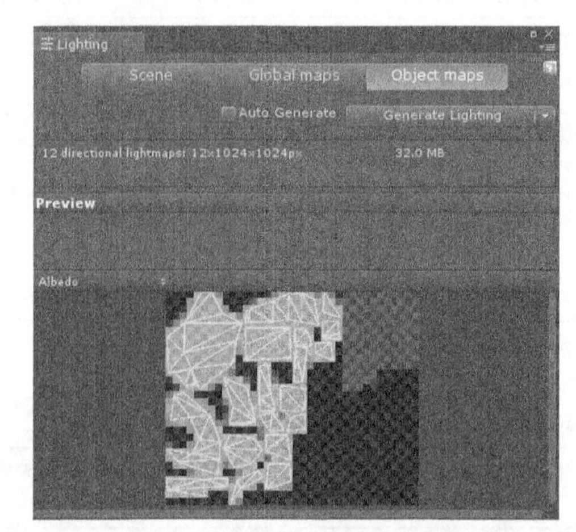


▲图 9-33　Object maps 面板

## 9.5 光探头

通过对光照贴图的学习，读者应该可以烘焙出自己想要的光照效果。但是光照贴图无法作用于非静态物体上，这会导致非静态物体的光照效果在烘焙好的场景中显得非常突兀。为了让动态对象能很好地融入场景中，理想的方式是为其实时生成 Lighting map，但是目前来说硬件水平达不到这样的要求，不过我们可以采用一种效果上近似的方法：光探头（Light Probes）。

光探头的原理是在场景中放上若干个采样点，收集采样点周围的光暗信息，然后在附近几个点围成的区域内进行差值，当动态游戏对象位于这些区域内时就会根据位置返回光照差值结果。这种做法并不会消耗太多的性能，但却可以使动态物体和静态场景的光照效果相互融合。

### 9.5.1 光探头使用示例

本小节将讲解如何使用光探头组件，通过本小节的学习，读者应该会对光探头的使用有一个了解，并为以后的游戏场景制作打下基础。接下来将通过一个具体示例来向读者演示如何使用光探头及其功能，具体步骤如下。

（1）利用和 9.4 节相同的模型搭建一个简单的游戏场景，并且将创建的模型设置为静态的。然后在整个场景的上方创建一个黄色的点光源，具体参数如图 9-34 所示。为了体现光探头的特性，在场景中再创建一个范围很小的紫色点光源，具体参数如图 9-35 所示。

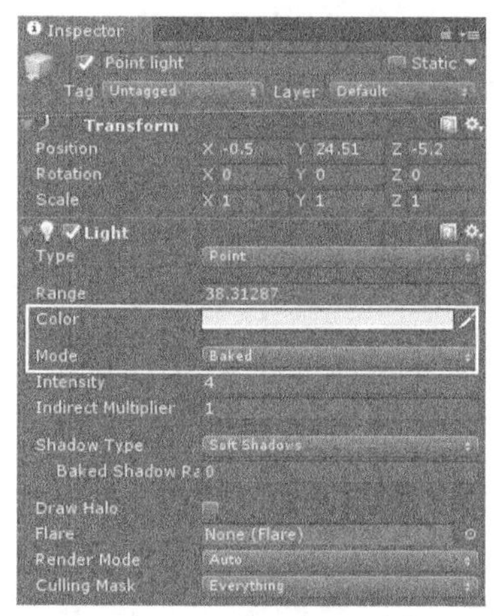


▲图 9-34 黄色点光源参数

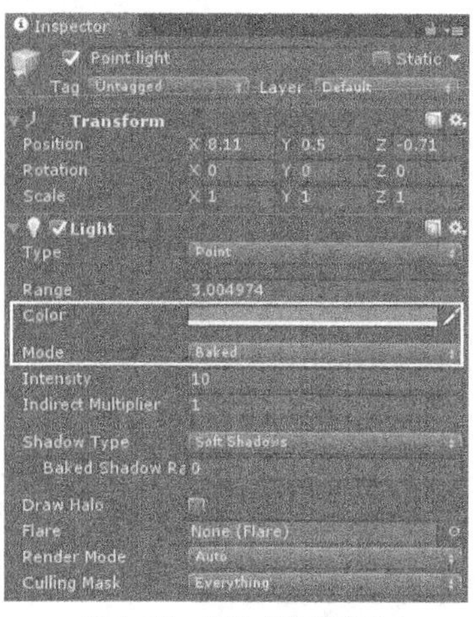


▲图 9-35 紫色点光源参数

（2）将光源摆放好位置后，进行光照烘焙，烘焙好的游戏场景如图 9-36 所示。当场景烘焙结束后在场景中创建一个新的空物体，并且为其添加 Light Probe Group 光探头组件，组件参数如图 9-37 所示。

▲图 9-36 光照烘焙好的游戏场景

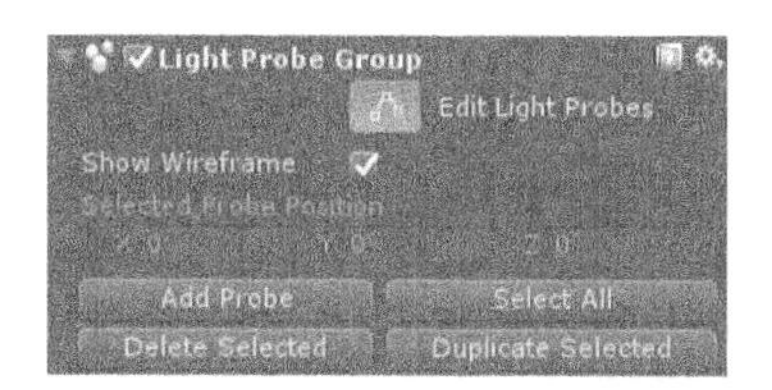


▲图 9-37 Light Probe Group 组件参数

（3）为游戏场景布置采样点。单击 Light Probe Group 组件中的 Add Probe 按钮，Scene 面板中就会出现一个新的“小球”，将该小球移动到场景中的某个位置即可完成其摆放。单击 Duplicate Selected 按钮，可以复制一个当前选中的采样点。

（4）重复第（3）步操作，直到场景中大部分阴影比较凸显的地方都放置有采样点，如图 9-38 所示。和图 9-36 相比，多出的很多用紫色的线连起来的黄色“小球”就是设置的采样点，注意采样点数量的多少并不会影响性能。

（5）采样点放置完毕后，需要再次烘焙游戏场景。等烘焙结束后，所有的采样点都赋予了其所在位置的光影信息。到这一步，为场景添加光探头的工作就完成了。

▲图 9-38　设置完采样点的场景

（6）测试光探头的功能。创建一个动态的物体，并将物体的 Mesh Renderer 中的 Light Probes 设置为 Blend Probes。首先将创建的物体摆放到场景中距离紫色点光源较近的位置，然后将物体拖动到距离紫色点光源较远的位置，并观察其区别，如图 9-39 和图 9-40 所示。

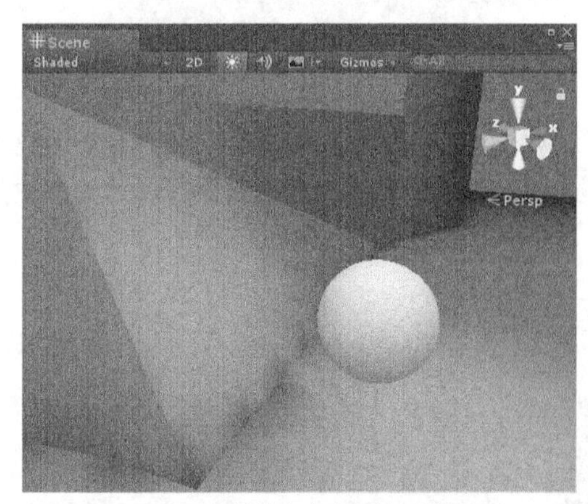


▲图 9-39　距紫色点光源较近的效果

▲图 9-40　距紫色点光源较远的效果

（7）可以观察到当球（动态物体）在距离紫色点光源较近位置时，该球就会受到周围较强紫光信息的影响，被染上紫色；而当球（动态物体）在距离紫色点光源较远位置时，该球不会受到紫光影响，会受到周围黄色光信息的影响，被染上黄色。

## 9.5.2　光探头应用细节

通常情况，布置光探头最简单、有效的方式是将采样点均匀地分布在场景中，虽然这样不会消耗内存，但是布置起来却很麻烦。开发人员完全没有必要在光影毫无变化的区域内布置多个采样点，而应当在光影差异较大的位置（如阴影的边缘）布置多个采样点。对于采样点有如下几点需要注意。

（1）采样点的工作原理是将场景空间划分为多个相邻的四面体空间，为了能够合理地划分出空间以便进行正确的差值，需要注意不要将所有采样点放置在同一个平面上，这样会导致无法划分空间。

（2）当动态物体只能在一定的高度下活动时，在其高度的上方就没有必要布置多个采样点了。当然也不能将所有的采样点布置得太低，这样就无法划分空间了。

## 9.5.3　光探头代理

Unity 5.4 新推出了一个功能：光探头代理（Light Probe Proxy Volume）。光探头代理是一个可以为无法使用烘焙光照贴图的大型动态物体提供更多光照信息的组件，这意味着粒子系统也可以接受烘焙光照信息。接下来用一个具体示例来介绍。

（1）搭建和 9.4 节类似的场景，只不过光源换成了一个红色点光源。选择 GameObject→Particle System，创建一个粒子系统，如图 9-41 所示。在不对粒子系统做任何编辑的情况下，粒子系统的颜色默认是白色的，可见它并没有受到场景中的光照影响，如图 9-42 所示。

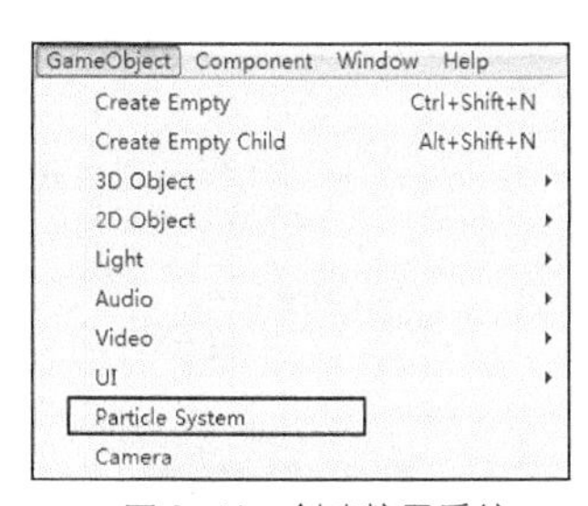


▲图 9-41　创建粒子系统

▲图 9-42　粒子系统没有受光照影响

（2）为粒子系统对象添加一个光探头代理组件。在粒子系统的 Inspector 面板中选择 Add Component→Rendering→Light Probe ProxyVolume，创建一个光探头代理组件，参数如图 9-43 所示。在粒子系统的 Renderer 组件中挂载光探头代理组件，如图 9-44 所示。

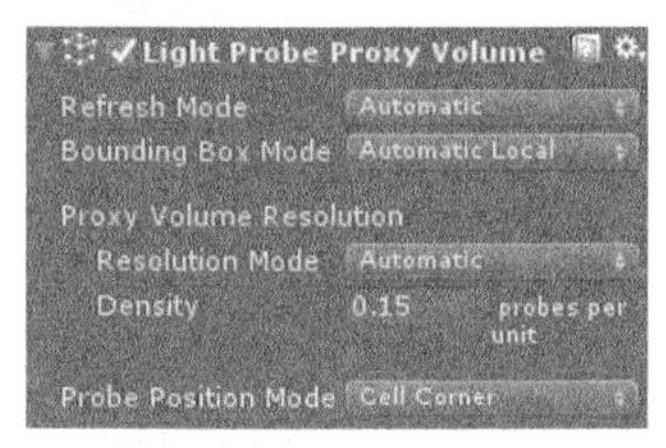


▲图 9-43　光探头代理组件

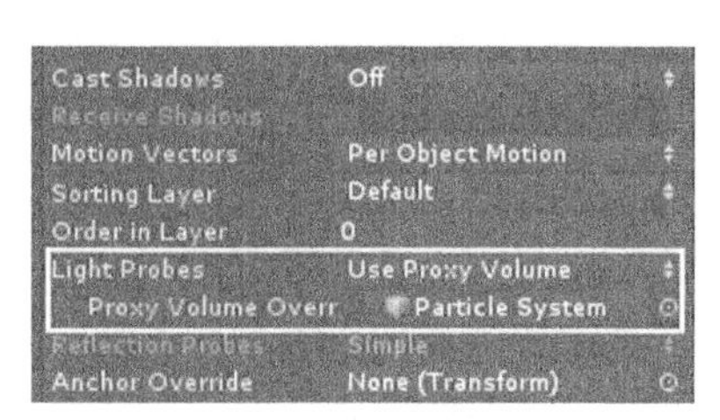


▲图 9-44　挂载光探头代理组件

（3）新建一个材质球，将该材质作为粒子系统的材质。在 Project 面板中选择 Create→Material，创建一个材质，如图 9-45 所示。在 Project 面板中选择 Create→Shader→Standard Surface Shader，创建一个着色器脚本，该着色器就会使粒子系统接收周围的光照，如图 9-46 所示。

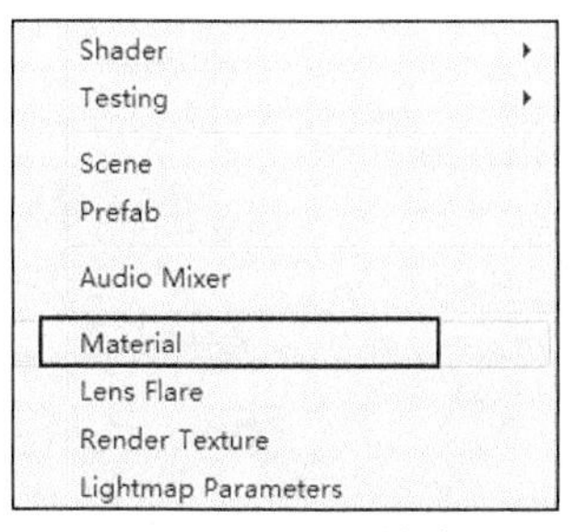


▲图 9-45　创建材质

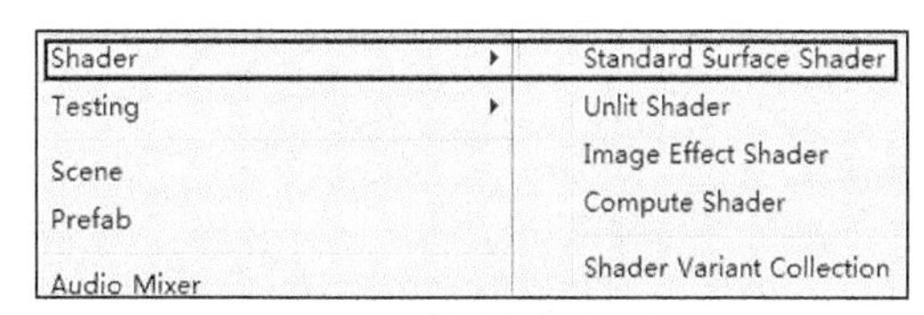


▲图 9-46　创建着色器脚本

（4）准备工作做好后，接下来进行着色器脚本的开发。该脚本的主要功能是使粒子系统可以实时接收周围的光照，其中最重要的部分就是通过 ShadeSHPerPixel 函数得到一些特殊光照信息，下面的示例会使读者学到这个函数，具体代码如下。

代码位置：随书资源中源代码\第 9 章目录下的 LightTest\Assets\Script\LPPV.shader

```
1   Shader "Particles/AdditiveLPPV" {
2     Properties {
3       _MainTex ("Particle Texture", 2D) = "white" {}           //纹理
4       _TintColor ("Tint Color", Color) = (0.5,0.5,0.5,0.5)     //纹理颜色
5     }
6     Category {
7       Tags {"Queue"="Transparent" "IgnoreProjector"="True" "RenderType"="Transpare
nt"}
8       Blend SrcAlpha One                                        //开启混合
9       ColorMask RGB                                             //光照遮罩
10      Cull Off Lighting Off ZWrite Off                          //关闭一些设置
11      SubShader {
12        Pass {
13          CGPROGRAM
14          #pragma vertex vert                                   //声明定点着色器
15          #pragma fragment frag                                 //声明片元着色器
16          #pragma multi_compile_particles                       //声明粒子系统
17          #pragma multi_compile_fog                             //声明雾
18          #pragma target 3.0                                    //目标设备 3.0
19          #include "UnityCG.cginc"
20          #include "UnityStandardUtils.cginc"
21          fixed4 _TintColor;                                    //纹理颜色
22          sampler2D _MainTex;                                   //纹理
23          struct appdata_t {
24            float4 vertex : POSITION;                           //顶点信息
25            float3 normal : NORMAL;                             //顶点法线
26            fixed4 color : COLOR;                               //顶点颜色
27            float2 texcoord : TEXCOORD0;                        //UV 信息
28          };
29          struct v2f {
30            float4 vertex : SV_POSITION;                        //顶点位置
31            fixed4 color : COLOR;                               //顶点颜色
32            float2 texcoord : TEXCOORD0;                        //UV 信息
33            UNITY_FOG_COORDS(1)                                 //雾数据
34            float3 worldPos : TEXCOORD2;                        //顶点的世界坐标
35            float3 worldNormal : TEXCOORD3;                     //法线的世界坐标
36          };
37          float4 _MainTex_ST;                                   //纹理缩放
38          v2f vert (appdata_t v){                               //顶点着色器
39            v2f o;                                              //输出结构体
40            o.vertex = UnityObjectToClipPos(v.vertex);          //将顶点转到剪裁空间
41            o.worldNormal = UnityObjectToWorldNormal(v.normal); //将法线转到世界坐标
42            o.worldPos = mul(unity_ObjectToWorld, v.vertex).xyz; //将顶点转到世界坐标
43            o.color = v.color;                                  //获取颜色信息
44            o.texcoord = TRANSFORM_TEX(v.texcoord,_MainTex);    //获取纹理坐标
45            UNITY_TRANSFER_FOG(o,o.vertex);                     //开启雾
46            return o;                                           //返回结果
47          }
48          fixed4 frag (v2f i) : SV_Target{                      //片元着色器
49            half3 currentAmbient = half3(0, 0, 0);              //环境光
50            half3 ambient = ShadeSHPerPixel(i.worldNormal, currentAmbient, i.worldPos);
51            fixed4 col = _TintColor * i.color * tex2D(_MainTex, i.texcoord);
                                                                  //计算纹理颜色
52            col.xyz += ambient;                                 //添加环境光
53            UNITY_APPLY_FOG_COLOR(i.fogCoord, col, fixed4(0,0,0,0));   //考虑混合雾
54            return col;                                         //返回最终颜色
55          }
56          ENDCG                                                 //结束
57  }}}}
```

- 第 1～5 行声明着色器参数，在这部分中声明的参数会显示在着色器面板中。这里声明了一种纹理图及对应的色调，以便下面代码使用。
- 第 6～10 行对着色器进行了一些设置，首先将渲染队列设置为 Transparent，开启混合，然后将通道遮罩设置为 RGB 全通道，最后关闭面的剔除操作，关闭灯光影响，不将像素的深度写入深度缓存中。

- 第 11～22 行添加了一个 SubShader。将 Properties 块中声明过的变量再声明一次作为着色器内部参数，相当于参数传递。将在 Unity 中传递的参数赋值给着色器中的参数使用。
- 第 23～36 行声明了两个结构体 appdata_t 和 v2f。appdata_t 记录了顶点位置、顶点法线、顶点颜色、UV 信息，v2f 记录了顶点位置、顶点颜色、UV 信息、顶点的世界坐标和法线的世界坐标。
- 第 37～57 行为顶点着色器和表面着色器。在顶点着色器中的工作是将顶点位置信息储存在结构体中的 vertex 变量中，在表面着色器中的工作是通过 ShadeSHPerPixel 获取一些特殊光照信息，从而实现光探头代理组件的功能。

（5）把创建好的材质球拖到场景中的粒子系统上，并且在材质面板中选择着色器为 Particles/AdditiveLPPV，如图 9-47 所示。此时粒子系统就开始收集周围的光照信息，使自身粒子的颜色随周围环境的不同而改变，效果如图 9-48 所示。

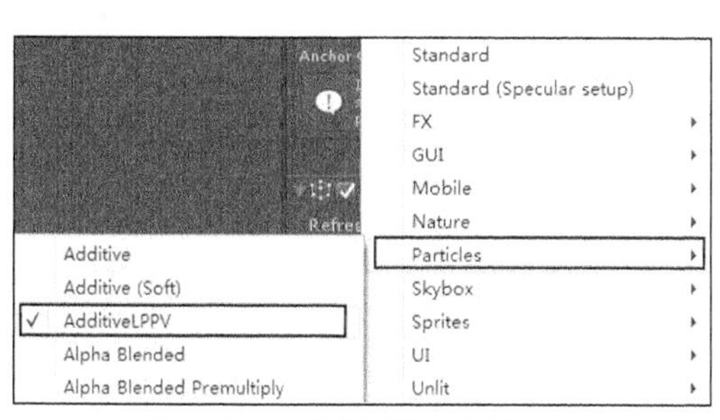


▲图 9-47 选择编写的着色器

▲图 9-48 粒子系统被环境影响

## 9.6 法线贴图

在三维计算机图形学中，法线贴图（Normal Mapping）是凹凸贴图（Bump Mapping）技术的一种应用，法线贴图有时也被称为“Dot3（仿立体）凹凸纹理贴图”。凹凸纹理贴图的原理是通过改变表面光照方程的法线而不是表面的几何法线来模拟凹凸不平的视觉特征。

与凹凸贴图类似的是，法线贴图也是用来在不增加多边形的情况下在浓淡效果中添加细节。但是凹凸贴图通常是根据一个单独的灰度图像通道进行计算，而法线贴图的数据源图像通常是通过更加细致版本的物体（精模）得到的多通道图像，即将红、绿、蓝通道都作为单独的数据通道对待。

### 9.6.1 在 Unity 中使用法线贴图

法线贴图的使用在如今的游戏开发中越来越频繁，这样既节省资源，又能得到良好的视觉效果的方法得到了越来越多开发人员的认可，Unity 中也对法线贴图提供了支持。下面将通过一个示例演示如何在 Unity 中使用法线贴图。

（1）导入示例所需要的模型与贴图。本示例所需资源如表 9-5 所示，读者可以按照表格内容找到这些资源并导入。

表 9-5 示例所需资源

| 资源名 | 用途 | 位置 |
|---|---|---|
| Dinosaur.fbx | 恐龙模型 | Assets\model\Dinosaur.fbx |
| GRANDEB2.jpg | 恐龙的法线贴图 | Assets\model\GRANDEB2.jpg |
| GRABDECO.jpg | 恐龙的漫反射贴图 | Assets\model\GRABDECO.jpg |

（2）导入上述资源后，开始搭建场景。选择 File→new Scene，新建一个场景，将 Dinosaur.fbx 拖到场景中，将其摆放到摄像机前方，在 Game 面板中就可以看到恐龙的模型。

（3）对导入的法线图片进行设置。在 Project 面板中选中 GRANDEB2.jpg，在 Inspector 面板中将其 Texture Type 设置为 Normal map。Bumpiness 滑块可以控制贴图凹凸的程度，读者可以根据需要进行设置。设置完毕后单击 Apply 按钮进行应用设置，如图 9-49 所示。

（4）创建材质，在 Project 面板中右击，在弹出的快捷菜单中选择 Create→Material，创建两个材质，分别将其命名为 DDiffuse 和 DNormal，如图 9-50 和图 9-51 所示。

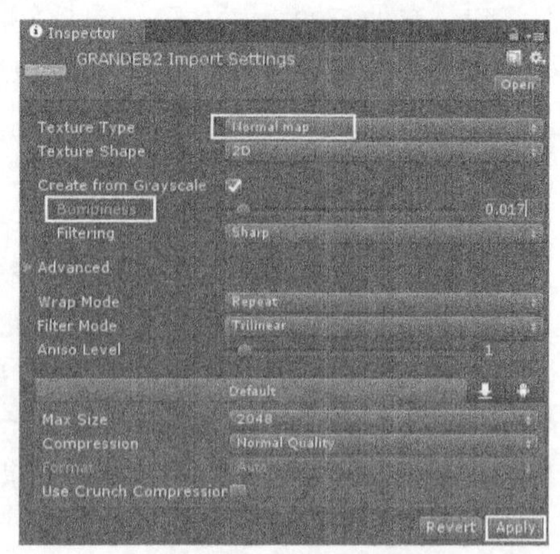


▲图 9-49　设置法线贴图

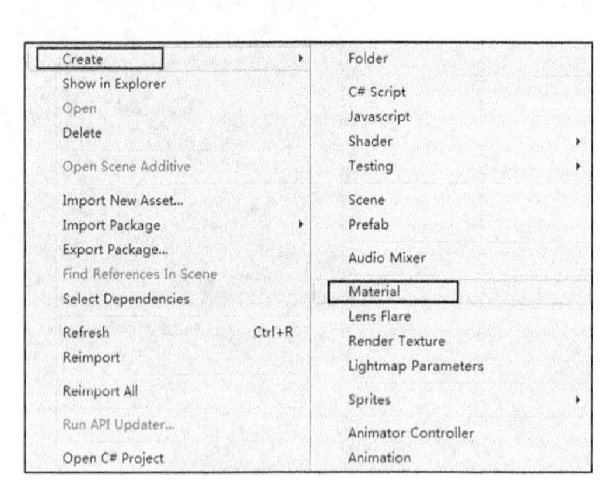


▲图 9-50　创建材质

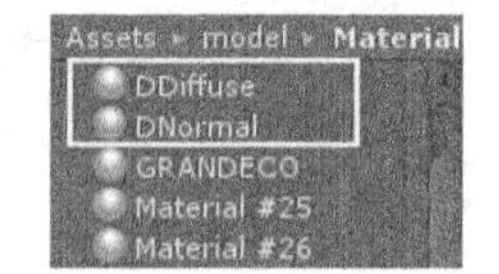


▲图 9-51　创建好的两个材质

（5）为其指定对应的着色器。DDiffuse 材质的着色器为 Legacy Shaders\Diffuse，对应的贴图为 GRABDECO.jpg；DNormal 材质的着色器为 Legacy Shaders/Bumped Diffuse，Base 对应的贴图是 GRABDECO.jpg，Normalmap 对应的贴图是 GRANDEB2.jpg，如图 9-52 和图 9-53 所示。

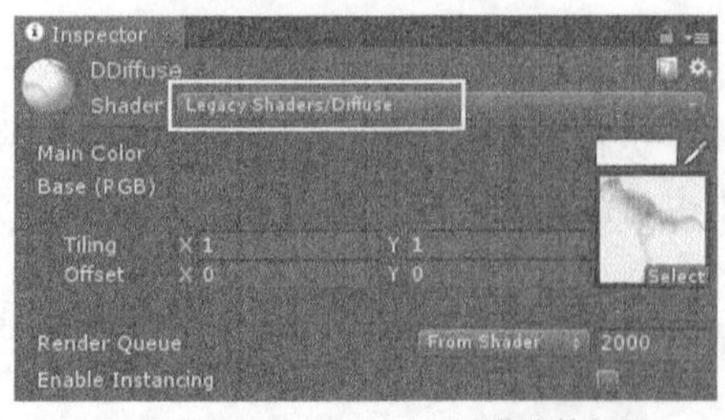


▲图 9-52　设置 DDiffuse 材质的着色器

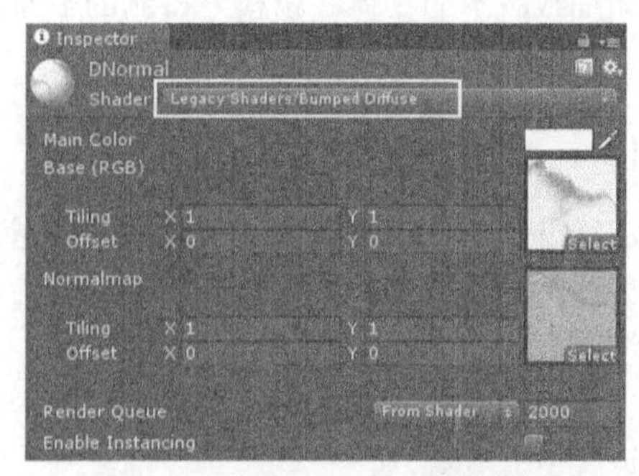


▲图 9-53　设置 DNormal 材质的着色器

（6）准备工作做好后，接下来进行脚本的开发，脚本的主要功能为生成两个单选按钮。根据用户的选择切换恐龙的材质，显示使用普通漫反射贴图的恐龙或者使用法线贴图的恐龙。在 Project 面板中右击，在弹出的快捷菜单中选择→Create→C# Script，将脚本命名为 UseNormalMap.cs，具体代码如下。

代码位置：随书资源中源代码\第 9 章目录下的 LightTest\Assets\Script\UseNormalMap.cs

```
1   using UnityEngine;
2   using System.Collections;
3   public class UseNormalMap : MonoBehaviour {
4     int selectindex = -1;                                    //选中按钮的索引
5     string[] selectstring = new string[] { "法线", "默认" };    //按钮显示的字样
6     public Material normalmap;                               //使用法线贴图的材质
7     public Material diffusemap;                              //使用漫反射贴图的材质
8     public GameObject model;                                 //恐龙游戏对象
9     void OnGUI(){
10      int lastchange = selectindex;                          //记录上次选择的结果
11      selectindex = GUI.SelectionGrid(new Rect(Screen.width * 1 / 2 - Screen.
        width * 1 / 6, 0,
12        Screen.width * 1 / 3, Screen.height * 1 / 15), selectindex, selectstring, 2);
                                                               //创建单选按钮组
13      if (lastchange != selectindex){                        //选择结果发生变化
14        if (selectindex == 0)                                //玩家选择显示法线图
15          ChangeMaterial(normalmap);                         //调用方法使用法线材质
16        if (selectindex == 1)                                //玩家选择显示漫反射图
17          ChangeMaterial(diffusemap);                        //调用方法使用漫反射材质
18      }}
19      void ChangeMaterial(Material m){                       //切换模型的材质
20          model.GetComponent<MeshRenderer>().materials = new Material[2] { m, m };
21  }}
```

❑ 第 1～8 行为命名空间的引用及变量的声明。在变量声明的地方需要声明一个 int 类型的数字，用于记录用户选择的单选按钮的索引。selectstring 数组用于控制单选按钮上显示的字样。然后声明 3 个 public 的变量，分别是之前创建的两个材质及恐龙游戏对象。

❑ 第 9～18 行对 OnGUI 方法进行重写。首先记录上次选择按钮的索引，然后绘制两个单选按钮，并记录下当前选中的按钮索引。若是和上次选择的索引不一样，就调用 ChangeMaterial 方法按照用户的选择为模型赋上对应的材质。

❑ 第 19～21 行的代码是一个自定义方法，需要传入一个 Material 类型的参数代表需要换的材质。首先获取模型的 MeshRenderer 组件，然后更换其 Materials 参数的材质列表即可。

（7）至此，示例的开发结束，最终的恐龙如图 9-54 和图 9-55 所示。

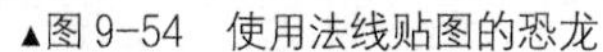
▲图 9-54 使用法线贴图的恐龙

▲图 9-55 仅使用漫反射贴图的恐龙

**说明**：通过图 9-54 和图 9-55，我们明显可以看出法线贴图在模型精度很低的情况下依旧可以呈现出很多凹凸的细节，这在次时代游戏的开发中非常重要。使用较少面数的低模配合法线图就可以搭建出非常真实的场景。需要注意的是由于法线图改变了顶点的法线，所以产生的凹凸感还可以影响光影效果。

## 9.6.2　在 3ds max 中制作法线贴图

9.6.1 节介绍了在 Unity 中如何使用一张法线贴图，本小节将介绍如何使用 3ds max 来烘焙一张法线贴图。当然，制作法线贴图的方式有很多，在这里仅介绍了一种，读者可以根据需要选择使用其他方法进行法线图的制作，具体步骤如下：

（1）准备一个表面具有凹凸细节的高精度模型，在本示例中使用的是一个高精度的足球模型，如图 9-56 和图 9-57 所示。该模型具有 50 400 个面，具有非常精细的外观。

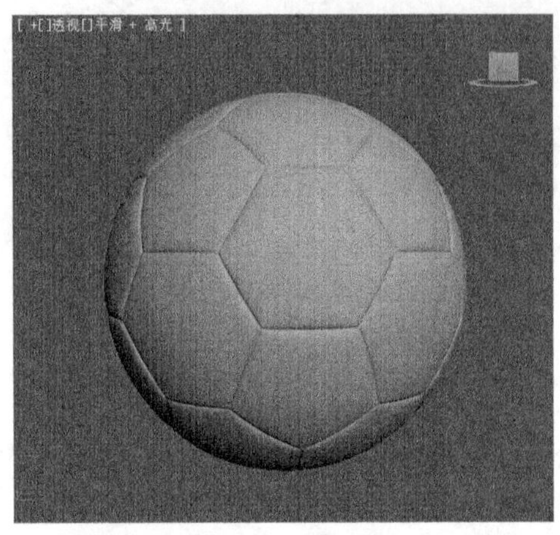


▲图 9-56　高模外观

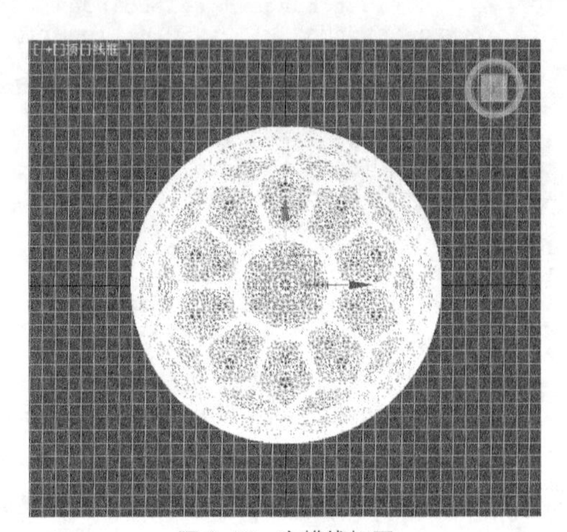

▲图 9-57　高模线框图

（2）创建一个简单的球体，如图 9-58 和图 9-59 所示。该球体只有 960 个面，将其大小调整到比之前准备的高精度模型略大一点后，摆放其位置，让其和高精度模型重叠。

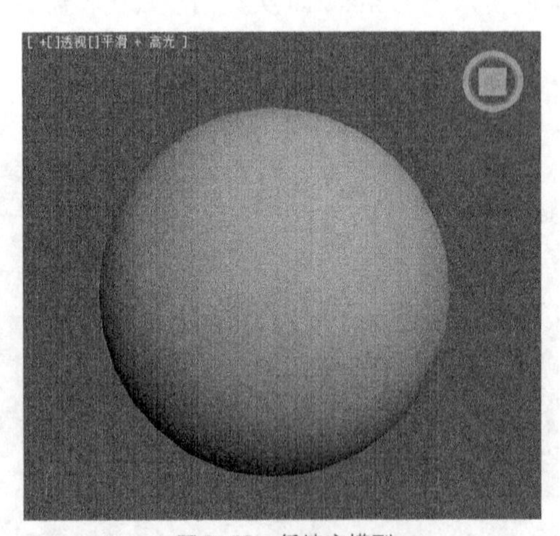


▲图 9-58　低精度模型

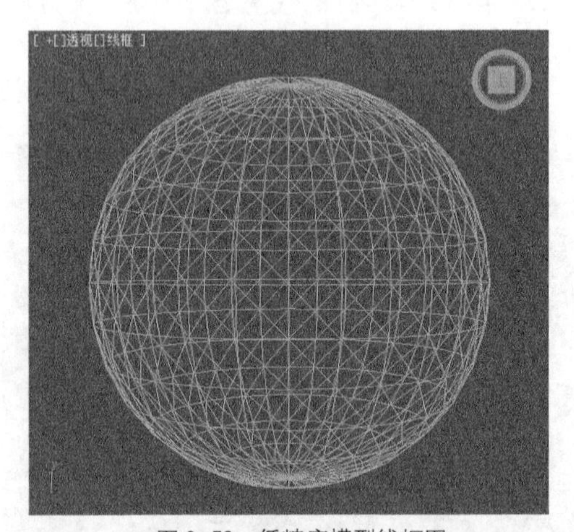


▲图 9-59　低精度模型线框图

（3）选中低精度模型，选择“渲染”→“渲染到纹理”，打开“常规设置”面板，在“常规设置”中的“路径”中配置好输出路径。在烘焙对象卷展栏中启用“投影”贴图，单击“选取”按钮，在列表中选择之前准备的高精度模型，如图 9-60 和图 9-61 所示。

▲图 9-60　配置输出路径

（4）单击“添加”按钮，在弹出的添加纹理元素面板中选择 NormalsMap（法线贴图），并设置输出文件名和类型。

目标贴图位置选择“凹凸”，设置输出图像的分辨率为1024×1024，选中“输出到法线凹凸”复选框，如图9-62所示。

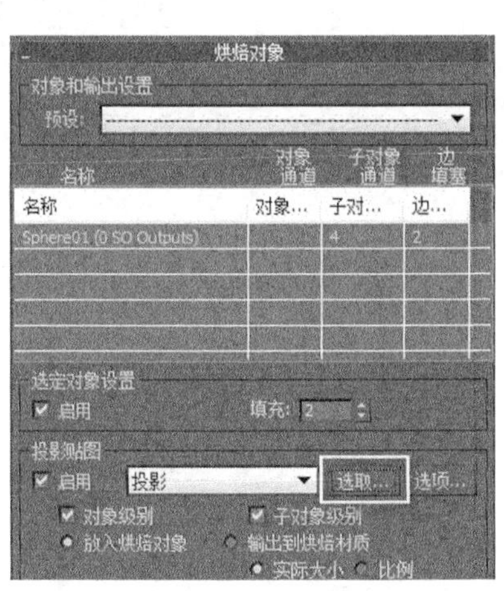


▲图9-61 选取高模

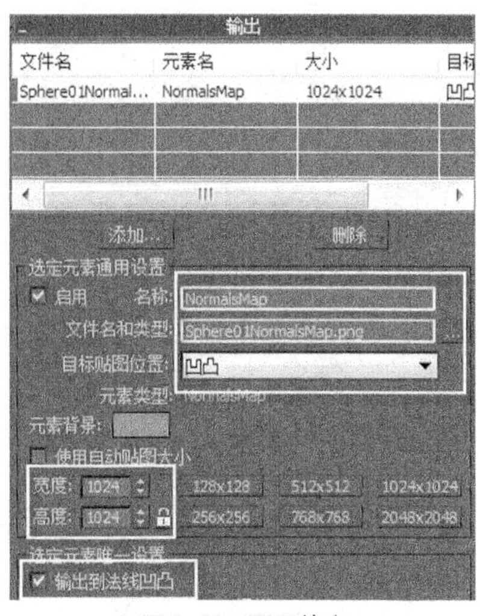


▲图9-62 配置输出

（5）设置好后单击 “渲染”按钮，会自动渲染出一张法线贴图，如图9-63所示。将其附加到粗模上后可以看到图9-64所示的效果。其中左边是高模，右面是粗模。

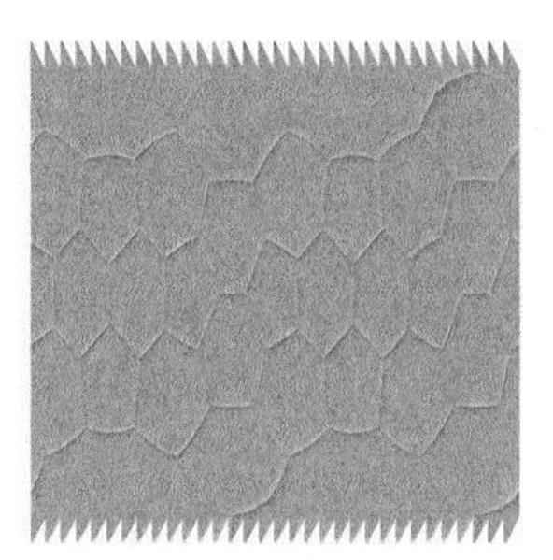

▲图9-63 法线贴图文件

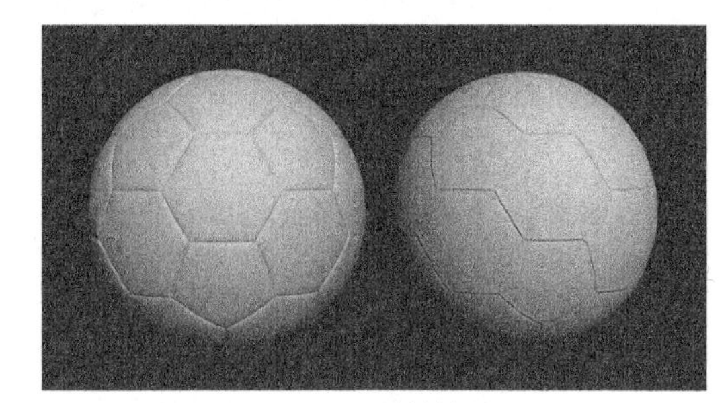

▲图9-64 渲染效果

（6）后期处理。从3ds Max中渲染出法线贴图后，可以直接使用，也可以根据需要在PhotoShop软件中对贴图进行优化，有兴趣的读者可以自行尝试。

## 9.7 镜头光晕

镜头光晕（Flare）也称耀斑，它模拟摄像机镜头内的一种光线折射的效果，常用来表示非常明亮的灯光。由于这种效果是动态的，镜头光晕会随着摄像机的移动而改变位置，从而产生非常漂亮的效果，因此非常适合用来美化游戏场景。镜头光晕效果如图9-65和图9-66所示。

镜头光晕的图片资源需要自行制作或者从网上下载，Unity 4.X中有自带的几种镜头光晕资源，而这些资源在Unity 5.0中已经被移除。本节使用的是从Unity4.X中提取出来的几个镜头光晕资源，读者若是需要可以在随书项目LightTest\Assets\PIC\Light Flares中找到。下面将介绍如何添加镜头光晕。

添加镜头光晕最简单的方法就是找到场景中想要产生镜头光晕的光源，向其Light组件下的Flare选项中拖曳想要的镜头光晕效果即可，如图9-67所示。还有一种方法是新建一个GameObject，为其添加Lens Flare组件，并在其Flare属性中指定想要的镜头光晕资源即可，如图9-68所示。

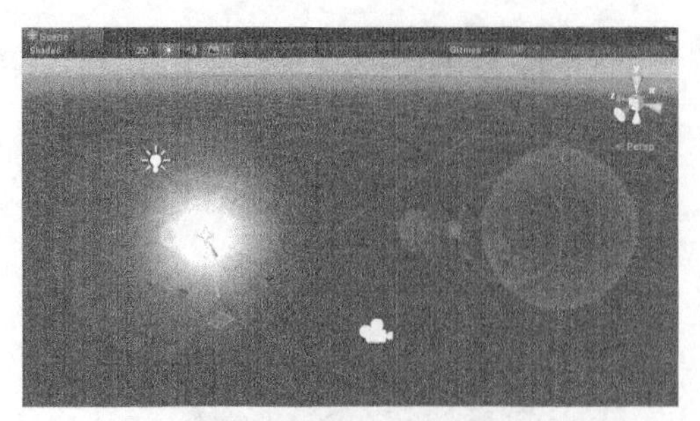
▲图 9-65　镜头光晕效果 1

▲图 9-66　镜头光晕效果 2

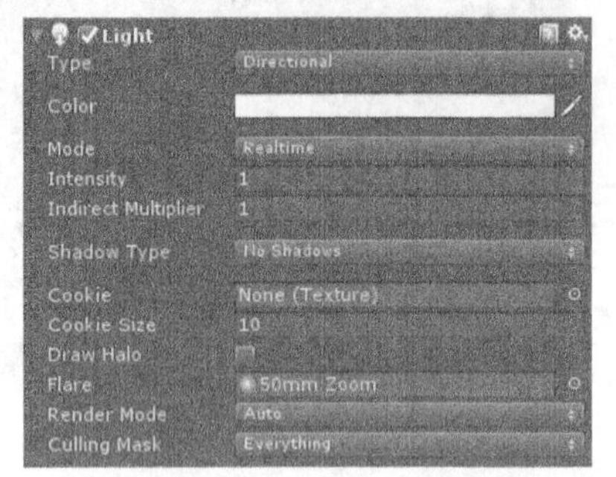

▲图 9-67　设置灯光中镜头光晕属性

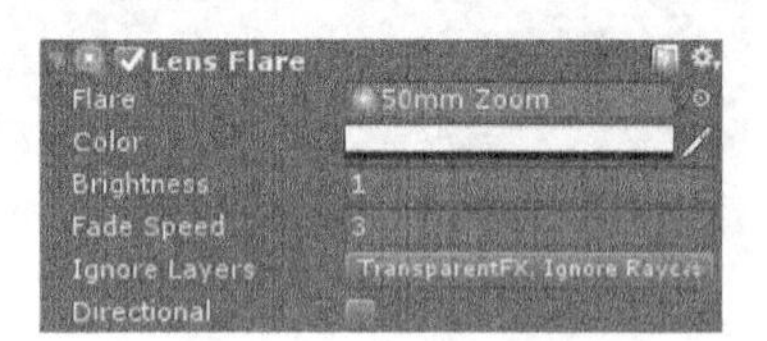

▲图 9-68　Lens Flare 组件

**说明**　如果需要使用多个镜头光晕就不要都叠放在一起。镜头光晕会被碰撞器遮挡，一个介于产生镜头光晕的游戏对象和摄像机之间的碰撞器会将镜头光晕盖住（即使关闭 MeshRenderer 组件或者是透明材质的游戏对象也会遮挡住镜头光晕）。

## 9.8 反射探头

反射是 CG 电影中常见的一种光学特效。在现实生活中，类似于金属、镜子等具有光滑表面的物体都会发生反射，然而在游戏中制作实时反射效果是非常消耗资源的。传统上使用 Reflection Mapping 方法来制作反射效果，但是这种方法具有局限性，如其默认反射环境是相同的、无法自身反射等。

Unity 5.0 中新增了一种制作反射的方法——反射探头（Reflection Probe），该方法允许用户在场景中放置若干个反射采样点，当需要计算反射时，通过这些采样点来生成反射 Cubemap，然后通过特定的着色器从 Cubemap 中采样，就能显示出反射效果了。

### 9.8.1　反射探头的使用

在详细介绍反射探头的参数前，首先通过一个示例介绍使用该组件的方法。该示例创建了一个真实的汽车表面。当周围的环境发生改变（如汽车移动或摄像机移动）时，光滑的汽车表面会反射出周围的场景，效果非常真实，具体步骤如下。

（1）搭建一个用于反射的简要的场。本场中包含一个平面（Plane）、两个用于反射的颜色不同的房子、一个用于产生阴影的平行光光源。将汽车模型 3l.fbx 导入，并拖到场景中，效果如图 9-69 所示。

（2）为该场景换一个天空盒，因为天空盒也会出现在反射效果中。选择 Window→Lighting，打开 Lighting 面板，在 Environment 卷展栏下将 Skybox 选为一个自建的天空盒，如图 9-70 所示。本场景中使用的天空盒在随书资源中对应章节下的 LightTest\Assets\PIC\Skybox 可以找到。

▲图 9-69 搭建场景

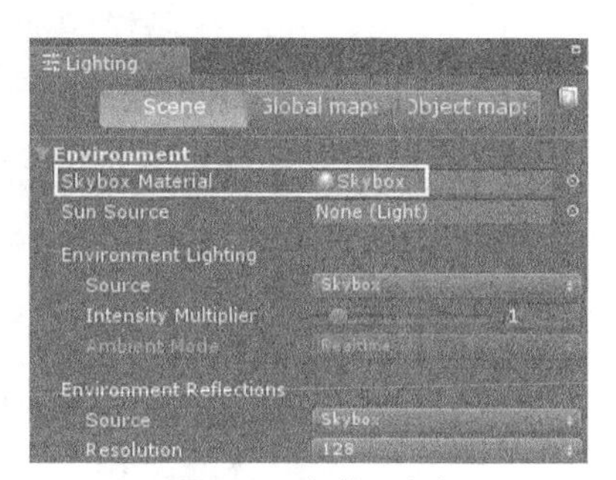


▲图 9-70 切换天空盒

（3）创建材质。选中场景中的 31 游戏对象（汽车），它包含若干个子对象，找到 DrawCall28 子对象。该对象是汽车的外壳，为这个对象添加一个着色器为 Standard 的材质，如图 9-71 所示。其中的 Metallic 和 Smoothness 两个参数的调节会影响之后的反射效果，现在调节还无法看到正确的效果。

（4）为 31 游戏对象及其所有子对象创建一个专属的层——car，这是防止汽车表面反射周围环境时将自身也进行反射。创建层的方法在这里不再赘述，设置完后如图 9-72 所示。

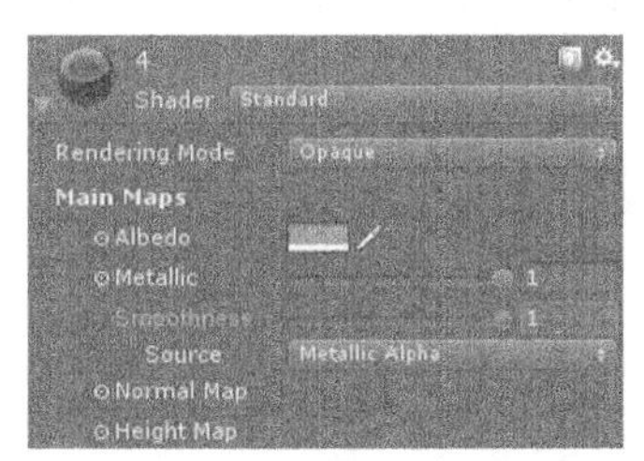


▲图 9-71 设置汽车表面的材质

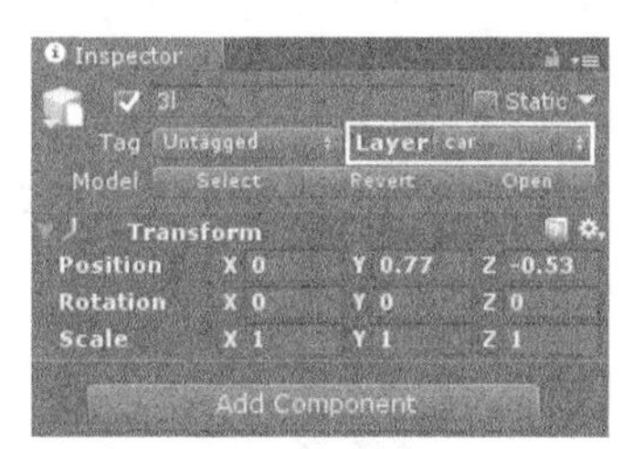


▲图 9-72 设置层

（5）创建反射探头。选择 GameObject→Light→Reflection Probe，就会在场景中创建出一个反射探头。将其进行一些设置（具体设置内容如图 9-73 所示），然后将其摆放到车的几何中心并设置为“31”的子对象。选中 31 游戏对象的 DrawCall28 子对象，将其 Mesh Renderer 组件的 Light Probes 设置为 Blend Probes，如图 9-74 所示。

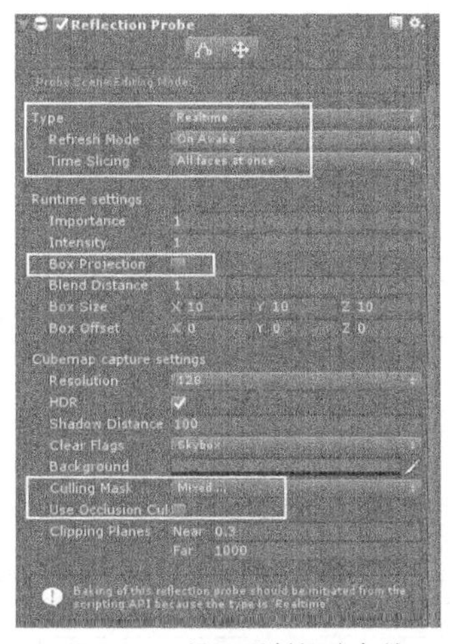


▲图 9-73 设置反射探头参数

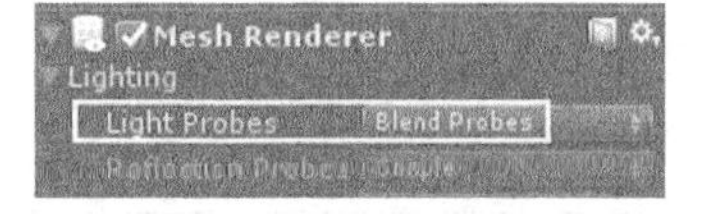


▲图 9-74 设置 DrawCall28 的 MeshRenderer 组件

（6）这时，在 Scene 面板中已经可以看到汽车表面的反射结果。若是汽车在移动或者摄像头的观察角度发生变化，还可以看到反射效果在实时地变化，如图 9-75 所示。

▲图 9-75　反射结果

### 9.8.2　反射探头参数详解

反射探头类似于一个摄像机，它可以捕捉其所在位置各个方向的环境视图，所捕获的图像会被储存为一个可以在反射材质上使用的立方体纹理（Cubemap）。同一个场景中可以同时存在若干个反射探头，参与反射的物体会根据其所处的探头位置产生真实的反射效果。该组件的参数如表 9-6 所示。

表 9-6　　Reflection probe 组件参数

| 参数 | 含义 |
|---|---|
| Type | 设置反射探头的类型（有 Baked、Custom 和 Realtime 3 种类型） |
| Refresh Mode | （Realtime 类型的参数）刷新模式，On Awake 为只在唤醒时刷新一次,Every Frame 为每帧刷新,Via Scripting 由脚本控制刷新 |
| Time Slicing | （Realtime 类型的参数）反射画面刷新频率。All faces at once：9 帧完成一次刷新（性能消耗中等）；Individual Faces：14 帧完成一次刷新（性能消耗低）；no timeslicing：一帧完成一次刷新（性能消耗最高） |
| Importance | 权重。影响了一个 MeshRenderer 中的多个 Reflection Probe 的 Weight 的自动混合比例。这时首先会计算每个 Probe 的 Importance，然后计算每个 Probe 与物体间分别交叉的体积大小，用于混合不同 Probe 的反射情况 |
| Intensity | 反射纹理的颜色亮度 |
| Box Projection | 若选中该复选框，则 Probe 的 Size 和 Origin 会影响反射贴图的映射方式 |
| Blend Distance | 与其他探针混合使用时探针周围的区域，仅用于延迟探针 |
| Box Size | 该反射探头的区域大小，在该区域中的所有物体会应用反射（需要 Standard 着色器） |
| Box Offset | Probe 相对于 GameObject 的位置 |
| Resolution | 生成的反射纹理的分辨率，分辨率越高，反射图片越清晰，但是更消耗资源 |
| HDR | 是否在生成的 Cubemap 中使用高动态范围图像（High Dymainc Range），这也会影响探头的数据储存位置 |
| Shadow Distance | 在反射图中的阴影距离，即超过该距离的阴影不会被反射 |
| Clear Flags | 设置反射图中的背景是天空盒（Skybox）或者是单一的颜色（Solid Color） |
| Background | 当 Clear Flags 被设置为 Solid Color 时反射的背景颜色设置 |
| Culling Mask | 反射剔除，可以根据是否选中对应的层来决定某层中的物体是否进行反射 |
| Use Occlusion Culling | 烘焙时是否启用遮挡剔除 |
| Clipping Planes | 反射的剪裁平面（类似于摄像机的剪裁平面，有 Near、Far 两个参数，分别设置近平面和远平面） |

表 9-6 介绍了 Reflection Probe 组件的所有参数，接下来将详细介绍其中几个比较重要的参数。

### 1. 反射探头的 3 种模式

首先需要了解的是反射探头有 3 种模式，对应表 9-6 中 Type 参数，根据需要选择合适且正确的反射探头可以最大化地节省性能。下面将分别介绍这 3 种不同模式的作用与区别。

- Baked

烘焙模式：这种模式比较类似于光照烘焙，当反射探头的位置和范围设置好后，将其反射信息烘焙到 Cubemap 中。这样在游戏运行时，在该探头范围内的可以反射的物体会直接使用这张烘焙好的 Cubemap。但是如果这样做，反射就不是实时的而是烘焙时的状态，会相应地减少很多性能消耗。

> **说明** 若在 Lighting 面板中选中 Auto Generate 复选框，如图 9-76 所示，场景中的静态物体一旦发生改变，其反射图就会被自动烘焙。若是没有选中该复选框，在 Reflection Probe 组件中就会出现一个 Bake 按钮，单击该按钮就可以对当前状态下的场景反射图进行烘焙，如图 9-77 所示。

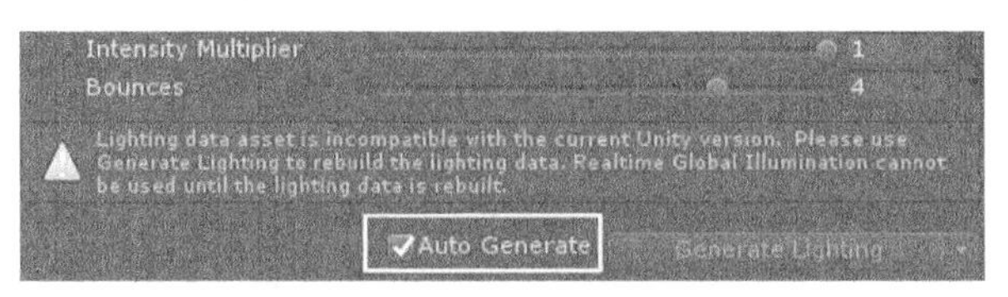


▲图 9-76 选中 Auto Generate 复选框

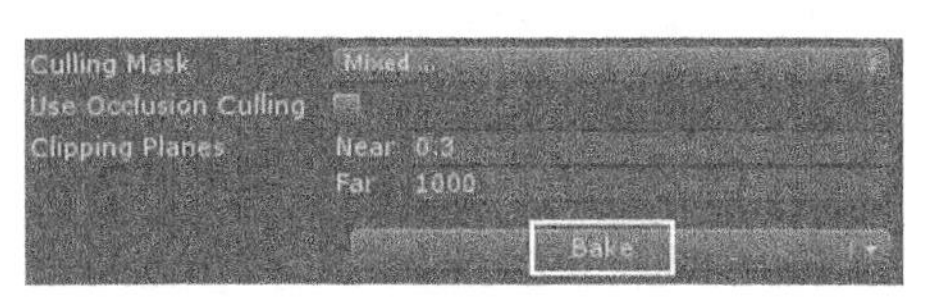


▲图 9-77 组件中的 bake 按钮

- Custom

自定义模式：默认状态下 Custom 模式的反射探头和 Baked 模式反射探头的用法和效果是相同的，都需要用户来进行手动烘焙才能看到效果。但是 Custom 模式的探头提供了更多的参数设置，如选中 Dynamic Object 复选框，会将非静态的物体也烘焙到反射图中（反射效果只是烘焙时的效果，并不会随着动态物体移动而改变）。Cubemap 选项可以指定烘焙出的 Cubemap。

- Realtime

实时模式：Realtime 类型的反射探头可以实时地更新反射图，在这种类型的反射探头中不需要将想要被反射的物体设置为静态的（Static 或者 Reflection Probe Static），用户可以通过其 Culling Mask 来排除某些不想让它出现在反射图中的物体。在游戏中使用 Realtime 类型的探头可以制作出实时的反射，当然该类型的探头所消耗的性能最高，在正式的项目中需要谨慎使用。

### 2. 反射探头的位置和大小

反射探头的位置由挂载 Reflection Probe 组件的游戏对象的位置决定。位置设置完毕后就需要设置其大小（Box Size），读者可以直接设置其 Box Size 参数来改变立方体区域，如图 9-78 所示；也可以单击按钮来手动拖曳其大小，如图 9-79 所示。对于探针的位置摆放有如下几点需要注意。

| Intensity | 1 | | |
|---|---|---|---|
| Box Projection | | | |
| Blend Distance | 1 | | |
| Box Size | X 10 | Y 10 | Z 10 |
| Box Offset | X 0 | Y 0 | Z 0 |

▲图 9-78 手动设置探头大小

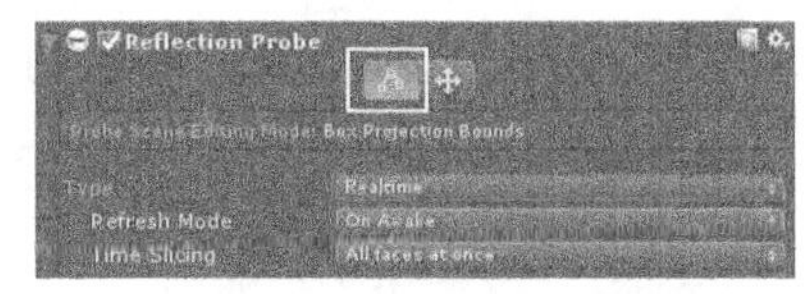


▲图 9-79 编辑探头区域按钮

（1）根据需要反射物体的大小对探针的摆放进行调节。类似于场景的中心、墙壁的角落等位置都比较适合放置反射探头。若是有一些物体比较小，但是有强烈的视觉效果（如说篝火），就需要探头距离它很近才可以得到理想的反射效果。

（2）在场景中适当的地方摆放好反射探头后，就需要调节其大小——Box Size。探头的形状是一个轴对齐的立方体，在该立方体内的物体若是有对应的着色器，其反射效果就会根据其所在的反射探头区域进行显示。若是一个物体同时处于多个探头内，反射效果就会根据交叉面积及探头的 Importance 参数来进行融合。

（3）默认情况下，探头的原点（Origin）在该探头区域的几何中心。但是这可能不适合于所有情况，如一个体积非常大的物体需要反射一个从边缘接近它的点，这种情况下当然不能从大物体的中心点进行反射，这时需要对反射探头组件中的 Box Offset 参数进行偏移。

**3. 循环反射**

想必读者见过这样的场景：两面镜子镜面对镜面地摆放，这时两个镜子间就会不断地进行反射，这样的现象称为 InterReflection。Unity 的反射探头也可以制作出这样的效果，在现实生活中这样的循环反射是无限次的，然而在游戏中这样的反射必然会消耗大量资源，所以不可能让其无限次反射下去，具体的实现方法如下。

（1）创建两个面对面的 Cube 充当“镜子”，并赋予其 Standard 材质，将其 Metallic 属性和 Smoothness 参数调为 1，这是为了让反射结果更加清晰。在两个“镜子”间创建一个反射探头，并将其选为 Baked 模式。这时单击 Reflection Probe 组件中的 Bake 按钮，在场景中就会看到两面镜子互相发生反射。

（2）可能在某些用户的机器中会看到仅仅反射了一次，并且反射出的另一面镜子是黑色的，这是由于在 Scene 面板中的 Environment 卷展栏下的 Bounces 属性的值为 1，这个值是用来控制反射次数的，相互反射的最大次数为 5 次。

## 9.9 镜子的开发

镜面反射是日常生活中常见的一种光影效果，虽然在 Unity 5 中可以使用 Reflection Probe 来制作类似的反射效果（9.8.1 节已详细讲解），但是实时反射使用 Reflection Probe 是很消耗资源的，所以可以自己来实现类似的效果。本节就介绍如何开发一个镜面反射的示例，该示例的效果如图 9-80～图 9-82 所示。

▲图 9-80　示例效果 1

▲图 9-81　示例效果 2

▲图 9-82　示例效果 3

## 9.9.1 场景的搭建

制作镜面材质之前，首先要进行的是场景的搭建。本小节将主要讲解关于场景搭建的一些细节与要点，只有精美的场景才能将镜子反射的效果表现出来。本小节中涉及的知识主要有模型的导入、光照烘焙、模型动画的设置与播放、创建声音源、资源的加载等，具体步骤如下。

（1）导入模型。在 Unity 3D 中的 Assets 面板中右击，在弹出的快捷菜单中选择 Import new Asset，打开加载界面。在这里选择加载本示例需要用到的所有模型、贴图和音乐文件等，具体需要加载的文件如表 9-7～表 9-9 所示。

表 9-7　　模型资源

| 文件名 | 大小（MB） | 用途 |
|---|---|---|
| Room.fbx | 6.23MB | 示例房间模型 |
| Mirror. fbx | 24.2KB | 镜面模型 |
| Mirrorframe. fbx | 20.9KB | 镜框模型 |
| woman. fbx | 1.54MB | 人物模型 |
| woman@dance.fbx | 11.8MB | 包含骨骼动画的模型 |

表 9-8　　贴图资源

| 文件名 | 大小（KB） | 格式 | 用途 |
|---|---|---|---|
| Body.png | 3670 | .png | 人物身体贴图 |
| Body_normal.png | 2670 | .png | 人物身体法线贴图 |
| Hair.png | 193 | .png | 人物头发贴图 |
| Hair_normal.png | 222 | .png | 人物头发法线贴图 |
| MirrorframePIC.jpg | 21.5 | .jpg | 镜框纹理图 |
| Book1.jpg | 117 | .jpg | 书本纹理图 1 |
| Book2.jpg | 72 | .jpg | 书本纹理图 2 |
| Book3.jpg | 15.6 | .jpg | 书本纹理图 3 |
| Book4.jpg | 142 | .jpg | 书本纹理图 4 |
| Book5.jpg | 9.47 | .jpg | 书本纹理图 5 |
| Rug.jpg | 329 | .jpg | 地毯纹理 |
| Rug_normal.jpg | 313 | .jpg | 地毯法线贴图 |
| Wood.jpg | 41.7 | .jpg | 木纹纹理贴图 |

表 9-9　　音乐资源

| 文件名 | 大小（KB） | 格式 | 用途 |
|---|---|---|---|
| Music1.mp3 | 658 | MP3 | 示例背景音乐 |

（2）将导入的 Room.fbx 型拖到游戏场景中，并赋予模型贴图。其中房间地板的贴图有两个，一个是漫反射贴图 Rug.jpg，还有一张法线贴图 Rug_normal.jpg。选中场景中的地板，在材质面板中的 Shader 下拉列表中选择 Standard，在 Albedo 中选择正常的贴图，在 Normal Map 中选择法线贴图，具体如图 9-83 所示。

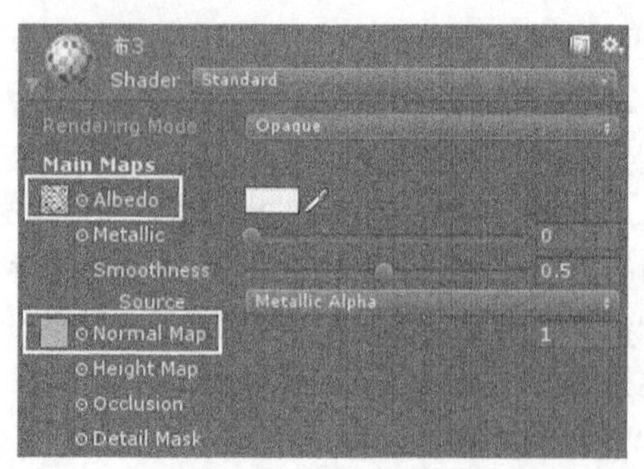


▲图 9-83　设置地面材质

（3）创建灯光。选择 GameObject→Light'→Directional Light，创建一个平行光光源，将其命名为 Dlight in，该灯光作为太阳光，具体设置如图 9-84 所示。再创建一个 Point Light 作为照亮室内的灯光，具体设置如图 9-85 所示。

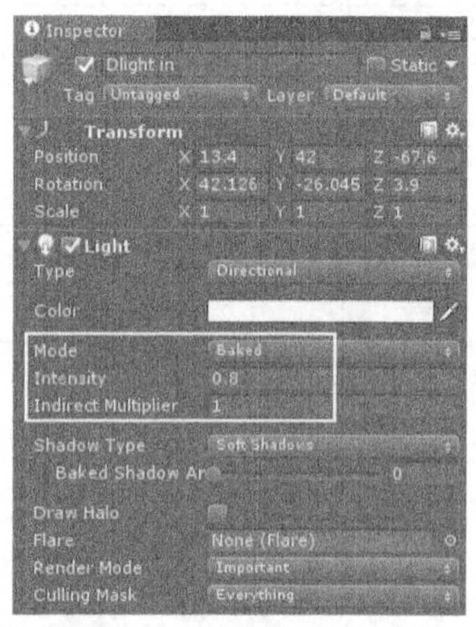


▲图 9-84　设置平行光光源

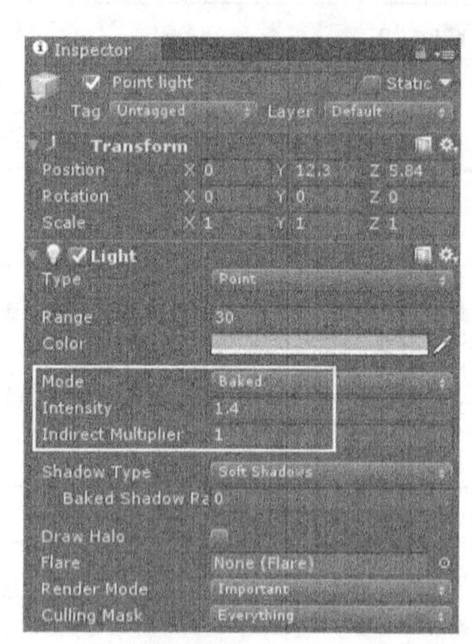


▲图 9-85　设置点光源

（4）烘焙光照。创建好场景需要的灯光后，为了优化性能，就要进行光照烘焙，具体的烘焙教程可以参考 9.4 节。选择 Window→LightMapping，打开 Lighting 面板。本示例使用的烘焙参数如图 9-86 所示，效果如图 9-87 所示。烘焙完毕后将场景中的 PointLight 关闭。

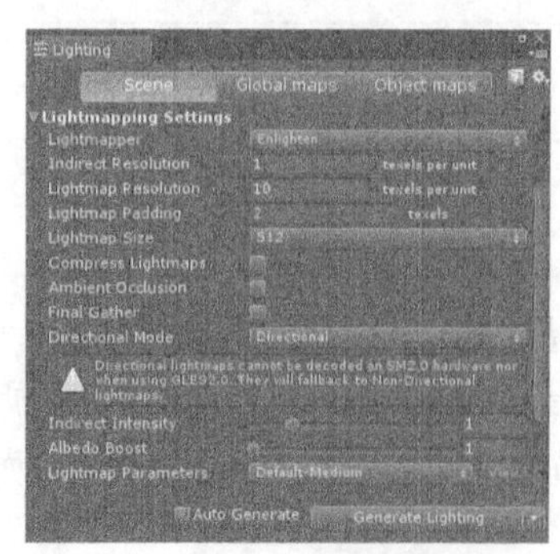


▲图 9-86　烘焙参数

▲图 9-87　烘焙效果

（5）将 woman.fbx 模型拖入场景，并赋予贴图。在资源窗口中选中 woman@dance.fbx 模型。该模型包含了骨骼动画，采用“模型名+@+动画名”的命名规则会让 Unity 3D 引擎自动识别为动画文件，在 Inspector→Animation 面板中设置 Wrap Modo 为 Loop，即设置为循环播放，如图 9-88 所示。

（6）播放动画。选择游戏场景中的 woman 游戏对象，在其 Animation 组件中的 Animation 下拉列表中选择动画 dance，如图 9-89 所示。设置好后单击“运行”按钮，就可以看到场景中的人物开始跳舞了。

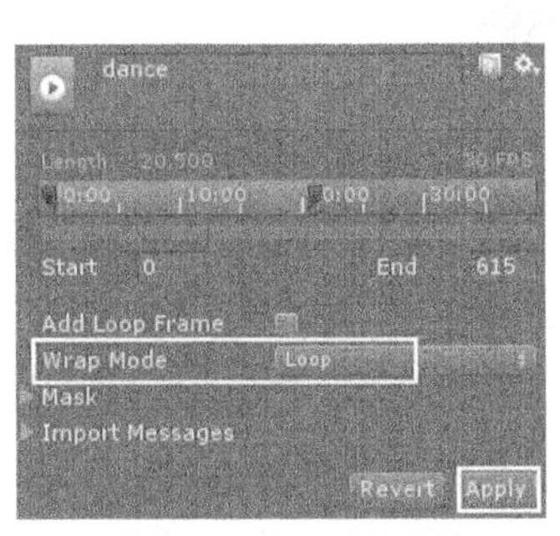


▲图 9-88 设置动画文件

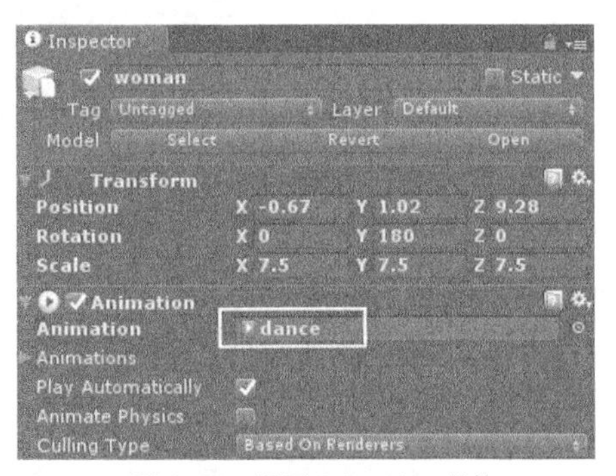


▲图 9-89 设置 Animation 组件

（7）由于人物不是静态的，并且之前烘焙的两盏灯选的模式都是 Baked，因此灯光是无法照射到人物的，这样人物就会非常暗，所以需要再创建一个聚光灯来专门照亮人物。这里应当使用光照剔除技术，使创建的灯光只会照到人物。

（8）选择场景中的人物，在属性面板中的 Layer 下拉列表中选择 Add Layer，在弹出的面板中添加新的层 Woman，具体如图 9-90 所示。新建一个聚光灯，在 Culling Mask 下拉列表中选择 Woman，如图 9-91 所示，之后场景中的聚光灯就只会影响人物了。

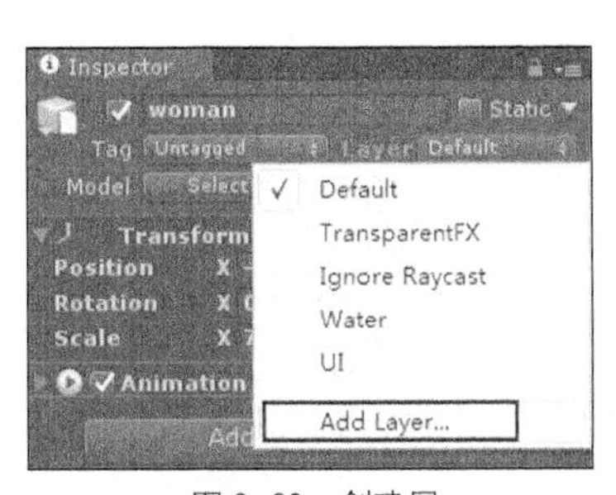


▲图 9-90 创建层

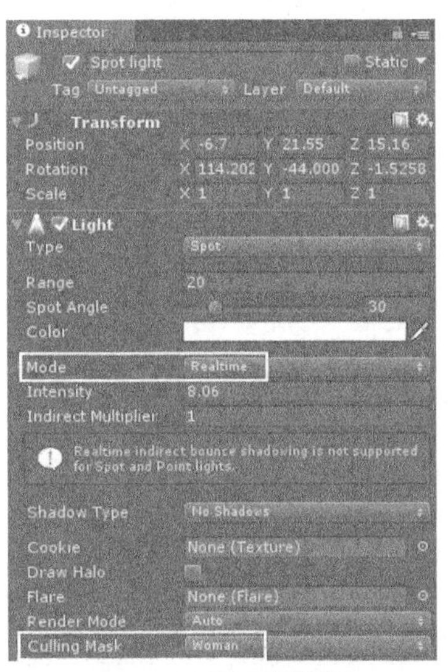


▲图 9-91 设置光照剔除

（9）创建音乐源。创建一个名为 Music 的空物体，右击，在弹出的快捷菜单中选择 Audio→Audio Source，添加一个声音源。在 Inspector 面板中设置 Audio Clip 为导入的音乐资源 Music1.mp3，选中 Play On Awake 和 Loop 复选框，具体如图 9-92 所示。

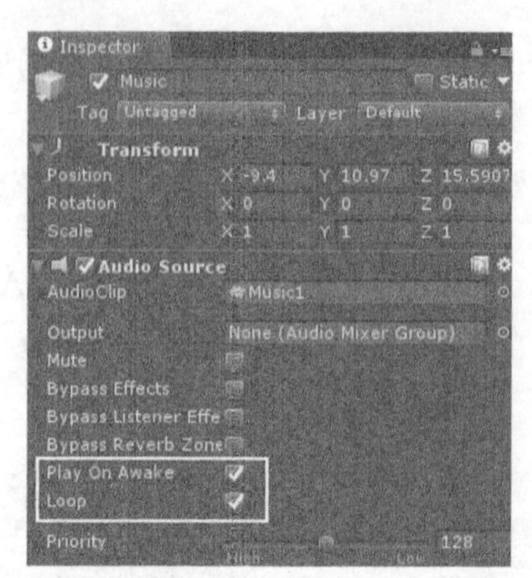


▲图 9-92　设置音乐源

（10）创建镜子。导入镜框模型 Mirrorframe.fbx 与镜面模型 Mirror.fbx。其中镜框的纹理贴图为 MirrorframePIC.jpg，在资源面板右击，在弹出的快捷菜单中选择 Create→Material，创建一个新的材质，并将其赋予镜面模型。最后将其位置摆放合适。场景的搭建就到此结束了。

**说明**　在第（4）步烘焙过程中，需要特别注意的是不要选中 Compress Lightmaps 复选框，否则很可能出现“波浪”问题；另外，该场景的窗户部分包含很多长方体，在开发时需要手动设置抗锯齿，从而使场景更加和谐。具体方法读者可自行上网查阅资料，这里不再赘述。

## 9.9.2　镜面着色器的开发

9.9.1 节介绍了场景的搭建，本节将介绍镜面着色器的开发。着色器是一种基于硬件开发的语言，由 GPU 处理，对画面的提升非常明显。该着色器的主要功能为将摄像机渲染出来的图片渲染到镜面上，具体创建步骤如下。

在资源列表中右击，在弹出的快捷菜单中选择 Create→Shader，创建一个着色器文件，并将其命名为 Mirror_1，将创建好的着色器拖曳到镜面游戏对象上。着色器具体代码如下。

代码位置：随书资源中源代码\第 9 章目录下的 Mirror_Text\Assets\text\Mirror_1.shader

```
1    Shader "Custom/Mirror_1" {
2      Properties {
3        _RefTex ("Reflection Tex", 2D) = "white" {}       //声明一个反射纹理
4      }
5      SubShader {                                         //子着色器
6        pass{                                             //通道
7          Tags{"LightMode"="Always"}                      //标签设置光照为永久光照
8          CGPROGRAM
9          #pragma vertex vert                             //定义顶点着色器
10         #pragma fragment frag                           //定义片元着色器
11         #include "UnityCG.cginc"                        //引用 Unity 自带的函数库
12         sampler2D _RefTex;                              //渲染出的目标纹理
13         float4x4 _ProjMat;                              //摄像机的内投影
14         struct v2f{                                     //定义一个结构体
15           float4 pos:SV_POSITION;                       //声明顶点位置
16           float4 texc:TEXCOORD0;                        //声明纹理
17       };
18       v2f vert(appdata_base v){                         //顶点着色器
19         float4x4 proj;                                  //声明一个矩阵
20         proj=mul(_ProjMat,_Object2World);               //将顶点转换到世界坐标的矩阵
21         v2f o;                                          //声明一个结构体对象
22         o.pos=mul(UNITY_MATRIX_MVP,v.vertex);           //转换为镜面坐标
23         o.texc=mul(proj,v.vertex);
```

```
24        return o;                                          //返回结构体
25      }
26      float4 frag(v2f i):COLOR{                            //片元着色器
27        float4 c = tex2Dproj(_RefTex,i.texc);              //获取顶点染色
28        return c;                                          //返回颜色
29      }
30    ENDCG                                                  //着色器结束
31  }}}
```

❑ 第1～4行声明着色器参数，这部分声明的参数会显示在着色器面板中。这里声明了一种反射纹理，以便下面代码使用。

❑ 第5～13行对着色器进行了一些设置，设置光照为永久光照。之后将Properties块中声明过的变量再声明一次作为着色器内部参数，相当于参数传递，将在Unity中传递进的参数赋值给着色器中的参数以供使用。

❑ 第14～17行声明了一个结构体v2f。v2f包含顶点位置和纹理信息。

❑ 第18～25行为顶点着色器，顶点着色器的主要工作是将顶点位置信息储存在结构体中的pos变量中。首先将物体的顶点坐标转换到世界坐标，然后使用投影矩阵，最后顶点在镜面上的位置投影会用来作为UV坐标，并用这些UV坐标来采样传入的摄像机渲染图。

❑ 第26～31行为表面着色器，它的主要工作就是利用tex2Dproj函数获取纹理的顶点颜色，然后返回最终的颜色结果，实现将一张图片渲染到镜面上的效果。

### 9.9.3 C#脚本的开发

本示例中包含了两个C#脚本，分别是控制摄像机根据手机滑动而移动的CameraRot.cs；以及生成镜像摄像机并将其拍摄到的画面储存下来进行加工，最后传到着色器中的MirrorText.cs。下面将对其进行一一介绍。

（1）在Inspector面板中右击，在弹出的快捷菜单中选择Create→C# Script，创建一个C#脚本，并将其命名为CameraRot.cs，然后把它挂载到摄像机Main Camera上。该脚本的主要功能是控制摄像机根据玩家手指的滑动而进行位移，具体代码如下。

代码位置：随书资源中源代码\第9章目录下的Mirror_Text\Assets\text\CameraRot.cs

```
1  using UnityEngine;
2  using System.Collections;
3  public class CameraRot : MonoBehaviour {
4    private Vector3 aimpos;                          //摄像机围绕选择的点坐标
5    private bool hdflag = true;                      //滑动标志位，true代表横向，false代表纵向
6    void Start () {
7      aimpos = new Vector3(-1.3f,7.4f,9.5f);         //初始化坐标
8      hdflag = true;                                 //初始化滑动标志位
9    }
10  void Update () {
11   if(Input.touchCount>0&&Input.GetTouch(0).phase==TouchPhase.Moved){
                                                      //如果发生触摸并且在移动
12     Vector2 touchDeltaPos = Input.GetTouch(0).deltaPosition;//储存手指的帧位移
13     if (Mathf.Abs(touchDeltaPos.x) > 10){          //横向滑动
14       hdflag = true;                               //更改滑动标志位
15     }else
16     if (Mathf.Abs(touchDeltaPos.y) > 10){          //纵向滑动
17       hdflag = false;                              //更改滑动标志位
18     }
19     if (hdflag){                                   //根据标志位进行摄像机旋转
20       transform.RotateAround(aimpos, Vector3.up, -1 * touchDeltaPos.x * 0.1f);
                                                      //使摄像机围绕aimpos旋转
21     }
22     else{                                          //若是手指上下滑动
23       if (transform.forward.x > -0.4f || transform.forward.x < -0.9f){
                                                      //若是摄像机视口范围大于界限
24         return;                                    //不进行缩放
```

```
25        }
26        if (transform.position.x > -4.5f && touchDeltaPos.y>0){
                                                //摄像机在缩放范围内且手指向上滑动
27          transform.Translate(new Vector3(0, 0, touchDeltaPos.y * 0.05f), Space.Self);
                                                //摄像机平移
28        }
29        if (transform.position.x < 3.6f && touchDeltaPos.y < 0){
                                                //摄像机在缩放范围内且手指向下滑动
30          transform.Translate(new Vector3(0, 0, touchDeltaPos.y * 0.05f), Space.Self);
                                                //摄像机平移
31      }}}
32      if(Input.GetKeyUp(KeyCode.Escape)){       //对手机返回按键进行监听
33        Application.Quit();                     //退出游戏
34  }}}
```

❑ 第 1～9 行为变量的声明与初始化。在这里声明了一个三维坐标 aimpos，它代表摄像机围绕旋转的点；一个记录手指滑动方式的标志位 hdflag，该标志位 true 代表横向滑动，false 代表纵向滑动。

❑ 第 10～18 行先识别出手指并且判断手指的触摸相位，若是相位为滑动中就存储手指的帧位移。再根据帧位移来判断出手指滑动的方向是上下滑动还是左右滑动，然后更改 hdflag。

❑ 第 19～31 行根据手指滑动标志位及手指滑动幅度（touchDeltaPos）来对摄像机进行旋转、平移。在这里还对摄像机的平移范围进行了限制，若是摄像机朝向偏离镜子太远，就不会进行平移。

❑ 第 32～34 行对 Android 手机上的硬件——返回按键进行监听，若是玩家单击了返回键就会退出游戏。

（2）前面介绍了示例中的 CameraRot.cs 脚本的开发，下面介绍示例中的另一个脚本——MirrorText.cs，它也是本示例的核心脚本。该脚本挂载在镜面上，其主要功能是在镜子后面的代码中生成一个镜像摄像机，并储存和修改摄像机拍下的画面，将其传给着色器，具体代码如下。

代码位置：随书资源中源代码\第 9 章目录下的 Mirror_Text\Assets\text\MirrorText.cs

```
1  using UnityEngine;
2  using System.Collections;
3  public class MirrorText : MonoBehaviour {
4    public RenderTexture refTex;                  //声明一张图片
5    public Matrix4x4 world2MirCam;                //镜像摄像机自身矩阵
6    public Matrix4x4 projM;                       //摄像机的投影矩阵
7    public Matrix4x4 cm;                          //镜像摄像机内的投影矩阵
8    public Matrix4x4 correction;                  //修正矩阵
9    private Camera mirrorCam;                     //镜像摄像机
10   private bool busy = false;                    //忙碌标志位，防止串线
11   void Start () {
12     if (mirrorCam){return;}                     //若是已经存在镜像摄像机，跳过
13     GameObject g = new GameObject("Mirror Camera");//创建一个名为 Mirror Camera 的物体
14     mirrorCam=g.AddComponent<Camera>();           //将创建的物体设置为摄像机
15     mirrorCam.enabled = false;                    //关闭 MirrorCamera
16     refTex = new RenderTexture(800,600,16);       //渲染纹理 16 为深度位数
17     refTex.hideFlags = HideFlags.DontSave;        //设置图片的隐藏标示
18     mirrorCam.targetTexture = refTex;             //设置摄像机渲染纹理
19     renderer.material.SetTexture("_RefTex", refTex);  //给着色器附加贴图
20     correction = Matrix4x4.identity;                  //标准化矩阵
21     correction.SetColumn(3, new Vector4(0.5f, 0.5f, 0.5f, 1f));    //设置矩阵第 4 列
22     correction.m00 = 0.5f;                        //重设矩阵中的第 1 个元素
23     correction.m11 = 0.5f;                        //重设矩阵中的第 12 个元素
24     correction.m22 = 0.5f;}                       //重设矩阵中的第 23 个元素
25    void OnWillRenderObject(){
26     if (busy){return;}                            //若是正在执行，则跳过
27     else{busy = true;}                            //若未在执行，则将标志位设置为 true
28     Camera cam = Camera.main;                     //获取主摄像机
29     mirrorCam.CopyFrom(cam);                      //将设置复制到 mirrorCam
30     mirrorCam.transform.parent = transform;       //将 mirrorCamera 设置为镜子的子物体
31     Camera.main.transform.parent = transform;     //设置主摄像机的父对象
32     Vector3 mirrpos = mirrorCam.transform.localPosition;        //记录镜像摄像机的位置
```

```
33      mirrpos.y *= -1;                                    //对位置做镜像
34      mirrorCam.transform.localPosition = mirrpos;       //重新设置镜像摄像机的位置
35      Vector3 rt = Camera.main.transform.localEulerAngles;       //记录主摄像机的角度
36      Camera.main.transform.parent = null;               //设置主摄像机的父对象为空
37      mirrorCam.transform.localEulerAngles = new Vector3(-rt.x,rt.y,-rt.z);
                                                            //镜像主摄像机的角度
38      float d = Vector3.Dot(transform.up, Camera.main.transform.position -
        transform.position) + 0.05f;
39      mirrorCam.nearClipPlane = d;                       //摄像机的剪裁平面
40      mirrorCam.targetTexture = refTex;                  //设置目标纹理
41      mirrorCam.Render();                                //渲染
42      Proj();                                            //矩阵转换
43      renderer.material.SetMatrix("_ProjMat", cm);      //设置着色器中的摄像机投影矩阵
44      busy = false;                                      //关闭忙碌标志位
45    }
46    void Proj(){
47      world2MirCam = mirrorCam.transform.worldToLocalMatrix;     //将世界矩阵转为自身矩阵
48      projM = mirrorCam.projectionMatrix;                //得到摄像机的投影矩阵
49      projM.m32 = 1;                                     //第 32 个数字
50      cm = correction * projM * world2MirCam;            //设置摄像机内投影矩阵
51    }
52    void Update () { renderer.material.SetTexture("_RefTex", refTex);}   //设置渲染纹理
53 }
```

- 第 1～10 行的主要功能为变量的声明。在这里声明了摄像机游戏对象、渲染图片及和摄像机有关的一系列矩阵。这些矩阵将在后面参与一系列的数学运算，这些运算会计算出着色器中需要的镜像摄像机内投影的矩阵。
- 第 11～24 行是对 Start 方法的重写。该方法的主要功能为创建出一个类型为 Camera 的游戏对象，设置其渲染出的纹理图的格式与参数，然后将渲染出的图片传给着色器。该方法还初始化了一个修改矩阵，将其设置为标准状态后修改其内部参数，使其更加符合需求。
- 第 25～37 行是对 OnWillRenderObject 方法的重写。这部分代码的主要功能是以镜面为中心镜像出了一个镜像摄像机，该摄像机的位置、角度都与主摄像机相反，在镜像的过程中用到了父子对象的转换，简化了计算难度。
- 第 38～45 行先计算出主摄像机距离镜面的距离，然后将该距离设置为镜像相机的近剪裁平面。然后指定摄像机的渲染目标纹理，调用 Proj 方法计算镜像摄像机内投影矩阵，并将其传到着色器中。
- 第 46～53 行先计算出摄像机的自身矩阵，再计算出摄像机的投影矩阵，其中 projM.m32 原本的值是-1，所以出来的像是反的，需要将其设置为 1 才可以得到正常的像。最后相乘得到摄像机的内投影矩阵。在 UpDate 方法中将渲染出的纹理送入着色器。

> **说明**
>
> OnWillRenderObject 方法在消隐过程中调用，在渲染所有被消隐的物体之前被调用。可以用该方法创建具有依赖性的渲染纹理，只有在被渲染的物体可见时才更新该渲染纹理。Proj 方法是作者自己开发的一套方法，主要功能是将物体坐标转换到摄像机内部坐标。

## 9.10 真实水面特效的开发

水面的光影特效一直是游戏开发中的重点和难点，由于真实的水面光影效果并非一成不变，而是根据水面的波动而实时地在适当位置产生高光及反射折射等光学变化的，因此一个真实而灵动的水面会对游戏的画面提升做出非常大的贡献。本节将通过一个示例向读者介绍如何从零开始制作一个真实的水面。示例截图如图 9-93 和图 9-94 所示。

▲图 9-93　示例截图 1

▲图 9-94　示例截图 2

### 9.10.1　基本原理

本小节介绍制作一个真实的水面特效所应用技术的基本原理，以便于读者理解后面小节中的代码逻辑。制作一个真实的水面特效大致需要 4 个步骤：凹凸贴图模拟细小波纹、改变网格顶点位置模拟水面波动、高光及反射效果加强水面光影效果和扰动反射贴图，具体情况如图 9-95 所示。

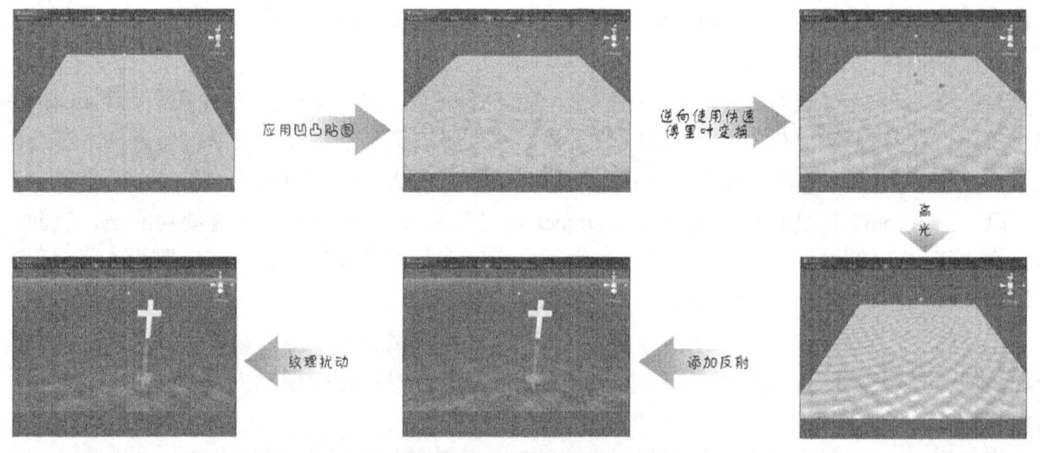

▲图 9-95　制作水面特效的基本步骤

图 9-95 介绍了制作水面特效的基本步骤，下面将对每个步骤所使用的关键技术的实现原理进行一一介绍，以便读者对本示例的开发有一个更深的理解。这些原理大部分都是在本示例中的着色器——Water_Shader.shader 中实现的，有兴趣的读者可以对照代码进行学习。

❑　凹凸贴图的使用

制作水面上的细小波纹应当使用凹凸贴图，凹凸贴图可以让一个平面模型在视觉上有凹凸起伏感。靠这种技术再加上在代码中对凹凸贴图进行实时的纹理偏移，就可以得到一个较为真实的细小水面波纹的效果。

❑　逆向使用快速傅里叶变换制作水面波动

快速傅里叶变换（FFT）定理的基本理论是任意形状的波形都可以使用若干个波长、波频不同的正弦波叠加得到，理论上正弦波的数量越多，得到的最终波形越真实。本示例使用快速傅里叶变换的逆向运用，即使用多个不同的正弦波进行叠加以得到类似水面波动的效果。

❑　添加高光

现实中的水面会对阳光、灯光等光源进行反射，达到局部高光的效果，在本示例中也可以使用着色器对其进行实现。该着色器自定义了一个高光反射的模型以计算入射光线和视线的中间平均值，即半角向量，然后使用它和法线计算出一个和视角相关的高光。

❑ 添加反射

水面的反射是本示例开发的重点，具体实现的原理是首先根据水平面做一个视口的主摄像机的镜像摄像机，然后将镜像摄像机拍下的反射图片处理后贴在水平面上。其具体步骤可以参考本示例中的 Mirror_3.cs 脚本的相关代码。

❑ 纹理扰动

将反射纹理应用到水面上后，细心的读者可能会发现这样的反射效果其实并不真实，由于水面是凹凸不平的，因此反射出来的图案并非像镜面反射一样，而是扭曲了的图案。在这里就要使用纹理扰动，根据法线方向进行扰动后得到的效果就和真实的水面非常相似了。扰动公式如下所示：

$$T_{x1} = T_{x0} + C_0 T_{x0} N_x$$
$$T_{y1} = T_{y0} + C_0 T_{y0} N_y$$

式中，$T_{x1}$、$T_{y1}$ 为扰动后反射纹理坐标分量；$T_{x0}$、$T_{y0}$ 为未扰动时的反射纹理坐标分量；$C_0$ 为扰动系数控制扭曲程度，对应着色器代码中的_PerturbationAmt 参数；$N_x$、$N_y$ 为对当前法线贴图进行查询得到的当前顶点的法向量。

### 9.10.2 场景的搭建

在制作水面特效前可以先搭建场景，若是读者觉得示例场景太烦琐，那么可以先简要搭建必要场景对象来进行水面的开发。场景必要的游戏模型只有水面模型 water_plane.fbx，将其拖到游戏场景中再加上合适的灯光就可以进行开发了。

本示例的场景搭建并非本节重点，所以笔者对其进行了封装。找到项目中根目录下的文件 Water_Model.unitypackage，双击打开导入面板，全选后单击 import 按钮进行导入。导入后将 Water_Model 预制件拖入场景中，再将做好的水平面摆放到合适的位置即可。

### 9.10.3 C#脚本的开发

9.10.1 节介绍了场景的搭建，本小节主要介绍示例中 C#脚本的开发。本示例中的 C#脚本主要完成的工作是让水平面游戏对象进行波动、模拟水面上较为剧烈的水波及提供水面反射纹理图。这两项功能分别由 Water_wave.cs 和 Mirror_3.cs 脚本实现。下面将对其一一介绍。

（1）Water_wave.cs 脚本挂载在水平面游戏对象 water_plane 上。该脚本的主要原理是先获取网格的每个顶点的引用，再根据逆向快速傅里叶算法更改每个顶点的位置，以实现波动的效果，具体代码如下。

代码位置：随书资源中源代码\第 9 章目录下的 WaterMirror_Text\Assets\Water\waterScript\Water_wave.cs

```
1    using UnityEngine;
2    using System.Collections;
3    public class Water_wave : MonoBehaviour {
4      private Vector3[] vertices;                          //顶点数组
5      private float mytime;                                //计时器
6      public float waveFrequency1 = 0.3f;                  //1 号波波频
7      public float waveFrequency2 = 0.5f;                  //2 号波波频
8      public float waveFrequency3 = 0.9f;                  //3 号波波频
9      public float waveFrequency4 = 1.5f;                  //4 号波波频
10     private Vector3 v_zero = Vector3.zero;               //零点位置
11     public float Speed = 1;                              //波速
12     private  int index1= 760;                            //1 号波起始顶点索引
13     private int index2 = 900;                            //2 号波起始顶点索引
14     private int index3 = 12000;                          //3 号波起始顶点索引
```

```
15    private Vector2 uv_offset = Vector2.zero;        //纹理偏移量
16    private Vector2 uv_direction = new Vector2(0.5f,0.5f);     //纹理偏移方向
17    void Start () {
18      vertices = GetComponent<MeshFilter>().mesh.vertices;     //获取网格顶点坐标数组值
19    }
20    void Update () {
21      mytime += Time.deltaTime*Speed;                          //开启计时器
22      for (int i = 0; i < vertices.Length;i++ ){               //遍历每个顶点
23        vertices[i] = new Vector3(vertices[i].x, FindHight(i), vertices[i].z);
                                                                 //调用方法计算顶点位置
24      }
25      GetComponent<MeshFilter>().mesh.vertices=vertices;       //使用更改后的顶点位置
26      uv_offset += (uv_direction * Time.deltaTime*0.1f);       //计算纹理偏移坐标
27      this.renderer.material.SetTextureOffset("_NormalTex", uv_offset);//设置纹理偏移
28      GetComponent<MeshFilter>().mesh.RecalculateNormals();    //重新计算法线
29    }
30    float FindHight(int i){
31      float H = 0;                                     //声明高度
32      float distance1= Vector2.Distance(new Vector2(vertices[i].x,vertices[i].z),v_zero);
                                                         //获取点到中心的距离
33      float distance2 = Vector2.Distance(new Vector2(vertices[i].x, vertices[i].z),
34        new Vector2(vertices[index1].x,vertices[index1].z));
                                                         //顶点距离 2 号波起始位置的距离
35      float distance3 = Vector2.Distance(new Vector2(vertices[i].x, vertices[i].z),
36        new Vector2(vertices[index2].x, vertices[index2].z)); //顶点距离 3 号波起始位置的距离
37      float distance4 = Vector2.Distance(new Vector2(vertices[i].x, vertices[i].z),
38        new Vector2(vertices[index3].x, vertices[index3].z)); //顶点距离 4 号波起始位置的距离
39      H  = Mathf.Sin((distance1) * waveFrequency1 * Mathf.PI + mytime) / 30; //设置顶点高度
40      H += Mathf.Sin((distance2) * waveFrequency2 * Mathf.PI + mytime) / 25; //设置顶点高度
41      H += Mathf.Sin((distance3) * waveFrequency3 * Mathf.PI + mytime) / 35; //设置顶点高度
42      H += Mathf.Sin((distance4) * waveFrequency4 * Mathf.PI + mytime) / 40; //设置顶点高度
43      return H;
44  }}
```

- 第 1～16 行的主要功能为变量声明，在这里声明了每个顶点的引用及逆向快速傅里叶算法所需要的 4 个正弦波的波频、波速及起始位置。最后声明了纹理偏移量和偏移方向，用于后面制作水平面上法线贴图的纹理偏移。
- 第 17～19 行对 Start 方法重写，该方法在场景加载时调用一次。该方法的主要功能为获取水平面的网格编辑器中的所有顶点的引用并将其储存在自己声明的数组——vertices 中。
- 第 20～29 行主要是对 Update 方法重写，该方法每帧调用一次。该方法的主要功能为遍历每个顶点，然后调用 FindHight 方法进行顶点高度的计算。最后根据计时器及纹理偏移方向计算出纹理偏移坐标并将其传入着色器。
- 第 30～44 行是自己开发的方法 FindHight，该方法接收顶点索引，然后计算出该顶点距离波动起始点的距离。再根据 Sin 函数计算出正弦波的高度并将其储存为 $H$。最后叠加 4 个波分别计算出来的 $H$，其结果为计算出的该点位置。

（2）前面介绍了 Water_wave.cs 脚本的开发，下面将介绍用于提供反射贴图的脚本 Mirror_3.cs。该脚本的主要功能是以水平面为中心镜像出一个摄像机，再将摄像机拍摄下的画面渲染到一张图片上后传给着色器，具体代码如下。

代码位置：随书资源中源代码\第 9 章目录下的 WaterMirror_Text\Assets\Water\waterScript\ Mirror_3.cs

```
1   public class Mirror_3 : MonoBehaviour{
2     public RenderTexture refTex;                    //声明一张图片
3     public Matrix4x4 correction;                    //修正矩阵
4     public Matrix4x4 projM;                         //摄像机的投影矩阵
5     Matrix4x4 world2ProjView;                       //镜像摄像机自身矩阵
6     public Matrix4x4 cm;                            //镜像摄像机内的投影矩阵
7     private Camera mirCam;                          //镜像摄像机
8     private bool busy = false;                      //忙碌标志位
9     void Start(){
10      if (mirCam) return;                           //若是场景中已经有镜像摄像机就跳过
```

```
11      GameObject g = new GameObject("Mirror Camera"); //创建一个镜像摄像机游戏对象
12      mirCam=g.AddComponent<Camera>();                //设置对象为摄像机属性
13      mirCam.enabled = false;                         //关闭摄像机
14      refTex = new RenderTexture(800, 600,16);        //设置反射图大小
15      refTex.hideFlags = HideFlags.DontSave;          //设置反射图属性
16      mirCam.targetTexture = refTex;                  //指定反射图
17      renderer.material.SetTexture("_MainTex", refTex); //将反射图传给着色器
18      correction = Matrix4x4.identity;                   //初始化修正矩阵
19      correction.SetColumn(3, new Vector4(0.5f, 0.5f, 0.5f, 1f));   //设置矩阵第 4 列
20      correction.m00 = 0.5f;                          //设置矩阵第 1 个参数
21      correction.m11 = 0.5f;                          //设置矩阵第 12 个参数
22      correction.m22 = 0.5f;                          //设置矩阵第 23 个参数
23    }
24    void Update(){renderer.material.SetTexture("_MainTex", refTex);}   //将反射图传给着色器
25    void OnWillRenderObject(){
26      if (busy) return;                               //若是正在执行就跳过
27      busy = true;                                    //否则设置正在执行状态
28      Camera cam = Camera.main;                       //获取场景中的主摄像机
29      mirCam.CopyFrom(cam);                           //将主摄像机的设置复制给镜像摄像机
30      mirCam.transform.parent = transform;            //设置镜像摄像机的父对象为水平面
31      Camera.main.transform.parent = transform;       //设置主摄像机的父对象为水平面
32      Vector3 mPos = mirCam.transform.localPosition   ;       //记录镜像摄像机的位置
33      mPos.y *= -1f;                                  //对位置做镜像
34      mirCam.transform.localPosition = mPos;          //设置镜像位置
35      Vector3 rt = Camera.main.transform.localEulerAngles;    //记录下主摄像机的朝向参数
36      Camera.main.transform.parent = null;            //将主摄像机的父对象设置为空
37      mirCam.transform.localEulerAngles = new Vector3(-rt.x, rt.y, -rt.z);
                                                        //对主摄像机的角度做镜像
38      float d = Vector3.Dot(transform.up, Camera.main.transform.position
39          -transform.position)+0.05f;                 //计算镜像摄像机到水平面的距离
40      mirCam.nearClipPlane=d;                         //设置镜像摄像机的近剪裁平面
41      Vector3 pos = transform.position;               //记录水平面的位置
42      Vector3 normal = transform.up;                  //记录水平面的法线方向
43      Vector4 clipPlane = CameraSpacePlane(mirCam, pos, normal, 1.0f);//计算剪裁平面
44      Matrix4x4 proj = cam.projectionMatrix;          //获取摄像机投影矩阵
45      proj=cam.CalculateObliqueMatrix(clipPlane);//计算倾斜矩阵
46      mirCam.projectionMatrix = proj;                 //指定摄像机的投影矩阵
47      mirCam.targetTexture = refTex;                  //指定渲染图片
48      mirCam.Render();                                //渲染
49      Proj();                                         //计算摄像机内投影矩阵
50      renderer.material.SetMatrix("_ProjMat", cm);        //传递摄像机内部投影矩阵到着色器
51      busy = false;                                       //关闭忙碌标志位
52    }
53  ……//以下省略一些代码，下面将详细介绍
54  }
```

- 第1～8行的主要功能为变量的声明，在这部分主要声明了反射图、矩阵、标志位及摄像机游戏对象等，以便于下面代码使用。
- 第9～23行对Start方法重写。该方法的主要功能为创建出一个类型为Camera的游戏对象并设置其渲染出的纹理图的格式与参数，然后将渲染出的图片传给着色器。该方法还初始化了一个修改矩阵，将其设置为标准状态后修改其内部参数，使其更加符合需求。
- 第24行对Update方法重写。该方法将反射摄像机拍下的反射图片refTex传递给水平面的着色器中的_MainTex参数，以供着色器使用。
- 第25～54行对OnWillRenderObject方法重写。该方法的主要功能是以镜面为中心镜像出了一个镜像摄像机，该摄像机的位置、角度都与主摄像机相反。在镜像的过程中用到了父子对象的转换，简化了计算的难度。同时还计算出了摄像机的剪裁平面。

（3）前面介绍了Mirror_3.cs脚本中的部分代码，下面将继续介绍该脚本中的剩余代码。本部分中的代码基本都是一些矩阵的变换方法，还有一些数据的处理方法，具体代码如下。

代码位置：随书资源中源代码\第 9 章目录下的 WaterMirror_Text\Assets\Water\waterScript\Mirror_3.cs

```
1   using UnityEngine;
2   using System.Collections;
3   public class Mirror_3 : MonoBehaviour{
4     ……//继续介绍 Mirror_3 的剩余代码
5     void Proj(){
6       world2ProjView = mirCam.transform.worldToLocalMatrix;   //将世界矩阵转为自身矩阵
7       projM = mirCam.projectionMatrix;                         //得到摄像机的投影矩阵
8       projM.m32 = 1f;                                  //修改投影矩阵第 3 行第 2 列的元素
9       cm = correction * projM * world2ProjView;         //设置摄像机内投影矩阵
10    }
11    private Vector4 CameraSpacePlane(Camera cam, Vector3 pos, Vector3 normal,
      float sideSign){
12      Vector3 offsetPos =pos + normal * -0.1f;          //偏移后的位置
13      Matrix4x4 m = cam.worldToCameraMatrix;            //从世界到摄像机空间的变换矩阵
14      Vector3 cpos = m.MultiplyPoint(offsetPos);        //经过矩阵变换后的位置
15      Vector3 cnormal = m.MultiplyVector(normal).normalized * sideSign;
                                                          //经过矩阵变换后的方向
16      return new Vector4(cnormal.x, cnormal.y, cnormal.z, -Vector3.Dot(cpos, cnormal));
                                                          //返回剪裁平面
17  }}
```

- 第 5～10 行的主要功能是先计算出摄像机的自身矩阵，再计算出摄像机的投影矩阵。其中 projM.m32 原本的值是-1，所以出来的像是反的，需要将其设置为 1 才可以得到正常的像。最后相乘得到摄像机的内投影矩阵。在 UpDate 方法中将渲染出的纹理送入着色器。
- 第 11～17 行的主要功能是计算水平面的位置，用于之后调用方法计算摄像机的剪裁平面使其只会拍摄到水面以上的部分。具体实现是先添加一个扰动量附加在水平面的位置上，使计算后的剪裁平面略低于水面。然后得到摄像机的变换矩阵，计算变换后的水面位置与法线方向，并返回。

**说明**　该脚本与 9.9 节中的反射脚本代码大体相似，增加部分只有计算镜像摄像机的剪裁平面。该计算使用到了 Camera.CameraSpacePlane(Vector4 clipPlan)方法，该方法会根据平面参数自动计算出一个投影矩阵。

### 9.10.4　镜面着色器的开发

9.10.3 节介绍了 C#脚本的开发，本小节将要介绍本示例中水面着色器的开发。该着色器包含的内容有：使用法线贴图、使用漫反射贴图、添加高光、添加半透明及添加法线扰动纹理图。通过对本小节的学习，读者应该能够更加了解着色器的开发技巧。

（1）下面介绍着色器的参数声明和结构体定义部分。在这部分代码中，开发人员首先定义了顶点着色器和表面着色器需要用的变量。然后定义了一个结构体，该结构体带有贴图的 UV 及顶点位置等信息。最后定义了一个自定义光照模型，具体代码如下。

代码位置：随书资源中源代码\第 9 章目录下的 WaterMirror_Text\Assets\Water\waterScript\ Water_Shader.shader

```
1   Shader "Custom/Water_Shader" {
2     Properties {
3       _MainTint("Diffuse Tint",Color) = (1,1,1,0)              //反射纹理色调
4       _MainTex ("Base (RGB)", 2D) = "white" {}                 //反射纹理
5       _BackTint("Back Tint",Color) = (1,1,1,0)                 //背景纹理色调
6       _BackTex("Background",2D)="white" {}                     //背景纹理
7       _SpecColor("Specular Color",Color)=(1,1,1,1)             //高光颜色
8       _SpecPower("Specular Power",Range(0.5,100))=3            //高光强度
9       _NormalTex("Normal Map",2D)="bump"{}                     //法线贴图
```

```
10      _TransVal("Transparecy Value",Range(0,1))=0.5           //透明度
11      _PerturbationAmt  ("Perturbation Amt", range (0,1)) = 1 //扰动参数
12    }
13    SubShader {
14      Tags {"Queue"="Transparent-20" "RenderType"="Opaque" } //在透明之前，要确保渲染顺序
15      CGPROGRAM
16      #pragma surface surf CustomBlinnPhong vertex:vert alpha  //顶点着色器方法
17      #pragma target 3.0
18      #include "UnityCG.cginc"
19      sampler2D _MainTex;                         //主纹理
20      sampler2D _NormalTex;                       //法线图
21      sampler2D _BackTex;                         //背景色
22      float _SpecPower;                           //高光强度
23      float4 _MainTint;                           //主颜色
24      float4 _BackTint;                           //背景色
25      float _TransVal;                            //透明度
26      float4x4 _ProjMat;                          //摄像机投影矩阵
27      float _PerturbationAmt;                     //扰动参数
28      struct Input {
29        float2 uv_MainTex;                        //反射纹理 UV
30        float2 uv_NormalTex;                      //法线纹理 UV
31        float4 pos;                               //顶点位置
32        float4 texc;                              //扰动后的纹理坐标
33        INTERNAL_DATA
34      };
35      inline fixed4 LightingCustomBlinnPhong(SurfaceOutput s,fixed3 lightDir,
        half3 viewDir,fixed atten){
36        float3 halfVector = normalize(lightDir+viewDir);       //半角向量
37        float diff = max(0,dot(s.Normal,lightDir));            //对漫反射的计算
38        float nh = max(0,dot(s.Normal,halfVector));            //高光部分
39        float spec= pow(nh,_SpecPower)*_SpecColor;             //计算高光强度
40        float4 c;                                              //声明一个颜色
41        c.rgb=(s.Albedo*_LightColor0.rgb*diff)+(_LightColor0.rgb
42          *_SpecColor.rgb*spec)*(atten*2);                     //高光颜色
43        c.a=s.Alpha;                                           //设置透明度
44        return c;                                              //返回颜色
45      }
46      ……//以下省略一些代码，下面将详细介绍
47      ENDCG
48    }
49    FallBack "Diffuse"
50  }
```

- 第 1～12 行为着色器参数声明，在这部分声明的参数会在着色器面板中看到相应的 UI。这里声明了 3 种纹理图及对应的色调，还有透明度、高光强度、扰动强度等一系列强度因数，以便下面的代码使用。
- 第 13～27 行添加了一个 SubShader，并将渲染顺序改为在透明物体渲染前渲染。之后将 Properties 块中声明过的变量再声明一次作为着色器内部参数，这种再次声明变量的操作相当于参数的传递，将在 Unity 中传递进的参数赋值给着色器中的参数以供使用。
- 第 28～45 行首先声明了一个结构体 Input，里面带有贴图的 UV 及顶点位置；然后声明了一个自定义光照模型——LightingCustomBlinnPhong，得到了入射光线和视线的中间平均值；即半角向量；接下来使用它和法线计算出一个和视角相关的高光。

（2）前面介绍了 Water_Shader.Shader 脚本中的部分代码，下面将继续介绍该脚本中的剩余代码。本部分的代码主要是着色器中的顶点着色器和表面着色器，具体代码如下。

代码位置：随书资源中源代码\第 9 章目录下的 WaterMirror_Text\Assets\Water\waterScript\ Water_Shader.shader

```
1     void vert (inout appdata_full v,out Input o) {
2       UNITY_INITIALIZE_OUTPUT(Input,o);              //声明结构体 o
3       o.pos=v.vertex;                                //设置 pos 参数为该顶点位置
4     }
```

```
5       void surf (Input IN, inout SurfaceOutput o) {
6         float4x4 proj=mul(_ProjMat,_Object2World);  //摄像机投影矩阵转到世界矩阵
7         IN.texc=mul(proj,IN.pos);                     //使用 proj 矩阵转换顶点坐标
8         float4 c_Back = tex2D(_BackTex,IN.uv_MainTex);     //背景贴图采样
9         float3 normalMap=UnpackNormal(tex2D(_NormalTex,IN.uv_NormalTex));// 采样法线图
10        half2 offset=IN.texc.rg/IN.texc.w;                 //原纹理坐标
11        offset.x=offset.x+_PerturbationAmt*offset.x*normalMap.x;   //根据法线扰动后的纹理坐标 X
12        offset.y=offset.y+_PerturbationAmt*offset.y*normalMap.y;   //根据法线扰动后的纹理坐标 Y
13        float4 c_Main = tex2D(_MainTex,offset)*_MainTint;        //反射纹理采样
14        float3 finalcolor=lerp(c_Back,c_Main,0.7).rgb*_BackTint; //最终颜色
15        o.Normal=normalize(normalMap.rgb+o.Normal.rgb);         //设置片元法线
16        o.Specular= _SpecPower;                                 //设置高光强度
17        o.Gloss=1.0;                                            //设置自发光强度
18        o.Albedo=finalcolor;                                    //设置反射颜色
19        o.Alpha=(c_Main.a*0.5+0.5)*_TransVal;                  //设置透明度
20      }
```

- 第 1～4 行为顶点着色器代码。在顶点着色器中的工作是将顶点位置信息储存在结构体中的 pos 变量中。
- 第 5～20 行为表面着色器代码。在表面着色器中的工作是为水面添加反射贴图、背景贴图及法线贴图，同时设置水面的高光强度及透明度。在反射贴图中使用法线扰动贴图坐标，可以达到模拟水面波纹干扰的效果。

## 9.11 本章小结

本章主要介绍了 Unity 中实现光影效果的相关技巧，讲解了 Unity 中与光影效果相关组件的基本应用。通过本章的学习，读者应该对 Unity 的光影系统有一定的了解，能初步完成对游戏场景的优化，为以后搭建复杂、真实的大型游戏场景打下坚实的基础。

最后，本章通过两个生活中常见的光影效果示例，对前面讲解的一些基础知识进行了应用和实践。希望通过这些示例的编写与开发，读者能够顺利地掌握使用这些基本光影组件。

# 第 10 章　模型与动画

本章将对 Unity 中模型的网格概念及新旧动画系统进行介绍。通过本章的学习，读者将会对网格的使用有所了解，并能够使用最新的 Mecanim 动画系统制作出更加自然、连贯的角色动画，增强游戏的真实性和可玩性。

## 10.1 3D 模型的导入

3D 模型是构成游戏场景的主要元素，这些模型通过三维软件来制作。Unity 几乎支持所有主流的 3D 模型文件格式，如.fbx、obj 等格式。美工或者开发人员在 3ds Max、Maya 等 3D 建模软件中制作并导出的模型文件添加到项目资源文件夹后，Unity 会刷新资源列表，显示在 Assets 面板中以供使用。

### 10.1.1　主流 3D 建模软件简介

本小节将介绍一些当前主流的 3D 建模软件，这些软件广泛应用于模型制作、工业设计、建筑设计、三维动画制作等各个领域，每款软件都拥有自己擅长的功能及专有的文件格式。正是因为由这些专业的软件来完成建模工作，Unity 才得以展现出丰富的游戏场景及真实的角色动画。目前主流的 3D 建模软件有如下几款。

- Autodesk 3D Studio Max

Autodesk 3D Studio Max，简称 3ds Max 或 Max，是 Discreet 公司开发的（后被 Autodesk 公司合并）基于 PC 系统的三维动画渲染和制作软件。其前身是基于 DOS 操作系统的 3D Studio 系列软件。在 Windows NT 出现以前，工业级的 CG 制作被 SGI 图形工作站所垄断。3ds Max + Windows NT 组合的出现一下子降低了 CG 制作的门槛。它首先运用在计算机游戏中的动画制作，后更进一步开始参与影视片的特效制作，如《X 战警 II》《最后的武士》等。在 Discreet 3Ds max 7 后，它正式更名为 Autodesk 3ds Max，最新版本是 3ds Max 2016。

3ds Max 目前支持的操作系统为 Windows（64 位）。

- Autodesk Maya

Autodesk Maya 是美国 Autodesk 公司出品的世界顶级的三维动画软件，应用对象是专业的影视广告、角色动画、电影特技等。Maya 功能完善，工作灵活，易学易用，制作效率极高，渲染真实感极强，是电影级别的高端制作软件。

Maya 集成了 Alias、Wavefront 最先进的动画及数字效果技术。它不仅包括一般三维和视觉效果制作的功能，而且还与最先进的建模、数字化布料模拟、毛发渲染、运动匹配技术相结合。Maya 可在 Windows NT 与 SGI IRIX 操作系统上运行。在目前市场上用来进行数字和三维制作的工具中，Maya 是首选解决方案。

Maya 目前支持的操作系统为 Windows（64 位）、Linux、Mac OS X。

❑ Cinema 4D

Cinema 4D 是由德国 Maxon Computer 公司开发的三维软件，应用广泛，在广告、电影、工业设计等方面都有出色的表现。它以极高的运算速度和强大的渲染插件著称，很多模块的功能在同类软件中代表了科技进步的成果，并且在各类电影中表现突出。它技术越来越成熟，也受到越来越多的电影公司的重视，如花鸦三维影动研究室的中国工作人员使用 Cinema 4D 制作了影片《阿凡达》中部分场景，能被应用于这样的大片，说明 Cinema 4D 的表现是很优秀的。它正成为许多一流艺术家和电影公司的首选，Cinema 4D 已经走向成熟。

Cinema 4D 目前支持的操作系统为 Windows、Mac OS X。

❑ Blender

Blender 是一款开源的跨平台全能三维动画制作软件，提供建模、动画、材质、渲染、音频处理、视频剪辑等一系列动画短片制作的解决方案。Blender 拥有在不同工作条件下方便使用的多种用户界面，内置绿屏抠像、摄像机反向跟踪、遮罩处理、后期节点合成等高级影视解决方案。同时还内置卡通描边（FreeStyle）和基于 GPU 技术的 Cycles 渲染器。

Blender 以 Python 为内建脚本，支持多种第三方渲染器。Blender 为全世界的媒体工作者和艺术家而设计，可以被用来进行 3D 可视化，同时也可以创作广播和电影级品质的视频。另外，内置的实时 3D 游戏引擎让制作独立回放的 3D 互动内容成为可能。

Blender 目前支持的操作系统为 Windows、Linux、Mac OS X 等所有主流操作系统。

❑ Cheetah3D

Cheetah3D 是 Mac 操作系统下的一款非常专业的 3D 建模和渲染软件。Cheetah3D 提供了高效率的角色动画工具，并提供了功能强大的多边形建模、可编辑细分曲面和 HDRI 渲染。使用 Cheetah3D 可以轻松完成模型创建、角色动画等工作。

Cheetah3D 目前支持的操作系统为 Mac OS X。

❑ Lightwave

Lightwave 是一款具有悠久历史的重量级 3D 软件。LightWave3D 从有趣的 AMIGA 开始，发展到今天的 11.5 版本，已经成为一款功能非常强大的三维动画软件。它被广泛应用在电影、电视、游戏、网页、广告、印刷、动画等各领域。

Lightwave 目前支持的操作系统为 Windows 98/NT/2000/Me、Mac OS 9/Xp、Win 7。

### 10.1.2 Unity 与建模软件单位的比例关系

Unity 默认的系统单位为米，如在 Unity 中新建一个 Cube 游戏对象，其长、宽、高都是一个单位，即 1m。但 3D 建模软件默认的系统单位并不都是米，为了让模型可以按照理想的尺寸导入 Unity，就需要调整建模软件的系统单位或者尺寸。

在 3D 建模软件中，应尽量使用“米”制单位。表 10-1 展示了建模软件的系统单位在设置成“米”制单位后，与 Unity 系统单位的对应比例。

表 10-1　常用建模软件与 Unity 的单位比例关系

| 建模软件 | 建模软件内部“米”制尺寸（m） | 导入 Unity 中的尺寸（m） | 与 Unity 单位的比例关系 |
|---|---|---|---|
| 3ds Max | 1 | 0.01 | 100∶1 |
| Maya | 1 | 100 | 1∶100 |
| Cinema 4D | 1 | 100 | 1∶100 |
| LightWave | 1 | 0.01 | 100∶1 |

以 3ds Max 为例，如果想要模型能够直接按照理想的尺寸导入 Unity，则需要进行相关参数的

设置，具体步骤如下：

（1）打开 3ds Max 软件，选择“自定义”→“单位设置”，如图 10-1 所示。

（2）在弹出的“单位设置”对话框中，将“显示单位比例”下的“公制”设置为“厘米”，如图 10-2 所示。

（3）单击“系统单位设置”按钮，在弹出的“系统单位设置”对话框中将单位设置为“厘米”，如图 10-3 所示。

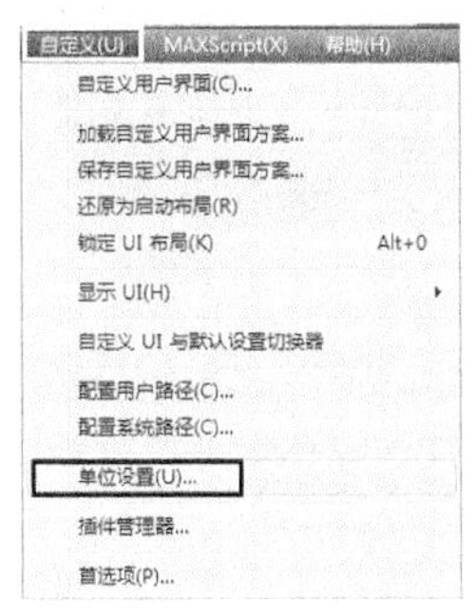


▲图 10-1　选择“单位设置”

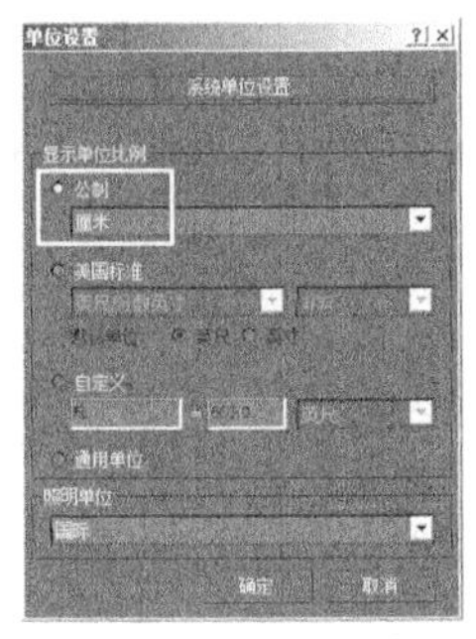

▲图 10-2　设置显示单位比例

▲图 10-3　设置系统单位比例

## 10.1.3　将 3D 模型导入 Unity

通过前面小节对建模软件及比例关系的介绍，读者应该对 Unity 的相关建模工作有了清楚的认识。在 Unity 开发过程中，将模型导入 Unity 是很重要的一步。下面将以 3ds Max 为例，为读者演示从建模到将模型导入 Unity 的过程，具体步骤如下：

（1）打开 3ds Max，单击右侧“标准基本体”中“茶壶”按钮，在场景中创建一个茶壶模型，如图 10-4 所示。这时就完成了一个简单的建模工作。

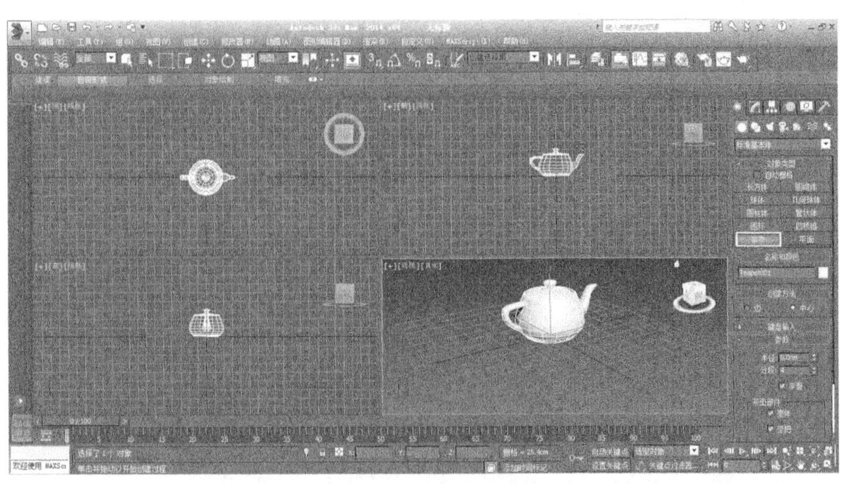

▲图 10-4　创建茶壶模型

（2）选择 3ds Max 标志→“导出”→“导出”，如图 10-5 所示。弹出“选择要导出的文件”对话框，如图 10-6 所示，选择导出路径并为导出文件命名，选择保存类型为.FBX，单击“保存”按钮。

（3）弹出“FBX 导出”对话框，如图 10-7 所示。在“高级选项”→“单位”中可以看到，场景单位转化自动选择为“厘米”。这是因为在 10.1.2 小节中修改了 3ds Max 的系统单位，这样导出的模型在导入 Unity 后，尺寸才是不变的。单击“确定”按钮，完成导出工作。

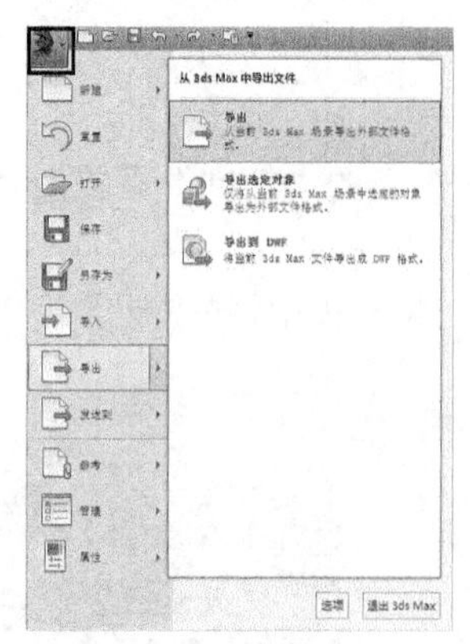

▲图 10-5　选择“导出”

▲图 10-6　“选择要导出的文件”对话框

（4）将导出的模型导入 Unity 中。选择 Assets→Import New Assets，弹出 Import New Asset 对话框，如图 10-8 所示。按照刚才的导出路径找到并选中模型，单击 Import 按钮，完成导出。此时 Unity 的 Assets 面板中就会出现创建的茶壶了，如图 10-9 所示。

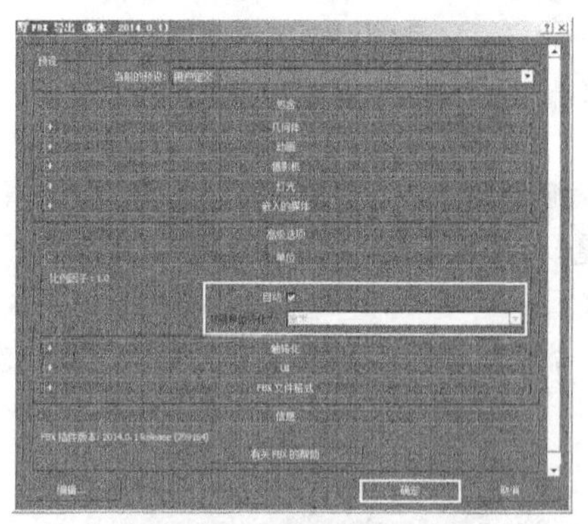

▲图 10-7　“FBX 导出”对话框

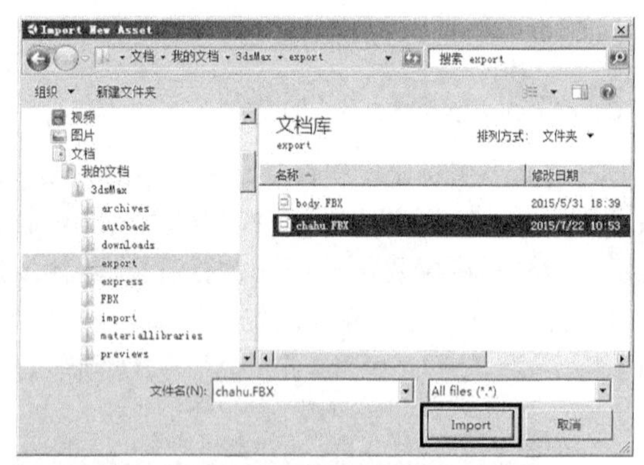

▲图 10-8　Import New Asset 对话框

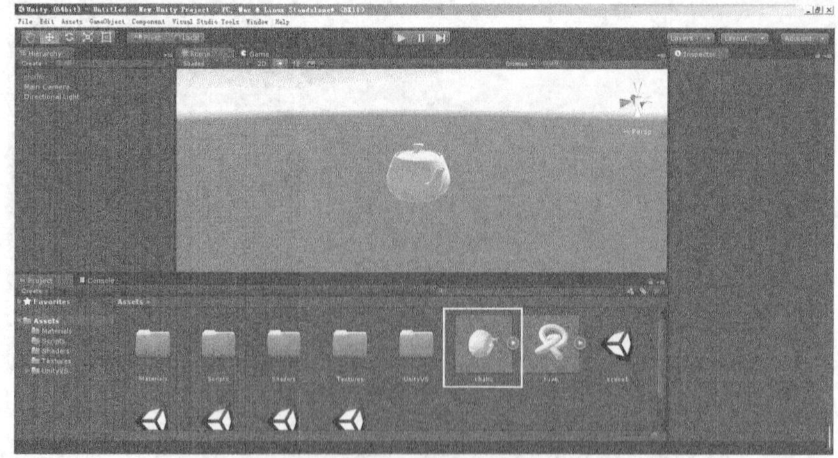

▲图 10-9　Unity 场景中的茶壶模型

## 10.2 Mesh

本节主要介绍 Mesh（网格）的相关知识。Unity 提供了一个 Mesh 类，允许通过脚本来创建和修改 meshes 的类。通过 Mesh 类生成或修改物体的网格，能够做出非常酷炫的物体变形特效。通过本节的学习，读者将对 Mesh 有较好的理解和掌握。

### 10.2.1 网格过滤器

网格过滤器（Mesh Filter）从资源中获取网格并将其传递给网格渲染器（Mesh Renderer），用于在屏幕上渲染。网格过滤器有一个重要的属性——Mesh，它用于储存物体的网格数据。在导入模型资源时，Unity 会自动创建一个网格过滤器，如图 10-10 所示。

▲图 10-10 网格过滤器

### 10.2.2 Mesh 属性和方法简介

10.2.1 节介绍了网格过滤器，该组件中有一个重要的属性 Mesh，此属性是网格过滤器实例化时对应模型的网格。Mesh 中有一些用于储存物体的网格数据的属性和生成或修改物体网格的方法，下面将对这些属性和方法进行详细介绍。

（1）Mesh 中有一些用于存储物体的网格数据的属性，这些属性主要用于存储网格各种数据的数组，如表 10-2 所示。

表 10-2 Mesh 属性

| 属性 | 含义 |
|---|---|
| vertices | 网格的顶点数组 |
| normals | 网格的法线数组 |
| tangents | 网格的切线数组 |
| uv | 网格的基础纹理坐标 |
| uv2 | 如果存在，这是为网格设定的第二个纹理坐标 |
| bounds | 网格的包围体 |
| colors | 网格的顶点颜色数组 |
| triangles | 包含所有三角形顶点索引的数组 |
| vertexCount | 网格中顶点的数量（只读的） |
| subMeshCount | 子网格的数量。每种材质都有一个独立的网格列表 |
| boneWeights | 每个顶点的骨骼权重 |
| bindposes | 绑定的姿势。每个索引绑定的姿势使用具有相同索引的骨骼 |

（2）Mesh 中有生成或修改物体网格的方法，这些方法主要用于设置储存网格各种数据的数组，如表 10-3 所示。

表 10-3 Mesh 方法

| 方法 | 含义 |
|---|---|
| Clear | 清空所有顶点数据和所有三角形索引 |
| RecalculateBounds | 重新计算从网格包围体的顶点 |
| RecalculateNormals | 重新计算网格的法线 |
| Optimizc | 显示优化的网格 |
| GetTriangles | 返回网格的三角形列表 |
| SetTriangles | 为网格设定三角形列表 |
| CombineMeshes | 组合多个网格到同一个网格 |

### 10.2.3　Mesh 的使用

Mesh 包括顶点和多个三角形数组。三角形数组仅是顶点的索引数组，每个三角形包含 3 个索引。每个顶点可以有一条法线、两个纹理坐标，还有颜色和切线。虽然这些是可选的，但是也可以删除。所有的顶点信息都被储存在单独的同等规格的数组中。

通过为顶点数组和三角形数组赋值来新建一个网格。通过获取顶点数组、修改这些数据并把这些数据放回网格来改变物体形状。在赋予新的顶点值和三角形索引值之前调用 Clean 函数是非常重要的，Unity 总是检查三角形的索引值，判断它们是否超出边界。

### 10.2.4　使用 Mesh 使物体变形示例

前面简单介绍了网格 Mesh 的相关知识，相信读者对使用 Mesh 创建和修改网格有了一定的了解。本小节将通过一个使用 Mesh 使物体变形的示例来让读者对于 Mesh 的使用有一个更加明确的认识。示例的设计目的是控制物体变形，具体操作步骤如下：

（1）新建一个场景。选择 File→New Scene，创建一个场景。按 Ctrl+S 快捷键保存该场景，并将其命名为 text。

（2）创建地形。创建地形的方法读者可参考本书关于地形创建的章节，这里不再重复介绍。

（3）添加光源。选择 GameObject→Create Other→Directional Light，自动创建一个平行光光源。调整其位置和角度，使其能够照亮场景，具体参数如图 10-11 所示。

（4）创建水。右击 Assets 文件夹，在弹出的快捷菜单中选择 Import Package，弹出 Importing Package 对话框，选择 Water(Pro Only)，导入标准水资源包，然后拖曳 Daylight Water 到场景中，如图 10-12 所示。

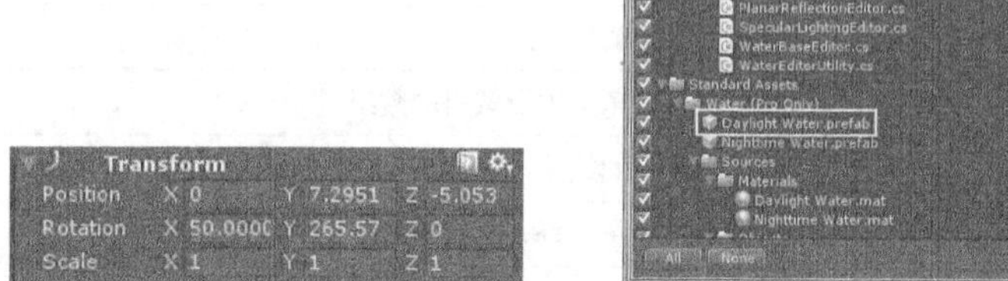


▲图 10-11　设置光源的位置和角度

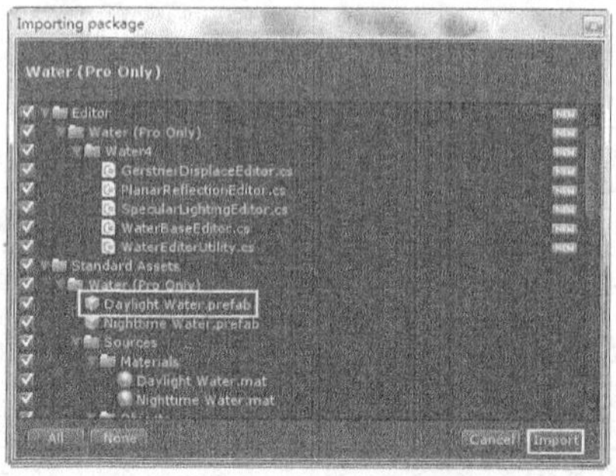

▲图 10-12　导入标准水资源包

（5）创建两个空对象，将其命名为 zhang 和 sanjiao。选择 GameObject →Create Empty，创建空对象，如图 10-13 所示。为两个空对象添加网格过滤器，具体步骤为选中对象，选择 Component→Mesh→Mesh Filter，如图 10-14 所示。

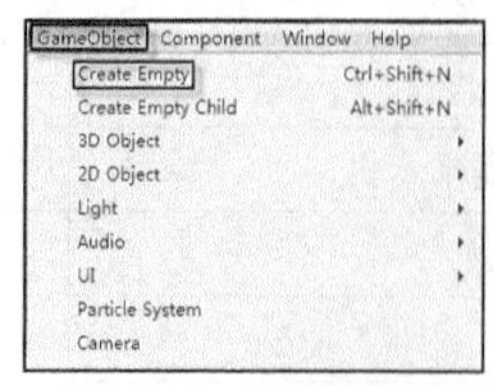


▲图 10-13　创建空对象

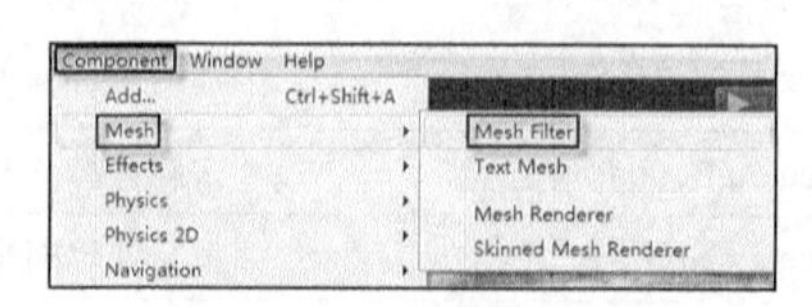


▲图 10-14　添加网格过滤器

（6）为两个空对象的网格过滤器设置网格属性。将 Assets\Meshes 文件夹下的 sanjiao.fbx 和 zhang.fbx 模型文件中的网格 Box01 分别拖曳到 sanjiao 和 zhang 对象的网格过滤器的 Mesh 属性中，如图 10-15 所示。

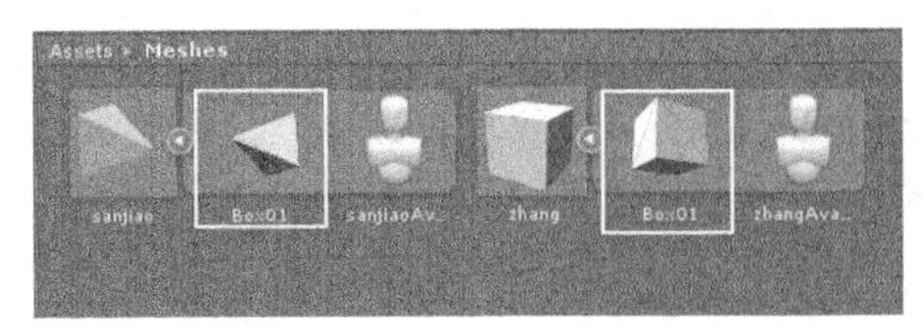

▲图 10-15　模型文件中的网格 Box01

（7）创建一个空对象，并命名为 g1，设置该对象的位置和角度，具体参数如图 10-16 所示。为 g1 对象添加网格渲染器，具体步骤为选中对象，选择 Component→Mesh→Mesh Renderer，如图 10-17 所示。

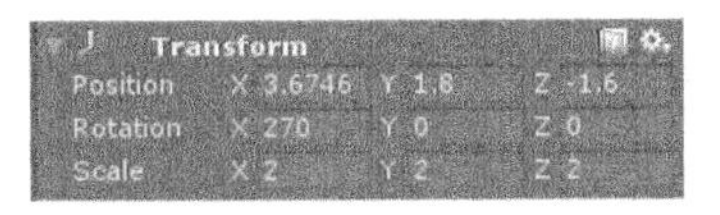

▲图 10-16　设置 g1 对象的位置和角度

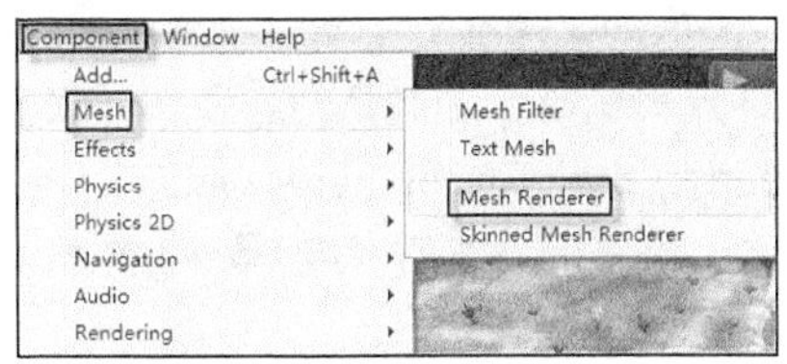

▲图 10-17　添加网格渲染器

（8）为 g1 对象添加纹理。将 Assets\Textures 文件夹下的 wenli.tga 纹理文件拖曳到 g1 对象上，这时 g1 对象的网格渲染器的 material 属性就设置为 wenli 材质，如图 10-18 所示。然后按照相同的方法再创建 5 个对象，场景中的对象如图 10-19 所示。

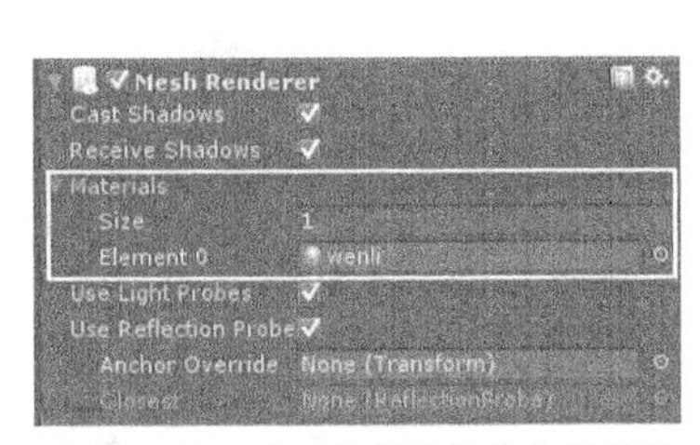

▲图 10-18　g1 对象的网格渲染器属性

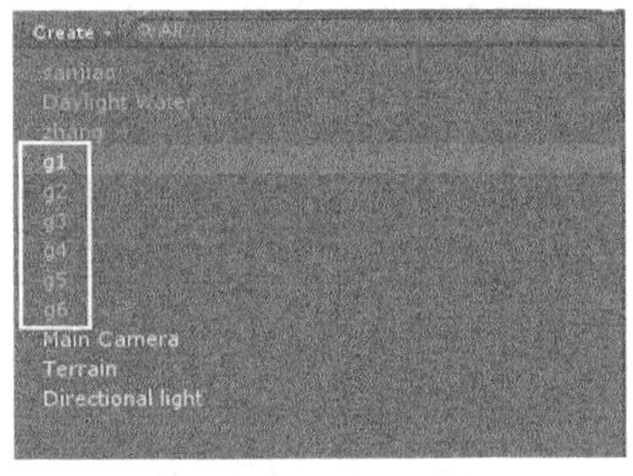

▲图 10-19　场景中的对象

（9）右击 script 文件夹，在弹出的快捷菜单中选择 Create→C# Script，创建脚本，将其命名为 XiFen.cs。双击打开脚本，开始 XiFen.cs 脚本的编写，本脚本主要用于控制物体变形，具体代码如下。

代码位置：随书资源中源代码\第 10 章目录下的 Mesh\Assets\Script\XiFen.cs

```
1    using UnityEngine;
2    using System.Collections;
3    using System.Collections.Generic;
4    public class XiFen : MonoBehaviour {
5      Mesh mesh;                                   //物体的网格对象
6      int time;                                    //用于记录时间
7      public GameObject[] g;                       //包含网格的对象数组
8      Mesh[] m;                                    //网格对象数组
9      public List<Vector3> vertice;                //网格的顶点数组
10     public List<int> triangle;                   //包含所有三角形顶点索引的数组
11     public List<Vector2> uv;                     //网格的基础纹理坐标
12     public List<Vector3> normal;                 //网格的法线数组
13     public List<Vector4> tangent;                //网格的切线数组
14     bool bian = true;                            //物体一次变形是否完成
15     int s=0;                                     //物体变形形状标志位
16     void Start(){
17       ……//此处省略了对 Start 方法的重写，下面将详细介绍
18     }
19     void Update () {
20       ……//此处省略了对 Update 方法的重写，下面将详细介绍
21   }}
```

❑ 第 5～8 行声明变量，主要声明了物体的网格对象、包含网格的对象数组及网格对象数组等变量。在下面控制物体变形的代码中会用到这些变量。

❑ 第 9～15 行声明变量，主要声明了用于储存网格数据的各个数组及物体一次变形是否完成标志位和物体变形形状标志位。

❑ 第 16～18 行实现了 Start 方法的重写，该方法在游戏加载时执行，其主要功能是游戏加载时细化物体的网格。此处省略了具体代码，后面将详细介绍。

❑ 第 19～21 行实现了 Update 方法的重写，该方法系统每帧调用一次，其主要功能是通过不断改变网格数据来使物体不断变形。此处省略了具体代码，后面将详细介绍。

（10）在 XiFen.cs 脚本中，通过场景加载时系统调用的 Start 方法来实现细化物体的网格。在 Start 方法中首先声明了一个网格对象数组，然后遍历数组，对网格对象中的顶点进行变形，从而使整个模型变形。Start 方法的具体代码如下。

代码位置：随书资源中源代码\第 10 章目录下的 Mesh\Assets\Script\XiFen.cs

```
1   void Start(){
2     m = new Mesh[2];                                              //实例化网格对象数组
3     for (int a = 0; a < g.Length; a++){
4       for (int j = 0; j < 2; j++){
5         vertice = new List<Vector3>();                            //实例化网格的顶点数组
6         triangle = new List<int>();                               //实例化三角形顶点索引的数组
7         uv = new List<Vector2>();                                 //实例化纹理坐标数组
8         normal = new List<Vector3>();                             //实例化网格的法线数组
9         tangent = new List<Vector4>();                            //实例化网格的切线数组
10        m[a] = g[a].GetComponent<MeshFilter>().mesh;              //获取物体网格对象
11        if (m[a].vertexCount > 100){                              //如果顶点数大于 100
12          break;                                                  //不再细化
13        }
14        for (int i = 0; i < m[a].triangles.Length / 3; i++){
15          Vector3 te1 = m[a].vertices[m[a].triangles[i * 3]];//获取三角形第 1 个顶点坐标
16          Vector3 te2 = m[a].vertices[m[a].triangles[i * 3 + 1]];//获取三角形第 2 个顶点坐标
17          Vector3 te3 = m[a].vertices[m[a].triangles[i * 3 + 2]];//获取三角形第 3 个顶点坐标
18          Vector3 te4 = Vector3.Lerp(te1, te2, 0.5f);             //插值出第 4 个顶点坐标
19          Vector3 te5 = Vector3.Lerp(te2, te3, 0.5f);             //插值出第 5 个顶点坐标
20          Vector3 te6 = Vector3.Lerp(te3, te1, 0.5f);             //插值出第 6 个顶点坐标
21          ……//此处省略了将顶点添加到顶点数组和缠绕三角形的代码，读者可以自行翻看随书源代码
22          Vector2 u1 = m[a].uv[m[a].triangles[i * 3]];      //获取三角形第 1 个顶点纹理坐标
23          Vector2 u2 = m[a].uv[m[a].triangles[i * 3 + 1]];//获取三角形第 2 个顶点纹理坐标
24          Vector2 u3 = m[a].uv[m[a].triangles[i * 3 + 2]];//获取三角形第 3 个顶点纹理坐标
25          Vector2 u4 = Vector2.Lerp(u1, u2, 0.5f);                //插值出第 4 个顶点纹理坐标
26          Vector2 u5 = Vector2.Lerp(u2, u3, 0.5f);                //插值出第 5 个顶点纹理坐标
27          Vector2 u6 = Vector2.Lerp(u3, u1, 0.5f);                //插值出第 6 个顶点纹理坐标
28          ……//此处省略了将顶点纹理坐标添加到纹理坐标数组的代码，读者可以自行翻看随书源代码
29          Vector3 n1 = m[a].normals[m[a].triangles[i * 3]];   //获取三角形第 1 个顶点法线
30          Vector3 n2 = m[a].normals[m[a].triangles[i * 3 + 1]];//获取三角形第 2 个顶点法线
31          Vector3 n3 = m[a].normals[m[a].triangles[i * 3 + 2]];//获取三角形第 3 个顶点法线
32          Vector3 n4 = Vector3.Lerp(n1, n2, 0.5f);                 //插值出第 4 个顶点法线
33          Vector3 n5 = Vector3.Lerp(n2, n3, 0.5f);                 //插值出第 5 个顶点法线
34          Vector3 n6 = Vector3.Lerp(n3, n1, 0.5f);                 //插值出第 6 个顶点法线
35          ……//此处省略了将顶点法线添加到法线数组的代码，读者可以自行翻看随书源代码
36          Vector4 t1 = m[a].tangents[m[a].triangles[i * 3]];//获取三角形第 1 个顶点切线
37          Vector4 t2 = m[a].tangents[m[a].triangles[i * 3 + 1]];//获取三角形第 2 个顶点切线
38          Vector4 t3 = m[a].tangents[m[a].triangles[i * 3 + 2]];//获取三角形第 3 个顶点切线
39          Vector4 t4 = Vector4.Lerp(t1, t2, 0.5f);                //插值出第 4 个顶点切线
40          Vector4 t5 = Vector4.Lerp(t2, t3, 0.5f);                //插值出第 5 个顶点切线
41          Vector4 t6 = Vector4.Lerp(t3, t1, 0.5f);                //插值出第 6 个顶点切线
42          ……//此处省略了将顶点切线添加到切线数组的代码，读者可以自行翻看随书源代码
43        }
44        m[a].vertices = vertice.ToArray();                         //为网格的顶点数组赋值
45        m[a].tangents = tangent.ToArray();                         //为网格的切线数组赋值
46        m[a].normals = normal.ToArray();                           //为网格的法线数组赋值
47        m[a].triangles = triangle.ToArray();                       //为网格的三角形索引数组赋值
48        m[a].uv = uv.ToArray();                                    //为网格的纹理坐标数组赋值
49        m[a].RecalculateBounds();                                  //重新计算网格的包围体
```

```
50          g[a].GetComponent<MeshFilter>().mesh = m[a];    //设置物体的网格
51      }}
52      mesh = GetComponent<MeshFilter>().mesh;              //获取物体的网格
53      mesh.Clear();                                        //清除网格数据
54      mesh.vertices = m[0].vertices;                       //为网格的顶点数组赋值
55      mesh.triangles = m[0].triangles;                     //为网格的三角形索引数组赋值
56      mesh.uv = m[0].uv;                                   //为网格的纹理坐标数组赋值
57      mesh.normals = m[0].normals;                         //为网格的法线数组赋值
58  }
```

- 第 5～9 行实例化储存网格数据的数组。通过实例化储存网格数据的数组，可以将网格数据添加到这些数组中。
- 第 10～13 行获取物体的网格对象，并且判断网格中的顶点数量。如果顶点数量大于 100，则跳出循环不再细化网格。
- 第 15～21 行获取细分后三角形的 6 个顶点坐标，并且将顶点坐标添加到顶点数组中，用这些顶点缠绕三角形。此处省略了将顶点添加到顶点数组和缠绕三角形的代码，读者可以自行翻看随书源代码。
- 第 22～28 行获取细分后三角形的 6 个顶点纹理坐标，并且将顶点纹理坐标添加到纹理坐标数组中。此处省略了将顶点纹理坐标添加到纹理坐标数组的代码，读者可以自行翻看随书源代码。
- 第 29～35 行获取细分后三角形的 6 个顶点法线，并且将法线添加到法线数组中。此处省略了将顶点法线添加到法线数组的代码，读者可以自行翻看随书源代码。
- 第 36～42 行获取细分后三角形的 6 个顶点切线，并且将切线添加到切线数组中。此处省略了将顶点切线添加到切线数组的代码，读者可以自行翻看随书源代码。
- 第 44～51 行为网格的顶点、切线、法线、三角形索引和纹理坐标赋值，并且重新计算网格的包围体。
- 第 52～58 行获取物体的网格，并且清除网格数据。然后重新为网格的顶点、法线、三角形索引和纹理坐标赋值。

（11）在 XiFen.cs 脚本中调用 Update 方法，通过不断改变网格数据使物体不断变形。Update 方法按照一定的规律不断地修改模型的顶点数据及相应的标志位，从而实现模型不断变形的效果。Update 方法的具体代码如下。

代码位置：随书资源中源代码\第 10 章目录下的 Mesh\Assets\Script\XiFen.cs

```
1   void Update() {
2       time++;                                                  //用于记录的时间不断增加
3       if (time < 80) {
4           List<Vector3> l = new List<Vector3>();               //实例化用于储存顶点坐标的数组
5           List<Vector3> n = new List<Vector3>();               //实例化用于储存顶点法线的数组
6           for (int i = 0; i < mesh.vertexCount; i++) {
7               Vector3 tel = Vector3.Lerp(mesh.vertices[i], mesh.vertices[i].
8               normalized / 5, 0.04f);                          //将顶点坐标不断渐变成圆的顶点坐标
9               l.Add(tel);                                      //将顶点坐标添加到顶点坐标数组中
10              Vector3 ten = Vector3.Lerp(mesh.normals[i], mesh.vertices[i].
11              normalized, 0.04f);                              //将顶点法线不断渐变成圆的顶点法线
12              n.Add(ten);                                      //将法线添加到法线数组
13          }
14          mesh.normals = n.ToArray();                          //为网格的法线数组赋值
15          mesh.vertices = l.ToArray();                         //为网格的顶点数组赋值
16          bian = false;                                        //变形没有完成
17      }else if (time < 160) {
18          if (!bian) {                                         //如果变形没有完成
19              if (s == 0) {                                    //如果上一次变形标志位为 0
20                  s = 1;                                       //将变形标志位设为 1
21              }else if (s == 1) {                              //如果上一次变形标志位为 1
22                  s = 0;                                       //将变形标志位设为 0
23              }
24              bian = true;                                     //变形完成
```

```
25                }
26                mesh = GetComponent<MeshFilter>().mesh;      //获取物体的网格
27                List<Vector3> l = new List<Vector3>();       //实例化用于储存顶点坐标的数组
28                List<Vector3> n = new List<Vector3>();       //实例化用于储存顶点法线的数组
29                for (int i = 0; i < mesh.vertexCount; i++) {
30                      //将顶点坐标不断渐变成原来物体的顶点坐标
31                      Vector3 tel = Vector3.Lerp(mesh.vertices[i], m[s].vertices[i], 0.04f);
32                      l.Add(tel);                            //将顶点坐标添加到顶点坐标数组中
33                      //将顶点法线不断渐变成圆的顶点法线
34                      Vector3 ten = Vector3.Lerp(mesh.normals[i], m[s].normals[i], 0.04f);
35                      n.Add(ten);                            //将法线添加到法线数组中
36                }
37                mesh.normals = n.ToArray();                  //为网格的法线数组赋值
38                mesh.vertices = l.ToArray();                 //为网格的顶点数组赋值
39          }else {
40                time = 0;                                    //时间归 0
41          }
42          mesh.RecalculateBounds();                          //重新计算网格的包围体
43          GetComponent<MeshFilter>().mesh = mesh;            //设置物体的网格
44    }
```

- 第 2～5 行的主要功能是记录的时间不断增加，并且实例化用于储存顶点坐标的数组和用于储存顶点法线的数组。
- 第 6～13 行将顶点坐标和法线不断渐变成圆的顶点坐标和法线，并且将顶点坐标和法线分别添加到顶点坐标数组和法线数组中。
- 第 14～25 行为网格的法线数组和顶点数组分别赋值。如果变形没有完成，则改变物体变形形状标志位的值。
- 第 26～28 行获取物体的网格，并且实例化用于储存顶点坐标的数组和用于储存顶点法线的数组。
- 第 29～36 行将顶点坐标和法线不断渐变成原来物体的顶点坐标和法线，并且将顶点坐标和法线分别添加到顶点坐标数组和法线数组中。
- 第 37～44 行为网格的法线数组和顶点数组分别赋值，并且重新计算网格的包围体，设置物体的网格。

（12）将脚本 XiFen.cs 拖曳到上面创建的 6 个游戏对象上。单击游戏对象，在 Inspector 面板中会出现对应到此脚本的组件，单击组件前面的三角形按钮可看到脚本组件的内容，然后设置对应参数，如图 10-20 所示。

（13）单击游戏“运行”按钮，观察效果。在 Game 面板中可以看到地形和不断变形的 6 个物体。当然，还可以导入 Android 设备上，从 Android 设备上观察物体变形的效果，如图 10-21 和图 10-22 所示。

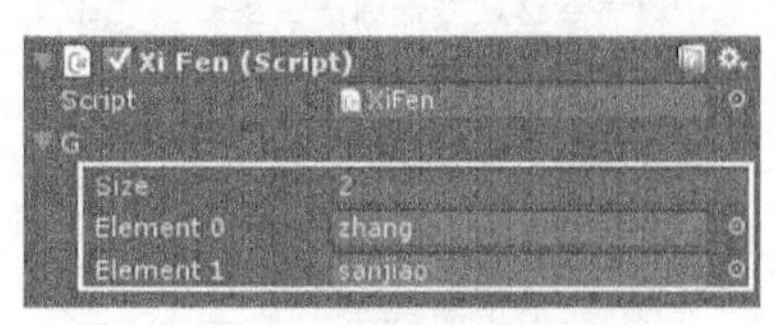


▲图 10-20　XiFen 脚本组件

▲图 10-21　Android 设备运行效果 1

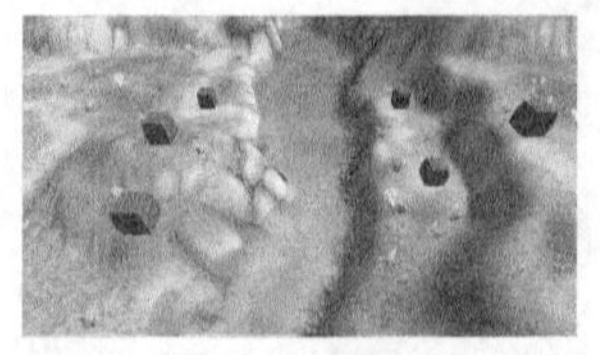

▲图 10-22　Android 设备运行效果 2

**说明**　本示例的源文件位于随书资源中源代码\第 10 章目录下的 Mesh 文件夹中。如果读者想运行本示例，只需把 Mesh 文件复制到非中文路径下，然后双击 Mesh\Assets 目录下的 text.unity 文件即可。

## 10.3 Shatter Toolkit 的使用

本节主要介绍第三方切割工具库 Shatter Toolkit 的使用，Shatter Toolkit 是一个用来制作切割物体的第三方插件。使用 Shatter Toolkit 可以很简单地在游戏中制作切割物体特效来提升游戏质量。通过本节的学习，读者可以较好地使用 Shatter Toolkit 来切割物体。

### 10.3.1 Shatter Toolkit 简介

本小节内容包括 Shatter Toolkit 概述、Shatter Toolkit 的下载及导入。通过本小节的学习，读者可以较好地认识 Shatter Toolkit。下面将对这几个方面分别进行介绍。

#### 1. Shatter Toolkit 概述

Shatter Toolkit 是由 Gustav Olsson 开发的一个第三方切割工具库，它用于实现切割物体的效果。Shatter Toolkit 实现了切割物体基本的要求，但是如果实现具体的效果，还需要对切割前后的事件进行处理和扩展。Shatter Toolkit 中有几个示例，如图 10-23 所示。

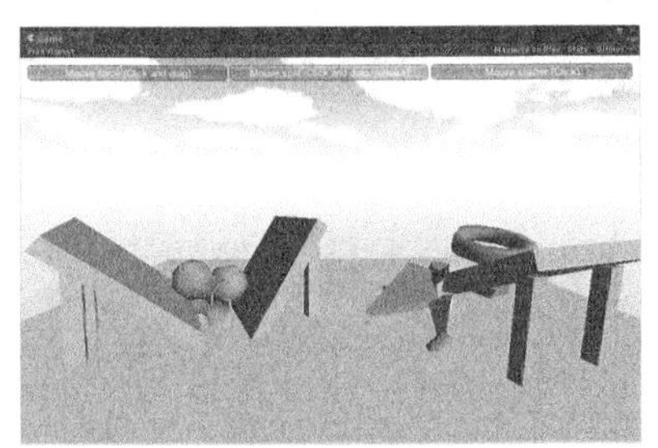

▲图 10-23 Shatter Toolkit 中示例运行效果

Shatter Toolkit 使用平面对物体进行分割，这种方法需要耗费 CPU 的运算功能。切割时，该工具首先根据给定的平面方程将物体分割成上两部分。对处于边界线上的三角面片，需要对顶点、法线、纹理、颜色、切线等进行插值计算，产生新的信息。

#### 2. Shatter Toolkit 的下载

（1）打开浏览器，登录 Shatter Toolkit 的官方网站下载 Shatter Toolkit 插件，如图 10-24 所示。单击 Unity Asset Store 超链接，跳转到 Unity 的官方 Asset Store 界面，如图 10-25 所示。

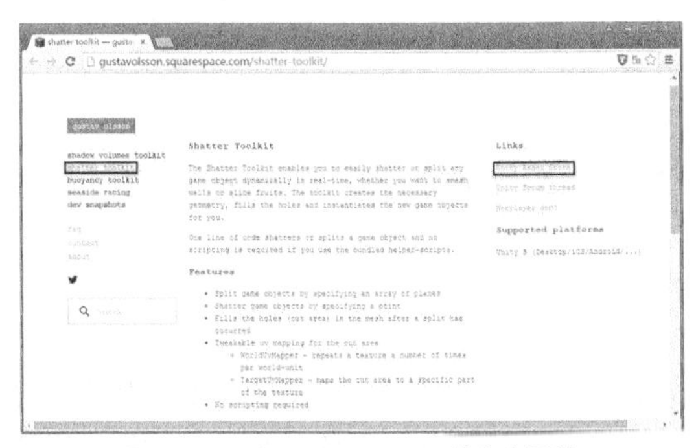

▲图 10-24 Shatter Toolkit 的官方网站

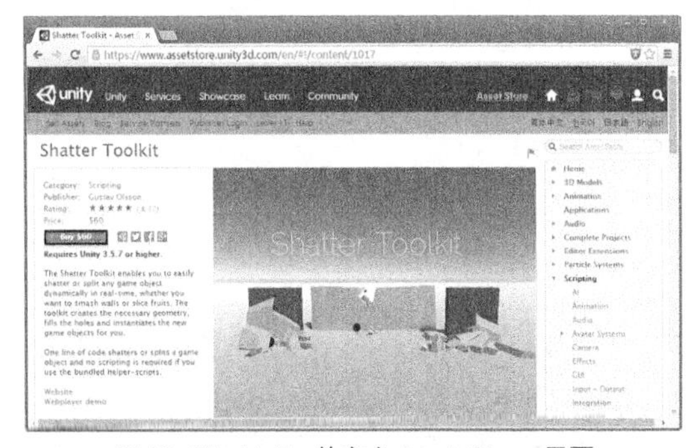


▲图 10-25 Unity 的官方 Asset Store 界面

（2）单击购买按钮进入账号登录界面，输入账号密码后单击登录按钮进入购买选择界面。单击“立即结算”按钮进行购买下载，如图 10-26 所示。

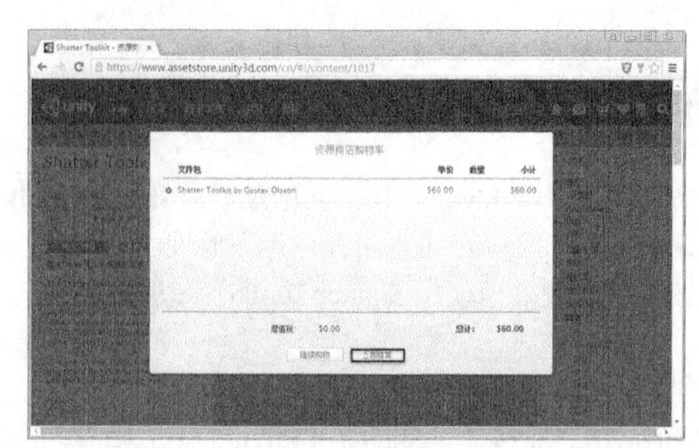


▲图 10-26　购买选择界面

### 3. Shatter Toolkit 的导入

（1）新建一个 Unity 项目并打开，出现新建或打开项目界面，如图 10-27 所示。单击 NEW PROJECT 按钮，新建一个项目，输入项目名称并选择项目路径，如图 10-28 所示。选择 3D，单击 Create project 按钮即可新建并打开这个项目。

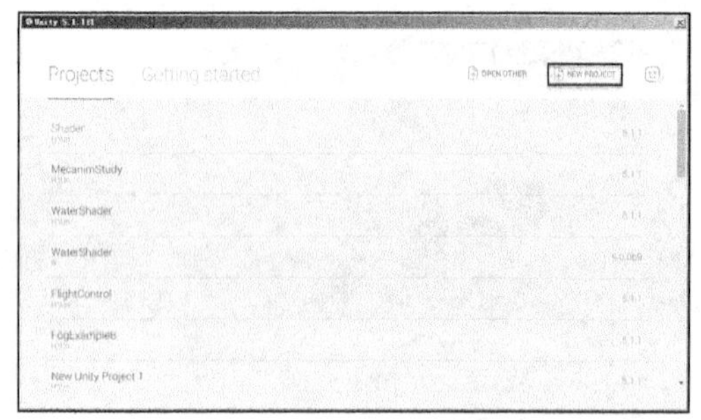


▲图 10-27　打开项目界面

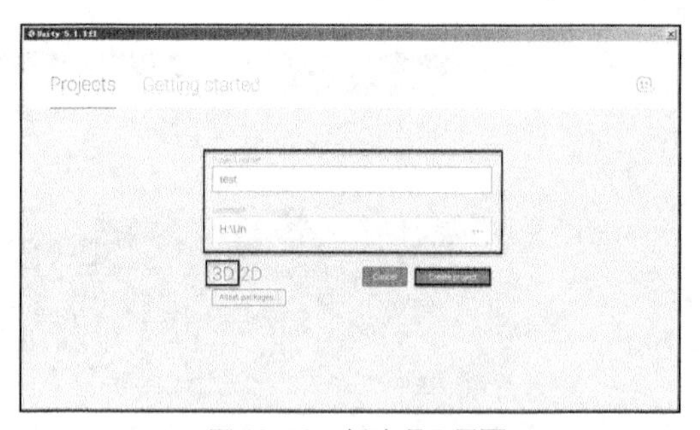


▲图 10-28　新建项目界面

（2）导入 Shatter Toolkit 插件资源包。选择 Assets→Import Package→Custom Package，如图 10-29 所示。选择下载的资源包 Shatter Toolkit 1.41.unitypackage，单击“打开”按钮打开导入资源包界面，单击 Import 按钮导入资源包，如图 10-30 所示。

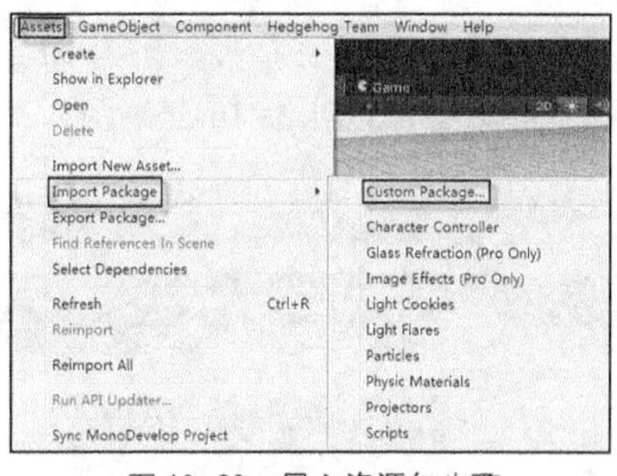


▲图 10-29　导入资源包步骤

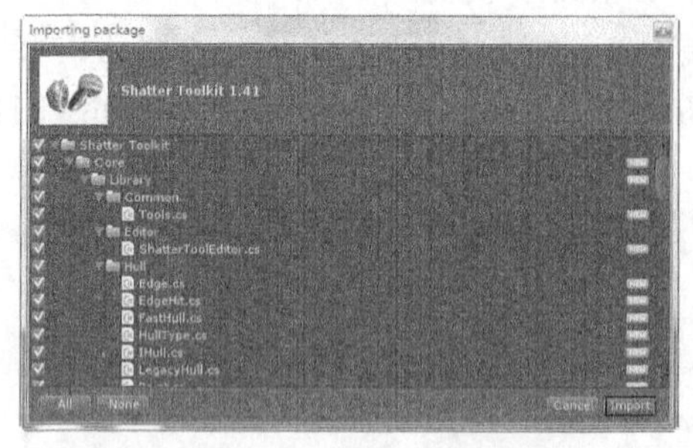


▲图 10-30　导入资源包界面

## 10.3.2　使用 Shatter Toolkit 示例

前面简单介绍了 Shatter Toolkit，读者对 Shatter Toolkit 应该有了一定的了解。本小节将通过一个使用 Shatter Toolkit 切割物体的示例来向读者介绍 Shatter Toolkit 的具体使用。本示例的设计目的是控制人物角色用刀砍石像，具体操作步骤如下。

（1）新建一个场景。选择 File→New Scene，创建一个场景。按 Ctrl+S 快捷键保存该场景，将其命名为 text。

（2）创建地形。创建地形的方法读者可参考本书地形创建的章节，这里不再赘述。

（3）添加光源。选择 GameObject→Create Other→Directional Light，创建一个平行光光源。设置其位置和角度，使其能够照亮场景，具体参数如图 10-31 所示。

（4）导入建筑模型。将 Assets\Model 文件夹下的 entrance.fbx 文件导入场景，具体导入模型步骤参考本书模型导入章节。将建筑对象命名为 entrance，设置 entrance 对象的位置和大小，具体参数如图 10-32 所示。

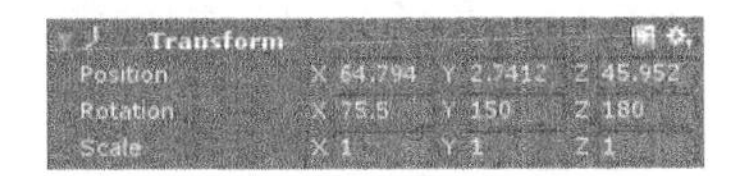


▲图 10-31　设置光源的位置和角度

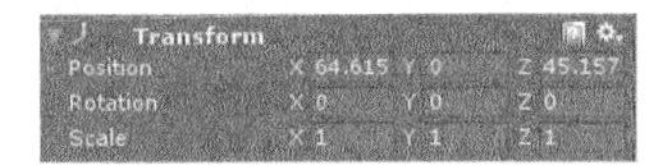


▲图 10-32　设置 entrance 对象的位置和大小

（5）为建筑对象添加网格碰撞体。选择 Component→Physics→Mesh Collider，为对象添加网格碰撞体，如图 10-33 所示。设置网格碰撞体的参数，具体参数如图 10-34 所示。

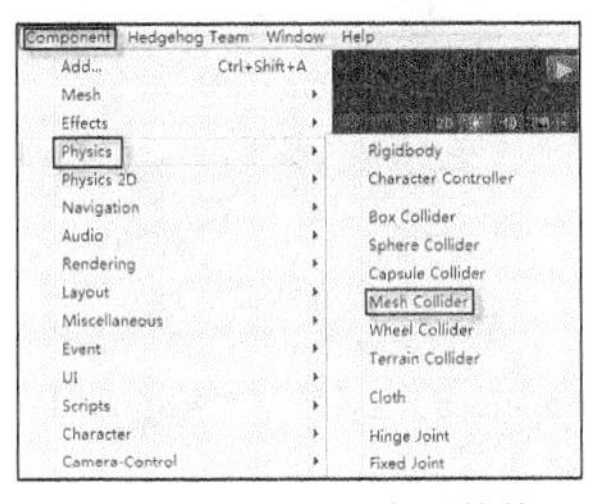


▲图 10-33　添加网格碰撞体

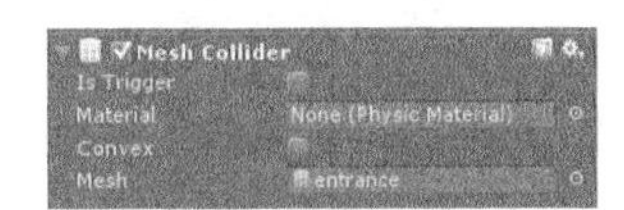


▲图 10-34　设置网格碰撞体参数

（6）创建角色对象。将模型 bruce.fbx 拖曳到场景中，这时场景中就会出现一个名为 bruce 的对象。设置 bruce 对象的位置和大小，具体参数如图 10-35 所示。

（7）为 bruce 对象添加动画组件。选择 Component→Miscellaneous→Animation，为对象添加动画组件，如图 10-36 所示。将 Animation 的 Size 参数改为 4，单击 Element 后面的小圆圈，选择动画，具体参数如图 10-37 所示。

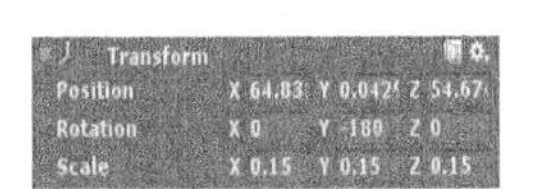


▲图 10-35　设置 bruce 对象的位置和大小

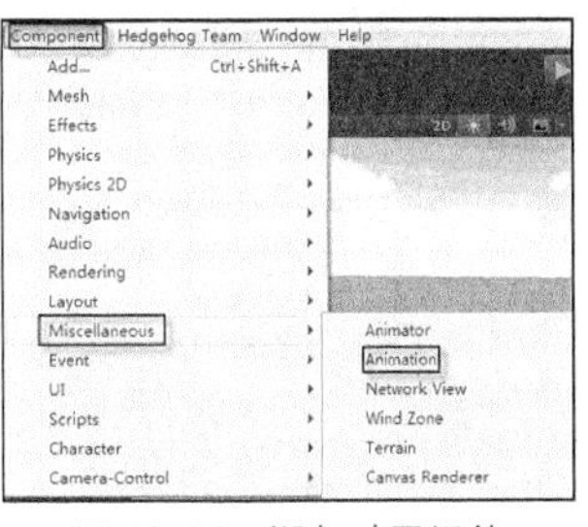


▲图 10-36　添加动画组件

（8）为角色添加角色控制器。选中 bruce 对象，选择 Component→Physics→Character Controller，为对象添加角色控制器，如图 10-38 所示。设置角色控制器的各个参数，具体参数如图 10-39 所示。

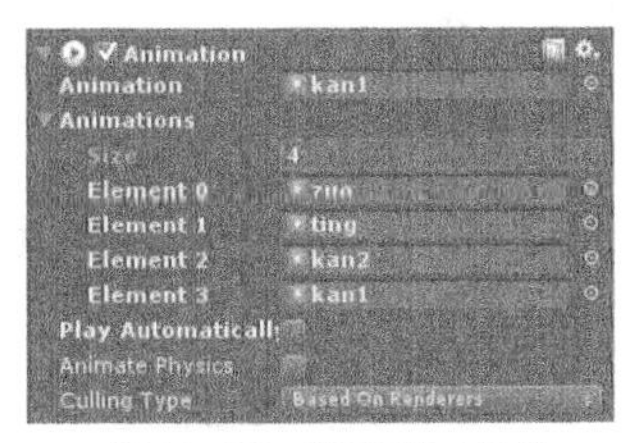


▲图 10-37　设置动画组件

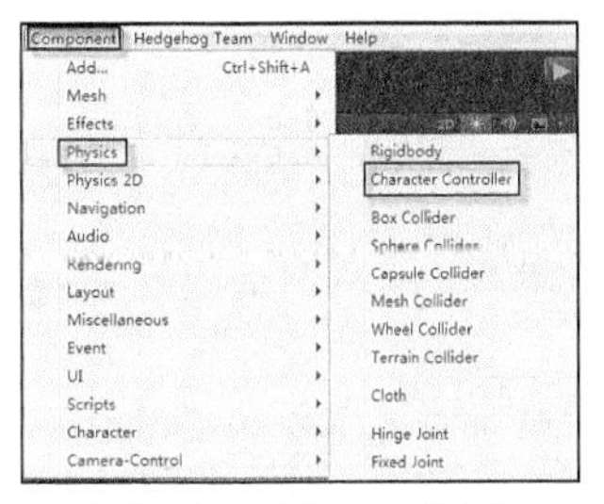


▲图 10-38　添加角色控制器

（9）创建两个空对象，将其分别命名为g1和g2，将g1放置在左刀刃头位置，将g2放置在左刀刃尾位置。将创建的两个空对象拖曳到左刀对象上，使其成为左刀对象的子对象。

（10）创建一个Cude对象，将其命名为s1。设置其位置和大小，使其与左刀刃的位置和大小基本相同。将创建的s1对象拖曳到左刀对象上，使其成为左刀对象的子对象。按照上面的步骤再创建两个空对象和一个Cude对象并放在右刀的位置。

（11）添加刀光。创建两个空对象，将其分别放置在左右两个刀刃上。将创建的两个空对象拖曳到两个刀对象上，使其成为刀对象的子对象。场景中对象的目录结构如图10-40所示。分别给两个空对象添加拖尾渲染器，具体步骤参考11.3节拖尾渲染器，这里不再赘述。

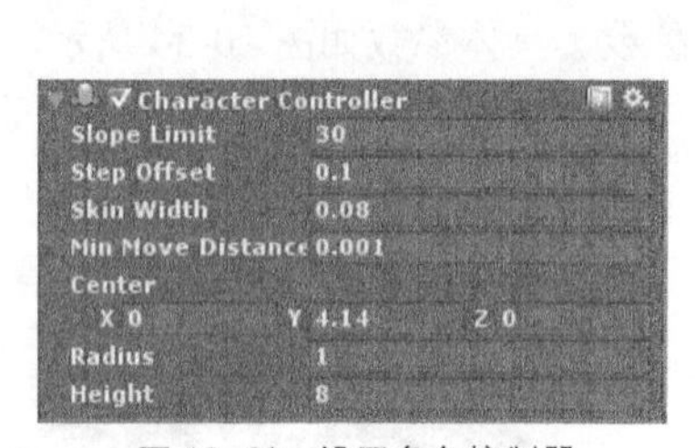


▲图10-39　设置角色控制器

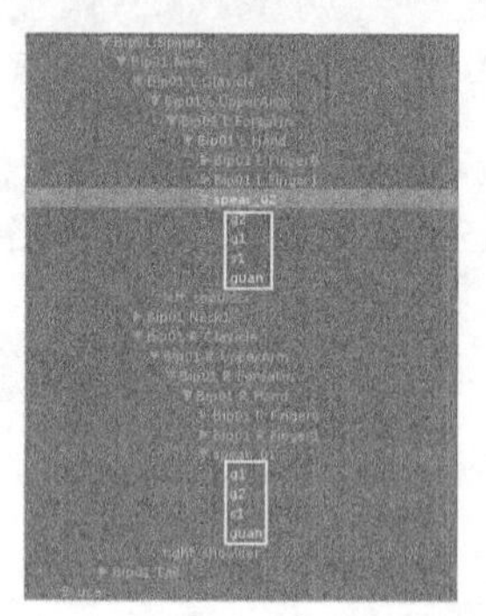

▲图10-40　场景中对象的目录结构

（12）创建控制角色移动的虚拟摇杆并实现摄像机跟随角色移动。这些步骤在介绍虚拟摇杆和角色控制器的章节有详细介绍，这里不再赘述。

（13）右击script，在弹出的快捷菜单中选择Create→C# Script，创建脚本。将其命名为EasyTouchDemo.cs。双击打开脚本，开始EasyTouchDemo.cs脚本的编写。本脚本主要用于控制角色移动和砍石像动画的播放，具体代码如下。

代码位置：随书资源中源代码\第10章目录下的Shattertext\Assets\Script\EasyTouchDemo.cs

```
1   using UnityEngine;
2   using System.Collections;
3   public class EasyTouchDemo : MonoBehaviour{
4     CharacterController controller;                    //声明角色控制器
5     float RunSpeed = 30.0f;                            //角色移动速度
6     Vector3 MoveDrection;                              //声明角色移动方向向量
7     bool kanb = false;                                 //刀是否砍下标志位
8     float time = 0;                                    //用于记录时间
9     public AnimationClip run;                          //角色移动动作
10    public AnimationClip ting;                         //角色停止动作
11    public AnimationClip kan1;                         //角色右刀砍下动作
12    public AnimationClip kan2;                         //角色左刀砍下动作
13    public GameObject guan1;                           //右刀光对象
14    public GameObject guan2;                           //左刀光对象
15    public Texture2D anNiuA;                           //按钮A图片
16    public Texture2D anNiuB;                           //按钮B图片
17    public GUIStyle myStyle;                           //用于显示按钮的样式
18    int n = 0;                                         //判断是左手砍下还是右手砍下
19    void Start(){
20      controller = (CharacterController)this.GetComponent("CharacterController"); //获取角色控制器
21      controller.slopeLimit = 30.0f;                   //设置角色最大爬坡度
22    }
23    void Update(){
24      ……//此处省略了对Update方法的重写，在下面将详细介绍
25    }
26    void OnGUI(){
27      if (GUI.Button(new Rect(Screen.width / 100 * 80, Screen.width/100*45,Screen.width / 7,
28      Screen.width / 7), anNiuA, myStyle)){            //绘制按钮A
29        GetComponent<QieGe>().qieOver = false;         //切割没有完成
```

```
30          kanb = true;                                    //刀砍下
31          n = 1;                                          //右手砍下
32        }
33        if (GUI.Button(new Rect(Screen.width / 100*90, Screen.width / 100*45, Screen.width / 7,
34        Screen.width / 7), anNiuB, myStyle)){             //绘制按钮 B
35          GetComponent<QieGe>().qieOver = false;          //切割没有完成
36          kanb = true;                                    //刀砍下
37          n = 2;                                          //左手砍下
38      }}
39      ……//此处省略了用虚拟摇杆控制角色移动的代码，在下面将详细介绍
40      void houTui(){
41        if (GetComponent<Animation>()[run.name].time == 0){  //如果开始播放角色移动动画
42          GetComponent<Animation>()[run.name].time = GetComponent<Animation>()[run.name].
43          length;                                              //将动画开始帧设为最后一帧
44  }}}
```

❑ 第 4～8 行声明变量，主要声明了角色控制器、角色移动速度和方向及刀是否砍下标志位等变量。在下面控制人物移动的代码中会用到这些变量。

❑ 第 9～17 行声明变量，主要声明了角色动作、刀光对象及按钮图片等变量。在 Inspector 面板中可以为各个参数指定资源或者取值。

❑ 第 19～22 行实现了 Start 方法的重写，该方法在脚本加载时执行。它的主要功能是获取角色控制器和设置角色最大爬坡度。

❑ 第 23～25 行实现了 Update 方法的重写，该方法系统每帧调用一次。它主要用于用键盘控制角色的移动和砍石像动画的播放，此处省略了具体代码，下面将详细介绍。

❑ 第 26～38 行实现了 OnGUI 方法的重写。该方法的主要功能是绘制按钮 A 和按钮 B，以及当按下这两个按钮时使角色使用对应方向的刀砍石像。

❑ 第 39～44 行用虚拟摇杆控制角色移动；当播放角色后退动画时，如果开始播放角色移动动画，那么将动画开始帧设为最后一帧。此处省略了用虚拟摇杆控制角色移动的具体代码，下面将详细介绍。

（14）在 EasyTouchDemo.cs 脚本中通过系统调用 Update 方法来实现用键盘控制角色的移动和砍石像动画的播放。这里有键盘监听事件，里面有相应的动画执行的逻辑，可以控制动画播放状态，Update 方法的具体代码如下。

代码位置：随书资源中源代码\第 10 章目录下的 Shattertext\Assets\Script\EasyTouchDemo.cs

```
1   void Update(){
2     MoveDrection = new Vector3(0, 0, 1);                      //设置角色移动方向
3     MoveDrection = transform.TransformDirection(MoveDrection);//将角色移动方向变换到世界坐标
4     if (!Input.anyKey && !GetComponent<Animation>().IsPlaying(kan1.name) && !
5     GetComponent<Animation>().IsPlaying(kan2.name)){          //如果角色没有播放动画
6       GetComponent<Animation>().Play(ting.name);              //播放角色停止动画
7     }
8     if ((Input.GetKey(KeyCode.UpArrow))){                     //如果按下向上键
9       GetComponent<Animation>()[run.name].speed = 1.0f;       //角色移动动画播放速度设为 1
10      GetComponent<Animation>().Play(run.name);               //播放角色移动动画
11      controller.SimpleMove(MoveDrection * (Time.deltaTime * RunSpeed)); //角色向前移动
12    }
13    if ((Input.GetKey(KeyCode.DownArrow))){                   //如果按下向下键
14      GetComponent<Animation>()[run.name].speed = -1.0f;      //角色移动动画播放速度设为-1
15      houTui();                                       //调用将动画开始帧设为最后一帧的方法
16      GetComponent<Animation>().Play(run.name);               //播放角色移动动画
17      controller.SimpleMove(-MoveDrection * (Time.deltaTime * RunSpeed));//角色向后移动
18    }
19    if (Input.GetKey(KeyCode.LeftArrow)){                     //如果按下向左键
20      if (GetComponent<Animation>()[run.name].speed < 0f){  //如果倒放角色移动动画
21        houTui();                                     //调用将动画开始帧设为最后一帧的方法
22      }
23      GetComponent<Animation>().Play(run.name);             //播放角色移动动画
24      this.transform.Rotate(0, -1.0f, 0);                   //角色向左转向
25    }
26    ……//此处省略了按下向右键控制角色向右转弯的代码，有兴趣的读者可以自行翻看随书源代码
27    if (Input.GetKey(KeyCode.A)){                           //如果按下 A 键
```

```
28        GetComponent<QieGe>().qieOver = false;              //切割没有完成
29        kanb = true;                                         //刀砍下
30        n = 1;                                               //左手砍下
31      }
32      ……//此处省略了按下 B 键控制左刀砍石像的代码，有兴趣的读者可以自行翻看随书源代码
33      if (kanb){                                             //如果刀需要砍下
34        if (n == 1){                                         //如果是右刀
35          GetComponent<Animation>().Play(kan1.name);         //播放右刀砍下动画
36        }
37        else if(n==2){                                       //如果是左刀
38          GetComponent<Animation>().Play(kan2.name);         //播放左刀砍下动画
39      }}
40      if (kanb){                                             //如果刀需要砍下
41        time += Time.deltaTime;                              //用于记录的时间不断增加
42      }
43      if (time > 0.8f){                                      //如果时间超过 0.8s
44        time = 0;                                            //时间归 0
45        kanb = false;                                        //砍下动作完成
46      }
47      if (GetComponent<Animation>().IsPlaying(kan1.name)){   //如果正在播放右刀砍下动画
48        guan1.GetComponent<TrailRenderer>().enabled = true; //渲染右刀光
49      }
50      else{                                                  //如果没有播放右刀砍下动画
51        guan1.GetComponent<TrailRenderer>().enabled = false; //不渲染右刀光
52      }
53      ……//此处省略了控制左刀光渲染的代码，有兴趣的读者可以自行翻看随书源代码
54    }
```

- 第 2～7 行设置角色移动方向并将角色移动方向变换到世界坐标系下。如果角色没有播放动画，则播放角色停止动画。
- 第 8～12 行如果按下向上键，则将角色移动动画播放速度设为 1 并播放角色移动动画，同时角色向前移动。
- 第 13～18 行如果按下向下键，则将角色移动动画播放速度设为-1 并将动画开始帧设为最后一帧使角色移动动画倒放，同时角色向后移动。
- 第 19～26 行按下向左或右键控制角色向左或右转弯。此处省略了按下向右键控制角色向右转弯的代码，有兴趣的读者可以自行翻看随书源代码。
- 第 27～32 行如果按下 A 键，则使右刀砍石像。此处省略了按下 B 键控制左刀砍石像的代码，有兴趣的读者可以自行翻看随书源代码。
- 第 33～39 行如果刀需要砍下，则播放刀砍下动画。通过判断需要左刀还是右刀砍下来播放对应方向刀砍下的动画。
- 第 40～46 行如果刀正在砍下，则用于记录的时间不断增加。如果时间超过 0.8s，并且砍下动作完成。
- 第 47～54 行当播放右刀砍下动画时，开启右刀光渲染器；当没有播放右刀砍下动画时，关闭右刀光渲染器。此处省略了控制左刀光渲染的代码，有兴趣的读者可以自行翻看随书源代码。

（15）在 EasyTouchDemo.cs 脚本中，当滑动虚拟摇杆时，通过调用 OnJoystickMove 方法来实现用虚拟摇杆控制角色的移动。脚本中有摇杆偏移量值的判断条件，不同的条件下执行不同的逻辑，OnJoystickMove 方法的具体代码如下。

代码位置：随书资源中源代码\第 10 章目录下的 Shattertext\Assets\Script\EasyTouchDemo.cs

```
1    void OnJoystickMove(MovingJoystick move){
2      MoveDrection = new Vector3(0, 0, 1);                  //设置角色移动方向
3      MoveDrection = transform.TransformDirection(MoveDrection); //将角色移动方向变换到世界坐标
4      float joyPositonX = move.joystickAxis.x;              //获得摇杆偏移量 x 的值
5      float joyPositonY = move.joystickAxis.y;              //获得摇杆偏移量 y 的值
6      if (joyPositonY > 0.5f){                              //如果摇杆偏移量 y 大于 0.5
7        GetComponent<Animation>()[run.name].speed = 1.0f;   //角色移动动画播放速度设为 1
8        GetComponent<Animation>().Play(run.name);           //播放角色移动动画
```

```
9        controller.SimpleMove(MoveDrection * (Time.deltaTime * RunSpeed));    //角色向前移动
10     }
11     if (joyPositonY < -0.5f){                               //如果摇杆偏移量 y 小于-0.5
12       GetComponent<Animation>()[run.name].speed = -1.0f;      //角色移动动画播放速度设为-1
13       houTui();                                             //调用将动画开始帧设为最后一帧的方法
14       GetComponent<Animation>().Play(run.name);             //播放角色移动动画
15       controller.SimpleMove(-MoveDrection * (Time.deltaTime * RunSpeed));   //角色向后移动
16     }
17     if (joyPositonX < -0.5f){                               //如果摇杆偏移量 x 小于-0.5
18       if (GetComponent<Animation>()[run.name].speed < 0f){ //如果倒放角色移动动画
19         houTui();                                           //调用将动画开始帧设为最后一帧的方法
20       }
21       GetComponent<Animation>().Play(run.name);             //播放角色移动动画
22       this.transform.Rotate(0, -1.0f, 0);                   //角色向左转向
23     }
24     if (joyPositonX > 0.5f){                                //如果摇杆偏移量 x 大于 0.5
25     ……//此处省略了控制角色向右转弯的代码，有兴趣的读者可以自行翻看随书源代码
26   }}
```

- 第 2～5 行设置角色移动方向，将角色移动方向变换到世界坐标系下，以及获得摇杆偏移量 $x$ 和 $y$ 的值。
- 第 6～10 行如果摇杆偏移量 $y$ 大于 0.5，则将角色移动动画播放速度设为 1 并且播放角色移动动画，同时角色向前移动。
- 第 11～16 行如果摇杆偏移量 $y$ 小于−0.5，则将角色移动动画播放速度设为−1 并且将动画开始帧设为最后一帧使角色移动动画倒放，同时角色向后移动。
- 第 19～23 行如果摇杆偏移量 $x$ 小于−0.5，则将角色移动动画播放速度设为−1 并且将动画开始帧设为最后一帧使角色移动动画倒放，同时角色向后移动。
- 第 17～26 行如果摇杆偏移量 $x$ 小于−0.5 或者大于 0.5，控制角色向左或右转弯。此处省略了如果摇杆偏移量 $x$ 大于 0.5 控制角色向右转弯的代码，有兴趣的读者可以自行翻看随书源代码。

（16）将脚本 EasyTouchDemo.cs 拖曳到游戏组成对象列表中的 bruce 对象上。单击 bruce 对象，在 Inspector 面板中会出现对应到此脚本的组件，单击组件前面的三角形按钮可看到脚本组件的内容，然后设置对应参数，如图 10-41 所示。

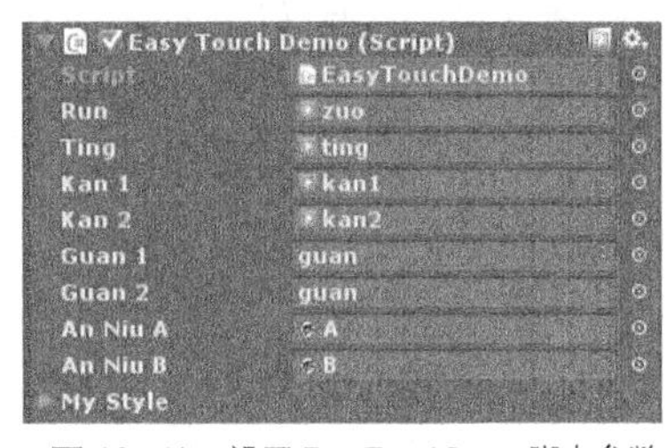


▲图 10-41 设置 EasyTouchDemo 脚本参数

（17）前面介绍了 EasyTouchDemo.cs 的开发，接下来新建脚本，并且将脚本命名为 QieGe.cs。该脚本的主要功能是在砍石像时产生切割石像平面。该脚本编写完毕以后，将此脚本拖曳到 bruce 对象上，具体代码如下。

代码位置：随书资源中源代码\第 10 章目录下的 Shattertext\Assets\Script\QieGe.cs

```
1   using UnityEngine;
2   using System.Collections;
3   public class QieGe: MonoBehaviour {
4     float time = 0;                                          //用于记录时间
5     public AnimationClip kan1;                               //角色右刀砍下动作
6     public AnimationClip kan2;                               //角色左刀砍下动作
7     ……//此处省略了一些声明用于计算切割平面变量的代码，有兴趣的读者可以自行翻看随书源代码
8     public static GameObject shiXiang;                       //石像对象
9     public bool qieOver = false;                             //切割是否完成标志位
10    void Update () {
11      if (GetComponent<Animation>().IsPlaying(kan1.name)&&!
12      qieOver){                                     //如果正在播放右刀砍下动画并且切割没有完成
13        time += Time.deltaTime;                              //用于记录的时间不断增加
14        te1 = gz1;                                           //获取右刀刃头的空对象
15        te2 = gz2;                                           //获取右刀刃尾的空对象
16      }
17      ……//此处省略了正在播放左刀砍下动画时的代码，有兴趣的读者可以自行翻看随书源代码
18      if (!GetComponent<Animation>().IsPlaying(kan1.name) && !GetComponent<Animation>().
19      IsPlaying(kan2.name)){                                 //如果没有播放砍下动画
```

```
20          time = 0;                                    //用于记录的时间归 0
21        }
22        if (time<0.2f&&time>0f){                       //如果时间小于 0.2 并且大于 0
23          g1Start = te1.transform.position;            //设置刀刃头砍下开始位置
24          g2Start = te2.transform.position;            //设置刀刃头砍尾开始位置
25        }
26        if (time < 0.6f && time > 0.2f){               //如果时间小于 0.6 并且大于 0.2
27          g1Ent = te1.transform.position;              //设置刀刃头砍下结束位置
28        }
29        if (time > 0.6f && shiXiang != null && shiXiang.GetComponent<
30        PengZhuang>().dao){                            //如果砍下动画播放完成并且砍到石像
31          Vector3 line1 = g1Ent - g1Start;
32          Vector3 line2 = g1Start - g2Start;
33          Vector3 te = Vector3.Normalize(Vector3.Cross(line1, line2)); //产生法线
34          Vector3 random = new Vector3(0,Random.Range(-0.5f, 0.5f), 0);    //产生一个随机向量
35          Vector3 normal = Vector3.Normalize(te + random);    //将法线与这个随机向量相加
36          Plane splitPlane = new Plane(normal, shiXiang.transform.position);//生成切割平面
37          shiXiang.SendMessage("Split", new Plane[] { splitPlane }, SendMessageOptions.
38          DontRequireReceiver);                        //调用石像物体上脚本的切割物体的方法
39          qieOver = true;                              //切割完成
40          time = 0;                                    //用于记录的时间归 0
41    }}}
```

- 第 4～9 行声明变量，主要声明了角色动画、石像对象及用于计算切割平面的变量。在下面计算切割平面的代码中会用到这些变量。
- 第 11～17 行如果正在播放右刀砍下动画并且切割没有完成时，获取右刀刃的空对象，该对象用于计算切割平面。此处省略了正在播放左刀砍下动画时的代码，有兴趣的读者可以自行翻看随书源代码。
- 第 18～25 行如果没有播放砍下动画，则将用于记录的时间归 0。如果时间小于 0.2 并且大于 0，则设置刀刃砍下的开始位置。
- 第 26～32 行如果时间小于 0.6 并且大于 0.2，则设置刀刃头砍下的结束位置。如果砍下动画播放完成并且砍到石像，则计算出用于计算切割平面的两条线。
- 第 33～41 行计算切割平面并且调用石像物体上脚本的切割物体的方法。产生法线和一个随机向量，并将法线与这个随机向量相加来作为切割平面的法线，将石像物体的位置作为切割平面上的一个点。

（18）创建 5 个石像对象，将模型 shenxiang.fbx 拖动到场景中，这时场景中就会出现一个名为 shenxiang 的对象，设置 shenxiang 对象的位置和大小，具体参数如图 10-42 所示。按照相同的方法再创建 4 个石像对象。

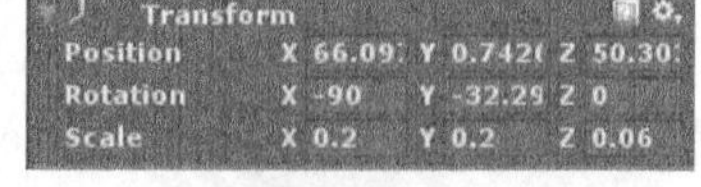


▲图 10-42　设置 shenxiang 对象的位置和大小

（19）为石像对象添加刚体。选择 Component→Physics→Rigidbody，为对象添加刚体，如图 10-43 所示。设置刚体组件的参数，具体参数如图 10-44 所示。

（20）为石像对象添加网格碰撞体。选择 Component→Physics→Mesh Collider，为对象添加网格碰撞体。设置网格碰撞体的参数，具体参数如图 10-45 所示。

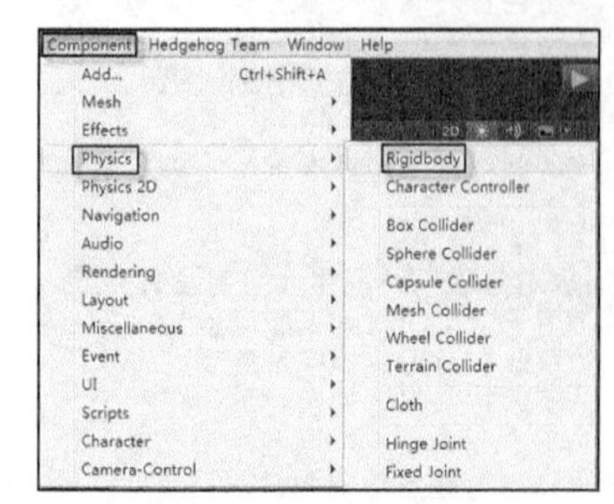


▲图 10-43　添加刚体

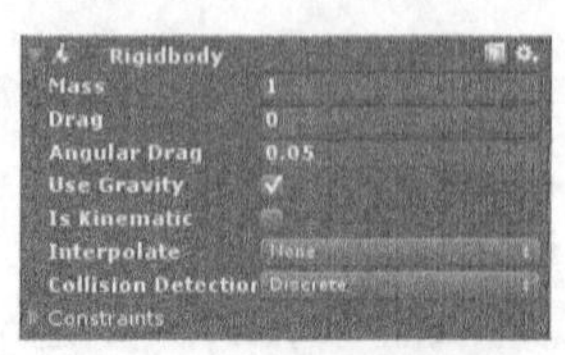


▲图 10-44　设置刚体组件

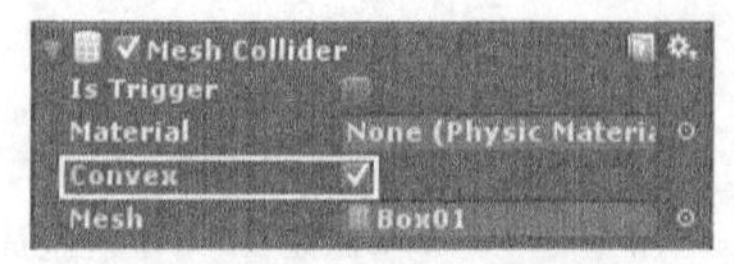


▲图 10-45　设置网格碰撞体

（21）为石像对象添加脚本。将 Shatter Toolkit 中的 ShatterTool.cs 和 TargetUvMapper.cs 脚本分别拖曳到 5 个石像对象上。ShatterTool.cs 脚本的主要功能是将一个物体切割成两个物体，TargetUvMapper.cs 脚本的主要功能是为切割后的物体贴纹理图。

（22）前面介绍了 Shatter Toolkit 中的两个脚本。接下来新建脚本，并且将脚本命名为 PengZhuang.cs。该脚本的主要功能是判断刀是否砍到石像。该脚本编写完毕以后，将此脚本分别拖曳到 5 个石像对象上，具体代码如下。

代码位置：随书资源中源代码\第 10 章目录下的 Shattertext\Assets\Script\PengZhuang.cs

```
1  using UnityEngine;
2  using System.Collections;
3  public class PengZhuang : MonoBehaviour {
4    public bool dao = false;                    //判断刀是否砍到石像标志位
5    void OnTriggerEnter() {                     //如果刀碰撞到石像
6      QieGe.shiXiang = this.gameObject;         //设置碰撞到的石像对象是本对象
7      dao = true;                               //刀砍到石像
8  }}
```

**说明** 该脚本重写了 OnTriggerEnter 方法，该方法在刀碰撞到石像时被调用。它的主要功能是刀碰撞到石像时判断刀砍到石像。

（23）单击游戏“运行”按钮，观察效果。在 Game 面板中可以看到角色和石像，通过上下左右按钮可以控制角色移动，角色移动到石像前面按 A 键或 B 键就能砍下石像。当然，还可以导入 Andriod 设备上运行，通过虚拟摇杆控制角色移动，如图 10-46 和图 10-47 所示。

▲图 10-46 Andriod 设备运行效果 1

▲图 10-47 Andriod 设备运行效果 2

**说明** 本示例的源文件位于随书资源中源代码\第 10 章目录下的 Shattertext 文件夹中。如果读者想运行本示例，只需把 Shattertext 文件复制到非中文路径下，然后双击 Shattertext\Assets 目录下的 text.unity 文件即可。

## 10.4 旧版动画系统

本节将介绍 Unity 中的旧版动画系统。旧版动画系统是 Unity 4.0 以前唯一可以使用的动画系统，该动画系统主要使用脚本控制动画的播放。本节将主要介绍角色动画资源的导入、动画系统的使用方法及使用旧版动画系统制作的一个示例。

### 10.4.1 角色动画资源的导入

Unity 3D 中导入角色动画的常见方式有两种：使用多个模型文件导入动画和使用动画分割导入动画。使用多个模型文件导入会增加模型文件的数量，但这种方法便于管理，而使用动画分割导入只需导入少量的模型，但动画制作和后期分割都有较高要求。读者可以根据自身需要进行选择。

### 1. 使用多个模型文件导入动画

Unity 3D 支持“.fbx”格式的模型文件格式，读者可以通过 Maya、3ds Max、MotionBuilder 等建模软件进行角色模型的建模，并将其导出为“.fbx”格式的 3D 文件，然后导入 Unity 3D 中。读者在建模的过程中需要对角色模型进行骨骼绑定和蒙皮处理，以便在动画系统中进行处理。

- 读者可以导出带骨骼动画的人形角色模型文件或只有骨骼动画的“.fbx”文件。笔者建议读者使用第二种方法导出动画，并另外导出一个经过骨骼绑定和蒙皮处理且不带骨骼动画的角色模型，这样可以最大限度地减小项目文件的大小，且不影响各个动画的使用。
- 导出带骨骼动画的模型文件时，需要遵循“角色模型名@动作名”的命名方案。这种命名方案在旧 Unity 3D 4.0 前被广泛使用，它可以使动画文件迅速匹配到角色模型，为开发提供方便。遵循该命名方案有助于提高开发效率。

### 2. 使用动画分割导入动画

除了使用多个模型文件导入动画外，读者还可以直接导入一个包含多个动画的模型文件，然后在 Unity 3D 中将其分割成多个动画文件，这种方法可以极大地减小项目文件的大小。下面将向读者详细介绍这种技术的使用。

- 导出带动画的角色模型文件，将其拖曳到 Unity 3D 中。选中角色模型文件，在 Inspector 面板中单击 Animations 按钮，会得到图 10-48 所示的动画分割操作窗口。动画分割操作将在此窗口中进行，下面将对该窗口的各项参数进行详细介绍，如表 10-4 所示。

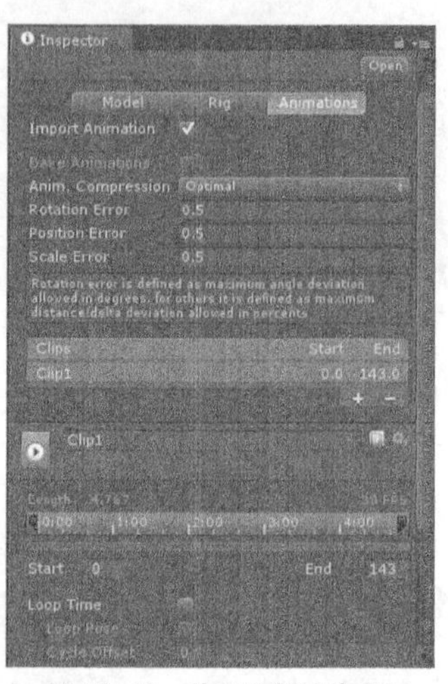

▲图 10-48　动画分割操作窗口

表 10-4　分割参数

| 参数 | 含义 |
| --- | --- |
| Start | 动画片段的第一帧 |
| End | 动画片段的最后一帧 |
| Loop Time | 是否设定该动画片段为循环动画 |
| Loop Pose | 是否设定该动画片段的姿势循环 |
| Cycle Offset | 为该动画片段指定一定的偏移量 |

- 动画分割操作并不复杂，读者可单击动画片段列表右下角的“+”或“−”按钮来进行动画片段的增删操作。拖动动画滑杆或修改 Start 和 End 参数可以修改该动画片段的长度。同时，分割而成的动画片段就会变成模型文件的子对象，如图 10-49 所示。

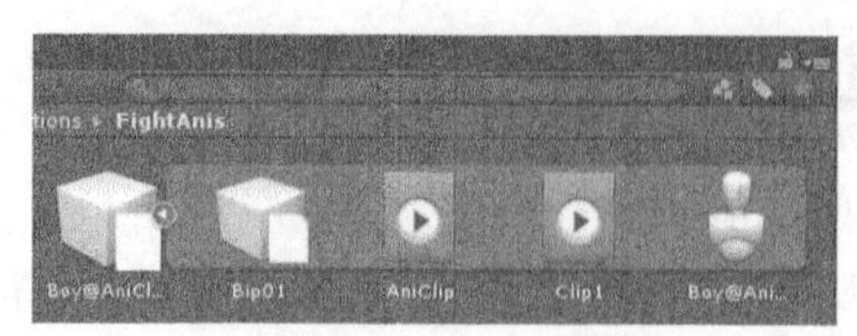

▲图 10-49　动画片段文件

## 10.4.2　动画控制器

制作一个动画角色的第一件事是为角色对象添加动画控制器（Animation）。选中对象，选择 Component→Miscellaneous→Animation。选中对象，即可在 Inspector 面板中查看动画控制器的属性，如表 10-5 所示。

表 10-5 动画控制器属性

| 属性 | 含义 |
| --- | --- |
| Animation | 启用自动播放（Play Automatically）时，默认播放的动画 |
| Animations | 可以从脚本访问的动画列表 |
| Play Automatically | 启动游戏时是否自动播放动画 |
| Animate Physics | 动画是否与物理交互 |
| Culling Type | 设置动画的剔除模型 |

其中 Culling Type 有两种类型，分别为 Always Animate 和 Based On Renderers。Always Animate 为总是播放动画，Based On Renderers 为只有对象渲染在屏幕上时才播放动画。

### 10.4.3 动画脚本

旧版动画系统通过脚本来控制动画的播放，本小节将着重讲解使用脚本控制动画播放的相关内容。Unity 的旧版动画系统支持动画的融合、混合等效果，这些效果都是通过脚本完成的。

#### 1. 播放动画

Unity 脚本使用 Animation 类的 Play 方法播放指定名称的动画，如果没有参数则播放默认动画；使用 Stop 方法停止播放指定名称的动画，如果没有参数则停止播放所有动画，具体可以使用下面的代码来实现。

```
1  public Animation animation;                          //声明 Animation 组件
2  void Start () {
3    animation = this.GetComponent<Animation>();       //获取 Animation 组件
4    animation.Play("run");                            //播放动画
5    animation.Stop("run");                            //停止播放动画
6  }
```

说明 该代码通过 GetComponent 方法获取了对象身上的动画组件，调用 Play 和 Stop 方法来播放和停止游戏对象身上的动画片段。

#### 2. 动画融合

动画融合是确保角色平滑动画的一项重要功能。在游戏的任何时间点都有可能从一个动画转换到另一个动画，开发人员不会希望两个不同的动作之间突然跳转，而是想要动画平滑过渡。

动画融合使用 CrossFade 方法，其方法签名为 void CrossFade (animation : string, fadeLength : float = 0.3F, mode : PlayMode = PlayMode.StopSameLayer)，它能够使动画模型在一定时间内淡入名为 name 的动画并淡出其他动画。参数解释如下。

- animation：要淡入的动画的名字。
- fadeLength：淡入淡出过程的时间（单位是 s），不是必须参数，不填写时使用默认值 0.3。
- mode：淡入淡出模式，不是必须参数，不填写时使用默认值 PlayMode.StopSameLayer，即在淡入 name 时只淡出与 name 在同一层的动画。如果使用 PlayMode.StopAll，则在淡入 name 时淡出所有动画。

下面的代码功能为在 0.2s 之内淡入名称为 walk 的动画并且淡出同一层的所有其他动画。

```
1  public Animation animation;                          //声明 Animation 组件
2  void Start () {
3    animation = this.GetComponent<Animation>();       //获取 Animation 组件
4    animation.CrossFade("walk", 0.2f);                //淡入名为 walk 的动画
5  }
```

> **说明**　该代码通过 GetComponent 方法获取了对象身上的动画组件，调用 CrossFade 方法实现了当前状态到 walk 动画片段的平滑过渡，过渡时间为 0.2s。

### 3. 动画混合

动画混合可以削减为游戏创建的动画数量，让一些动画只应用给身体的一部分。这意味着这样的动画可以和其他动画组合在一起使用。例如，有一个挥手动画，若想要在空闲角色或正行走的角色播放挥手动画，如果没有动画混合，就必须创建两个手挥舞着的动画：一个用于空闲，一个用于行走。但是如果添加肩膀变换作为混合变换来做挥手动画，那么挥手动画将从肩膀位置外受完全控制，身体的其余部分将不会受到它的影响，会继续播放空闲或行走动画。因此，只需要一个挥手动画即可。在给定的动画状态下，通过调用 AddMixingTransform 方法进行动画混合变换。动画混合代码如下。

```
1    public AnimationClip wave_hand;                              //挥手动画片段
2    private Transform shoulder;                                  //定义混合 transform
3    void Start () {
4          //将 wave_hand 动画应用在 shoulder 上
5          GetComponent<Animation>()[wave_hand.name]. AddMixingTransform(shoulder);
6          //用路径增加一个混合 transform
7          Transform mixTransform = transform.Find("root/upper_body/left_shoulder");
8          //将 wave_hand 动画应用在 mixTransform 上
9          GetComponent<Animation>()[wave_hand.name]. AddMixingTransform(mixTransform);
10   }}
```

> **说明**　该代码通过 GetComponent 方法获取了对象身上的动画组件，并调用 AddMixingTransform 方法来将 wave_hand 动画片段混合到人物模型的 shoulder（肩膀）部位。

## 10.4.4　使用旧版动画系统示例

通过对前面知识的学习，相信读者已经掌握了角色动画及旧版动画系统的使用方法。本小节将引导读者开发一个简单的动画播放示例，如图 10-50 和图 10-51 所示。使用前面章节所介绍过的 GUI 来控制动画的播放，使读者在示例开发的过程中能够巩固之前学过的知识。具体操作步骤如下。

▲图 10-50　动画播放示例演示 1

▲图 10-51　动画播放示例演示 2

（1）新建一个 3D 项目，将其命名为 OldAnimation，如图 10-52 所示。选择 File→New Scene，创建一个场景。按 Ctrl+S 快捷键保存该场景，将其命名为 Demo。

（2）导入准备好的模型资源包，该文件夹包含了带角色动画的人物模型及模型贴图。笔者已经将其放入随书资源第 10 章目录下的 OldAnimation\Assets\Model 文件夹里。选择 Assets→Import New Assets，找到模型资源，将其导入 Unity，如图 10-53 所示，该模型自带了 6 个动画片段。

（3）将导入的模型 People.fbx 拖入场景中，调整其位置，这里让其位于坐标原点即可。为了方便使用模型，需要为其创建预制件，选择 Assets→Create→Prefab，将其命名为 People.prefab，如图 10-54 所示。将 Hierarchy 面板中的 People 拖曳到所创建的预制件上，此时如果 Hierarchy 面板中的 People 显示为蓝色字体，说明预制件创建成功。

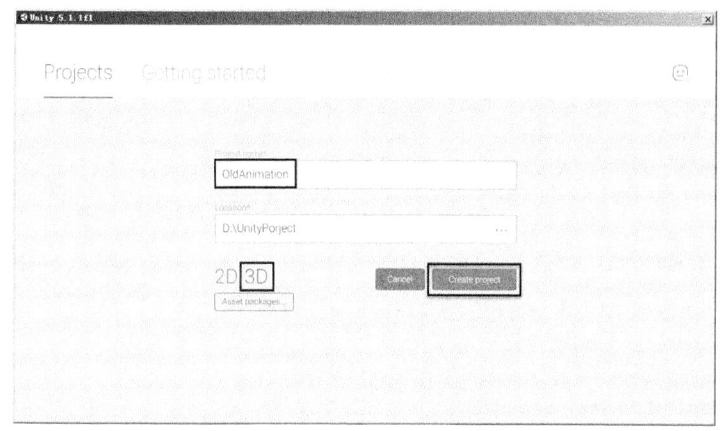


▲图 10-52　新建项目

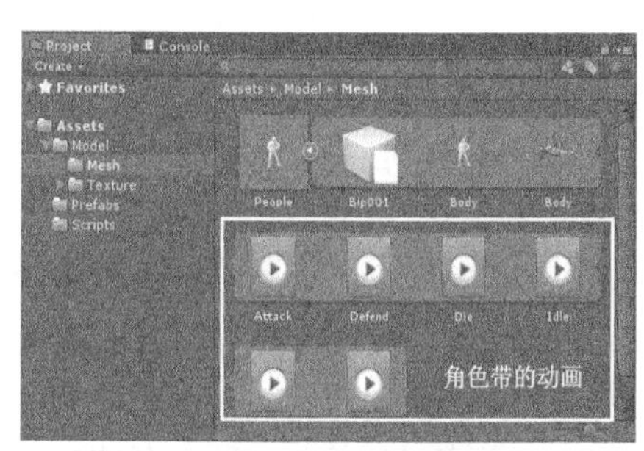


▲图 10-53　导入模型资源

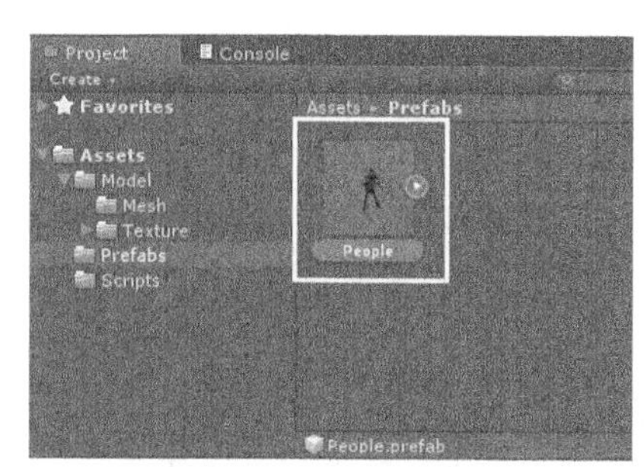


▲图 10-54　创建预制件

（4）创建控制脚本。选择 Assets→Create→C# Script，创建脚本，并命名为 OldAnimation.cs，将其挂在到场景中的预制件上。双击打开脚本，开始 OldAnimation.cs 脚本的编写。本脚本主要用于控制人物模型播放角色动画，具体代码如下。

代码位置：随书资源中源代码\第 10 章目录下的 OldAnimation\Assets\Scripts\OldAnimation.cs

```
1    using UnityEngine;
2    using System.Collections;
3    public class OldAnimation : MonoBehaviour
4    {
5        private float scaleW = 1.0f;                          //宽度缩放比
6        private float scaleH = 1.0f;                          //高度缩放比
7        public AnimationClip _idle;                           //站立动作片段
8        public AnimationClip _attack;                         //攻击动作片段
9        public AnimationClip _defend;                         //闪避动作片段
10       public AnimationClip _jump;                           //跳跃动作片段
11       public AnimationClip _run;                            //跑动作片段
12       public AnimationClip _die;                            //倒下动作片段
13       void Start()
14       {
15           GetComponent<Animation>()[_idle.name].enabled = true; //设置_idle 动作片段为可用
16           GetComponent<Animation>()[_idle.name].layer = 1;      //设置_idle 动作片段层级为 1
17       ……//此处省略了其他动作片段的激活和层级设置的代码，读者可以自行翻看随书源代码
18       }
19       void Update()
20       {
21           scaleW = (float)Screen.width / 800;                //计算宽度缩放比
22           scaleH = (float)Screen.height / 480;               //计算高度缩放比
23           if (!GetComponent<Animation>().isPlaying) {    //若没有动画播放，默认播放_idle 动画
24               GetComponent<Animation>().CrossFade(_idle.name, 0.5f);
25       }}
```

```
26      void OnGUI()
27      {
28          GUI.skin.button.fontSize = (int)(25 * scaleW);          //调整按钮字体大小
29          //创建一个名为"站立"的按钮，按下后播放_idle 动画
30          if (GUI.Button(new Rect(70 * scaleW, 50 * scaleH, 90 * scaleW, 40 * scaleH), "站立")) {
31              GetComponent<Animation>().CrossFade(_idle.name, 0.5f); }
32          //创建一个名为"攻击"的按钮，按下后播放_attack 动画
33          if (GUI.Button(new Rect(70 * scaleW, 110 * scaleH, 90 * scaleW, 40 * scaleH), "攻击")) {
34              GetComponent<Animation>().CrossFade(_attack.name, 0.5f); }
35          //创建一个名为"躲避"的按钮，按下后播放_defend 动画
36          if (GUI.Button(new Rect(70 * scaleW, 170 * scaleH, 90 * scaleW, 40 * scaleH), "躲避")) {
37              GetComponent<Animation>().CrossFade(_defend.name, 0.5f); }
38          //创建一个名为"跳"的按钮，按下后播放_jump 动画
39          if (GUI.Button(new Rect(70 * scaleW, 230 * scaleH, 90 * scaleW, 40 * scaleH), "跳")) {
40              GetComponent<Animation>().CrossFade(_jump.name, 0.5f); }
41          //创建一个名为"跑"的按钮，按下后播放_run 动画
42          if (GUI.Button(new Rect(70 * scaleW, 290 * scaleH, 90 * scaleW, 40 * scaleH), "跑")) {
43              GetComponent<Animation>().CrossFade(_run.name, 0.5f); }
44          //创建一个名为"倒下"的按钮，按下后播放_die 动画
45          if (GUI.Button(new Rect(70 * scaleW, 350 * scaleH, 90 * scaleW, 40 * scaleH), "倒下")) {
46              GetComponent<Animation>().CrossFade(_die.name, 0.5f); }
47  }}
```

- 第 5～12 行声明变量，声明了屏幕宽度和高度的缩放因子，它们用于实现 GUI 对屏幕的自适应；还声明了需要播放的动画片段，这些动画片段在 Unity 中添加，在脚本中播放。
- 第 13～18 行重写 Start 方法。在该方法中，所有的动画片段被设置为可用，其层级都被设置为 1，代表所有动画片段的权重是一样的。
- 第 19～25 行重写 Update 方法。该方法计算了宽度和高度的缩放比，这里以 800×480 为标准屏。在标准屏上面，屏幕上的 UI 都合理分布，当屏幕尺寸发生变化时，缩放比就会改变。屏幕上的 UI 坐标乘以缩放比，就会得到新屏幕下的坐标，整体的比例与在标准屏中是一样的。为了使场景中的角色能够一直播放动画，Update 方法一直都在进行检测，若没有动画播放，默认播放_idle 动画。
- 第 26～47 行重写 OnGUI 方法。该方法在屏幕上绘制了多个按钮，当按钮被按下时，就会播放对应的动画，使用 CrossFade 方法完成动画融合，过渡时间为 0.5s，这样做的目的是使每个动画之间能够有一个简单的过渡，不至于动作变化得太过僵硬。该方法所绘制的 UI 的尺寸及坐标都乘以缩放因子，目的也是实现 UI 对屏幕的自适应 。

（5）在 Unity 中为模型身上的组件添加动画片段。首先是动画组件，如图 10-55 所示，将默认播放片段设置为 Idle，动画片段总数修改为 6。依次将模型自带的动画片段拖至其中，选中 Play Automatically 复选框，程序开始运行时就会自动播放默认动画。接下来为脚本组件添加动画片段，方法同上，最终效果如图 10-56 所示。

▲图 10-55　设置动画组件

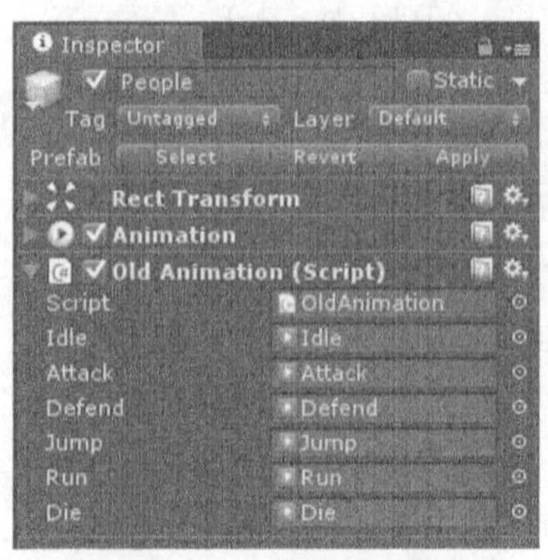


▲图 10-56　添加动画片段到脚本

# 10.5 动画系统

本章主要向读者介绍 Unity 3D 中一个精密而复杂的动画系统——Mecanim。旧版动画系统中，游戏开发人员只能通过脚本操控角色动画的播放，随着动画个数的增多，其脚本复杂度也随之增加。同时，动画的过渡需要烦琐的代码控制，这就使得缺乏编程经验的游戏动画师很难对动画效果进行处理。

Unity 4.0 版本后被引入的 Mecanim 动画系统就是为了解决这个问题，该动画系统使游戏动画师能够参与到游戏的开发中来。经过不断地优化和改善，Mecanim 动画系统在 Unity 5.X 版本中已经变得非常强大。通过本节的学习，读者会对 Mecanim 动画系统有一个大体的了解，同时能够掌握该动画系统的基本操作。

## 10.5.1 角色动画的配置

导入角色动画资源之后，需要对角色动画进行适当的配置它才能被 Mecanim 动画系统所识别和使用。Mecanim 动画系统非常适合于对人形角色动画的控制，下面将着重讲解对人形角色动画的配置。通过本小节的学习，读者应该能够熟练掌握对人形动画的配置和使用。

### 1. 创建骨骼结构映射——Avatar

把带动画的模型文件拖曳到 Unity 3D 中时，系统会自动为模型文件生成一个 Avatar 文件作为其子对象，如图 10-57 所示。Avatar 是 Mecanim 动画系统自带的人形骨骼结构与模型文件中的骨骼结构间的映射，但此时选中 Avatar 文件时只会出现图 10-58 所示的空白视口，且无法对其进行配置。

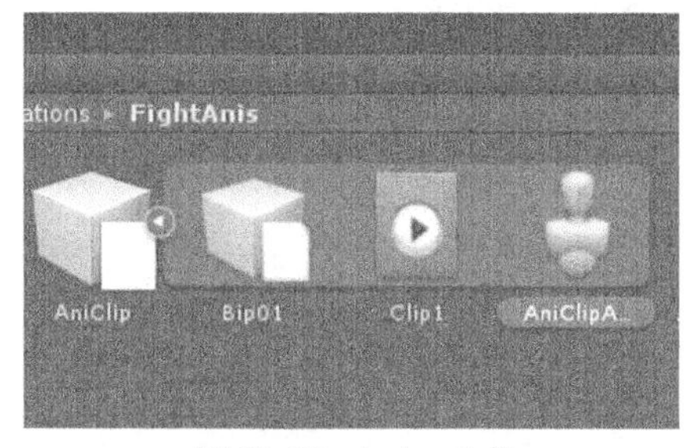


▲图 10-57 Avatar 文件

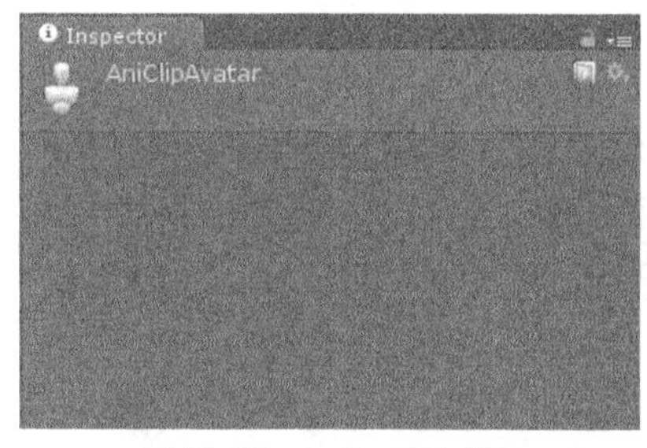


▲图 10-58 Avatar 空白视口

选中人形角色模型文件，在 Inspector 面板中单击 Rig 按钮，如图 10-59 所示。在 Animation Type 下拉列表中选择 Humanoid，并单击 Apply 按钮应用该选择，如图 10-60 所示。至此，该模型文件已经被指定为人形角色模型，同时，系统重新为其创建 Avatar 文件。

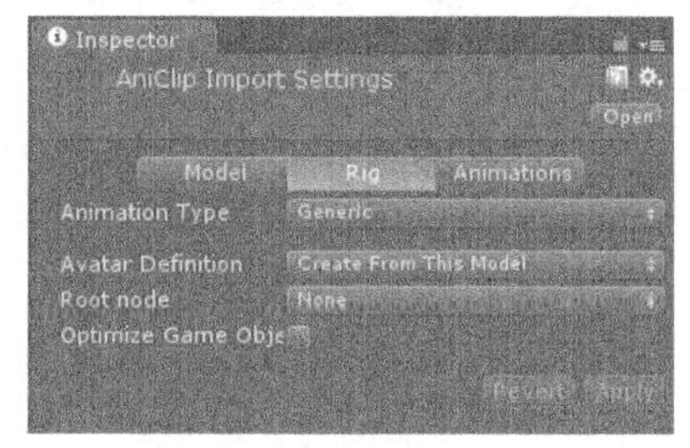


▲图 10-59 Generic 模式

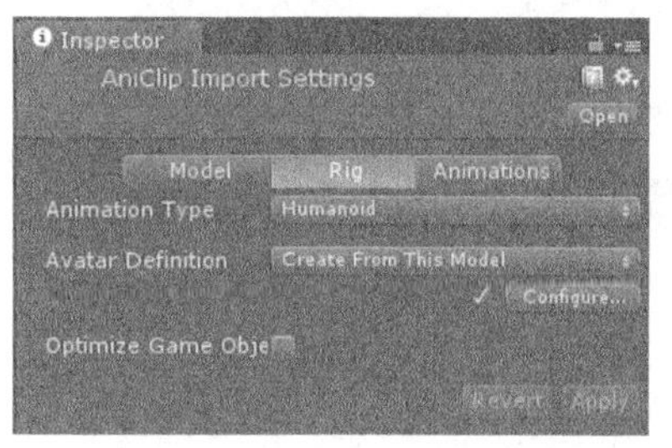


▲图 10-60 Humanoid 模式

说明：这里涉及了 Animation Type 属性，Animtion Type 下拉列表中有 4 个选项，分别为 None、Legacy、Generic 和 Humanoid，分别对应无模式、旧版动画模式、其他动画模式和人形角色动画模式。运用于 Mecanim 动画系统中的人形角色动画都要选择 Humanoid。

## 2. 配置 Avatar

通过前面的学习，读者应该对 Avatar 的创建有了一个简单的认识，下面进行 Avatar 的配置，步骤如下。

（1）选中 Avatar 文件，在 Inspector 面板中就会出现一个 Configure Avatar 按钮，如图 10-61 所示，单击该按钮即可进入 Avatar 的配置界面。

（2）同时，系统会弹出图 10-62 所示的提示，用于提示读者是否保存场景中的所有信息。这是由于在配置 Avatar 时，系统会关闭原场景窗口，并开启一个临时 Scene 面板作为配置 Avatar 的实时显示窗口，并在配置结束后关闭该临时窗口。

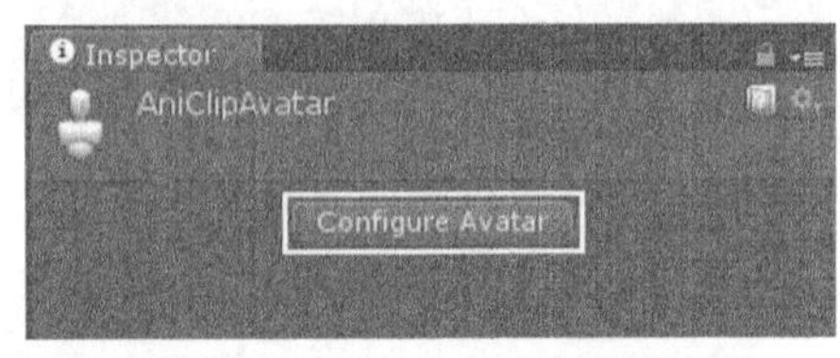


▲图 10-61　Configure Avatar 按钮

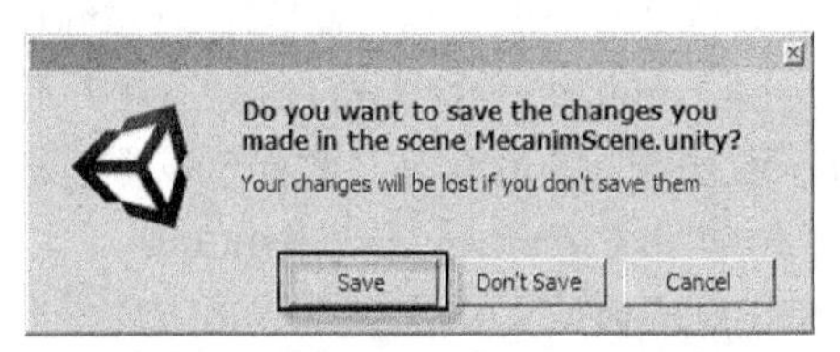


▲图 10-62　系统提示

（3）单击 Configure Avatar 按钮，Inspector 面板如图 10-63 所示。同时，Scene 面板会出现图 10-64 所示的骨骼，Inspector 中参数的改变会实时地显示在 Scene 面板中，读者可以在 Scenc 面板中实时地看到 Avatar 的效果，而不必再重建场景验证其准确性。

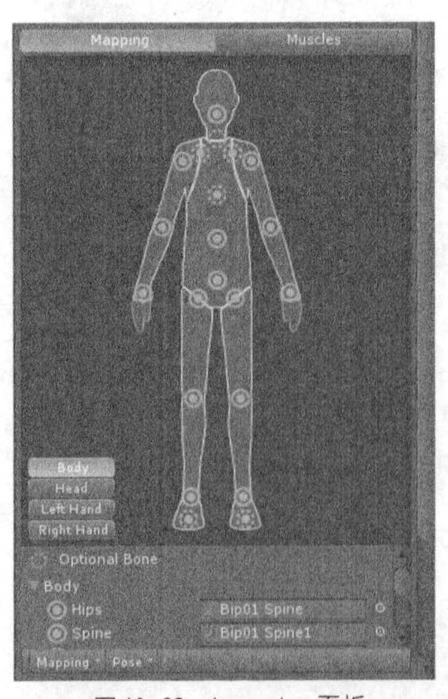


▲图 10-63　Inspector 面板

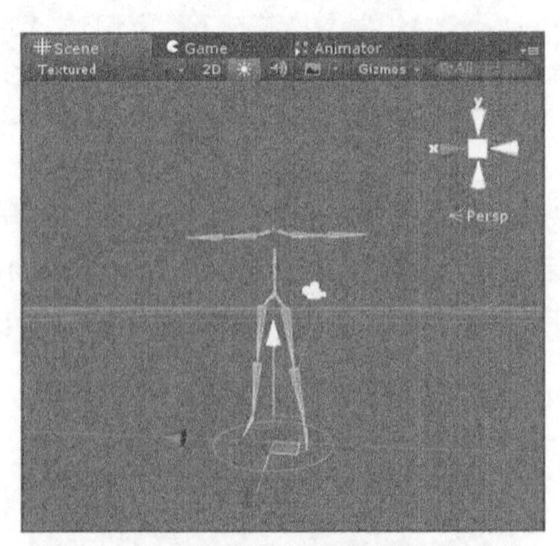


▲图 10-64　骨骼

（4）可分别单击 Body、Head、Left Hand 和 Right Hand 等按钮进行 Avatar 不同层次的配置，如图 10-65 和图 10-66 所示。读者可以在不同的面板中进行不同部位的骨骼配置，这样做的好处是各个骨骼层次配置互不影响，并能同时播放。

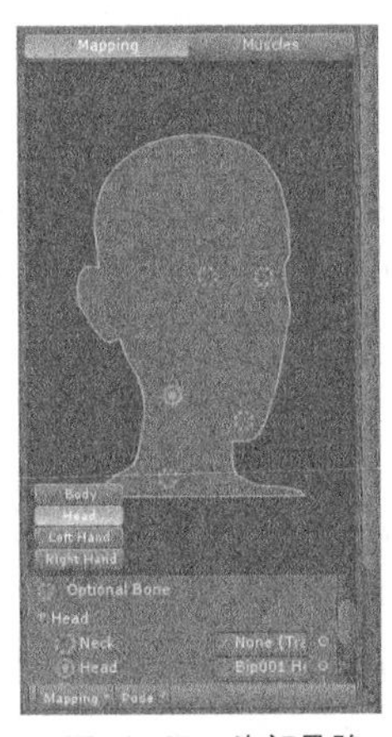


▲图 10-65 头部骨骼

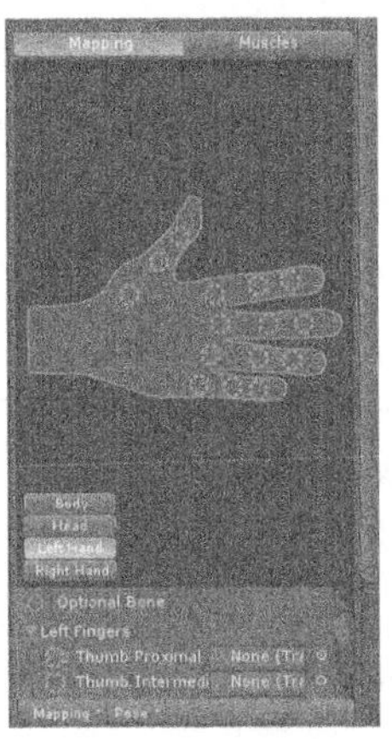


▲图 10-66 手部骨骼

（5）一般情况下，Unity 3D 都会正确地对 Avatar 初始化，但有时会因为骨骼的名字不规范等原因，Unity 3D 不能准确地识别到相应的骨骼，就会出现图 10-67 和图 10-68 所示的情况，此时就需要使用系统自带的工具手动对其进行校正。

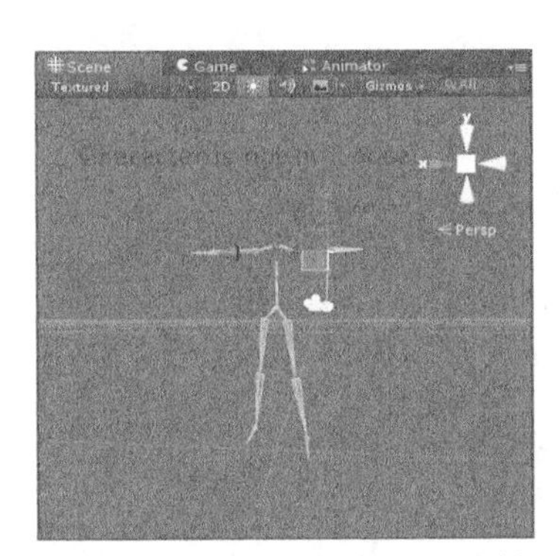


▲图 10-67 识别错误时的 Scene 面板

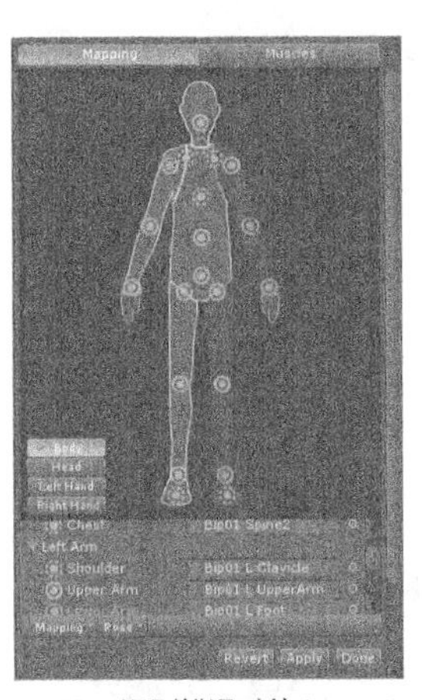


▲图 10-68 识别错误时的 Inspector 面板

（6）当遇到这种情况时，可以在 Hierarchy 面板中找到正确的骨骼，如图 10-69 所示。然后将正确的骨骼拖曳到 Inspector 面板中 Optional Bone 下的指定位置中，如果拖曳的骨骼正确无误，则其面板会变成图 10-70 所示，若所有骨骼都变成绿色，则代表 Avatar 已经配置完成。

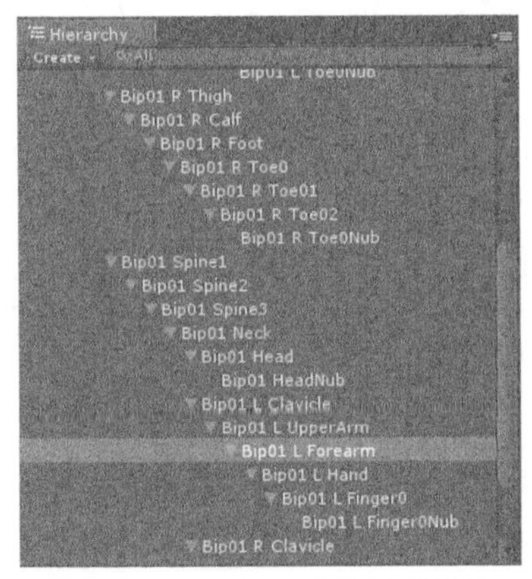


▲图 10-69 Hierarchy 面板中的骨骼

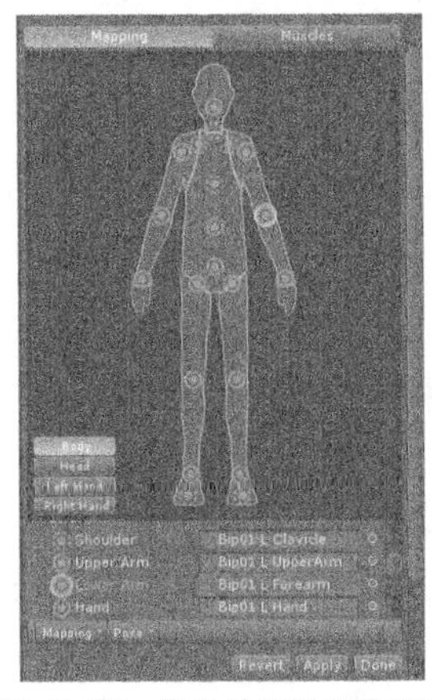


▲图 10-70 拖曳的骨骼正确无误

### 3. Muscle 的配置

在实际的开发过程中，开发人员可能会遇到一些骨骼动画动作过于夸张的情况，如果使用的是旧版动画，就需要重新制作该动画，而 Mecanim 动画系统则为其提供了一套解决方案。读者可以通过设置 Avatar 中的 Muscle 参数来限制角色模型各个部位的运动范围，防止某些骨骼运动范围超过合理值。

（1）单击 Avatar 面板中的 Muscles 按钮，进入 Muscle 的配置窗口。该窗口由预览窗口、设置窗口及附加配置窗口组成。

（2）以左脚骨骼为例对其进行调整，选中配置窗口中的 Left Leg 参数，其附带的所有子参数也会随之展开，如图 10-71 所示。读者可以通过拖动参数左边的滑动条观察指定骨骼的运动范围，同时 Scene 面板会在对应的骨骼上生成若干个扇形，代表骨骼旋转的范围，如图 10-72 所示。

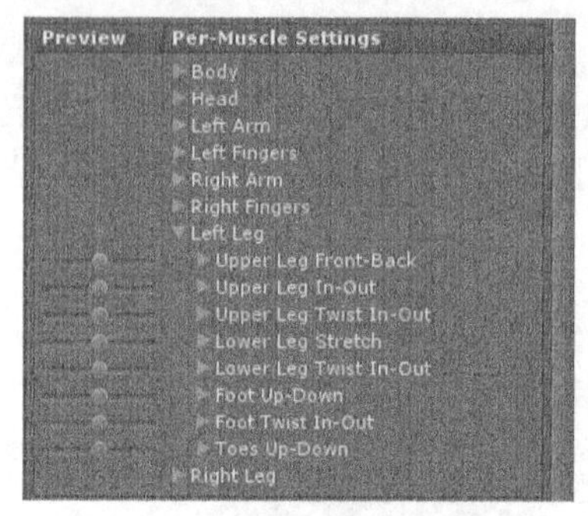


▲图 10-71　Left Leg 及其子参数

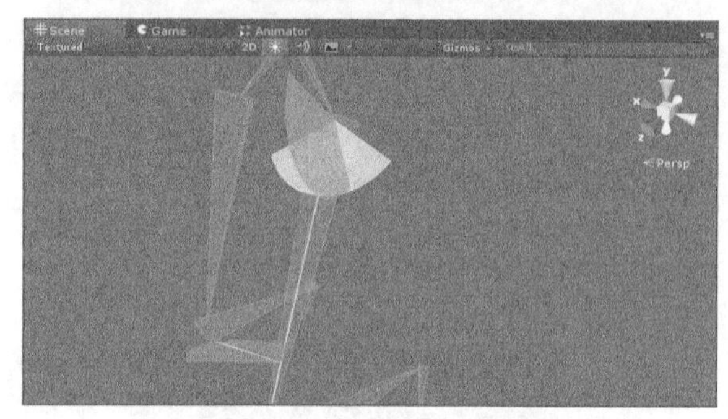


▲图 10-72　骨骼旋转范围

（3）选中 Upper Leg Front-Back 参数，可展开配置参数，如图 10-73 所示。读者可通过滑动其滑动条或设置其左右参数对该骨骼的运动范围进行调整，Scene 面板中骨骼对应扇形的大小也会随之改变，图 10-74 显示的就是 Upper Leg Front-Back 范围为 0～10 的预览效果。

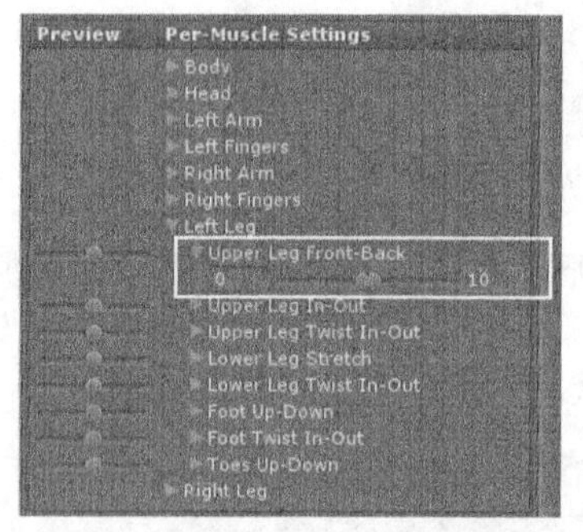


▲图 10-73　Upper Leg Front-Back 配置参数

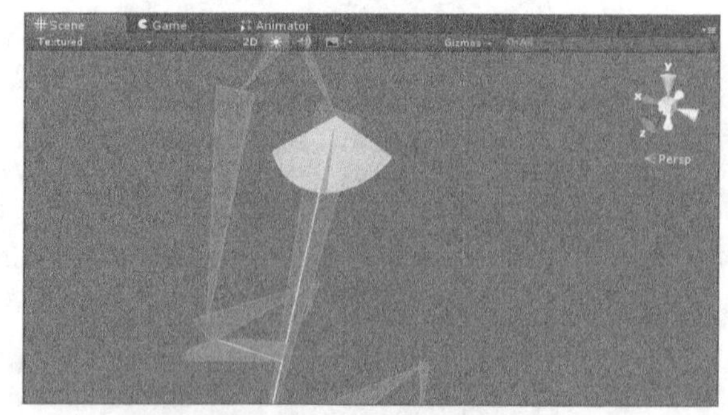


▲图 10-74　预览效果

（4）设置完毕之后单击 Done 按钮，结束 Muscle 的配置。重新播放该动画，如果骨骼的最大运动范围与动画中的运动范围有相交，则在更改后的动画中，其骨骼只会在设置的范围内运动。

除了防止过于夸张或错误的动作，设置 Muscle 参数还可以实现对原动画的修改，如原动画是一个边奔跑边招手的动作，而开发所需的仅仅是一个单纯奔跑的动画，通过限制手部的运动，便可以快速地完成动画的修改。

### 4. 动画剪辑

Unity 也支持动画剪辑，通过剪辑导入的动画来完成不同的需求。例如，有一段动画，该动画包含了很多不同的动作，现在需要将这段动画按照不同的动作种类播放出来，这就用到了动画剪辑功能。动画剪辑将整个动画切割成不同的小段，分段播放即可完成要求，下面进行介绍。

（1）准备一个常规的人物模型，将该模型导入相关的3D建模软件中，执行建立骨骼、绑定、蒙皮等操作，最后将模型导出为“.fbx”格式。这些操作这里不再赘述，有兴趣的读者可以上网查阅相关资料。

（2）将做好的人物模型导入Unity资源目录中，模型属性如图10-75所示。单击Animations按钮，切换到动画模式，动画模式包括动画片段的信息、动画的总帧数、是否重复播放动画等参数，如图10-76所示。

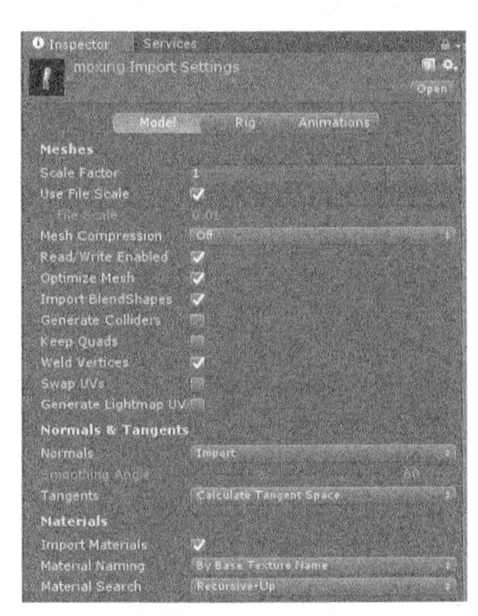


▲图10-75 模型属性

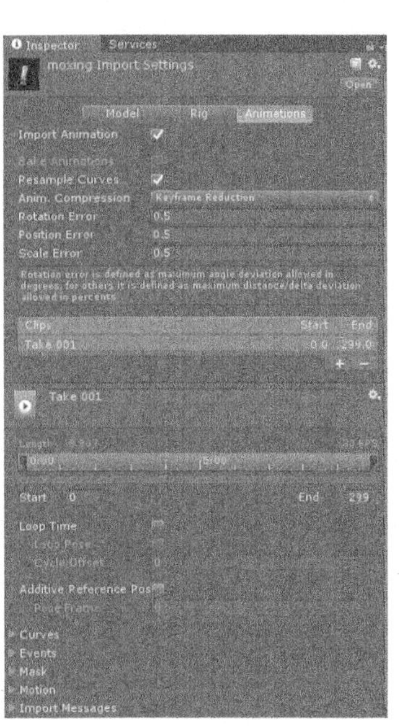


▲图10-76 动画属性

（3）剪辑模型所带的动画。单击模型动画模式的Clips下的“+”按钮，即可完成第二段动画的创建，如图10-77所示。动画默认的范围是整段动画的长度，但是真正需要的是其中的一小段。单击创建的第二段动画，修改Start和End参数，单击Apply按钮，即可完成第二段动画的创建。

（4）再次单击“+”按钮并且修改相应的动画帧数范围，如此往复即可完成多段动画的创建，如图10-78所示。剪辑好的动画不仅适用于该模型，还可用于其他人物模型，只需要将需要的动画片段拖入动画控制器的动画状态中即可使用。

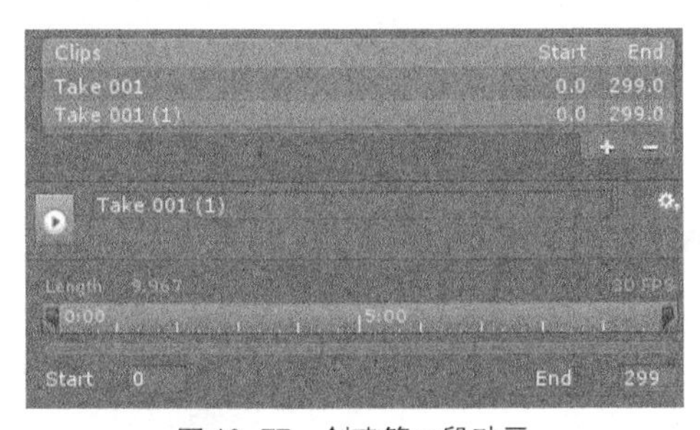


▲图10-77 创建第二段动画

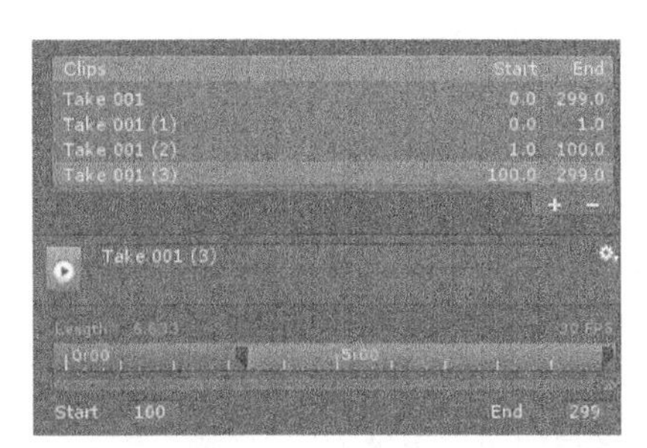


▲图10-78 创建多段动画

### 5. 添加动画事件

在游戏中，经常需要在动画结束或者某一帧的特定时刻执行一些函数方法。例如，一个踢球动作，脚尖位置到达足球位置时足球会飞出，但是足球受的力并不是人给的力，而是通过执行添加力的函数给的，这就需要判断脚尖到达足球位置的动画帧数，同时执行添加力的函数。下面进行具体介绍。

（1）结合一个示例来介绍添加动画事件。首先准备构建示例的场景所需要的模型、动画等素材，然后将模型调整到合适的位置。将准备的人物模型导入相关的 3D 建模软件中，执行建立骨骼、绑定骨骼、蒙皮、绑定动画等操作。

（2）创建一个动画控制器，建立过程如图 10-79 所示。将人物所带的动画分成两段，其中一段动画作为人物的默认状态。接下来创建动画状态图，如图 10-80 所示。该动画状态图控制了动画的播放状态、播放效果等属性。

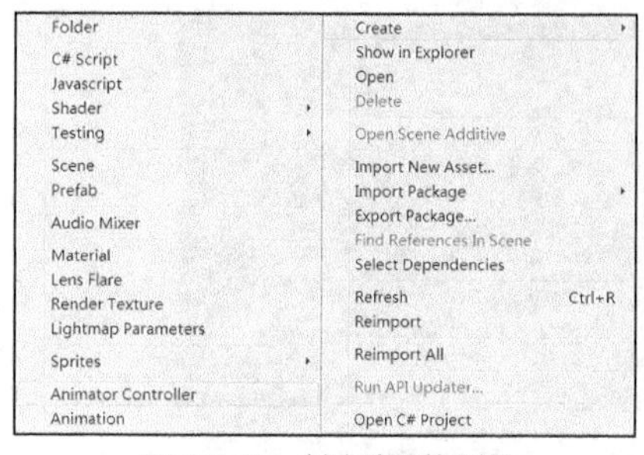


▲图 10-79　创建动画控制器

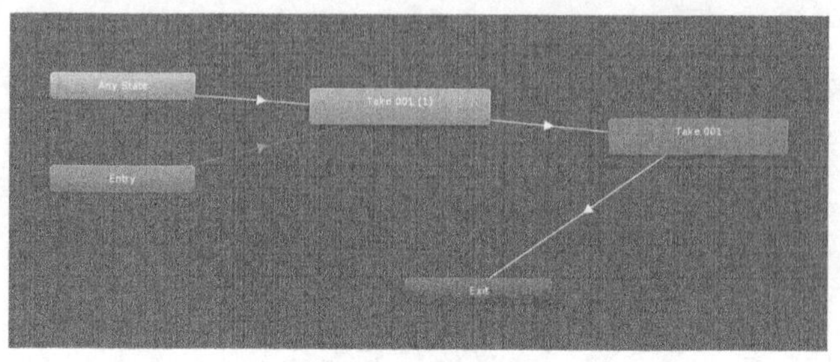


▲图 10-80　创建动画状态图

（3）创建一个脚本，将其命名为 kongzhi，该脚本控制了动画控制器，可以控制动画的播放状态。该脚本还监听了场景中的按钮，包含一个控制足球运动逻辑的方法，具体代码如下。

代码位置：随书资源中源代码\第 10 章目录下的 New Unity Project\Assets\kongzhi.cs

```
1   using System.Collections;
2   using System.Collections.Generic;
3   using UnityEngine;
4   public class kongzhi : MonoBehaviour {
5       public Animator myAnimator;                              //声明骨骼动画
6       public bool pdAnim = false;                              //控制动画开关
7       public static readonly string jiqiu = "Take 001";        //动画名称
8       public Rigidbody rigidbody;                              //声明刚体
9       void Start () {
10          myAnimator = GetComponent<Animator>();}              //对骨骼动画进行初始化
11       void Update () {
12          AnimatorStateInfo info = myAnimator.GetCurrentAnimatorStateInfo(0);//获取动画状态引用
13          if (info.IsName(jiqiu) && info.normalizedTime <= 0.25f && info.normalizedTime > 0.2f){
                                                                 //控制条件
14              Controlball();                                   //给足球力的方法
15              pdAnim = true;}}                                 //动画开关置为 true
16       public void ButtonOnClick(int index){                   //按钮监听方法
17         if (index == 0){                                      //传入参数
18          myAnimator.SetFloat("biaozhi", 1);}}                 //播放指定动画
19       public void Controlball(){
20         rigidbody.AddForce(new Vector3(-215, 100, 0));}}      //给足球固定的一个力
```

❑ 第 1～8 行是脚本所带的必须的头文件及整个脚本需要的变量，包括骨骼动画的声明、动画控制开关、动画名称和刚体的声明。

❑ 第 9～10 行是脚本中的 Start 方法。该方法在整个程序运行时就立即执行，对骨骼动画的引用进行初始化，方便下面使用。

❑ 第 11～15 行是脚本中的 Update 方法。该方法用于判断动画执行的程度，在执行到特定的程度时会调用给足球力的方法。

❑ 第 16～20 行是按钮监听方法及足球受力的方法。本示例主要讲解的是如何获取动画执行帧数及在特定的帧数执行相应方法的知识，所以这里不对这两个方法做具体讲解。

（4）将该脚本挂载到人物模型上，单击“运行”按钮，即可运行本示例，效果如图 10-81 所示。在播放过程中可以看到，踢球的动画没有播放完毕，足球就飞出，这是在相应的动画位置添加了给足球力的方法的事件。本示例在第 10 章随书资源下的 New Unity Project 文件夹下的 Anim 场景中。

▲图 10-81 示例运行效果

## 10.5.2 动画控制器的创建

Mecanim 动画系统引入了动画控制器的概念，通过动画控制器可以把大部分与动画相关的工作从代码中分离出来。游戏动画师可以独立地完成动画控制器的创建，且不涉及任何代码。下面将介绍动画控制器的创建。

从本小节开始，笔者将通过创建一个工程项目来向读者讲解 Mecanim 动画系统的其他知识点，读者可参考操作步骤进行开发。该项目所需的所有资源文件均可在本书随书资源中第 10 章\MecanimStudy\Assets 目录下获得，其创建方式如下。

（1）创建一个名为 MecanimStudy 的项目，将随书资源目录下的 Animations、Models 和 Textures 等文件夹依次复制到本项目中的 Assets 资源文件夹下。然后创建一个名为 AniControllers 的空文件夹，用于存放项目所需的动画控制器文件。

（2）右击 AniControllers 文件夹，在弹出的快捷菜单中选择 Create→Animator Controller，创建一个动画控制器，将其命名为 StaticAnimatorController，如图 10-82 所示。双击该动画控制器，进入动画控制器编辑窗口，如图 10-83 所示。

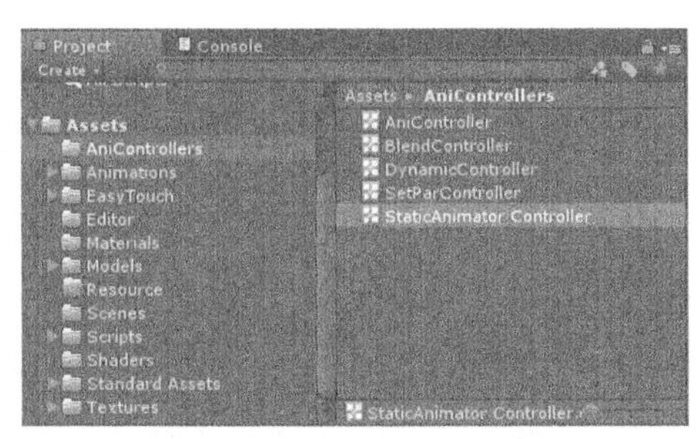


▲图 10-82 创建动画控制器

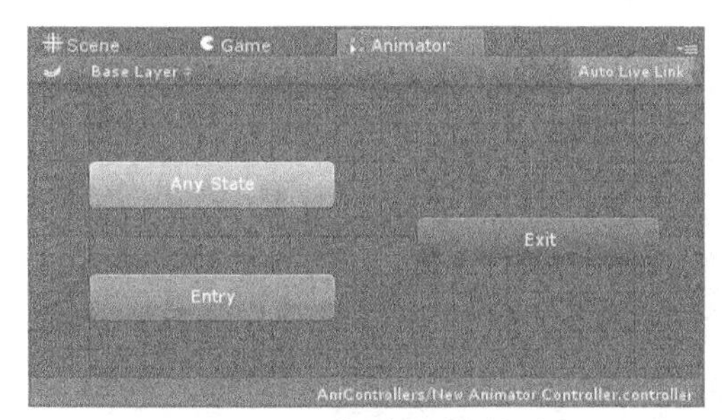


▲图 10-83 动画控制器编辑窗口

## 10.5.3 动画控制器的配置

10.5.2 节已经详细地介绍了动画控制器的创建方法，下面将逐步讲解动画控制器的配置。配置动画控制器是学习 Mecanim 动画系统的重点，通过本小节的学习，读者应该能够独立搭建一个完整的动画控制器，并为后续的学习打好基础。

### 1. 动画状态机和过渡条件

理解动画控制器中的方块的含义之前，需要先理解 Mecanim 动画系统中动画状态机的概念。新动画系统基于状态机思想对游戏动画进行控制。通过使用动画状态机，游戏动画师可以进行无代码的可视化开发，状态机参数如表 10-6 所示。

表 10-6 状态机参数

| 名称 | 含义 |
| --- | --- |
| StateMachine | 动画状态机，可包含若干个动画状态单元 |
| State | 动画状态单元，动画状态机中的最小单元 |
| Sub-State Machine | 子动画状态机，可包含若干个动画状态单元或子动画状态机 |
| Blend Tree | 动画混合树，一种特殊的动画状态单元 |
| Any State | 特殊的状态单元，表示任意动画状态 |
| Entry | 本动画状态机的入口 |
| Exit | 本动画状态机的出口 |

每一个动画控制器都可以有若干个动画层，每个动画层都是一个动画状态机，动画状态机中可以同时包含若干个动画状态单元或子动画状态机。在 Unity 3D 5.X 版本中，每一个动画状态机都必然会含有 Any State、Entry、Exit 动画状态单元，用于实现该状态机不同的必需功能。

下面简单介绍动画状态单元和动画过渡条件的搭建，其详细步骤如下：

（1）可以通过右击并选择 Create State→Empty 创建空动画状态单元，也可以将动画片段直接拖曳到动画状态机编辑窗口中进行创建。此处通过向编辑窗口拖曳 Boy@ForwardKick 和 Boy@KickBack 两个动画文件，创建两个动画状态单元，如图 10-84 所示。

（2）右击动画状态单元，在弹出的快捷菜单中选择 Make Transition，创建动画过渡条件，并再次单击另一个动画状态单元，完成动画过渡条件的连接。Mecanim 动画系统通过动画过渡条件实现各个动画片段之间的逻辑，开发人员只需控制这些过渡条件即可实现对动画的控制。

（3）为了实现所需效果，笔者已将该动画状态机搭建成图 10-85 所示的状态，读者可按着笔者所搭建的状态进行连接。在该动画状态机中，Idle 被设为默认动画，且显示为黄色，其他动画状态单元则显示为灰色。读者可以在任意非默认动画单元上右击，在弹出的快捷菜单中选择 Set As Default，将其设置为默认动画。

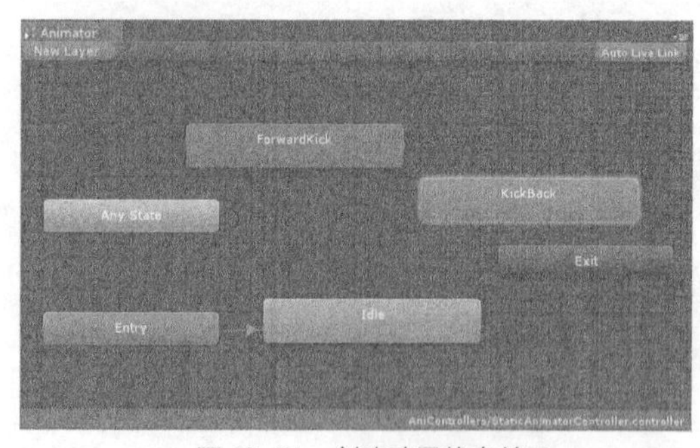


▲图 10-84 创建动画状态单元

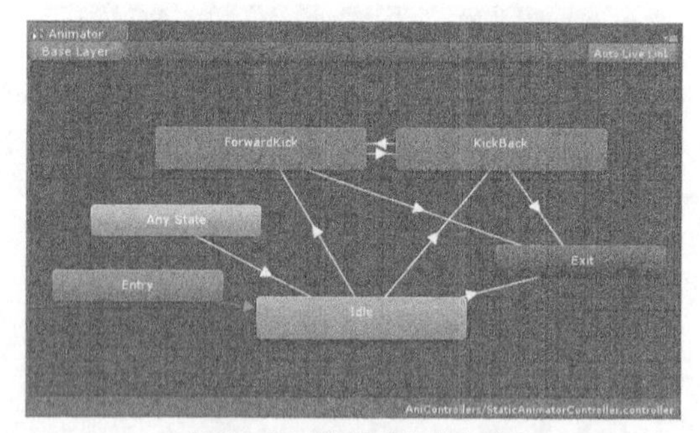


▲图 10-85 连接动画状态单元

## 2. 过渡条件的参数设置

动画状态机和过渡条件搭建完成之后，就需要对状态机间的过渡条件进行设置。为了实现对各个过渡条件的操控，需要创建一个或多个参数与之搭配。Mecanim 动画系统支持的过渡参数类型有 Float、Int、Bool 及 Trigger，其在动画控制器代表的意义需要游戏动画师提前设计好。

（1）向游戏控制器添加一个 Float 类型的参数以实现对游戏过渡条件的控制。单击 Parameters 面板中的“+”按钮，添加一个 Float 类型的参数，并将其命名为 AniFlag，设置其初始值为-1.0，如图 10-86 所示。

（2）选中任意一个过渡条件，在 Inspector 面板中的 Conditions 列表中单击“+”按钮，添加参数控制。读者可以进行参数的设置，为参数添加对比条件，Mecanim 动画系统为 Float 类型的参数提供了 Greater 和 Less 对比条件，如图 10-87 所示。

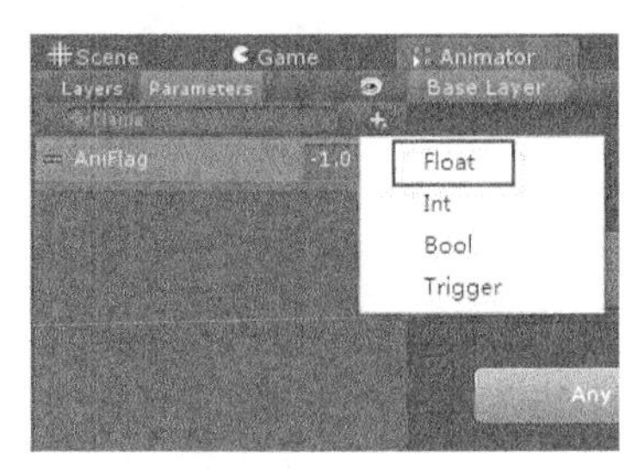


▲图 10-86 新建参数

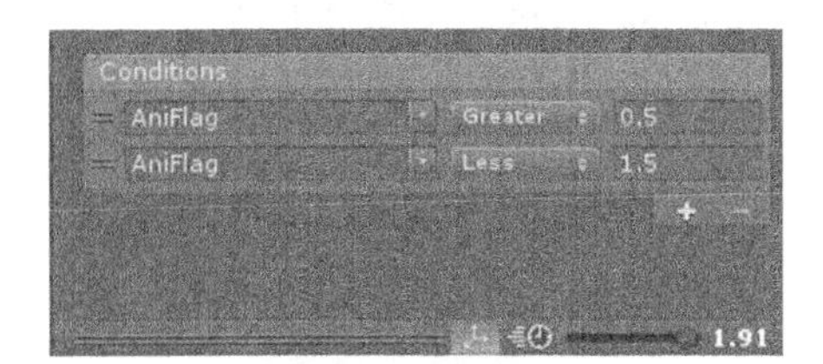


▲图 10-87 设置参数

（3）本项目中所用到的动画控制器请参考随书资源\第 10 章\MecanimStudy\Assets\AniControllers 中的 AniController（动画控制器），所用到的过渡条件参数配置也可在该动画控制器中找到。由于篇幅所限，在此不再赘述。

### 3. 代码对游戏控制器的控制

通过以下步骤实现对游戏控制器的控制。

（1）动画控制器创建和配置完成后，接下来创建一个名为 MecanimBehaviour 的场景来测试该游戏控制器是否可用。在该场景中创建一个地形，给地形添加绿色草地纹理，再将 Models 文件夹下的 Boy 模型文件拖曳到场景中，并调整光照方向至合适角度，如图 10-88 所示。

（2）进行 UI 的开发。选择 GameObject→UI→Button，创建一个按钮，将其命名为 Button0，按照此步骤再创建一个 Button1 按钮，如图 10-89 所示。这两个按钮分别用于对两个动画的控制，当按下任意一个按钮时，系统将启动对应的动画过渡。

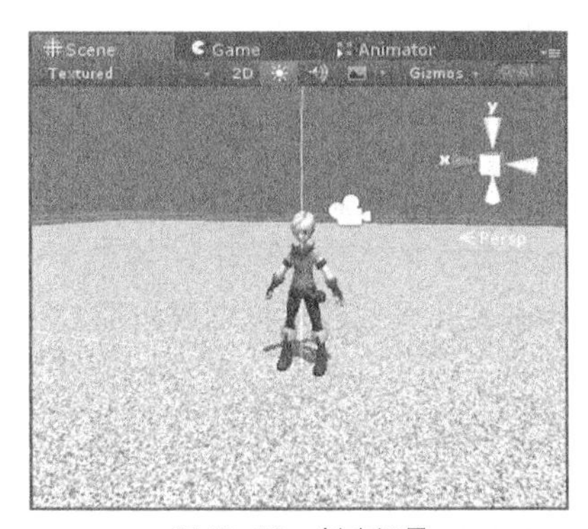


▲图 10-88 创建场景

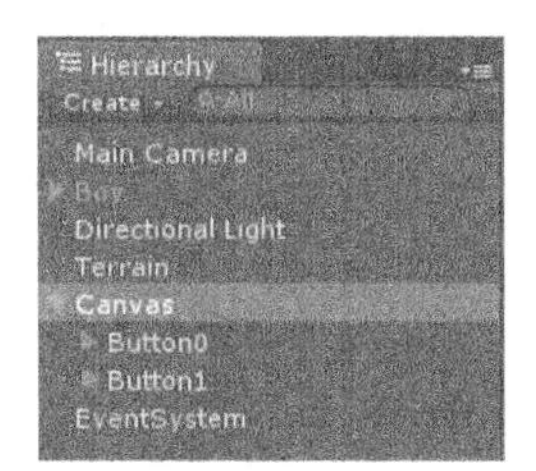


▲图 10-89 创建按钮

（3）选中 Boy 游戏对象，为其添加一个 Animator 组件，并将先前创建的 StaticAnimatorController 动画控制器拖曳到 Animator 组件下的 Controller 选项中，如图 10-90 所示。然后新建一个 C#脚本，并将其命名为 StaticAniCtrl.cs，并把脚本拖曳给 Boy 对象，如图 10-91 所示。

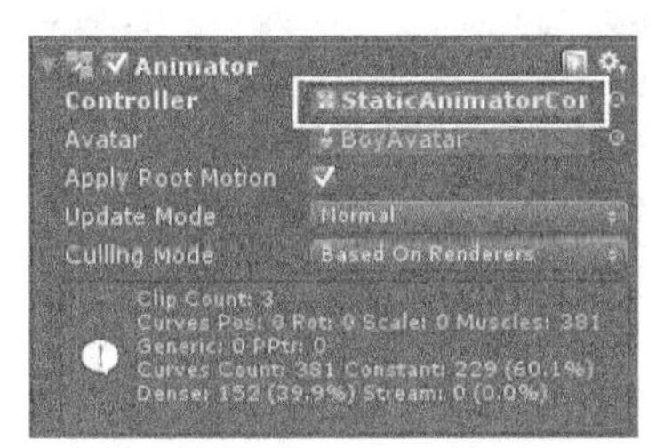


▲图 10-90 Animator 组件

▲图 10-91 StaticAniCtrl 脚本

StaticAniCtrl 脚本用于实现对动画控制器的控制、游戏按钮的响应及摄像机的跟随。脚本中 Start 方法用于实现变量的初始化，Update 方法用于实现摄像机的具体操作。下面将重点讲解动画控制器部分的代码，具体代码如下。

代码位置：随书资源中源代码\第 10 章目录下的 MecanimStudy\Assets\Scripts\StaticAniCtrl.cs

```
1   using UnityEngine;
2   using System.Collections;
3   public class StaticAniCtrl : MonoBehaviour {
4     Animator myAnimator;                                       //声明 Animator 组件
5     Transform myCamera;                                        //声明摄像机对象
6     void Start () {
7       myAnimator = GetComponent<Animator>();                   //初始化 Animator 组件
8       UIInit();                                                //初始化 UI
9       myCamera = GameObject.Find("Main Camera").transform;     //初始化摄像机对象
10    }
11    void Update () {
12      myCamera.position = transform.position + new Vector3(0, 1.5f, 5); //摄像机对象跟随
13      myCamera.LookAt(transform);                              //摄像机对象朝向
14    }
15    void UIInit() {
16        //按钮位置
17        GameObject.Find("Canvas/Button0").transform.GetComponent<RectTransform>().localPosition
18        = new Vector3(Screen.height / 6 - Screen.width / 2, Screen.height * 2 / 5 - Screen.height / 2);
19        //按钮大小
20        GameObject.Find("Canvas/Button0").transform.GetComponent<RectTransform>().localScale
21        = Screen.width / 600.0f * new Vector3(1, 1, 1);
22        //按钮位置
23        GameObject.Find("Canvas/Button1").transform.GetComponent<RectTransform>().localPosition
24        = new Vector3(Screen.height / 6 - Screen.width / 2, Screen.height / 6 - Screen.height / 2);
25        //按钮大小
26        GameObject.Find("Canvas/Button1").transform.GetComponent<RectTransform>().localScale
27        = Screen.width / 600.0f * new Vector3(1, 1, 1);
28    }
29    public void ButtonOnClick(int index) {
30      myAnimator.SetFloat("AniFlag", index);                   //向动画控制器传递参数
31  }}
```

- 第 1～14 行用于 Start 方法和 Update 方法的开发。Start 方法初始化了 Animator 组件和摄像机对象，Aniamtor 用于动画的播放控制，而摄像机对象则在 Update 方法中进行调用。Update 方法实现了摄像机对象的跟随操作，使摄像机对象与游戏角色对象相互关联。
- 第 15～28 行用于 UIInit 方法的开发，用于初始化游戏按钮，使本示例在任意分辨率的屏幕中都能正常运行，不至于被拉伸。
- 第 29～31 行用于按钮回调方法的开发。当指定的按钮被按下时，系统将会调用此方法。本方法将会根据按下按钮的不同，向 Animator 组件传递对应的参数值。动画控制器获得该参数之后，将对指定的过渡条件进行调控，从而实现对动画播放的操控。

（4）单击“运行”按钮，示例的运行效果会显示在 Game 面板中，如图 10-92 所示。单击屏幕上的两个按钮，可以使场景中的小男孩做出不同的动作，如图 10-93 所示。本示例还可以导出成.apk 格式并在 Android 平台的手机上运行。其导出方法在前面章节已有介绍，在此不再赘述。

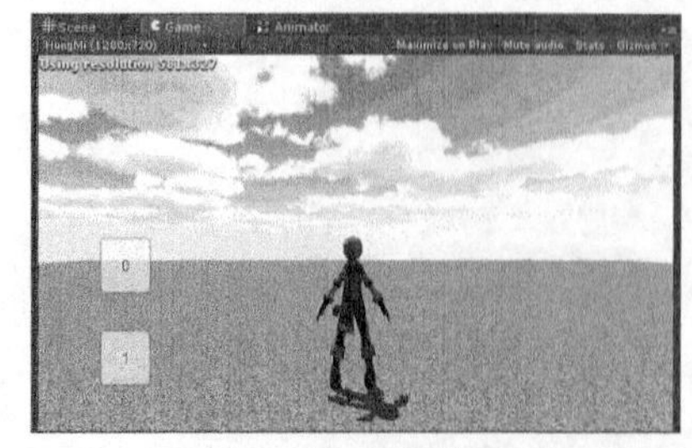


▲图 10-92　运行效果 1

▲图 10-93　运行效果 2

### 10.5.4 角色动画的重定向

角色动画的重定向是 Mecanim 动画系统的一大特色功能，Unity 3D 提供了一套用于人形角色动画的重定向机制。游戏美工只需独立地制作好所有角色模型，而游戏动画师也可独立地进行动画的制作，两者互不干涉，只需在 Mecanim 动画系统中稍做处理即可使用。

**1. 角色动画重定向原理**

前面已经向读者介绍了 Avatar 的创建和配置，可能读者还不能完全理解 Avatar 的作用，在本小节中，笔者将解开各位读者心中的疑惑。

- 人形角色模型绑定的骨骼架构所包含的骨骼数量和名称不尽相同，难以实现动画的通用。为了解决这个问题，Mecanim 动画系统提供了一套简化过的人形角色骨骼架构，而 Avatar 文件就是模型骨骼架构与系统自带骨骼架构间的桥梁，重定向的模型骨骼架构都要通过 Avatar 与自带骨骼架构搭建映射。
- 映射后的模型骨骼可以通过 Avatar 驱动系统自带骨骼运动，这样就会产生一套通用的骨骼动画。其他角色模型只需借助这套通用的骨骼动画，就可以做出与原模型相同的动作，即实现角色动画的重定向。这项技术的运用可以极大地减小开发人员的工作量，以及项目文件和安装包的大小。

**2. 角色动画重定向的应用**

下面通过一个简单的场景详细讲解角色动画的重定向功能，该场景的创建和配置详细步骤如下，读者可按照步骤进行操作。

（1）新建一个场景，在场景中创建两个游戏对象用于演示，将其分别命名为 Boy 和 Girl，如图 10-94 所示。再创建一个动画控制器并将其命名为 SetParController，然后将其拖曳到两个游戏对象的 Animator 组件中的 Controller 选项内，如图 10-95 所示。

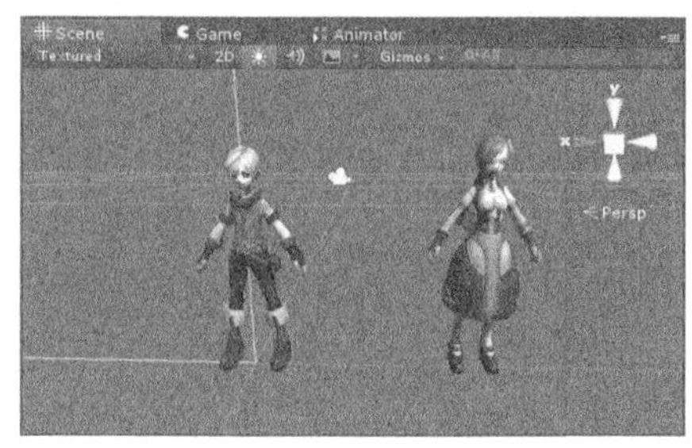

▲图 10-94 创建游戏对象

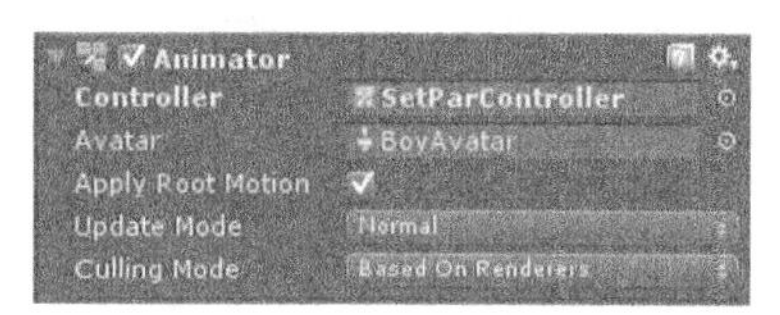

▲图 10-95 Animator 组件参数

（2）创建一个 C#脚本，并将其命名为 AniController。把脚本拖曳到 Boy 对象上，该脚本用于操控角色动画的播放、实现动画按钮的回调、实现摄像机对象的跟随及动画按钮位置的摆放等，其具体代码如下。

代码位置：随书资源中源代码\第 10 章目录下的 MecanimStudy\Assets\Scripts\AniController.cs

```
1   using UnityEngine;
2   using System.Collections;
3   public class AniController : MonoBehaviour {
4     #region Variables
5     Animator animator;                                    //声明 Boy 对象动画控制器
6     Animator girlAnimator;                                //声明 Girl 对象动画控制器
7     Transform myCamera;                                   //声明摄像机对象
8     #endregion
9     #region Function which be called by system
10    void Start () {
11      animator = GetComponent<Animator>();                //初始化 Boy 对象动画控制器
12      //初始化 Girl 对象动画控制器
13      girlAnimator = GameObject.Find("Girl").GetComponent<Animator>();
```

```
14      UIInit();                                             //初始化界面
15      myCamera = GameObject.Find("Main Camera").transform; //初始化摄像机对象
16    }
17    void Update () {
18      myCamera.position = transform.position + new Vector3(0, 1.5f, 5); //摄像机跟随
19      myCamera.LookAt(transform);                           //摄像机朝向
20    }
21    #endregion
22    #region UI recall function and setting
23    public void ButtonOnClick(int Index) {                  //按钮回调事件
24      bool[] pars = new bool[] { true, false };             //声明启动数组
25      animator.SetBool("JtoR", pars[Index]);                //传递控制参数
26      animator.SetBool("RtoJ", pars[(Index + 1) % 2]);      //传递控制参数
27      girlAnimator.SetBool("JtoR", pars[Index]);            //传递控制参数
28      girlAnimator.SetBool("RtoJ", pars[(Index + 1) % 2])   //传递控制参数
29    }
30    void UIInit() {
31      //按钮位置
32      GameObject.Find("Canvas/Button0").transform.GetComponent<RectTransform>().localPosition
33      = new Vector3(Screen.height / 6 - Screen.width / 2, Screen.height * 2 / 5 - Screen.height / 2);
34      GameObject.Find("Canvas/Button0").transform.GetComponent<RectTransform>().localScale
35      = Screen.width / 600.0f * Vector3.one;                //按钮大小
36      //按钮位置
37      GameObject.Find("Canvas/Button1").transform.GetComponent<RectTransform>().localPosition
38      = new Vector3(Screen.height / 6 - Screen.width / 2, Screen.height / 6 - Screen.height / 2);
39      GameObject.Find("Canvas/Button1").transform.GetComponent<RectTransform>().localScale
40      = Screen.width / 600.0f * Vector3.one;                //按钮大小
41    }
42    #endregion
43  }
```

- 第 5～7 行是参数的声明。
- 第 7～20 行的主要功能是 Start 方法和 Update 方法的开发。Start 方法实现了两个 Animator 组件的初始化，以便后续代码中进行参数传递。它还实现了 UI 的初始化，使其在不同分辨率的屏幕中都可以正常运行。
- 第 21～43 行的主要功能是进行按钮回调事件的开发和 UI 的初始化。当任意一个按钮被按下时，系统将会调用此方法，并根据按下按钮的不同进行不同的操作。系统向动画控制器传递一个特定的参数，实现对动画的操控。

（3）单击“运行”按钮，其运行效果就会呈现在 Game 面板中，如图 10-96 所示。当单击任意一个按钮时，两个游戏角色对象就会做出相同的动作，如图 10-97 所示。两个角色对象通过 Mecanim 动画系统中的动画重定向功能同时播放同一个动画。

▲图 10-96　运行效果

▲图 10-97　播放动画

## 10.5.5　角色动画的混合——创建动画混合树

在实际的游戏开发过程中，有时会有两个动画混合成一个动画的需求，如要做一个边跑边招手的动作。在 Unity 3D 4.0 版本以前，想要做这样的动作只能重新制作一个动画，而如今 Mecanim 动画系统为开发人员提供了另一种途径，那就是角色动画的混合。

本小节将通过一个简单的示例来讲解角色动画混合的使用，该场景的创建和配置详细步骤如下所示：

（1）新建一个动画控制器，并将其命名为 BlendController，如图 10-98 所示。打开动画控制器编辑窗口，右击并在弹出的快捷菜单中选择 Create State→From New Blend Tree，创建一个新建角色动画混合树，并将其命名为 Blend Tree，如图 10-99 所示。

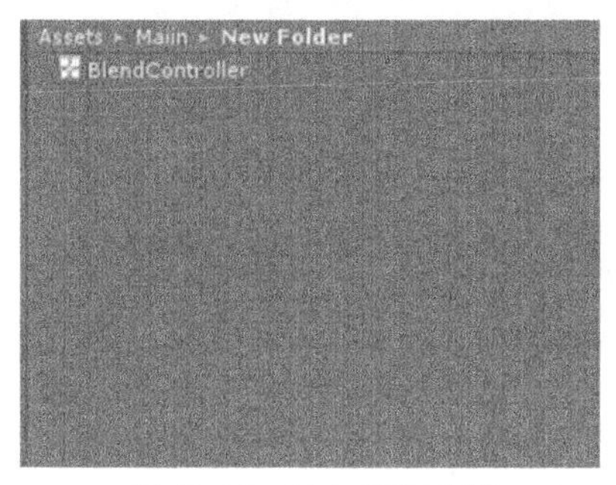


▲图 10-98　创建动画控制器

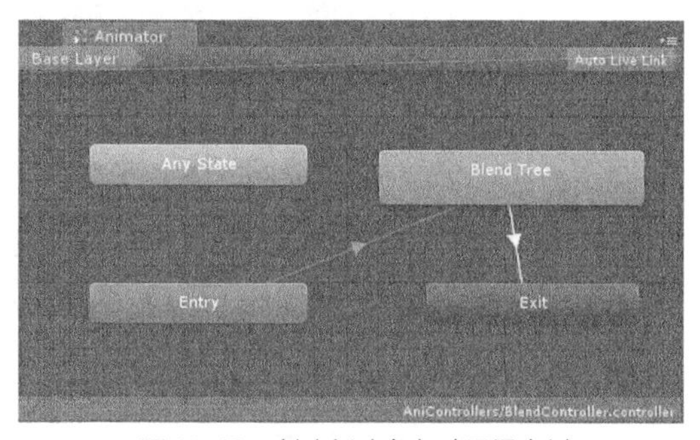


▲图 10-99　创建新建角色动画混合树

（2）细心的读者不难发现，动画混合树的创建按钮是 Create State 的子按钮，从中可以发现动画混合树实际上也是一个动画状态单元。在动画状态机看来，其体现出来的作用与普通动画状态单元并无区别，只是动画混合树能够将若干个动画混合成一个动画进行处理而已。

（3）双击前面创建的动画混合树，进入动画混合树编辑窗口，如图 10-100 所示。接下来新建一个 Float 类型的参数，并将其命名为 BlendPar，如图 10-101 所示。该参数用于对动画混合的控制，Mecanim 动画系统会根据该参数值的大小对动画混合树进行配置。

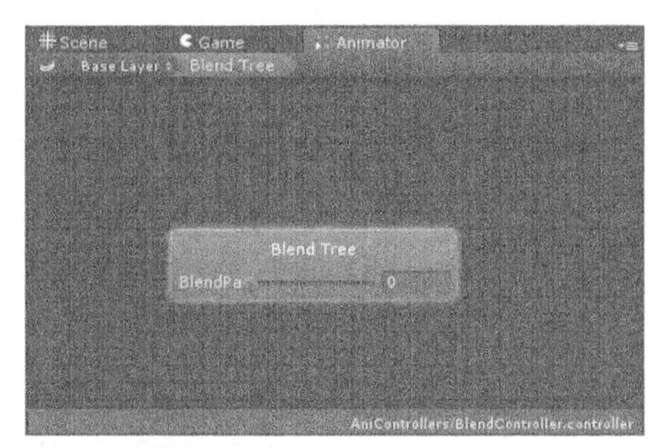


▲图 10-100　动画混合树编辑窗口

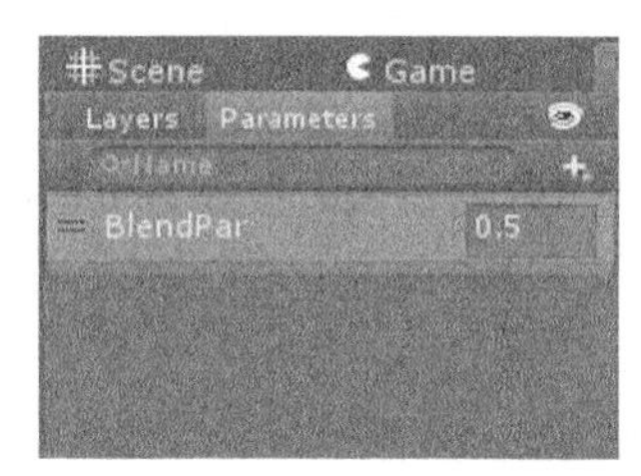


▲图 10-101　新建参数

（4）在 Inspector 面板中将 Parameter 参数设置为 BlendPar，如图 10-102 所示。在 Motion 列表的右下角单击“+”按钮，添加两个动画条目，然后将 Assets\Animations\FightAnis 目录下的 Boy@JumpTurnKick 和 Boy@StepSideKick 动画分别拖曳到对应框内，如图 10-103 所示。

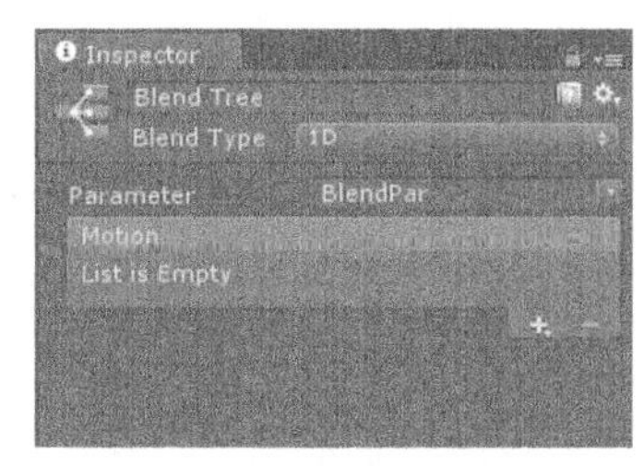


▲图 10-102　设置参数

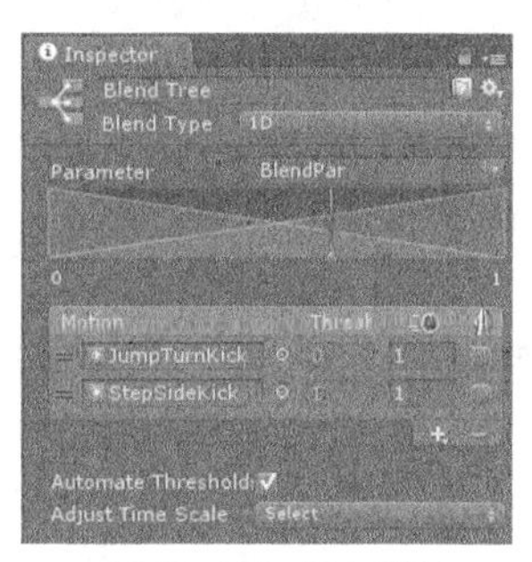


▲图 10-103　添加动画

（5）搭建一个场景，并将其命名为 MecanimBlend，将 Assets\Models 目录下的 Boy 角色模型拖曳到场景中去，如图 10-104 所示。将 BlendController 动画控制器拖曳到 Boy 对象的 Animator 组件中，单击“运行”按钮，其运行效果就在 Game 面板中显示，如图 10-105 所示。

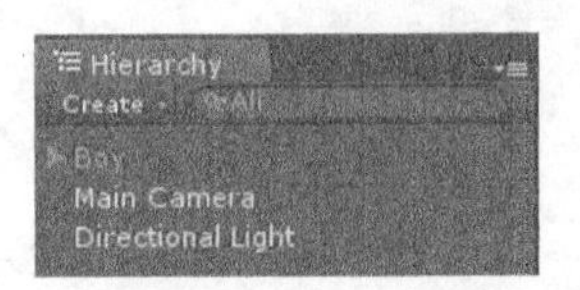

▲图 10-104　搭建场景

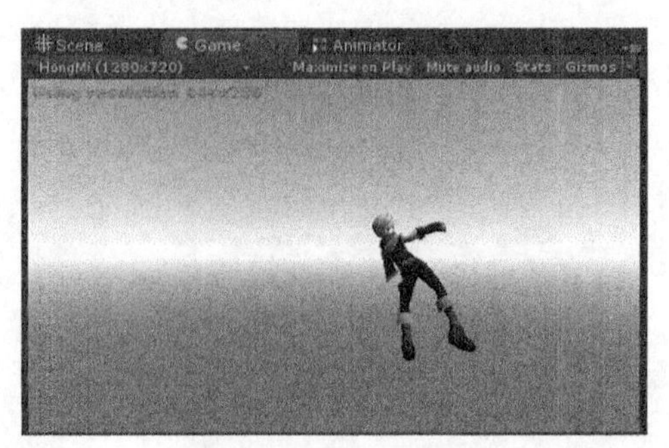

▲图 10-105　运行效果

**说明**　开发该动画混合树时，笔者使用了简单的 1D 混合方式进行混合。BlendPar 参数在其中充当了混合因子的作用。除了 1D 混合方式，Mecanim 动画系统还支持其他动画混合方式，在下一小节中将向读者进行详细介绍。

### 10.5.6　角色动画的混合——混合类型介绍

角色动画混合的强大之处在于动画混合树的混合方式，不同的混合方式和巧妙的参数设置可以混合出丰富的动画效果。动画混合树编辑窗口中的 Blend Type 下拉列表中有多个选项，下面将详细讲解这几个参数的意义和用法。

#### 1. 1D 混合方式

1D 混合方式是最简单的动画混合方式，也是最常用的一种。每个被混合的子动画都会被分配到一个可修改的 Float 类型的值，开发人员通过改变挂载的混合参数来实现不同的混合效果。混合参数越接近某个动画值，则该动画在混合结果中占的比例就越大，如图 10-106 所示。

这种混合方式的缺点是每个混合动画最多只能由两个原动画混合而成，这在一些特殊情况下很难满足要求。而 Mecanim 动画系统提供的 2D 类型混合方式则刚好解决了这个问题。

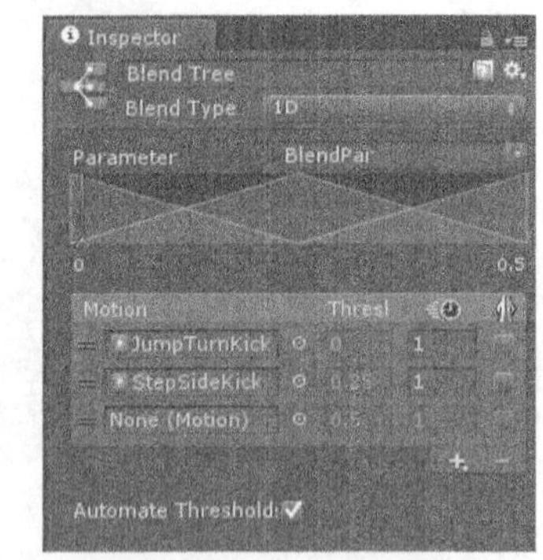

▲图 10-106　1D 混合方式

#### 2. 2D Simple Directional 混合方式

2D Simple Directional 混合方式以两个混合参数作为被混合结果动画的横纵坐标值，混合动画之间以正方形的形式分布在混合面板中，各自的混合比例用正方形外围的圆圈表现出来，如图 10-107 所示。每个动画的分布也以颜色深浅形象地表现出来。

#### 3. 2D Freeform Directional 混合方式

使用 2D Freeform Directional 混合方式的动画混合时，原动画的分布以另外一种方式存在，如图 10-108 所示。每个原动画都是一个放射性的显示面板，颜色越白动画权重越大，反之越小。读者可以通过移动原动画点对显示面板进行调整。

#### 4. 2D Freeform Cartesian 混合方式

2D Freeform Cartesian 是另一种混合方式，原动画用与其他动画相连的渐变表示，如图 10-109 所示。与其他混合方式相同，这种混合方式也通过两个混合参数来控制混合动画效果，并以混合面板中的颜色深浅代表各个子动画在混合动画中的权重。

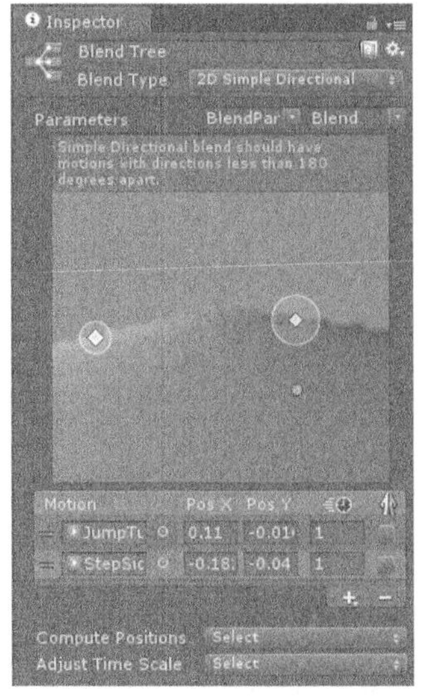


▲图 10-107 2D Simple Directional 混合方式

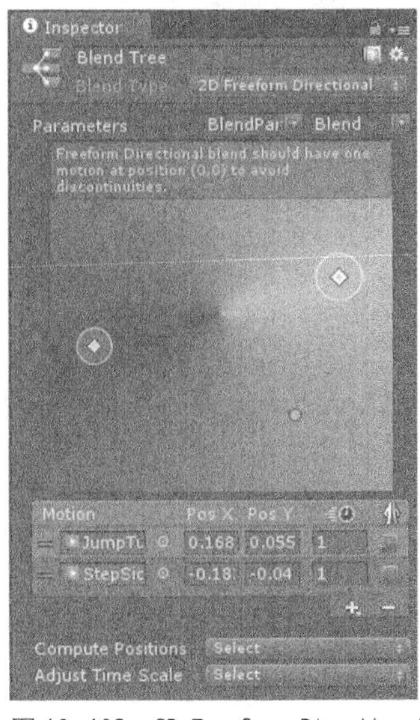


▲图 10-108 2D Freeform Directional 混合方式

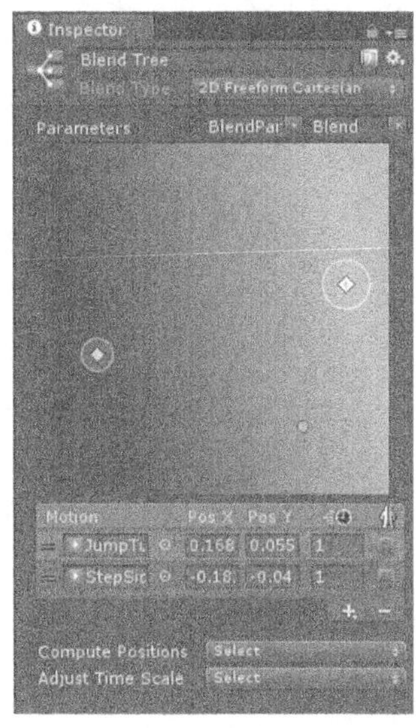


▲图 10-109 2D Freeform Cartesian 混合方式

**说明** 动画控制树中的混合参数在使用的过程中不可以设置为刚好等于某个原动画的值，否则将出现不可知错误。要知道，动画混合树充当的仅仅是混合的作用，不带任何的逻辑成分。读者请不要试图通过混合树实现某段动画的关闭或开启，那样的功能只能通过搭建状态单元和过渡条件完成。

### 10.5.7 Mecanim 动画系统中的代码控制

本小节详细介绍 Mecanim 动画系统中独有的代码控制和开发方法。与 Unity 4.X 相比，Unity 5.X 版本中的 Mecanim 动画系统对采用的 API 做出了很大的改动，新增了许多特性。熟练运用这些 API 可以很好地提高项目的开发速度并节约开发成本。

#### 1. StateMachineBehaviour 脚本

到了 Unity 5.0 之后的版本中，开发人员可以为动画状态机或动画状态单元添加继承自 StateMachineBehaviour 类的脚本，用于在指定动画的播放过程中进行自定义操作。读者可在该脚本中进行表 10-7 所示方法的重写，这些方法在 StateMachineBehaviour 类中已经被定义。

表 10-7 StateMachineBehaviour 中的方法

| 方法签名 | 说明 |
| --- | --- |
| OnStateEnter(Animator animator, AnimatorStateInfo stateInfo, int layerIndex) | 当动画开始播放时被调用一次 |
| OnStateUpdate(Animator animator, AnimatorStateInfo stateInfo, int layerIndex) | 当动画已经在播放时，每一帧调用一次 |
| OnStateExit(Animator animator, AnimatorStateInfo stateInfo, int layerIndex) | 当动画结束播放时播放一次 |
| OnStateMove(Animator animator, AnimatorStateInfo stateInfo, int layerIndex) | 当动画被移动时播放 |
| OnStateIK(Animator animator, AnimatorStateInfo stateInfo, int layerIndex) | 当动画触发逆向运动学时调用此方法 |

下面通过一个简单的示例来介绍 StateMachineBehaviour 的使用方法，该类的创建和配置详细步骤如下所示。

（1）创建一个 C#脚本，将其命名为 FKBehaviour，并使其继承自 StateMachineBehaviour 类。该脚本的主要功能是实现对角色对象挂载的脚本的开启和关闭。与其他脚本不同的是，该脚本的挂载对象是动画状态单元，而不是游戏对象，其具体代码如下。

代码位置：随书资源中源代码\第 10 章目录下的 MecanimStudy\Assets\Scripts\StateBehavirou\FKBehaviour.cs

```
1    using UnityEngine;
2    using System.Collections;
3    public class FKBehaviour : StateMachineBehaviour {
4      //动画开始播放时进行的操作
5      override public void OnStateEnter(Animator animator, AnimatorStateInfo stateInfo, int layerIndex) {
6        //开启脚本
7        GameObject.Find("Boy").GetComponentInChildren<MeleeWeaponTrail>().enabled=true;
8      }
9      //动画结束时进行的操作
10     override public void OnStateExit(Animator animator, AnimatorStateInfo stateInfo, int layerIndex) {
11       //关闭脚本
12       GameObject.Find("Boy").GetComponentInChildren<MeleeWeaponTrail>().enabled=false;
13   }}
```

**说明**　该脚本主要用于 OnStateEnter 和 OnStateExit 方法的重写，这两个方法分别在被挂载动画开始播放和结束播放时运行，并开启和关闭挂在 Boy 对象上的 MeleeWeaponTrail 脚本。

（2）打开前面创建的 MecanimBehaviour 场景，把 Assets\Scripts 目录下的 MeleeWeaponTrail 脚本拖曳到 Hierarchy 面板中的 Boy\Boy\Boy Pelvis\Boy Spine\Boy R Thigh\Boy R Calf 下的 Boy R Foot 对象上，如图 10-110 所示。

（3）为 Boy R Foot 对象创建 Base 和 Tip 子对象，再将这两个子对象分别拖曳到 Melee Weapon Trail 脚本中的 Base 和 Tip 条目中，如图 10-111 所示。该脚本主要用于使 Boy 对象的右脚出现一个划痕，前面开发的 FKBehaviour 脚本通过开启和关闭本脚本来说明其作用。

▲图 10-110　添加动画

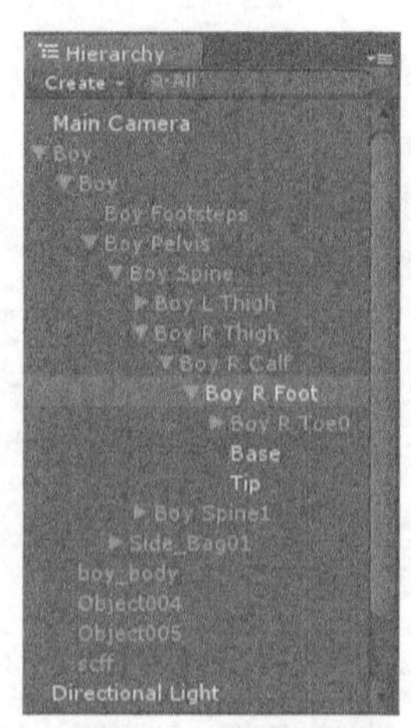


▲图 10-111　创建子对象

（4）双击前面创建的 StaticAnimatorController 动画控制器，选中 ForwardKick 状态单元，单击 Inspector 面板中的 Add Behaviour 按钮，在弹出的下拉列表中选择 FKBehaviour 脚本，如图 10-112 所示。

（5）单击“运行”按钮，观察 Game 面板，当单击按钮 1 时，Boy 对象播放 KickBack 动画，此时运行效果与其他动画相比并无异样；当单击按钮 0 时，Boy 对象播放 ForwardKick 动画，Boy 对象的右脚就会出现一道划痕，如图 10-113 所示。

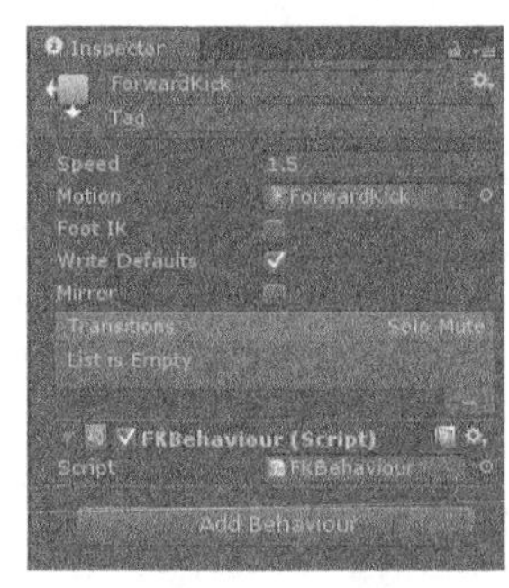

▲图 10-112 挂载脚本

▲图 10-113 运行效果

### 2. 通过代码生成动画控制器

读者可以想象一下，如果需要创建一个带有 10 个动画状态单元的动画控制器，任意一个动画都可以过渡到其他动画上包括自身，那就需要为这个动画控制器搭建 100 个过渡条件，直接搭建不仅工作量浩大，也不便于以后的修改和维护，因此读者有必要掌握通过代码动态生成动画控制器的方法。

下面通过一个简单的示例讲解动态生成动画控制器的方法。该示例的创建和配置详细步骤如下所示。

（1）打开 MecanimStudy 项目，在 Assets 目录下创建一个名为 Editor 的文件夹，如图 10-114 所示，该文件夹用于存放编辑器类脚本文件。在该文件夹中创建一个 C#脚本，并将其命名为 CreateController，如图 10-115 所示。

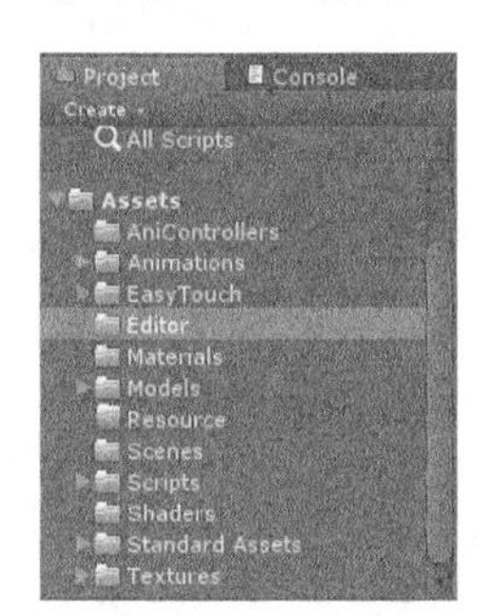


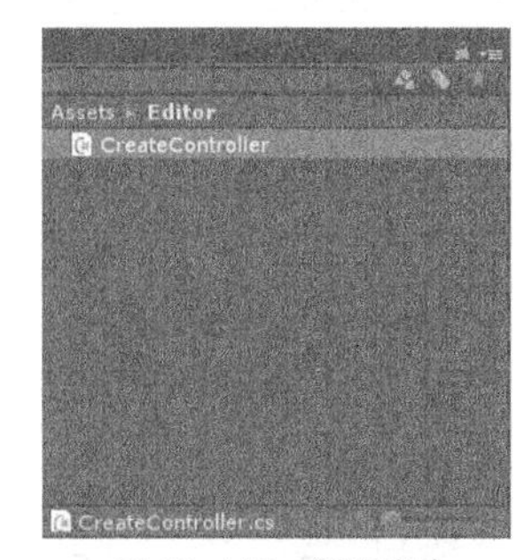


▲图 10-114 创建文件夹

▲图 10-115 创建脚本

（2）双击 CreateController 脚本，打开 MonoDevelop 辑器类，关于这方面的知识在前面章节已经进行了详细介绍，在此不再赘述。本脚本实现了动画的初始化及获取动画片段等操作，该脚本的具体代码如下。

代码位置：随书资源中源代码\第 10 章目录下的 MecanimStudy\Assets\Editor\CreateController.cs

```
1    using UnityEngine;
2    using System.Collections;
3    using UnityEditor.Animations;
4    using UnityEditor;
5    public class CreateController : Editor {                        //该类继承于编辑器类
6      [MenuItem("CreatAnimator/CreateDynamicController")]           //指定按钮
7      static void Run() {
8        //生成控制器
9        AnimatorController dynamicController = UnityEditor.Animations.AnimatorController.
10       CreateAnimatorControllerAtPath("Assets/AniControllers/DynamicController.controller");
11       //根动画
12       AnimatorStateMachine rootStateMachine = dynamicController.layers[0].stateMachine;
13       AnimatorState[] states = new AnimatorState[10];             //声明动画状态单元集合
14       for (int i = 0; i < states.Length; i++) {                   //遍历动画状态单元集合
15         states[i] = rootStateMachine.AddState("state" + i);       //向状态机添加动画
16         states[i].speed = 1.5f;                                   //初始化动画播放速度
17       }
```

```
18      rootStateMachine.defaultState = states[0];                    //初始化根动画
19      AnimationClip[] anis = new AnimationClip[10];                 //声明动画片段集合
20      for (int i = 0; i < anis.Length; i++) {                       //获取动画片段
21        anis[i] = AssetDatabase.LoadAssetAtPath("Assets/Animations/AnisWithNum/Ani" + i + ".FBX",
22        typeof(AnimationClip)) as AnimationClip;                    //获取动画片段
23        states[i].motion = anis[i];                                 //设置动画状态中的动画片段
24        states[i].iKOnFeet = false;                                 //关闭逆向运动学
25      }
26      for (int i = 0; i < states.Length; i++) {                     //构建动画过渡条件
27        for (int j = 0; j < states.Length; j++) {
28          dynamicController.AddParameter("state" + i + "TOstate" + j,  //添加过渡参数
29          AnimatorControllerParameterType.Trigger);  //在动画控制器中生成一个触发器参数
30          AnimatorStateTransition trans = states[i].AddTransition(states[j], false);//生成触发器
31          trans.AddCondition(AnimatorConditionMode.If, 0, "state"+i + "TOstate"+j);//指定触发器参数
32      }}
33      states[states.Length - 1].AddExitTransition();                //指定输出动画
34  }}
```

- 第 1～25 行进行动画控制器的创建，同时在动画控制器中创建 10 个动画状态单元。然后把 Assets\Animations\AnisWithNum 目录下的 10 个动画分别配置到这 10 个动画状态单元中。最后进行动画速度和逆向运动学的设置，统一其运行效果。
- 第 26～32 行为前面创建的任意动画状态单元之间创建动画过渡条件，同时为每一个过渡条件创建并匹配一个过渡参数。这些参数根据前后动画名进行命名，以便在控制脚本中进行控制。最后给动画控制器指定结束动画，完成本脚本的开发。

（3）打开 Unity 3D，可以在菜单栏见到 CreatAnimator→CreateDynamicController，如图 10-116 所示，该按钮在 CreateController 脚本中进行声明。单击该按钮，在 Assets\AniControllers 目录下将会生成一个名为 DynamicController 的动画控制器，如图 10-117 所示。

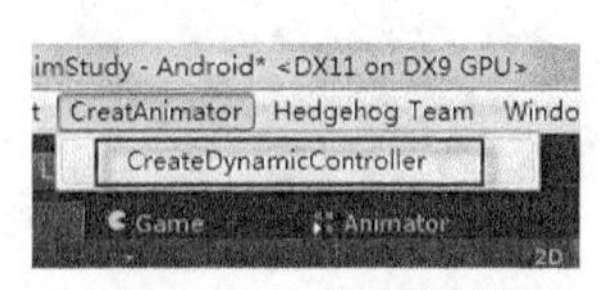


▲图 10-116　自定义按钮

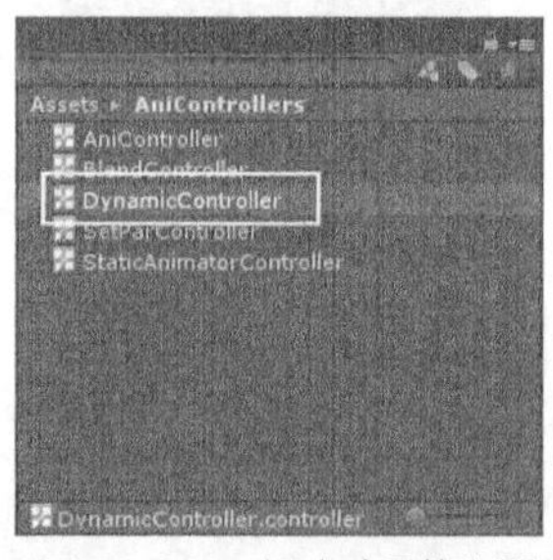


▲图 10-117　新建动画控制器

（4）双击刚生成的 DynamicController 动画控制器，可以在动画控制器编辑窗口查看其详情。拖动上面的动画状态单元，发现其结构比想象中的复杂得多，如图 10-118 所示。同时，该动画控制器携带了大量的过渡参数，如图 10-119 所示。而这些复杂的结构均由 CreateController 脚本动态生成。

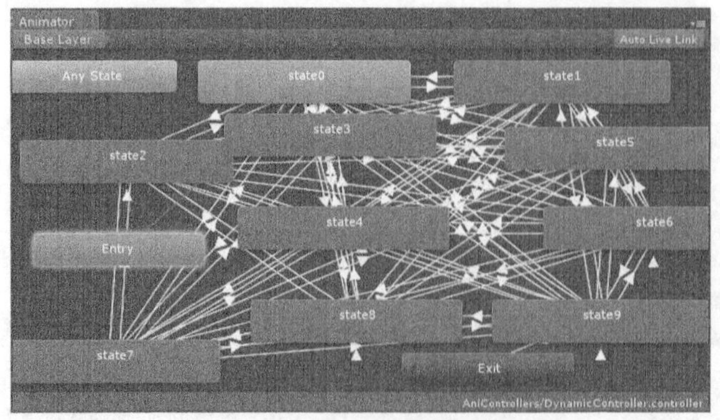


▲图 10-118　动画控制器结构

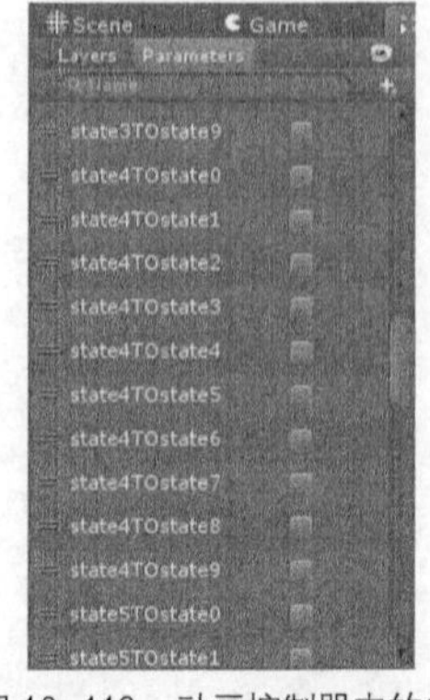


▲图 10-119　动画控制器中的参数

（5）创建一个场景来检验动态动画控制器的可行性。新建一个名为 MecanimCreate 的场景，并将 Assets\Models 目录下的 Boy 模型文件拖曳到场景中，并创建 10 个按钮，如图 10-120 所示。把前面创建的 DynamicController 动画控制器拖曳到 Boy 对象的 Animator 组件中，如图 10-121 所示。

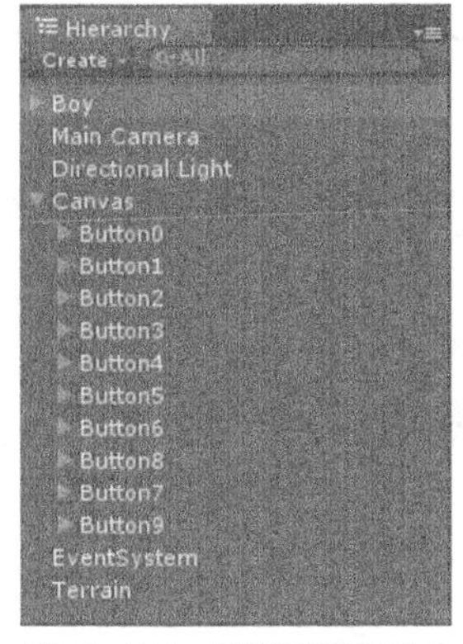


▲图 10-120　创建场景和按钮

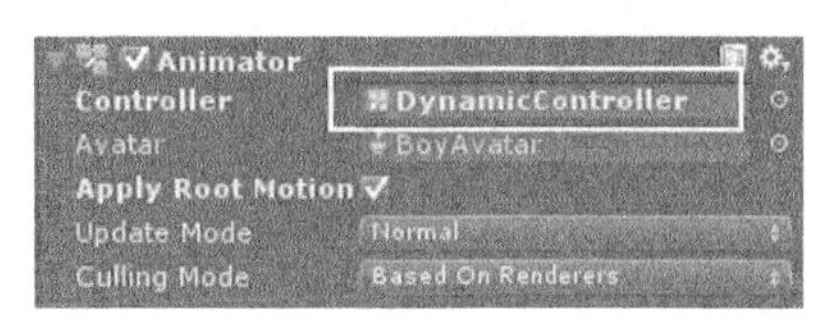


▲图 10-121　配置 Animator 组件

（6）创建一个 C#脚本，将其命名为 DynamicAniCtrl，并拖曳到 Boy 对象上。该脚本用于操控角色动画的播放、实现动画按钮的回调、实现摄像机对象的跟随及遍历动画按钮等相关的逻辑，其具体代码如下。

代码位置：随书资源中源代码\第 10 章目录下的 MecanimStudy\Assets\Scripts\AniController.cs

```
1   using UnityEngine;
2   using System.Collections;
3   public class DynamicAniCtrl : MonoBehaviour {
4     private Animator myAnimator;                                    //声明 Animator 组件
5     private Transform cameraHandle;                                 //声明摄像机对象
6     void Start () {
7       cameraHandle = GameObject.Find("Main Camera").transform;      //初始化摄像机对象
8       myAnimator = GetComponent<Animator>();                        //初始化动画组件
9       UIInit();                                                     //进行 UI 的初始化
10    }
11    void Update () {
12      cameraHandle.position = transform.position + new Vector3(0, 1.2f, 4);  //摄像机跟随
13      cameraHandle.LookAt(transform);                               //摄像机朝向
14    }
15    void UIInit() {                                                 //UI 的初始化
16      Transform uiCanvas = GameObject.Find("Canvas").transform;     //获取 UI 引用
17      for (int i = 0; i < uiCanvas.childCount; i++) {               //遍历 UI 集合
18        uiCanvas.GetChild(i).GetComponent<RectTransform>().localPosition =   //设置按钮位置
19        new Vector3(-Screen.width*0.4f+i/5*Screen.height/6,Screen.height/3-i%5*Screen.height/6,0);
20        uiCanvas.GetChild(i).GetComponent<RectTransform>().localScale =      //设置按钮大小
21        Screen.width / 600.0f * new Vector3(1, 1, 1);
22    }}
23    public void ButtonOnClick(int index) {                          //按钮回调事件
24      for (int i = 0; i < 10; i++) {                                //遍历所有按钮
25        if (myAnimator.GetCurrentAnimatorStateInfo(0).IsName("state" + i)) { //当按下指定按钮
26          myAnimator.SetTrigger("state" + i + "TOstate" + index);//激活指定触发器
27          return;                                                   //结束遍历
28  }}}}
```

❑ 第 1～14 行进行 Start 和 Update 方法的开发。Start 方法进行了摄像机对象和 Animator 组件的声明和初始化，同时进行了 UI 的初始化，使该示例在任意分辨率屏幕中都可以正常运行。Update 方法实现了摄像机对象的实时跟随和朝向。

❑ 第 15～28 行进行 UIInit 和 ButtonOnClick 方法的开发。UIinit 根据当前屏幕的尺寸和分辨率进行了按钮的位置和大小的初始化。ButtonOnClick 方法实现了按钮的回调，当按下任意一个按钮时，系统将向动画控制器发送指令，使其播放相对应的动画。

（7）单击“运行”按钮，其运行效果会出现在 Game 面板中，如图 10-122 所示。场景中的 Boy 对象挂载了前面通过代码生成的动画控制器，单击其中的任意一个按钮之后，场景中的 Boy 对象将会调用 Animator 组件中的动画控制器播放指定的动画片段，如图 10-123 所示。

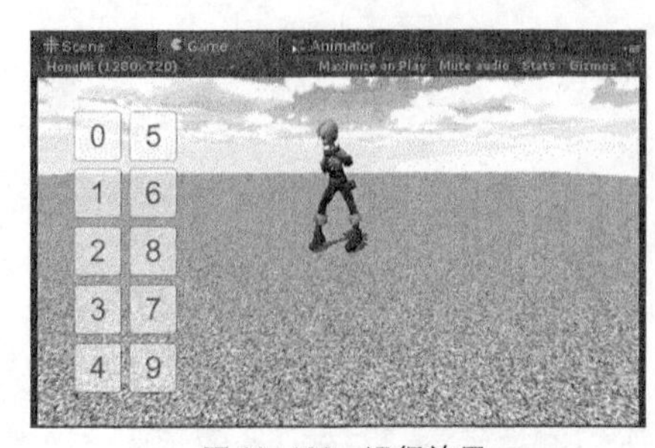

▲图 10-122　运行效果

▲图 10-123　播放动画

## 10.5.8　示例分析

通过前面的学习，相信读者已经掌握了 Mecanim 动画系统的使用方法。本小节将引导读者开发一个综合性较高的示例，并在其中尽可能多地使用 Mecanim 动画系统知识点，使读者在示例开发的过程中能够巩固之前学过的知识。其具体操作步骤如下。

（1）创建一个场景，将其命名为 MecanimScene，如图 10-124 所示。把 Models 文件夹中的 Boy 模型文件拖曳到 Scene 面板中，接着再创建一个地形，将其命名为 Terrain，如图 10-125 所示。创建地形的方法在前面章节已经进行了介绍，在此不再赘述。调整灯光朝向，使场景足够明亮。

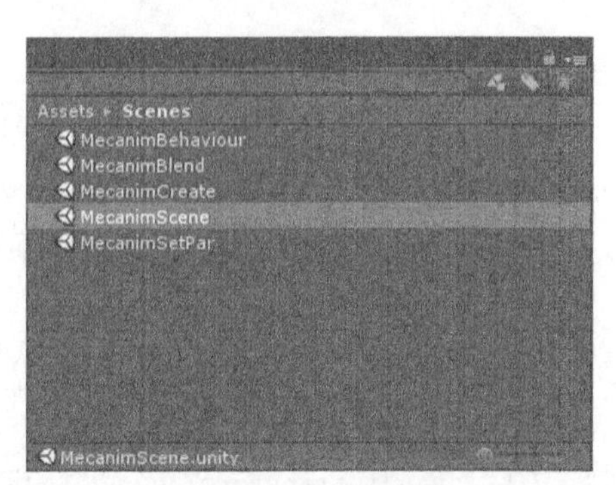

▲图 10-124　创建场景

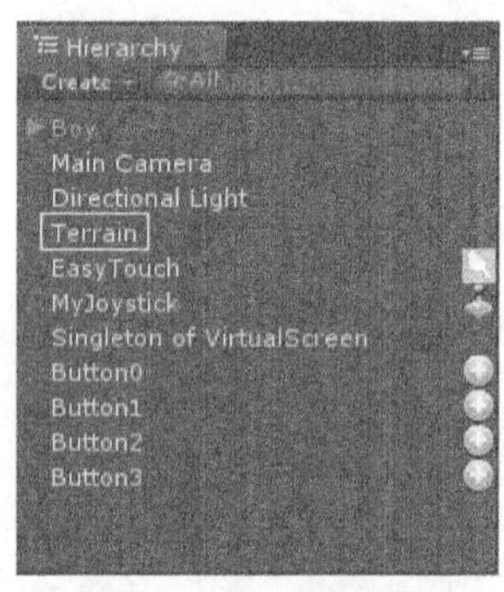

▲图 10-125　创建地形

（2）导入一个 EasyTouch 插件。双击该插件即可导入该插件，再打开 Unity，可发现菜单栏多了图 10-126 所示的按钮。选择 Hedgehog Team→EasyTouch→Extensions 下的 Adding a new joystick 和 Adding a new button，添加 1 个虚拟摇杆和 4 个按钮，如图 10-127 所示。

▲图 10-126　导入插件

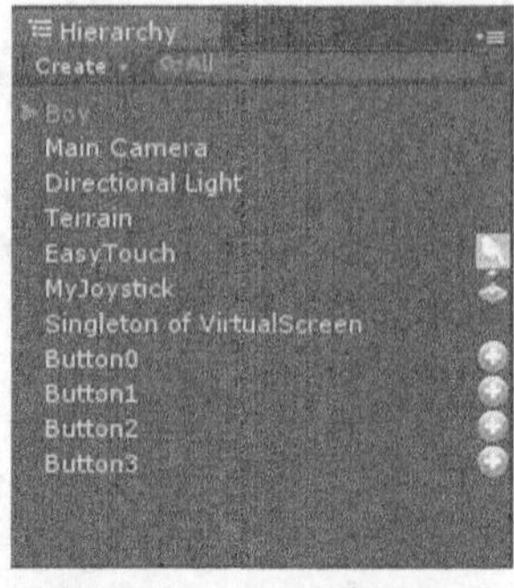

▲图 10-127　添加摇杆和按钮

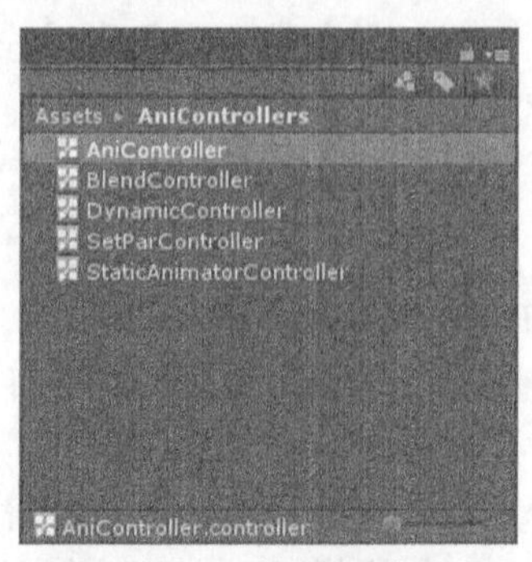

▲图 10-128　新建动画控制器

（3）场景创建完成后，进行动画控制器的创建和配置。首先新建一个空动画控制器，并将其命名为 AniController，如图 10-128 所示。该动画控制器将用于对本示例中所有动画的播放控制。

（4）双击该动画控制器，打开动画控制器编辑窗口，将 Assets\Animations\FightAnis 目录下的 Idle、walk、JumpDodge、TurnKick、StepSideKick 及 CartWheel 等动画拖曳到动画控制器编辑窗口，如图 10-129 所示。

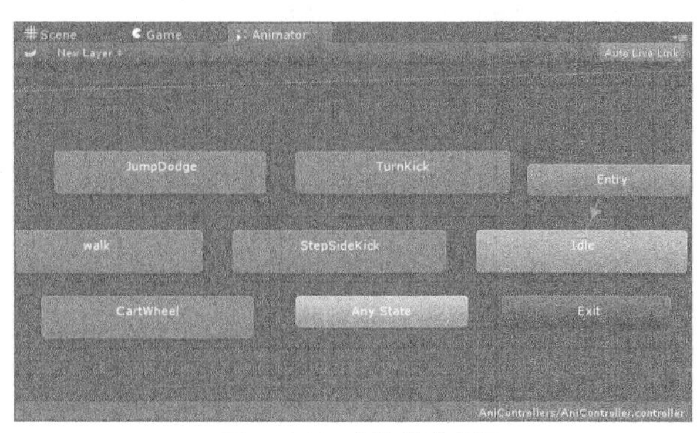


▲图 10-129　添加状态单元

（5）为动画控制器依次添加 Trigger2SSK、Trigger2JD、Trigger2CW、Trigger2TK、Trigger2Exit、Trigger2Walk 和 Trigger2Idle 等触发器类型的动画过渡参数，如图 10-130 所示。这些参数分别用于操控动画控制器中各个动画的播放。

（6）为动画控制器添加过渡条件，效果如图 10-131 所示，并为所有过渡条件添加过渡参数。由于篇幅所限，各个过渡条件与参数间的详细搭配关系在此不再赘述，读者可参考随书资源\第 10 章\MecanimStudy\Assets\AniControllers 目录下的 AniController 文件进行配置。

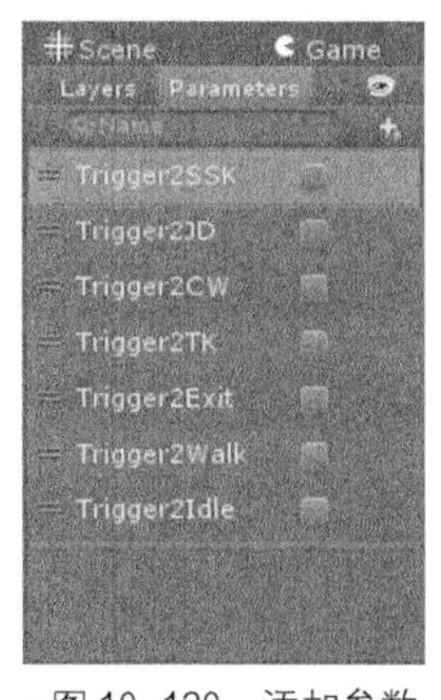

▲图 10-130　添加参数

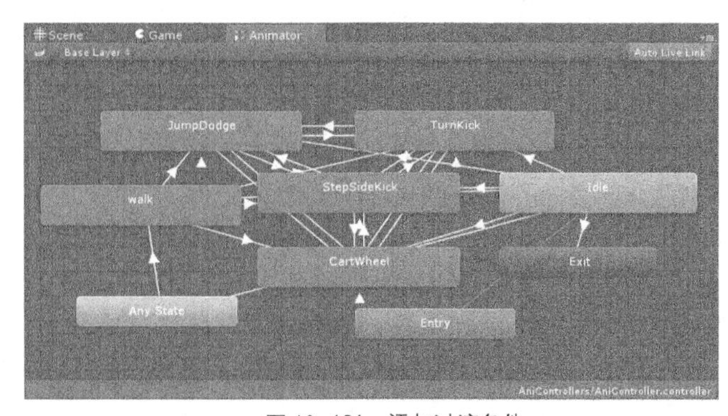


▲图 10-131　添加过渡条件

（7）把 AniController 动画控制器拖曳给 Boy 对象的 Animator 组件。接下来在 Scripts 文件夹中新建一个 C#脚本，将其命名为 HeroController。该脚本用于实现对动画播放的控制，然后将该脚本拖曳到 Boy 对象上。该脚本的具体代码如下。

代码位置：随书资源中源代码\第 10 章目录下的 MecanimStudy\Assets\Scripts\HeroController.cs

```
1   using UnityEngine;
2   using System.Collections;
3   public class HeroController : MonoBehaviour{
4     #region Variables
5     private Animator myAnimator;                                    //声明 Animator 组件
6     private Transform myCamera;                                     //声明摄像机对象
7     private EasyJoystick myJoystick;                                //声明摇杆
8     private EasyButton[] myButtons = new EasyButton[4];             //声明游戏按钮
9     private string[] triggerStrings = new string[] { "Trigger2SSK", "Trigger2JD",
```

```
10      "Trigger2CW", "Trigger2TK" };                             //声明游戏控制器参数名
11      public static bool isWalk;                                //是否正在播放行走动画
12      #endregion
13      #region StartFunction
14      void Start () {
15        myAnimator = GetComponent<Animator>();                  //初始化 Animator 组件
16        myCamera = GameObject.Find("Main Camera").transform;    //初始化摄像机对象
17        myJoystick = GameObject.Find("MyJoystick").GetComponent<EasyJoystick>();  //初始化摇杆
18        for (int i = 0; i < myButtons.Length; i++) {            //遍历按钮集合
19          myButtons[i] = GameObject.Find("Button" + i).GetComponent<EasyButton>();//初始化按钮
20      }}
21      #endregion
22      #region UpdateFunction
23      void Update () {
24        CameraBehaviour();                                     //摄像机控制操作
25        DirectBehaviour();                                     //摇杆响应操作
26      }
27      void CameraBehaviour() {
28        myCamera.position = transform.localPosition + new Vector3(0, 2, -5);//摄像机对象跟随
29        myCamera.LookAt(transform);                            //摄像机对象朝向
30      }
31      void DirectBehaviour() {
32        if (myJoystick.JoystickTouch != Vector2.zero) {        //当摇杆有所触碰时
33          if(!isWalk) {
34            myAnimator.SetTrigger("Trigger2Walk");             //传递行走参数
35          }
36          isWalk = true;                                       //修改标志位
37          transform.LookAt(new Vector3(myJoystick.JoystickTouch.x * 10000, transform.position.y,
38          myJoystick.JoystickTouch.y * 10000));                //对象朝向设置
39        } else {
40          if (isWalk) {
41            myAnimator.SetTrigger("Trigger2Idle");             //传递播放闲定动画的参数
42          }
43          isWalk = false;                                      //修改标志位
44      }}
45      void ButtonOnClick(string button) {                      //游戏按钮监听事件
46        myAnimator.SetTrigger(triggerStrings[button.ToCharArray()[button.Length - 1] - 48]);//传递参数
47      }
48      #endregion
49    }
```

- 第 1～20 行进行 Start 方法的开发。该方法实现了动画组件、摄像机对象及 UI 的声明和初始化，同时声明了一个参数集合，便于在开发过程中对动画播放进行控制。
- 第 21～44 行进行 Update 方法的开发。该方法主要调用了 CameraBehaviour 和 DirectBehaviour 函数，这两个函数分别进行了摄像机对象跟随的开发和虚拟摇杆的监控，使场景中的 Boy 对象实时地朝向摇杆所指向的地方。
- 第 45～49 行实现 4 个 UI 按钮的监听。当按下任意一个按钮时，系统将调用该方法，向动画控制器传递相对应的参数，实现对动画播放的控制。

（8）单击“运行”按钮运行本示例，Game 面板将显示本示例的运行效果，如图 10-132 所示。当操控虚拟摇杆时，场景中的 Boy 对象将按摇杆指向的方向行走；当单击 4 个按钮中的任意一个时，场景中的 Boy 对象将执行对应的动作，如图 10-133 所示。

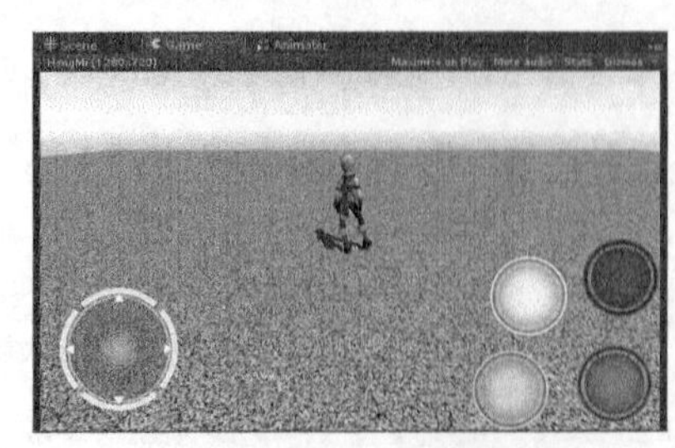

▲图 10-132　运行效果

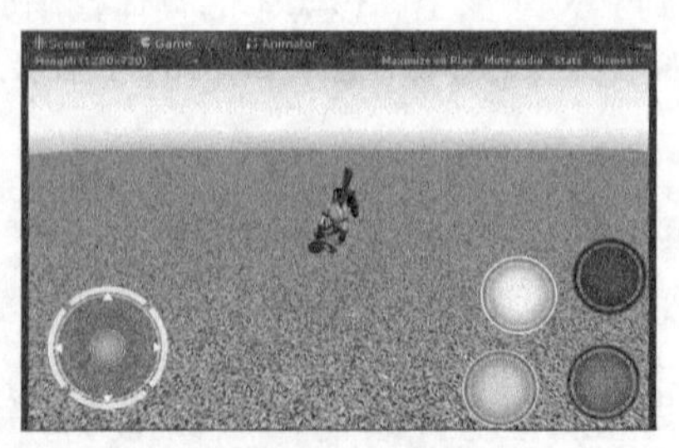

▲图 10-133　执行动作

# 10.6 动画变形

在实际项目中，动画变形（Blend Shapes）技术的应用是非常广泛的，其可以不利用骨骼来实现动画，尤其是面部的细微表情上。面部表情如果利用骨骼来实现会非常麻烦，并且控制动画的逻辑也比较复杂。下面结合一个示例进行动画变形的讲解。

（1）在制作动画变形时，首先需要将模型导入 Maya 中进行处理。Maya 的下载地址及安装过程请读者自行上网查阅，在这里不再做具体介绍。本示例使用的 Maya 版本是 2015，其他版本的使用流程与之一致。

（2）准备一个人物的头部模型，然后将该模型导入 Maya 中，导入过程如图 10-134 所示。当然还可以将模型直接拖入 Maya 中，但是这样容易造成模型数据的丢失，所以不推荐使用这种方法。导入示意图如图 10-135 所示。

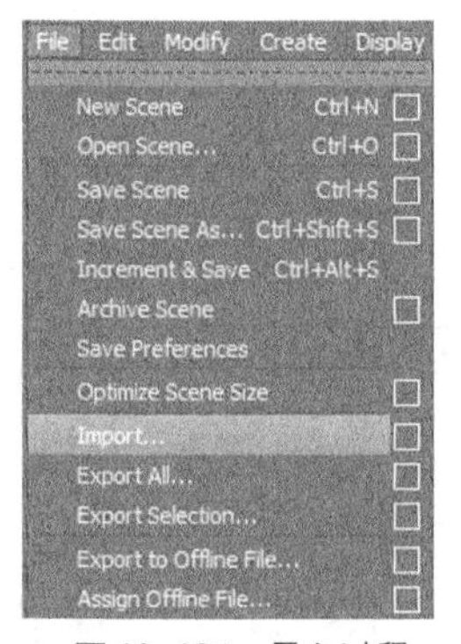


▲图 10-134　导入过程

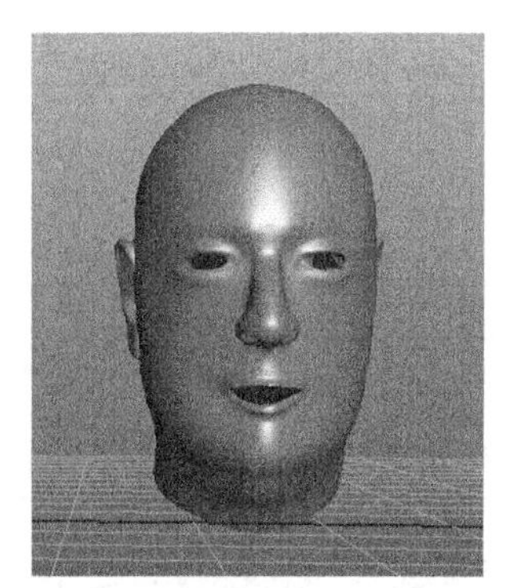

▲图 10-135　导入示意图

（3）在 Maya 的资源列表中选中模型，如图 10-136 所示。选中的模型可以清楚地看到模型的网格构成，如图 10-137 所示。按 Ctrl+D 快捷键，复制一个一模一样的模型。在这里不能再导入一个一样的模型，这样无法制作 Blend Shapes。

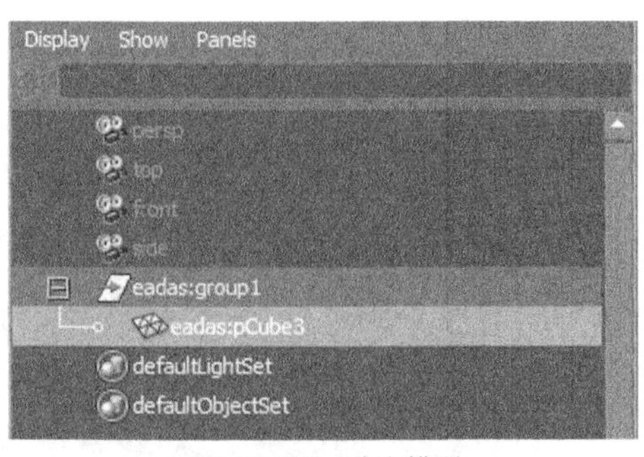


▲图 10-136　选中模型

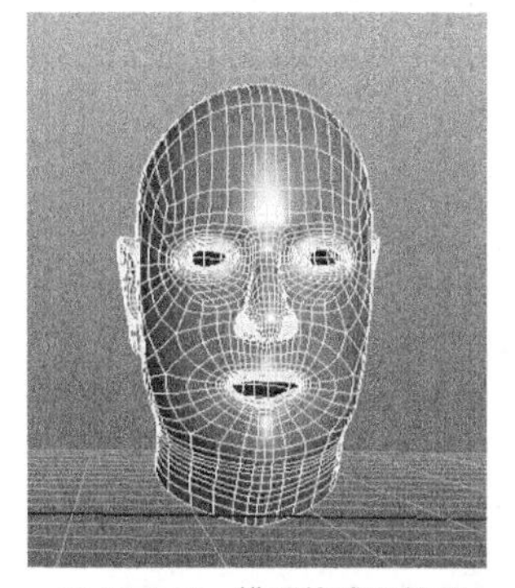

▲图 10-137　模型构成网格图

（4）将源模型作为基本模型，复制后的模型作为目标模型。对目标模型进行操作，单击模型上的顶点，单击 Maya 左侧按钮中的“拖动”按钮，如图 10-138 所示。单击目标模型的面，出现坐标系之后，拖动不同坐标系来完成目标表情的动画，拖动后的模型如图 10-139 所示。

（5）由于拖动目标模型的具体操作方法用到了大量的动画专业技术，因此在这里不再做具体介绍。本示例使用的微笑目标表情并没有很精细。

▲图 10-138　“拖动”按钮

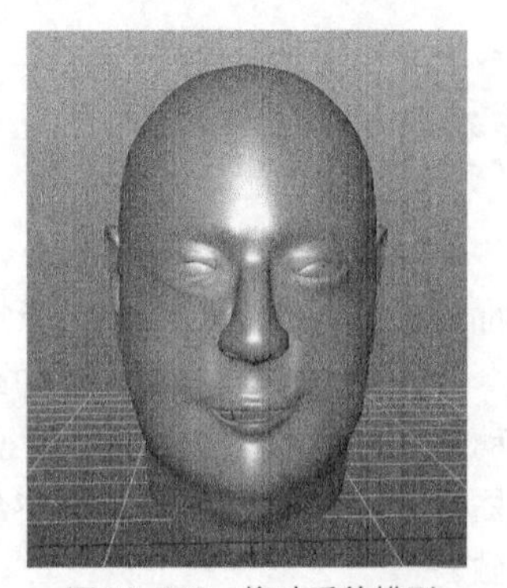

▲图 10-139　拖动后的模型

（6）给模型添加 Blend Shapes 属性。选中资源列表的目标模型，按 Ctrl 键，再选中基本模型即可完成基本模型与目标模型关系的创建。选择 Window→Animation Editors→Blend Shape，如图 10-140 所示，打开 Blend Shape 窗口。创建 Blend Shape，如图 10-141 所示。

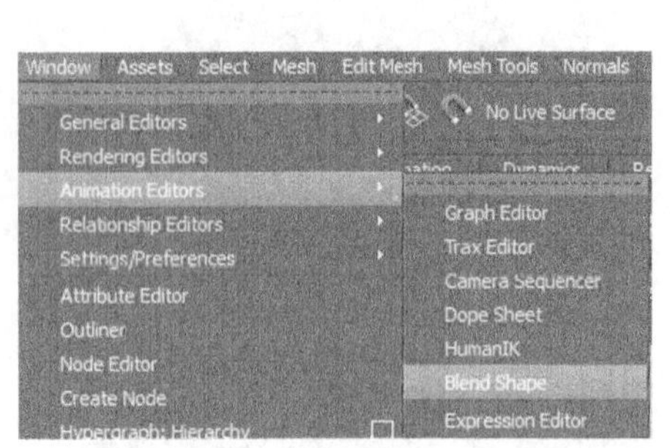


▲图 10-140　打开 Blend Shape 窗口

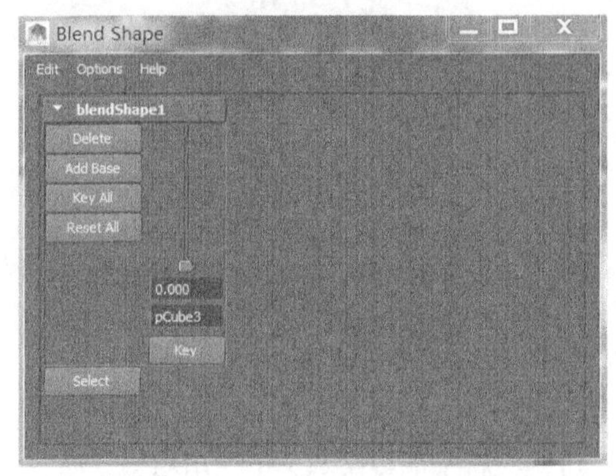


▲图 10-141　创建 Blend Shape

（7）添加 Blend Shapes 属性后，在资源列表中选中基本模型，选择 File→Export Selection，将其导出为“.fbx”格式，如图 10-142 所示。在导出时要注意把 Deformed Models 一并导出，如图 10-143 所示。

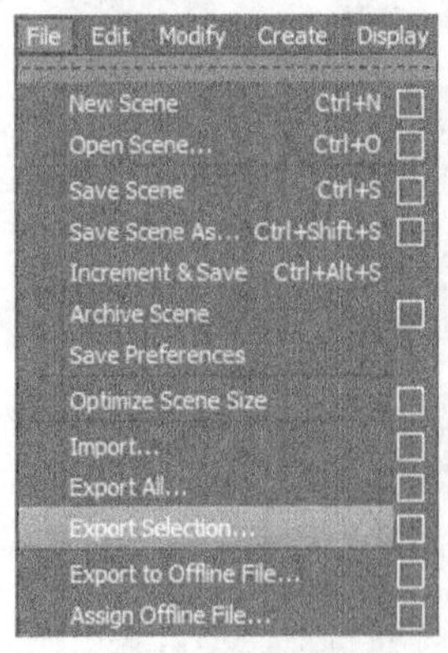


▲图 10-142　导出菜单

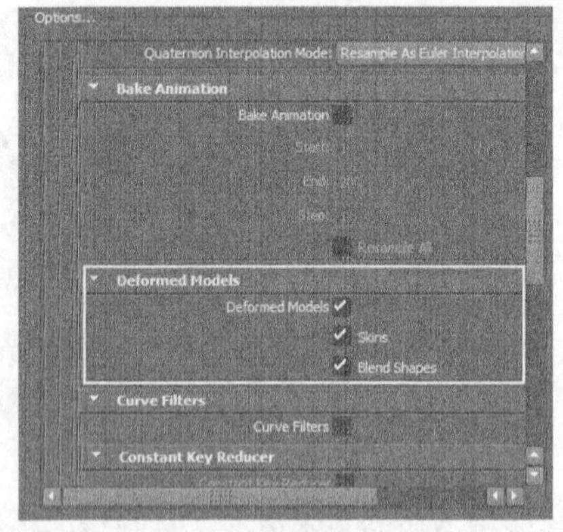


▲图 10-143　导出属性

（8）成功导出后，将模型导入 Unity 资源文件中，将该“.fbx”格式的模型制作为一个预制件，预制件属性如图 10-144 所示。将预制件拖到 Hierarchy 面板中，单击模型，在右侧可以看到模型的具体属性，如图 10-145 所示。

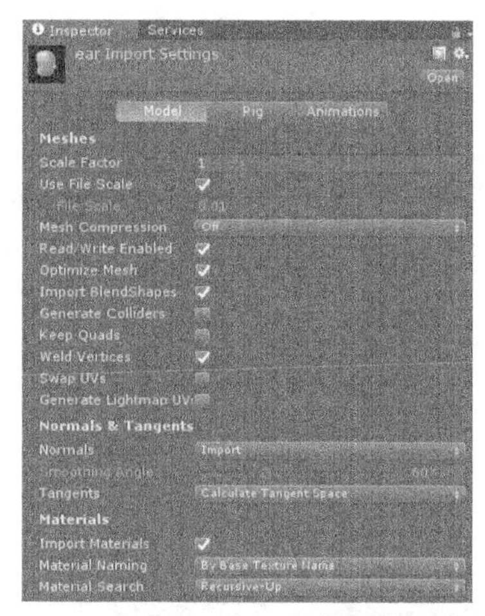


▲图 10-144 预制体属性

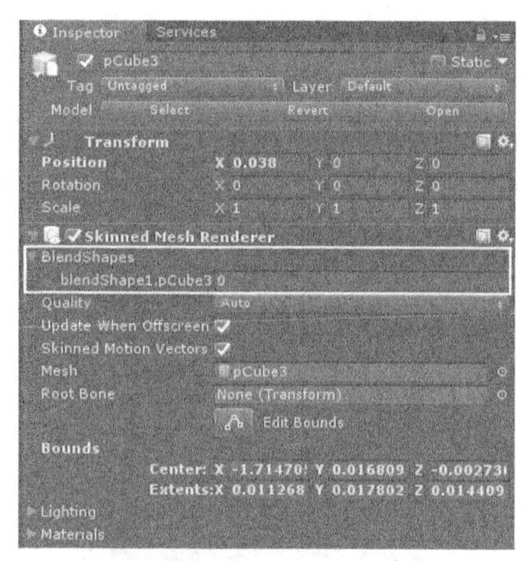


▲图 10-145 模型属性

（9）将模型拖入场景中调整其大小和位置。由于本示例是 3 个拥有不同表情的模型对比，因此需要将摄像机调整为正交模型，调整方式如图 10-146 所示。在场景中建立 3 个拖动条，拖动的值的大小表示动画的播放程度。

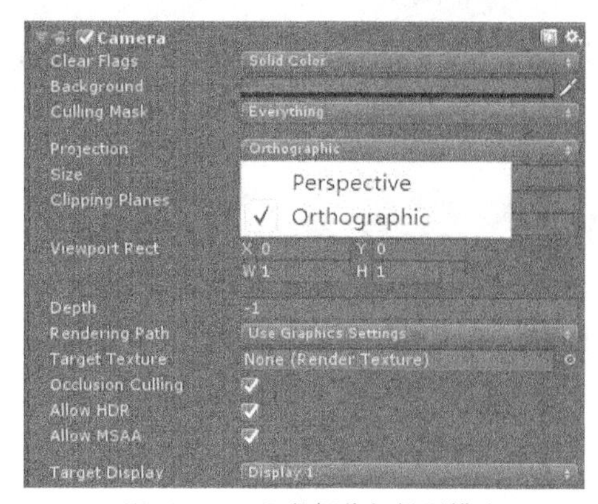


▲图 10-146 调整摄像机投影模式

（10）动画的播放及拖动条的逻辑是由脚本控制的，本示例是 3 个相同的模型，所以建立 3 个脚本控制模型，但是这 3 个脚本的内容大体一致，只是控制动画的内容不同。本节只介绍其中一个脚本的相关逻辑，该脚本的具体代码如下。

代码位置：随书资源中源代码\第 10 章目录下的 AnimTset\Assets\BlendShapeExample.cs

```
1   using UnityEngine;                                                    //脚本固定头文件
2   using System.Collections;
3   using UnityEngine.UI;
4   public class BlendShapeExample : MonoBehaviour{
5     int blendShapeCount;                                                //动画播放程度
6     SkinnedMeshRenderer skinnedMeshRenderer;                            //皮肤 Mesh 的引用
7     Mesh skinnedMesh;                                                   //Mesh 的引用
8     float count = 0;                                                    //动画播放指数
9     public GameObject eye;                                              //模型引用
10    void Awake(){
11      skinnedMeshRenderer = GetComponent<SkinnedMeshRenderer>();        //初始化皮肤 Mesh
12      skinnedMesh = GetComponent<SkinnedMeshRenderer>().sharedMesh;//初始化 Mesh
13    void Start(){
14      blendShapeCount = skinnedMesh.blendShapeCount;}                   //获取动画播放程度
15    void Update(){
16      int count = (int)(eye.GetComponent<Scrollbar>().value * 100);     //取整获取的拖动值
17      skinnedMeshRenderer.SetBlendShapeWeight(0, count);}}              //播放动画
```

- 第 1～9 行声明了脚本用到的动画播放指数、皮肤 Mesh 及模型等变量，方便下面逻辑方法的调用，在代码中起着重要的作用。
- 第 10～14 行对脚本开头声明的变量进行初始化并且获取动画的相关状态。
- 第 15～17 行是本脚本的核心逻辑，count 是将拖动条的值取整并且乘以 100 得到的新值。之后将 count 传入控制播放动画的方法中，该方法有两个参数，第一个参数是控制模型的第几个 Blend Shapes 属性，第二个参数是动画的播放进度。

（11）以上就是本示例的创建过程。由于本示例主要讲解 Blend Shapes 的实现过程，因此示例所用的动画并不是很精细，示例运行示意图如图 10-147 所示。本示例在第 10 章随书资源下的 AnimTset 文件夹下的 Test 场景中。

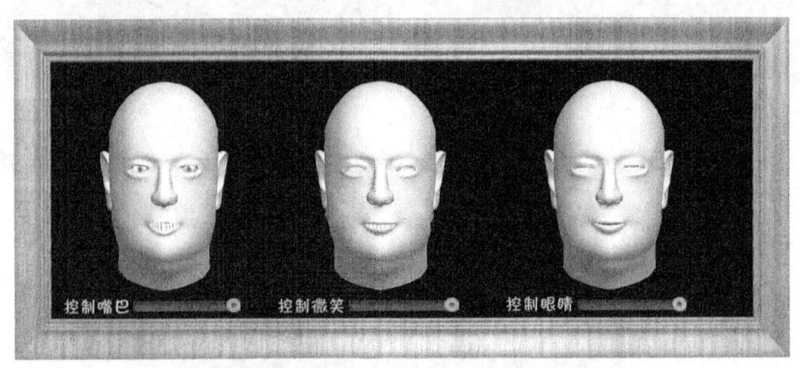


▲图 10-147　示例运行示意图

## 10.7 本章小结

本章介绍了主流的 3D 建模软件、Unity 中 3D 模型的网格概念、一个第三方切割工具库、新旧动画系统的使用及动画变形。通过本章的学习，相信读者能够对模型的网格概念有更深的理解，并可以在游戏开发中使用新版 Mecanim 动画系统制作角色动画，在以后的开发中会更加得心应手，使项目达到所期望的效果。

# 第 11 章　地形与寻路技术

在实际开发过程中，地形和寻路技术都是不可或缺的重要元素。无论是虚拟现实还是经典游戏的开发，都会涉及地形的设计制作和寻路技术的开发。本章将详细讲解这方面的知识，以便读者在以后的开发过程中能够熟练运用这些技术。

## 11.1 地形引擎

Unity 3D 内置了使用简便、功能强大的地形引擎，通过合理使用该地形引擎，开发人员可以快速地设计出逼真、自然的地形对象。本节将系统地介绍与 Unity 3D 内置地形引擎相关的知识，使读者能够通过使用内置的地形引擎，快速地创建和调整出合适的游戏地形场景。

### 11.1.1 地形的创建

本小节将对地形引擎中的所有参数及与之相关的组件进行详细介绍，由于所涉及的知识点很多，因此读者在学习的过程中应当跟随本节的讲解进行实践，以达到加深理解的效果。在以后的开发过程中，也可以参考本节知识进行理解。

（1）选择 GameObject→3D Object→Terrain，创建一个地形，如图 11-1 所示。选中新生成的 Terrain 对象，在 Inspector 面板中出现了 Terrain 和 Terrain Collider 两个组件，前者负责地形的基础功能，后者充当地形的物理碰撞器。Terrain Collider 组件如图 11-2 所示。

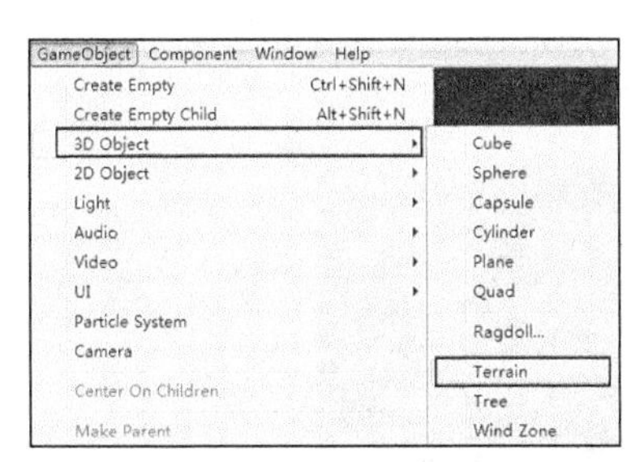


▲图 11-1　创建地形

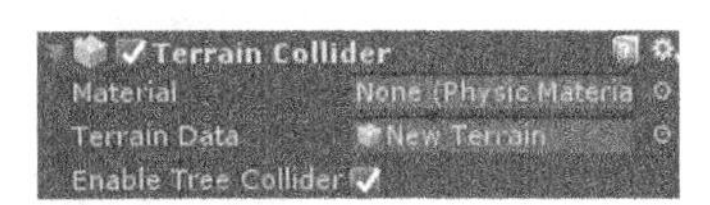


▲图 11-2　Terrain Collider 组件

（2）Terrain Collider 组件属于物理引擎组件，该组件的主要功能是实现地形的物理碰撞模拟计算，使其他挂载了碰撞器的游戏对象能够与地形进行物理交互。Terrain Collider 组件参数如表 11-1 所示。

表 11-1　Terrain Collider 组件参数

| 参数 | 含义 |
| --- | --- |
| Material | 该地形的物理材质，通过改变该参数可以开发出软草地和戈壁滩的效果 |
| Terrain Data | 地形的数据，用于存储该地形的地势及其他重要信息 |
| Enable Tree Colliders | 是否允许树木参与碰撞检测，如果不是迫不得已，建议设置该值为否 |

（3）在 Terrain 组件中有一排按钮，其分别对应了地形引擎中的各项操作或设置，下面将详细介绍这些操作与各项参数的含义。单击 Raise/Lower Terrain 按钮，如图 11-3 所示。

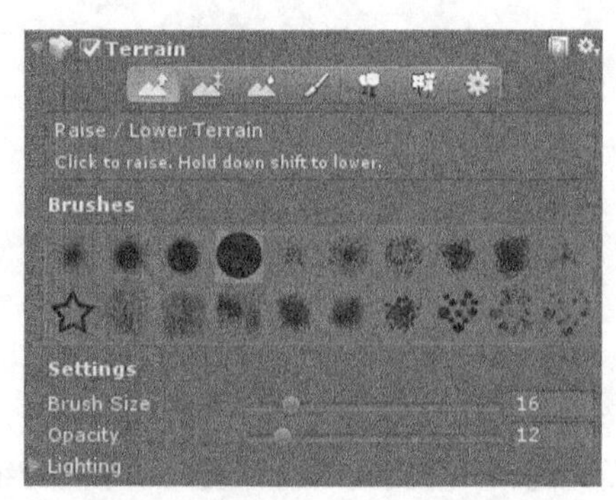


▲图 11-3 Raise/Lower Terrain 功能区

（4）Raise/Lower Terrain 功能区主要用于调整地形的凹凸程度，并且可以以笔刷的方式进行地形坡度的设置，其参数如表 11-2 所示。

表 11-2 Raise/Lower Terrain 功能区参数

| 参数 | 含义 |
|---|---|
| Brushes | 画笔样式，使用不同的画笔样式可以绘制出相应样式的地形 |
| Brush Size | 画笔大小，其实际含义为画笔的直径长度，以 m 为单位 |
| Opacity | 画笔透明度，其值越大，调整的强度越大，反之则越平缓 |

**说明**

按下鼠标右键后拖动鼠标，可以使单击过的地方凸起，同时按 Shift 键可以实现下凹的功能。需要注意的是，进行下凹的操作时，并不能使地形水平面低于未进行任何操作时的水平面，即地形初始创建时的高度是地形的最低限制，之后的任何操作都不能使地形低于该高度。

（5）除了 Raise/Lower Terrain 按钮可以调整局部地形的高度外，另一个 Paint Height 按钮也可以实现类似的功能。与 Raise/Lower Terrain 按钮不同的是，此按钮对应的操作将会设置最高高度，被调整的部分地形高度不能高于该值，如图 11-4 所示。

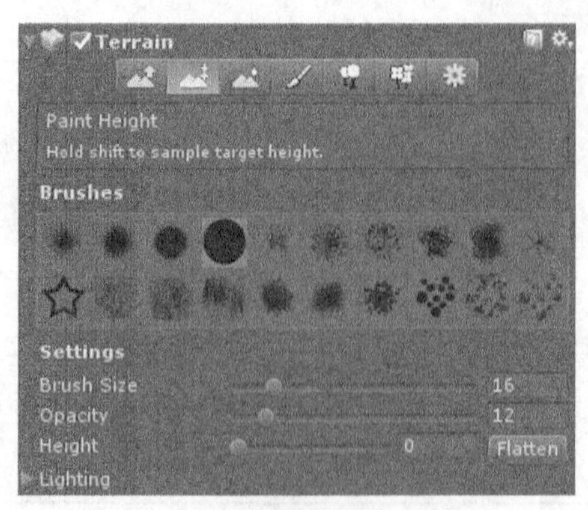


▲图 11-4 Paint Height 功能区

（6）通过修改 Paint Height 功能区的各项参数及对地形进行调整，可以使地形在限定的范围内进行局部提高或下降。若限定值低于当前值，则单击会使该部位的地形往下降，实现了下凹的功能。其各项参数如表 11-3 所示。

表 11-3　　Paint Height 功能区参数

| 参数 | 含义 |
|---|---|
| Brushes | 画笔样式，使用不同的画笔样式可以绘制出相应样式的地形 |
| Brush Size | 画笔大小，其实际含义为画笔的直径长度，以 m 为单位 |
| Opacity | 画笔透明度，其值越大，调整的强度越大，反之则越平缓 |
| Height | 指定高度值 |
| Flatten | 使整个地形的高度都设置为指定高度值，使地形整个上移或下沉 |

（7）在地形的开发过程中，难免会因为开发人员的粗心而使某部分地形显得特别突兀，或使一些山峰过于尖锐，这时就需要对地形进行平滑处理。地形引擎通过压低地形的方式，平滑山峰与山峰之间的连接，其功能对应按钮为 Smooth Height，如图 11-5 所示。

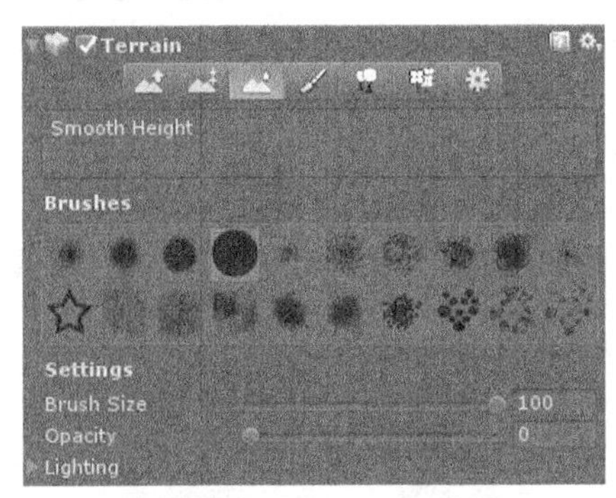


▲图 11-5　Smooth Height 功能区

（8）在 Smooth Height 功能区中也有很多可以调整的参数，其各项参数如表 11-4 所示。

表 11-4　　Smooth Height 功能区参数

| 参数 | 含义 |
|---|---|
| Brushes | 画笔样式，使用不同的画笔样式可以绘制出相应样式的地形 |
| Brush Size | 画笔大小，其实际含义为画笔的直径长度，以 m 为单位 |
| Opacity | 画笔透明度，其值越大，调整的强度越大，反之则越平缓 |

（9）在调整好地形的基本形状后，还可以为地形进行贴图。单击 Paint Texture 按钮，进入绘制纹理的功能区。在 Unity 3D 的地形引擎中，纹理图以涂画的方式进行设置，开发人员将单元纹理赋给画笔，画笔所经过的地方，将会把对应纹理贴到地形上。Paint Texture 功能区如图 11-6 所示。

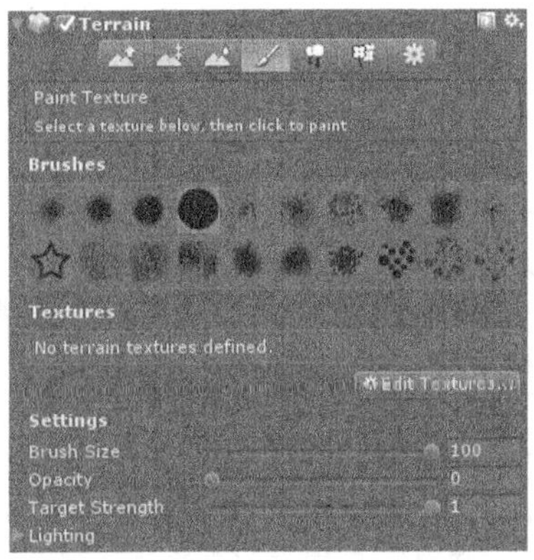


▲图 11-6　Paint Texture 功能区

（10）Paint Texture 是地形引擎中一个比较有趣的功能，它将纹理模拟为一只画笔，设计人员犹如在一个艺术品上进行涂画上色，且可以调整纹理比例因子。这项功能使开发人员可以非常灵活地进行地形纹理的设计，其各项参数如表 11-5 所示。

表 11-5　　Paint Texture 功能区参数

| 参数 | 含义 |
|---|---|
| Brushes | 画笔样式，使用不同的画笔样式可以绘制出相应样式的纹理 |
| Textures | 可进行绘制的纹理 |
| Brush Size | 画笔大小，其实际含义为画笔的直径长度，以 m 为单位 |
| Opacity | 画笔透明度，其值越大，调整的强度越大，反之则越平缓 |
| Target Strength | 画笔涂抹强度值，该值范围为 0～1，代表了与地形原来纹理的混合比例大小 |

（11）通过地形引擎还可以在地形上种植花草树木，单击 Place Trees 按钮，进入种植树木功能区。通过此功能区，可以以涂画的方式批量地进行树木的种植，开发人员只需提供单棵树木就可以进行树木的铺设。Place Trees 功能区如图 11-7 所示。

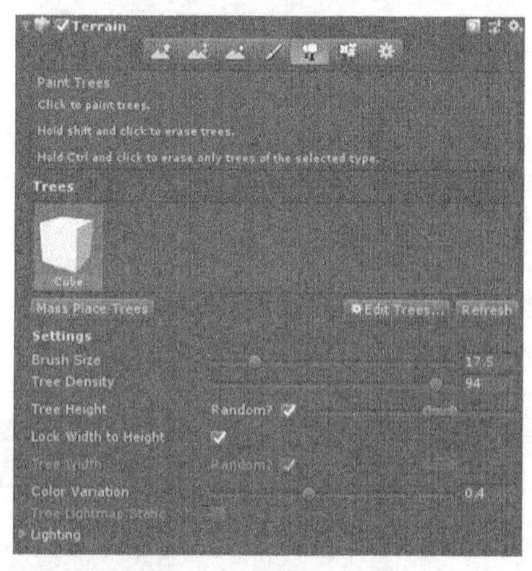


▲图 11-7　Place Trees 功能区

（12）在 Place Trees 功能区中也有很多可以调整的参数，其各项参数如表 11-6 所示。

表 11-6　　Place Trees 功能区参数

| 参数 | 含义 |
|---|---|
| Trees | 树木对象的预制件对象 |
| Brush Size | 画笔大小，其实际含义为画笔的直径长度，以 m 为单位 |
| Tree Density | 每次绘制时产生树木的数量 |
| Tree Height | 树木的高度，可指定唯一高度，也可使其随机分布 |
| Lock Width to Height | 是否锁定横纵比，使树木保持原始宽高比例 |
| Tree Width | 树木的宽度，可指定唯一宽带，也可使其随机分布 |
| Color Variation | 画笔的色调变化 |
| Random Tree Rotation | 是否随机设置树木的朝向 |

（13）除了进行树木的种植外，开发人员还可以在地形上铺设花草等修饰物。单击 Paint Details

按钮，进入该功能区，如图 11-8 所示。

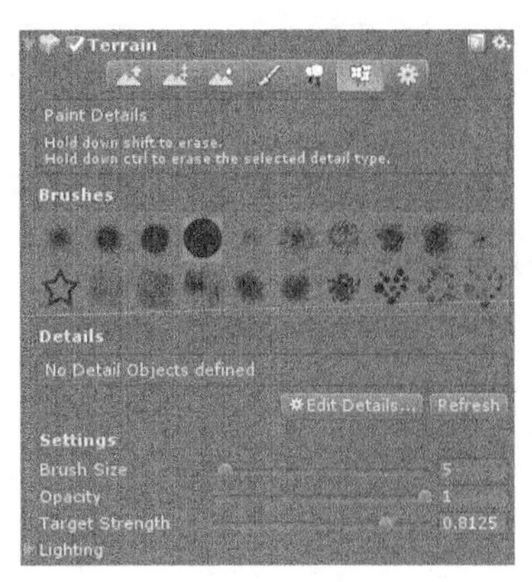


▲图 11-8 Paint Details 功能区

（14）Paint Details 和 Place Trees 的功能相似，都是将修饰对象以画笔的方式批量地进行铺设。其主要区别是，前者可以使用标志板和网格对象作为修饰对象，后者只能使用网格类型的预制件对象。Paint Details 功能区参数如表 11-7 所示。

表 11-7 Paint Details 功能区参数

| 参数 | 含义 |
|---|---|
| Brushes | 画笔样式，使用不同的画笔样式可以绘制出相应样式的纹理 |
| Details | 花草纹理对象列表 |
| Brush Size | 画笔大小，其实际含义为画笔的直径长度，以 m 为单位 |
| Opacity | 画笔透明度，其值越大，调整的强度越大，反之则越平缓 |
| Target Strength | 画笔涂抹强度值，该值范围为 0～1，代表了与地形原来花草的混合比例大小 |

（15）最后可以对地形进行一些参数设置。在地形设置面板中可以设置地形的大小及精度等参数，还可以给地形添加一个模拟风，使地形中的花草树木会非常生动地随风摆动。单击 Terrain Settings 按钮，进入地形设置功能区，如图 11-9 所示。

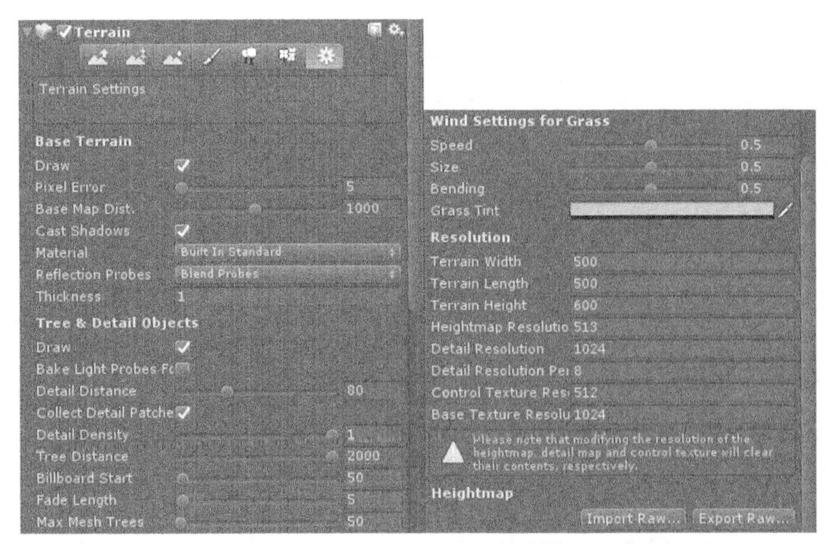


▲图 11-9 Terrain Settings 功能区

（16）在 Terrain Settings 功能区中，开发人员可以对地形的整体参数、模拟风的各项参数、地形的精度进行详细设置。通过适当设置这些参数，可以有效地减少地形对象对机器资源的占用，提高游戏的整体性能。Terrain Settings 功能区参数如表 11-8 所示。

表 11-8　Terrain Settings 功能区参数

| 参数 | 含义 |
|---|---|
| Draw | 是否显示地形 |
| Pixel Error | 像素误差，表示地形的绘制精度，该值越大，地形的结构细节越少 |
| Base Map Dist. | 基础图距，当与地形的距离超过该值时，则以低分辨率的纹理进行显示 |
| Cast Shadows | 是否进行阴影的投射 |
| Material | 材质类型，选项分别为标准、漫反射、高光、自定义，选择自定义时需要指定材质 |
| Reflection Probes | 反射探头类型，选项分别为关闭、混合探头、混合及天空盒探头、一般 |
| Thickness | 在物理引擎中该地形的可碰撞厚度 |
| Draw | 是否显示花草树木 |
| Bake Light Probes For Trees | 将光照探头烘焙到树木上 |
| Detail Distance | 细节距离，超过（与摄像头之间）此距离外的细节将被剔除 |
| Collect Detail Patches | 进行细节补丁的收集 |
| Detail Density | 细节的密集程度 |
| Tree Distance | 树木的可视距离值 |
| Billboard Start | 标志板起点，以标志板形式出现的树木与摄像机的距离 |
| Fade Length | 淡变长度，树从标志板转换成网格模式时所使用的距离增量 |
| Max Mesh Trees | 允许出现的网格类型的树木的最大数量值 |
| Speed | 吹过草地的风的风速 |
| Size | 模拟风能影响的范围大小 |
| Bending | 草被风吹弯的弯曲程度 |
| Grass Tint | 草地的总着色量值 |
| Terrain Width | 地形的总宽度值 |
| Terrain Length | 地形的总长度值 |
| Terrain Height | 地形的总高度值 |
| Heightmap Resolution | 地形灰度的精度 |
| Detail Resolution | 细节精度值，该值越大，地形显示的细节越精细，但随之占用的资源也会越多 |
| Detail Resolution Per Patch | 每一小块地形所设置的细节精度值 |
| Control Texture Resolution | 将不同的纹理插值绘制在地形上时所设置的精度值 |
| Base Texture Resolution | 在地形上绘制基础纹理时所采用的精度值 |

### 11.1.2　灰度图的使用

Unity 3D 内置的地形引擎将地形的信息保存为一张高度图，这与其他游戏开发引擎或建模工具的做法是一致的。这么做的好处是可以将大量与地形有关的信息储存在一张占用空间非常小的灰度图上，同时可以在其他开发工具上设计好地形，而不必拘束于 Unity 3D 内置的地形引擎。下面将简单介绍使用灰度图创建地形对象的步骤。

（1）打开图形处理软件 PhotoShop，新建一张长和宽都为 33 像素的图片，如图 11-10 所示。在 Unity 3D 中，地形使用的高度图的分辨率为 1+32$x$，$x$ 为任意正整数，若 $x$ 取最小值 1，则高度图的长宽为 33。

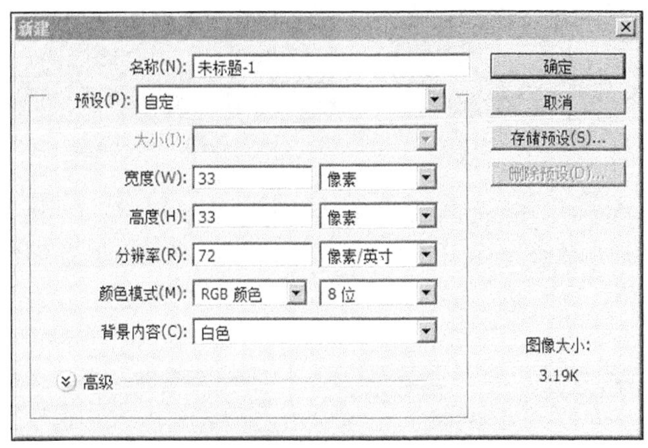


▲图 11-10　新建图片

（2）将新建图片涂成黑色，并在上面添加字母 U 的样式，如图 11-11 所示。将图片保存为以“.raw”为扩展名的格式，如图 11-12 所示。Unity 3D 的地形引擎所使用的高度图格式仅支持“.raw”格式，若读者使用了已经制作完成的高度图，需要先把图片转换成“.raw”格式才能被 Unity 3D 识别。

▲图 11-11　图片样式

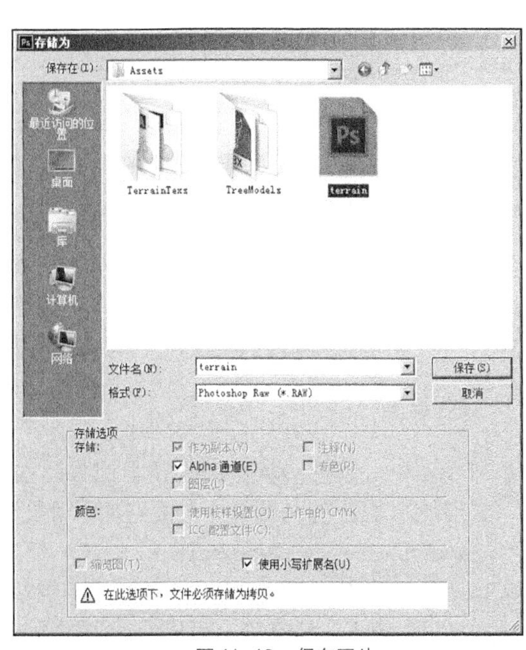


▲图 11-12　保存图片

（3）打开 Unity 3D 游戏开发引擎，新建一个地形。选中创建完成的地形对象，在 Terrain 组件中单击 Terrain Settings 按钮，如图 11-13 所示。单击 Import Raw 按钮，如图 11-14 所示进行高度图的导入。

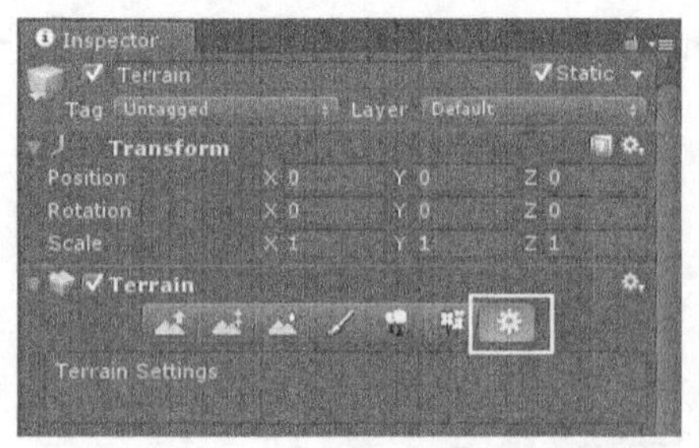


▲图 11-13　单击 Terrain Settings 按钮

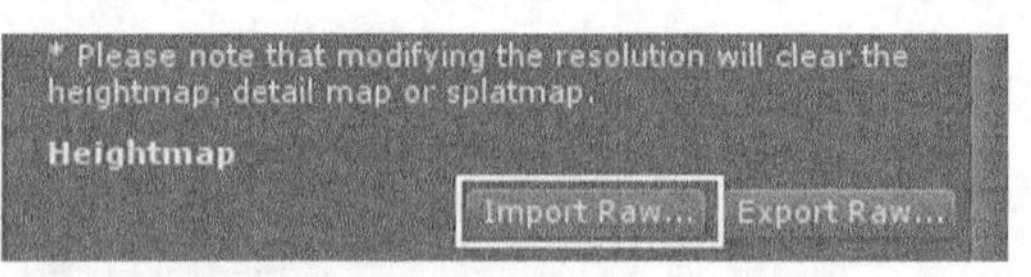


▲图 11-14　单击 Import Raw 按钮

（4）弹出 Import Raw Heightmap 对话框，选择前面保存的“.raw”格式的文件，如图 11-15 所示，则之前创建的地形就会变成图 11-16 所示的形状，该形状与前面创建的字母 U 样式相对应。

▲图 11-15　选择高度图

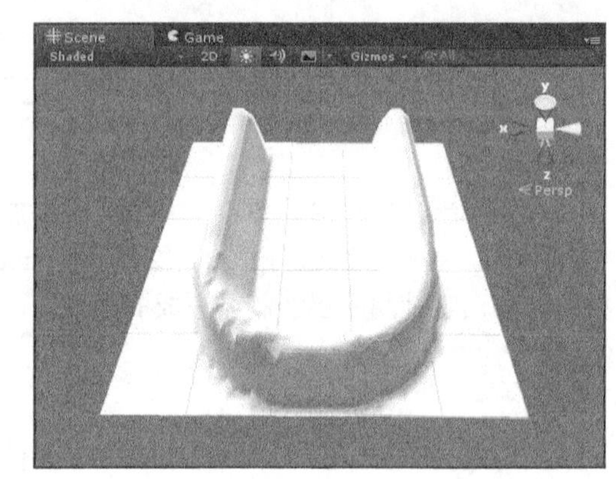


▲图 11-16　最终效果

# 11.2 树编辑器

11.1 节介绍了地形引擎中的参数及相关组件，其中地形引擎支持树木的放置。为了更加方便开发人员的使用，Unity 引擎支持树木的编辑，开发人员可以根据自己的需要和喜好来创建树木模型，建立好的树木模型就可以被应用于地形引擎中。

## 11.2.1　属性参数简介

本小节主要介绍 Unity 3D 中树编辑器组件的主要功能及相关参数的作用，读者通过本小节的学习，应当能对 Tree 的编辑有一个大致的了解。

选择 GameObject→3D Object→Tree，创建一个 Tree 对象。新建的 Tree 对象在 Inspector 面板中可见，Tree 对象的 Tree 组件的第一项是树结构的编辑框，开发人员可以在此处设置整个 Tree 的结构，如树根、躯干、树叶等。可以在适当的位置增加树干和树叶，也可以删除无用的树干和树叶，如图 11-17 所示。

接下来介绍 Tree 组件的 Distribution 参数，如图 11-18 所示。通过修改这部分参数，开发人员可以调整组件中分支的数量和位置，也可以调整分支的生长规模和初始生长角度等。需要注意的是，面板中用于调整分支属性的曲线是相对于母体分支的。

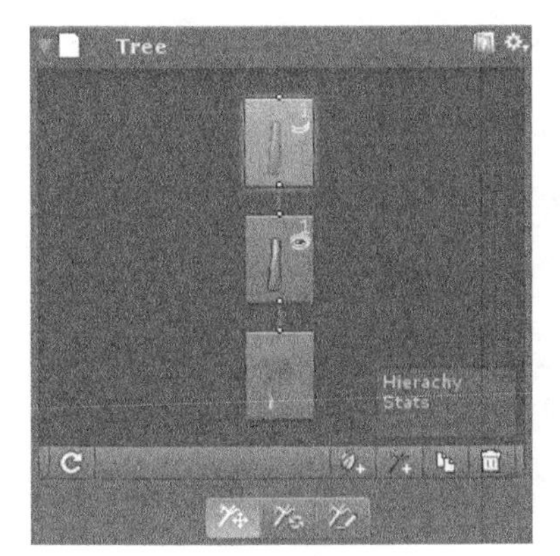

▲图 11-17 Tree 组件参数

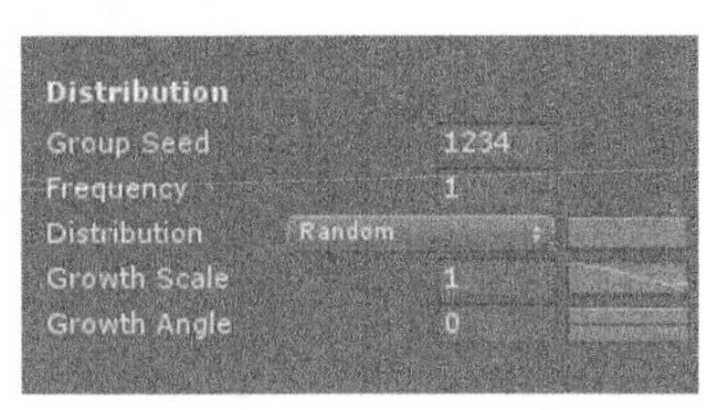

▲图 11-18 Distribution 参数

前面介绍了 Tree 组件 Distribution 参数的主要功能，结合图 11-18，相信读者对此部分参数有了一定的了解。下面继续介绍 Distribution 参数中每个参数的具体含义，如表 11-9 所示。

表 11-9 Distribution 参数

| 参数 | 含义 |
| --- | --- |
| Group Seed | 这个分支的种子 |
| Frequency | 调整为每个父分支创建的分支数 |
| Distribution | 分支机构沿着父母分配的方式 |
| Growth Scale | 定义父节点的节点规模 |
| Growth Angle | 定义相对于父节点的初始增长角度 |

接下来介绍的是 Tree 组件的 Geometry 参数，如图 11-19 所示。通过修改这部分参数，开发人员可以调整整个分支模型的质量，为分支选择几何类型，并且可以为分支指定相应的材质。

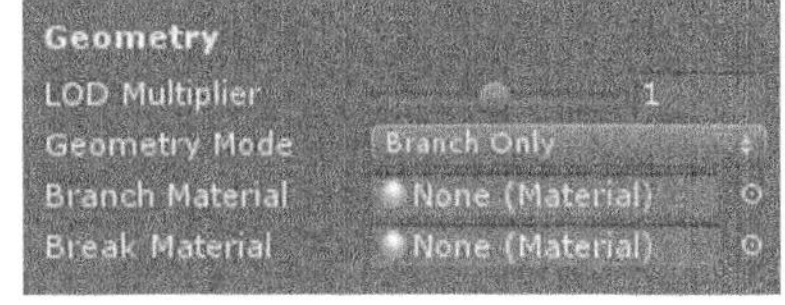

▲图 11-19 Geometry 参数

前面介绍了 Tree 组件的 Geometry 参数的主要功能，结合图 11-19，相信读者对此部分参数有了一定的了解。下面继续介绍 Geometry 参数中每个参数的具体含义，如表 11-10 所示。

表 11-10 Geometry 参数

| 参数 | 含义 |
| --- | --- |
| LOD Multiplier | 相对于树的 LOD 质量调整该组的质量 |
| Geometry Mode | 此分支组的几何类型 |
| Branch Material | 分支的主要材料 |
| Break Material | 封顶断枝的材料 |

接下来介绍的是 Tree 组件的 Shape 参数，如图 11-20 所示。通过修改这部分参数，开发人员可以调整树枝的形状和生长规模。需要注意的是，面板中所有可以调整的参数曲线都是以分支本身作为参照物的。

前面介绍了 Tree 组件的 Shape 参数的主要功能，结合图 11-20，相信读者对此参数有了一定的了解。下面继续介绍 Shape 参数中每个参数的具体含义，通过调整这些具体参数的值就可以生成不同形状的树枝，如表 11-11 所示。

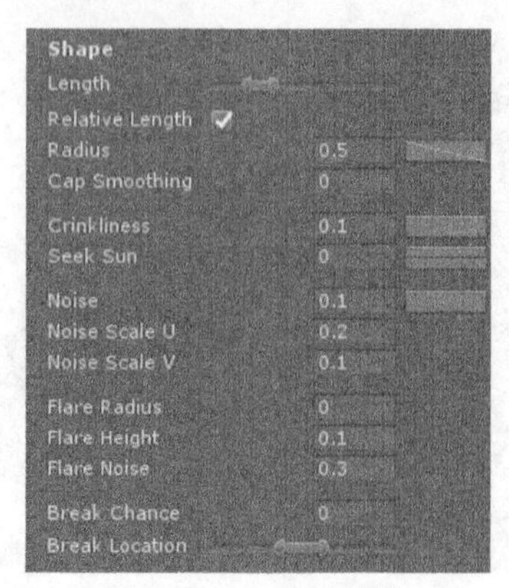


▲图 11-20　Shape 参数

表 11-11　　Shape 参数

| 参数 | 含义 |
|---|---|
| Length | 分支的长度 |
| Relative Length | 分支的半径是否受其长度的影响 |
| Radius | 分支的半径 |
| Cap Smoothing | 分支的顶点、圆点的圆度 |
| Crinkliness | 分支是如何弯曲的 |
| Seek Sun | 调整分支如何向上、向下弯曲 |
| Noise | 总体噪声因素 |
| Noise Scale U | 分支周围噪声的大小 |
| Noise Scale V | 噪声沿分支的比例 |
| Flare | 树干的耀斑 |
| Flare Radius | 耀斑的半径 |
| Flare Height | 耀斑的高度 |
| Flare Noise | 耀斑的噪声 |
| Weld Length | 焊接扩展开始于分支的距离 |
| Spread Top | 相对于其母体分支 |
| Spread Bottom | 焊接在分支底部相对于其母体分支的扩散因子 |
| Break Chance | 分支破裂的机会 |
| Break Location | 此范围定义了分支将在哪里被破坏 |

最后介绍 Tree 组件的 Wind 参数部分，如图 11-21 所示。通过修改这部分参数，开发人员可以调整用于激活此组分支的参数。需要注意的是，风区仅在运行时有效。

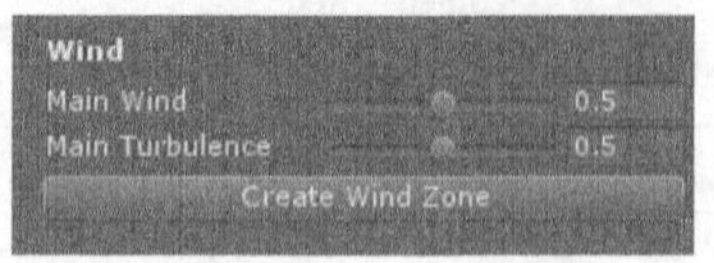


▲图 11-21　Wind 参数

## 11.2.2　一个简单的示例

11.2.1 节对 Tree 组件进行了详细介绍，相信读者已经对 Unity 3D 中树的编辑有了一定的了解。本小节将通过一个简单的示例来使读者对 Unity 3D 中树的编辑有一个更加明确的认知，并熟练掌握这项技术。其具体操作如下。

（1）新建一个场景。选择 File→New Scene，创建一个场景。按 Ctrl+S 快捷键保存该场景，将其命名为 TreeTest。选择 GameObject→3D Object→Tree，创建一个 Tree 对象，如图 11-22 所示。初始 Tree 效果如图 11-23 所示。

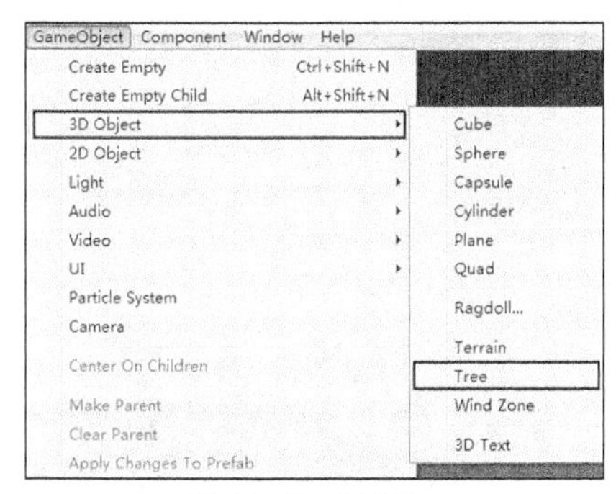

▲图 11-22　创建 Tree

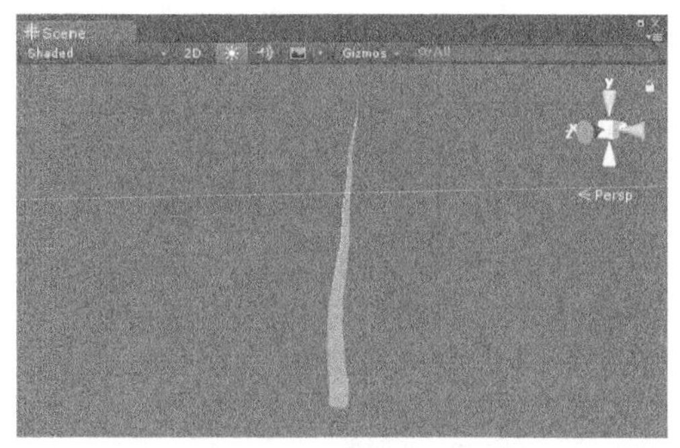
▲图 11-23　初始 Tree 效果

（2）导入资源。选择 Assets→Import Assets，在弹出的对话框中选中所需的模型、贴图和动画，单击 Import 按钮导入。本示例中所有的资源文件读者可在随书项目中找到。

（3）在新建 Tree 对象的唯一树干上再增加一个树干。选中主树干，单击增加树干按钮，效果如图 11-24 所示。调整新增的树干参数，使整个树呈现图 11-25 所示的效果。由于修改参数数量过多，读者可以自行参考随书项目。

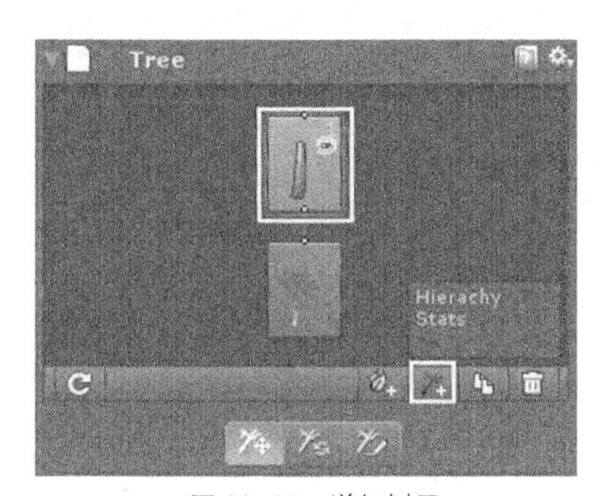

▲图 11-24　增加树干

▲图 11-25　新增树干效果

（4）新建一个材质并将其命名为 Trunk，将其着色器类型设置为 Nature/Tree Creator Bark，将纹理图和法线图赋给此材质。将此材质赋给树干对象，选中两个树干，将材质拖曳到树干组，如图 11-26 所示。添加材质后效果如图 11-27 所示。

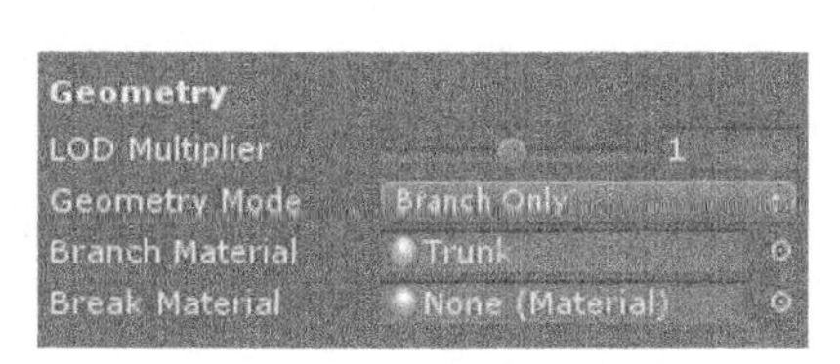

▲图 11-26　为树干添加材质

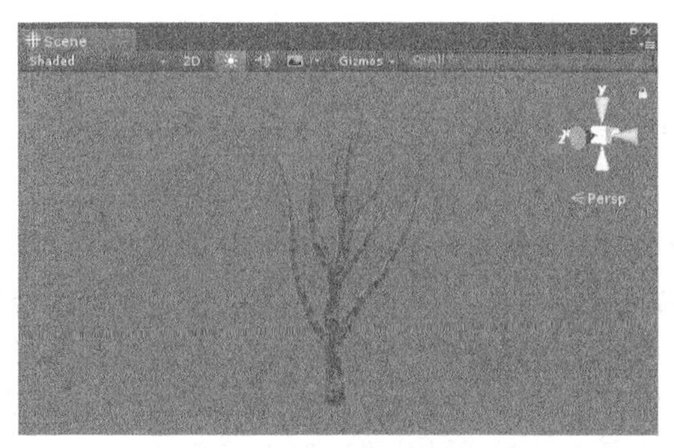
▲图 11-27　添加材质后效果

（5）找到 Assets\Models 目录下的 Leaf 模型，将其材质着色器类型设置为 Nature/Tree Creator Leaves，然后将纹理图和法线图等赋给此材质，效果如图 11-28 所示。再次扩展树的结构，添加 3 个树叶组，具体参数可以参考随书项目，最后将 Leaf 模型赋给树叶的 Mesh，如图 11-29 所示。

▲图 11-28　树叶模型效果

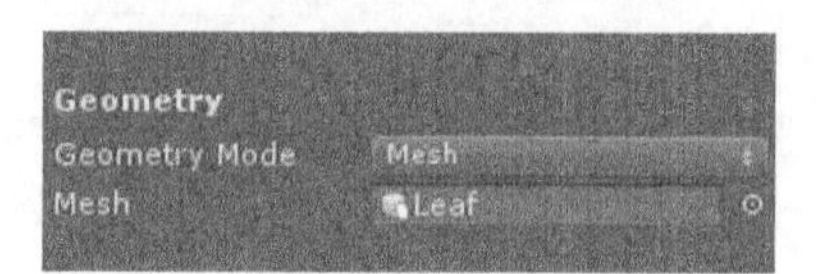


▲图 11-29　为树叶添加材质

（6）选择 GameObject→3D Object→Wind Zone，创建一个风区，设置 Wind Zone 参数，如图 11-30 所示。此时，树模型创建完毕，并且它会受到风区的影响而随风飘动，效果如图 11-31 所示。

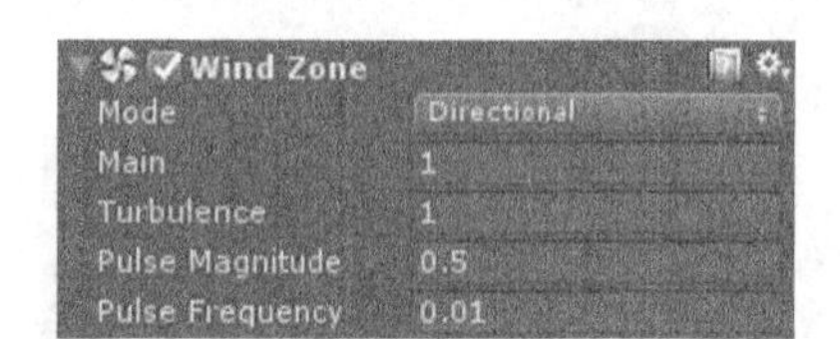


▲图 11-30　设置 Wind Zone 参数

▲图 11-31　运行效果

## 11.3 拖尾渲染器

本节主要介绍拖尾渲染器（Trail Renderer）的相关知识。拖尾渲染器是 Unity 内置的一个渲染器，通过该渲染器可以很简单地制作出非常绚丽的拖尾特效，使用拖尾特效可以提升游戏质量。通过本节的学习，读者可以较好地理解和掌握拖尾渲染器。

### 11.3.1　背景简介

在游戏中，我们经常会看到很多像炮弹后面的拖尾、飞机机翼尖端产生的凝结尾及汽车轮胎拖痕等绚丽的特效，这些特效如果通过编程实现，将是一件很烦琐、复杂的工作。为了简化这一过程，Unity 提供了拖尾渲染器这一工具，使拖尾特效的开发变得简单。

当下比较流行的一些国产 RPG 游戏，如由上海烛龙信息科技有限公司研发的《古剑奇谭》中人物舞动手中的武器时产生的剑光，如图 11-32 所示，以及一些赛车类游戏，如由美国艺电游戏公司出品的《极品飞车》中汽车刹车产生的刹车痕，如图 11-33 所示，都是非常绚丽的拖尾特效。

▲图 11-32 《古剑奇谭》中的剑光特效

▲图 11-33 《极品飞车》中的刹车痕特效

## 11.3.2 拖尾渲染器的属性

给游戏对象添加拖尾渲染器。选中对象，选择 Component→Effects→Trail Renderer，单击选中对象，即可在 Inspector 面板中查看拖尾渲染器的属性了，其参数如表 11-12 所示。

表 11-12 拖尾渲染器参数

| 参数 | 含义 |
|---|---|
| Cast Shadows | 拖尾是否投射阴影 |
| Receive Shadows | 如果启用，拖尾会接受阴影 |
| Motion Vectors | 如果启用，则轨迹具有渲染到摄像机运动矢量纹理中的运动矢量 |
| Materials | 用于渲染拖尾的材质数组。对于拖尾效果，粒子着色器工作得最好 |
| Lightmap Parameters | Lightmap 参数 |
| Time | 拖尾的长度，以 s 为单位 |
| Min Vertex Distance | 轨迹的锚点之间的最小距离 |
| AutoDestruct | 是否自毁 |
| Width | 定义宽度值和曲线以控制拖尾在开始和结束之间的宽度 |
| Color | 定义渐变以控制沿其长度的拖尾的颜色 |
| Corner Vertices | 指定在拖尾中绘制角点时使用多少额外的顶点 |
| End Cap Vertices | 指定在拖尾上创建多少顶点以创建终端 |
| Alignment | 设置为 View 以使拖尾面向摄像机，或 Local 根据其 transform 组件的方向进行对齐 |
| Texture Mode | 控制纹理如何应用于拖尾 |
| Light Probes | 基于探针的照明插值模式 |
| Reflection Probes | 添加反射探头 |

❑ Materials（材质）

拖尾渲染器将使用一个包含粒子着色器的材质，材质使用的贴图必须是平方尺寸。在 size 属性中可以设置材质个数，在 Element 属性中添加材质。

❑ Width（拖尾宽度）

设置拖尾的宽度（Width），然后配合时间（Time）属性，可以调节它表现的方式。例如，可以创建一个船后面的浪花，设置开始宽度为 1，结束宽度为 2。这些值一般因游戏不同而需要进行适当的调节。

❑ Color（拖尾颜色）

通过 5 种不同的颜色和透明度之间的相互组合可以循环变化拖尾。使用颜色能使一个亮绿色的等离子体拖尾渐渐变暗到一个灰色耗散结构，或是使彩虹循环变为其他颜色。如果不想改变颜色，它可以非常有效地仅仅改变每一个颜色的透明度来使拖尾在头部和尾部之间进行渐变。

❑ Min Vertex Distance（最小顶点距离）

最小顶点距离决定了包含拖尾的物体在一个拖尾的段实体化之前必须经过的距离。较小的值将更频繁地创建拖尾段，生成更平滑的拖尾；较大的值将创建有更多锯齿的段。当使用较低值的拖尾时有一点点性能损失，所以应该尝试使用尽可能大的值来达到想要创建的效果。

### 11.3.3　拖尾渲染器的使用

使用拖尾渲染器时，不能在游戏对象上使用其他渲染器。最好创建一个空白的游戏对象，并附加拖尾渲染器（Trail Renderer）作为唯一的渲染器。然后，可以将想要跟随的任何物体设置为拖尾渲染器的父物体。

拖尾渲染器中最好使用粒子材质，这样可以达到更好的效果。拖尾渲染器必须在一系列帧后显现，而不能突然出现，这样才能达到更加真实的效果。拖尾渲染器与其他粒子系统（Particle System）类似，会旋转为面向摄像机显示。

### 11.3.4　产生汽车轮胎刹车痕示例

前面简单介绍了拖尾渲染器的内容，相信读者对拖尾渲染器有了一定的了解。本小节将通过一个产生汽车轮胎刹车痕的示例来让读者对拖尾渲染器有一个更加明确的认识。示例的设计目的是在汽车移动的过程中踩下刹车来产生轮胎刹车痕，具体操作步骤如下。

（1）新建一个场景。选择 File→New Scene，创建一个场景，如图 11-34 所示。按 Ctrl+S 快捷键，保存该场景，并将其命名为 tcst。

（2）创建地形。创建地形的方法读者可参考之前地形创建的章节，这里不再赘述。为了使读者更加方便地创建本示例场景，笔者已经将场景制作成预制件，读者只需将预制件导出然后添加进自己的项目中即可，预制件位于 Assets\Models 路径下，如图 11-35 所示。

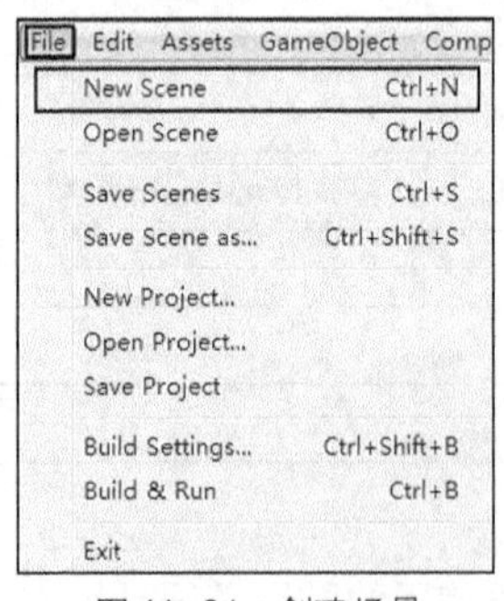


▲图 11-34　创建场景

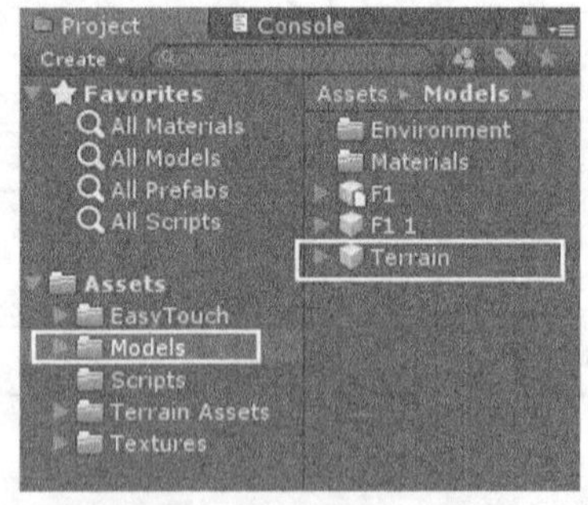


▲图 11-35　场景预制件

（3）创建赛车。本示例使用的交通工具是前面章节用到的 F1 赛车，所以创建方法与之前相同，相信读者可以自行创建交通工具，并为交通工具添加车轮碰撞器。

（4）创建两个空对象。选择 GameObject→Create Empty，如图 11-36 所示。将其分别重命名为 b1 和 b2，调整两个空对象的位置，使其正好分别在赛车后面两个轮胎与地面接触的地方。

（5）将创建的两个空对象 b1 和 b2 拖曳到 F11 赛车对象的 Wheel 子对象下，使其成为 Wheel 子对象的子对象，如图 11-37 所示。

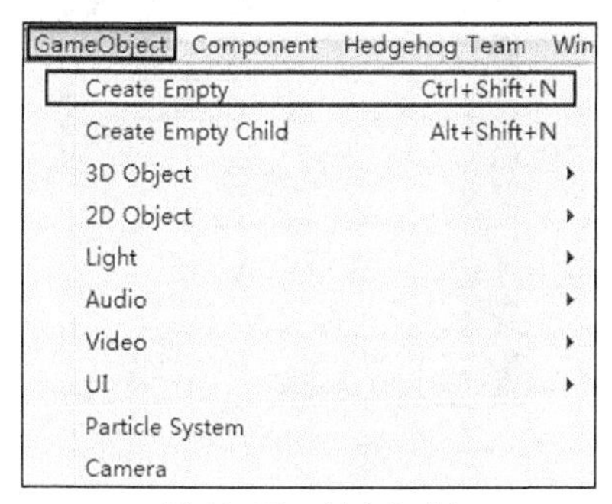


▲图 11-36 创建空对象

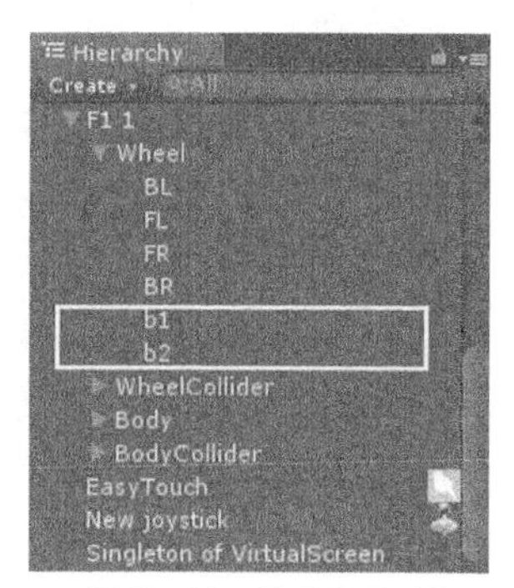


▲图 11-37 设置为子对象

（6）分别给两个空对象添加拖尾渲染器。选中需要添加拖尾渲染器的对象，选择 Component→Effects→Trail Renderer，如图 11-38 所示。将 Assets\Textures 文件夹下的 shachehen 材质球分别拖曳到这两个空对象上，如图 11-39 所示。

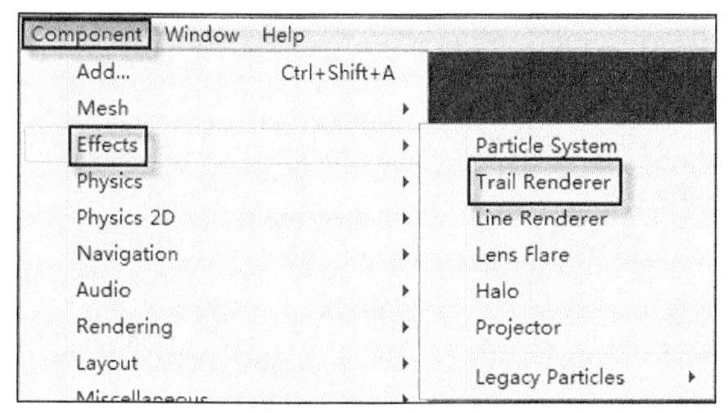


▲图 11-38 添加拖尾渲染器

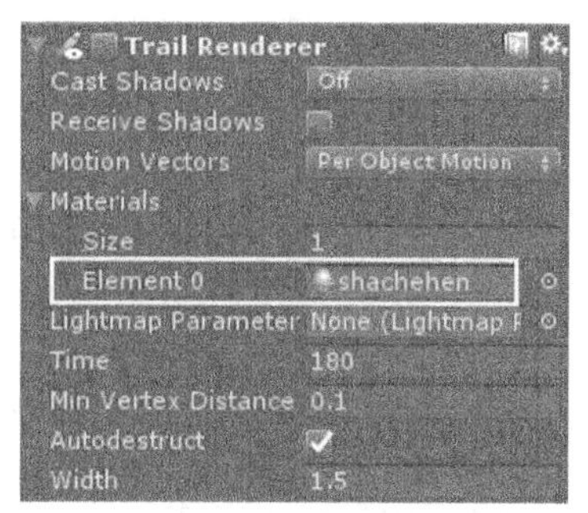


▲图 11-39 为拖尾渲染器添加材质

（7）设置两个空对象上的拖尾渲染器参数，具体参数如图 11-40 所示。设置两个空对象材质的着色器为 Particles/Multiply，如图 11-41 所示，拖尾渲染器最好使用粒子着色器的材质，这样可以达到更好的效果。将 b1 和 b2 拖曳到 Models 文件夹下，制作成预制件。

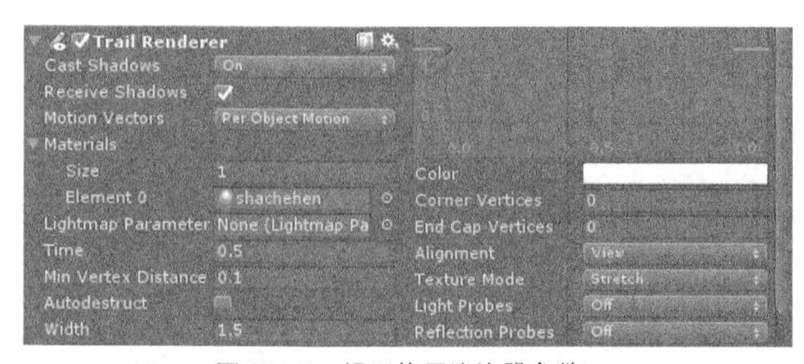


▲图 11-40 设置拖尾渲染器参数

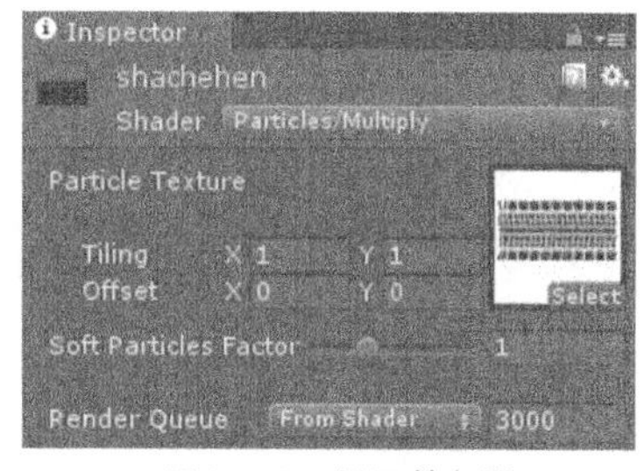


▲图 11-41 设置着色器

（8）创建控制赛车移动的虚拟摇杆和实现摄像机跟随赛车移动的脚本，这些步骤在介绍交通工具的章节有详细的介绍，这里不再赘述，读者可以参考本书介绍交通工具的章节进行创建。添加光源及设置光源参数，这里也不再重复介绍。

（9）创建一个 Button，并设置画布和按钮的属性，这里不再赘述，读者可以自行查看随书源项目。将 Assets\Textures 文件夹下的 anniu 纹理图赋给 Button，如图 11-42 所示。在按钮的 Button 组件处右击，在弹出的快捷菜单中选择 Remove Component，将 Button 组件移除，如图 11-43 所示。

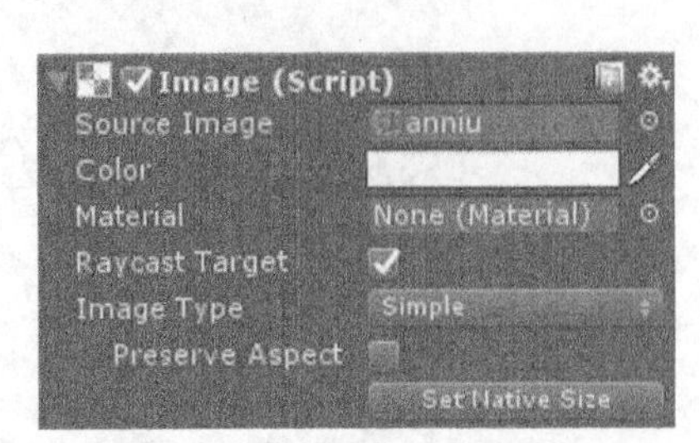

▲图 11-42　Image 组件

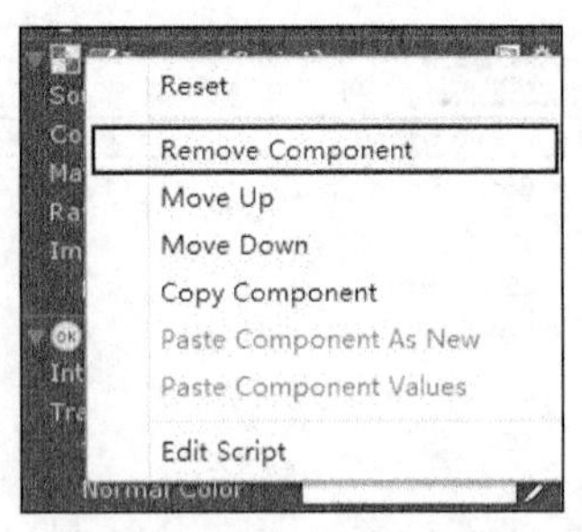


▲图 11-43　移除 Button 组件

（10）右击 Scripts 文件夹中，在弹出的快捷菜单中选择 Create→C# Script，创建脚本，并命名为 UILongPressButton.cs。双击脚本，进入 MonoDevelop 编辑器中，开始 UILongPressButton 脚本的编写。本脚本主要用于实现汽车的刹车和控制刹车痕的产生，具体代码如下。

代码位置：随书资源中源代码\第 11 章目录下的 carShaCheHen\Assets\Scripts\UILong PressButton.cs

```
1   public class UILongPressButton : Selectable, IPointerDownHandler,IPointerExitHandler
2        ,IPointerUpHandler {
3     bool saChe = false;                                          //是否踩下刹车
4     public GameObject b1;                                        //刹车痕预制件 b1
5     public GameObject b2;                                        //刹车痕预制件 b2
6     public GameObject Wheel;                                     //车轮组
7     public WheelCollider BackLeftWheel;                          //左前轮
8     public WheelCollider BackRightWheel;                         //右前轮
9     private GameObject gb1, gb2;                                 //克隆物体
10    public float longPressDelay = 0.5f;                          //多少秒后响应常按事件
11    public float interval = 0.1f;                                //常按后响应事件执行的时间间隔
12    private bool isTouchDown = false;                            //是否按下按钮
13    private bool isLongpress = false;                            //是否持续按下按钮
14    private float touchBegin = 0;                                //开始按下时间
15    private float lastInvokeTime = 0;                            //最后时间
16    void Update() {
17      if (isTouchDown && IsPressed() && interactable) {
18        if (isLongpress) {
19          if (Time.time - lastInvokeTime > interval) {          //按钮相应长按事件
20            BackLeftWheel.brakeTorque = 40000;                   //左后轮刹车力矩设成 40000
21            BackRightWheel.brakeTorque = 40000;                  //右后轮刹车力矩设成 40000
22            gb1.GetComponent<TrailRenderer>().enabled = true;//开启 gb1 的拖尾渲染器组件
23            gb2.GetComponent<TrailRenderer>().enabled = true;//开启 gb2 的拖尾渲染器组件
24            m_onLongPress.Invoke();
25            lastInvokeTime = Time.time;
26        }} else {
27          isLongpress = Time.time - touchBegin > longPressDelay;
28    }}}
29    public void OnPointerDown(PointerEventData eventData) {     //按下按钮事件
30      base.OnPointerDown (eventData);
31      touchBegin = Time.time;                                    //获取按钮按下开始时间
32      isTouchDown = true;                                        //按钮按下标志位置 true
33      gb1 = (GameObject)Instantiate(b1);                         //克隆预制件 b1
34      gb2 = (GameObject)Instantiate(b2);                         //克隆预制件 b2
35      gb1.transform.SetParent(Wheel.transform);                  //gb1 父物体设为 Wheel
36      gb2.transform.SetParent(Wheel.transform);                  //gb1 父物体设为 Wheel
37      gb1.transform.localPosition = new Vector3(1.85f, 0.0f, -3.35f);//设置 gb1 的位置
38      gb2.transform.localPosition = new Vector3(-1.85f, 0.0f, -3.35f);//设置 gb2 的位置
39    }
40    public void OnPointerUp(PointerEventData eventData) {   //抬起按钮事件
41      base.OnPointerUp(eventData);
42      isTouchDown = false;                                       //按钮按下标志位置 false
43      isLongpress = false;                                       //按钮长按标志位置 false
44      BackLeftWheel.brakeTorque = 0;                             //左后轮刹车力矩设成 0
45      BackRightWheel.brakeTorque = 0;                            //右后轮刹车力矩设成 0
46      gb1.transform.SetParent(null);                             //gb1 父物体设为空
47      gb2.transform.SetParent(null);                             //gb2 父物体设为空
48  }}
```

- ❑ 第 1～15 行定义了脚本中的相关变量，如是否踩下刹车标志位、刹车痕预制件、车轮组、克隆物体多少秒后响应常按事件等。其中脚本中的前 5 个变量需要读者自行通过拖曳的方式来赋值，具体参数可查阅随书项目。
- ❑ 第 16～28 行实现了 Update 方法，并在方法中判断了是否触发了长按按钮事件，如果事件触发，则将赛车的后轮刹车力矩置成 40000，并开启拖尾渲染器，然后刷新纪录事件等变量参数。
- ❑ 第 29～39 行定义了按下按钮事件，当玩家按下按钮时，程序首先要做的就是克隆出两个带有拖尾渲染器的物体，之后需要设置克隆出来物体的父物体为 Wheel，使其跟随赛车运动。合理设置它们的位置，使它们正好处于轮胎和地面的交接处。
- ❑ 第 40～48 行定义了抬起按钮事件，当按钮被抬起时表示赛车不再进行刹车了，这时需要将赛车后轮的刹车力矩置 0，使赛车不再进行制动，之后将两个克隆体的父物体置成 null，目的是使车痕克隆体脱离赛车控制并仍可以留在场景中。

（11）将脚本 UILongPressButton.cs 拖曳到游戏组成对象列表中的 Button 对象上。单击 Button 对象，在 Inspector 面板中会出现对应到此脚本的组件，单击组件前面的三角形按钮可看到脚本组件的内容，然后设置对应参数，如图 11-44 所示。

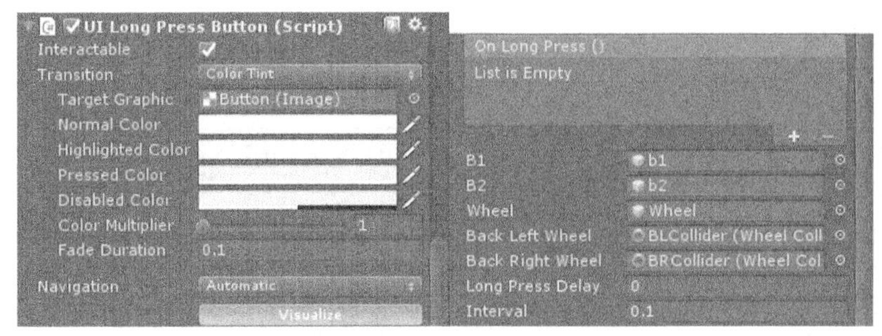


▲图 11-44　设置 UILongPressButton 脚本组件

（12）单击游戏“运行”按钮，观察效果，在 Game 面板中可以看到地形和赛车。通过虚拟摇杆控制赛车移动，赛车移动过程中按下刹车按钮，汽车就会刹车，同时出现刹车痕，如图 11-45 和图 11-46 所示。

▲图 11-45　运行效果 1

▲图 11-46　运行效果 2

**说明**　本示例的源文件位于随书资源中源代码\第 11 章目录下的 carShaCheHen 文件夹中。如果读者想运行本示例，只须把 carShaCheHen 文件复制到非中文路径下，然后双击 carShaCheHen/Assets 目录下的 text.unity 文件即可。

## 11.4 自动寻路系统

Unity 3D 提供了一套仅限在 Pro 版本中使用的 Navigation 自动寻路系统，开发人员可以通过调用该自动寻路系统快速实现开发所需的寻路需求。自动寻路系统不但支持在不规则地形上的寻路，还能通过自定义路线和设置跳跃参数对寻路地形进行扩展。

### 11.4.1 基础知识

本小节详细介绍 Unity 3D 中在自动寻路系统可以使用到的几个寻路组件的主要功能。通过本小节的学习，读者应当能够熟练地掌握有关寻路组件的知识。

❑ 代理器——Nav Mesh Agent

Nav Mesh Agent 组件可实现对指定对象自动寻路的代理，该组件自带了许多参数，开发人员可以通过修改这些参数实现对代理器大小、速度、加速度等值的控制，其参数如表 11-13 所示。系统会使附着该组件的对象以指定的速度向开发人员指定的目标点移动，移动过程中忽略一切碰撞体。

表 11-13　　　　Nav Mesh Agent 参数

| 参数 | 含义 |
|---|---|
| Agent Type | 代理类型 |
| Base Offset | 代理器相对导航网格的高度偏移 |
| Speed | 代理器移动速度 |
| Angular Speed | 代理器角速度 |
| Acceleration | 代理器加速度 |
| Stopping Distance | 代理器到达时与目标点的距离 |
| Auto Braking | 是否自动停止无法到达目的地的路线 |
| Radius | 代理器半径 |
| Auto Traverse OffMesh Link | 是否自动穿过自定义路线 |
| Height | 代理器高度 |
| Quality | 障碍物躲避质量 |
| Priority | 代理器回避优先级 |
| Auto Traverse Off Mesh Link | 是否自动移动 Off Mesh Link |
| Auto Repath | 原有路线发现变化时是否重新寻路 |
| Area Mask | 代理在寻找路径时将考虑的区域类型 |

Nav Mesh Agent 由直立圆柱体定义，其大小由半径和高度属性指定。代理器与物体一起移动，但即使物体本身旋转，代理器也始终保持垂直。代理器的形状用于检测和响应与其他物体和障碍之间的碰撞。当 GameObject 的锚点不在圆柱体的底部时，可以使用 Base Offset 属性来调整高度差。

❑ 动态障碍——Nav Mesh Obstacle

由于导航代理在移动的过程中会忽略所有的碰撞体，因此在寻路的过程中可能会出现代理器穿过其他对象的现象。为防止这种情况的发生，Unity 3D 提供了 Nav Mesh Obstacle 组件来提供对动态障碍的支持，通过该组件可实现英雄横穿人群而不被穿透的效果。该组件参数如表 11-14 所示。

表 11-14　　Nav Mesh Obstacle 参数

| 参数 | 含义 |
|---|---|
| Shape | 障碍几何形状 |
| Capsule | 胶囊 |
| Center | 胶囊几何中心 |
| Radius | 动态障碍的半径大小 |
| Height | 动态障碍的高度 |
| Box | 盒子 |
| Center | 盒子几何中心 |
| Size | 盒子尺寸 |
| Carve | 是否允许被代理器穿入 |

❑ 自定义路线——Off Mesh Link

Off Mesh Link 是为了满足复杂地形对生成导航网格的特殊需求所提供的一个组件，开发人员可自行设计所需路线，该路线将会被并入指定的导航网格层中，与其他路线一并进行寻路计算。该组件提供了一系列参数，实现对该路线的自定义，如表 11-15 所示。

表 11-15　　Off Mesh Link 参数

| 参数 | 含义 |
|---|---|
| Start | 自定义路线起始位置信息 |
| End | 自定义路线目标位置信息 |
| Cost Override | 自定义路线成本覆盖 |
| Bi Directional | 自定义路线是否允许双向穿越 |
| Activated | 是否激活该路线 |
| Auto Update Positions | 启用后，当终点移动时，Off-Mesh 链接将重新连接到 NavMesh |
| Navigation Area | 描述链接的导航区域类型 |

Off Mesh Link 组件挂载在一个对象上，同时需要指定另外两个对象来充当该路线的起始点和目标点，其产生的自定义路线有一个 name 参数，该参数指向了被挂载对象的对象名，读者可通过获取该参数来判断当前正在穿越的路线，以进行相对应的操作。

### 11.4.2 一个简单的示例

11.4.1 节对 Navigation 的各个组件进行了详细的介绍，相信读者已经对 Unity 3D 中自动寻路系统有了一定的了解。本小节将通过一个简单的示例来使读者对 Unity 3D 中的自动寻路系统有一个更加明确的认知，并熟练掌握这项技术。其具体操作如下。

（1）新建一个场景。选择 File→New Scene，创建一个场景。按 Ctrl+S 快捷键，保存该场景，命名为 Pathing。

（2）导入资源。选择 Assets→Import Assets，选中所需的模型、贴图和动画，单击 Import 按钮导入。本示例中所有的资源文件读者可在随书项目中找到。

（3）新建一个地形，调整其形状及大小，并将模型包中的 map.fbx 拖曳进场景，调整其大小，使其位于刚刚创建的地形之上。把模型包中的 hero.fbx 拖曳进场景，使其位于 map 对象上。最后将本游戏场景的天空盒设置为 Textures 文件夹下的 MySkyBox，如图 11-47 所示。

▲图 11-47　游戏场景

（4）选择 Assets→Import Assets→Projectors，导入阴影资源包，然后把 Projectors 文件夹下的 Blob Shadow Projector 拖曳给 hero 对象作为其子对象，以产生阴影。

（5）选中 map 对象和 Terrain 对象，在 Inspector 面板中的 Static 下拉列表中选择 Navigation Static，使系统能在该对象的基础上生成导航网格，如图 11-48 所示。选择 Window→Navigation，调出 Navigation 面板，单击 Bake 按钮，进行导航网格的烘焙，如图 11-49 所示。

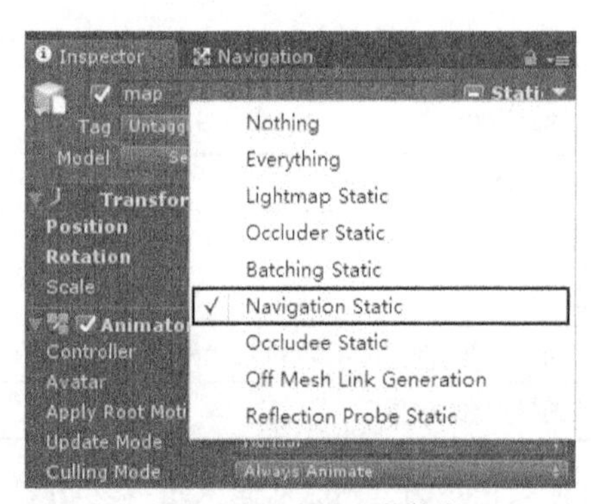


▲图 11-48　设置导航静态

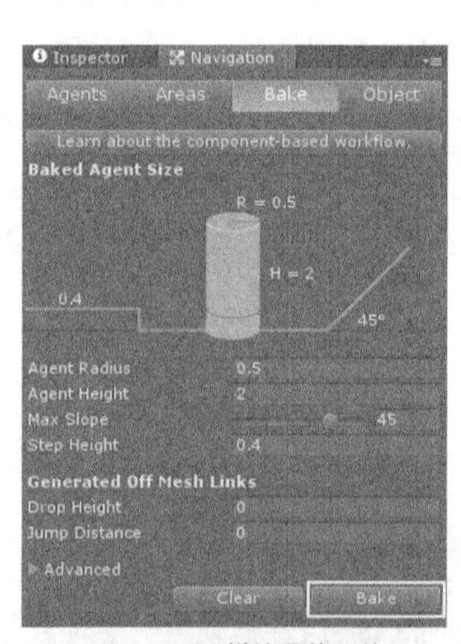


▲图 11-49　烘焙导航网格

（6）经过短暂的等待，游戏场景被设置为 Navigation Static 的对象上面都会出现青色的导航网格层，如图 11-50 所示。同时，Assets 目录下会出现一个名为 Pathing 的文件夹，生成的导航网格数据会被记录在该文件夹下的 NavMesh.asset 文件上，如图 11-51 所示。

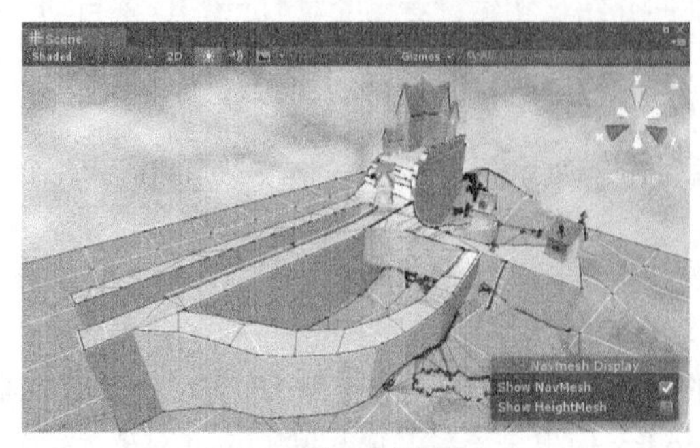

▲图 11-50　导航网格

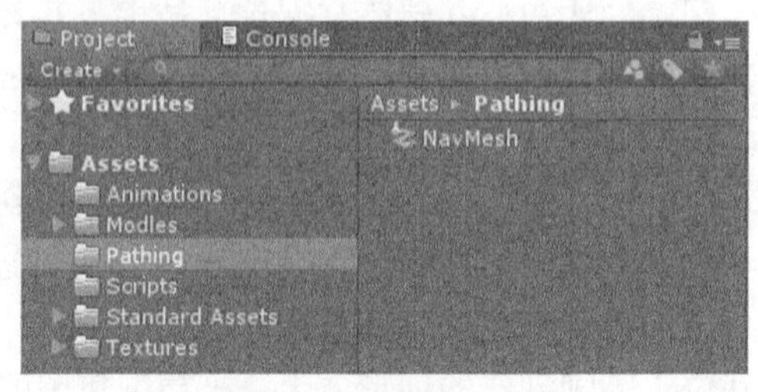


▲图 11-51　NavMesh 文件

（7）为人物添加代理器组件。选中 hero 对象，选择 Component→Navigation→Nav Mesh Agent，并设置其各项参数，如图 11-52 所示。

（8）为梯子添加自定义路线。创建一个空对象，命名为 JumpLink，并为该空对象创建两个子对象，分别命名为 Start 和 End；按此步骤再创建一个 ClimbLink。分别为这两个对象添加 Off Mesh Link 组件，并设置其参数，如图 11-53 所示。

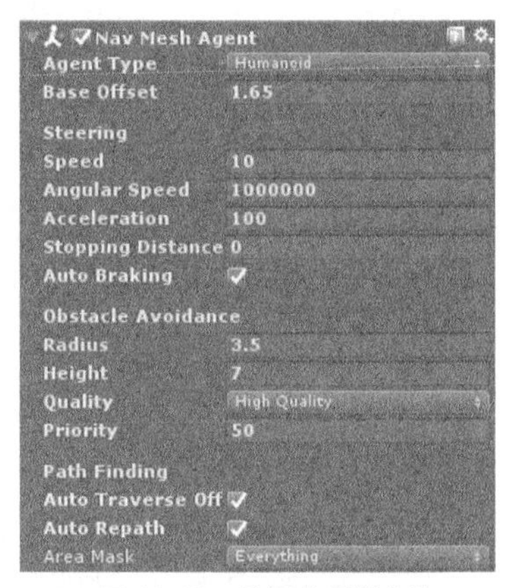


▲图 11-52　设置代理器参数

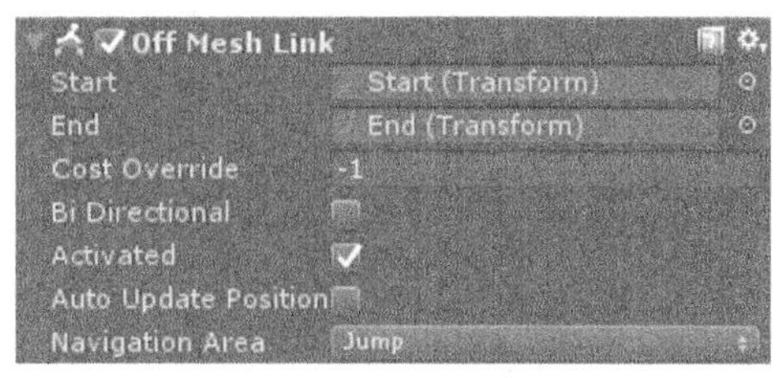


▲图 11-53　自定义路线参数

（9）分别调整 JumpLink 和 ClimLink 的子对象的位置，使其两个子对象分别位于两个导航网格上，且 JumpLink 的 Start 在上，End 在下；而 ClimLink 刚好相反。此时其两个子对象之间会产生一条弧线，如图 11-54 所示，这条弧线所代表的路线会归并入对应的导航网格中。

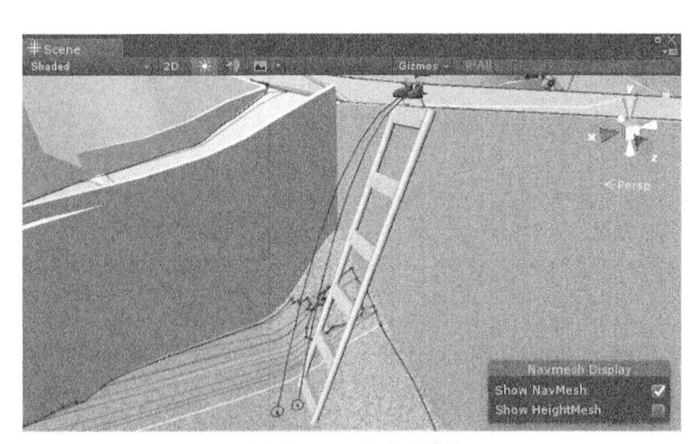


▲图 11-54　自定义路线

（10）为 hero 对象添加 Animation 组件，并向该组件挂载 run、jump、hit1、casting 等动画，系统动画将会在接下来的脚本开发中进行调用，使 hero 在移动的过程中更为自然。

（11）下面进行脚本的开发。为摄像机添加监听脚本，通过触摸屏幕，可实现摄像机视角的转换、寻路目标点的设置等功能，具体代码如下。

代码位置：随书资源中源代码\第 11 章目录下的 Pathing\Scrpits\ClickListener.cs

```
1   public class ClickListener : MonoBehaviour {
2     public Transform hero;                          //声明英雄对象
3     private NavMeshAgent heroAgent;                 //声明导航代理器对象
4     public Transform flag;                          //声明旗子对象
5     private Vector3 distance;                       //声明移动步长
6     private Rect buttonRect0;                       //声明按钮 0 位置
7     private Rect buttonRect1;                       //声明按钮 1 位置
```

```
8      private Vector2 beganPoint;                                    //声明开始触摸位置
9      public Texture2D buttonAddTex;                                 //声明按钮 0 纹理
10     public Texture2D buttonMoveTex;                                //声明按钮 1 纹理
11     void Start () {
12       heroAgent = hero.GetComponent<NavMeshAgent>();               //初始化导航代理器对象
13       flag.transform.position = Vector3.zero;                      //初始化旗子对象的位置
14       buttonRect0 = new Rect(30, Screen.height - 40 - Screen.height * 0.1f,
15                   Screen.height * 0.15f, Screen.height * 0.15f);   //初始化按钮 0 位置
16       buttonRect1 = new Rect(30, Screen.height - 80 - Screen.height * 0.2f,
17                   Screen.height * 0.15f, Screen.height * 0.15f);   //初始化按钮 1 位置
18     }
19     void Update () {
20       float horizontal = Input.GetAxis("Horizontal");              //声明横向轴操控值
21       transform.LookAt(hero);                                      //使摄像机一直朝向人物对象
22       if (Input.touchCount != 0) {                                 //如果进行了触摸操作
23         if (touchIn(Input.touches[0].position)) {return;}          //若单击了按钮，中断脚本的运行
24         if (Input.touches[0].phase == TouchPhase.Moved) {          //若是在移动手指
25             horizontal = Input.touches[0].deltaPosition.x * 0.2f;  //用于旋转摄像机
26         }
27         if (Input.touches[0].phase == TouchPhase.Began) {          //若是第一次单击屏幕
28             beganPoint = Input.touches[0].position;                //记录第一次单击的坐标
29         }
30         if (Input.touches[0].phase == TouchPhase.Ended) {          //若是最后一次单击屏幕
31           if (Vector2.Distance(Input.touches[0].position, beganPoint) < Screen.height * 0.1f) {
                                                                      //单击操作
32             Ray ray = Camera.main.ScreenPointToRay(Input.touches[0].position); //声明一个射线
33             RaycastHit hit;                              //声明光线投射碰撞，用于后面的拾取操作
34              if (Physics.Raycast(ray, out hit)) {                  //若射线发生了碰撞
35                  heroAgent.SetDestination(hit.point);              //设置导航目标点为碰撞点
36                  flag.transform.position = hit.point;              //将旗子放置到目标点上
37       }}}}
38       transform.RotateAround(hero.position, Vector3.up, horizontal);   //旋转摄像机
39       distance = Vector3.Normalize(hero.position - transform.position);//设置移动步长
40     }
41     void OnGUI() {
42       if (GUI.RepeatButton(buttonRect0, buttonAddTex, new GUIStyle())) {  //当单击靠近按钮
43          transform.position += distance;                           //移动摄像机靠近人物
44       }
45       if (GUI.RepeatButton(buttonRect1, buttonMoveTex, new GUIStyle())) { //当单击远离按钮
46          transform.position -= distance;                           //移动摄像机远离人物
47     }}
48     ……//这里省略判断手指触摸点是否位于两个按钮之内的方法，读者可以自行查阅随书源代码
49   }}
```

- 第 1～10 行定义了脚本中需要用到的变量，如英雄对象、导航代理器对象、旗子对象、移动步长、按钮位置等，这些变量都是方便脚本接下来的方法调用。
- 第 11～18 行定义了脚本的 Start 方法，在此方法中首先初始化导航代理器对象及旗子对象的位置，然后初始化两个操作按钮的位置。
- 第 19～29 行定义了脚本的 Update 方法，在 Update 方法中主要实现了侦测手指触摸位置的功能，其次记录手指水平位移，以此变量来控制摄像机水平旋转角，并且若是第一次单击屏幕，就记录第一次单击的坐标。
- 第 30～40 行继续完成 Update 方法中手指触摸逻辑，若是手指最后一次单击屏幕，则定义一个从摄像机正方向的射线，检测射线与场景中的物体是否发生碰撞。如果发生碰撞，则设置该碰撞点为导航目标点，并将旗子放置到目标点上。
- 第 41～49 行定义了 OnGUI 方法，在此方法中绘制了两个按钮，分别是靠近按钮和原理按钮，并且当玩家单击按钮时，通过改变摄像机与英雄之间的距离来实现逻辑功能。

（12）将上述脚本拖曳到主摄像机对象上，并调整该脚本下的参数，使其与图 11-55 相符合。本脚本可实现动态更改导航目标点，当用户单击场景中的地图时，场景中的人物会自动寻找最佳路线，并缓慢移动到该点。至此，本示例的基本功能已经实现，其效果如图 11-56 所示。

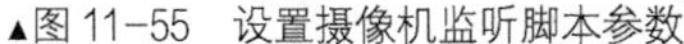
▲图 11-55 设置摄像机监听脚本参数

▲图 11-56 运行效果

（13）现在人物的移动还稍显不自然，且还不能爬梯子和下梯子。接下来进行人物动画脚本的开发，以实现这些缺失的功能。创建一个脚本并将其命名为 HeroMovement.cs，其具体代码如下。

代码位置：随书资源中源代码\第 11 章目录下的 Pathing\Scrpits\HeroMovement.cs

```
1   using UnityEngine;
2   using System.Collections;
3   public class HeroMovement : MonoBehaviour {
4     private UnityEngine.AI.NavMeshAgent heroNav;              //声明导航代理器
5     private string aniString;                                 //声明动画名
6     void Start() {
7       heroNav = GetComponent<UnityEngine.AI.NavMeshAgent>();  //进行导航代理器的初始化
8       aniString = "hit1";                                     //初始化动画名
9     }
10    void Update() {
11      if(heroNav.hasPath) {                                   //若正在进行自动寻路
12        aniString = "run";                                    //设置当前播放动画
13        transform.LookAt(heroNav.nextPosition);               //使人物对象一直朝向下一个目标点
14        GetComponent<Animation>().wrapMode = WrapMode.Loop; //动画播放方式设置为循环
15        if(heroNav.isOnOffMeshLink) {                           //若正在穿越自定义路线
16          //进入下梯子路线
17          if(heroNav.currentOffMeshLinkData.offMeshLink.name == "JumpLink") {
18             aniString = "jump";                              //设置跳跃动画
19             heroNav.speed = 3.4f;                            //设置速度
20          } else if(heroNav.currentOffMeshLinkData.offMeshLink.name ==
21                  "ClimbLink") {                              //进入爬梯子路线
22             aniString = "jump";                              //设置跳跃动画
23             heroNav.speed = 3.5f;                            //设置速度
24          } else {
25             heroNav.speed = 10.0f;                           //设置速度
26          }
27      }} else {
28         aniString = "hit1";                         //未进行任何寻路操作，则播放默认动画
29         GetComponent<Animation>().wrapMode = WrapMode.Once; //设置播放模式
30      }
31      GetComponent<Animation>().Play(aniString);              //进行动画播放
32  }}
```

- 第 1～9 行定义了脚本中需要用到的变量及脚本的 Start 方法，变量包括导航代理器、动画名，这些变量都是方便脚本接下来的方法调用。在 Start 方法中完成了导航代理器的初始化和英雄动画名的初始化。
- 第 10～14 行定义了 Update 方法，在方法中首先判断此时是否正在进行寻路，如果正在寻路则设置英雄动画，将动画播放方式设置为循环，并使人物对象一直朝向下一个目标点。
- 第 15～26 行判断此时是否正在通过特殊地形，如判断人物是否正在上下梯子。如果人物进入下梯子路线，则为该人物设置相应的动画和合适的速度，如果进入爬梯子路线设置内容基本相同。如果人物离开特殊路线就会恢复初始的速度。
- 第 27～32 行定义了如果人物未进行任何寻路操作，则播放默认动画，并设置动画的播放模式，然后进行动画的播放。

（14）将上述脚本拖曳到人物对象 hero 上。该脚本实现了人物对象在自动寻路过程中动画的切换，使其寻路更为自然，而不是简单的平移。

至此，本示例的开发已经全部完成，读者可将以上示例导出为“.apk”文件，并在手机上安装运行，查看示例运行效果。通过单击手机屏幕，在指定位置放置一个旗子，同时人物对象走向旗子。人物对象寻路过程中，如果重新单击屏幕，人物对象将会重新进行寻路，走向新的目标点，如图 11-57 所示。

▲图 11-57　示例在 Android 手机上的运行效果

## 11.5 本章小结

本章详细地讲解了 Unity 中的地形引擎。通过本章的学习，读者应该对 Unity 中内置的地形引擎有一定的了解，能初步完成对游戏场景中地形的搭建，为以后搭建复杂、真实的大型游戏场景打下坚实的基础。

同时，根据对地形引擎的学习，本章又扩展出很多与之相关的技术，如树编辑器、拖尾渲染器、自动寻路技术等。这些知识在中大型游戏及虚拟现实场景的开发中被广泛应用，读者应该尽量掌握这些技术，为以后实现大型游戏的开发打下基础。

# 第 12 章　游戏资源的更新

随着互联网的普及，移动终端已经可以像计算机一样浏览网页、玩网络游戏了，互动性更强的网络游戏尤为受大众的欢迎，因此游戏的更新技术便成为开发人员所必备的工作技能。本章将结合 Unity 平台的 AssetBundle 资源包及热更新框架来向读者展示如何做到游戏的更新。

## 12.1 AssetBundle

无论是传统单机游戏，还是新兴网络游戏，在开发的过程中都会面临如何在游戏上线过程中对资源进行动态地下载和加载问题，即游戏的实时热更新。为此，Unity 引入了 AssetBundle 资源包这一技术来满足上述开发需求。下面将详细地介绍这项技术。

### 12.1.1 AssetBundle 简介

AssetBundle 是将资源用 Unity 提供的一种用于存储资源的压缩格式打包后的集合，它可以存储任意一种 Unity 引擎可以识别的资源，如模型、纹理图、音频、动画，甚至场景。此外，AssetBundle 也可以打包开发人员自定义的二进制文件。

Unity 的 AssetBundle 系统是对资源管理的一个扩展，可以动态地加载和卸载，并且大大节约了游戏所占的空间，即使是已经发布的游戏也可以用其来增加新的内容。因此，动态更新网页游戏和资源下载都是基于 AssetBundle 系统的。

一般情况下，AssetBundle 开发流程的具体步骤如下。

（1）创建 AssetBundle。开发人员在 Unity 编辑器中通过脚本将所需的资源打包成 AssetBundle 文件，详细的创建方法参见 12.1.2 节。

（2）上传至服务器。开发人员创建好 AssetBundle 文件后，可通过上传工具将其上传到游戏的服务器中，游戏客户端可以通过访问服务器来获取当前所需要的资源，进而实现游戏的更新。

（3）下载 AssetBundle。游戏在运行时，客户端会将服务器上传的游戏更新所需的 AssetBundle 下载到本地设备中，再通过加载模块将资源加载到游戏中。Unity 提供了相应的 API 来完成从服务器端下载 AssetBundle 的任务。详细的下载方法请参见 12.1.3 节。

（4）加载 AssetBundle。AssetBundle 文件下载成功后，开发人员通过 Unity 提供的 API 可以加载资源包里所包含的模型、纹理图、音频、动画、场景等来更新游戏客户端，详细的加载方法请参见 12.1.4 节。

（5）卸载 AssetBundle。Unity 提供了相应的方法来卸载 AssetBundle，卸载 AssetBundle 可以节约内存资源，并且保证资源的正常更新，详细的卸载方法请参见 12.1.4 节。

### 12.1.2 AssetBundle 的创建

开发人员可以在 Unity 编辑器中编写脚本来创建 AssetBundle 文件。在 Unity 4.X 中创建

AssetBundle 需要编辑脚本，为了简化该步骤，Unity 5.X 的编辑器加入了 AssetBundle 创建工具。下面将对创建过程进行详细讲解。

### 1. AssetBundle 系统

需要说明的是，只有在 Assets 窗口中的资源才可以打包。选择 GameObject→3D Object→Cube，在 Assets 窗口中创建一个预制件，并将其命名为 cubeasset。将刚刚创建好的 Cube 拖曳到 cubeasset 上，如图 12-1 所示。

▲图 12-1　创建预制件 cubeasset

单击刚刚创建好的预制件 cubeasset，在编辑器界面右下角的资源属性窗口底部有一个选项为 AssetBundle 的创建工具，如图 12-2 所示。接下来创建 AssetBundle，空的 AssetBundle 可以通过单击菜单选项 New 来创建，将其命名为 cubebundle，如图 12-3 所示。

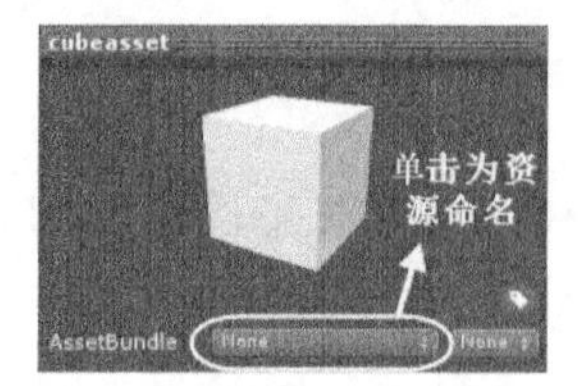


▲图 12-2　AssetBundle 创建工具

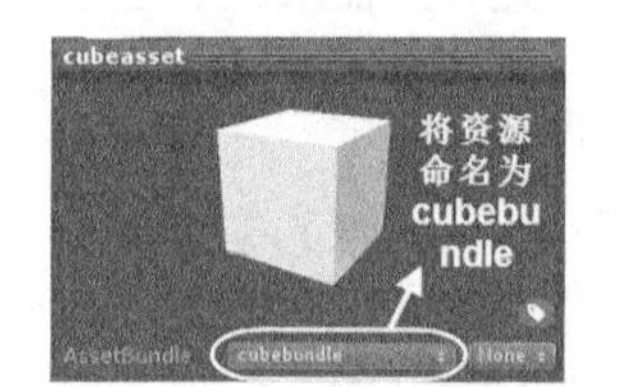


▲图 12-3　创建 AssetBundle 并命名

**说明**　AssetBundle 的名字固定为小写，如果在名字中使用了大写字母，系统会自动转换为小写格式。另外，每个 AssetBundle 都可以设置一个 Variant，其实就是一个扩展名。如果有不同分辨率的同名资源，可以添加不同的 Variant 来加以区分。

### 2. BuildAssetBundles 方法

AssetBundle 创建好后需要导出，这一过程就要编写相应的代码来实现。Unity 5.X 整合之前版本的 API，提供了一套全新的 API 来实现这一功能，这大大简化了开发人员手动遍历资源、自行打包的过程，更加得方便快捷。

BuildAssetBundles 方法会将开发人员所规定的所有资源进行打包，即之前使用 AssetBundle 创建工具进行命名的资源，然后将其全部置于指定的文件夹中。其具体的声明方法如下：

```
1    public static AssetBundleMainfest BuildAssetBundles(string outputPath,BuildAssetBundleOptions
2    assetBundleOptions=BuildAssetBundleOption.None,BuildTarget targetPlatfom=BuildTarget.WebPlayer);
```

**说明**　上述声明中，OutputPath 为 AssetBundle 的输出路径，一般情况下为 Assets 下的某一个文件夹，如 Assets\MyBundleFolder；assetBundleOptions 为 AssetBundle 的创建选项；targetPlatform 为 AssetBundle 的目标创建平台。

用下面的代码来将上面创建的 cubebundle 打包成 AssetBundle 并将其导出，具体实现如下面的代码所示。

代码位置：随书资源中源代码\第 12 章目录下的 AssetBundle\Assets\Editor\ExportAsset.cs

```
1   using UnityEngine;
2   using System.Collections;
3   using UnityEditor;                                  //导入系统相关类
4   public class ExporrtAsset : MonoBehaviour {
5     [@MenuItem("Test/Build Asset Bundles")]       //添加菜单栏 Test 及子菜单 Build Asset Bundles
6     static void BuildAssetBundles() {             //声明 BuildAssetBundles 方法
7         BuildPipeline.BuildAssetBundles("Assets/AssetBundles",BuildAssetBundleOptions.None,
8         BuildTarget.StandaloneWindows);
9                                                   //打包资源到 Assets 下的 AssetBundles 文件夹中
10  }}
```

**说明** 该方法将资源打包到指定的文件夹中，此示例中打包到了 AssetBundles 文件夹中，该文件夹并不会自动创建，需要玩家在运行前手动创建，否则会报错。

此脚本编写完后并不需要挂载到 GameObject 上，单击 Unity 集成开发环境的运行按钮后，会在菜单栏生成 Test 一项，其子菜单为 Build Asset Bundles，如图 12-4 所示。

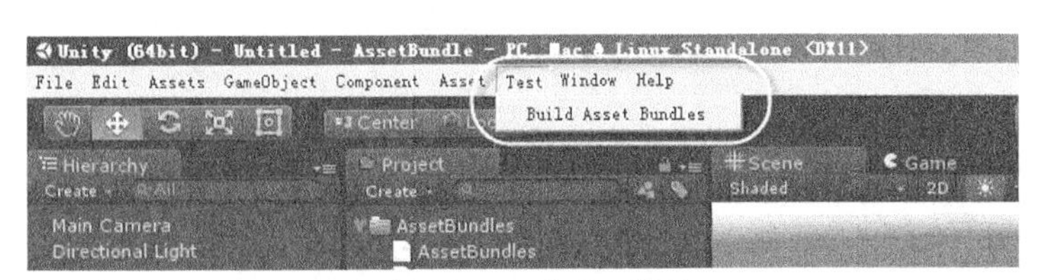

▲图 12-4　生成 Test 菜单

所有的 AssetBundle 已经被导出，此外每一个 AssetBundle 资源将会有一个和文件相关的文本类型为“.mainfest”的文件，该文件提供了所打包资源的 CRC 和资源依赖的信息，本示例中为 cubebundle.mainfest 文件，如图 12-5 所示。

除此之外还有一个“.mainfest”文件在 AssetBundle 创建时被创建，如图 12-6 所示。该文件也是文本类型的文件，记录额是整个 AssetBundles 文件夹的信息，包括资源列表及各个列表之间的依赖关系。但本示例中只有一个资源，所以并没有依赖关系。

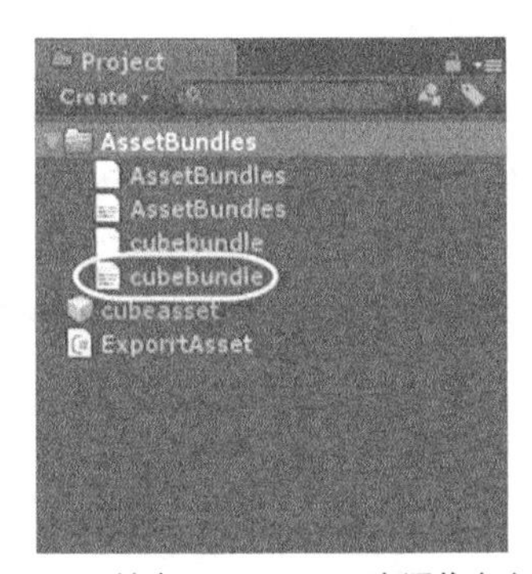

▲图 12-5　单个 AssetBundle 资源信息文件

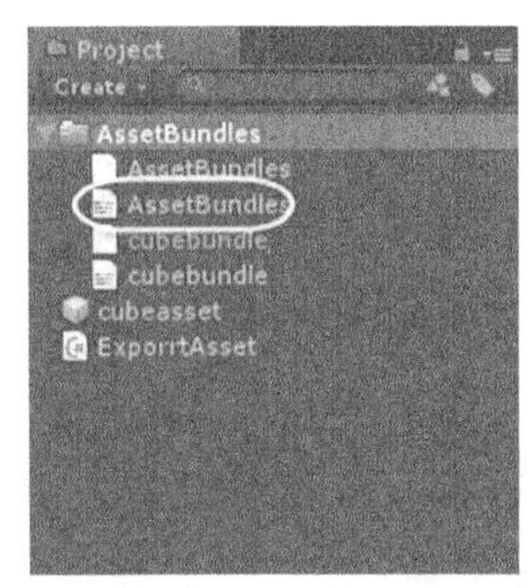

▲图 12-6　AssetBundles 文件夹总体信息

此方法还可以使用 building map 指定资源的名字和内容来进行打包。building map 是一个 AssetBundleBuild 对象的数组，该数组定义了要打包的文件的关系，即将 Assets 文件夹下的哪些文件以什么样的关系进行打包，具体代码如下。

```
1   public static AssetBundleMainfest BuildAssetBundles(string outputPath,AssetBundleBuild[] builds,
2   BuildAssetBundleOptions assetBundleOptions=BuildAssetBundleOption.None,
3   BuildTarget targetPlatfom=BuildTarget.WebPlayerr);
```

> **说明**　上述声明中，OutputPath 为 AssetBundle 的输出路径，一般情况下为 Assets 下的某一个文件夹，如 Assets\MyBundleFolder，但该文件夹并不会自动生成，需开发人员手动创建；assetBundleOptions 为 AssetBundle 的创建选项；targetPlatform 为 AssetBundle 的目标创建平台，builds 为 AssetBundle 资源的 buildmap。

用下面的代码将上面创建的 cubebundle 打包成 AssetBundle 并将其导出，具体实现如下面的代码所示。

代码位置：随书资源中源代码\第 12 录下的 AssetBundle\Assets\Editor\ExportAsset2.cs

```
1   using UnityEngine;
2   using System.Collections;
3   using UnityEditor;
4   public class ExportAsset2 : MonoBehaviour {
5     [@MenuItem("Asset/Build Asset Bundles")]  //添加菜单项 Asset 及子菜单 Build Asset Bundles
6     static void BuildAssetBundles() {
7       AssetBundleBuild[] buildMap  = new AssetBundleBuild[2];  //定义 AssetBuild 数组
8       buildMap[0].assetBundleName = "resources";        //打包的资源包名称，开发人员可以随便命名
9       string[] resourcesAssets = new string[2];         //定义字符串，用来记录此资源包文件名称
10      resourcesAssets[0] = "resources/1.prefab";        //将需要打包的资源名称赋给数组
11      resourcesAssets[1] = "resources/MainO.cs";
12      buildMap[0].assetNames = resourcesAssets;         //将资源名称数组赋给 AssetBuild
13      BuildPipeline.BuildAssetBundles("Assets/AssetBundles", buildMap, BuildAssetBundleOptions.None,
14       BuildTarget.StandaloneWindows);                  //打包资源并导出
15  }}
```

按照上述方法，Unity 中需要被打包的资源全部都会被导出到指定的文件夹，开发人员根据需要选择打包好的 AssetBundle，然后上传到开发平台供客户端下载，这样就可以达到游戏更新的目的，到这一步就完成了 AssetBundle 的打包部分。

### 12.1.3　AssetBundle 的下载

Unity 提供了两种下载 AssetBundle 的方式：非缓存机制和缓存机制。非缓存机制所下载的资源文件并不会被写入 Unity 引擎的缓存区，而缓存机制下载的资源文件会被写入 Unity 引擎的缓存区中。下面将详细介绍这两种方式。

**1. 非缓存机制**

非缓存机制通过创建一个 www 实例来下载 AssetBundle 文件，采用此种方式下载的 AssetBundle 文件并不会存入 Unity 引擎的缓存区。下面将通过一段使用非缓存机制下载 AssetBundle 文件的代码进行演示，具体实现如下面的代码所示。

代码位置：随书资源中源代码\第 12 章目录下的 AssetBundle\Assets\Editor\DowloadAsset.cs

```
1   using UnityEngine;
2   using System.Collections;
3   public class DowloadAsset : MonoBehaviour {
4     public string BundleURL;                                //定义 URL 字符串
5     public string AssetName;                                //定义资源名字字符串
6     IEnumerator Start(){
7       using (WWW www = new WWW(BundleURL)){                 //创建一个网页链接请求，并赋给 www
8         yield return www;                                   //返回 www 的值
9         if (www.error != null)                              //如果下载过程中出现错误
10          Debug.Log("WWW download had an error:" + www.error);  //输出错误的提示信息
11          AssetBundle bundle = www.assetBundle;             //下载 AssetBundle
12          if (AssetName == "")                              //如果没有指定具体的资源名字
13            Instantiate(bundle.mainAsset);                  //实例化主资源
14          else
15            Instantiate(bundle.LoadAsset(AssetName));//否则实例化指定名字的资源
16          bundle.Unload(false);                             //释放 bundle 的序列化数据
17  }}}
```

❑ 第 1～5 行声明变量，主要声明了 URL 字符串、资源名字字符串。开发环境下的 Inspector 面板中可以为各个参数指定资源或者取值。

❑ 第 6～8 行对 Start 方法进行了重写，创建了一个网页链接请求并将其赋给了 www，然后返回 www 的值。

❑ 第 9～11 行对下载过程中是否出现错误进行判断，如果错误抛出异常，否则下载所指定的 AssetBundle。

❑ 第 12～17 行的主要功能是对 AssetName 变量进行判断，如果未指定打包的资源，那么就实例化主资源，否则实例化指定资源。最后释放 bundle 的序列化数据。

代码编写完成以后，选择 GameObject→Create Empty，创建一个空对象，将编写好的代码拖到 GameObject 上，单击 GameObject 查看其属性，填写需要选择的 AssetBundle 的 URL 地址和名字，如图 12-7 所示。单击 Unity 编辑器的“运行”按钮，即可在 AssetBundles 文件夹中看到想要下载的资源。

▲图 12-7　Game Object 属性

2. 缓存机制

缓存机制通过 www 类下的 LoadFromCacheOrDownload 接口来实现 AssetBundle 的下载。通过缓存机制下载的 AssetBundle 会被存储在 Unity 的本地缓存区中。下载前系统会在缓存目录中查找该资源，当下载的数据在缓存目录中不存在或者版本较低时，系统才会下载新的数据资源替换缓存中的原数据。

需要说明的是，Unity 提供的默认缓存大小在不同平台上有所不同：在 Web Player 平台上发布的网页游戏的默认缓存大小为 50MB；在 PC 客户端发布的游戏和在 iOS/Android 平台上发布的移动游戏默认缓存大小为 4GB。下面将使用缓存机制下载 AssetBundle 文件，具体实现如下面的代码所示。

代码位置：随书资源中源代码\第 12 章目录下的 AssetBundle\Assets\Editor\DownloadAsset2.cs

```
1   using System;
2   using UnityEngine;
3   using System.Collections;
4   public class DownloadAsset2: MonoBehaviour{
5     public string BundleURL;                              //定义 URL 字符串
6     public string AssetName;                              //定义资源名字字符串
7     public int version;                                   //定义版本号
8     void Start(){
9       StartCoroutine(DownloadAndCache());                 //开始缓存机制下载协同程序
10    }
11    IEnumerator DownloadAndCache(){
12      while (!Caching.ready)                              //如果缓存没准备好
13        yield return null;                                //返回空对象
14      using (WWW www = WWW.LoadFromCacheOrDownload(BundleURL, version)){
15                                                          //创建一个网页链接请求，并赋给 www
16        yield return www; //返回 www
17        if (www.error != null)                            //如果下载过程中出现错误
18          throw new Exception("WWW download had an error:" + www.error); //抛出异常
19          AssetBundle bundle = www.assetBundle;           //下载 AssetBundle
20        if (AssetName == "")                              //如果未指定打包的资源
21          Instantiate(bundle.mainAsset);                  //实例化主资源
22        else
23          Instantiate(bundle.LoadAsset(AssetName));       //否则实例化指定资源
24        bundle.Unload(false);                             //释放 bundle 的序列化数据
25  }}}
```

❑ 第 1～7 行声明变量，主要声明了 URL 字符串、资源名字字符串、版本号等。在开发环境下的 Inspector 面板中可以为各个参数指定资源或者取值。

❑ 第 8～10 行实现了 Start 方法的重写，该方法的主要功能是实现了开始缓存机制下载协同程序。

❑ 第 11～16 行首先判断了缓存是否准备完毕，如果没有返回空对象。然后创建了一个网页链接请求并将其赋给了 www，然后返回 www 的值。

❑ 第 17～19 行对下载过程中是否出现错误进行了判断，如果错误抛出异常，否则下载指定的 AssetBundle。

❑ 第 20～25 行对 AssetName 变量进行了判定，如果未指定打包的资源，那么就实例化主资源，否则实例化指定资源。最后释放 bundle 的序列化数据。

代码编写完成以后，选择 GameObject→Create Empty，创建一个空对象，将编写好的代码拖到 GameObject 上，单击 GameObject 查看其属性，填写需要选择的 AssetBundle 的 URL 地址、名字及版本号，如图 12-8 所示。单击 Unity 编辑器的“运行”按钮，即可在 AssetBundles 文件夹中看到想要下载的资源。

▲图 12-8　Game Object 属性

## 12.1.4　AssetBundle 的加载和卸载

将 AssetBundle 下载到本地后，需要将 AssetBundle 加载到内存中并且创建成具体的文件对象，该过程就是 AssetBundle 的加载。无论是在下载还是加载的过程中，AssetBundle 都会占用内存。下面介绍 AssetBundle 的加载和卸载。

### 1. AssetBundle 的加载

将 AssetBundle 下载到本地客户端后，就等于把硬盘或者网络的一个文件读到内存的一个区域，这时只是 AssetBundle 内存镜像数据块。将 AssetBundle 中的内容加载到内存里并创建 AssetBundle 文件中的对象。Unity 5.X 提供了 3 种不同的方法来从已经下载的数据中加载 AssetBundle，如下所示。

❑ AssetBundle.LoadAsset

**说明**　此方法使用资源名字标识作为参数，通过给定过的包的名称来加载资源。该名字在项目视图中可见，并且开发人员可以选择一个对象类型作为参数传递给加载方法，以确保以一个特定类型的对象进行加载。

❑ AssetBundle.LoadAssetAsync

**说明**　此方法和上一个方法相似，但是它并不会在加载资源的同时阻碍主线程，它通过给定类型的的名称异步加载资源。在加载大的资源或者短时间内加载许多资源的情况下能够很好地避免停止进程的运行。

❑ AssetBundle.LoadAllAssets

**说明**　此方法将会加载 AssetBundle 中包含的所有资源对象，并且和 AssetBundle.Load AssetAsync 一样，可以通过对象类型来过滤资源。

### 2. AssetBundle 的卸载

Unity 提供了相应的方法来卸载 AssetBundle，该方法是使用一个布尔值参数来告诉 Unity 是否要卸载所有的数据（包含加载的资源对象）或者只是已经下载过的被压缩好的资源数据。下面介绍了 true 和 false 两个布尔值对应的不同含义。

- AssetBundle.Unload(false)

说明　false 是指释放 AssetBundle 文件的内存镜像，不包含 Load 创建的 Asset 内存对象。

- AssetBundle.Unload(true)

说明　true 是指释放 AssetBundle 文件的内存镜像，并销毁所有用 Load 创建的 Asset 内存对象。

下面是一个使用 Application.LoadAssetAsync 接口异步加载场景的示例。通过该例，读者对其有更深刻的认识，在开发过程中可以更熟练地使用。其具体实现如下面的代码所示。

代码位置：随书资源中源代码\第 12 章目录下的 AssetBundle\Assets\Script\LoadAssetAsync.cs

```
1   using UnityEngine;
2   using System.Collections;
3   public class NewBehaviourScript : MonoBehaviour {
4     public string url;                                    //定义 URL 字符串
5     IEnumerator Start(){
6       WWW www = WWW.LoadFromCacheOrDownload(url, 1);    //通过所给的 URL 开始一个下载
7       yield return www;                                 //等待下载完成
8       AssetBundle bundle = www.assetBundle;             //加载并取回 AssetBundle
9       AssetBundleRequest request = bundle.LoadAssetAsync("myObject", typeof(GameObject));
10                                                        //异步加载对象
11      yield return request;                             //等待加载结束
12      GameObject obj = request.asset as GameObject;     //引用加载对象
13      bundle.Unload(false);                             //卸载 AssetBundle
14      www.Dispose();                                    //释放内存
15  }}
```

说明　Unity 可以使一个特定的实例化的 AssetBundle 在应用程序中加载一次，这也就意味着不能从 www 对象中检索一个在加载之前还没有被卸载的 AssetBundle，否则 Unity 会报错，因此需要做的就是要么卸载 AssetBundle 若不再使用它，或者避免下载它（如果它已经在内存中）。这也就解释了为什么要卸载 AssetBundle。

### 12.1.5 关于 AssetBundle

虽然 AssetBundle 只包含以上几个步骤，但是关于 AssetBundle 的内容并不仅限于这些，如 AssetBundle 的资源依赖关系。虽然从 Unity 5.X 开始已经有系统自动处理，但是开发人员还是需要了解、掌握 AssetBundle。下面将简要介绍一些 AssetBundle 的相关知识。

**1. 管理 AssetBundles 之间的依赖**

AssetBundle 中不同 bundle 的许多资源可能会依赖相同的资源，如不同的模型可能会使用相同的 Material 资源，这称为 AssetBundle 之间的依赖。如果不考虑依赖，将两个模型都打包到不同的 AssetBundle 文件中，则它们共用的 Material 资源就被打包了两次，这样会浪费很多资源。

为了避免这种浪费，需要将共享的 Material 打包到一个单独的 AssetBundle 中，然后让两个模型所隶属的 AssetBundle 分别依赖于该 AssetBundle，这样 Material 就仅被打包了一次，节省了游戏资源。从 Unity 5.X 开始，系统会自动判断所打包的资源之间的依赖，不再需要开发人员手动处理。

**2. 存储和加载二进制数据**

如果想要保存以“.bytes”为扩展名的二进制数据文件，需要在 Unity 中将该文件保存为 TextAsset 文件，然后才能对 AssetBundle 进行加载，最后通过检索二进制数据来实现。下面是一个在 AssetBundle 中存储和加载二进制数据的示例，具体实现如下面的代码所示。

代码位置：随书资源中源代码\第 12 章目录下的 AssetBundle\Assets\Script\Slbinarydata.cs

```
1   using UnityEngine;
2   using System.Collections;
3   public class NewBehaviourScript : MonoBehaviour {
4     public string url;                                      //定义 URL 字符串
5     IEnumerator Start(){
6     WWW www = WWW.LoadFromCacheOrDownload(url, 1);          //通过所给的 URL 开始下载
7     yield return www;                                       //等待下载完成
8     AssetBundle bundle = www.assetBundle;                   //加载并且取回 AssetBundle
9     TextAsset txt = bundle.Load("myBinaryAsText") as TextAsset;    //加载对象
10    byte[] bytes = txt.bytes;                               //检索二进制数据的字节数组
11  }}
```

说明：TextAsset 文件可以包含在所构建的 AssetBundle 中。一旦下载了应用程序中的 AssetBundle 和加载了 TextAsset 对象，就可以使用“.bytes”的 TextAsset 文件来检索二进制数据了。

#### 3. 将脚本打包入 AssetBundles

AssetBundles 中可以包含脚本，但需要注意的是它们实际不会执行代码。如果想在 AssetBundles 中包含代码，就需要引用 Reflection 类来实现。下面是一个在 AssetBundle 中存储和加载二进制数据的示例，具体实现如下面的代码所示。

代码位置：随书资源中源代码\第 12 章目录下的 AssetBundle\Assets\Script\Includescripts.cs

```
1   using UnityEngine;
2   using System.Collections;
3   public class Includescripts : MonoBehaviour{
4     public string url;                                  //定义 URL 字符串
5     IEnumerator Start(){
6     WWW www = WWW.LoadFromCacheOrDownload(url, 1);      //通过所给的 URL 开始下载
7     yield return www;                                   //等待下载完成
8     AssetBundle bundle = www.assetBundle;               //加载并且取回 AssetBundle
9     TextAsset txt = bundle.LoadAsset("myBinaryAsText") as TextAsset;
10                                                        //加载对象并转换为 TextAsset 格式
11    var assembly = System.Reflection.Assembly.Load(txt.bytes);   //引用 Reflection 类
12    var type = assembly.GetType("MyClassDerivedFromMonoBehaviour");
13    GameObject go = new GameObject();                   //实例化一个 GameObject 并添加一个组件
14    go.AddComponent(type);
15  }}
```

说明：在此示例中如果想要在资源包中包含用来执行应用程序的代码，就需要预先编译资源包，然后使用 Mono Reflection class 来加载（注意：Reflection 在 iOS 平台不可用）。资源包中的脚本可以用任何版本的 C#编辑器（如 Monodevelop、Visual Studio）编写，也可使用 mono/.net 文档编辑器编写。

### 12.1.6　本节小结

AssetBundle 是 Unity 推荐的资源管理方式，是对资源管理的一个扩展。动态更新、网页游戏、资源下载都是基于 AssetBundle 系统的。Unity 5.X 对其进行了改动与更新，使资源之间的依赖可以被自动处理，但是在一定的情况下还是需要手动处理资源之间的依赖关系。

本书只介绍了部分 AssetBundle 的相关知识，如果还有其他的疑问和需求，可以查阅 Unity 官方的 API。学习好 AssetBundle 可以使开发人员对 Unity 的资源处理有一定的理解，可以更加熟练地使用 Unity 开发出更加完美的游戏。

# 12.2 Lua 热更新

本节主要介绍 Unity 热更新的相关知识，主要包括热更新（Hot Update）简介、lua 简介及 xLua 框架简介。通过本节的学习，读者可以对 Unity 的热更新有一个基本认识并能够通过框架实现简单的游戏界面更新。

## 12.2.1　热更新简介

在每一款手游上线之后，我们需要经常进行游戏 bug 的修复或者是在遇到节日时发布一些活动等，这些通常都会涉及代码和资源的更新。那么除了要更新代码及部分资源外，我们有没有必要对整个游戏完全更新？答案一定是否定的。那么我们该如何去做？在这里就会涉及游戏的热更新。那么什么是游戏的热更新？为什么要热更新？以及如何热更新？下面将对这些问题进行一一解答。

**1. 什么是热更新**

热更新是一个计算机用语，表示在不停机的情况下直接对系统进行修改。热更新是各大手游等众多 App 常用的一种更新方式。可以这样理解：Hot 就是热，机器运行就会热，所以 Hot 表示不停机的意思。例如，在 Windows 不重启的情况下安装补丁、HTTP 服务器在不重启的情况下替换一个文件。那么在 Unity 3D 中什么是热更新呢？在 Unity 3D 中，热更新就是指用户重启客户端就能实现客户端资源代码更新的需求和功能。

**2. 为什么要热更新**

知道了什么是热更新，下面我们来讲解为什么要热更新。举例来说，游戏上线以后，玩家下载第一版本的游戏，在运行过程中如果发现 bug 或者修改逻辑，在不用热更新的情况下，就需要玩家重新打包下载，非常浪费流量和时间。而用了热更新技术，就可以在不重新下载客户端的情况下更新游戏内容。热更新能够缩短用户取得新版客户端的流程，能够在开发中减少手游打包次数，提升程序调试效率，还可以减少大版本更新次数，极大地减少用户流失。没有热更新时，用户的体验过程如图 12-9 所示。

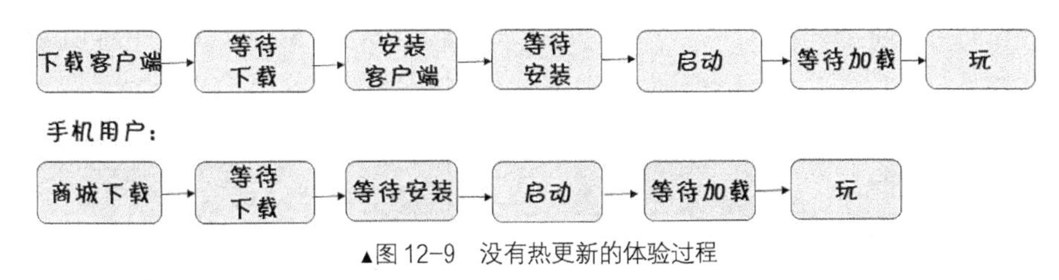


▲图 12-9　没有热更新的体验过程

而当有了热更新之后，用户的体验过程如图 12-10 所示。

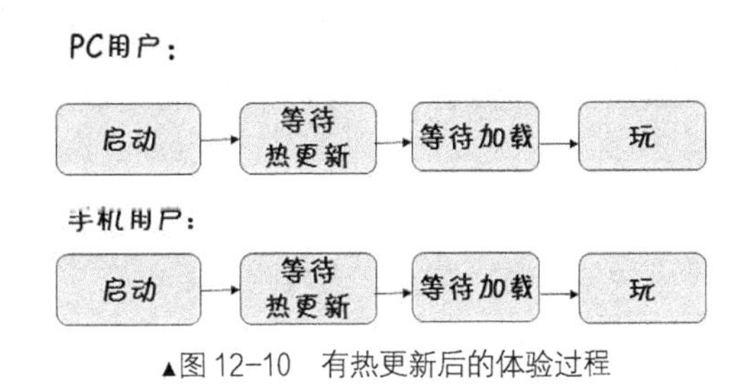


▲图 12-10　有热更新后的体验过程

通过对比可以看出，有没有热更新对用户的体验影响非常大，热更新大大地缩减了用户获取新版客户端应用的流程，极大地提高了用户的体验。一个好的游戏，能够吸引用户，方便用户，进而留住用户。要知道，有时多添加一个步骤，就有可能使用户放弃这款游戏。所以，热更新技术已经成为大部分游戏的标配。

**3. 如何热更新**

大家知道，C#是一门编程语言，它要想运行就必须要编译，而该编译过程在移动端是无法完成的。因此，当需要修改逻辑、C#代码发生改变时，就需要重新在开发环境下编译，然后打包下载，这就违背了热更新的含义。那么有没有一种语言在任何平台上都能进行编译呢？这就不得不提到在热更新时必须要用到的一门语言——Lua。

Lua 是由标准 C 编写成的小巧的脚本语言，可以在绝大多数操作系统和平台上编译、运行。另外，Lua 还是一种很容易嵌入其他语言中使用的语言。它提供了非常易于使用的扩展接口和机制，Lua 可以使用这些功能，就像是本来就内置的功能一样，十分方便。Lua 作为目前最为流行的、免费的轻量级嵌入式脚本语言，已然成为市面上各大主流游戏热更新框架的不二选择，它具有高效性、可移植性、可嵌入性、小巧轻便等诸多优点。而在 Unity 游戏更新中会有 sLua、uLua、toLua、xLua 等多种方案，这里我们主要介绍的是 xLua。

### 12.2.2　xLua 简介

xLua 是 Unity 3D 下的 Lua 编程解决方案，自推广以来，已经应用于市面上的多款游戏，如图 12-11 和图 12-12 所示。xLua 因其性能高、易用性高、拓展性高而广受好评。xLua 的设计原则是在保证运行效率的前提下，尽量地提高开发效率，所以其在性能、功能、易用性方面都有了非常大的突破，如下所示：

- Unity 3D 全平台热补丁技术，可以在运行时把 C#实现（方法、操作符、属性、事件、构造函数、析构函数、支持泛化）替换成 Lua 实现。
- 自定义 struct，枚举在 Lua 和 C#之间传递无 C# GC。
- 编辑器下无须生成代码，开发更轻量。

xLua 热更新技术支持在运行时把一个 C#实现替换为 Lua，这就意味着我们平时在编写逻辑时可以用 C#实现，运行时也用 C#，其性能几乎可以秒杀 Lua。在有 bug 时，我们只需要发一个 Lua 脚本去换回正确的 C#逻辑即可，这样可以做到不重装游戏。不仅如此，xLua 还有其他许多特性，具体如下。

▲图 12-11　Q 灵三国

▲图 12-12　梦幻挂机

**1. 高性能**

作为一个基础库，性能是至关重要的，其中有一项指标是大家非常关注的，即 C#的 gc alloc。xLua 在这方面做出了很多突破。xLua 支持补一个 Lua 函数绑定到一个 C# delegate，这样可以避免值类型在参数传递时产生的 GC。另外，在复杂值类型表达方面，xLua 也取得了相当大的突破。

只要一个 struct 只包含值类型，配置了 GCOptimize 后，其参数传递、数组访问无 GC。所有枚举配置了 GCOptimize 后无 GC。

不仅在 GC 优化这方面，Lua 和 C#相互协调的性能也可圈可点。下面通过用 C#调用 Lua 函数 math.max 进行。首先声明一个 delegate，并为它加上 CSharpCallLua 标签。

```
1    [XLua.CSharpCallLua]
2    public delegate double LuaMax(double a, double b);
```

然后将下载的 xLua 解压到 unity 工程的 Assets 目录下，创建一个 MonoBehaviour 并拖到场景中，在 Start 里加入以下语句：

```
1    XLua.LuaEnv luaenv = new XLua.LuaEnv();
2    luaenv.DoString("CS.UnityEngine.Debug.Log('hello world')");
3    luaenv.Dispose();
4    var max = luaenv.Global.GetInPath<LuaMax>("math.max");
5    Debug.Log("max:" + max(32, 12));
```

**说明** 第 1 行和第 3 行分别是 LuaEnv 的创建和销毁。第 2 行的 DoString 里面可以是任意的 Lua 代码，这里是调用 Debug.Log 输出 hello world。通过上述几行代码，就可以将 Lua 的 math.max 绑定到 C#的 max 变量中，这样就和调用 C#函数差不多了。这种方法既优雅又高效。

### 2. 拓展性

开发过程中我们往往需要用到很多东西，如用 PB 和后台交互，解析“.json”格式的配置文件等，虽然在 C#都可以找到相应的库，然后通过 xLua 找到相应的库，但这样做效率很低，最好能有相应的 Lua 库。很多方案都是直接集成一些常用的 Lua 库，但这样会带来许多新的问题，如这些库不经常用到，却增加了安装包；对于某些项目，库并不够等。

但 xLua 的设计原则是授之以鱼，不如授之以渔，因为 xLua 提供了接口教程。在不修改 xLua 代码的情况下，可以根据个人需要添加库；通过 cmake 实现跨平台编译，可以选择伴随 xLua 一起编译，修改一个 makefile 文件，就可以实现各平台编译；除了很方便加入第三方 xLua 插件外，xLua 的生成引擎支持二次开发，可以编写生成插件以生成自己所需要的一些代码及配置。

### 3. 易用性

xLua 的易用不仅体现在编程上，还体现在方方面面的细节上，甚至是团队配合工作。其中包括菜单选项，如图 12-13 所示。在菜单之外，只需要在 build 手机版本前执行 Generate Code 即可。这就是 xLua 的特色：编辑器下无须生成代码支持的所有特性。

xLua 最重要的功能就是其热补丁技术。xLua 支持热补丁，这就意味着在平时开发中可以只用 C#，运行的时候也可以只用 C#，其性能几乎可以秒杀 Lua。而当代码出现问题时才用 Lua 来修改 C#有问题的部分，下次整体更新时再换回 C#，能做到用户不重启程序就直接修复 bug。

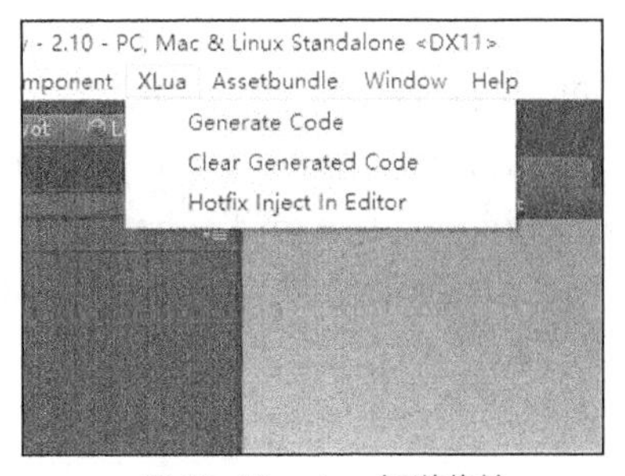


▲图 12-13　xLua 新增菜单

### 12.2.3　xLua 框架简介

若查看 xLua 框架，可以在官网下载官方示例，下载最新版本即可。解压完成后用 Unity 打开，会看到游戏资源列表中有几个文件夹，如图 12-14 所示。

对游戏资源列表中的每个文件夹进行介绍，具体如下：

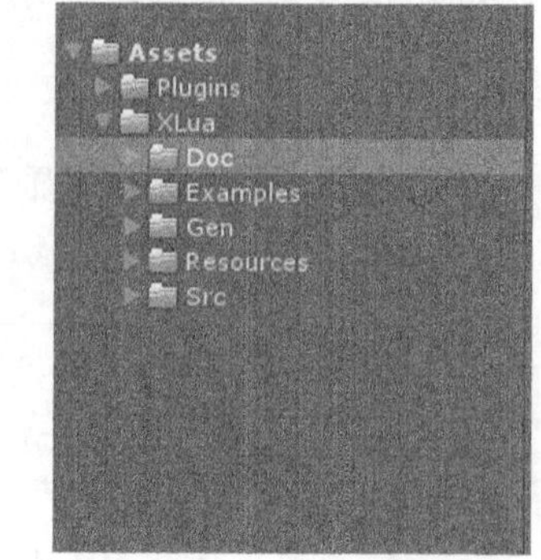


▲图 12-14　xLua 资源组成

- Plugins：xLua 底层库所在的目录，里面存放的是不同平台的底层库。
- Doc：官方文档介绍，其中包括 xLua 增删的第三方库介绍、xLua 教程、xLua 配置等文档，建议读者在编写 xLua 项目时先查看此文件夹下的文档。
- Examples：框架自带的官方示例，读者可以运行里面的示例。
- Gen：选择 xLua→Generate Code 后所生成的 wrap 文件。
- Resources：项目所需要的源文件保留在此文件夹中。
- Src：官方示例所需要的 C#脚本保留在此文件夹中。

在大致介绍完每个文件夹后，我们就可以按照 Examples 中的示例提示进行测试了。官方示例中给出了多个示例，其中包括比较简单的入门示例、UI 逻辑控制、Lua 对象与 C#的配合、怎样通过 Lua 逻辑来使异步逻辑同步化等功能（运行过程比较简单，在此不做具体介绍，可以结合文档介绍自行运行查看），在此只对热补丁的运行过程进行简单介绍。

（1）在 Unity 中打开示例后，选择 Xlua→Examples→08_Hotfix→HotfixTest，如图 12-15 所示。

（2）由于示例中 hotfix 特性是默认关闭的，因此需要添加 HOTFIX_ENABLE 宏打开：选择 File→Build Sctting→Player Setting→安卓选项→Other Settings，在 Scripting Define Symbols 文本框中输入 HOTFIX_ENABLE，如图 12-16 所示。

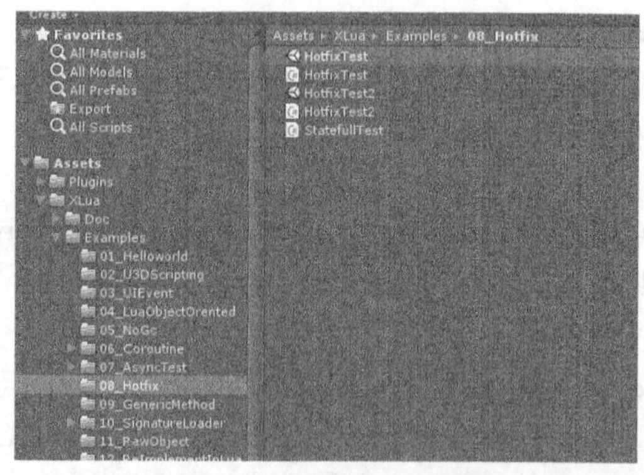


▲图 12-15　运行 hotfix 示例

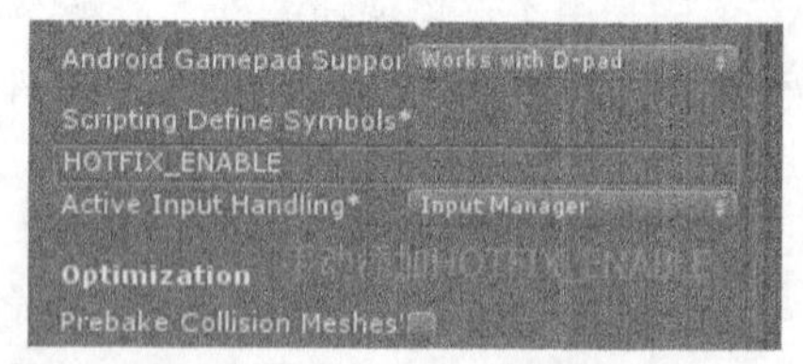


▲图 12-16　手动添加宏

（3）定义完 HOTFIX_ENABLE 后需要添加 Cecil，这时需要在 Unity 安装目录下找到 Mono.Cecil.dll、Mono.Cecil.Pdb.dll 和 Mono.Cecil.Mdb.dll，并将其放入项目中。其文件的目录一般都在 Unity\Editor\Data\Managed 下，如图 12-17 和图 12-18 所示。

（4）选择 xLua→Hotfix Inject In Editor，如果输出“hotfix inject finish!”或者“had injected!”，表示已经注入成功，即可编写或者运行 hotfix 示例了。单击“运行”按钮，可以看到输出的修改前和修改后的信息。

（5）同样，根据文档介绍也可以查看其他示例。由于内容过多，在此不做介绍，如有兴趣也可以查看随书示例。

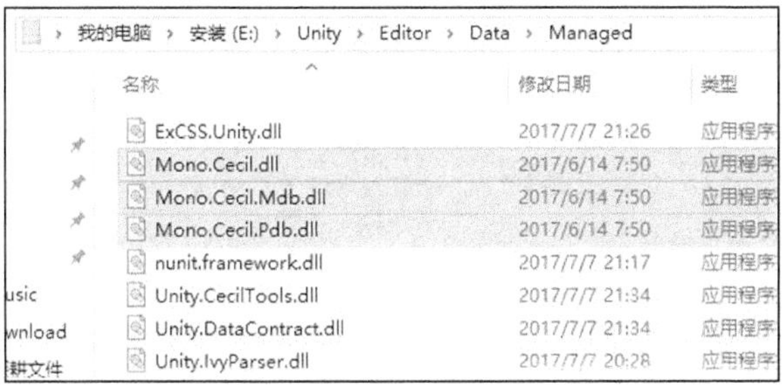

▲图 12-17 所需文件目录

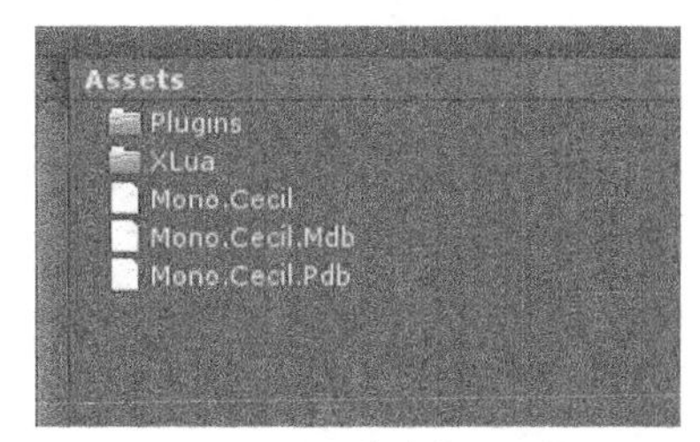


▲图 12-18 文件放置目录

### 12.2.4 xLua 常用方法简介

在了解了 xLua 的整体框架后，下面将介绍一些编写 xLua 常用的方法，其中包括 Lua 文件加载、C#访问 Lua 文件、Lua 调用 C#等内容。

#### 1. Lua 文件加载

热更新时，加载 Lua 文件是必需的一个步骤。加载 Lua 文件有多种情况，包括执行字符串、加载 Lua 文件、自定义 Loader 等。

- 执行字符串

在 C#中如果想要执行一段字符串，最简单的方法就是使用 LuaEnv.DoString。当然，这一段字符串必须要符合 Lua 语法，如下面的标签所示：

```
LuaEnv.DoString("print('hello world')")                    //C#中执行 Lua 字符串
```

但这种方法并不常见，更建议大家使用下面这种方法。

- 加载 Lua 文件

加载 Lua 文件最常用的是 require 函数，如 DoString("require 'byFile'")。require 实际上是调一个个的 loader 去加载，有一个不成功就往下试，全部失败则直接返回文件加载失败。

目前 xLua 除了原生的 loader 外，还添加了从 Resource 加载 loader。需要注意的是，Resource 只支持有限的扩展名，放在 Resource 文件夹下的 Lua 文件必须加上“.txt”扩展名。这里建议加载 Lua 脚本的方式是：整个程序就执行一个 DoString("require'main'")，然后在 main.lua 脚本中加载其他脚本文件。即使 Lua 文件是从某地下载下来的或者是某个自定义的文件格式解压出来的，xLua 的 loader 函数仍满足这些需求。

- 自定义 loader

在 xLua 中自定义 loader 是很简单的，只涉及一个接口。

```
1   public delegate byte[] CustomLoader(ref string filepath);      //定义 delegate 函数
2   public void LuaEnv.AddLoader(CustomLoader loader)              //定义回调函数
```

> **说明** 通过 AddLoader 可以注册回调函数，该回调参数是字符串。Lua 代码里调用 require 时，参数将会传给回调，回调可以根据该参数去加载指定文件。如果需要支持调试，需要把 filepath 修改为真实路径传出。该回调返回值是一个 byte 数组，如果为空则表示该 loader 找不到，否则应为 Lua 文件的内容。

#### 2. C#访问 Lua

要想用 C#与 Lua 共同编写逻辑，二者的交互不可避免，那么如何在 C#中完成对 Lua 的访问呢？下面列出了 C#对 Lua 变量的访问方式。

（1）获取一个全局基本数据类型。

这里指的是 C#主动发起对 Lua 数据结构的访问。C#访问 Lua 的全局变量时，只需调用 LuaEnv.Global 即可，其中的 Get 方法可指定返回的类型，如下所示：

```
1    LuaEnv.Global.Get<int>("a")                           //获取整数型变量
2    LuaEnv.Global.Get<string>("b")                        //获取字符串型变量
3    LuaEnv.Global.Get<bool>("c")                          //获取布尔型变量
```

（2）访问一个全局的 Table。

C#在访问全局 Table 时也用上面的 Get 方法，但数据类型要怎样定义呢？一般会分为以下几种情况。

- 映射到普通 class 或 struct

定义一个 class，有对应于 Table 字段的 public 属性，而且无参数构造函数即可。例如，对应于{f1=100，f2=200}的 Lua 代码，可以在 C#中定义一个包含 public int f1 和 public int f2 的 class。这种情况下，xLua 会新建一个实例，并把对应的字段赋值过去。Table 的属性可以多于或少于 class 的属性。要注意的是，这个过程是复制，如果 class 比较复杂，则代价会比较大，而且修改 class 的字段值不会同步到 Table，反过来也不会。

- 映射到一个 interface

这种方式依赖于生成代码，代码生成器会生成该 interface 的实例。如果获取（get）到一个属性，生成的代码会获取对应的 Table 的字段，甚至可以通过 interface 方法访问 Lua 函数。

（3）访问一个全局的 Function。

C#访问全局 Function 仍然是用 Get 方法，不同的是类型映射。

- 映射到 delegate

这种方式性能高，而且类型安全，但缺点是需要生成代码。Function 的每个参数都需要声明一个输入类型的参数；如果有多个值，就要从左往右映射到 C#的输出参数。输出参数包括返回值、out 参数、ref 参数。其中参数、返回值类型支持各种复杂类型，甚至可以返回另外一个 delegate。

- 映射到 LuaFunction

这种方式的优缺点恰好和上面的相反，使用方式也很简单，LuaFunction 上有一个带有变参的 call 参数，可以传递任意类型、任意个参数。返回值是 object 的数组，对应于 Lua 的多返回值。

> **说明**　访问 Lua 全局数据，特别是 Table 及 Function 时，代价比较大，建议尽量少做。例如，在初始化时把要调用的 Lua Function 获取（映射到 delegate）一次性保存下来，后续直接调用该 delegate 即可。如果 Lua 侧的实现部分都是以 delegate 或 interface 方式提供，使用方法完全可以和 xLua 解耦：由一个专门的模块负责 xLua 的初始化及 delegate、interface 的映射，然后把这些 delegate 和 interface 设置到要用它们的地方。

### 3. Lua 调用 C#

同样，在用 Lua 修改逻辑时，就必须要调用 C#中的变量。下面介绍了 Lua 访问 C#的一些常用方法，包括对象的创建、属性的访问等。

（1）在 Lua 中创建 C#对象。在 C#中可以通过 new 方法来创建一个对象，下面的代码合创建一个对象。

```
var newGameObj = new UnityEngine.GameObject();                    //C#创建对象的方法
```

而在 Lua 中的方法也大致相似，只是 Lua 中没有 new 关键字。如果含有多个构造参数，Lua 仍然支持重载，如下面的标签介绍了在 Lua 中创建单个对象和带参数的构造函数的对象的方法。

```
1    local newGameObj = CS.UnityEngine.GameObject()                  //创建单个对象
2    local newGameObj2 = CS.UnityEngine.GameObject('helloworld') //创建带string参数的对象
```

说明　所有与 C#相关的内容都放在 CS 下，包括构造函数、静态成员属性、方法等。

（2）表 12-1 列出了 Lua 对 C#中一些常用属性的访问，其中包括读成员属性、静态属性及重载方法的访问。

表 12-1　Lua 对 C#常用方法的访问方法

| 调用方式 | 注释 |
| --- | --- |
| CS.UnityEngine.Time.deltaTime | 读静态属性 |
| CS.UnityEngine.Time.timeScale = 0.5 | 写静态属性 |
| CS.UnityEngine.GameObject.Find('helloworld') | 调用静态方法 |
| testobj.DMF | 读成员属性 |
| testobj.DMF = 1024 | 写成员属性 |
| testobj:DMFunc() | 调用成员方法 |
| CS.Tutorial.TestEnum.__CastFrom(1) | 整数类型的转换 |
| testobj:TestEvent('+', lua_event_callback | 增加事件回调 |

说明　要注意的是，对于经常访问的类，可以先用局部变量引用后访问，既可以减少时间，还可以提高性能。表 12-1 只是列出了在 Lua 调用 C#时常用的几种方法，因为篇幅较长，在此不再赘述。如有疑问，读者可查看官方示例文档。

## 12.2.5 xLua 热更新示例

通过前面的介绍，读者应该已经初步了解了热更新的含义及相关内容，接下来将通过 xLua 框架来制作并实现 UI 的热更新，让读者明白如何使用框架来生成自己的 UI 并通过服务器来对界面进行实时更新，具体步骤如下。

（1）打开工程文件 HotUpdateTest 并进入 Unity 集成开发环境。

（2）在 Examples 目录下新建一个文件夹并将其命名为 DEMO，如图 12-19 所示。该文件夹用来存放自己的资源文件，如声音、图片等资源。

（3）按 Ctrl+N 快捷键，新建一个场景。按 Ctrl+S 快捷键，保存场景文件并将其命名为 demo，放到 DEMO 文件夹中。在 DEMO 文件夹下新建 Editor、Resources、Scripts 和 Texture 4 个文件夹来存放资源文件，如图 12-20 所示。

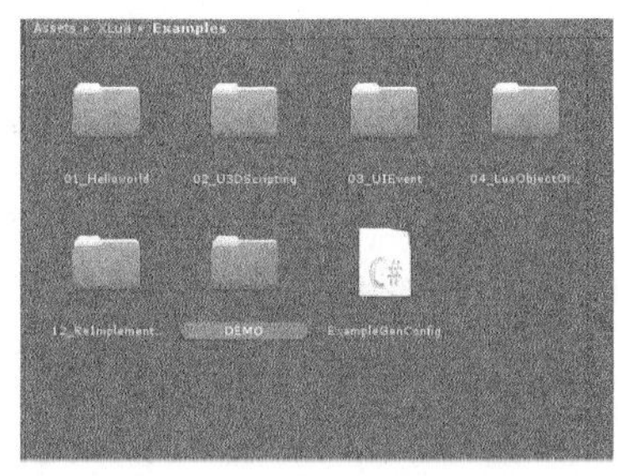


▲图 12-19　新建文件夹 DEMO

▲图 12-20　新建 4 个文件夹

（4）搭建想要更新出来的 UI，这里使用 UGUI 来搭建 UI。将需要使用的图片导入 Texture 文件夹中，如图 12-21 所示。可根据自己的需要搭建各种样式的界面，界面效果如图 12-22 所示。

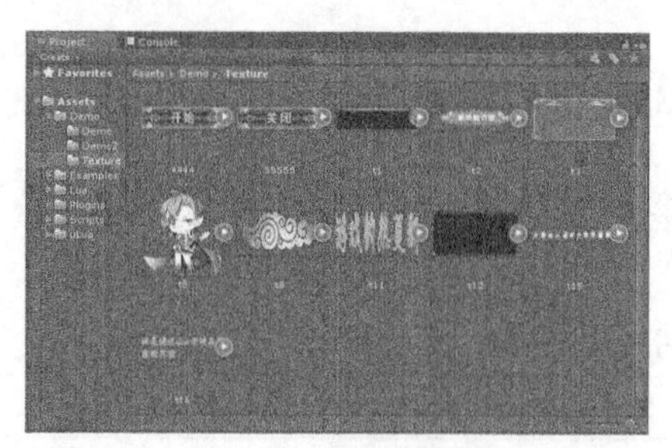

▲图 12-21　导入图片资源

▲图 12-22　界面效果

（5）本示例有 3 个界面，通过第 1 个界面的“开始”按钮能够打开第 2 个界面，然后需要向服务器上传修改逻辑的代码 Lua_Test。将生成第 2 个界面的逻辑改为生成第 3 个界面。界面搭建完成后将 3 个 Panel 分别制作成预制件放置在文件夹中，如图 12-23 所示。

（6）预制件创建好后要为其设置 AssetBundle 名称，这样在后边生成资源文件时才能将其打包并生成。单击预制件文件，在 AssetBundle 文本框中输入预制件名称，其格式为***.unity 3d，如图 12-24 所示。完成后将场景中的界面删除。

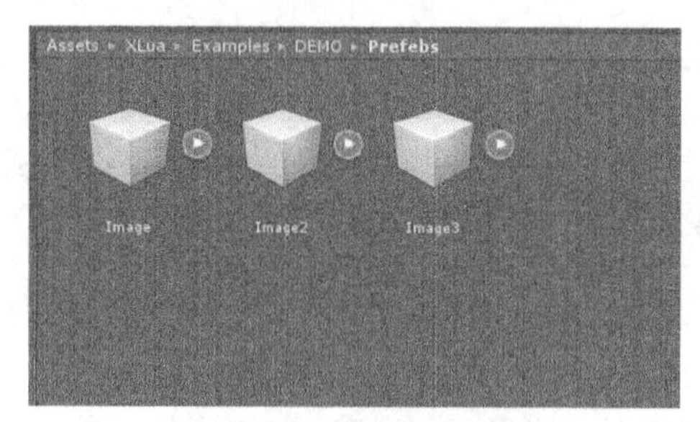


▲图 12-23　放置预制件

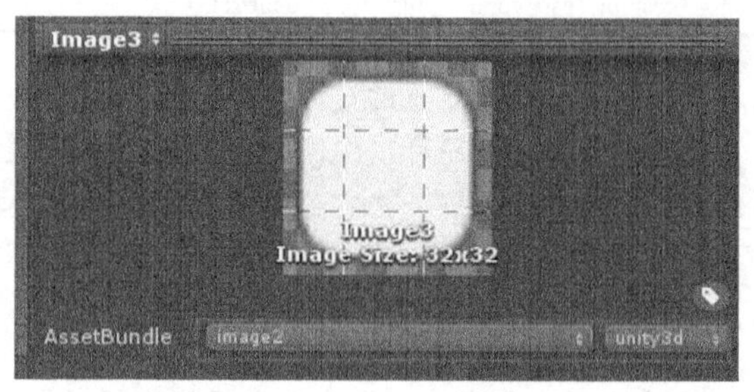


▲图 12-24　设置 AssetBundle 名称

（7）设置完成后开始编写所需要的 C#脚本，在此要介绍示例的整体逻辑：将所需要的预制件和脚本打包成 AssetBundle，放在服务器上。每次运行程序时，首先获取服务器版本号与当前程序版本号，如果二者相同，则直接加载本地 AssetBundle，运行本地文件；如果二者不相同，则将服务器需要的文件下载到本地，然后从本地加载资源，并将本地版本号改成和服务器的一致。

（8）版本号验证逻辑的整体思路：从服务器获取服务器版本号，与当前程序版本号进行对比，根据对比情况判断执行逻辑，具体代码如下。

代码位置：随书资源中源代码\第 12 章目录下的 HotUpdateTest\Assets\XLua\Examples\DEMO\Scripts\Down.CS

```
1   IEnumerator start(string ABSname,string GOname) {
2       verson = PlayerPrefs.GetInt("v");                                  //获取当前程序版本号
3       Debug.Log("当前版本号为:"+verson);                                  //输出版本号
4       string uri = @"http://192.168.43.165:8080/Assetbundles/resource.txt";//设置 URI 地址
5       WWW mywww = new WWW(uri);                                          //创建 WWW 对象
6       yield return mywww;
7        ServerVerson = int.Parse(mywww.text);                             //获取服务器版本号
8       if (verson != ServerVerson){
9               Debug.Log("执行下载代码");                                   //输出提示信息
10              StartCoroutine(DownLoadABS(ABSname, GOname));              //下载界面 1
11              StartCoroutine(DownLoadABS(ABS2, go2));                    //下载界面 2
12              Debug.Log("下载代码执行完成");}                              //打印下载完成信息
13       else {
14              Debug.Log("执行加载代码");
15              StartCoroutine(LoadImage1(ABSname, GOname));}              //执行加载界面 1 协程
16       PlayerPrefs.SetInt("v", int.Parse(mywww .text));                  //设置当前版本号信息
17       Debug.Log("更新完成后的版本为: "+PlayerPrefs.GetInt("v"));}          //输出当前版本号
```

❑ 第 1～7 行首先获取当前程序版本号，并将其输出。然后获取服务器地址，创建 WWW 引用对象访问服务器上的服务器版本号，赋值给创建的 ServerVerson 变量。

❑ 第 8～15 行将服务器版本号与本地版本号进行对比，如果二者不同，执行下载协程，下载所需要的界面资源，然后从本地加载资源，生成界面；如果二者相同，则直接加载本地资源。

❑ 第 16～17 行修改本地版本号使其和服务器版本号一致，并输出版本号，这样才能进行后续更新。

（9）资源下载方法：在调用该协程时，只需将所需要的 AssetBundle 和界面名称作为参数传递过来即可，具体代码如下。

代码位置：随书资源中源代码\第 12 章目录下的 HotUpdateTest\Assets\XLua\Examples\DEMO\Scripts\Down.CS

```
1   IEnumerator DownLoadABS(string ABSname, string GOname){
2       string uri = @"http://192.168.43.165:8080/Assetbundles/" + ABSname; //设置 URI 地址
3       WWW www = new WWW(uri);                                           //创建 WWW 对象
4       yield return www;
5       byte[] bytes = mywww.bytes;                                       //将资源存储在数组中
6       Debug.Log("已下载的资源为" + ABSname);                             //输出下载资源名称
7       CreatFile(Application.persistentDataPath + "/" + ABSname, bytes);//执行下载方法
8       if (GOname == "Image") {
9             StartCoroutine(LoadImage1(ABSname, GOname));}}          //加载界面 1
10  public void CreatFile(string savePath, byte[] bytes){
11      FileStream fs = new FileStream(savePath, FileMode.Create,FileAccess.ReadWrite); //创建流
12      BinaryWriter bw = new BinaryWriter(fs);
13      fs.Write(bytes, 0, bytes.Length);
14      fs.Flush();                                                      //不缓冲数据，直接写入
15      fs.Close();                                                      //关闭流并释放资源
16      fs.Dispose();                                                    //释放流
17      Debug.Log("下载完成");}                                           //输出提示信息
```

❑ 第 1～9 行根据服务器 URI 用 WWW 方法获取服务器资源，并存储在 bytes 数组中，将数组作为参数传递给 CreateFile 方法。读取完成后输出下载完成信息。如果加载资源为界面 1，则执行加载界面 1 协程。

❑ 第 10～17 行是将所获取的资源保存到本地的方法。首先获取字节流，创建新的文件资源，权限设置为读写操作。创建完成后执行缓冲流、关闭流并释放流。

（10）接下来介绍资源加载方法，因为所需资源已经下载到本地，所以调用资源只需从本地加载即可，具体代码如下。

代码位置：随书资源中源代码\第 12 章目录下的 HotUpdateTest\Assets\XLua\Examples\DEMO\Scripts\Down.CS

```
1   IEnumerator LoadImage1(string ABSname, string GOname) {
2       Debug.Log("要生成的物体为:" + GOname);                          //输出要创建的物体
3       AssetBundleCreateRequest   request=AssetBundle.LoadFromMemoryAsync
4          (File.ReadAllBytes(Application.persistentDataPath + "/" + ABSname)); //加载 AssetBundle
5       yield return request;
6       AssetBundle ab = request.assetBundle;                           //获取 AssetBundle
7       GameObject g = ab.LoadAsset<GameObject>(GOname);                //获取所需创建的物体
8       var alert=( Instantiate(g)as GameObject).transform;             //实例化物体
9       alert.SetParent(GameObject.Find("Canvas").transform);           //将实例化物体放在 Canvas 下
10      alert.localPosition = (new Vector3(-6, -6, 0));                 //设置界面位置
11      var stopbutton = GameObject.Find("Canvas/Image(Clone)/Button").GetComponent<Button>();
12                                                                      //获取按钮控件
13      UnityAction stopclick = null;                                   //创建单击事件
14      stopclick = () => {
15      StartCoroutine(LoadAbS(ABS2, go2));};                           //加载界面 2
16      stopbutton.onClick.AddListener(stopclick);}                     //为按钮添加监听
```

❑ 第 1～6 行输出想要生成的物体名称，然后用 LoadFromMemoryAsync 方法从本地文件夹

加载出 AssetBundle 资源，并赋值给创建的 AssetBundle 对象。

- 第 7～10 行首先实例化想要创建的物体，并获取其引用，将实例化的界面放置在 Canvas 下，并设置界面的显示位置。
- 第 11～16 行是对界面 1 包含的按钮的监听，通过单击该按钮，执行显示界面 2 的协程。

> **说明**　本示例中的下载部分，只需将所要下载的资源的名字作为参数传递过去即可。在加载界面部分，加载界面 1 的方法和加载界面 2 的方法大致相同，在此不再赘述，如有疑问请参考源代码。

（11）整体逻辑完成后即可编写 AssetBundle 生成脚本，打开 BuildAssetbundle.cs 脚本，该脚本的功能是将所需要的预制件生成 AssetBundle 并保存在指定文件夹中。如果文件夹不存在，将创建我们所需要的文件夹，具体代码如下。

代码位置：随书资源中源代码\第 12 章目录下的 HotUpdateTest\Assets\XLua\Examples\DEMO\Editor\BuildAssetbundle.CS

```
1   using UnityEditor;
2   using System.IO;
3   public class BuildAssetbundle {
4       [MenuItem("Assetbundle/BuildAssetbundle")]                    //创建菜单目录
5       static void build() {
6             string dir = "Assetbundles";                            //定义文件夹名称
7             if (Directory.Exists(dir) == false) {                   //判断文件夹是否存在
8                 Directory.CreateDirectory(dir);}                    //创建文件夹
9      BuildPipeline.BuildAssetBundles
10     (dir,BuildAssetBundleOptions.None,BuildTarget.StandaloneWindows64);}} //生成 AssetBundle
```

- 第 1～5 行引用所需框架资源，创建菜单按钮，执行下面的方法。
- 第 6～10 行首先判断文件夹是否存在，如果不存在，则直接创建文件夹，然后将预制件生成的 assetbundle 保存在此文件夹下。需要注意的是，此 C#代码必须保存在 Editor 目录下。

（12）创建好 AssetBundle 后，选择 Assetbundle→BuildAssetBundle，如图 12-25 所示，即可将前边所设置的 AssetBundle 文件保存在指定文件夹下。要查看此文件夹，可右击 Asset 目录，在弹出的快捷菜单中选择 Show in Explorer，如图 12-26 所示。

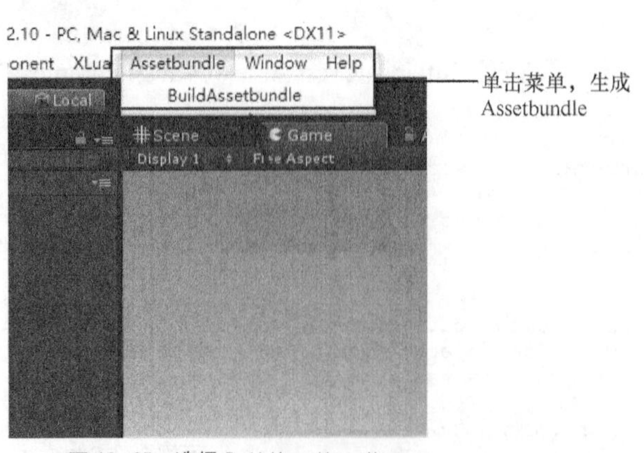


▲图 12-25　选择 BuildAssetbundle

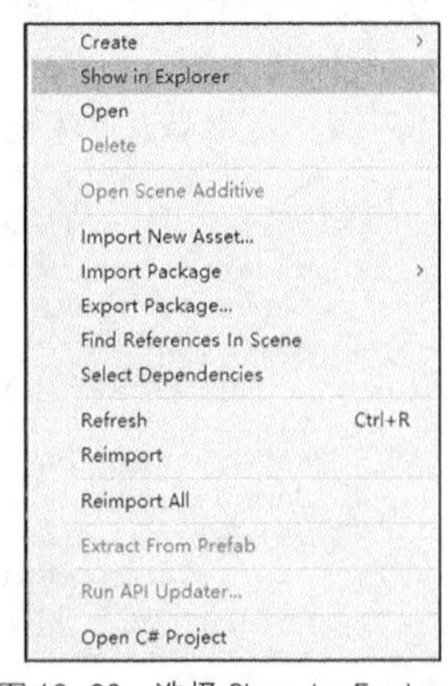


▲图 12-26　选择 Show in Explorer

（13）生成 AssetBundle 后要将其放在服务器中，这样连接服务器才能下载到本地。在此文件夹下创建一个以 resource 命名的文本文档，在此文本中输入数字作为初始版本号。该内容在 12.2.6 节热更新服务器的配置中会有详细介绍。

（14）客户端与服务器必须连接在同一局域网下，每次更改局域网需要修改 IP 地址，在 Down.cs 脚本中将 URI 设置成本机 IP 地址，如图 12-27 所示。将 Unity 项目导成“.apk”安装到手机上，将手机与计算机连接在同一局域网下。运行效果如图 12-28 所示。

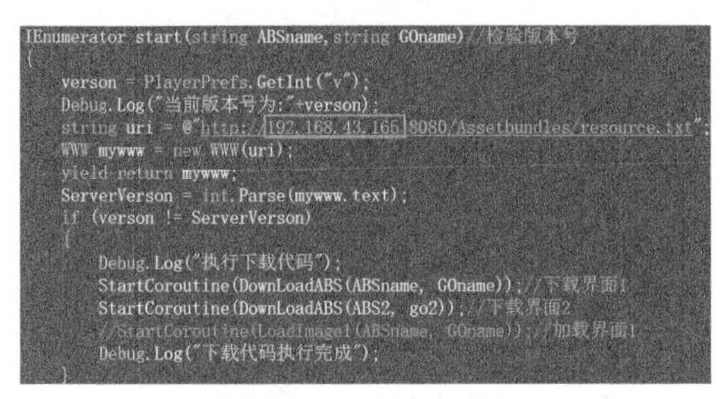

▲图 12-27　设置 IP 地址

▲图 12-28　运行效果

（15）下面介绍修复代码，通过新加的代码修改之前的逻辑，将加载第 2 个界面改成加载第 3 个界面，具体代码如下。

代码位置：随书资源中源代码\第 12 章目录下的 HotUpdateTest\Assets\XLua\Examples\DEMO\Scripts\LuaTest.CS

```
1   using System.Collections;
2   using System.Collections.Generic;
3   using UnityEngine;
4   using XLua;                                                     //引用 xLua
5   [Hotfix]                                                        //添加 hotfix 标签
6   public class LuaTest : MonoBehaviour {
7       LuaEnv luaenv = new LuaEnv();                               //创建 LuaEnv 对象
8        void Start () {
9           luaenv.DoString(@"                                      //执行 Lua 代码
10                  xlua.hotfix(CS.Down, 'Update', function(self)   //重写 Update 方法
11                       self.go2 = 'image3';                       //为变量赋值
12               end)");}}
```

**说明**　上述代码引用了 xLua，并为方法添加了 hotfix 标签。创建 LuaEnv 对象，用 DoString 方法执行 Lua 代码，在 Lua 代码中重写 Down.cs 中的 Update 方法，重新为变量赋值。

（16）上述代码编写完成后，直接挂到第一个界面 Image 上，如图 12-29 所示。重新生成 AssetBundle，将生成的 Assetbundle 放到服务器上，将 resource 中的版本号改成 2。在手机重新运行项目，单击“开始”按钮，可以看到生成的界面，运行效果如图 12-30 所示。

▲图 12-29　添加新脚本

▲图 12-30　运行效果

## 12.2.6　热更新服务器的配置

前面介绍了热更新示例客户端的开发过程，本小节将介绍示例的服务器端。服务器的作用是

返回给客户端服务器版本号来判断是否更新，并将更新的资源传给客户端。这里使用的是 Tomcat 服务器，如果有需要，也可以使用其他种类的服务器。

（1）登录 Tomcat 官网下载服务器压缩包。选择 Download→Tomcat 9 超链接，如图 12-31 所示。网页跳转至 Tomcat 9 下载界面，必须根据自己的计算机配置选择所需要的资源进行下载，这里选择的是 64 位，如图 12-32 所示。

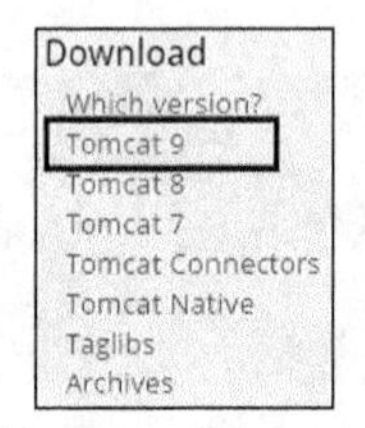


▲图 12-31 下载 Tomcat

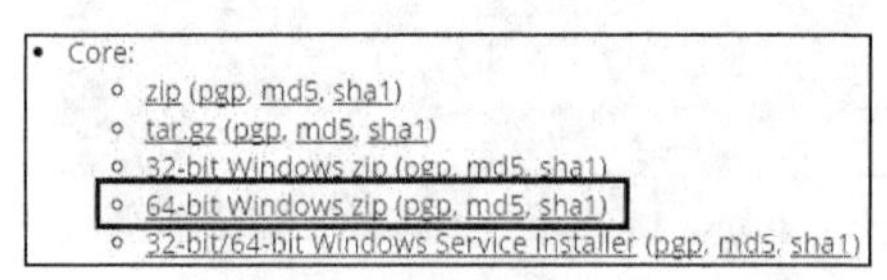


▲图 12-32 选择相应配置

（2）Tomcat 压缩包下载完成后，将其放置到桌面进行解压，如图 12-33 所示。解压完成后打开 apache-tomcat-9.0.1 文件夹，找到 webapps 目录，将 12.2.5 节热更新示例中生成的 Assetbundles 文件夹复制到此目录下，如图 12-34 所示。

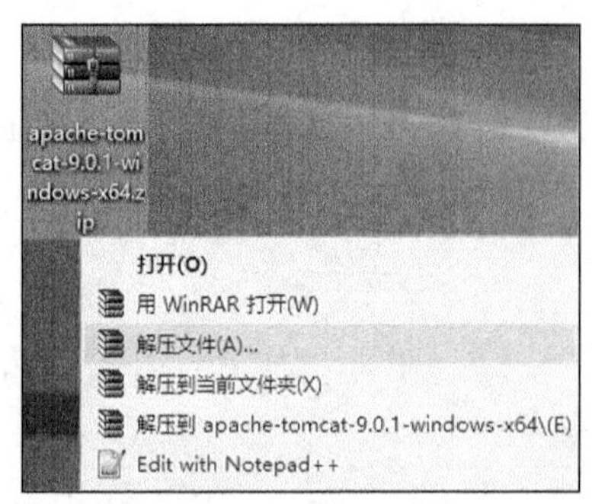


▲图 12-33 解压文件

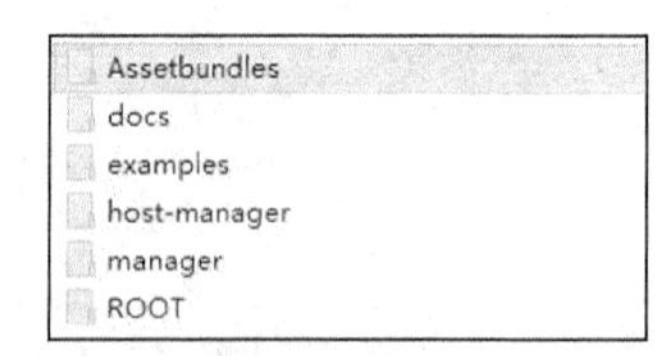


▲图 12-34 复制 Assetbundle 文件夹

（3）打开 Assetbundles 目录，可以看到在 12.2.5 节中创建的所有 Assetbundle，如图 12-35 所示，客户端就是通过下载这些文件来生成界面的。在 Assetbundles 目录下创建文本文档，并将其命名为 resource.txt。打开此文本，输入数字 1 作为服务器的当前版本号。

**说明** 上面创建的 resource.txt 用来存储服务器版本号。每次启动客户端时，都会访问此文档中的文本，即服务器版本号。通过对比客户端版本号和服务器版本号来判断是否进行热更新，每次热更新后也会将服务器版本号保存下来作为客户端版本号。所以，每次需要热更新时，需要首先更改此文档中的内容，将其设为不同的数值来启动热更新。

（4）所有内容准备完毕后即可启动服务器，在 apache-tomcat-9.0.1/bin 目录下选择 startup.bat，如图 12-36 所示，弹出图 12-37 所示界面，说明服务器已经打开。服务器打开后，在浏览器中输入 http://localhost:8080/Assetbundles/resource.txt 来访问上一步骤创建的文档，如果浏览器弹出 resource.txt 中的文本内容，如图 12-38 所示，说明服务器启动成功。这样就可以通过客户端来访问服务器了。

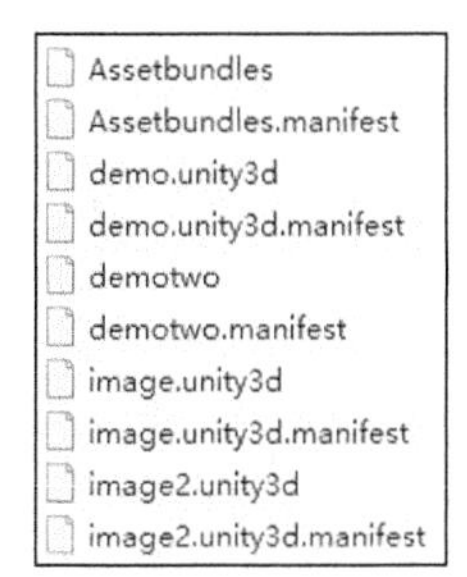


▲图 12-35 待下载文件

▲图 12-36 startup.bat

▲图 12-37 启动 Tomcat 服务器

▲图 12-38 访问服务器文件

### 12.2.7 本节小结

Lua 称为游戏脚本之王，在游戏领域应用比较广泛。它被设计之初就考虑到嵌入式领域，如相对它提供的特性，它体积非常小，性能也是脚本里的佼佼者。相对 C#而言，Lua 首先支持解析执行，进而支持热更新，对比较大的项目，免编译对开发效率提升非常大。在开发过程中，开发人员应合理地运用 C#和 Lua，使二者相互配合，这样才能使效率最大化。

对于该框架下的游戏热更新，需要具备较高的 Lua 语言的编程能力来实现 UI 丰富多样的游戏功能。而本章仅仅介绍了如何使用这一热更新框架，如果想要明白其工作机制并修改框架内容以适应自己的项目，请参考官方的介绍文档。

## 12.3 本章小结

本章介绍了通过 Unity 引擎制作的移动端设备游戏更新的开发技术，其中包括 AssetBundle 资源包的更新及 Lua 的热更新。通过本章的学习，读者可以在以后的开发过程中更加得心应手，达到所需要的效果。

# 第13章 多线程技术与网络开发

本章将介绍 Unity 中的多线程技术与网络开发。通过对本章内容的学习，读者可以比较熟练地在 Unity 游戏开发中使用多线程技术，同时能够熟练地使用 Unity Network、Netty 与 KBEngine，从而提高开发效率，开发出优秀的网络游戏。

## 13.1 多线程技术

本节将介绍在 Unity 游戏开发中经常使用的多线程技术，主要包括多线程技术的基本知识、多线程技术用于大量计算及多线程技术在网络开发中的应用 3 个部分。通过本节的学习，读者可以比较熟练地在 Unity 游戏开发中使用多线程技术。

### 13.1.1 基础知识

本小节将介绍多线程技术的基础知识，Unity 中使用的多线程技术其实就是 C#所使用的多线程技术。本小节介绍的内容主要包括开启线程、数据加锁及线程休眠等基础知识。通过本小节的学习，读者将对多线程技术的基础知识有一定的了解。

#### 1. 开启线程

Unity 中开启线程需要“.net”类库中的 Thread 类，执行线程的方法以方法托管的形式作为 Thread 类的实例化对象的构造方法的参数，由 Thread 类的 Start 方法来启动线程并执行托管的方法。具体可以使用如下的代码来实现。

```
1   using UnityEngine;
2   using System.Collections;
3   using System.Threading;                                  //引用包含 Thread 类的命名空间
4   public class NewBehaviourScript : MonoBehaviour {
5     void Start () {                                        //Start 方法
6       Thread thread = new Thread(run);                     //实例化 Thread 类的对象
7       thread.Start();                                      //启动线程
8     }
9     void run(){                                            //执行线程的方法
10      Debug.Log("开启线程");                                //输出提示信息
11  }}
```

> **说明** 因为 Thread 类包含在 System.Threading 命名空间下，所以必须引用 System.Threading 命名空间。run 方法以方法托管的形式作为 Thread 类的 thread 实例化对象的构造方法的参数，然后用 Thread 类的 Start 方法启动线程执行 run 方法。

#### 2. 数据加锁

当多个线程同时访问或修改同一数据时可能导致数据错误，为防止这种现象发生，就必须强制同一时刻同一数据只能被一个线程访问或修改。这就需要为操作数据的部分加锁，同一时刻只有拿到锁的线程才能操作数据，没有拿到锁的线程需要等待。具体可以使用如下的代码来实现。

```
1   using UnityEngine;
2   using System.Collections;
3   using System.Threading;                                    //引用包含 Thread 类的命名空间
4   public class NewBehaviourScript : MonoBehaviour {
5     public static Object o=new Object();                     //实例化锁对象
6     public int n = 0;                                        //数据
7     void Start () {
8       Thread thread1 = new Thread(run1);                     //实例化 Thread 类的对象 thread1
9       Thread thread2 = new Thread(run2);                     //实例化 Thread 类的对象 thread2
10      thread1.Start();                                       //启动 thread1 线程
11      thread2.Start();                                       //启动 thread2 线程
12    }
13    void run1(){                                             //thread1 线程执行的方法
14      for (int i = 0; i < 100; i++){
15        lock (o){                                            //获取锁
16          n++;                                               //操作数据
17    }}}
18    ……//此处省略了 run2 方法的代码，run2 方法与 run1 方法完全相同，读者可以参考 run1 方法的代码
19  }
```

❑　第 5～11 行为实例化锁对象和声明数据。在 Start 方法中实例化 Thread 类的对象 thread1 和 thread2，并启动这两个线程。

❑　第 13～18 行是 thread1 线程执行的 run1 方法和 thread2 线程执行的 run2 方法，在操作数据之前都需要获取锁。只有获取锁的线程才能操作数据，操作完成后释放锁。

### 3. 线程休眠

Unity 游戏开发中有时需要另启线程定时做某些事情，这时就需要线程休眠固定的时间。Thread 类的 Sleep 静态方法用于使线程休眠固定的时间，该方法的参数为一个 float 类型的数据，表示线程休眠的时间以 ms 为单位。具体可以使用如下的代码来实现。

```
1   using UnityEngine;
2   using System.Collections;
3   using System.Threading;                                    //引用包含 Thread 类的命名空间
4   public class NewBehaviourScript : MonoBehaviour {
5     bool flag = true;                                        //线程是否停止标志位
6     void Start () {
7       Thread thread = new Thread(Run);                       //实例化 Thread 类的对象
8       thread.Start();                                        //开启线程
9     }
10    void Run(){
11      while (flag){                                          //线程继续执行
12        Debug.Log("run");                                    //输出信息
13        Thread.Sleep(1000);                                  //线程休眠 1s
14    }}
15    void OnApplicationQuit(){                                //游戏退出之前系统回调方法
16      flag = false;                                          //线程是否停止标志位设为 false
17  }}
```

❑　第 3～9 行引用包含 Thread 类的命名空间及定义线程是否停止标志位。在 Start 方法中实例化 Thread 类的对象并开启线程。

❑　第 10～14 行为线程执行的 Run 方法。该方法的主要功能为每隔 1s 输出一行提示信息。在 Run 方法中主体为一个循环体，在循环体中首先输出提示信息，然后使线程休眠 1s。

❑　第 15～17 行为 OnApplicationQuit 方法的重写。该方法在游戏退出之前系统自动回调，主要功能是将线程是否停止标志位设为 false，使线程停止。

## 13.1.2　多线程技术用于大量计算

Unity 游戏开发中有时会出现因为有些地方需要大量计算而引起的游戏卡顿的问题，多线程

技术的使用就能很好地解决这个问题。大量计算如果在主线程内完成，会因为大量计算长时间占用主线程使游戏卡顿；如果另启线程用于大量计算，就不会占用主线程从而使游戏卡顿。下面通过一个示例来让读者更加直观地理解多线程技术如何用于大量计算。

（1）创建场景。在 Assets 文件夹下创建一个场景，将其命名为 test，在场景中创建一个空对象。设置空对象的位置，具体参数如图 13-1 所示。创建一个 Sphere 对象，然后拖曳它到空对象上，使其成为空对象的子对象，设置 Sphere 对象的位置和大小，具体参数如图 13-2 所示。

▲图 13-1 设置空对象位置

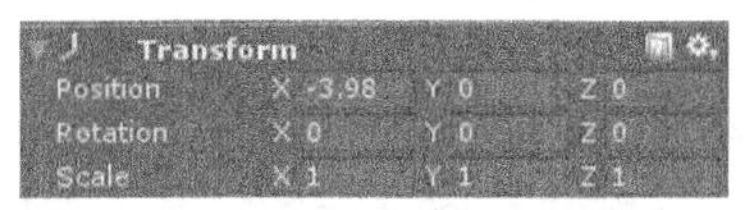


▲图 13-2 设置 Sphere 对象的位置和大小

（2）在 Script 文件夹下创建一个脚本，将其命名为 XuanZhuan，该脚本的主要功能为让小球围绕空对象不断旋转。将创建的 XuanZhuan 脚本拖曳到空对象上，双击打开该脚本，开始 XuanZhuan 脚本的编写。

代码位置：随书资源中源代码\第 13 章目录下的 DuoXianCheng\Assets\Script\XuanZhuan.cs

```
1   using UnityEngine;
2   using System.Collections;
3   public class XuanZhuan : MonoBehaviour {
4     void Update () {                                   //Update 方法
5       this.transform.Rotate(0, 0, 5);                  //绕 z 轴不断旋转
6   }}
```

**说明** 该脚本的主要功能为使小球围绕空对象不断旋转。

（3）创建用于进行大量计算的脚本。在 Script 文件夹下创建一个脚本，将其命名为 XianShi，将创建的 XianShi 脚本拖曳到主摄像机对象上，双击打开该脚本，开始 XianShi 脚本的编写。

代码位置：随书资源中源代码\第 13 章目录下的 DuoXianCheng\Assets\Script\XianShi.cs

```
1   using UnityEngine;
2   using System.Collections;
3   using System.Threading;                         //引用包含 Thread 类的命名空间
4   public class XianShi : MonoBehaviour {
5     public GUIStyle myStyle;                      //GUI 显示样式
6     Object n=new Object();                        //实例化锁对象
7     long shu = 0;                                 //大量计算后的结果数据
8     long xian = 0;                                //用于显示大量计算后的结果数据
9     ……//此处省略了用于显示位置的变量，有兴趣的读者可以查看随书源代码
10    void Update () {
11      lock (n){                                   //获取锁
12        xian = shu;                               //将大量计算后的结果数据赋给用于显示的数据
13    }}
14    void OnGUI () {
15      GUI.skin.button.fontSize = 50;              //设置显示数字的字体大小
16      GUI.Label(new Rect(xx, yy, xx1, yy1), xian.ToString(),myStyle);//显示大量计算后的结果数据
17      if(GUI.Button(new Rect(x, y, x1, y1), "另启线程")){   //另启线程进行大量计算的按钮
18        Thread a = new Thread(run);               //实例化线程对象
19        a.Start();                                //开启线程
20      }
21      if (GUI.Button(new Rect(i, j, i1, j1), "主线程")){    //在主线程进行大量计算的按钮
22        run();                                    //执行大量计算的方法
23      }
24      if (GUI.Button(now Root(ii, jj, ii1, jj1), "归零")){ // "归零" 按钮
25        lock (n) {                                //获取锁
26          shu = 0;                                //数据归 0
27    }}}
28    void run(){                                   //用于执行大量计算的方法
29      long te = 0;                                //定义临时变量
30      for (long i = 0; i < 100000000; i++){       //模拟大量计算
```

```
31          te += 1;                                    //临时变量不断加 1
32        }
33        lock (n) {                                    //获取锁
34          shu = te;                                   //将计算结果赋给用于记录大量计算后的结果数据
35    }}}
```

- 第 3～9 行引用包含 Thread 类的命名空间及定义变量，主要定义了 GUI 显示样式、锁对象、大量计算后的结果数据及用于显示大量计算后的结果数据。此处省略了用于显示位置的变量，有兴趣的读者可以查看随书源代码。
- 第 10～13 行重写了 Update 方法。该方法系统每帧调用一次，主要功能为获取锁后将大量计算后的结果数据赋给用于显示的数据。
- 第 15～20 行设置显示数字的字体大小，显示大量计算后的结果数据及另启线程进行大量计算的按钮。当单击该按钮后，实例化线程对象且另启线程进行大量计算。
- 第 21～27 行显示在主线程进行大量计算的按钮和显示“归零”按钮。当单击在主线程进行大量计算的按钮后，在主线程上进行大量计算。
- 第 28～35 行为用于执行大量计算的方法。通过进行 100000000 的循环来模拟大量计算，最后将计算结果赋给用于记录大量计算后的结果数据。

（4）单击“游戏运行”按钮，观察效果。首先单击“主线程”按钮，发现整个游戏界面卡死，小球不再转动，这是因为大量计算长时间占用主线程使游戏卡顿。计算完成后小球恢复转动，屏幕上显示计算结果。

（5）单击“归零”按钮使数据归 0，再单击“另启线程”按钮，发现游戏正常运行，小球不断转动，这是因为大量计算另启线程进行不占用主线程。大量计算完成，屏幕上显示计算结果。示例运行效果如图 13-3 所示。

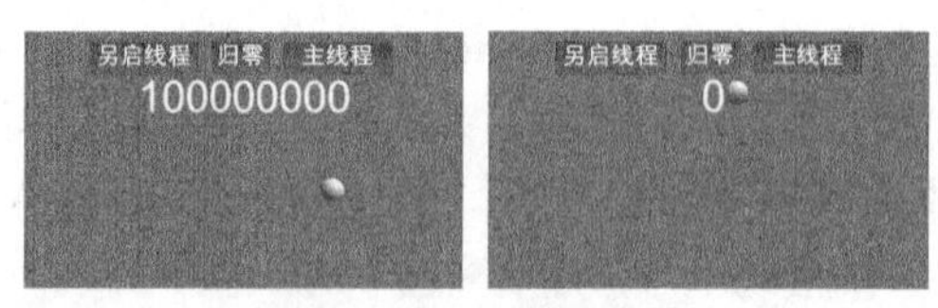


▲图 13-3　示例运行效果

**说明**　本示例的源文件位于随书资源中源代码\第 13 章目录下的 DuoXianCheng 文件夹中。如果读者想运行本示例，只需把 DuoXianCheng 文件复制到非中文路径下，然后双击 DuoXianCheng\Assets 目录下的 test.unity 文件即可。

### 13.1.3　多线程技术在网络开发中的应用

本小节将介绍多线程技术在网络开发中的应用。网络开发中的从服务器中接收信息必须另启线程来完成，否则会因为等待从服务器中接收信息而使游戏主线程堵塞。下面通过一个网络开发示例来让读者更加清楚地了解多线程技术在网络开发中的应用。

（1）创建场景。在 Assets 文件夹下创建一个场景，将其命名为 test，在该场景中创建一个 Sphere 对象。设置 Sphere 对象的位置和大小，具体参数如图 13-4 所示。然后创建虚拟摇杆对象，具体步骤参考 8.7 节。

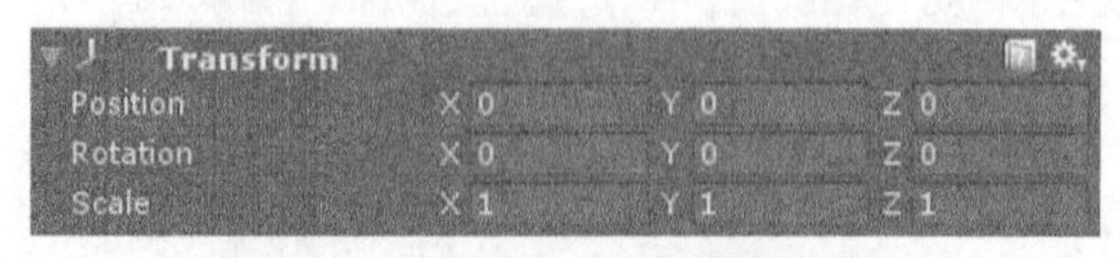


▲图 13-4　设置 Sphere 对象的位置和大小

（2）在 Script 文件夹下创建一个脚本，将其命名为 ConnectSocket。该脚本的主要功能为创建与服务器的连接及另启线程从服务器中接收信息。双击打开该脚本，开始 ConnectSocket 脚本的编写。

代码位置：随书资源中源代码\第 13 章目录下的 wangluo\Assets\Script\ConnectSocket.cs

```
1   using UnityEngine;
2   using System.Collections;
3   ……//此处省略了命名空间的引入代码，有兴趣的读者可以自行查看随书源代码
4   public class ConnectSocket{
5     public static Socket mySocket;                                  //Socket 对象
6     private static ConnectSocket instance;                          //连接 Socket 对象
7     public static System.Object o = new System.Object();            //实例化锁对象
8     public static ConnectSocket getSocketInstance(){                //获取实例化对象
9       instance = new ConnectSocket();                               //创建 Socket 对象
10      return instance;                                              //返回连接 Socket 对象
11    }
12    ConnectSocket(){                                                //构造器
13      mySocket = new Socket(AddressFamily.InterNetwork, SocketType.
14      Stream, ProtocolType.Tcp);                                    //获取 Socket 类型的数据
15      IPAddress ip = IPAddress.Parse("192.168.191.1");              //服务器 IP 地址
16      IPEndPoint ipe = new IPEndPoint(ip,2001);                     //服务器端口
17      IAsyncResult result=mySocket.BeginConnect(ipe,new AsyncCallback(connectCallBack),mySocket);
18      result.AsyncWaitHandle.WaitOne(5000, true);                   //连接等待时间
19      if (mySocket.Connected){                                      //连接成功
20        Thread thread = new Thread(new ThreadStart(getMSG));        //从服务器接收消息
21        thread.IsBackground = true;                 //将从服务器接收消息的线程设为后台线程
22        thread.Start();                                             //开始线程
23    }}
24    private void connectCallBack(IAsyncResult ast){                 //成功建立连接回调方法
25      Debug.Log("Connect Success");
26    }
27    private void getMSG(){
28      ……//此处省略了从服务器接收数据的代码，下面将详细介绍
29    }
30    public void sendMSG(byte[] bytes){
31      ……//此处省略了向服务器发送信息的代码，下面将详细介绍
32  }}
```

- 第 1～3 行引入命名空间，由于本类是自定义类而且用到了线程、网络、读取写入等知识的 API，因此需要导入要用到的命名空间。
- 第 5～7 行声明变量，主要声明了 Socket 对象、连接 Socket 对象及实例化锁对象。在 Inspector 面板中可以为各个参数指定资源或者取值。
- 第 8～11 行创建获取实例化对象的方法，在方法中创建 Socket 对象，最后返回连接 Socket 对象。
- 第 13～17 行将 Socket 对象设为空，获取 Socket 类型的数据，设置服务器 IP 地址，设置服务器端口，返回异步连接服务器，连接成功后回调结果。
- 第 19～23 行如果连接服务器成功，则从服务器接收消息，将从服务器接收消息的线程设为后台线程。
- 第 27～29 行从服务器接收游戏数据。此处省略了从服务器接收数据的代码，下面将详细介绍。
- 第 30～32 行向服务器发送信息。通过调用 getMSG 方法向服务器发送玩家操纵指令，此处省略了向服务器发送信息的代码，下面将详细介绍。

（3）在 ConnectSocket.cs 脚本中，通过 getMSG 方法从服务器接收游戏数据从而控制场景中的小球对象，通过 sendMSG 方法向服务器发送玩家操纵指令，其具体代码如下。

代码位置：随书资源中源代码\第 13 章目录下的 wangluo\Assets\Script\ConnectSocket.cs

```
1   private void getMSG(){                                //从服务器接收游戏数据的方法
2     while (true){
3       try{
4         byte[] bytesLen=new byte[4];                    //创建数组
```

```
5         mySocket.Receive(bytesLen);                          //接收长度
6         int length = ByteUtil.byteArray2Int(bytesLen,0);//将 bytesLen 转成 int 类型
7         byte[] bytes = new byte[length];                     //声明接收数组
8         int count = 0;                                       //计数器
9         while (count < length){                              //当收到长度小于 length
10          int tempLength = mySocket.Receive(bytes);          //接收数据
11          count += tempLength;                               //计数器记录接收到字节的数目
12        }
13        splitBytes(bytes);                                   //拆字符串
14      }catch (Exception e){
15        Debug.Log(e.ToString());                             //输出异常信息
16        break;                                               //退出循环
17  }}}
18  public void sendMSG(byte[] bytes){                         //向服务器发送玩家操纵指令的方法
19    try{
20      int length = bytes.Length;                             //获取要发送数据包的长度
21      byte[] blength = ByteUtil.int2ByteArray(length);       //转换为 byte 数组
22      mySocket.Send(blength,SocketFlags.None);               //发数据包长度
23      mySocket.Send(bytes,SocketFlags.None);                 //发数据包
24    }catch (Exception e){
25      Debug.Log(e.ToString());                               //输出异常信息
26  }}
```

- 第 4～8 行创建数组，用于储存接收的数字。将 bytesLen 转成 int 类型，声明接收数组和计数器。
- 第 9～17 行当收到的数据长度小于 length 时，则接收数据，计数器记录接收到字节的数目。调用拆字符串的方法来拆字符串。如果程序发生异常，则断开与服务器的连接。
- 第 18～26 行发送信息。由脚本调用并将要发送的信息传入，依旧要按照协议先获取要发送数据包的长度，将其转换成数据流进行发送，然后发送实际数据包。这样做的好处是可以避免在网络传输过程中出现包的撕裂等现象而导致收到的数据不全。

（4）创建用于储存从服务器接收的小球位置数据的脚本。创建脚本，将其命名为 GameData。该脚本中的类为静态类，所以不需要挂载到任何游戏对象上。双击打开该脚本，开始 GameData 脚本的编写。

代码位置：随书资源中源代码\第 13 章目录下的 wangluo\Assets\Script\GameData.cs

```
1   using UnityEngine;
2   using System.Collections;
3   public static class GameData {
4     public static float x=0;                               //小球位置 x 坐标
5     public static float y=0;                               //小球位置 y 坐标
6   }
```

**说明**　从服务器接收的小球位置首先存储在该静态类的静态变量中，然后每帧从静态类的静态变量中读取数据来设置小球位置。

（5）创建脚本，将其命名为 MoveSphere。该脚本的主要作用为从 GameData 静态类的静态变量中读取数据来设置小球位置。将该脚本拖曳到 Sphere 对象上，双击打开该脚本，开始 MoveSphere 脚本的编写。

代码位置：随书资源中源代码\第 13 章目录下的 wangluo\Assets\Script\MoveSphere.cs

```
1   using UnityEngine;
2   using System.Collections;
3   public class MoveSphere : MonoBehaviour {
4     void Update(){
5       float tex=0, tey=0;                       //声明临时变量
6       lock (ConnectSocket.o){                   //获取锁
7         tex = GameData.x;                       //将读取的小球位置 x 坐标数据赋值给 tex 临时变量
8         tey = GameData.y;                       //将读取的小球位置 y 坐标数据赋值给 tey 临时变量
9       }
```

```
10      Vector3 te = this.transform.position; //获取小球位置
11      te.x = tex;                           //设置小球位置 x 坐标
12      te.y = tey;                           //设置小球位置 y 坐标
13      this.transform.position = te;         //设置小球位置
14  }}
```

- 第 5～9 行获取锁后，将读取的小球位置 $x$ 坐标数据赋值给 tex 临时变量，将读取的小球位置 $y$ 坐标数据赋值给 tey 临时变量。
- 第 10～11 行设置小球位置。首先获取小球位置，设置小球位置 $x$ 坐标和 $y$ 坐标，然后设置小球位置。

（6）创建脚本，并将其命名为 JoystickButton。该脚本的主要功能为监听虚拟摇杆移动并向服务器发送玩家的操纵指令。将该脚本拖曳到主摄像机上，双击打开该脚本，开始 JoystickButton 脚本的编写。

代码位置：随书资源中源代码\第 13 章目录下的 wangluo\Assets\Script\JoystickButton.cs

```
1   using UnityEngine;
2   using System.Collections;
3   ……//此处省略了命名空间的引入代码，有兴趣的读者可以自行查看随书源代码
4   public class JoystickButton : MonoBehaviour {
5     private ConnectSocket mySocket;                      //连接 Socket
6     ……//此处省略了给虚拟摇杆加监听的代码，有兴趣的读者可以自行查看随书源代码
7     void OnJoystickMove(MovingJoystick move) {           //移动虚拟摇杆监听方法
8       float joyPositionX = move.joystickAxis.x/10;       //获取虚拟摇杆 x 轴坐标
9       float joyPositionY = move.joystickAxis.y/10;       //获取虚拟摇杆 y 轴坐标
10      byte[] x = ByteUtil.float2ByteArray(joyPositionX);  //将虚拟摇杆 x 轴坐标转化为 byte 数组
11      byte[] y = ByteUtil.float2ByteArray(joyPositionY);  //将虚拟摇杆 y 轴坐标转化为 byte 数组
12      byte[] sendMSG ={x[0],x[1],x[2],x[3],y[0],y[1],y[2],y[3]};   //创建操纵指令 byte 数组
13      mySocket.sendMSG(sendMSG);                          //向服务器发送玩家操纵指令
14  }}
```

- 第 1～6 行引入命名空间并为虚拟摇杆添加监听。此处省略了具体的代码，有兴趣的读者可以自行查看随书源代码。
- 第 7～14 行为移动虚拟摇杆监听的方法。该方法的主要功能为通过获取虚拟摇杆 $x$ 轴坐标和 $y$ 轴坐标来向服务器发送玩家操纵指令。

（7）开发服务器端。服务器端程序主要用于接收玩家操纵指令，并根据操纵指令修改小球位置，然后将小球位置发送到每个客户端。服务器端的代码相当复杂，本书主要是介绍 Unity 的开发，所以不会详细介绍服务器端开发。

> **说明**　服务器端的代码可以由多种语言开发，本示例使用了 Java 语言进行服务器的开发，读者只要实现与客户端的数据交互协议就可以用其他语言进行服务器端的开发，只不过 Java 语言的跨平台能力比较强，开发服务器端代码比较方便。

（8）运行游戏，观察效果。首先启动服务器端程序，单击“游戏运行”按钮运行客户端，拖动虚拟摇杆，发现小球按照虚拟摇杆拖动的方向移动。也可以将客户端程序导入多部手机上同时运行，发现每部手机都能控制小球的移动，而且所有手机上小球的位置实时同步。示例运行效果如图 13-5 所示。

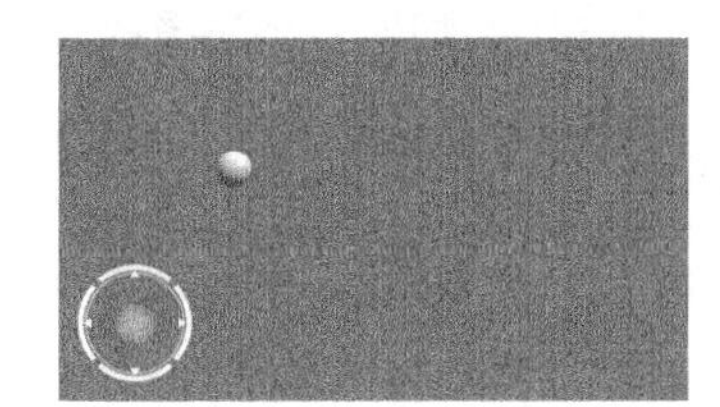
（a）示例运行效果 1

（b）示例运行效果 2

▲图 13-5　示例运行效果

> **说明**　本示例客服端的源文件位于随书资源中源代码\第 13 章目录下的 wangluo 文件夹中。如果读者想运行本示例，只需把 wangluo 文件复制到非中文路径下，然后双击 wangluo\Assets 目录下的 test.unity 文件即可。

## 13.2 WWW 类

网络虽然是一个很复杂的话题，但是在 Untiy 中却可以很简单地声明和使用网络。本节将介绍一个简单的用于访问网络资源的类——WWW 类。WWW 类可以访问网络资源，希望读者在学习本节后，对 Unity 使用网络有一个初步的认识。

### 13.2.1 用 WWW 类访问网络资源

WWW 类是一个简单的访问网页的类，它是一个检索 URL 的小工具模块。Unity 通过连接 WWW（对应指定 URL）在后台开始下载，并且返回一个 WWW 对象。可以使用从网络上下载的图片来创建一个纹理，下面通过一个简单示例来介绍如何将下载的图片资源作为纹理贴图，示例效果如图 13-6 所示。

▲图 13-6　示例效果

### 13.2.2 场景的搭建

（1）本示例场景的搭建极为简单，选择 File→New Scene，如图 13-7 所示。选择 File→Save Scenes，在弹出的保存对话框中输入场景名 NetWorkDemo。本场景用于显示示例效果。

（2）选择 GameObject→3D Object→Plane，创建一个平面，并将其命名为 ShowView。调整它的大小和位置使其倾斜放置，正对着摄像机，如图 13-8 所示。

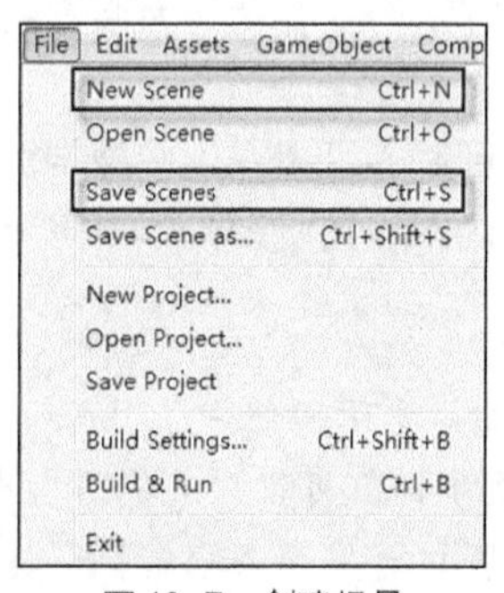


▲图 13-7　创建场景

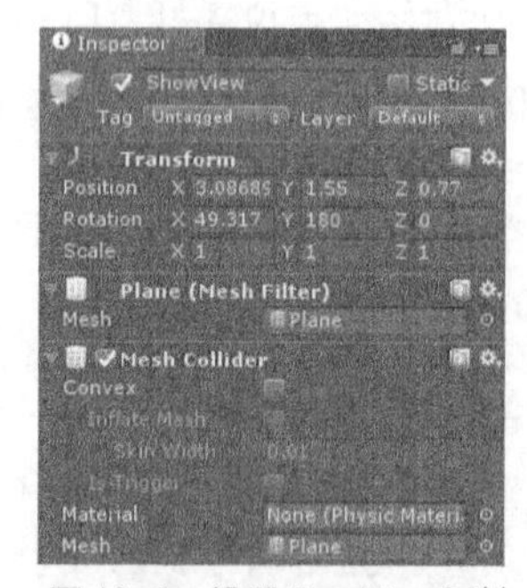


▲图 13-8　设置 ShowView 属性

### 13.2.3 C#脚本的编写

新建一个 C#脚本，将其命名为 NetWork。双击该脚本，开始 NetWork 脚本的编写。本脚本主要功能是通过 WWW 类访问网页并下载图片资源作为纹理贴图，然后将纹理贴图在挂载脚本的物体的材质上进行渲染，具体代码如下。

代码位置：随书资源中源代码\第 13 章目录下的 WWW\Assets\NetWork.cs

```
1    using UnityEngine;
2    using System.Collections;
3    public class NetWork : MonoBehaviour {
4       public string url = "http: //www.baidu.com/img/bd_logo1.png"; //声明一个网络地址 url
5       IEnumerator Start(){                     //使用 yield 建立 IEnumerator 类的 Start 方法
6          WWW www = new WWW (url);         //定义 WWW 类型并从 url 下载内容
```

```
7          yield return www;                //返回下载的 www 的值
8          GetComponent<Renderer>().material.mainTexture = www.texture; //材质渲染
9    }}
```

- 第 4 行声明了一个 String 变量，该 String 变量存放目标网页的 url。
- 第 5～9 行重写了 IEnumerator 类的 Start 方法，主要因为使用 yield 必须在 IEnumerator 类中执行。
- 第 6 行定义了一个 WWW 类型的变量 www，并且将通过 url 下载的 WWW 中的内容赋值给 www 变量。
- 第 7 行等待后台下载完成后返回 www 的值。
- 第 8 行将下载的 www 中的图片在脚本挂载的物体上渲染出来。

## 13.3 JSON 简介与应用

本节将介绍在 Unity 游戏开发中可能使用到的 JSON 解析技术，主要包括 JSON 的基本知识、JSON 的解析两部分。通过本节的学习，读者可以比较熟练地在 Unity 游戏开发中使用 JSON 解析技术。

### 13.3.1 基础知识

本小节将介绍 JSON 的基础知识，JSON 是一种轻量级的数据交换格式。JSON 有两种结构：一种是名称与值对的集合，在不同的语言中，它被理解为对象、记录、结构、字典、散列表、键列表或者关联数组；一种是值的有序列表，在大部分语言中，它被理解为数组。例如，下面的代码。

代码位置：随书资源中源代码\第 13 章目录下的 JsonTest\Assets\Resources\peopleModel.json

```
1    {
2        "firstName": "明",
3        "lastName":"李",
4        "age":20
5    }
```

**说明** 该示例构造了一个人物模型，并且设置了人物的名是“明”，姓是“李”，年龄为 20 岁。可见 JSON 具有简洁且清晰的层次结构，易于开发人员阅读和编写，同时也易于机器解析和生成，可以有效地提高网络传输效率。

### 13.3.2 JSON 的解析

Unity 游戏开发有时需要保存人物或者建筑物的信息，这时就可以使用 JSON 来保存，也就需要 JSON 的解析。JSON 的解析主要有两种方法，一种是开发人员自己编写解析类，另外一种是借助 Newtonsoft 插件。本小节将详细介绍第一种方法。

**1. 文件部署**

新建一个工程，名为 JsonTest。在 Assets 文件夹下创建一个名为 Resources 的文件夹，将创建的 JSON 文件拖曳到 Resources 文件夹下，如图 13-9 所示。

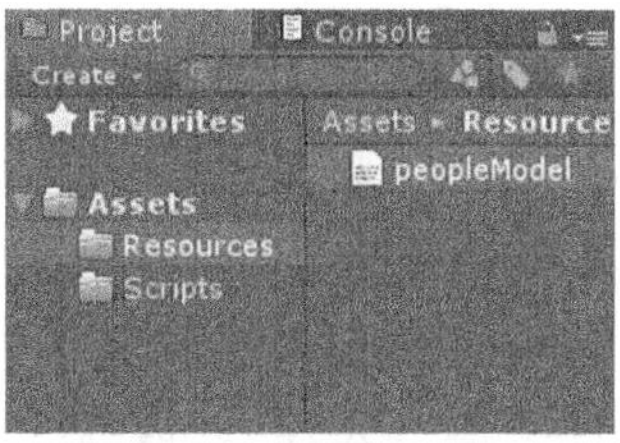

▲图 13-9 设置 JSON 文件

**2. 脚本的编写**

本示例共包含两个脚本，分别为 ModelTest 脚本和 JsonTest 脚本。其中，ModelTest 脚本在 JSON 文件解析的过程中充当解析类；JsonTest 脚本为测试脚本，它依据解析类实现了 JSON 文件的解析，具体步骤如下：

（1）新建一个 C#脚本，将其命名为 ModelTest。双击该脚本，开始 ModelTest 脚本的编写。

本脚本主要在 JSON 文件解析的过程中充当解析类，具体代码如下。

代码位置：随书资源中源代码\第 13 章目录下的 JsonTest\Assets\Resources\ModelTest.cs

```
1   using UnityEngine;
2   using System;
3   using System.Collections;
4   [Serializable]
5   public class ModelTest {
6     public string firstName;                                //人物模型的名
7     public string lastName;                                 //人物模型的姓
8     public int age;                                         //人物模型的年龄
9   }
```

- 第 1～4 行引用脚本需要的相关命名空间，然后序列化此类，使这个被序列化的对象在“Inspector”面板上显示，并可以赋予相应的值。
- 第 5～9 行定义类似于需要解析的 JSON 文件格式的变量，如 JSON 文件中的“firstName”就对应脚本中的 string 类型的 firstName 变量。

（2）新建一个 C#脚本，将其命名为 JsonTest。双击该脚本，开始 JsonTest 脚本的编写。本脚本的主要功能是获取 JSON 文件的内容并解析，具体代码如下。

代码位置：随书资源中源代码\第 13 章目录下的 JsonTest\Assets\Resources\JsonTest.cs

```
1   using UnityEngine;
2   using System.IO;
3   public class JsonTest : MonoBehaviour {
4     void Start () {
5       StreamReader sr = new StreamReader(
6             Application.dataPath + "/Resources/peopleModel.json");   //定义 StreamReader 对象
7       string json = sr.ReadToEnd();                               //获取 JSON 文件内容
8       ModelTest obj = JsonUtility.FromJson<ModelTest>(json);      //解析 JSON 文件
9       Debug.Log(obj.firstName);                                   //输出名
10      Debug.Log(obj.lastName);                                    //输出姓
11      Debug.Log(obj.age);                                         //输出年龄
12  }}
```

- 第 1～2 行引用脚本需要的相关命名空间。
- 第 5～7 行定义 StreamReader 对象来获取要解析的 JSON 文件，利用 ReadToEnd 函数获取 JSON 文件中的字符串内容并将其保存在 json 变量中。
- 第 8～12 行首先应用 JsonUtility 的 FromJson 方法，将 JSON 文件按照解析类的格式解析，将解析结果保存在 obj 变量中，然后输出、查看解析信息。

（3）将 JsonTest 脚本挂载到主摄像机上，单击 Unity 编辑器中的“运行”按钮，即可查看运行效果。示例运行效果如图 13-10 所示。

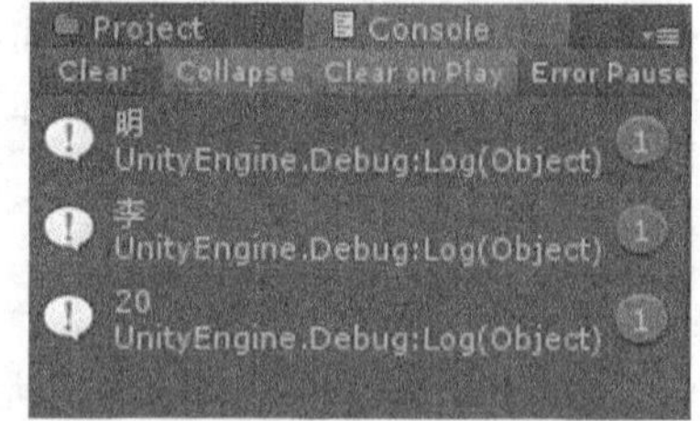


▲图 13-10　示例运行效果

## 13.4 网络类

网络类（Network）的基本概念是为了完成多台设备之间的通信，必须安排服务器端和客户端。服务器端为客户端提供服务，客户端则是用户体验的终端。客户端在运行项目的同时发送和接收数据，这些数据经过服务器的处理后分发给各个客户端，客户端才能正常地运行项目。

### 13.4.1　静态变量

为了讲解网络类所提供的静态变量（Static Variable），首先对各个变量名及其含义进行详细介绍，如表 13-1 所示。

表 13-1 静态变量

| 变量 | 含义 |
| --- | --- |
| connections | 所有连接的玩家 |
| connectionTesterIP | 用在 Network.TestConnection 中的连接测试的 IP 地址 |
| connectionTesterPort | 用在 Network.TestConnection 中的连接测试的端口 |
| incomingPassword | 为服务器设置密码（入站连接） |
| isClient | 如果端点类型是客户端，返回 true |
| isMessageQueueRunning | 启用或禁用网络消息处理 |
| isServer | 如果端点类型是服务器，返回 true |
| logLevel | 设置用于网络消息的日志级别（默认是关闭的） |
| maxConnections | 设置允许连接（玩家）的最大数量 |
| minimumAllocatableViewIDs | 在 ViewID 池中获取或设置由服务器分配给客户端 ViewID 的最小数 |
| natFacilitatorIP | NAT 穿透服务商的 IP 地址 |
| natFacilitatorPort | NAT 穿透服务商的端口 |
| peerType | 端类型的状态，即 disconnected、connecting、server 或 client 4 种 |
| player | 获取本地 NetworkPlayer 实例 |
| proxyIP | 代理服务器的 IP 地址 |
| proxyPassword | 设置代理服务器的密码 |
| proxyPort | 代理服务器的端口 |
| sendRate | 用于所有网络视图，网络更新的默认发送速率 |
| time | 获取当前网络时间（s） |
| useProxy | 表示是否需要代理支持，在这种情况下，流量通过代理服务器传递 |

通过表 13-1，读者应该可以初步了解各个变量的含义，但是对具体的用法还不能理解，下面就对各个变量的声明及用法进行详细介绍。

- Network.connections

Network.connections 变量用于存储所有连接玩家的 IP 地址与端口信息等，此变量具体用法如下：

```
1   String ip=Network.connections[i].ipAddress;      //获取第 i-1 个连接用户的 IP 地址
2   String port=Network.connections[i].port;         //获取第 i-1 个连接用户的端口号
```

- Network.connectionTesterIP

Network.connectionTesterIP 变量用来声明用在 Network.TestConnection 中的连接测试的 IP 地址，此变量的具体用法如下：

```
Network.connectionTesterIP = "127.0.0.1";        //设置连接测试的 IP 地址
```

- Network.connectionTesterPort

Network.connectionTesterPort 变量用来声明用在 Network.TestConnection 中的连接测试的端口，此变量的具体用法如下：

```
Network.connectionTesterPort=1000;               //设置连接测试的端口
```

- Network.incomingPassword

Network.incomingPassword 变量用来为服务器设置密码（入站连接），此变量的具体用法如下：

```
Network.incomingPassword =" HolyMoly" ;            //设置密码
```

❑ Network.isClient

Network.isClient 变量用于表示该端点是否是客户端，如果端点类型是客户端，则返回 true。此变量的具体用法如下：

```
1   if (Network.isClient){                                    //如果该端点类型是客户端
2     Debug.Log("Running as a Client");                      //输出提示信息
3   }
```

❑ Network.isServer

Network.isServer 变量用于表示该端点是否是服务器端，如果端点类型是服务器端，则返回 true。此变量的具体用法如下：

```
1   if (Network.isServer){                                   //如果该端点是服务器端
2     Debug.Log("Running as a Server");                     //输出提示信息
3   }
```

❑ Network.logLevel

Network.logLevel 用于设置网络信息的日志级别（默认是关闭的），即用于调整记录日志中信息的详细程度。此变量的具体用法如下：

```
Network.logLevel = NetworkLogLevel.Full;      //设置日志级别
```

❑ Network.maxConnections

Network.maxConnections 变量用于设置允许连接玩家的最大数量。当它被设置为 0 时，意味着没有新的连接可以被建立，保持现有连接；当设置为–1 时，意味着当前连接数为设置的最大连接数量。此变量的具体用法如下：

```
Network.maxConnections = -1;                  //设置当前连接数为最大连接数
```

❑ Network. minimumAllocatableViewIDs

Network. minimumAllocatableViewIDs 变量用于在 ViewID 池中获取或设置由服务器分配给客户端 ViewID 的最小数。当玩家使用新的数字连接并被刷新时，ViewID 池被分配给每个玩家。服务器和客户端应该同步这个值。在服务器上设置的值更高，将会发送比它们真正需要的更多 ViewID 数到客户端。在客户端上设置的值更高，意味着它们需要更多 ViewID。例如，如果池需要更多的 ViewID 数量，而服务器中并不包含足够的 ViewID 数量，则会在一行中使用两次。默认值为 100，此变量的具体用法如下所示。

```
Network.minimumAllocatableViewIDs = 500;       //使用更大的 ViewID 池来分配
```

❑ Network. natFacilitatorIP

Network.natFacilitatorIP 变量用于设置 NAT 穿透的 IP 地址，通常与主服务器相同。此变量的具体用法如下所示。

```
Network. natFacilitatorIP="127.0.0.1";        //设置穿透的 IP 地址
```

❑ Network.natFacilitatorPort。

Network.natFacilitatorPort 变量用于设置 NAT 穿透的端口。此变量的具体用法如下所示。

```
Network.natFacilitatorPort=10001;
```

❑ Network.peerType

Network.peerType 变量用于表示端类型，具体的端类型有 4 种，disconnected、connecting、server 和 client。此变量的具体用法如下：

```
1    if (Network.peerType == NetworkPeerType.Connecting){   //如果端类型为 Connecting
2      Debug.Log("Connecting");                              //提示连接
3    }
```

- Network.player

Network.player 变量用于获取本地 NetworkPlayer 实例，当前服务器的索引是唯一的。此变量的具体用法如下：

```
int group=int.Parse(Network.player+"");                //获取当前服务器索引
```

- Network.proxyIP

Network.peerIP 变量用于设置代理服务器的 IP 地址。此变量的具体用法如下：

```
Network.proxyIP = "127.0.0.1";                         //设置代理服务器的 IP 地址
```

- Network.proxyPassword

Network.proxyPassword 变量用于设置代理服务器的密码。此变量的具体用法如下：

```
Network.proxyPassword = "secret";                      //设置代理服务器的密码
```

- Network.proxyPort

Network.proxyPort 变量用于设置代理服务器的端口号。此变量的具体用法如下：

```
Network.proxyPort = 1000;                              //设置代理服务器的端口号
```

- Network.sendRate

Network.sendRate 变量用于设置网络更新的默认发送速率，以 ms 为单位。此变量的具体用法如下：

```
Network.sendRate = 30;                                 //设置网络更新的默认发送速率为 30ms
```

- Network.time

Network.time 变量用于获取当前网络时间，以 s 为单位。此变量的具体用法如下：

```
Debug.Log(Network.time)    ;                           //输出当前网络时间
```

- Network.useProxy

Network.useProxy 变量用来表示是否需要代理支持。在开启状态下，网络数据通过代理服务器传递。此变量的具体用法如下：

```
Network.useProxy = true;                               //启用代理服务器
```

### 13.4.2 静态方法

13.4.1 节介绍了网络类提供的静态变量，本小节将讲解网络类所提供的静态方法。下面将对各个方法及含义进行详细介绍，如表 13-2 所示。

表 13-2 静态方法

| 方法 | 含义 |
| --- | --- |
| AllocateViewID | 查询下一个可用的网络视图 ID 号并分配它（保留） |
| Connect | 连接到特定的主机（IP 或域名）和服务器端口 |
| CloseConnection | 关闭与其他系统的连接 |
| Destroy | 跨网络销毁与该 viewID 相关的物体 |
| DestroyPlayerObjects | 基于 viewID 销毁属于这个玩家的所有物体 |
| Disconnect | 关闭所有开放的连接并关闭网络接口 |

续表

| 方法 | 含义 |
| --- | --- |
| GetAveragePing | 到给定 player 的最后平均 ping 时间，以 ms 计 |
| GetLastPing | 到给定 player 的最后 ping 时间，以 ms 计 |
| HavePublicAddress | 检测这台机器是否有一个公网 IP 地址 |
| InitializeSecurity | 初始化安全层 |
| InitializeServer | 初始化服务器 |
| Instantiate | 网络实例化预设 |
| RemoveRPCs | 移除所有与这个 viewID 数相关的 RPC 函数调用 |
| RemoveRPCsInGroup | 移除属于给定组的所有 RPC 函数 |
| SetLevelPrefix | 设置关卡前缀，然后所有网络 ViewID 数都会使用该前缀 |
| SetReceivingEnabled | 启用或禁用一个特定组中来自特定玩家的信息接收 |
| SetSendingEnabled | 启用或禁用在特定网络组的信息传输和 RPC 调用 |
| TestConnection | 测试这台机器的网络连接 |
| TestConnectionNAT | 用于测试特定连接的 NAT 穿透连接性 |

通过表 13-2，读者应该能够初步了解各个方法的含义，但是对具体用法的理解还不够，下面就对各个方法的具体使用方法进行详细介绍。

❑ AllocateViewID

Network.AllocateViewID 方法用于查询下一个可用的网络视图 ID 并分配它（保留），该数字可以被分配到一个实例化物体的网络视图中。下面的示例演示了一个简单的方法来实现该功能，具体代码如下：

```
1    using UnityEngine;
2    using System.Collections;
3    public class example : MonoBehaviour {
4        public Transform cubePrefab;                              //声明预制件 cubePrefab
5        void OnGUI() {                                            //重写 OnGUI 方法
6             if (GUILayout.Button("SpawnBox")) {                  //绘制按钮
7                 NetworkViewID viewID = Network.AllocateViewID(); //声明一个 viewID
8                 //初始化 networkView.RPC
9                 networkView.RPC("SpawnBox", RPCMode.AllBuffered, viewID, transform.position); }}
10       void SpawnBox(NetworkViewID viewID, Vector3 location) {   //重写 SpawnBox 方法
11            Transform clone;                                     //声明 clone
12            clone = Instantiate(cubePrefab, location, Quaternion.identity) as Transform; //实例化预制件
13            NetworkView nView;                                   //声明 nView
14            nView = clone.GetComponent<NetworkView>();           //获取 NetworkView 组件
15            nView.viewID = viewID;                               //为 nView.viewID 赋值
16       }}
```

**说明**　上面的示例演示了分配网络视图 ID 的示例。为了使其可正常工作，必须有一个 NetworkView 附加到有这个脚本的物体上，并将该脚本作为它的观察属性。该项目还必须有一个 Cube 预设，带有一个 NetworkView 来监视某些东西（如 Cube 的 Transform）。脚本中的 cubePrefab 变量必须设置为 cube 预设，使用智能的 AllocateViewID 是最简单的方法。如果有多个 NetworkView 附加在初始化的 Cube 上，情况将变得更加复杂。

❑ Connect

Network.Connect 方法用于连接到特定的主机（IP 或域名）和服务器端口，其方法签名有 4

种，下面将逐一进行介绍。

（1）Network.Connect 方法的第 1 种方法签名如下。

```
public static NetworkConnectionError Connect (string IP, int remotePort, string
password = "");   //连接
```

该方法的各个参数分别是：主机的 IP 地址，无论是带点的 IP 地址或域名；remotePort，指定连接到远端机器的端口；password 是一个可选的用于服务器的密码，该密码必须匹配 Network.incomingPassword 在服务器的设置。

（2）Network.Connect 方法的第 2 种方法签名如下。

```
public static NetworkConnectionError Connect (string[] IPs, int remotePort,
string password = "");//连接
```

该方法与第 1 种方法类似，但是可以接收一个 IP 地址数组。它用于，当从一个主服务器的主机信息返回多个内部 IP 地址时，IP 数据结构可以被直接传入该函数。它实际连接到相应 ping 的第一个 IP（可连接）。

（3）Network.Connect 方法的第 3 种方法签名如下。

```
public static NetworkConnectionError Connect (string GUID, string password = ""); //连接
```

该方法连接到一个服务器 GUID 上，NAT 穿透只能在这种方式下执行。主机的 GUID 值通过 NetworkPlayer 结构暴露在本地。

（4）Network.Connect 方法的第 4 种方法签名如下。

```
public static NetworkConnectionError Connect (HostData hostData, string password = ""); //连接
```

该方法通过主服务器返回的一个 HostData 结构连接到主机。

- CloseConnection

Network.CloseConnection 方法用于关闭与其他系统的连接，其具体的方法签名如下。

```
public static void CloseConnection (NetworkPlayer target, bool sendDisconnectionNotification);
//关闭连接
```

target 定义连接到的目标系统将被关闭，如果我们是客户端，连接到服务器的连接将会关闭；如果我们是服务器，目标玩家将被踢掉。sendDisconnectionNotification 启用或禁用通知将被发送到另一端。如果禁用，连接被丢弃，如果没有一个可靠断开通知发送给远端，那么之后的连接将被丢弃。

- Destroy

Network.Destory 方法用于跨网络销毁相关的游戏对象，这样一来，本地的和远端的游戏对象都会被销毁。其方法签名有两种，下面将逐一进行介绍。

（1）Network.Destory 方法的第 1 种签名方法是通过 viewID 进而跨网络销毁与该 viewID 相关的游戏对象，其方法签名如下。

```
public static void Destroy (NetworkViewID viewID);                    //销毁
```

（2）Network.Destory 方法的第 2 种签名方法是通过游戏对象进而跨网络销毁该游戏对象，其方法签名如下。

```
public static void Destroy (GameObject gameObject);                   //销毁
```

- DestroyPlayerObjccts

Network.DestroyPlayerObjects 方法是基于 viewID 销毁属于这个玩家的所有游戏对象，其具体的方法签名如下。

```
public static void DestroyPlayerObjects (NetworkPlayer playerID);  //销毁玩家对象
```

说明　该方法只能在服务器上调用，如清理一个已断开连接的玩家留下的网络游戏对象。

❑ Disconnect

Network. Disconnect 方法用于关闭所有开放的连接并关闭网络接口，其具体的方法签名如下。

```
public static void Disconnect (int timeout = 200);                //断开
```

timeout 参数表示网络接口在未收到信号的情况下，多长时间会断开。网络状态如安全和密码，也会被重置。

❑ GetAveragePing

Network.GetAveragePing 方法用于设置到给定 player 的最后平均 ping 时间，以 ms 计，其具体的方法签名如下。

```
public static int GetAveragePing (NetworkPlayer player);          //获取平均 ping 时间
```

说明　如果没有发现玩家，返回-1，并且 ping 会每隔几秒自动发出。

❑ GetLastPing

Network.GetLastPing 方法用于设置到给定 player 的最后 ping 时间，以 ms 计，其具体的方法签名如下。

```
public static int GetLastPing(NetworkPlayer player);             //获取最后 ping 时间
```

说明　如果没有发现玩家，返回-1，并且 ping 会每隔几秒自动发出。

❑ HavePublicAddress

Network.HavePublicAddress 方法用于检测当前网络是否存在一个公网 IP 地址，其具体的方法签名如下。

```
public static bool HavePublicAddress();                          //判断是否存在共有地址
```

说明　该方法通过检查所有网络接口来获取 IPv4 公网地址，如发现返回 true。

❑ InitializeSecurity

Network.InitializeSecurity 方法用于初始化安全层，其具体的方法签名如下。

```
public static void InitializeSecurity();                         //初始化安全层
```

说明　读者需要在 Network.InitializeServer 调用之后在服务器上调用该方法。不要在客户端调用该方法。

❑ InitializeServer

Network.InitializeServer 方法用于初始化服务器，其方法签名有两种，下面将逐一进行介绍。

（1）Network.InitializeServer 方法的第 1 种方法签名如下。

```
public static NetworkConnectionError InitializeServer(int connections, int listenPort);
//初始化服务器
```

connections 是允许的入站连接或玩家的数量，listenPort 是要监听的端口。

（2）Network.InitializeServer 方法的第 2 种方法签名如下。

```
public static NetworkConnectionError InitializeServer(int connections, int listenPort,
bool useNat);
```

connections 是允许的入站连接或玩家的数量，listenPort 是要监听的端口，useNat 设置 NAT 穿透功能。如果想要该服务器能够接受连接使用 NAT 穿透，则需要使用 facilitator，将其设置为 true。

❑ Instantiate

Network.Instantiate 方法用于通过网络预制件来实例化一个网络，其具体的方法签名如下：

```
public static Object Instantiate (Object prefab, Vector3 position, Quaternion rotation,
int group);  //实例化
```

说明：给定的预设将在所有的客户端上实例化。同步被自动设置，因此没有额外的工作要做。位置、旋转和网络组数值作为给定的参数。这是一个 RPC 调用，因此，当该组数 Network.RemoveRPCs 被调用时，这个物体将被移除。注意，在编辑器中必须设置 playerPrefab，在 Object.Instantiate 物体参考中获取更多实例化信息。

❑ RemoveRPCs

Network.RemoveRPCs 方法用于移除所有属于这个玩家的 ID 的 RPC 参数，其方法签名有 3 种，下面将逐一进行介绍。

（1）Network.RemoveRPCs 方法的第 1 种方法签名如下。

```
public static void RemoveRPCs(NetworkPlayer playerID);              //移除 RPC
```

该方法用于移除所有属于这个玩家的 ID 的 RPC 函数。

（2）Network.RemoveRPCs 方法的第 2 种方法签名如下。

```
public static void RemoveRPCs(NetworkPlayer playerID, int group);  //移除 RPC
```

该方法用于移除属于这个玩家的 ID 并发送基于给定组的所有 RPC 函数。

（3）Network.RemoveRPCs 方法的第 3 种方法签名如下。

```
public static void RemoveRPCs(NetworkViewID viewID);               //移除 RPC
```

该方法用于移除所有与这个 viewID 数相关的 RPC 函数调用。

❑ RemoveRPCsInGroup

Network.RemoveRPCsInGroup 方法用于移除属于给定组的所有 RPC 参数，其具体的方法签名如下。

```
public static void RemoveRPCsInGroup(int group);                  //移除所在组 RPC
```

❑ SetLevelPrefix

Network.SetLevelPrefix 方法用于设置关卡前缀，所有网络 ViewID 数都会使用该前缀，其具体的方法签名如下。

```
public static void SetLevelPrefix(int prefix);                  //设置前缀关卡
```

说明：此处提供了一些保护，可以防止来自前一个关卡的旧网络的更新影响新的关卡。此处可以设置为任何数字并随着新关卡的加载而增加，这不会带来额外的网络负担，只会稍微减小网络 ViewID 池。查看手册 Network level loading 的示例，可以了解如何使用该函数。

❑ SetReceivingEnabled

Network.SetReceivingEnabled 方法用于启用或禁用一个特定组中来自特定玩家的信息接收，其具体的方法签名如下。

```
public static void SetReceivingEnabled (NetworkPlayer player, int group, bool enabled);
//启用接收
```

❑ SetSendingEnabled

Network.SetSendingEnabled 方法用于启用或禁用在特定网络组中的信息传输和 RPC 调用，其具体的方法签名如下。

```
public static void SetSendingEnabled(int group, bool enabled);        //启用发送
```

❑ TestConnection

Network.TestConnection 方法用于测试这台机器的网络连接，其具体的方法签名如下。

```
public static ConnectionTesterStatus TestConnection(bool forceTest = false); //测试连接
```

测试连接有两种测试方法，这取决于当前主机是公网 IP 还是私有 IP。

（1）公网 IP 测试。公网 IP 测试主要用于服务器，不需要测试具有公网 IP 的客户端。为了公网 IP 测试成功，必须开启一个服务器实例。一个测试服务器将尝试连接到本地服务器的 IP 地址和端口，因此在服务器中它被显示为可连接状态。如果不是，那么防火墙是最有可能阻断服务端口的。服务器实例需要运行以便测试服务器已经连接。

（2）测试检测 NAT 穿透能力。服务器和客户端都可以进行，无须任何事先设定。如果用于服务器 NAT 测试失败，那么不设置端口转发是错误的，本地 LAN 网络之外的客户端将不能连接。如果测试失败，客户端就不能使用 NAT 穿透连接到服务器，这些服务器将不会提供给用户作为主机。

这个方法是异步的，并可能不会返回有效的结果，因为该测试需要一些时间（1～2s）来完成，测试完成之后，测试结果只在函数被再次调用时返回。这样，频繁访问该函数是安全的。如果需要其他的测试，如网络连接已更改，那么 forceTest 参数应该为 true。

❑ TestConnectionNAT

Network.TestConnectionNAT 方法用于测试特定连接的 NAT 穿透连接性，其具体的方法签名如下。

```
public static ConnectionTesterStatus TestConnectionNAT(bool forceTest = false); //测试 NAT 穿透
```

**说明**　其与 Network.TestConnection 类似，只是 NAT 穿透测试是强制的，即使该机器没有一个 NAT 地址（私有 IP 地址），而只有一个公有地址。

### 13.4.3　消息发送

13.4.2 节介绍了网络类提供的静态方法，本小节将介绍相关的消息发送方法。网络的本质就是实现多台计算机之间的通信，若要实现通信就必须发送消息，因此网络类不仅配置了网络接口和所有网络参数，还提供了大量的消息发送方法，如表 13-3 所示。

表 13-3　　消息发送方法

| 方法 | 含义 |
| --- | --- |
| OnConnectedToServer | 当成功连接到服务器时，在客户端调用这个方法 |
| OnDisconnectedFromServer | 在服务器上当连接已经断开时，在客户端调用这个方法 |
| OnFailedToConnect | 当一个连接因为某些原因失败时，从客户端调用这个方法 |
| OnNetworkInstantiate | 当一个物体使用 Network.Instantiate 已经网络实例化后，在该物体上调用这个方法 |
| OnPlayerConnected | 每当一个新玩家成功连接时，在服务器上调用这个方法 |
| OnPlayerDisconnected | 每当一个玩家从服务器断开时，在服务器调用这个方法 |
| OnSerializeNetworkView | 用来在一个由网络视图监控的脚本中自定义变量同步 |
| OnServerInitialized | 每当一个 Network.InitializeServer 被调用并完成时，在服务器上调用这个方法 |

通过表 13-3，读者应该可以初步了解各个方法的含义，但是对具体用法的理解还不够深刻，下面就对各个方法的声明及用法进行详细介绍。

❑ Network.OnConnectedToServer

当成功连接到服务器时，在客户端将调用 Network.OnConnectedToServer 方法，具体的方法如下。

```
1   void OnConnectedToServer(){                          //重写 OnConnectedToServer 方法
2     Debug.Log("Connected to Server");                  //输出提示信息
3   }
```

❑ Network. OnDisconnectedFromServer

当从服务器断开连接时，在客户端调用 Network.OnDisconnectedFromServer 方法，具体的方法如下。

```
1   void OnDisconnectedFromServer(){                     //重写 OnDisconnectedFromServer 方法
2     Debug.Log("diconnected from the server");          //输出提示信息
3   }
```

❑ Network.OnFailedToConnect

当一个连接因为某些原因失败时，从客户端调用 Network.OnFailedToConnect 方法，具体的方法如下。

```
1   void OnFailedToConnect(){                            //重写 OnFailedToConnect 方法
2     Debug.Log("Could not connect to server");          //输出连接失败信息
3   }
```

❑ Network.OnNetworkInstantiate

当一个物体使用 Network.Instantiate 进行网络实例化时，在该物体上调用 Network.OnNetworkInstantiate 方法，具体的方法如下。

```
1   void OnNetworkInstantiate(NetworkMessageInfo info){ //重写 OnNetworkInstantiate 方法
2     Debug.Log(info.sender);                            //输出新对象的创建者名称
3   }
```

❑ Network.OnPlayerConnected

每当一个新玩家成功连接时，在服务器上就会调用 Network.OnPlayerConnected 方法，具体的方法如下。

```
1   void OnPlayerConnected(NetworkPlayer player){        //重写 OnPlayerConnected 方法
2     Debug.Log(player.ipAddress);                       //输出玩家的 IP 地址
3   }
```

❑ Network.OnPlayerDisconnected

每当一个玩家从服务器断开时，在服务器调用 Network.OnPlayerDisconnected 方法，具体的方法如下。

```
1   void OnPlayerDisconnected(NetworkPlayer player){ //重写 OnPlayerDisconnected 方法
2     Network.RemoveRPCs(player);                    //移除玩家
3     Network.DestroyPlayerObjects(player);          //销毁玩家对象
4   }
```

❑ Network.OnSerializeNetworkView

在一个由网络视图监控的脚步中自定义同步变量，调用 Network.OnSerializeNetworkView 方法，它自动决定被序列化的变量是否应该发送或接收，具体的方法如下。

```
1   void OnSerializeNetworkView(BitStream stream,NetworkMessageInfo info){
2     int health=10;                                 //设置生命值
3     stream.Serialize(ref health);                  //序列化当前生命值
4   }
```

❑ Network.OnServerInitialized

每当一个 Network.InitializeServer 方法被调用并完成时，在服务器上调用 OnServerInitialized 方法，具体的方法如下。

```
1    void OnServerInitialized(){
2      Debug.Log("server initialized and ready");      //输出提示信息
3    }
```

## 13.5 基于 Unity Network 开发网络游戏

网络游戏因其冲破地域限制的特点和高互动性，颇受游戏玩家的青睐，网络游戏的开发也成了当前多数游戏开发的趋势。使用 Unity 自带的服务器开发网络游戏时，现成的有两种网络构建方案，分别是非授权服务器和授权服务器。这两种方案皆是基于 Unity Network 开发的服务器和客户端。

### 13.5.1 非授权服务器和授权服务器

非授权服务器和授权服务器都依赖于与服务器连接的客户端的数据传递。这两种网络构建方案都保证了客户端终端用户的隐私，因为客户端之间并不会进行实际意义上的连接，也不会将某一个客户端的 IP 地址通过服务器通知给其他客户端。

❑ 非授权服务器

非授权服务器并不控制客户端各个用户的输入与输出。客户端本身来处理玩家的输入和本地客户端的游戏逻辑，然后发送确定的行为结果给服务器端，服务器将这些操作状态同步到游戏世界中。服务器端只是给客户端转发了状态消息，并不对客户端做更多的处理。

❑ 授权服务器

授权服务器可以侦听到每个客户端，然后根据情况执行游戏的逻辑，最后告诉每个客户端当前发生的事件。客户端输入的信息被发送到服务器端，并持续从服务器接收游戏的当前状态，客户端不参与游戏逻辑状态的修改，而是通过向服务器端发送申请信息，服务器根据内部的逻辑修改状态，最后反馈到各个客户端。

### 13.5.2 网络视图组件

网络视图（Network View）是多人游戏中的黏合剂，是用于通过网络共享数据的组件。使用该组件能够准确定义哪个游戏对象在网络上是同步的及如何同步。游戏对象可以有 Network View 组件，该组件可以被定义为观察物体的其他组件。

为了使用远程过程调用或状态同步等网络功能，在开发游戏时必须创建一个添加了 Network View 组件的游戏对象。在 Hierarchy 面板中选中一个需要网络操作的游戏对象，然后在 Inspector 面板中依次单击 Add Component→Miscellaneous→Network View，如图 13-11 所示。

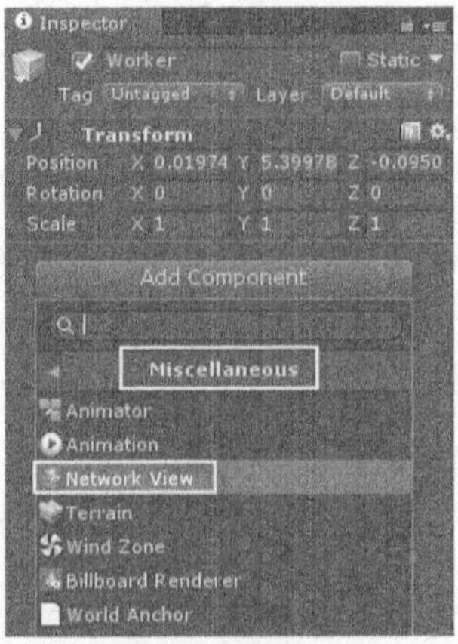

▲图 13-11　添加 Network View 组件

### 13.5.3 示例的效果预览

介绍完了两种服务器的特点和 Network View 组件后，接下来预览需要开发的示例的效果图。本示例中，用 PC 端打开服务器，打开“.exe”文件，创建服务器；打开手机端的程序，连接服务器。

在示例场景中实现任意一端能够操作各角色进行奔跑的同步效果，如图 13-12 和图 13-13 所示。

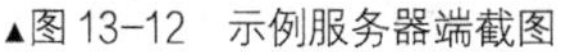

▲图 13-12 示例服务器端截图

▲图 13-13 示例客户端截图

## 13.5.4 示例场景的搭建

授权服务器中游戏世界的整体计算功能由服务器承担，所有客户端的全部操作都交由服务器完成，服务器处理每个玩家的输入信息。非授权服务器则相反，服务器不能控制各个客户端的输入/输出，皆由客户端本身来处理这些信息。在两个构建方案的优劣相比之下，本示例选择授权服务器来进行开发。

（1）从 Asset 资源文件夹下的 Prefabs 文件夹中把场景预制件 Environment 拖曳到 Scene 中，并设置其位置和大小，如图 13-14 所示。选择 GameObject→Light→Directional Light，在场景中添加一个平行光光源，并设置其位置、大小和角度，如图 13-15 所示。

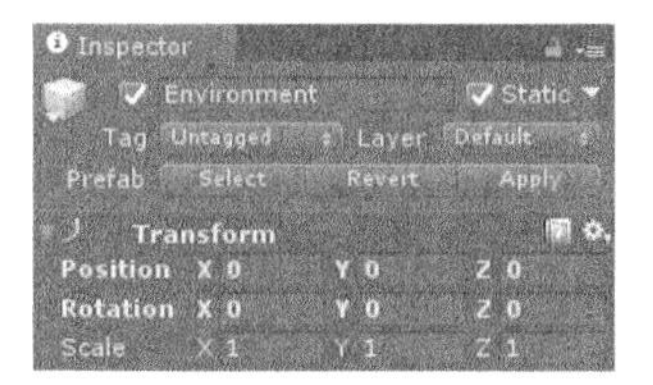


▲图 13-14 设置 Environment 位置和大小

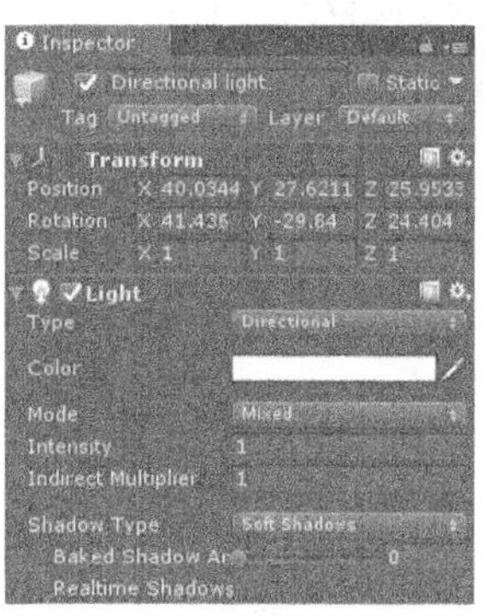


▲图 13-15 设置平行光光源位置、大小和朝向

（2）选择 GameObject→Create Empty，创建一个空的 GameObject 对象，并将其命名为 Spawn，设置其位置和角度，如图 13-16 所示。按照相同步骤再创建一个空的 GameObject 对象，并将其命名为 ServerConnect，设置其位置和角度，如图 13-17 所示。保存场景并命名为 NetworkPlay。

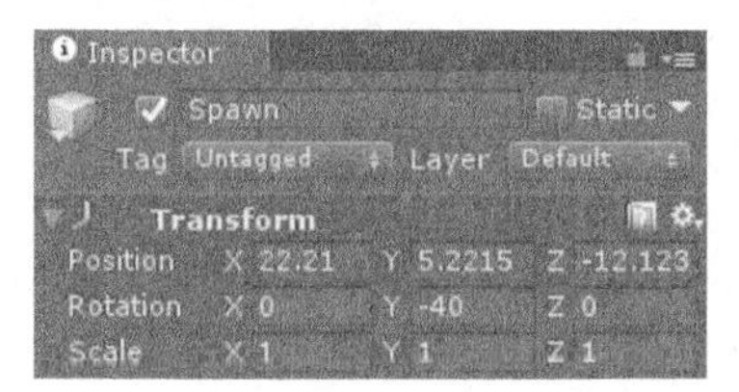


▲图 13-16 设置 Spawn 位置和角度

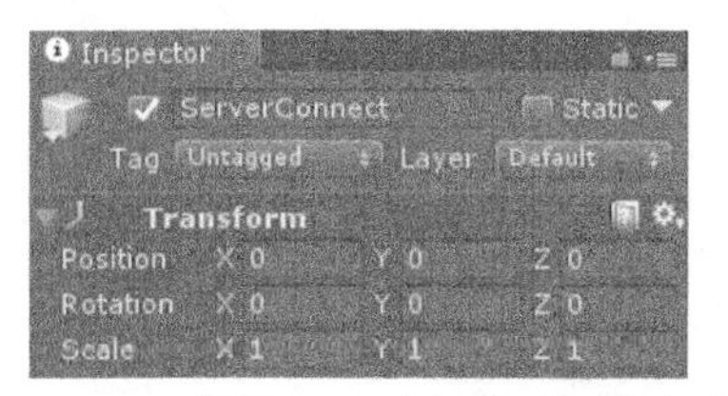


▲图 13-17 设置 ServerConnect 位置和角度

（3）选择 Assets→Import Package→Custom Package，从 Unity 资源中导入部分资源到项目中，如图 13-18 所示。在 Import package 对话框里只选中所需要的 Unity 工人模型资源，如图 13-19 所示。

单击 Import 按钮导入项目中。

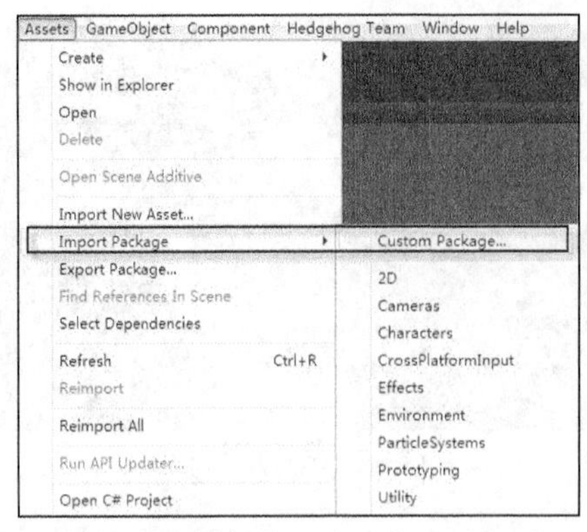


▲图 13-18　导入 Character Controller 1

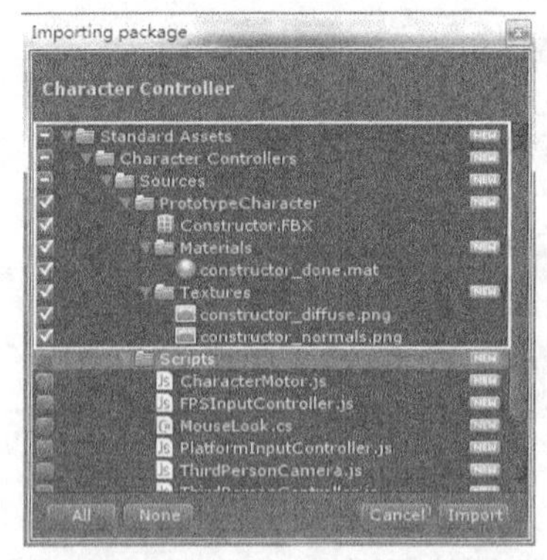


▲图 13-19　导入 Character Controller 2

（4）从资源文件夹中找到 Constructor.fbx 模型文件并选中，在 Inspector 面板中选中 Rig 复选框，并把 Animation Type 设置为 Humanoid，如图 13-20 所示。然后把 Constructor 模型拖曳到场景中。在 Prefabs 文件中新建一个预制件并将其命名为 Worker，把 Constructor 对象拖曳到该预制件上，如图 13-21 所示。

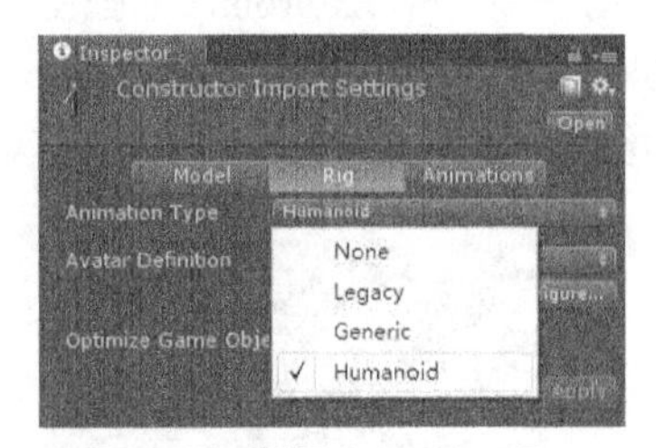


▲图 13-20　设置 Animation Type

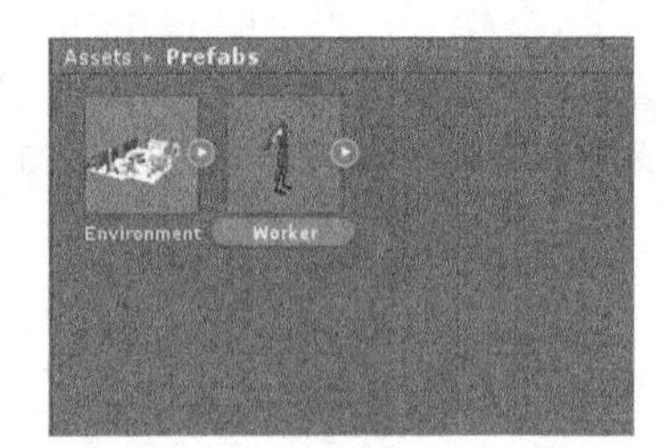


▲图 13-21　制作 Worker 预制件

（5）选择 Window→Animator，添加 Animator 面板，如图 13-22 所示。创建一个 Avatar 控制器，并将其命名为 AniControll。从资源文件夹中的 Animation 文件夹中把 Idle 和 Run 两个动作动画片段拖曳上 Animator 面板中，并设置其中的 Parameters 参数，如图 13-23 所示。

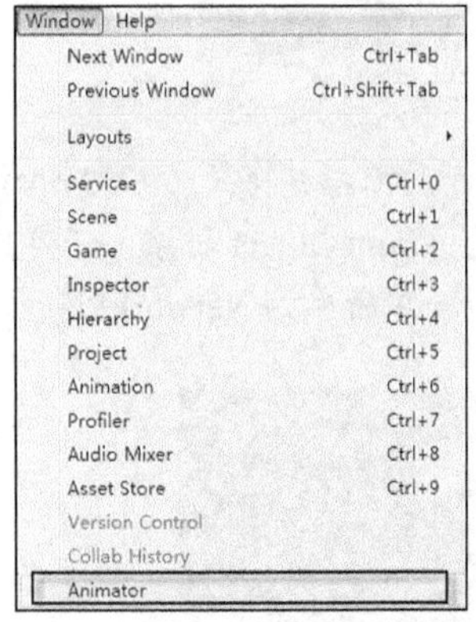


▲图 13-22　添加 Animator 面板

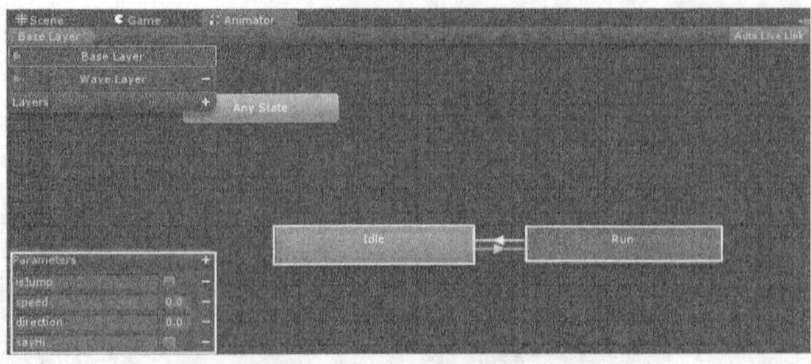


▲图 13-23　设置 Parameters 参数

（6）选中 Worker 预制件对象，依次单击 Component→Miscellaneous→Animator，为其添加组件，参数设置如图 13-24 所示。依次单击 Component→Miscellaneous→NetWork View，为其添加 Network View 组件。

（7）依次单击 Component→Physics→Character Controller，为 Worker 预制件添加角色控制器组件。选中 Worker 预制件，在 Inspector 面板中设置 Character Controller 的各个参数，如图 13-25 所示。

（8）从资源文件夹把 EasyTouch 插件导入项目中，导入完成后在 Unity 菜单栏的空白处单击，便会多出一项 Hedgehog Team。选择 Hedgehog Team→EasyTouch→Extensions→Adding a new joystick，添加摇杆，并将其命名为 myJoystick，设置参数，如图 13-26 所示。

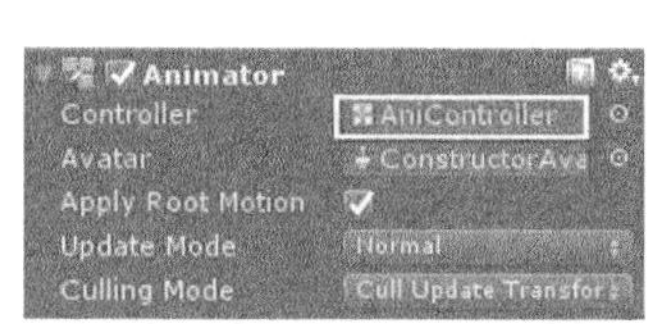


▲图 13-24　设置 Animator 参数

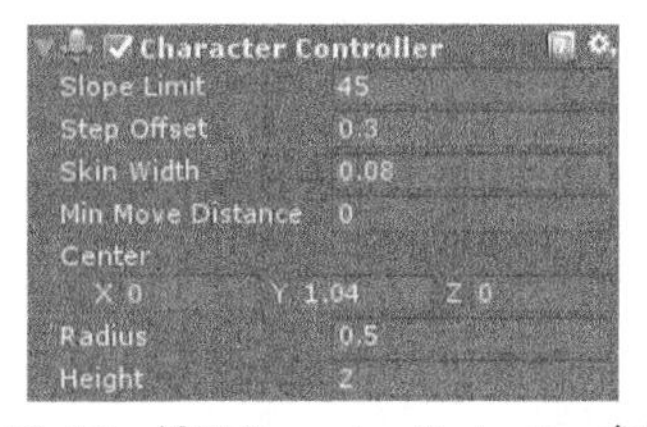


▲图 13-25　设置 Character Controller 参数

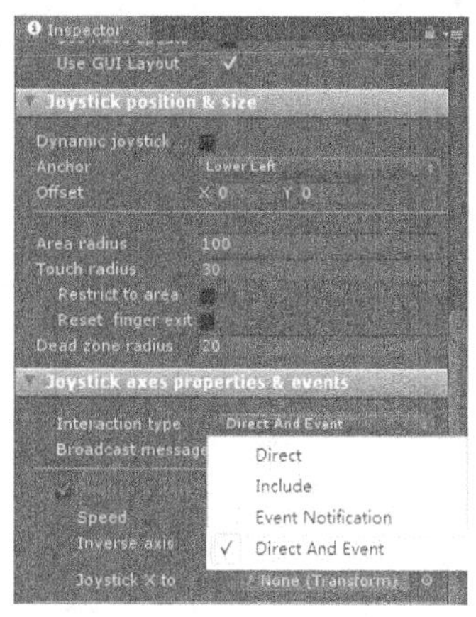


▲图 13-26　设置 myJoystick 参数

### 13.5.5　项目主体脚本的开发

前面已经介绍了两种网络构建的方案、Network View 组件和示例场景的搭建及项目的其他准备。接下来介绍本项目示例的主体部分，也是实现 Unity Network 网络连接的重要部分——项目脚本的编写，其中包括控制服务器客户端连接、玩家创建、角色控制和摇杆操纵等脚本。

（1）打开 Script 文件夹，新建一个 C#脚本，并将其命名为 ServerConnect。双击脚本，开始 ServerConnect 脚本的编写。本脚本主要是通过判断项目运行平台来控制服务器或者客户端是否启用，可以说是整体连接的重要部分，具体代码如下。

代码位置：随书资源中源代码\第 13 章目录下的 Buildin-Network\Assets\ Script\ServerConnect.cs

```
1  using UnityEngine;
2  using System.Collections;
3  using System.Collections.Generic;
4  public class ServerConnect : MonoBehaviour {
5    private int serverPort = 10000;                          //声明服务器端口号
6    private string serverIP = "192.168.155.1";               //声明服务器 IP 地址
7    private bool useNAT = false;                             //声明一个布尔值变量
8    private int limitUserCount = 10;                         //声明服务器连接数量限制
9      void OnGUI() {                                         //绘制方法
10        switch (Network.peerType) {                         //根据网络端口返回信息
11          case NetworkPeerType.Disconnected:                //返回 Disconnected
12            CreateServer();                                 //执行 CreateServer 方法
13            break;
14          case NetworkPeerType.Server:                      //返回 Server
15            OnServer();                                     //执行 OnServer 方法
16           break;
17         case NetworkPeerType.Client                        //返回 Client:
18           OnClient();                                      //执行 OnClient 方法
19           break;
20         case NetworkPeerType.Connecting:                   //返回 Connecting
21           GUILayout.Label("连接中..");                     //绘制一个 label 提示连接中
22             break;
23      }}
24      void CreateServer() {                                 //创建服务器方法
25        GUILayout.BeginVertical();                          //垂直绘制格式
```

```
26            if(Application.platform == RuntimePlatform.WindowsPlayer ){ //程序执行平台为PC时
27              if (GUILayout.Button("开启服务器")){                    //绘制一个“开启服务器”按钮
28                NetworkConnectionError error =
29               Network.InitializeServer(limitUserCount, serverPort, useNAT); //开启服务器
30                Debug.Log(error);                                   //输出错误报告
31              }}if (Application.platform == RuntimePlatform.Android) {//程序执行平台为Android时
32                if (GUI.Button(new Rect(0,0,Screen.width * 0.1f,Screen.height * 0.2f),
33             "连接服务器")){                                          //绘制一个“连接服务器”按钮
34                  NetworkConnectionError error =
35                    Network.Connect(serverIP, serverPort);     //根据 IP 进行连接
36                  Debug.Log(error);}}                           //输出错误报告
37        GUILayout.EndVertical();}                              //结束垂直绘制格式
38      void OnServer() {                                         //服务器运行方法
39        GUILayout.Label("服务器已创建，等待客户端连接....");      //绘制信息
40        int length = Network.connections.Length;                //获取客户端的连接数量
41        for (int i = 0; i < length; i++) {
42          GUILayout.Label("客户端ip : " + Network.connections[i].ipAddress);  //输出客户端 IP
43          GUILayout.Label("客户端端口号 : " + Network.connections[i].port);  //输出客户端端口号
44        }
45        if (GUILayout.Button("断开连接")) {                     //绘制“断开连接”按钮
46          Network.Disconnect();}}                               //执行 Disconnect 方法
47      void OnClient() {                                         //客户端运行方法
48        GUILayout.Label("连接成功!");                           //绘制连接成功信息
49        if (GUILayout.Button("断开连接")) {                     //绘制“断开连接”按钮
50          Network.Disconnect();                                 //执行 Disconnect 方法
51  }}}
```

❑ 第 5～8 行声明了需要的变量，主要是服务器端口号、IP 地址和限制连接数量等。需要注意的是，服务器 IP 地址 serverIP 变量的赋值为当前用户计算机的 IP 地址。

❑ 第 9～23 行重写了 OnGUI 方法，根据返回的端类型状态绘制界面，进行各种操作。返回状态为 Disconnected 则执行开启服务器方法，返回状态为 Server 则执行服务器运行方法，返回状态为 Client 则执行客户端运行方法，其中第 10 行调用了 13.4 节中 Network 类的变量。

❑ 第 24～37 行编写了 CreateServer 方法。该方法会根据判断运行平台分辨是创建服务器还是连接服务器。第 26～30 行若运行平台为 PC 端，绘制“开启服务器”按钮。第 31～36 行是若运行平台为 Android 端，则绘制“连接服务器”按钮

❑ 第 38～46 行编写了 OnServer 方法，当服务器在运行时，遍历所有的客户端，并输出它们的客户端 IP 和端口号。

❑ 第 47～51 行编写了 OnClient 方法，当客户端运行时，绘制一个“断开连接”按钮，可以断开 Network 的网络连接。

（2）打开 Script 文件夹，新建一个 C#脚本，并将其命名为 CreatePlayer。双击脚本，开始 CreatePlayer 脚本的编写。本脚本主要通过重写 OnServerInitialized 等多个网络自行调用方法，实现通过服务器的信息传递在各个客户端创建唯一的角色的功能，具体代码如下。

代码位置：随书资源中源代码\第 13 章目录下的 Buildin-Network\Assets\ Script\CreatePlayer.cs

```
1   using UnityEngine;
2   using System.Collections;
3   public class CreatePlayer : MonoBehaviour {
4     public Transform playerPrefab;                          //声明 Transform 对象
5     private IList list;                                     //声明 IList 对象
6     void Start () {
7       list = new ArrayList();                               //创建动态数组
8     }
9     void OnServerInitialized () {                           //服务器初始化方法
10      MovePlayer(Network.player);                           //执行 MovePlayer 方法
11    }
12    void OnPlayerConnected(NetworkPlayer player) {          //客户端连接方法
13      MovePlayer(player);                                   //执行 MovePlayer 方法
14    }
15    void MovePlayer(NetworkPlayer player) {                 //角色移动方法
```

```
16      int playerID = int.Parse(player.ToString());             //获取玩家 ID
17      Transform playerTransform = (Transform)Network.Instantiate
18        (playerPrefab, transform.position, transform.rotation, playerID); //实例化网络游戏对象
19      NetworkView playerObjNetWorkView = playerTransform.networkView; //Network View 引用
20      list.Add(playerTransform.GetComponent("PlayerControl"));     //添加进入数组
21      playerObjNetWorkView.RPC("SetPlayer", RPCMode.AllBuffered, player); //调用 RPC 方法
22    }
23    void OnPlayerDisconnected(NetworkPlayer player) {             //玩家断开连接方法
24      foreach (PlayerControl script in list) {                    //遍历 list
25        Network.RemoveRPCs(script.gameObject.networkView.viewID);//执行移除方法
26        Network.Destroy(script.gameObject);                      //销毁网络游戏对象
27        list.Remove(script);                                     //移除 list 的对象
28        break;
29      }
30      int playerNumber = int.Parse(player + "");                 //获取当前玩家数量
31      Network.RemoveRPCs(Network.player, playerNumber);          //网络移除方法
32      Network.RemoveRPCs(player);                                //本地移除方法
33      Network.DestroyPlayerObjects(player);                      //销毁玩家
34    }
35    void OnDisconnectedFromServer(NetworkDisconnection info) {   //服务器断开连接方法
36      Application.LoadLevel(Application.loadedLevel);           //重新加载
37  }}
```

- 第 6～8 行重写了 Start 方法，在方法里创建了一个 ArrayList 动态数组，用于存储进入服务器的玩家客户端。
- 第 9～14 行重写了 OnServerInitialized 和 OnPlayerConnected 方法，当服务器初始化并有玩家连接进入服务器时，远程调用 RPC 类型的 MovePlayer 方法。
- 第 15～22 行编写了 MovePlayer 方法。第 17～20 行为实例化网络游戏对象，并获取当前对象的 Network View 引用，根据预制件 Worker 上的 PlayerControl 脚本添加进 List。第 21 行是远程调用 RPC 类型的 SetPlayer 方法，部署玩家角色。
- 第 23～34 行重写了 OnPlayerDisconnected 方法，当有玩家或者服务器断开连接时执行该方法。服务器断开连接时，所有客户端的玩家角色全部被销毁移除；客户端断开连接时，只会在服务器和其他客户端销毁该客户端操控的玩家角色。
- 第 35～37 行重写了 OnDisconnectedFromServer 方法，当有客户端或者是服务器断开连接时，重新加载该场景。

（3）将已经编写好的 ServerConnect 脚本拖曳到 Hierarchy 面板中的 ServerConnect 游戏对象上，如图 13-27 所示。接着将已编写好的 CreatePlayer 脚本拖曳到 Hierarchy 面板中的 Spawn 游戏对象上，并把预制件 Worker 拖曳到 Player Prefab 上，如图 13-28 所示。

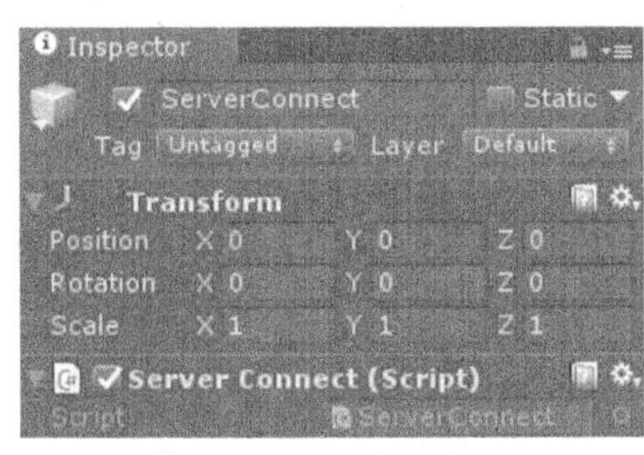


▲图 13-27　添加脚本组件

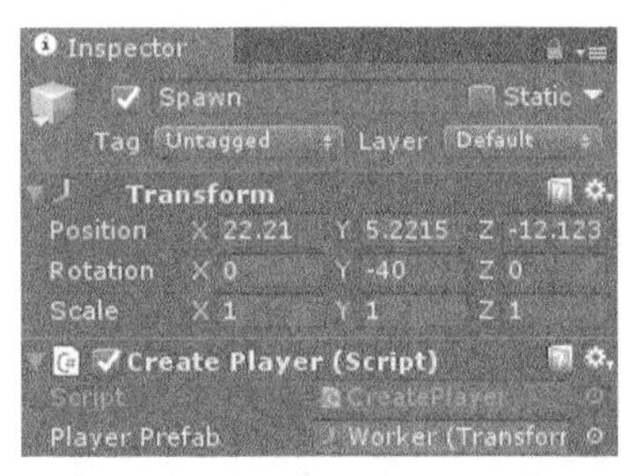


▲图 13-28　设置 CreatePlayer 脚本

（4）打开 Script 文件夹，新建一个 C#脚本，并将其命名为 PlayerControl。双击脚本，开始 PlayerControl 脚本的编写。本脚本主要通过重写 Update 方法改变传递的参数，调用 RPC 方法远程调用 Unity Networking，在各个客户端同步各个玩家角色的状态和动画同步，具体代码如下。

代码位置：随书资源中源代码\第 13 章目录下的 Buildin-Network\Assets\Script\PlayerControl.cs

```
1   using UnityEngine;
2   using System.Collections;
3   public class PlayerControl : MonoBehaviour {
4     ……//此处省略部分变量声明
5     void Awake() {
6       my_animator = gameObject.GetComponent<Animator>();      //animator 的引用
7       if (Network.isClient) {                                 //如果是客户端
8         enabled = false;                                      //失效
9     }}
10    void Update () {
11      if (ownerPlayer != null && Network.player == ownerPlayer) {
12        my_stateInfo = my_animator.GetCurrentAnimatorStateInfo(0);//传递 animator 参数
13        float currentHInput = currentHInputs;                 //为横向移动变量赋值
14        float currentVInput = currentVInputs;                 //为纵向移动变量赋值
15        if (clientHInput != currentHInput || clientVInput != currentVInput) {    //若不等
16          clientHInput = currentHInput;                       //赋值
17          clientVInput = currentVInput;
18          if (Network.isServer) {                             //若为服务器
19            SendMoveInput(currentHInput, currentVInput);      //调用 RPC 方法
20          }else if (Network.isClient) {                       //若为客户端，调用 RPC 方法
21            networkView.RPC("SendMoveInput", RPCMode.Server, currentHInput, currentVInput);
22         }}}
23        if (Network.isServer) {                               //若为服务器
24          currentSpeed = serverHInput*serverHInput+serverVInput*serverVInput;  //计算速度
25          currentDirection = serverHInput;                    //计算朝向
26        }
27        my_animator.SetFloat("speed", currentSpeed);          //传递 animator 参数
28        my_animator.SetFloat("direction", currentDirection);  //传递 animator 参数
29    }
30    [RPC]
31    void SetPlayer(NetworkPlayer player) {                    //部署玩家角色方法
32      ownerPlayer = player;
33      if (player == Network.player) {                         //当前客户端
34        enabled = true;                                       //启用
35    }}
36    [RPC]
37    void SendMoveInput(float currentHInput, float currentVInput) { //传递移动输入方法
38        serverHInput = currentHInput;                         //赋值
39        serverVInput = currentVInput;
40    }
41    void OnSerializeNetworkView(BitStream stream, NetworkMessageInfo info) {  //序列化网络视图
42      if (stream.isWriting) {                                 //若为写入流
43        float speed = currentSpeed;                           //为 speed 赋值
44        float direction = currentDirection;                   //为 direction 赋值
45        Vector3 pos = transform.position;                     //为 pos 赋值
46        Quaternion rot = transform.rotation;                  //为 rot 赋值
47        stream.Serialize(ref speed);                          //同步 speed
48        stream.Serialize(ref direction);                      //同步 direction
49        stream.Serialize(ref pos);                            //同步 pos
50        stream.Serialize(ref rot);                            //同步 rot
51      } else {                                                //不是写入流
52        float speed = 0;                                      //speed 置 0
53        float direction = 0;                                  //direction 置 0
54        Vector3 pos = Vector3.zero;                           //pos 置 0
55        Quaternion rot = Quaternion.identity;                 //rot 置 0
56        stream.Serialize(ref speed);                          //同步 speed
57        stream.Serialize(ref direction);                      //同步 direction
58        stream.Serialize(ref pos);                            //同步 pos
59        stream.Serialize(ref rot);                            //同步 rot
60        currentSpeed = speed;                                 //currentSpeed 置 0
61        currentDirection = direction;                         //currentDirection 置 0
62        my_animator.SetFloat("speed", currentSpeed);          //传递 animator 参数
63        my_animator.SetFloat("direction", currentDirection);
64        transform.position = pos;                             //当前 position 置 0
65       transform.rotation = rot;                              //当前 rotation 置 0
66  }}}
```

- 第 5～9 行重写了 Awake 方法，获取了 animator 的引用，用 my_animator 变量保存，以便于下面动画同步的操作。
- 第 10～29 行重写了 Update 方法，在该方法中处理各个输入的变量值。第 18～22 行为远程调用 RPC 类型的 SendMoveInput 方法，把移动信息传递到服务器的变量中处理。
- 第 30～35 行重写了 SetPlayer 方法，该方法主要根据传递的 player 变量部署玩家角色。
- 第 36～40 行重写了 SendMoveInput 方法，该方法的意义在于把移动的变量信息统一输入服务器上，然后在第 23～26 行的 Update 方法的逻辑代码里进行统一的处理。
- 第 41～66 行主要重写了 OnSerializeNetworkView 方法，该方法接收 Update 方法处理过的信息，将信息同步到各个客户端中。当文件流为写入状态时，把服务器更新的速度变量（speed）、转向变量（direction）、位置变量（pos）、角度变量（rot）等信息同步到各个客户端中；同时根据 speed 和 direction 两个状态，设置到 animator 的参数中实现 animator 的动画同步效果。

（5）打开 Script 文件夹，新建一个 C#脚本，并将其命名为 MoveController。双击脚本，开始 MoveController.cs 脚本的编写。本脚本主要通过重写 EasyTouch 的 OnJoystickMove 等方法，调用 EasyTouch 摇杆，实时改变脚本 PlayerControl.cs 里的静态变量，实现角色的操控，具体代码如下。

代码位置：随书资源中源代码\第 13 章目录下的 Buildin-Network\Assets\Script\MoveController.cs

```
1   using UnityEngine;
2   using System.Collections;
3   public class MoveController : MonoBehaviour {
4       void OnEnable() {                                       //EasyTouch 启用方法
5           EasyJoystick.On_JoystickMove += OnJoystickMove;
6           EasyJoystick.On_JoystickMoveEnd += OnJoystickMoveEnd;
7       }
8       void OnDisable() {                                      //EasyTouch 失效方法
9           EasyJoystick.On_JoystickMove -= OnJoystickMove;
10          EasyJoystick.On_JoystickMoveEnd -= OnJoystickMoveEnd;
11      }
12      void OnDestroy() {                                      //EasyTouch 销毁方法
13          EasyJoystick.On_JoystickMove -= OnJoystickMove;
14          EasyJoystick.On_JoystickMoveEnd -= OnJoystickMoveEnd;
15      }
16      void OnJoystickMoveEnd(MovingJoystick move) {           //EasyTouch 触碰结束方法
17          if (move.joystickName == "myJoystick") {            //判断摇杆名是否为 myJoystick
18              PlayerControl.currentHInputs = 0;               //重置传递的变量
19              PlayerControl.currentVInputs = 0;
20      }}
21      void OnJoystickMove(MovingJoystick move){               //摇杆移动调用方法
22          if (move.joystickName != "myJoystick"){             //判读摇杆名是否为 myJoystick
23              return;                                         //否，则返回
24          }
25          PlayerControl.currentVInputs = move.joystickAxis.x;;   //获得摇杆偏移量 x 的值
26          PlayerControl.currentHInputs = move.joystickAxis.y;    //获得摇杆偏移量 y 的值
27   }}
```

- 第 4～20 行调用 EasyTouch 摇杆必须存在的方法，包括启用时调用的方法、失效时调用的方法、销毁时调用的方法和碰触结束时调用的方法。第 17～19 行当摇杆结束触碰时将传递的两个变量值置 0。
- 第 21～27 行为摇杆触碰移动调用的方法，第 22～24 行判断触碰摇杆的名称是否为 myJoystick，方法中的第 25～26 行更新 PlayerControl 脚本里两个静态变量的值，实现摇杆对角色的操控。

（6）将已经编写的 PlayerControl 脚本拖曳到预制件 Worker 上，如图 13-29 所示。选中预制件 Worker 复选框，在 Inspector 面板中，把 Worker 的 PlayerControl 脚本组件拖曳到 Network View 组件的 Observed 上，如图 13-30 所示。

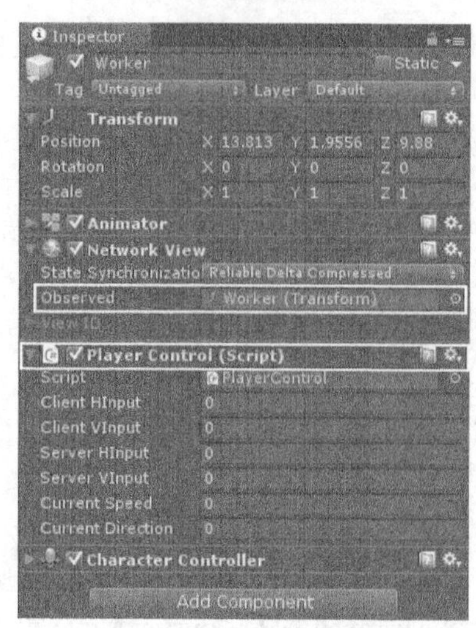


▲图 13-29　添加脚本组件

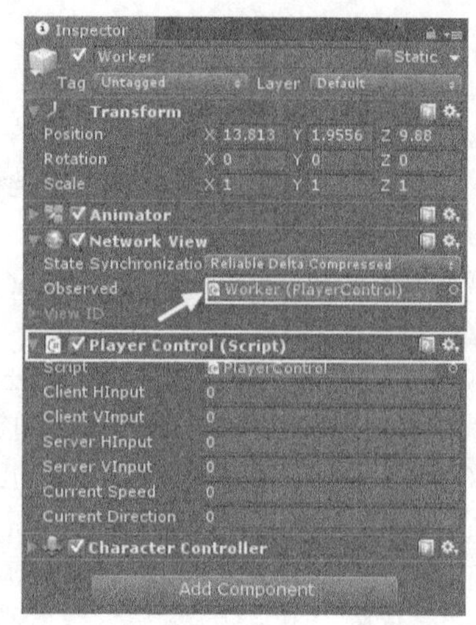


▲图 13-30　设置 Network View 参数

## 13.5.6　服务器和客户端的发布

13.5.5 节已经介绍了主体脚本的编写和其他一系列组件参数的设置，到这一步，本示例的开发部分已经结束，最后把项目分成服务器和客户端两方面发布。服务器若以 PC 平台发布，则生成“.exe”文件；客户端若以 Android 平台发布，则生成“.apk”文件，并将其安装在手机上。

（1）选择 File→Build Settings，弹出 Build Settings 对话框，如图 13-31 所示。选择发布平台为 PC 平台，单击 Add Current 按钮添加场景，选中 Scene/NetworkPlay.unity 复选框，单击 Build 按钮发布项目，如图 13-32 所示，将其命名为 NetServer.exe。

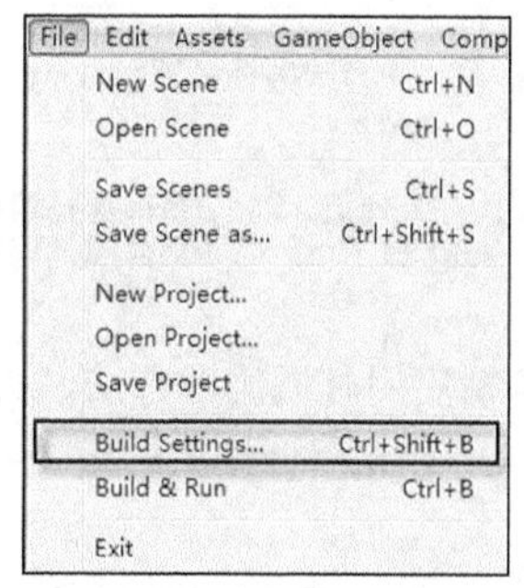


▲图 13-31　选择 Build Settings

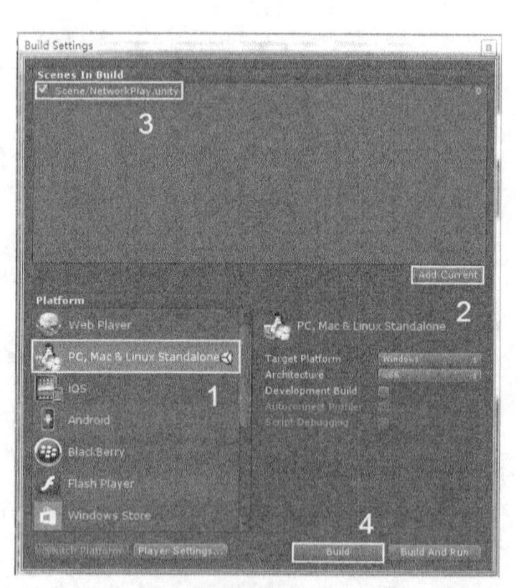


▲图 13-32　将项目发布平台设为 PC 端

（2）再次弹出 Build Settings 对话框，选择发布平台为 Android 平台，单击 Player Settings 按钮，弹出 Settings for Android 对话框，把 Default Orientation*设置为 Landscape Left，即设置横屏，如图 13-33 所示。选中 Other Settings，修改文件夹名，如图 13-34 所示。在构建时将其命名为 NetClient.apk。

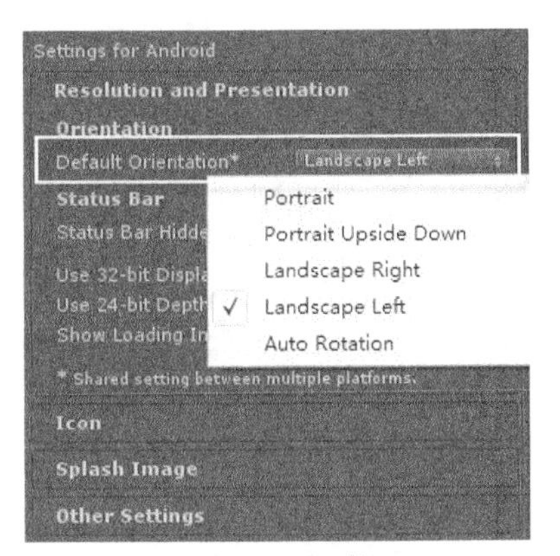


▲图 13-33　设置横屏

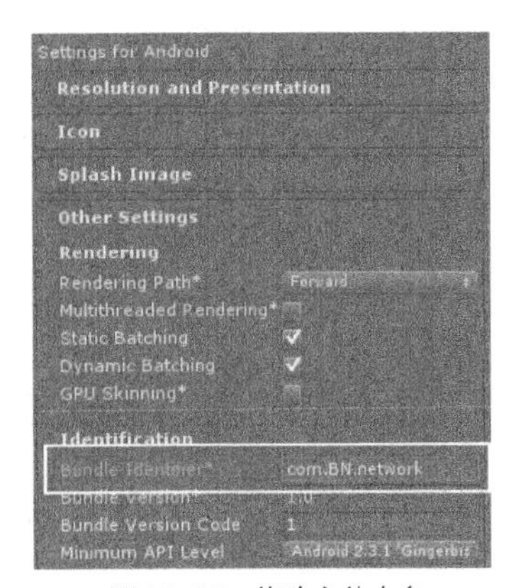


▲图 13-34　修改文件夹名

**提示**　笔者从 Unity 早期版本就开始关注并从事 Unity 的相关开发，根据笔者的个人心得，Unity Network 目前并不是非常成熟，用其制作简单的局域网游戏还能够接受，但是用来开发网络游戏无论是从性能方面还是安全方面考虑都不能达到商业运营的要求。因此，一般业内厂商都会基于某些网络引擎（如 Netty、KBEngine 等）进行网络游戏服务器的研发，或者采用自定义框架。

## 13.6 基于 Netty 开发网络游戏

随着移动互联网的发展和游戏技术的日益成熟，网络游戏逐渐成为游戏制造商争相竞争的噱头。然而，如何开发一款新颖、并发性强、实时性强的网络游戏，已经成为网络游戏能否在游戏领域占据一席之地的重要因素。本节将详细介绍基于 Netty 开发网络游戏编程的相关知识。

### 13.6.1 Netty 框架简介

Netty 是一个高性能、异步事件驱动的 NIO（Non-blocking I/O）框架，它提供了对 TCP、UDP 和文件传输的支持。作为一个异步 NIO 框架，Netty 的所有输入/输出操作都是异步非阻塞的，通过 Future-Listener 机制，用户可以方便地通过主动获取或者通知机制获得输入/输出操作结果。

简单来说，Netty 是一个能够快速开发高性能、高可靠性网络服务器的 Java 框架。目前，它在各个行业都得到了广泛应用，尤其是在网络游戏开发中。

**说明**　由于篇幅有限，这里不再对 Netty 框架进行详细讲解，有兴趣的读者可查看随书源代码或查阅相关资料进行研究与学习。

### 13.6.2 网络游戏架构简介

本节介绍的是基于 Netty 的网络游戏架构，核心思想是多个在线客户端同时向服务器端发送操控动作请求，由服务器端定时从动作队列中读取一个动作并根据动作修改数据，然后向每一个在线客户端发送修改后的数据，保证不同客户端之间数据的一致性，其架构如图 13-35 所示。

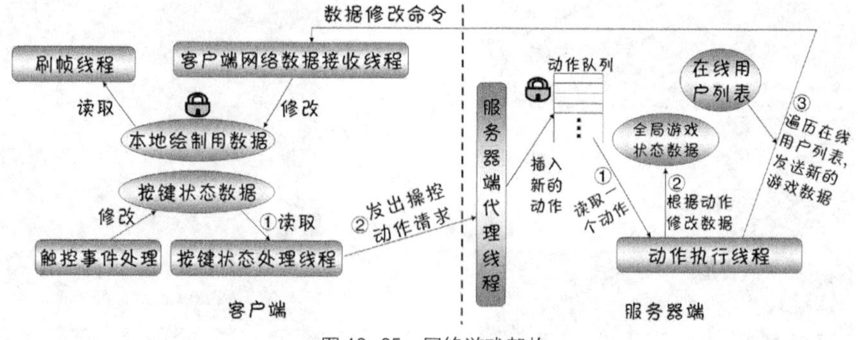


▲图 13-35　网络游戏架构

> **说明**　本网络游戏架构同样适用于多个客户端同时在线操作，由于篇幅有限，这里仅展示了一个客户端与服务器的交互，有能力的读者可以自行完善。

**1. 服务器端简介**

服务器端根据客户端发送的操控动作请求执行相应动作，并更新全局游戏状态数据，将更新后的数据通过流对象传送到客户端中。游戏中的全局状态数据存储在服务器端且只被服务器端修改，这保证了不同客户端之间画面的完整性和一致性。服务器端主要由以下几部分组成。

- 服务器主线程类——PlaneServer

PlaneServer 类是服务器端的核心，其主要功能为建立指定端口号的网络监听、启动动作执行线程、接收客户端连接请求并启动相应的代理线程。

- 服务器代理类——PlaneServerHandler

PlaneServerHandler 类是服务器端的代理处理类，该类的主要功能是接收来自客户端的数据。接收数据时，先判断数据标识，然后进行数据处理。如果传送的是动作请求数据，则创建一个动作对象并将其添加进动作队列。

- 动作执行线程类——ActionThread

ActionThread 是服务器端的动作执行线程类，主要负责以下 3 项工作：①定时从动作队列中读取一个动作对象并执行 doAction 方法（获取动作时，需要为动作队列加锁，保证动作队列在同一时刻只被一端操作）；②根据动作修改服务器端全局游戏状态数据；③遍历在线用户列表并向每一个在线用户发送新的游戏数据。

**2. 客户端简介**

客户端主要负责游戏的显示，其工作流程是先获取服务器端传送回的数据包，根据协议将数据包拆包并解析得到有用的操作数据，然后根据得到的数据对游戏对象进行操控并呈现在屏幕上。若是客户端发出了操控指令，便记录本次操控信息并将其发送到服务器上。客户端主要由以下几部分构成。

- 从服务器接收数据的方法——getMSG

getMSG 方法在客户端与服务器建立连接后，能够获取从服务器端发送到客户端的数据，并对数据进行处理（数据处理包括记录从服务器传来的操控指令、两架飞机的位置坐标等，以便其他脚本调用）。

- 向服务器发送信息的方法——sendMSG

sendMSG 是封装在 IOUtilCommonSocket 类中的一个方法，该方法的主要功能是将数据包按照协议发送到服务端。当客户端发送出操控指令时，其他脚本会将操控指令制作成数据包，并调用该方法，该方法会自动把数据包按照预定的格式进行发送。

❑ 数据类——GameData

任何游戏都会包含很多数据，作为开发人员，游戏数据一定要放在统一的位置，这样可以有效地避免开发过程中数据的混乱。GameData 类便是本示例中的数据类，该类中储存的信息包含客户端对两架飞机的操控指令与飞机的位置坐标等信息。

### 13.6.3 示例的效果预览

前面介绍了 Netty 网络游戏的基本内容，下面将给出一个基于 Netty 开发的 Unity 网络游戏示例。每个客户端能对各自的飞机进行控制，通过服务器同步，在两台客户端上都可以实时地看到另一个客户端控制的飞机移动。本节示例效果如图 13-36 和图 13-37 所示。

▲图 13-36 示例效果 1

▲图 13-37 示例效果 2

### 13.6.4 示例场景的搭建

13.6.3 节介绍了客户端的运行效果，本节将进行示例场景的搭建。本示例的场景十分简单，经过前面章节的学习，读者能够十分轻松地搭建本示例的场景，下面介绍基本示例场景的搭建。

（1）Project 面板中右击，在弹出的快捷菜单中选择 Import New Asset，在弹出的对话框中选择要导入的文件，单击 Import 按钮即可。当然读者也可以在外部选中要导入的资源文件，直接拖曳到 Unity 的 Project 面板中。

（2）新建一个场景，将其命名为 EX，在 Hierarchy 面板中选择 Create→UI→Canvas，创建 Canvas，如图 13-38 所示。选择 Create→UI 中的 Text 与 Button，分别将其创建在 Canvas 对象下，如图 13-39 所示。

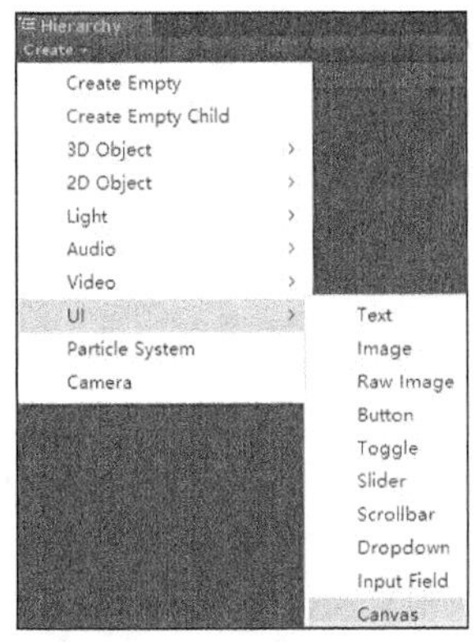


▲图 13-38 创建 Canvas

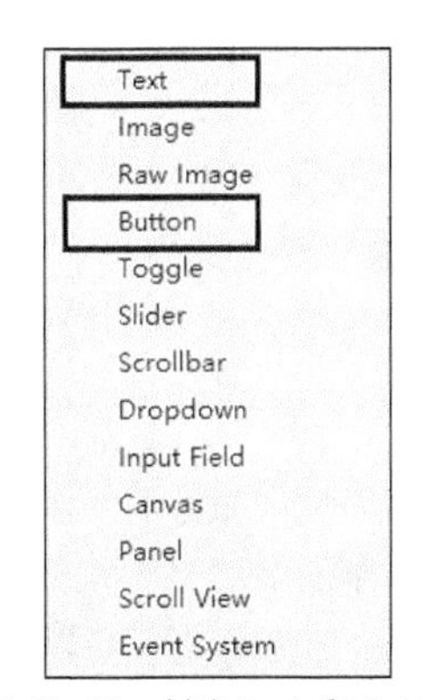


▲图 13-39 创建 Text 和 Button

（3）选择 GameObject→Create Empty，创建空物体，将其命名为 GameObject，如图 13-40 所示。将导入的两架飞机模型与摄像机拖入该对象下，右击 GameObject 对象，在弹出的快捷菜单中选择 3D Object→Quad，创建一个 Quad，如图 13-41 所示。

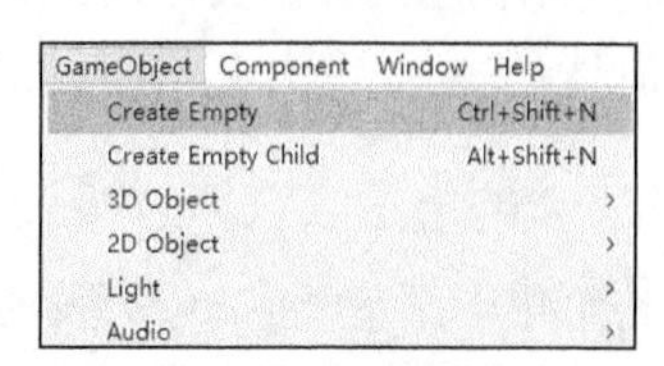


▲图 13-40　创建空物体

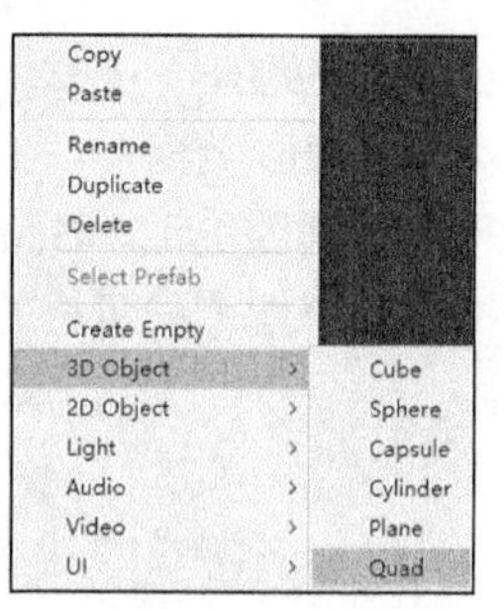


▲图 13-41　创建 Quad

### 13.6.5　服务器端的开发

13.6.4 节介绍了示例场景的搭建，本小节将介绍示例的服务器端的开发。服务器的作用是接收若干个客户端传来的信息，经过处理后再将统一的数据发给客户端。图 13-42 所示为服务器端与客户端通信交互示意图。

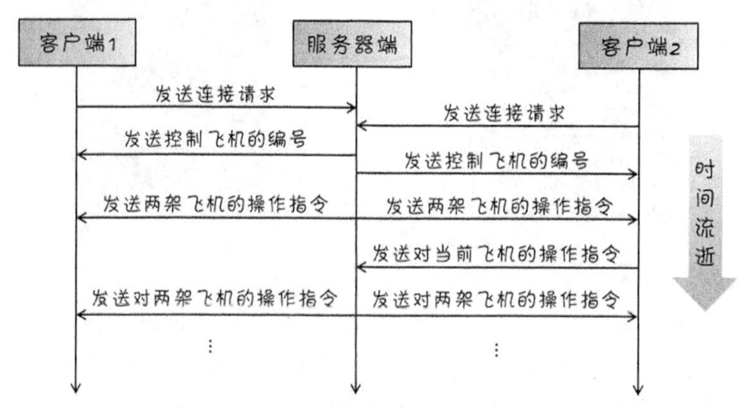


▲图 13-42　服务器端与客户端通信交互示意图

客户端连接服务器时会向服务器发送连接请求，当服务器同意后会回传给客户端编号，编号代表客户端具体控制哪架飞机。当全部客户端到位后，每当服务器收到客户端发送的操控指令时就会修改全局游戏状态数据，并将其发送给在线客户端，保证了每个客户端收到数据的完整性与一致性。

> **说明**　图 13-42 只列出了两个客户端与服务器之间的交互，而多个客户端与服务器之间的交互示意图与之类似，有能力的读者可以自行完善。服务器端可以由多种语言开发，本示例使用了 Java 语言进行服务器的开发，由于篇幅问题这里不对代码进行讲解，有兴趣的读者可以自行查看随书资源中服务器的源代码。

### 13.6.6　客户端的开发

客户端的工作就是先向服务器发送连接请求，等到服务器确认客户端连接成功后会回复一个编号，编号代表该客户端控制的是两架飞机中的具体哪一架。等到所有客户端到位后，若是发生了操控就将操控信息发送给服务器，然后根据服务器返回的数据操控飞机移动。下面具体介绍客户端的开发流程。

**1．静态类的开发**

本示例中的所有要传给服务器的变量与从服务器接收到的变量都存储在静态类 GameData 中，静态类仅包含静态成员，不能实例化，调用十分方便，所以非常适合存储游戏中经常需要跨脚本使用的变量，具体代码如下。

代码位置：随书资源中源代码\第 13 章目录下的 Netty_Demo\Assets\Scripts\GameData.cs

```
1   public class GameData{
2     public static int state=0;     //游戏状态：0——未连接  1——成功连接  2——游戏开始
3     public static object mylock = new object();        //对象锁
4     public static int limit = 100;                     //飞机移动的最大范围
5     public static float rx = 30;                       //红色飞机的 x 坐标值
6     public static float ry = 50;                       //红色飞机的 y 坐标值
7     public static float gx = 70;                       //绿色飞机的 x 坐标值
8     public static float gy = 50;                       //绿色飞机的 y 坐标值
9   }
```

> **说明** 这里是本示例的静态类，并没有继承于 MonoBehaviour 类，而且声明时要加上 Static 字段。该类中包含了游戏的状态与两架飞机的移动位置，用户需要实时修改客户端飞机的位置而使飞机移动。

### 2. 发送信息的常量类

在服务器中同样包含了一个相同的常量类，这些常量是客户端与服务器之间交流的命令标识。将这些标识添加到消息包的头部以便于识别相应的命令，具体代码如下。

代码位置：随书资源中源代码\第 13 章目录下的 Netty_Demo\Assets\Scripts\CMD.cs

```
1   public class CMD{
2     //从服务器到客户端的命令
3     public const int GAME_STATUS=0;                   //刷新客户端的飞机状态命令
4     public const int CONNECT_OK=1;                    //客户端连接成功命令
5     public const int CONNECT_FULL=2;                  //服务器连接已满命令
6     public const int GAME_START=3;                    //游戏开始的命令
7     //从客户端到服务器的命令
8     public const int CONNECT=4;                       //客户端的连接请求命令
9     public const int KEY=5;                           //客户端的操作命令
10  }
```

- 第 2～6 行是从服务器发送到客户端的命令标识，其中 GAME_STATUS 命令用户刷新每个客户端的飞机状态。该命令后面有 16 字节，用来标识两架飞机的 $X$、$Y$ 坐标。
- 第 7～9 行是从客户端发送到服务器的命令标识，其中 KEY 命令后面有 8 字节，即两个 4 字节的整数，分别表示当前飞机沿 $X$、$Y$ 方向的分量。

### 3. 工具类的开发

由于本示例是网络连接的示例，所有发送的数据都必须以字节流的格式进行发送，而本工具类的工作就是负责各种类型的数据与字节数组之间的转换，具体代码如下。

代码位置：随书资源中源代码\第 13 章目录下的 Netty_Demo\Assets\Scripts\ConvertUtil.cs

```
1   using System;
2   public class ConvertUtil{
3     //填充字节数组的指定区间
4     public static void fillData(byte[] dataAll, byte[] dataTemp, int from, int length){
5       for (int i = 0; i < length; i++){                      //遍历字节数组的区间
6         dataAll[i + from] = dataTemp[i];
7     }}
8     public static float fromBytesToFloat(byte[] buff){      //字节数组转浮点数
9       return BitConverter.ToSingle(buff, 0);
10    }
11    public static byte[] fromFloatToBytes(float k){         //浮点数转字节数组
12      return BitConverter.GetBytes(k);
13    }
14    public static byte[] fromIntToBytes(int k){             //整型转化为字节数组
15      byte[] buff = BitConverter.GetBytes(k);
16      return buff;
17    }
18    public static byte[] fromIntToBytesNI(int k){           //整型转化为反转的字节数组
```

```
19      byte[] buff = BitConverter.GetBytes(k);
20      Array.Reverse(buff);                                    //将字节数组反转
21      return buff;
22    }
23    public static int fromBytesToInt(byte[] buff){            //将字节数组转 4 字节整数
24      return BitConverter.ToInt32(buff,0);
25  }}
```

**说明** 这里是本示例的工具类，在这里包含了 int 与 byte 类型的相互转换及 float 与 byte 类型的相互转换。使用这样的方法开发的工具方法在调用时使用“类名.方法名”就可以轻松调用，极大地方便了在其他脚本中的有类似要求的代码。

#### 4. 自定义脚本 Network

该脚本负责连接 Netty 服务器并自动接收服务器发送的数据包，同时进行拆包并将其储存在 GameData 脚本中。它还封装了向服务器发送数据包的方法，方便在其他脚本中调用，具体代码如下。

代码位置：随书资源中源代码\第 13 章目录下的 Netty_Demo\Assets\Scripts\Network.cs

```
1   public class Network : MonoBehaviour{
2     public Socket sc;                                          //定义 Socket
3     int port = 9999;                                           //服务器端口号
4     string host = "192.168.43.51";                             //服务器 IP 地址
5     const int BUFFER_SIZE = 1024;                              //缓冲区大小
6     public byte[] readBuff = new byte[BUFFER_SIZE];            //缓冲字节数组
7     public Network(){                                          //构造器
8       run();                                                   //连接服务器
9     }
10    public void run(){                                         //连接服务器方法
11      try {
12        IPAddress ip = IPAddress.Parse(host);                  //设置 IP 地址
13        IPEndPoint ep = new IPEndPoint(ip, port);              //建立 IP 地址与端口号
14        sc = new Socket(AddressFamily.InterNetwork,            //创建 Socket 并设置传输协议
15          SocketType.Stream, ProtocolType.Tcp);
16        sc.Connect(ep);                                        //连接服务器
17        sendMSG(ConvertUtil.fromIntToBytes(CMD.CONNECT), sc);//发送连接指令
18        sc.BeginReceive(readBuff, 0, BUFFER_SIZE, SocketFlags.None, getMSG, null);//开始接收消息
19      }catch(Exception e){                                     //若出现异常
20        sc.Close();                                            //断开 Socket 连接
21    }}
22    public void DoCMD(int cmd, byte[] msg){                    //执行服务器发送过来的消息指令
23      if (cmd == CMD.CONNECT_OK){                              //连接成功
24        GameData.state = 1;                                    //更改游戏状态
25      }else if (cmd == CMD.GAME_START){                        //开始游戏
26        GameData.state = 2;                                    //更改游戏
27      }else if (cmd == CMD.CONNECT_FULL){                      //服务器连接已满
28        Debug.Log("连接已满");
29      }else if (cmd == CMD.GAME_STATUS){                       //刷新飞机状态
30        //提取红色飞机与绿色飞机的 XY 坐标值
31        float temprx = ConvertUtil.fromBytesToFloat(msg.Skip(4).Take(8).ToArray());
32        float tempry = ConvertUtil.fromBytesToFloat(msg.Skip(8).Take(12).ToArray());
33        float tempgx = ConvertUtil.fromBytesToFloat(msg.Skip(12).Take(16).ToArray());
34        float tempgy = ConvertUtil.fromBytesToFloat(msg.Skip(16).Take(20).ToArray());
35        lock (GameData.mylock){                              //设置游戏时加锁
36          GameData.rx = temprx;                              //修改红色飞机 x 值
37          GameData.ry = tempry;                              //修改红色飞机 y 值
38          GameData.gx = tempgx;                              //修改绿色飞机 x 值
39          GameData.gy = tempgy;                              //修改绿色飞机 y 值
40    }}}
41    ……//此处省略了部分代码，下面将详细介绍
42  }
```

- 第 2～6 行定义了 Socket 套接字、服务器 IP 地址、服务器端口号与缓冲字节数组等变量，便于后面方法的调用与修改。
- 第 7～21 行定义了 Network 类的构造函数，在构造函数中调用 run 方法连接服务器。除

此之外，还定义了 run 方法，在该方法中根据前面定义的变量创建 Socket 连接服务器，向服务器端发送连接请求，同时开始监听服务器并接收从服务器发送过来的消息。

- 第 22～28 行执行服务器发送过来的消息指令的方法。当客户端接收到服务器发送过来的消息后，便调用此方法，然后根据相应的命令值进行对应的操作处理。
- 第 29～40 行为当客户端接收到的命令值为 GAME_STATUS 时，会读取消息包中的所有数据，然后将这些数据分别对应到 GameData 脚本的数据中，便于其他方法进行调用以更改飞机的位置。

> **说明**　本部分代码的第 3～4 行指定了服务器的 IP 地址与开放的端口号，读者若是想要运行本示例或者另行开发，应该将 IP 地址改为当前服务器的 IP 地址（若是使用自己的计算机作为服务器，则 IP 地址就为当前计算机的 IP 地址），接受的端口号也要与服务器端开放的端口号相同。

### 5. getMSG 和 sendMSG 方法

Network 类中最重要的两个方法是接收从服务器发来信息的方法 getMSG 与向服务器发送信息的方法 sendMSG，其具体代码如下。

代码位置：随书资源中源代码\第 13 章目录下的 Netty_Demo\Assets\Scripts\Network.cs

```
1   public void getMSG(IAsyncResult ar){                        //接收服务器发送过来的消息
2     try {
3       int count = sc.EndReceive(ar);                          //记录接收消息的字节数
4       byte[] msg = new byte[count];                           //读取信息字节数
5       Buffer.BlockCopy(readBuff, 4, msg, 0, count);           //将缓冲区中的内容存放到msg数组中
6       int cmd = ConvertUtil.fromBytesToInt(msg.Skip(0).Take(4).ToArray());  //提取控制指令
7       DoCMD(cmd, msg);                                        //处理指令
8       sc.BeginReceive(readBuff, 0, BUFFER_SIZE, SocketFlags.None, getMSG, null);//继续监听服务器
9     }catch (Exception e ){                                    //若发生异常
10      sc.Close();                                             //关闭 Socket 连接
11  }}
12  public void sendMSG(byte[] data, Socket sc) {               //向服务器端发送消息
13    byte[] msg = new byte[4 + data.Length];                   //前 4 字节为消息的长度
14    ConvertUtil.fromIntToBytesNI(data.Length).CopyTo(msg, 0); //将数据长度转化为字节数组
15    data.CopyTo(msg, 4);                                      //将消息粗数据存放到字节数组中
16    sc.Send(msg);                                             //发送消息
17  }
```

- 第 2～11 行为接收服务器发送到客户端消息的方法，当接收到服务器传送过来的消息后，记录接收消息的字节数，创建相应长度的字节数组，将缓冲区内的数据存放到字节数组中，最后提取出数据的命令，执行 DoCMD 方法以处理数据。
- 第 12～17 行定义了向服务器端发送消息的方法。需要注意的是，这里需要将消息数据的长度添加到字节数组的首部，将重新组装的字节数组发送给服务器。

### 6. 操纵飞机移动的 FlyControl 脚本

该脚本会根据 GameData 中定义的数据实时操纵飞机移动，同时，还会根据玩家操纵飞机的情况向服务器发送飞机的移动数据，具体代码如下。

代码位置：随书资源中源代码\第 13 章目录下的 Netty_Demo\Assets\Scripts\FlyControl.cs

```
1   public class FlyControl : MonoBehaviour {
2     public Camera camera;                                     //摄像机引用
3     Network net;                                              //Network 脚本引用
4     public Transform airPlane_1;                              //飞机模型 1
5     public Transform airPlane_2;                              //飞机模型 2
6     private Vector2 screenPos;                                //当前手指触摸屏的位置
7     private Vector2 deltaPos;                                 //手指触摸屏的偏移量
8     public GameObject background;                             //游戏画布背景
9     public Text tip;                                          //提示文本框
10    public GameObject connect;                                //“连接”按钮
11    void Start () {
```

```
12        Input.multiTouchEnabled = false;                    //禁用多指触控
13        screenPos = deltaPos = new Vector2(0f,0f);          //初始化触摸位置变量
14      }
15      void Update(){
16        if (GameData.state == 1) {                          //服务器连接成功
17          tip.text = " 连接服务器成功，\n 等待另一客户端连接…"; //显示提示信息
18          connect.SetActive(false);                         //将"连接"按钮设为不可见
19        }
20        if (GameData.state == 2) {                          //游戏开始
21          tip.text = "";                                    //将提示文字置空
22          background.SetActive(false);                      //隐藏游戏画布
23          setTouch();                                       //记录手指滑动范围
24          setPlane(airPlane_1, GameData.rx, GameData.ry);   //根据游戏数据设置飞机 1 的位置
25          setPlane(airPlane_2, GameData.gx, GameData.gy);   //根据游戏数据设置飞机 2 的位置
26      }}
27      public void Connect(){                                //连接服务器
28        net = new Network();                                //创建 Network 对象
29      }
30      private void setTouch() {                             //记录手指滑动范围
31        if (Input.touchCount == 1) {                        //触摸屏幕数量为 1
32          if (Input.touches[0].phase == TouchPhase.Began) {     //开始触屏
33            screenPos = Input.touches[0].position;              //记录触摸屏的起始位置
34          } else if (Input.touches[0].phase == TouchPhase.Moved){  //手指滑动
35            deltaPos.x = Input.touches[0].position.x - screenPos.x;  //记录沿 x 方向的偏移量
36            deltaPos.y = Input.touches[0].position.y - screenPos.y;  //记录沿 y 方向的偏移量
37            screenPos = Input.touches[0].position;          //重置触屏的起始位置
38            byte[] msg = new byte[12];                      //创建字节数组
39            ConvertUtil.fillData(msg, ConvertUtil.fromIntToBytes(CMD.KEY), 0, 4); //添加命令值
40            ConvertUtil.fillData(msg, ConvertUtil.fromFloatToBytes(deltaPos.x / Screen.width), 4, 4);
41            ConvertUtil.fillData(msg, ConvertUtil.fromFloatToBytes(deltaPos.y / Screen.height), 8, 4);
42            net.sendMSG(msg, net.sc);                       //向服务器发送数据包
43          }else if (Input.touches[0].phase == TouchPhase.Ended){  //触屏结束
44            deltaPos = new Vector2(0, 0);                   //重置偏移向量
45      }}}
46      private void setPlane(Transform airplane, float x, float y){  //设置飞机位置
47        Vector3 planeScreenPos = camera.WorldToScreenPoint(airPlane_1.position); //转化到屏幕坐标
48        planeScreenPos.x = x / GameData.limit * Screen.width;     //计算飞机 x 坐标
49        planeScreenPos.y = y / GameData.limit * Screen.height;    //计算飞机 y 坐标
50        Vector3 pos = camera.ScreenToWorldPoint(planeScreenPos);  //将飞机位置转化为世界坐标
51        airplane.position = pos;                                  //更新飞机位置
52    }}
```

- 第 2～10 行定义了成员变量，分别为摄像机引用、Network 脚本引用、两架飞机模型、触摸屏的起始位置、触摸屏的偏移量、提示文本框和“连接”按钮等变量。
- 第 11～14 行定义了 Start 方法，在游戏开始运行时就执行此方法。在该方法中会禁用多指触控，同时初始化触屏初始位置与偏移向量。
- 第 15～26 行为 Update 方法，该方法实时判断当前的游戏状态，若连接服务器成功则隐藏“连接”按钮，并更新提示信息；若游戏开始则隐藏游戏画布，并根据手指的滑动范围向服务器发送状态消息，同时，将 GameData 中的飞机位置数据赋值为飞机对象。
- 第 27～29 行为 Connect 方法，当按下“连接”按钮后会调用此方法。
- 第 30～45 行定义了 setTouch 方法，该方法会根据手指在屏幕上滑动的状态进行不同的操作。当手指开始触摸屏幕时记录触摸的起始位置；当手指滑动时，根据手指滑动的偏移量实时地向服务器发送数据；当手指离开屏幕后，重置偏移向量。
- 第 46～52 行定义了 setPlane 方法，该方法会根据 GameData 中的位置变量来更新游戏世界中的飞机位置，其中 GameData.limit 用于限制飞机的移动范围在屏幕的分辨率之内。

## 13.7 基于 KBEngine 服务器开发网络游戏

无论是 Unity Network 还是 Netty 技术，在编写网络游戏时都需要自己编写服务器底层，但是

由于许多开发人员并不能编写出优秀的网络服务器架构，因此本节将介绍一款完全可以应用于商业级网络游戏的免费服务器引擎——KBEngine。

### 13.7.1 环境的搭建

本小节将介绍 KBEngine 服务器环境的搭建。KBEngine 是一款开源的游戏服务端引擎，使用简单的约定协议就能使客户端与服务器端进行交互，使用 KBEngine 插件能够快速地与 Unity 3D、OGRE、Cocos2d、HTML 等技术结合形成一个完整的网络游戏。

#### 1. 开源服务器的下载

搭建 KBEngine 服务器环境的第一步是下载 KBEngine 服务器资源，读者可以登录 KBEngine 官网来下载资源。打开浏览器，进入 KBEngine 官网，如图 13-43 所示。单击 DownLoad 按钮，进入下载网页，单击 Source Code（zip）按钮，下载服务器资源，如图 13-44 所示。

▲图 13-43 KBEngine 官网

▲图 13-44 下载服务器资源

#### 2. 服务器资源的编译

搭建 KBEngine 服务器环境的第二步是编译服务器资源。下载好的服务器还不能通过双击 start_server.bat 文件进行启动，因为下载好的服务器仅仅是源码，其缺少一些文件，这时需要将服务器源码编译成 DLL 文件等，编译成功后服务器才可以顺利启动，具体步骤如下。

（1）将下载好的服务器资源解压到非中文路径文件夹中，利用 Microsoft Visual Studio 编辑器，打开服务器资源解决方案文件。解决方案文件位于服务器文件夹下的 kbe\src 文件夹中，如图 13-45 所示。之后在编辑器中就可以查看解决方案文件，如图 13-46 所示。

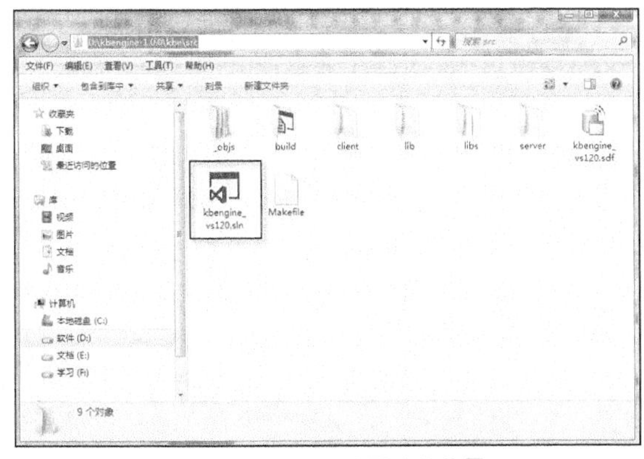


▲图 13-45 解决方案文件位置

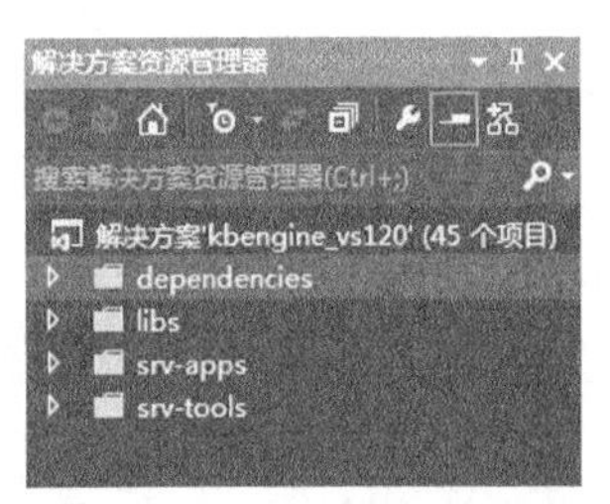


▲图 13-46 打开解决方案文件

（2）从上到下依次编译这 4 个项目。例如，右击第一个文件夹 dependencies，在弹出的快捷菜单中选择“生成”，如图 13-47 所示。然后等待编译成功即可，直到 4 个项目均编译完成，如图 13-48 所示。

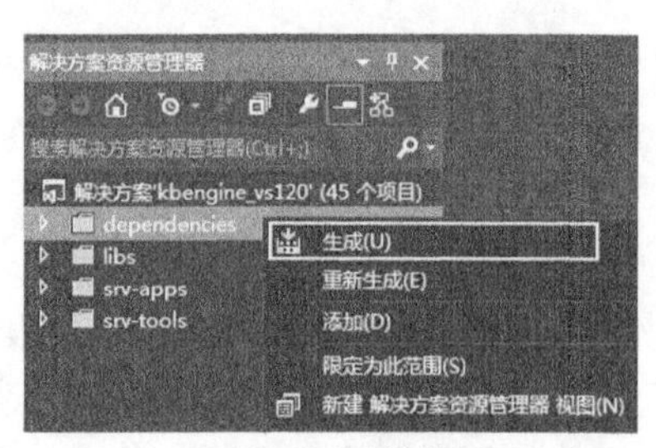


▲图 13-47　开始编译

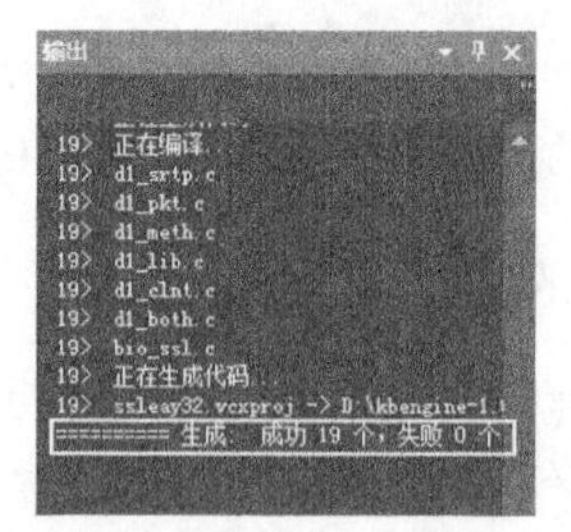


▲图 13-48　编译成功

### 3. 数据库的配置

搭建 KBEngine 服务器环境的第 3 步是配置数据库。配置数据库的原因是：应用 KBEngine 服务器开发游戏时，一些数据需要保存在数据库中，如用户的登录账号、密码或者玩家的属性等，这与当今市场上的大多数手机网游的架构是类似的，具体步骤如下。

（1）KBEngine 服务器需要数据库的支持，读者可自行查阅资料来安装 MySQL。Navicat 是一套快速、可靠的数据库管理工具，读者也可以安装其他数据库管理工具，下面的操作以 Navicat 为例。数据库初始不区分大小写，因此需要设置 MySQL 的配置文件 my.ini，如图 13-49 所示。

（2）建立自己的数据库，该数据库是专门为 KBEngine 服务器建立的。打开 Navicat，右击左侧框中的 localhost，从上下文菜单中选择 Console，如图 13-50 所示。输入下面的 MySQL 代码段，按 Enter 键运行，然后重新启动 MySQL 服务。Mysql.Sql 代码段如下。

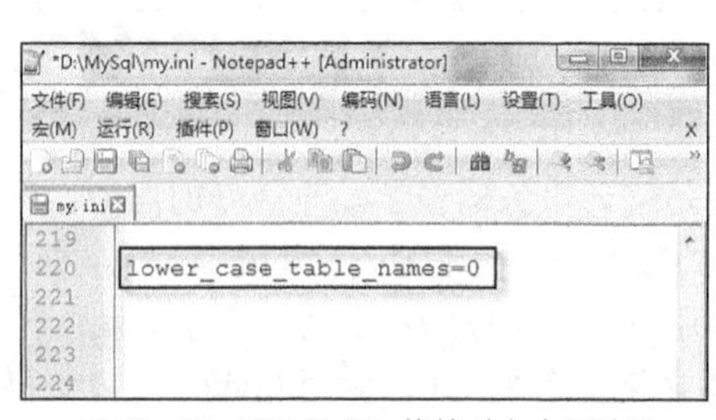


▲图 13-49　配置 MySQL 使其对大小写敏感

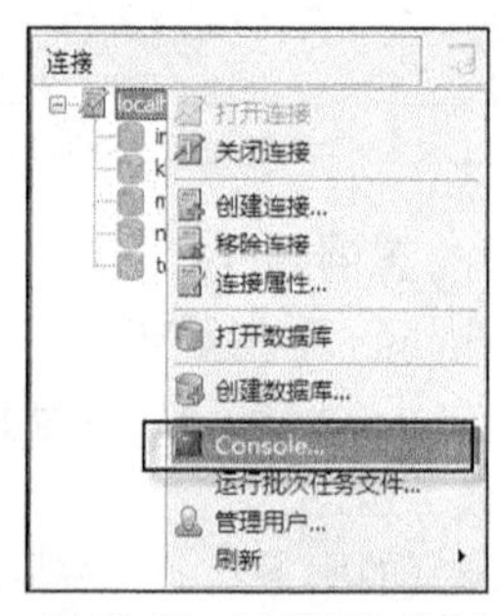


▲图 13-50　运行 SQL 代码

```
1   use mysql;
2   delete from user where user='';
3   FLUSH PRIVILEGES;
4   grant all privileges on *.* to kbe@'%' identified by 'kbe';
5   grant select,insert,update,delete,create,drop on *.* to kbe@'%' identified by 'kbe';
6   FLUSH PRIVILEGES;
```

**说明**　读者如果学过 SQL，则应该能看懂上述代码段，如果看不懂也没关系。其含义是，禁止空密码登录（为了安全考虑），然后新建了一个名为 kbe 的用户，给 KBEngine 使用。如果还是不理解也没关系，总之到这步数据库已经建立好了。

（3）所有准备工作做好之后，就可以打开服务器文件夹中的 assets 文件夹下的 start_server.bat 文件来启动服务器了。注意，每个游戏客户端都对应一个自己的 assets 文件夹，而 assets 文件夹中的脚本需要自己来编写。服务器启动成功后会弹出 9 个黑色的 DOS 窗口，其中一个 DOS 窗口如图 13-51 所示。

### 4. 插件的下载

当应用 KBEngine 服务器与 Unity 引擎编写客户端时，需要开发人员下载一个对应的 KBEngine 插件，读者可在 GitHub 网站搜索下载。下载该插件后，将插件中的脚本放在 Unity 项目的 Assets\Plugins\kbengine 文件夹下，如图 13-52 所示。

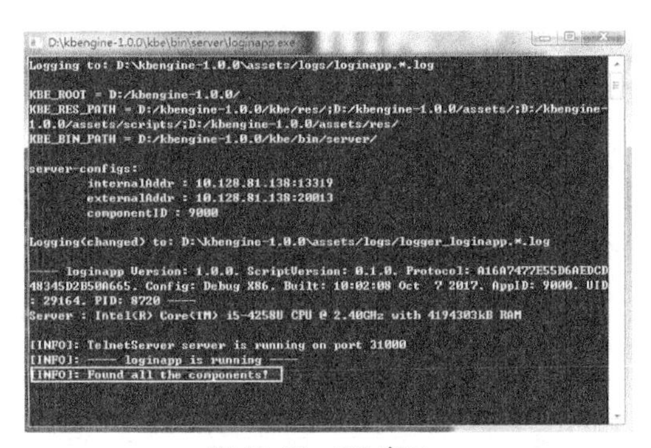


▲图 13-51　DOS 窗口

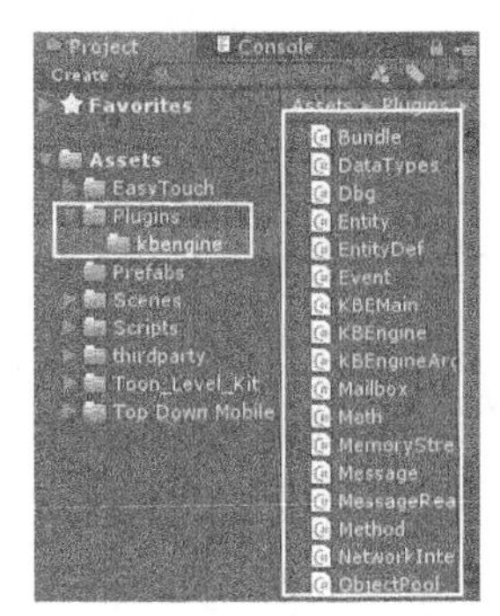


▲图 13-52　放置 KBEngine 插件

## 13.7.2　示例的效果预览

13.7.1 节介绍了 KBEngine 服务器环境的搭建，下面将给出一个基于 KBEngine 服务器开发的 Unity 网络游戏示例。在 Unity 开发的客户端上能控制一个人物在场景中走动，通过服务器同步后在多台客户端上都可以实时地看到其他客户端控制的人物。示例效果如图 13-53～图 13-55 所示。

▲图 13-53　示例效果 1

▲图 13-54　示例效果 2

▲图 13-55　示例效果 3

## 13.7.3　示例场景的搭建

13.7.2 节介绍了示例的预览效果，本节将进行示例场景的搭建。读者可以先搭建一个较为简单的场景，等到示例开发完毕后再将 IceWorld.unitypackage 场景模型包导入。下面介绍基本示例场景的搭建。

（1）右击 Project 面板，在弹出的快捷菜单中选择 Import New Asset，弹出 Import New Asset 对话框，选择要导入的文件后单击 Import 按钮即可。当然读者也可以在外部选中要导入的资源文件直接拖曳到 Unity 的 Project 面板中。

（2）新建一个场景并命名为 start。选择 GameObject→Create Empty，创建一个空物体，如图 13-56 所示，将此空物体命名为 kbe_clientapp。再创建一个空物体，并将此空物体命名为 game_render，如图 13-57 所示。

（3）新建两个场景，将其分别命名为 login 和 world。在 world 场景中创建摇杆，将 EasyTouch 资源包导入项目，选择菜单栏上新出现的 Hedgehog Team→EasyTouch→Extensions→Adding a new joystick，添加一个新摇杆，效果如图 13-58 所示。

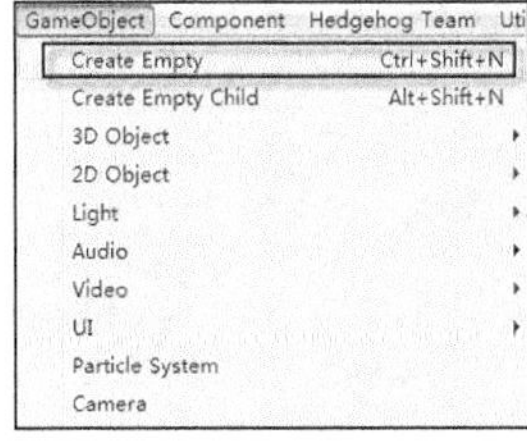


▲图 13-56　创建空物体

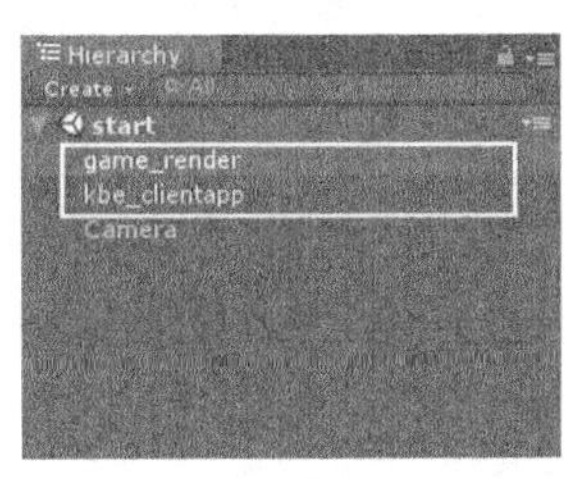


▲图 13-57　命名空物体

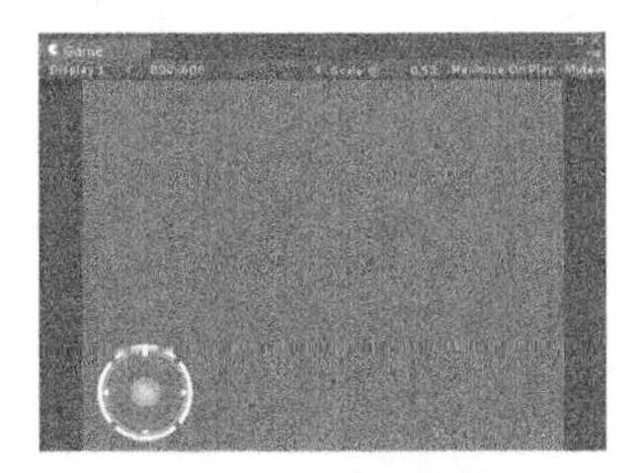

▲图 13-58　添加摇杆

（4）示例的基本场景搭建到此结束，在下面的小节中将介绍示例的服务器端与客户端的开发。

等到示例开发完毕后，可以将 IceWorld.unitypackage 资源包导入，其中包含一个制作好的精美地形场景预制件，读者可以应用该场景美化示例。

### 13.7.4　服务器端的开发

13.7.3 节介绍了示例场景的搭建，本小节将介绍示例中的服务器端的开发。服务器的作用是接收从若干个客户端传来的信息，经过处理后再将统一的数据发回给客户端。图 13-59 所示为服务器端与客户端通信交互示意图。

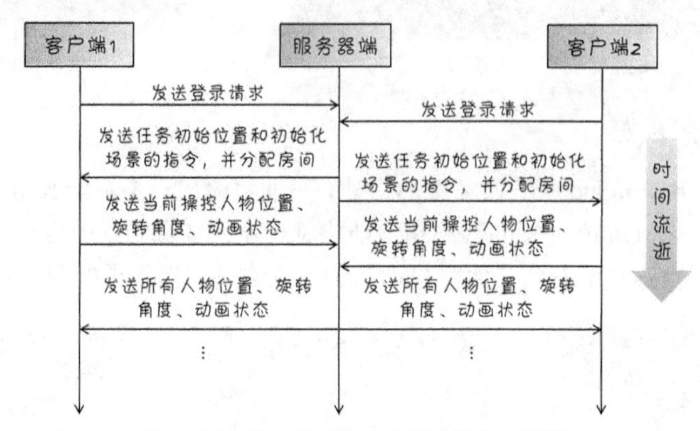


▲图 13-59　服务器端与客户端通信交互示意图

客户端连接服务器端后会向服务器发送登录请求，由服务器检测是否登录成功。如果登录成功，则服务器会反馈给客户端人物模型的初始位置和初始化场景的指令，并为客户端玩家分配房间。每当服务器收到客户端人物状态改变的提醒时，就会发送给其他所有在线的客户端，保证游戏画面的一致性。

> **说明**　图 13-59 只列出了两个客户端与服务器端之间的交互，而多个客户端与服务器端之间的交互示意图与之类似，有能力的读者可以自行完善。服务器端使用了 Python 语言进行开发，由于篇幅问题在这里不对代码进行讲解，有兴趣的读者可以自行查看随书资源中服务器的源代码。

### 13.7.5　客户端的开发

本小节将介绍本示例客户端的开发，客户端的工作就是先向服务器端发送登录请求，由服务器验证账号和密码。等到所有客户端到位后，若是客户端发送了操控指令就将操控信息发送给服务器，然后根据服务器返回的数据操控人物跑动。下面将具体介绍客户端的开发流程。

#### 1. 用户类 Avatar 的开发

在本示例中服务器端与客户端的交互方法大多都在用户类 Avatar 中，如发布人物进入场景的消息、同步更新人物位置朝向及状态的消息、设置人物移动速度的消息等，具体代码如下。

代码位置：随书资源中源代码\第 13 章目录下的 kbengine_Unity 3D_test\Assets\Scripts\kbe_scripts\Avatar.cs

```
1   using System;
2   using UnityEngine;
3   using System.Linq;
4   using System.Collections;
5   using System.Collections.Generic;
6   public class Avatar : KBEngine.EntityCommon {
7     public Avatar() { }                                    //构造函数
8     public override void __init__() {
```

```
9        if(isPlayer()) {
10          Event.registerIn("updatePlayer", this, "updatePlayer");   //注册 updatePlayer 消息
11          Event.registerIn("set_moveSpeed", this, "set_moveSpeed"); //注册set_moveSpeed消息
12          Event.registerIn("changeState", this, "changeState");     //注册 changeState 消息
13          Event.fireOut("onLoginSuccessfully", new object[] {
14          KBEngineApp.app.entity_uuid, id, this });           //触发登录成功事件
15      }}
16      public override void onEnterWorld() {                   //人物进入场景时调用
17        base.onEnterWorld();
18        if(isPlayer()) {                                       //如果人物是自身控制的人物
19          //发送 onAvatarEnterWorld 消息
20          Event.fireOut("onAvatarEnterWorld", new object[] { KBEngineApp.app.entity_uuid, id, this });
21      }}
22      public virtual void updatePlayer(float Px, float Py, float Pz, float yaw) { //更新人物属性的方法
23        position.x = Px;                                       //更新人物 x 坐标
24        position.y = Py;                                       //更新人物 y 坐标
25        position.z = Pz;                                       //更新人物 z 坐标
26        direction.z = yaw;                                     //更新人物朝向
27      }
28      public void changeState(Byte isWlak) {                  //更新人物动画状态的方法
29        cellCall("changeState", new object[] { isWlak });    //调用服务器 changeState 方法
30      }
31      public void onchangeState(Byte state, string name) {   //onchangeState 消息回调
32        KBEngine.Event.fireOut("onchangeState", new object[] { state, name });//发送onchangeState消息
33      }
34      public virtual void set_moveSpeed(object old) {        //设置人物移动速度的方法
35        object v = getDefinedProperty("moveSpeed");          //获取移动速度
36        Event.fireOut("set_moveSpeed", new object[] { this, v });  //发送 set_moveSpeed 消息
37  }}
```

- 第 1～5 行为命名空间的引入，由于本类是自定义类而且用到了 KBEngine 插件等知识的 API，因此要将用到的命名空间导入。
- 第 6～15 行首先定义了本类的空构造函数，之后重写了初始化方法__init__()。在初始化方法中，依次注册了同步人物位置朝向的消息、设置人物移动速度的消息和改变人物状态的消息等。初始化成功后则触发登录成功事件。
- 第 16～21 行重写了人物进入场景时调用的方法。首先触发父类的 onEnterWorld 方法，然后判断当前进入场景的角色是否为本客户端控制的角色，如果是则发送 onAvatarEnterWorld 消息，客户端会在收到这条消息后执行创建角色等行为。
- 第 22～27 行定义了更新人物属性的方法，将人物的位置朝向实时保存在变量 position 和 direction 中。这两个变量由插件中的脚本实现，会自动同步到服务器。
- 第 28～37 行定义了改变人物状态的方法和设置人物移动速度的方法，其中 changeState 方法会通过 cellCall 方法调用服务器中的方法；而 onchangeState 方法是注册到服务器中的客户端方法，服务器可以直接调用此方法来改变客户端的人物状态。

### 2. 人物实体类 GameEntity 的开发

由于本示例是网络连接示例，因此人物实体类 GameEntity 包含了每个客户端的人物属性及可能拥有的行为方法，具体代码如下。

代码位置：随书资源中源代码\第 13 章目录下的 kbengine_Unity 3D_test\Assets\Scripts\u3d_scripts\GameEntity.cs

```
1  public class GameEntity : MonoBehaviour {
2    public bool isPlayer = false;                             //是否是自身玩家
3    public bool isAvatar = false;                             //是否是 Avatar 实体
4    public Vector3 destPosition = Vector3.zero;               //上一帧位置
5    public Vector3 destDirection = Vector3.zero;              //上一帧方向
6    public string entity_name = "";                           //实体名称
7    public int state = 0;                                     //人物状态
8    public bool isOnGround = true;                            //是否在地面上
9    public bool isControlled = false;                         //是否可控
```

```
10    public bool entityEnabled = true;                              //是否开启 entity
11    private Vector3 _position = Vector3.zero;                      //玩家位置
12    private Vector3 _eulerAngles = Vector3.zero;                   //旋转角度
13    private Vector3 _scale = Vector3.zero;                         //缩放
14    private float _speed = 0f;                                     //移动速度
15    private int isWlak = 0;                                        //是否正在行走
16    void OnGUI() {
17      //如果摄像机为空或者实体名称为空，则返回
18      if(Camera.main == null || entity_name == "") { return; }
19    }
20    void Start() {
21      KBEngine.Event.registerOut("onchangeState", this, "onchangeState");//监听onchangeState 消息
22    }
23    public void onchangeState(Byte state, string name) {   //onchangeState 消息回调
24      this.state = (int)state;                                     //获取状态
25      this.entity_name = (String)name;                             //获取实体名称
26    }
27    void Update() {
28      ……//此处省去了 Update 具体内容，将在下面详细讲解此方法
29    }
30    void FixedUpdate() {
31      if(!isAvatar) { return; }                                    //如果不是 Avatar，则返回
32      if(!entityEnabled || KBEngineApp.app == null) { return; } //如果未打开实体开关，则返回
33      if(isPlayer == isControlled) { return; }  //如果 isPlayer 与 isControlled 相同，则返回
34      KBEngine.Event.fireIn("updatePlayer", transform.position.x, transform.position.z,
35       transform.position.y, transform.rotation.eulerAngles.y); //更新人物位置朝向
36  }}
```

- 第 1～15 行定义了此类需要用到的变量，如是否是自身玩家的标志位、是否是 Avatar 实体的标志位、人物实体位置朝向、人物是否在地面上的标志位等。
- 第 16～19 行定义了 OnGUI 方法。在此绘制方法中，如果判断摄像机为空或者实体名称为空，则直接返回。
- 第 20～22 行定义了 Start 方法，注册了 onchangeState 消息的监听，其中发送 onchangeState 消息的方法详见之前介绍的用户类 Avatar 中。
- 第 23～29 行定义了 onchangeState 消息回调方法，当监听到 onchangeState 改变人物状态的消息时，系统会将消息中保存的状态参数及实体名称保存在此类的变量中。
- 第 30～36 行定义了 FixedUpdate 方法。首先做了一些判断，如果不是 Avatar，则返回；如果未打开实体开关，则返回；如果 isPlayer 与 isControlled 相同，则返回。在每一帧的最后，发送同步人物位置朝向的消息，并将此时人物的位置朝向通过消息发送给其他监听类。

### 3. 实现人物实体类 GameEntity 中的 Update 方法

人物模型的属性状态需要实时同步，这样才可以实现多客户端的画面一致性，这些同步逻辑就在 Update 方法中，具体代码如下。

代码位置：随书资源中源代码\第 13 章目录下的 kbengine_Unity 3D_test\Assets\Scripts\u3d_scripts\GameEntity.cs

```
1   void Update() {
2     if(!isAvatar) { return; }                                  //如果不是 Avatar，则返回
3     if(!entityEnabled) {                                       //如果未打开实体开关
4       position = destPosition;                                 //记录位置
5       return;                                                  //直接返回
6     }
7     float deltaSpeed = (speed * Time.deltaTime);               //瞬时速度
8     if(isPlayer) {                                             //如果是玩家
9       //如果速度大于 0.1，则播放奔跑动画，否则播放静止动画
10      if(GetComponent<CharacterController>().velocity.magnitude > 0.1f && isWlak == 0) {
11        isWlak = 1;                                            //表示正在行走
12        KBEngine.Avatar avatar = (KBEngine.Avatar)KBEngineApp.app.player();
13        if(avatar != null) {                                   //如果获取 Avatar 成功
14          avatar.changeState((Byte)isWlak);                    //改变人物状态
15      }} else if(GetComponent<CharacterController>().velocity.magnitude <= 0.1f && isWlak == 1) {
```

```
16          ……//这里省略了改变人物动画状态的代码，有兴趣的读者可以自行查看随书源代码
17        }}
18        if(isWlak == 1) {                                              //如果是否行走标志位为 1
19          GetComponent<Animation>().CrossFade("Run", 0.0f);    //播放行走动画
20        } else {
21          GetComponent<Animation>().CrossFade("Idle", 0.0f); //播放静止动画
22        }
23        GetComponent<EasyTouchDemo>().enabled = true;           //允许遥感操控玩家
24      } else {
25        float dist = Vector3.Distance(new Vector3(destPosition.x, destPosition.y, destPosition.z),
26              new Vector3(position.x, position.y, position.z));  //计算两帧之间人物的移动距离
27        if(dist > 0.01f) {                                            //如果移动距离大于 0.01
28          Vector3 pos = position;                                     //记录当前位置
29          Vector3 movement = destPosition - pos;                      //获取两帧之间的移动向量
30          movement.Normalize();                                       //规格化
31          movement *= deltaSpeed;                                     //乘以瞬时速度计算真实距离
32          if(dist > deltaSpeed || movement.magnitude > deltaSpeed){ //如果满足移动条件
33            pos += movement;                                          //更新位置
34          } else { pos = destPosition; }                              //不更新位置
35          position = pos;                                             //更改模型位置
36        } else { position = destPosition; }                           //不更改模型位置
37        if(Vector3.Distance(eulerAngles, destDirection) > 0.0004f) {//如果满足旋转条件，则修改旋转角
38          rotation = Quaternion.Slerp(rotation, Quaternion.Euler(destDirection), 8f * Time.deltaTime);
39        }
40        if(transform.name.Equals(entity_name)) { //利用实体名称判断改变属性的是不是此脚本的对应模型
41          if(state == 1) {                                              //如果状态标志为 1
42            GetComponent<Animation>().CrossFade("Run", 0.0f); //播放行走动画
43          } else {                                     //如果状态标志不为 1
44            GetComponent<Animation>().CrossFade("Idle", 0.0f); //播放静止动画
45    }}}}
```

- 第 1～7 行主要是做了一些判断，判断当前实体是否可以操控（分为当前客户端直接操控与服务器同步其他客户端进行操控），如果不满足操控条件则直接返回；如果可以操控，则获取实体的瞬时速度。
- 第 8～17 行判断当前实体是否为本客户端控制，如果是则判断当前人物的速度是否大于 0.1，如果是则代表人物正在移动，此时更改标志位并调用 changeState 方法。该方法主要的作用是修改服务器中实体的状态，保证其他客户端收到当前实体改变状态的消息。
- 第 18～23 行通过判断 isWalk 的值来决定播放行走动画还是静止动画。因为这里已经判断了当前实体为当前客户端操控，所以要打开操控脚本 EasyTouchDemo。
- 第 24～31 行定义了非当前客户端操控的人物实体的同步方法。在此之前的代码主要定义了当前客户端通过摇杆控制实体的方法，如果非当前客户端对人物实体进行操控，则需要计算两帧之间人物移动的距离，通过该距离计算真实位移。
- 第 32～36 行继续计算实体的最终位置，如果实体满足了移动条件，则将其位置更新；如果不满足移动条件，则人物实体的位置仍保持上一帧的位置。
- 第 37～45 行的主要功能是同步非当前客户端操控的人物实体的朝向，之后通过判断实体的状态来决定播放行走动画还是静止动画。

#### 4. 控制注册登录的 UI 类

该类主要是注册了一些与连接服务器相关的事件，并且完成了注册登录功能，具体代码如下。

代码位置：随书资源中源代码\第 13 章目录下的 kbengine_Unity 3D_test\Assets\Scripts\u3d_scripts\UI.cs

```
1   public class UI : MonoBehaviour {
2     public static UI inst;                                        //UI 控件
3     public int ui_state = 0;                                      //UI 状态层
4     private string stringAccount = "";                            //账号
5     private string stringPasswd = "";                             //密码
6     private string labelMsg = "";                                 //信息
7     private Color labelColor = Color.green;                       //label 颜色
```

```
8       void Start() {
9         installEvents();                                          //初始注册事件
10        SceneManager.LoadScene("login");                          //进入注册登录界面
11      }
12      ……//此处省略了注册事件的具体内容，有兴趣的读者可以自行查看随书源代码
13      void onLoginUI() {                                          //单击登录调用此方法
14        if(GUI.Button(new Rect(Screen.width / 2 - 100, Screen.height / 2 + 30, 200, 30),
15          "Login(登录)")) {                                         //如果单击“登录”按钮
16          //如果账号和密码符合规范，则发布登录消息，否则输出错误信息
17          if(stringAccount.Length > 0 && stringPasswd.Length > 5) {
18            login();                                              //调用登录方法
19          } else {
20            err("account or password is error, length < 6!(账号或者密码错误，长度必须大于5!)");
21        }}
22        if(GUI.Button(new Rect(Screen.width / 2 - 100, Screen.height / 2 + 70, 200, 30),
23          "CreateAccount(注册账号)")) {                              //如果单击“注册账号”按钮
24          //如果账号和密码符合规范，则发布注册消息，否则输出错误信息
25          if(stringAccount.Length > 0 && stringPasswd.Length > 5) {
26            createAccount();                                      //调用注册方法
27          } else {
28            err("account or password is error, length < 6!(账号或者密码错误，长度必须大于5!)");
29        }}
30        stringAccount = GUI.TextField(new Rect(Screen.width / 2 - 100, Screen.height / 2 - 50,
31          200, 30), stringAccount, 20);
32        stringPasswd = GUI.PasswordField(new Rect(Screen.width / 2 - 100, Screen.height / 2 - 10,
33          200, 30), stringPasswd, '*');
34      }
35      public void login() {                                       //登录的方法
36        SceneManager.LoadScene("world");                          //跳转场景
37        info("connect to server...(连接到服务端...)");              //显示提示信息
38        KBEngine.Event.fireIn("login", stringAccount, stringPasswd, System.Text.Encoding.
39          UTF8.GetBytes("kbengine_Unity 3D_balls"));              //发送 login 消息
40      }
41      public void createAccount() {                               //注册的方法
42        info("connect to server...(连接到服务端...)");              //显示提示信息
43        KBEngine.Event.fireIn("createAccount", stringAccount, stringPasswd, System.Text.Encoding.
44          UTF8.GetBytes("kbengine_Unity 3D_balls"));              //发送 createAccount 消息
45      }
46      ……//此处省略了一些消息监听返回的方法，有兴趣的读者可以自行查看随书源代码
47  }
```

- 第 1～12 行定义了 UI 类的相关变量，包括 UI 控件、UI 状态层及保存账号和密码的字符串等。接下来定义了 Start 方法，在此方法中初始化了事件，注册事件成功后进入注册登录界面。
- 第 13～21 行定义了单击“登录”按钮的方法。当单击“登录”按钮时，如果账号和密码符合规范，则发布登录消息，否则输出错误信息。
- 第 22～34 行定义了如果单击“注册账号”按钮调用的方法。当单击“注册账号”按钮时，如果账号和密码符合规范，则发布注册消息，否则输出错误信息。之后需要将控件中的账号和密码储存在变量中，以便后续代码使用。
- 第 35～40 行定义了登录的方法。当登录验证成功后，首先跳转到游戏场景，输出提示信息，然后发送一个登录消息给插件，此消息包括之前赋值的账号和密码字符串变量。此消息发送给插件层，再由插件层发送到服务器。
- 第 41～47 行定义了注册的方法。当注册验证成功后，首先显示提示信息，之后发送类似登录的消息。注册也是发送一个消息给插件，此消息包括之前赋值的账号和密码等字符串变量。

**说明**　上面脚本介绍中省略了一些逻辑代码，如事件注册、某些消息回调函数等，有兴趣的读者可以自行查看随书源代码。在消息传送中，客户端一般先把消息发送给插件层，再由插件层发送到服务器，当然也可以直接利用 CellCall 等方法直接与服务器进行沟通，这里需要读者自己理解。

### 5. 实现加载场景的类 World

该类主要是完成创建场景的工作，其次同步场景中人物属性的一些方法也在此类中定义，具体代码如下。

代码位置：随书资源中源代码\第 13 章目录下的 kbengine_Unity 3D_test\Assets\Scripts\u3d_scripts\World.cs

```
1   public class World : MonoBehaviour {
2     private GameObject scene = null;                    //游戏场景
3     public GameObject scenePerfab;                      //游戏场景预制件
4     private GameObject player = null;                   //玩家
5     public GameObject avatarPerfab;                     //玩家预制件
6     public static int ROOM_MAX_PLAYER = 0;              //房间最大玩家数
7     public static int GAME_ROUND_TIME = 0;              //一局游戏时间（s）
8     void Start() { installEvents(); }                   //初始化注册事件
9     ……//此处省略了注册事件的具体内容，有兴趣的读者可以自行查看随书源代码
10    public void onSetSpaceData(UInt32 spaceID, string key, string value) { //设置场景数据
11      if("ROOM_MAX_PLAYER" == key){
12          ROOM_MAX_PLAYER = int.Parse(value);           //设置房间最大玩家数
13      } else if("GAME_MAP_SIZE" == key) {
14          GAME_ROUND_TIME = int.Parse(value);           //设置一局游戏时间
15    }}
16    public void addSpaceGeometryMapping(string respath) {
17      //如果场景不为空，则复制游戏场景预制件
18      if(scene == null && scenePerfab != null) { scene = Instantiate(scenePerfab) as GameObject; }
19      //如果玩家不为空，则玩家打开 GameEntity 开关
20      if(player) { player.GetComponent<GameEntity>().entityEnable(); }
21    }
22    public void onAvatarEnterWorld(UInt64 rndUUID, Int32 eid, KBEngine.Avatar avatar) {
23      if(!avatar.isPlayer()) { return; }                //如果 avatar 不是自身玩家
24      createPlayer();                                   //创建玩家
25    }
26    ……//此处省略了创建玩家方法的具体内容，有兴趣的读者可以自行查看随书源代码
27    public void onEnterWorld(KBEngine.Entity entity) {
28      if(entity.isPlayer()) {
29        createPlayer();                                 //创建玩家
30      } else {
31        GameObject entityPerfab = avatarPerfab;         //设置预制件
32        entity.renderObj = Instantiate(entityPerfab, new Vector3(entity.position.x,
33           entity.position.z, entity.position.y),
34        Quaternion.Euler(new Vector3(entity.direction.y, entity.direction.z,
35           entity.direction.x))) as GameObject;         //复制玩家物体
36        ((GameObject)entity.renderObj).name = entity.className + entity.id; //设置名字
37        if(entity.className == "Avatar") {              //如果 entity 的 className 为 Avatar
38          ((GameObject)entity.renderObj).GetComponent<GameEntity>()
39           .isAvatar = true;                            //把 isAvatar 置为 true
40  }}}}
```

- 第 1～8 行定义了此类的相关变量，包括游戏场景、游戏场景预制件及玩家和玩家预制件等。接下来定义了 Start 方法，在此方法中初始化了事件，注册事件成功后进入注册登录界面。
- 第 10～15 行定义了设置场景数据的方法。在客户端登录成功后，服务器会发送建立场景的消息，这时客户端会调用 onSetSpaceData 方法来设置地图的信息。这里设置了房间最大玩家数及一局游戏的最长时间。
- 第 16～21 行定义了加载地图场景的方法，此方法同样是在客户端登录成功之后调用。首先判断场景是否为空，如果场景不为空，则记载场景预制件；然后判断玩家是否为空，如果玩家不为空，则玩家打开 GameEntity 脚本开关。
- 第 22～26 行定义了 avatar 实体进入场景的方法。此方法较为简单，判断当前 avatar 实体是否是自身客户端控制，如果是则调用 createPlayer 方法，反之直接返回。
- 第 27～40 行定义了实体进入场景的方法，首先判断是否是自身客户端控制的人物，如果是则调用 createPlayer 方法创建角色；如果不是则代表当前进入场景的角色是其他客户端控制的，

那么通过复制预制件的方法来创建一个角色，并设置相关属性。

#### 6. 编写控制玩家行走的脚本 EasyTouchDemo

此类中主要是完成了摇杆对于角色的控制，包括角色的前后移动及左右旋转，具体代码如下。

代码位置：随书资源中源代码\第 13 章目录下的 kbengine_Unity 3D_test\Assets\Scripts\u3d_scripts\EasyTouchDemo.cs

```
1    public class EasyTouchDemo : MonoBehaviour {
2      private CharacterController controller;              //角色控制器
3      private Vector3 MoveDrection;                        //移动方向
4      public float runSpeed = 600.0f;                      //移动速度
5      public float rotateSpeed = 1.5f;                     //转身速度
6      public GameObject myJoystick;                        //摇杆
7      void Start() {
8        controller = (CharacterController)this.GetComponent("CharacterController");
                                                            //初始化角色控制器
9      }
10     void FixedUpdate() {                                 //摇杆移动调用方法
11       MoveDrection = new Vector3(0, 0, 1);               //初始化移动方向
12       MoveDrection = transform.TransformDirection(MoveDrection);    //设置移动方向
13       if(myJoystick == null) { return; }                 //如果没有摇杆，则直接返回
14       float joyPositonX = myJoystick.GetComponent<EasyJoystick>().
15         JoystickTouch.x;                                 //获得摇杆偏移量 x 的值
16       float joyPositonY = myJoystick.GetComponent<EasyJoystick>().\
17         JoystickTouch.y;                                 //获得摇杆偏移量 y 的值
18       if(joyPositonY > 0.5f) {                           //如果摇杆 y 轴偏移量大于 0.5
19         controller.SimpleMove(MoveDrection * (Time.deltaTime * runSpeed)); //角色前进
20       }
21       if(joyPositonY < -0.5f) {                          //如果摇杆 y 轴偏移量小于-0.5
22         controller.SimpleMove(-MoveDrection * (Time.deltaTime * runSpeed)); //角色后退
23       }
24       if(joyPositonY == 0.0f) {                          //如果摇杆 y 轴偏移量为 0
25         controller.SimpleMove(MoveDrection * (Time.deltaTime * 0.0f)); //角色静止
26       }
27       if(joyPositonX < -0.5f) {                          //如果摇杆 x 轴偏移量小于-0.5
28         this.transform.Rotate(0, -1.0f, 0);              //角色向左旋转
29       }
30       if(joyPositonX > 0.5f) {                           //如果摇杆 x 轴偏移量大于 0.5
31         this.transform.Rotate(0, 1.0f, 0);               //角色向右旋转
32   }}}
```

- 第 1～9 行定义了此类的相关变量，包括角色控制器、移动方向及移动速度等。接下来定义了 Start 方法，在此方法中初始化了角色控制器对象。
- 第 10～17 行定义了 FixedUpdate 方法。首先初始化角色移动方向，然后将此时角色的朝向设置为当前角色移动方向。如果没有摇杆则返回，然后获取了摇杆的 $x$ 轴和 $y$ 轴偏移量。
- 第 18～26 行完成了角色前后移动的判断，分为 3 种情况，分别是前进、后退及静止。例如，当摇杆 $y$ 轴偏移量大于 0.5 时视为前进。
- 第 27～32 行完成了角色左右旋转的判断，分为 2 种情况，分别是向左旋转及向右旋转。例如，当摇杆 $x$ 轴偏移量大于 0.5 时视为向右旋转。

## 13.8 本章小结

本章主要介绍了多线程技术及网络开发技术。多线程技术部分主要介绍了多线程技术的基础知识、多线程技术用于大量计算和多线程技术在网络开发中的应用 3 部分。网络开发技术部分主要介绍了分别基于 Unity Network、Netty 与 KBEngine 开发的 Unity 网络游戏。通过本章的学习，读者可以在以后的开发中熟练地使用多线程技术和网络开发技术。

# 第 14 章　Unity 2D 游戏开发

在当今的游戏市场，2D 游戏仍然占据着很大的市场份额，尤其是对于移动设备，如手机、平板电脑等，2D 游戏仍然是主要的休闲娱乐方式。针对这种情况，Unity 在 4.3 版本以后加入了 Unity 2D 游戏开发工具集。本章将对 Unity 2D 游戏开发进行详细介绍。

## 14.1 Unity 2D 简介

本节主要介绍 Unity 2D 的基础知识，主要包括 Unity 2D 项目的创建、Unity 2D 的功能和 Unity 2D 游戏开发的工作流程。通过本节的学习，读者将对 Unity 2D 游戏开发有一个基本的认识。下面将对这几部分分别进行介绍。

### 14.1.1 Unity 2D 项目的创建

使用 Unity 开发 2D 游戏需要创建一个专门的 2D 项目。如果创建的是一个 2D 项目，系统就会默认地将一些参数设置成开发 2D 游戏必需的参数，这样就会很方便地开始 2D 游戏的开发。下面将对 Unity 2D 项目的创建进行详细介绍。

（1）双击 Unity 图标，打开 Unity，出现新建或打开 Unity 项目界面，如图 14-1 所示。单击 New 按钮，新建一个项目，在新建项目界面中输入一个项目名称并且选择一个项目路径（项目名称和路径可以包含中文），如图 14-2 所示。

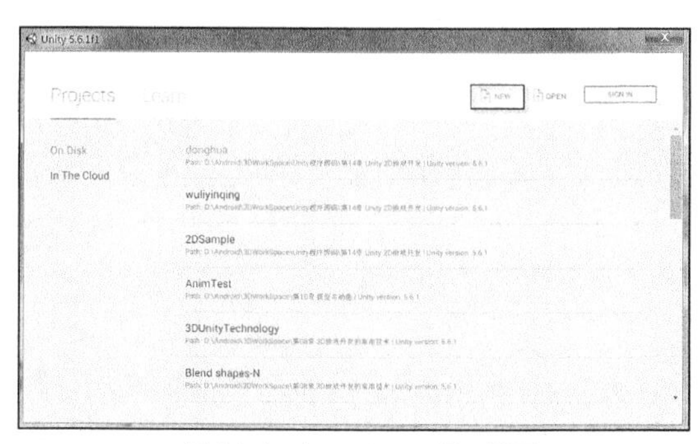


▲图 14-1　打开 Unity 项目界面

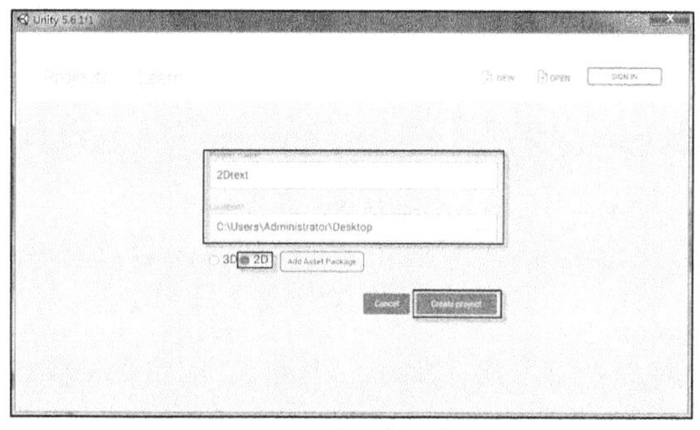


▲图 14-2　新建项目界面

（2）将创建的项目类型设置为 2D 项目。选中 2D 单选按钮，单击 Create Project 按钮即可新建并打开这个 2D 游戏项目，如图 14-3 所示。

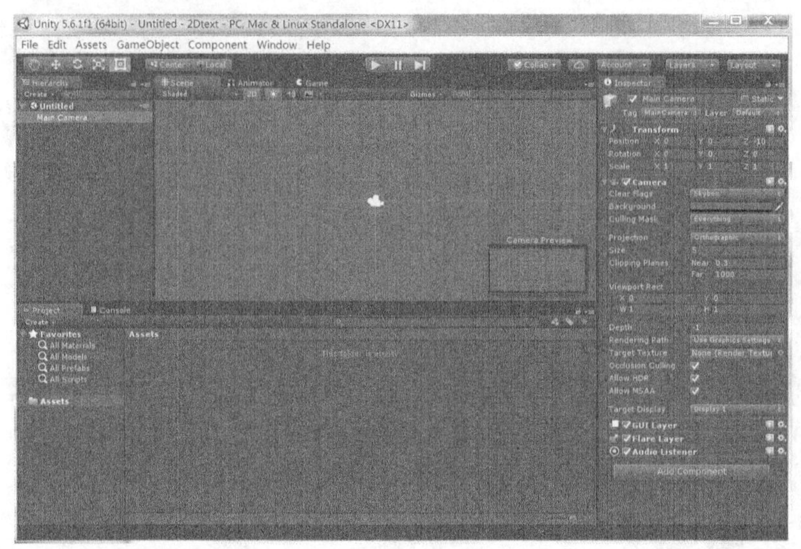

▲图 14-3　Unity 2D 项目界面

### 14.1.2　Unity 2D 的功能

14.1.1 节介绍了 Unity 2D 项目的创建，下面将对 Unity 2D 的功能进行简要介绍。本小节介绍的功能主要为 2D 游戏对象 Sprite、2D 游戏换帧动画图片的制作工具及 2D 游戏物理引擎，通过 Unity 中的这些功能就可以简单地开发出 2D 游戏了。下面将对这些功能分别进行介绍。

❑　2D 游戏对象 Sprite

Unity 为 2D 游戏开发提供了专门的 2D 游戏对象 Sprite，Sprite 对象上有一个 Sprite Renderer 组件，用于 Sprite 对象的渲染。Sprite Renderer 组件能够将一幅带有 Alpha 通道的图片渲染到平面上，同时 Sprite Renderer 组件中还专门提供了一个用于设置 2D 游戏遮挡层的参数。

❑　2D 游戏换帧动画图片的制作工具。

Unity 专门提供了一个制作 2D 游戏换帧动画图片的工具——Sprite Editor，该工具可以将带有该动画所有对应动作帧的一整张图片分割成每个动作帧一张图片。通过该工具可以将包含 Sprite 动画每帧图片的整张图片制作成 2D 换帧动画。

❑　2D 游戏物理引擎

Unity 为 2D 游戏开发了集成 Box2D 物理引擎并提供了一系列 2D 物理组件，通过这些组件可以非常简单地在 2D 游戏中实现物理特性。这些组件可以添加到 Sprite 对象上，使 Sprite 对象具有某种物理特性，如刚体等。

### 14.1.3　Unity 2D 游戏开发的工作流程

14.1.2 节简要介绍了 Unity 2D 的功能，本小节将对 Unity 2D 游戏开发的工作流程进行简要介绍。通过本小节的学习，读者将对 Unity 2D 游戏开发的工作流程有一个基本的认识。其工作流程如下。

（1）创建一个 2D 项目，具体步骤在 14.1.1 节有详细介绍，此处不再赘述。打开 2D 项目场景中的摄像机，默认使用平行投影。Scene 面板中默认选中 2D，该面板显示了一张平面网格，它还是屏幕的显示范围，如图 14-4 所示。

（2）创建 Unity 2D 游戏开发的核心对象 Sprite。选择 GameObject→2D Object→Sprite，即可创建一个 Sprite 对象，如图 14-5 所示。这时场景的平面中就会出现一个 Sprite 对象，它和 3D 物体一样，可以进行平移、旋转和缩放，只是对 *z* 轴的操作无效。

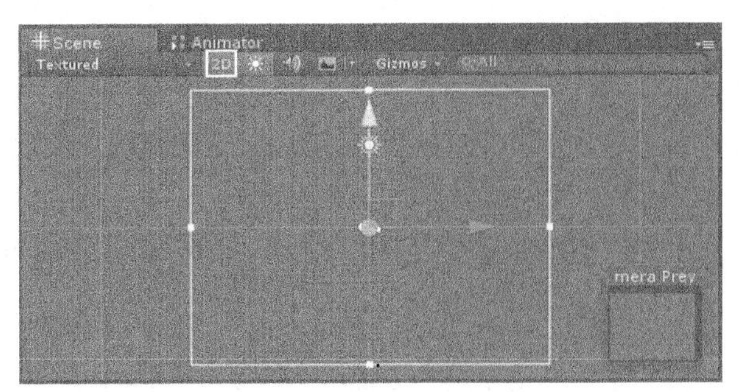


▲图 14-4　Scene 面板

（3）为 Sprite 对象指定贴图。在项目中导入一张带有 Alpha 通道的贴图，设置贴图的 Texture Type 为 Sprite，如图 14-6 所示。Sprite 对象的 Sprite Renderer 组件的 Sprite 参数设置为该贴图，这时场景中的 Sprite 对象就会出现这张贴图。

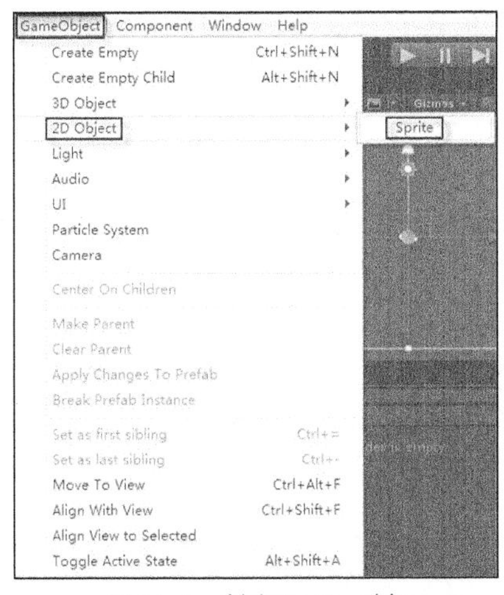


▲图 14-5　创建 Sprite 对象

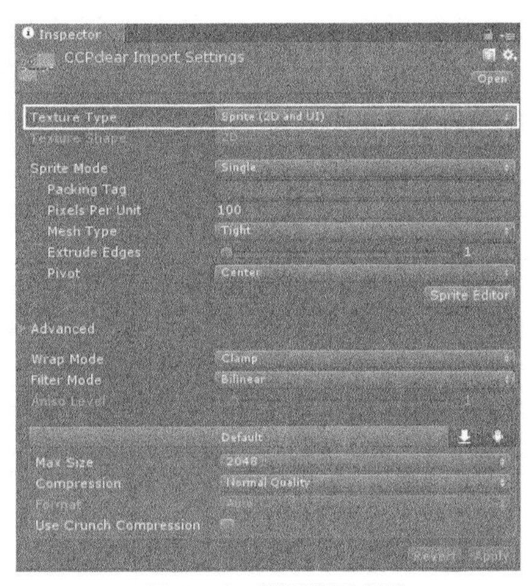


▲图 14-6　设置贴图类型

（4）通过不断改变 Sprite Renderer 组件的 Sprite 参数就可以实现动画的换帧效果，通过脚本控制 Sprite 对象就可以开发出 2D 游戏。

## 14.2　Unity 2D 核心功能对象——Sprite

14.1 节介绍了 Unity 2D 的基础知识，相信读者对 Unity 2D 游戏开发已经有了一个基本的认识。本节将围绕 Unity 2D 核心功能对象——Sprite，对 Unity 2D 游戏开发进行详细介绍。通过本节的学习，读者将对 Unity 2D 游戏开发有较深的认识。

### 14.2.1　Sprite 对象的创建和基本用法

本小节将介绍 Sprite 对象的创建和基本用法，主要包括使用两种方法创建 Sprite 对象及 Sprite 对象所带的组件。通过本小节的学习，读者将对 Sprite 对象的基本用法有一个基本的认识。下面将对这几部分分别进行介绍。

❑ Sprite 对象与所带组件的创建

Sprite 对象的创建方法有两种，一种是 14.1.3 节中介绍的，选择 GameObject→2D Object→Sprite 来创建一个空的 Sprite 对象，这种方法创建的 Sprite 对象包含一个 Sprite Renderer 组件，该组件用于在场景中渲染这个 Sprite 对象，但是 Sprite Renderer 组件的 Sprite 参数是空的。

另一种创建 Sprite 对象的方法是在项目中导入一张带有 Alpha 通道的贴图，设置贴图的 Texture Type 为 Sprite，然后将这个贴图拖曳到场景中，这时场景中就会出现带有这种贴图的 Sprite 对象。通过这种方法创建的 Sprite 对象的 Sprite Renderer 组件 Sprite 参数就是这个贴图。

❑ Sprite 对象的基本用法

创建出来的 Sprite 对象和 3D 对象一样可以进行平移、旋转和缩放等基本变换，只是因为 Sprite 对象是 2D 对象，所以对 *z* 轴的基本变换无效。Sprite 对象通过 Sprite Renderer 组件绘制在屏幕上，绘制的是 Sprite 参数设置的带有 Alpha 通道的贴图。

Unity 专门提供了 Sorting Layer 用于设置 Sprite 对象之间的遮挡关系。首先向 Tag&Layers 界面的 Sorting Layer 添加层，通过拖曳调整层遮挡的前后关系。然后设置 Sprite Renderer 组件的 Sorting Layer 参数，将 Sprite 对象放在某个层中。

### 14.2.2 换帧动画的制作

14.2.1 节介绍了 Sprite 对象的创建和基本用法，相信读者对 Sprite 对象已经有了一定的了解。本小节将对换帧动画的制作进行详细介绍。通过本小节的学习，读者将对 Sprite 对象的换帧动画的制作有一定的了解。

❑ 换帧图片的制作

换帧动画制作之前首先需要制作换帧动画所需的图片。使用图片制作软件制作出包含每帧换帧贴图的整张图片。然后将图片导入项目中，设置图片的 Texture Type 为 Sprite，设置 Sprite Mode 为 Multiple，如图 14-7 所示，表明该图片包含多帧换帧贴图。

换帧图片中的每帧贴图通过 Sprite Editor 工具分离出来。单击 Sprite Editor 按钮，打开 Sprite Editor 工具，如图 14-8 所示。Unity 默认通过图片 Alpha 通道的值自动分割贴图，但是系统默认的切割可能不符合实际要求，可以通过手动调整每个分离框的大小和位置来调节分割的贴图。

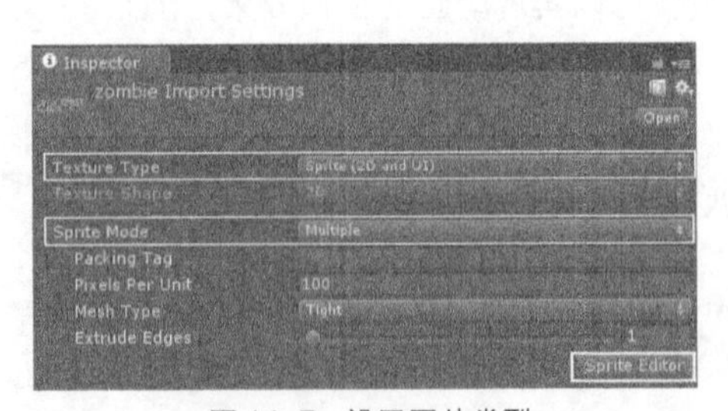


▲图 14-7 设置图片类型

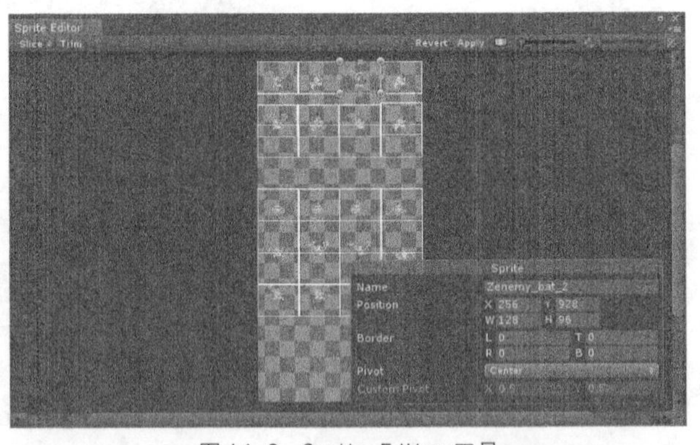


▲图 14-8 Sprite Editor 工具

❑ 换帧动画的制作

Unity 2D 制作换帧动画的方法有多种，但原理基本一样，都是通过定时改变 Sprite Renderer 组件的 Sprite 贴图来实现换帧动画。其中一种方法是通过脚本定时改变 Sprite Renderer 组件的 Sprite 参数来实现。

Unity 专门提供了一个制作动画的工具用于制作换帧动画。选中制作换帧需要的贴图，将其拖曳到场景，弹出保存该换帧动画的对话框，保存完成后就会在场景中出现一个包含拖曳到场景中的贴图的换帧动画的精灵。选中该精灵，选择 Window→Animation，弹出修改该动画的 Animation 工具，如图 14-9 所示。Animation 工具可以修改换帧动画的每帧贴图和换帧动画的播放速度，如果有需要还可以添加帧和修改帧的顺序。

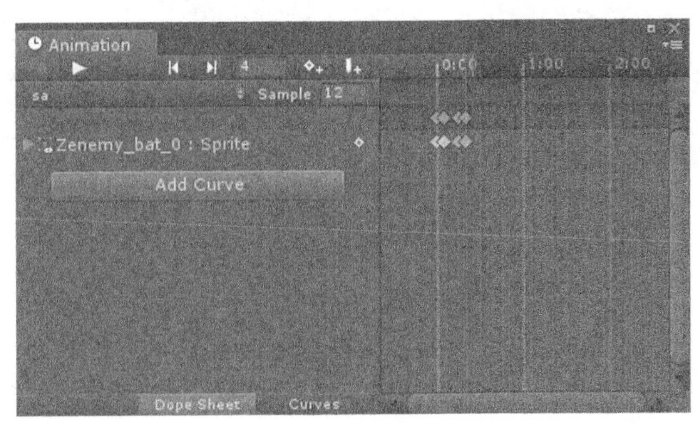


▲图 14-9　Animation 工具

### 14.2.3　制作换帧动画的具体步骤

前面介绍了 Sprite 对象的基本用法和换帧动画的制作，本小节将通过一个制作换帧动画的小示例来让读者对 Sprite 对象的基本用法和换帧动画的制作有一个更加明确的认识。示例的设计目的是使用两种方法制作换帧动画，具体操作步骤如下。

（1）新建一个 2D 项目，选择 File→New Scene，创建一个场景。按 Ctrl+S 快捷键，保存该场景，将其命名为 text。

（2）创建背景图片精灵，具体步骤参考 14.2.2 节，这里不再赘述。将 Assets\sprite 文件夹中的 background 图片文件导入项目中，设置 background 图片的 Texture Type 为 Sprite，设置 Sprite Mode 为 Multiple。其他设置如图 14-10 所示。

（3）将 background 图片拖曳到 background 精灵对象的 Sprite Renderer 组件的 Sprite 参数上，在 Sprite Renderer 组件的 Sorting Layer 下拉列表中选择 Add Sorting Layer，如图 14-11 所示。

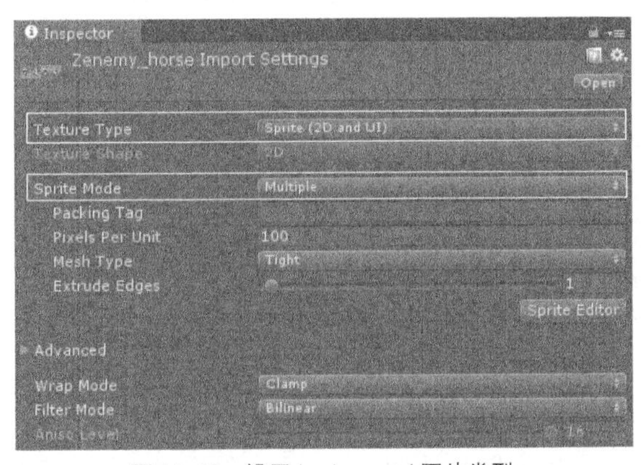


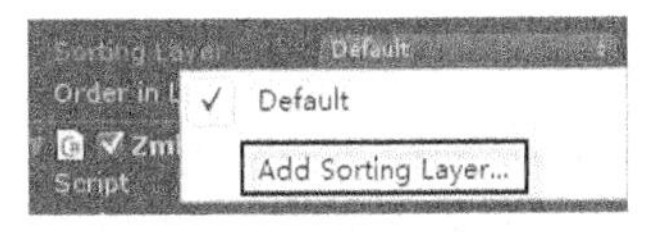

▲图 14-10　设置 background 图片类型　　▲图 14-11　选择 Add Sorting Layer

（4）打开 Tags&Layers 面板后，在 Sorting Layers 选项中单击“+”按钮，添加两个层，上面一个层命名为 beijing 并作为背景层，下面一个层命名为 wuti 并作为物体对象层，如图 14-12 所示。层位置越往上越深，下面的层遮挡住上面的层。

（5）设置 background 精灵对象的 Sprite Renderer 组件中的 Sorting Layer 为 beijing，使 background 精灵对象作为背景对象。设置 Order in Layer 为 0，Order in Layer 参数设置同层精灵之间的遮挡顺序。Sprite Rendere 组件的参数如图 14-13 所示。

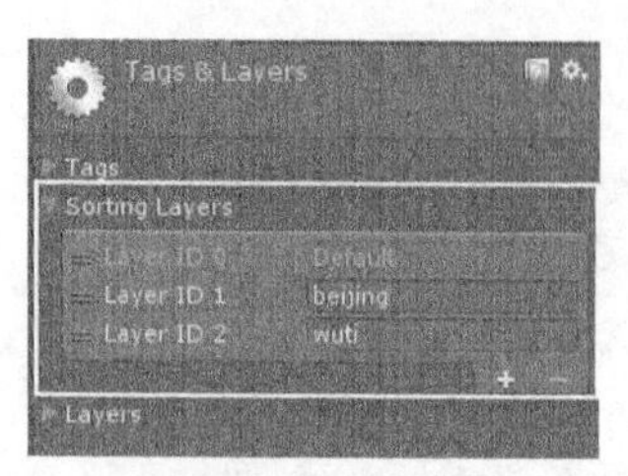


▲图 14-12　添加层

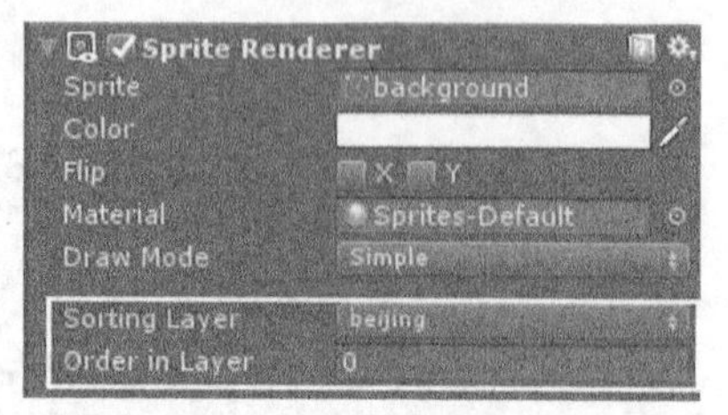


▲图 14-13　Sprite Renderer 组件的参数

（6）创建怪兽精灵。具体步骤参考 14.2.2 节，这里不再赘述，将怪兽精灵命名为 zombie。将 Assets\sprite 文件夹中的 zombie 图片文件导入项目中，设置 zombie 图片的 Texture Type 为 Sprite，设置 Sprite Mode 为 Multiple，其他设置如图 14-14 所示。

（7）将 zombie 图片分割成多张贴图作为怪兽精灵动画的每帧图片。单击 Sprite Editor 按钮，打开 Sprite Editor 工具，如图 14-15 所示。单击 Slice 按钮，设置 Type 为 Automatic，工具可以自动分割图片。单击 Slice 按钮确认分割，如图 14-16 所示。

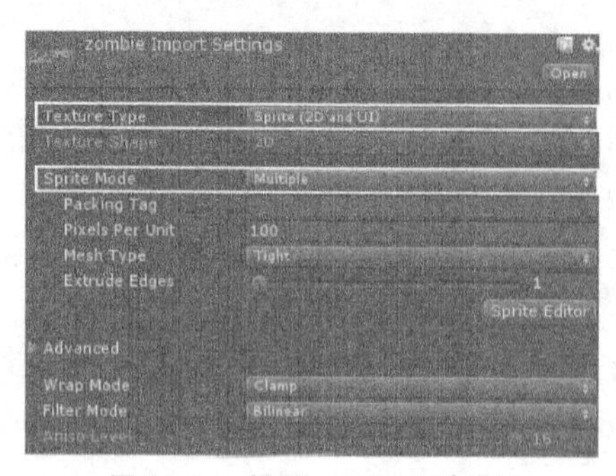


▲图 14-14　设置 zombie 图片类型

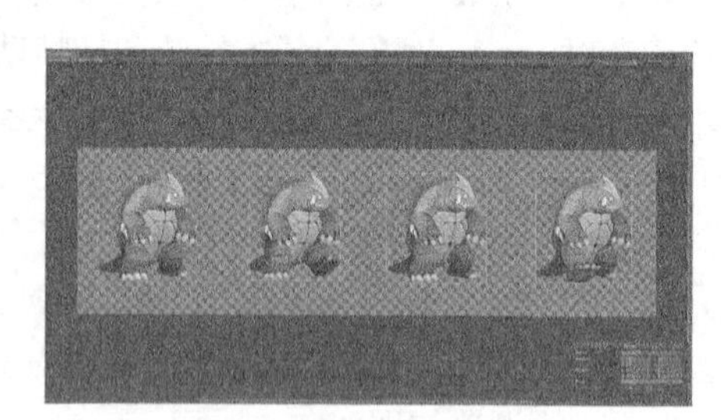

▲图 14-15　Sprite Editor 工具

（8）分割完成后，单击关闭按钮关闭 Sprite Editor 工具，弹出是否应用对话框，单击 Apply 按钮应用设置，如图 14-17 所示。这时 zombie 图片右边就会出现一个小三角形按钮，单击按钮就会展开分割完成的贴图，如图 14-18 所示。

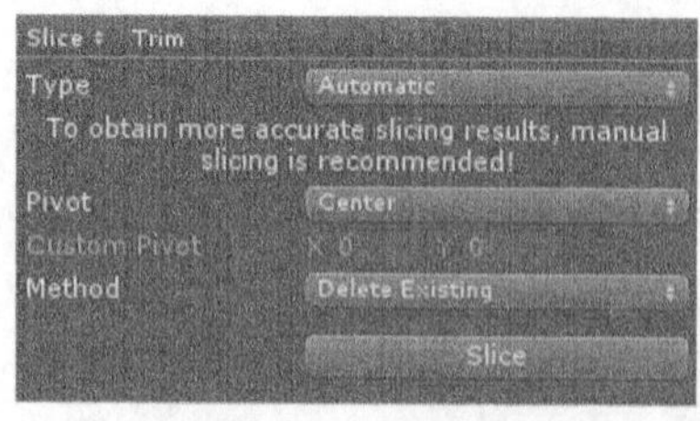


▲图 14-16　设置 Slice

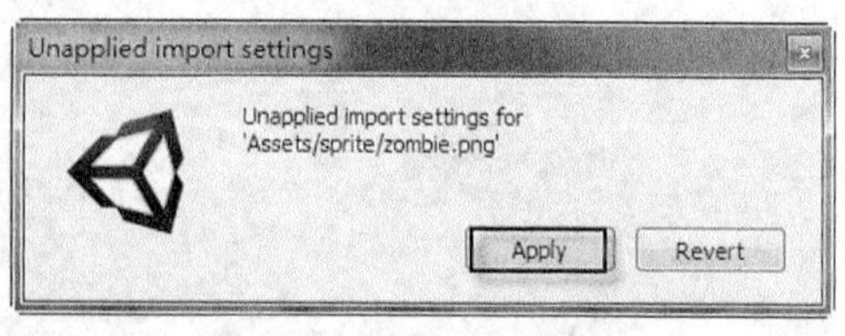


▲图 14-17　是否应用对话框

（9）将 zombie_0 图片拖曳到 zombie 精灵对象的 Sprite Renderer 组件的 Sprite 选项上。设置 zombie 精灵对象 Sprite Renderer 组件的 Sorting Layer 为 wuti，设置 Order in Layer 为 0。Sprite Renderer 组件的参数如图 14-19 所示。

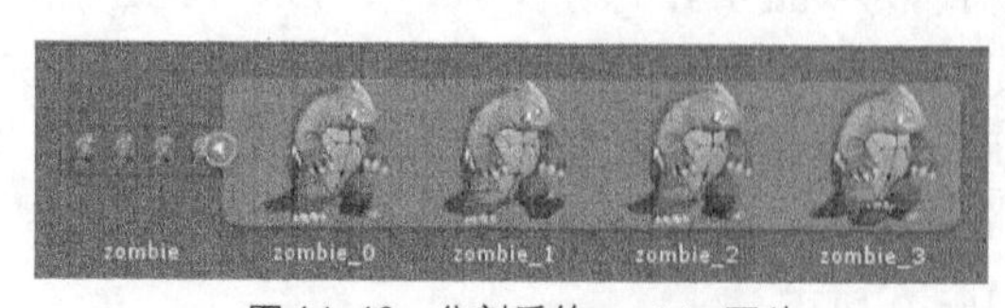


▲图 14-18　分割后的 zombie 图片

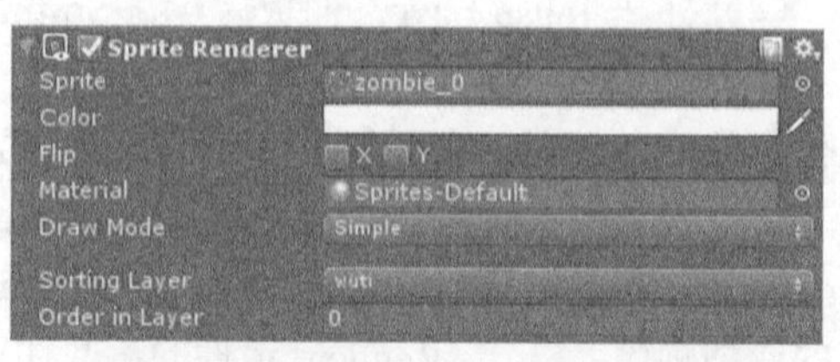


▲图 14-19　Sprite Renderer 组件的参数

（10）创建用于实现精灵换帧动画的脚本。右击 Script 文件夹，在弹出的快捷菜单中选择 Create→C# Script，创建脚本，将其命名为 ZmbieAnimator.cs。双击打开该脚本，开始 ZmbieAnimator 脚本的编写，具体脚本代码如下。

代码位置：随书资源中源代码\第 14 章目录下的 donghua\Assets\Script\ZmbieAnimator.cs

```
1   using UnityEngine;
2   using System.Collections;
3   public class ZmbieAnimator : MonoBehaviour {
4     public Sprite[] Sprites;                              //存放精灵动画每帧图片
5     public float framespPerSec;                           //每秒帧速率
6     private SpriteRenderer spriterender;                  //SpriteRenderer 组件
7     void Start() {
8       spriterender = GetComponent<SpriteRenderer>();      //获取 SpriteRenderer 组件
9     }
10    void Update() {
11      int index = (int)(Time.time * framespPerSec) %
12      Sprites.Length;                              //计算出需要播放动画的第几帧图片
13      spriterender.sprite = Sprites[index];        //设置SpriteRenderer组件的Sprite参数
14  }}
```

❑ 第 4～9 行声明变量和获取 SpriteRenderer 组件，主要声明了存放精灵动画每帧图片、每秒帧速率及 SpriteRenderer 组件等变量。在下面实现精灵换帧动画的代码中会用到这些变量。

❑ 第 10～14 行实现了 Update 方法的重写，系统每帧调用一次该方法。它的主要功能是通过定时修改 SpriteRenderer 组件的 Sprite 参数来实现换帧动画的播放。

（11）将脚本 ZmbieAnimator 拖曳到 zombie 精灵对象上。单击精灵对象，在 Inspector 面板中会出现对应到此脚本的组件。单击组件前面的三角形按钮，可看到脚本组件的内容，然后设置对应参数，如图 14-20 所示。

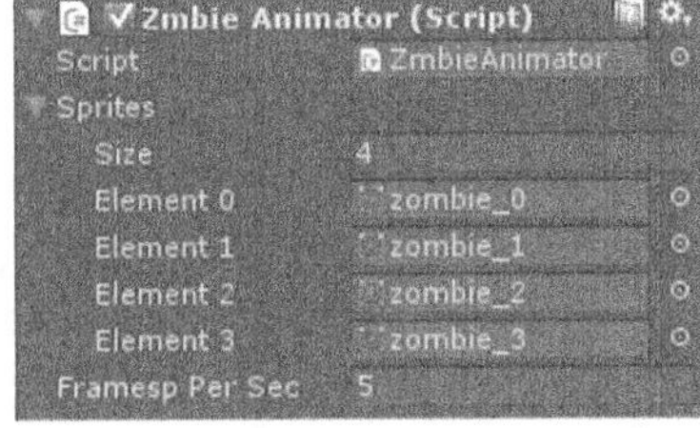


▲图 14-20　设置 ZmbieAnimator 脚本组件

（12）前面介绍了 ZmbieAnimator 的开发，接下来新建脚本，并且将脚本命名为 YiDong.cs。该脚本的主要功能是使精灵对象不断向前移动。该脚本编写完毕以后，将此脚本拖曳到 zombie 精灵对象上，具体代码如下。

代码位置：随书资源中源代码\第 14 章目录下的 donghua\Assets\Script\YiDong.cs

```
1   using UnityEngine;
2   using System.Collections;
3   public class YiDong : MonoBehaviour {
4     void Update () {
5       Vector3 te = transform.position;               //获取精灵对象位置
6       te.x += 0.5f*Time.deltaTime;                   //精灵对象位置 x 坐标不断增加
7       transform.position = te;                       //设置精灵对象位置
8   }}
```

**说明**　该脚本重写了 Update 方法，系统每帧调用一次该方法。它的主要功能是通过不断改变精灵对象位置的 $x$ 坐标，从而使精灵对象不断向前移动。

（13）将 Assets\sprite 文件夹中的 Zenemy_horse 图片文件导入项目中，设置 Zenemy_horse 图片的 Texture Type 为 Sprite，设置 Sprite Mode 为 Multiple，其他设置如图 14-21 所示。将 Zenemy_horse 图片分割成多张贴图，作为牛头人战士精灵动画的每帧图片。

（14）创建带有换帧动画的牛头人战士精灵对象。同时选中分割完成后的 4 张贴图，一起拖曳到场景中，这时会弹出 Creat New Animation 对话框，如图 14-22 所示。

（15）在“文件名”文本框中输入 donghua，单击“保存”按钮，保存换帧动画。这时在 Assets\sprite 文件夹中就会出现两个文件，一个换帧动画文件和一个动画状态机文件，如图 14-23 所示。

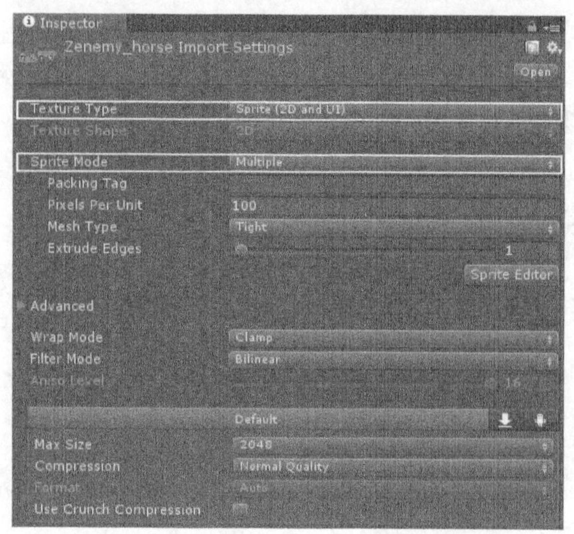


▲图 14-21　设置 Zenemy_horse 图片类型

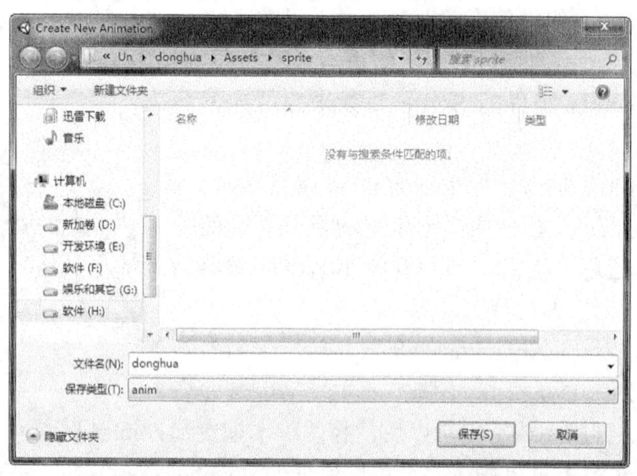


▲图 14-22　Creat New Animation 对话框

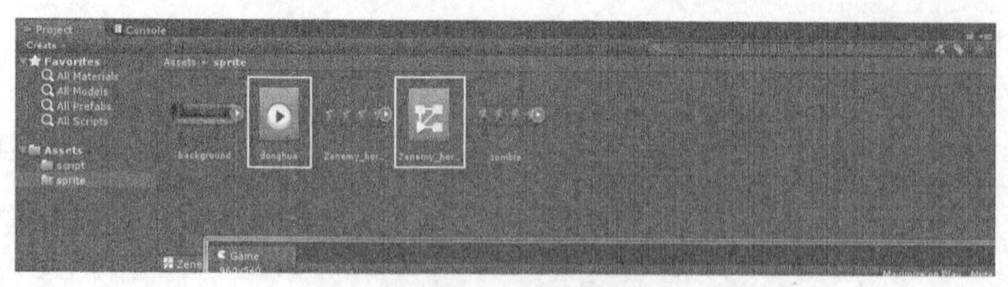


▲图 14-23　文件示意图

（16）场景中会出现一个牛头人战士精灵对象，将该对象重命名为 niutouren。该对象有一个 Animator 组件，用于控制换帧动画的播放，如图 14-24 所示。该组件的 Controller 参数已经设置为之前创建的动画状态机。

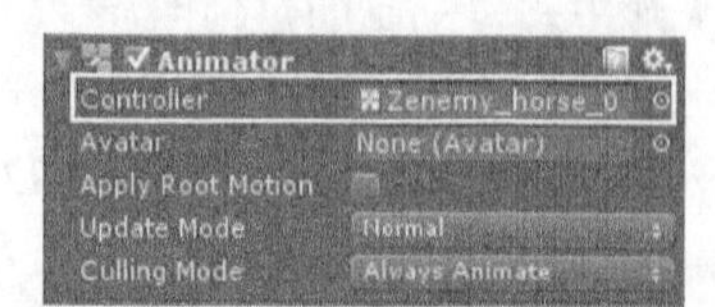


▲图 14-24　Animator 组件

（17）双击打开动画状态机文件 Zenemy_horse_0，打开 Animator 面板，如图 14-25 所示。在 Animator 面板中单击 donghua 动画，在 Inspector 面板中设置动画播放速度，如图 14-26 所示。

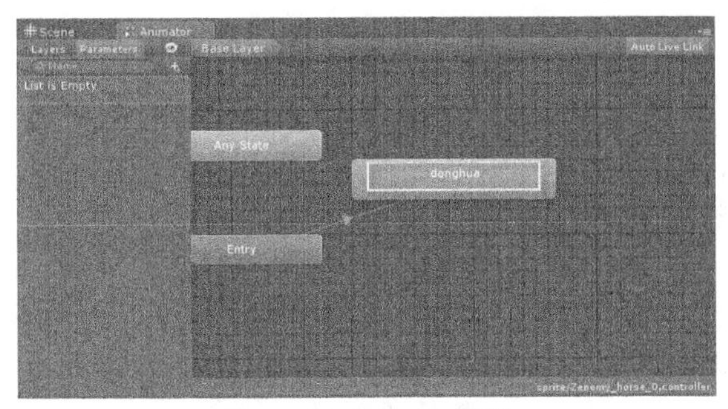


▲图 14-25　Animator 面板

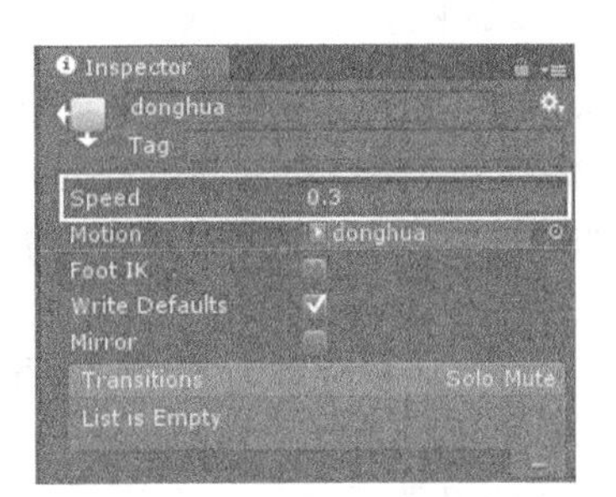


▲图 14-26　设置动画播放速度

（18）设置 niutouren 精灵对象的 Sprite Renderer 组件的参数。设置 Sorting Layer 选项为 wuti，设置 Order in Layer 为 1，如图 14-27 所示。

（19）设置 niutouren 精灵对象的位置和大小，具体参数如图 14-28 所示。然后将上面创建的 YiDong 脚本拖曳到 niutouren 精灵对象上，使精灵对象不断向前移动。

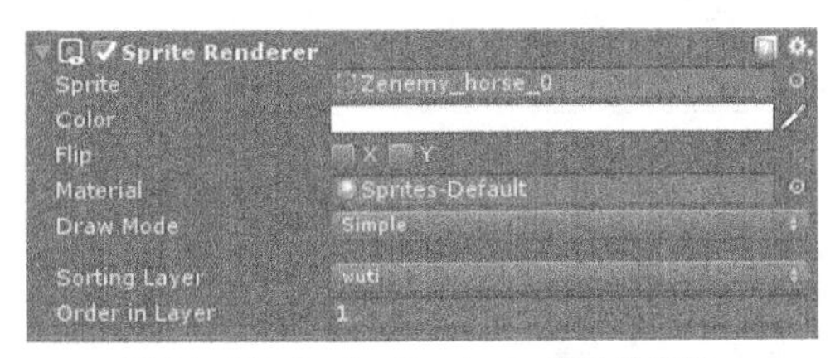


▲图 14-27　Sprite Renderer 组件的参数

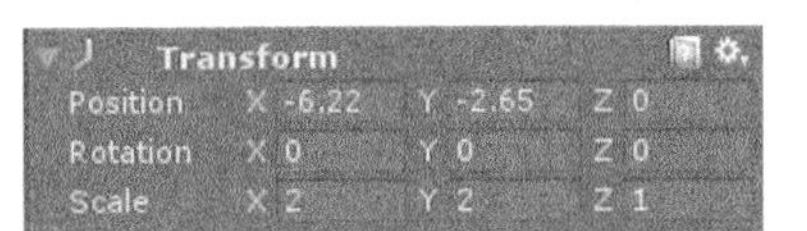


▲图 14-28　设置 niutouren 精灵对象的位置和大小

（20）单击“游戏运行”按钮，观察效果。在 Game 面板中可以看到使用两种不同的方法实现的怪兽精灵和牛头人战士精灵的换帧动画。当然，还可以导入 Android 设备上运行，从 Android 设备上观察换帧动画的效果，如图 14-29 和图 14-30 所示。

▲图 14-29　Android 设备运行效果 1

▲图 14-30　Android 设备运行效果 2

**说明**　本示例的源文件位于随书资源中源代码\第 14 章目录下的 donghua 文件夹中。如果读者想运行本示例，只需把 donghua 文件复制到非中文路径下，然后双击 donghua\Asset 目录下的 text.unity 文件即可。

## 14.3　Unity 2D 中的物理引擎

对于 2D 游戏的开发，必须要有一个完整的 2D 物理引擎体系作为支撑。Unity 为 2D 游戏开发集成了 Box2D 物理引擎并提供了一系列 2D 物理组件，主要组件有 2D 刚体组件、2D 碰撞器、2D 关节等。通过这些组件可以模拟出真实的 2D 物理世界。

### 14.3.1　2D 刚体

Unity 内建 2D 物理引擎中，首先要介绍的是 2D 刚体（Rigidbody 2D）。刚体组件包含该组件的游戏精灵对象，遵循自然界的物理规律，在重力的作用下，物体垂直下落。刚体组件还会影响精灵物体发生碰撞时的反应，如给精灵物体施加力使物体产生速度等。

2D 刚体作为 2D 物理引擎中的最基本组件，保证了精灵对象受到物理规律的约束。Unity 开发平台中对 2D 刚体设置了很多属性和方法，通过这些属性和方法可以开发出真实的 2D 物理世界。下面将对这些属性和方法分别进行介绍。

2D 刚体中有一些设置精灵对象物理特性的属性，如表 14-1 所示。

表 14-1　　2D 刚体的属性

| 属性 | 说明 |
|---|---|
| Body Type | 刚体的体型 |
| Material | 刚体的材质 |
| Simulated | 用于设置是否在当前物理环境中模拟刚体 |
| Use Auto Mass | 表示是否自动设置质量 |
| Mass | 刚体的质量 |
| Linear Drag | 刚体的线性阻力 |
| Angular Drag | 刚体的旋转阻力 |
| Gravity Scale | 刚体受重力影响的程度 |
| Collision Detection | 刚体的碰撞检测模式 |
| Sleeping Mode | 刚体的休眠模式 |
| Interpolate | 插值允许以固定的帧率平滑物理运行效果 |

- 质量（Mass）

该属性表示刚体的质量，其数据类型是 float，默认值为 1，其在 Inspector 面板中的位置如图 14-31 所示。该属性会影响刚体受到力后所表现出的惯性力的大小，质量越大所表现出的惯性力越大，刚体受到相同的力后越难改变运动状态。

- 线性阻力（Linear drag）

该属性表示刚体的线性阻力，其数据类型是 float，默认值为 0。它在 Inspector 面板中的位置如图 14-32 所示。在现实生活中，物体会受到各方面的阻力，速度会逐渐变慢。为了模拟这一效果，Unity 设定了线性阻力属性。该属性值越高，物体的速度衰减越严重。

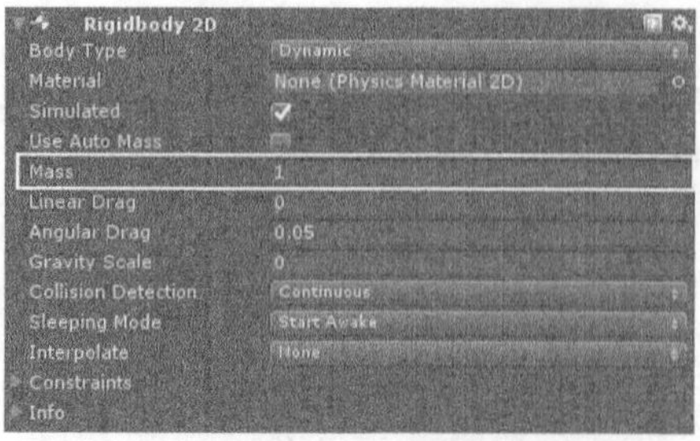

▲图 14-31　质量

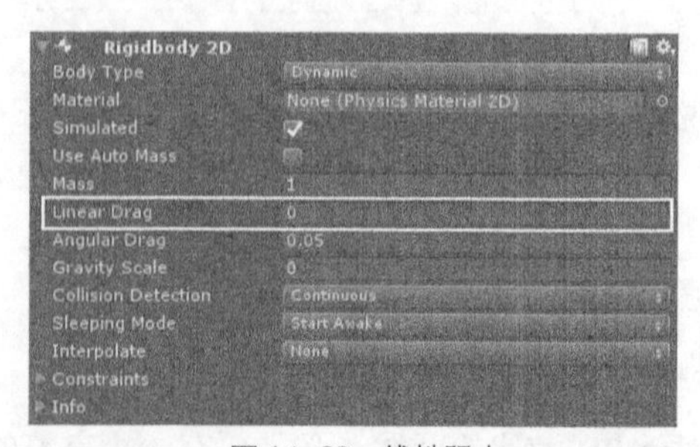


▲图 14-32　线性阻力

❑ 旋转阻力（Angular Drag）

该属性表示刚体的旋转阻力，其数据类型是 float，默认值为 0.05。它在 Inspector 面板中的位置如图 14-33 所示。当一个物体在旋转时，其旋转的角速度会因受到各方面的阻力而逐渐衰减，为了模拟这一效果，Unity 设定了旋转阻力属性。该属性值越高，物体的角速度衰减越严重。

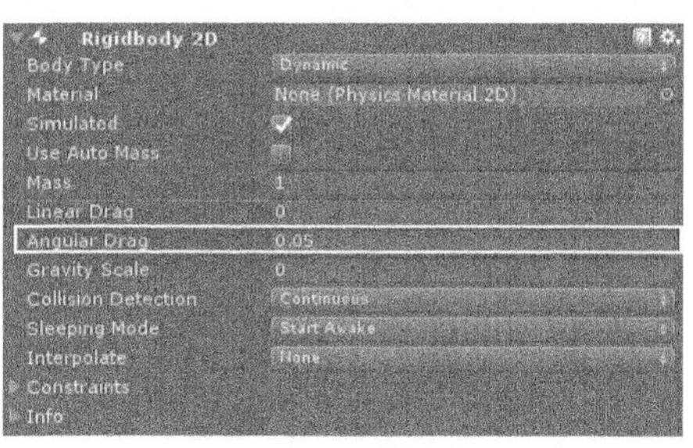


▲图 14-33 旋转阻力

❑ 重力影响程度（Gravity Scale）

该属性表示刚体受重力影响的程度，其数据类型是 float，默认值为 1。它在 Inspector 面板中的位置如图 14-34 所示。如果该属性值为 0，则表示刚体不受重力影响。该属性值越大，刚体受重力影响的程度越大，刚体自由下落的速度越快。

❑ 冻结旋转（Constraints）

该属性表示刚体的旋转是否受物理规律的约束，它在 Inspector 面板中的位置如图 14-35 所示。默认状态下精灵对象绕自身中心点的旋转是受物理规律控制的，该属性下面可以固定 $z$ 轴，移动 $x$、$y$ 轴，实现了精灵对象的旋转不受物理规律控制的效果。

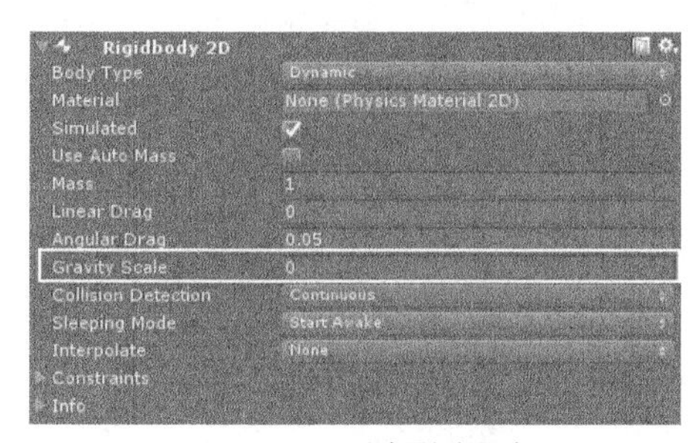


▲图 14-34 重力影响程度

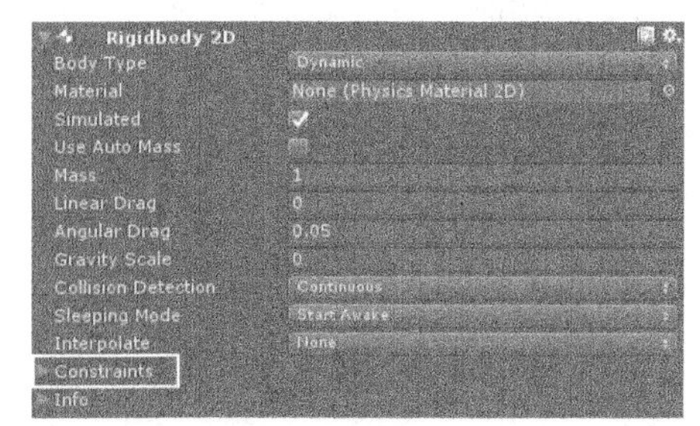


▲图 14-35 冻结旋转

2D 刚体中还有一些控制精灵对象物理特性的方法，如表 14-2 所示。

表 14-2 2D 刚体的方法

| 方法 | 含义 |
|---|---|
| AddForce | 施加一个力到刚体，作为结果刚体将开始移动 |
| AddForceAtPosition | 在世界坐标系下指定位置给刚体施加一个力 |
| AddRelativeForce | 在物体自身坐标系下指定位置给刚体施加一个力 |
| AddTorque | 在刚体重心点施加一个力矩 |
| GetPointVelocity | 刚体在世界坐标空间中指定位置的速度 |
| IsAwake | 刚体是否在唤醒状态 |
| IsSleeping | 刚体是否在休眠状态 |
| MovePosition | 移动刚体到指定位置 |
| MoveRotation | 旋转刚体到指定角度 |
| Sleep | 强制刚体休眠至少一帧 |
| WakeUp | 强制唤醒一个刚体 |

❑ 给刚体施加力（AddForce）

该方法被调用时，将会施加给刚体一个瞬时力。在力的作用下，刚体产生一个初速度，接着刚体在初速度的作用下开始运动。下面的代码实现了对刚体施加沿 $x$ 轴向上的力：

```
1   Rigidbody2D rigidbody2D;                              //声明 2D 刚体组件
2   void Start () {
3     rigidbody2D = GetComponent<Rigidbody2D>();          //获取 2D 刚体组件
4   }
5   void Update () {
6     rigidbody2D.AddForce(new Vector2(10, 0));           //施加一个沿 x 轴向上的力
7   }
```

❑ 给刚体点施加力（AddForceAtPosition）

该方法被调用时，将会在指定的作用点坐标施加一个作用力，其参考坐标系为世界坐标系。具体代码如下：

```
1   Rigidbody2D rigidbody2D;                              //声明 Rigidbody2D 组件
2   void Start () {
3     rigidbody2D = GetComponent<Rigidbody2D>();          //获取 Rigidbody2D 组件
4   }
5   void Update () {
6     rigidbody2D.AddForceAtPosition(new Vector2(10, 0),new Vector2(0,0)); //在(0,0)点施加作用力
7   }
```

❑ 给刚体施加力（AddRelativeForce）

该方法被调用时，将会施加给刚体一个指定的力，其参考坐标系为自身坐标系。具体代码如下：

```
1   Rigidbody2D rigidbody2D;                              //声明 Rigidbody2D 组件
2   void Start () {
3     rigidbody2D = GetComponent<Rigidbody2D>();          //获取 Rigidbody2D 组件
4   }
5   void Update () {
6     rigidbody2D.AddRelativeForce (new Vector2(10, 0));  //在(0,0)点施加作用力
7   }
```

❑ 给刚体添加一个力矩（AddTorque）

该方法被调用时，将添加一个力矩到刚体上，使刚体绕着 torque 轴进行旋转。具体代码如下：

```
1   Rigidbody2D rigidbody2D;                              //声明 Rigidbody2D 组件
2   void Start () {
3     rigidbody2D = GetComponent<Rigidbody2D>();          //获取 Rigidbody2D 组件
4   }
5   void Update () {
6     rigidbody2D.AddTorque (0,10,0);                     //刚体绕 y 轴旋转
7   }
```

❑ 获取刚体点速度（GetPointVelocity）

该方法被调用时，可以获得刚体在世界坐标中 worldPoint 点的速度。具体代码如下：

```
1   Rigidbody2D rigidbody2D;                              //声明 Rigidbody2D 组件
2   void Start () {
3     rigidbody2D = GetComponent<Rigidbody2D>();          //获取 Rigidbody2D 组件
4   }
5   void Update () {
6     rigidbody2D.GetPointVelocity(new Vector2(0,10));    //获取刚体在(0,10)点的速度
7   }
```

❑ 判断刚体是否唤醒（IsAwake）

该方法被调用时，可以判断刚体是否处于唤醒状态。具体代码如下：

```
1   Rigidbody2D rigidbody2D;                              //声明 Rigidbody2D 组件
2   void Start () {
3     rigidbody2D = GetComponent<Rigidbody2D>();          //获取 Rigidbody2D 组件
4   }
5   void Update () {
6     bool isawake = rigidbody2D.IsAwake();               //判断刚体是否唤醒
7   }
```

❑　获取刚体是否休眠（IsSleeping）

该方法被调用时，可以判断刚体是否处于休眠状态。具体代码如下：

```
1    Rigidbody2D rigidbody2D;                                      //声明 Rigidbody2D 组件
2    void Start () {
3      rigidbody2D = GetComponent<Rigidbody2D>();                   //获取 Rigidbody2D 组件
4    }
5    void Update () {
6      bool issleep = rigidbody2D.IsSleep();                        //判断刚体是否休眠
7    }
```

❑　移动刚体位置（MovePosition）

该方法被调用时，会将刚体按照参数移动到某个位置。此方法可以用到 Update 方法中，通过不断改变刚体位置使刚体平移。具体用法如下：

```
1    Rigidbody2D rigidbody2D;                                      //声明 Rigidbody2D 组件
2    private Vector2 speed;                                        //声明速度向量
3    void Start () {
4      rigidbody2D = GetComponent<Rigidbody2D>();                   //获取 Rigidbody2D 组件
5      speed = new Vector2(10, 0);                                  //设置移动速度
6    }
7    void Update () {
8      rigidbody2D.MovePosition(rigidbody2D.position + speed * Time.deltaTime); //以 speed 为速度平移刚体
9    }
```

❑　旋转刚体位置（MoveRotate）

该方法被调用时，会将刚体按照参数进行旋转。此方法可以用到 Update 方法中，具体用法如下：

```
1    Rigidbody2D rigidbody2D;                                      //声明 Rigidbody2D 组件
2    private Vector2 speed;                                        //声明速度向量
3    void Start () {
4      rigidbody2D = GetComponent<Rigidbody2D>();                   //获取 Rigidbody2D 组件
5      speed = new Vector2(10, 0);                                  //设置移动速度
6    }
7    void Update () {
8      rigidbody2D.MoveRotation(rigidbody2D.rotation+50.0f*Time.deltaTime); //刚体根据时间进行旋转
9    }
```

❑　休眠（Sleep）

该方法被调用时，刚体会休眠。具体用法如下：

```
1    Rigidbody2D rigidbody2D;                                      //声明 Rigidbody2D 组件
2    private Vector2 speed;                                        //声明速度向量
3    void Start () {
4      rigidbody2D = GetComponent<Rigidbody2D>();                   //获取 Rigidbody2D 组件
5      speed = new Vector2(10, 0);                                  //设置移动速度
6    }
7    void Update () {
8      rigidbody2D.Sleep();                                         //刚体休眠
9    }
```

❑　唤醒（WakeUp）

该方法被调用时，会唤醒刚体。具体用法如下：

```
1    Rigidbody2D rigidbody2D;                                      //声明 Rigidbody2D 组件
2    private Vector2 speed;                                        //声明速度向量
3    void Start () {
4      rigidbody2D = GetComponent<Rigidbody2D>();                   //获取 Rigidbody2D 组件
5      speed = new Vector2(10, 0);                                  //设置移动速度
6    }
7    void Update () {
8      rigidbody2D.WakeUp();                                        //唤醒刚体
9    }
```

### 14.3.2　2D 碰撞器

14.3.1 节介绍了 2D 刚体的相关知识，读者可以通过给精灵添加 2D 刚体组件使单个精灵遵循自然界的物理规律。自然界的物体之间是有碰撞作用的，如果想使精灵对象间有碰撞作用，就需要给精灵对象添加碰撞体组件。本小节将介绍 2D 碰撞器。

Unity 的 2D 物理引擎提供了 6 种不同类型的碰撞器组件。这 6 种碰撞器的基本功能相同，但碰撞器形状不同。下面将分别对这 6 种碰撞器进行介绍，读者在游戏开发中可以根据具体需要选择合适的碰撞器组件。

- 圆圈碰撞器（Circle Collider 2D）

圆圈碰撞器是一个基本的圆形碰撞器原型，可以通过改变半径长度来调整碰撞范围，适合用于碰撞范围为圆形或者希望碰撞范围近似圆形的精灵对象。圆圈碰撞器组件如图 14-36 所示，通过调整 Offset 参数可以修改碰撞器的 $x$ 轴和 $y$ 轴偏移量，通过调整 Radius 参数可以改变半径长度。

- 盒子碰撞器（Box Collider 2D）

盒子碰撞器是一个基本的矩形碰撞器原型，可以通过改变长和宽调整碰撞范围，适合用于矩形或者希望碰撞范围近似矩形的精灵对象。盒子碰撞器组件如图 14-37 所示，通过调整 Size 参数可以改变碰撞器的长和宽，通过调整 Offset 参数可以修改碰撞器的 $x$ 轴和 $y$ 轴偏移量。

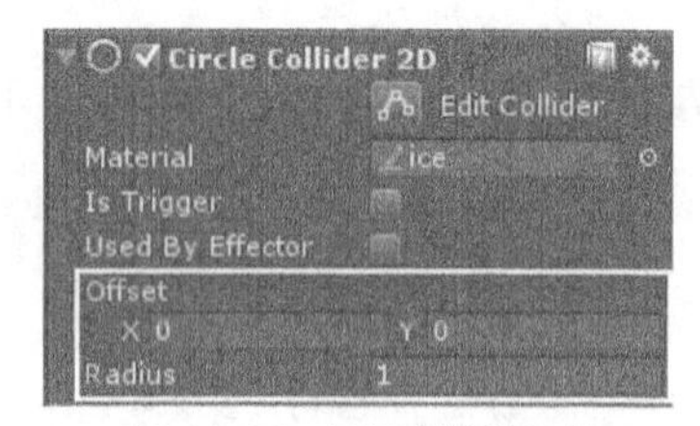


▲图 14-36　圆圈碰撞器组件

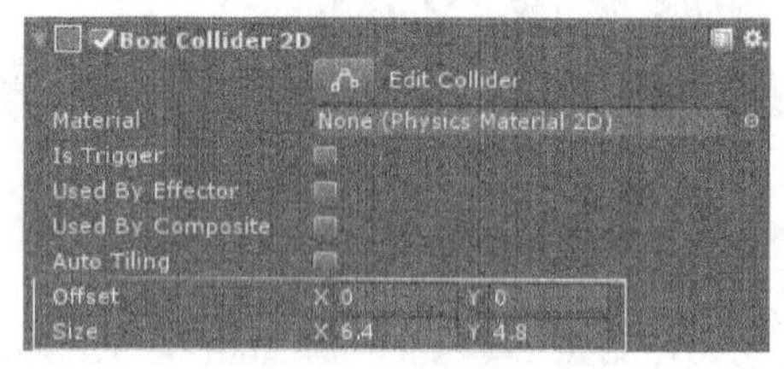


▲图 14-37　盒子碰撞器组件

- 边缘碰撞器（Edge Collider 2D）

边缘碰撞器可以指定任何指定外形的碰撞器，通过编辑和修改可以对边缘形状非常复杂的精灵对象进行精细的包裹，适合用于边缘形状非常复杂并且需要突出边缘形状细节的精灵对象。边缘碰撞器组件如图 14-38 所示。

添加边缘碰撞器后，精灵对象就会出现一条直线，这条直线就是边缘碰撞器的初始形状。单击边缘碰撞器组件中的 Edit Collider 按钮，激活边缘碰撞器可编辑状态，如图 14-39 所示。这时鼠标指针放在这条直线的任意位置都会出现一个可编辑的点，可以单击、拖曳该点到任意位置。这时该点和相邻的两个可编辑的点之间就会出现两条直线，通过不断添加可编辑的点和移动它的位置使边缘碰撞器牢牢包裹住精灵对象。边缘碰撞器的边和可编辑的点的个数是不固定的，可以有无数多的边，所以可以非常精细地包裹边缘形状非常复杂的精灵对象。

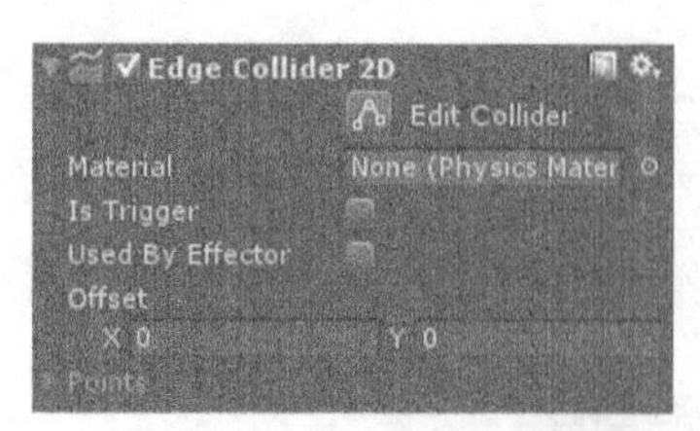


▲图 14-38　边缘碰撞器组件

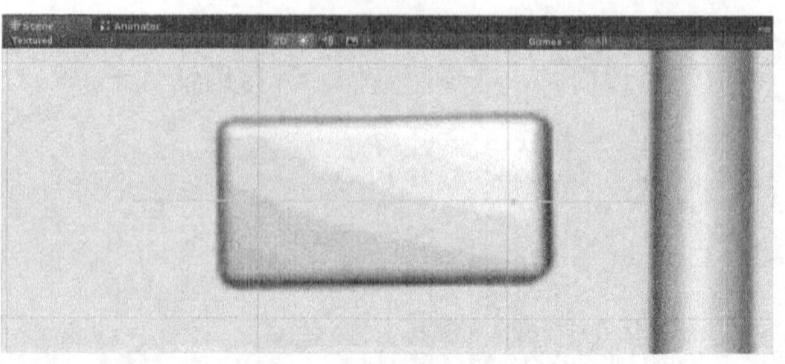

▲图 14-39　边缘碰撞器可编辑状态

❑ 多边形碰撞器（Polygon Collider 2D）

多边形碰撞器是由一个或多个多边形组成的碰撞器，边缘碰撞器组件如图 14-40 所示。当给精灵对象添加多边形碰撞器组件后，系统就会根据精灵对象贴图的 Alpha 通道值自动添加一个或多个多边形碰撞包围体，如图 14-41 所示。

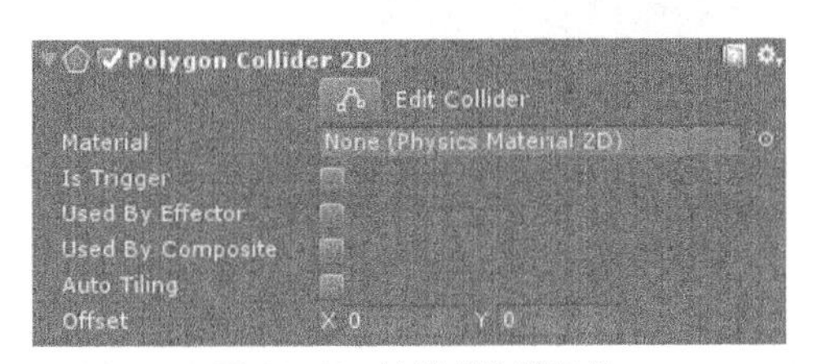


▲图 14-40　边缘碰撞器组件

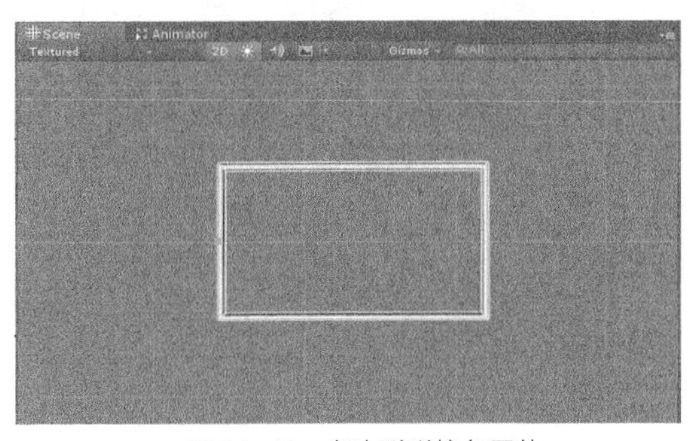


▲图 14-41　多边形碰撞包围体

多边形碰撞器与边缘碰撞器的不同之处是，边缘碰撞器只能在碰撞中表现出边缘形状，而多边形碰撞器可以通过精灵对象内部和外部的多个多边形来对碰撞进行表现。多边形碰撞器适合用于在碰撞中需要表现出内部结构的精灵对象。

❑ 胶囊碰撞器（Capsule Collider 2D）

胶囊碰撞器不同于其他的碰撞器，胶囊碰撞器的边缘是光滑的，其示意图如图 14-42 所示。胶囊碰撞器可以用于一些特定的场合，如边缘光滑的石头，如果石头用其他类型的碰撞器会显得不真实，胶囊碰撞器则很好地解决了这个问题。胶囊碰撞器组件如图 14-43 所示。

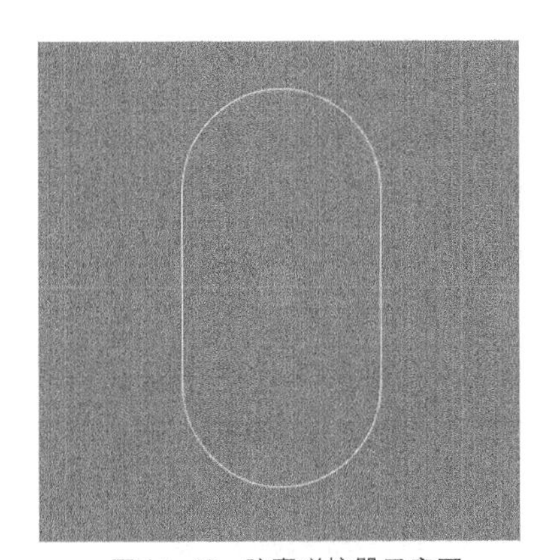

▲图 14-42　胶囊碰撞器示意图

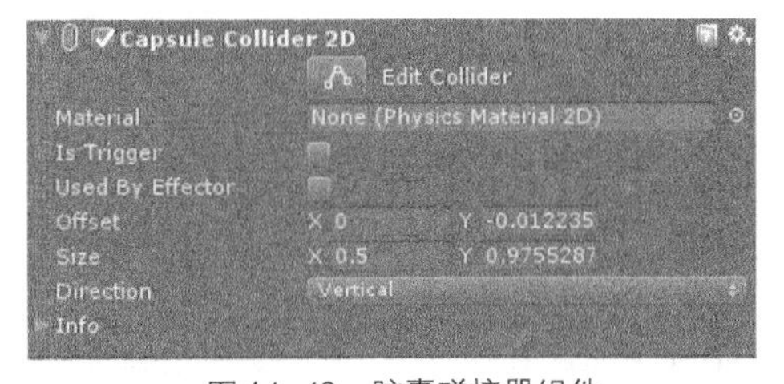


▲图 14-43　胶囊碰撞器组件

❑ 组合碰撞器（Composite Collider 2D）

组合碰撞器是将不同种类的碰撞器组合到一起，形成一个新的碰撞器，目前支持组合的碰撞器只有盒子碰撞器和多边形碰撞器两种。组合碰撞器可以应用在很多物体上，如树。树分为树干和树枝两部分，这里可以组合使用两个盒子碰撞器来封装整棵树，如图 14-44 所示。

但这也有问题，我们可以看到两个碰撞器的交界部分有重叠，这带来了性能计算的损耗，所以组合碰撞器应运而生。选中盒子碰撞器组件中的 Used By Composite 复合框，再给 2D 精灵添加组合碰撞器的属性，这样两个碰撞器就可以完美地结合在一起，并且可以整体移动、变形，如图 14-45 所示。

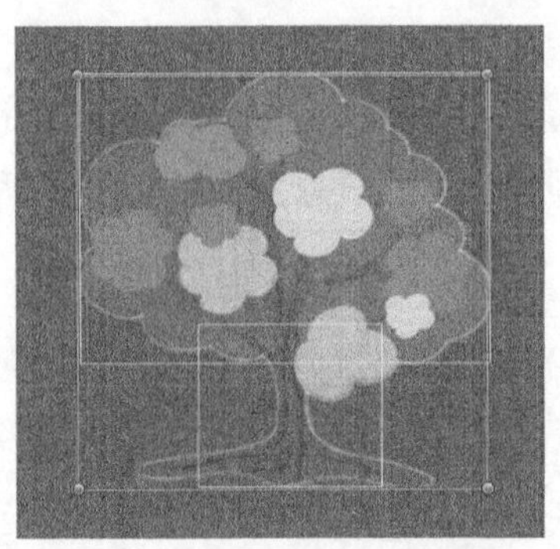

▲图 14-44　未使用组合碰撞器

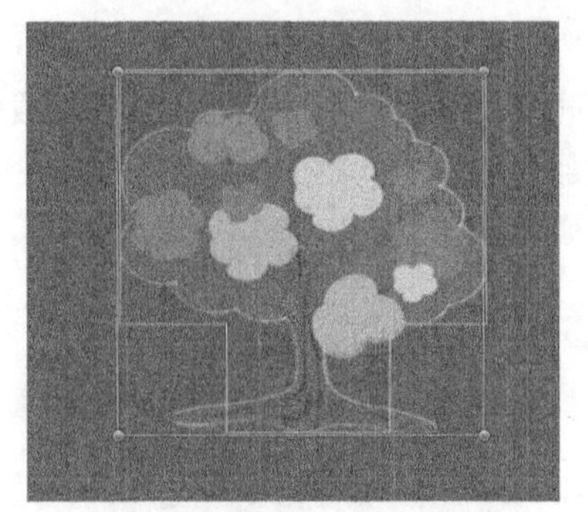

▲图 14-45　使用组合碰撞器

上面介绍了 6 种不同类型的碰撞器组件，并说明了这 6 种碰撞器组件的独特之处。下面将介绍碰撞器组件的使用方法。

❑ 碰撞器的属性

6 种碰撞器组件的属性基本相同，不同的属性在前面已经介绍，下面将介绍 6 种碰撞器共有的属性，如表 14-3 所示。

表 14-3　碰撞器的属性

| 属性 | 含义 |
|---|---|
| attachedRigidbody | 碰撞器附加的刚体 |
| bounds | 碰撞器在世界坐标空间的包围盒 |
| Is Trigger | 碰撞器是否是一个触发器 |
| shapeCount | 碰撞器中多边形的数量 |
| Material | 碰撞器使用的材质 |

❑ 碰撞器发送消息的方法

当刚体碰撞到碰撞器时，系统就会自动调用发送消息的方法，这些方法的入口参数包含碰撞信息。下面将介绍碰撞器发送消息的方法，如表 14-4 所示。

表 14-4　碰撞器发送消息的方法

| 方法 | 含义 |
|---|---|
| OnCollisionEnter2D | 当碰撞器/刚体开始触动另一个刚体/碰撞器时该方法被调用一次 |
| OnCollisionExit2D | 当碰撞器/刚体停止触动另一个刚体/碰撞器时该方法被调用一次 |
| OnCollisionStay2D | 当碰撞器/刚体触动刚体/碰撞器时，该方法将在每帧被调用 |
| OnTriggerEnter2D | 当碰撞器进入另一个触发器时该方法被调用一次 |
| OnTriggerExit2D | 当碰撞器离开另一个触发器时该方法被调用一次 |
| OnTriggerStay2D | 当碰撞器进入另一个触发器时，该方法将在每帧被调用 |

可以给碰撞器添加 2D 物理材质。物理材质指定了物体的物理特性，包括物体的弹性和摩擦因数。右击资源文件夹，在弹出的快捷菜单中选择 Create→Physics2D Material，创建 2D 物理材质，如图 14-46 所示。

单击创建的 2D 物理材质，就会在 Inspector 面板中显示出 2D 物理材质的属性，如图 14-47 所示。Friction 参数为物体的摩擦因数，数值越大物体速度消减得越快；Bounciness 参数为物体的弹性系数，数值越大，碰撞到的物体的反弹力越大。

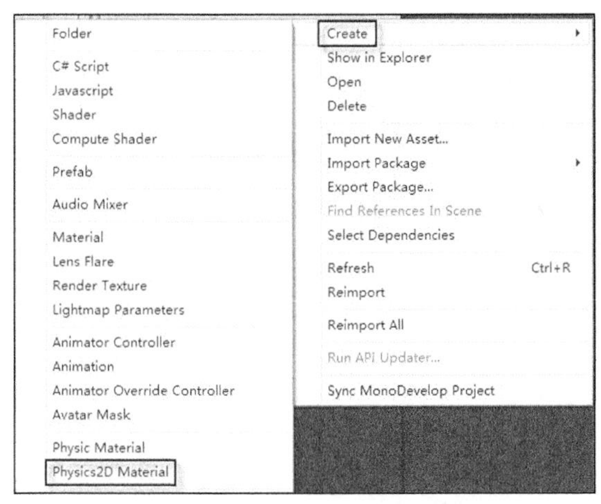


▲图 14-46　创建 2D 物理材质

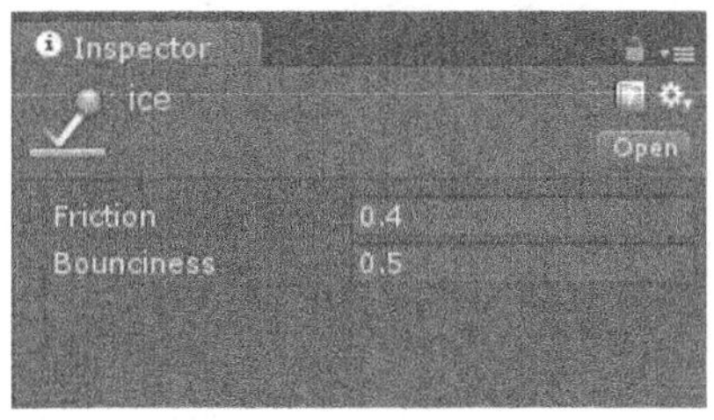


▲图 14-47　2D 物理材质的属性

### 14.3.3　2D 关节

14.3.2 节介绍了 2D 碰撞器的相关知识，但现实生活中物体与物体之间不仅有碰撞作用，还有相对位置的内在联系。Unity 内建的 2D 物理引擎专门提供了 2D 关节组件，该组件用于模拟现实生活中物体间相对位置的内在联系。下面将详细介绍 2D 关节组件。

介绍 2D 关节组件之前，首先需要了解 2D 关节组件中锚点的概念。添加 2D 关节组件的物体和关节的连接体各自有一个锚点，2D 关节模拟的物体间相对位置的内在联系事实上是两个锚点相对位置的内在联系。

Unity 的 2D 物理引擎提供了 9 种不同类型的 2D 关节组件，这 9 种 2D 关节组件都是限制两个物体的相对位置，但功能各不相同。下面将分别对这 9 种关节进行介绍，读者在游戏开发中可以根据具体需要选择合适的关节组件。

- 弹簧关节（Spring Joint 2D）

弹簧关节模拟了现实生活中弹簧的效果。弹簧关节将两个物体约束在一起，使两个物体之间像有一个弹簧的约束一样。选择 Component→Physics 2D→Spring Joint 2D，添加弹簧关节组件，如图 14-48 所示。

弹簧关节组件中的 Distance 参数为弹簧在没有压缩和拉伸时的长度；Damping Ratio 参数为弹簧的阻尼系数，数值越大，弹簧在弹性运动中能量损耗越快；Frequency 参数为弹簧弹性运动的频率，数值越大，弹簧的弹性周期越短。弹簧关节组件如图 14-49 所示。

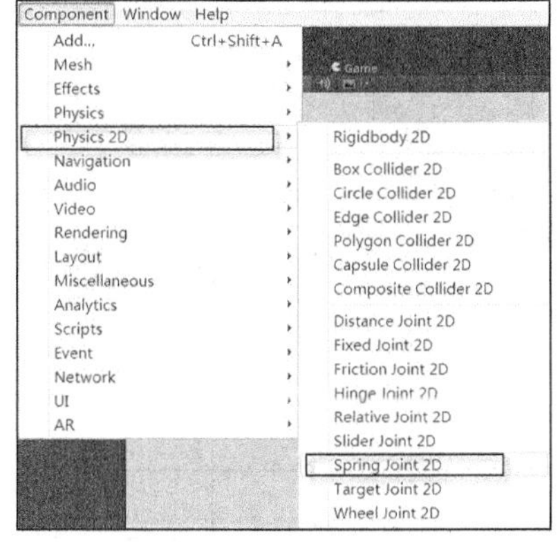


▲图 14-48　添加弹簧关节组件

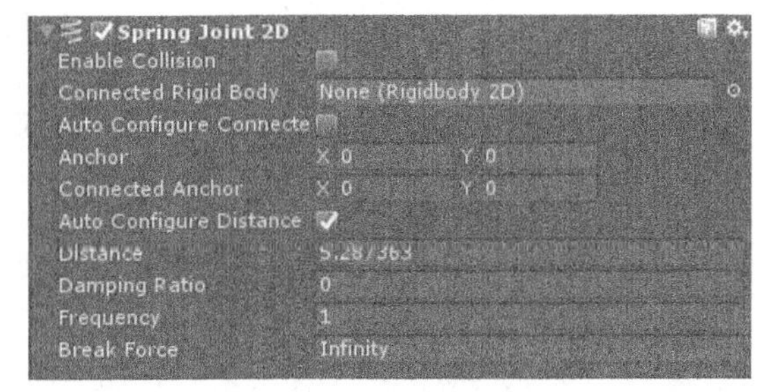


▲图 14-49　弹簧关节组件

❑　距离关节（Distance Joint 2D）

距离关节模拟了现实生活中两个物体之间的距离固定不变的效果。弹簧关节将两个物体约束在一起，使两个物体之间的距离固定不变。选择 Component→Physics 2D→Distance Joint 2D，添加距离关节组件，如图 14-50 所示。

距离关节组件中的 Distance 参数为两个物体固定不变的距离；Max Distance Only 参数为是否保持最大距离。距离关节组件如图 14-51 所示。

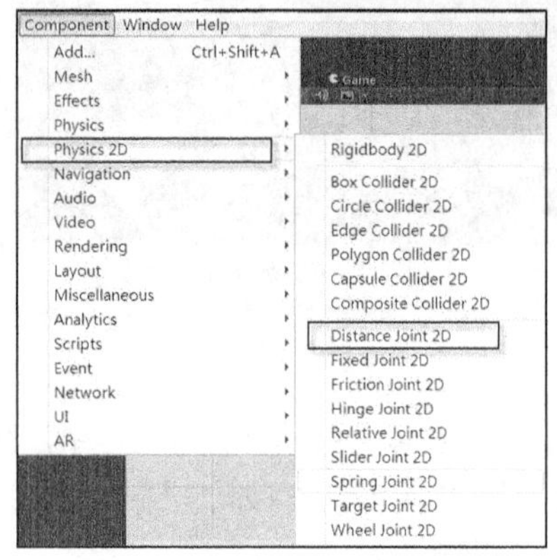


▲图 14-50　添加距离关节组件

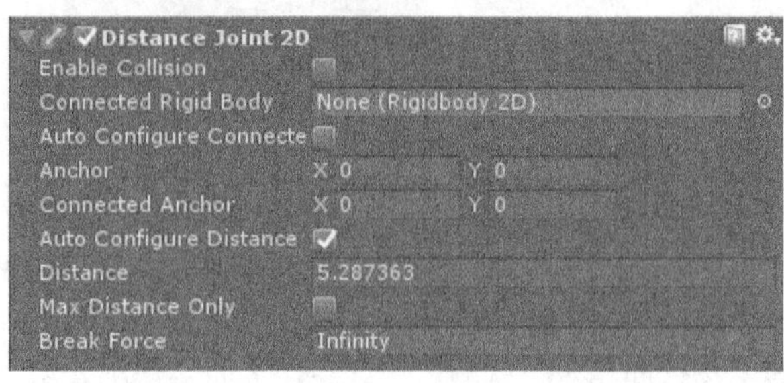


▲图 14-51　距离关节组件

❑　铰链关节（Hinge Joint 2D）

铰链关节模拟了现实生活中铰链的效果。铰链关节将两个物体束缚在一起，在两者之间产生一个铰链的效果。其具体效果是 2D 关节组件的物体和关节的连接体的两个锚点重合，连接体可以绕着这个锚点自由旋转，类似于门绕着门框旋转的效果。选择 Component→Physics 2D→Hinge Joint 2D，添加铰链关节组件，如图 14-52 所示。

铰链关节组件中的 Use Motor 参数为是否使用电动机，如 Use Motor 参数为 true，关节的连接体就会根据 Motor 参数的值绕锚点自动旋转，Use Limits 参数为是否限制旋转角度，如 Use Limits 参数为 true，连接体就会限制旋转角度。铰链关节组件如图 14-53 所示。

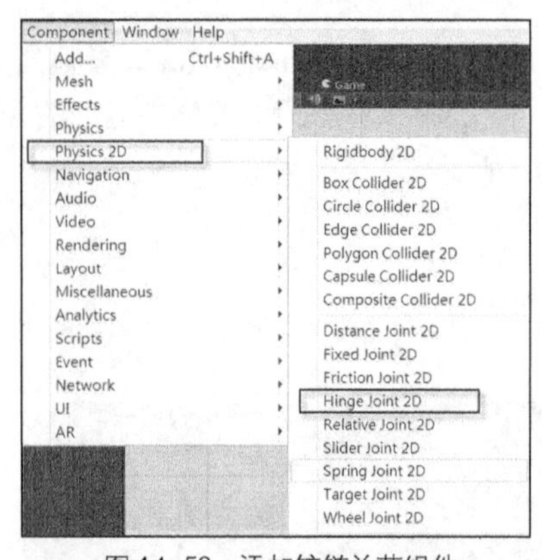


▲图 14-52　添加铰链关节组件

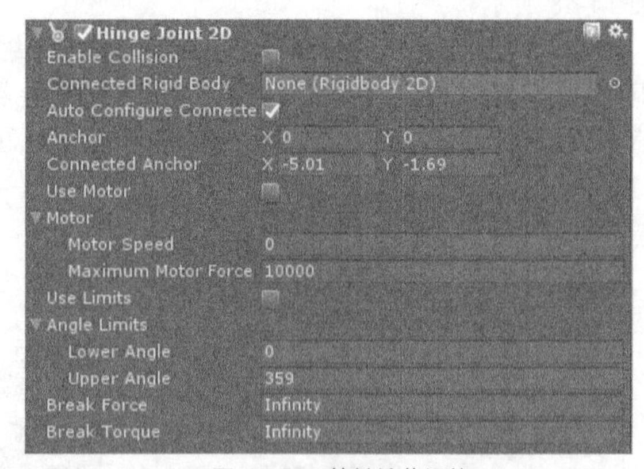


▲图 14-53　铰链关节组件

❑　滑动关节（Slider Joint 2D）

滑动关节模拟了现实生活中两个物体滑动的效果。滑动关节将两个物体束缚在一起，在两者之间只能在一个轴的方向上产生相对运动，而另一个轴的方向上两个物体位置固定不变。选择 Component→Physics 2D→Slider Joint 2D，添加滑动关节组件，如图 14-54 所示。

滑动关节组件中的 Use Motor 参数为是否使用电动机，如果 Use Motor 参数为 true，物体就会自动滑动；Use Limits 参数为是否限制最大相对距离，如 Use Limits 参数为 true，两个物体就会根据 Translation Limits 参数限制最大相对距离。滑动关节组件如图 14-55 所示。

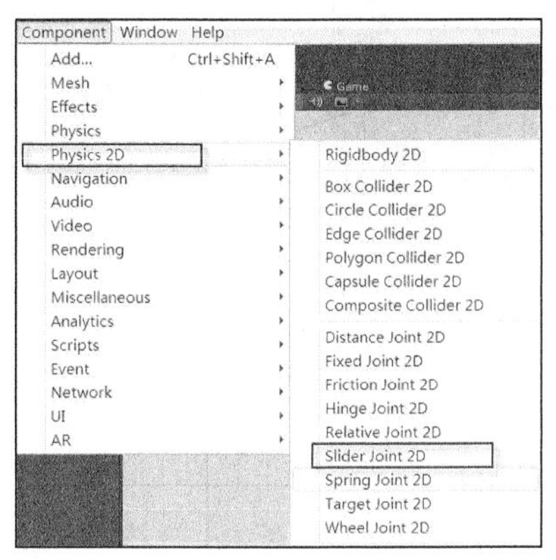


▲图 14-54　添加滑动关节组件

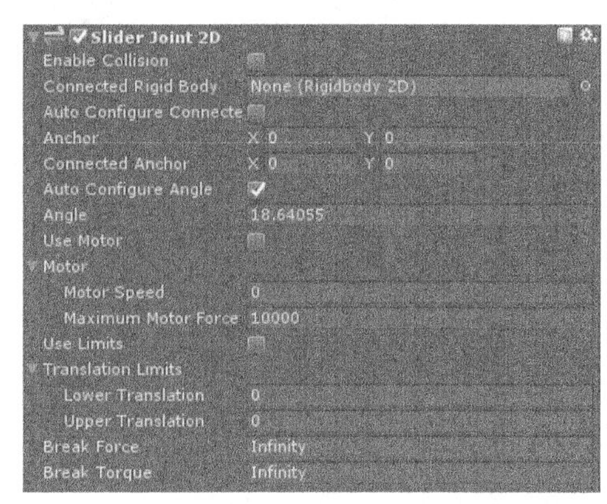


▲图 14-55　滑动关节组件

❑　滚轮关节（Wheel Joint 2D）

滚轮关节模拟了现实生活中滚轮的效果。它与弹簧关节和铰链关节有些类似，但与弹簧关节的不同之处在于它在没有压缩和拉伸时的长度为 0，连接体还能绕着锚点自由旋转。选择 Component→Physics 2D→Wheel Joint 2D，添加滚轮关节组件，如图 14-56 所示。

滚轮关节组件中的 Suspension 参数为设置压缩和拉伸的阻尼系数及弹性运动的频率；Use Motor 参数为是否使用电动机，如果 Use Motor 参数为 true，关节的连接体就会根据 Motor 参数的值绕锚点自动旋转。滚轮关节组件如图 14-57 所示。

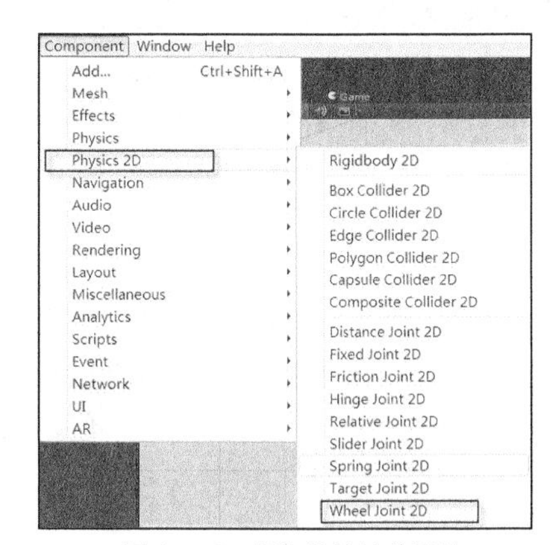


▲图 14-56　添加滚轮关节组件

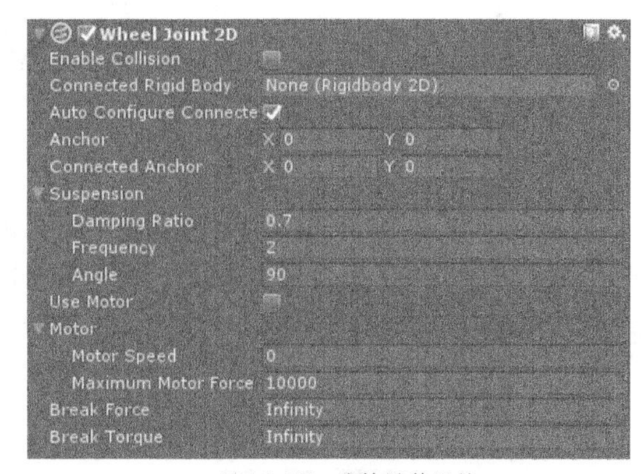


▲图 14-57　滚轮关节组件

❑　相对关节（Relative Joint 2D）

相对关节由两个 2D 刚体对象构成，通过配置最大的线性、角向力，两个 2D 刚体对象可以保持在当前的相对位置上。相对关节没有锚点，且能实时改变相对线性或相对角向偏移量。选择 Component→Physics 2D→Relative Joint 2D，添加相对关节组件，如图 14-58 所示。

相对关节组件中的 Max Force 参数为设置连接对象之间的线性偏移量，最大值为 1000；Max Torque 参数为设置连接对象之间的旋转角度，最大值也为 1000；通过这两个参数来维持两个对象之间的相对偏移。相对关节组件如图 14-59 所示。

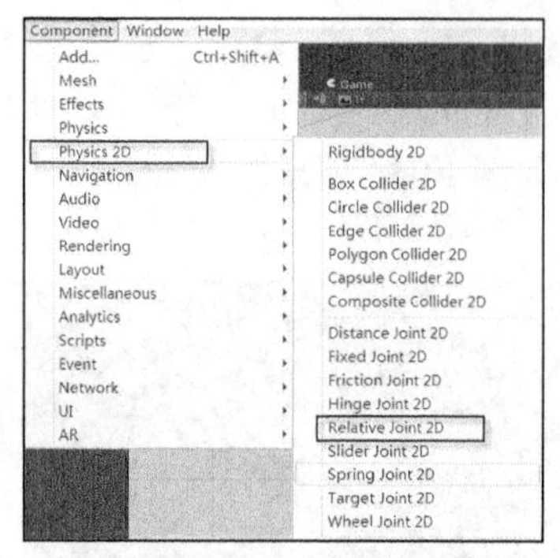


▲图 14-58　添加相对关节组件

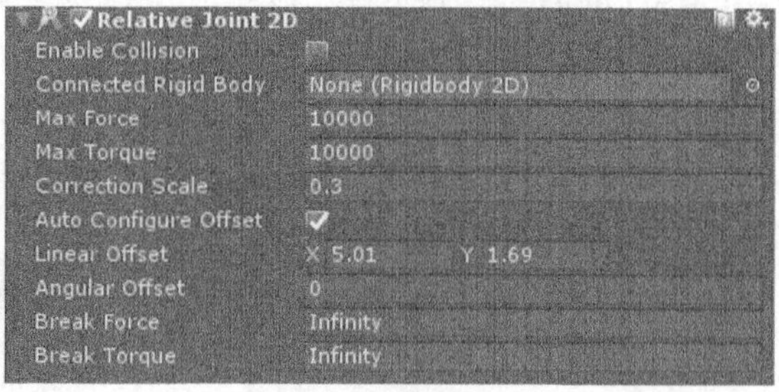

▲图 14-59　相对关节组件

❑　固定关节（Fixed Joint 2D）

固定关节同样可以使两个 2D 刚体对象保持在它们当前的相对位置。与相对关节不同之处在于，它使用了锚点，且不需要配置最大力就能提供近似刚性约束的效果。选择 Component→Physics 2D→Fixed Joint 2D，添加固定关节组件，如图 14-60 所示。

固定关节组件中的 Damping Ratio 参数可以抑制弹簧振荡的程度，范围是 0～1，值越高，运动越少，Frequency 参数为弹簧的振荡频率，范围是 1～1000000，值越高，弹簧就越僵硬。固定关节组件如图 14-61 所示。

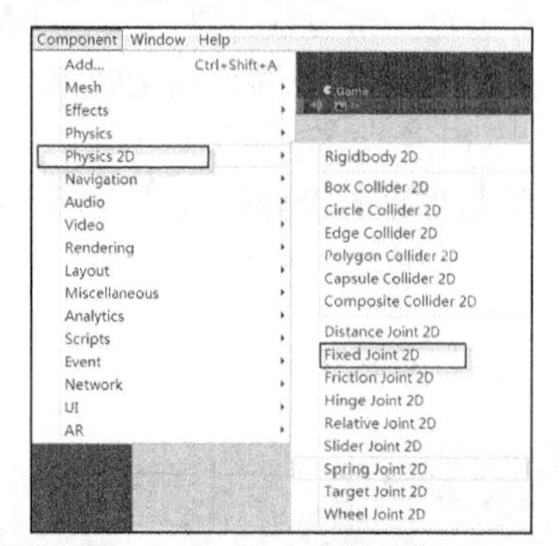


▲图 14-60　添加固定关节组件

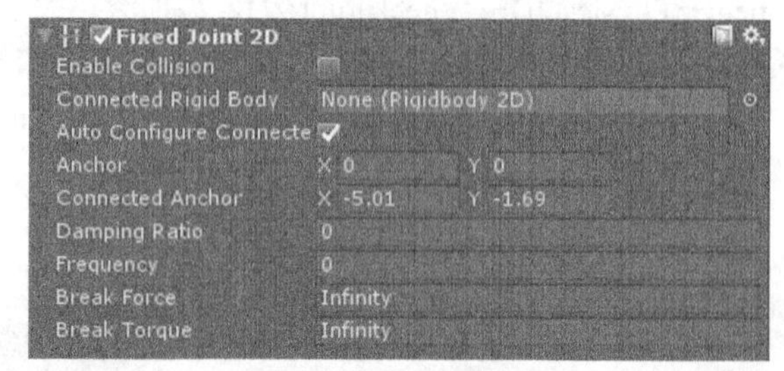


▲图 14-61　固定关节组件

❑　目标关节（Target Joint 2D）

目标关节并不连接两个 2D 刚体对象，而是连接单一 2D 刚体对象并使用可配置的弹性约束与最大力上限将其向指定目标移动。目标关节可用于非常多的地方，如重力作用下的可拾取对象，还可以移动它们。选择 Component→Physics 2D→Target Joint 2D，添加目标关节组件，如图 14-62 所示。

目标关节组件中 Max Force 参数为将物体移动到目标物体上时关节可以施加的力，值越大，目标关节受到的力就越大。目标关节组件如图 14-63 所示。

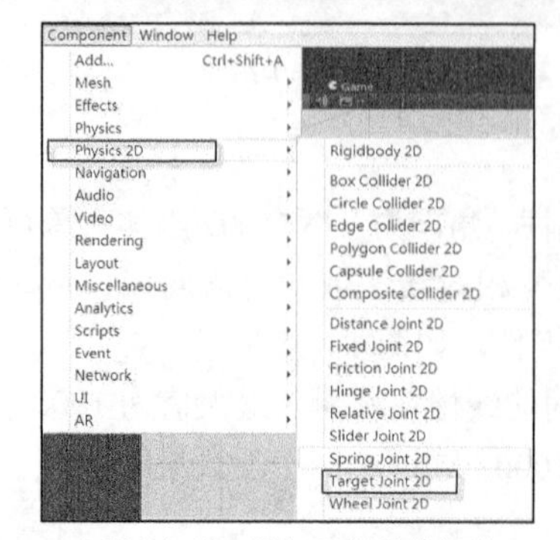


▲图 14-62　添加目标关节组件

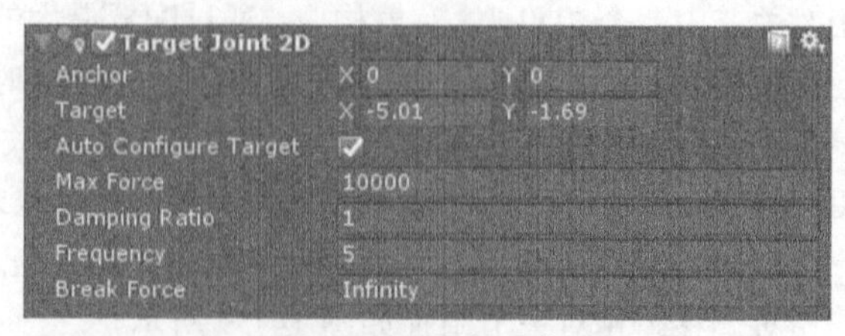


▲图 14-63　目标关节组件

❑ 摩擦关节（Friction Joint 2D）

摩擦关节通过对 2D 刚体对象同时施加线性力与扭矩，将其线速度与角速度减至 0。它可用于模拟平面摩擦力，通过设置力、扭矩值的大小，限制对象线性、角向移动。选择 Component→Physics 2D→Friction Joint 2D，添加摩擦关节组件，如图 14-64 所示。

摩擦关节组件中的 Max Force 参数为设置的对抗力，这个力越大，同一对象线速度减小得越快；Max Torque 参数为设置的对抗扭矩，这个值越大，同一对象的角速度减小得越快。摩擦关节组件如图 14-65 所示。

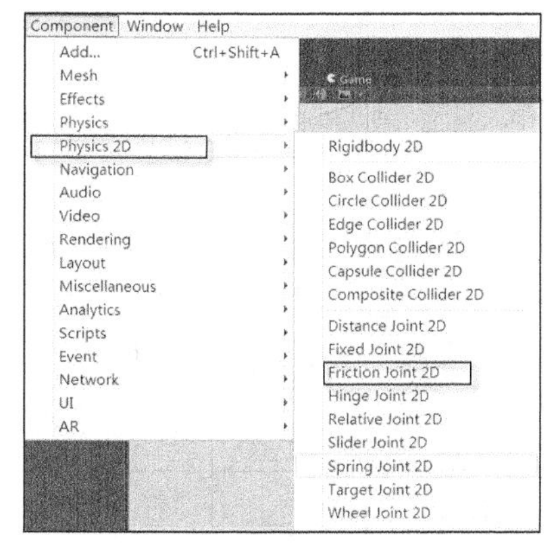


▲图 14-64 添加摩擦关节组件

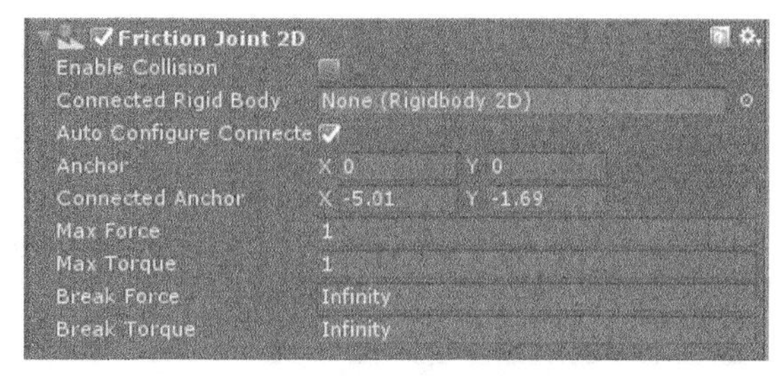


▲图 14-65 摩擦关节组件

前面介绍了 9 种不同类型的关节组件，并说明了这 9 种关节组件的独特之处。下面将介绍这些关节组件共同的属性，如表 14-5 所示。

表 14-5 关节的属性

| 属性 | 说明 |
| --- | --- |
| collideConnected | 关节组件的物体和关节的连接体是否发生碰撞 |
| connectedBody | 关节的连接体 |
| anchor | 2D 关节组件的物体的锚点 |
| connectedAnchor | 连接体的锚点 |
| Break Force | 设置关节承受的最大力矩，超过此值关节会消失 |
| Break Torque | 设置关节承受的最大扭矩，超过此值关节会消失 |

## 14.3.4 2D 效应器

14.3.3 节介绍了 2D 关节的相关知识，但是在真正的项目开发中，只有简单的碰撞器和关节是不够的，有许多效果通过它们是无法实现的，所以 2D 效应器应运而生。2D 效应器包含几种游戏常用的物理效果，而且它使用方便、效果真实。

效应器可以模拟很多游戏中用到的物理现象，如单面碰撞效果、传送带效果。效应器需要和碰撞器组合使用，先创建需要的碰撞器，选中 Used By Effector 复选框，再创建需要的效应器，这样两者便自动结合在一起。

Unity 中有 5 种不同的 2D 效应器，这 5 种 2D 效应器包含了游戏常用的物理效果。不同的效应器虽然产生的现象不同，但是使用方式基本一致，下面将对这 5 种 2D 效应器进行详细介绍。

❑ 地区效应器（Area Effector）

当对象使用了地区效应器后，该对象挂载的碰撞器的范围便形成了一块独立的区域，在这个区域中每个地方都有力的作用，就像通风管道一样。如果对象在这个范围内，将受到力的作用，运动状态改变。选择 Component→Physics 2D→Area Effector 2D，添加地区效应器组件，如图 14-66 所示。

地区效应器组件中的 Force Angle 参数设置了力的角度；Force Magnitude 参数设置了该区域力的大小，这个值可以是一个负数，代表与正数相反方向的力；Force Variation 参数用于设置施加力的大小的变化。地区效应器组件如图 14-67 所示。

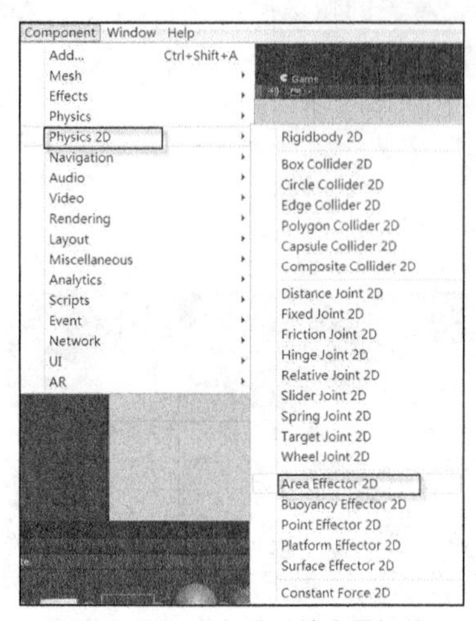


▲图 14-66　添加地区效应器组件

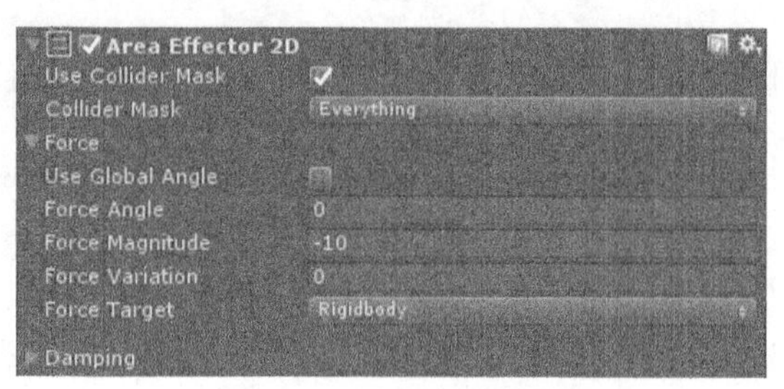


▲图 14-67　地区效应器组件

## ❑ 表面效应器（Surface Effector）

当对象使用表面效应器时，用到的是对象挂载碰撞器的表面，当把另外一个物体放在该对象的表面时，物体会沿着该对象的表面运动，该效应器实际上是模拟了传送带的效果。选择 Component→Physics 2D→Surface Effector 2D，添加表面效应器组件，如图 14-68 所示。

表面效应器组件中的 Speed 参数为碰撞器表面的运动速度，它可以为负数，其方向与正数代表的方向相反；Speed Variation 参数为表面速度的变化值，正数是表面速度增加，负数是表面速度减小。表面效应器组件如图 14-69 所示。

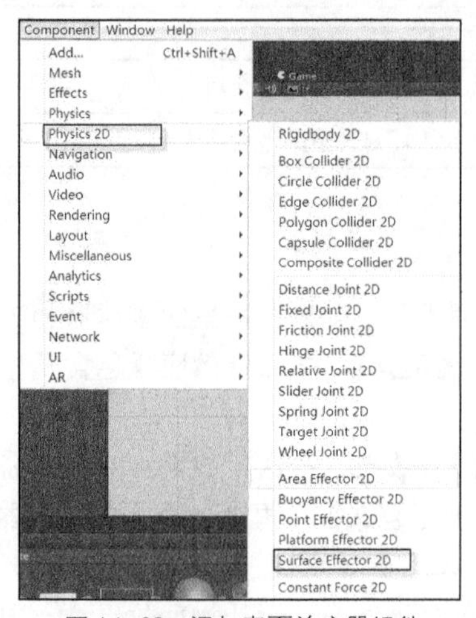


▲图 14-68　添加表面效应器组件

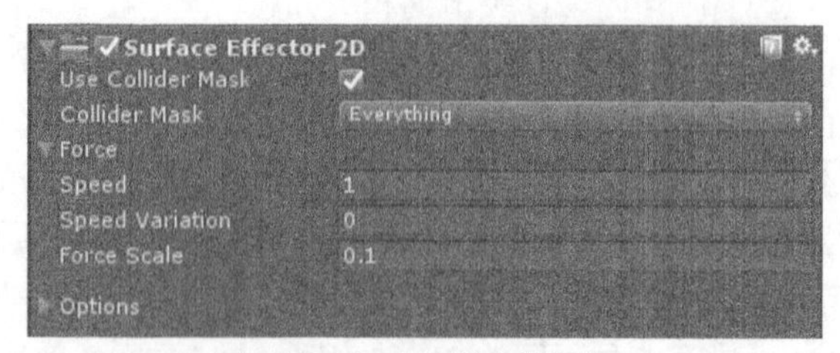


▲图 14-69　表面效应器组件

## ❑ 点效应器（Point Effector）

当对象使用了点效应器后，点效应器组件可以将对象抽象成一个点，当有物体靠近这个点时会产生吸引力或者排斥力；同理，当物体远离这个点时会产生排斥力或吸引力。选择 Component→Physics 2D→Point Effector 2D，添加点效应器组件，如图 14-70 所示。

点效应器组件中的 Force Magnitude 参数为力的大小，它可以为负数；Force Variation 参数为力的变化大小。点效应器组件如图 14-71 所示。

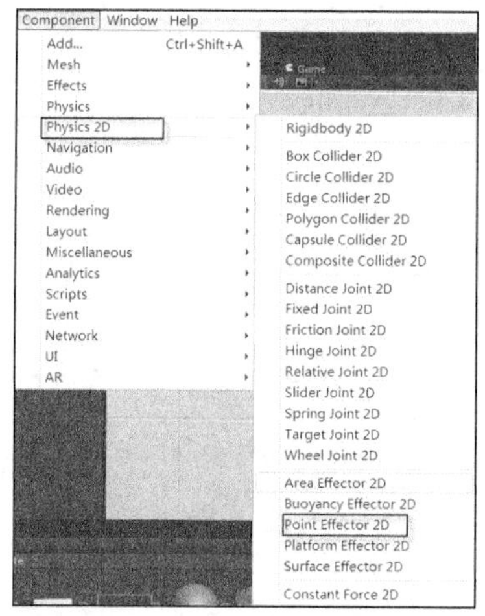


▲图 14-70 添加点效应器组件

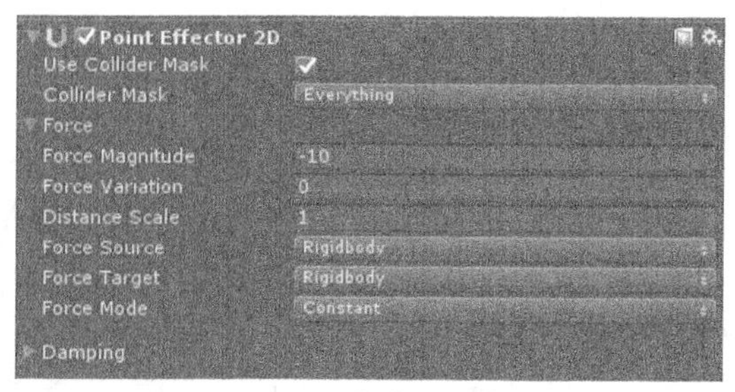


▲图 14-71 点效应器组件

❑ 平台效应器（Platform Effector）

当对象设置了平台效应器后，开发人员就可以设置该平台的范围角度了。当其他物体以特定方向的速度撞向该对象时，就会产生碰撞效果；当把速度置反，就不会产生碰撞效果，这就实现了单面碰撞的效果。选择 Component→Physics 2D→Platform Effector 2D，添加平台效应器组件，如图 14-72 所示。

平台效应器组件中的 Surface Arc 参数为该平台的范围角度，如果是 180°，则是一个半圆形；如果是 90°，则是一个直角圆形。一般在实际应用中设置为 90° 最常见，角度形成的弧边就是单面碰撞器。平台效应器组件如图 14-73 所示。

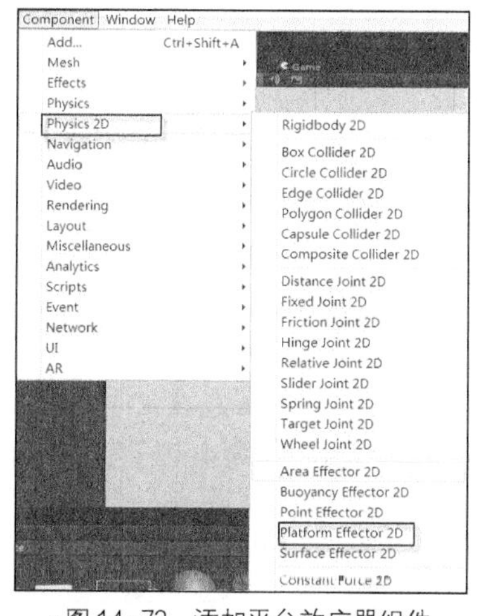


▲图 14-72 添加平台效应器组件

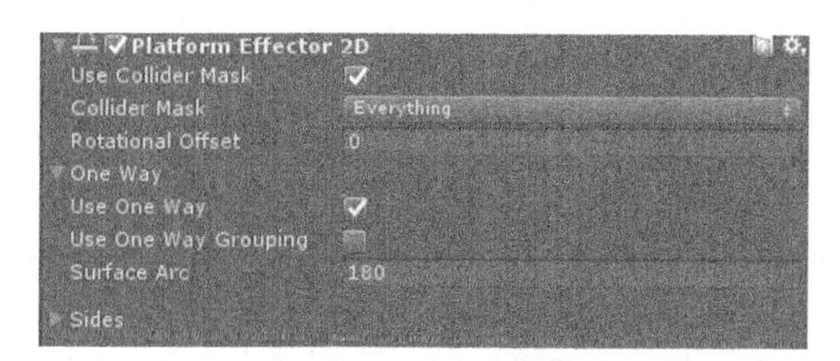


▲图 14-73 平台效应器组件

❑ 浮力效应器（Buoyancy Effector）

浮力效应器是新出的一种效应器，该效应器可以模拟浮力、流体流动和流动角度应用的力，当其他的物体与效应器确定的平面重叠时，通过计算来确定物体是否低于效应器的平面。如果不是，则不会应用浮力。选择 Component→Physics 2D→Buoyancy Effector 2D，添加浮力效应器组件，如图 14-74 所示。

浮力效应器组件中的 Density 参数用来计算浮力的液体密度；Flow Angle 参数用来模拟流体流动力的角度；Flow Magnitude 参数用来模拟流体流动力的大小；Flow Variation 参数用来模拟随机变化的力；Surface Level 用来表示流体水平面的水平线。浮力效应器组件如图 14-75 所示。

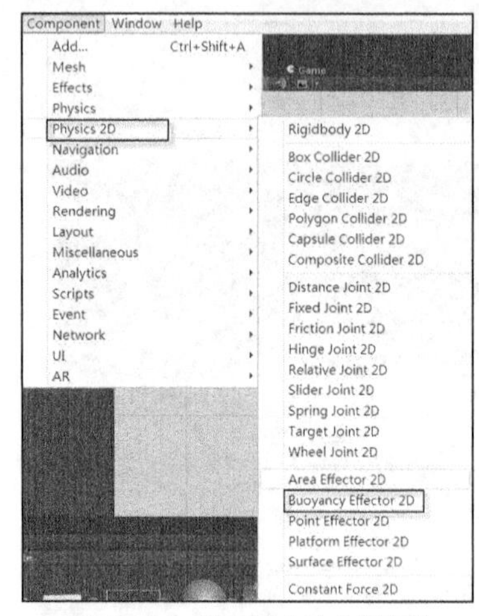

▲图 14-74　添加浮力效应器组件

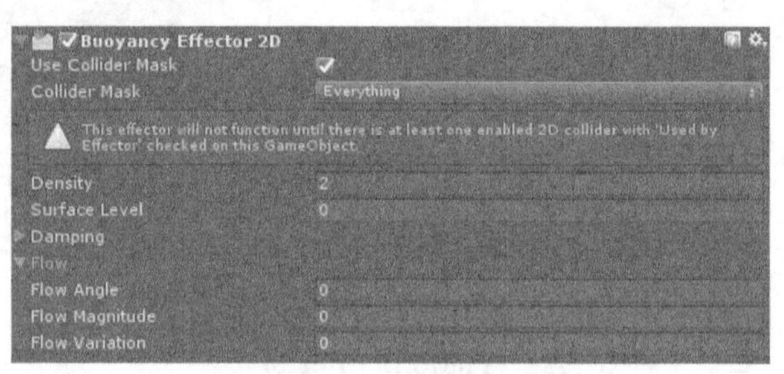

▲图 14-75　浮力效应器组件参数

前面介绍了 5 种不同的 2D 效应器，并且分别说明了这 5 种效应器的独特之处和具体作用。下面介绍这 5 种 2D 效应器的共同属性，属性的详细说明如表 14-6 所示。

表 14-6　效应器的属性

| 属性 | 说明 |
| --- | --- |
| Use Collider Mask | 是否启用 Collider Mask 属性 |
| Collider Mask | 作用于特定的层的物体 |

### 14.3.5　使用 2D 物理引擎制作撞冰块示例

前面介绍了 Unity 中 2D 物理引擎的相关知识，本小节将通过制作一个撞冰块的示例来让读者对 2D 物理引擎的基本用法有一个更加明确的认识。本示例的设计目的是使用小球来碰撞冰块，使冰块按照物理规律运动，具体操作步骤如下。

（1）新建一个 2D 项目，选择 File→New Scene，创建一个场景。按 Ctrl+S 快捷键保存该场景，将其命名为 text。

（2）创建背景图片精灵。具体步骤参考 14.2.2 节创建精灵对象的步骤，这里不再赘述。将 Assets\sprite 文件夹中的 beijing 图片文件导入项目中，设置 beijing 图片的 Texture Type 为 Sprite，设置 Sprite Mode 为 Single，其他设置如图 14-76 所示。

（3）将 beijing 图片拖曳到 beijing 精灵对象的 Sprite Renderer 组件的 Sprite 参数上，在 Sprite Renderer 组件的 Sorting Layer 下拉列表中，选择 Add Sorting Layer。

（4）打开 Tags&Layers 面板后，在 Sorting Layers 中单击“+”按钮，添加两个层，上面一个层命名为 beijing 并作为背景层，下面一个层命名为 bingkuai 并作为物体对象层，如图 14-77 所示。层位置越往上代表的层级越深，并且下面的层会遮挡住上面的层。

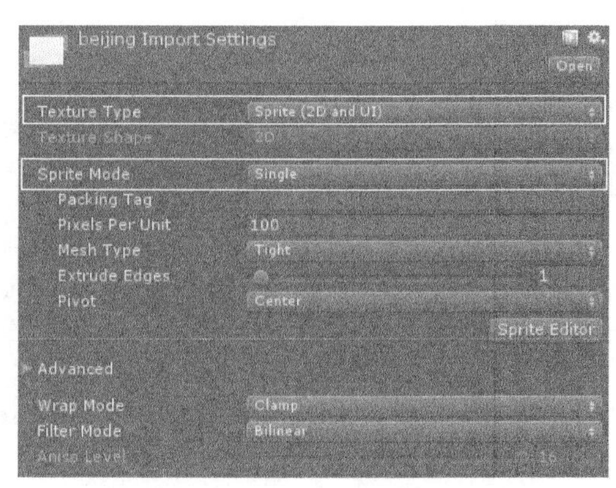


▲图 14-76　设置 beijing 图片类型

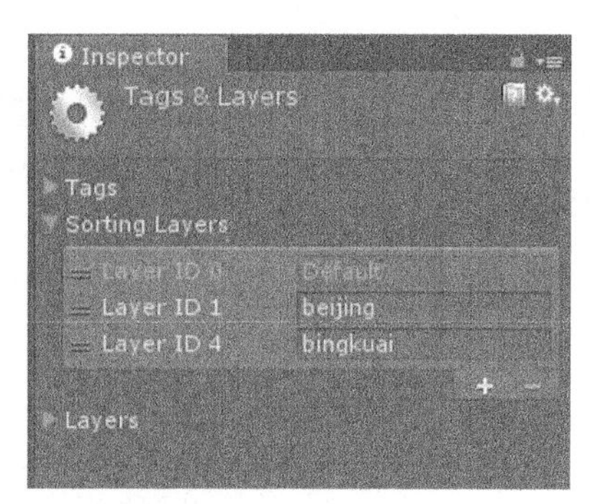


▲图 14-77　添加层

（5）设置 beijing 精灵对象的 Sprite Renderer 组件中的 Sorting Layer 为 beijing，让 background 精灵对象作为背景对象。设置 Order in Layer 为 0，Order in Layer 参数用于设置同层精灵之间的遮挡顺序。Sprite Renderer 组件的参数如图 14-78 所示。

（6）创建小球精灵。具体步骤参考 14.2.2 节，这里不再赘述，将小球精灵重命名为 qiu。将 Assets\sprite 文件夹中的 qiu 图片文件导入项目中，设置 qiu 图片的 Texture Type 为 Sprite，设置 Sprite Mode 为 Single，其他设置如图 14-79 所示。

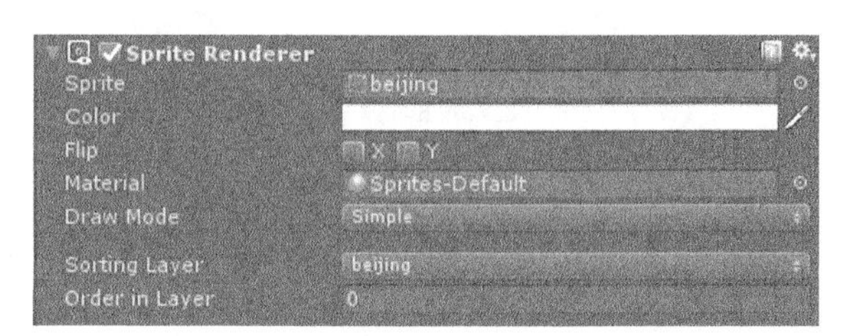


▲图 14-78　Sprite Renderer 组件的参数

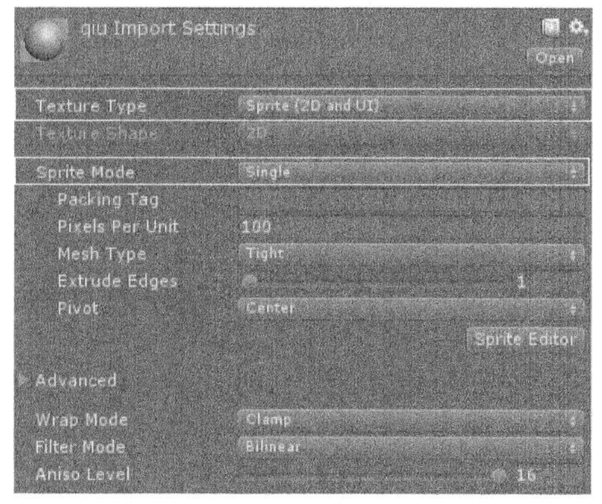


▲图 14-79　设置 qiu 图片类型

（7）设置小球精灵的位置和大小，具体参数如图 14-80 所示。将 qiu 图片拖曳到 qiu 精灵对象的 Sprite Renderer 组件的 Sprite 选项上。

（8）设置 qiu 精灵对象的 Sprite Renderer 组件中的 Sorting Layer 为 bingkuai，设置 Order in Layer 为 0。Sprite Renderer 组件的参数如图 14-81 所示。

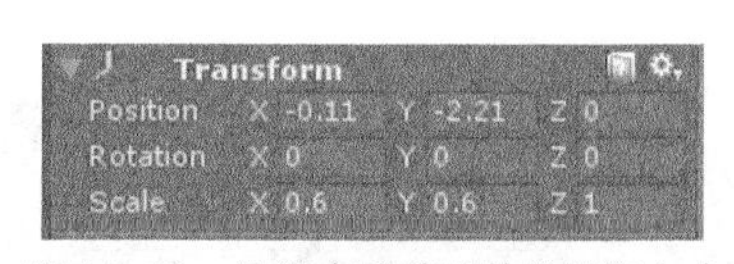


▲图 14-80　设置小球精灵的位置和大小

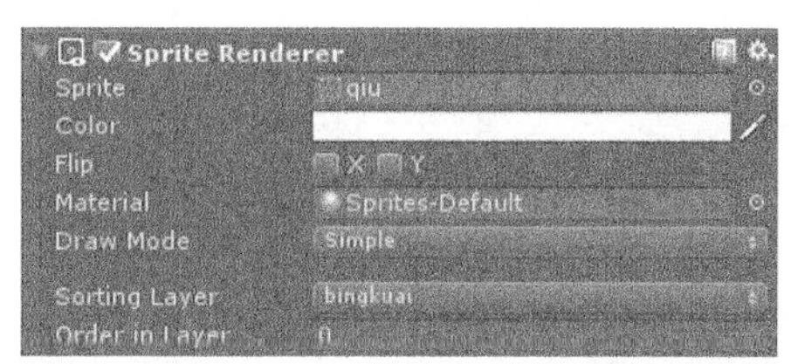


▲图 14-81　Sprite Renderer 组件的参数

（9）给小球精灵添加 2D 刚体组件。选择 Component→Physics 2D→Rigidbody 2D，添加 2D 刚体组件，如图 14-82 所示。设置 2D 刚体组件的 Gravity Scale 为 0，使小球精灵不受重力影响，

2D 刚体组件的参数如图 14-83 所示。

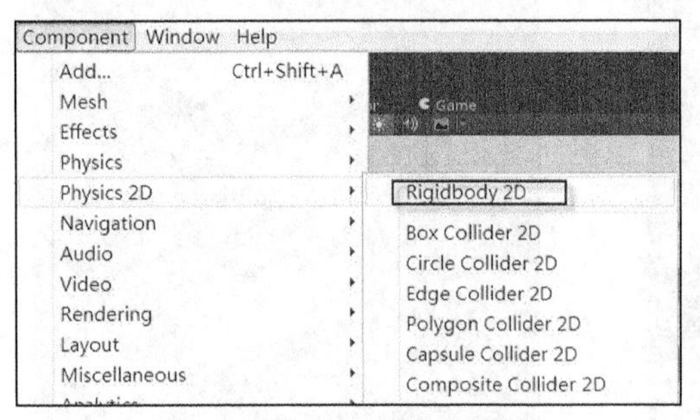


▲图 14-82　添加 2D 刚体组件

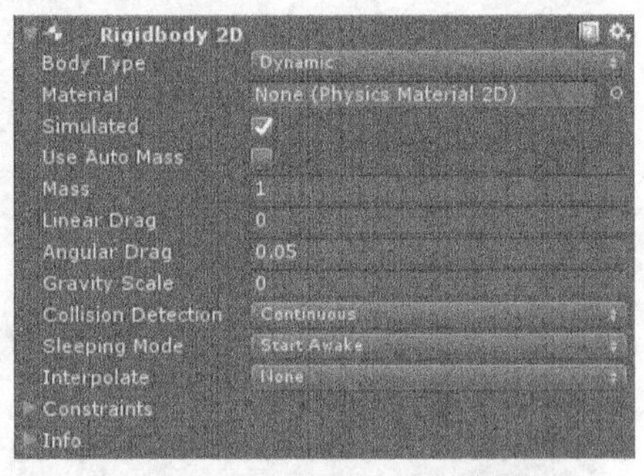


▲图 14-83　2D 刚体组件的参数

（10）给小球精灵添加圆圈碰撞器组件。选择 Component→Physics 2D→Circle Collider 2D，添加圆圈碰撞器组件，如图 14-84 所示。设置圆圈碰撞器组件的位置和大小，具体参数如图 14-85 所示。

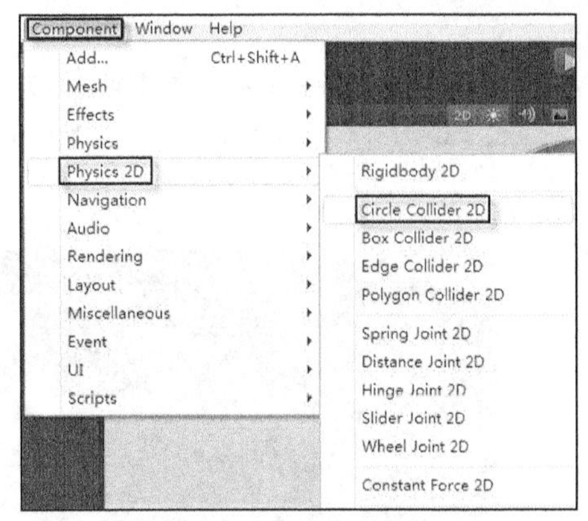


▲图 14-84　添加圆圈碰撞器组件

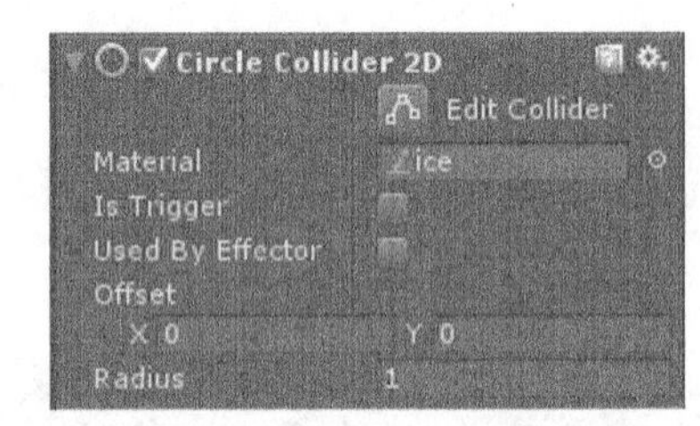


▲图 14-85　设置圆圈碰撞器组件的位置和大小

（11）创建冰块效果的 2D 物理材质。右击 Physic2D Materials 文件夹，在弹出的快捷菜单中选择 Create→Physics 2D Material，如图 14-86 所示，并将其命名为 ice。

（12）单击 ice 2D 物理材质，在 Inspector 面板中设置物理材质参数。设置 Friction 为 0.4，设置 Bounciness 为 0.5，使物体摩擦力变小、反弹力增加来模拟冰块效果，如图 14-87 所示。将 ice 2D 物理材质拖曳到碰撞器组件 Material 参数中。

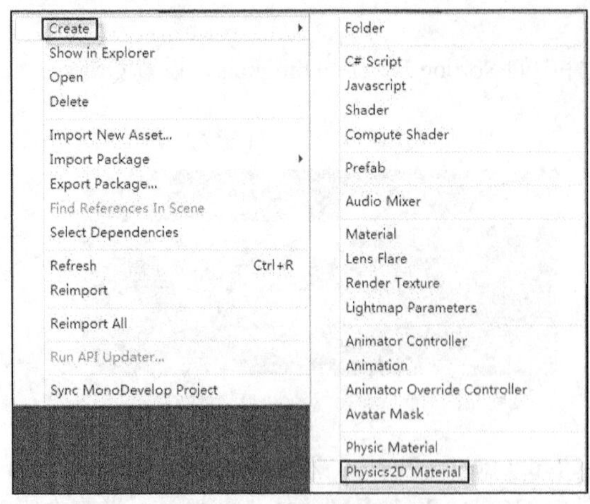


▲图 14-86　创建 2D 物理材质

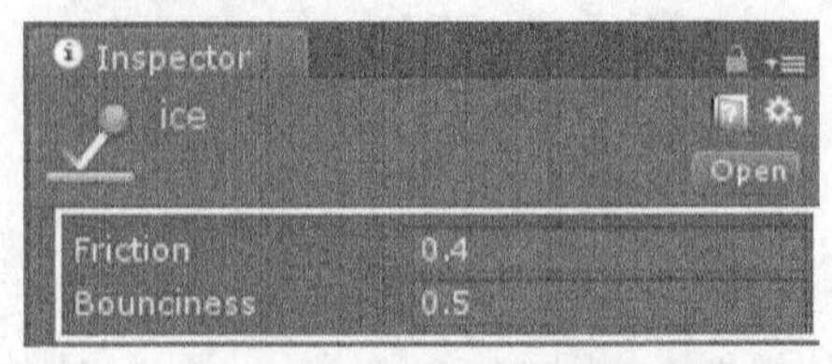


▲图 14-87　设置 2D 物理材质参数

（13）创建给小球施加力的脚本。右击 Script 文件夹，在弹出的快捷菜单中选择 Create→C# Script，创建脚本，将该脚本命名为 AddFore。双击打开该脚本，开始 AddFore 脚本的编写，编写完成后将其拖曳到小球精灵对象上。

代码位置：随书资源中源代码\第 14 章目录下的 wuliyinqing\Assets\Script \AddFore.cs

```
1   using UnityEngine;
2   using System.Collections;
3   public class AddFore : MonoBehaviour {
4     Rigidbody2D r;                                          //声明 2D 刚体组件
5     private Vector2 start;                                  //声明开始位置坐标向量
6     private Vector2 end;                                    //声明结束位置坐标向量
7     private bool isPing=false;                              //是否触摸到小球
8     void Start () {
9       r = GetComponent<Rigidbody2D>();                      //获取 2D 刚体组件
10    }
11    void Update () {
12      if (Input.touchCount != 0){                           //如果有触摸点
13        for (int i = 0; i < Input.touchCount; i++){
14          Touch touch = Input.touches[i];                   //获取触摸点信息
15          if (touch.phase == TouchPhase.Began){             //如果刚开始触摸
16            start = touch.position;                         //获取触摸点位置坐标
17            if ((start - new Vector2(Camera.main.WorldToScreenPoint(this.transform.position).x, Camera
18            .main.WorldToScreenPoint(this.transform.position).y)).sqrMagnitude < 5000f){
                                                              //如果触摸到小球
19              isPing = true;                                //将是否触摸到小球标志位设为 true
20          }}
21          if (touch.phase == TouchPhase.Moved && isPing){   //如果正在滑动屏幕并且触摸到小球
22            Vector2 position = touch.deltaPosition;         //获取触摸点距离上次改变的距离增量
23            r.AddForce(position*4);                         //给小球施加力
24          }
25          if (touch.phase == TouchPhase.Ended){             //如果触摸完成
26            isPing =false;                                  //将是否触摸到小球标志位设为 false
27      }}}
28      if (Input.GetMouseButtonDown(0)){                     //如果按下鼠标左键
29        start = Input.mousePosition;                        //获取鼠标指针位置
30        if ((start - new Vector2(Camera.main.WorldToScreenPoint(this.transform.position).x, Camera
31        .main.WorldToScreenPoint(this.transform.position).y)).sqrMagnitude < 5000f){
                                                              //如果鼠标指针触碰到小球
32          isPing = true;                                    //将是否触摸到小球标志位设为 true
33      }}
34      if (Input.GetMouseButton(0) && isPing){               //如果按下鼠标左键并且触摸到小球
35        end = Input.mousePosition;                          //获取鼠标指针位置
36        Vector2 te = end - start;                   //获取鼠标指针位置距离上次改变的距离增量
37        r.AddForce(te * 4);                                 //给小球施加力
38        start = end;                                        //记录鼠标指针位置
39      }
40      if (Input.GetMouseButtonUp(0)){                       //如果鼠标左键弹起
41        isPing = false;                                     //将是否触摸到小球标志位设为 false
42  }}}
```

- 第 4～7 行的变量声明，主要声明了 2D 刚体组件、开始/结束位置坐标向量及是否触摸到小球标志位等。在开发环境下的 Inspector 面板中可以为各个参数指定资源或者取值。
- 第 8～10 行实现了 Start 方法的重写，该方法在初始化场景时系统自动调用。它的主要功能是获取 2D 刚体组件，用于下面代码使用。
- 第 12～20 行获取触摸点信息，如果刚开始触摸，则获取触摸点位置坐标；如果触摸到小球，则将是否触摸到小球标志位设为 true。
- 第 21～27 行如果正在滑动屏幕并且触摸到小球，则计算本次触摸点到上次触摸点之间的距离，然后根据距离的大小和方向给小球施加力。如果触摸完成，则将是否触摸到小球标志位设为 false。

❑ 第 28～33 行如果按下鼠标左键，则获取鼠标指针位置，如果鼠标指针触碰到小球，则将是否触摸到小球标志位设为 true。

❑ 第 34～42 行如果按下鼠标左键并且触摸到小球，则获取鼠标指针位置距离上次改变的距离增量，然后根据距离增量的大小和方向给小球施加力。如果鼠标左键弹起，将是否触摸到小球标志位设为 false。

（14）创建冰块精灵对象。具体步骤参考 14.2.2 小节，这里不再重复介绍。将冰块精灵对象重命名为 bingkuai。将 Assets\sprite 文件夹中的 bingkuai 图片文件导入到项目中，设置 bingkuai 图片的 Texture Type 为 Sprite，设置 Sprite Mode 为 Single。其他设置如图 14-88 所示。

（15）设置 bingkuai 精灵对象的位置和大小，具体参数如图 14-89 所示。将 bingkuai 图片拖曳到 bingkuai 精灵对象的 Sprite Renderer 组件的 Sprite 选项上。

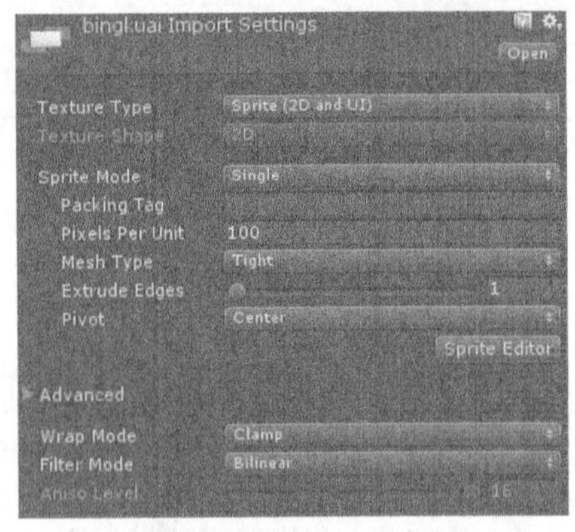


▲图 14-88 bingkuai 图片设置

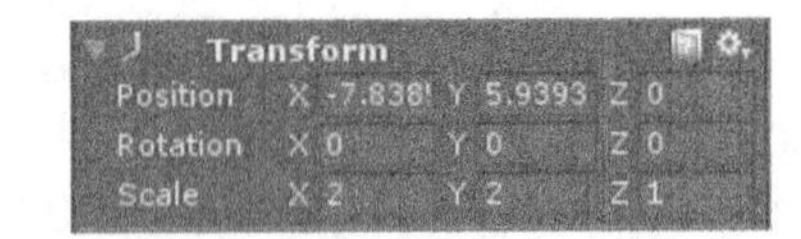


▲图 14-89 设置 bingkuai 精灵对象的位置和大小

（16）设置 bingkuai 精灵对象的 Sprite Renderer 组件中的 Sorting Layer 为 bingkuai，设置 Order in Layer 为 0。Sprite Renderer 组件的参数如图 14-90 所示。

（17）给 bingkuai 精灵对象添加 2D 刚体组件，具体步骤参考给小球精灵添加 2D 刚体组件部分。设置 2D 刚体组件的 Gravity Scale 为 0，使 bingkuai 精灵对象不受重力影响；设置 Collision Detection 为 Continuous，2D 刚体组件的参数如图 14-91 所示。

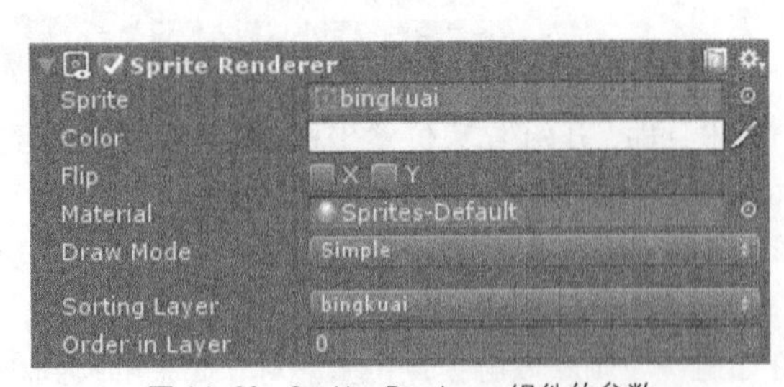


▲图 14-90 Sprite Renderer 组件的参数

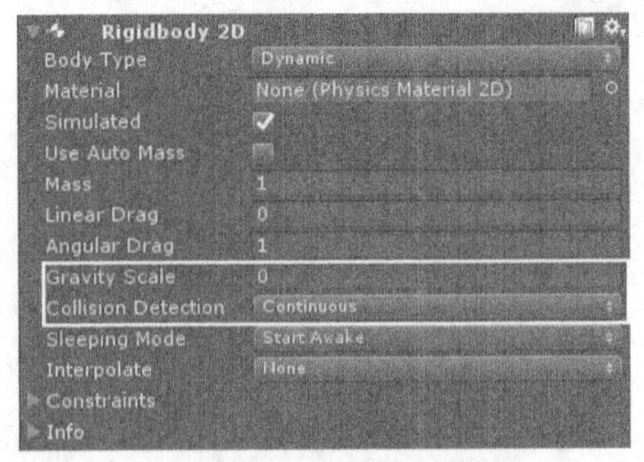


▲图 14-91 2D 刚体组件的参数

（18）给 bingkuai 精灵对象添加 2D 盒子碰撞器。选择 Component→Physics 2D→Box Collider 2D，添加盒子碰撞器组件，如图 14-92 所示。设置盒子碰撞器组件的位置和大小，将_ice 2D 物理材质拖曳到碰撞器组件 Material 选项中，如图 14-93 所示。

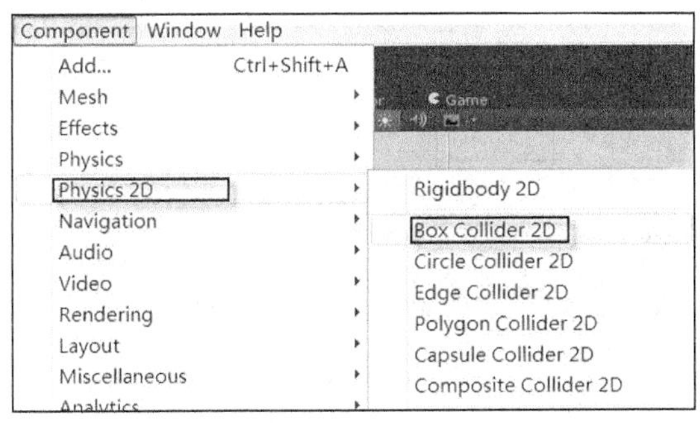


▲图 14-92　添加 2D 盒子碰撞器组件

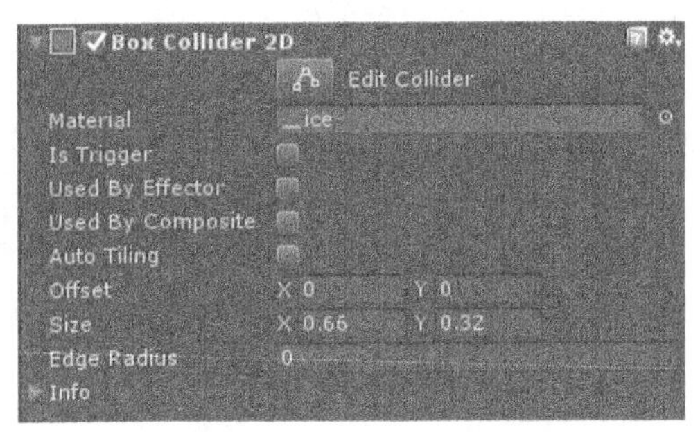


▲图 14-93　设置盒子碰撞器组件

（19）按照上面的步骤再创建 20 个冰块精灵，设置它们的位置使它们均匀排布，排布方式如图 14-94 所示。创建一个空对象，将其命名为 bingkuais。将上面创建的 21 个冰块精灵对象拖曳到空对象上，使其成为 bingkuais 对象的子对象。

（20）创建包围框精灵对象，具体步骤参考 14.2.2 节，这里不再赘述，将该精灵对象命名为 kuang。将 Assets\sprite 文件夹中的 kuang 图片文件导入项目中，设置 kuang 图片的 Texture Type 为 Sprite，设置 Sprite Mode 为 Single，其他设置如图 14-95 所示。

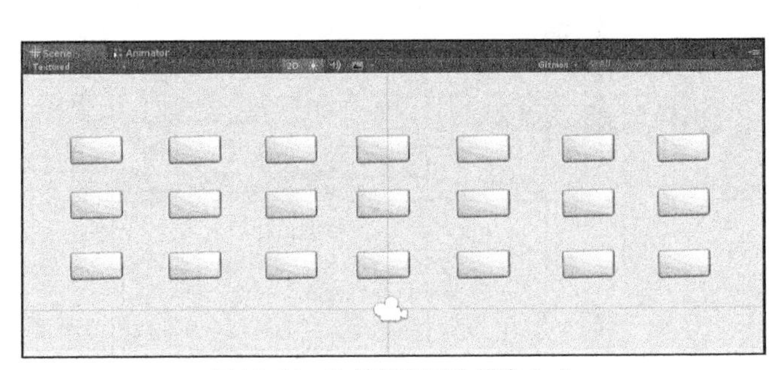

▲图 14-94　冰块精灵对象排布方式

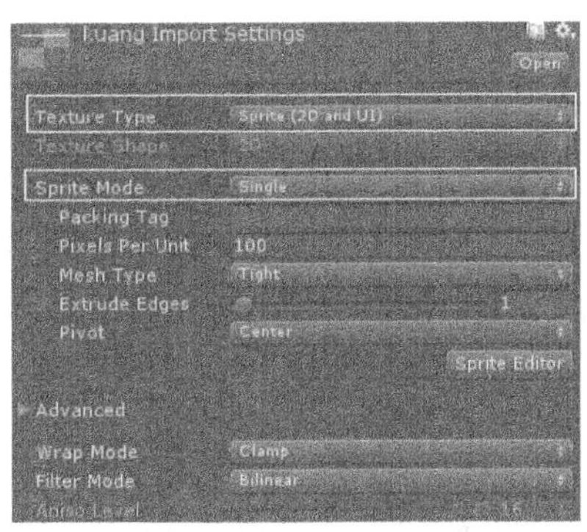


▲图 14-95　设置 kuang 图片类型

（21）设置 kuang 精灵的位置和大小，使包围框完全包围屏幕，如图 14-96 所示。将 kuang 图片拖曳到 kuang 精灵对象的 Sprite Renderer 组件中的 Sprite 选项上。

（22）设置 kuang 精灵对象的 Sprite Renderer 组件中的 Sorting Layer 为 bingkuai，设置 Order in Layer 为 0。Sprite Renderer 组件的参数如图 14-97 所示。

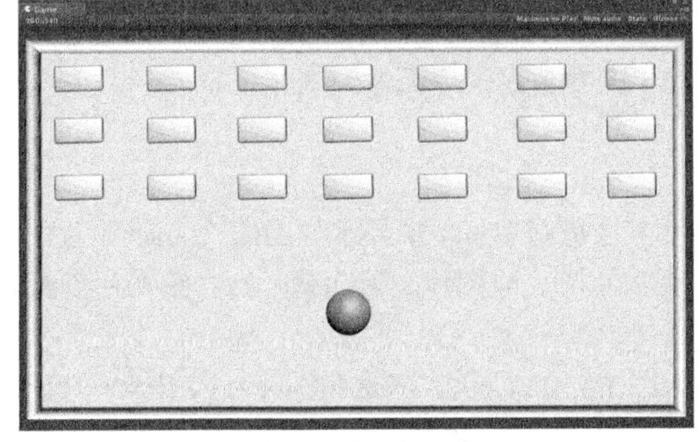

▲图 14-96　包围框示意图

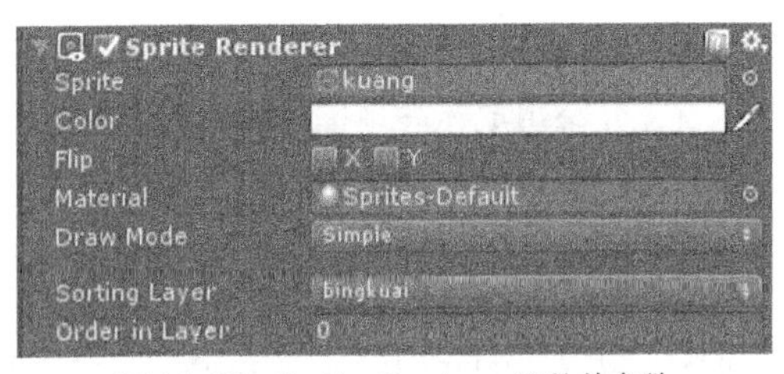


▲图 14-97　Sprite Renderer 组件的参数

（23）给 kuang 精灵对象添加多边形碰撞器。选择 Component→Physics 2D→Polygon Collider

2D，添加多边形碰撞器组件，如图 14-98 所示。将_ice 2D 物理材质拖曳到碰撞器组件 Material 选项中，具体参数如图 14-99 所示。

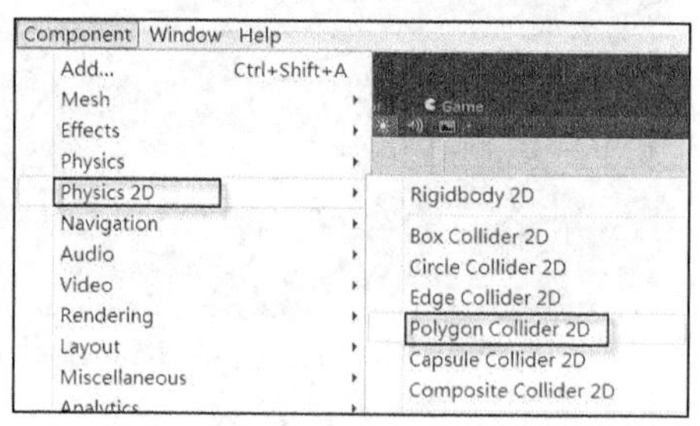

▲图 14-98 添加多边形碰撞器组件

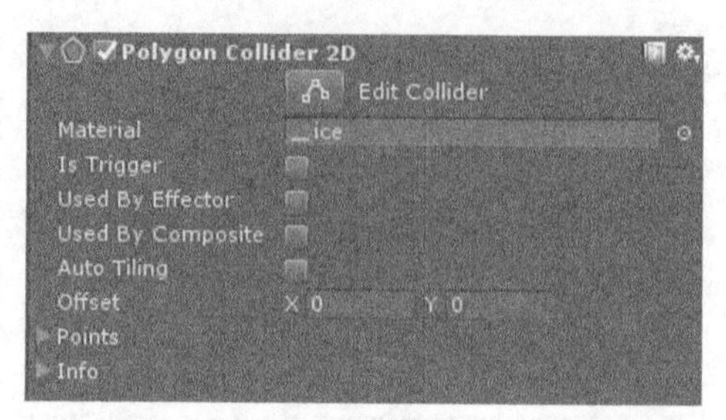

▲图 14-99 多边形碰撞器组件的参数

（24）单击“游戏运行”按钮，观察效果。在 Game 面板中可以看到冰块排布，按住鼠标左键拖动屏幕，给小球施加力，可以看到小球碰撞冰块后冰块按照物理规律运动的效果。当然，还可以导入 Android 设备上运行，从 Android 设备上观察冰块运动的效果，如图 14-100 和图 14-101 所示。

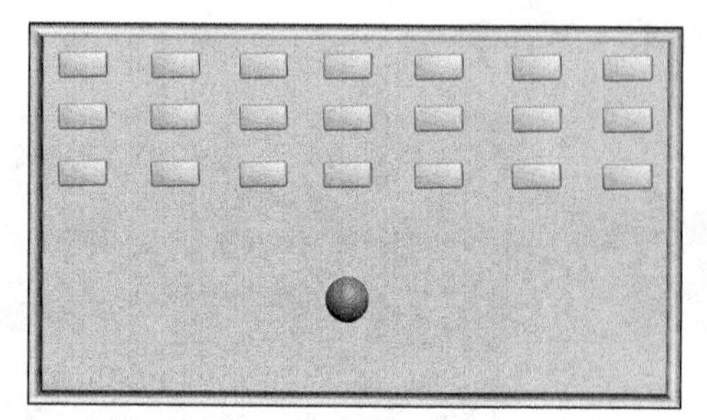
▲图 14-100 示例运行效果 1

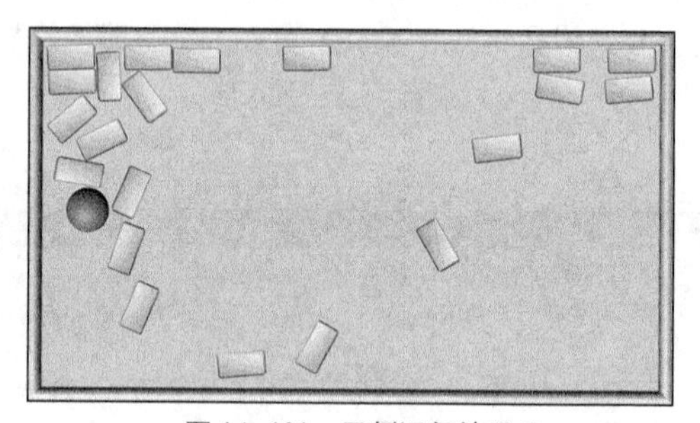
▲图 14-101 示例运行效果 2

**说明** 本示例的源文件位于随书资源中源代码\第 14 章目录下的 wuliyinqing 文件夹中。如果读者想运行本示例，只需把 wuliyinqing 文件复制到非中文路径下，然后双击 wuliyinqing\Assets 目录下的 text.unity 文件即可。

## 14.4 瓦片地图

Unity 引擎也引入了瓦片地图（Tilemap）的功能，所谓瓦片地图，就是把一张大图切割成许多大小相同的小图，然后将这些小图按照一定规律拼接在一起，组成新的 2D 地图。瓦片地图的引入极大地提升了 2D 场景地图的制作速度，提高了开发效率，下面做详细介绍。

### 14.4.1 瓦片资源的创建

首先介绍组成瓦片地图的瓦片资源，瓦片资源其实就是 Unity 中经常见到的“.asset”为扩展名的资源文件，该文件中载入了构成瓦片地图的瓦片精灵，即图片。下面就开始介绍瓦片资源的创建过程。

（1）找到一张适合做瓦片资源的 2D 图片，如图 14-102 所示。将这张图片导入 Unity 的资源目录中，设置 Texture Type 为 Sprite，Sprite Mode 为 Multiple，然后打开 Sprite Editor 工具，将大的图片分割，分割的具体操作方法见 14.2.3 节。

（2）右击 Create，在弹出的快捷菜单中选择 Tile，创建一个瓦片资源空文件，然后将刚才的图片挂载到Sprite选项中，这样一个瓦片资源文件就创建并设置完毕了，该文件的属性如图14-103所示。

▲图14-102 图片示意图

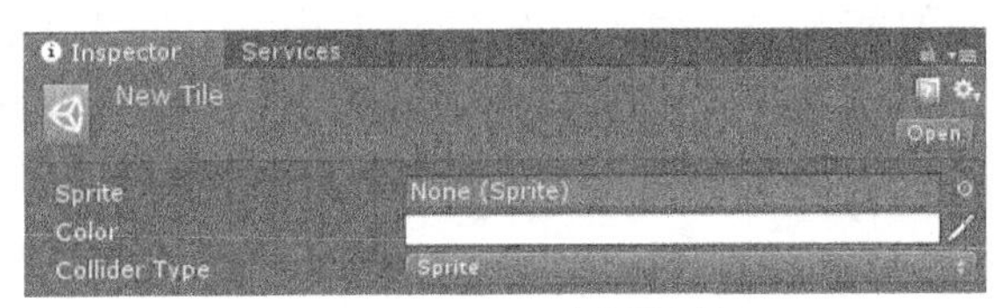


▲图14-103 瓦片资源属性

### 14.4.2 瓦片画板与瓦片地图的创建与使用

下面介绍瓦片画板和瓦片地图的创建与使用。开发人员需要将瓦片资源挂载到瓦片画板上，瓦片画板可以作为绘制瓦片地图的工具，使用画板可以绘制地图的各项功能，使用起来非常方便，也大大地提高了地图的制作效率，下面详细介绍。

（1）要创建瓦片地图，选择GameObject→2D Object→Tilemap，创建后的结构目录如图14-104所示。之后创建瓦片画板，选择Window→Tile Palette，创建后的瓦片画板示意图如图14-105所示。

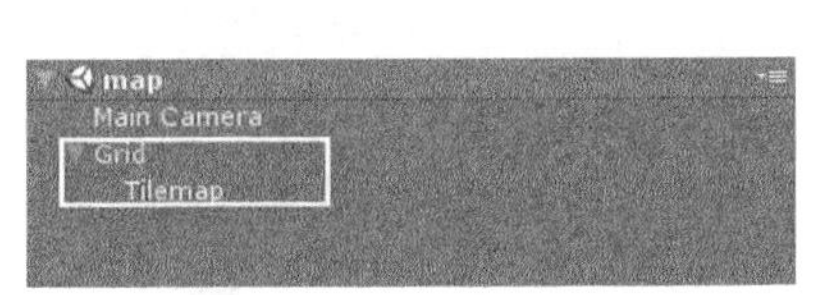


▲图14-104 瓦片地图目录

▲图14-105 瓦片画板示意图

（2）将画板的图层修改为Tilemap，这样就可以在瓦片地图上使用画板的工具来绘制地图了。创建画板的子图层，单击画板左上方的New Palette按钮，然后单击Palette面板中的Create New Palette按钮，打开Create New Palette面板，如图14-106所示。单击Create按钮，即可完成子图层的创建。

（3）画板创建完成后，就可以使用笔刷等工具绘制地图了。这里使用一个小示例来更好地展示瓦片地图的使用流程及效果，效果如图14-107所示。在这里画板的各项笔刷的功能就不具体介绍了，读者可以查阅官网上的相关文档。

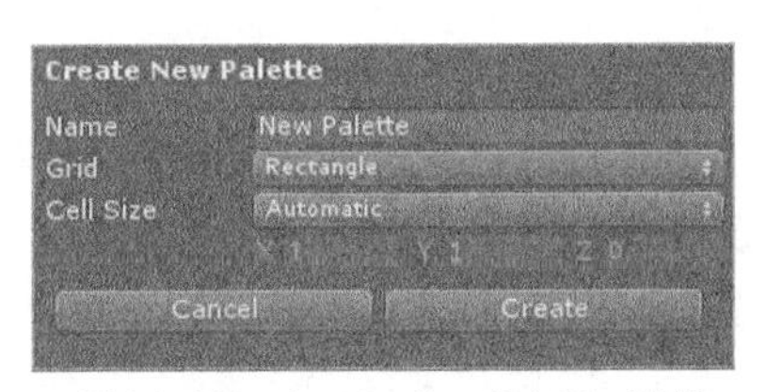


▲图14-106 Create New Palette画板

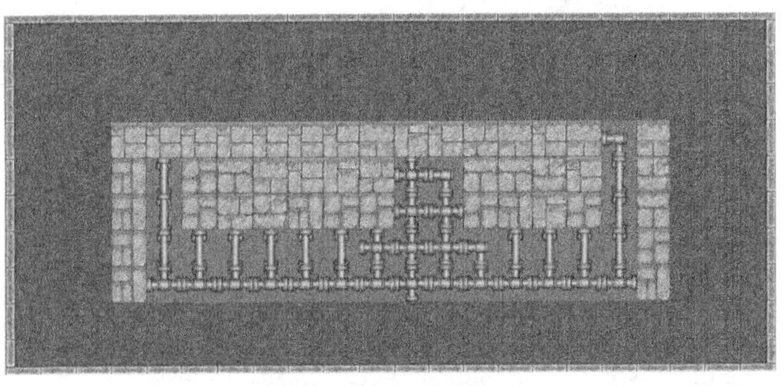

▲图14-107 示例效果

示例位置：随书资源\第14章目录下的Tilemap\Assets\Map\map.unity

# 14.5 一个完整的 2D 游戏示例

通过本章的学习，读者对如何在 Unity 3D 中进行 2D 游戏的开发有了大概了解。下面，我们将结合本章所介绍过的知识，利用 2D 物理引擎来制作一款运行在 Android 平台上的 2D 游戏——蝙蝠跳跃。接下来，我们将对游戏的背景和功能，以及开发流程逐一进行介绍。

## 14.5.1 游戏背景及功能概述

本小节将主要介绍本游戏的背景和功能，让读者对本游戏有一个整体的了解。通过本小节的学习，读者将对本游戏所达到的效果和所实现的功能有一个直观的了解。

❑ 游戏背景

游戏中玩家通过不断单击屏幕，控制一只蝙蝠在洞穴中跳跃前进，跨越各种障碍。只要稍一分神，小蝙蝠就会被闪电击中或者坠地阵亡。这类游戏能够充分发挥玩家的反应能力，非常适合人们休闲娱乐使用，现在非常流行。当下非常流行的休闲类游戏有 Flappy Bird、Flappy Bird2 等，如图 14-108 和图 14-109 所示。

▲图 14-108　FlappyBird

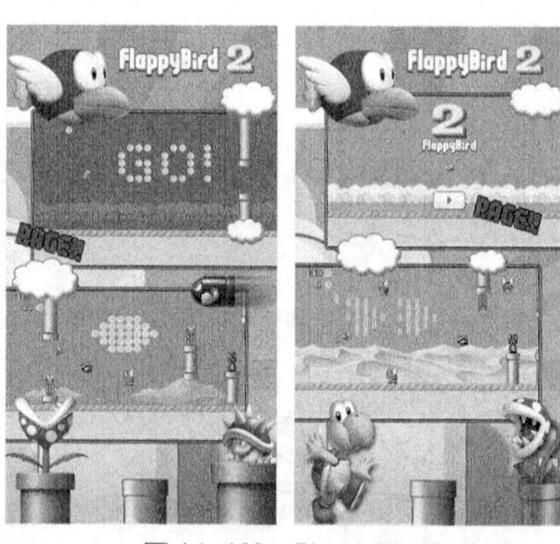


▲图 14-109　FlappyBird2

❑ 游戏功能

运行游戏，首先进入的是主菜单界面，如图 14-110 所示。单击“开始游戏”按钮后，进入的是本游戏的游戏界面，如图 14-111 所示。

▲图 14-110　主菜单界面

▲图 14-111　游戏界面

## 14.5.2 游戏的策划及准备工作

14.5.1 小节简单介绍了游戏的背景和功能，本小节主要介绍本游戏的策划和正式开发前的一些准备工作。游戏的开发需要做的准备工作，大体上包括游戏策划、美工需求、音乐等。游戏开发前的充分准备，可以保证开发人员有一个顺畅的开发流程，保证开发顺利进行。

**1. 游戏策划**

本游戏使用 Unity 3D 游戏引擎作为开发工具，C#作为开发语言，运行平台为 Android 2.0 或者更高的版本。游戏的操作方式为玩家控制单击屏幕的频率来调节蝙蝠的飞行高度和降落速度，让蝙蝠顺利通过画面右方出现的闪电间隙。如果蝙蝠不小心碰到了闪电，游戏结束。

**2. 使用 Unity 开发游戏前的准备工作**

下面介绍的是本游戏所用到的背景、按钮和数字图片资源，所有图片资源全部位于项目文件 Assets\textures 文件夹下，详细情况如表 14-7 所示。

表 14-7　　　　游戏中的背景、按钮和数字图片资源

| 图片 | 大小（KB） | 像素（W×H） | 用途 |
|---|---|---|---|
| background.png | 0.16 | 256×256 | 游戏背景 |
| well.png | 416 | 1024×510 | 地面 |
| begin.png | 61.3 | 442×172 | “开始”按钮 |
| title.png | 282 | 960×540 | 游戏标题 |
| restart.png | 57 | 442×172 | 重新开始 |
| newnumber.png | 6.16 | 140×20 | 计分板 |
| exit.png | 24.7 | 128×128 | “退出”按钮 |

接下来介绍本游戏所用到的帧动画图片资源，所有帧动画图片资源全部位于项目文件 Assets\textures 文件夹下，详细情况如表 14-8 所示。

表 14-8　　　　游戏中的帧动画图片资源

| 图片 | 大小（KB） | 像素（W×H） | 用途 |
|---|---|---|---|
| bat.png | 5.67 | 512×126 | 蝙蝠主角帧动画 |
| flash1.png | 126 | 712×110 | 闪电帧动画 1 |
| flash2.png | 123 | 712×110 | 闪电帧动画 2 |
| flash3.png | 119 | 712×110 | 闪电帧动画 3 |
| flash4.png | 119 | 712×110 | 闪电帧动画 4 |
| flash5.png | 126 | 712×110 | 闪电帧动画 5 |
| flash6.png | 125 | 712×110 | 闪电帧动画 6 |
| flash7.png | 123 | 712×110 | 闪电帧动画 7 |
| flash8.png | 117 | 712×110 | 闪电帧动画 8 |
| light(1).png | 34 | 192×192 | 旋风帧动画 1 |
| light(2).png | 42 | 192×192 | 旋风帧动画 2 |
| light(3).png | 52 | 192×192 | 旋风帧动画 3 |
| light(4).png | 52 | 192×192 | 旋风帧动画 4 |
| light(5).png | 52 | 192×192 | 旋风帧动画 5 |
| light(6).png | 56 | 192×192 | 旋风帧动画 6 |
| light(7).png | 58 | 192×192 | 旋风帧动画 7 |
| light(8).png | 60 | 192×192 | 旋风帧动画 8 |
| light(9).png | 59 | 192×192 | 旋风帧动画 9 |
| light(10).png | 44 | 192×192 | 旋风帧动画 10 |
| light(11).png | 30 | 192×192 | 旋风帧动画 11 |
| light(12).png | 16 | 192×192 | 旋风帧动画 12 |

最后介绍的是本游戏所用到的音效资源。所有音效资源全部位于项目文件 Assets\textures 文件夹下，详细情况如表 14-9 所示。

表 14-9　　游戏中的音效资源

| 文件 | 大小（KB） | 格式 | 用途 |
|---|---|---|---|
| bat_point.ogg | 7.9 | ogg | 游戏背景 |
| bat_hit.ogg | 15 | ogg | 地面 |
| bat_die.ogg | 16.2 | ogg | “开始”按钮 |
| bat_wing.ogg | 6.6 | ogg | 游戏标题 |

## 14.5.3　游戏的架构

14.5.2 节介绍了蝙蝠跳跃这款游戏开发前的策划及准备工作。本小节将简单介绍这款游戏的架构。通过对本小节的学习，读者可以进一步了解本游戏的开发思路，对程序的整个开发过程也会更加熟悉。

### 1. 各个场景简介

主菜单场景（MainMenu）是转向游戏场景的中心场景，该场景包含主摄像机及游戏的背景。通过单击使用 GUI 生成的“开始游戏”按钮方可进入游戏界面，开始游戏。该场景包含的脚本如图 14-112 所示。

游戏场景（BatGame）是本游戏中最重要的一个场景。在该场景中有多个游戏对象，主要包括主摄像机、计分板、蝙蝠游戏对象、地面、障碍、游戏背景等。该场景包含的脚本如图 14-113 所示。

▲图 14-112　主菜单场景包含的脚本

▲图 14-113　游戏场景包含的脚本

### 2. 游戏架构简介

本游戏使用了很多脚本，接下来将按照程序运行的顺序介绍脚本的作用及游戏的整体框架，具体步骤如下。

（1）打开游戏，首先进入的是主菜单场景，主摄像机被激活，显示出主菜单界面。主摄像机上挂载的脚本 Welcome 开始执行，本脚本用于在屏幕上绘制出游戏的标题及“开始”按钮。

（2）在主菜单界面中单击“开始游戏”按钮，进入游戏的主界面，主摄像机上挂载的 BarrierMove 脚本激活，场景中的障碍开始向左移动。

（3）在脚本 BatContral 的作用下，单击屏幕，蝙蝠游戏对象就会受到一个向上的力，从而使其向上跳跃。每当游戏对象通过一个障碍时，计分板上挂载的脚 ScoreBoard 就会显示出相应的成绩。单击屏幕左上方的“退出”按钮，主摄像机上挂载的脚本 GameContral 被启用，将游戏关闭。

## 14.5.4　主菜单场景的开发

14.5.3 节介绍了游戏的整体架构，从本小节开始将介绍本示例场景的开发，首先介绍本示例的主菜单场景，该场景在游戏开始时呈现，控制所有界面之间的跳转和绘制主菜单界面。本小节将对此场景的开发进行进一步的介绍。

### 1. 场景的搭建

场景搭建主要是针对游戏中的摄像机、游戏对象、游戏背景等成员的设置。通过本小节的学习，读者将会了解到如何构建出一个基本的 2D 游戏世界，接下来介绍场景的具体搭建步骤。

（1）新建一个场景，步骤为选择 File→New Scenes，如图 14-114 所示。选择 File→Save Scenes，在保存对话框中设置场景名为 MainMenu。将其作为主菜单场景，用于显示主菜单界面。

（2）导入资源。将本游戏所要用到的资源分类整理好，然后将分类好的资源都复制到项目文件夹下的 Assets 文件夹下，所放位置可参照 14.4.2 节的相关内容。

（3）添加一个精灵组件。选择 GameObject→2D Object→Sprite，如图 14-115 所示，将其命名为 BackGround。此外，也可从 Assests 中直接将图片对象直接拖曳到场景里。

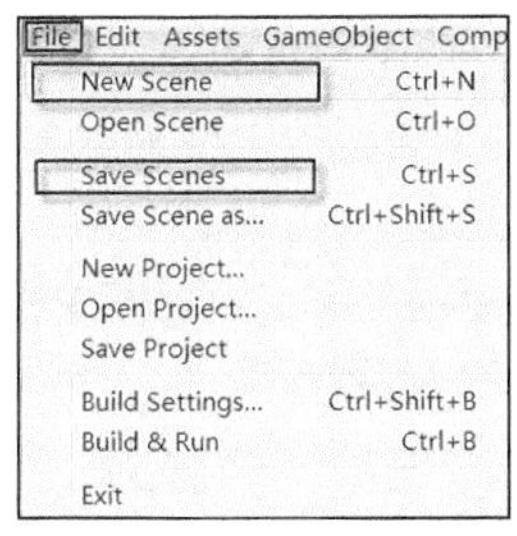


▲图 14-114　创建并保存场景

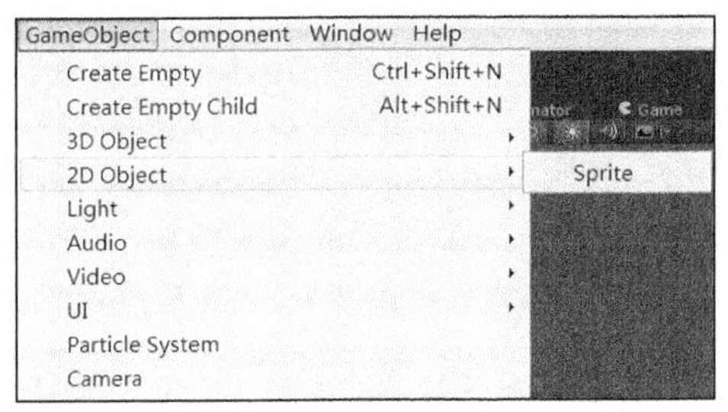


▲图 14-115　创建 2D 精灵组件

### 2. 主摄像机的设置及脚本的开发

下面介绍主摄像机的设置及相关脚本的开发，以实现界面的呈现和界面之间的跳转，具体步骤如下。

（1）将主摄像机的 Projection 设置为 Orthographic，即设置主摄像机的投射方式为正交，摄像机将用无透视感的方式渲染游戏对象，无立体效果，如图 14-116 所示。调节主摄像机的位置，使其正对游戏背景对象，具体主摄像机位置如图 14-117 所示。

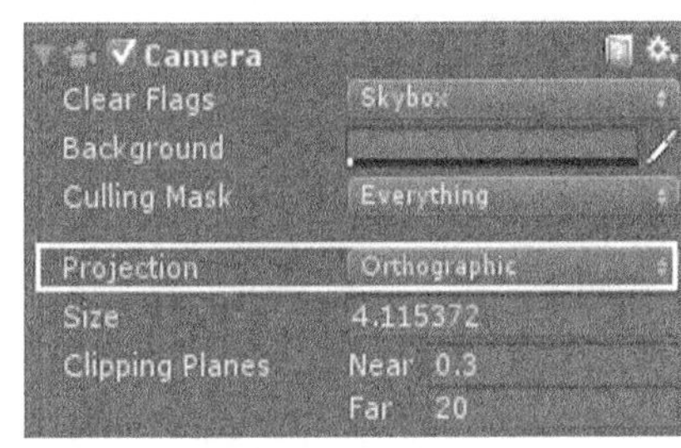


▲图 14-116　投射方式设置为正交

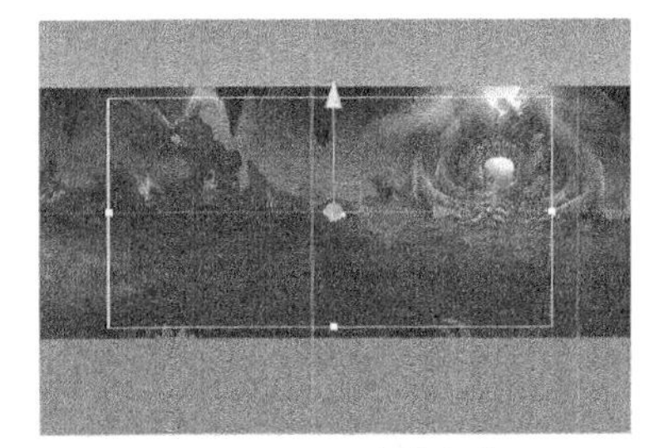

▲图 14-117　主摄像机位置

（2）创建 C#脚本，并将其命名为 Welcome.cs，挂载到主摄像机上。双击脚本，开始 Welcome 脚本的编写。本脚本主要用于在屏幕上绘制游戏的标题及开始游戏的按钮，具体代码如下。

代码位置：随书资源中源代码\第 14 章目录下的 2DSample\Assets\Scripts\Welcome.cs

```
1   using UnityEngine;
2   using System.Collections;
3   public class Welcome : MonoBehaviour {
4       public Texture2D title;                          //游戏标题贴图
5       public Texture2D begin;                          //“开始”按钮贴图
6       public GUIStyle myStyle;                         //自定义 GUIStyle
7       void Start() { }
8       void Update() { }
9       void OnGUI() {
10          float t_width = Screen.width * 0.6f;         //标题的宽度为屏幕的 0.6
11          float t_heigh = Screen.height * 0.7f;        //标题的高度为屏幕的 0.7
12          GUI.DrawTexture(new Rect(                    //绘制纹理
13              Screen.width * 0.5f - t_width / 2,
14              Screen.height * 0.4f - t_heigh / 2,
```

```
15              t_width, t_heigh), title);
16          float b_width = Screen.width * 0.4f;          //标题的宽度为屏幕的 0.4
17          float b_heigh = Screen.height * 0.2f;         //标题的高度为屏幕的 0.2
18          if (GUI.Button(new Rect(                      //绘制按钮，判断单击事件
19              Screen.width * 0.5f - b_width / 2,
20              Screen.height * 0.7f - b_heigh / 2,
21              b_width, b_heigh), begin, myStyle)) {
22              Application.LoadLevel("BatGame");         //加载 BatGame 场景
23  }}}
```

- 第 4～6 行声明游戏的标题贴图对象、“开始”按钮贴图及自定义的 GUIStyle 对象。变量的修饰符为 public，即可在 Unity 中为变量赋值。
- 第 10～15 行绘制游戏的标题，为了在 2D 场景中实现画面的自适应，需要对对象的尺寸进行计算，以保证标题对象在屏幕上的适当位置进行绘制。定义标题的宽度为屏幕的 0.6，标题的高度为屏幕的 0.7，使用 GUI 自带的 DrawTexture 方法绘制纹理。
- 第 16～22 行绘制开始游戏的按钮图标，方法与绘制标题类似。当玩家单击了按钮后，触发了加载事件，系统会加载名为 BatGame 的游戏场景，从而进入游戏。

注意

因为绘制时的位置参数是绘制区域左上角的坐标值，这样不够直观。如要在屏幕的中心绘制纹理，则以 Screen.width×0.5f 作为 *X* 坐标的值，以 Screen.height×0.5f 作为 *Y* 坐标的值，如图 14-118 所示。纹理并不是绘制在屏幕正中心，所以需要使绘制区域偏移，偏移的距离为绘制区域长度和宽度的 1/2，这样就能够在屏幕的正中心绘制，如图 14-119 所示。

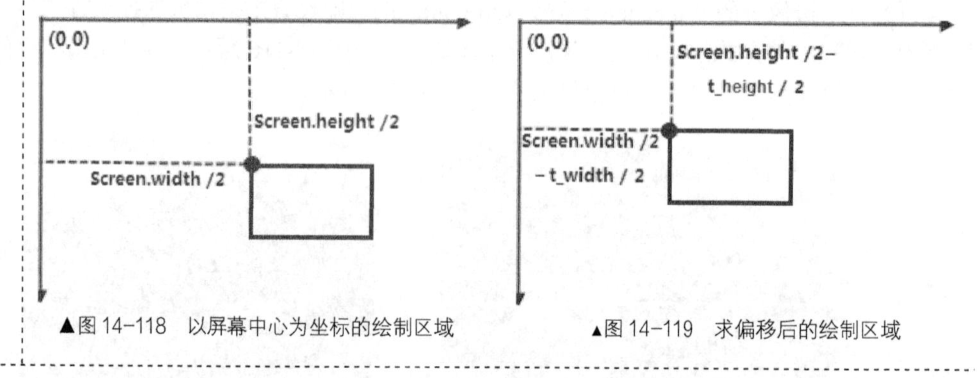


▲图 14-118　以屏幕中心为坐标的绘制区域　　▲图 14-119　求偏移后的绘制区域

### 14.5.5　游戏场景的开发

14.5.4 节已经介绍了主菜单场景的开发过程，游戏场景是本游戏的中心场景，其他场景都是为此场景服务的，游戏场景的开发对于此游戏的可玩性有至关重要的作用。本小节将对此场景的开发进行进一步介绍。

**1. 场景搭建**

搭建游戏界面场景的步骤比较烦琐。通过此游戏界面的开发，读者可以熟练地掌握基础知识，同时也会积累一些开发技巧和开发细节。接下来对游戏界面的开发进行详细介绍。

（1）创建一个 BatGame 场景，具体步骤参考主菜单界面开发的相应步骤，此处不再赘述。需要使用的音效与图片资源已经放在 Assets 文件夹下。

（2）将 Assets\Textures 下的 background.png 拖曳到场景中作为游戏的背景，修改其 OrderInLayer 属性为-1，该属性用于设置在同一层中的显示顺序，数值小的排在后面，默认值为 0。将其设置为-1 后，背景对象就会在其他对象的后面显示，不会挡住其他对象。

### 2. 主摄像机的设置及脚本的开发

主摄像机相关脚本实现了退出游戏、重新开始等功能，具体步骤如下。

（1）将主摄像机的 Projection 设置为 Orthographic，即设置主摄像机的投射方式为正交，具体方法请参考主菜单界面的摄像机设置。

（2）新建 C#脚本，将其重命名为 GameContral.cs 并挂载到主摄像机上。双击脚本，开始 GameContral.cs 脚本的编写，具体代码如下。

代码位置：随书资源中源代码\第 14 章目录下的 2DSample\Assets\Scripts\GameContral.cs

```
1   using UnityEngine;
2   using System.Collections;
3   public class GameContral : MonoBehaviour {
4       public Texture2D reStart;                          // “重新开始”按钮贴图
5       public Texture2D exit;                             // “退出游戏”按钮贴图
6       public bool isOver = false;                        //游戏结束标志
7       public GUIStyle myStyle;                           //自定义的 GUIStyle 对象
8       public GameObject BAT;                             //蝙蝠游戏对象
9       void Start() { }
10      void Update() {
11          isOver = BAT.GetComponent<BatContral>().isOver;    //为结束标志赋值
12      }
13      void OnGUI() {
14          float e_width = Screen.width * 0.1f;           //退出图标的边长
15          if (GUI.Button(new Rect(10, 10, e_width, e_width), exit, myStyle)) {
16              Debug.Log("退出游戏");
17              Application.Quit();                        //退出程序方法
18          }
19          if (isOver) {                                  //绘制"重新开始”按钮
20              float r_width = Screen.width * 0.5f;
21              float r_heigh = Screen.height * 0.3f;
22              if (GUI.Button(new Rect(Screen.width * 0.5f - r_width / 2,
23                                   Screen.height * 0.6f - r_heigh / 2,
24                                   r_width, r_heigh), reStart, myStyle)){
25                      reset();                                //执行重置方法
26      }}}
27      void reset() {                                     //重置方法
28          isOver = false;                                //将是否结束的标志置为否
29          BAT.GetComponent<BatContral>().resetBAT(); //调用 BatContral 脚本中的重置方法
30        //调用 BarrierMove 脚本中的重置方法
31          this.gameObject.GetComponent<BarrierMove>().resetBarrier();
32  }}
```

- 第 4～8 行声明变量，主要包括“重新开始”按钮及“退出游戏”按钮的贴图、判断游戏是否结束的标志、自定义的 GUIStyle 对象和蝙蝠游戏对象。
- 第 10～12 行实现了 Update 方法的重写，该方法在程序运行时系统自动调用。该方法用于不断获取蝙蝠游戏对象身上的 BatContral 脚本中的 isOver 变量的值，以判断游戏是否结束。
- 第 12～18 行绘制“退出游戏”按钮，实现方法及原理与之前类似，故不再赘述。读者可参考在主菜单场景中绘制游戏标题的介绍。
- 第 19～26 行用于执行游戏结束后的方法，首先是在屏幕上绘制“重新开始”按钮，绘制方法与之前类似。当单击按钮后，触发 reset 方法重置游戏，reset 方法的具体实现在后面详细介绍。
- 第 27～32 行用于实现重置游戏的 reset 方法。首先将游戏中的判断是否结束的标志 Over 置为 false，即为没有结束。然后调用 BatContral 脚本中的重置方法，重置蝙蝠游戏对象的状态。调用 BarrierMove 脚本中的重置方法，重置障碍的状态。

> **注意**　以上调用到的 resetBAT 方法及 resetBarrier 方法的具体实现会在后面进行详细介绍。

### 3. 计分板的创建及脚本的开发

计分板的功能是在屏幕上实时绘制出玩家的成绩。下面介绍主菜单界面中计分板的创建及其相关脚本的开发。

（1）在场景中制作计分板对象。选择 GameObject→2D Object→Sprite，将其命名为 N1，使用同样的方法制作 N2，位置如图 14-120 所示。

（2）在 Hierarchy 面板中创建一个空对象。选择 Create→Create Empty，如图 14-121 所示，将其命名为 ScoreBoard。将 N1 与 N2 对象拖曳到 ScoreBoard 的下层，成为其子对象，如图 14-122 所示。

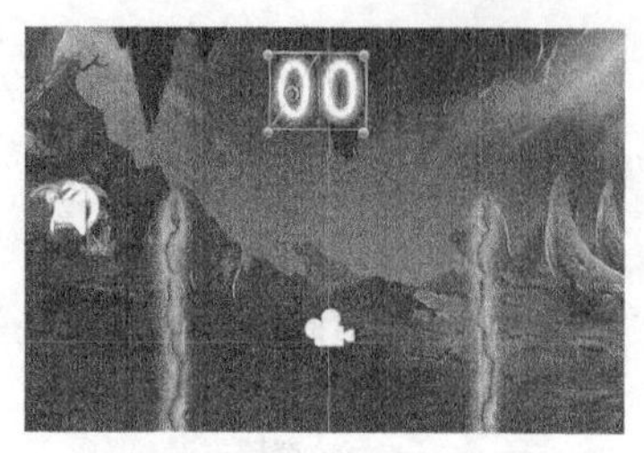

▲图 14-120　计分板示意图

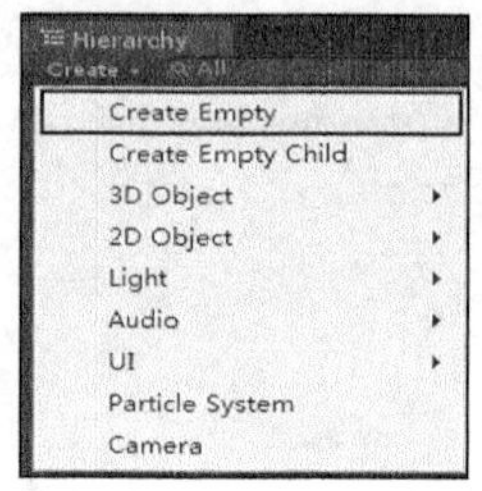

▲图 14-121　创建空对象

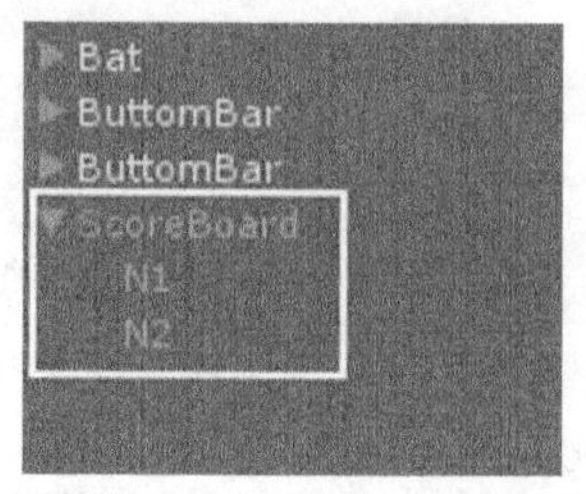

▲图 14-122　组装计分板

（3）前面介绍了计分板对象的制作，下面将详细介绍计分板相关脚本 ScoreBoard 的编写，脚本的创建方法与之前相同，故不再赘述。该脚本的主要功能为获取玩家的成绩后，改变计分板对象的贴图为对应的数字贴图。

代码位置：随书资源中源代码\第 14 章目录下的 2DSample\Assets\Scripts\ScoreBoard.cs

```
1   using UnityEngine;
2   using System.Collections;
3   public class ScoreBoard : MonoBehaviour {
4       int sco = 0;                                          //储存成绩
5       public GameObject BAT;                                //蝙蝠游戏对象
6       public GameObject NumSprite1;                         //十位数字贴图对象
7       public GameObject NumSprite2;                         //个位数字贴图对象
8       public Sprite[] Num;                                  //数字图片数字
9       void Start() { }
10      void Update() {
11          sco = BAT.GetComponent<BatContral>().score;       //获取玩家的成绩
12          showScore(sco);                                   //绘制计分板
13      }
14      void showScore(int num) {                             //绘制成绩方法
15          int n1;                                           //十位数字
16          int n2;                                           //个位数字
17          if (num >= 100) {                                 //大于 100，默认成绩为 99
18              n1 = 9;  n2 = 9;
19          } else {
20              n1 = num / 10;                                //整除 10，获取十位数字
21              n2 = num % 10;                                //对 10 取余，获取个位数字
22          }
23          if (n1 == 0) {                                    //如果十位是零，不对十位绘制
24              NumSprite1.transform.gameObject.SetActive(false);
25          } else {                                          //如果非 0，设为可用，进行绘制
26              NumSprite1.transform.gameObject.SetActive(true);
27              NumSprite1.GetComponent<SpriteRenderer>().sprite = Num[n1];
28          }
29          if (n1 == 0 && n2 == 0) {                         //十位和个位都是 0，都不绘制
30              NumSprite2.transform.gameObject.SetActive(false);
31          } else {
32              NumSprite2.transform.gameObject.SetActive(true);
33              NumSprite2.GetComponent<SpriteRenderer>().sprite = Num[n2];
34  }}}
```

- 第 4～8 行声明变量，主要包括用于储存玩家成绩的变量、蝙蝠游戏对象、表示十位数字和个位数字的纹理贴图，以及存放图片的数字图片数组。

- 第 10～13 行实现了 Update 方法的重写。该方法在程序运行时系统自动调用，用于实时获取玩家的成绩并执行绘制方法。绘制方法在将后面进行详细介绍。
- 第 14～22 行用于计算玩家成绩的个位数字和十位数字。首先使成绩整除 10，获取十位数字；对 10 取余，获取个位数字。
- 第 23～34 行为绘制成绩的方法，根据绘制规则来进行绘制。首先判断玩家的成绩是否为个位数，如果是，则省去绘制十位上的 0；如果不是，则按前面计算好的结果进行绘制。如果玩家的成绩为零，即十位、个位上的数字都为 0，就不进行绘制。

**4. 障碍的制作与移动及脚本的开发**

前面介绍了游戏中计分板的制作及脚本的开发，下面将介绍游戏场景中的障碍的制作及相关脚本开发。障碍的主要功能为屏幕的右端向左端移动，上下两条闪电之间留有缝隙，游戏对象需要从缝隙中通过，否则就会撞上闪电条，游戏结束。

（1）制作游戏中的障碍。一组障碍由地面、多个上下闪电及它们身上所安装的碰撞体组成。为了在 Unity 中方便使用，已将一组障碍做成了预制件，位置为 Assets\Prefabs\BottomBar.prefab，其结构如图 14-123 所示。

（2）每个障碍物包括上下两条闪电 flash 及中间的加分点 Point。可以触发功能的游戏对象都安装了碰撞体，如图 14-124 所示。一组障碍物的整体效果如图 14-125 所示。

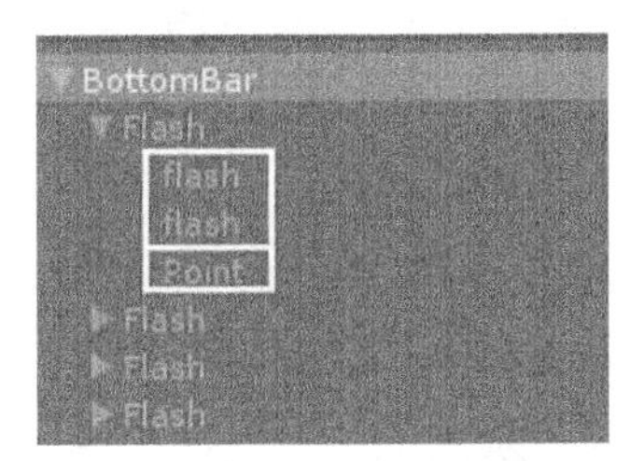

▲图 14-123　障碍物结构

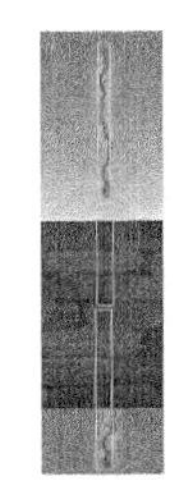
▲图 14-124　碰撞体

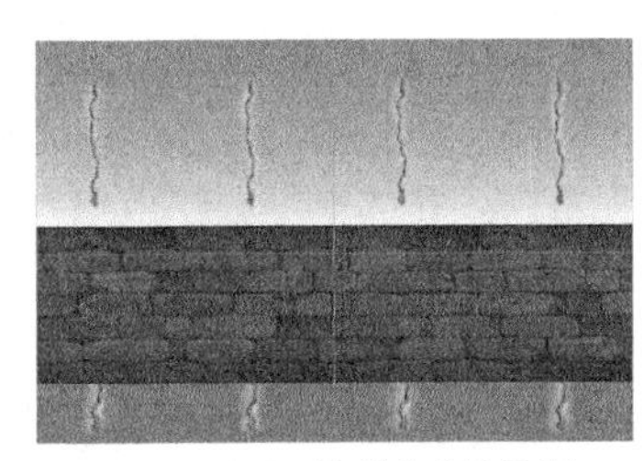
▲图 14-125　障碍物整体效果

（3）前面已经介绍了障碍组合的制作，下面将介绍障碍相关脚本 BarrierContral 用于控制障碍的显示与关闭，以及随机改变障碍闪电条的高度。该脚本挂载到每组的 BottomBar 对象上。

代码位置：随书资源中源代码\第 14 章目录下的 2DSample\Assets\Scripts\BarrierContral.cs

```
1   using UnityEngine;
2   using System.Collections;
3   public class BarrierContral : MonoBehaviour {
4       public GameObject[] zhuzi;                                    //障碍数组
5       public Vector3 positionBuffer;                                //存放障碍新位置
6       public float down = 0.5f, upper = 3.5f;                       //障碍的上下限
7       void Start() {
8             Random.seed = System.Environment.TickCount;             //随机数的种子
9       }
10      public void changeBarrier() {                                 //改变柱子高度
11            float RandomVal;                                        //随机数
12            for (int i = 0;i < zhuzi.Length;i++) {
13                  zhuzi[i].SetActive(true);                         //激活障碍对象
14                  positionBuffer = zhuzi[i].transform.position;     //获取障碍当前的位置
15                  RandomVal = Random.value;                         //随机数赋值
16                  positionBuffer.y = Mathf.Lerp(down, upper, RandomVal); //对障碍的高度进行插值计算
17                  zhuzi[i].transform.position = positionBuffer; //对改变高度后的位置变量赋值
18      }}
19      public void hidden() {                                        //隐藏柱子
20          for (int i = 0;i < zhuzi.Length;i++) {
21                zhuzi[i].SetActive(false);                          //设为不可用
22  }}}
```

- 第 4～6 行声明变量，主要包括障碍数组、临时存放位置的变量、障碍变换的上下限。所声明的变量的具体功能将在后面介绍。

- 第 7～9 行实现了 Start 方法的重写。该方法在初始化场景时系统自动调用，主要用于选择生成随机数的种子，一般以系统时间作为种子。
- 第 10～18 行改变每一个障碍的高度。由于之前将障碍设置为不可用，因此需要先将障碍对象激活。然后改变高度，每个障碍的高度是随机的，所以需要用到随机数。为了不使障碍高度改变得太多导致高出屏幕，需要设定障碍的上下限。最后对上下限进行插值计算，得到在合理范围内的高度。最后为障碍赋值。
- 第 19～22 行为障碍的隐藏方法。在这里设置为不可用，即看不见的效果，同样也不会被游戏对象撞到而触发事件。

（4）前面介绍了用于改变障碍高度及隐藏障碍的脚本的开发。下面将介绍用于控制障碍组移动的脚本 BarrierMove 的开发。

代码位置：随书资源中源代码\第 14 章目录下的 2DSample\Assets\Scripts\BarrierMove.cs

```
1    using UnityEngine;
2    using System.Collections;
3    public class BarrierMove : MonoBehaviour {
4        public float moveSpeed;                                          //移动速度
5        public Vector3 Init_pos;                                         //初始化位置
6        public GameObject[] barreir;                                     //障碍
7        private Vector3[] load_pos = new Vector3[2];                     //储存初始位置
8        void Start() {
9            barreir[0].GetComponent<BarrierContral>().hidden(); //隐藏闪电
10           barreir[1].GetComponent<BarrierContral>().changeBarrier(); //刷新并显示闪电
11           Init_pos = barreir[1].transform.position;              //保存第二个障碍组的位置
12               //将位置保存在数组中，重置时用于恢复位置
13           for (int i = 0;i < load_pos.Length;i++) {
14               load_pos[i] = barreir[i].gameObject.transform.position;
15       }}
16       void Update() {
17           for (int i = 0;i < barreir.Length;i++) {
18               barreir[i].transform.Translate(
19                       new Vector3(-Time.deltaTime * moveSpeed, 0, 0)); //障碍向左移动
20               if (barreir[i].transform.position.x <= -20.2f) {//障碍的左边界
21                   barreir[i].GetComponent<BarrierContral>().changeBarrier(); //刷新高度
22                   barreir[i].transform.position = Init_pos; //将障碍的位置恢复到初始化的位置
23       }}}
24       public void resetBarrier() {                                     //重置障碍
25           for (int i = 0;i < load_pos.Length;i++) {                    //恢复位置
26               barreir[i].gameObject.transform.position = load_pos[i];
27           }
28           barreir[0].GetComponent<BarrierContral>().hidden(); //一组隐藏
29           barreir[1].GetComponent<BarrierContral>().changeBarrier();  //二组改变高度
30   }}
```

- 第 4～7 行声明变量，主要包括障碍移动的速度、障碍生成的位置、障碍游戏对象数组、保存每组障碍原始位置的数组等。
- 第 8～15 行为障碍移动前的准备工作，主要包括 0 号障碍隐藏闪电、1 号障碍刷新闪电的高度，保存每一组障碍在游戏开始时的位置。
- 第 16～23 行为障碍移动的具体实现。障碍按照预设的速度向左移动，为了能够重复利用已创建的对象，需要在障碍组移动出屏幕后，使其恢复到最初的位置重新向左移动，同时刷新每个障碍的高度。
- 第 24～30 行重置所有的障碍。在玩家选择重新开始后，场景中的对象恢复到初始状态。首先是恢复位置，初始化时每个障碍的位置都已经保存在了 load_pos 数组中，只需对 load_pos 数组遍历，对每个障碍赋值即可重置障碍。此外，游戏开始时 0 号障碍隐藏闪电，1 号障碍刷新闪电的高度，所以重新开始后也要执行相同的代码。

**注意**　对障碍的左边界值的设置，需要在 Unity 中调节后选定。

### 5. 蝙蝠游戏对象的创建及脚本的开发

前面已经介绍了游戏中障碍的制作及脚本的开发，下面将对游戏中玩家控制的游戏对象的相关功能进行详细介绍，主要介绍角色换帧动画的脚本开发及蝙蝠游戏对象跳跃的脚本开发，具体步骤如下。

（1）开发实现角色换帧动画的脚本，该脚本用于连续切换角色的纹理贴图以实现动画效果，并且可以实现对切换速率的调节。

代码位置：随书资源中源代码\第 14 章目录下的 2DSample\Assets\Scripts\BatAnimator.cs

```
1    using UnityEngine;
2    using System.Collections;
3    public class BatAnimator : MonoBehaviour {
4        public Sprite[] Sprites;                                //存放精灵数组
5        public float framespPerSec;                             //每秒帧速率
6        private SpriteRenderer spriterender;                    //精灵渲染器组件对象
7        void Start() {
8            spriterender = GetComponent<SpriteRenderer>();      //获取组件
9        }
10       void Update() {
11           int index = (int) (Time.time * framespPerSec);
12           index = index % Sprites.Length;                     //对数组长度进行取余
13           spriterender.sprite = Sprites[index];               //获取与该序号对应的图片赋值
14   }}
```

- 第 4～6 行声明变量，主要包括存放图片精灵的数组、切换图片的帧速率、精灵渲染器组件对象等变量。
- 第 7～9 行实现了 Start 方法的重写。该方法在初始化场景时系统自动调用，用于获取游戏对象身上的 SpriteRenderer 组件。
- 第 10～14 行实现了换帧功能。首先以运行时间为变量对数组长度进行取余，目的是获取 0 到数组长度之间的数作为序号，从图片数组中获取与该序号对应的图片，为组件的 Sprite 赋值。

（2）前面介绍了换帧动画脚本的开发，下面将介绍蝙蝠游戏对象上挂载的 BatContral 脚本。该脚本用于玩家操作游戏对象，主要包括游戏对象跳跃动作的实现及游戏对象触碰到场景中的碰撞体后触发的相应行为。

代码位置：随书资源中源代码\第 14 章目录下的 2DSample\Assets\Scripts\BatContral.cs

```
1    using UnityEngine;
2    using System.Collections;
3    public class BatContral : MonoBehaviour {
4        AudioSource source;                                  //音频源
5        public GUIStyle myStyle;                             //自定义 GUIStyle
6        public AudioClip fly;                                //跳跃音频
7        public AudioClip point;                              //通过音频
8        public AudioClip die;                                //死亡音频
9        public Vector2 force;                                //对蝙蝠施加的力
10       public Vector3 initPos;                              //初始化位置
11       public int score;                                    //玩家成绩
12       Rigidbody2D body;                                    //2D 刚体对象
13       public bool isOver = false;                          //判断游戏是否结束
14       public Texture2D reStart;                            //重新开始游戏贴图
15       void Start() {
16           force = new Vector2(0, 450);                     //施加的力
17           body = gameObject.GetComponent<Rigidbody2D>();//添加 2D 刚体
18           source = this.gameObject.GetComponent<AudioSource>();    //获取音频源
19           initPos = gameObject.transform.position;         //记录游戏对象初始化的位置
20           score = 0;                                       //玩家成绩置 0
21       }
22       void Update() {
23           if (Input.GetButtonDown("Fire1") || Input.GetKeyDown(KeyCode.Space)) {
24               source.PlayOneShot(fly);                     //播放音效
25               body.AddForce(force);                        //对游戏对象施加一个向上的力
26   }}
```

```
27      void OnTriggerEnter2D(Collider2D other) {                   //碰撞检测
28          if (other.gameObject.tag.CompareTo("Point") == 0) {
29              source.PlayOneShot(point);                          //播放通过音效
30              score++;                                            //成绩加 1
31          }
32          if (other.gameObject.tag.CompareTo("Wall") == 0) {
33              source.PlayOneShot(die);                            //播放失败音效
34              Time.timeScale = 0;                                 //游戏暂停
35              isOver = true;                                      //结束标志置为 true
36      }}
37      public void resetBAT() {                                    //重新开始方法
38          isOver = false;                                         //是否结束游戏置为否
39          this.transform.position = initPos;                      //恢复位置
40          score = 0;                                              //成绩置 0
41          Time.timeScale = 1;                                     //结束暂停游戏
42  }}
```

- 第 4～14 行声明游戏中的变量，主要包括音频源对象、音频片段、施加的力的向量、玩家成绩、按钮贴图等。
- 第 15～21 行对部分声明的变量进行赋值，主要包括对游戏对象所施加力的值的设置、为刚体赋值、获取音频源、记录初始化时游戏对象的位置等
- 第 22～26 行为玩家在游戏中单击屏幕后产生的效果。判断游戏的输入，如果是 Fire1 键或者 Space 键，就播放 fly 音效对象，并使用 AddForce 方法对刚体施加一个力。所施加的力其实是一个向量，该向量已在 Start 方法中进行赋值。
- 第 28～31 行实现碰撞检测。碰撞体为障碍缝隙之间的加分碰撞体，加分碰撞体的标签名称为 Point。当游戏对象触碰到该类碰撞体后，代表安全通过了障碍物之间的缝隙，此时会发出得分声音，并且分数会增加。
- 第 32～36 行进行游戏对象与障碍之间的碰撞检测。碰撞体为障碍身上所携带的碰撞体，障碍碰撞体的标签名称为 Wall。当游戏对象触碰到该类碰撞体后，代表游戏对象撞上了障碍，此时播放失败音效，游戏结束。
- 第 37～41 行为对游戏对象的重置方法。该方法用于在玩家单击“重新开始”按钮后，重置游戏对象相关的参数，主要包括游戏的结束标志置为 false、将游戏对象的位置恢复到游戏开始的位置、玩家的成绩置 0、结束暂停游戏等。

（3）将需要的音效文件拖曳到 BatContral 脚本组件对应的变量部分，将需要的刚体对象拖曳到对应的变量部分。BatContral 脚本组件如图 14-126 所示。

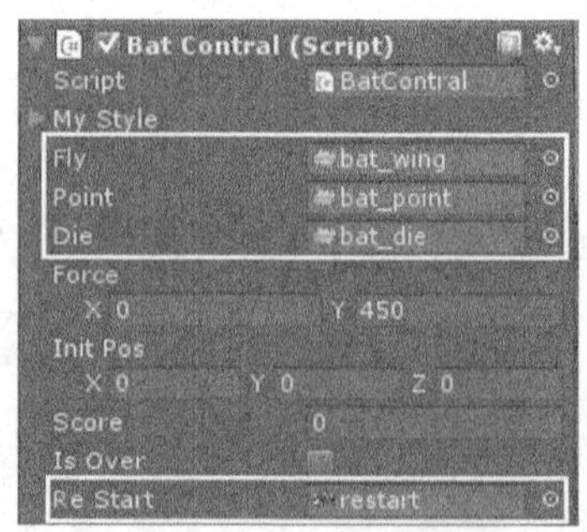

▲图 14-126　BatContral 脚本组件

**说明**　本示例的源文件位于随书资源中源代码\第 14 章目录下的 2DSample 文件夹中。如果读者想运行本示例，只需把 2DSample 文件复制到非中文路径下，然后双击 2DSample\Assets 目录下的 MainMenu.unity 文件即可。

## 14.6 本章小结

本章主要介绍了 Unity 中使用 2D 工具集开发 2D 游戏的相关知识，主要包括 Unity 2D 的基础知识、Unity 2D 的核心功能对象——Sprite、Unity 2D 中的物理引擎。通过本章的学习，读者可以在 Unity 中使用 2D 工具集开发出简单的 2D 游戏。

本章最后通过一个完整的示例对前面讲解的一些基础知识进行了实践。通过示例的编写和开发，读者能够顺利地使用 Unity 中的 2D 工具集开发简单的 2D 游戏。

# 第 15 章　常用性能优化技术与编辑器的扩展

本章将详细介绍 Unity 3D 提供的 Profiler 工具的使用方法及断点调试的两种方式，还讲解了两种在实际开发过程中非常实用的优化技术。在实际的项目开发过程中，我们常常需要对项目进行调试和优化。合理的场景处理和高效的编码，可以很好地提高程序的性能。

## 15.1 程序性能的分析

本节主要讲解 Profiler 工具。Profiler 工具是 Unity 3D 提供的一套用于实时监控资源消耗的工具，通过使用该工具，用户可以直观地看到程序运行时各个资源的占用情况，并迅速找到影响程序性能的线程和函数，再进行针对性的优化。

### 15.1.1 Profiler 工具的使用方法

Profiler 工具的强大之处在于它不仅可以在 Unity 3D 编译窗口中使用，还可以监控移动设备资源，这非常有助于移动开发。当程序出现卡顿或性能过低的情况时，开发人员可以通过该工具找到真机中影响性能的地方。下面将讲解 Profiler 工具的详细使用方法。

**1. 编译器的资源监控**

可以按 Ctrl+7 快捷键，或选择 Window→Profiler，打开 Profiler 窗口，如图 15-1 所示。单击 Record 按钮，Profiler 窗口中将会显示当前的资源消耗情况，如图 15-2 所示，此时 Profiler 显示的是编译器的资源消耗情况。用户可以在实际开发过程中通过 Profiler 工具快速获知程序资源消耗情况。

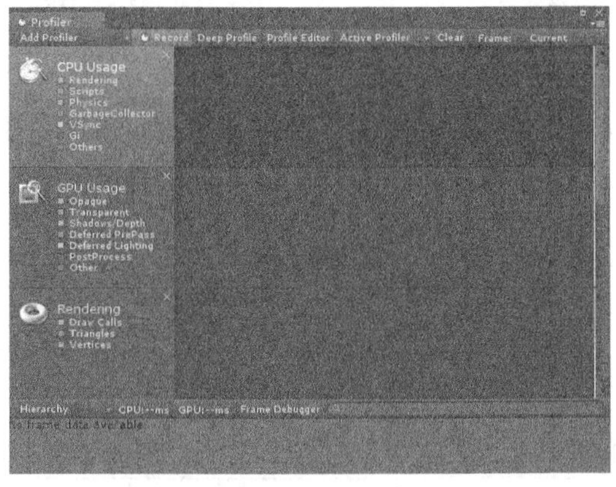

▲图 15-1　Profilor 窗口

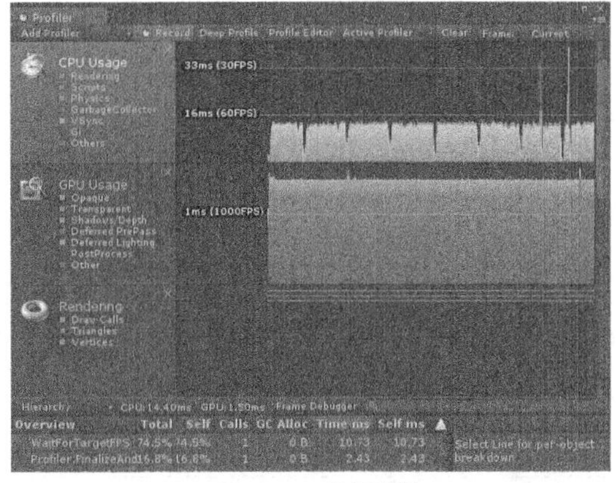

▲图 15-2　资源监控

**2. Android 设备上的资源监控**

在导出 APK 包前需要先对程序进行设置，选择 File→Build Settings，打开导出设置窗口，分别选中 Development Buile 和 AutoConnect Profiler 复选框，这两个复选框表示当前安装仅供测试使用，最后在项目发布时需要取消选中该复选框。

接下来可以通过 ADB 或 WiFi 连接进行资源监控，如非特殊情况，笔者建议使用 ADB 连接进行资源监控。在进行资源分析的过程中，移动端与 PC 端要进行很多的数据交换，用 WiFi 连接容易出现掉帧的情况。接下来详细讲解这两种方法的连接与使用。

- 通过 ADB 连接。选择 File→Build & Run，将程序导出到 Android 设备上，程序将在 Android 设备上自动运行，Unity 3D 开发环境将打开 Profier 窗口，可单击 Active Profiler 按钮，在弹出的下拉列表中选择 Android 设备，如图 15-3 所示。Profiler 工具将对该 Android 设备进行资源监控，如图 15-4 所示。

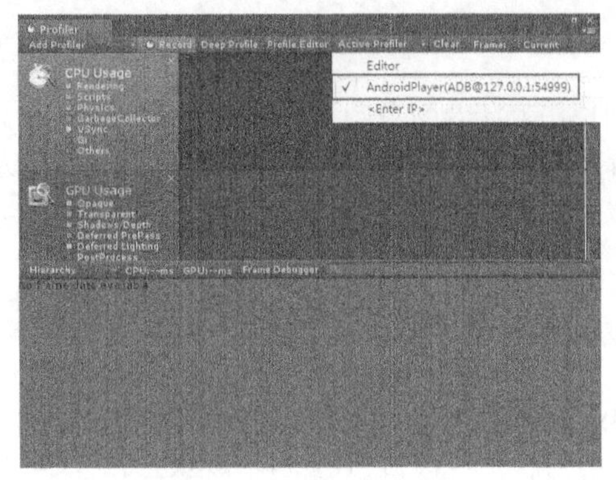

▲图 15-3　选择 ADB 连接

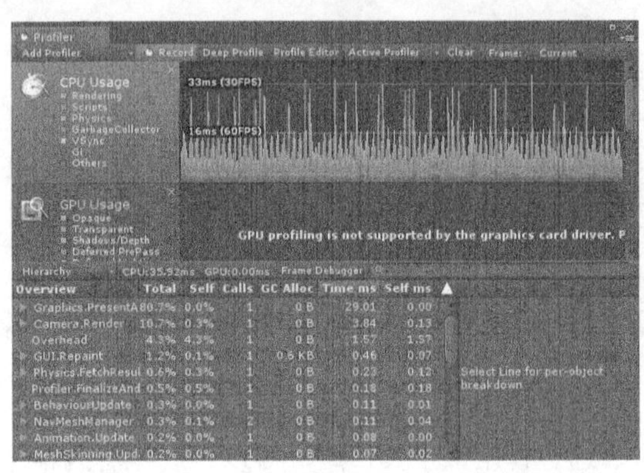

▲图 15-4　资源监控（ADB 连接）

- 通过 Wi-Fi 连接。Android 设备只须与 PC 端连接着同一个无线网络，同时关闭数据连接，就可以通过 Wi-Fi 进行性能分析。可单击 Active Profiler 按钮，在弹出的下拉列表中选择 Android 设备，如图 15-5 所示。此时该工具将对 Android 设备进行资源监控，但会有少许掉帧的情况。

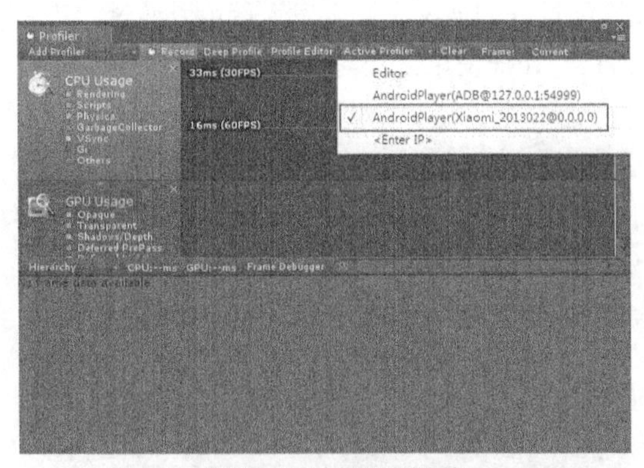

▲图 15-5　选择 WiFi 连接

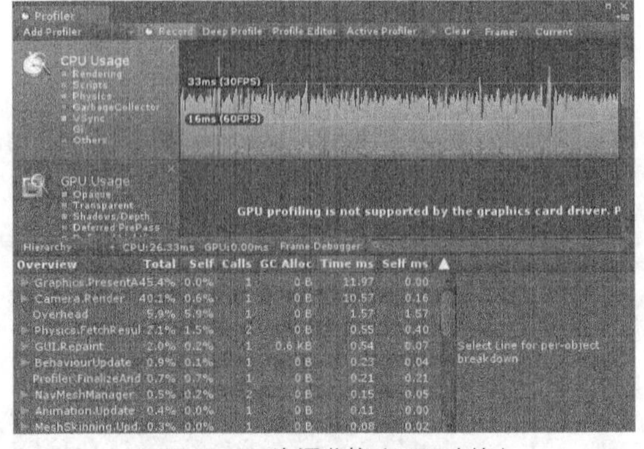

▲图 15-6　资源监控（WiFi 连接）

### 3. CPU 使用分析器

CPU 使用分析器反映了当前项目花费的时间。其查看方法也很简单，选择 Profiler 窗口中的 CPU Usage，即可看到窗口下方变化的各项数据，观察其中的某些关键参数可以为优化项目提供方向。其具体参数含义如表 15-1 所示。

表 15-1　　CPU 使用分析器参数

| 参数 | 含义 |
|---|---|
| WaitForTargetFPS | 显示当前帧的 CPU 等待时间 |
| Overhead | 所有单项的记录时间总和 |
| Physics.Simulate | 当前帧物理模拟的 CPU 占用时间 |

续表

| 参数 | 含义 |
|---|---|
| Camera.Render | 摄像机渲染准备工作的 CPU 占用量 |
| RenderTexture.SetActive | 设置 RenderTexture 操作 |
| Monobehaviour.OnMouse | 用于检测鼠标的输入消息接收和反馈 |
| HandleUtility.SetViewInfo | 让 GUI 和 Editor 中的显示看起来与发布版本的显示一致 |
| GUI.Repaint | GUI 的重绘 |
| Event.Internal_MakeMasterEventCurrent | 负责 GUI 的消息传送 |
| Cleanup Unused Cached Data | 清空无用的缓存数据 |
| Application.Integrate Assets in Background | 遍历预加载的线程队列并完成纹理的加载等 |
| UnloadScene | 卸载场景中的 GameObjects、Component 和 GameManager |
| CollectGameObjectObjects | 将场景中的 GameObject 和 Component 聚集到一个 Array 中 |
| Destroy | 删除 GameObject 和 Component 的 CPU 占用 |
| AssetBundle.LoadAsync Integrate | 多线程加载 AwakeQueue 中的内容 |
| Loading.AwakeFromLoad | 对每种资源进行与其对应的处理 |

#### 4. GPU 使用分析器

GPU 使用分析器反映了每一帧各个任务渲染耗费的时间，找出耗时任务并予以解决，在目标帧率对应的时间周期内完成一帧的绘制操作，保持帧率的稳定。GPU 使用分析器包含的参数相比 CPU 少一些，具体含义如表 15-2 所示。

表 15-2 GPU 使用分析器参数

| 参数 | 含义 |
|---|---|
| Device.Present | device.PresentFrame 的耗时显示，该选项出现在发布版本中 |
| Graphics.PresentAndSync | GPU 上的显示和垂直同步耗时，该选项出现在发布版本中 |
| Mesh.DrawVBO | GPU 中关于 Mesh 的 Vertex Buffer Object 的渲染耗时 |
| Shader.Parse | 加入资源后，引擎对 Shader 的解析过程 |
| Shader.CreateGPUProgram | 根据当前设备支持的图形库来建立 GPU 工程 |

#### 5. 内存使用分析器

内存使用分析器可以查看当前程序的内存使用情况，能非常直观地辨别内存类别间的大小关系，且能找到精确的内存引用链条，故而可以很方便地进行内存优化。内存使用分析器也有一些重要的参数，具体含义如表 15-3 所示。

表 15-3 内存使用分析器参数

| 参数 | 含义 |
|---|---|
| Used Total | 当前帧的 Unity、Mono、GfxDriver、Profiler 内存的总和 |
| Reserved Total | 系统在当前帧的申请内存 |
| Total System Memory Usage | 当前帧的虚拟内存使用量 |
| GameObjects in Scene | 当前帧场景中的 GameObject 数量 |
| Total Objects in Scene | 当前帧场景中的 Object 数量 |
| Total Object Count | Object 数据 +Asset 数量 |

### 6. 渲染区域

渲染区域显示渲染统计数据、三角形和顶点渲染数量，在时间轴上采用图形的显示方式，可以更加直观地看到渲染区域统计的各项数据，也更加方便开发人员观察每帧的渲染情况，从而及时制定正确的渲染方面的优化方案，避免许多性能上的问题。

### 7. 物理区域

物理区域是在当前时间内场景中物理活动的统计，其中包括刚体数、碰撞器接触点数及各项物理学活动的统计，可以帮助开发人员更好地了解项目中的物理活动情况，从而在此方面进行优化，其中一些重要参数如表 15-4 所示。

表 15-4 物理区域参数

| 参数 | 含义 |
|---|---|
| Active Rigidbodies | 活动的刚体数 |
| Sleeping Rigidbodies | 静止的刚体数 |
| Number of Contacts | 所有接触点的总数 |
| Static Colliders | 附加到非刚体物体上的碰撞器数量 |
| Dynamic Colliders | 附加到刚体物体上的碰撞器数量 |

### 8. 音频区域

音频区域显示音频统计的数据，包括在特定的帧、场景中播放源的数量、暂停源的数量、实际使用音频的数量及音频引擎的使用内存，方便开发人员对音频使用情况进行优化，防止在特定的帧重复使用同一个播放源或暂停源。音频区域的参数如表 15-5 所示。

表 15-5 音频区域参数

| 参数 | 含义 |
|---|---|
| Playing Sources | 播放源的总数 |
| Paused Sources | 暂停源的总数 |
| Audio Voice | 实际使用音频（FMOD 频道）声音的数量 |
| Audio Memory | 音频引擎所使用的内存总量 |

说明

当 Ogg Vorbis 格式的音频在 Memory 选项中以 Compressed 的形式导入时，音频区域的内存使用情况可能会非常低。这是因为发生在使用 FMOD 音频的平台，FMOD 不支持内存选项中的 Ogg Vorbis 格式，所以导入设置会自动改为 Stream From Disk（来自磁盘的流，其内存开销非常低）。

## 15.1.2 Profiler 工具的参数说明

下面将详细介绍 Profiler 工具中各项参数的意义。下面通过一个表格来直观地讲解这些参数。在资源分析的过程中可以通过查阅、对照表 15-6，找到程序中影响性能的地方，并针对性地进行修改。

表 15-6 Profiler 参数说明

| 参数 | 含义 |
|---|---|
| Rendering | 渲染所消耗的 CPU 资源 |
| Scripts | 运行脚本所消耗的 CPU 资源 |
| Physics | 使用物理引擎所消耗的 CPU 资源 |

续表

| 参数 | 含义 |
|---|---|
| GarbageCollector | 收集垃圾所消耗的 CPU 资源 |
| VSync | 垂直同步所消耗的 CPU 资源 |
| Gi | 间接光照所消耗的 CPU 资源 |
| Opaque | 漫反射渲染所消耗的 GPU 资源 |
| Transparent | 透明渲染所消耗的 GPU 资源 |
| Shadows/Depth | 阴影/景深所消耗的 GPU 资源 |
| Deferred PrePass | 延迟通道中计算光子图所消耗的 GPU 资源 |
| Deferred Lighting | 延迟通道中计算光照所消耗的 GPU 资源 |
| PostProcess | 后期处理所消耗的 GPU 资源 |
| Draw Calls | 渲染单元数 |
| Triangles | 渲染三角形数 |
| Vertices | 渲染顶点数 |
| Total Allocated | 总内存消耗 |
| Texture Memory | 纹理所消耗的内存 |
| Mesh Count | 网络数量 |
| Material Count | 材质数量 |
| Object Count | 对象数量 |
| Playing Sources | 场景中的音频源总数 |
| Audio Voices | 真实使用的音频声音数量 |
| Total Audio CPU | 音频所消耗的 CPU 资源 |
| Total Audio Memory | 音频所消耗的内存资源 |
| Active Rigibodies | 3D 中当前活动的刚体数量 |
| Number of Contacts | 3D 中碰撞点总数 |
| Active Bodyies | 2D 中活动的对象数量 |
| Sleeping Bodyies | 2D 中正处于休眠状态的对象数量 |
| Dynamic Bodyies | 2D 中动态状态的对象数量 |
| Kinematic Bodyies | 2D 中正运用运动学的对象数量 |
| Discreate Bodies | 2D 中销毁的对象数量 |
| Continuous Bodies | 2D 中持续性的对象数量 |
| Joints | 2D 中关节数量 |
| Contacts | 2D 中碰撞点总数 |

Profiler 工具显示了当前场景中所有对象消耗的资源情况，该工具对实际开发起着非常重要的作用。通过使用该工具，开发人员能够通过查看资源消耗分布来推测程序中的不足之处，这同时也显现出了 Unity 3D 引擎的强大之处。

## 15.2 代码的断点调试

除了对设备资源消耗进行监控，Unity 3D 还提供了一套脚本调试方案。使用该方案，用户可以通过 MonDevelop 编译器进行调试，也可以通过一款名为 Microsoft Visual Studio Tools for Unity 的插件进行调试，后者需要提前安装 Microsoft Visual Studio 开发环境。

### 15.2.1　通过 MonoDevelop 调试

接下来详细介绍通过 MonoDevelop 进行调试的方法，MonoDevelop 是一个适用于 Linux、Mac OS X 和 Microsoft Windows 的开放源代码集成开发环境。安装 Unity 3D 时可以选择安装 MonoDevelop 编译器。通过 MonoDevelop 调试代码的详细步骤如下：

（1）打开 MonoDevelop 编译器，选择 Tools→Options→Unity→Debugger，在 Editor Location 中选中 Unity 3D 安装目录下的 Unity.exe 文件，并选中 Build project in MonoDevelop 复选框，如图 15-7 所示。

（2）在 Unity 3D 中，选择 Edit→Preferences，弹出 Unity Preferences 对话框，选择 External Tools 选项卡，进行 Unity 3D 的外部工具配置，这时需在 External Script Editor 下拉列表中选择 MonoDevelop (built-in)，以修改脚本默认编辑器，如图 15-8 所示。

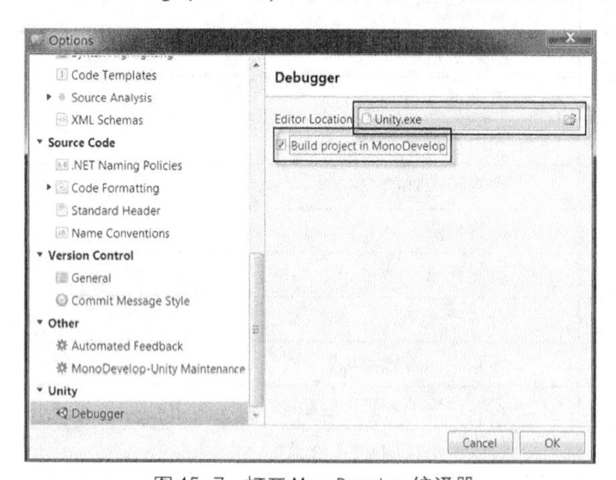


▲图 15-7　打开 MonoDevelop 编译器

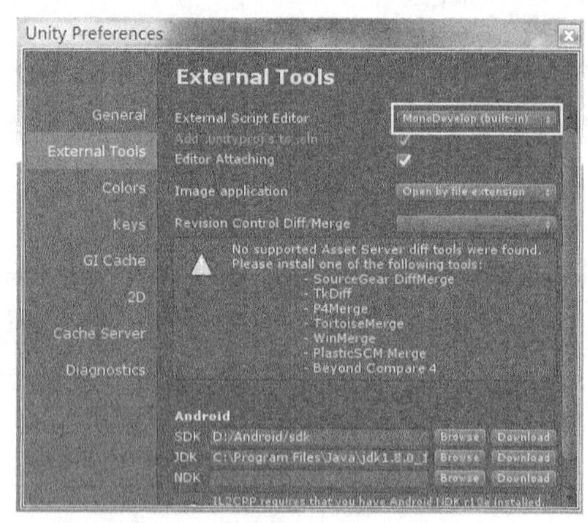


▲图 15-8　设置 Unity 3D 的外部工具

（3）在 Unity 3D 资源管理窗口中选择需要调试的脚本，右击，在弹出的快捷菜单中选择 Sync MonoDevelop Project，如图 15-9 所示，使其与 MonoDevelop 相互连接。此时系统将自动打开 MonoDevelop 编译器。为脚本添加一个断点，如图 15-10 所示，只须在代码左侧单击即可添加断点。

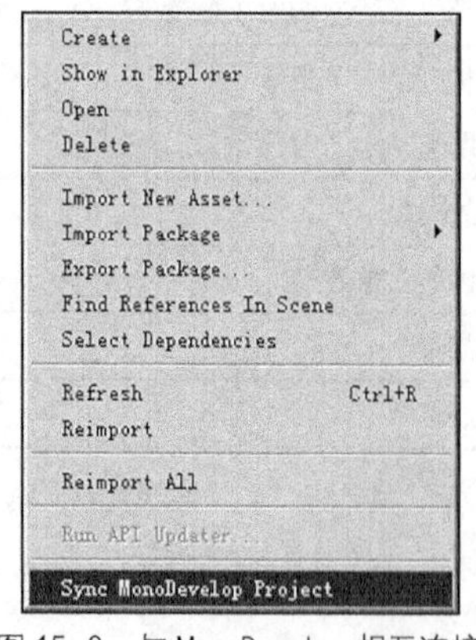


▲图 15-9　与 MonoDevelop 相互连接

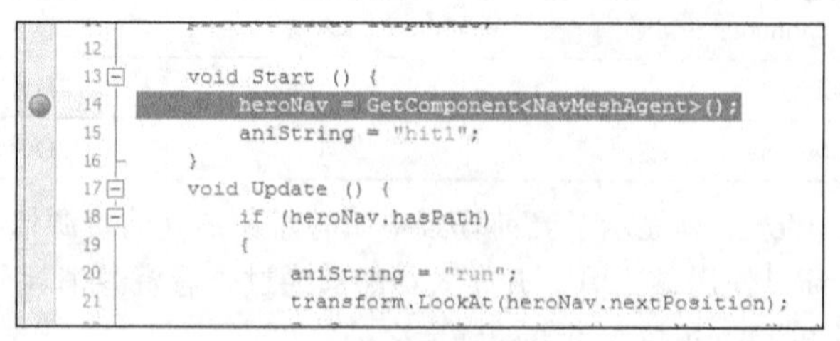


▲图 15-10　添加断点

（4）单击 MonoDevelop 编译器界面中上方的 Debug 按钮，如图 15-11 所示。此时系统将弹出图 15-12 所示的提示对话框，选择对应的进程，单击 Attach 按钮进行连接。返回 Unity 3D，单击“运行”按钮，再切换到 MonoDevelop 编译器界面，会发现脚本运行到断点位置便暂停了。

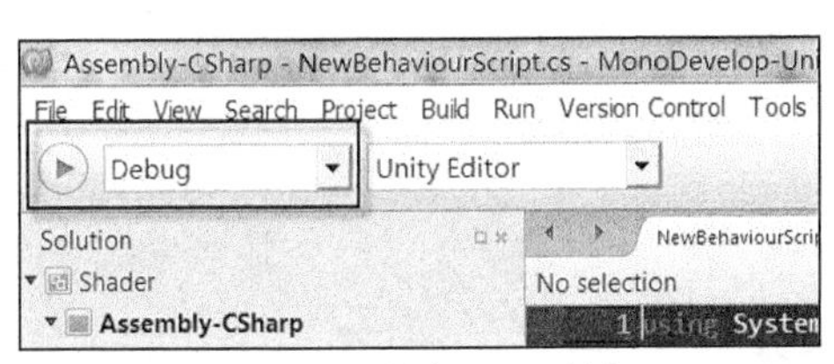


▲图 15-11 单击 Debug 按钮

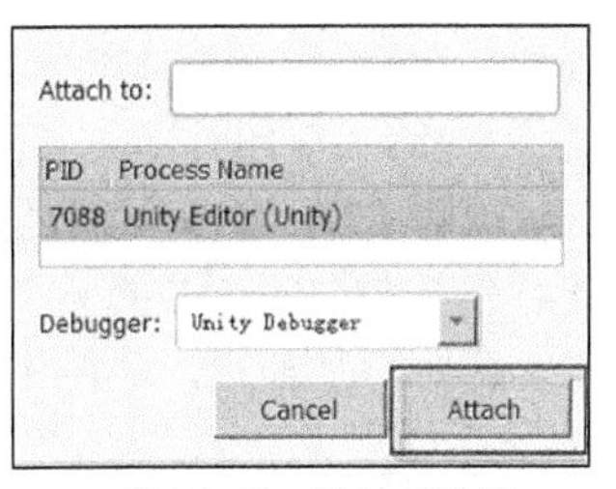


▲图 15-12 提示对话框

（5）观察 MonoDevelop 编译器，可发现其下方出现了图 15-13 所示的窗口。Locals 窗口中显示了当前脚本中的各个参数的值，在实际开发过程中用户可根据这些值查找脚本中的错误。

（6）MonoDevelop 编译器的上方出现了图 15-14 所示的一排按钮，这几个按钮分别表示继续运行直到下一个断点、逐行运行、进入指向函数执行、执行到函数返回处和结束调试。最后可以进行适当的操作以进一步找到代码中的错误。

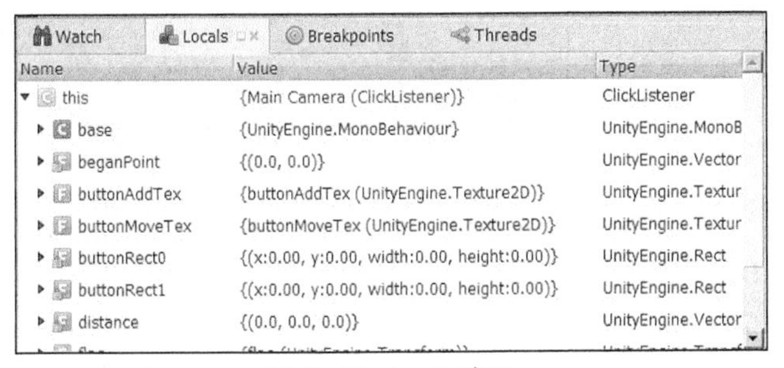


▲图 15-13 Locals 窗口

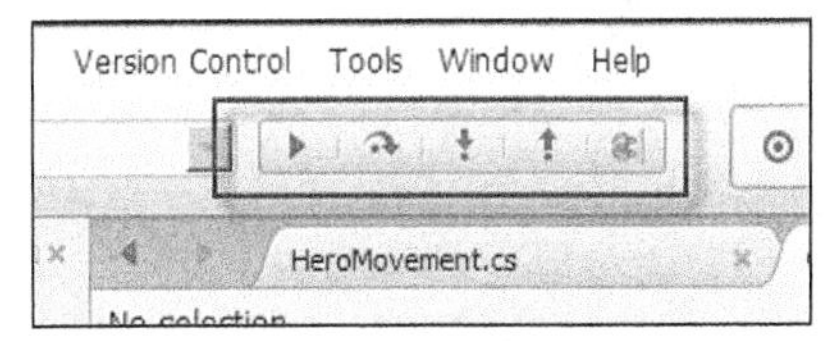


▲图 15-14 控制按钮

## 15.2.2 通过 Microsoft Visual Studio Tools for Unity 调试

前面介绍了通过 MonoDevelop 进行代码调试的方法，下面介绍如何通过一款强大的插件来实现代码调试。Miscrosoft Visual Studio Tools for Unity 是由微软公司旗下的 SyntaxTree 公司开发的一款用于在 Miscrosoft Visual Studio 环境下编译脚本的工具，其功能强大，使用简单。

（1）进入 Visual Studio 官方网站，下载 Visual Studio 下载器，打开下载器之后，可以看到供选择安装的不同版本，如图 15-15 所示。下载完毕之后会自动进行安装，如图 15-16 所示。

（2）安装完毕后会提示用户选择要附加的组件。笔者这里使用的是 Visual Studio Community 2017 版本，然后选择安装 Visual studio 2017 Tools for Unity，等待下载完毕后即可。这样就与 Unity 关联在一起，无须其他的操作。

▲图 15-15 下载软件

▲图 15-16 安装完成

（3）打开 Unity 3D，选择 Edit→Preferences，弹出 Unity Preference 对话框，选择 External Tools 选项卡，进行 Unity 3D 的外部工具配置，这时需在 External Script Editor 下拉列表中选择 Visual Studio 2017，以修改脚本默认编辑器，如图 15-17 所示。

（4）此时只需在 Unity 3D 资源管理器双击所要调试的脚本，Microsoft Visual Studio 就会自动打开，同样为脚本添加断点，如图 15-18 所示。

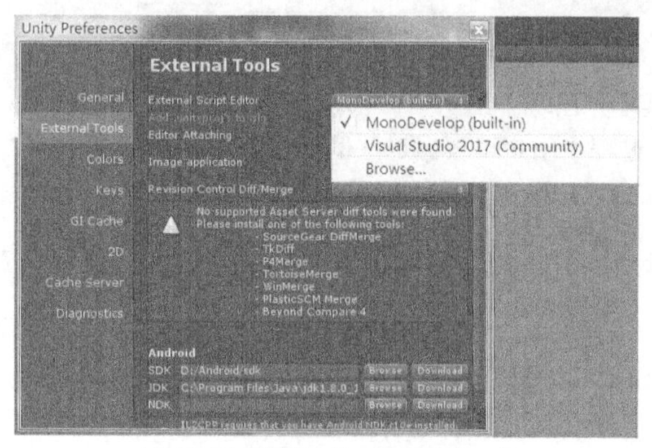


▲图 15-17　配置 Unity 3D 的外部工具

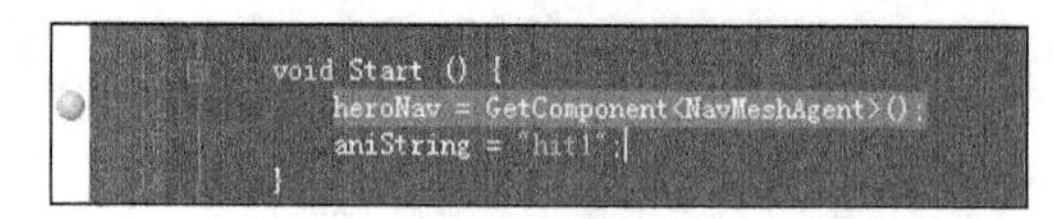


▲图 15-18　添加断点

（5）后面的操作与 MonoDevelop 类似，只需在 Microsoft Visual Studio 中按 F5 键进行调试，再回到 Unity 3D 中单击“运行”按钮，Microsoft Visual Studio 下面将出现图 15-19 所示的调试窗口，其中显示了当前脚本中的各个参数值，在实际开发过程中可根据这些值查找脚本中的错误。

（6）在 Microsoft Visual Studio 界面的上方也有与 MonoDevelop 类似的按钮，如图 15-20 所示，其功能也与 MonoDevelop 中的按钮功能类似，在此不再赘述。这些功能是由 Microsoft Visual Studio 开发环境直接支持的，对于熟练使用 Microsoft Visual Studio 开发环境的人非常容易上手。

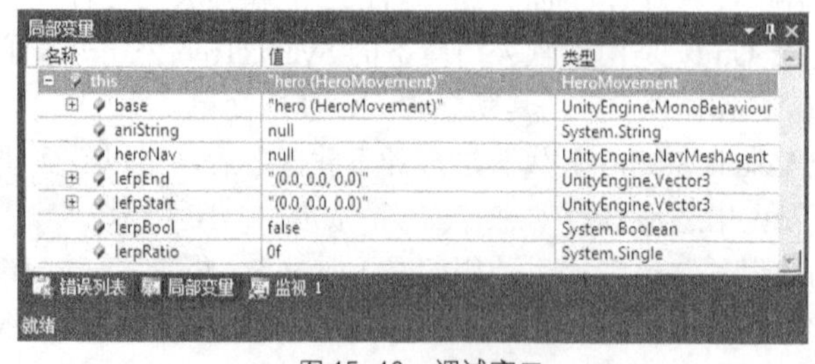


▲图 15-19　调试窗口

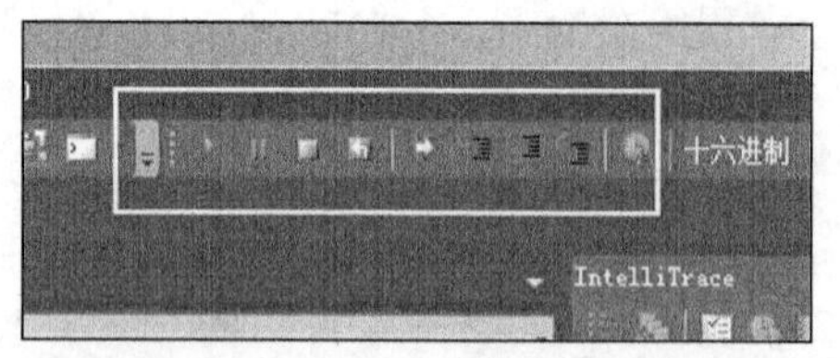


▲图 15-20　控制按钮

## 15.3 优化事项

本节将详细介绍几个非常实用的优化技巧。通过本章的学习，读者能够熟悉 Unity 3D 提供的工具，显著地提高游戏的运行速度并优化其性能。

### 15.3.1　遮挡剔除技术

在实际的开发过程中，每个场景往往都伴随着大量的对象，其中相当一部分对象是不在摄像机拍摄范围内的，进行这一部分对象的绘制是完全没有必要的。强大的 Unity 3D 引擎提供了非常实用的遮挡剔除技术，使不被拍摄到的点或面不送入渲染管线进行绘制。下面将详细介绍该技术的使用步骤。

（1）首先创建一个场景；接着选择 GameObject→3D Object→Plane，创建一个平面；然后依次创建 Cube、Sphere、Capsule 等多个对象，并使主摄像机对象朝向该平面；最后为这些对象选中 Static 复选框，如图 15-21 所示。将平面上的各个对象随机摆放，如图 15-22 所示。

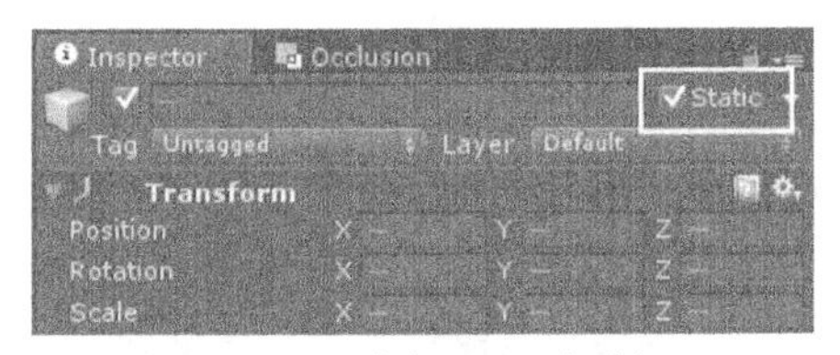


▲图 15-21 选中 Static 复选框

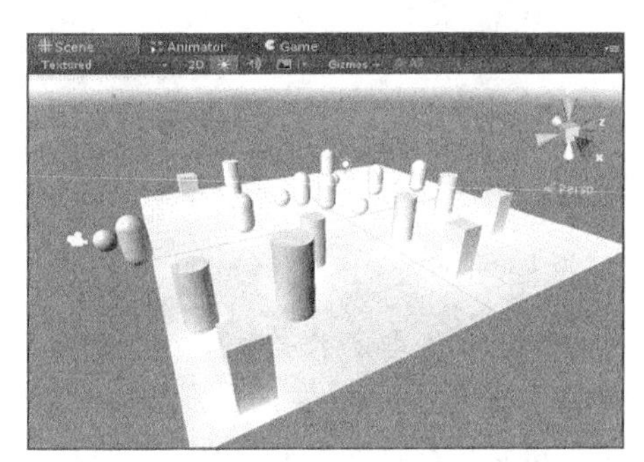


▲图 15-22 摆放场景

（2）选择 Window→Occlusion Culling，打开遮挡剔除窗口。单击 Bake 按钮，适当地调整该窗口中的 Smallest Occluder 参数，此处设置为 0.1，单击 Bake 按钮进行烘焙，如图 15-23 所示。稍等片刻后，场景中就会出现很多线条，如图 15-24 所示。

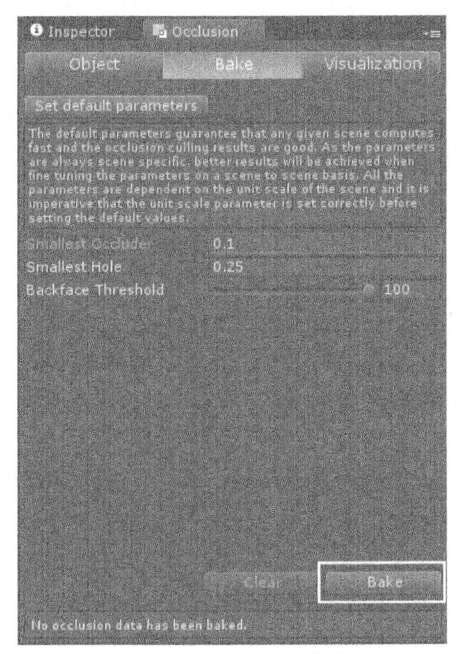


▲图 15-23 设置烘焙参数

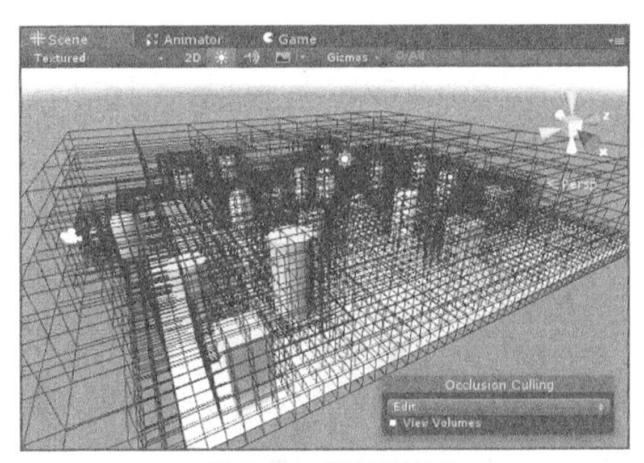


▲图 15-24 烘焙后的场景

（3）在场景右下方的 Occlusion Culling 下拉列表中选择 Visualize，以隐藏这些线条，如图 15-25 所示。然后拖动摄像机对象前后移动，可观察到，当有对象在摄像机视野之外时，该对象则不被绘制，而只绘制能被拍摄到的对象，如图 15-26 所示。

（4）通过上面简单的场景演示，我们可以发现，通过遮挡剔除技术，可以节约相当一部分的绘制资源，从而显著地提升程序的性能。需要注意的是，被剔除的对象虽然不进行绘制，但其他诸如物理引擎、位移旋转放大等计算都是不受影响的，其优化需要在开发过程中另外处理。

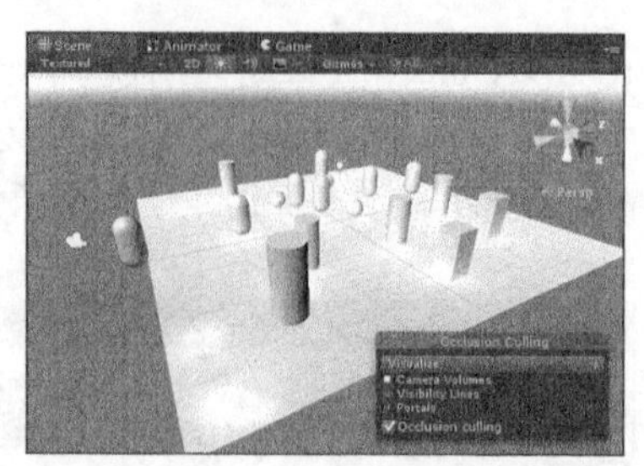

▲图 15-25　隐藏线条

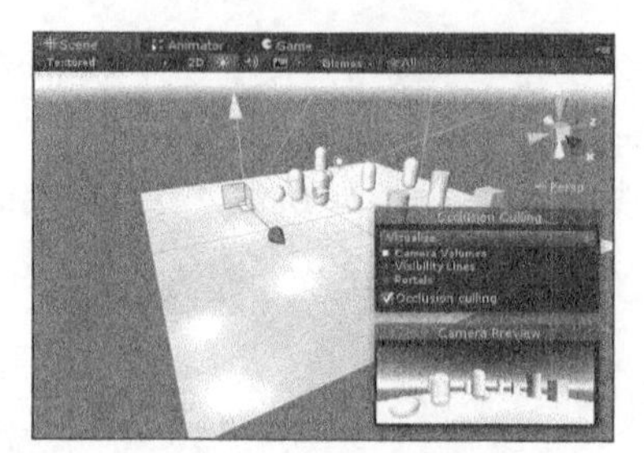

▲图 15-26　遮挡剔除效果

## 15.3.2　批处理技术

这里介绍的批处理技术是指 Unity 3D 内置的 Draw Call Batching 技术，该技术所需的操作由 Unity 3D 自动完成，无须开发人员参与，这里需要了解的是如何配合 Unity 3D 引擎完成这些工作。下面将详细讲解在开发过程中需要注意的几个事项，这些内容对提高性能有很大的作用。

- 如果多个对象使用了同一个材质，则 Unity 3D 会一次性地将使用了同一材质的对象的绘制信息传递给 GPU，即进行批处理，这极大地减少了 CPU 与 CPU 交互所耗费的资源。因此，读者在实际开发过程中，要尝试着让多个对象共用同一个材质。
- 如果多个对象使用了同一个材质，但由于缩放比例不一致，同样不能进行批处理操作。因此，读者在场景搭建时，使用同一材质的对象要么完全不进行缩放，只进行模型的处理；要么将使用同一材质的对象都进行同样比例的缩放。这样 Unity 3D 才能对这些使用同一材质的对象进行批处理操作，以提高效率。
- 拥有 Lightmap 的对象由于多出了一个光照烘焙的材质，所以这些对象将不会被进行批处理。读者在实际开发过程中应该尽量避免这种情况，使 Unity 3D 能够进行批处理操作，提高程序的性能。
- 接受了阴影的对象也是不会被进行批处理操作的。含多个 Pass 着色器的对象与此相似，所以它们也都不会被进行批处理。同时，Unity 3D 向 GPU 传递的信息量是有限的，为了一次性尽可能多地传递对象，读者在开发过程中需要避免使用顶点过多的对象。
- 前面所说的都是动态批处理，即 Dynamic Batching。在进行 iOS 平台的开发时，Unity 3D 还提供了静态批处理，即 Static Batching，静态批处理比动态批处理更节约资源。为实现静态批处理，读者在实际开发过程中需要对场景中静止的对象选中 Static 复选框。
- 值得注意的是，批处理操作是一项用空间换时间的操作，其过程会耗费大量的内存，在内存宝贵的情况下要谨慎使用批处理。读者可以根据以上几个要点阻止 Unity 3D 进行批处理操作，从而使程序不至于因内存不足而崩溃。

这里介绍的几个要点都是关于批处理操作的，Unity 3D 进行批处理时并不需要开发人员参与，在开发过程中只需养成良好的习惯便可与引擎相配合，从而节约大量的资源。

## 15.3.3　移动平台的优化技巧

与 PC 平台相比，移动设备的硬件性能普遍比较差，这就迫使移动平台的开发人员开发出资源消耗更低的程序。下面将详细介绍几个优化要点，读者在实际开发过程中要对这些事项多加注意。

- 在实际建模的过程中，要注意控制模型顶点的数量，不要在场景中使用含有大量顶点的模型。在程序的运行过程中，模型的每个顶点都会进行一次计算，随着顶点的增加，其计算量也随之增加，这对程序的性能有非常大的影响。
- 在代码开发过程中，要避免在 Update 这一类不断调用的方法中使用 GetComponent、Find、FindWithTag 等 API，这些 API 会在场景或资源中搜索对象，该操作会耗费大量的资源，笔者建议在 Start 或 Awake 方法中声明并初始化需要的对象。

❑ 在进行数学方面的计算时，不要进行过于复杂的数学函数。同时，读者应该多使用资源消耗更少的整数类型计算，而非浮点型的计算。在一些精度要求比较小的地方，可以用整数类型代替浮点型，这对节约硬件资源有很大的作用。

❑ 避免使用 GUILayout，读者应该尝试用脚本代替 GUILayout，虽然 GUILayout 可以很方便地实现界面的切换，但它牺牲的是宝贵的内存资源，而巧妙的代码编写完全可以实现其功能，这同时也提醒读者在实际开发过程中，不要过于依赖 Unity 3D 提供的工具。

❑ 可以选择 Edit→Project Settings→Quality 打开画面质量调整窗口，通过调整各个值设置垂直同步等参数，从而进行资源的合理分配，防止太多的资源被绘制所占用。

❑ 在 NVIDIA PhysX 中，球形碰撞器、长方体碰撞器及胶囊碰撞器等规则形状的碰撞体利用自身形状的特殊方程公式进行碰撞检测，这就使其效率比网格碰撞器高很多。因此，读者在实际开发过程中可以用几个规则形状的碰撞器组合代替整个网格碰撞器。

❑ 协同程序 Coroutines 是 Unity 3D 利用 C#中迭代器机制包装的一个特殊脚本工具，它模仿了线程进行工作。当需要写一些只工作一段时间的代码时，可以使用协同程序完成，协同程序在其任务完成之后便不再占用任何资源。

❑ 静态物体减少使用实时光照，因为这会大大增加光照部分的计算时间。可以使用静态光照或者将静态物体进行烘焙，直接使用烘焙后的光照网格数据。

❑ 使用到拾取时，最直观的方式是用 UI 结合 OnMouseDown 方法进行判断，但是应用于移动平台上这个方式是不可取的，取而代之的是利用射线进行判断。从摄像机出发，到手指在屏幕上的位置为方向发射射线，射线先触碰到的 GameObject 则是要被拾取的对象。

❑ 检查脚本代码时一定要检查物理交互相关的代码，此类代码在移动端最好不要轻易使用，但是也有例外。使用时要注意以下几点：①动态刚体数量越少越好；②尽量将 Collision Detection Mode 设置为 Discrete；③调整 Fixed Timestep 值的大小。

❑ 当在移动端使用 Shader 时，也要注意一些情况：①尽量改变 UV 数值类型，由 float 改为 half；②改变灯光颜色计算中的数值类型，由 float4 类型改为 fixed4 类型；③关闭渲染附加通道或者直接指定渲染；④共享 UV。

❑ 当使用音频或者视频时，要对文件进行如下处理：尽可能使用短片段的音频或者视频，这样可以降低对 CPU 的消耗；如果必须用到长音频或者视频时，要对文件进行压缩，降低可执行文件的大小。

❑ 尽量减少 Drawcall 的数量，Drawcall 数量可以反映出当前程序的执行效率。有效的手段为减少模型的 Mesh、减少使用透明的材质数量、尽量使用更多的静态光照、优化着色器代码、提高执行效率等。

前面介绍的这些都是移动平台开发的优化技巧，读者在进行 Android 或 iOS 平台的开发时，需要对资源消耗多加监控，使开发的程序能够在大部分设备上流畅运行。

## 15.4 编辑器的扩展——Editor

在 Unity 中支持编辑器的扩展，就是建立一个可视化的编辑工具，使用该工具可以极大地提高开发人员的开发效率。例如，在菜单栏上创建一个计算时间戳的小程序，这个小程序可以计算出两个特定时间的间隔大小。编辑器的扩展主要分为 4 个方面，下面进行介绍。

### 15.4.1 自定义检视面板

在场景中的任何物体都有 Inspector（检视）面板，该面板可以添加很多不同类型的属性，但这些属性都是 Unity 系统自带的。有时开发需要创建一个符合项目需求的新属性，这时就用到了

Editor 下面的自定义检视面板功能，具体介绍如下：

（1）为了在场景中创建一个 Cube，将其作为自定义检视面板的载体，然后在 Assets 目录下创建一个 C#脚本，命名为 People。在该目录下创建一个文件夹，命名为 Editor，Editor 是存放 Editor 脚本的目录。在 Editor 目录下创建 C#脚本，命名为 LearnInspector。

（2）将脚本 People 挂载到创建的 Cube 上面，便可完成自定义检视面板的创建，如图 15-27 所示。在面板中可以很直观地看到人物的血量、攻击力、基础信息、装备等内容，方便进行开发。

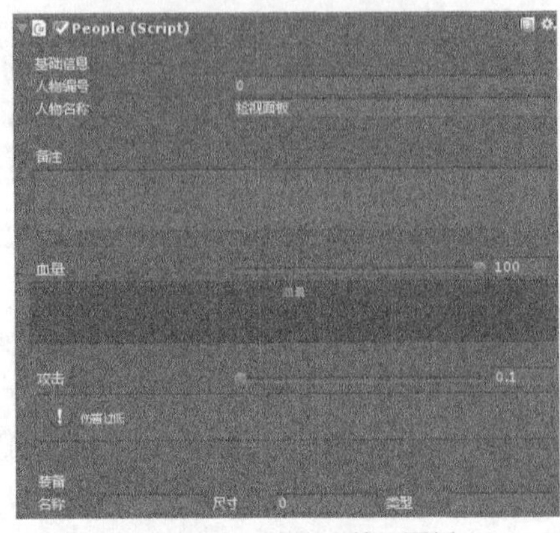

▲图 15-27　自定义检视面板

（3）创建自定义检视面板需要的脚本内容。首先介绍 People 脚本，这个脚本比较简单，它声明了一些面板需要的变量，具体代码如下。

代码位置：随书资源中源代码\第 15 章目录下的 Editor\Assets\People.cs

```
1   public int id;                                   //人物编号
2   public string Name;                              //人物名称
3   public string BackStory;                         //备注
4   public float health;                             //血量
5   public float damage;                             //伤害量
6   public string shoeName;                          //装备名称
7   public int shoeSize;                             //装备尺寸
8   public string shoeType;                          //装备类型
9   public int time;                                 //时间
```

**说明**　上面都是自定义检视面板中展示的属性，这些信息构成了项目中人物的各项信息。

（4）下面介绍构建自定义检视面板的核心脚本，这个脚本不但包括面板界面的代码，还包括接收 People 脚本中各项属性值的代码。由于构成界面的 API 有很多，在这里只介绍面板需要的函数，其他函数请查阅 Unity 官方文档。

代码位置：随书资源中源代码\第 15 章目录下的 Editor\Assets\Editor\LearnInspector.cs

```
1   using UnityEngine;
2   using System.Collections;
3   using UnityEditor;                                           //Editor 的头文件
4   [CustomEditor(typeof(People))]                               //关联 People 脚本
5   public class LearnInspector : Editor{
6     private People atr;                                        //声明对象
7     private bool showWeapons;                                  //声明布尔变量
8     void OnEnable(){
9       atr = (People)target;}                                   //获取当前的面板对象
10    public override void OnInspectorGUI(){                     //创建自定义面板方法
11      EditorGUILayout.BeginVertical();                         //垂直布局
12      EditorGUILayout.Space();                                 //换行
13      EditorGUILayout.LabelField("基础信息");                   //基础声音标签
14      atr.id = EditorGUILayout.IntField("人物编号", atr.id);     //人物编号标签
15      atr.Name = EditorGUILayout.TextField("人物名称", atr.Name); //人物名称标签
16      EditorGUILayout.LabelField("备注");                       //备注标签
17      atr.BackStory = EditorGUILayout.TextArea(atr.BackStory, GUILayout.MinHeight(50));//设置标签大小
18      atr.health = EditorGUILayout.Slider("血量", atr.health, 0, 100); //血量拖动条
19      if (atr.health < 20){                                    //如果血量值小于 20
20        GUI.color = Color.red;}                                //血量条变红
21      else if (atr.health > 80){                               //如果血量大于 80
22        GUI.color = Color.green;}                              //血量条变绿
23      else{                                                    //除以上之外的条件
24         GUI.color = Color.grey;}                              //血量条变灰
25      Rect progressRect = GUILayoutUtility.GetRect(50, 50);     //创建一个框
26      EditorGUI.ProgressBar(progressRect, atr.health / 100.0f, "血量");    //血量
27      GUI.color = Color.white;                                 //框变白色
```

```
28      atr.damage = EditorGUILayout.Slider("攻击", atr.damage, 0, 20);  //攻击拖动条
29       if (atr.damage < 10){                                          //如果值小于10
30         EditorGUILayout.HelpBox("伤害过低", MessageType.Error);}    //伤害过低提示
31       else if (atr.damage > 15){                                     //如果值大于15
32         EditorGUILayout.HelpBox("伤害过高", MessageType.Warning);} //伤害过高提示
33       else{                                                          //介于两者之间
34         EditorGUILayout.HelpBox("伤害适中", MessageType.Info);}     //伤害适中提示
35       EditorGUILayout.LabelField("装备");                            //装备标签
36       EditorGUILayout.BeginHorizontal();                             //水平布局
37       EditorGUILayout.LabelField("名称", GUILayout.MaxWidth(50)); //名称标签
38       atr.shoeName = EditorGUILayout.TextField(atr.shoeName);      //文本框
39       EditorGUILayout.LabelField("尺寸", GUILayout.MaxWidth(50)); //尺寸标签
40       atr.shoeSize = EditorGUILayout.IntField(atr.shoeSize);       //文本框
41       EditorGUILayout.LabelField("类型", GUILayout.MaxWidth(50)); //类型标签
42       atr.shoeType = EditorGUILayout.TextField(atr.shoeType);      //文本框
43       EditorGUILayout.EndHorizontal();                              //结束水平布局
44       EditorGUILayout.EndVertical();}}                              //结束垂直布局
```

- 第 1～4 行是脚本中用到的头文件及关联其他脚本的代码。其中 UnityEditor 必须要声明，否则无法使用相关的 API。
- 第 6～9 行声明这个脚本中的对象及变量，方便以后使用。
- 第 11～17 行绘制自定义检视面板中的基础声音标签、人物编号、人物名称及备注标签 4 项信息。
- 第 18～27 行绘制血量拖动条和血量显示条，这样可以形象地展示人物血量的变化，显示条还可以根据不同的血量值来变化颜色。
- 第 28～34 行绘制攻击拖动条和攻击提示框，这样可以形象地看到攻击力的变化，还可以根据不同的值来改变攻击力的提示信息。
- 第 35～44 行绘制人物装备的相关信息，包括装备名称、装备尺寸及装备类型 3 项信息，这些信息是水平排布的。

## 15.4.2 序列化检视面板

15.4.1 节介绍了自定义检视面板，本小节将介绍在 Inspector 面板中常用到的另外一个重要的属性，就是序列化检视面板。这项属性可以在创建多个人物对象时用到，如果每个人物都单独创建，那么需要的脚本很多，但是序列化检视面板却很容易实现。

（1）在场景中创建一个 Sphere 物体，它将作为序列化检视面板的载体。然后在 Assets 根目录下创建脚本 ComputerClass，该脚本存储了人物的信息。最后在 Editor 根目录下创建脚本 ComputerEditor，该脚本实现了序列化检视面板的序列化。

（2）将 ComputerClass 脚本挂载到 Sphere 物体上，这样就完成了序列化检视面板的创建，如图 15-28 所示。单击“+”按钮可以增加面板，如图 15-29 所示；单击“-”按钮可以减少面板，这样可以很方便地变化玩家数。

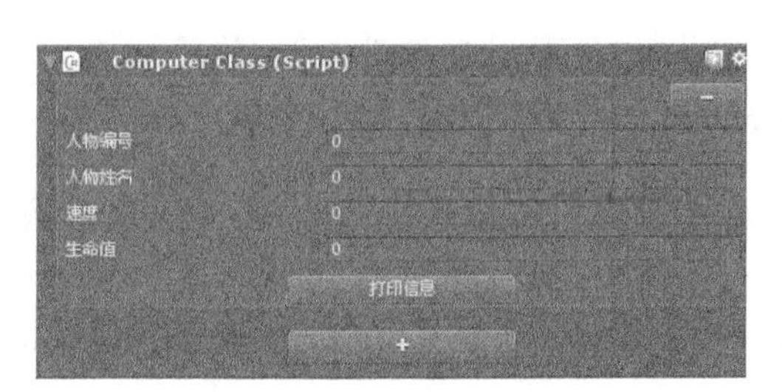


▲图 15-28 序列化检视面板

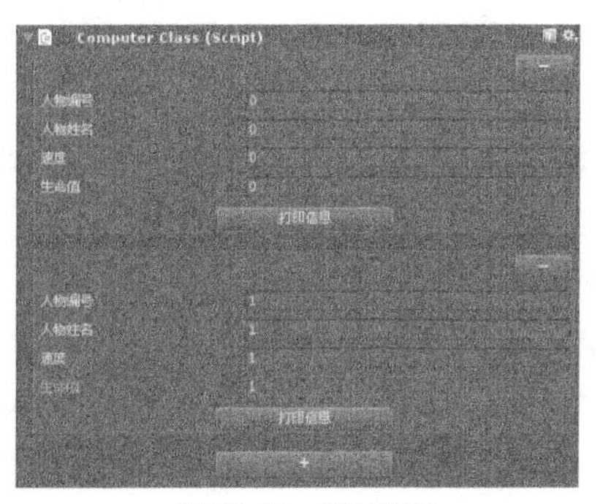


▲图 15-29 增加面板

（3）ComputerClass 脚本声明了人物中的变量及一个 List 数组，该数组是由变量类构成的，具体脚本代码如下。

代码位置：随书资源中源代码\第 15 章目录下的 Editor\Assets\ComputerClass.cs

```
1   using System.Collections;
2   using System.Collections.Generic;
3   using UnityEngine;
4   [System.Serializable]                                          //串行化
5   public class Computer{                                         //人物信息类
6     public int npcID;                                            //人物编号
7     public int nameID;                                           //人物名称
8     public float speed;                                          //人物速度
9     public float life;}                                          //血量
10   public class ComputerClass : MonoBehaviour {
11    public List<Computer> npcList = new List<Computer>();}  //创建 List 列表
```

**说明** 在脚本开头必须声明串行化，然后创建 Computer 类来存储人物的各项信息，最后创建 ComputerClass 类及 Computer 的列表。

（4）ComputerEditor 脚本可以增加面板及减少面板。该脚本需要和另外一个脚本关联，获取其他脚本中的值来实现相应的功能。由于此脚本代码量比较多，因此只介绍其中的核心代码，具体脚本代码如下。

代码位置：随书资源中源代码\第 15 章目录下的 Editor\Assets\ComputerEditor.cs

```
1   using UnityEngine;
2   using UnityEditor;
3   [CanEditMultipleObjects]                                       //支持修改选中组件
4   [CustomEditor(typeof(ComputerClass))]                          //关联 ComputerClass 脚本
5   public class ComputerEditor : Editor{
6     private SerializedProperty npcList;                          //声明列表变量
7     private int removeIndex = -1;                                //声明下标
8     private GUIContent debugBtn;                                 //声明“输出”按钮
9     private GUIContent m_IconToolbarPlus;                        //声明“加”按钮
10    private GUIContent m_IconToolbarMinus;                       //声明“减”按钮
11    void OnEnable(){
12      npcList = serializedObject.FindProperty("npcList");        //获取 ComputerClass 脚本中列表
13      debugBtn = new GUIContent("打印信息");                     //初始化“输出”按钮
14      debugBtn.tooltip = "打印人物的所有信息";                   //按钮提示
15      m_IconToolbarPlus = new GUIContent(EditorGUIUtility.IconContent("Toolbar Plus"));
                                                                   //初始化“加”按钮
16      m_IconToolbarPlus.tooltip = "增加一个人物信息";            //按钮提示
17      m_IconToolbarMinus = new GUIContent(EditorGUIUtility.IconContent("Toolbar Minus"));
                                                                  //初始化“减”按钮
18      m_IconToolbarMinus.tooltip = "移除一个人物信息";}          //按钮提示
19    private void AddItem(){                                      //增加面板方法
20      npcList.arraySize += 1;                                    //列表长度加 1
21      SerializedProperty npc = npcList.GetArrayElementAtIndex(npcList.arraySize - 1);
                                                                   //增加最大下标的组件
22      serializedObject.ApplyModifiedProperties();}               //更新界面
23    private void RemoveItem(int index){                          //减少面板方法
24      if (npcList.arraySize > index){                            //如果列表长度大于下标
25        npcList.DeleteArrayElementAtIndex(index);}}              //删除该下标项组件
```

- 第 1～4 行是脚本中用到的头文件及需要获取的权限和关联其他脚本的代码。
- 第 6～10 行声明了该脚本用到的所用变量，包括列表变量、列表下标、面板中 3 个按钮等内容，方便以后使用。
- 第 11～18 行创建面板中的各项元素，包括面板中的加号、减号及信息输出按钮等内容。
- 第 19～25 行包含两个方法。AddItem 是按了“加”按钮后触发的方法，列表长度加 1，增加组件并更新界面；RemoveItem 是按了“减”按钮后触发的方法，删除该下标的组件即可。

### 15.4.3 自定义窗口

本小节介绍自定义窗口。Unity 中有很多窗口，包括常用的 Scene、Game、Animator 等窗口，在这些窗口中可以直观地处理一些事情，但是在项目中要经常用到特定的窗口，这就用到了自定义窗口，下面做详细介绍。

（1）自定义窗口的建立不像 Inspector 面板那样需要有物体作为载体，用户可以只创建一个脚本即可控制窗口。本示例中有 5 个不同类型的窗口，在这里只介绍两种有代表性的，如图 15-30 和图 15-31 所示的两个窗口，其他类型的窗口可以查阅随书示例。

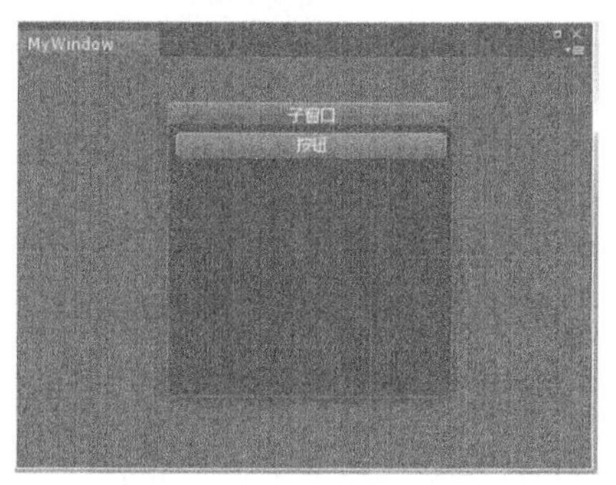


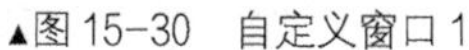
▲图 15-30　自定义窗口 1

▲图 15-31　自定义窗口 2

（2）接下来介绍创建自定义窗口的脚本。首先在 Assets 目录下的 Editor 文件夹中创建 5 个脚本，按照 MyWindow+数字的方式进行命名。由于这 5 个脚本代码相似，因此在这里只介绍其中一个脚本作为代表，具体脚本代码如下。

代码位置：随书资源中源代码\第 15 章目录下的 Editor\Assets\Editor\MyWindow4.cs

```
1   using UnityEngine;
2   using System.Collections;
3   using UnityEditor;                                              //Editor 的命名空间
4   public class MyWindow4 : EditorWindow{
5     static MyWindow4 myWindow;                                    //窗口类的声明
6     public Rect windowRect = new Rect(0, 0, 200, 200);            //子窗口的位置和大小
7     [MenuItem("Window/MyWindow4")]                                //窗口在菜单栏的位置
8     static void Init(){                                           //绘制窗口的方法
9       myWindow = (MyWindow4)EditorWindow.GetWindow(typeof(MyWindow4), false, "MyWindow", false);
10      myWindow.Show(true);}                                       //显示窗口
11    void OnGUI(){                                                 //绘制子窗口的函数
12      BeginWindows();                                             //标记开始区域所有弹出式窗口
13      windowRect = GUILayout.Window(1, windowRect, DoWindow, "子窗口");//创建子窗口
14      EndWindows();}                                              //结束标记
15    void DoWindow(int unusedWindowID){                            //绘制子窗口里面按钮的函数
16      GUILayout.Button("按钮");                                   //绘制按钮
17      GUI.DragWindow();}}                                         //绘制并拖动子窗口
```

- 第 1～7 行是脚本需要的命名空间及声明脚本中用到的变量，方便下面使用。
- 第 8～17 行包含 3 个比较简单的方法。Init 方法是主窗口的初始化，用于绘制主窗口；OnGUI 方法是创建子窗口，这个方法需要注意的是要调用开始标记窗口和结束标记绘制窗口这两个方法；DoWindow 方法是绘制子窗口及里面的按钮。

### 15.4.4 自定义菜单项

本小节介绍最后一项内容——自定义菜单项。在 Unity 菜单栏中有许多选项，不同的选项有不同的功能，开发人员可以根据项目实际需求来制定自定义菜单项。下面结合一个计算时间戳的示例来讲解这部分内容，具体介绍如下。

自定义菜单项首位实现原理比较简单，只需要一个脚本就可以实现预定的功能。菜单栏与自定义窗口的打开方式类似，可以指定特定的位置，具体脚本代码如下。

代码位置：随书资源中源代码\第 15 章目录下的 Editor\Assets\Editor\Timestamp.cs

```
1   using UnityEngine;
2   using UnityEditor;                                                  //Editor 命名空间
3   using System;                                                       //系统命名空间
4   public class Timestamp : ScriptableWizard{
5     public string time = "";                                          //声明时间变量
6     void OnWizardUpdate(){                                            //定时执行的函数
7       if (time.Split('-').Length == 6){                               //输入的格式正确
8         isValid = true;                                               //变量设置为 true
9         errorString = "";}                                            //不提示错误
10      else{                                                           //输入的格式不正确
11        isValid = false;                                              //变量设置为 false
12        errorString = "日期格式有误";                                  //提示格式错误
13        helpString = "格式: 2017-1-1-0-0-0";}}                        //格式帮助提示
14    void OnWizardCreate(){
15      try{                                                            //不存在异常
16        Debug.Log("时间戳 " + ColorFormat(GetTimestamp(time)));}      //输出时间戳的大小
17      catch (Exception){                                              //存在异常
18        Debug.LogError("日期格式有误");}}                              //抛出异常
19    string ColorFormat(string tex){
20      return "<color='#FFD700'>" + tex + "</color>";}                 //改变传入参数的颜色
21    private string GetTimestamp(string t){
22      string[] tmp = t.Split('-');                                    //将传入的参数分割成数组
23      int year = int.Parse(tmp[0]);                                   //数组第 1 位是年
24      int month = int.Parse(tmp[1]);                                  //数组第 2 位是月
25      int day = int.Parse(tmp[2]);                                    //数组第 3 位是天
26      int hour = int.Parse(tmp[3]);                                   //数组第 4 位是小时
27      int minute = int.Parse(tmp[4]);                                 //数组第 5 位是分钟
28      int second = int.Parse(tmp[5]);                                 //数组第 6 位是秒
29      DateTime DateNow = new DateTime(year, month, day, hour, minute, second);//转换为时间格式
30      DateTime DateStart = new DateTime(2000, 1, 1, 0, 0, 0);   //初始化起始时间
31      return (DateNow - DateStart).TotalSeconds.ToString();}    //返回两者的时间差
32    [MenuItem("Custom/计算时间戳")]                                    //在菜单栏的位置
33    static void CreateDeSer(){
34      ScriptableWizard.DisplayWizard<Timestamp>("Timestamp", "计算", "取消");}}//面板上的组件信息
```

- 第 1～13 行声明脚本中用到的命名空间、脚本中用到的变量及实现一个方法 OnWizardUpdate。该方法在固定的时间间隔自动执行一次，用来判断输入的时间格式是否符合要求并且出现相应的提示，它是这个脚本的初始方法。
- 第 14～20 行包含两个方法。OnWizardCreate 方法输出计算出来的时间戳，ColorFormat 方法改变计算出来的时间戳的字体颜色。
- 第 21～31 行是计算时间戳的核心代码，接收输入的时间字符串，将时间字符串分割成数组，再将数组的每一项转换成时间格式的变量，最后声明一个时间的初始值，从而返回两个时间差。
- 第 32～34 声明时间戳面板在菜单栏的位置，最后的 CreateDeSer 方法是创建面板上的组件。

示例位置：随书资源中源代码\第 15 章目录下的 Editor\Assets\cc.unity

## 15.5 本章小结

本章首先详细介绍了 Unity 3D 提供的 Profiler 工具，以便读者在以后的开发过程对程序的资源消耗进行监控。然后介绍了 MonoDevelop 调试方法及 Microsoft Visual Tools for Unity 的调试方法。最后对其他优化技巧的编辑器的扩展进行了简单的介绍。

如今无论是 PC 还是移动设备，其硬件配置都是参差不齐的，想要使程序在尽可能多的设备上流畅运行，保证其兼容性，就需要对程序进行优化，减少它对资源的消耗。希望在以后的开发过程中，读者能养成节约资源的良好习惯，达到事半功倍的效果。

# 第 16 章　休闲游戏——平衡球

随着手持式终端的日渐强大，移动手持设备在模拟现实方面的技术也日趋成熟。人们在移动设备上可以体验到比以往更加真实的视觉冲击和立体效果。随着人们对模拟现实类游戏的青睐，此类手机休闲游戏得到了迅速的发展。

本章介绍的游戏平衡球是使用 Unity 3D 游戏引擎开发的一款基于 Android 平台的休闲游戏，下面将对本游戏进行详细的介绍。通过本章的学习，读者将对使用 Unity 3D 游戏引擎开发 Android 平台下的 3D 休闲类游戏的流程有更深的了解。

## 16.1 背景及功能概述

本节将对该游戏的开发背景进行详细介绍，并对其功能进行简要概述。通过对本节的学习，读者将会对本游戏的整体有一个简单的认知，明确游戏的开发思路，直观了解游戏所实现的功能和所要达到的各种效果。

### 16.1.1　背景概述

平衡球是一款模拟现实世界球滚动、控制球平衡的休闲游戏。在现代都市紧张的生活步调下，人们越来越青睐于通过休闲游戏舒缓身心上的压力。平衡球型的游戏使得人们可以在一个充满钢轨、木桥等机关的超真实世界中放飞自我，所以逐渐被人们所认可。

面对令人头晕目眩的高度和眼花缭乱的空中景观，挑战平衡极限，冷静地判断到达终点的路线，在一定的限制条件下克服种种困难并以坚强不屈的意志向更深的难度挑战是平衡球游戏的宗旨。其代表作品有《3D 平衡球》《高空平衡球》等，如图 16-1 和图 16-2 所示。

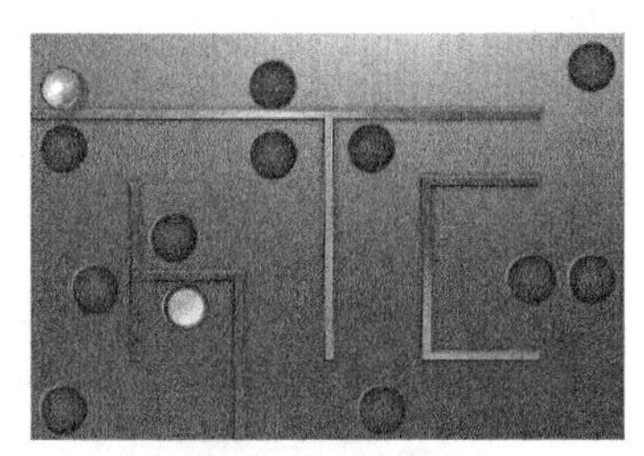

▲图 16-1　3D 平衡球

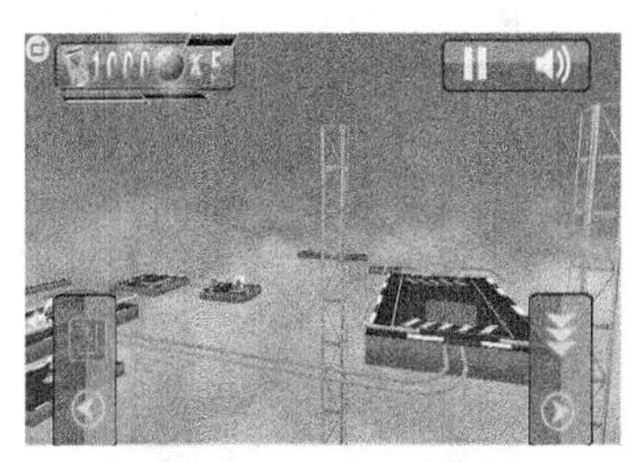

▲图 16-2　高空平衡球

本游戏使用了当前最为流行的 Unity 3D 开发工具，并结合了智能手机的触摸技术，是一款小型手机游戏。在游戏中，玩家通过触摸屏幕上的按钮来控制游戏中各个界面和场景的跳转及相关功能的设置，如音效是否开启和音效声音的大小等。

在游戏中，玩家需要在一定的时间限制内，通过触摸屏幕上的虚拟摇杆来控制球的滚动，利用自己的平衡能力和操作使球克服关卡中的种种障碍，最终到达终点取得胜利。该游戏还可以通过划屏转换视角，在不同视角下观察球滚动。

## 16.1.2　功能概述

16.1.1 节介绍了游戏的开发背景，本小节将对游戏的功能进行简要介绍。

（1）运行游戏，首先进入的是欢迎界面，如图 16-3 所示，2s 后进入游戏。

（2）随后进入游戏的主菜单场景，玩家可以在这里单击场景中的不同按钮以进入不同界面，该场景为本游戏的中转站，如图 16-4 所示。

▲图 16-3　欢迎界面

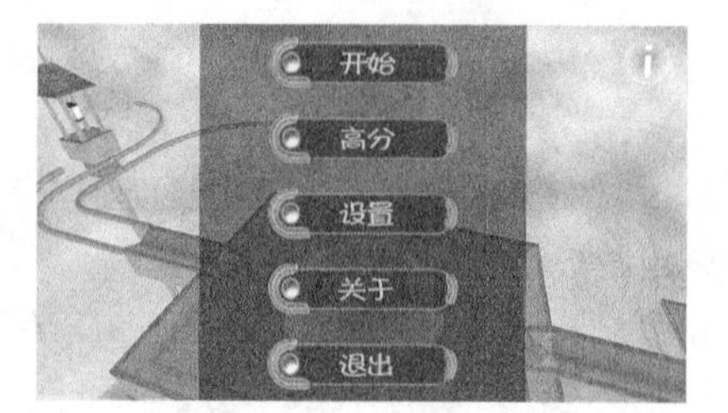


▲图 16-4　主菜单场景

（3）在主菜单中，单击右上角的“游戏帮助”按钮，将进入加载帮助场景，如图 16-5 所示。这里使用了异步加载技术，可以直观地看到游戏的加载进度。加载结束后进入游戏的帮助场景，如图 16-6 所示，帮助场景会针对玩家在实际操作中的不同时刻出现相应的提示。

▲图 16-5　加载帮助场景

▲图 16-6　帮助场景

（4）帮助场景的左上方为“暂停”按钮，“暂停”按钮的下方按钮为“静音”按钮。单击“暂停”按钮时按钮发生变化，弹出暂停界面后“暂停”按钮变为“开始”按钮。暂停界面左侧的按钮为“开始”按钮，右侧的按钮为“返回主界面”按钮，如图 16-7 所示。

（5）在主菜单场景中单击“开始”按钮时，在按钮发生变化后进入选关界面，如图 16-8 所示。

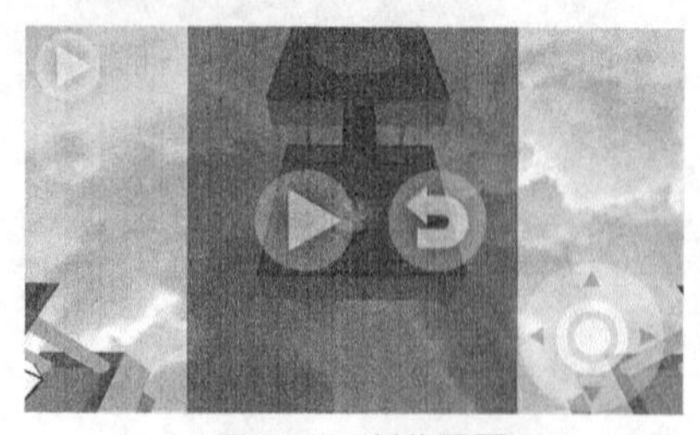

▲图 16-7　暂停界面

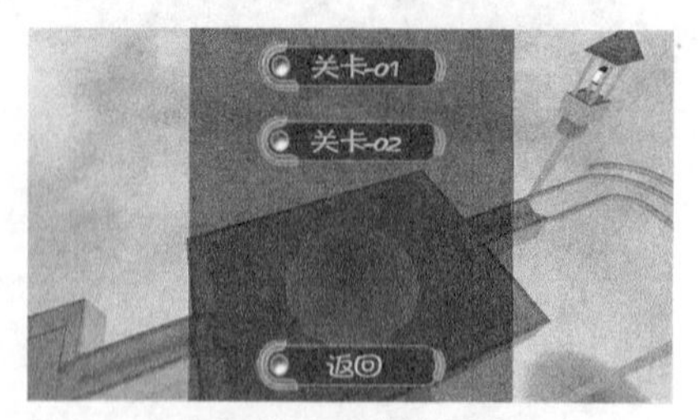


▲图 16-8　选关界面

（6）单击“关卡-01”按钮，进入关卡一加载场景，加载结束后进入游戏的第一关。进入关卡后玩家可依照帮助所给提示对游戏进行操作。关卡场景的右上方为游戏的倒计时系统，每一关卡的初始时间为 300s，倒计时为 0 时游戏失败，如图 16-9 和图 16-10 所示。

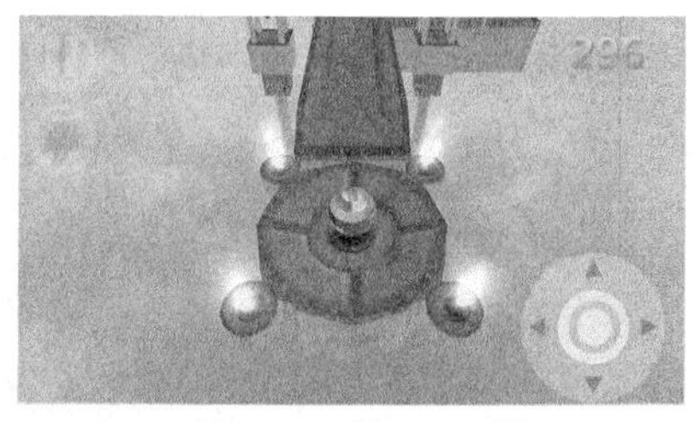


▲图 16-9 关卡一场景

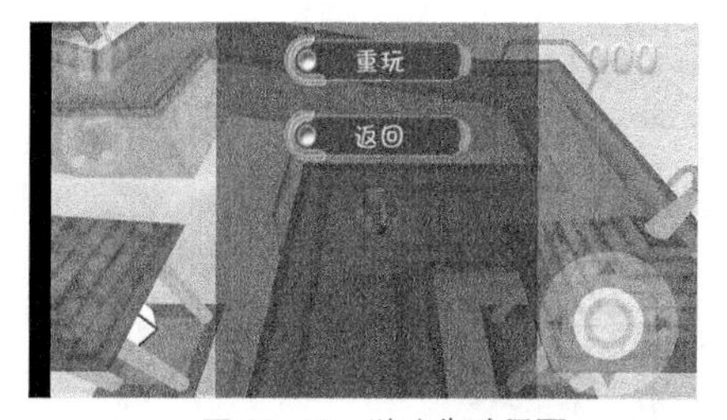


▲图 16-10 游戏失败界面

（7）游戏的每一关都设有储存点，当球在未经过任何储存点的情况下从高空坠下时，球返回初始点并继续游戏。当球经过一个储存点时游戏倒计时增加 100s，此后球从高空坠下后会返回到距球最近的储存点的位置并继续游戏，如图 16-11 所示。

（8）玩家在规定的时间内操控球成功到达终点，游戏获得胜利并获得相应的分数（分数依据玩家球获得胜利后倒计时系统的剩余时间而定）。玩家还可以输入自己的姓名参与关卡得分排名，并且有机会进入游戏高分榜，如图 16-12 所示。

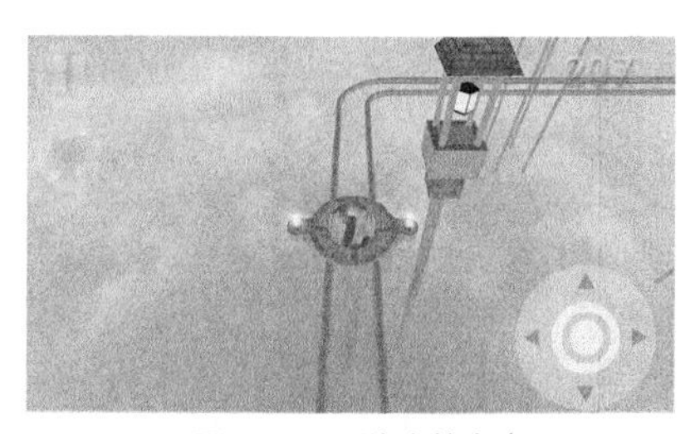

▲图 16-11 游戏储存点

▲图 16-12 游戏胜利界面

（9）在游戏第一关的胜利界面中单击“返回”按钮，按钮发生变化后将返回游戏的主菜单场景。在主菜单场景中玩家可以单击“开始”按钮进入选关界面，选择第二关或者单击其他按钮查看游戏中其他的功能，如图 16-13 所示。

（10）在主菜单场景中，单击“高分”按钮可以查看游戏的排行榜界面，如图 16-14 所示。在这里，游戏对每一个关卡都设置了不同的高分排行榜，玩家可以单击该界面中的两个翻页按钮来查看每一个关卡的高分排行榜。单击“返回”按钮，按钮发生变化后将返回游戏的主菜单场景。

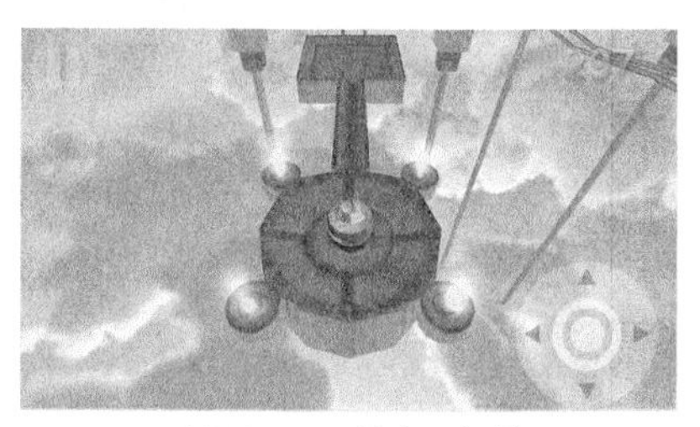

▲图 16-13 关卡二场景

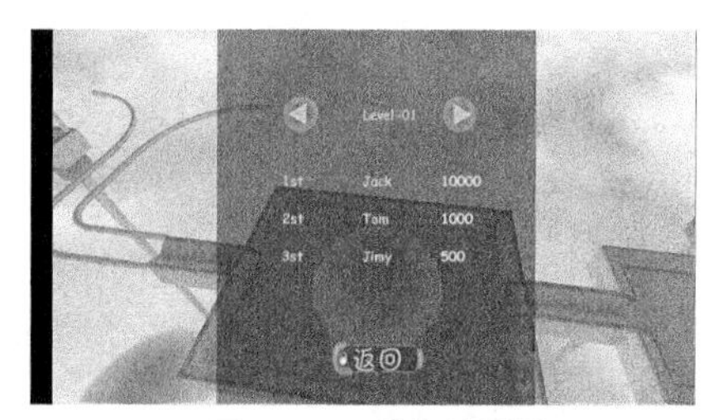


▲图 16-14 排行榜界面

（11）在主菜单场景中，单击“设置”按钮可以进入游戏的声音设置界面，如图 16-15 所示。在该界面中，玩家可以拖动相应的滑块来对游戏背景音乐声音的大小和按键声音的大小进行设置。游戏中的声音大小随滑杆相对位置而定。单击“返回”按钮，按钮发生变化后将返回游戏的主菜单场景。

（12）在主菜单场景中，单击“关于”按钮会进入游戏的关于界面，如图 16-16 所示。单击“返回”按钮，在按钮发生变化后将返回游戏的主菜单场景。

（13）在主菜单场景中单击“退出”按钮，进入游戏的退出界面，如图 16-17 所示。退出界面中的左侧按钮为“确定”按钮，右侧按钮为“取消”按钮。单击“确定”按钮，将在按钮变化之后退出游戏；单击“取消”按钮，在按钮变化之后返回游戏的主菜单场景。

▲图 16-15 声音设置界面

▲图 16-16 关于界面

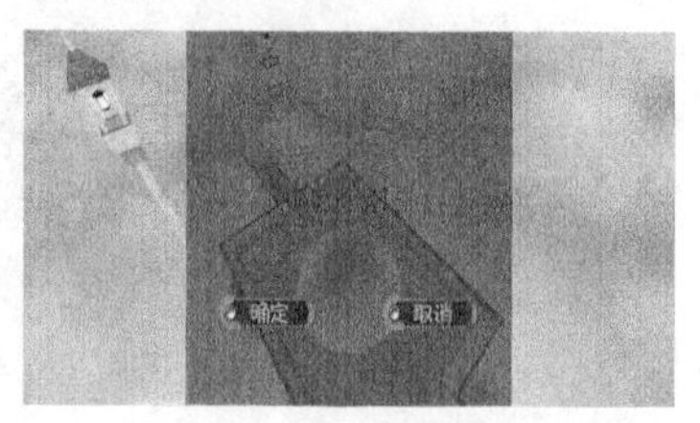


▲图 16-17 退出界面

## 16.2 游戏的策划及准备工作

16.1 节介绍了本游戏的开发背景和部分功能，本节主要对游戏的策划和开发前的一些准备工作进行介绍。在游戏开发之前做一个细致的准备工作可以起到事半功倍的效果。准备工作大体上包括游戏主体策划、相关美工及音效准备等。

### 16.2.1 游戏的策划

本小节将对本游戏的策划工作进行简单介绍。在实际项目的开发过程中，如果想让自己开发的项目更加具体、细致、全面，一个详细的游戏策划工作必不可少，读者在以后的开发过程中将有所体会。本游戏的具体策划工作如下。

❑ 游戏类型

本游戏是以 Unity 3D 游戏引擎作为开发工具，C#作为开发语言的一款模拟现实球平衡的休闲游戏。游戏使用不同按钮实现不同界面和不同场景之间的切换，使用摇杆控制关卡中的球来克服不同障碍,最终到达终点取得胜利，同时本游戏支持划屏转换视角。

❑ 运行目标平台

运行平台为 Android 2.0 或者更高版本。

❑ 目标受众

本游戏以手持移动设备为载体，大部分 Android 平台手持设备均可安装。该游戏操作简单，画面效果逼真，耗时适中，玩家可以利用等车、等人、排队等时间或者疲劳时在娱乐中体验高空的炫酷效果。该游戏可以提高平衡能力及放松身心，适合全年龄段人群进行游戏。

❑ 操作方式

本游戏操作要求不高，玩家通过游戏场景或界面中的按钮提示进行场景或界面的转换。同时，玩家可以通过按钮控制音效，左右划屏转换视角方向，触控摇杆控制平衡使球向前、后、左、右 4 个方向移动来跨越障碍到达终点，具有很高的可玩性。

❑ 呈现技术

本游戏采用 Unity 3D 游戏引擎开发，使用粒子系统实现各种游戏特效，使用着色器对模型和效果进行美化，使用物理引擎实现球碰撞和滚动。本游戏的场景具有很强的立体感、逼真的光影效果及真实的物理碰撞，玩家将在游戏中获得绚丽、真实的视觉体验。

### 16.2.2 使用 Unity 开发游戏前的准备工作

16.2.1 节对本游戏的策划工作进行了简单介绍，本小节将对开发前的准备工作包括图片、声音、模型等资源的选择与制作进行介绍，主要包括资源的资源名、大小、像素（格式）及用途，并对各资源的存储位置进行介绍，具体如下。

（1）下面对本游戏用到的各个按钮的按钮图片资源进行详细介绍，介绍内容包括图片名、大小（KB）、像素（*W*×*H*）及用途，所有按钮图片资源全部放在项目文件 Assets\Textures\文件夹下，具体如表 16-1 所示。

表 16-1 游戏中的按钮图片资源

| 图片名 | 大小（KB） | 像素（*W*×*H*） | 用途 |
| --- | --- | --- | --- |
| Button00.png | 11.4 | 256×64 | 主菜单场景按钮背景 |
| Button00_select.png | 9.7 | 256×64 | 单击主菜单场景按钮时背景 |
| Help.png | 16.3 | 128×128 | 帮助按钮 |
| Left.png | 3.09 | 50×50 | 排行榜前翻按钮 |
| Left2.png | 3.14 | 50×50 | 单击排行榜前翻时按钮 |
| Music.png | 2.32 | 50×50 | 静音按钮 |
| Music_Select.png | 2.33 | 50×50 | 单击静音时按钮 |
| noMusic.png | 2.65 | 50×50 | 恢复音效按钮 |
| noMusic_Select.png | 2.68 | 50×50 | 单击恢复音效时按钮 |
| Pause.png | 2.03 | 50×50 | 暂停按钮 |
| Pause_Select.png | 2.17 | 50×50 | 单击暂停时按钮 |
| Return.png | 15.6 | 128×128 | 返回按钮 |
| Return_Select.png | 15.9 | 128×128 | 单击返回时按钮 |
| Start.png | 13.8 | 128×128 | 开始按钮 |
| Start _Select.png | 13.8 | 128×128 | 单击开始时按钮 |

（2）对本游戏中所用到的各个纹理和背景图片资源进行详细介绍，介绍内容包括图片名、大小（KB）、像素（*W*×*H*）及这些图片的用途，所有纹理和背景图片资源全部放在项目文件 Assets\Textures\文件夹下，具体如表 16-2 所示。

表 16-2 游戏中的纹理和背景图片资源

| 图片名 | 大小（KB） | 像素（*W*×*H*） | 用途 |
| --- | --- | --- | --- |
| about.png | 19.6 | 960×540 | 关于图片 |
| start1.png | 10.8 | 960×540 | 欢迎图片 |
| Menubackground.png | 2.82 | 54×96 | 界面背景图片 |
| BackGround.png | 40.9 | 512×215 | 加载界面背景图片 |
| loaderbg.png | 15.6 | 1200×100 | 加载进度条背景图片 |
| loadTexture.png | 37.3 | 1205×106 | 加载进度条图片 |
| LoadUp.png | 1.91 | 127×68 | 加载进度条起始位置图片 |
| Sky_A_Back.bmp | 1024.0 | 512×512 | 第一关天空盒后方图片 |
| Sky_A_Front.bmp | 1024.0 | 512×512 | 第一关天空盒前方图片 |
| Sky_A_Left.bmp | 1024.0 | 512×512 | 第一关天空盒左方图片 |
| Sky_A_Right.bmp | 1024.0 | 512×512 | 第一关天空盒右方图片 |
| Sky_A_Down.bmp | 1024.0 | 512×512 | 第一关天空盒下方图片 |
| Sky_C_Back.bmp | 1024.0 | 512×512 | 第二关天空盒后方图片 |
| Sky_C_Front.bmp | 1024.0 | 512×512 | 第二关天空盒前方图片 |

续表

| 图片名 | 大小（KB） | 像素（W×H） | 用途 |
|---|---|---|---|
| Sky_C_Left.bmp | 1024.0 | 512×512 | 第二关天空盒左方图片 |
| Sky_C_Right.bmp | 1024.0 | 512×512 | 第二关天空盒右方图片 |
| Sky_C_Down.bmp | 1024.0 | 512×512 | 第二关天空盒下方图片 |
| Sky_J_Back.bmp | 1024.0 | 512×512 | 主菜单天空盒后方图片 |
| Sky_J_Front.bmp | 1024.0 | 512×512 | 主菜单天空盒前方图片 |
| Sky_J_Left.bmp | 1024.0 | 512×512 | 主菜单天空盒左方图片 |
| Sky_J_Right.bmp | 1024.0 | 512×512 | 主菜单天空盒右方图片 |
| Sky_J_Down.bmp | 1024.0 | 512×512 | 主菜单天空盒下方图片 |
| Ball_LightningSphere1.bmp | 12.0 | 64×64 | 球特效纹理 1 |
| Ball_LightningSphere2.bmp | 12.0 | 64×64 | 球特效纹理 2 |
| KTball-1.bmp | 12.0 | 64×64 | 球特效纹理 3 |
| muqiu.bmp | 48.0 | 128×128 | 木球纹理图片 |
| shiqiu.bmp | 48.0 | 128×128 | 石球纹理图片 |
| deng.png | 67.9 | 192×192 | 灯塔纹理图片 |
| dengluo.png | 48.0 | 128×128 | 热气球纹理图片 |
| Kaishidian.png | 125.0 | 256×256 | 开始点纹理图片 |
| muban2.png | 48.0 | 128×128 | 木板纹理图片 |
| PE_Bal_platform.png | 192.0 | 256×256 | 终点纹理图片 |
| qiaoA.png | 48.0 | 128×128 | 桥纹理图片 |
| Tai.png | 106.0 | 256×256 | 平台纹理图片 |
| WoodBox.png | 48.0 | 128×128 | 木箱纹理图片 |
| Yinzhi.jpg | 1.57 | 128×128 | 钢管纹理图片 |
| zhuan.bmp | 48.0 | 128×128 | 白砖纹理图片 |
| zoudaoA.png | 106.0 | 256×256 | 走道 A 纹理图片 |
| zoudaoB.png | 28.7 | 128×128 | 走道 B 纹理图片 |

（3）下面对本游戏所用到的各个数字和图标资源进行详细介绍，介绍内容包括图片名、大小（KB）、像素（$W×H$）及这些图片的用途，所有数字和图标图片资源全部放在项目文件Assets\Textures\文件夹下，具体如表 16-3 所示。

表 16-3 游戏中的数字和图标图片资源

| 图片名 | 大小（KB） | 像素（W×H） | 用途 |
|---|---|---|---|
| 0.png | 5.06 | 40×80 | 倒计时系统中使用的数字 0 |
| 1.png | 3.92 | 40×80 | 倒计时系统中使用的数字 1 |
| 2.png | 4.61 | 40×80 | 倒计时系统中使用的数字 2 |
| 3.png | 4.95 | 40×80 | 倒计时系统中使用的数字 3 |
| 4.png | 4.40 | 40×80 | 倒计时系统中使用的数字 4 |
| 5.png | 4.66 | 40×80 | 倒计时系统中使用的数字 5 |
| 6.png | 5.10 | 40×80 | 倒计时系统中使用的数字 6 |

续表

| 图片名 | 大小（KB） | 像素（W×H） | 用途 |
|---|---|---|---|
| 7.png | 4.25 | 40×80 | 倒计时系统中使用的数字 7 |
| 8.png | 5.18 | 40×80 | 倒计时系统中使用的数字 8 |
| 9.png | 5.08 | 40×80 | 倒计时系统中使用的数字 9 |
| add.png | 4.35 | 160×80 | 加分系统文字图片 |
| kongbai.png | 2.87 | 160×80 | 加分系统空白图片 |
| dieTip.png | 10.6 | 960×540 | 球坠落提示文字图片 |
| DrectionRip.png | 36.2 | 960×540 | 帮助开始提示文字图片 |
| LandRTip.png | 44.9 | 960×540 | 转换视角提示文字图片 |
| Ico.png | 4.30 | 50×50 | 游戏图标 |

（4）本游戏有各种声音效果，这些音效使游戏更加真实。下面将对游戏中所用到的声音资源进行详细介绍，介绍内容包括文件名、大小（KB）、格式及用途，所有声音资源全部放在项目文件中的 Assets\Sound 文件夹下，具体如表 16-4 所示。

表 16-4　　声音资源

| 文件名 | 大小（KB） | 格式 | 用途 |
|---|---|---|---|
| Menu_.wav | 1364.0 | wav | 主菜单背景音乐 |
| Menu_click.wav | 4.54 | wav | 按钮音效 |
| Music_1.wav | 1484.0 | wav | 关卡一背景音乐 |
| Music_2.wav | 1484.0 | wav | 关卡二背景音乐 |

（5）本游戏所用到的 3D 模型是用 3ds Max 生成的“.fbx”文件导入的。下面将对其进行详细介绍，介绍内容包括文件名、大小（KB）、格式及用途。所有模型文件全部放在项目目录中的 Assets\Map 文件夹下，具体如表 16-5 所示。

表 16-5　　模型文件清单

| 文件名 | 大小（KB） | 格式 | 用途 |
|---|---|---|---|
| woodbox.fbx | 22 | FBX | 木箱模型 |
| chuiqi.fbx | 25 | FBX | 底座模型 |
| End.fbx | 150 | FBX | 终点模型 |
| zhangai 1.fbx | 37 | FBX | 障碍物模型一 |
| zhangai.fbx | 36 | FBX | 障碍物模型二 |
| zhangaiwu.fbx | 30 | FBX | 障碍物模型三 |
| Menu.fbx | 251 | FBX | 主菜单地图模型 |
| Level-01.fbx | 3661 | FBX | 关卡一菜单模型 |
| Level-02.fbx | 1863 | FBX | 关卡二菜单模型 |
| KTball.fbx | 43 | FBX | 球特效模型 |
| ChangeStone.fbx | 146 | FBX | 球变换模型一 |
| TM.fbx | 146 | FBX | 球变换模型二 |

# 16.3 游戏的架构

16.2 节对游戏开发前的策划工作和准备工作进行了简单介绍。本节将介绍本游戏的整体架构及游戏中的各个场景。读者通过本节的学习，可以对本游戏的整体开发思路有一定的了解，并对本游戏的开发过程更加熟悉。

## 16.3.1 各个场景简介

在 Unity 中，场景开发是游戏开发的主要工作。每个场景包含了多个游戏对象，每个游戏对象挂载了多个脚本，其中某些对象还被附加了特定功能的脚本。本游戏包含 7 个场景，接下来对本游戏中的场景进行简要介绍。

- 主菜单场景

主菜单场景 Menu 是转向各个场景的中心场景，在该场景中可以通过单击按钮进入其他场景或界面，如游戏场景、帮助场景、排行榜界面等，这些都包含在本场景中。同时也可以从其他场景返回本场景。该场景包含的脚本如图 16-18 所示。

- 帮助加载场景

帮助加载场景 LoadingHelp 用于在游戏加载资源的过程中显示加载进度条，帮助实现了游戏场景的异步加载。当玩家从主菜单场景进入帮助场景前，首先会进入帮助加载场景显示加载进度，此时后台正在加载帮助场景，加载结束后进入帮助场景。该场景包含的脚本如图 16-19 所示。

▲图 16-18　主菜单场景包含的脚本

▲图 16-19　帮助加载场景包含的脚本

- 帮助场景

帮助场景 Help 在本游戏中起提示和辅助功能。本场景会对玩家如何操作和错误操作予以相对应的提示，帮助玩家更好地操作游戏。除计时系统和评分系统外，本场景具有正式关卡的所有功能。该场景中包含的脚本如图 16-20 所示。

- 关卡一加载场景

关卡一加载场景 LoadingLA 用于加载关卡一的场景，实现游戏场景的异步加载、显示加载进度条。当玩家从主菜单场景进入关卡一场景前，首先会进入关卡一加载场景，此时正在加载关卡一场景内容，加载结束后进入关卡一场景。该场景包含的脚本如图 16-21 所示。

▲图 16-20　帮助场景包含的脚本

▲图 16-21　关卡一加载场景包含的脚本

- 关卡一场景

关卡一场景 Level-01 是本游戏极为重要的两个场景之一，也是本游戏的开发重点。在这个场景中有多个游戏对象，包括主摄像机、地形、球、障碍物等模型。此外，该场景还含有各种不同的粒子系统以实现炫酷的视觉效果。该场景包含的脚本如图 16-22 所示。

❑ 关卡二加载场景

关卡二加载场景 LoadingLB 用于加载关卡二的场景，可以实现游戏场景的异步加载并显示加载进度条。当玩家从主菜单场景进入关卡二场景前，首先会进入关卡二加载场景，此时正在加载关卡二场景内容，加载结束后进入关卡二场景。该场景包含的脚本如图 16-23 所示。

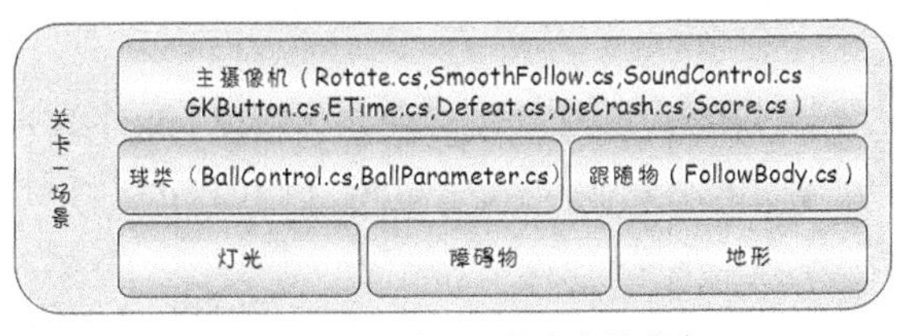


▲图 16-22　关卡一场景包含的脚本

▲图 16-23　关卡二加载场景包含的脚本

❑ 关卡二场景

关卡二场景 Level-02 是本游戏极为重要的两个场景之一，也是本游戏的开发重点。在这个场景中有多个游戏对象，包括主摄像机、地形、球、障碍物等模型。此外，该场景还含有各种不同的粒子系统以实现炫酷的视觉效果。该场景包含的脚本如图 16-24 所示。

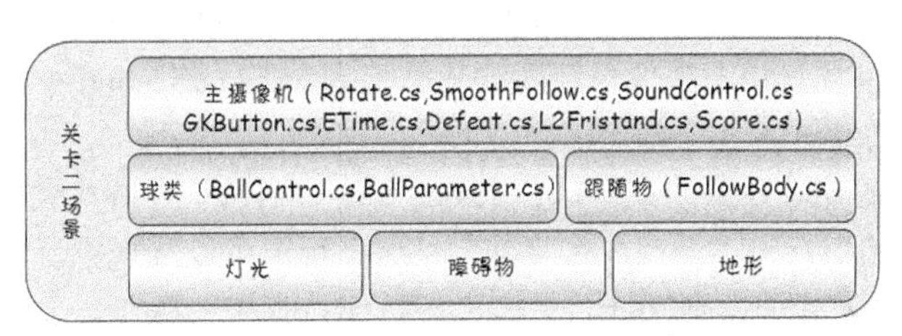


▲图 16-24　关卡二场景包含的脚本

## 16.3.2　游戏架构简介

16.3.1 节对游戏的主要场景和使用到的相关脚本进行了简单介绍，本小节将介绍游戏的整体架构以加深读者的理解。本游戏用到的脚本比较多，下面将依照游戏的运行顺序依次介绍游戏的整体架构和部分脚本的作用，读者需注意，具体内容如下。

（1）运行游戏，进入主菜单场景 Menu，场景中的主摄像机 Main Camera 被激活，其上所挂载的脚本 MenuButton 和 RotateCamera 开始执行，显示出主菜单按钮界面并使主摄像机按照一定的速度进行 360° 旋转。如果未设置静音模式，会同时播放背景音乐。

（2）在主菜单场景中单击“帮助”按钮，进入加载帮助场景 LoadingHelp，此时加载场景中的主摄像机被激活，并执行其上所挂载的脚本 LoadingHelp，然后开始加载帮助场景。对帮助场景的加载结束后，进入游戏的帮助场景 Help。

（3）当进入帮助场景 Help 后，该场景的主摄像机被激活，其上挂载的脚本 Help、Rotate、Move、SmoothFollow、SoundControl、GKButton 开始执行。同时球上所挂载的 BallControl、BallParameter 开始执行。

（4）在脚本 Help 的作用下，玩家在该场景中会得到相应的提示信息；Rotate、Move 用于控制摄像机的旋转和移动；GKButton 用于绘制该场景下的暂停、静音等按钮；SoundControl 用于调节该场景的声音大小；BallControl、BallParameter 用于控制对球的操作并给其一个摩擦力，使球的滚动更加真实。

（5）在游戏的主菜单场景 Menu 中单击“开始”按钮时，在主摄像机上所挂载的 MenuButton 作用下出现选关界面。单击“关卡-01”按钮进入关卡一的加载场景 LoadingLA，此时关卡一加载场景 LoadingLA 的主摄像机被激活，其上所挂载的脚本 LoadingLA 开始执行加载关卡一的场景 Level-01。

（6）当进入关卡一场景 Level-01 后，该场景的主摄像机被激活，其上挂载的脚本 DieCrash、Rotate、Move、SmoothFollow、SoundControl”、GKButton、ETime、Score 开始执行。

（7）其中 Rotate、Move、SmoothFollow、SoundControl、GKButton 的作用同前文帮助场景 Help 所起的作用相同；DieCrash 用于控制球从高空坠落后返回点的位置；ETime、Score 用于实现游戏中的倒计时系统和游戏胜利时的分数。

（8）游戏对象 ballCollider 上挂载的脚本 FollowBody 用于实现跟随物体随球 ball 的移动。当球滚动到检查点时游戏对象 CrashPoint 的子对象 FireAPoint、FireBPoint、FireCPoint 上所挂载的 Fire 开始执行，此脚本用于控制检查点的火焰特效并且记录最后一个检查点的位置。

（9）当球滚动到游戏中的变换位置时，游戏对象 MChangeStonePoint 的子对象 MTSCrash 上所挂载的 Crash 和 ChangeS 或者游戏对象 TM 的子对象 TMCrash 所挂载的 CrashM 和 CrashTM 开始执行，它们用于播放球类型变换的动画并实现球类型的变换。

（10）当球滚动到游戏的终点时，游戏对象 CrashPoint 的子对象 VictoryCrash 上所挂载的脚本 Victory 和 VictoryCrash 开始执行，游戏计时系统暂停，游戏胜利的动画开始播放，弹出游戏胜利界面并进行分数的结算。

（11）在游戏胜利界面中，玩家可以查看自己的游戏分数并留下自己的姓名，在输入姓名单击“提交”按钮后，主菜单场景中主摄像机上所挂载的脚本 FristandSecond 被激活，玩家进行高分排序，如果进入前三名则能进入高分排行榜。

（12）如果在游戏的计时系统结束时球并未到达终点，则被认为游戏失败，此时主摄像机上所挂载的脚本 Defeat 开始执行弹出游戏失败界面，在这里玩家可以选择重玩本关卡、返回主菜单场景选择第二关或者查看游戏的其他功能，单击相应按钮执行相关操作。

（13）游戏的第二关和第一关基本相同，在这里不再赘述。

（14）在主菜单场景中单击“高分”按钮，主摄像机上所挂载的脚本 MenuButton 被禁用，而脚本 Rank 被激活，此时玩家可以进入排行榜界面。在此脚本的作用下，玩家可以通过左右翻页查看各关卡的高分排行榜。

（15）在主菜单场景中单击“设置”按钮，在脚本 SoundControl 和 SoundButtonClick 的作用下，玩家可以调节游戏的背景音乐和按键声音的大小；单击“关于”按钮，在脚本 MenuButton 的作用下查看游戏的开发信息；单击“退出”按钮，在脚本 MenuButton 的作用下退出游戏。

## 16.4 主菜单场景

16.3 节对游戏的整体架构进行了介绍，从本节开始将依次介绍该游戏中各个场景的开发。首先介绍本案例的主菜单场景，该场景在游戏开始时呈现，控制所有界面之间的跳转，同时也是其他场景的跳转场景，下面将对其进行详细介绍。

### 16.4.1 场景的搭建

场景的搭建主要是对游戏地图、灯光、天空盒等环境因素的设置。通过本节的学习，读者将会了解到如何构建出一个基本的游戏世界。由于本场景是本游戏创建的第一个场景，因此所有步骤均有详细介绍，后面的场景搭建省略了部分重复步骤，读者应注意。接下来将具体介绍场景的搭建步骤。

（1）新建项目。打开 Unity，单击 New 按钮，如图 16-25 所示。将新项目的 Project name 命名为

BalanceBg。本游戏的项目在开发人员的 D:\Android\3Dworkspace 文件夹下，单击 Browse...按钮，选择项目的目标路径，单击 Create Project 按钮即可生成项目，如图 16-26 所示。

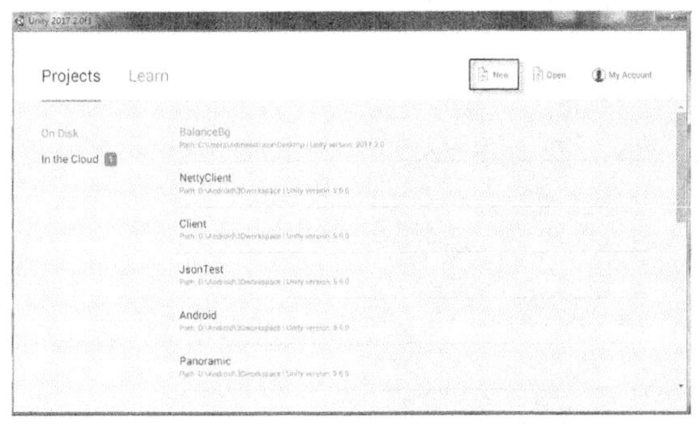


▲图 16-25 单击 New 按钮

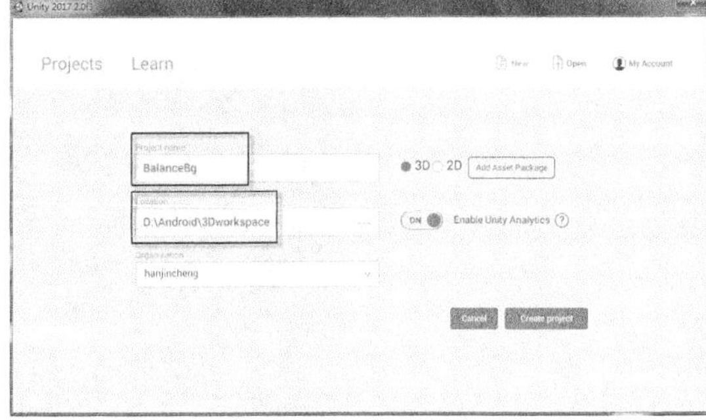


▲图 16-26 新建项目

（2）新建场景并设置环境光。选择 File→New Scene，如图 16-27 所示，新建场景。选择 File→Save Scene，在弹出的对话框中将场景命名为 Menu，作为游戏的主菜单场景。选择 Window→Lighting→Settings，设置 Ambient Color 为白色，如图 16-28 所示。

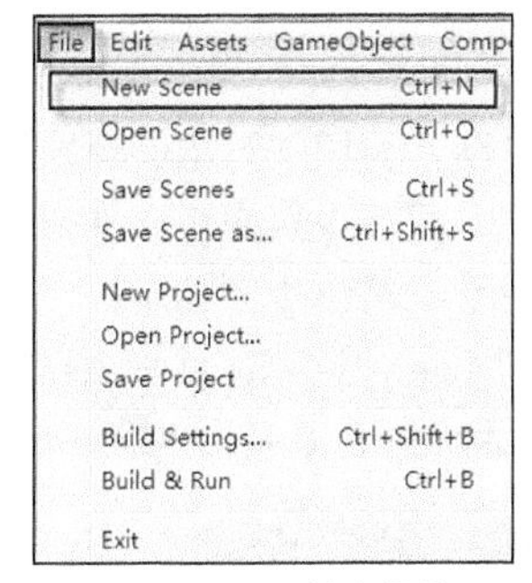


▲图 16-27 新建场景

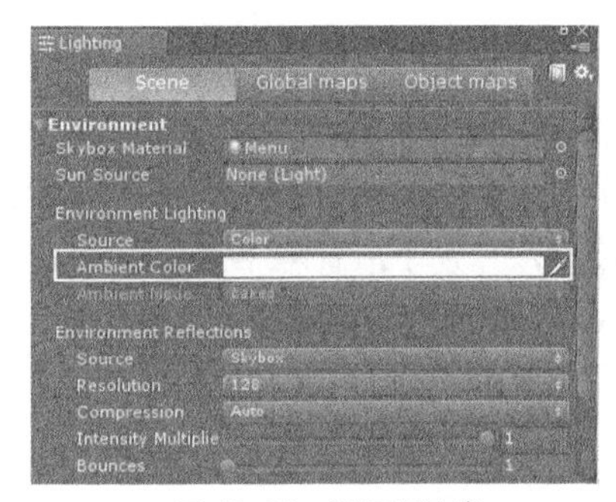


▲图 16-28 设置环境光

（3）创建光源并摆放模型。选择 GameObject→Light→Directional Light，创建一个平行光光源，如图 16-29 所示。本游戏中的“.fbx”格式地图及其他模型资源已经放在相应的文件夹中，地图模型详情可以参见 16.2.2 节。

（4）创建天空盒。选择 Assets→Creat→Material，新建一个材质，将其命名为 Menu，设置渲染模式为 Skybox 模式。为材质的各个面添加纹理图（本例并未给材质的上面添加图片），如图 16-30 所示。

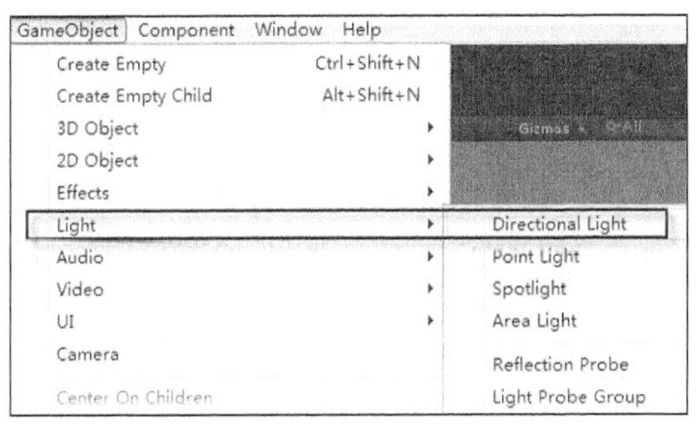


▲图 16-29 创建平行光光源

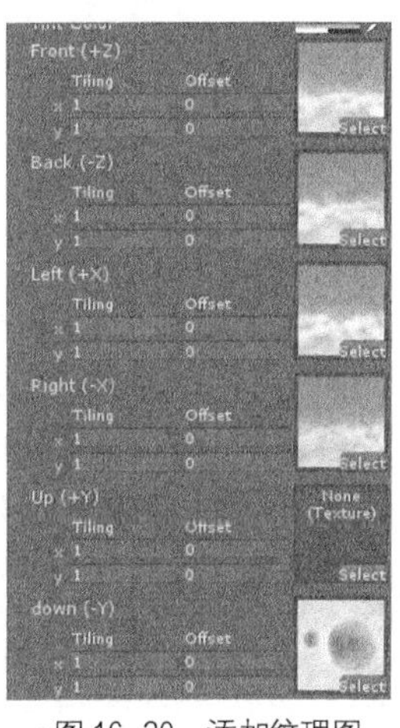


▲图 16-30 添加纹理图

（5）设置天空盒并为地图模型添加碰撞体。选择 Window→Lighting→Settings，设置 Skybox Material 材质为已创建的天空盒材质 Menu，如图 16-31 所示。选中所有地图子对象，选择 Add Component→Physics→Mesh Collider。至此，主菜单场景基本搭建完毕。

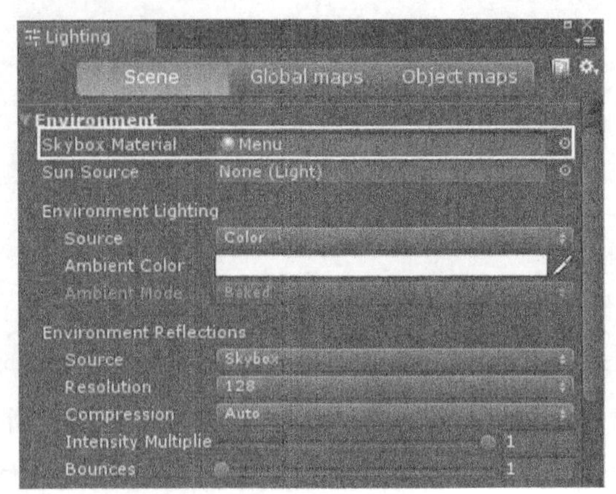


▲图 16-31　设置天空盒

## 16.4.2　主摄像机的设置及脚本的开发

16.4.1 节介绍了主场景的搭建，本小节将对主摄像机的设置和相关脚本的开发进行介绍，这些脚本实现了各个界面的呈现和界面之间的跳转。此次设置中所有步骤均有详细介绍，下面的主摄像机设置及脚本开发小节省略了部分重复步骤，读者应注意，具体步骤如下：

（1）在 Script 文件夹中，新建一个文件夹并将其命名为 Menu，进入文件夹右击，在弹出的快捷菜单中选择 Create→C# Script，创建脚本，如图 16-32 所示，将其命名为 MenuButton.cs。

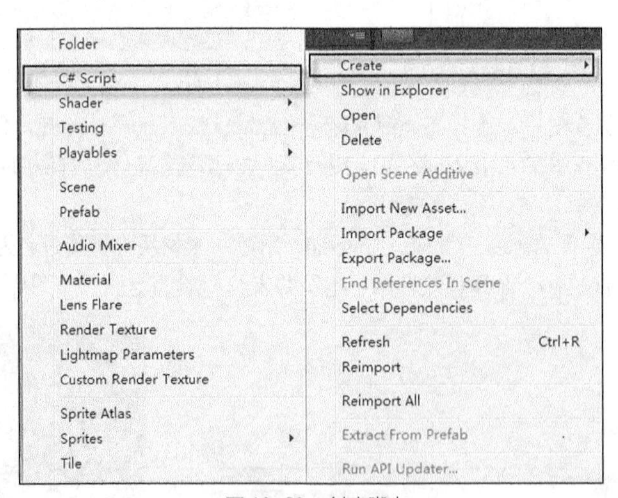


▲图 16-32　创建脚本

（2）双击 MenuButton 脚本，开始 MenuButton.cs 脚本的编写。本脚本主要完成界面的搭建、各个按钮的绘制、部分界面的绘制、各个界面的跳转功能及游戏的退出功能，具体代码如下。

代码位置：随书资源中源代码\第 16 章目录下的 BalanceBg\Assets\script\Menu\MenuButton.cs

```
1   using UnityEngine;
2   using System.Collections;                               //导入系统包
3   public class MenuButton: MonoBehaviour {                //声明类
4     public GUIStyle MyStyle;                              //主风格类型
5     public Texture About;                                 //关于界面图片
```

```
6     public GUIStyle FontStyle;                                  //字体风格类型
7     public GUIStyle HelpStyle;                                  //帮助风格类型
8     public static bool MainEnable=true;                         //主菜单开关标志位
9     public static bool ExitEnable=false;                        //退出界面开关标志位
10    public static bool AboutEnable=false;                       //关于界面开关标志位
11    public static bool StartEnable=false;                       //选关界面开关标志位
12    public static bool SettingEnable=false;                     //设置界面开关标志位
13    public static float SoundSize=0.5f;                         //默认背景声音大小
14    public static float ClickSoundSize=0.5f;                    //单击声音大小
15    public Texture Menubackground;                              //各菜单背景图片
16    void Update(){
17      if(Application.platform==RuntimePlatform.Android){        //Android平台检测
18        if(Input.GetKeyUp(KeyCode.Home)){                       //Home键按键监听
19          Application.Quit();                                   //退出游戏
20    }}}
21    void OnGUI(){
22     float ratioScaleTempH=Screen.height;
23     float ratioScaleTemp=Screen.width;                         //屏幕自适应
24     ……//此处省略了绘制界面按钮和各个界面的跳转的代码，下面将详细介绍
25  }}
```

- 第4～15行声明帮助、开始、高分、设置、关于、退出按钮的图片变量，还声明了开始、高分、设置、关于、退出界面的开关状态标志位及主风格类型、帮助风格类型、字体风格类型，接下来绘制这些按钮和界面。
- 第16～25行实现了Update方法的重写，主要功能是监听手机的Home按键，当按下Home键时实现退出游戏功能。此外，还实现了OnGUI方法的重写，该方法的主要功能是绘制界面按钮并控制各个界面间的跳转，下面将详细介绍此方法的代码。

（3）实现OnGUI方法的重写。系统通过调用OnGUI方法绘制各个界面和各个界面的按钮及各个界面的跳转，并为其附加监听，具体代码如下。

代码位置：随书资源中源代码\第16章目录下的BalanceBg\Assets\script\Menu\MenuButton.cs

```
1   void OnGUI(){
2     float ratioScaleTempH=Screen.height;
3     float ratioScaleTemp=Screen.width;                              //屏幕自适应
4     if(MainEnable){
5       GUI.DrawTexture(new Rect(ratioScaleTemp / 4, 0, ratioScaleTemp / 2,
6          ratioScaleTempH), Menubackground);                         //各菜单背景图片
7       if (GUI.Button(new Rect(ratioScaleTemp * 18 / 20, ratioScaleTempH * 1 / 40,
8             ratioScaleTemp * 3 / 40, ratioScaleTemp * 3 / 40), "", HelpStyle)){// "帮助"按钮被按下
9         Help.isDrection = true;
10        Application.LoadLevel("LoadingHelp");                       //加载帮助场景
11      }
12      if(GUI.Button(new Rect(ratioScaleTemp*7/20,ratioScaleTempH*1/40,ratioScaleTemp*3/10,
13          ratioScaleTempH*3/20),"开始",MyStyle)){                   // "开始"按钮被按下
14        StartEnable=true;                                           //开启选关界面
15        MainEnable=false;                                           //禁用主菜单界面
16      }
17      if(GUI.Button(new Rect(ratioScaleTemp*7/20,ratioScaleTempH*9/40,ratioScaleTemp*3/10,
18          ratioScaleTempH*3/20),"高分",MyStyle)){                   // "高分"按钮被按下
19        Rank.Enable = true;                                         //开启排行榜界面
20        MainEnable = false;                                         //禁用主菜单界面
21      }
22      if(GUI.Button(newRect(ratioScaleTemp*7/20,ratioScaleTempH*17/40,ratioScaleTemp*3/10,
23          ratioScaleTempH*3/20),"设置",MyStyle)){                   // "设置"按钮被按下
24        SettingEnable=true;                                         //开启设置界面
25        MainEnable=false;                                           //禁用主菜单界面
26      }
27      if(GUI.Button(new Rect(ratioScaleTemp*7/20,ratioScaleTempH*25/40,ratioScaleTemp*3/10,
28         ratioScaleTempH*3/20),"关于",MyStyle)){                    // "关于"按钮被按下
29        AboutEnable=true;                                           //开启关于界面
30        MainEnable=false;                                           //禁用主菜单界面
31      }
32      if(GUI.Button(new Rect(ratioScaleTemp*7/20,ratioScaleTempH*33/40,ratioScaleTemp*3/10,
33         ratioScaleTempH*3/20),"退出",MyStyle)){                    // "退出"按钮被按下
```

```
34          ExitEnable=true;                                    //开启退出界面
35          MainEnable=false;                                   //禁用主菜单界面
36      }}
37      ……//此处省略了开始、设置、关于、退出界面的代码，下面将详细介绍
38  }
```

- 第 2～3 行根据不同手持设备的分辨率设置本游戏的分辨率，使本游戏能够自动适应不同分辨率的手持设备。
- 第 4～16 行绘制游戏主菜单的背景图片、"帮助"按钮和"开始"按钮，同时实现了在"帮助"按钮按下后主菜单界面的禁用和帮助场景的加载，"开始"按钮按下后主菜单界面的禁用和选关界面的开启，实现了界面跳转，使游戏从主菜单界面跳转到选关界面。
- 第 17～38 行绘制游戏主菜单的"高分""设置""关于""退出"按钮，同时实现了在"高分""设置""关于""退出"按钮按下后主菜单的禁用和排行榜界面、设置界面、关于界面、退出界面的开启，此外还实现了界面跳转，使游戏从主菜单界面跳转到相应界面。

（4）实现 OnGUI 方法的重写。系统通过调用 OnGUI 方法绘制主菜单所需的开始、设置、关于、退出界面的绘制，并为这 4 个界面中的按钮附加监听，当按钮被按下时实现当前界面的禁用、跳转界面的开启或者所需场景的加载，具体代码如下。

代码位置：随书资源中源代码\第 16 章目录下的 BalanceBg\Assets\script\Menu\MenuButton.cs

```
1   if(StartEnable){                                                //选关界面开启
2     GUI.DrawTexture(new Rect(ratioScaleTemp / 4, 0, ratioScaleTemp / 2,
3      ratioScaleTempH), Menubackground);                           //选关界面背景图片
4     if(GUI.Button(new Rect(ratioScaleTemp*7/20,ratioScaleTempH*1/40,ratioScaleTemp*3/10,
5        ratioScaleTempH*3/20),"关卡-01",MyStyle)){                 // "关卡-01" 按钮被按下
6       Application.LoadLevel("loadingLA");                         //加载关卡一的加载界面
7     }
8     if(GUI.Button(new Rect(ratioScaleTemp*7/20,ratioScaleTempH*9/40,ratioScaleTemp*3/10,
9        ratioScaleTempH*3/20),"关卡-02",MyStyle)){                 // "关卡-02" 按钮被按下
10      Application.LoadLevel("LoadingLB");                         //加载关卡二的加载界面
11    }
12    if(GUI.Button(new Rect(ratioScaleTemp*7/20,ratioScaleTempH*33/40,ratioScaleTemp*3/10,
13       ratioScaleTempH*3/20),"返回",MyStyle)){                    // "返回" 按钮被按下
14      MainEnable=true;                                            //开启主菜单界面
15      StartEnable=false;                                          //禁用选关界面
16  }}
17  if(SettingEnable){                                              //设置界面开启
18    GUI.DrawTexture(new Rect(ratioScaleTemp / 4, 0, ratioScaleTemp / 2,
19     ratioScaleTempH), Menubackground);                           //设置界面背景图片
20    GUI.Label(new Rect(ratioScaleTemp*6/20,ratioScaleTempH*9/40,ratioScaleTemp/10,
21     ratioScaleTempH*1/10),"背景",FontStyle);                     //绘制文字"背景"
22    SoundSize=GUI.HorizontalSlider(new Rect(ratioScaleTemp*8/20,ratioScaleTempH/4,
23     ratioScaleTemp*3/10,ratioScaleTempH*3/20),SoundSize,0.0f,1.0f); //背景声音大小滑杆
24    GUI.Label(new Rect(ratioScaleTemp * 6 / 20, ratioScaleTempH * 19 / 40, ratioScaleTemp / 10,
25     ratioScaleTempH / 10), "按键", FontStyle);                   //绘制文字"按键"
26    ClickSoundSize=GUI.HorizontalSlider(new Rect(ratioScaleTemp*8/20,ratioScaleTempH/2,
27     ratioScaleTemp*3/10,ratioScaleTempH*3/20),ClickSoundSize,0.0f,1.0f); //按键声音滑杆
28    if(GUI.Button(new Rect(ratioScaleTemp*7/20,ratioScaleTempH*33/40,ratioScaleTemp*3/10,
29       ratioScaleTempH*3/20),"返回",MyStyle)){                    // "返回" 按钮被按下
30      MainEnable=true;                                            //开启主菜单界面
31      SettingEnable=false;                                        //禁用设置界面
32  }}
33  if(AboutEnable){                                                //关于界面开启
34    GUI.DrawTexture(new Rect(ratioScaleTemp / 4, 0, ratioScaleTemp / 2,
35     ratioScaleTempH), Menubackground);                           //设置界面背景图片
36    GUI.DrawTexture(new Rect(ratioScaleTemp/4,0,ratioScaleTemp/2,
37     ratioScaleTempH),About);                                     //关于界面图片
38    if(GUI.Button(new Rect(ratioScaleTemp*17/40,ratioScaleTempH*33/40,
39       ratioScaleTemp*3/20,ratioScaleTempH*2/20),"取消",MyStyle)){ // "取消" 按钮被按下
40      MainEnable=true;                                            //开启主菜单界面
41      AboutEnable=false;                                          //禁用关于界面
42  }}
43  if(ExitEnable) {                                                //退出界面开启
```

```
44      GUI.DrawTexture(new Rect(ratioScaleTemp / 4, 0, ratioScaleTemp / 2,
45       ratioScaleTempH), Menubackground);                    //退出界面背景图片
46      GUI.Label(new Rect(ratioScaleTemp * 2/ 5, ratioScaleTempH * 2/ 5, ratioScaleTemp * 3 / 10,
47       ratioScaleTempH / 5), "确定退出?", FontStyle);         //退出提示
48      if(GUI.Button(new Rect(ratioScaleTemp*3/10,ratioScaleTempH*7/10,ratioScaleTemp*3/20,
49         ratioScaleTempH/10),"确定",MyStyle)){                // "确定" 按钮被按下
50        Application.Quit();                                   //游戏退出
51      }
52      if(GUI.Button(new Rect(ratioScaleTemp*11/20,ratioScaleTempH*7/10,ratioScaleTemp*3/20,
53         ratioScaleTempH/10),"取消",MyStyle)){                // "取消" 按钮被按下
54        MainEnable=true;                                      //开启主菜单界面
55        ExitEnable=false;                                     //禁用退出界面
56   }}
```

- 第 1～16 行绘制选关界面及选关界面中的按钮，为选关界面中的各个按钮添加监听。当选关按钮被按下时加载相应的场景，当“返回”按钮被按下时实现选关界面的禁用和主菜单界面的开启，同时实现界面的跳转。
- 第 17～32 行绘制设置界面及设置界面中的按钮和滑块，为界面的按钮和滑块添加监听。左右滑动滑块可以调节声音的大小，“返回”按钮被按下时实现设置界面的禁用和主菜单界面的开启，同时实现界面的跳转。
- 第 33～42 行绘制关于界面的图片和关于界面中的按钮，为界面中的“取消”按钮添加监听。当“取消”按钮被按下时实现关于界面的禁用和主菜单界面的开启，同时实现界面的跳转，游戏从关于界面返回主菜单界面。
- 第 43～56 行绘制退出界面及退出界面中的两个按钮，为退出界面中的两个按钮添加监听。当“退出”按钮被按下时游戏结束，当“取消”按钮被按下时实现退出界面的禁用和主菜单界面的开启，同时实现界面的跳转。

（5）将脚本 MenuButton 拖曳到游戏对象列表中的 Main Camera 对象上。单击 Main Camera 对象，在 Inspector 面板中会出现对应到此脚本的相应组件。单击组件左边的三角形按钮，可看到脚本组件的相应内容，如图 16-33 所示。

（6）在 MenuButton 脚本组件界面进行相关设置，为脚本声明的代表图片的变量设置相应图片，依次展开脚本组件界面的 3 个风格类型以进行相关设置来实现按钮被按下时按钮的变化，同时导入所用字体，具体设置如图 16-34 所示（其中未展开的选项不必设置）。

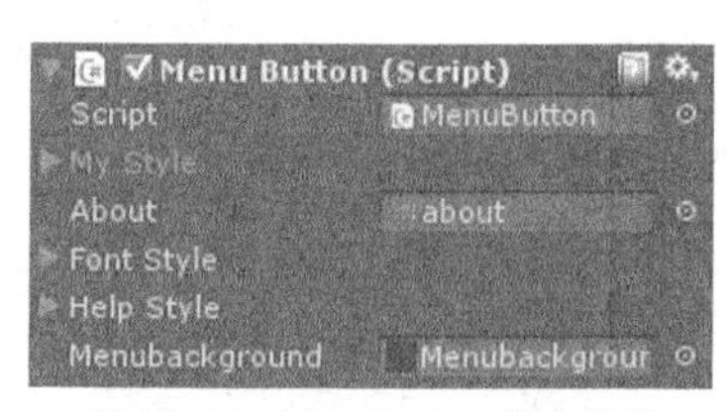


▲图 16-33 MenuButton 脚本组件

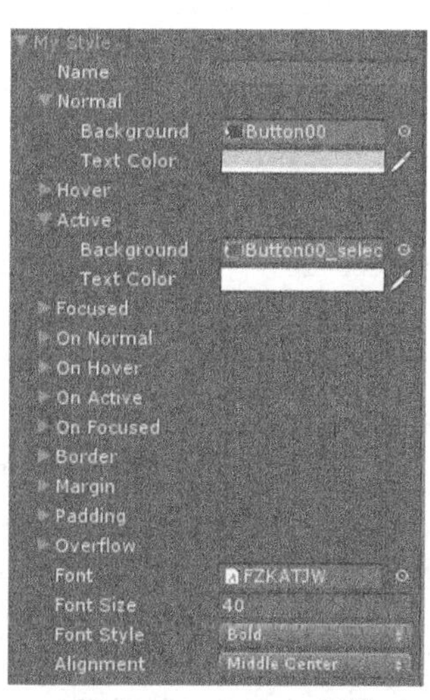


▲图 16-34 MyStyle 面板

（7）前面介绍了脚本 MenuButton 的开发，接下来新建脚本，并将脚本命名为 Rank.cs。该脚

本主要用于绘制排行榜界面并实现排行榜的翻页功能。脚本编写完毕后，将此脚本拖曳到该场景的主摄像机 Main Camera 上，具体代码如下。

代码位置：随书资源中源代码\第 16 章目录下的 BalanceBg\Assets\script\Menu\Rank.cs

```
1  using UnityEngine;
2  using System.Collections;                               //导入系统包
3  public class Rank : MonoBehaviour {                     //声明类
4    public static bool Enable;                            //本脚本开关标志位
5    private int GK= 0;                                    //当前排行榜页数
6    private int GKALL = 2;                                //最大排行榜页数
7    public GUIStyle LMyStyle;                             //左翻页风格类型
8    public GUIStyle RMyStyle;                             //右翻页风格类型
9    public GUIStyle MyStyle;                              //主风格类型
10   public GUIStyle PHBStyle;                             //排行榜风格类型
11   public Texture Menubackground;                        //排行榜背景图片
12   public GUIStyle ScoreStyle;                           //得分风格类型
13   void OnGUI(){
14     ……//此处省略了绘制排行榜界面的代码，后面会详细介绍
15 }}
```

❑ 第 4～12 行声明各个按钮风格类型变量、汉字风格类型变量、数字风格类型变量和排行榜的背景图片变量及脚本开关标志位，声明的这些变量在后面对图片、按钮等进行绘制时将会用到，标志位在界面跳转时将会用到。

❑ 第 13～15 行实现 OnGUI 方法的重写。系统通过调用 OnGUI 方法绘制排行榜界面所需的左翻页、右翻页、“退出”按钮，各个汉字及数字的绘制，同时为相应按钮附加监听，此处将其省略，下面将对其进行详细介绍。

（8）实现 OnGUI 方法的重写。系统通过调用 OnGUI 方法绘制排行榜界面所需的左翻页、右翻页、退出按钮，各个汉字及数字的绘制，并为相应按钮附加监听。当按钮被按下时实现翻页及界面转换，具体代码如下。

代码位置：随书资源中源代码\第 16 章目录下的 BalanceBg\Assets\script\Menu\Rank.cs

```
1    void OnGUI() {
2     if (Enable) {                                              //判断显示与否
3       float ratioScaleTempH=Screen.height;
4       float ratioScaleTemp=Screen.width;                       //屏幕自适应
5       GUI.DrawTexture(new Rect(ratioScaleTemp / 4, 0, ratioScaleTemp / 2,
6        ratioScaleTempH), Menubackground);                      //排行榜背景图片
7       if (GUI.Button(new Rect(ratioScaleTemp * 7 / 20, ratioScaleTempH * 7 / 40,
8        ratioScaleTempH/ 10, ratioScaleTempH / 10), "", LMyStyle)){    //左翻页被按下
9           GK--;                                                //左翻页
10          if (GK <0) {                                         //当前页数小于 0
11          GK = GKALL-1;                                        //页数为最大页数
12          }}
13      if (GUI.Button(new Rect(ratioScaleTemp * 3 / 5, ratioScaleTempH * 7 / 40,
14       ratioScaleTempH / 10, ratioScaleTempH / 10), "", RMyStyle)) { //右翻页被按下
15          GK++;                                                //右翻页
16          if (GK ==GKALL) {                                    //当前页数为最大页数
17          GK = 0;                                              //当前页数为最小页数
18          } }
19   if (GK == 0) {                                              //当前为关卡一
20      GUI.Label(new Rect(ratioScaleTemp * 9/ 20, ratioScaleTempH / 5, ratioScaleTempH / 10,
21      ratioScaleTempH / 10), "Level-01",PHBStyle);             //关卡一
22      GUI.Label(new Rect(ratioScaleTemp * 7 / 20, ratioScaleTempH * 3 / 8, ratioScaleTempH / 10,
23      ratioScaleTempH / 10), "1st", PHBStyle);                 //冠军标识
24      GUI.Label(new Rect(ratioScaleTemp * 9/ 20, ratioScaleTempH * 3 / 8, ratioScaleTempH / 10,
25      ratioScaleTempH / 10), FristandSecond.Fname, PHBStyle);        //冠军姓名
26      GUI.Label(new Rect(ratioScaleTemp * 3/ 5, ratioScaleTempH * 3/ 8, ratioScaleTempH / 10,
27      ratioScaleTempH / 10), FristandSecond.FscoreS, ScoreStyle);  //冠军得分
28      GUI.Label(new Rect(ratioScaleTemp * 7 / 20, ratioScaleTempH * 9/ 20, ratioScaleTempH / 10,
29      ratioScaleTempH / 10), "2st", PHBStyle);                       //亚军标识
30      GUI.Label(new Rect(ratioScaleTemp * 9/ 20, ratioScaleTempH * 9/ 20, ratioScaleTempH / 10,
31      ratioScaleTempH / 10), FristandSecond.Sname, PHBStyle);        //亚军姓名
```

```
32        GUI.Label(new Rect(ratioScaleTemp * 3 / 5, ratioScaleTempH * 9/ 20, ratioScaleTempH / 10,
33          ratioScaleTempH / 10), FristandSecond.SscoreS, ScoreStyle); //亚军得分
34        GUI.Label(new Rect(ratioScaleTemp * 7 / 20, ratioScaleTempH * 3 / 10, ratioScaleTempH / 10,
35          ratioScaleTempH / 10), "3st", PHBStyle);                        //季军标识
36        GUI.Label(new Rect(ratioScaleTemp * 9/ 20, ratioScaleTempH * 3 / 10, ratioScaleTempH / 10,
37          ratioScaleTempH / 10), FristandSecond.Tname, PHBStyle);       //季军姓名
38        GUI.Label(new Rect(ratioScaleTemp * 3 / 5, ratioScaleTempH * 3 / 10, ratioScaleTempH / 10,
39           ratioScaleTempH / 10), FristandSecond.TscoreS, ScoreStyle);//季军得分
40              }
41     if (GK == 1){                                                      //当前为关卡二
42        GUI.Label(new Rect(ratioScaleTemp *9/20, ratioScaleTempH / 5, ratioScaleTempH / 10,
43          ratioScaleTempH / 10), "Level-02", PHBStyle);                  //关卡二
44        GUI.Label(new Rect(ratioScaleTemp * 7 / 20, ratioScaleTempH * 3 / 8, ratioScaleTempH / 10,
45           ratioScaleTempH / 10), "1st", PHBStyle);                      //冠军标识
46        GUI.Label(new Rect(ratioScaleTemp * 9/20, ratioScaleTempH* 3 / 8, ratioScaleTempH / 10,
47           ratioScaleTempH / 10), L2Fristand.Fname2, PHBStyle);         //冠军姓名
48        GUI.Label(new Rect(ratioScaleTemp * 3 / 5, ratioScaleTempH * 3 / 8, ratioScaleTempH / 10,
49           ratioScaleTempH / 10), L2Fristand.FscoreS2, PHBStyle);       //冠军得分
50        GUI.Label(new Rect(ratioScaleTemp * 7 / 20, ratioScaleTempH *9/20, ratioScaleTempH / 10,
51           ratioScaleTempH / 10), "2st", PHBStyle);                      //亚军标识
52        GUI.Label(new Rect(ratioScaleTemp * 9/20, ratioScaleTempH * 9/20, ratioScaleTempH / 10,
53           ratioScaleTempH / 10), L2Fristand.Sname2, PHBStyle);         //亚军姓名
54        GUI.Label(new Rect(ratioScaleTemp * 3 / 8, ratioScaleTempH *9/20, ratioScaleTempH / 10,
55           ratioScaleTempH / 10), L2Fristand.SscoreS2, PHBStyle);       //亚军得分
56        GUI.Label(new Rect(ratioScaleTemp * 7 / 20, ratioScaleTempH * 3/8, ratioScaleTempH / 10,
57           ratioScaleTempH / 10), "3st", PHBStyle);                      //季军标识
58        GUI.Label(new Rect(ratioScaleTemp *9/20, ratioScaleTempH * 3/8, ratioScaleTempH / 10,
59           ratioScaleTempH / 10), L2Fristand.Tname2, PHBStyle);         //季军姓名
60        GUI.Label(new Rect(ratioScaleTemp * 3 / 8, ratioScaleTempH *  3/8, ratioScaleTempH / 10,
61           ratioScaleTempH / 10), L2Fristand.TscoreS2, PHBStyle);       //季军得分
62              }
63        if (GUI.Button(new Rect(ratioScaleTemp * 17 / 40, ratioScaleTempH * 33 / 40,
64           ratioScaleTemp * 3 / 20, ratioScaleTempH / 10), "返回", MyStyle))  { // “返回”按钮被按下
65                 MenuButton.MainEnable = true;                            //开启主菜单
66                 Enable = false;                                          //禁用当前脚本
67                 }}}
```

- 第 7～18 行监听左翻页按钮和右翻页按钮，实现不同关卡排行榜界面的转换。当按下翻页按钮时，通过不同界面的标志位的增减实现排行榜的转换，玩家能够随意查看任意关卡的排行榜界面。
- 第 19～40 行识别当前要显示的关卡一的排行榜界面，并对关卡一的排行榜界面进行绘制。其内容有当前关卡标识、排名标识和排行类型标识，并且依据玩家分数的高低对高分玩家的分数和姓名进行排名。
- 第 41～62 行识别当前要显示的关卡二的排行榜界面，并对关卡二的排行榜界面进行绘制。其内容有当前关卡标识、排名标识和排行类型标识，并且依据玩家分数的高低对高分玩家的分数和姓名进行排名。
- 第 63～67 行绘制排行榜界面的“返回”按钮，并对“返回”按钮附加监听。当“返回”按钮被按下时，实现排行榜界面脚本的禁用和主菜单界面的开启。同时，在按钮被按下时按钮会发生变化。

（9）在脚本组件界面进行相关设置，为脚本声明的代表图片的变量设置相应图片，依次展开脚本组件界面的 3 个风格类型并进行相关设置，实现当按钮被按下时按钮的变化，最后导入所用字体，具体设置如图 16-35 所示（具体设置可查看资源中相应内容）。

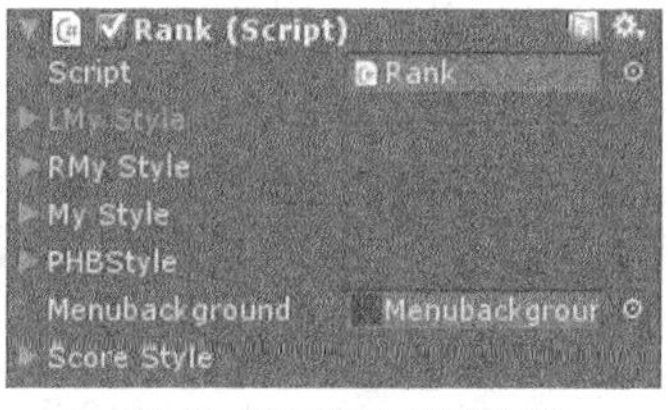

▲图 16-35　Rank 脚本组件

（10）前面介绍了脚本 Rank 的开发，接下来新建脚本，并将脚本命名为 FristandSecond.cs。该脚本主要用于实现游戏关卡一排行榜的高分排名功能，并为排行榜设置默认排名。脚本编写完毕后，将此脚本拖曳到 Main Camera 上，具体代码如下。

代码位置：随书资源中源代码\第 16 章目录下的 BalanceBg\Assets\script\TAndS\FristandSecond.cs

```
1   using UnityEngine;
2   using System.Collections;                                    //导入系统包
3   public class FristandSecond : MonoBehaviour {                //声明类
4       public static string name;                               //玩家姓名
5       public static int score;                                 //玩家得分
6       public static string Fname="Jack";                       //默认冠军姓名
7       public static string Sname="Tom";                        //默认亚军姓名
8       public static string Tname="Jimy";                       //默认季军姓名
9       public static int Fscore=10000;                          //默认冠军得分
10      public static int Sscore=1000;                           //默认亚军得分
11      public static int Tscore=500;                            //默认季军得分
12      public static string FscoreS;                            //冠军得分变量
13      public static string SscoreS;                            //亚军得分变量
14      public static string TscoreS    ;                        //季军得分变量
15      void Start() {
16          name = PlayerPrefs.GetString("level01n");            //获取玩家姓名
17          score = PlayerPrefs.GetInt("level01s");              //获取玩家得分
18      }
19      void Update() {
20          if (score > Fscore) {                                //得分超过冠军
21              Tname = Sname;                                   //提交得分为冠军得分
22              Tscore = Sscore;                                 //提交姓名为冠军姓名
23              Sname = Fname;                                   //原冠军姓名为亚军姓名
24              Sscore = Fscore;                                 //原冠军得分为亚军得分
25              Fname = name;                                    //原亚军姓名为季军姓名
26              Fscore = score;                                  //原亚军得分为季军得分
27          }
28          if (score>Sscore&&score<Fscore) {                    //得分为第二名
29              Sname = name;                                    //提交姓名为亚军姓名
30              Sscore = score;                                  //提交得分为亚军得分
31              Tname = Sname;                                   //原亚军姓名为季军姓名
32              Tscore = Sscore;                                 //原亚军得分为季军得分
33          }
34          if (score > Tscore && score < Sscore){               //得分为第三名
35              Tname = name;                                    //提交姓名为季军姓名
36              Tscore = score;                                  //提交得分为季军得分
37          }
38          FscoreS = Fscore + "";                               //冠军得分类型转换
39          SscoreS = Sscore + "";                               //亚军得分类型转换
40          TscoreS = Tscore + "";                               //季军得分类型转换
41      }}
```

❑ 第 4～14 行声明姓名和得分的变量，在后续的排行榜排序功能中将会用到。其中，直接初始化的变量在经过数据的传输后将会直接在默认排行榜中绘制，未初始化的变量在下面的排序功能代码中起数据传递作用。

❑ 第 15～18 行在游戏胜利后获取游戏中提交的得分和玩家提交的姓名。

❑ 第 19～41 行将获取到的玩家得分与排行榜中的冠军、亚军、季军的得分比较，并判断玩家提交的分数是否能进入高分榜。如果玩家得分高于季军得分即可进入高分榜，同时进行玩家得分数据类型的转换。

（11）前面介绍了脚本 FristandSecond 的开发，接下来新建脚本，并将脚本命名为 L2Fristand.cs。该脚本主要用于实现游戏关卡二排行榜的高分排名功能并为排行榜设置默认排名。脚本编写完毕之后，将此脚本拖曳到 Main Camera 上，具体代码如下。

代码位置：随书资源中源代码\第 16 章目录下的 BalanceBg\Assets\script\TAndS\L2Fristand.cs

```
1   using UnityEngine;
2   using System.Collections;                                    //导入系统包
3   public class L2Fristand : MonoBehaviour{                     //声明类
4       public static string name2;                              //玩家姓名
5       public static int score2;                                //玩家得分
6       public static string Fname2 = "Lucy";                    //默认冠军姓名
```

```
7        public static string Sname2 = "John";                    //默认亚军姓名
8        public static string Tname2 = "Timor";                   //默认季军姓名
9        public static int Fscore2 = 10000;                       //默认冠军得分
10       public static int Sscore2 = 1000;                        //默认亚军得分
11       public static int Tscore2 = 500;                         //默认季军得分
12       public static string FscoreS2;                           //冠军得分变量
13       public static string SscoreS2;                           //亚军得分变量
14       public static string TscoreS2;                           //季军得分变量
15       void Start() {
16           name2 = PlayerPrefs.GetString("level02n");           //获取玩家姓名
17           score2 = PlayerPrefs.GetInt("level02s");             //获取玩家得分
18       }
19       void Update() {
20           if (score > Fscore) {                                //得分超过冠军
21               Tname = Sname;                                   //提交得分为冠军得分
22               Tscore = Sscore;                                 //提交姓名为冠军姓名
23               Sname = Fname;                                   //原冠军姓名为亚军姓名
24               Sscore = Fscore;                                 //原冠军得分为亚军得分
25               Fname = name;                                    //原亚军姓名为季军姓名
26               Fscore = score;                                  //原亚军得分为季军得分
27           }
28           if (score>Sscore&&score<Fscore) {                    //得分为第二名
29               Sname = name;                                    //提交姓名为亚军姓名
30               Sscore = score;                                  //提交得分为亚军得分
31               Tname = Sname;                                   //原亚军姓名为季军姓名
32               Tscore = Sscore;                                 //原亚军得分为季军得分
33           }
34           if (score > Tscore && score < Sscore){               //得分为第三名
35               Tname = name;                                    //提交姓名为季军姓名
36               Tscore = score;                                  //提交得分为季军得分
37           }
38           FscoreS2 = Fscore2 + "";                             //冠军得分类型转换
39           SscoreS2 = Sscore2 + "";                             //亚军得分类型转换
40           TscoreS2 = Tscore2 + "";                             //季军得分类型转换
41       }}
```

- 第 4～14 行声明姓名和得分的变量，在后续的排行榜排序功能中将会用到。其中，直接初始化的变量在经过数据的传输后会直接在默认排行榜中绘制，未初始化的变量在下面的排序功能代码中起数据传递作用。
- 第 15～18 行在游戏胜利后获取游戏中提交的得分和玩家提交的姓名。
- 第 19～41 行将获取到的玩家得分与排行榜中的冠军、亚军、季军的得分相比较，并判断玩家提交的分数是否能进入高分榜。如果玩家得分高于季军得分即可进入高分榜，同时进行玩家得分数据类型的转换。

（12）前面介绍了脚本 L2Fristand 的开发，接下来新建脚本，并将脚本命名为 RotateCamera.cs。该脚本主要用于实现主菜单界面中主摄像机按照一定的速度旋转的功能。脚本编写完毕之后，将此脚本拖曳到 Main Camera 上，具体代码如下。

代码位置：随书资源中源代码\第 16 章目录下的 BalanceBg\Assets\script\Menu\RotateCamera.cs

```
1   using UnityEngine;
2   using System.Collections;                                 //导入系统包
3   public class RotateCamera : MonoBehaviour {               //声明类
4      public GameObject followCenter;                        //跟随物对象
5      public static float x;                                 //x 轴坐标
6      void Update () {
7      x=-Time.deltaTime*30;
8      followCenter.transform.Rotate(0,x, 0);                 //绕 x 轴旋转
9      }}
```

- 第 1～5 行声明此脚本控制的对象变量和该对象变量绕着旋转的 $x$ 轴坐标。在脚本的组件界面中进行相关设置，用于对声明的对象进行相关操作和控制，而声明的 $x$ 轴坐标在下面对象旋转操作中会用到。

❑ 第 6～9 行使主菜单界面中主摄像机按照一定的速度旋转，使玩家体验到高空旋转的视觉效果。

（13）前面介绍了脚本 RotateCamera 的开发，下面新建一个名为 FollowCenter 的空游戏对象，为该 FollowCenter 游戏对象添加声音资源并挂载按键声音，然后拖曳该对象到主摄像机位置。接下来在 RotateCamera 脚本组件界面进行相关设置，把新建的 FollowCenter 游戏对象拖曳到该脚本的组件界面中，具体设置如图 16-36 和图 16-37 所示。

▲图 16-36　RotateCamera 脚本组件

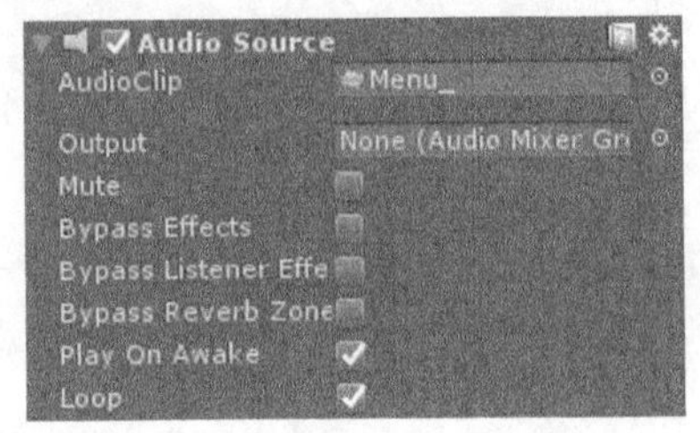


▲图 16-37　添加声音资源

（14）前面介绍了脚本 RotateCamera 的开发，接下来新建脚本，并将脚本命名为 SoundControl.cs。该脚本主要用于实现通过滑块变化来调节背景声音和按键声音大小。脚本编写完毕后，将此脚本拖曳到 Main Camera 上，具体代码如下。

代码位置：随书资源中源代码\第 16 章目录下的 BalanceBg\Assets\script\Menu\SoundControl.cs

```
1   using UnityEngine;
2   using System.Collections;                              //导入系统包
3   public class SoundControl : MonoBehaviour {            //声明类
4      public static float SoundVol;                       //背景音乐声音大小
5      public static float ClickSoundVol;                  //按键声音大小
6      public AudioSource BackGround;                      //背景音乐资源
7      public AudioSource  ClickSound;                     //按键声音资源
8      void Update(){
9         SoundVol = MenuButton.SoundSize;
10        BackGround.volume=SoundVol;                      //背景音乐声音大小调节
11        ClickSoundVol=MenuButton.ClickSoundSize;
12        ClickSound.volume=ClickSoundVol;                 //按键声音大小调节
13        }}
```

❑ 第 4～7 行声明变量和声音资源，这些变量和资源在后续的 Update 方法中将会用到。这些资源包括背景音乐声音大小、按键声音大小、背景音乐资源及按键声音资源，这些资源在脚本组件中进行拖曳。

❑ 第 8～13 行重写此脚本的 Update 方法，重写后的 Update 方法的主要功能是通过滑块可以调节游戏的背景音乐声音大小和按键声音大小。该方法用于调节音量大小，实现了声音大小调节的功能。

（15）前面介绍了脚本 SoundControl.cs 的开发，接下来新建脚本，并将脚本命名为 SoundButtonClick.cs。该脚本主要用于实现按键声音播放。脚本编写完毕之后，将此脚本拖曳到 Main Camera 上，具体代码如下。

代码位置：随书资源中源代码\第 16 章目录下的 BalanceBg\Assets\script\Menu\SoundButtonClick.cs

```
1   using UnityEngine;
2   using System.Collections;                              //导入系统包
3   public class SoundButtonClick : MonoBehaviour {        //声明类
4      public AudioSource Click;                           //按键声音资源
5      void Update(){
6         if(Input.anyKeyDown){                            //任意按钮被按下
7            Click.Play();                                 //播放按键声音
8         }}}
```

- 第 1～4 行声明按键声音资源，相关资源在脚本的组件界面中进行拖曳。
- 第 5～8 行重写脚本的 Update 方法。重写后的 Update 方法的主要功能是实现按键音效：当有任意按钮被按下时，播放按键音效；当没有按键被按下时，按键音效停止播放。

（16）添加摄像机跟随脚本。右击 Assets 文件夹，在弹出的快捷菜单中选择 Import Package→Scripts，弹出 Importing package 对话框，导入其中的 SmoothFollow.js 脚本，然后选中 Main Camera，将脚本拖曳到主摄像机对象上，最后将 followCenter 拖曳到 Target 变量中，如图 16-38 所示。

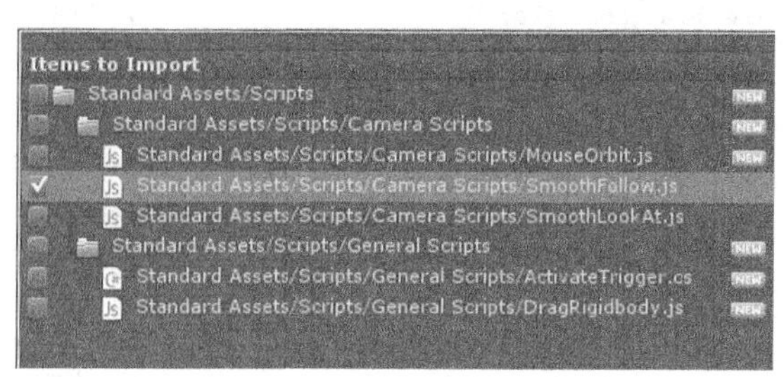


▲图 16-38　导入摄像机跟随脚本

（17）添加背景音乐。选择 Component→Audio→Audio Source，给主摄像机添加一个 Audio Source 组件。找到 Audio Source 组件下的 Audio Clip 参数，将背景音乐资源 Menu.wav 拖曳到此参数内选择 Component→Audio→Audio Listener，给该对象添加一个 Audio Listener 组件。

## 16.5 帮助场景

16.4 节对主菜单场景进行了详细介绍，本小节将对帮助场景进行详细介绍。在玩家单击帮助按钮后会加载游戏帮助场景，加载完成后正式进入本游戏的帮助场景。在本节中，我们将对本游戏中的帮助场景的开发进行进一步的介绍。

### 16.5.1 场景的搭建

场景的搭建主要是对游戏地图、灯光、天空盒等环境因素的设置。通过本节学习，读者将会了解如何构建一个基本的游戏世界，由于之前对主菜单场景的搭建已有详细介绍，本次介绍将省略部分重复内容。接下来具体介绍帮助场景的搭建步骤。

（1）新建一个场景，将其命名为 Help，具体步骤参考主菜单场景开发的相应步骤，此处不再赘述。需要的图片资源已经放在对应文件夹下，读者可参考 16.2.2 节的相关内容。

（2）设置环境光，摆放模型，创建光源、地形、天空盒等，具体步骤参考主菜单场景开发的相应步骤，此处不再赘述。本游戏的地图需要的模型有球、火焰、灯塔等，其资源已经放在对应的文件夹下。为地图添加碰撞体，读者可以参考 16.2.2 节的相关内容。至此，基本的帮助场景搭建完毕。

### 16.5.2 主摄像机的设置及脚本的开发

16.5.1 节完成了主场景的搭建，本小节将对主摄像机的设置及相关脚本的开发进行介绍，包括音效的开发和脚本开发等。由于主摄像机的设置及脚本的开发在主菜单场景中已有详细介绍，本次介绍将省略重复内容，具体步骤如下：

（1）新建名为 KGButton 的脚本，将其拖曳到 Main Camera 对象上。该脚本用于绘制帮助场景的“暂停”按钮、“静音”按钮、暂停界面及其界面中的按钮，并为各个按钮注册监听。同时它还实现了各个按钮按下后按钮图片的改变，具体代码如下。

代码位置：随书资源中源代码\第 16 章目录下的 BalanceBg\Assets\script\Menu\GKButton.cs

```
1   using UnityEngine;
2   using System.Collections;                              //导入系统包
3   public class GKButton : MonoBehaviour {                //声明类
4      public GUIStyle MyStyle;                            //主风格类型
5      public GUIStyle PauseStyle;                         //"暂停"按钮风格类型
6      public GUIStyle PlayStyle;                          //"开始"按钮风格类型
7      public GUIStyle MusicStyle;                         //"静音"按钮风格类型
8      public GUIStyle NoMusicStyle;                       //"恢复"音效按钮风格类型
9      public GUIStyle ReturnStyle;                        //"返回"按钮风格类型
10     public static bool isPlay=true;                     //暂停标志位
11     public static bool isMusic=true;                    //静音标志位
12     public static bool MainEnable=true;                 //主菜单界面标志位
13     public static bool PauseEnable=false;               //暂停界面标志位
14     public AudioSource  BackMusic;                      //背景音乐资源
15     public AudioSource ClickSound;                      //按键声音资源
16     public Texture Menubackground;                      //界面背景图片
17     void Update(){
18        if(Application.platform==RuntimePlatform.Android){
19           if(Input.GetKeyUp(KeyCode.Home)){               // Home 键被按下
20              Application.Quit();                        //退出游戏
21           }}}
22     void OnGUI(){
23     ……//此处省略了绘制界面按钮和暂停界面跳转的代码，后面将详细介绍
24           }}
```

❑ 第 4～16 行声明各个按钮的风格类型和各个界面跳转的标志位，为每个按钮声明一个风格类型可以实现当按钮被按下时按钮会发生变化，本游戏用较少的资源实现了按钮的立体化效果。标志位主要用于各个界面相互跳转时的标识。

❑ 第 17～24 行实现了 Update 方法的重写。该方法的主要功能是监听手机的 Home 键，当按下 Home 键时退出游戏。该方法还实现了 OnGUI 方法的重写，OnGUI 方法的主要功能是绘制界面按钮及控制各个界面间的跳转，OnGUI 方法的代码下面将详细介绍。

（2）实现 OnGUI 方法的重写。系统通过调用 OnGUI 方法绘制各个界面和各个界面的按钮及各个界面之间的跳转，并为其附加监听，实现了如游戏暂停、继续游戏、返回主菜单和静音等按钮的功能，具体代码如下。

代码位置：随书资源中源代码\第 16 章目录下的 BalanceBg\Assets\script\Menu\GKButton.cs

```
1   void OnGUI(){
2      float ratioScaleTempH=Screen.height;
3      float ratioScaleTemp=Screen.width;                  //屏幕自适应
4         if(MainEnable){
5         if(isPlay){                                      //当前为开始状态
6            if(GUI.Button(new Rect(ratioScaleTemp*1/80,ratioScaleTempH*1/80,
7            ratioScaleTempH*5/27,ratioScaleTempH*5/27)," ",PauseStyle)){ //"暂停"按钮被按下
8               PauseEnable=true;                          //弹出暂停界面
9               isPlay=!isPlay;                            //当前为暂停状态
10              Time.timeScale=0;                          //游戏暂停
11              }}
12        else{
13        if(GUI.Button(new Rect(ratioScaleTemp*1/80,ratioScaleTempH*1/80,
14            ratioScaleTempH*5/27,ratioScaleTempH*5/27)," ",PlayStyle)){
15              PauseEnable=!PauseEnable;                  //禁用暂停界面
16              isPlay=!isPlay;                            //当前为开始状态
17              Time.timeScale=1;                          //游戏继续
18              }}
19        if(isMusic){                                     //当前非静音状态
20        if(GUI.Button(new Rect(ratioScaleTemp*1/80,ratioScaleTempH*18/80,
21          ratioScaleTempH*5/27,ratioScaleTempH*5/27)," ",MusicStyle)){
22              isMusic=!isMusic;                          //当前静音状态
23              ClickSound.Stop();                         //停止播放背景音乐
24              BackMusic.Stop();                          //停止播放按键声音
25              }}
```

```
26         else{
27           if(GUI.Button(new Rect(ratioScaleTemp*1/80,ratioScaleTempH*18/80,
28             ratioScaleTempH*5/27,ratioScaleTempH*5/27)," ",NoMusicStyle)){
29                 isMusic=!isMusic;                       //当前为非静音状态
30                 ClickSound.Play();                      //播放按键声音
31                 BackMusic.Play();                       //播放背景音乐
32                 }}}
33         if(PauseEnable){                                //当前为暂停状态
34          GUI.DrawTexture(new Rect(ratioScaleTemp/4,0,ratioScaleTemp/2,
35             ratioScaleTempH),Menubackground);           //暂停界面背景图片
36          if(GUI.Button(new Rect(ratioScaleTemp*7/20,ratioScaleTempH*13/36,
37             ratioScaleTempH*5/18,ratioScaleTempH*5/18)," ",PlayStyle)){
38                 isPlay=!isPlay;                         //当前为开始状态
39                 PauseEnable=false;                      //禁用暂停界面
40                 Time.timeScale=1;                       //游戏继续
41          }
42          if(GUI.Button(new Rect(ratioScaleTemp*11/20,ratioScaleTempH*13/36,
43             ratioScaleTempH*5/18,ratioScaleTempH*5/18)," ",ReturnStyle)){
44                 isPlay=!isPlay;                         //当前为继续状态
45                 PauseEnable=false;                      //禁用暂停界面
46                 Time.timeScale=1;                       //游戏继续
47                 Application.LoadLevel("Menu");          //加载主菜单场景
48             }}
```

- 第4～18行绘制帮助场景中的“暂停”按钮和“继续”按钮，为按钮注册监听。当“暂停”按钮被按下时“暂停”按钮变为“继续”按钮（在前文中已有详细介绍，此处不再赘述），游戏暂停并跳转到暂停界面；当“继续”按钮被按下时“继续”按钮变为“暂停”按钮，游戏继续，暂停界面被禁用。
- 第19～32行绘制帮助场景中的“静音”按钮和音效按钮，为这两个按钮注册监听。当“静音”按钮被按下时在按钮发生变化后变为音效按钮，游戏中所有音效被禁用；当音效按钮被按下时在按钮发生变化后变为“静音”按钮，游戏恢复所有音效。
- 第33～48行绘制暂停界面及其各个按钮，为各个按钮注册监听。当游戏处于暂停状态时弹出暂停界面，该界面中包含“游戏继续”按钮和“返回主菜单”按钮，当按钮被按下时在按钮发生变化后执行游戏中的相关功能。

（3）将脚本GKButton拖曳到游戏对象列表中的Main Camera对象上。单击Main Camera对象，在Inspector面板中会出现对应到此脚本的相应组件界面。单击组件左边的三角形按钮，可看到脚本组件的相应内容，如图16-39所示。

▲图16-39　GKButton脚本组件

（4）创建背景音乐，具体步骤参考主菜单场景开发的相应步骤，此处不再赘述。需要的音效资源已经放在对应文件夹下，读者可参考16.2.2节的相关内容。

（5）前面介绍了脚本GKButton的开发，接下来新建脚本，并将其命名为Help.cs。该脚本主要用于实现帮助场景中针对玩家不同的操作而出现相应提示的功能。脚本编写完毕后，将此脚本拖曳到该场景中的Main Camera上，具体代码如下。

代码位置：随书资源中源代码\第16章目录下的BalanceBg\Assets\script\Menu\Help.cs

```
1   using UnityEngine;
2   using System.Collections;                          //导入系统包
3   public class Help : MonoBehaviour {                //声明类
4       public static bool isDefeat;                   //死亡提示标志位
5       public static bool isDrection=true;            //操作提示标志位
6       public static bool isLandR;                    //划屏提示标志位
7       public  GameObject StartPosition;              //初始位置
8       public  GameObject Ball;                       //球
9       public Texture DieTip;                         //死亡提示图片
10      public Texture DrectionTip;                    //操作提示图片
11      public Texture LandRTip;                       //划屏提示图片
12      public int Count=0;
```

```
13        void OnGUI() {
14          float ratioScaleTempH = Screen.height;
15          float ratioScaleTemp = Screen.width;          //屏幕自适应
16          if (isLandR) {
17             GUI.DrawTexture(new Rect(0 , 0 , ratioScaleTemp , ratioScaleTempH),LandRTip);
18             Count++;
19             if (Count > 300) {                          //操作提示存在帧数
20                 Count = 0;
21                 isLandR = false;                        //操作提示消失
22             }}
23         if (isDrection) {
24           GUI.DrawTexture(new Rect(ratioScaleTemp / 4, ratioScaleTempH / 5, ratioScaleTemp/2,
25         ratioScaleTempH), DrectionTip);                 //划屏提示
26                 if (Input.anyKey){                      //当任意按钮被按下
27                  isDrection = false;                    //划屏提示消失
28                  }}
29         if (isDefeat) {
30           Ball.transform.position = StartPosition.transform.position; //球返回初始位置
31           GUI.DrawTexture(new Rect(ratioScaleTemp / 4, ratioScaleTempH/5, ratioScaleTemp / 2,
32         ratioScaleTempH), DieTip);                      //死亡提示
33                    Count++;
34           if(Count>500) {                               //死亡提示存在帧数
35                  Count=0;
36                  isDefeat = false;                      //死亡提示消失
37                  Ball.rigidbody.constraints = RigidbodyConstraints.None; //球位置解冻
38                }}}}
```

- 第 4～12 行声明相关提示的标志位、图片及与提示有关的游戏对象。在脚本中，标志位的作用是判断相关提示是否出现，图片为提示内容。相关的游戏对象将会在后面单独介绍，这里不再赘述。
- 第 16～38 行判断相关提示是否出现，如需出现则绘制游戏中出现的提示内容，确定相关提示的出现时间、出现条件、持续时长、消失条件及某些提示出现时和提示消失后游戏中相关对象发生的变化。

（6）前面介绍了脚本 Help 的开发，接下来新建一个游戏对象。首先新建一个空游戏对象，将其命名为 StartPosition，新建过程为选择 GameObject→Create Empty。调整 StartPosition 的位置，作为游戏球的初始位置。

（7）前面介绍了初始位置对象的创建，接下来继续新建游戏对象。选择 GameObject→3D Object→Cube，新建游戏对象，将其重命名为 LandRCrash，为其添加刚体修改相关属性并将该对象的位置固定，取消重力并设置为不可见，具体如图 16-40 所示。

（8）接下来继续新建游戏对象，新建过程为选择 GameObject→3D Object→Plane，删除其网格碰撞器，为其添加盒子碰撞器并选中 Is Trigger 属性复选框，然后将其位置固定，并设置为不可见。把相关对象调整到相应的位置，具体如图 16-41 所示。

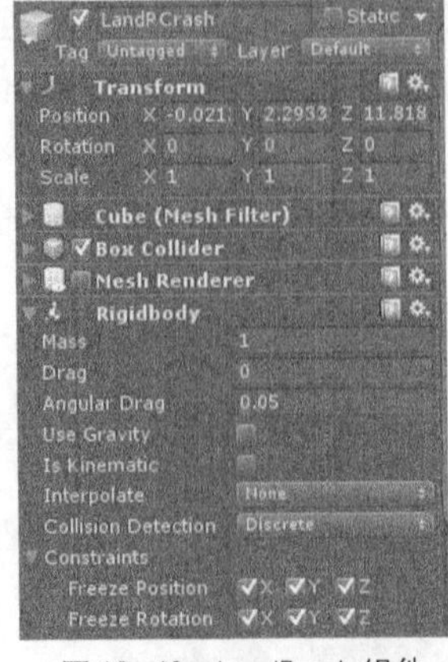


▲图 16-40　LandRrash 组件

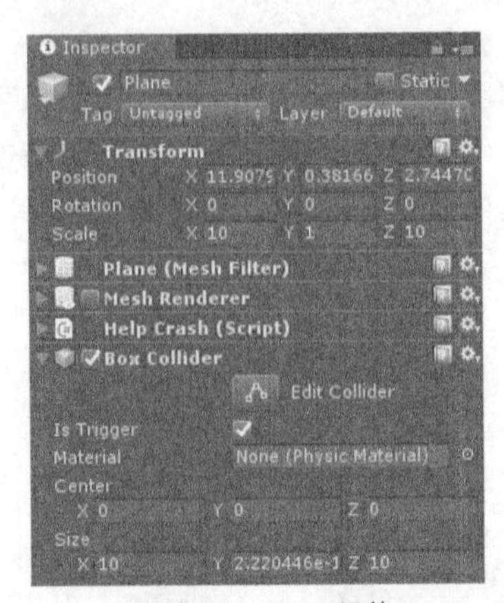


▲图 16-41　Plane 组件

（9）接下来新建一个脚本，并将其命名为 LandRTip.cs。该脚本主要用于在帮助场景中检测物体是否发生碰撞并改变帮助场景中划屏提示的标志位。脚本编写完毕后，将其拖曳到对象 LandRCrash 上，具体代码如下。

代码位置：随书资源中源代码\第 16 章目录下的 BalanceBg\Assets\script\Help\LandRTip.cs

```
1   using UnityEngine;
2   using System.Collections;                          //导入系统包
3   public class LandRTip : MonoBehaviour {            //声明类
4       public GameObject LandRCrash;                  //声明对象
5       void OnCollisionEnter() {                      //检测碰撞
6           Help.isLandR = true;                       //显示划屏提示
7           LandRCrash.SetActive(false);               //将对象设置为不可见
8       }}
```

❑ 第 1～4 行声明需要检测碰撞的物体。需要将这些物体设置为不可见，但不能影响对其碰撞的检测。当球与该物体发生碰撞时执行相关操作，在脚本组件界面中拖曳这些物体后即可对该物体进行碰撞检测。

❑ 第 5～8 行检测物体的碰撞，当检测到碰撞时操作提示将会出现。

（10）前面介绍了脚本 LandTip.cs 的开发，接下来新建脚本，并将其命名为 HelpCrash.cs。该脚本主要用于实现帮助场景中的检测碰撞并改变帮助场景中操作死亡提示的标志位。脚本编写完毕之后，将此脚本拖曳到游戏对象 Plane 上，具体代码如下。

代码位置：随书资源中源代码\第 16 章目录下的 BalanceBg\Assets\script\Help\HelpCrash.cs

```
1   using UnityEngine;
2   using System.Collections;                          //导入系统包
3   public class HelpCrash : MonoBehaviour {           //声明类
4       void OnTriggerEnter() {                        //检测碰撞
5           Help.isDefeat = true;                      //显示死亡提示
6   }}
```

**说明** 当球碰撞到 Plane 物体时，就会触发此脚本中的 OnTriggerEnter 方法，从而改变帮助场景中操作死亡提示的标志位。

（11）前面介绍了脚本 LandTip 的开发，接下来单击 LandRCrash 对象，在 Inspector 面板中会出现对应到此脚本的相应组件。单击组件左边的三角形按钮，可看到脚本组件的相应内容，拖曳此对象到脚本组件中，如图 16-42 所示。

（12）添加虚拟摇杆。右击 Assets 文件夹，在弹出的快捷菜单中选择 Import Package→StandardAssets(Mobile)，弹出 Import Package 对话框，选中 Single Joystick.prefab、Joystick.js、JoystickThumb.psd 3 个文件并导入，如图 16-43 所示。导入后，找到 Standard Assets(Mobile)\Prefabs 文件夹下的 Single Joystick 预制件，并将其拖曳到 Hierarchy 面板中。

▲图 16-42 LandTip 脚本组件

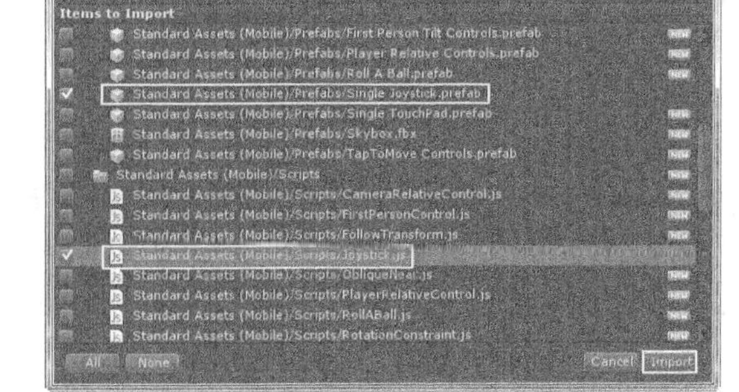


▲图 16-43 导入虚拟摇杆资源

### 16.5.3　球的设置及脚本的开发

16.5.2 节介绍了主摄像机的开发过程，本小节将介绍本场景中球的相关设置和脚本的开发。在该场景中，我们实现了用摇杆控制球滚动，同时球实现了其在滚动过程中附有各种模拟现实中的阻力，具体步骤如下。

（1）新建名为 BallControl.cs 的脚本并将其拖曳到 ball 对象上，该脚本用于获取用户的触控点坐标，利用触控点判断单击区域来判断移动方向。同时，该脚本可以使各个按钮按下后按钮图片发生改变。脚本代码如下。

代码位置：随书资源中源代码\第 16 章目录下的 BalanceBg\Assets\script\Ball\BallControl.cs

```
1   using UnityEngine;
2   using System.Collections;                                    //导入系统包
3   public class BallControl : MonoBehaviour {                   //声明类
4      public static bool Enable = true;                         //当前脚本状态
5      private Vector3[] directions = {Vector3.back, Vector3.right, Vector3.forward, Vector3.left};
6      private int point = 0;
7      public GameObject folllowBody;                            //跟随物
8      public static float power = 4000;                         //力大小
9      public MPJoystick joystick;                               //摇杆
10     private float touch_x;                                    //触控点 x
11     private float touch_y;                                    //触控点 y
12     void FixedUpdate () {
13        if(!Enable){
14           return;                                             //返回
15        }
16        if(Input.anyKey){                                      //任意键被按下
17           touch_x = joystick.position.x;                      //获取触控点 x 坐标
18           touch_y = joystick.position.y;                      //获取触控点 y 坐标
19           point = 5 - (int)(folllowBody.transform.rotation.eulerAngles.y / 90); //移动方向
20           if(Input.GetKey(KeyCode.UpArrow) || touch_y > 0.5f){
21              point = point;                                   //向前移动
22           }else if(Input.GetKey(KeyCode.LeftArrow) || touch_x < -0.5f){
23              point = point + 1;                               //向左移动
24           }else if(Input.GetKey(KeyCode.DownArrow) || touch_y < -0.5f){
25              point = point + 2;                               //向后移动
26           }else if(Input.GetKey(KeyCode.RightArrow) || touch_x > 0.5f){
27              point = point + 3;                               //向右移动
28           }else{
29              return;                                          //返回
30           }
31               point = point % 4;                              //防止数组过界
32           rigidbody.AddTorque(directions[point] * power);     //添加力矩
33        }}}
```

❑ 第 4～11 行声明脚本中的变量和标志位，同时自定义某些变量。声明的变量和标志位在下面或者其他脚本中将会用到；摇杆为前文中导入的摇杆；自定义力大小用于更改对球的推力大小，可根据实际情况而定。

❑ 第 16～33 行实现当任意部位被触控时，获取当前被触控部位的位置坐标。当虚拟摇杆被触控时根据触控点在虚拟摇杆上的位置为球添加力矩，利用摇杆的触控控制球前、后、左、右 4 个方向的移动。

（2）前面介绍了脚本 BallControl.cs 的开发，下面新建一个脚本，并将脚本命名为 BallParameter.cs。该脚本的主要功能是给球添加摩擦力，使其滚动更加接近现实。脚本编写完毕后，将此脚本拖曳到对象 ball 上，具体代码如下。

代码位置：随书资源中源代码\第 16 章目录下的 BalanceBg\Assets\script\Ball\BallParameter .cs

```
1   using UnityEngine;
2   using System.Collections;                                    //导入系统包
3   public class BallParameter : MonoBehaviour {                 //声明类
```

```
4       public static int style = 2;                           //初始时球的类型
5       public static int paperStyle = 1;                      //纸球型声明
6       public static int woodStyle = 2;                       //木球型声明
7       public static int stoneStyle = 3;                      //石球型声明
8       public static float paperMess = 200f;                  //纸球质量声明
9       public static float woodMess = 2000f;                  //木球质量声明
10      public static float stoneMess = 10000f;                //石球质量声明
11      void Start () {
12         this.collider.material.dynamicFriction = 900f;      //设置滑动摩擦力
13         this.collider.material.staticFriction = 1000f;      //设置静摩擦力
14      }}
```

- 第4～10行声明球材质种类（纸球、木球和石球）的变量，默认初始状态下为石球，并为3种球初始化3种不同的质量。质量不同在游戏中的滚动速度不同，球获得的阻力大小也不同，在游戏中将会有所体现。
- 第11～14行声明重写脚本的Start方法。重写后的Start方法的主要功能是为球在滚动过程中添加最大静摩擦力和滑动摩擦力，可根据不同需要改变这两个摩擦力的大小，以模拟现实滚动中的阻力。

## 16.6 关卡一场景

16.5节已经介绍了帮助场景的开发过程，本节中的关卡一场景是本游戏的中心场景之一，其他场景都是为此场景和关卡二场景服务的。关卡一场景的开发对于此游戏的可玩性至关重要，本节将对此场景的开发进行进一步的介绍。

### 16.6.1　场景的搭建

首先搭建关卡一界面的场景，此场景的搭建步骤比较烦琐。通过关卡一场景的开发，读者可以更加熟练地掌握基础知识，也会积累一些开发技巧和开发细节，并对开发过程中对象的属性有一个更深层次的认识。接下来对游戏界面的开发进行详细介绍。

（1）新建场景并将其命名为Level-01，设置环境光并创建光源、地形、水、天空盒等。具体步骤参考主菜单场景开发的相应步骤，此处不再赘述。需要的音效与图片资源已经放在对应文件夹下，读者可参考16.2.2节的相关内容。

（2）在地图上摆放模型。本游戏的地图需要的各种模型，如平台、灯塔、管道、火焰等资源已经放在对应的文件夹下，读者可以参看16.2.2节的相关内容。此外，本游戏场景中需要更多的障碍物并对其进行相关设置。

（3）障碍物有woodbox、zhangaiwu、zhangaiwu2、muqiu、muqiu1等。将这些障碍物调整到相应位置并根据情况对其属性进行不同的设置，如质量、阻力等。具体设置查看附录资源中的相应内容，这里不再赘述。

（4）添加虚拟摇杆，帮助场景中已有介绍，这里不再赘述。至此，基本场景搭建完毕。

### 16.6.2　主摄像机的设置及脚本的开发

16.6.1节介绍了关卡一场景的搭建，本小节将介绍主摄像机的设置及相关脚本的开发，以实现摄像机跟随、游戏规则等功能。已有相关内容的详细介绍，在本次介绍中省略了部分重复功能，读者应注意。开发主摄像机相关脚本的具体步骤如下：

（1）添加摄像机跟随脚本，创建跟随对象并将其命名为ballCollider，挂载FollowBody脚本到主摄像机上。单击脚本打开组件界面，在组件界面进行相关设置。具体步骤在16.4.2节中有详细介绍，读者可以自行查看相应步骤，在这里不再赘述。

（2）将脚本 Rotate、SoundControl、GKButton 挂载到主摄像机上并单击各个脚本。分别打开各脚本的组件界面以进行拖曳图片等相关操作。这些脚本的代码、主要功能及相关设置在帮助场景中已有详细介绍，这里不再赘述。

（3）创建脚本 ETime 并拖动到主摄像机上，该脚本的主要功能是为游戏添加一个倒计时系统，并实现在倒计时系统中进行到不同时刻游戏会出现的不同界面和功能。倒计时系统是游戏胜利和失败的唯一依据，具体代码如下。

代码位置：随书资源中源代码\第 16 章目录下的 BalanceBg\Assets\script\TandS\ETime.cs

```
1   using UnityEngine;
2   using System.Collections;                                          //导入系统包
3   public class eTime : MonoBehaviour{                                //声明类
4       public Texture[] time = new Texture[10];                       //倒计时图片
5       public float StarTime=300;                                     //游戏计时时长
6       public static float NowTime;                                   //当前时间
7       public static bool isRun = true;                               //计时标志位
8       public static bool isCrash;                                    //碰撞标志位
9       public Texture [] addScore =new Texture [2];                   //加分图片
10      public static float add;                                       //加分变量
11      public float  adds;                                            //加分变量
12      void Update(){
13          if (isRun) {
14              NowTime = StarTime - Time.timeSinceLevelLoad; //当前时间
15          }
16          if (Fire.ishind){
17              NowTime += 100 * Fire.CrashTime;                       //加分
18          }
19          if (NowTime < 1) {                                         //计时超过时长
20              Defeat.isDefeat = true;                                //游戏失败
21              isRun = false;                                         //结束计时
22          }
23          if (isCrash) {                                             //检测到碰撞
24              Defeat.Die = true;                                     //游戏失败
25          } }
26      void OnGUI(){
27          float ratioScaleTempH = Screen.height;
28          float ratioScaleTemp = Screen.width;                       //屏幕自适应
29          GUI.DrawTexture(new Rect(ratioScaleTemp * 33 / 40, ratioScaleTempH / 40,
30        ratioScaleTemp * 3 / 40), time[(int)(NowTime / 100)]);    //倒计时系统
31          GUI.DrawTexture(new Rect(ratioScaleTemp * 69 / 80, ratioScaleTempH / 40,
32        ratioScaleTemp * 3 / 80, ratioScaleTemp * 3 / 40), time[(int)((NowTime / 10) % 10)]);
33          GUI.DrawTexture(new Rect(ratioScaleTemp * 36 / 40, ratioScaleTempH / 40,
34         ratioScaleTemp * 3 / 80, ratioScaleTemp * 3 / 40), time[(int)(NowTime % 10)]);
35          if (Fire.ishind) {
36              add++;                                                //累计次数
37              if (add < 50) {                                       //50 帧内
38                  adds = 0;                                         //加分图片
39              }
40              if (add > 50) {                                       //50 帧后
41                  adds = 1;                                         //不显示加分图片
42               }
43              GUI.DrawTexture(new Rect(ratioScaleTemp * 33 / 40, ratioScaleTempH*3 / 20,
44          ratioScaleTemp * 9 / 80, ratioScaleTemp *3/ 40), addScore[(int)adds%10]);
45              }}}
```

- 第 4～11 行声明各个图片和标志位，声明的图片为倒计时系统中的倒计时图片和加分图片，而标志位则用于判断图片是否显示和确定显示时长。标志位使游戏的计时系统更加全面，同时使计时系统的效果更加完善。
- 第 12～25 行确定游戏当前时间，并使时间实时变化，实现加分功能。当加分实现时系统倒计时的时间在当前时间的基础上加上一定时间，同时实现了倒计时时间结束时游戏失败标志位的变化。
- 第 26～45 行实现游戏分辨率自动适应手持设备，绘制倒计时系统中的百位、十位、个位图片，并使图片随倒计时实时地变化；绘制加分状态下的时间增加图片，使其存在一定的时间后消失。

（4）单击脚本 Etime，打开脚本组件界面，在脚本组件界面上进行相关设置，为脚本声明的图片和对象拖曳相应资源，对脚本组件界面的风格类型进行相关设置从而实现按钮被按下时按钮的变化，同时导入所需要的字体，具体设置如图 16-44 所示。

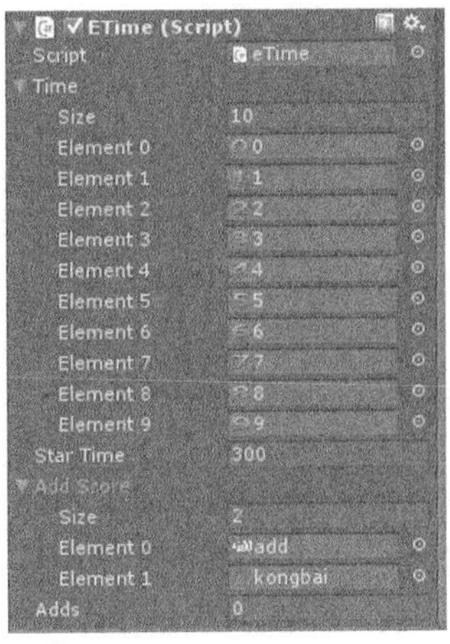

▲图 16-44 eTime 脚本组件

（5）前面介绍了 eTime 脚本的开发，接下来新建游戏对象。新建 4 个空游戏对象，将其依次命名为 Check1、Check2、Check3、Check4，依次放在球的起始位置、第 1 个保存点、第 2 个保存点和第 3 个保存点的中心位置。

（6）接下来新建脚本，并将脚本命名为 Defeat.cs。该脚本主要用于实现球从高空坠下后返回不同位置的功能，同时绘制游戏失败界面及其按钮，注册监听实现按钮功能。脚本编写完毕后，将此脚本拖曳到 Main Camera 上，具体代码如下。

代码位置：随书资源中源代码\第 16 章目录下的 BalanceBg\Assets\script\TandS\Defeat.cs

```
1   using UnityEngine;
2   using System.Collections;                                          //导入系统包
3   public class Defeat : MonoBehaviour {                              //声明类
4       public GameObject Ball;                                        //游戏对象球
5       public GameObject check1;                                      //保存点 1
6       public GameObject check2;                                      //保存点 2
7       public GameObject check3;                                      //保存点 3
8       public GameObject check4;                                      //保存点 4
9       public GameObject checkpoint2;                                 //返回点 2
10      public GameObject checkpoint3;                                 //返回点 3
11      public GameObject checkpoint4;                                 //返回点 4
12      public static bool isDefeat;                                   //游戏失败标志位
13      public Texture Menubackground;                                 //界面背景图片
14      public GUIStyle MyStyle;                                       //主风格类型
15      public static bool Die;                                        //死亡标志位
16      void OnGUI(){
17          float ratioScaleTempH = Screen.height;
18          float ratioScaleTemp = Screen.width;                       //屏幕自适应
19          if (Die) {
20              eTime.isCrash = false;                                 //死亡碰撞标志位
21              Die = false;
22              if (checkpoint4.activeSelf == false) {                 //返回点 4 为不可见
23                  Ball.transform.position = check4.transform.position; //返回点 4 的位置
24              }else
25              if (checkpoint3.activeSelf == false) {                 //返回点 3 为不可见
26                  Ball.transform.position = check3.transform.position; //返回点 3 的位置
27              }else
28              if (checkpoint2.activeSelf==false)  {                  //返回点 2 不可见
29                  Ball.transform.position = check2.transform.position; //返回点 2 的位置
30              }
31              else {
32                  Ball.transform.position = check1.transform.position; //返回初始位置
33              } }
34          if (isDefeat)                                              //游戏失败
35          {
36              Time.timeScale = 0;                                    //游戏暂停
37              GUI.DrawTexture(new Rect(ratioScaleTemp / 4, 0, ratioScaleTemp / 2,
38            ratioScaleTempH), Menubackground);                       //界面背景图片
39              if (GUI.Button(new Rect(ratioScaleTemp * 7 / 20, ratioScaleTempH * 1 / 40,
40             ratioScaleTemp * 3 / 10, ratioScaleTempH * 3 / 20), "重玩", MyStyle)){
41                  Time.timeScale = 1;                                //游戏继续
42                  eTime.NowTime = eTime.NowTime + 2;
43                  eTime.isRun = true;                                //计时继续
44                  Application.LoadLevel(Application.loadedLevelName); //重新加载本场景
45                  isDefeat = false;                                  //禁用游戏失败界面
46              }
47              if (GUI.Button(new Rect(ratioScaleTemp * 7 / 20, ratioScaleTempH * 9 / 40,
```

```
48            ratioScaleTemp * 3 / 10, ratioScaleTempH * 3 / 20), "返回", MyStyle)) {
49                Time.timeScale = 1;                          //游戏继续
50                Application.LoadLevel("Menu");               //加载主菜单场景
51                isDefeat = false;                            //禁用游戏失败界面
52          }} }}
```

❑ 第 4～15 行声明脚本用到的游戏对象、图片、风格和标志位。声明的对象用于记录保存位置，图片为界面背景，风格为弹出界面中按钮的风格类型，标志位用来判断是否弹出界面。

❑ 第 16～33 行实现游戏的分辨率自动适应手持设备，记录在游戏过程中球滚动到的最后一个存储点的位置并进行保存。当球因从高空坠落而死亡时，球会返回最后一次记录的保存点的位置。

❑ 第 34～52 行绘制游戏失败界面和游戏失败界面中的按钮，并为界面中的按钮注册监听。当“重玩”按钮被按下后本次游戏结束并重新加载本场景，“返回”按钮被按下后本次游戏结束加载并跳转到主菜单场景。

（7）单击 Defeat 脚本，打开组件界面，在脚本组件界面上进行相关设置，为脚本声明的图片和对象拖曳相应资源，对脚本组件界面的风格类型进行相关设置以实现按钮被按下时的变化，同时导入所用字体，具体设置如图 16-45 所示。

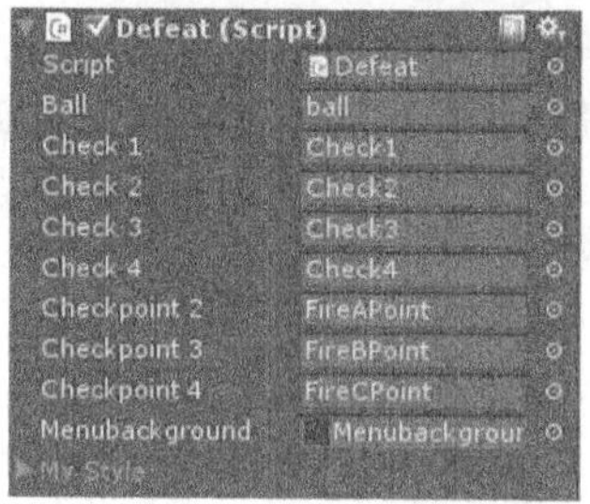


▲图 16-45　Defeat 脚本组件

（8）前面介绍了脚本 Defeat 的开发，接下来新建脚本，并将脚本命名为 DieCrash.cs。该脚本的主要功能是检测地图下隐藏的平台是否发生碰撞。脚本编写完毕后，将此脚本拖曳到 Main Camera 上，具体代码如下。

代码位置：随书资源中源代码\第 16 章目录下的 BalanceBg\Assets\script\TandS\DieCrash.cs

```
1   using UnityEngine;
2   using System.Collections;                            //导入系统包
3   public class DieCrash : MonoBehaviour {              //声明类
4       void OnTriggerEnter(){                           //检测碰撞
5           eTime.isCrash = true;                        //开启死亡返回功能
6       }}
```

（9）前面介绍了脚本 DieCrash 的开发，接下来新建一个脚本，并将脚本命名为 Score.cs。该脚本主要用于给游戏打分。脚本编写完毕后，将该脚本拖曳到 Main Camera 上，具体代码如下。

代码位置：随书资源中源代码\第 16 章目录下的 BalanceBg\Assets\script\Victory\Score.cs

```
1   using UnityEngine;
2   using System.Collections;                            //导入系统包
3   public class Score : MonoBehaviour {                 //声明类
4       public static bool isVictory;                    //游戏胜利标志位
5       public Texture Menubackground;                   //胜利界面背景图片
6       public GUIStyle MyStyle;                         //主风格类型
7       public static string name;                       //玩家姓名
8       public static string scoreAll;                   //玩家得分
9       public static int Scoref;                        //玩家得分
10      public static int PHBScore;                      //排行榜得分
11      public static string PHBname;                    //排行榜姓名
12      public GUIStyle FontStyle;                       //字体风格类型
13      public GUIStyle ScoreStyle;                      //分数风格类型
14      private bool isok;                               //确定标志位
15      private bool isSpear=true;                       //动画标志位
16      public GameObject Ball;                          //球游戏对象
17      public GameObject StartPosition;                 //初始位置
18      void Start(){
19          name = "";                                   //姓名初始化
20      }
21      void OnGUI(){
22          float ratioScaleTempH = Screen.height;
23          float ratioScaleTemp = Screen.width;         //屏幕自适应
24          if (isVictory) {                             //游戏胜利
```

```
25              Scoref = (int)(eTime.NowTime * 100);                    //得分转换
26              scoreAll = Scoref + "";                                 //得分转换
27              Fire.ishind = false;                                    //火焰消失
28              GUI.DrawTexture(new Rect(ratioScaleTemp / 4, 0,
29          ratioScaleTemp / 2, ratioScaleTempH), Menubackground);//背景图片
30              if (isSpear) {
31                  if (GUI.Button(new Rect(ratioScaleTemp * 18 / 40, ratioScaleTempH * 27 / 40,
32              ratioScaleTemp * 2 / 20, ratioScaleTempH * 1 / 20), "OK"))  {//确定按钮
33                      isok = true;
34                      if (Application.loadedLevelName.Equals("Level-01")){
35                          PlayerPrefs.SetString("level01n", name);    //提交姓名
36                          PlayerPrefs.SetInt("level01s", Scoref);     //提交得分
37                      }
38                      if (Application.loadedLevelName.Equals("Level-02")) {
39                          PlayerPrefs.SetString("level02n", name);     //提交姓名
40                          PlayerPrefs.SetInt("level02s", Scoref);      //提交得分
41                      }
42                      isSpear = false;
43                  } }
44          GUI.Label(new Rect(ratioScaleTemp * 13 / 40, ratioScaleTempH / 8,
45              ratioScaleTemp * 9 / 40,ratioScaleTempH *3 / 20), "得分", FontStyle);  //绘制得分
46          GUI.Label(new Rect(ratioScaleTemp * 17 / 40, ratioScaleTempH * 9 / 40,
47              ratioScaleTempH / 10), scoreAll,ScoreStyle );                         //绘制分数
48          GUI.Label(new Rect(ratioScaleTemp * 13 / 40, ratioScaleTempH * 17 / 40,
49              ratioScaleTemp * 3 / 20, ratioScaleTempH / 10), "请输入姓名", FontStyle);//绘制文字
50          name = GUI.TextField(new Rect(ratioScaleTemp * 31 / 80, ratioScaleTempH * 23 / 40,
51              ratioScaleTemp * 9 / 40, ratioScaleTempH * 3 / 40), name, 10);  //绘制姓名
52          if (isok){
53              GUI.Label(new Rect(ratioScaleTemp * 5 / 8, ratioScaleTempH * 23 / 40,
54                  ratioScaleTemp * 3 / 20, ratioScaleTempH / 10), "提交成功", FontStyle);//绘制文字
55          }
56          if (GUI.Button(new Rect(ratioScaleTemp * 31 / 80, ratioScaleTempH * 33 / 40,
57              ratioScaleTemp * 9 / 40, ratioScaleTempH * 3 / 20), "返回", MyStyle)) { //按下按钮
58                Application.LoadLevel("Menu");                           //加载主菜单场景
59                  all.transform.position = Vector3.Lerp(Ball.transform.position,
60                  this.StartPosition.transform.position, Time.time);      //变换球位置
61                  VictoryCrash.isCrash = false;                           //禁用脚本
62                  eTime.isRun = true;                                     //继续计时
63                } }}}
```

- 第 4～20 行声明脚本中所用到的图片、标志位、风格类型和变量，并初始化了一部分变量，这些变量在下文中都有对应的作用。Start 方法用于初始化游戏中的玩家姓名，即变量 name，该变量使得游戏首次打开时提交的姓名为空。
- 第 24～43 行在游戏获得胜利后，根据玩家最后剩余时间计算玩家的得分并转换类型，使得分能够与排行榜中的高分比较并显示在排行榜中；同时实现了在不同关卡提交的分数可以附加给不同的排行榜中，以实现每个关卡都有自己的排行榜。
- 第 44～63 行绘制游戏胜利界面和游戏胜利界面中的按钮，将获取到的玩家得分和姓名进行汇总、转换后与排行榜进行比较，同时为界面中的按钮注册监听。当 OK 按钮被按下后提交玩家信息，当返回按钮被按下后返回主菜单。

（10）单击脚本 Score，打开脚本组件界面，在脚本组件界面进行相关设置，为脚本声明的图片和对象拖曳相应资源，对脚本组件界面的风格类型进行相关设置以实现按钮被按下时按钮的变化，同时导入所用字体，具体设置如图 16-46 所示。

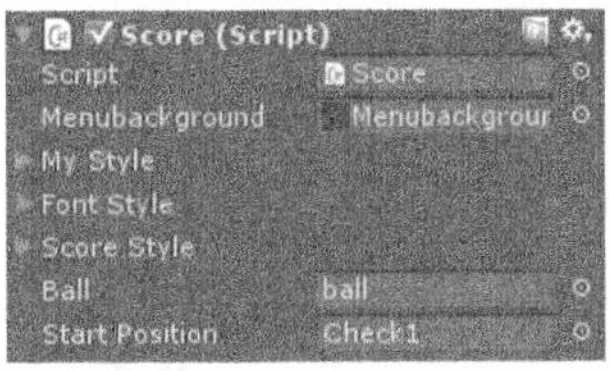

▲图 16-46　Score 脚本组件

### 16.6.3　有关动画的设置及脚本的开发

16.6.2 节介绍了关卡一场景中的主摄像机的设置和脚本的开发过程，本小节将介绍游戏中动画和特效的相关设置和脚本的开发。动画的设置及其脚本开发是本游戏画面酷炫的重点之一，读者在阅读过程中应重点注意，具体步骤如下。

（1）将相关资源拖曳到游戏的对象列表中，并将其依次调整到相应位置。打开各个资源对象的组件界面进行相关设置，根据需要为对象添加动画。本游戏需要的模型和动画资源已经放在对应的文件夹下，读者可以参考 16.2.2 节的相关内容。

（2）编写脚本 Fire，并将其挂载到 FireAPoint、FireBPoint、FireCPoint 游戏对象上，其功能为控制 3 个保存点处的火焰，当中心点处的火焰与球发生碰撞时中心火焰消失，两侧火焰出现，具体代码如下。

代码位置：随书资源中源代码\第 16 章目录下的 BalanceBg\Assets\script\Fire\Fire.cs

```
1   using UnityEngine;
2   using System.Collections;                                   //导入系统包
3   public class Fire : MonoBehaviour {                         //声明类
4      public GameObject FirePoint;                             //火焰中心碰撞体
5      public GameObject Fire00;                                //中心火焰
6      public GameObject Fire01;                                //左侧火焰
7      public GameObject Fire02;                                //右侧火焰
8      public static bool ishind;                               //可见标志位
9      public static int CrashTime = 0;                         //碰撞次数
10     void OnCollisionEnter () {                               //检测碰撞
11        FirePoint.SetActive(false);                           //碰撞体为不可见
12        Fire00.SetActive(false);                              //中心火焰为不可见
13        ishind=true;                                          //中心火焰不可见
14        Fire01.active =ishind;                                //左侧火焰可见
15        Fire02.active =ishind;                                //右侧火焰可见
16             CrashTime++;                                     //碰撞次数增加
17             eTime.add = 0;                                   //加分
18     }
19     void Start () {
20        Fire01.active =ishind;                                //左侧火焰隐藏
21        Fire02.active =ishind;                                //右侧火焰隐藏
22     }}
```

❑ 第 4～9 行声明与脚本相关的游戏对象、对象可见标志位及碰撞次数。声明的游戏对象在脚本组件界面中进行拖曳后就能对其进行相关操作，标志位用来改变对象可见与否的状态，碰撞次数用于游戏的加分功能中。

❑ 第 10～22 行实现当球滚动到保存储点与需要检测碰撞的对象发生碰撞时，保存储点中心火焰熄灭、两侧火焰点燃的功能，还可累计当前碰撞次数并加分。Start 方法用于设定各火焰的初始状态。

（3）分别打开 FireAPoint、FireBPoint、FireCPoint 这 3 个游戏对象的 Fire 脚本组件界面进行相关设置，为 Fire 脚本声明的变量拖曳相应的游戏对象，具体设置如图 16-47 所示。

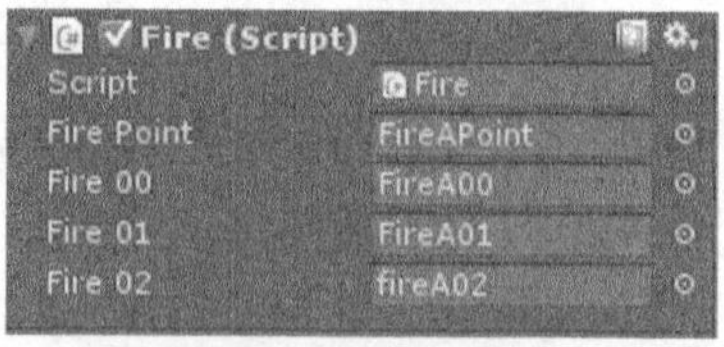

▲图 16-47　Fire 脚本组件

（4）前面介绍了脚本 Fire 的开发，接下来新建脚本，并将脚本命名为 Spear.cs。该脚本的主要功能是控制游戏开始时球出现之前的特效。脚本编写完毕后，将该脚本拖曳到游戏对象 KTball 上，具体代码如下。

代码位置：随书资源中源代码\第 16 章目录下的 BalanceBg\Assets\script\Spear\Spear.cs

```
1   using UnityEngine;
2   using System.Collections;                                   //导入系统包
3   public class Spear: MonoBehaviour {                         //声明类
4      public GameObject Fog;                                   //烟雾效果
5      public GameObject Ball;                                  //球
6      public GameObject KTball;                                //出现特效
7      void Update(){
8      if(!this.animation.IsPlaying("Ball0")){                  //播放动画
9         Destroy(KTball);                                      //销毁动画
10        Fog.SetActive(true);                                  //烟雾出现
11        Ball.SetActive(true);                                 //球出现
12        }}
```

```
13      void Start () {
14         animation.Play("Ball0");                            //播放动画
15         Fog.SetActive(false);                               //隐藏烟雾
16         Ball.SetActive(false);                              //隐藏球
17      }}
```

❑ 第 4～6 行声明脚本所用到的对象，包括烟雾特效、游戏中的滚球、球出现之前的旋转特效 3 个对象。3 个对象在该脚本的控制下按照不同顺序在不同的时间出现和消失，使球出现的特效炫酷、逼真。

❑ 第 7～17 行重写脚本的 Update 方法和 Start 方法，重写后的 Start 方法用来将烟雾特效和球初始化为隐藏状态并且播放相应动画，Update 方法用来实现当相应动画播放结束后销毁相应对象并且将烟雾特效和球设置为显示状态。

（5）打开 KTball 游戏对象的 Spear 脚本组件界面进行相关设置，为 Spear 脚本声明的变量拖曳相应游戏对象，以实现脚本中对游戏对象进行操作的功能，具体设置如图 16-48 所示。

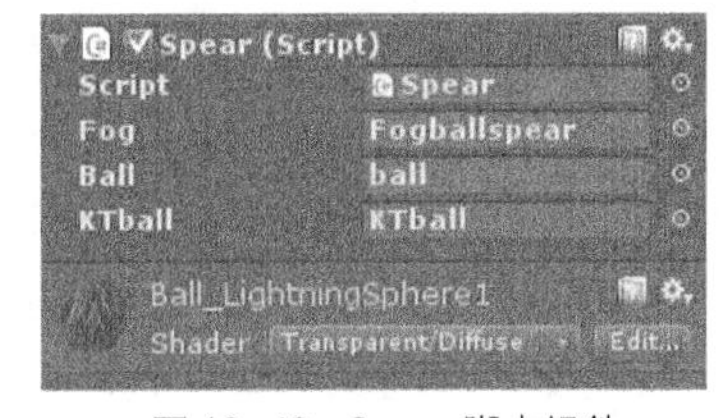

▲图 16-48　Spear 脚本组件

（6）前面介绍了脚本 Spear 的开发，接下来新建脚本，并将脚本命名为 ChangeS.cs。该脚本可以在球到达变换点时将球变换为石球。脚本编写完毕后，将此脚本拖曳到游戏对象 TS 的子对象 MTSCrash 上，具体代码如下。

代码位置：随书资源中源代码\第 16 章目录下的 BalanceBg\Assets\script\ChangePoint\ChangeS.cs

```
1    using UnityEngine;
2    using System.Collections;                                         //导入系统包
3    public class ChangeS : MonoBehaviour {                            //声明类
4       public static bool isCrash;                                    //碰撞标志位
5       public GameObject MTSCrash;                                    //碰撞体对象
6       public GameObject MTSPoint;                                    //变换中心点
7       public GameObject Ball;                                        //球对象
8       public GameObject AnimationCube;                               //动画载体
9       public GameObject MTSFog;                                      //烟雾特效
10      public static int style = BallParameter.stoneStyle;            //材质变换
11      public Texture ballTexture;                                    //纹理图片
12      public string KT;                                              //动画变量
13      void FixedUpdate (){
14         if(isCrash){
15            Debug.Log(BallParameter.style);
16         if(style != BallParameter.style){                           //当前非默认纹理
17            Ball.transform.position=Vector3.Lerp(Ball.transform.position,
18            MTSPoint.transform.position,Time.time);                  //球位置变换
19            Ball.rigidbody.constraints = RigidbodyConstraints.FreezeAll;  //冻结球位置
20            AnimationCube.animation.Play(KT);                        //播放动画
21            BallParameter.style = style;                             //变换球材质
22            Ball.rigidbody.angularDrag = 15;                         //变换球位置
23            Ball.rigidbody.drag = 1;                                 //变换阻力
24              Debug.Log(BallParameter.style);
25            }
26         if(!AnimationCube.animation.IsPlaying(KT)){                 //动画播放
27            isCrash = false;                                         //变换球标志位
28            Ball.rigidbody.constraints = RigidbodyConstraints.None;  //接触冻结
29            Ball.renderer.material.mainTexture = ballTexture;        //变换默认纹理
30            MTSFog.SetActive(true);                                  //烟雾效果
31            }}}
32      void Start(){
33         MTSFog.SetActive(false);                                    //烟雾效果默认不可见
34      }}
```

❑ 第 4～12 行声明脚本中所用到的对象、图片和标志位，本脚本由于对游戏对象的操作较多，因此主要是声明游戏对象，在本脚本后面的内容将有所体现。标志位是实现球材质变换的一个标识，图片为球的纹理图。

- 第 13～31 行实现球类型的变换。当球到达变换点时检测碰撞、播放动画、出现烟雾特效并对球的各个属性进行变换（此处变换为石球）。当动画播放结束后变换过程同时结束。
- 第 32～34 行将烟雾设置为不可见。此处用 Start 方法是因为烟雾特效对象并非永久存在的对象，烟雾会存在一段时间后自动消失，因此用 Start 方法将其设定为只有在固定时刻才出现。

（7）打开 MTSCrash 游戏对象中的 ChangeS 脚本组件界面进行相关设置，为 ChangeS 脚本中声明的变量拖曳相应的游戏对象、图片和动画，以实现在脚本中能够操控游戏对象的功能，具体设置如图 16-49 所示。

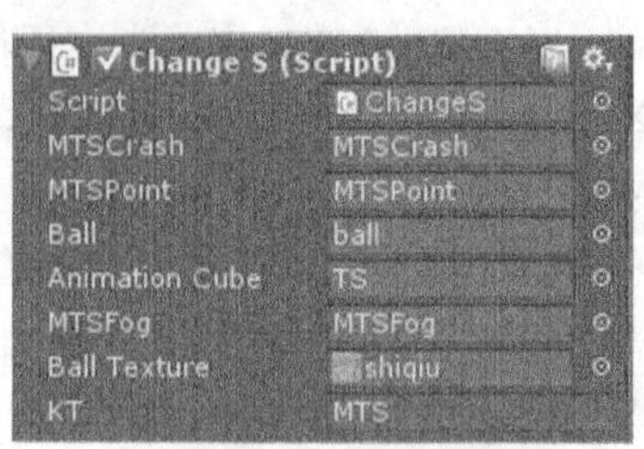


▲图 16-49　ChangeS 脚本组件

（8）前面介绍了脚本 ChangeS 的开发，接下来新建脚本，并将脚本命名为 Crash.cs。该脚本主要用于实现检测球是否到达变换点。脚本编写完毕后，将此脚本拖曳到游戏对象 TS 的子对象 MTSCrash 上，并打开组件界面拖曳相应对象，具体代码如下。

代码位置：随书资源中源代码\第 16 章目录下的 BalanceBg\Assets\script\ChangePoint\Crash.cs

```
1   using UnityEngine;
2   using System.Collections;                                   //导入系统包
3   public class Crash : MonoBehaviour {                        //声明类
4      public GameObject ball;                                  //球
5      void OnCollisionEnter () {                               //检测碰撞
6         if(BallParameter.style != ChangeS.style){             //检测当前纹理非石球纹理
7            ChangeS.isCrash = true;                            //变换碰撞标志位
8         }}}
```

（9）前面介绍了脚本 Crash 的开发，接下来新建脚本，并将脚本命名为 ChangeM.cs。该脚本主要用于当球到达变换点时将球变换为木球。脚本编写完毕后，将此脚本拖曳到游戏对象 TM 的子对象 TMCrash 上，具体代码如下。

代码位置：随书资源中源代码\第 16 章目录下的 BalanceBg\Assets\script\ChangePoint\ChangeM.cs

```
1   using UnityEngine;
2   using System.Collections;                                            //导入系统包
3   public class ChangeM : MonoBehaviour {                               //声明类
4      public static bool isCrash;                                       //碰撞标志位
5      public GameObject TMCrash;                                        //碰撞体
6      public GameObject TMPoint;                                        //变换中心点
7      public GameObject Ball;                                           //球
8      public GameObject AnimationCube;                                  //动画载体
9      public GameObject TMFog;                                          //烟雾特效
10     public static int style = BallParameter.woodStyle;                //默认材质
11     public Texture ballTexture;                                       //球纹理图
12     public string KT;                                                 //动画变量
13     void FixedUpdate (){
14        if(isCrash) {                                                  //发生碰撞
15           if(style != BallParameter.style){                           //当前纹理非默认纹理
16              Ball.transform.position=Vector3.Lerp(Ball.transform.position,
17              this.TMPoint.transform.position,Time.time);              //变换球位置
18              Ball.rigidbody.constraints = RigidbodyConstraints.FreezeAll; //冻结球
19              AnimationCube.animation.Play(KT);                        //播放动画
20              BallParameter.style = style;                             //设置球的类型
21              Ball.rigidbody.angularDrag = 10;                         //变换球角阻力
22              Ball.rigidbody.drag = 0.5f;                              //变换球阻力
23           }
24           if(!AnimationCube.animation.IsPlaying(KT)){                 //动画播放结束
25              isCrash = false;                                         //变换标志位
26              Ball.rigidbody.constraints = RigidbodyConstraints.None;  //解除冻结
27              Ball.renderer.material.mainTexture = ballTexture;        //变换纹理图
28              TMFog.SetActive(true);
29           }}}
```

```
30      void Start(){
31          TMFog.SetActive(false);                                    //烟雾特效默认为不可见
32      }}
```

❑ 第 4～12 行声明脚本中所用到的对象、图片和标志位，本脚本由于对游戏对象的操作较多，因此主要是声明游戏对象，在脚本以下内容将有所体现。标志位的作用是作为实现球材质变换的一个标识，图片为球的纹理图。

❑ 第 13～29 行实现球类型之间的变换。当球到达变换点时检测物体是否发生碰撞，当碰撞时播放动画，出现烟雾特效并对球的各个属性进行变换（此处变换为木球），当动画播放结束后变换过程同时结束。

❑ 第 30～32 行将烟雾设置为不可见。此处用 Start 方法是因为烟雾特效对象并非永久存在的对象，烟雾会在存在一段时间后自动消失，因此用 Start 方法将其设定为只有在固定时刻出现，以此来保证其在需要的时刻出现和消失。

（10）打开 TMCrash 游戏对象的 ChangeM 脚本组件界面进行相关设置，为 ChangeM 中脚本声明的变量拖曳相应的游戏对象、图片和动画，以实现在脚本中能够操控游戏对象的功能，具体设置如图 16-50 所示。

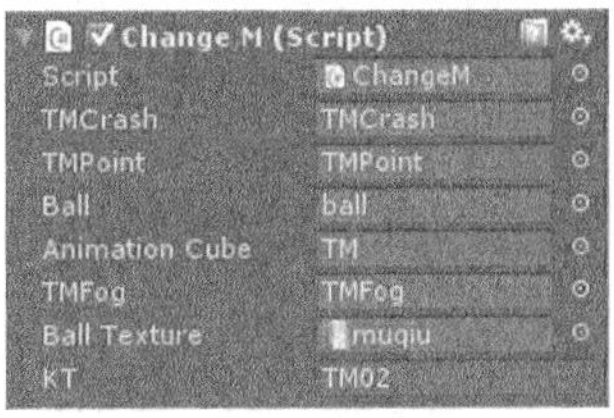

▲图 16-50　ChangeM 脚本组件

（11）前面介绍了脚本 ChangeM 的开发，接下来新建脚本，并将脚本命名为 CrashTM.cs。该脚本主要用于实现检测球是否到达变换点。脚本编写完毕后，将此脚本拖曳到游戏对象 TM 的子对象 TMCrash 上，并打开组件界面拖曳相应对象，具体代码如下。

代码位置：随书资源中源代码\第 16 章目录下的 BalanceBg\Assets\script\ChangePoint\CrashTM.cs

```
1    using UnityEngine;
2    using System.Collections;                              //导入系统包
3    public class CrashTM: MonoBehaviour{                   //声明类
4        public GameObject ball;                            //球
5        void OnCollisionEnter(){                           //检测碰撞
6            if (BallParameter.style != ChangeM.style){     //检测当前纹理非木球纹理
7                ChangeM.isCrash = true;                    //变换碰撞标志位
8            }}}
```

（12）前面介绍了脚本 CrashTM 的开发，接下来新建脚本，并将脚本命名为 Victory.cs。该脚本主要用于实现游戏胜利的效果。脚本编写完毕后，将此脚本拖曳到游戏对象 CrashPoint 的子对象 VictoryCrash 上，具体代码如下。

代码位置：随书资源中源代码\第 16 章目录下的 BalanceBg\Assets\script\ Victory\Victory.cs

```
1    using UnityEngine;
2    using System.Collections;                              //导入系统包
3    public class Victory : MonoBehaviour {                 //声明类
4        public static bool isCrash;                        //碰撞标志位
5        public GameObject AnimationCube;                   //动画载体
6        public GameObject ball;                            //球
7        public GameObject EndCrash;                        //碰撞体
8        public string KT;                                  //动画变量
9        void Update () {
10           if (VictoryCrash.isCrash)   {                  //发生碰撞
11               EndCrash.SetActive(false);                 //碰撞体不可见
12               AnimationCube.animation.Play(KT);          //播放动画
13               BallControl.Enable = false;                //禁用控制脚本
14               ball.transform.position = EndCrash.transform.position;  //固定球位置
15               eTime.isRun = false;                       //停止计时
16               Score.isVictory = true;                    //开启游戏胜利界面
17           }
18           else {
19               Score.isVictory = false;                   //禁用游戏胜利界面
20           }}}
```

- 第 4～8 行声明脚本中所用到的对象、动画和标志位，在本脚本中对相关对象进行操作，这些在脚本下文将有所体现。isCrash 为碰撞标志位，当发生碰撞后 isCrash 的值会发生改变。动画为游戏胜利动画。
- 第 9～20 行重写 Update 方法。重写后的 Update 方法的主要功能是实现当球到达终点发生碰撞时的相关操作，包括固定球位置、禁用控制脚本、播放动画、停止游戏中的倒计时系统、开启游戏胜利界面等。

（13）打开 VictoryCrash 游戏对象的 Victory 脚本组件界面进行相关设置，为 VictoryCrash 游戏对象的 Victory 脚本声明的变量拖曳相应的游戏对象和动画，以实现在脚本中能够操控游戏对象的功能。脚本“Victoty”的具体设置如图 16-51 所示。

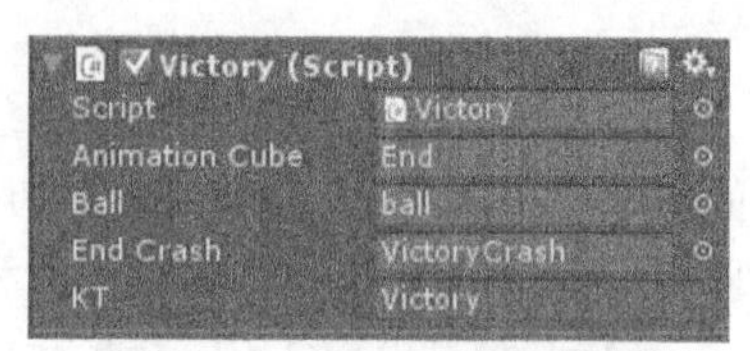

▲图 16-51 Victory.cs 脚本组件

（14）前面介绍了脚本 Victory 的开发，接下来新建脚本，并将脚本命名为 VictoryCrash.cs。该脚本主要用于检测球是否到达终点。脚本编写完毕后，将此脚本拖曳到游戏对象 CrashPoint 的子对象 VictoryCrash 上，并打开组件界面拖曳相应对象，具体代码如下。

代码位置：随书资源中源代码\第 16 章目录下的 BalanceBg\Assets\script\ Victory\VictoryCrash.cs

```
1   using UnityEngine;
2   using System.Collections;                                    //导入系统包
3   public class VictoryCrash : MonoBehaviour {                  //声明类
4       public static bool isCrash;                              //碰撞标志位
5           void OnCollisionEnter () {                           //发生碰撞
6               isCrash = true;                                  //初始化碰撞标志位
7       }}
```

### 16.6.4 球的设置及脚本的开发

16.6.3 节介绍了动画的设置和开发过程，本小节将介绍本场景中球的相关设置和脚本的开发，主要实现了用摇杆控制球滚动，同时对球进行设置，使球在滚动过程中附有各种模拟现实的阻力。其具体步骤参考主菜单场景开发的相应步骤，此处不再赘述。

## 16.7 关卡二场景

16.6 节已经介绍了关卡一场景的开发过程，关卡二场景也是本游戏的中心场景之一，其他场景都是为它和关卡一场景服务的，关卡二场景的开发对此游戏的可玩性至关重要。本节将对关卡二场景的开发进行进一步的介绍。

### 16.7.1 场景的搭建

首先搭建关卡二界面的场景，此场景的搭建步骤比较烦琐。通过本游戏场景的开发，读者可以更加熟练地掌握基础知识，同时也会积累一些开发技巧和开发细节，并对开发过程中对象的属性有一个更深层次的认识。接下来对游戏界面的开发进行详细介绍。

（1）新建场景，并将其命名为 Level-02，设置环境光，创建光源、地形、水、天空盒等。具体步骤参考主菜单场景开发的相应步骤，此处不再赘述。需要的音效与图片资源已经放在对应文件夹下，读者可参考 16.2.2 节的相关内容。

（2）在地图上摆放模型。本游戏的地图需要的模型有平台、灯塔、管道、火焰等，这些资源已经放在对应的文件夹下，读者可以参考 16.2.2 节的相关内容。此外，本游戏场景还需要一个喷气装置，并需要对其进行相关设置。

（3）添加虚拟摇杆，帮助场景中已有介绍，这里不再赘述。至此，基本场景搭建完毕。

### 16.7.2 主摄像机的设置及脚本的开发

16.7.1 节完成了主场景的搭建，本小节将要介绍主摄像机的设置及相关脚本的开发，包括音效的开发和脚本开发，具体步骤如下：

（1）创建背景音乐和按键音效，并且添加摄像机跟随脚本。具体步骤参考主菜单场景开发中的相应步骤，此处不再赘述。需要的音效资源已经放在对应文件夹下，读者可参考 16.2.2 节的相关内容，或者自行查阅随书附带资源中的源程序。

（2）将脚本 Rotate、SoundControl、GKButton、Defeat、Score 和 eTime 挂载到主摄像机上，并打开脚本组件界面以进行拖曳图片等相关操作。该脚本的代码、主要功能及相关设置在帮助场景和关卡一场景中已有详细介绍，这里不再赘述。

### 16.7.3 有关动画的设置的及脚本的开发

16.7.2 节介绍了关卡二场景中的主摄像机的设置和脚本的开发过程，本小节将介绍游戏中动画和特效的相关设置和脚本开发，具体步骤如下：

（1）将相关资源拖曳到游戏的对象列表中，并将其依次调整到相应位置。打开各个资源对象的组件界面进行相关设置，根据需要为对象添加动画。本游戏需要的模型和动画资源已经放在对应的文件夹下，读者可以参考 16.2.2 节的相关内容。

（2）本关卡使用了大量的关卡一场景中的动画、特效和相关脚本，包括脚本 Spear、DieCrash、Fire、Victory、VictoryCrash 及其相关对象和动画。具体步骤在关卡一场景中已有介绍，这里不再赘述。

（3）编写脚本 Up，并将其挂载到 chuiqi 游戏对象上，将游戏对象 chuiqi 和喷气特效 fire30 拖曳到相应位置。当球到达游戏对象 chuiqi 的位置后，球会收到一个自下向上的力而缓慢上升，并随玩家操作到达高台处，具体代码如下。

代码位置：随书资源中源代码\第 16 章目录下的 BalanceBg\Assets\script\Up\Up.cs

```
1   using UnityEngine;
2   using System.Collections;                                           //导入系统包
3   public class Up : MonoBehaviour {                                   //声明类
4     public GameObject ball;                                           //球
5     void OnCollisionEnter(){                                          //检测碰撞
6       ball.transform.position += (5*Vector3.up) * Time.deltaTime;     //给球上升力
7   }}
```

### 16.7.4 球的设置及脚本的开发

16.7.3 节介绍了有关动画的设置和脚本的开发过程，本小节将介绍本场景中球的相关设置和脚本的开发，主要实现了用摇杆控制球滚动，同时对球进行设置，使球在滚动过程中附有各种模拟现实中的阻力。具体步骤参考主菜单场景开发的相应步骤，此处不再赘述。

## 16.8 场景的加载

16.7 节详细介绍了关卡二场景，接下来介绍场景的加载。本游戏中有 3 个加载场景，分别为帮助加载场景、关卡一加载场景和关卡二加载场景。加载界面在各个场景之间跳转时显示，用于显示加载背景和加载进度。本节将对本游戏所用到的不同的加载场景的开发进行进一步介绍。

（1）新建一个场景，将其命名为 LoadingHelp。具体操作步骤参考主菜单场景开发的相应步骤，此处不再赘述。需要的声音与图片资源已经放在对应文件夹下，读者可参考 16.2.2 节的相关内容。

（2）新建一个脚本，将其命名为 LoadingHelp.cs，拖曳到 LoadingHelp 场景中的主摄像机上，它用于加载帮助场景。该脚本的作用是实现异步加载帮助场景并且显示加载进度，具体代码如下。

代码位置：随书资源中源代码\第 16 章目录下的 BalanceBg\Assets\script\Help\ LoadingHelp.cs

```
1   using UnityEngine;
2   using System.Collections;                                          //导入系统包
3   public class LoadingHelp : MonoBehaviour{                           //声明类
4     AsyncOperation async;                                             //异步加载返回对象
5     private float progress;                                           //异步加载进度
6     public Texture2D showBg;                                          //加载条背景
7     public Texture2D showTexture;                                     //加载走动条
8     public Texture2D loadBg;                                          //加载背景
9     public Texture2D loadUp;                                          //遮挡图片
10    private float loadX;                                              //加载条显示位置
11    private float lastProgress;                                       //上一次加载进度
12    void Start() {
13      loadX = -Screen.width * 0.7f;                                   //初始化加载条显示位置
14      StartCoroutine(loadScene());                                    //进行异步加载
15    }
16    IEnumerator loadScene(){
17      async = Application.LoadLevelAsync("Help");                     //异步加载指定场景并返回
18      yield return async;
19    }
20    void Update() {
21      progress = async.progress;                                      //获取加载进度
22      loadX += Screen.width * 0.8f * (progress - lastProgress);//设置加载条显示位置
23      lastProgress = progress;                                        //将进度赋给上次加载进度
24    }
25    void OnGUI(){                                                     //对加载面板各部分进行绘制
26      GUI.DrawTexture(new Rect(0, 0, Screen.width, Screen.height),
27        loadBg, ScaleMode.StretchToFill, true, 0f);                   //绘制背景
28      GUI.DrawTexture(new Rect(0f, Screen.height * 0.8f,
29              Screen.width, Screen.height * 0.15f), showBg,
30        ScaleMode.StretchToFill, true, 0f);                           //绘制进度条底座
31      GUI.DrawTexture(new Rect(loadX, Screen.height * 0.803f,
32              Screen.width * 0.8f, Screen.height * 0.15f), showTexture,
33        ScaleMode.StretchToFill, true, 0f);                           //绘制加载走动条
34      GUI.DrawTexture(new Rect(0f, Screen.height * 0.8f,
35              Screen.width * 0.123f, Screen.height * 0.15f), loadUp,
36         ScaleMode.StretchToFill, true, 0f);                          //绘制进度条遮挡图片
37  }}
```

❑ 第 4～15 行声明变量，包括对背景图片、加载条各部分图片、加载进度等变量的声明，还实现了 Start 方法的重写。该方法在所有的更新方法调用之前调用，用于初始化加载条显示位置和进行异步加载。

❑ 第 16～24 行异步加载指定场景并且返回异步加载对象，通过获得该对象来得到加载进度。此外还实现了 Update 方法的重写。系统每帧调用一次 Update 方法，它的主要功能为实时获得并更新加载进度和加载条的 *X* 坐标位置。

❑ 第 25～37 行实现了 OnGUI 方法的重写，该方法被系统定时回调，主要用于绘制 2D 界面，主要功能是绘制加载界面的背景图片和加载条及进度条遮挡图片。

（3）新建一个场景，将其命名为 LoadingLA。具体操作步骤参考主菜单场景开发的相应操作步骤，此处不再赘述。需要的声音与图片资源已经放在对应文件夹下，读者可参考 16.2.2 节的相关内容。

（4）新建一个脚本，将其命名为 LoadingLA.cs，并拖曳到 LoadingLA 场景中的主摄像机上，主要用于加载关卡一场景。该脚本的作用是实现异步加载关卡一场景并且显示加载进度，具体代码如下。

代码位置：随书资源中源代码\第 16 章目录下的 BalanceBg\Assets\script\Help\ LoadingLAcs

```
1   using UnityEngine;
2   using System.Collections;                                          //导入系统包
3   public class LoadingHelp : MonoBehaviour{                          //声明类
4     AsyncOperation async;                                            //异步加载返回对象
5     private float progress;                                          //异步加载进度
6     public Texture2D showBg;                                         //加载条背景
7     public Texture2D showTexture;                                    //加载走动条
8     public Texture2D loadBg;                                         //加载背景
9     public Texture2D loadUp;                                         //遮挡图片
10    private float loadX;                                             //加载条显示位置
11    private float lastProgress;                                      //上一次加载进度
12    void Start() {
13      loadX = -Screen.width * 0.7f;                                  //初始化加载条显示位置
14      StartCoroutine(loadScene());                                   //进行异步加载
15    }
16    IEnumerator loadScene(){
17      async = Application.LoadLevelAsync("Level-01");                //异步加载指定场景并返回
18      yield return async;
19    }
20    void Update() {
21      progress = async.progress;                                     //获取加载进度
22      loadX += Screen.width * 0.8f * (progress - lastProgress);//设置加载条显示位置
23      lastProgress = progress;                                       //将进度赋给上次加载进度
24    }
25    void OnGUI(){                                                    //对加载面板各部分进行绘制
26      GUI.DrawTexture(new Rect(0, 0, Screen.width, Screen.height),
27         loadBg, ScaleMode.StretchToFill, true, 0f);                 //绘制背景
28      GUI.DrawTexture(new Rect(0f, Screen.height * 0.8f,
29            Screen.width, Screen.height * 0.15f), showBg,
30        ScaleMode.StretchToFill, true, 0f);                          //绘制进度条底座
31      GUI.DrawTexture(new Rect(loadX, Screen.height * 0.803f,
32        Screen.width * 0.8f, Screen.height * 0.15f), showTexture,
33        ScaleMode.StretchToFill, true, 0f);                          //绘制加载走动条
34      GUI.DrawTexture(new Rect(0f, Screen.height * 0.8f,
35             Screen.width * 0.123f, Screen.height * 0.15f), loadUp,
36        ScaleMode.StretchToFill, true, 0f);                          //绘制进度条遮挡图片
37  }}
```

- 第 4～15 行是声明变量，包括对背景图片、加载条各部分图片、加载进度等变量的声明，还实现了 Start 方法的重写。该方法在所有的更新方法调用之前调用，用于初始化加载条显示位置和进行异步加载。
- 第 16～24 行异步加载指定场景并且返回异步加载对象，通过获得该对象来得到并显示加载进度。此外，还实现了 Update 方法的重写。系统每帧调用一次该方法，Update 方法的主要功能是实时获得并更新加载进度和加载条的 *X* 坐标位置。
- 第 25～33 行实现了 OnGUI 方法的重写，该方法被系统定时回调，用于绘制 2D 界面。其主要功能是绘制加载界面的背景图片、加载条及进度条遮挡图片。

（5）新建一个场景，将其命名为“LoadingLA”。具体操作步骤参考主菜单界面开发的相应操作步骤，此处不再赘述。需要的声音与图片资源已经放在对应文件夹下，读者可参考 16.2.2 节的相关内容。

（6）新建一个脚本，将其命名为 LoadingLB.cs，并拖曳到 LoadingLB 场景中的主摄像机上，主要用于加载关卡二场景。该脚本的作用是实现异步加载关卡二场景并且显示加载进度，具体代码如下。

代码位置：随书资源中源代码\第 16 章目录下的 BalanceBg\Assets\script\Help\LoadingLB.cs

```
1   using UnityEngine;
2   using System.Collections;                              //导入系统包
3   public class LoadingHelp : MonoBehaviour{              //声明类
4     AsyncOperation async;                                //异步加载返回对象
```

```
5      private float progress;                                       //异步加载进度
6      public Texture2D showBg;                                      //加载条背景
7      public Texture2D showTexture;                                 //加载走动条
8      public Texture2D loadBg;                                      //加载背景
9      public Texture2D loadUp;                                      //遮挡图片
10     private float loadX;                                          //加载条显示位置
11     private float lastProgress;                                   //上一次加载进度
12     void Start() {
13       loadX = -Screen.width * 0.7f;                               //初始化加载条显示位置
14       StartCoroutine(loadScene());                                //进行异步加载
15     }
16     IEnumerator loadScene(){
17       async = Application.LoadLevelAsync("Level-02");             //异步加载指定场景并返回
18       yield return async;
19     }
20     void Update() {
21       progress = async.progress;                                  //获取加载进度
22       loadX += Screen.width * 0.8f * (progress - lastProgress);//设置加载条显示位置
23       lastProgress = progress;                                    //将进度赋给上次加载进度
24     }
25     void OnGUI(){                                                 //对加载面板各部分进行绘制
26       GUI.DrawTexture(new Rect(0, 0, Screen.width, Screen.height),
27         loadBg, ScaleMode.StretchToFill, true, 0f);               //绘制背景
28       GUI.DrawTexture(new Rect(0f, Screen.height * 0.8f,
29              Screen.width, Screen.height * 0.15f), showBg,
30         ScaleMode.StretchToFill, true, 0f);                       //绘制进度条底座
31       GUI.DrawTexture(new Rect(loadX, Screen.height * 0.803f,
32              Screen.width * 0.8f, Screen.height * 0.15f), showTexture,
33         ScaleMode.StretchToFill, true, 0f);                       //绘制加载走动条
34       GUI.DrawTexture(new Rect(0f, Screen.height * 0.8f,
35              Screen.width * 0.123f, Screen.height * 0.15f), loadUp,
36          ScaleMode.StretchToFill, true, 0f);                      //绘制进度条遮挡图片
37   }}
```

❑ 第 4～15 行声明变量，包括对背景图片、加载条各部分图片、加载进度等变量的声明，还实现了 Start 方法的重写。该方法在所有的更新方法调用之前调用，用于初始化加载条显示位置和进行异步加载。

❑ 第 16～24 行异步加载指定场景并且返回异步加载对象，通过获得该对象来得到并显示加载进度。此外，还实现了 Update 方法的重写，该方法系统每帧调用一次该方法。Update 方法的主要功能是实时获得并更新加载进度和加载条 *X* 坐标位置。

❑ 第 25～33 行实现本脚本中的 OnGUI 方法的重写，重写后的 OnGUI 方法的主要功能是使该方法被系统定时回调，用于绘制 2D 界面，绘制加载界面的背景图片、加载界面的加载进度条及加载界面的进度条遮挡图片。

（7）打开 3 个加载场景中的主摄像机的 LoadingHelp、LoadingLA 和 LoadingLB 脚本组件界面进行相关设置，为脚本声明的变量拖曳相应游戏对象，以实现在脚本中能够操控游戏对象的功能。脚本 LoadingHelp 的具体设置如图 16-52 所示。

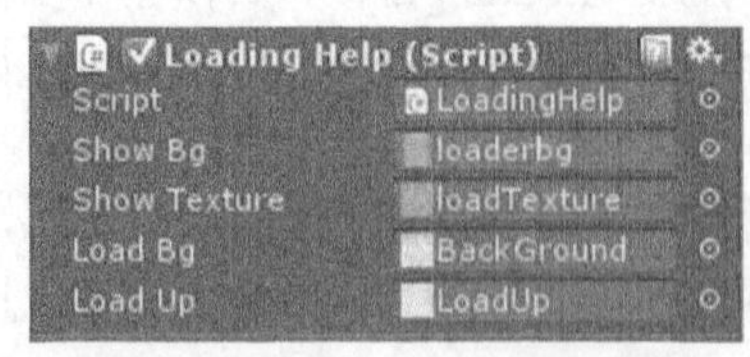


▲图 16-52　LoadingHelp 脚本组件

## 16.9 游戏的优化与改进

至此，本案例的开发部分已经介绍完毕。本游戏基于 Unity 3D 平台开发，笔者在开发过程中

一直很注意游戏性能方面的表现，因此有意地降低了游戏的内存消耗量，但实际上还是有一定的优化空间。

- ❑ 游戏界面的改进

本游戏的场景搭建使用的图片已经相当华丽，有兴趣的读者可以更换图片以达到更好的效果。另外，由于 Unity 有很多内建的着色器，本游戏使用的着色器有限，可能还有效果更佳的着色器。有兴趣的读者可以更改各个纹理材质的着色器，以改变渲染风格，进而得到更好的效果。

- ❑ 游戏性能的进一步优化

虽然在游戏的开发过程中已经做了一部分游戏的性能优化工作，但是，游戏的开发始终还是有一些问题。其在性能优异的移动终端上可以比较完美地运行，但是在一些低端机器上的表现没有达到预期效果，还需要进一步优化。

- ❑ 优化游戏模型

本游戏所用的地图模型均由开发人员使用 3ds Max 进行制作。由于是开发人员自己制作，模型可能存在几点缺陷：模型贴图没有合成一张图，模型没有进行合理的分组，模型中面的共用顶点没有进行融合等。